ANSYS Workbench 有限元分析实例详解

（静力学）

周炬 苏金英 著

人民邮电出版社
北京

图书在版编目（CIP）数据

ANSYS Workbench有限元分析实例详解 ： 静力学 / 周炬，苏金英著. -- 北京 ： 人民邮电出版社，2017.3
ISBN 978-7-115-44631-2

Ⅰ. ①A… Ⅱ. ①周… ②苏… Ⅲ. ①有限元分析—应用软件 Ⅳ. ①O241.82-39

中国版本图书馆CIP数据核字(2017)第020106号

内 容 提 要

本书以对比的方式系统且全面地说明 ANSYS Workbench 静力学分析过程中的各种问题，从工程实例出发，侧重解决 ANSYS Workbench 的实际操作和工程问题。

本书共 5 章。第 1 章为 CAE 分析步骤；第 2 章详细说明 ANSYS Workbench 主界面及相关 Windows 操作，举例说明 ACT 的用法；第 3 章介绍 ANSYS Workbench 的建模功能，举例描述修复模型、实体简化梁模型、点云数据生成实体的方法；第 4 章介绍 ANSYS Workbench 的线性静力学分析，以梁单元、二维平面单元、三维壳单元、实体单元、Link 单元为主线，并包含 ACP 模块、Fracture 分析、Solid65 单元及子模型等；第 5 章介绍 ANSYS Workbench 的非线性静力学分析，以材料非线性、几何非线性、状态非线性为主线，并包含快速组装复杂模型、橡胶流体压力加载、损伤分析、生死单元分析、内聚力模型等。

本书内容丰富新颖、重点突出、讲解详尽，适用于 ANSYS Workbench 软件的初级和中级用户，可供机械、材料、土木、能源、汽车交通、航空航天、水利水电等专业的本科生、研究生、教师、工程技术人员和 CAE 爱好者阅读和参考。

◆ 著　　　周　炬　苏金英
责任编辑　王峰松
责任印制　焦志炜

◆ 人民邮电出版社出版发行　　北京市丰台区成寿寺路 11 号
邮编　100164　　电子邮件　315@ptpress.com.cn
网址　https://www.ptpress.com.cn
北京七彩京通数码快印有限公司印刷

◆ 开本：787×1092　1/16
印张：29.75　　　　2017 年 3 月第 1 版
字数：736 千字　　　　2025 年 1 月北京第 31 次印刷

定价：99.80 元

读者服务热线：(010)81055410　印装质量热线：(010)81055316
反盗版热线：(010)81055315

前　言

CAE 是计算机辅助求解复杂工程和产品结构各项性能和优化设计等问题的一种近似数值分析方法，适用于工程的整个生命周期。ANSYS 软件是最经典的 CAE 软件之一，在国内应用广泛。近些年 ANSYS 公司收购了多款顶级流体、电磁类软件，并重点发展 ANSYS Workbench 平台。与 ANSYS 经典界面比较，ANSYS Workbench 具有一目了然的分析流程图，整个分析就像在做一道填空题。ANSYS 12.0 版本之后，更多用户转向使用 ANSYS Workbench，同时有关 ANSYS Workbench 软件的参考书也越来越多。

本书以先进性、科学性、实用性、服务性为原则，在表达风格上力求通俗、简洁、直观，主要采用对比的方式详细说明 Workbench 静力学分析过程中的各种问题，以工程实例的演绎教会读者分析问题、查找问题和解决问题。书中不仅详细介绍了操作流程，而且还清晰阐述了“为什么要这样操作”、“相关参数为什么要如此设置”、“同类的问题该有怎样的分析思路”，使读者不仅知其然，还知其所以然。同时本书加入了一些思考题，对同类问题进行适当扩展。针对读者容易出现的错误，通过一步一步引导的方法让读者了解错误产生的原因，并提出解决方法。书中内容结合相关理论知识，从实际应用出发，文字通俗易懂，深入浅出，引领读者轻松掌握 Workbench 的分析方法。书中参照国外有限元分析标准，介绍了螺栓连接、焊接等分析的各种有限元处理方法，修正了国内有限元计算过程中易出现的错误。

全书共 5 章。第 1 章说明 CAE 分析步骤；第 2 章讲解 ANSYS Workbench 主界面，举例说明 ACT 插件的操作和目的，章节后附了有限元模型转为 stl 文件的 C 程序；第 3 章讲解 ANSYS Workbench 建模，主要引用 3 个实例分别说明 DM 模块修复模型、SpaceClaim 和 Python 将实体模型简化为梁模型、UG 和 Excel 将点云数据生成实体并导入 ANSYS Workbench 的方法；第 4 章讲解线性静力学分析，以单元分类为主线，一一说明各个单元分析时的注意事项、参数设置及后处理，章节后对所有边界条件进行了附表说明；第 5 章讲解非线性静力学分析，以材料非线性、几何非线性、状态非线性为主线，分别叙述其基本原理、分析过程、参数对比及非线性收敛调试方法，最后一节对非线性收敛调试方法进行了总结。

书中有大量同类参考书上所没有的内容，如 ACP 详细说明、Link 单元分析、Fracture 中的 T-Stress 分析、Solid65 钢筋混凝土分析、Shell-Solid 子模型、WB 材料库所有本构说明、蠕变分析、非线性屈曲弧长法、利用 External Model 模块组装复杂模型并快速定义接触、损伤分析、生死单元分析、内聚力模型等。

本书主要面向 ANSYS Workbench 软件的初级和中级用户，对于高级用户也有一定的参考价值。可作为机械、材料、土木、能源、汽车交通、航空航天、水利水电等专业的高年级本科生、研究生和专业教师的学习、教学用书，亦可供相关领域从事产品设计、仿真和优化设计等工作的工程技术人员及广大 CAE 工程师使用和参考。

本书配套有全书的模型文件，读者直接在 ANSYS Workbench 15.0 及以上版本打开或导入即可。本书配套资源可在 QQ 群“CAE 基础与提高 389410373”内下载。

本书由周炬、苏金英合著。在写作过程中得到丁德馨教授、雷泽勇教授、邱长军教授、李必文教授、黄坤荣副教授的悉心指导，在此深表感谢！同时感谢李裕平、杨威、赵岳、李军、秦元帅、陈伟以及人民邮电出版社等对本书出版给予的热心帮助！本书还得到湖南省普通高校“十三五”专业综合改革试点项目-南华大学“机械设计制造及其自动化”的资助。

由于时间仓促，加之本书内容新、专业性强且作者水平有限，书中难免有不足之处，恳请广大读者批评指正。

目　录

第1章　CAE分析步骤

在现代工程领域，计算机辅助工程（computer aided engineering，CAE）可以在设计阶段对结构进行校核、优化，使工程师在产品未生产之前就对设计的经济性、可靠性、安全性进行评估。在这样的背景下，CAE开始在结构设计中发挥出极其重要的作用。在各种CAE方法中，有限元法（finite element method，FEM）在工程领域应用最广，也是技术相对比较成熟的一种方法。作为一个合格的有限元分析（finite element analysis，FEA）工程师，至少应该具备以下3个方面的要求：

（1）坚实的理论基础，主要包括力学理论（对于结构有限元分析工程师）和有限元理论；

（2）软件运用经验，能熟练应用常用的有限元软件；

（3）工程实践经验，对于各种工程问题能够准确地判断并确定分析方案。

在这3个方面中，最简单的就是软件运用，很多初学者通过对一些参考书的模仿及学习，熟悉了几个例题之后，就信心满满，以为自己可以做一个分析工程师了，这是极端错误的。参考书的例题与实际工程分析有质的区别：例题是简化的模型，分析类型和边界条件已知，初学者只是简单的遵照参考书的过程重复计算。这个操作过程，中学生都可以完成。在做工程分析的时候，情况完全不同，模型的简化、分析类型和边界条件全部未知，在计算完成后，还需要对结果进行分析和评价。

下面简要介绍CAE的分析流程。首先，针对实际工程的问题进行判断，依据工况确定问题类型，判定是否需要有限元分析（很多问题用基本力学计算或者查手册就能更快更准确地得到答案）；其次，对有限元分析项目进行规划并计算，包括模型简化及计算规模、分析类型和边界条件的确定；最后，根据有限元分析结果，提出相应结论和建议，包括分析项目的可靠性、安全性判定，优化的可能，危险的处理等。由上可知，有限元分析工程师仅靠熟悉软件是远远不够的，其工作是对专业知识及实践经验的综合性体现。

小知识

很多项目需要判定是否需要有限元分析。例如，对于一些机械类单一零件产品的分析，如果外载仅为一个重力工况，就不需要进行有限元分析。原因是：这个零件经过生产制造后能够成形，就已经经受了重力的测试。实践是检验真理的唯一标准，实践就已经证明其性能可靠，所以不需要再进行有限元分析。

又如，6个相同螺栓连接的一对法兰，其中有一个螺栓出现断裂，该螺栓也不需要进行有限元校核。原因是：设计故障必将批量反映问题，如果该螺栓强度或刚度不足，势必表现出多个或全部螺栓失效；而且，当一个螺栓出现失效时，其余螺栓在偏载和突变情况下仍然不出现失效，正好证明其螺栓是足够安全可靠的。因此，对该螺栓从材料入手，进行金相分析较为合适。

就任一个CAE分析而言，必须满足下列四要素。

（1）清晰的物理概念。工程问题按数学一般分为稳定场（椭圆）方程（用于描述静平衡、稳态热等）、扩散（抛物线）方程（用于描述动力学、瞬态热等）、波动（双曲线）方程（用于描述应力波等波动现象）。

（2）明确的系统属性。已知上面的 3 种控制方程，还要有初始条件或/和边界条件，才可以得到方程的解析解。则系统中需要具备基本的自身参数，如弹性模量、泊松比、长度、截面积等，还要具备系统的外界参数，如力、力矩等。

（3）各种工程问题的数学表征。实际工程问题往往存在于大量的数据中，需要抽取或换算得到数学表征参数。例如，一对齿轮副进行**静平衡**（静力学）计算，除了知道其模型尺寸、材料的弹性模量、泊松比、齿轮间的摩擦系数以外，还需要通过计算求出其载荷（力和力矩），以保证各个齿轮加载后整个系统的力平衡和力矩平衡；如果进行**瞬态**计算，则需要知道齿轮的密度，载荷以转速度形式加载。

（4）计算机实现的可行性和高效性。任何有限元分析都基于一定的假设，例如，连续性是实现有限元计算的必要条件，各向同性、对称性则是实现有限元高效计算的简化手段。

此外，有限元法是实际工程设计的一种数学辅助方法，为实际工程而服务，主要解决的是难以被实验验证的工程问题，**切忌为数学分析而分析**。

就有限元软件运用而言，特别是操作简单、容易上手、方便处理复杂工程模型的 ANSYS Workbench，很多初学者在学习过程中也往往依葫芦画瓢，不了解软件输入的每一个参数的来龙去脉。这样致使初学者离开参考书的实例后就茫然无措，分析实际工程问题时更是无从下手。因此，在使用 ANSYS Workbench 进行有限元分析时需特别注意以下几点：

（1）模型简化；

（2）边界正确；

（3）参数合理；

（4）网格适用。

1.1　模型简化

在决定需要进行有限元分析后，对分析的模型及其工况在理论和本质上均要有清晰的认识，对自己使用的软件的能力也要心中有数，避免不合理和不切实际的分析。运用理论和经验上的判断，决定计算的模型、规模和类型。由于 ANSYS Workbench 有极佳的计算机辅助设计（computer aided design，CAD）软件接口，初学者常常在 CAD 软件中建模，然后将模型导入 ANSYS Workbench 进行有限元分析。殊不知这样处理也是极大的错误。

有限元模型必须与分析目的、计算机性能匹配，并不是模型越精确计算精度越高。越精确就意味着模型越复杂，进而要求软件进行更加复杂的矩阵化简求解。这样一来，模型的误差虽然小了，计算误差反而增大，导致最终得不到合适的结果。在建立有限元模型时，尽量采用尽可能简单的模型，无需保留实物模型的所有细节特征，**常用作法是：去掉非关键位置的小孔和槽，用圆孔代替螺纹孔，用直角代替圆角及倒角**。

如果保留实物模型的诸多细微几何特征，会导致分析结果的应力集中，甚至出现应力奇异状态。以图 1-1-1 撬杠分析为例：实物模型有刻花、腰形槽等几何特征，如果在有限元模型中包含这些特征，就必须对这些区域划分极细小的网格，分析结果就会在这些区域显示出应力集中，进而忽视了过渡面的应力状态，使分析结果完全偏离了分析目的。

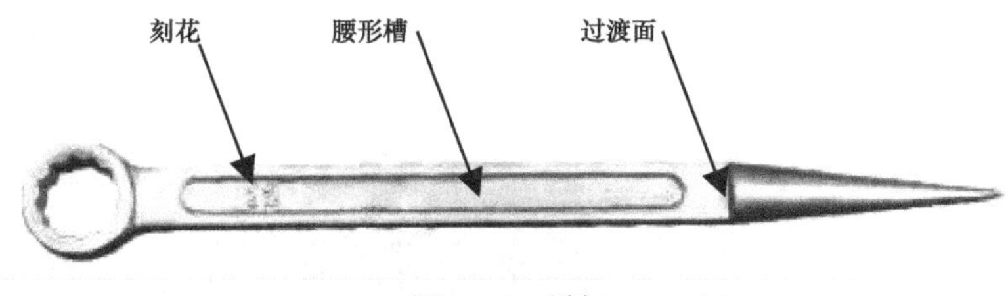

图 1-1-1 撬杠

对于实体为桁架的模型，整体分析不考虑剪力的影响时可以将实体模型简化为梁模型，这样总体计算量较小，精度也较高；如果单向剪力较大，则可将实体模型抽壳为壳模型计算；只有需关注桁架局部的详细受力，且双向剪力较大时，才使用实体模型。

因此，CAE 工程师必须根据理论和经验判断模型几何细节的相关性，进而确定模型的简化方式。但是，有时一些模型几何细节开始时显得不重要，简化分析后在这些细节处应力较大，则可以在有限元模型中恢复几何细节或采用子模型分析。

1.2 边界正确

将实际工程问题转化为力学问题，分析对象的选取、载荷工况和施加载荷的确定、边界条件（位移约束条件）的确定、结构的刚度和质量、载荷传递路径和应力集中等问题的处理是 CAE 分析的关键。

有限元分析时，必须按照实际工况的边界条件，且满足有限元平衡方程，才能求解得到正确结果。例如，分析一个在压力作用下的桌子的变形，边界条件取在桌面的 4 个角点处，即可计算得到结果，但此分析并不符合工程实际情况（工况），应该将边界条件施加在桌子 4 个腿的接地处。

在静力学分析中容易出现边界条件不足，虽然 ANSYS Workbench 会自动将弱弹簧（Weak Springs）施加到模型可能出现刚体位移的位置，但是还是建议设置好充分的约束后，将弱弹簧设置为 Off。针对约束不足的正确方法是对模型先进行模态分析，观察是否具有刚体模态（模态分析出的固有频率在 0～1Hz），依据其频率对应的模态形状，进一步分析是否存在刚体运动（单个零件），或者存在零件之间接触不足（组件或部件）。

接触分析（无摩擦接触、粗糙接触、摩擦接触）涉及迭代计算，如果在接触面体上施加力载荷时，往往难以收敛；改为位移载荷，则相对简单得多。

1.3 参数合理

用 ANSYS Workbench 进行有限元分析，需要对软件有深刻的认识，做到每输入一个参数都清楚知道这个参数的意义和作用，这不仅仅是需要熟悉软件的界面，更多的是需要理解有限元和力学的理论，有时甚至需要对参数进行一些常识性的辨识。

例如，一台液晶电视机受力分析，已知条件如图 1-3-1 所示：底盘固定，液晶电视机质量为 62.8kg；载荷如图 1-3-2 所示：在方块区域加载 50N；求底座支撑架应力值大小？

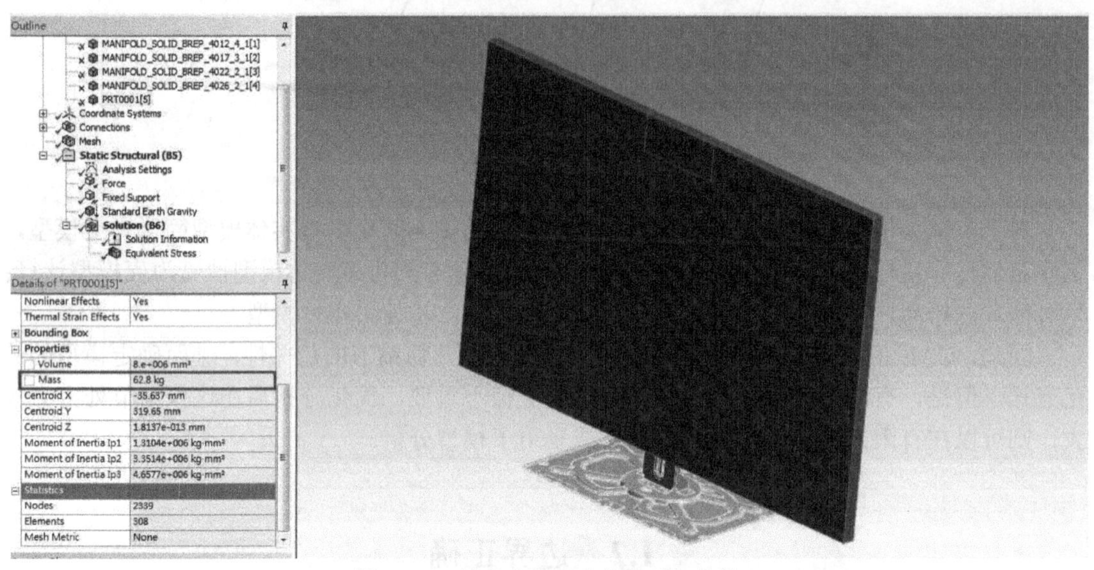

图 1-3-1　液晶电视受力分析已知条件

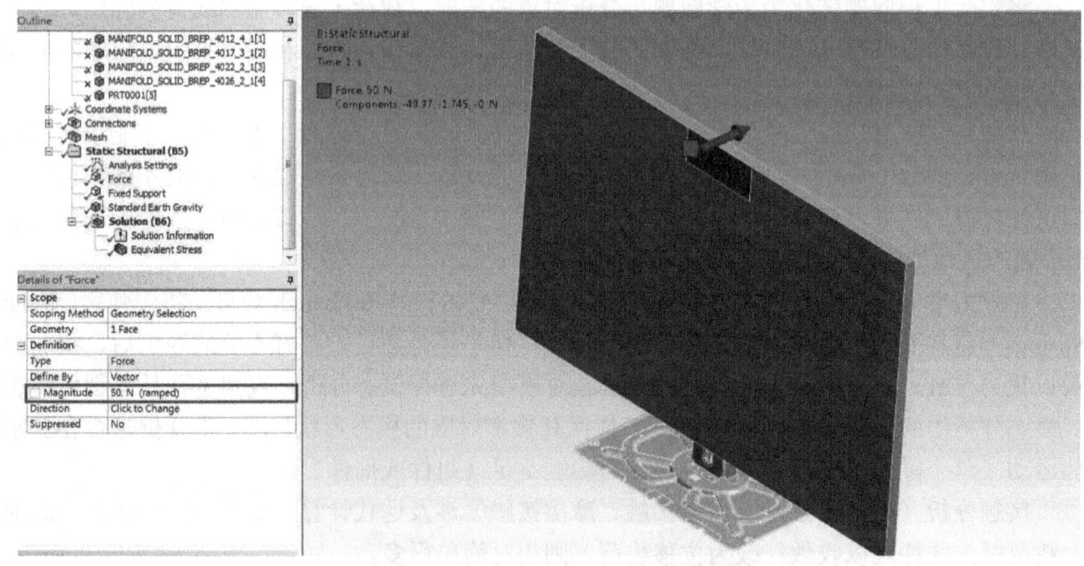

图 1-3-2　液晶电视机受力分析载荷情况

本例采用静力学分析，分析方法 1 添加重力加速度，等效应力值为 318.68MPa，如图 1-3-3 所示；分析方法 2 不添加重力加速度，等效应力值为 310.09MPa，如图 1-3-4 所示。试问在这个分析中是否应该加载重力加速度？

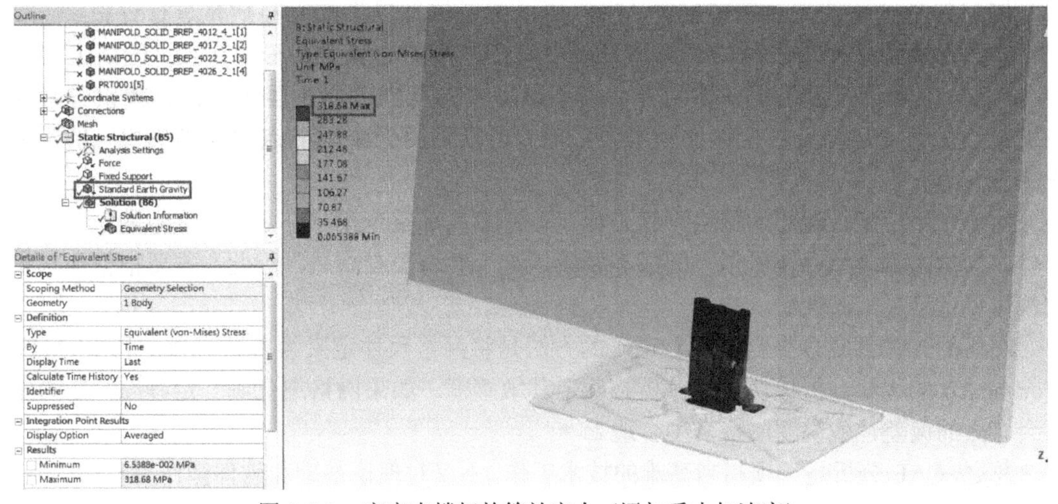

图 1-3-3　底座支撑架的等效应力（添加重力加速度）

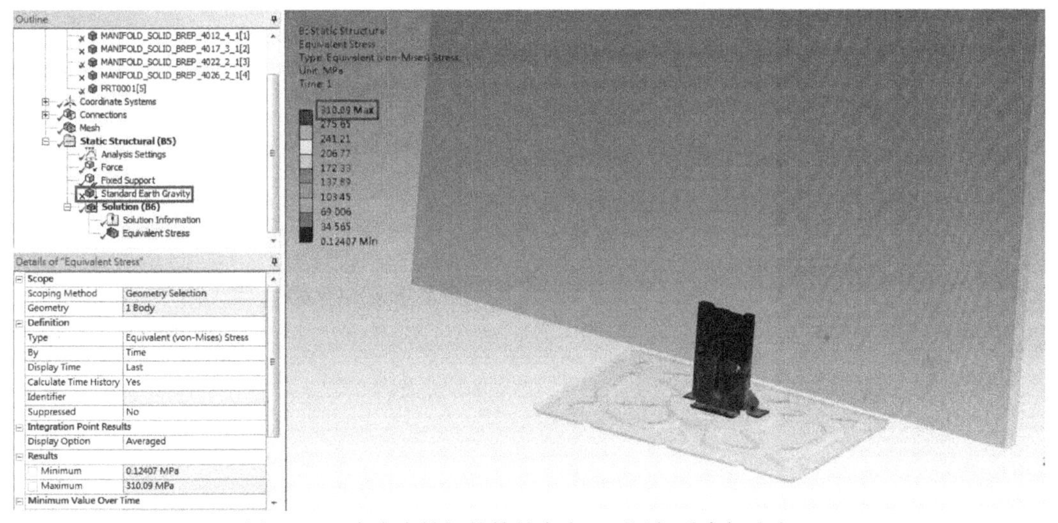

图 1-3-4　底座支撑架的等效应力（不添加重力加速度）

上例就属于不对参数合理性进行判断的典型实例。其分析类型和边界条件均无问题，错误在于液晶电视机的质量。一台液晶电视机质量为 62.8kg，约为一个成年男子的质量，这显然是不合常理的。如果将液晶电视机的质量换成合理的数据，就会发现上例计算后，是否添加重力加速度对整个模型的影响甚微。

1.4　网格适用

ANSYS Workbench 拥有非常智能的自主划分网格能力，整个计算甚至颠覆了常用有限元软件的流程，不用把划分网格作为一个必要的操作。因此，很多初学者往往采用软件自主划分网格，其结果是：重要部分（应力集中区、接触区、大变形区）的结果不准确或不收敛；不重要部分网格过细，浪费了计算时间。

网格的划分往往需要实践经验，当然可以参考软件提供的网格质量进行评估。一般情况下，**圆形模型采用古钱币的切分划法，中间正方形的边长为圆形的半径，圆周上至少需要 40 等分；圆环模型采用多体划分；模型厚度方向至少需要 3 层单元；缩减积分时厚度方向至少划分 4 层单元；接触比较难收敛时，可以采用无中间节点的网格形式（单元类型发生变化）。**

对于一个模型最理想的网格形状是什么？答案就是整个模型都是大小一致的正方形和立方体，当然由于模型存在斜角、圆弧等要素，这个要求很难满足，因此，需要根据形状拓扑的规律尽量满足上述条件。

网格的数量到底多少合适呢？正确的方法是将网格尺寸定义为参数变量，利用 ANSYS Workbench 的优化分析模块进行分析，确定其敏感度。如果网格细化到一定程度，应力结果不会有大的偏差，就说明网格密度合适。

总之，CAE 分析是一项相当高难的技术工作，不仅对理论基础和软件操作有较高的要求，更需要丰富的工程实践经验，正如 Robert D.Cook 说过的，“FEA makes a good engineer great,but makes a bad engineer dangerous.”

第 2 章　ANSYS Workbench 主界面设置

ANSYS 早期版本以经典界面为主，Workbench 虽已存在，但当时主要针对 ANSYS 经典界面建模困难而设置。经过 9.0～11.0 升级后，ANSYS 经典界面逐渐稳定，Workbench 也随之功能逐渐增强。当 ANSYS 升级为 12.0 版本时，Workbench 界面发生了根本变化，具有独特的拖拉分析流程、相对完整的分析模块，并首次将经典界面置于其下。之后的 ANSYS 历次升级，均以 Workbench 为重点。现在 ANSYS Workbench（简称 WB）在吸取其他软件的优点后，结合自己的软件框架，已经发展为涵盖结构、热、流体、电磁、疲劳等多个方向的超级 CAE 平台。

本书以 ANSYS 15.0 版本进行叙述。Workbench 主界面包括窗口、菜单、分析流程图设置等。本章主要介绍常用窗口及菜单的一些设置，分析流程图的设置参见 2.3 节及后续各分析章节。

2.1　窗口设置

2.1.1　分析系统

1．结构分析系统

Design Assessment：用于对静强度与瞬态结构分析执行工况组合，通过可定制脚本执行后处理。

Harmonic Response：谐响应分析，支持结构体在持续周期性载荷作用下的响应分析；谐响应分析结果用于验证一个结构设计是否能够成功克服共振、疲劳或其他振动力的有害影响。

Linear Buckling and Linear Buckling(SAMCEF)（β）：线性屈曲分析（使用 ANSYS 或 SAMCEF 求解器），用于预测一个理想弹性结构的理论屈曲强度。

Modal，Modal(SAMCEF)，Modal（NASTRAN）（β）and Modal(ABAQUS)（β）：模态分析（使用 ANSYS、SAMCEF、NASTRAN 或 ABAQUS 求解器），用于计算结构体的振动特征（自然频率和对应的模态振型）。

Random Vibration：随机振动分析，用于分析在不确定性载荷作用下的结构体响应，比如对安装在汽车上的敏感电子设备进行分析。

Response Spectrum：响应谱分析，类似于随机振动分析，不同的是响应谱分析的载荷激励是一系列确定性极大值。

Static Structural，Static Structural(SAMCEF) and Static Structural(ABAQUS)（β）：结构静力学分析（使用 ANSYS、SAMCEF 或 ABAQUS 求解器），用于计算结构体在载荷（不考虑显著惯性和阻尼影响）作用下的位移、应力、应变和力。

Transient Structural，Transient Structural(SAMCEF) (β) and Transient Structural(ABAQUS)（β)：瞬态结构分析（时间历程分析）（使用 ANSYS、SAMCEF 或 ABAQUS 求解器），计算结构体在随时间变化载荷作用下的动态响应。

Explicit Dynamics：显式动力学分析。

Shape Optimization（β)：形状优化分析，其目的是寻找结构体的最佳材料分布。

Rigid Dynamics：刚体动力学分析（使用 ANSYS 的刚体动力学求解器），用于计算一个装配体（由一系列刚体通过运动副和弹簧连接而成）的动力学响应。

Hydrodynamic Diffraction：AQWA 用于计算一个结构在规则或不规则波浪作用下的波浪力和结构运动，AQWA Hydrodynamic Diffraction 用于对结构计算模型进行网格划分。

Hydrodynamic Time Response：AQWA 用于计算一个结构在规则或不规则波浪作用下的波浪力和结构运动，AQWA Hydrodynamic Time Response 用于对结构计算模型施加海洋环境力（风、波浪、海流）。

2. 流体分析系统

Fluid Flow (CFX)：流体分析（使用 CFX），支持不可压缩和可压缩流体流动分析，支持复杂几何的热传导分析。

Fluid Flow (FLUENT)：流体分析（使用 FLUENT），支持不可压缩和可压缩流体流动分析，支持复杂几何的热传导分析。

Fluid Flow (POLYFLOW)：流体分析（使用 POLYFLOW），支持带自由面的流体流动分析，支持复杂流变学分析（带黏弹性的非牛顿流体）。

3. 热分析系统

Steady-State Thermal：稳态热分析，用于计算一个物体在不随时间变化的热载荷作用下的温度、热梯度、热流率和热通量。

Thermal-Electric：稳态的热-电传导分析，计算电阻材料的焦耳热，以及热电学中的 Seebeck 效应、Peltier 效应和 Thomson 效应。

Transient Thermal：瞬态热分析，用于计算随时间变化的温度和其他热工程量。

4. 其他分析系统

Electric：电学分析，支持稳态电导分析。

Magneto Static：支持 3D 静磁场分析，磁场可以由电流或永磁体产生。

2.1.2　组件系统

1. 前处理组件

BladeGen：旋转流体机械三维几何设计专用模块，用于泵、桨叶、压气机、涡轮、扩张器、风扇、吹风机等的快速设计。

Finite Element Modeler：支持将网格模型转换成几何模型，并输出到一个分析系统或几何系统。

Geometry：即 ANSYS DesignModeler，提供了面向 CAE 需求的三维几何建模、CAD 模型修复、CAD 模型简化以及（板壳梁）概念模型等功能，是 CAD 与 CAE 之间的桥梁。

Mesh：ANSYS 的网格划分工具。

TurboGrid：专业的涡轮叶栅通道网格划分软件，能快速地对形状复杂的叶片和叶栅通道划分出高质量的结构化网格。

2．求解组件

AUTODYN：显式有限元分析程序，用来解决固体、流体、气体及其相互作用的高度非线性动力学问题，如爆炸等。

CFX：高端通用计算流体动力学分析软件，以算法的先进性见长，具备丰富的物理模型，可模拟各种流体流动问题。

Explicit Dynamics (LS-DYNA Export)：以显式算法为主的复杂结构高度非线性瞬态动力学分析模块，用于解决各种高速冲击、碰撞等问题。

FLUENT：高端通用计算流体动力学分析软件，以物理模型的丰富性见长，具备先进算法，可模拟各种流体流动问题。

Icepak：专门为电子产品工程师定制开发的专业的电子热分析软件，可以解决元器件级、板级、系统级、环境级等各种不同尺度的热设计问题。

Mechanical APDL：即 ANSYS Multiphysics，融结构、热、流体、声学、电磁场以及这些场之间的耦合分析功能为一体的高端多物理场耦合分析软件包。

POLYFLOW：采用有限元法的计算流体动力学（computational fluid dynamics，CFD）软件，专用于黏弹性材料的流动模拟，适用于塑料、树脂、玻璃等材料的挤出成形、吹塑成形、拉丝、层流混合、涂层过程中的流动及传热和化学反应问题。

Vista TF：涡轮机械的流线曲率通流计算程序，用于在设计早期快速计算涡轮机械（泵、压缩机、涡轮机）的径向叶片排数。

Mechanical Model：即 ANSYS Simulation。

3．设计前期分析校核组件

Microsoft Offiice Excel：使用 Microsoft Offiice Excel 2007 或 2010 作为 ANSYS Workbench 的计算器。

Engineering Data：工程材料数据库，用于定义和访问分析中使用的材料模型。

External Data：支持用户从一个文本文件导入数据，并传递给一个分析应用程序。

Results：专业且先进的 CFD 的后处理工具，可视化地显示 CFD 仿真结果。

2.1.3　客户化系统

FSI: Fluid Flow (CFX) -> Static Structural：单向的流固耦合系统（流体使用 CFX 求解器）。

FSI: Fluid Flow (FLUENT) -> Static Structural：单向的流固耦合系统（流体使用 FLUENT 求解器）。

Pre-Stress Modal：预应力模态分析系统。

Random Vibration：随机振动分析系统。

Response Spectrum：响应谱分析系统。

Thermal-Stress：热应力耦合分析系统。

2.1.4　设计优化系统

Goal Driven Optimization：目标驱动优化。

Parameters Correlation：参数相关性研究。

Response Surface：响应面分析。

Six Sigma Analysis：6σ 分析。

2.1.5　File 菜单

New：新建分析。

Open：打开一个 wbpj 文件。

Save：存储当前分析。

Save As：另存当前分析。

Save to Repository：存储到库。

Open From Repository：从库打开。

Send Changes to Repository：将修改发到库。

Get Changes from Repository：从库内取出修改。

Manage Repository Project：库项目管理。

Launch EKM Web Client：启动 EKM 客户端。

Import：导入 WB10/11 文件（wbdb）、材料库文件（xml 或 engd）、网格文件、图形文件等。

Archive：压缩为 wbpz 文件，对于传输动辄几百 MB、甚至上 GB 的 WB 文件非常有用。

Restore Archive：导出压缩文件。

Save to Teamcenter：存储到 Teamcenter。

Scripting：宏。

Export Report：导出 html 报告。

Exit：退出。

说明：

WB 的存盘文件包括主索引文件*.wbpj 和同名文件夹*-files，所有计算文件均放置在该文件夹内，两者必须共同存在，缺一不可。

2.1.6　View 菜单

Refresh：刷新。

Compact Mode：简洁模式。

Reset Workspace：重置工作平台。

Reset Windows Layout：重置布局，这两个重置操作可以快速将 Workbench 主界面恢复到初始状态。

Solution Information：结果信息。

Toolbox：工具箱，对应 2.1.1～2.1.4 节的界面。

Toolbox Customization：定制工具箱。

Project Schematic：项目管理。

Files：文件，可以快速查看整个分析目录下的所有文件。例如找到*.dat 文件，用记事本打开，就是 Workbench 的操作命令流。

OutLine：概要。

Properties：属性，对各个分析条目的属性一一说明，建议打开。

Table：表格。

Chart：图表，在定义材料时，必须勾选打开 OutLine 、Properties、Table 和 Chart 四个选项。

Message：信息。

Progress：进度，在进行计算时，建议打开，方便随时终止。

Sidebar Help：侧边帮助栏。

Show Connection Bundled：显示多项分析的接触连线数值。

Show System Coordinates：显示坐标系。

2.2 功能设置

1. Project Management

设置 WB 启动目录、临时文件目录、启动时是否加载导读对话框及是否加载新闻信息等。其中：

Default Folder for Permanent Files：WB 启动的默认目录，建议改为非系统盘目录。

Folder for Temporary Files：WB 临时文件放置目录，建议改为非系统盘目录。

2. Appearance

设置背景、文字及几何图形的颜色等。其中：

Background Color：设置 WB 背景，可以改变为白色。

Beta Option：打开 β 选项，使用 WB 前一定需要打开。

3. Regional and Language Options

可设置德语、英语、法语、日语四种语言。可以在安装目录\ansys inc\v15\commonfiles\language 找到对应语言目录，并可以在 languagesettings.txt 设置对应的语言。

4. Journals and Logs

设置日志、记录文件目录及相应文件的保留时间。其中：

Journal File Directory 和 Workbench Log Files Directory 一定需要设置为非系统盘目录。

5. Geometry Import

前处理模型导入的相关设置，其中：

Preferred Geometry Editor：可设置 WB 前处理编辑器为 DesignModeler 或 SpaceClaim。

Analysis Type：可设置分析类型为 3D 或 2D。注意 WB 不能进行 3D 与 2D 分析的转换，所以在分析前一定需要在 Properties 里设置 3D 或 2D 分析。

Basic Option-Linebody：可导入线体模型，注意针对参数建模的分析，需要打开此选项。

Material Properties：可以从外部 CAD 模型中读取材料参数。

Parameter：设定 CAD 模型参数与 WB 模型的接口，默认在 CAD 模型参数前面加 DS。

Coordinate Systems：将 CAD 模型建立的坐标系导入到 WB 分析界面。

Import Work Points：将 CAD 模型建立的工作点导入到 WB 分析界面。

Mixed Import Resolution：可导入 CAD 复合模型，如实体与面混合模型或面与线混合模型。

2.3　工程流程图

WB 以工程流程图的形式来处理工程分析，左侧的分析系统、组件、优化设计等都可以加入工程流程图，并建立关联，使之描述整个分析流程及使用 WB 各项功能。如图 2-3-1 所示，

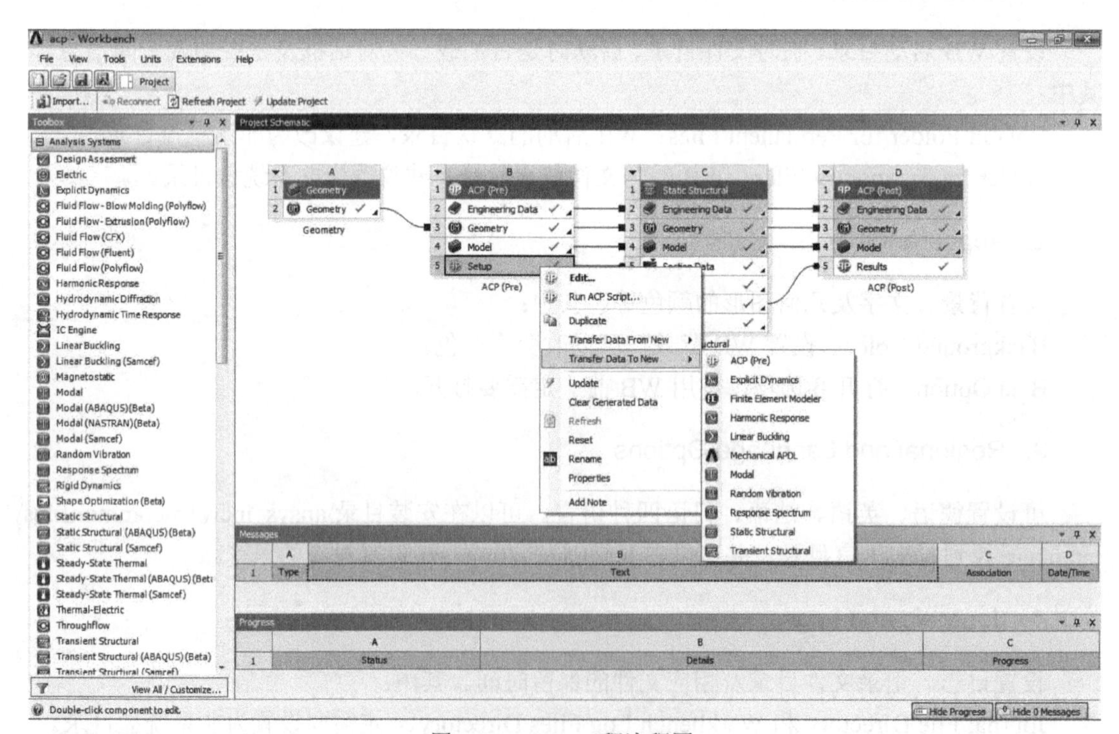

图 2-3-1　WB 工程流程图

图中的关联线就是 WB 相比其他软件的优势特点之一。建立关联有 3 种方法。第一种方法：按住鼠标左键，将模块拖拉到前一处模块位，会出现一个或多个绿色的方框，松开鼠标左键即建立关联。第二种方法：先将各模块依次摆放，然后按住鼠标左键，将模块下的某一栏（如 A2）拖拉到需要关联的某一栏（如 B3），松开鼠标左键即建立关联。第三种方法：用鼠标右键点击某一栏（如 B5），在出现的菜单中点击 Transfer Data From New 或 Transfer Data To New，即可向前或向后建立关联。这 3 种方法各有操作特点，读者需要根据实际分析具体采用。

2.4 ACT 插件

ACT 是 Application Customization Toolkit 的缩写。WB 从 14.5 版本之后即有此插件功能，插件为用户提供了一些工具，可以很方便地解决在 WB 界面里需要插入 Command 或繁琐操作才能处理的问题。下面的 ACT 实例以 WB 15.0 为例。

如图 2-4-1 所示，调用某个 ACT 插件时，需要在插件前面的 Loaded 处打勾。

Extensions Manager

Loaded	Extensions	Type	Version
☐	ACT_Matlab_Optim_DX_R150_v1	Binary	1.0
☐	BeamEndRelease	Binary	1.2
☐	BeamResultsViewer	Binary	1.2
☐	DDAM	Binary	2.0
☐	DistributedMass	Binary	2.0
☐	DMUtility	Binary	2.0
☐	EnforcedMotion	Binary	1.0
☐	ExtAcoustics	Binary	150.44
☐	ExtCF_Elements	Binary	150.3
☐	ExtConvection	Binary	150.4
☐	ExtDiffusion	Binary	3.0
☐	ExtHydrostaticFluid	Binary	150.8
☐	ExtPiezo	Binary	150.8
☐	FEInfo	Binary	9.0
☐	FollowerLoads	Binary	2.0
☐	freqdampharm	Binary	150.1
☐	FSI_transient	Binary	4.0
☐	HotKeys	Binary	1.1
☐	IronPythonConsole	Scripted	1.0
☐	jspycommands	Binary	1.0
☐	Lin_Stress_R150_v1	Binary	1.0
☐	matchange	Binary	1.0
☐	Moving_Heat	Binary	2.0
☐	NLDIAG	Binary	1.2
☐	NonLinearSpring	Binary	150.1
☐	Offshore	Binary	5.0
☐	Pressure Vessels_ Automatic Paths Creation	Binary	150.2
☐	UPF	Binary	1.0
☐	WindLoad_APDL	Binary	1.0

Search... Close

图 2-4-1 ACT 插件管理器

（1）以 FEInfo ACT 插件为例，进入分析界面可以看到新增一工具条，如图 2-4-2 所示的方框。

首先使用 WB 默认的一些有关有限元模型的操作。点击 View→Annotation Preferences，如图 2-4-3 设置，即可看到整个模型的节点编号。如图 2-4-4 依次点击，可以看到单个节点的详细信息（包括节点相对于坐标系的位置及节点编号）。

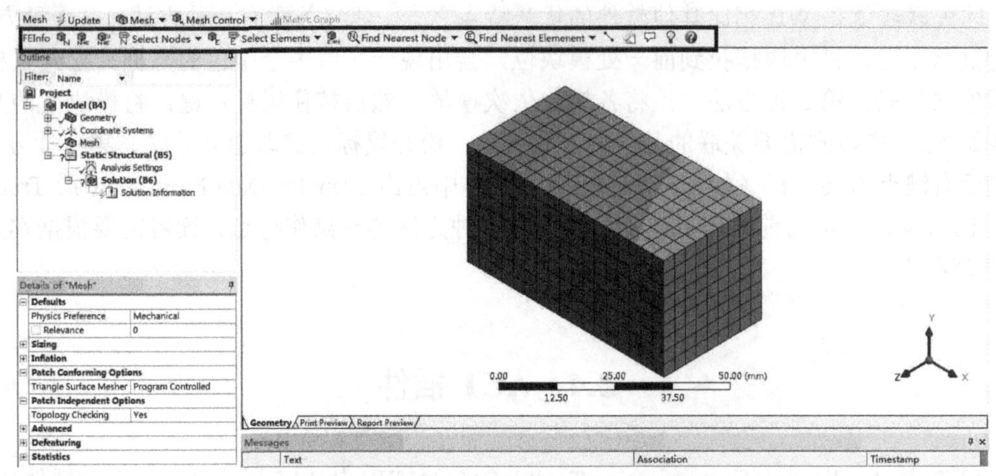

图 2-4-2　插入 FEInfo ACT 的分析界面

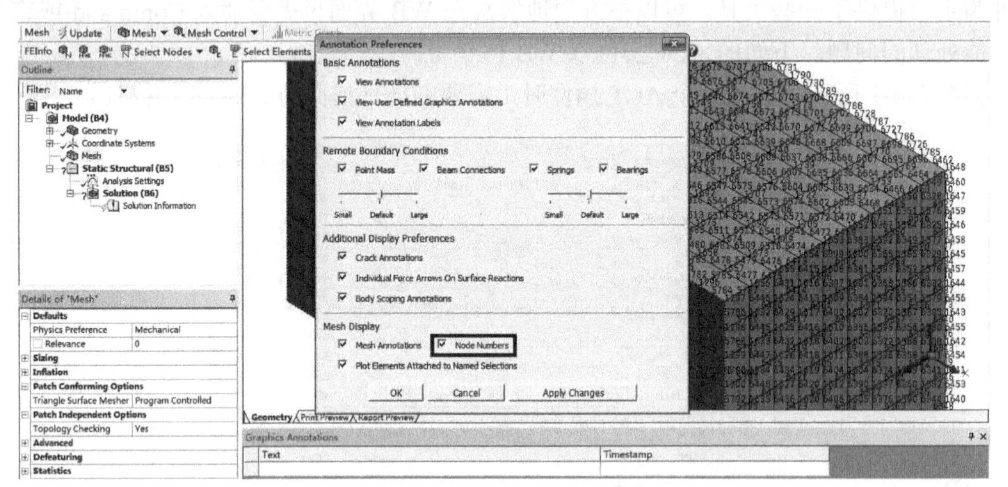

图 2-4-3　显示节点编号设置

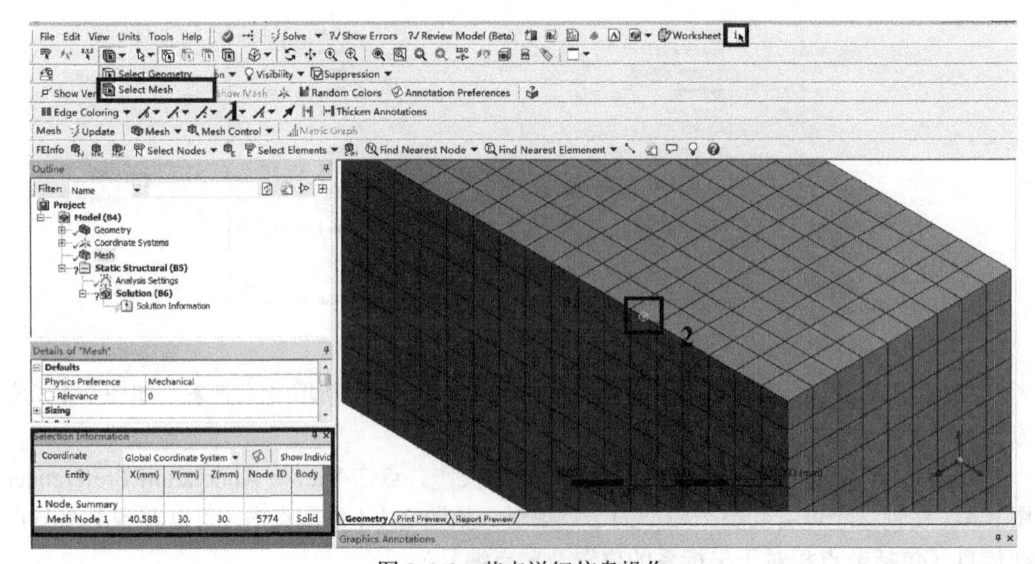

图 2-4-4　节点详细信息操作

再使用 ACT 功能。如图 2-4-5 依次点击，其中 2～6 步需要按住 Ctrl 键，可以看到点选的节点坐标位置和节点编号；如图 2-4-6 点击，可以看到与点选节点相邻的单元位置和编号。类似操作，在相应菜单位置可以用编号（格式：编号，编号-编号）、坐标位置、txt 文档（内容：编号，编号，……例如：1，2，3，20）查找节点和单元；同时可以测量两节点或单元的距离，这对收敛计算的估计非常有帮助。

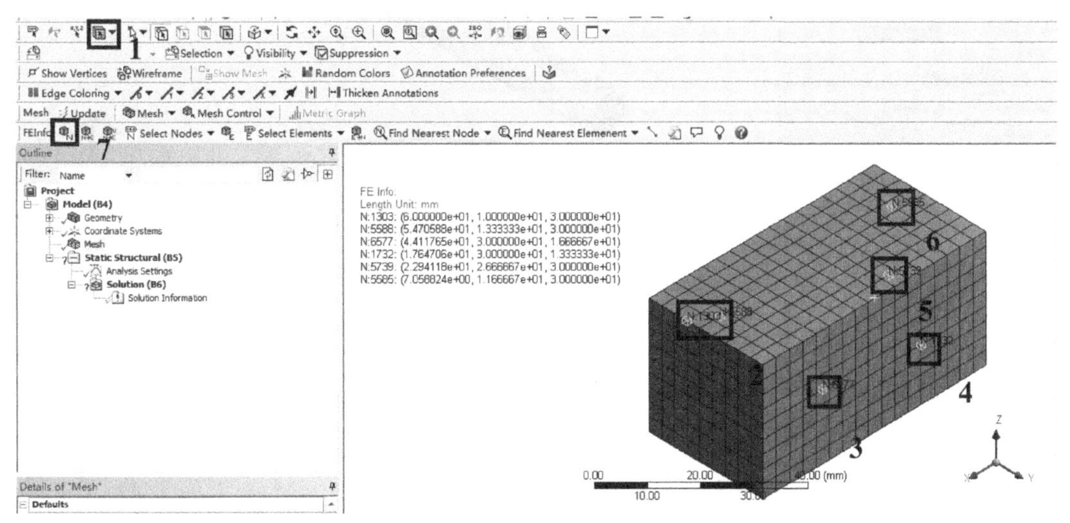

图 2-4-5 FEInfo 节点选择操作

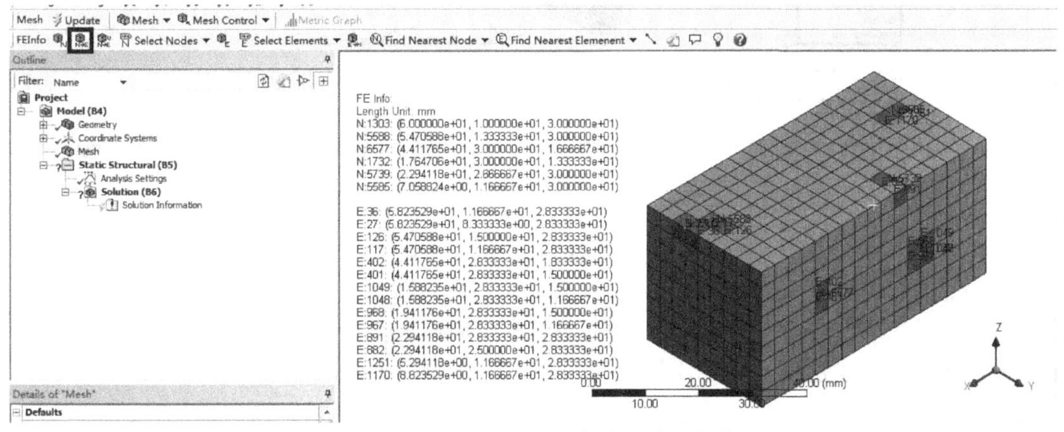

图 2-4-6 FEInfo 节点相邻单元选择操作

注意

插入的 txt 文档必须采用英文目录，同时文档中编号之间的逗号必须为英文字符。

（2）以 WindLoad_APDL ACT 插件为例。建立一圆台模型，进入分析界面可以看到新增一工具条，如图 2-4-7 所示的方框。根据建筑结构载荷规范，结构件依照不同的高度，风载荷会发生变化，计算的效果以风载的水平剪切作用为目的。

建立一坐标系，坐标系的原点为风载加载的起点，X 方向为风载方向，Z 方向为风载高度方向，如图 2-4-8 所示。

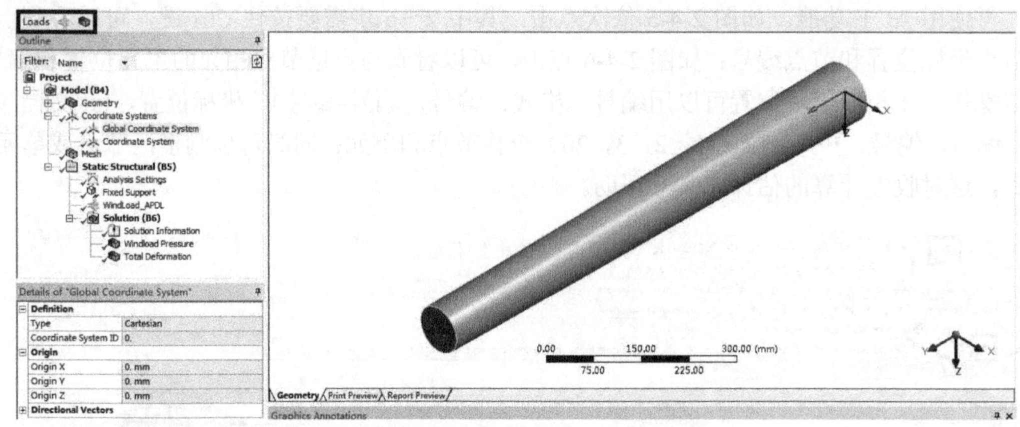

图 2-4-7　插入 WindLoad_APDL　ACT 的分析界面

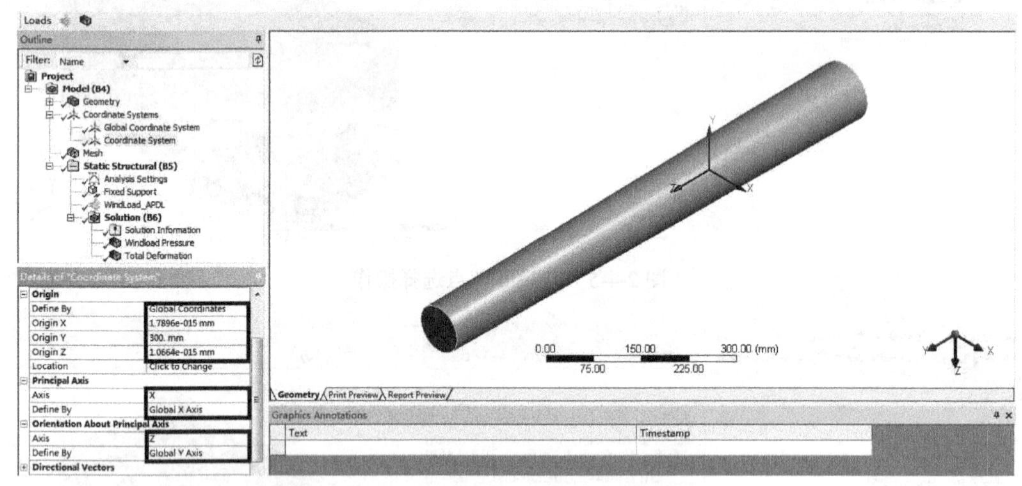

图 2-4-8　新建一坐标系设置界面

载荷加载如图 2-4-9 所示，依据风载计算公式 $F_d = \frac{1}{2}\rho v^2 A C_d$（式中，$F_d$ 为风载荷，ρ 为空气密度，v 为风速，A 为风载载荷面积，C_d 为牵引系数）可知，风载与空气密度有关。因此，一定要设置环境温度，因为不同温度对应的空气密度不同。

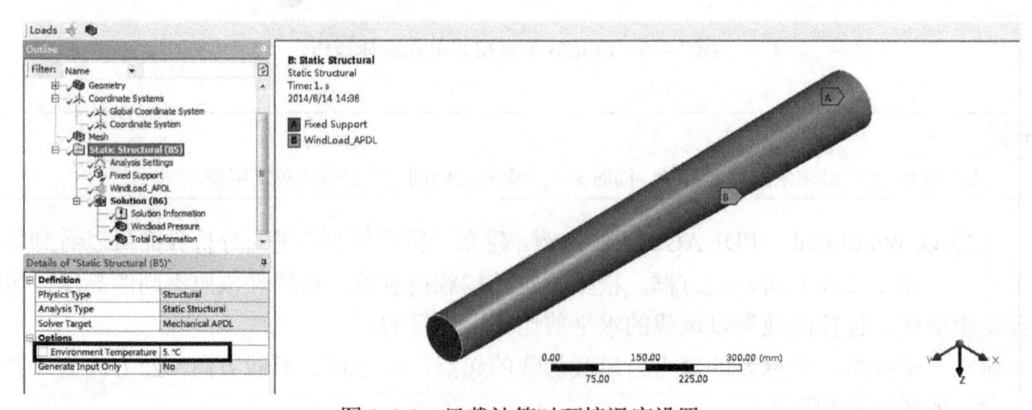

图 2-4-9　风载计算时环境温度设置

WindLoad_APDL 设置如图 2-4-10 所示。图中 1 为风载加载面，2 为图 2-4-8 新建的坐标系，3 可选择定值或梯度风载，4 选择风载方向和高度，5 定义风速，6 定义空气密度，7 定义形状因子。

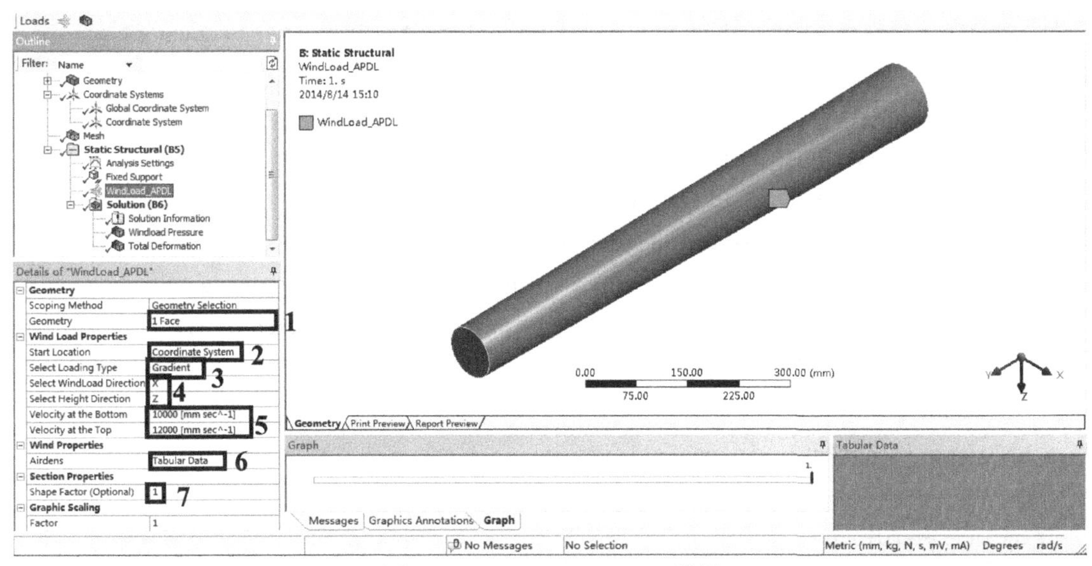

图 2-4-10 WindLoad_APDL 设置

计算结果如图 2-4-11 所示。

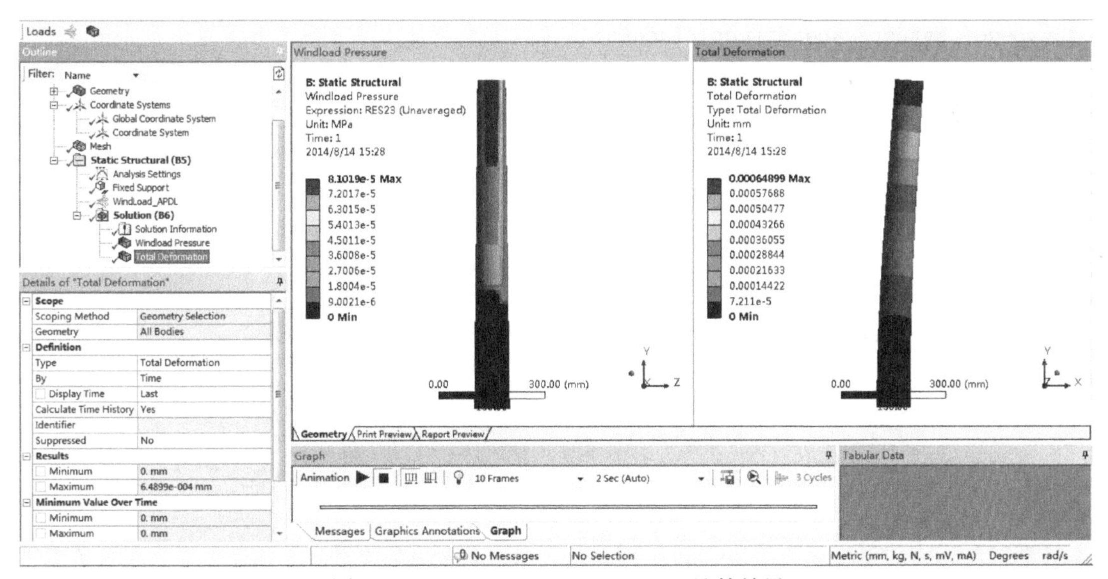

图 2-4-11 WindLoad_APDL ACT 计算结果

ACT 作为插件不仅扩展了 WB 的内部功能，同时还作为接口与 WB 的外部程序建立关联，例如，TOSCA、EDEM、PDF 等软件都开发了与 WB 关联的 ACT 接口程序。

（3）C 程序。用于将 FE 模型转换成 stl 文件。（注：ANSYS17.0 已经可以直接用右键导出，之前版本只能用组件系统下的 Finite Element Modeler 模块进行处理。）

主程序：

```
/*
--------------------------------------------------------------------------
  Simple program that takes the nodes and elements from the surface of an
ANSYS FE model and converts it to a binary STL file.
  USAGE:
     Create and ANSYS surface mesh one of two ways:
          1: amesh the surface with triangles
          2: esurf an existing mesh with triangles
          Write the triangle surface mesh out with nwrite/ewrite
      Run ans2stl with the rootname of the *.node and *.elem files as the only argument
      This should create a binary STL file
  COMPILE:
      gcc -o ans2stl_win ans2stl_win.c
--------------------------------------------------------------------------*/
#include <stdio.h>
#include <stdlib.h>
#include <string.h>
typedef struct vertStruct *vert;
typedef struct facetStruct *facets;
typedef struct facetListStruct *facetList;

        int     ie[8][999999];
        float   coord[3][999999];
        int    np[999999];
struct vertStruct {
  float    x,y,z;
  float    nx,ny,nz;
  int  ivrt;
  facetList    firstFacet;
};
struct facetListStruct {
  facets    facet;
  facetList next;
};
struct facetStruct {
  float   xn,yn,zn;
  vert    v1,v2,v3;
```

```
};
facets theFacets;
vert   theVerts;
char   stlInpFile[80];
float  xmin,xmax,ymin,ymax,zmin,zmax;
float   ftrAngle;
int    nf,nv;
void swapit();
void readBin();
void getnorm();
long readnodes();
long readelems();
/*--------------------------------*/
main(argc,argv)
     int argc;
     char *argv[];
{
  char nfname[255];
  char efname[255];
  char sfname[255];
  char s4[4];
  FILE    *sfile;
  int nnode,nelem,i,i1,i2,i3;
  float    xn,yn,zn;
  if(argc <= 1){
          puts("Usage:  ans2stl file_root");
          exit(1);
  }
  sprintf(nfname,"%s.node",argv[1]);
  sprintf(efname,"%s.elem",argv[1]);
  sprintf(sfname,"%s.stl",argv[1]);
  nnode = readnodes(nfname);
  nelem = readelems(efname);
  nf = nelem;
  sfile = fopen(sfname,"wb");
  fwrite("PADT STL File, Solid Binary",80,1,sfile);
  swapit(&nelem,s4);    fwrite(s4,4,1,sfile);
   for(i=0;i<nelem;i++){
```

```
        i1 = np[ie[0][i]];
        i2 = np[ie[1][i]];
        i3 = np[ie[2][i]];
        getnorm(&xn,&yn,&zn,i1,i2,i3);
        swapit(&xn,s4);     fwrite(s4,4,1,sfile);
        swapit(&yn,s4);     fwrite(s4,4,1,sfile);
        swapit(&zn,s4);     fwrite(s4,4,1,sfile);

        swapit(&coord[0][i1],s4);     fwrite(s4,4,1,sfile);
        swapit(&coord[1][i1],s4);     fwrite(s4,4,1,sfile);
        swapit(&coord[2][i1],s4);     fwrite(s4,4,1,sfile);

        swapit(&coord[0][i2],s4);     fwrite(s4,4,1,sfile);
        swapit(&coord[1][i2],s4);     fwrite(s4,4,1,sfile);
        swapit(&coord[2][i2],s4);     fwrite(s4,4,1,sfile);

        swapit(&coord[0][i3],s4);     fwrite(s4,4,1,sfile);
        swapit(&coord[1][i3],s4);     fwrite(s4,4,1,sfile);
        swapit(&coord[2][i3],s4);     fwrite(s4,4,1,sfile);
        fwrite(s4,2,1,sfile);
    }
    fclose(sfile);
      puts(" ");
    printf("  STL Data Written to %s.stl \n",argv[1]);
      puts("  Done!!!!!!!!!");
    exit(0);
}
void  getnorm(xn,yn,zn,i1,i2,i3)
    float *xn,*yn,*zn;
    int   i1,i2,i3;
{
    float v1[3],v2[3];
    int   i;

               for(i=0;i<3;i++){
        v1[i] = coord[i][i3] - coord[i][i2];
        v2[i] = coord[i][i1] - coord[i][i2];
      }
```

```
    *xn = (v1[1]*v2[2]) - (v1[2]*v2[1]);
    *yn = (v1[2]*v2[0]) - (v1[0]*v2[2]);
    *zn = (v1[0]*v2[1]) - (v1[1]*v2[0]);
}
long readelems(fname)
        char    *fname;
{
        long num,i;
        FILE *nfile;
        char    string[256],s1[7];

        num = 0;
        nfile = fopen(fname,"r");
    if(!nfile){
        puts(" error on element file open, bye!");
        exit(1);
      }
        while(fgets(string,86,nfile)){
          for(i=0;i<8;i++){
            strncpy(s1,&string[6*i],6);
            s1[6] = '\0';
            sscanf(s1,"%d",&ie[i][num]);
          }
          num++;
        }

        printf("Number of element read: %d\n",num);
        return(num);
}

long readnodes(fname)
        char    *fname;
{
        FILE    *nfile;
        long     num,typeflag,nval,ifoo;
        char    string[256];
```

```
        num = 0;
        nfile = fopen(fname,"r");
        if(!nfile){
            puts(" error on node file open, bye!");
            exit(1);
        }
        while(fgets(string,100,nfile)){
          sscanf(string,"%d ",&nval);
          switch(nval){
            case(-888):
                typeflag = 1;
            break;
            case(-999):
                typeflag = 0;
            break;
            default:
                np[nval] = num;
                if(typeflag){
                        sscanf(string,"%d %g %g %g",
                           &ifoo,&coord[0][num],&coord[1][num],&coord[2][num]);
                }else{
                        sscanf(string,"%d %g %g %g",
                           &ifoo,&coord[0][num],&coord[1][num],&coord[2][num]);
                        fgets(string,81,nfile);
                }
num++;
            break;
        }

        }
        printf("Number of nodes read %d\n",num);
        return(num);


}
/* A Little ditty to swap the byte order, STL files are for DOS */
void swapit(s1,s2)
     char s1[4],s2[4];
```

```
{
  s2[0] = s1[0];
  s2[1] = s1[1];
  s2[2] = s1[2];
  s2[3] = s1[3];
}
```

测试实例：

```
/*=======================================================


   SAMPLE ANSYS INPUT DECK THAT SHOWS USAGE
finish
/clear
/file,a2stest
/PREP7
!----------
! Build silly geometry
BLC4,-0.6,0.35,1,-0.75,0.55
SPH4,-0.8,-0.4,0.45
CON4,-0.15,-0.55,0.05,0.35,0.55
VADD,all
!------------------------
! Mesh surface with non-solved (MESH200) triangles
et,1,200,4
MSHAPE,1,2D    ! Use triangles for Areas
MSHKEY,0       ! Free mesh
SMRTSIZE,,,,,5
AMESH,all
!----------------------
! Write out nodes and elements
nwrite,a2stest,node
ewrite,a2stest,elem
!--------------------
! Execute the ans2stl program
/sys,ans2stl_win.exe a2stest

======================================================= */
```

2.5　Windows 界面相应操作

一般有限元软件都基于 Windows 平台操作，读者对 Windows 的操作能力也不尽相同，这里简要介绍一些 ANSYS 软件相关的 Windows 操作，以便读者可以更快更好地使用 ANSYS 软件。

2.5.1　Administrator 用户定义

ANSYS 软件的各级菜单都需要以 Administrator 用户身份才能正常运行。如图 2-5-1 所示，用鼠标右键单击程序，在出现的菜单中选择“以管理员身份运行”。如果觉得每次都需要这样操作比较麻烦，可以采用下列两种方法。

图 2-5-1　管理员身份打开程序

（1）恢复 Administrator 用户。Windows 高版本都隐藏 Administrator 用户以保证系统安全。在保证计算机安全的前提下，右键点击“计算机”图标，再点击“管理”菜单。如图 2-5-2 所示，选择“本地用户和组”→“用户”→“Administrator”，在 Administrator 属性菜单中将“账户已禁用”勾选去掉，即恢复使用 Administrator 用户，然后以 Administrator 用户登录即可。

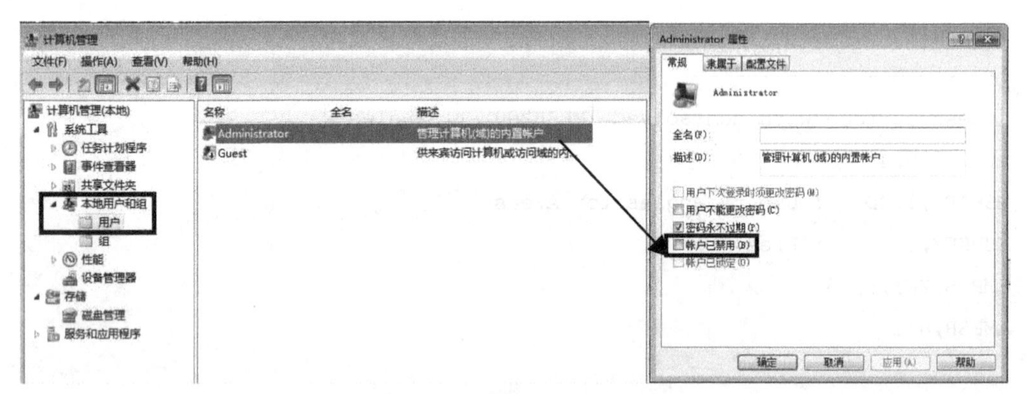

图 2-5-2　恢复 Administrator

（2）如果不想恢复 Administrator 用户，可以用鼠标右键单击程序，在出现的菜单中选择“属性”，如图 2-5-3 在“兼容性”处勾选“以管理员身份运行此程序”即可。

2.5.2　文件名定义

WB 内部虽然可以使用中文对零件命名，但文件传递时仍不支持中文系统，所以不推荐使用中文。特别是文件存储时，一定不能放置到桌面，这是因为国内使用的 Windows 系统都是中文版，桌面其实为中文目录。

另外，Windows 系统默认隐含文件的扩展名，这对查看 WB 目录下的文件非常不方便，所以需要显示文件的扩展名。如图 2-5-4 所示，点击“组织”→文件夹和搜索选项”→“查看”，将“隐藏已知文件类型的扩展名”勾选去除。

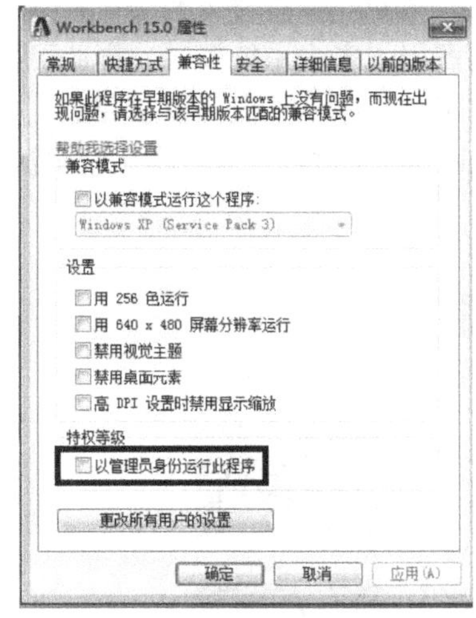

图 2-5-3　以管理员身份运行此程序

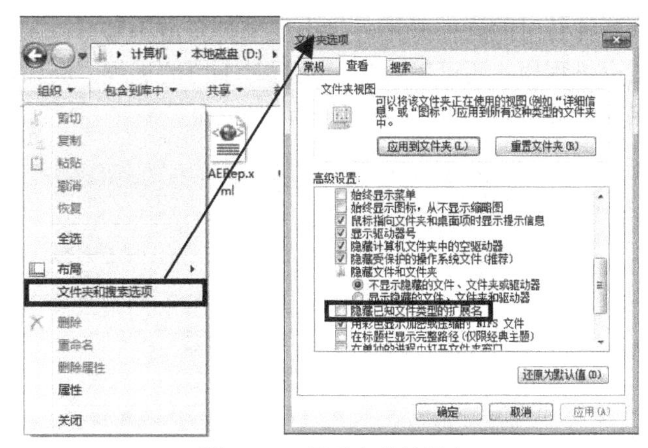

图 2-5-4　显示文件扩展名

2.5.3　环境变量定义

CAE 软件安装时往往需要定义环境变量，环境变量是在操作系统中用于指定应用程序将使用到的信息。例如，指定 Windows 的 Path 环境变量，当要求系统运行一个程序而没有说明其程序所在的完整路径时，系统除了在当前目录下面寻找此程序外，还会到 Path 中指定的路径去寻找；除了指定路径以外，还有根据内部命令设置以解释程序 Command 运行。CAE 用户通过设置环境变量，可以更好地运行进程。具体设置如图 2-5-5 所示，右键点击“计算机”图标，再点击“属性”→“高级”→“环境变量”菜单。

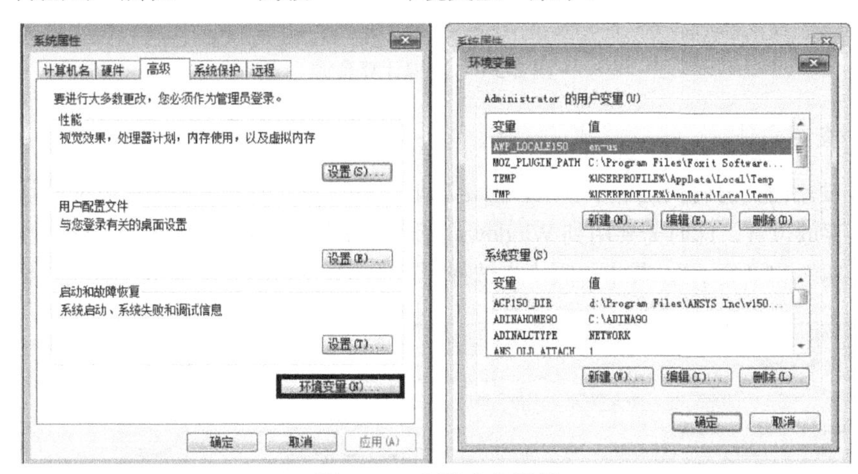

图 2-5-5　环境变量设置

2.5.4　监视计算资源

CAE 分析时，计算速度和完成时间是所有使用者最关心的问题。当然，一台硬件超级优越的电脑有助于提高使用者的信心，但是现在计算规模越来越大，使用者都希望随时监控电脑的 CPU、内存、硬盘使用情况，以便及时处理各种突发事件并对完成时间进行预估。

在 Windows 任何界面下同时按住 Ctrl+Alt+Delete 键启动“任务管理器”，点击“性能”→“资源监视器”，如图 2-5-6 所示。在此界面可以查看 CPU、磁盘、内存等分布情况，其对系统消耗资源的监控是以进程为单位，并说明每个进程分别占用了多少系统资源，据此可以判断计算时的硬件开销。当出现硬件资源不够时，右键点击某个程序，不仅可以结束进程、结束进程树，还可以挂起一些暂时不用的进程，例如，挂起 explorer 进程，以节约系统资源，保证计算所需。

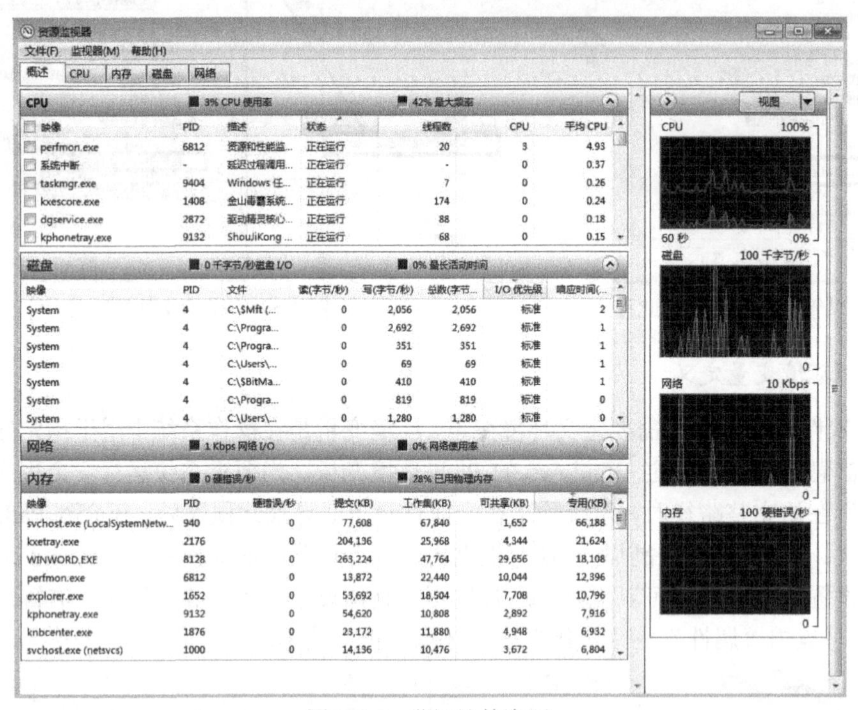

图 2-5-6　监视计算资源

2.5.5　查找文件

在 WB 使用时，有时只是点了存盘，但是忘记存放目录；或者需要调用以前的计算文件，但是忘记了其存放位置。此时需要用到 Windows 的查找功能。如图 2-5-7 所示，点击查找图标，定义“修改日期”和“大小”，其中“大小”选择“巨大（>128MB）”，即可快速查找到目标文件。

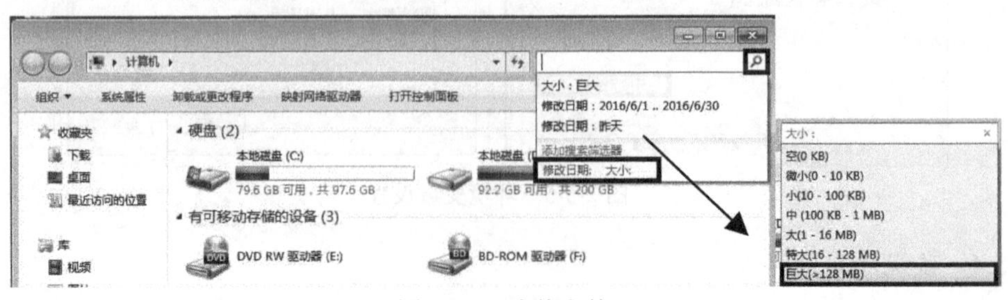

图 2-5-7　查找文件

2.5.6 鼠标的应用

WB 的鼠标操作与 Windows 操作完全一致，正因如此，WB 存在一些鼠标操作技巧。

如图 2-5-8 所示，在菜单左上角区域双击鼠标左键，即可关闭此窗口；在菜单顶端中部区域双击鼠标左键，可以调换窗口大小。同理，在 WB 任何菜单中，都可以按上述方法关闭窗口和恢复窗口尺寸及位置。这对于 WB 用户来说，如果调乱了窗口界面，用此方法远比 Reset 恢复窗口要快速得多。

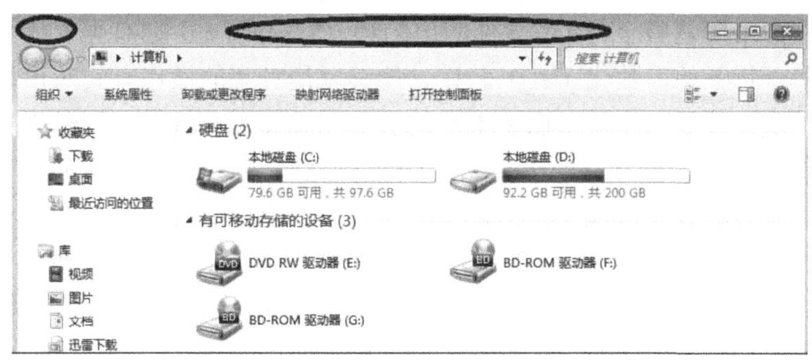

图 2-5-8 快速关闭或恢复窗口

第3章　Workbench 建模

Workbench 的前处理工具为 DesignModeler 和 SpaceClaim。其中 SpaceClaim 被 ANSYS 收购后，势必在未来影响整个 CAE 软件应用趋势。SpaceClaim 拥有强大的直接建模技术，它不同于其他基于特征的参数化 CAD 软件，能够以最直观的操作方式对模型进行编辑；还具有强大的数据交换功能，支持市面上主流的所有三维 CAD 软件；同时具有高智能的模型修改和清理功能，可以为后续 CAE 分析、快速原型和 3D 打印提供简化而准确的模型。SpaceClaim 软件的详细介绍不属于本书范围，读者可以自行学习。

很多读者都已经有丰富的三维 CAD 软件经验，认为进行分析完全没必要使用 DesignModeler，只要把模型用中间接口或图形接口导入即可。其实这是一种极端错误的想法。很多时候导入的模型需要二次处理，例如，增加映射面，添加流体域，三维实体抽壳，模型简化修复等，这时用 DesignModeler 就简便得多，同时 DesignModeler 的三维建模能力也非常强，能胜任大多数实体模型的建模工作。

主界面点击组件系统的 Geometry 图标，即可进入 DesignModeler（以下简称 DM）界面，如图 3-0-1 所示。首先需要设置单位，如图 3-0-2 所示。其中长度和角度单位不用赘述，注意其中的 Large Model Support 开关，当模型的最大长度尺寸为模型截面尺寸的上千倍时，则需要打开此开关，否则无法建模。DM 的常用操作与一般三维软件类似，这里也不一一叙述，后续章节会有相关 DM 建模的操作。本章重点叙述四部分：映射面的定义；概念建模；体操作；特殊功能。

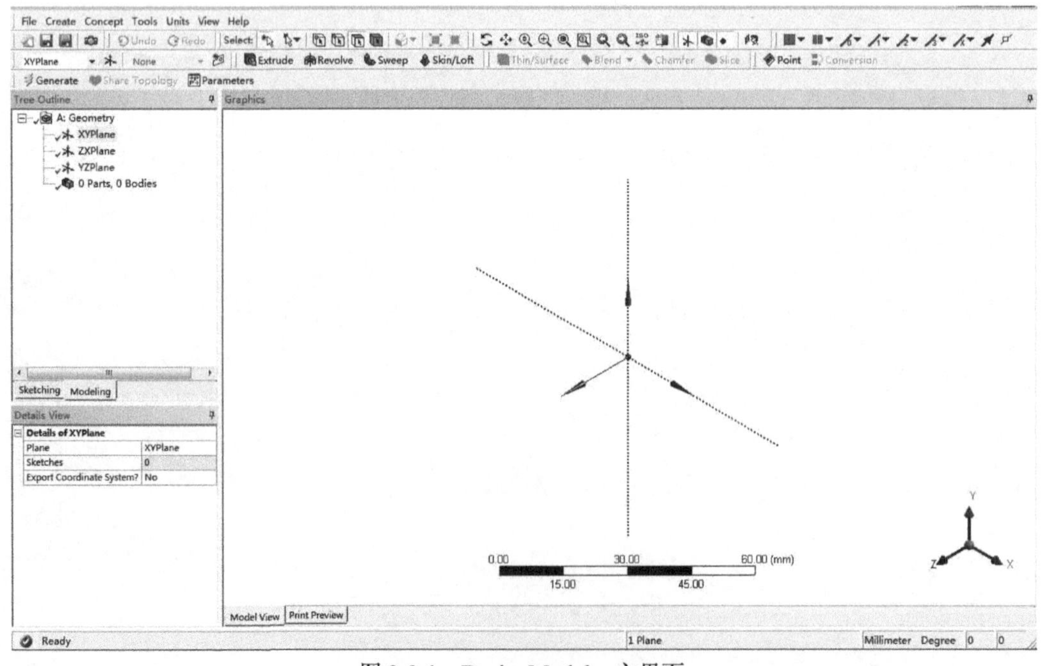

图 3-0-1　DesignModeler 主界面

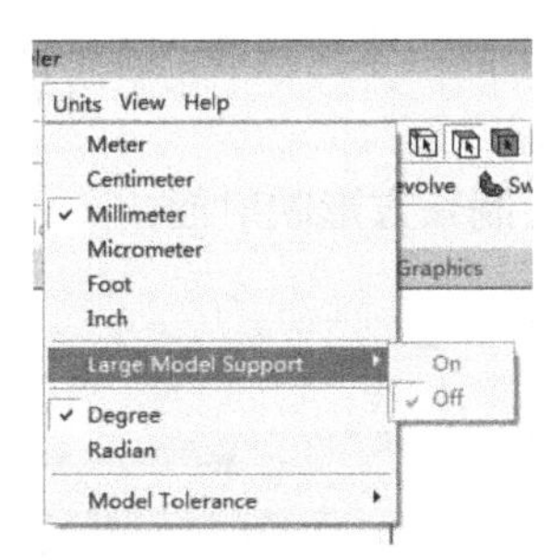

图 3-0-2 DesignModeler 的单位设置窗口

3.1 Imprint Faces（映射面）定义

Imprint Faces 定义可以保证在物体的局部区域加载载荷，局部区域分为线、平面、圆弧面和曲面。下面一一介绍操作步骤。

> **注意**
>
> 14.5 版本以后 Imprint Faces 菜单一般需要 Unfreeze 后，方可调用。

3.1.1 平面映射（含线映射）

平面映射是最基本也是最常用的。线映射的操作方法与之类似，不再单独介绍。实例基于一长方体，在某个平面建立长方形映射面。长方体模型如图 3-1-1 所示，初学者可以在 Tree OutLine 看到建模流程，自行建模操作。

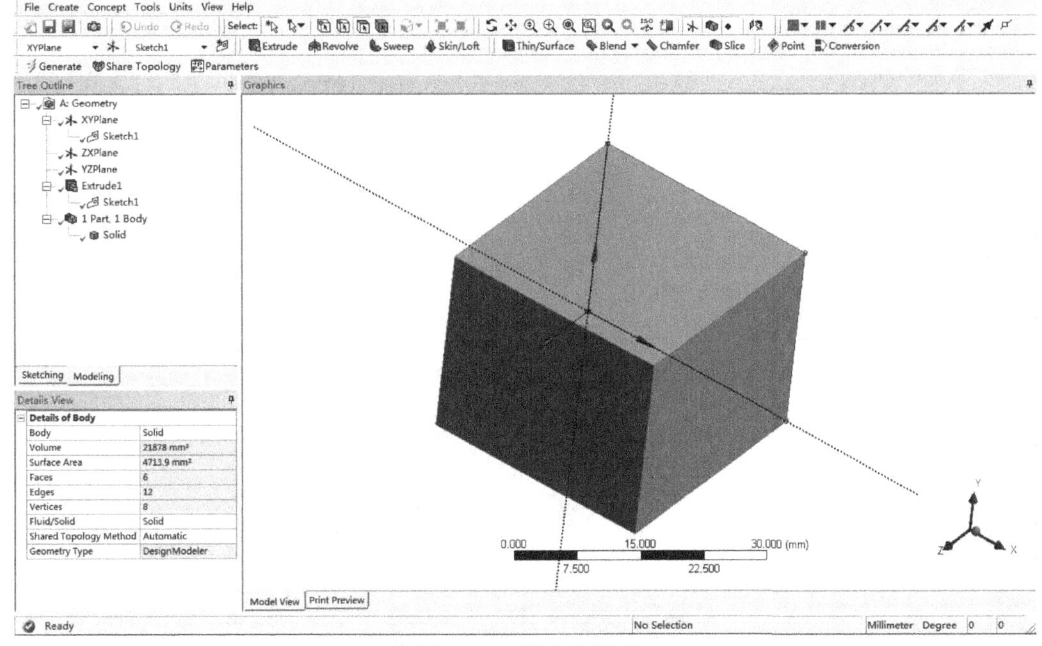

图 3-1-1 长方体模型

平面映射添加步骤：

（1）选择需要添加映射面的平面，本例选择 YZ 平面 YZPlane；

（2）点击，正视 YZ 平面；

（3）如图 3-1-2 依次点击，绘制长方形映射面；

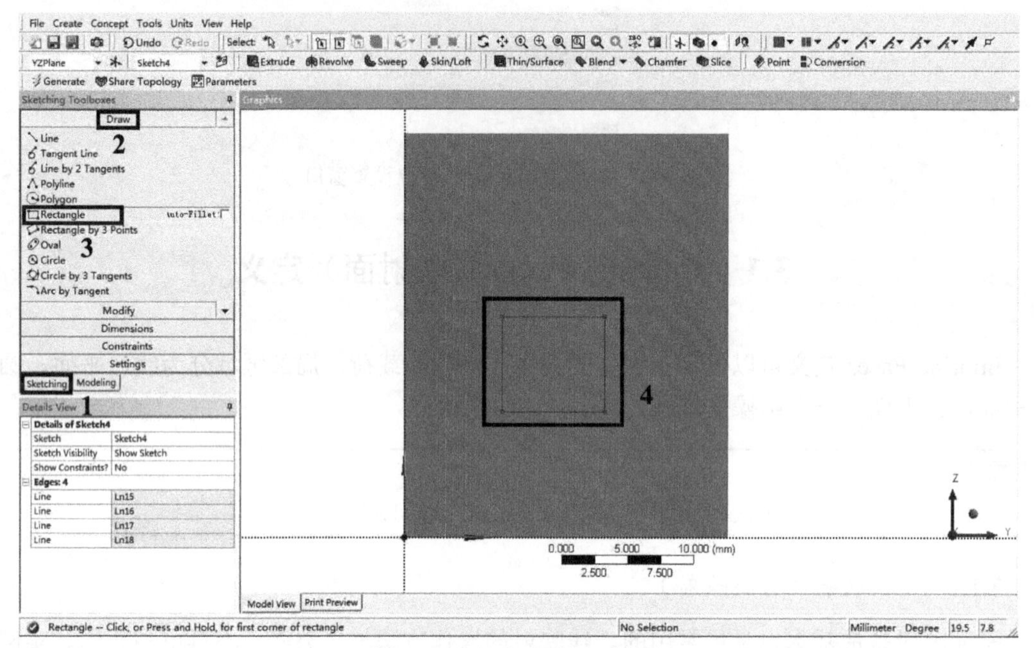

图 3-1-2　长方形映射面绘制

（4）如图 3-1-3 依次点击，确定映射面尺寸；

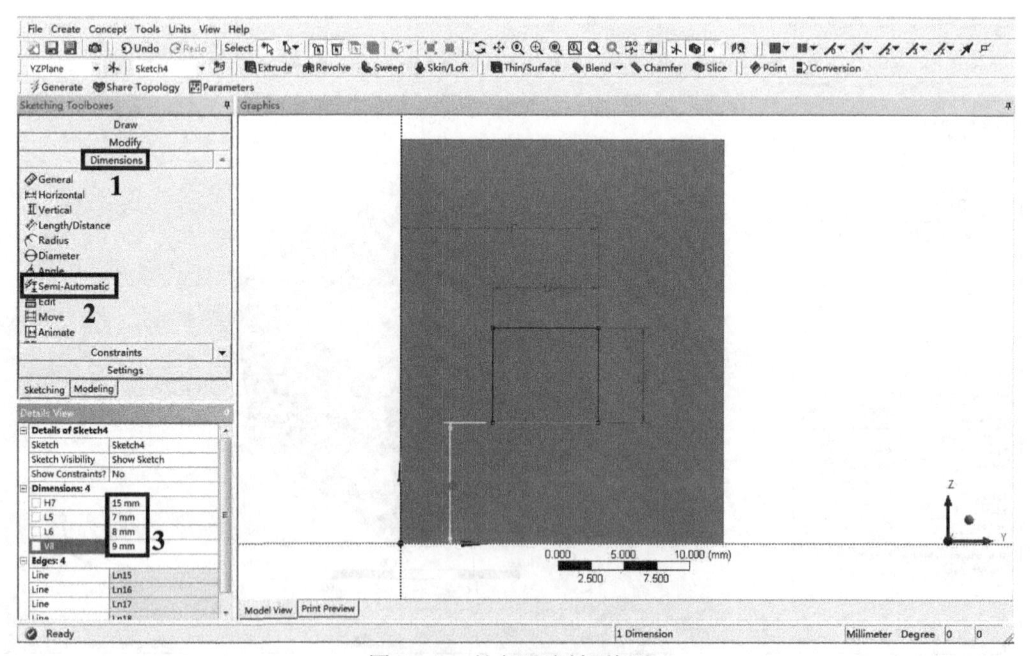

图 3-1-3　长方形映射面标注

（5）如图 3-1-4 依次点击，最后产生平面映射面。

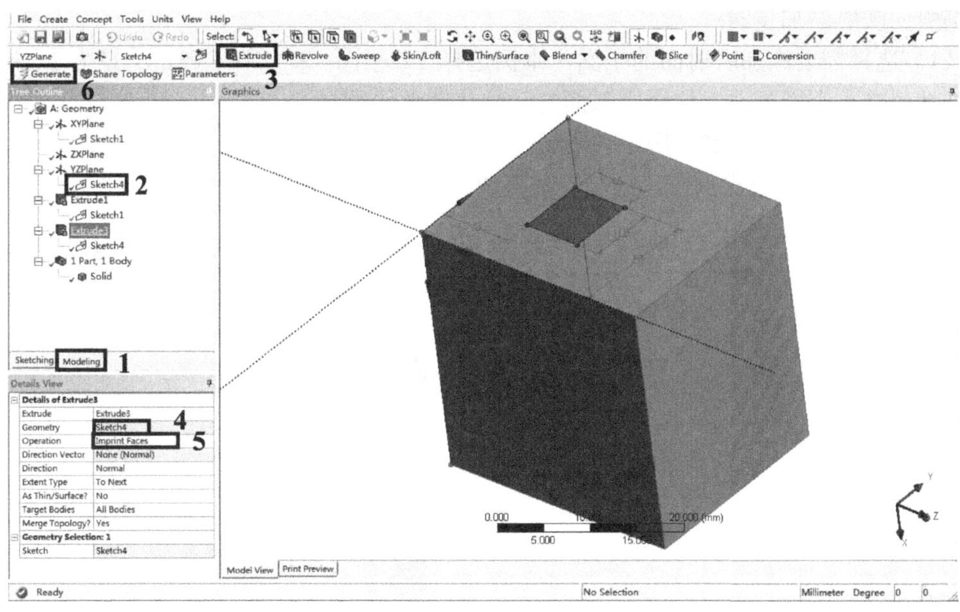

图 3-1-4 产生平面映射面

> **小技巧**
>
> 本例三维模型中可以看到映射面的草绘样式，可以在任一 Sketch 处点击右键，选择 Show Sketch 或 Hide Sketch，即可选择是否显示草绘样式。建议在建模过程中选择 Show Sketch。

3.1.2 圆弧面映射

圆弧面映射常用于轴上轴承位或轮系位加载。实例基于一圆柱体，在柱面上建立圆弧映射面。圆柱体模型如图 3-1-5 所示，初学者可以在 Tree OutLine 看到建模流程，自行建模操作。

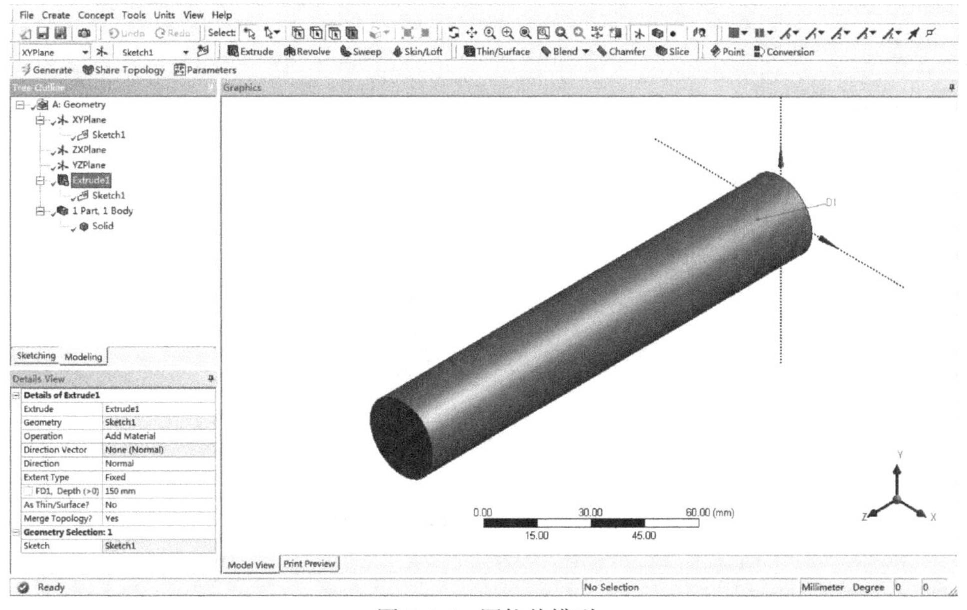

图 3-1-5 圆柱体模型

圆弧面映射添加步骤：

（1）选择需要添加映射面的平面，本例选择 YZ 平面 YZPlane （目的是为了通过一根直线旋转建立一个圆弧面，这个圆弧面与圆柱体圆弧面重合）；

（2）点击 ，正视 YZ 平面；

（3）如图 3-1-6 依次点击，绘制一条直线；

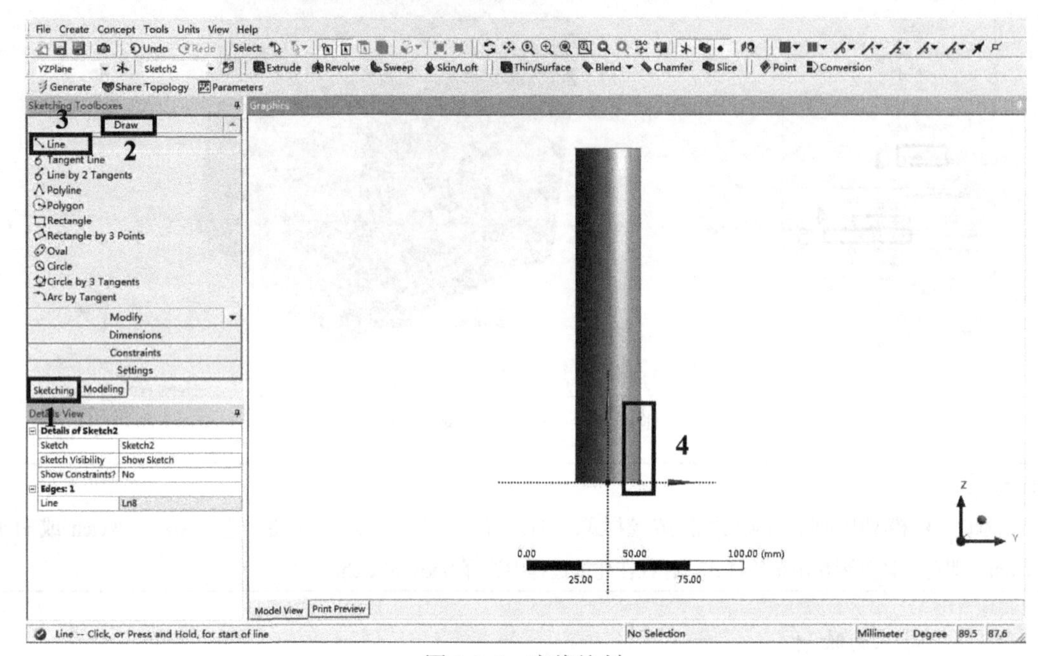

图 3-1-6　直线绘制

（4）如图 3-1-7 依次点击标注，保证直线与圆柱体外圆弧面重合；

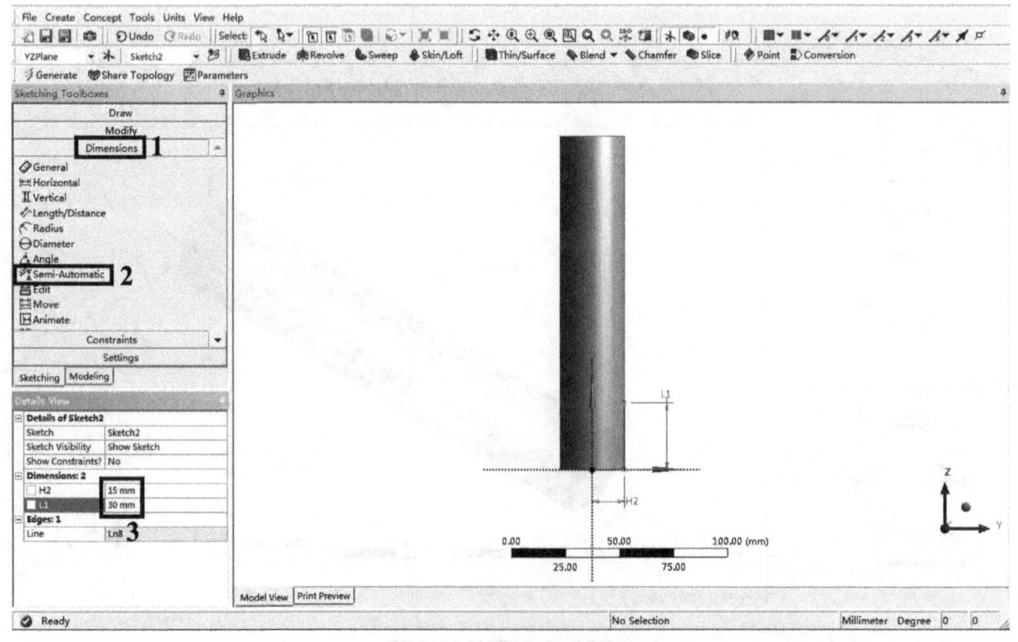

图 3-1-7　直线尺寸标注

（5）如图 3-1-8 依次点击，最后产生圆弧映射面。

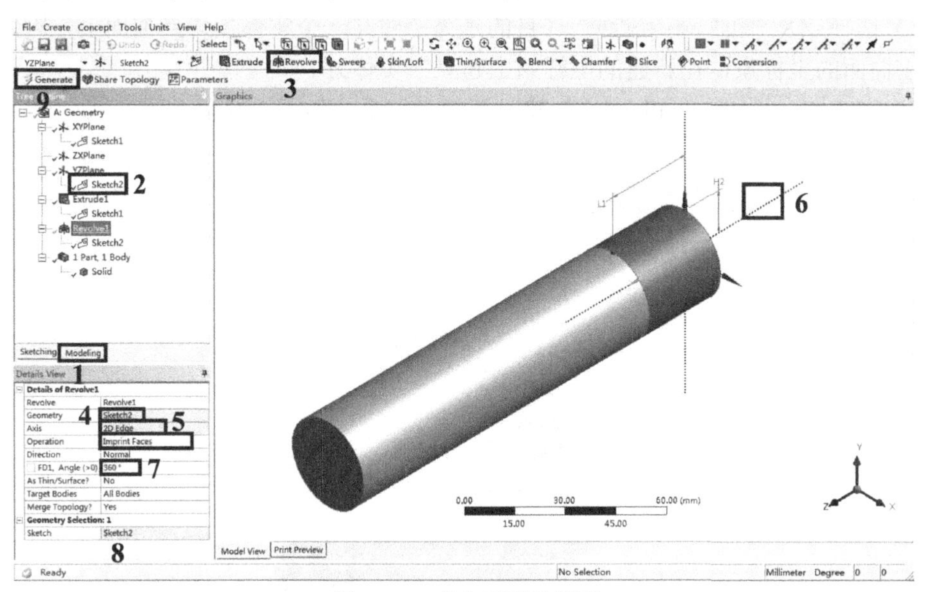

图 3-1-8　产生圆弧映射面

注意

上例操作图 3-1-8 中第 6 步为选择旋转轴，可以在图形区选择，也可以在 Tree OutLine 选择坐标轴。

3.1.3　曲面映射

当模型存在复杂曲面时，有时需要在曲面上加载局部载荷，这时就需要用到曲面映射。实例基于一带任意曲面的实体，在曲面上建立曲面映射面。任意曲面实体模型如图 3-1-9 所示，初学者可以在 Tree OutLine 看到建模流程，自行建模操作。

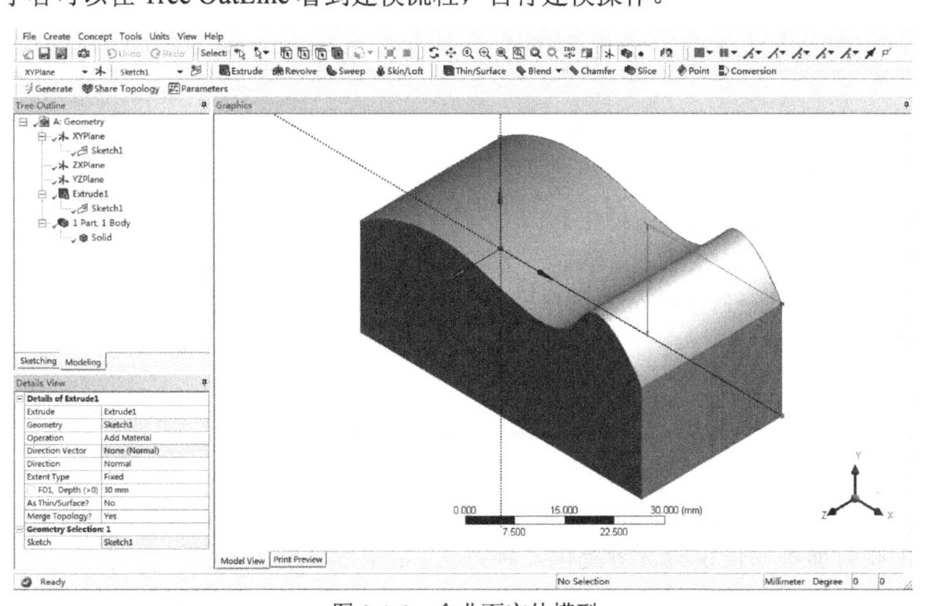

图 3-1-9　含曲面实体模型

曲面映射添加步骤：

（1）选择 ZX 平面 ZXPlane（目的是为了建立一个实体投影到曲面上，因此需要新建一高于曲面的坐标系，在新建的坐标系上建立一实体）；

（2）点击 Create→New Plane，创建一新的坐标系，如图 3-1-10 设置；

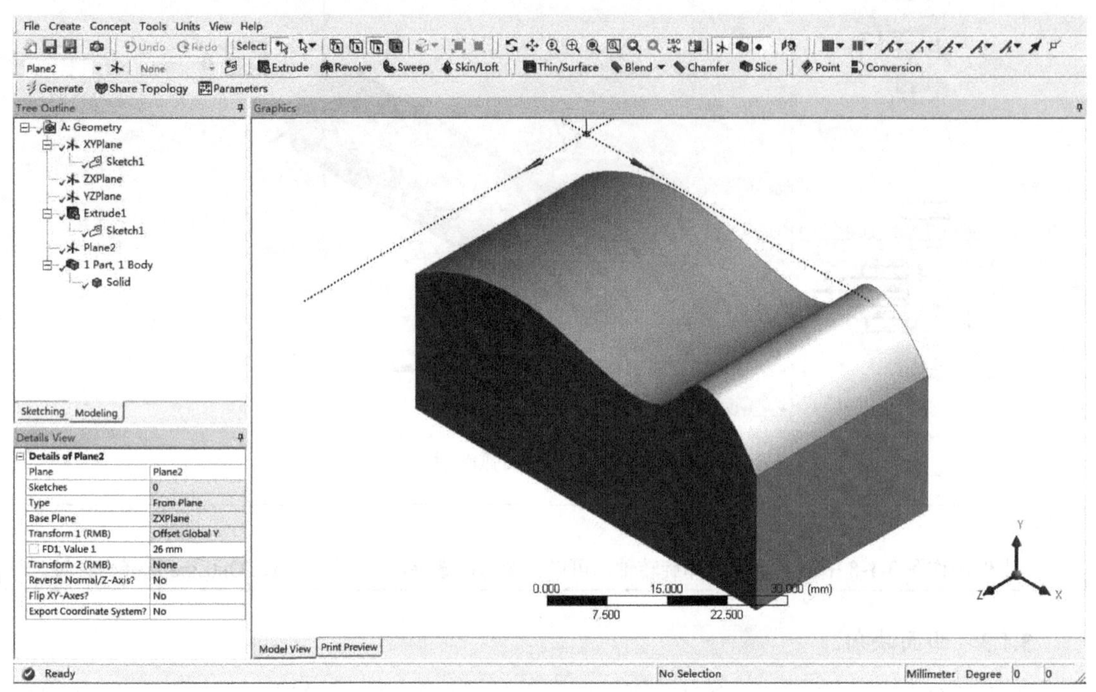

图 3-1-10　新建一坐标系

> **注意**
>
> 上例操作中数值 26mm 定义的原则是距离曲面越近越好，这个数值直接影响曲面映射面的尺寸。

（3）点击 ，正视 Plane2 平面；

（4）如图 3-1-11 依次点击，绘制一个矩形；

（5）如图 3-1-12 依次点击标注；

（6）如图 3-1-13 依次点击，创建一个高于曲面的实体；

（7）点击 Tools→Projection，创建投影映射面，如图 3-1-14 设置；

> **注意**
>
> 上例操作中 Edges 选择上方实体下面四条边，Target 选择曲面。

（8）如图 3-1-15 点击 Create→Body Delete 删除上方实体，得到最终曲面映射面。

以上映射面操作仅仅给读者提供一种方法，希望读者能够了解 DM 建模的基本思路。就增加映射面而言，其会破坏模型的拓扑形状，致使有些可以用扫略网格的模型不能再扫略处理。

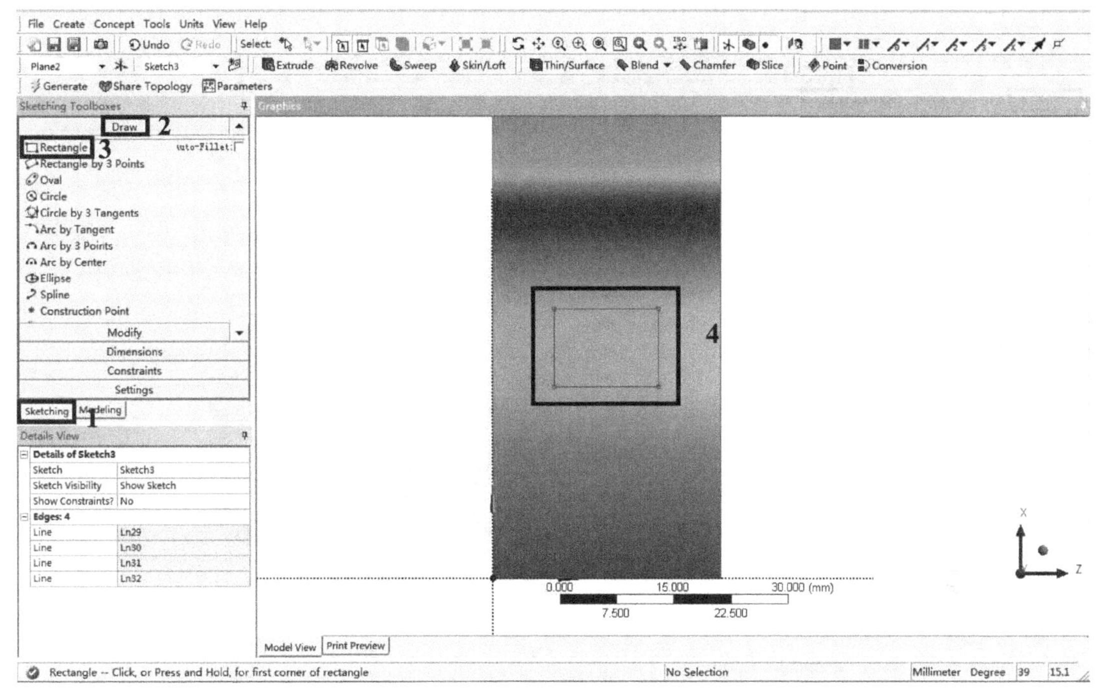

图 3-1-11 矩形绘制

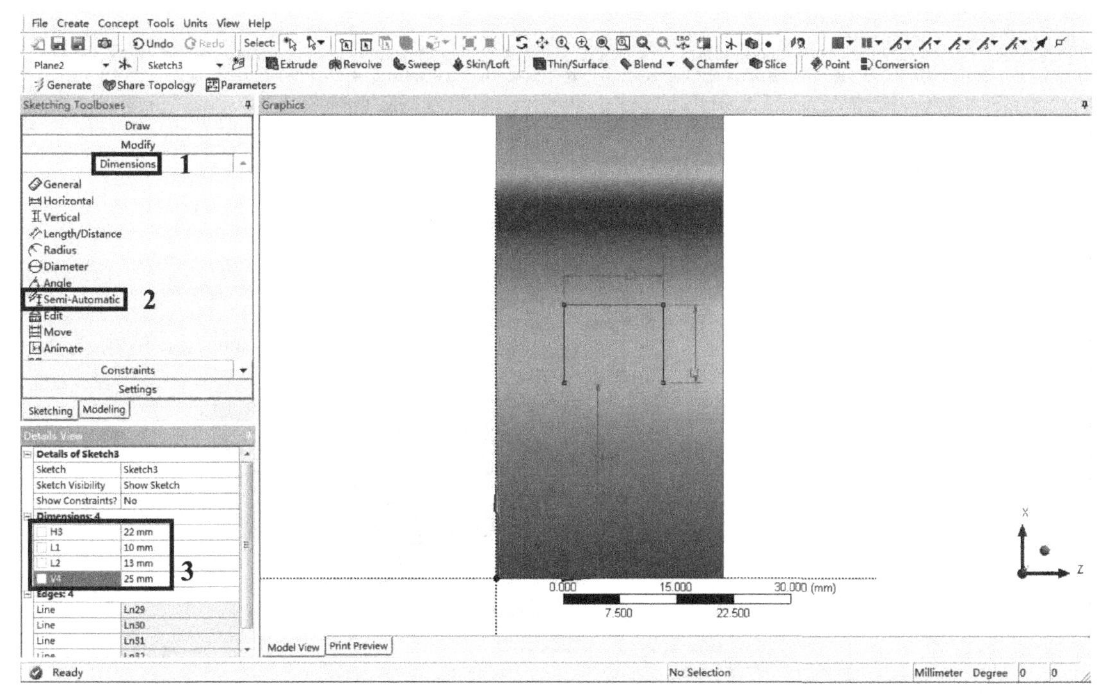

图 3-1-12 矩形尺寸标注

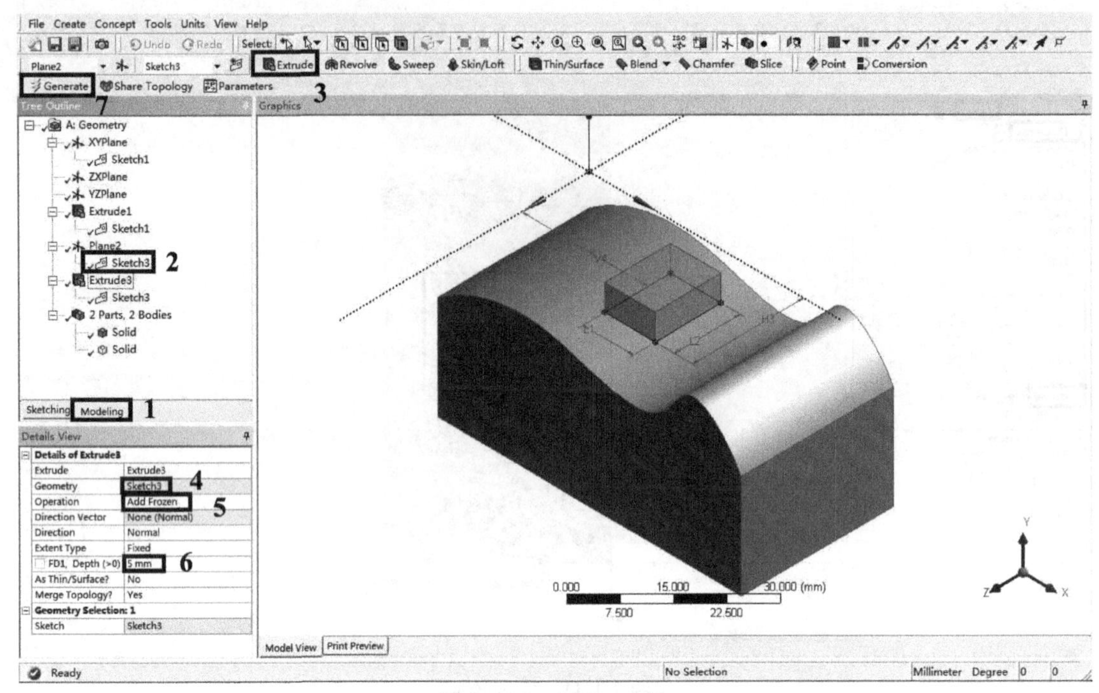

图 3-1-13　创建一实体

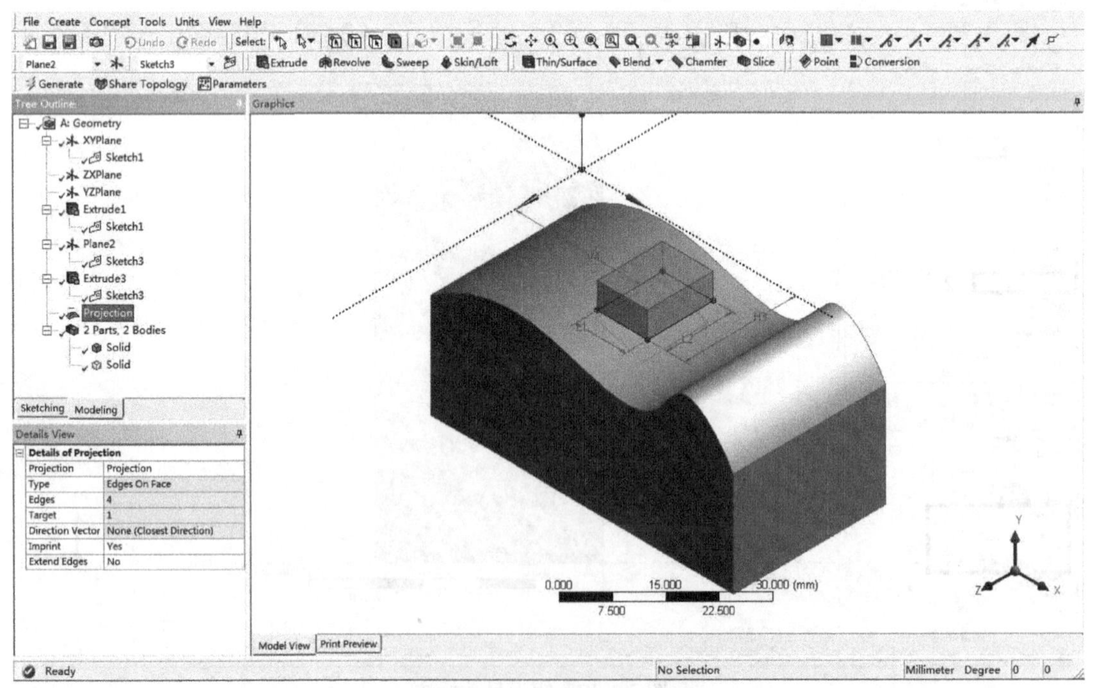

图 3-1-14　创建投影映射面

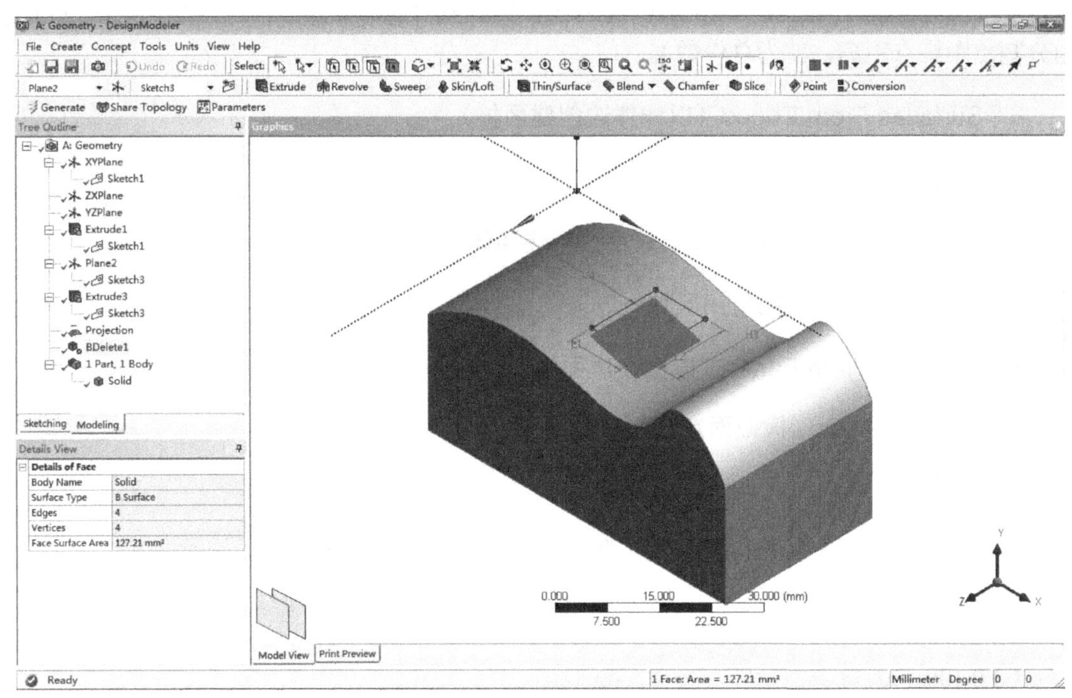

图 3-1-15　创建曲面映射面

3.2　概念建模

概念建模在 DM 的 Concept 菜单，主要用于创建、修改线体和面体，最终体现为梁和壳模型，如图 3-2-1 所示。

Concept Tools Units View He
Lines From Points
Lines From Sketches
Lines From Edges
3D Curve
Split Edges
Surfaces From Edges
Surfaces From Sketches
Surfaces From Faces
Cross Section

图 3-2-1　Concept 菜单

1. Line From Points（通过点建立线）

点选时需要按住 Ctrl 键多选，同时 Operation 处注意选择 Add Material 或者 Add Frozen。前者表示添加的线体是统一的材料和截面，后者则不然。

2. Lines Form Sketches（通过草绘建立线）

3. Lines From Edges（通过边建立线）

基于已有的 2D 或 3D 模型边界建立模型。

4. 3D Curve（建立 3D 曲线）

建立 3D 曲线基于两种形式：①基于 DM 里的点；②基于点云文件。

5. Split Edges（分割线体）

其中 Fractional 为按比例分割；Split By Delta 为按距离分割（Sigema 为分割点距起点距

离，Delta 为分割点之间距离）; Split By N 为按份数分割（Sigema 为分割点距起点距离，Omege 为分割点距终点距离，N 为总份数）。

6. Surfaces From Edges（以线体边创建面体）

线体边必须为不交叉的封闭区域。

7. Surfaces From Sketches（以草绘创建面体）

草绘同样是不能交叉的封闭区域。

8. Surfaces From Faces（以面创建面体）

9. Cross Section（横截面定义）

10. 实例

（1）创建一个 txt 文档，置于某个非中文目录下，文档内容为：

1 1 0 0 0

1 2 100 0 0

1 3 0 100 100

1 4 100 100 0

其数值意义为：组号(整数)，序号(整数)，对应的笛卡儿坐标系数值。

（2）如图 3-2-2 所示创建一条 3D Curve。

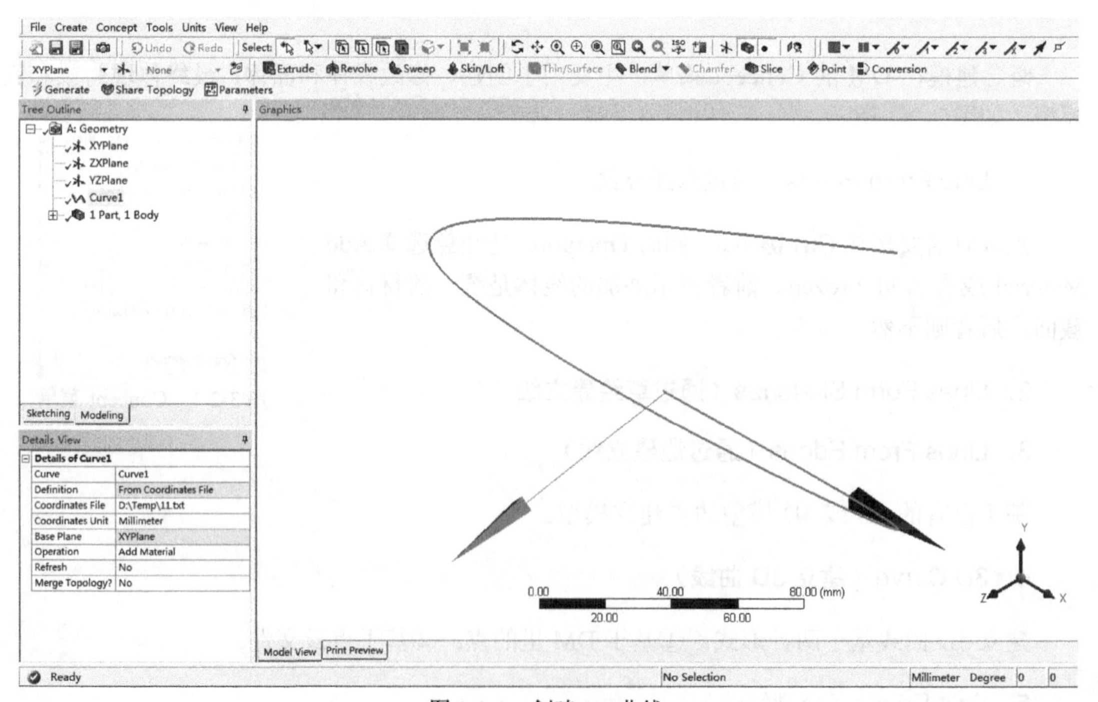

图 3-2-2　创建 3D 曲线

（3）如图 3-2-3 所示，用 Line From Points 连接 1、4 点，创建一条直线。

> **注意**
> 在 Operation 处选择 Add Frozen，可以保证新建立的线体与先前建立的线体有不同特征（材料、截面等）。

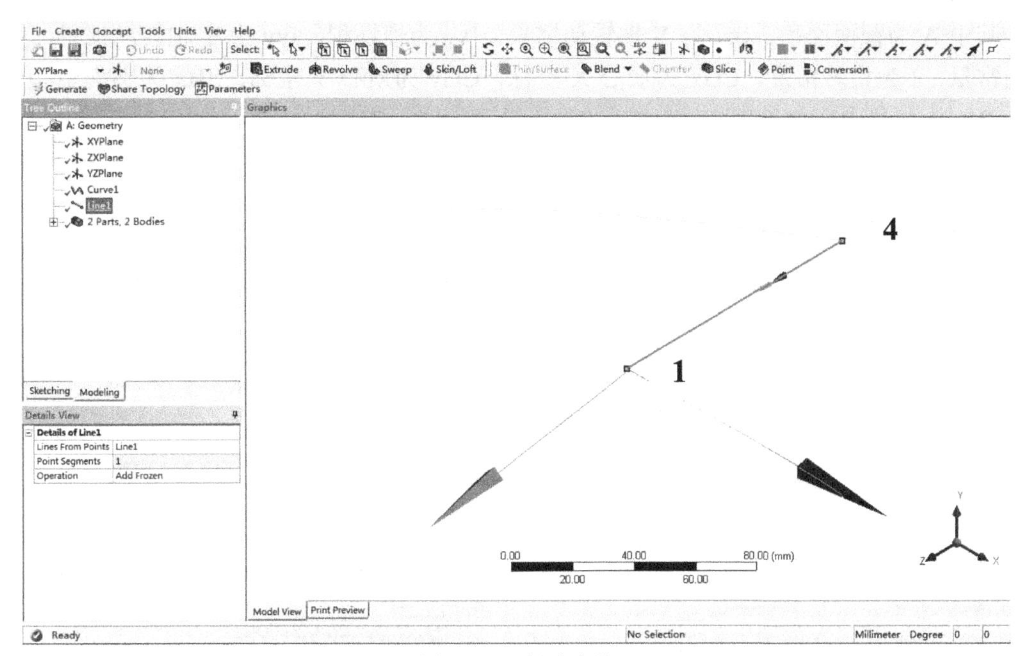

图 3-2-3　创建直线

（4）如图 3-2-4 所示，用 Surfaces From Edges 选择两条线，创建一个扭曲面。

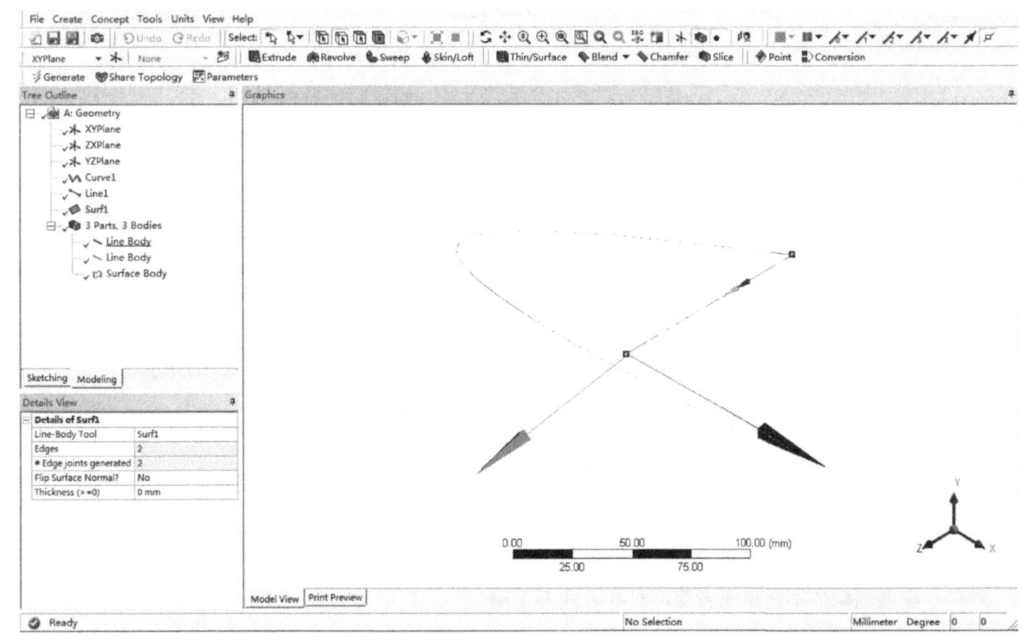

图 3-2-4　创建曲面

> **注意**
>
> Flip Surface Normal 为是否翻转表面法线；Thickness 为输入有限元模型的厚度。

（5）如图 3-2-5 所示，用 Cross Sections 定义两种截面，分别为管形和 L 形。

其中 A 为截面面积，Ixx 为 X 轴转动惯量，Ixy 为惯性积，Iyy 为 Y 轴转动惯量，Iw 为翘曲常量，J 为扭转常量，CGx 为质心 X 坐标，CGy 为质心 Y 坐标，SHx 为剪切中心 X 坐标，SHy 为剪切中心 Y 坐标。

> **注意**
>
> DM 的梁截面位于 XY 平面上，与经典环境的 YZ 平面不同。

（6）将管形定义给曲线梁，将 L 形定义给直线梁。再如图 3-2-6 所示，定义截面方向。

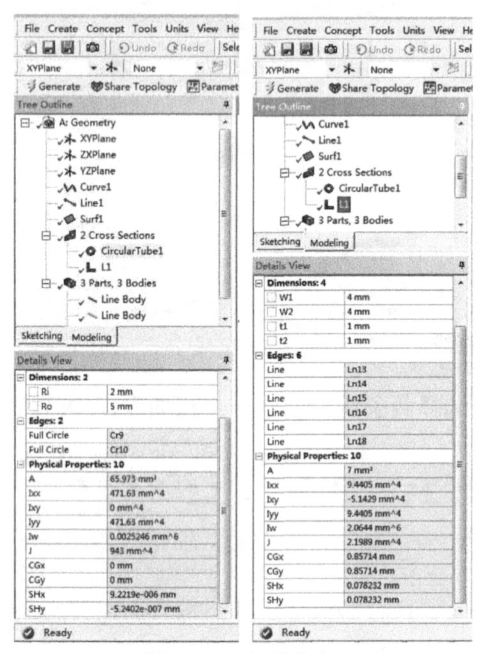

图 3-2-5　截面定义

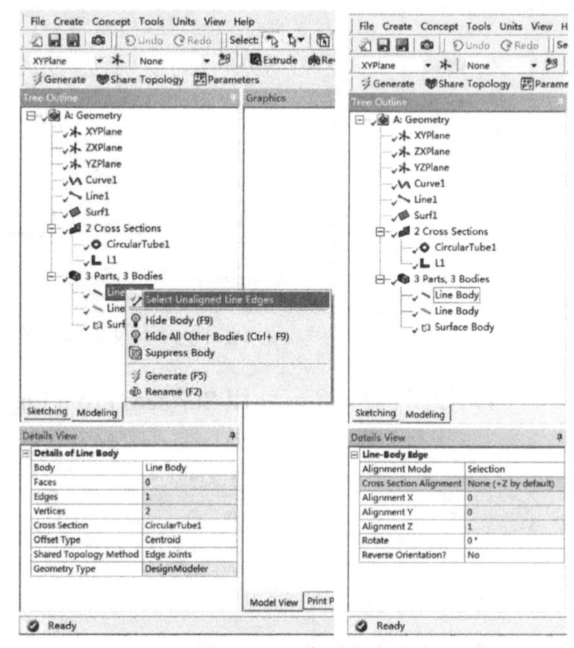

图 3-2-6　截面方向定义

图中默认采用 Z 轴为梁的切线方向，可以在 Alignment 选择适应的坐标轴。Rotate 表示梁截面的旋转角度，Reverse Orientation 表示是否设置方向的翻转。

（7）最后将两个线体和一个面体用 Form New Part 组合，如图 3-2-7 所示。

> **小知识**
>
> 在 Tree OutLine 中用不同颜色表示梁的截面定义。
>
> 绿色：已赋值梁截面，且截面合理对齐；
>
> 黄色：没有赋值梁截面或者采用了 DM 默认的截面对齐方式；
>
> 红色：梁截面赋值不合理或者截面对齐方式不正确。
>
> Form New Part 组合线壳模型的目的是为了划分网格后保证不同模型之间的同节点，可通过多选（采用 Ctrl 或 Shift 键）模型后，点击鼠标右键菜单或 Tools→Form New Part。

3D 模型主要有 3 种形式，分别为线模型、壳模型和实体模型。其中线模型和壳模型是 6 自由度模型，实体模型是 3 自由度模型。只有同自由度模型才可以 Form New Part，例如线与壳模型可以，实体与实体模型可以，但是壳与实体模型则不行。

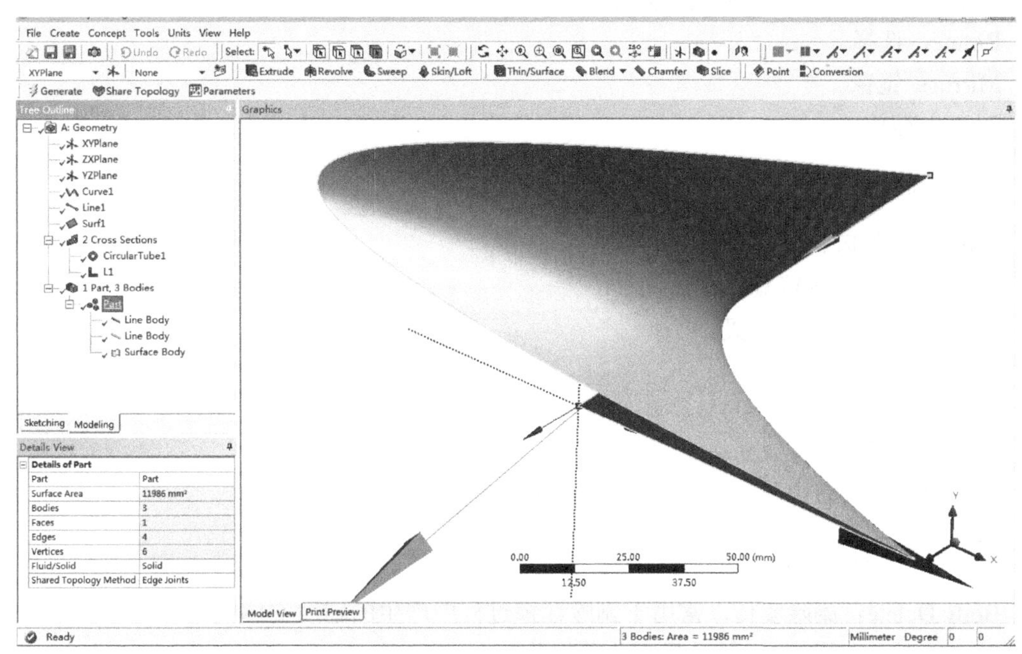

图 3-2-7　创建线、面组合体

注意

在 ANSYS 16.0 版本以上，Concept 菜单栏还增加 Detach 功能。该命令可以将实体或封闭面体的所有面分解为独自面体，对于修复导入模型非常有帮助。

3.3　体操作

体操作在 DM 的 Create→Body Operation，Body Transformation，Boolean，Slice，Delete 菜单，主要用于模型的编辑。

1．Body Operation 菜单

Sew：封闭面体缝合为实体。

Simplify：简化，导入的模型如果有旋转面，一定需要这步操作，可以将 3D 软件产生的分块旋转面简化为一块。

Cut Material：去除材料。

Slice Material：切分材料。

Imprint Faces：映射面。

Clean Bodies：清理实体。

2. Body TransFormation 菜单

Move：基于坐标系移动或复制。
Translate：基于距离的移动或复制。
Rotate：选择。
Mirror：镜像。
Scale：缩放。

3. Boolean 菜单

Unite：布尔运算加。
Subtract：布尔运算减。
Intersect：布尔运算交叉。
Imprint Faces：映射面。

4. Slice 菜单

主要用于模型的切分，使得模型划分网格时可以用 Sweep 模式。

5. Delete 菜单

Body Delete：删除实体，常用于删除建模过程中产生的辅助实体模型。
Face Delete：删除面，辅助模型修复操作。
Edge Delete：删除线，辅助模型修复操作。

3.4 工具功能

工具功能主要为 DM 的模型修复功能，在 tools 菜单下。
Freeze：冻结，切分模型时需要。
Unfreeze：取消冻结。
Named Selection：命名选择，可以传递到分析模块。
Attribute：属性，可以依据命名或数值定义选择集。
Mid-Surface：抽中面。
Joint：接头，用于创建相交几何体的接缝，必须至少有一个面体。
Enclosure：包围，主要用于模型外实体的建立。
Face Split：面切分。
Symmetry：对称，可传递到分析模块。
Fill：填充，在空腔内填充实体。
Surface Extension：面扩展，主要用于模型抽壳后的面修补。
Surface Patch：面修补，类似于 Face Delete。
Surface Flip：面体法向方向变换。

Solid Extension：实体扩展。

Merge：合并边和面。

Connect：连接，用于对准模型。

Projection：投影，非常强大。

Conversion：主要用于外部导入模型的转换，包括 Simplify Geometry、Heal Bodies、Clean Bodies 等功能。

Repair：修复模型。

Analysis Tools：包括 Distance Finder（距离测量）、Entity Information（实体信息）、Bounding Box（边框）、Mass Properties（质量信息）、Fault Detection（图形拓扑错误检测）、Small Entity Search（图形碎面、毛刺等查找工具）。

3.5 综合实例

3.5.1 实例 1：DM 修复模型及相应建模（抽壳、填充）

（1）导入挖斗实体 x_t 模型，如图 3-5-1 所示。

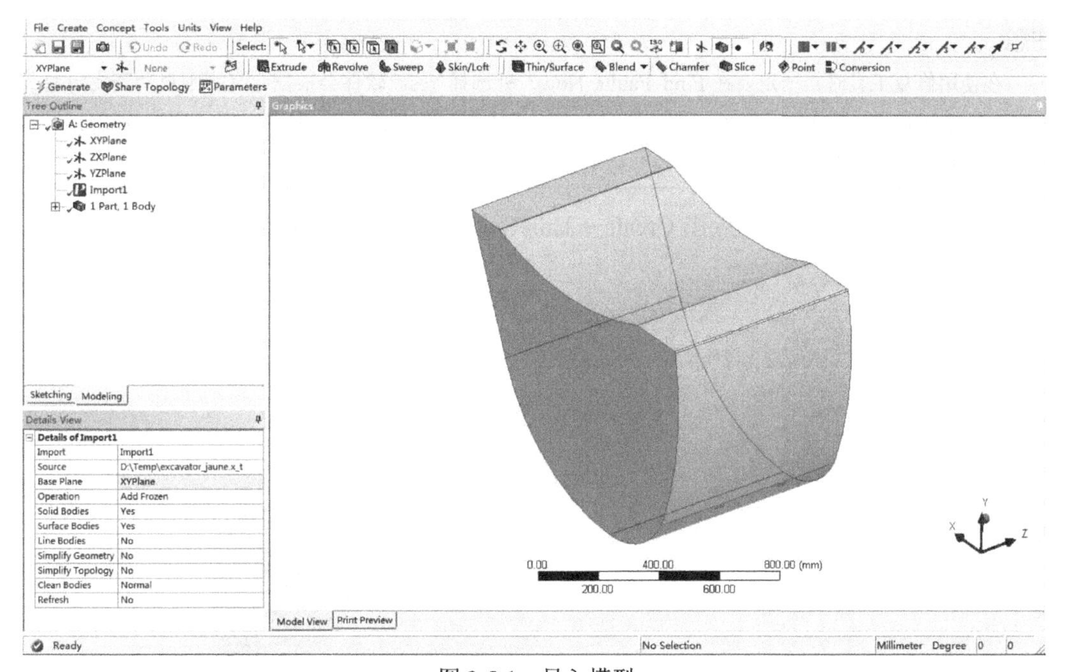

图 3-5-1 导入模型

> **注意**
>
> 在 Simplify Geometry 处选 Yes 可以直接简化旋转面。同时目测模型有碎面，需要进行模型修复。

（2）Repair 模型，如图 3-5-2 所示。

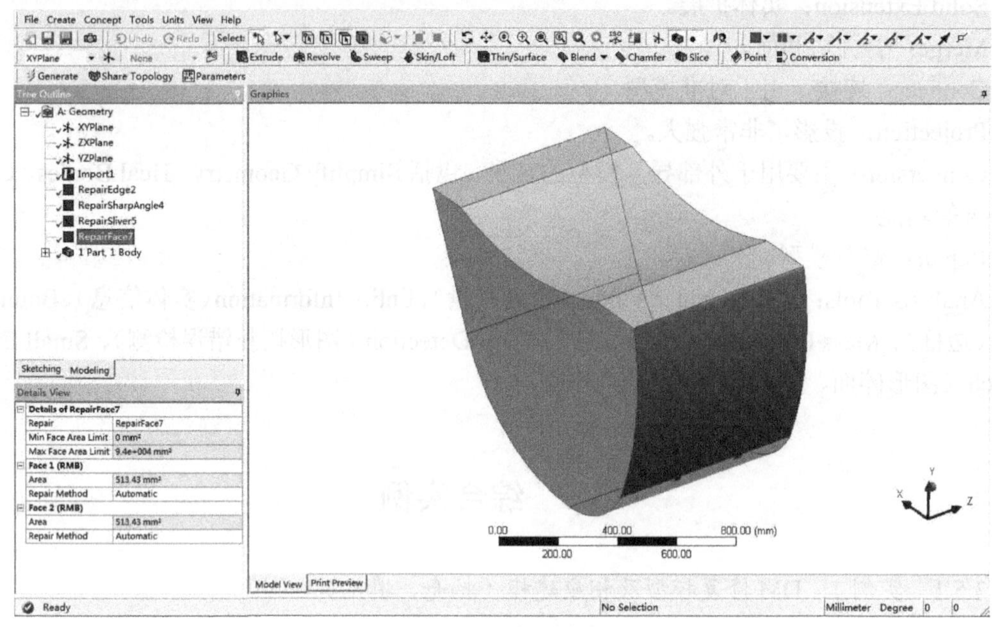

图 3-5-2　修复模型

注意

在使用修复工具时，一定要在 Find Faults Now? 处选择 Yes。软件会根据定义规则自动查找问题，并自动选择修复工具。本例比较简单，软件可以全部自动查找并修复，如果遇到较复杂模型，则需要用相应的体操作和工具功能进行处理，总之，修复模型需要足够细致和耐心。

（3）将实体模型抽壳，点击 Create→Thin/Surface 菜单，如图 3-5-3 所示。

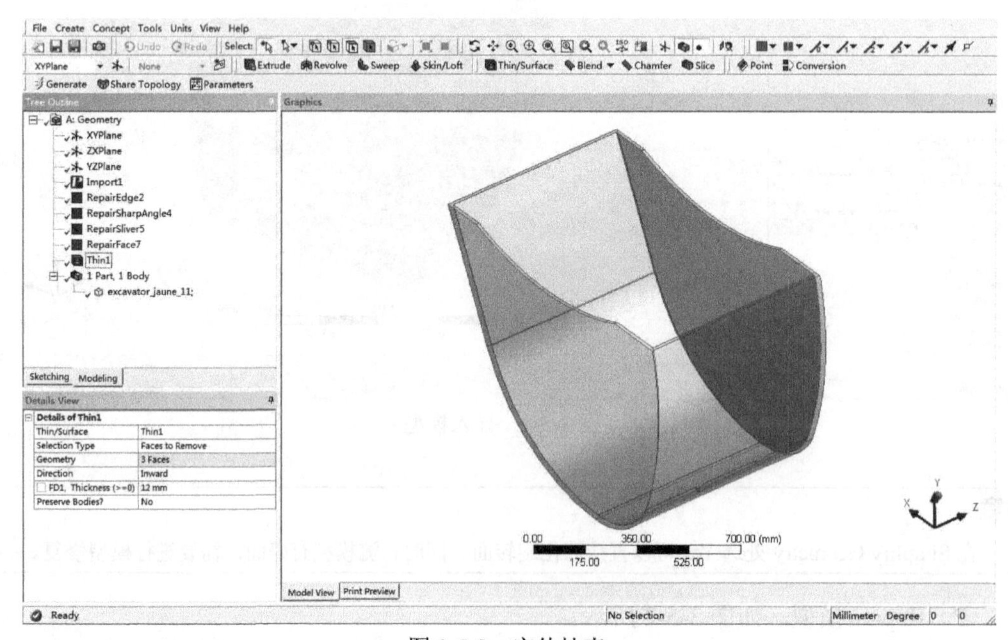

图 3-5-3　实体抽壳

（4）填充实体，点击 Tools→Fill 菜单，选择内壁 6 个面，如图 3-5-4 所示。

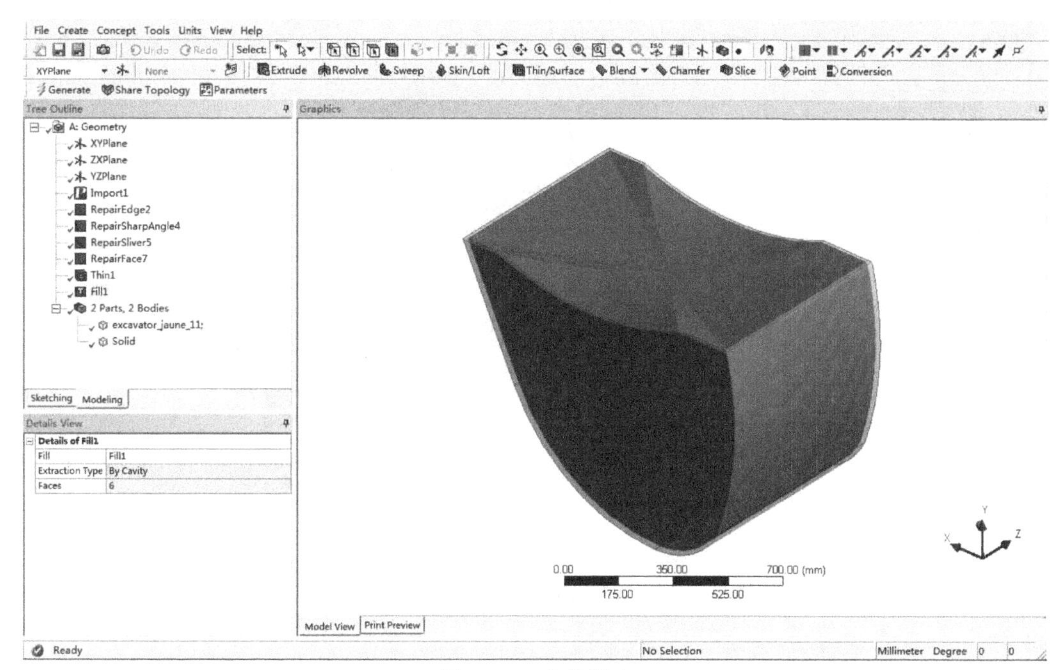

图 3-5-4 实体填充

（5）切分 Solid 实体，切分前必须建立基准，本例建立坐标系为基准。点击 Create→New Plane 菜单，如图 3-5-5 所示。

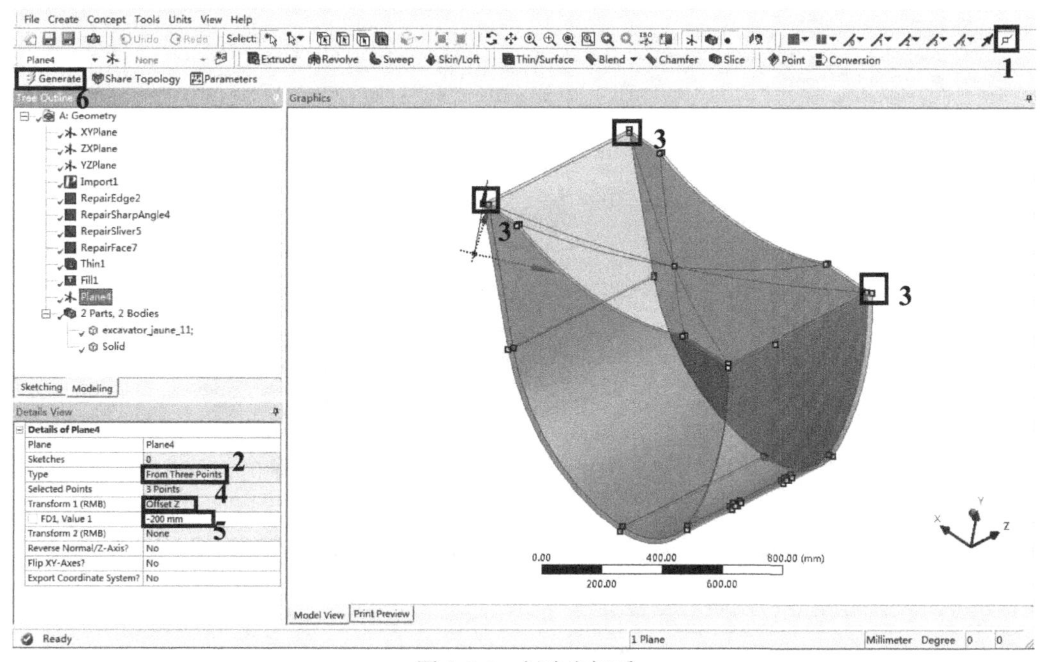

图 3-5-5 创建坐标系

（6）以新建的坐标系切分 Solid 实体，点击 Create→Slice 菜单，如图 3-5-6 所示。

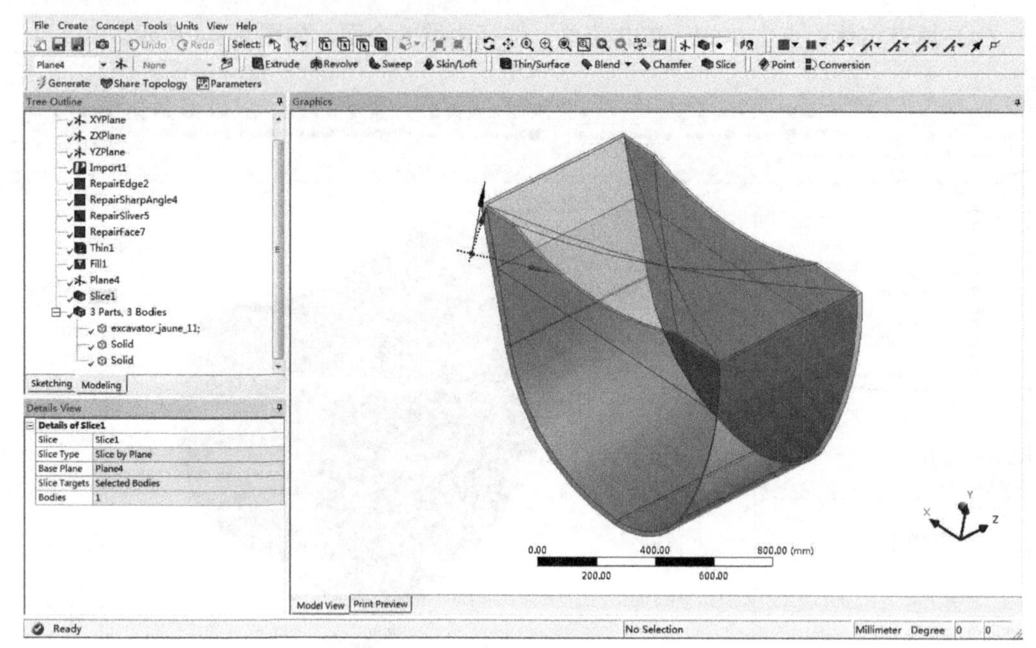

图 3-5-6　切分模型

> **注意**
>
> 切分时只选择填充的实体。

（7）删除切分后的上部实体，点击 Create→Delete→Body Delete，如图 3-5-7 所示。

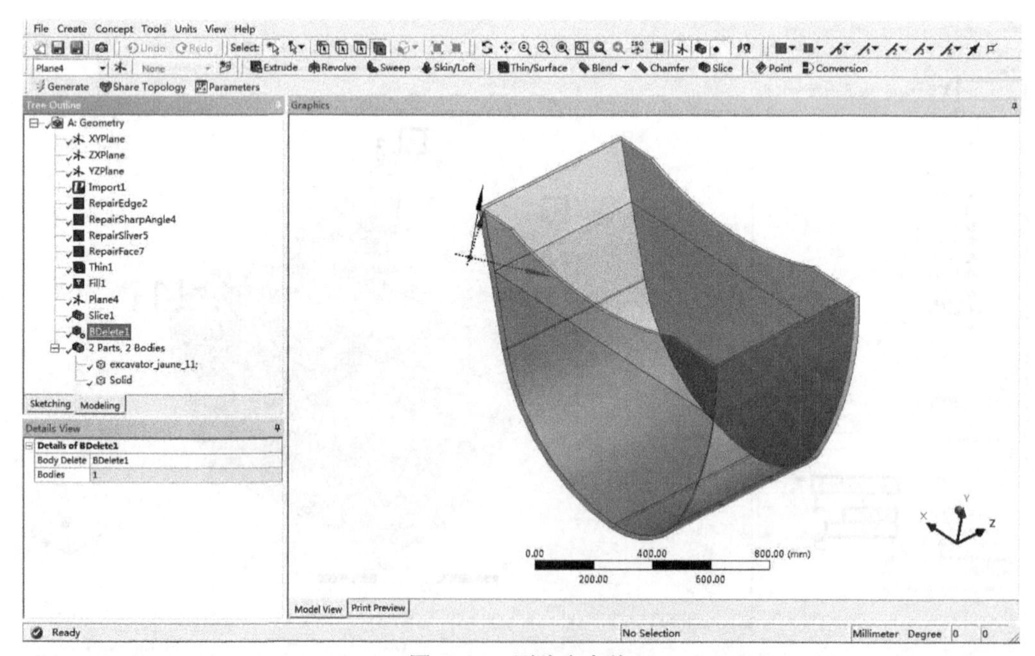

图 3-5-7　删除多余体

（8）挖斗抽中面，点击 Tools→Mid-Surface，如图 3-5-8 所示。

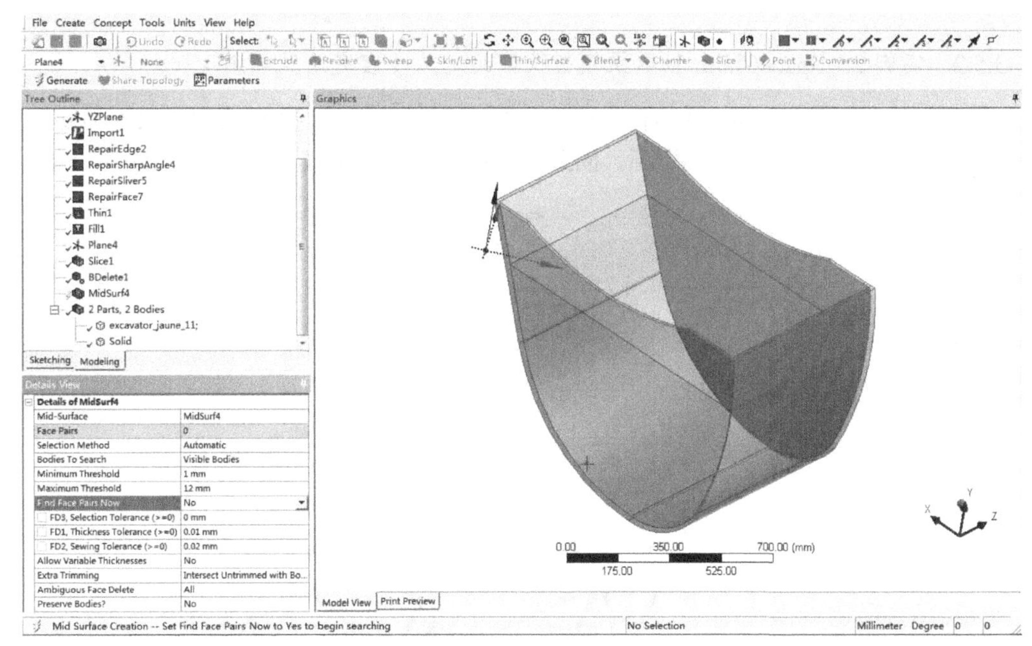

图 3-5-8 抽取中面

> **注意**
>
> DM 自动抽中面设置时，Face Pairs 不需要选择，Selection Method 设为 Automatic，需要抽中面的壳厚度尺寸应该在 Minimum Threshold 和 Maximum Threshold 之间，Find Face Pairs Now 设为 Yes。定义的尺寸应该包括只选择填充的实体。

（9）最终模型如图 3-5-9 所示。

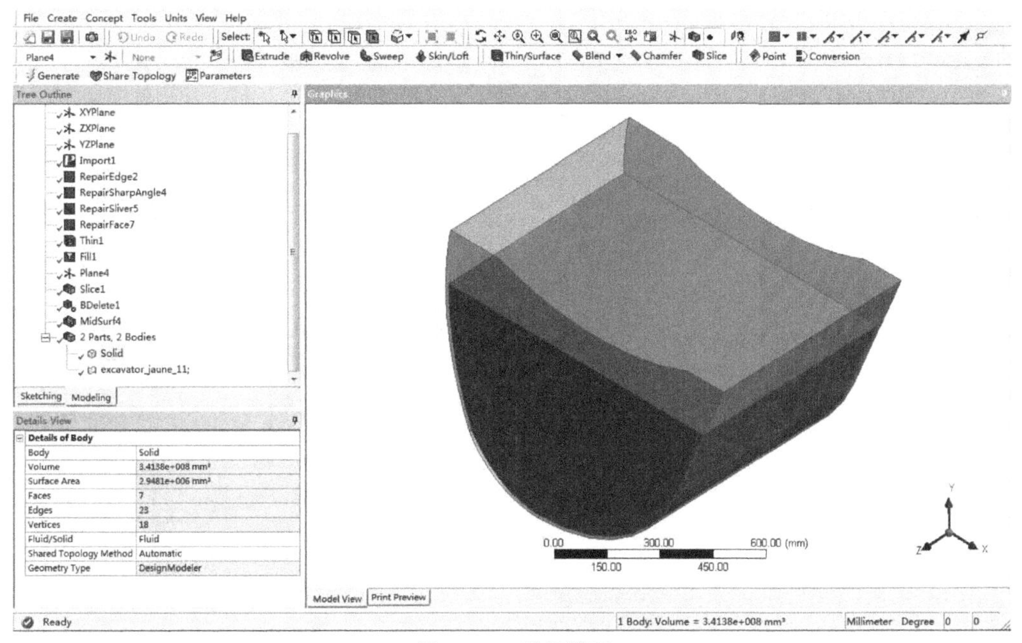

图 3-5-9 最终模型

3.5.2　实例 2：SpaceClaim 抽取梁模型及截面定义（宏定义及调用）

（1）实际工程中有大量 3D 结构件模型，如图 3-5-10 所示。此类模型如果不加修改直接进行分析，必将消耗大量计算机资源，因此，一般都转化为梁模型进行分析。

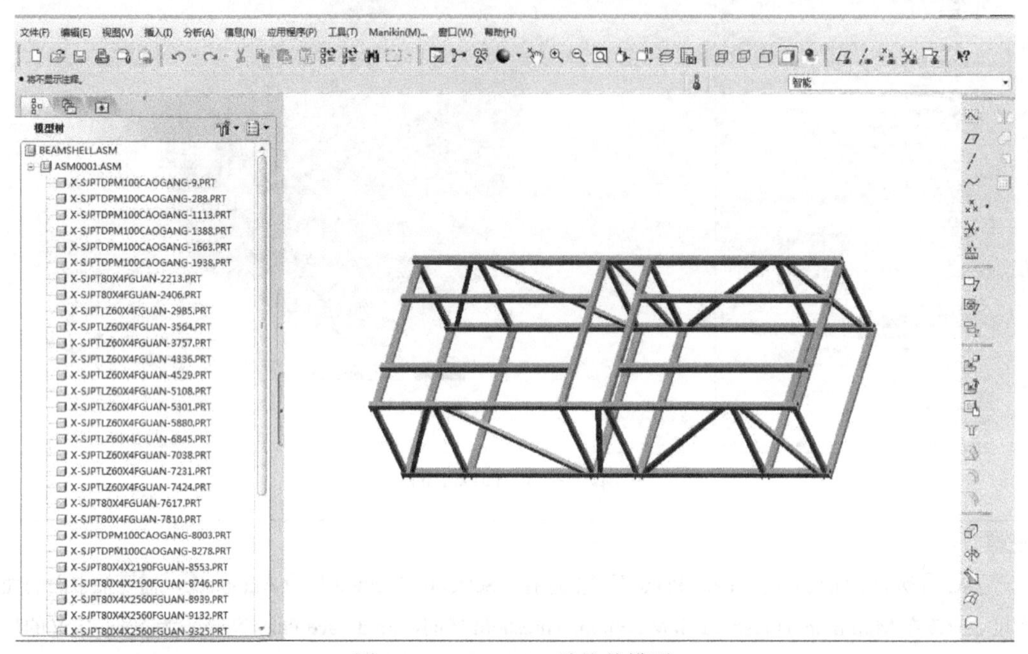

图 3-5-10　ProE 3D 结构件模型

（2）如图 3-5-11 所示，在 SpaceClaim 中点击“文件”→“打开”刚才的 ProE 文件（ProE 文件不需要转换格式，SpaceClaim 可以直接打开市面上所有的 3D 模型）。

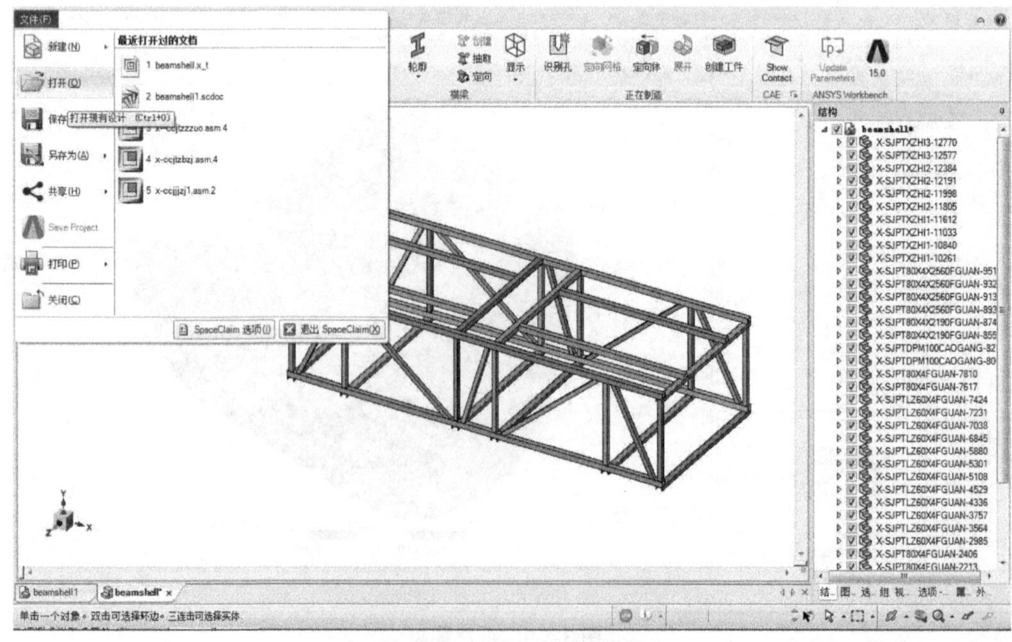

图 3-5-11　导入 ProE 模型

（3）抽取梁模型。点击“准备”→“抽取”，如图 3-5-12 所示。然后按住鼠标左键框选，选取方法分为左上到右下和右下到左上两种，分别表示框选区为选择对象、框选区相关联图形为选择对象，这与 AutoCAD 的操作一样。

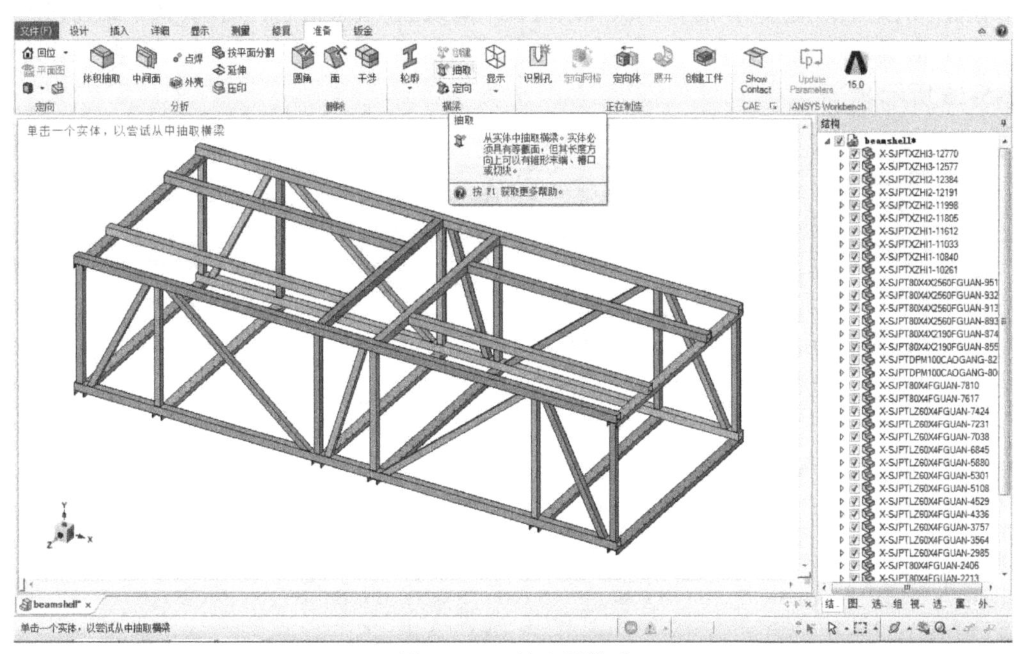

图 3-5-12 抽取梁模型

（4）抽取梁模型后显示的线型横梁模型如图 3-5-13 所示。点击“显示”，可以在“线型横梁”和“实体横梁”视图间切换。

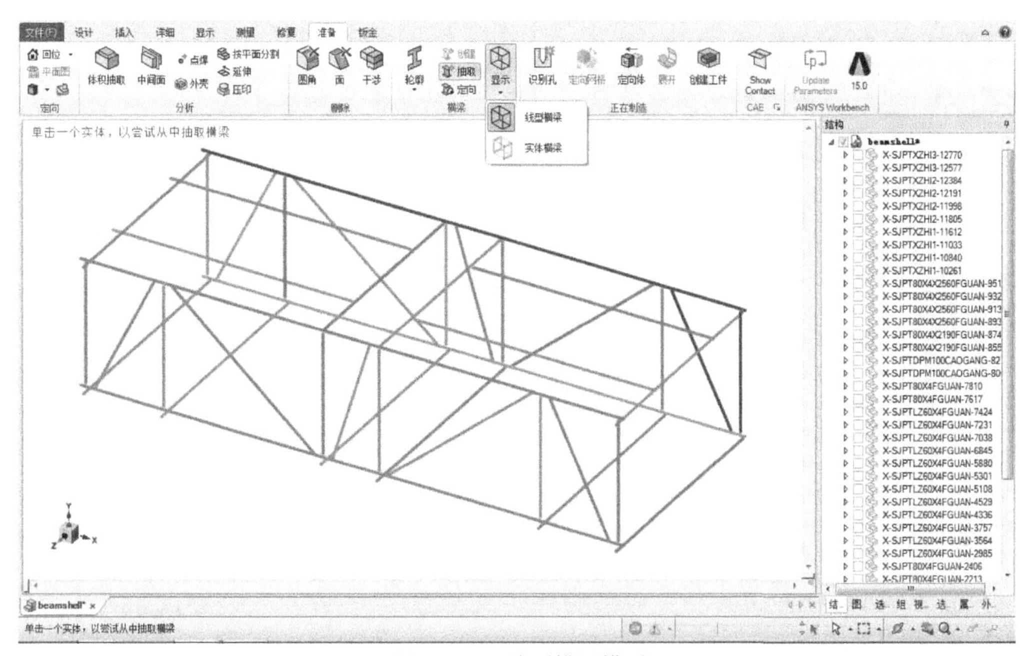

图 3-5-13 线型横梁模型

（5）可以观察到横梁模型间存在间隙或多余区域。点击“准备”→“延伸”，在选项菜单中定义“最长距离”为 50mm，再勾选“修剪表面”、“局部相交”、“在延伸或修剪之后合并”选项，在信息栏可以看到有 56 处区域，然后点击屏幕左侧中部的☑，如图 3-5-14 所示。延伸工具不能一次完全修复成功，需要多次修改最长距离数值，直至信息栏出现“找不到任何区域”。

（6）横梁模型依然存在间隙和不同交点，则需要点击“设计”→“移动”工具，如图 3-5-15 所示。

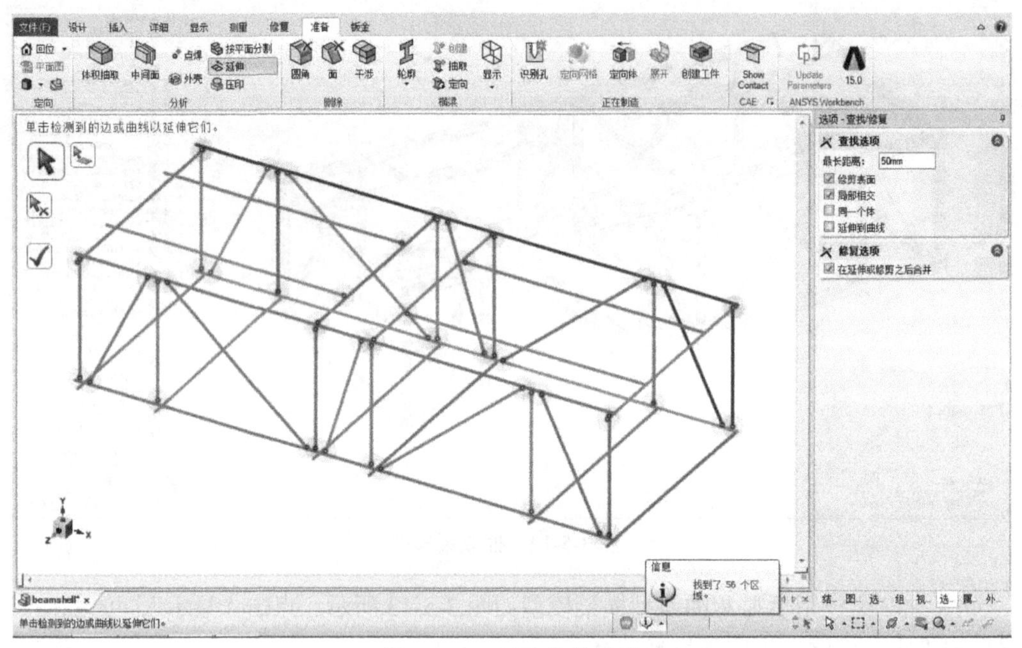

图 3-5-14 延伸修复模型

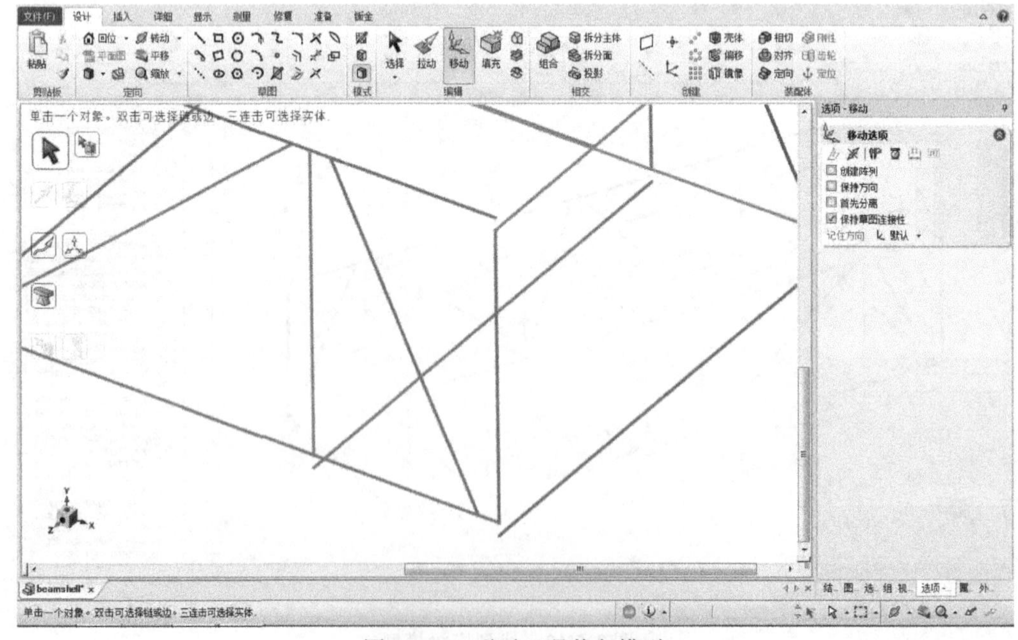

图 3-5-15 移动工具修复模型

如图 3-5-16 所示，在需要移动的横梁端点上左键点击选择（表示被移动基准），会出现一个坐标系的操作图标，然后点击屏幕左侧中部的（快捷键 U，表示以定位点方式来移动），最后点击图中圆圈处的交点（表示移动终点基准）。

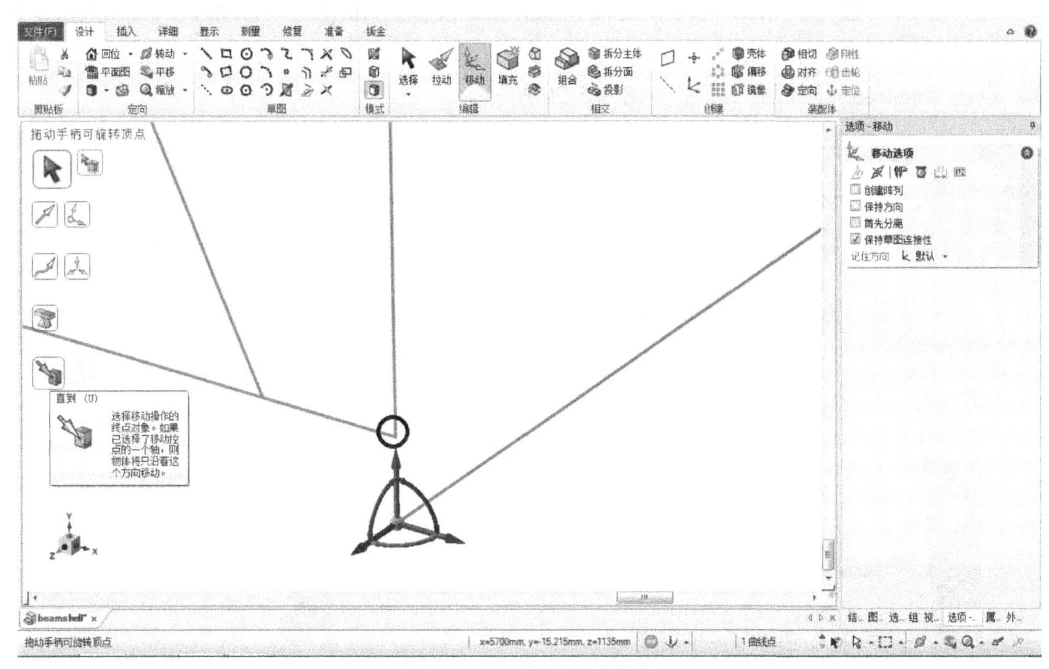

图 3-5-16　移动工具操作

所有横梁移动完成后，再进行一次“延伸”修复，最终模型如图 3-5-17 所示。

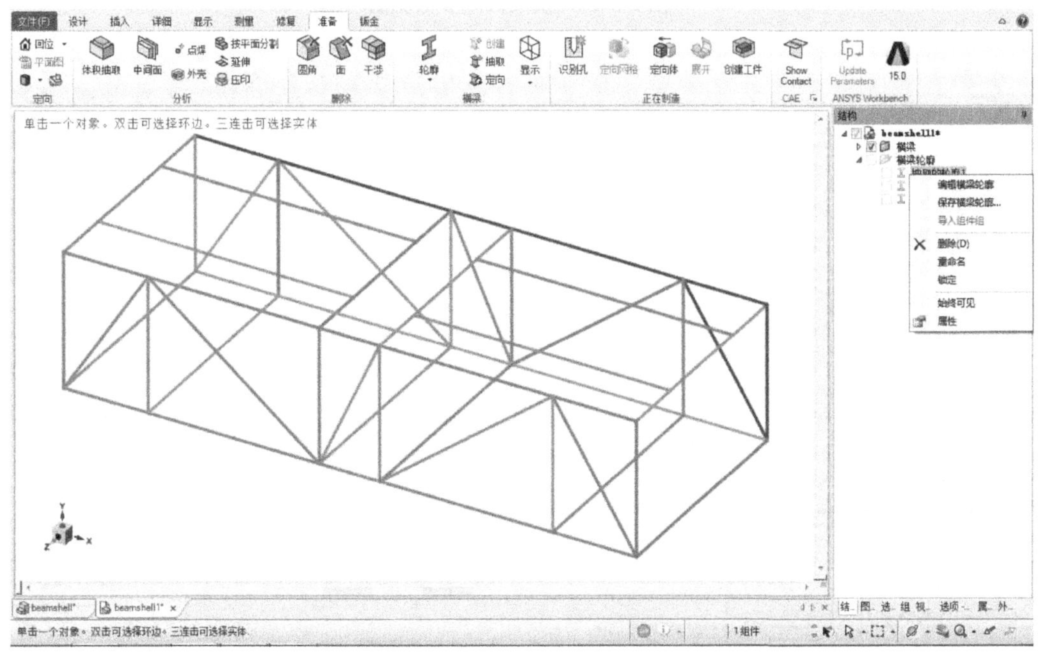

图 3-5-17　最终横梁模型

（7）梁的截面参数测量。梁的截面定义有非常多的方法，本例介绍一种适合工程的宏文件操作方式。右键点击“结构”→“横梁轮廓”→“抽取的轮廓 1”→“编辑横梁轮廓”，依次打开 3 个横梁截面，如图 3-5-18 所示，同时用“测量”→“测量”工具测量截面参数。

（8）导入 WB 中的 DM 模块。文件先保存后，点击“准备”→ANSYS Workbench 15.0 图标，再进入 DM 模块，如图 3-5-19 所示。**注意：默认 Line Bodies 为 No，这里需要定义为 Yes**。点击 Generate 导入后，模型如图 3-5-20 所示。

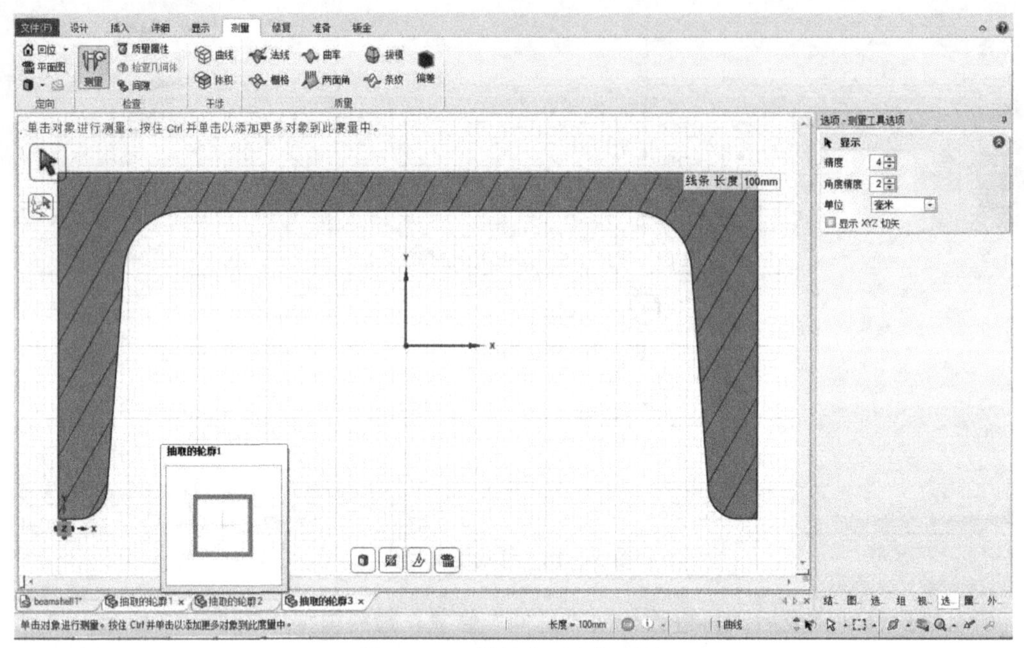

图 3-5-18　横梁截面参数测量

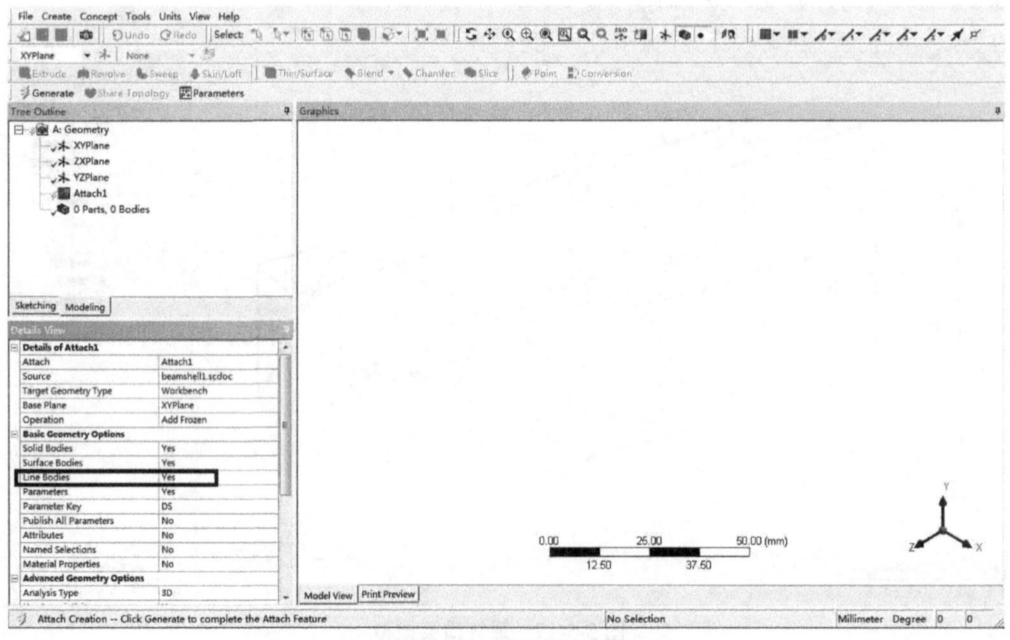

图 3-5-19　DM 导入设置

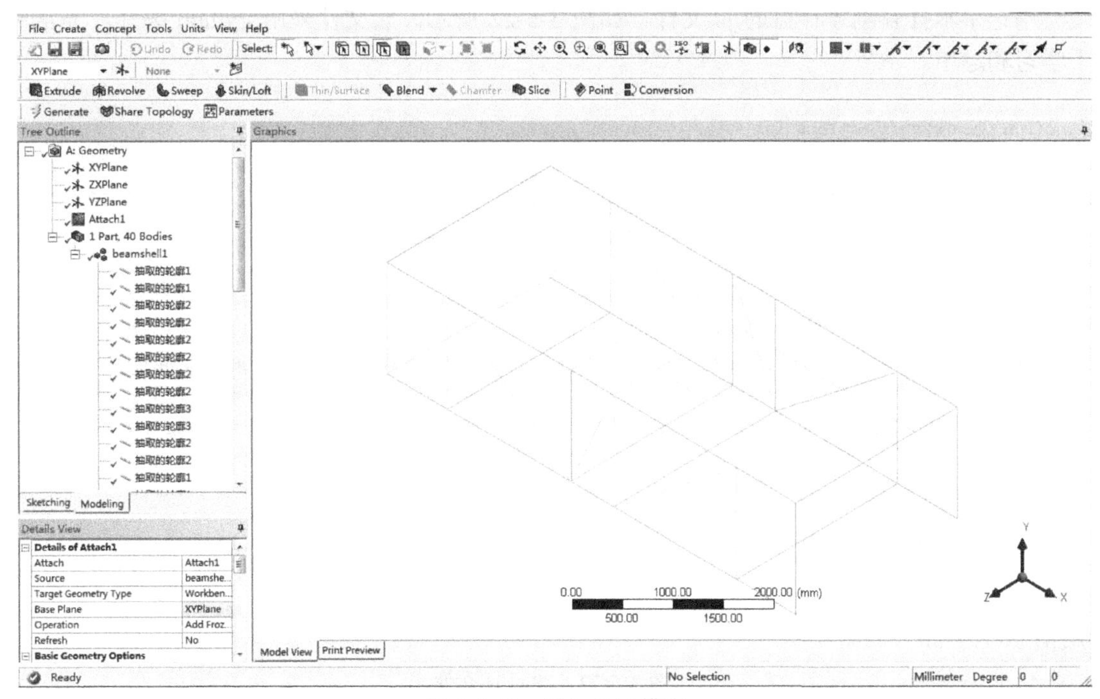

图 3-5-20 导入 DM 模型

（9）定义截面宏文件。如图 3-5-21 所示，定义一个截面边长为 60、壁厚为 4 的正方形方管。右键点击 Cross Section，在出现的菜单中点击 Export Cross Sections to Script...，即可另存为一个 js 宏文件。

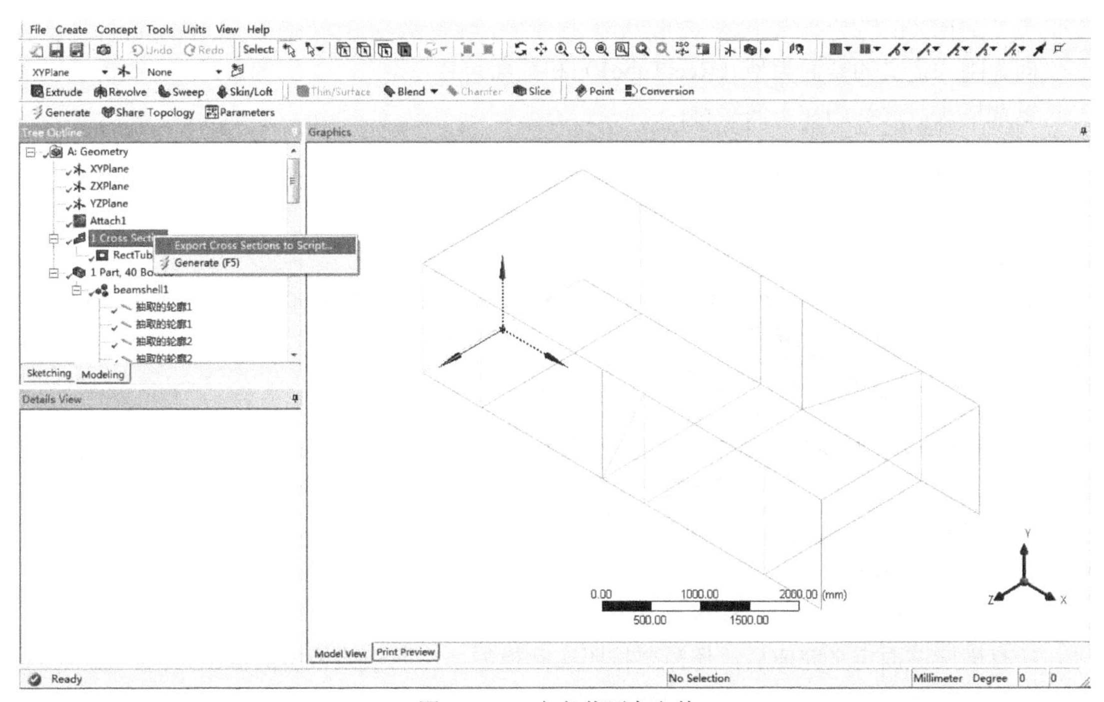

图 3-5-21 定义截面宏文件

用记事本打开刚才存盘的 js 文件，如图 3-5-22 所示。宏文件采用 Python 编译，非常利于学习和运用。

```
function CreateCrossSections (p)
{

  var isLMSOn = agb.GetLMS();
  var curSessionLUnit = agb.GetSessionLengthUnit();
  var curSessionAUnit = agb.GetSessionAngleUnit();
  var scriptLUnit = agc.UnitMillimeter;
  var scriptAUnit = agc.UnitDegree;
  var areUnitsSet = agb.SetSessionUnits(scriptLUnit, scriptAUnit, isLMSOn);
  if (areUnitsSet == agc.No)
    return;
  p.Sk1 = agb.CSRectTube( 60.00000000, 60.00000000, 4.00000000 ,4.00000000, 4.00000000, 4.00000000);
  p.Sk1.Name = "RectTube1";

  agb.SetSessionUnits(curSessionLUnit, curSessionAUnit, isLMSOn);

return p;
} //End Plane JScript function: CreateCrossSections

//Call Plane JScript function
var ps1 = CreateCrossSections (new Object());

//Finish
agb.Regen(); //To insure model validity
//End DM JScript
```

图 3-5-22　截面 js 文件

其中：

```
p.Sk1 = agb.CSRectTube( 60.00000000, 60.00000000, 4.00000000 ,4.00000000,
4.00000000, 4.00000000);
p.Sk1.Name = "RectTube1";
```

即为刚才定义的截面类型（RectTube1）和截面尺寸。

以此格式，此后增加下面字符：

```
p.Sk2 = agb.CSRectTube( 80.00000000, 80.00000000, 4.00000000 ,4.00000000,
4.00000000, 4.00000000);
p.Sk2.Name = "RectTube2";
p.Sk3 = agb.CSCSection( 50.00000000, 50.00000000, 100.00000000, 5.00000000 ,
5.00000000, 5.00000000);
p.Sk3.Name = "Channel1";
```

即为截面类型为 RectTube2、截面边长为 80、壁厚为 4 的正方形方管和截面类型为 Channel1、边长为 100、50、50，壁厚为 5 的槽钢。

将修改的 js 文件存盘备用。先删除之前定义的截面，如图 3-5-23 所示，点击 File→Run Script，找到刚才存盘的 js 文件。

（10）定义截面。如图 3-5-24 所示，依次定义各横梁截面。

所有横梁截面定义完成后，还需要按照实际模型，比照横梁模型的截面方向。截面方向的定义参见前文。至此，就可完成 3D 梁模型的建立。

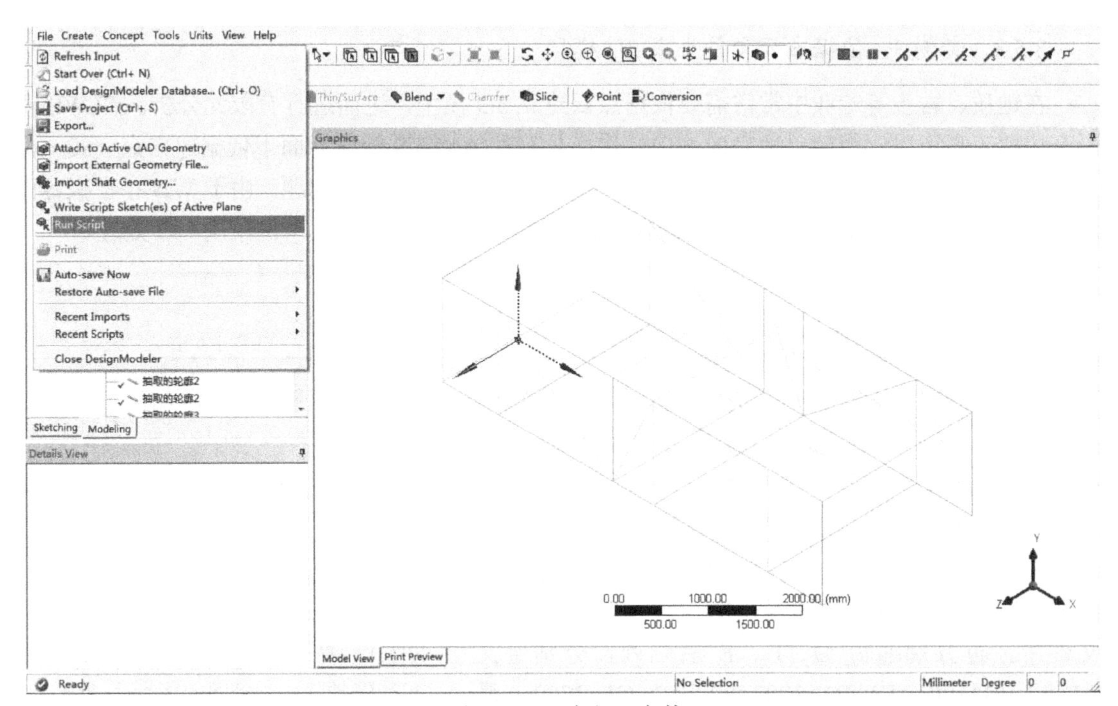

图 3-5-23 读取 js 文件

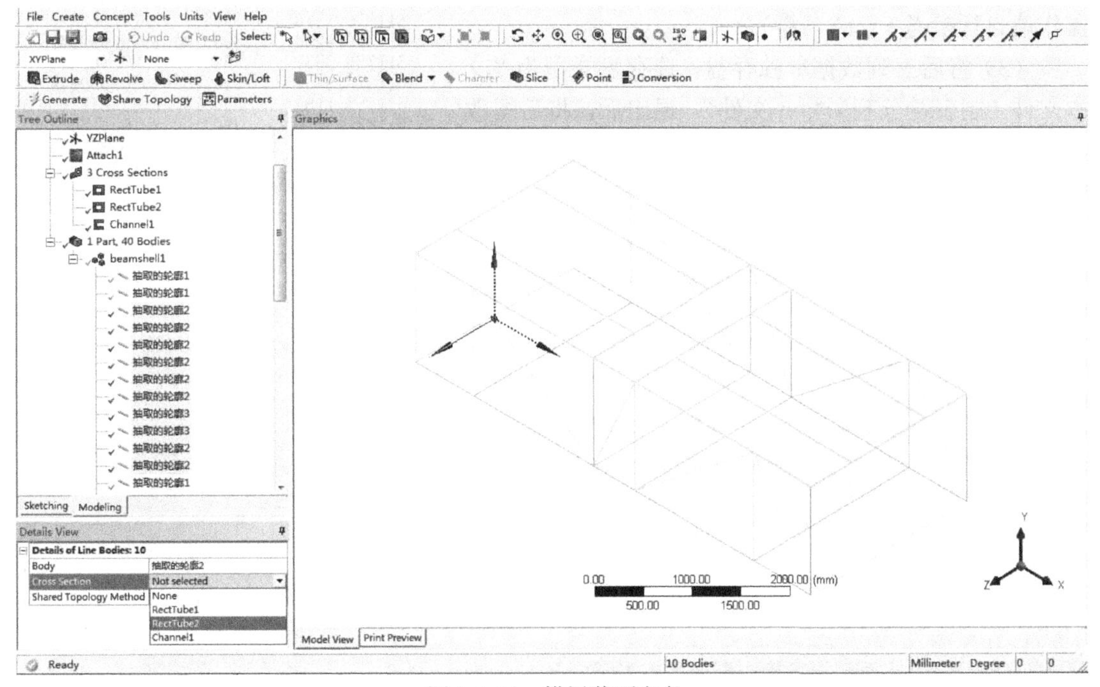

图 3-5-24 横梁截面定义

以往 3D 梁模型的建立是依据坐标描点，费时费力，而且易出现差错。采用 SpaceClaim 软件的抽取梁工具则可以很快地完成梁模型的重建，同时结合 js 宏文件定义梁截面，拥有了原来 ANSYS 经典 APDL 的操作优势，方便快捷。

3.5.3　实例 3：依据点云文件生成 3D 模型

在地质、岩土等专业中常常需要依据点云建立 3D 模型，进而进行有限元分析。在 WB 中没有快捷工具可以比较简单地完成这项操作，只有在 ANSYS 经典界面下依据建立点→线→面→体的逻辑，一步一步操作完成，操作繁琐，同时存在模型尺度的问题。由于 WB 存在极好的图形接口，可以采用第三方 3D 软件建模，然后导入 DM 完成建模。本例采用 UG 处理。

> **注意**
>
> 本例所有中间存盘文件必须放置到英文目录下。

（1）如图 3-5-25 所示，已存在一个点云 txt 文档。共有 3 列 1625 行数据，依次对应 1625 个点的 XYZ 坐标，单位为 m。

（2）观察此数据，XYZ 坐标的绝对数值较大，采用 Excel 处理得到较小的相对数值，以方便建模。则选中 txt 文档中的所有数据，复制到一个新建 Excel 文件中，再分别编辑 D、E、F 后三列，分别定义 D1=A1−611100，E1=B1−3903100，F1=C1−2700，最后按住左键向下拖拉，如图 3-5-26 所示（Excel 具体操作请自行参考 Excel 书籍）。

（3）将后三列数据单独存盘，选存盘类型为“文本文件（制表符分割）*.txt 文件”，退出后，将后缀改为 dat，如图 3-5-27 所示。

```
611100	3903100	2787.604156
611134.2327	3903100	2788.876632
611168.4653	3903100	2783.614295
611202.698	3903100	2777.376894
611236.9306	3903100	2776.882907
611271.1633	3903100	2778.173511
611305.3959	3903100	2814.737851
611339.6286	3903100	2830.795505
611373.8612	3903100	2845.51575
611408.0939	3903100	2839.843698
611442.3265	3903100	2836.694213
611476.5592	3903100	2838.51512
611510.7919	3903100	2842.936674
611545.0245	3903100	2848.709394
611579.2572	3903100	2853.584064
611613.4898	3903100	2867.263217
611647.7225	3903100	2886.515206
611681.9551	3903100	2903.970719
611716.1878	3903100	2917.663627
611750.4204	3903100	2929.690347
611784.6531	3903100	2937.442434
611818.8857	3903100	2950.560944
611853.1184	3903100	2962.27176
611887.3511	3903100	2976.115474
611921.5837	3903100	2985.915378
```

图 3-5-25　点云 txt 文档

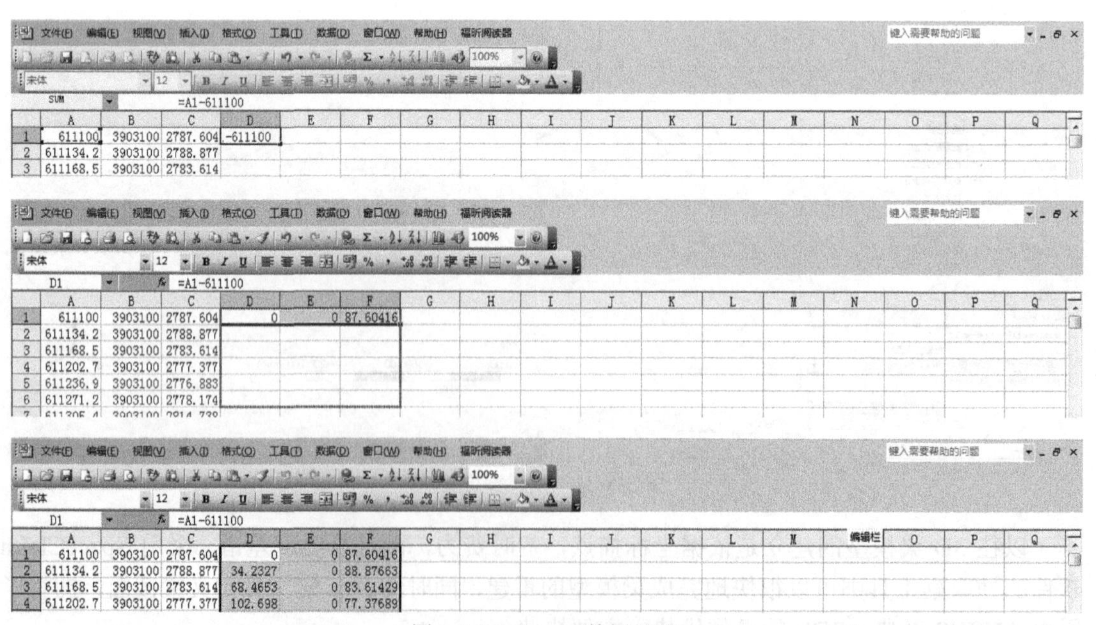

图 3-5-26　Excel 数据处理

```
0         0        37.604156
34.2327   0        38.876632
68.4653   0        33.614295
102.698   0        27.376894
136.9306  0        26.882907
171.1633  0        28.173511
205.3959  0        64.737851
239.6286  0        80.795505
273.8612  0        95.51575
308.0939  0        89.843698
342.3265  0        86.694213
376.5592  0        88.51512
410.7919  0        92.936674
445.0245  0        98.709394
479.2572  0        103.584064
513.4898  0        117.263217
547.7225  0        136.515206
581.9551  0        153.970719
616.1878  0        167.663627
650.4204  0        179.690347
684.6531  0        187.442434
718.8857  0        200.560944
753.1184  0        212.27176
787.3511  0        226.115474
821.5837  0        235.915378
```

图 3-5-27 修改后的点云 dat 数据

（4）进入 UG，选择“新建”→“模型”，注意单位为 mm，如图 3-5-28 所示。**注意：3D 建模软件的模型有尺度要求，一般为 50m 左右，因此生成地质模型时采用 mm 制建模，导入 DM 后再放大。**

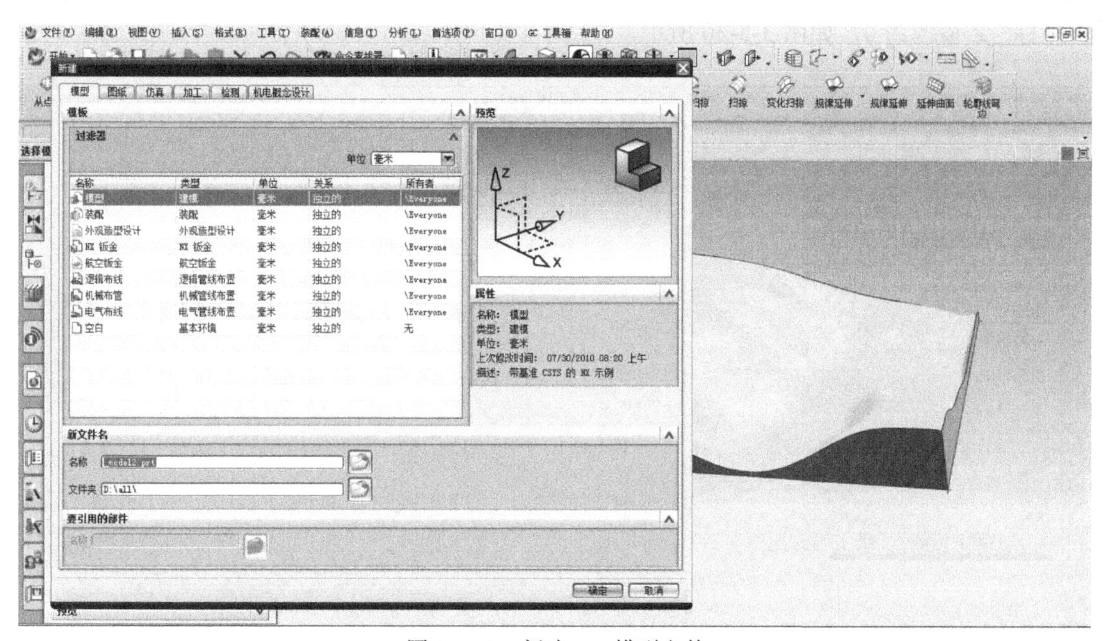

图 3-5-28 新建 UG 模型文件

（5）在“曲面”工具中，点击“从点云”工具，在“文件中的点”选择刚才保存的 dat 文件；U、V 向阶次填 8，U、V 向补片数填 4，这数据直接影响曲面拟合精度；“坐标系”选择 WCS（**切记**）；其余默认，如图 3-5-29 所示。在拟合信息里可以看到距离偏差。

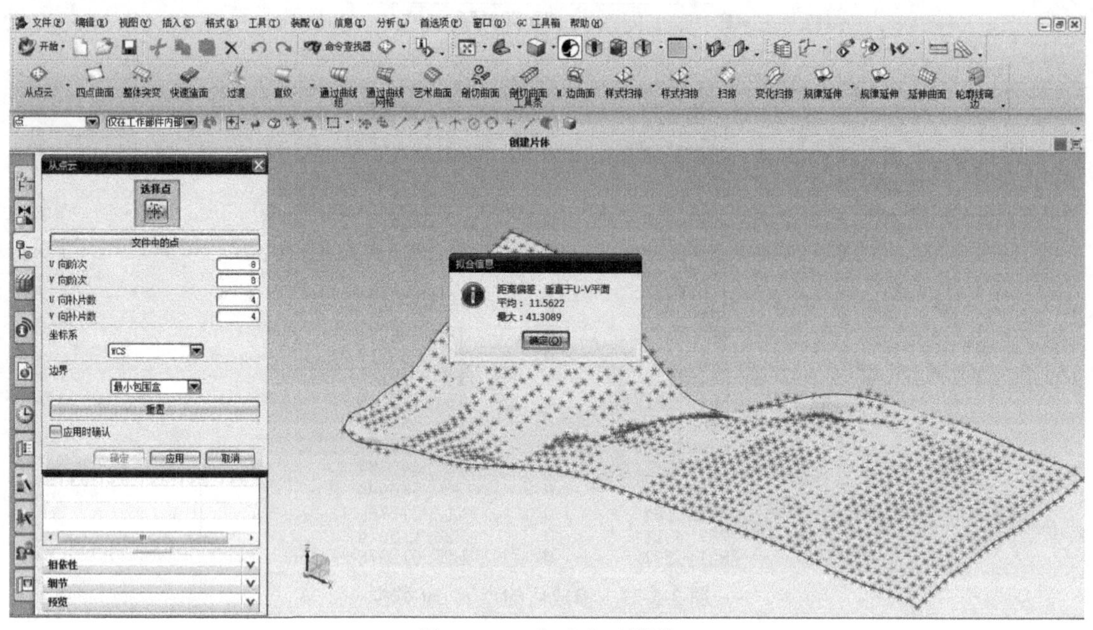

图 3-5-29　生成点云模型

（6）生成下端平面。下平面生成有很多方法，本例介绍一种基于四点坐标生成平面的方法。在“插入”中，点击“基准/点”→“点”工具，选择刚才建立的曲面的一个角点，将“输出坐标”Z 值改为 0，如图 3-5-30 所示。

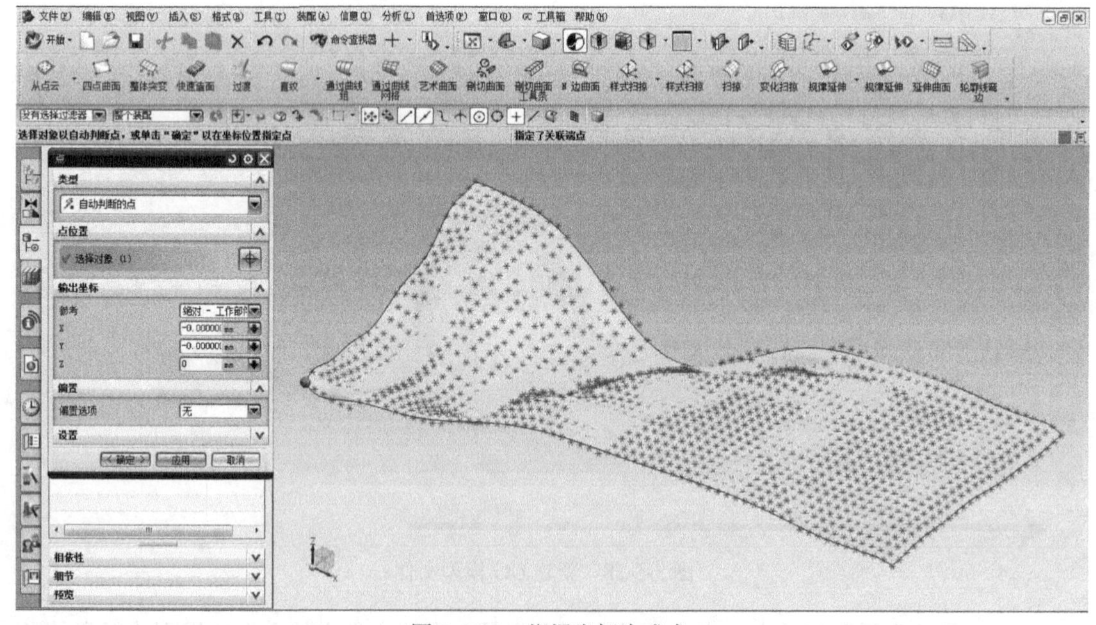

图 3-5-30　依据坐标生成点

同理，生成 4 个角点，Z 坐标均定义为 0，如图 3-5-31 所示。

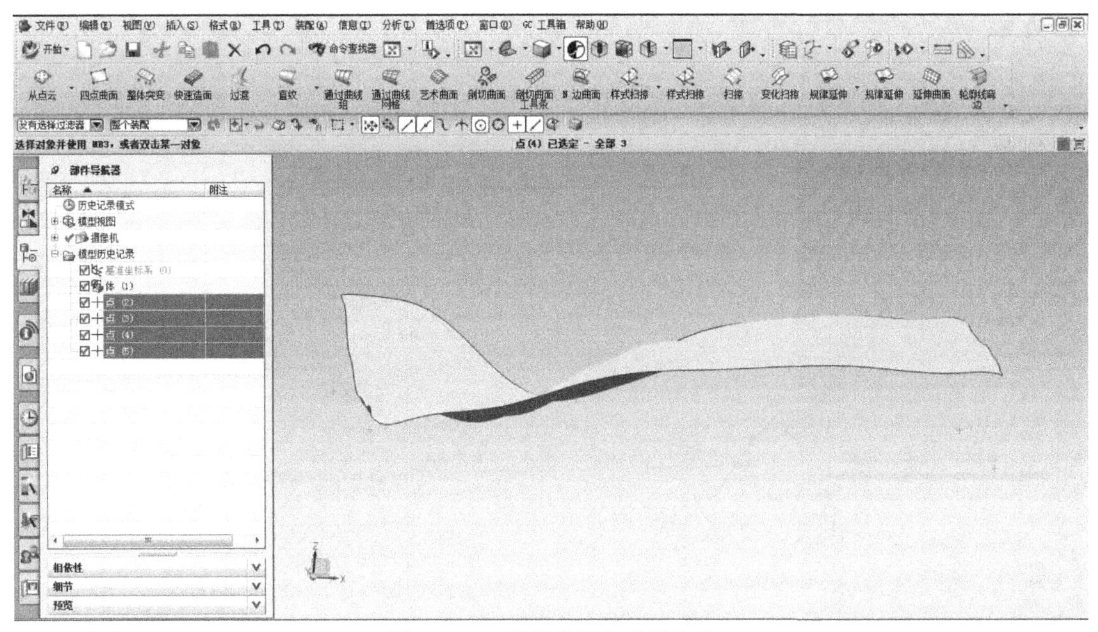

图 3-5-31 依据坐标生成四个点

在“曲面”工具中，点击“四点曲面”工具，依次点击刚才生成的四个点，如图 3-5-32 所示。

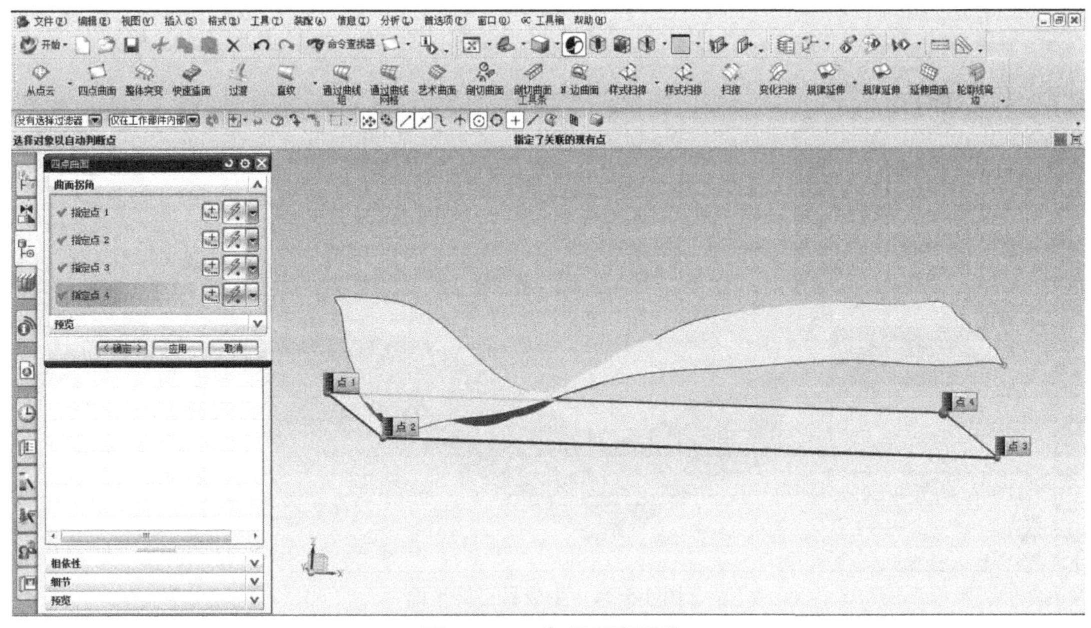

图 3-5-32 生成下端平面

（7）生成侧平面。在“曲面”中，点击“直纹”工具，先左键选择上端曲面一侧曲线，中键确定后，再左键选择下端曲面同侧曲线，如图 3-5-33 所示。

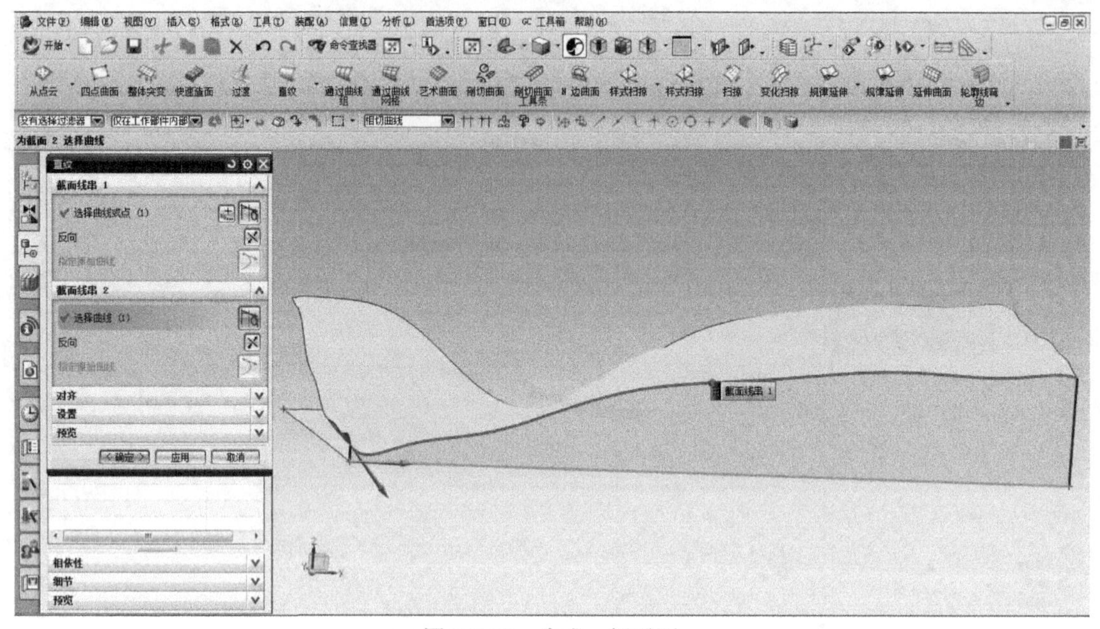

图 3-5-33　生成一侧平面

同理，生成另外三个侧面，如图 3-5-34 所示。

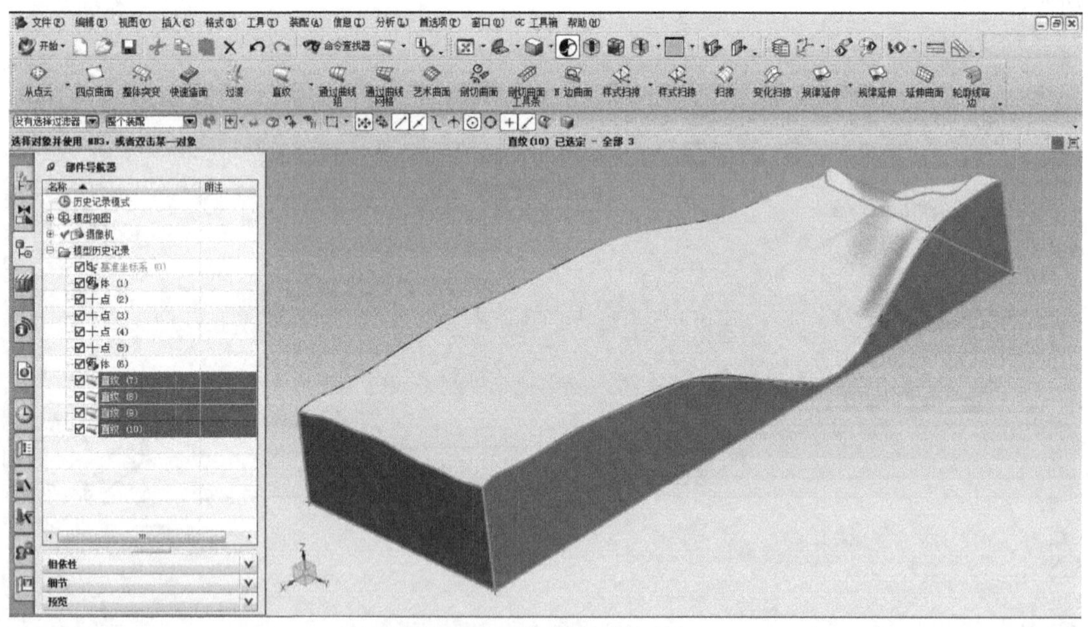

图 3-5-34　生成另三侧平面

（8）组合成实体。在“插入”中，点击“组合”→“缝合”工具，先左键选择一处曲面，再左键选择另一处曲面，如图 3-5-35 所示。

同理，缝合另外四个面，如图 3-5-36 所示。至此，完成点云实体模型。

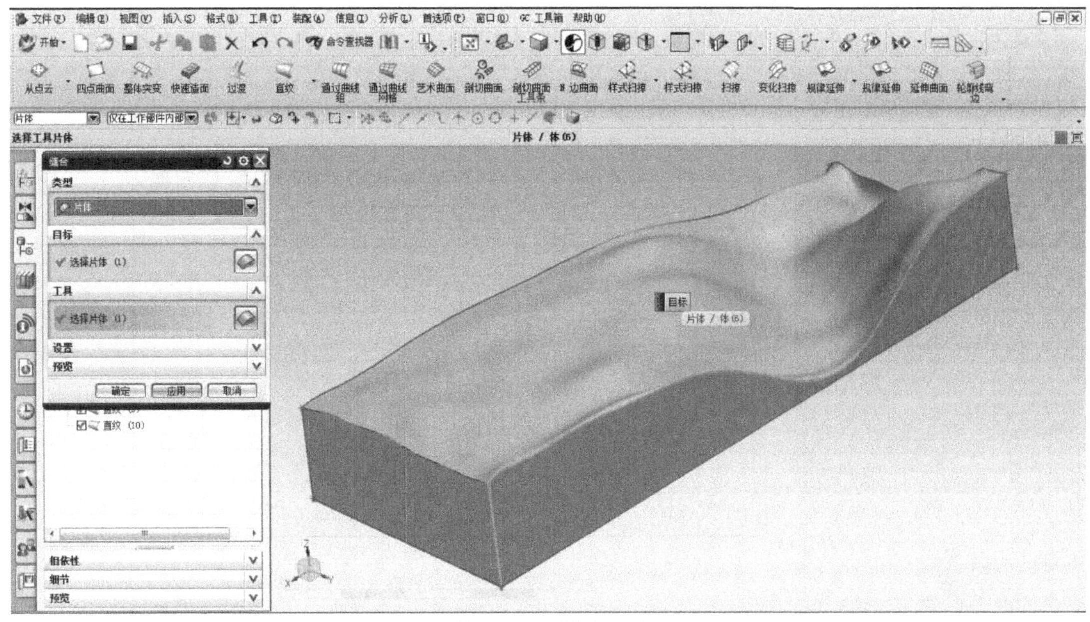

图 3-5-35　缝合工具

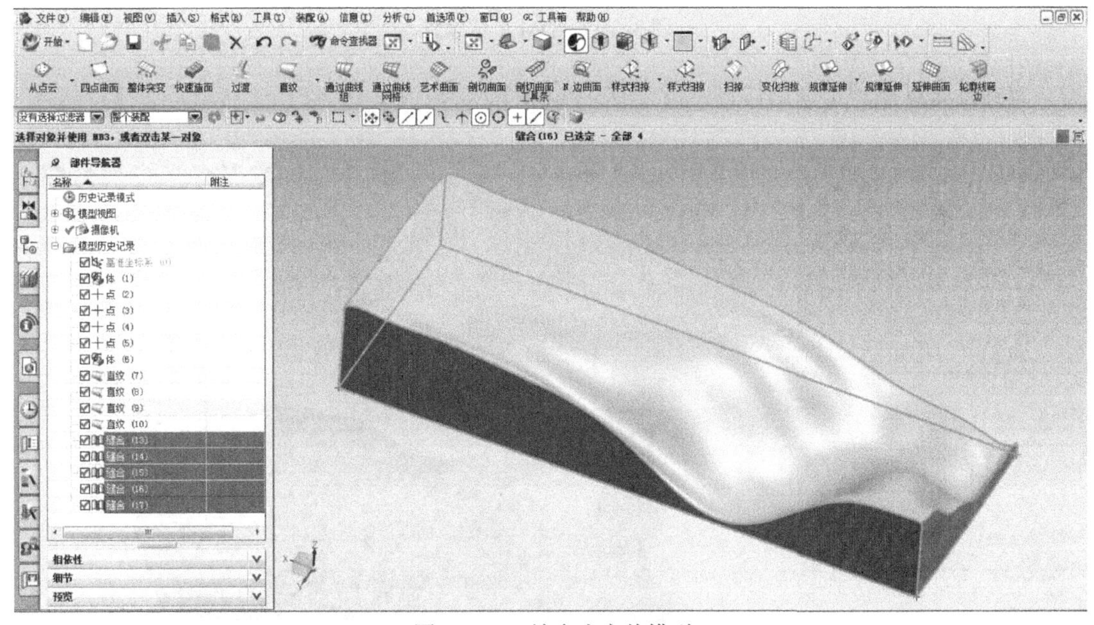

图 3-5-36　缝合为实体模型

（9）导入 WB 的 DM 模块。将 UG 模型另存为 x_t、igs 或 stp 格式备用。打开 DM 模块，点击 Tools→Options 设置，如图 3-5-37 所示，在 Units 处设置 Length Unit 为 Meter（米制），Enable Large Model Support 为 Yes。**注意：大模型只有在米制和英尺制才可设置。**

点击 DM 中的 File→Import External Geometry File，选择 UG 中保存的模型，即可导入模型。然后点击 Create→Body Transformation→Scale，如图 3-5-38 所示设置，定义 Global Scaling Factor 为 1000（放大 1000 倍）。

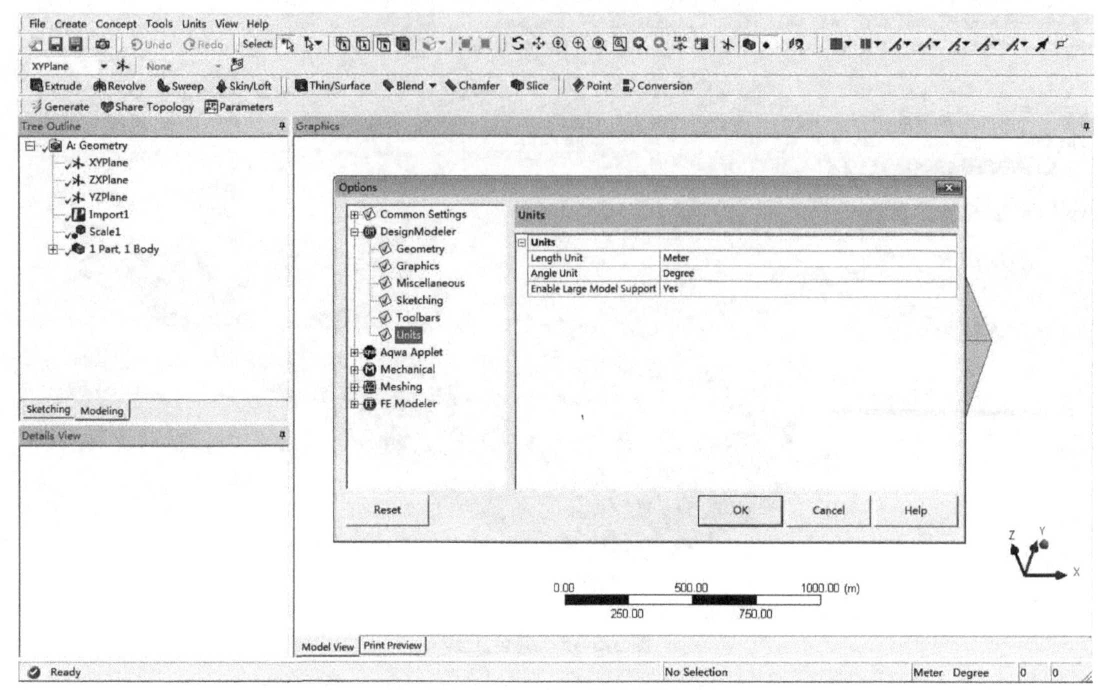

图 3-5-37　DM 单位设置

读者可通过图形下面的比例尺观察模型的基本尺度。

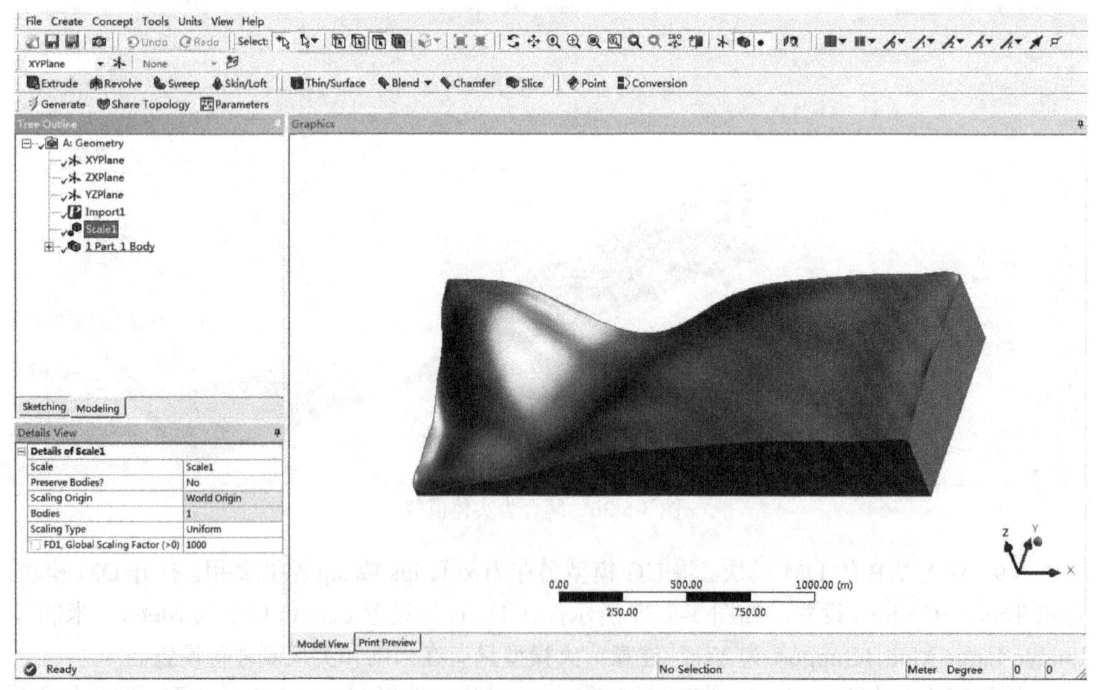

图 3-5-38　Scale 设置后最终模型

第 4 章　线性静力学分析

静力学分析是结构有限元分析的基础。静力学分析主要研究静止或者匀速状态下的结构响应，不考虑惯性和阻尼效应，以及与时间有关载荷的影响。通过静力学分析，可以得到结构的刚度、强度、稳定性、约束反力等技术指标。但是静力学分析并不是只能用于纯粹静力载荷条件，还可以加载惯性载荷为定值的载荷，同时，也可以计算作用时间较长的准静态问题，包括模拟诸如大变形、大应变、接触、塑性、超弹、蠕变等非线性行为。本章主要讲述线性行为的静力学分析，基于胡克定律[F]=[k][X]，其中[k]包含了材料属性、模型尺寸和约束条件，可以简单认为，当一个物体受到 10N 的载荷，变形为 1mm；如果受到 20N 的载荷，变形即为 2mm。

4.1　有限元求解静力学基本原理

有限元计算是将连续系统离散成为有限个分区或单元，对每个单元提出一个近似解，再将所有单元按标准方法组合成一个与原有系统近似的系统。以有限元法求一等截面直杆在自重作用下的应力应变为例，如图 4-1-1 所示。

已知：一受自重作用的等截面直杆，杆的长度为 L，截面积为 A，弹性模量为 E，单位长度的重量为 q，杆的内力为 N。试求：杆的位移分布，杆的应变和应力。

（1）将等截面直杆划分成 3 个等长的单元，每段长度为 $L/3$。每段之间假定为一个铰接点连接，故称这些铰接点为节点，分别为节点 1、2、3、4；称每个线段为单元，分别为单元 L_1、L_2、L_3。

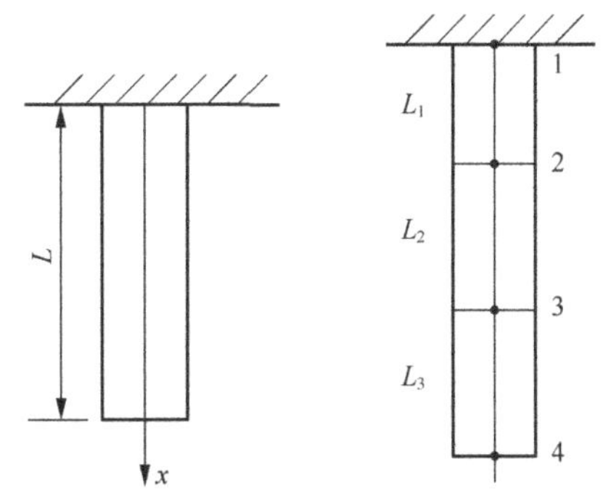

图 4-1-1　直杆问题及离散模型

（2）用单元节点位移表示单元内部位移，第 i 个单元中的位移用所包含的节点位移来表示：

$$u(x)=u_i+\frac{u_{i+1}-u_i}{L_i}(x-x_i)$$

其中，u_i 为第 i 节点的位移；x_i 为第 i 节点的坐标。

第 i 个单元的应变、应力、内力分别为

$$\varepsilon_i=\frac{\mathrm{d}u}{\mathrm{d}x}=\frac{u_{i+1}-u_i}{L_i}$$

$$\sigma_i = E\varepsilon_i = \frac{E(u_{i+1} - u_i)}{L_i}$$

$$N_i = A\sigma_i = \frac{EA(u_{i+1} - u_i)}{L_i}$$

（3）把外载荷集中到节点上。等效为把第 i 单元和第 i+1 单元重量的一半 $\frac{q(L_i + L_{i+1})}{2}$，集中到第 i+1 节点上。

（4）建立节点的力平衡方程。对于第 i+1 节点，由力的平衡方程可得 $N_i - N_{i+1} = \frac{q(L_i + L_{i+1})}{2}$。

令 $\lambda_i = \frac{L_i}{L_{i+1}}$，并依次代入可得

$$-u_i + (1+\lambda_i)u_{i+1} - \lambda_i u_{i+2} = \frac{q}{2EA}\left(1 + \frac{1}{\lambda_i}\right)L_i^2$$

根据约束条件可知 $u_1 = 0$。

对于第 n+1 个节点，有

$$N_n = \frac{qL_n}{2}$$

$$-u_n + u_{n+1} = \frac{qL_n^2}{2EA}$$

（5）建立所有节点的位移平衡方程。

对于节点 1，$u_1 = 0$。

对于节点 2，$-u_2 + 2u_3 - u_4 = \frac{qa^2}{EA}$。

对于节点 3，$-u_1 + 2u_2 - u_3 = \frac{qa^2}{EA}$。

对于节点 4，由 $N_3 = \frac{qa}{2}$ 和 $N_3 = \frac{EA(u_4 - u_3)}{a}$ 两式得

$$-u_3 + u_4 = \frac{qa^2}{2EA}$$

四式联立，即可求得各节点位移，代入相应公式，可求得各节点应变、应力和反力。

由此可知，有限元计算流程为建模、离散（网格化）、加载及约束定义、计算得结果。同理，有限元软件分析流程即为前处理（含建模、网格划分）、边界条件定义（约束和载荷定义）、计算和后处理。

WB 在计算流程上界面非常友好，相比 ANSYS 经典界面，整个操作更像一道填空题，用户根据软件的提示在相应位置填入对应的数据，即可完成计算。WB 相对于经典界面有许多智能化的操作，其中单元类型的选择不再是由用户直接定义。WB 同样具有单元类型的自定义，依据单元类型的不同，分为梁单元、XY 平面单元、壳单元、实体单元、Link 单元等。

4.2 梁单元静力学分析

当结构长度对横截面的比率超过 10:1，沿长度方向的应力为主要分析对象，且横截面始终保持不变时，即应用梁单元。梁单元可用于分析主要受侧向或横向载荷的结构，如建筑桁架、桥梁、螺栓等。在 WB 中默认为铁摩辛柯（Timoshenko）梁单元，即 Beam188 和 Beam189，可计算弯曲、轴向、扭转和横向剪切变形。其中 Beam188 采用线性多项式作为形函数，Beam189 采用二次多项式作为形函数，当 WB 的 Mesh 设置中 Mesh-Element Midside Nodes 为 Dropped 时，即为 Beam188；Mesh-Element Midside Nodes 为 Kept 时，即为 Beam189。

有限元对单元特性的描述包括单元形状、节点数目、自由度和形函数。表 4-2-1 为 Beam 单元的对比。在 WB 中默认设置为二次单元。一般来说，线性单元需要更多的网格数才能达到二次单元的精度。选用二次单元可提高计算精度，这是因为二次单元的曲线或曲面边界能够更好地逼近结构的曲线和曲面边界，且二次插值函数可更高精度地逼近复杂场函数，所以当结构形状不规则、应力分布或变形很复杂时可以选用高阶单元。但高阶单元的节点数较多，在网格数量相同的情况下由高阶单元组成的模型规模要大得多，计算内存消耗也多，因此，在使用时应权衡考虑计算精度和时间。

表 4-2-1　　　　Beam 单元对比

类型	单元形状	节点数目	自由度	形函数
Beam188	3D 梁	2	6	线性
Beam189	3D 梁	3	6	二次

注意

ANSYS 以前版本中，还存在 Beam3（平面二维）、Beam4（空间三维）等单元，这些单元均有明显的局限性。对比 Beam4 和 Beam188 可知，Beam4 输入的截面参数以实常数表达，即惯性矩、截面积和截面高度，在计算时用矩形截面等效实际截面进行计算，这造成不同截面在截面参数（实常数）相同时，计算结果相同，Beam188 则根据实际截面由多个节点构建截面刚度矩阵；Beam4 采用了主自由度的原理，为经典梁弯曲理论构造的欧拉梁单元，忽略剪切变形，基于假设中法线在变形后仍保持和中面垂直，所以只能得到类似平均的截面弯曲应力，Beam188 采用相对自由度原理，考虑剪切变形，计算挠度和截面转动时根据截面刚度矩阵各自独立插值，截面应力和变形是真实的。

4.2.1 梁模型有限元计算

用 ProE 建立一桁架模型，导入 WB 进行分析计算。

（1）ProE 建模。在草绘界面绘制一边长为 30mm、40mm、50mm 的三角形，然后选择投影命令将草绘图形投影到基准面上，另存为 x_t 文件（其他 3D 软件操作方法类似）。

（2）导入模型。如图 4-2-1 所示，在 Import 设置中，Operation 设为 Add Frozen，Line Bodies 设为 Yes。

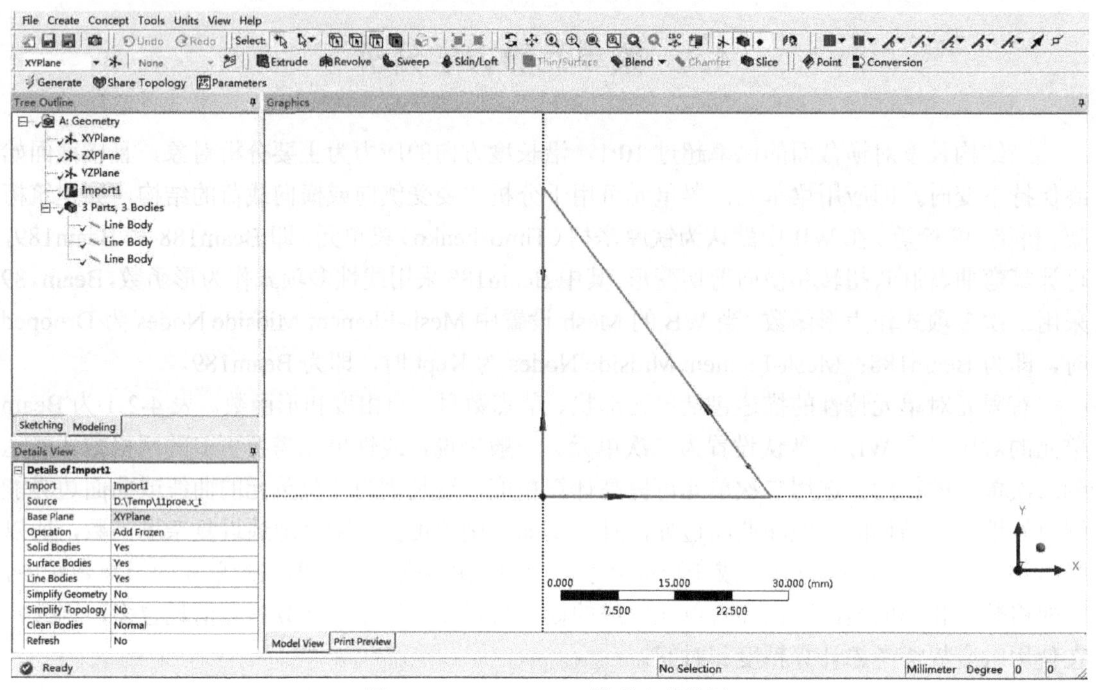

图 4-2-1　Import ProE 模型文件设置

（3）梁截面赋值，并定义截面方向，最后用 Form New Part 将三根梁合并为一个部件，如图 4-2-2 所示。具体操作见本书 3.2 节。

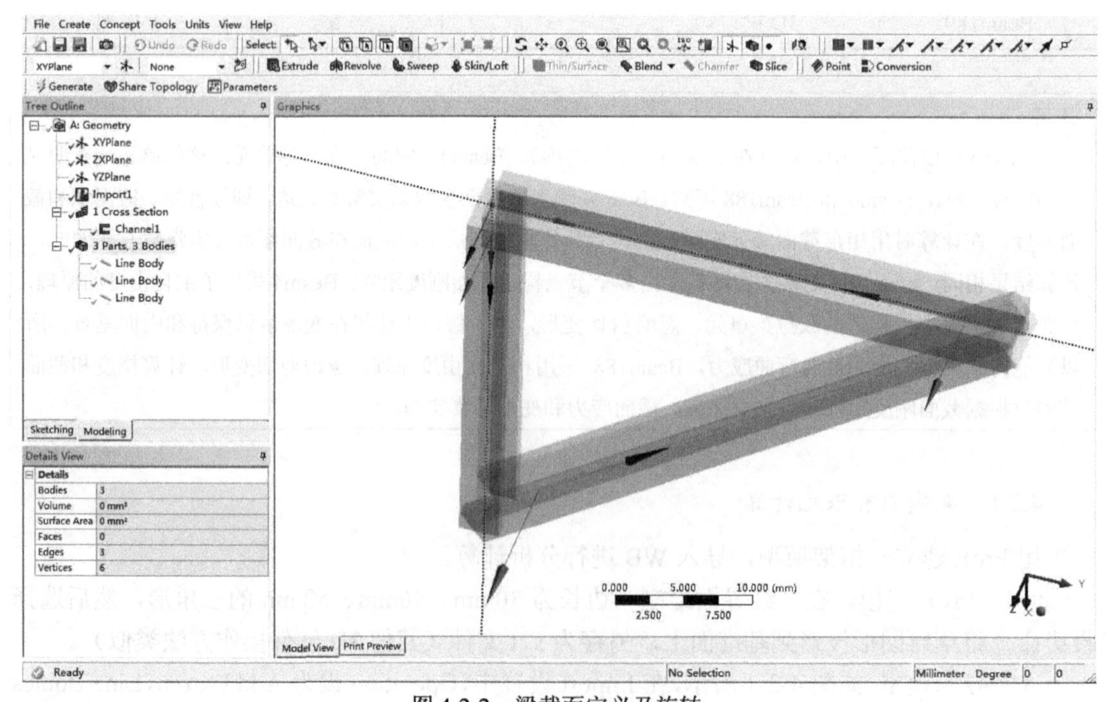

图 4-2-2　梁截面定义及旋转

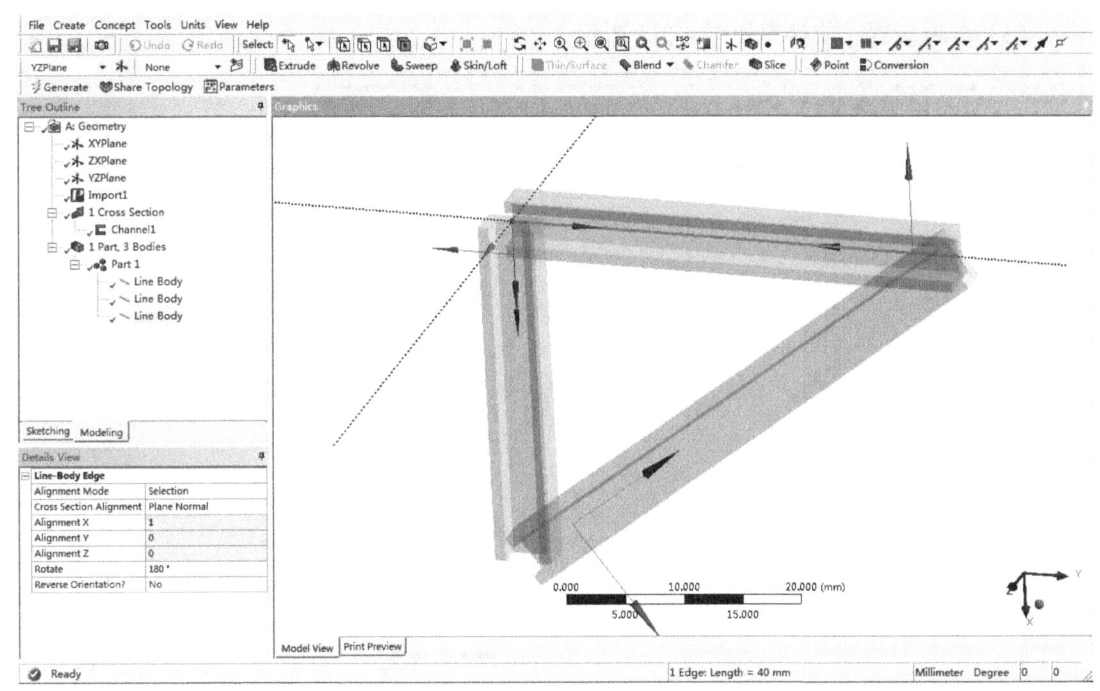

图 4-2-2　梁截面定义及旋转（续）

（4）如图 4-2-3 所示建立分析流程图，并打开图形默认参数设置。其中 Import Coordinate Systems 打勾表示可以将模型已有的坐标系导入 Mechanical 分析模块，Import Work Points 打勾表示可以将模型已有的工作点导入 Mechanical 分析模块。

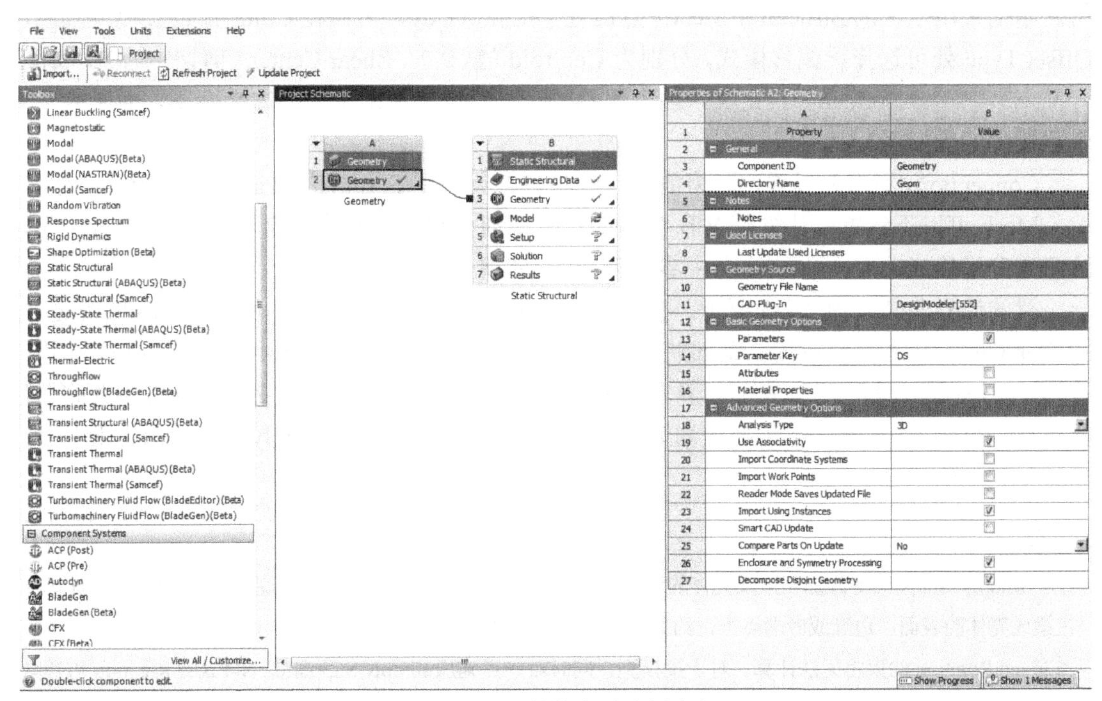

图 4-2-3　梁的静力学分析流程

（5）分析设置，前处理如图 4-2-4 所示。

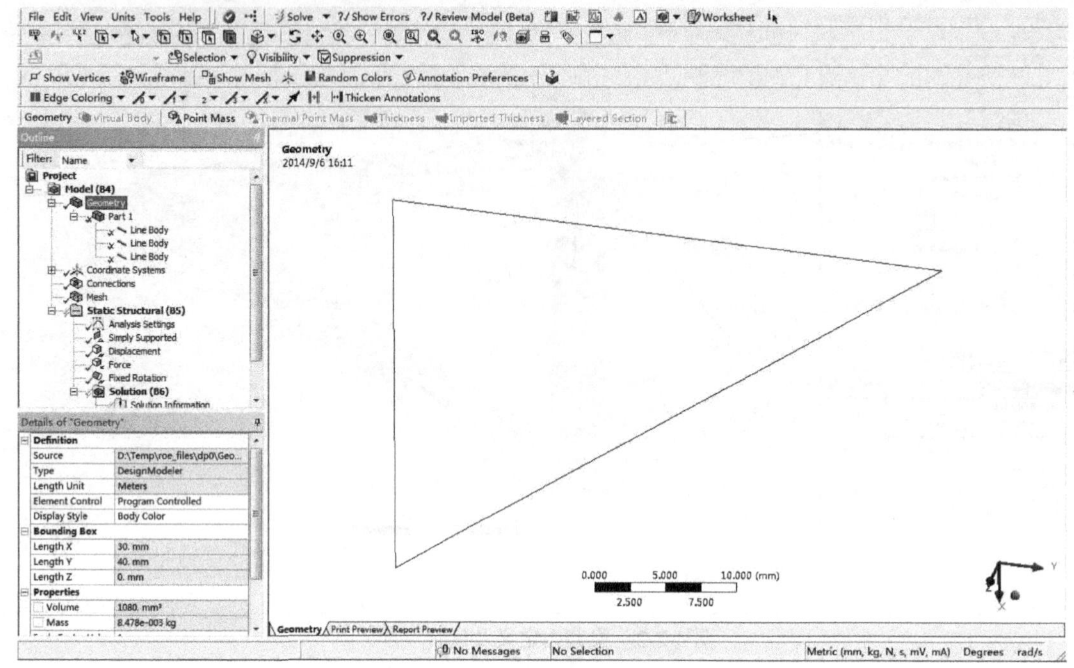

图 4-2-4　梁的前处理设置

在 Geometry 中可以看到模型的基本尺寸、质量等参数，其中 Element Control 的设置非常重要，在梁模型中一般选择 Program Controlled；点击 Part1，可以在 Assignment 处设置材料，本例采用默认的 Structural Steel；点击任一 Line Body，可以在 Color 处设置模型颜色，Offset Type 处可选择梁偏移模式，分别为 Centroid（默认）、Shear Center（剪切中心）、Origin（原点）、User Defined（自定义，**注意偏移的 X、Y 距离不是基于整体坐标系，而是基于单个梁模型的坐标系**）。

Connections 不需要设置，因为前面已经将三个梁模型 Form New Part，合并为一个整体。

Mesh 可以不设置，计算时 WB 会自动对模型划分网格，即定义模型为 Beam188 单元，**注意划分网格成功后，Geometry 中零件前面的 ✓ 将变成 ✗**。

梁的边界条件如图 4-2-5 所示。在 Static Structural 中设置选项：本例 Analysis Settings 中的 Step Controls 不需要设置，全部默认；Weak Springs、Large Deflection、Inertia Relief 均设置 Off。这是因为本例为小变形的静力学分析，没有收敛计算。如图 4-2-5 所示对模型施加边界条件，点击图标，将选择过滤为选择点，对左上角点施加 Simply Supported 和 Fixed Rotation 约束。

注意

Simply Supported 施加在梁或壳体的边缘或者端点上，约束平移，但是允许旋转；Fixed Rotation 施加在梁或壳体的表面、边缘或者端点上，约束旋转，但是允许平移。因为梁为 6 自由度模型，本例如果不施加 Fixed Rotation 约束将无法计算。对于梁模型，同时对一点施加 Simply Supported 和 Fixed Rotation 可等效为 Fixed Support。

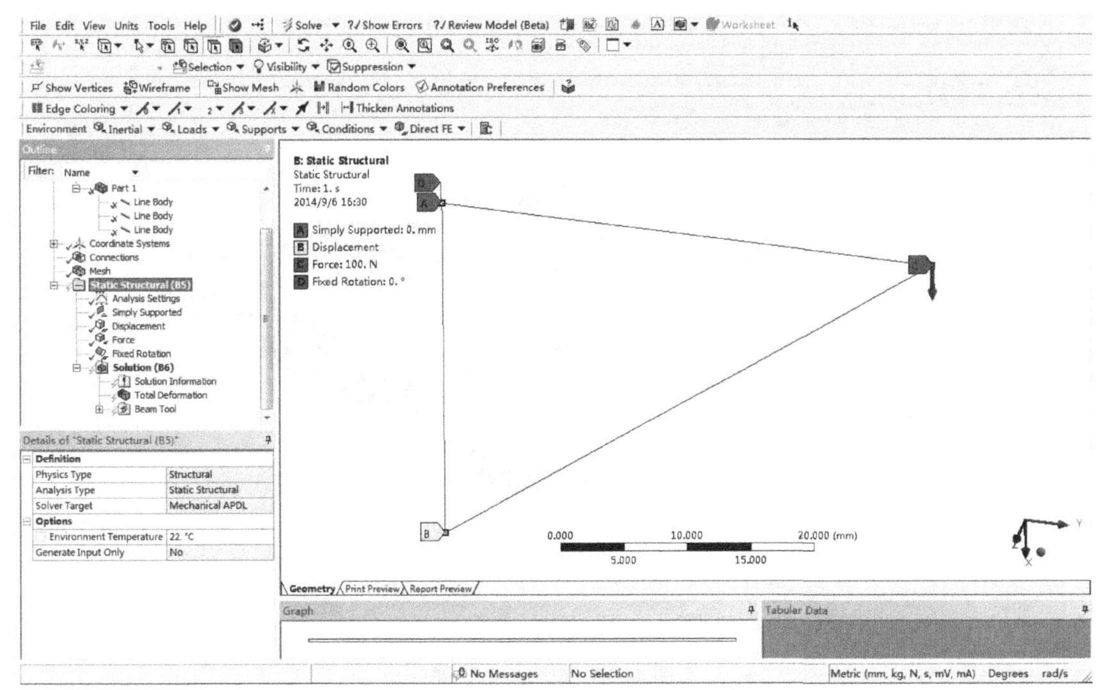

图 4-2-5 梁的边界条件

对右上角点施加沿 X 方向的 Force：点击 Define By 选择 Components，在 X Component 处输入 100N。对左下角点施加 Displacement：点击 Define By 选择 Components，在 X Component 选择 Free，Y Component 和 Z Component 输入 0mm。

> **注意**
>
> Displacement 在顶点、边缘或面上施加已知的位移，允许在 X、Y 和 Z 方向给予强制位移，输入 0 表示此方向被约束，输入 Free 表示此方向自由运动。

（6）计算和后处理，如图 4-2-6 所示。

求解后，点击 Beam Tool 可以看到 Direct Stress、Minimum Combined Stress、Maximum Combined Stress 结果。其中直接应力为轴向应力；最小弯曲应力为四个弯曲应力的最小值；最大弯曲应力与最小弯曲应力相反；最小组合应力是直接应力和最小弯曲应力的线性组合；最大组合应力是直接应力和最大弯曲应力的线性组合。

> **注意**
>
> WB 可以在 DM 中自定义梁截面。自定义截面一定不能忽视截面斜角、圆角等细微参数，否则会有较大的计算误差。且如果截面为自定义，后处理里就没有 Beam Tool，只能在 Worksheet 点选对应结果，如表 4-2-2 所示。

点选斜边梁，再点击 Total Shear Moment Diagram 可以看到斜边梁各结果图，如图 4-2-7 所示。

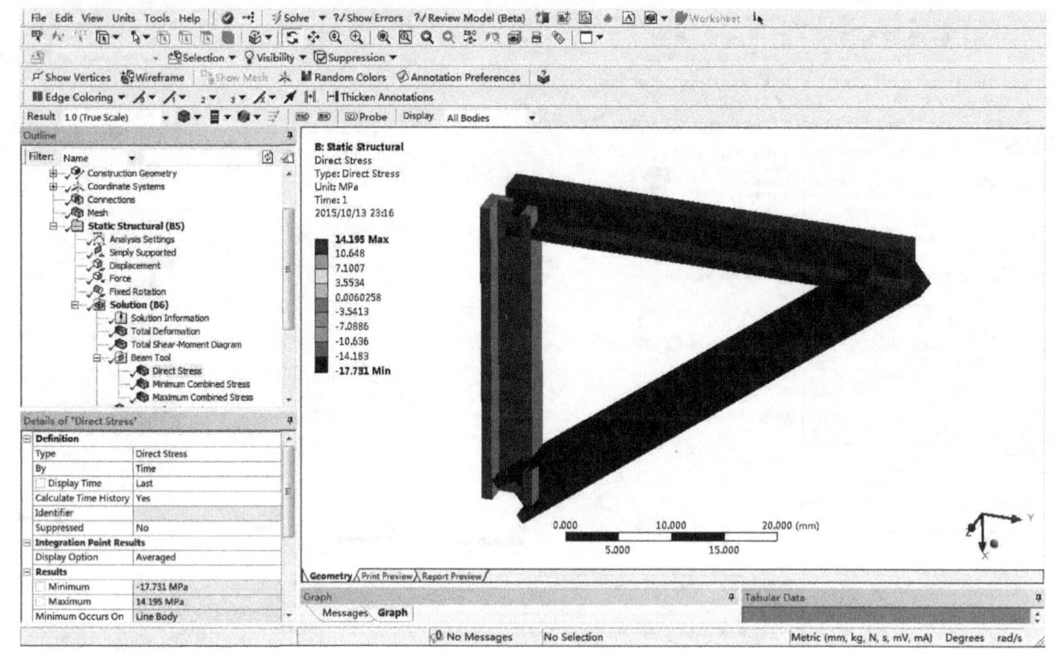

图 4-2-6　梁分析后处理

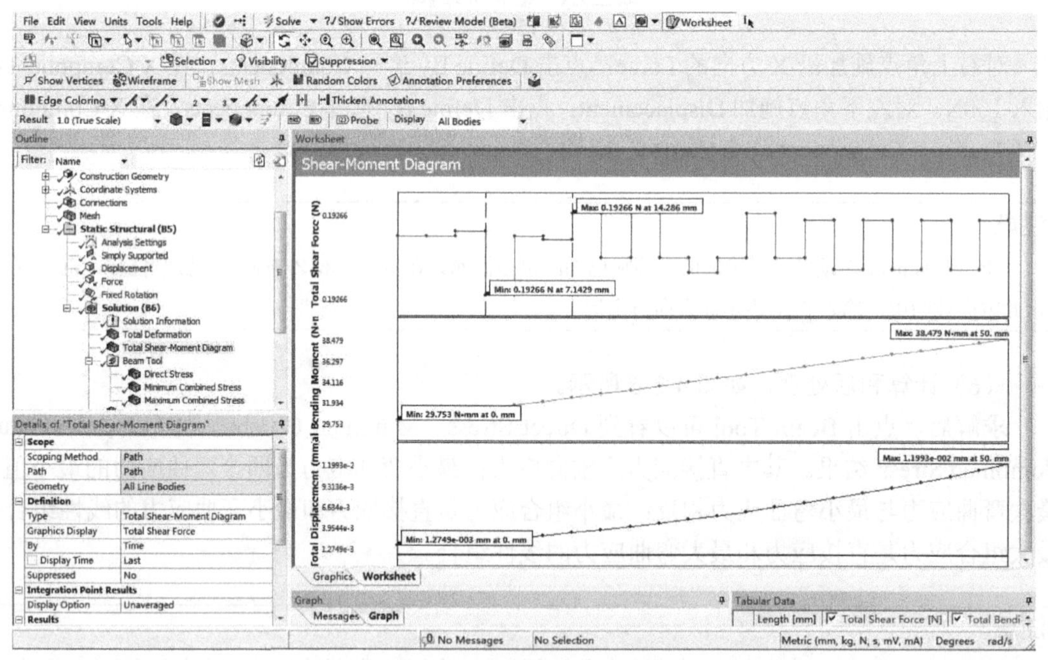

图 4-2-7　Beam 分析的细节图

表 4-2-2　　在 Worksheet 中的 Beam 后处理

BEAM	Element Nodal	Scalar	DIRECT	BEAMDIRECT	Stress
BEAM	Element Nodal	Scalar	MIN_BENDING	BEAMMIN_BENDING	Stress
BEAM	Element Nodal	Scalar	MAX_BENDING	BEAMMAX_BENDING	Stress

续表

BEAM	Element Nodal	Scalar	MIN_COMBINED	BEAMMIN_COMBINED	Stress
BEAM	Element Nodal	Scalar	MAX_COMBINED	BEAMMAX_COMBINED	Stress

熟悉 ANSYS 经典界面的读者常在后处理中提取 smisc 和 nmisc 数据，WB 可以通过 User Defined Result 来提取该数据库，并可以进行数学处理。右键点击 Solution，在 Insert 菜单下选择 User Defined Result，如图 4-2-8 所示。在 Expression 处分别定义为 smisc1、smisc2、smisc5、smisc6、smisc7、smisc11、smisc12、smisc13、sqrt（ux^2+ uy^2+uz^2）。

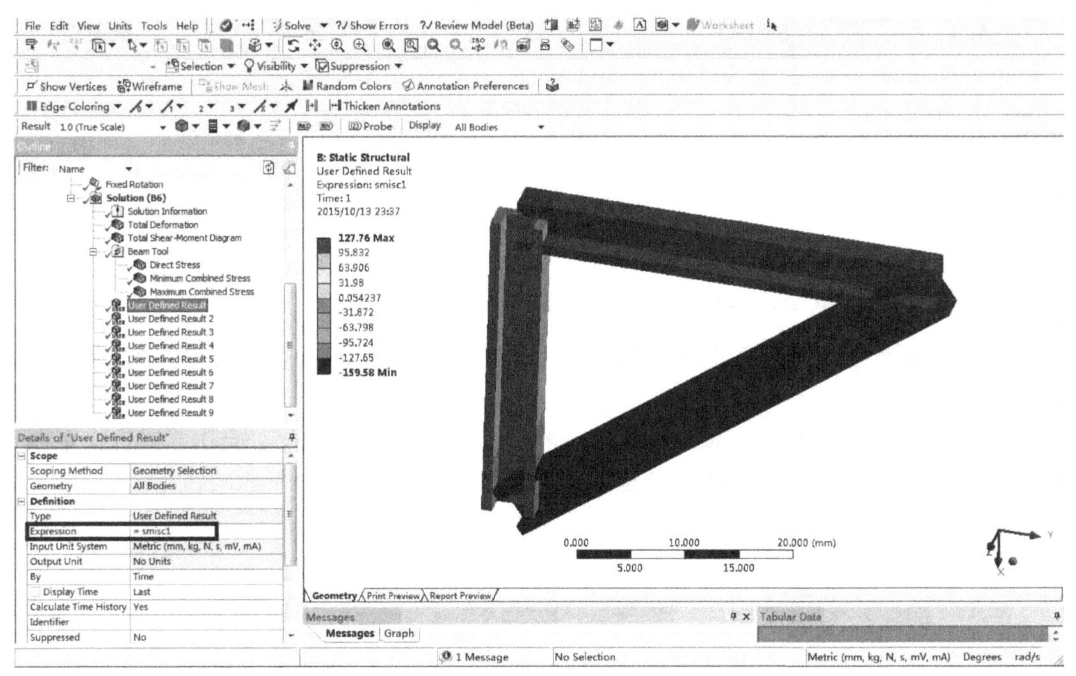

图 4-2-8　Beam188 单元的 User Defined Result 图

参见 Beam188 单元表 4-2-3 可知，对应求解分别代表：单元的轴向应力、弯矩、剪应力、轴向应变、剪应变、截面积和总变形（读者可与 Total Deformation 结果对比，两者一致）。

表 4-2-3　　Beam188 中 smisc 对应编号简表

		I	J	说明
Fx	SMISC	1	14	Axial force
My	SMISC	2	15	Bending moments
Mz	SMISC	3	16	Bending moments
TQ	SMISC	4	17	Torsional moment
SFz	SMISC	5	18	Section shear forces
SFy	SMISC	6	19	Section shear forces
Ex	SMISC	7	20	Axial strain

续表

		I	J	说明
Ky	SMISC	8	21	Curvature
Kz	SMISC	9	22	Curvature
TE	SMISC	10	23	Torsional strain
SEz	SMISC	11	24	Section shear strains
SEy	SMISC	12	25	Section shear strains
Area	SMISC	13	26	截面积

注意

User Defined Result 后处理输出结果没有单位，读者必须了解各输出类型的物理意义，再按照选择单位制读取结果数据。

4.2.2　复杂（变截面、扭转）梁模型建立

当实际梁模型截面为变截面或者扭转梁时，一般采用 ANSYS 经典界面方式建模，下面举例说明建立一扭转变截面梁。

（1）在 WB 主界面点选 Mechanical APDL 系统，在 Analysis 处点击右键选择 Edit in Mechanical APDL，即可进入 ANSYS 经典界面，如图 4-2-9 所示。

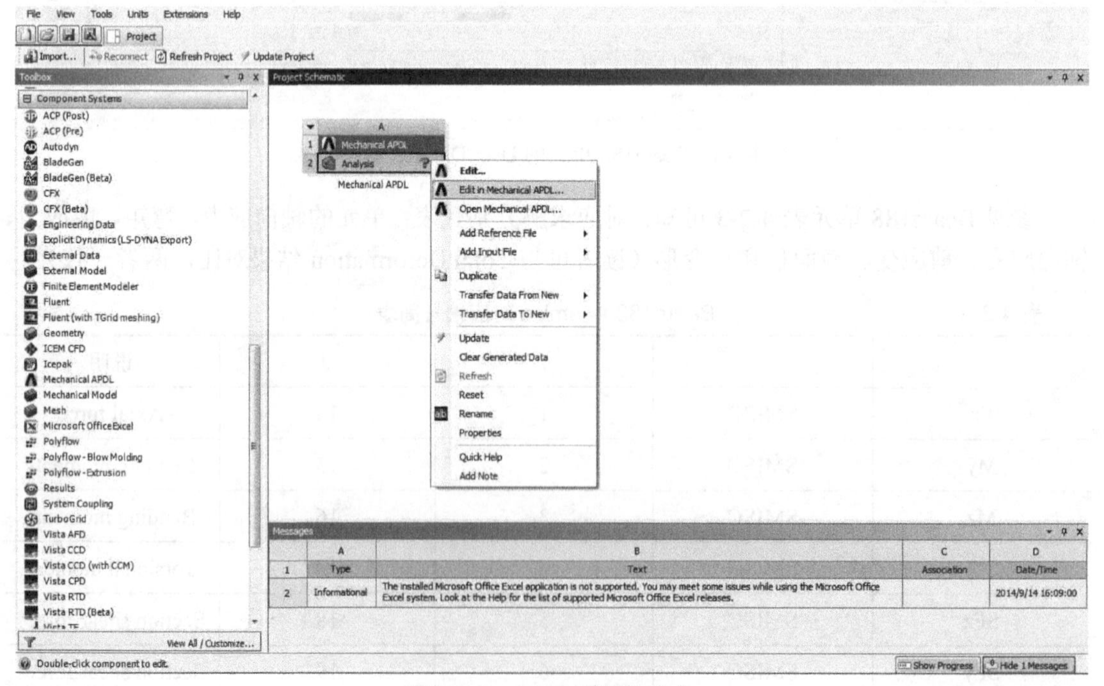

图 4-2-9　APDL 系统的建立

（2）经典界面建立梁模型的流程如下所示。

① 定义单元类型，如图 4-2-10 所示，本例选择 2 node 188 单元。

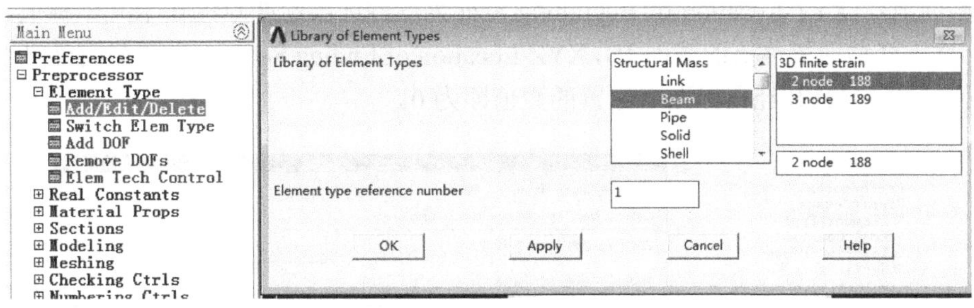

图 4-2-10 单元类型的定义

② 定义材料参数，如图 4-2-11 所示，本例定义弹性模量为 2e11，泊松比为 0.3。

注意

经典界面没有单位概念，用户依据在前处理选择的参数数值，按照单位统一一致的规律自行定义。本例弹性模量为 2e11，可知单位制为“N，m”。

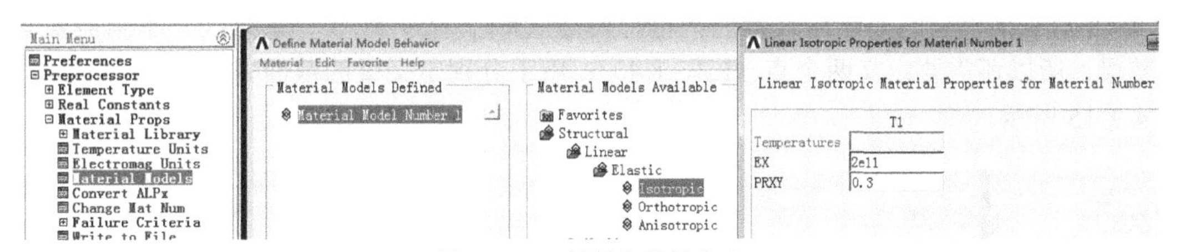

图 4-2-11 材料参数的定义

③ 多个梁截面定义，如图 4-2-12 所示。在 Sections→Beam→Common Sections 中定义截面：本例中 Sub-Type 为截面类型，Offset To 为偏移位置，B、H 为矩形截面两邻边的尺寸，Nb、Nh 为矩形截面两邻边划分网格的份数，默认值表示两等分，点击 Apply 可以建立 ID 为 2 的梁截面。

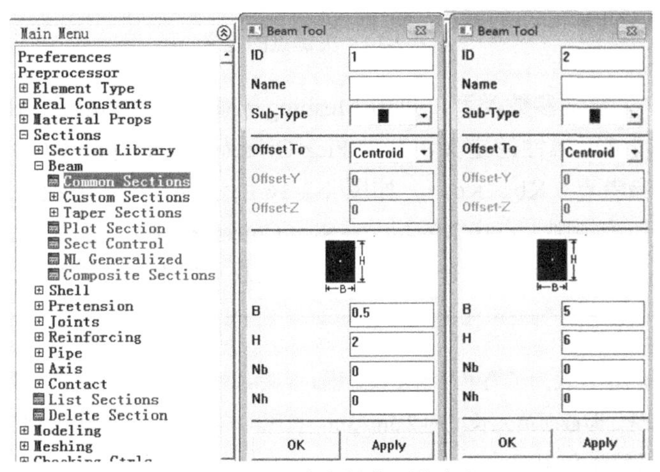

图 4-2-12 多个梁截面的定义

④ 变截面梁截面定义，如图 4-2-13 所示。在 Sections→Beam→Taper Sections→By XYZ Location 中定义：本例中 New Taper Section ID 定义为 3，Beginning Section ID 为变截面梁起始点的截面 ID，XYZ Location of Beginning Sect 为变截面梁起始点的笛卡儿坐标值，Ending Section ID 为变截面梁终点的截面 ID，XYZ Location of Ending Section 为变截面梁终点的笛卡儿坐标值。在 ANSYS 经典界面中空置的数值即为 0。

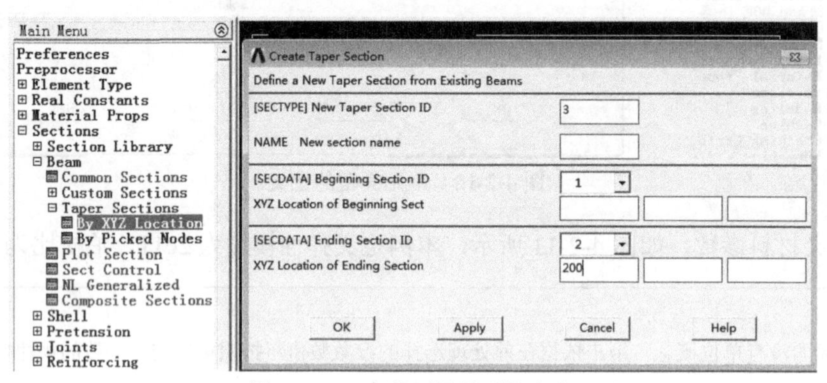

图 4-2-13　变截面梁截面的定义

⑤ 建立梁模型。先建立关键点，再把两点（K1、K2）连成一条直线。本例需要建立扭转梁，所以还需要定义两个点（K3、K4），用于分别定义梁的截面方向，如图 4-2-14 和图 4-2-15 所示。

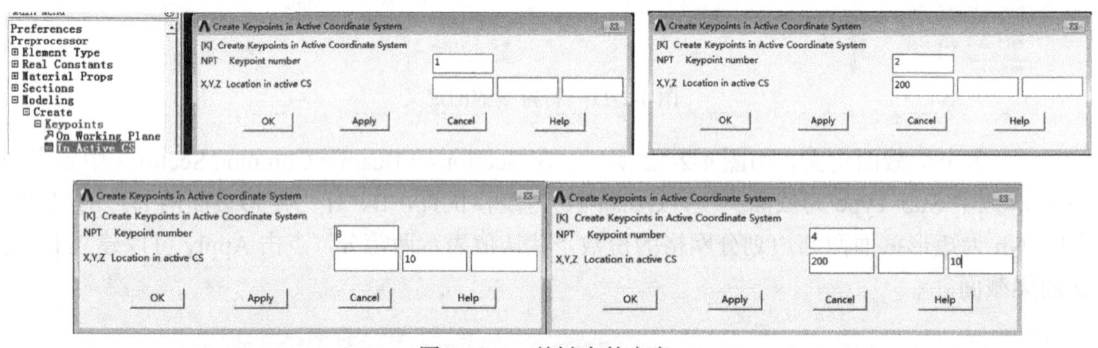

图 4-2-14　关键点的定义

⑥ 划分网格。先定义参数类型，点击 Meshing→Mesh Attributes→All Lines，包括材料、实常数、单元类型及截面属性的定义，其中 Pick Orientation Keypoint（s）定义梁的起始截面参考点和终点截面参考点（Kb、Ke）。如图 4-2-16 所示设置后，依次点击 3、4 关键点。

其次定义网格划分规则，点击 Meshing→Size Cntrls→Manual Size→Lines→All Lines，点选 No. of element divisions（网格划分份数）设置为 20，如图 4-2-17 所示。

注意

此处划分份数为 20 仅仅为了简单显示建模过程。实际线性分析时可以这样估算，已知最大梁截面为 5m×6m，默认等分两份，即截面单元长度为 2.5m×3m，按照网格尺寸相等原则，可取梁单元的长度为 2.5～3m，梁总长 200m，故等分为 80 份。

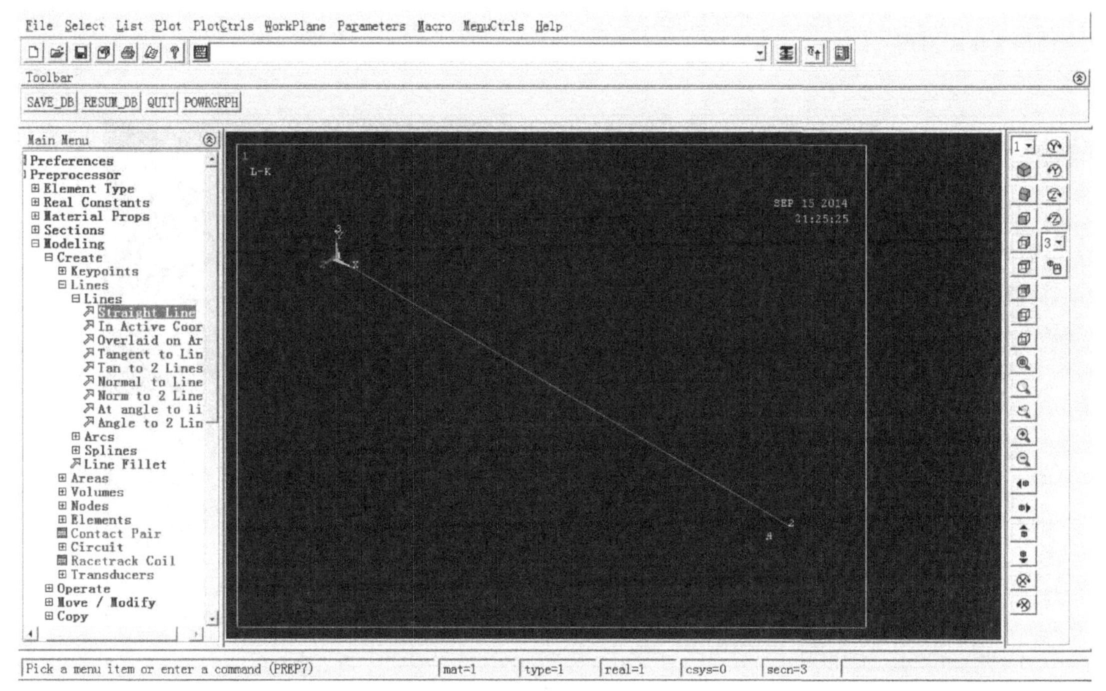

图 4-2-15　直线的定义

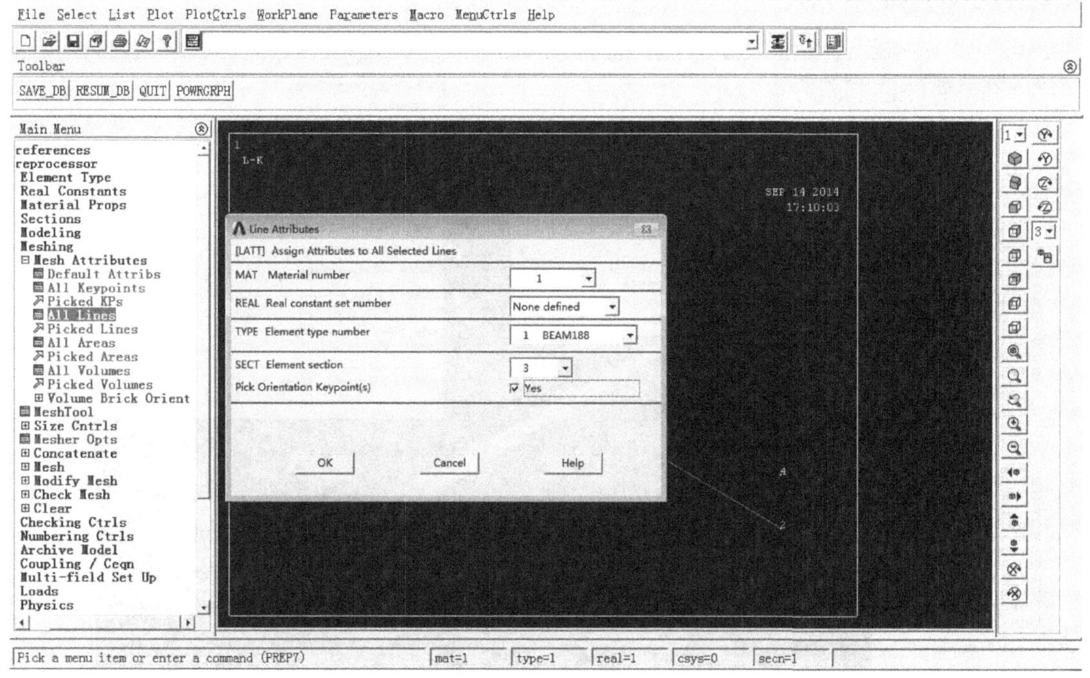

图 4-2-16　参数的定义

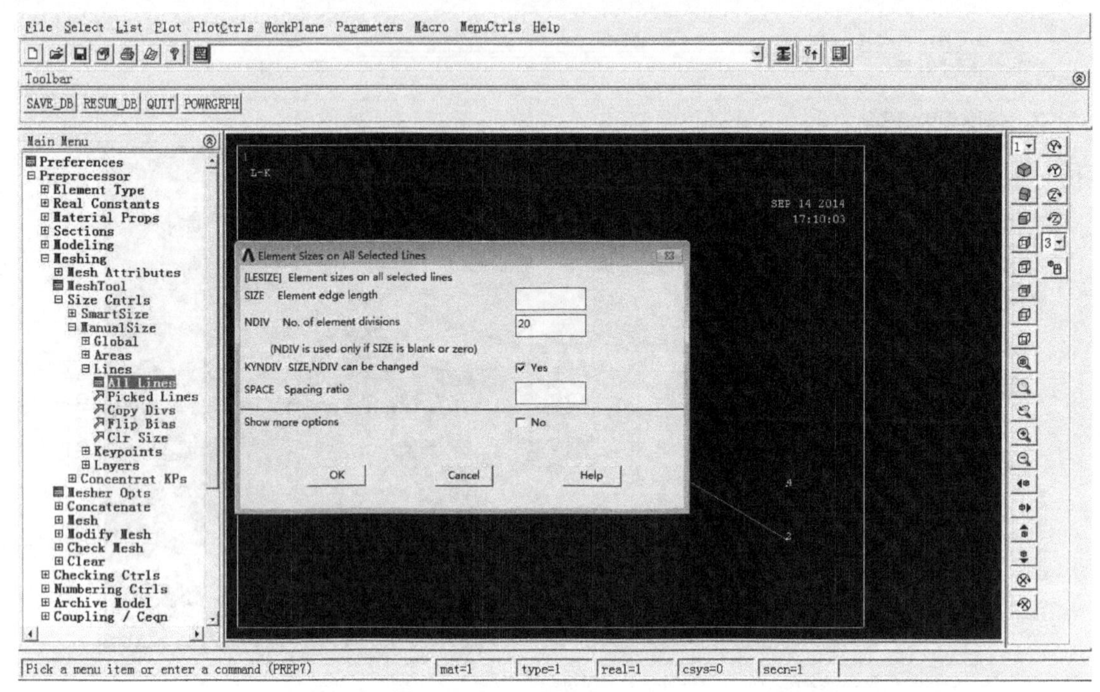

图 4-2-17　网格划分规则的定义

最后划分网格，点击 Meshing→Mesh→Lines，再点击 Plotctrl→Style→Size and Shape，在 Display of Element 处将 On 勾选，如图 4-2-18 所示。

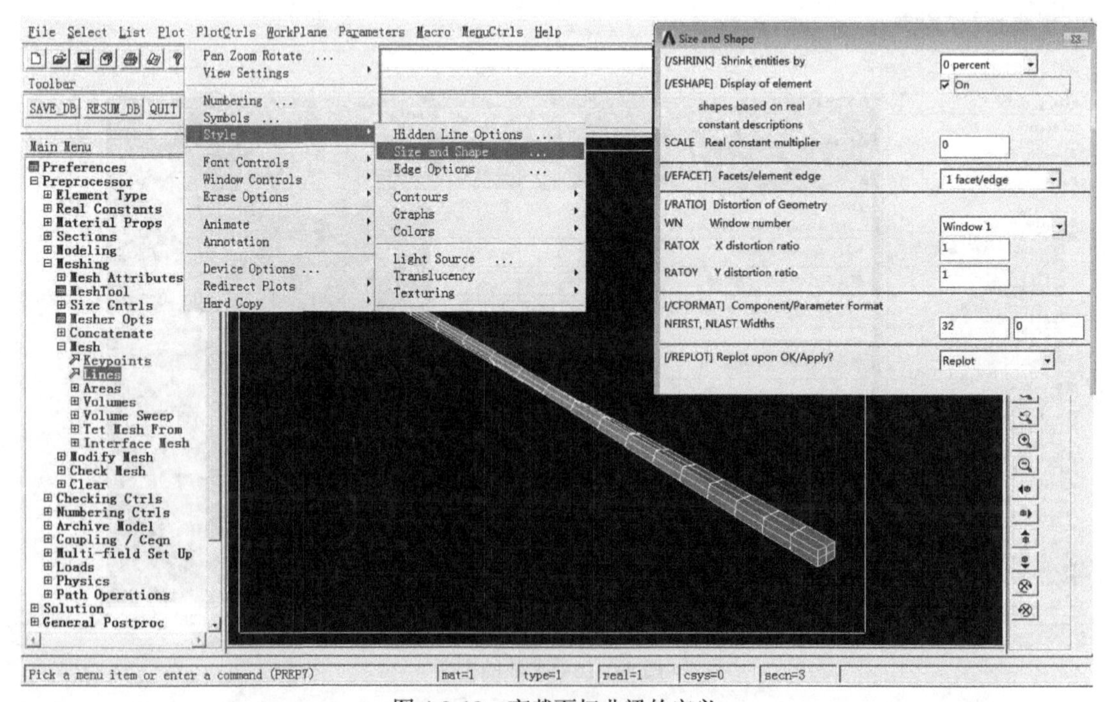

图 4-2-18　变截面扭曲梁的定义

（3）命令查看和修改。点击 Session Editor 可以看到整个建模过程的命令流，下面简要介绍一下。用户可以在此处修改并保存，即可完成建模的修改。

Command 及解释

```
/PREP7                    ! 前处理
ET,1,BEAM188              ! 定义为 188 单元
MPDATA,EX,1,,2e11         ! 定义弹性模量
MPDATA,PRXY,1,,0.3        ! 定义泊松比
SECTYPE,1,BEAM,RECT       ! 定义梁初始点截面为矩形
SECOFFSET,CENT            ! 定义梁截面置于中心
SECDATA,0.5,2             ! 矩形面积为 0.5×2
SECTYPE,2,BEAM,RECT       ! 定义梁终止点截面为矩形
SECOFFSET,CENT            ! 定义梁截面置于中心
SECDATA,5,6               ! 矩形面积为 5×6
SECTYPE,3,TAPER           ! 变截面梁定义为编号 3
SECDATA,1,0,0,0           ! 变截面梁起点坐标为 0，0，0
SECDATA,2,200,0,0         ! 变截面梁终点坐标为 200，0，0
K,1,0,0,0                 ! 建立梁起点坐标为 0，0，0
K,2,200,0,0               ! 建立梁终点坐标为 200，0，0
K,3,0,10,0                ! 建立变截面梁起点参考截面点坐标为 0，10，0
K,4,200,0,10              ! 建立变截面梁终点参考截面点坐标为 200，0，10
LSTR,1,2                  ! 以梁起点与终点建立直线
LATT,1,,1,,3,4,3          ! 梁参数定义，依次为材料、单元类型、截面编号、截面起点与终点的参考点
LESIZE,ALL,,,20,,1,,,1    ! 定义划分网格规则
LMESH,1                   ! 划分网格
```

4.2.3　铰接梁模型建立

多个梁单元组合在一起时，默认梁单元之间均为焊接，或称为刚性连接，实际工况中梁单元之间有可能为铰接，则需要在 WB 中的 Connections 设置插入 End Release，下面以静力学分析为例。

（1）建立一个门式框架梁模型，长度为 100mm，高度为 50mm，截面为外径 5mm、内径 3mm 的圆管，如图 4-2-19 所示。具体操作与前例类似，读者自行建立。

（2）对梁模型进行静力学分析，边界条件如图 4-2-20 所示。点选模型的下面两个端点，对此点设置 Fixed Support；点选模型中间的横梁，加载 Force，在 Define By 选择 Components，在 Y Component 设置为−10000N。其余默认。

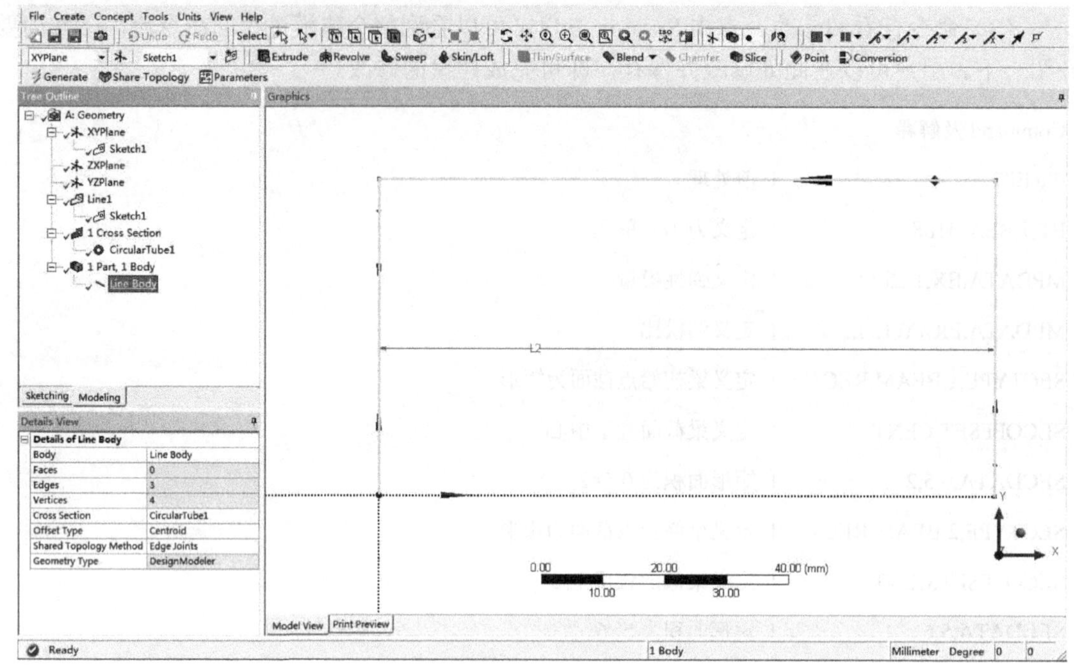

图 4-2-19　模型的建立

注意

Fixed Support 在点、线或面上约束所有的自由度，对于实体，限制 X、Y、Z 的平移；对于梁和壳，限制 X、Y、Z 的平移和转动。

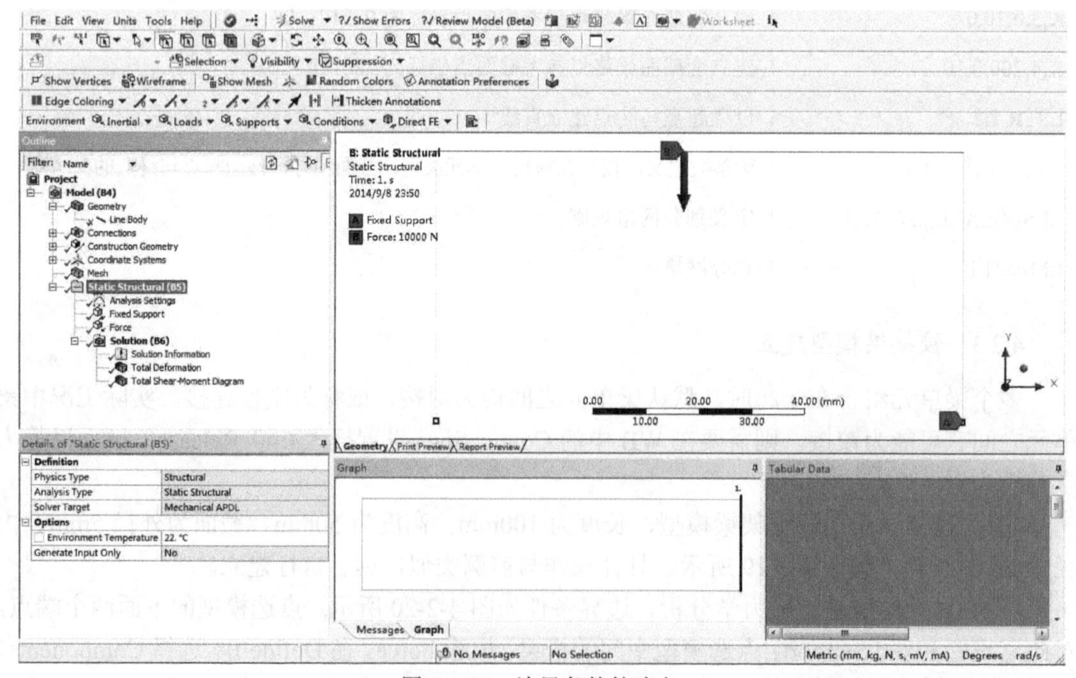

图 4-2-20　边界条件的建立

（3）结果如图 4-2-21 所示。注意：将 View 的 Thick Shells and Beam 前面勾选去除。结果分别为整体变形，中间横梁的 Total Shear Force、Total Bending Moment、Total Displacement 与梁长度的关系。

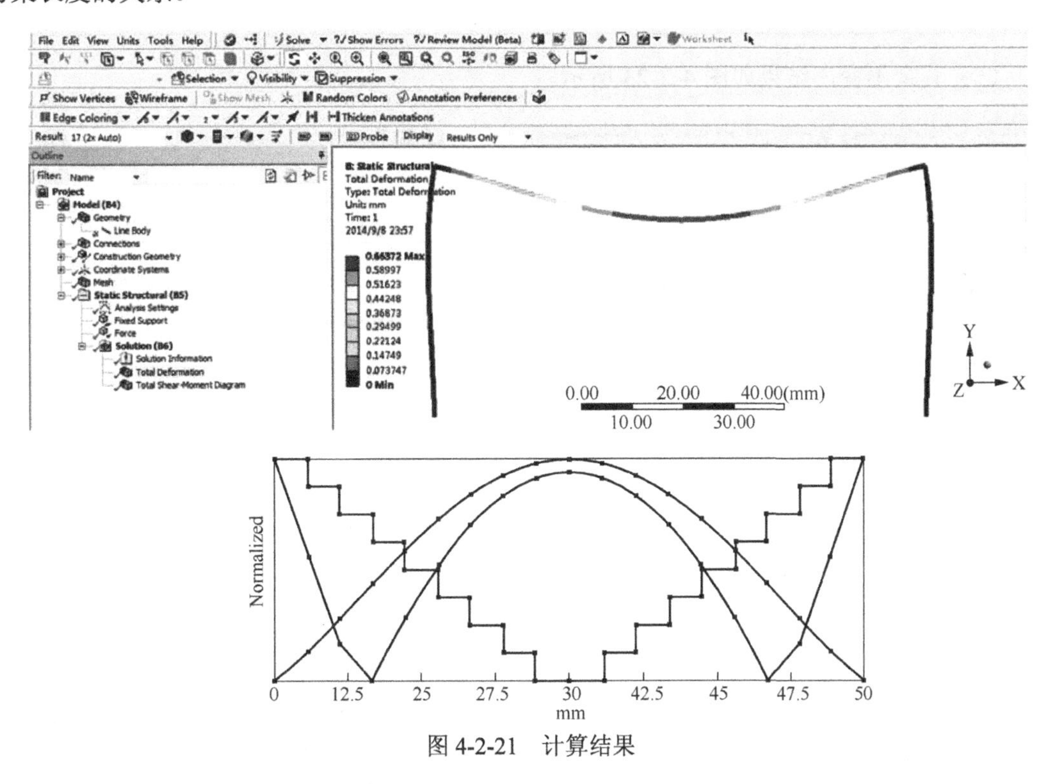

图 4-2-21　计算结果

（4）在 Connections 中插入 End Release，如图 4-2-22 依次点击。

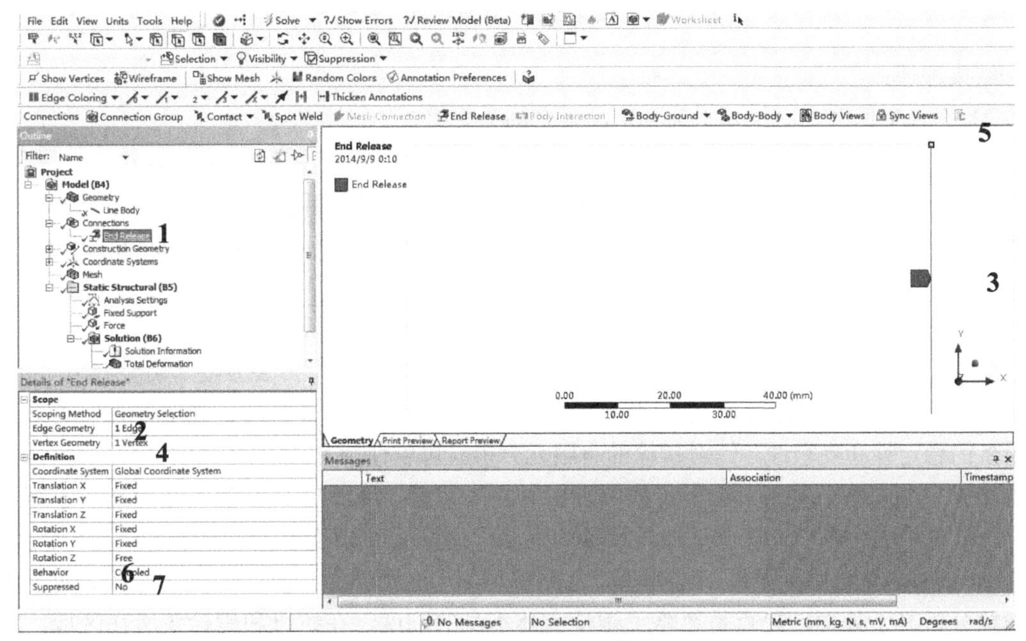

图 4-2-22　End Release 设置

注意

Connections 选项需要右键点击 Model 选择 Insert。其中 Vertex Geometry 表示铰接点，6、7 步的设置表示铰接点以 Z 轴选择进行耦合。

（5）其余不变，结果如图 4-2-23 所示。

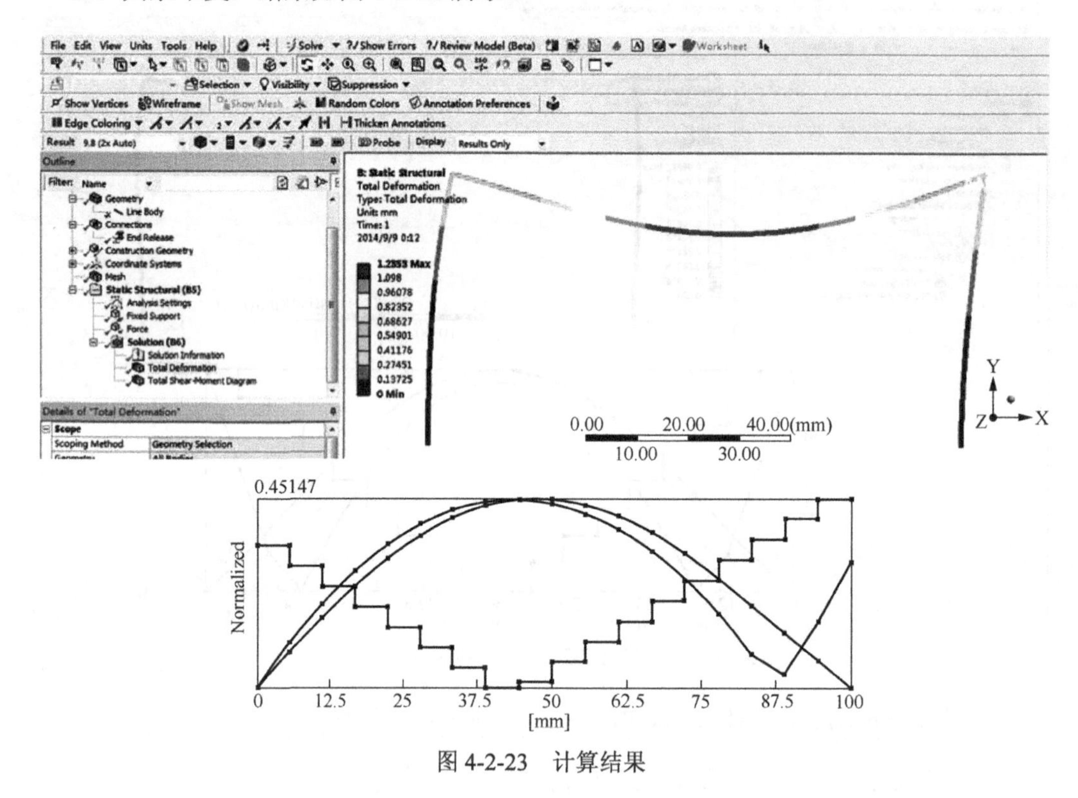

图 4-2-23　计算结果

结果评估：

① 前一个模型左右角几乎为 90°，梁之间为焊接。

② 后一个模型左角约为 90°，右角明显小于 90°。

③ 对比 Total Shear Force、Total Bending Moment、Total Displacement，前者对称分布，最大量值均在中间；后者不对称，最大量值偏向左边，且 Total Bending Moment 出现拐点。

4.2.4　Beam 单元实例运用

螺栓是机载设备设计中常用的连接件之一，具有结构简单、拆装方便、调整容易等优点，被广泛应用于航空、航天、汽车以及各种工程结构之中。螺栓是否满足强度要求，关系到机载设备的稳定性和安全性。针对螺栓的有限元分析，可以使用 Beam188 或实体单元进行计算，两者结果只存在细节差别。对于实体单元由于实体完整，特别在 15.0 版本之后加入了螺纹接触，可以看到应力细节，缺点是加载预紧力后易出现应力集中现象，应力结果存在一些偏差；对于 Beam188 单元由于采用二维模型，忽略模型细节，可以得出整体的受力结果，对于大批量螺栓分析易于处理，缺点是忽略了螺栓实体本身的刚度，在螺母和螺栓头所在区域，应力是不真实的。

下面以法兰盘螺栓连接分析为例，分别以 Beam188 和实体建模，对比分析结果。先以梁单元分析为例，简要说明计算流程。

（1）在 DM 里建模。思路：首先建立一对法兰盘，然后基于小圆孔建立梁模型。具体操作如下所示。

① 在 XYPlane 建立 Sketch1，建立一同心圆，实体拉伸（Extrude1）；再建立 Sketch2，绘制一小孔，实体拉伸（Extrude2）；最后阵列（Pattern1）小孔。具体设置及模型如图 4-2-24 所示。

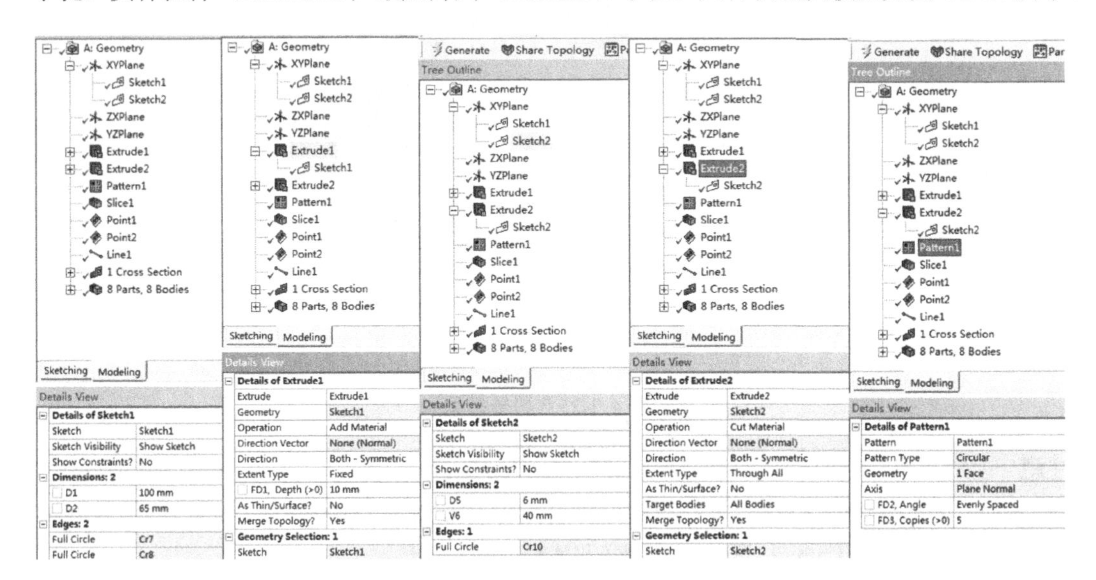

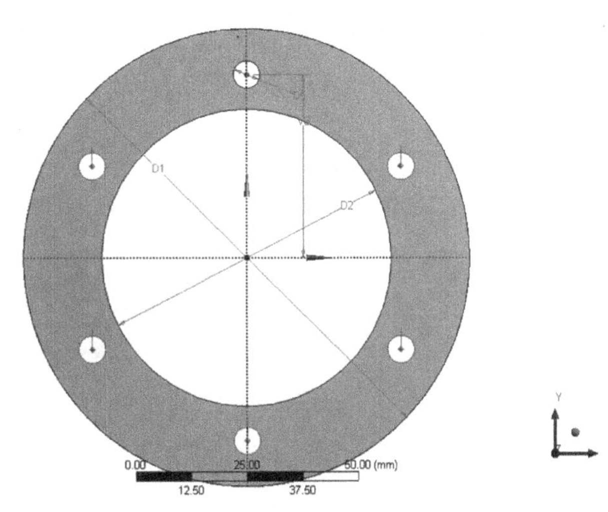

图 4-2-24 法兰盘建模

注意

本模型较为简单，读者可以用其他 3D 软件建模导入。在建模拉伸（Extrude）时选择对称，是为了后续将模型一分为二。

② 切分模型，将模型一分为二，如图 4-2-25 所示。

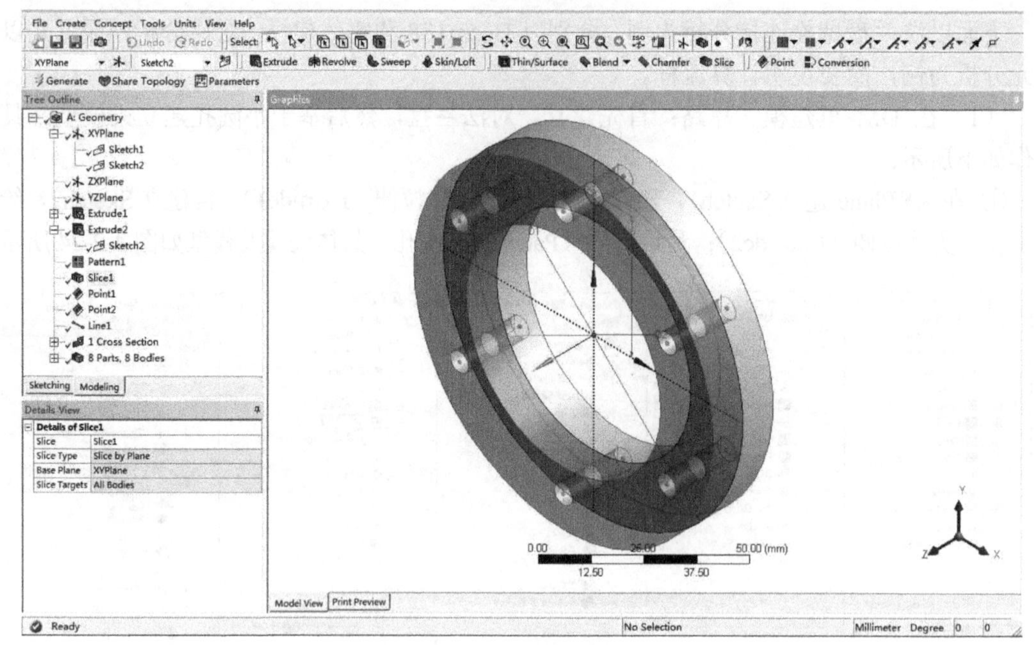

图 4-2-25　切分模型

> **注意**
>
> Slice（切分）模型非常有用，常用于模型的切割处理，以便划分全扫略模型。14.5 以前的版本 Slice 前需要 Freeze（冻结）和 Unfreeze 模型，以后版本仅需 Unfreeze 即可。

③ 基于点建立梁模型，先建立梁模型的端点，端点位于小孔的圆心，如图 4-2-26 所示建立点模型。同理建立另外 12 个点（左右各 6 个点）的模型。

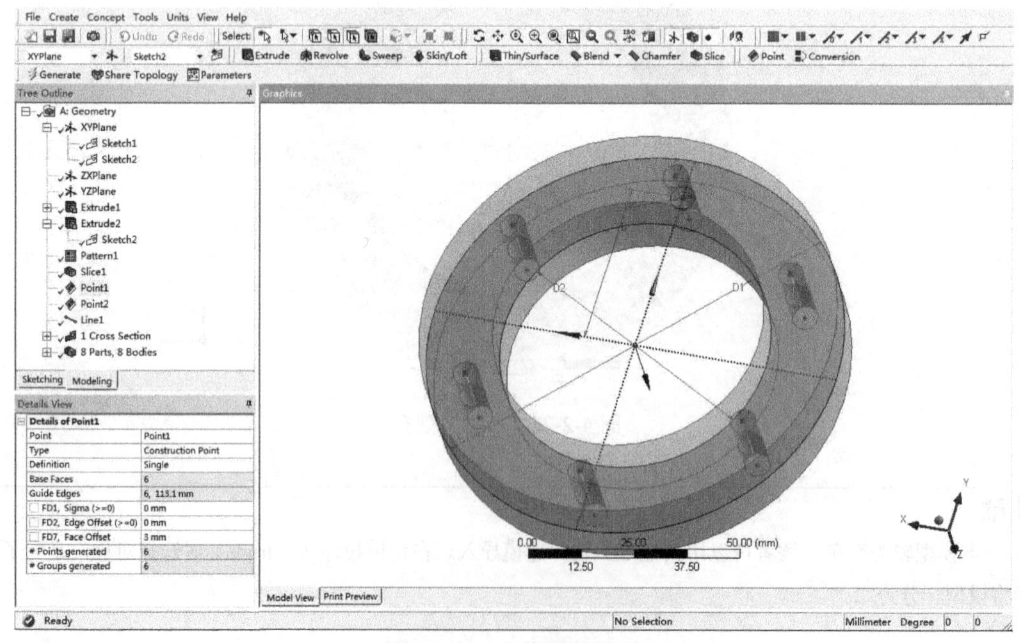

图 4-2-26　点模型的建立

> **注意**
>
> 在 Point 处依次在 Type 处选择 Construction Point（结构点，仅用于模型的建立，不参与载荷）；Definition 处选择 Single（单点，针对一个几何要素只定义一个点，可以多选几何要素，即可定义同类项的点）；Base Faces 处选择 6 个孔面，需要按住 Ctrl 键多选；Guide Edges 处多选 6 个孔的圆周线；Sigma 定义为 0mm；Edge Offset 定义为 0mm，此处表示圆周线以孔面轴向发生偏移的距离；Face Offset 定义为 3mm，此处表示圆周线以孔面径向发生偏移的距离，因为直径为 6mm，偏移到圆心故为 3mm。

④ 基于两点建立梁模型，创建圆形截面，最后模型如图 4-2-27 所示。

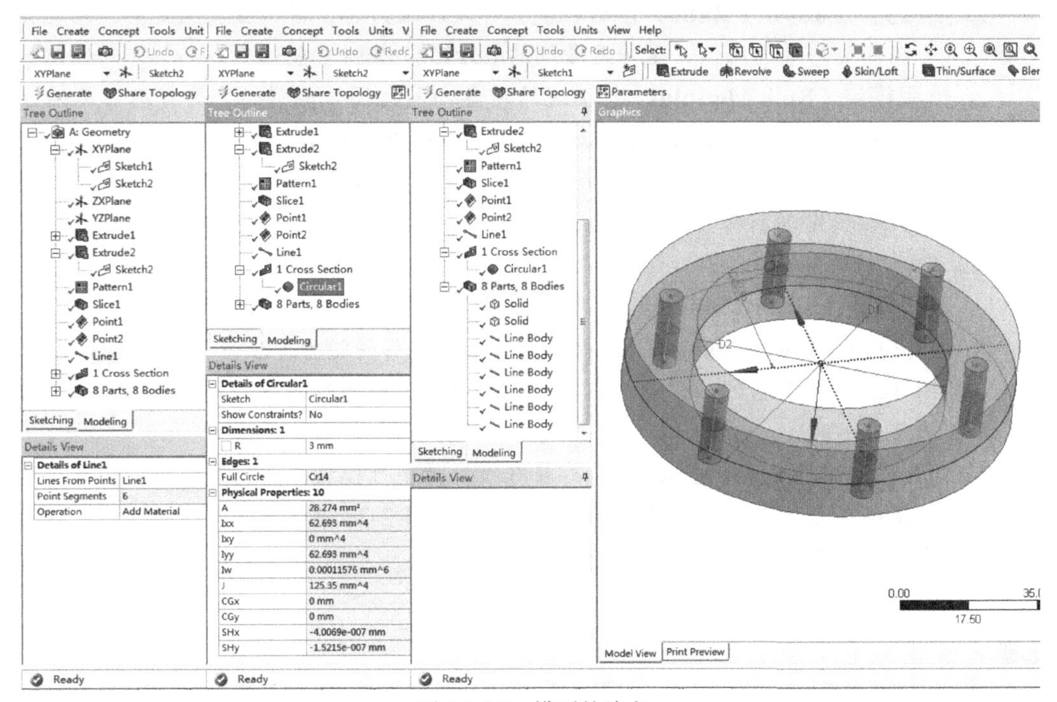

图 4-2-27　模型的建立

（2）材料定义：将法兰盘定义为线性结构钢，将梁（螺栓）定义为非线性结构钢（双线性弹塑性本构模型）。原因：螺栓预紧时一般按屈服强度的 70%施加预紧力，如果按线性材料计算，结果可能会远远超过屈服强度，所以螺栓采用非线性材料更切合实际。如图 4-2-28 所示。

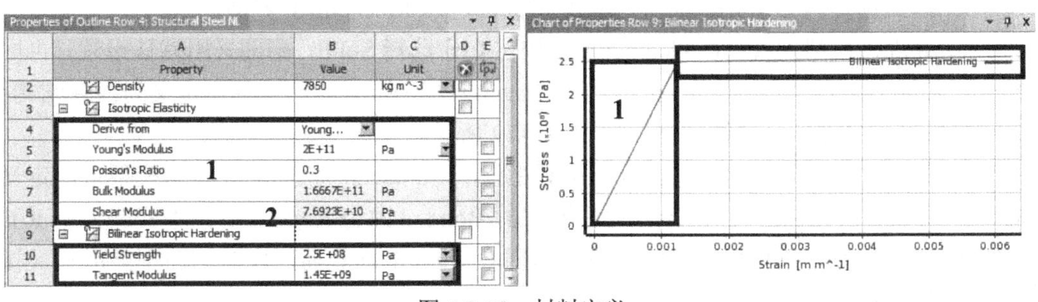

	A	B	C	D	E
1	Property	Value	Unit		
2	Density	7850	kg m^-3		
3	Isotropic Elasticity				
4	Derive from	Young...			
5	Young's Modulus	2E+11	Pa		
6	Poisson's Ratio	0.3			
7	Bulk Modulus	1.6667E+11	Pa		
8	Shear Modulus	7.6923E+10	Pa		
9	Bilinear Isotropic Hardening				
10	Yield Strength	2.5E+08	Pa		
11	Tangent Modulus	1.45E+09	Pa		

图 4-2-28　材料定义

概念

① **杨氏模量（Young's Modulus）**：很多读者易将其与弹性模量混淆。杨氏模量是材料受拉伸和压缩时的弹性模量，二者因近似相等而统称为杨氏模量，表现为弹性变形区（如图 4-2-28 中 1 区）的应力-应变曲线的斜率，本例为 2E+11Pa。弹性模量则包括杨氏模量、体积模量、剪切模量等。弹性模量是指当外力施加于材料时，其弹性变形（非塑性变形）趋势的数学描述，表征晶体中原子间结合力强弱的物理量，故具有组织结构不敏感特性。在工程上，弹性模量则是材料刚度的度量，是物体变形难易程度的表征。

② **泊松比（Poisson's Ratio）**：材料受拉伸或压缩力时，材料会发生变形，而其横向变形量与纵向变形量的比值，是一无量纲的物理量。本例为 0.3。

③ **体积模量（Bulk Modulus）**：描述均质各向同性固体的弹性，具有不可压缩性，表征为$(p_0+dp)/(V_0-dV)$，即物体在p_0的压力下体积为V_0；若压力增加$(p_0\rightarrow p_0+dp)$，则体积减小为V_0-dV。公式为$K=E/(3\times(1-2\times v))$，其中$E$为杨氏模量，$v$为泊松比。体积模量是一个比较稳定的材料常数。因为在各向均压下材料的体积总是变小的，故K值永为正值。

④ **剪切模量（Shear Modulus）**：剪切模量是指剪切应力与剪切应变之比。

⑤ **屈服强度（Yield Strength）**：材料抵抗塑性变形的能力（应力），一般只与材料有关。在图 4-2-28 中为双线性弹塑性本构模型的拐点，即为弹性变形到塑性变形的临界点。本例为 2.5E+08Pa。

⑥ **切线模量（Tangent Modulus）**：在双线性弹塑性模型中用切线模量定义塑性阶段，达到屈服强度之后即为物体的塑性变形区（如图 4-2-28 中 2 区），这时的应力-应变曲线的斜率即为切线模量。本例为 1.45E+09Pa。

注意

如果只定义线弹性材料，螺栓在分析过程中只按照杨氏模量（2E+11Pa）计算，当总应变为 0.002m/m 时，应力为 0.002×2E+11=4E+08Pa；如果定义双线性弹塑性材料，同样应变时，应力仅约为 2.5E+08Pa（屈服强度对应的应变为 2.5E+08/2E+11=0.00125，塑性应变为 0.002−0.00125=0.00075，塑性段应力为 0.00075×1.45E+09≈0.01E+08Pa，总应力为 2.5E+08+0.01E+08=2.51E+08Pa）。由此可知，同样的模型如果考虑材料塑性的话，应力结果更接近实际工况。

（3）拖拽选择静力学分析模块，双击 Model 进入 Mechanical 界面。

① 前处理之材料定义。在 Geometry 处按住 Ctrl 选择 Solid，全部采用默认设置，再同理选择所有 Line Body，在 Assignment 处选择 Structural Steel NL，即法兰盘定义为线性结构钢，将梁（螺栓）定义为非线性结构钢，如图 4-2-29 所示。

② 前处理之接触定义。在 Connections 处选择 Contacts，软件已经根据模型自动定义了接触（两个 Solid 的相邻面），在 Type 处由原来的 Bonded 改为 Rough，其余不变。注意：Rough 表示两接触面处于法向可分离状态，接触面之间不传递法向载荷，同时切向不能滑移（接触类型的定义详见第 5 章）。如图 4-2-30 所示。

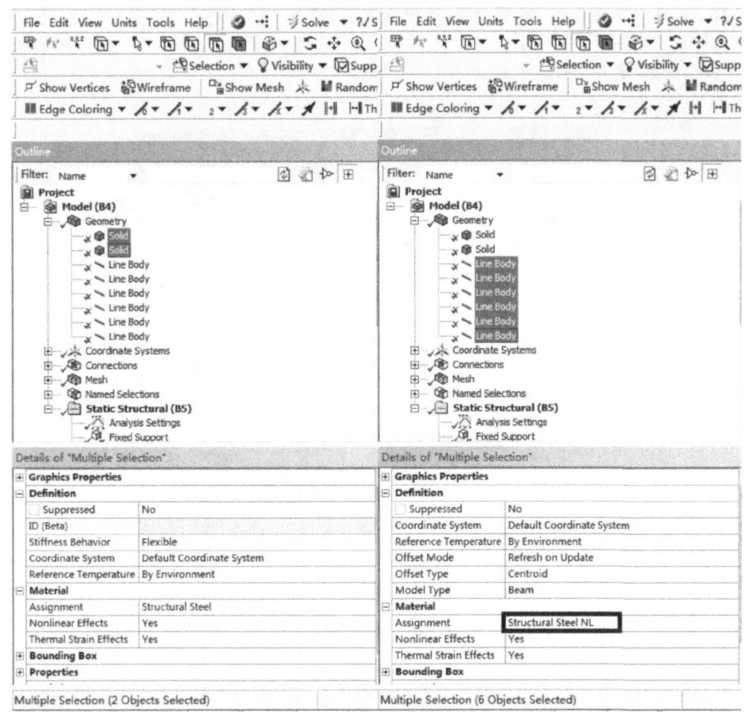

图 4-2-29 材料选择

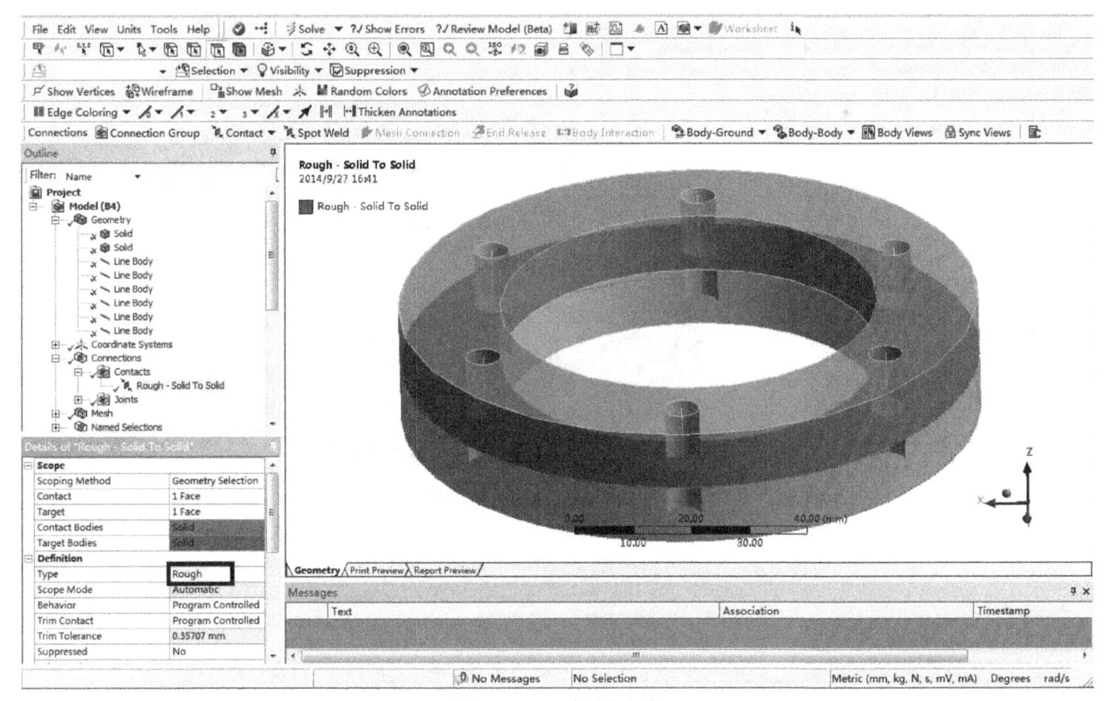

图 4-2-30 接触定义

③ 前处理之命名选择定义。点 Named Selections 右键 Insert 相应 Named Selection，如图 4-2-31 所示依次点击，即可创建同类型、同尺寸、同样 Z 位置的选择集，如图 4-2-32 所示。

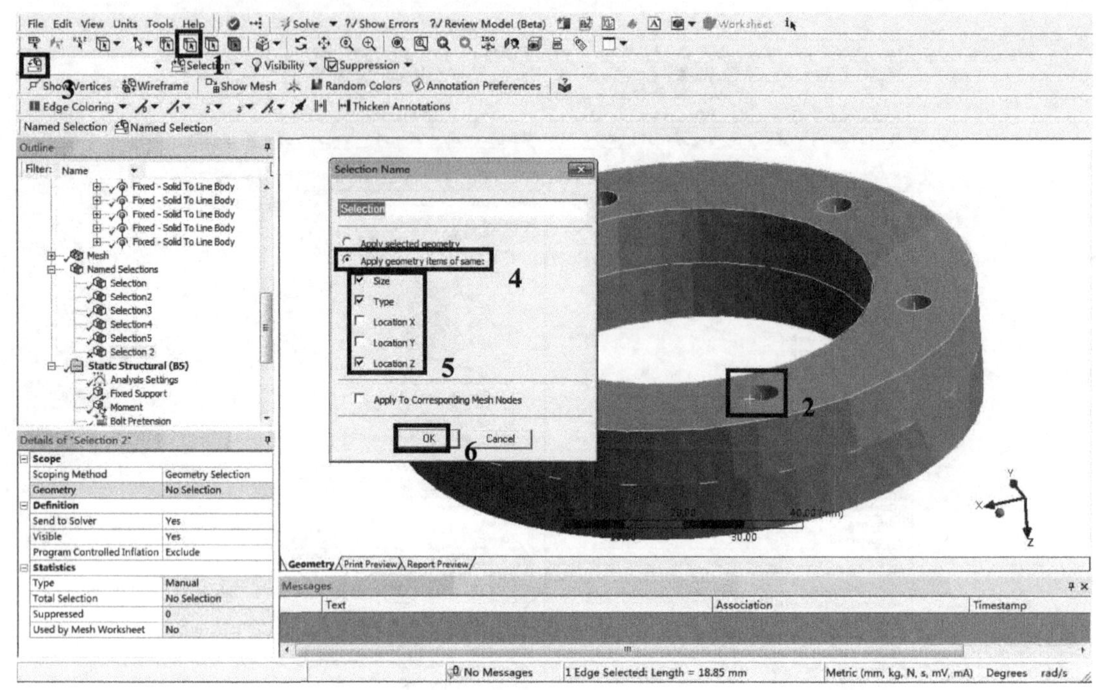

图 4-2-31　创建选择集定义

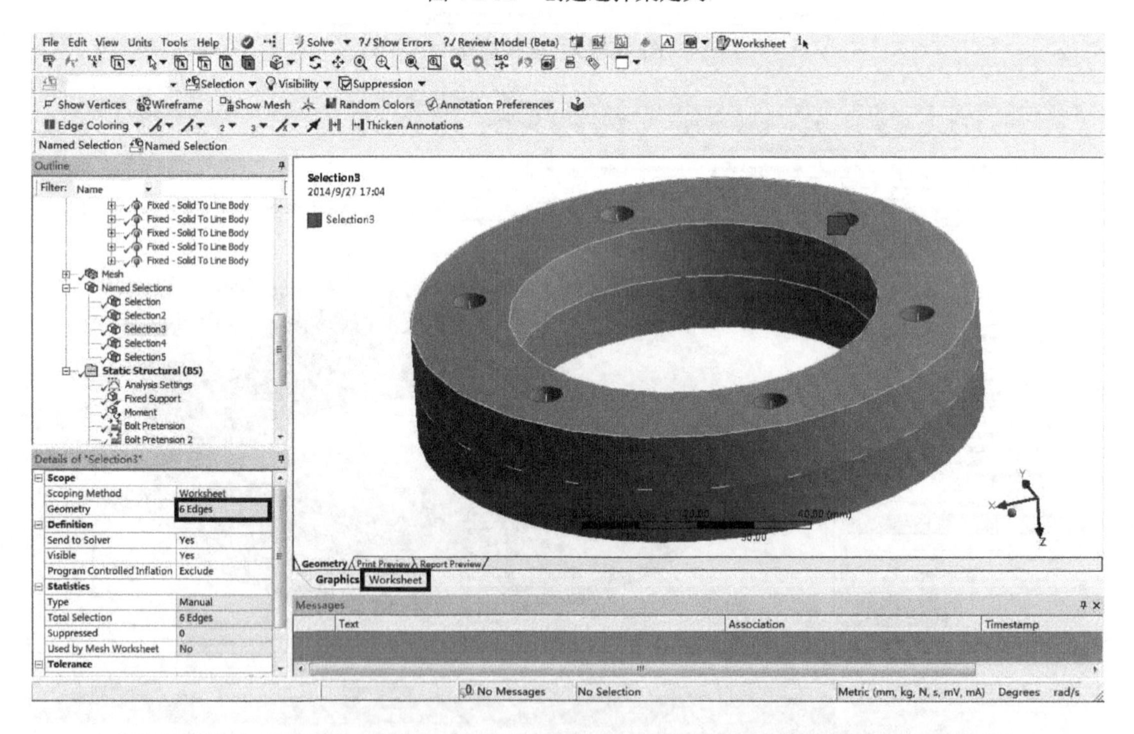

	Action	Entity Type	Criterion	Operator	Units	Value	Lower Bound	Upper Bound	Coordinate S...
☑	Add	Edge	Size	Equal	mm	18.85	N/A	N/A	N/A
☑	Filter	Edge	Type	Equal	N/A	Circle	N/A	N/A	N/A
☑	Filter	Edge	Location Z	Equal	mm	-10.	N/A	N/A	Global Coor...

图 4-2-32　下部法兰盘（Z=–10）螺栓孔边线选择集参数

同理插入相应的选择集，如图 4-2-33～图 4.2-36 所示。

	Action	Entity Type	Criterion	Operator	Units	Value	Lower Bound	Upper Bound	Coordinate S...
☑	Add	Edge	Size	Equal	mm	18.85	N/A	N/A	N/A
☑	Filter	Edge	Type	Equal	N/A	Circle	N/A	N/A	N/A
☑	Filter	Edge	Location Z	Equal	mm	10.	N/A	N/A	Global Coor...

图 4-2-33　上部法兰盘（Z=10）螺栓孔边线选择集参数

	Action	Entity Type	Criterion	Operator	Units	Value	Lower Bound	Upper Bound	Coordinate S...
☑	Add	Vertex	Location Z	Equal	mm	10.	N/A	N/A	Global Coor...

图 4-2-34　螺栓（Line Body）上顶点（Z=10）选择集参数

	Action	Entity Type	Criterion	Operator	Units	Value	Lower Bound	Upper Bound	Coordinate S...
☑	Add	Vertex	Location Z	Equal	mm	-10.	N/A	N/A	Global Coor...

图 4-2-35　螺栓（Line Body）下端点（Z=－10）选择集参数

	Action	Entity Type	Criterion	Operator	Units	Value	Lower Bound	Upper Bound	Coordinate S...
☑	Add	Edge	Size	Equal	mm	20.	N/A	N/A	N/A
☑	Filter	Edge	Type	Equal	N/A	Line	N/A	N/A	N/A

图 4-2-36　6 个螺栓（Line Body）选择集参数

④ 前处理之 Joints 定义。在 Connections 处点 Joints 右键 Insert 增加 Joints，如图 4-2-37 所示依次点击。

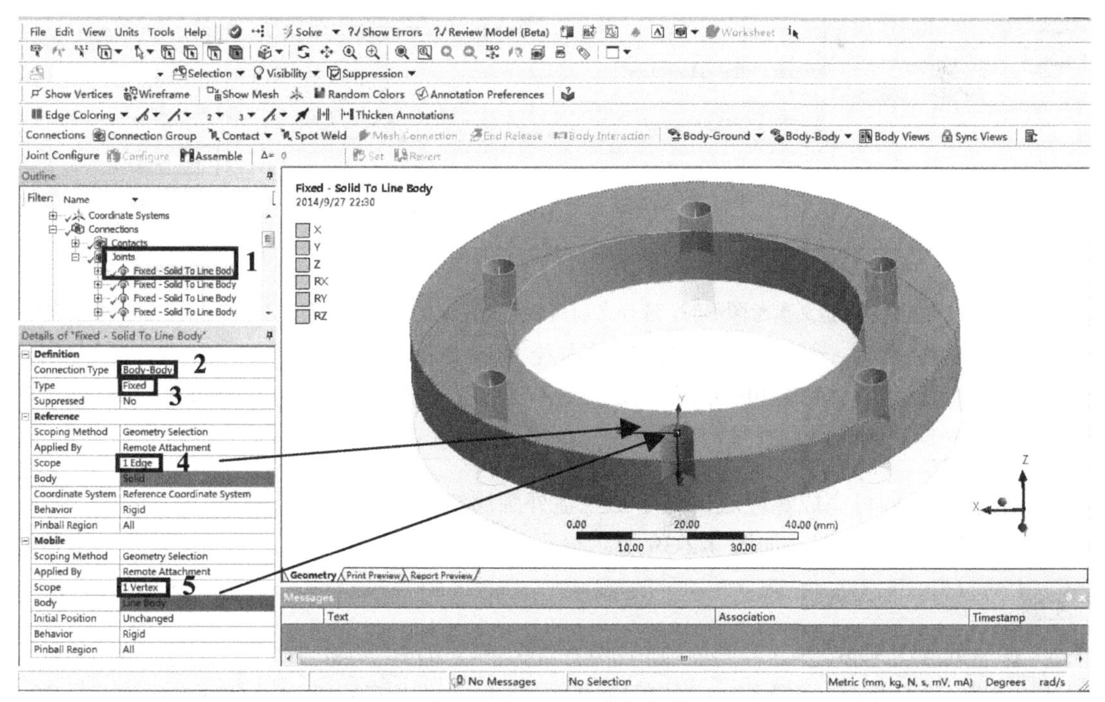

图 4-2-37　Joints 定义参数

注意

Solid 实体模型与 Line 梁模型由于自由度不同，不能直接采用 Form New Part 进行共节点处理，一般在 WB 里采用 Joints 的连接方式。本例采用 Fixed 的 Joints 类型，是因为一个螺栓头部与上法兰盘外圆周线连接紧固，自由度完全限制。

同样操作，在 Joints 里面完成一个螺栓底部与下法兰盘外圆周线的连接。此法兰盘一共有 6 根螺栓，如果按照前面方法操作，会非常繁琐。在 WB 中如图 4-2-38 所示依次点击，可以自动生成同类设置。

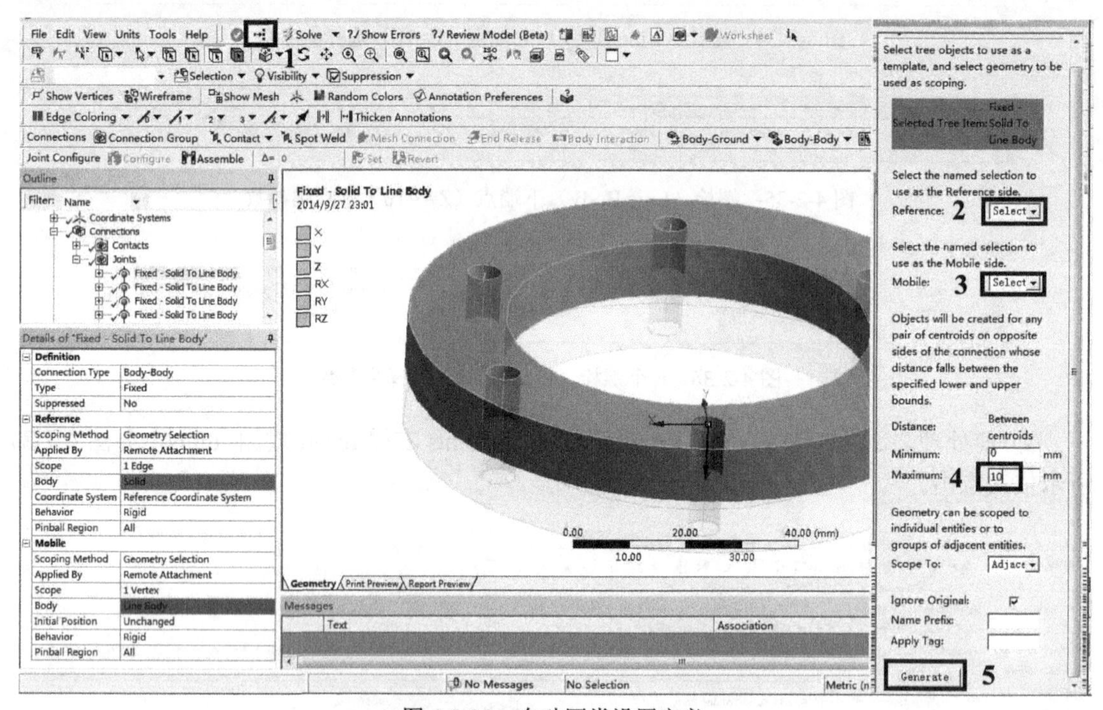

图 4-2-38　自动同类设置定义

注意

在图 4-2-38 中 2 区定义参考图形时，选择之前命名选择定义的上部法兰盘（Z=10）螺栓孔边线选择集；在 3 区定义移动图形时，选择之前命名选择定义的螺栓（Line Body）上顶点（Z=10）选择集；在 4 区定义尺寸时输入的是两选择集图形的中心尺寸，输入参数不要过大，否则会出现误生成；最后点击 Generate 即可自动生成同类项的 Joints 连接。

同样操作，即可完成螺栓底部与下法兰盘外圆周线的所有 Joints 连接。

⑤ 求解之分析设置，如图 4-2-39 所示设置。

注意

在 Number Of Steps 处定义为 2 步，是因为螺栓预紧加载要分两步实施，即预紧、锁死，所以分析时总步骤为 2 步。在 Define By 选择 Substeps；在 Number Of Substeps 分别定义 10、15；Weak Springs 选择 Off；Large Deflection 选择 On，这是因为前面对螺栓选择了非线性材料，此处必须打开大变形，其余默认。

> 实际工程中多个螺栓连接有可能存在安装顺序，如在航空航天能源行业，由于各种各样的原因，不可能一次将所有螺栓全部预紧，所以就需要依次预紧螺栓，本例一共有 6 个螺栓连接，就需要定义 12 个分析步，对每个螺栓连接依次预紧锁死。但在汽车行业，一般都可以做到所有螺栓一次全部预紧，本例只需要定义 2 个分析步。

⑥ 定义约束，对下法兰盘内圆面定义 Fixed Support，如图 4-2-40 所示。

⑦ 外载荷定义，在上法兰盘外圆面加载 Moment，定义数值为 150 N·mm，如图 4-2-41 所示设置。

⑧ 螺栓预紧力定义，在任一根 Line Body 上加载 Bolt Pretension，如图 4-2-42 所示设置。按照图 4-2-38 设置的方法自动生成其余 Line Body 上的 Bolt Pretension，其中选择集定义 6 个螺栓（Line Body）选择集。

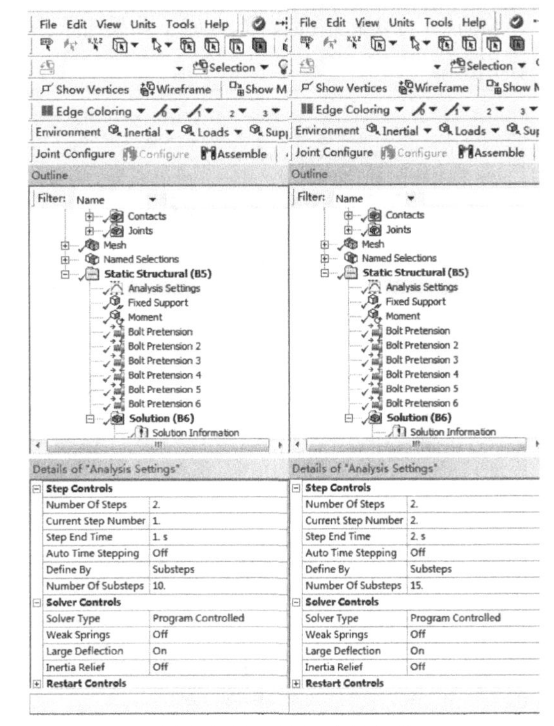

图 4-2-39　分析设置定义

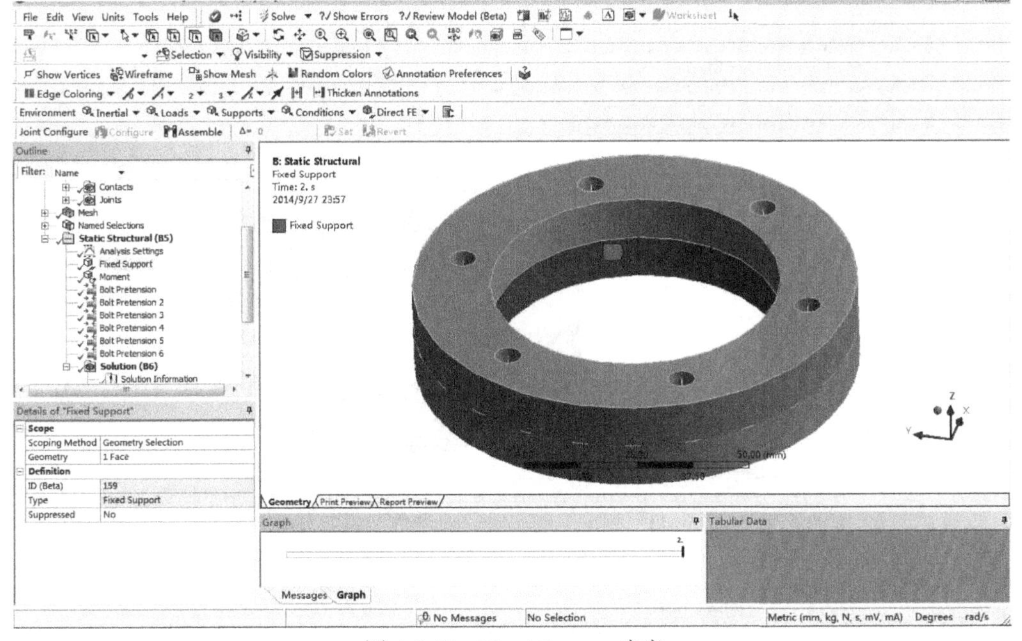

图 4-2-40　Fixed Support 定义

注意

在图 4-2-41 中 Graph 处选择第 1 步，右键点击图表区域会出现图中 2 区显示的文字，此处表示是否激活当前步加载，默认为激活，左键点击即可不激活，此时在图中 3 区的 Moment 数值将变成灰色，不可修改。这是因为螺栓在预紧状态时没有加载转矩，而只在锁死状态加载转矩。

Moment 可以施加在面、线、点上，如果选择了多个表面，那么转矩将平均分摊在这些表面上，方向遵守右手法则。

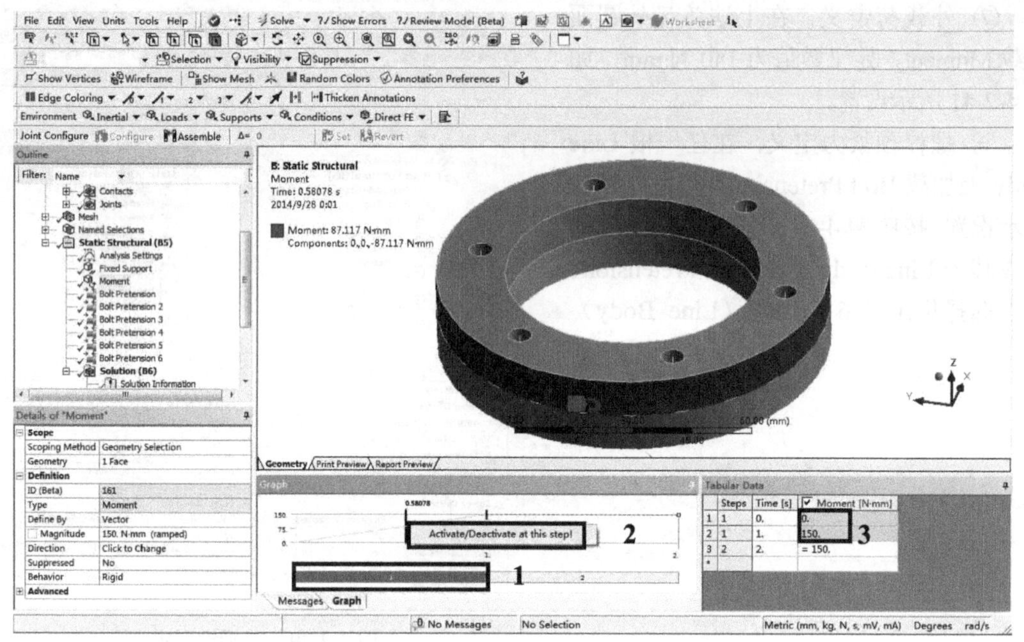

图 4-2-41　Moment 定义

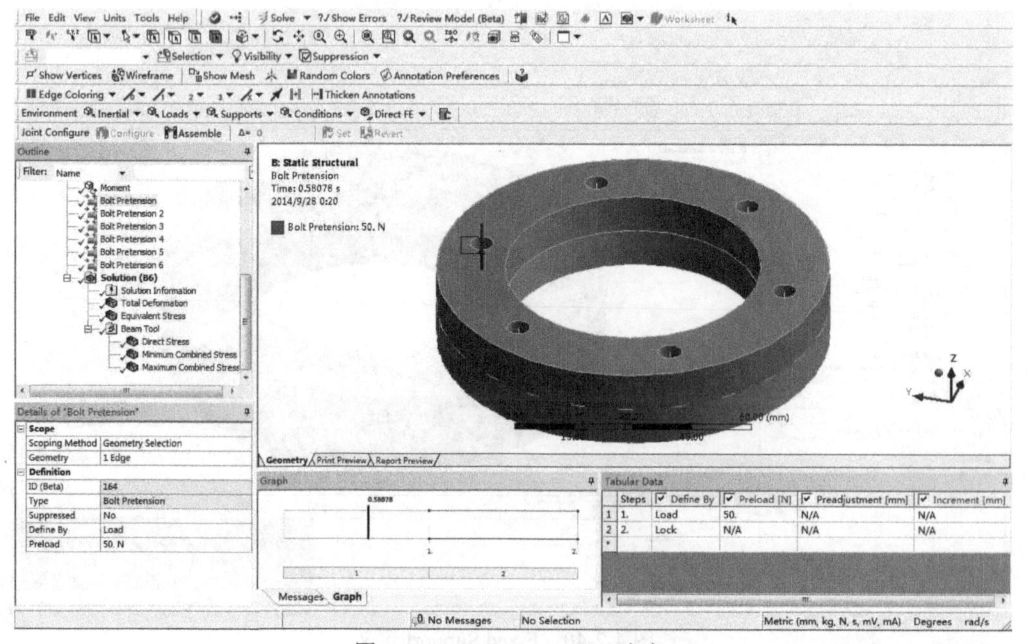

图 4-2-42　Bolt Pretension 定义

注意

在图 4-4-42 中 Tabular Data 处定义：在 Step1，选择 Load Preload 50N，此处 50N 预紧力仅为随便定义，读者应该参照螺栓预紧力标准或按螺栓屈服强度的 70%计算；在 Step2，选择 Lock。

Bolt Pretension 一般都用于分布载荷，可以在圆柱形截面和线模型上施加预紧载荷（力）或者位移（长度）为初始条件；第二步定义时，螺栓连接会自动设置为锁死（Lock）。在螺栓连接处推荐单元细化（本例将 Line Body 等分为 20 份）。

⑨ 后处理。图 4-2-43 为整体的变形和等效应力云图；如图 4-2-44 所示设置，在前处理的 Construction Geometry 处增加 Path（路径），任选一个螺栓；如图 4-2-45 所示设置，在 Beam Result 处选择 Total Shear-Moment Diagram，图中 1 区点选刚才定义的 Path（路径），2 区表示 Beam 的长度，3 区表示 Beam 的剪力大小，4 区表示 Beam 的弯矩大小，5 区表示 Beam 的变形大小。

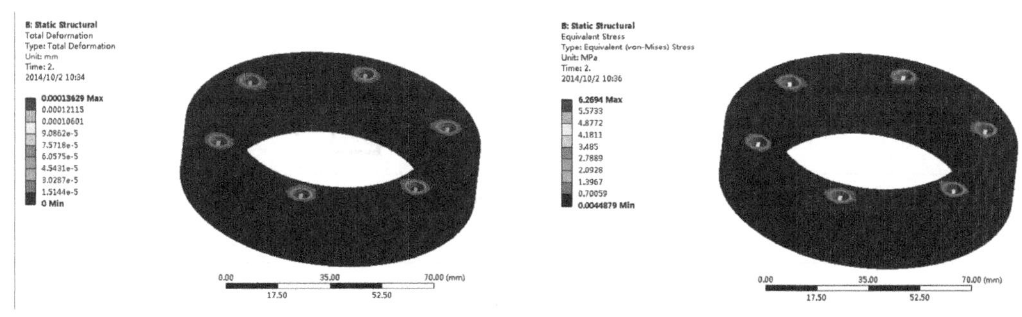

图 4-2-43 整体变形及等效应力云图

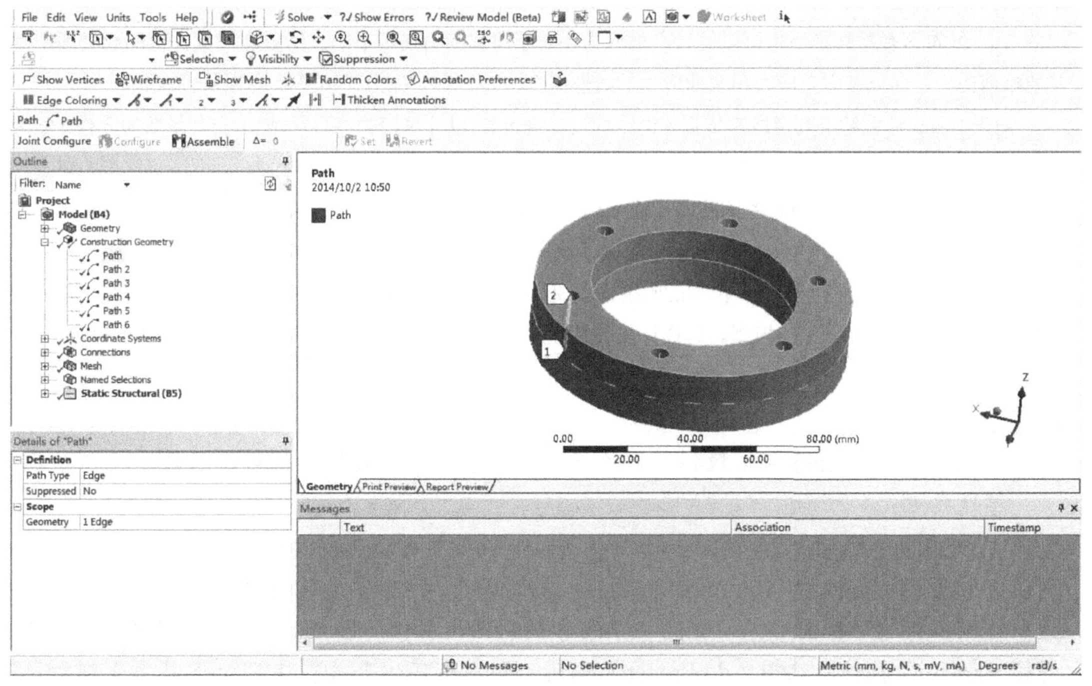

图 4-2-44 路径设置

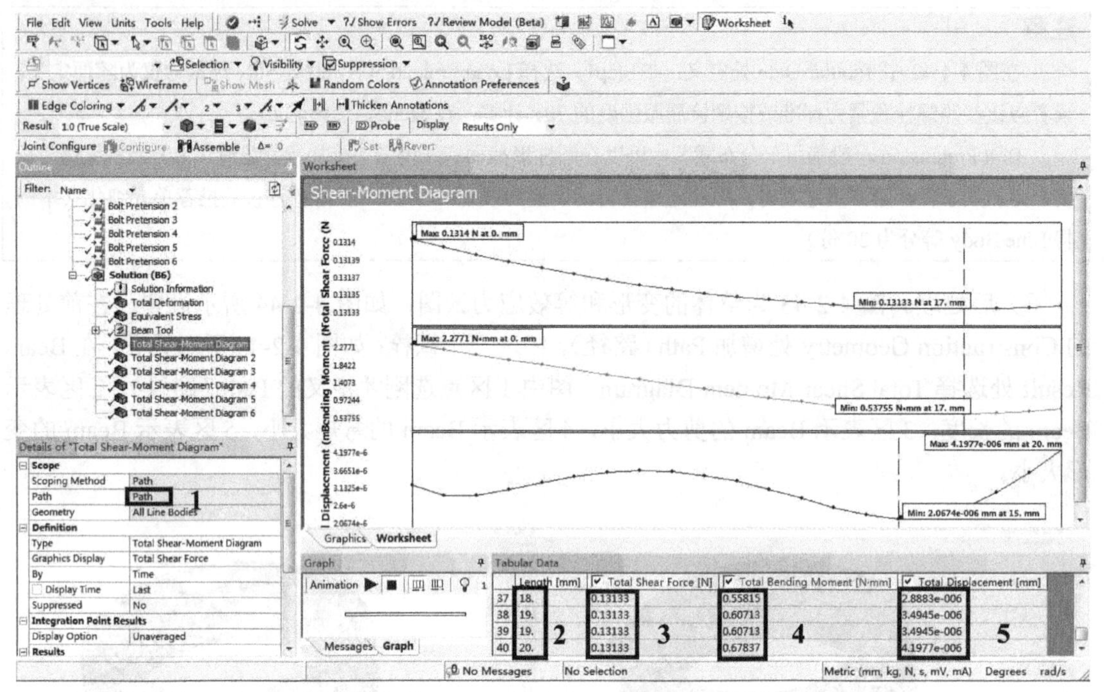

图 4-2-45　Beam Shear-Moment 后处理设置

注意

WB 里的梁单元是基于铁摩辛柯梁理论的，即切应变理论：横向切应变在截面中是常量，或者表现为截面在变形后仍是平面。同时梁的正应力和弯曲应力都是沿截面法向的，而剪应力沿截面切向，由图 4-2-45 中的 3 区和 4 区数据转换后也可以比较，剪应力相对于弯曲应力是很小的。所以在对梁评价的后处理中常常忽略剪应力，而以截面正应力和弯曲应力的线性组合应力为主要应力（结果参见 Beam Tool）。

对于 Beam 计算结果判定通常依据《钢结构设计规范》，以计算应力≤许用应力/安全系数为合格。安全系数的选择依据各行业自定的标准。

特别注意：本例及下面思考题的螺栓连接均采用简化的模型，仅仅让读者了解相应的软件操作和基本知识。实际工程中必须按照表 5-3-8 所示方法进行设置，当采用梁单元定义螺栓时，首先在实体模型上建立辅助映射面，然后是梁模型与实体模型的映射面定义 Joints 连接，而不是本例中的孔边线；同理实体单元定义螺栓时，必须还要加入平垫模型。这样计算的螺栓承载应力会小于本例计算结果，但更符合工程实际。

思考题

（1）书中用 Beam 单元模拟了螺栓连接，读者可以用实体单元对比结果。

答题要点：

① 建模：在图 4-2-25 模型基础上以 XY 平面增加两个基准（Plane4、Plane5），分别以 Z 轴偏移 10mm 和−10mm；在 Plane4 基准上增加两个草绘（Sketch4、Sketch5），分别绘制正六边形和圆形，以这两个草绘分别向两边拉伸（Extrude3、Extrude4）以表征螺栓（bolt），拉伸时选择 Add Frozen，以避免与原有实体合并；在 Plane5 基准上增加草绘（Sketch6），绘制正六边形，并拉伸（Extrude5）以表征螺母（nut）；选用布尔运算

（Boolean）中的合并（Unite），将 Extrude3 和 Extrude4 实体合为一体；最后选用圆周阵列。如图 4-2-46 所示。

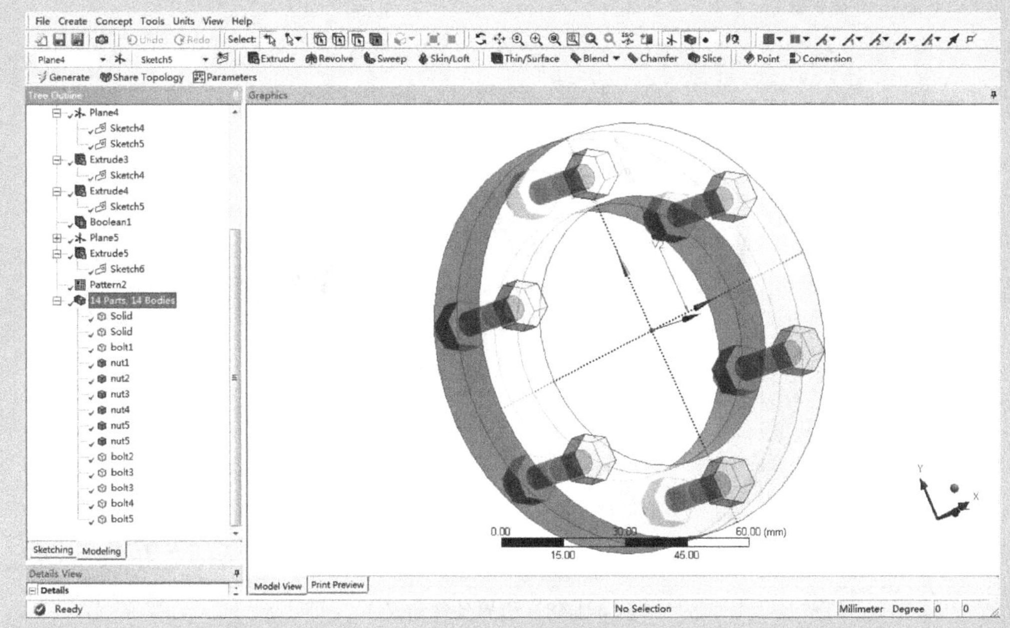

图 4-2-46　模型建立

② 依据前例定义材料，接触设置如图 4-2-47 所示，即上下法兰盘（top、bottom）定义为 Rough，上下法兰盘（top、bottom）与螺栓（bolt）定义为 No Separation（可改为 Frictionless），上法兰盘（top）与螺母（nut）定义为 Bonded（可改为 Frictional），螺栓（bolt）与螺母（nut）定义为 Bonded。

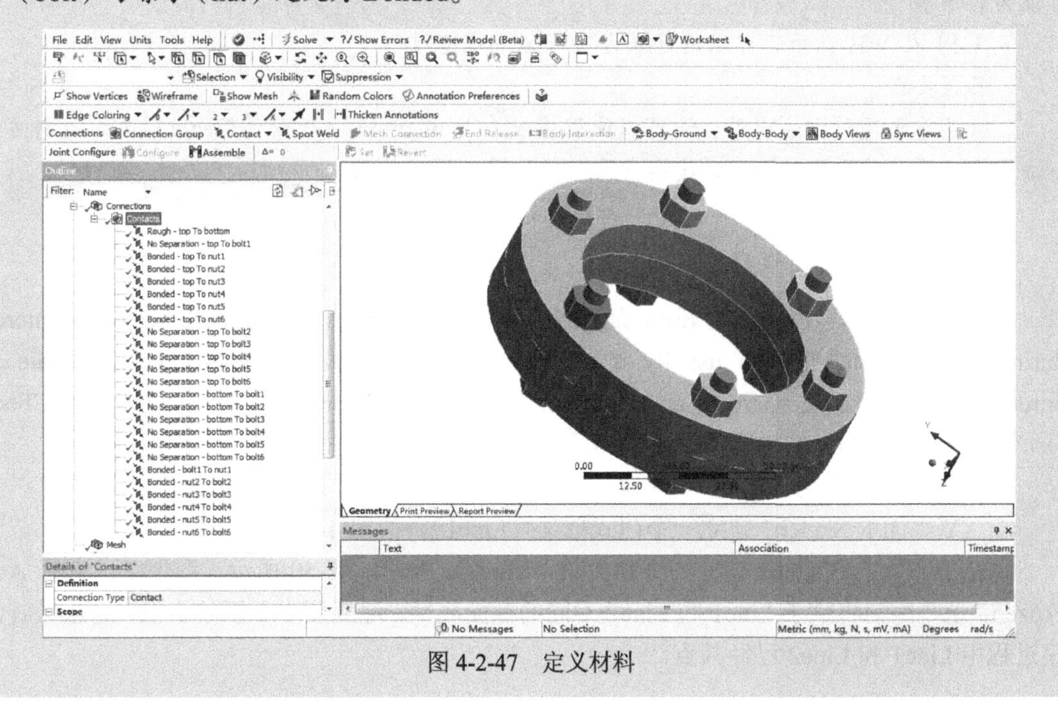

图 4-2-47　定义材料

③ 如前例设置求解分析设置，边界条件加载如图 4-2-48 所示。

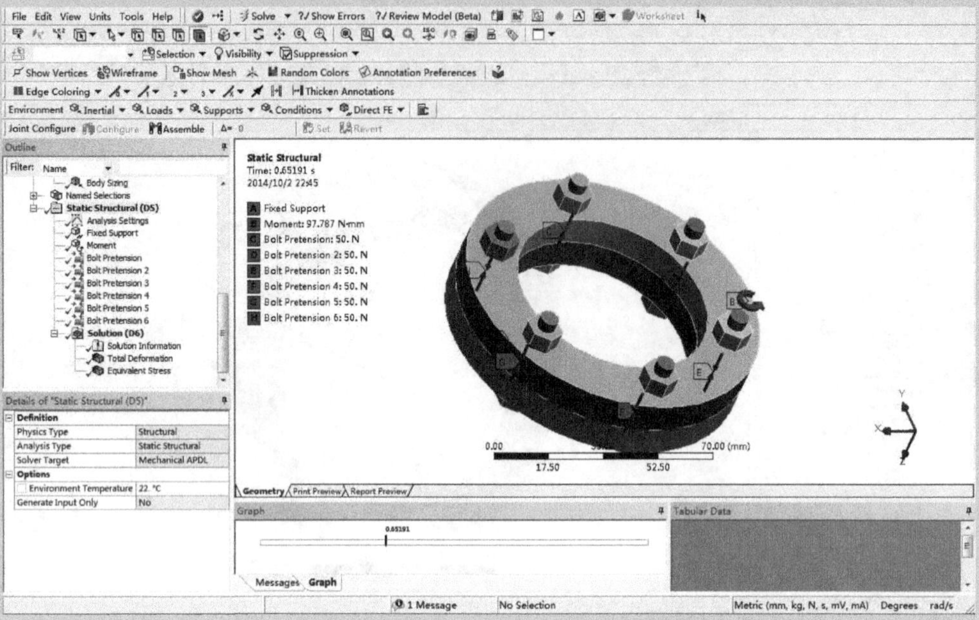

图 4-2-48　边界条件定义

④ 计算结果读者自行尝试，螺栓实体模型与梁模型计算结果有差别，但是两者结果数量级相当，这是因为实体模型用等效应力进行校核，梁模型用截面正应力和弯曲应力的线性组合应力进行校核，两者完全不同，所以数值上有差异。对于实体模型，用等效应力校核较为常见；而梁模型虽然也可提取类似等效应力，但一般取组合应力较为合理。

（2）在 WB 里面还可以用什么方法模拟螺栓连接?

答题要点：

除了前面两种方法以外，还可以使用接触（Connections）里面的 Beam 连接，这种方法省略了第一种方法的 Beam 建模步骤，操作更加简单方便。

4.2.5　Beam 计算错误释义

Beam 单元计算可能出现的 Error 提示：Solver pivot warnings or error have been encountered during the solution. This is usually a result of an ill conditioned matrix possibly due to unreasonable material properties, an under constrained model, or contact related issues. Check results carefully.下面举例说明错误出现的原因及解决方法。

（1）DM 建模过程。

在 XY 平面的 Sketch1 建立一个门式框架（Line1），如图 4-2-49 所示。

以 XY 平面的 Sketch2 建立一个斜拉梁（Line2），如图 4-2-50 所示。图中 1 区选择 Add Frozen，这是因为将赋予 Line1 和 Line2 不同的截面属性。注意图中 2 区的小点，这意味着建模过程中 Line1 和 Line2 已经共点。

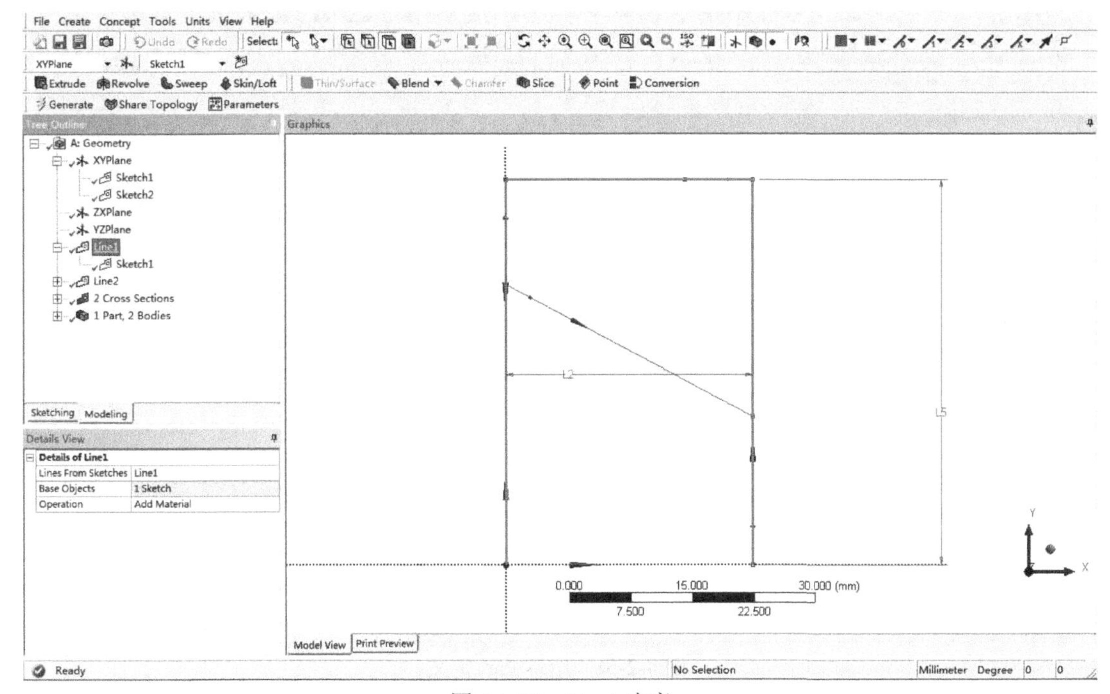

图 4-2-49　Line1 定义

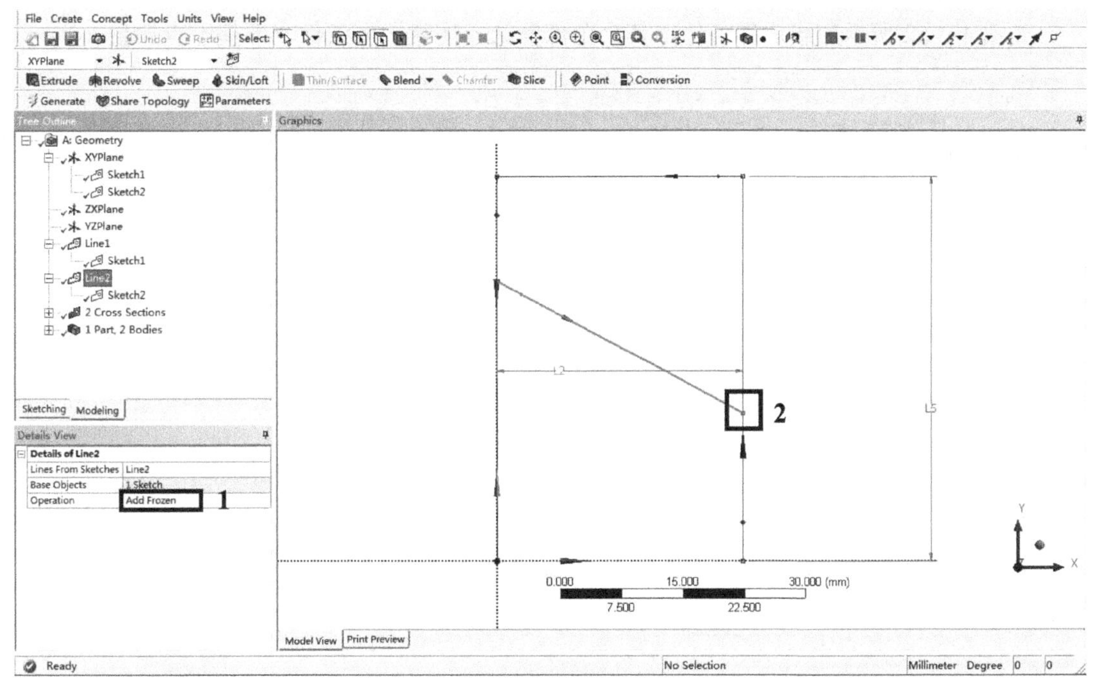

图 4-2-50　Line2 定义

定义不同的截面属性，分别赋予到 Line1 和 Line2 上，然后将 Line1、Line2 用 Form New Part 组合为一个组件 Part（具体操作见前文描述），如图 4-2-51 所示。

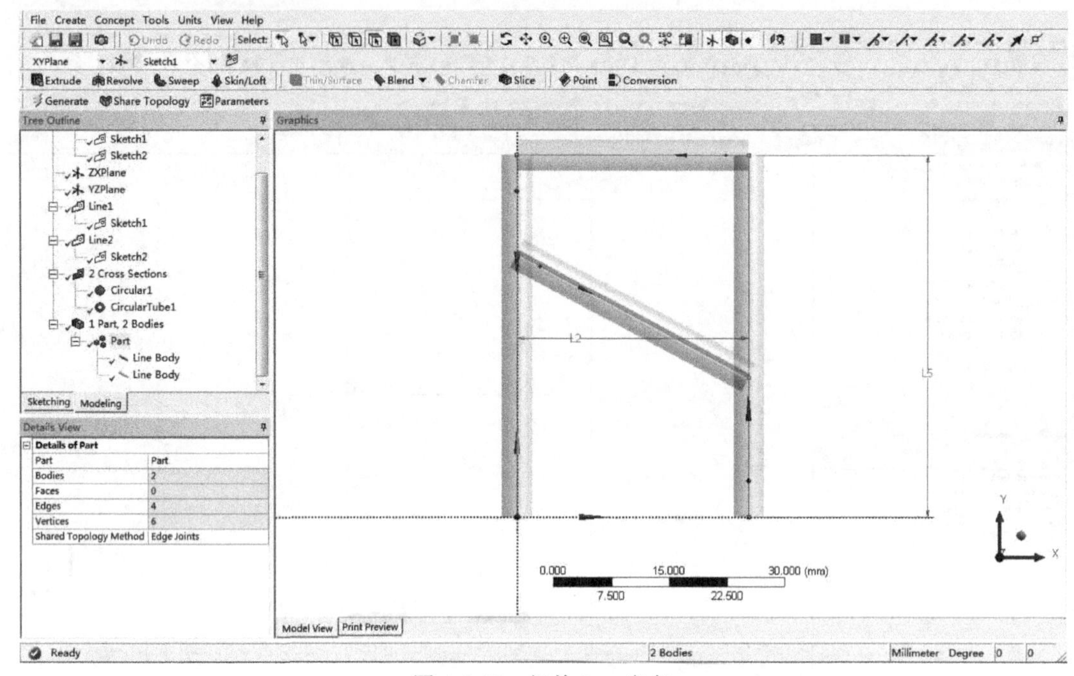

图 4-2-51　组件 Part 定义

（2）Mechanical 边界条件设置。

如图 4-2-52 所示加载边界条件，其余全部默认。注意边界条件全部基于点加载。

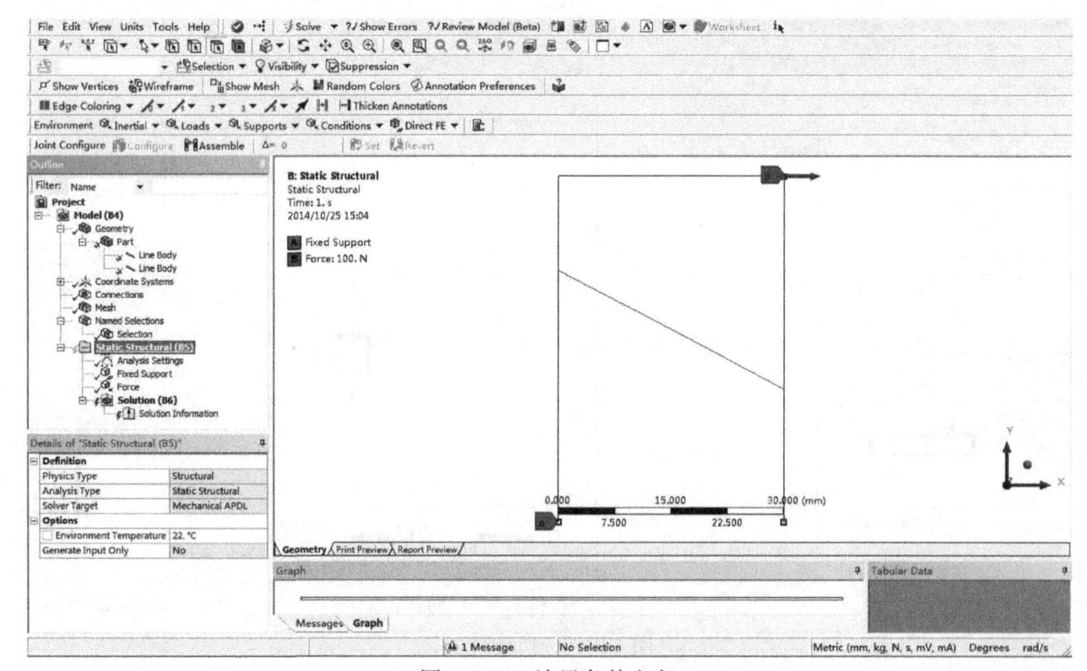

图 4-2-52　边界条件定义

（3）求解出现前文 Error 提示，在 Solution Information 处可以查到具体 Error 为：There is at least 1 small equation solver pivot term (e.g., at the UZ degree of freedom of node 54).Please check for an insufficiently constrained model.在这里 Error 提示指出第 54 节点的 Z 轴自由度出现了小组元，因此必须先找到 54 节点在图中何处，进而再判断错误出现的原因。

如图 4-2-53 所示，在 Named Selections 中新建一个 Selection，按图示序号依次点击设置，可以看到 54 节点在模型中的位置，如图 4-2-54 所示。

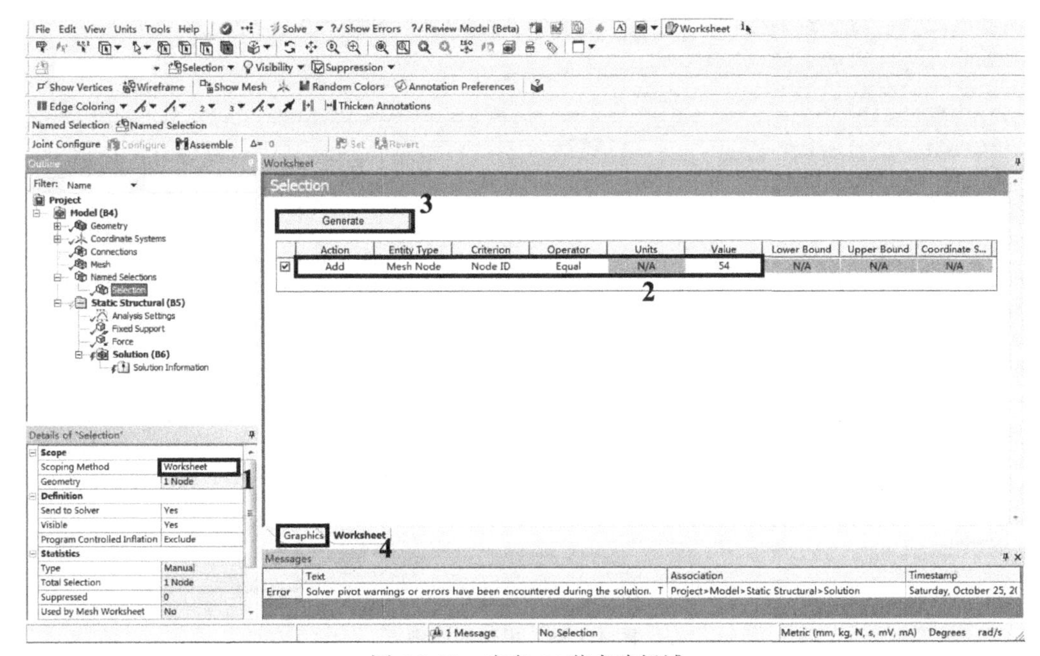

图 4-2-53 定义 54 节点选择域

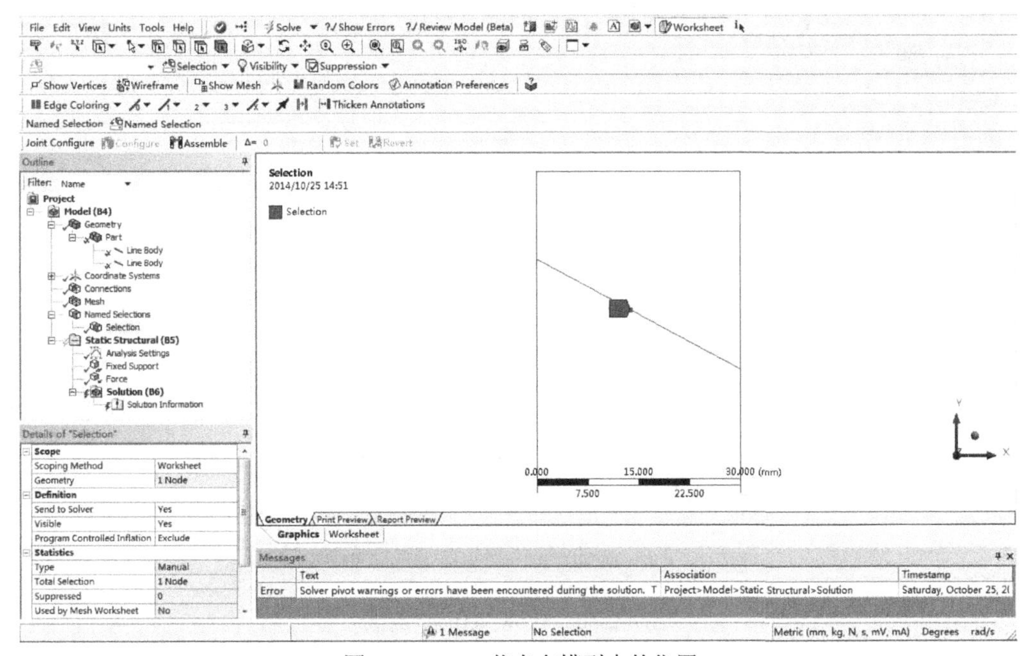

图 4-2-54 54 节点在模型中的位置

由图 4-2-54 可知，54 节点处于斜拉梁上，此时软件提示至少有一个像 54 节点这样的节点在

Z 轴自由度计算出现问题，依据有限元分析最基本的连续性规则，可知错误出现在斜拉梁与门式框架的交点上。可是在图 4-2-54 和图 4-2-55 中已经设置共点，并已经合并，为什么还会出现问题？

如图 4-2-56 所示，打开 Show Vertices 进行测试，组件 Part 一共有 6 个点。当隐藏了斜拉梁之后，门式框架只有四个点，并没有在共点之处产生点，或者说，两者并没有公共交点。

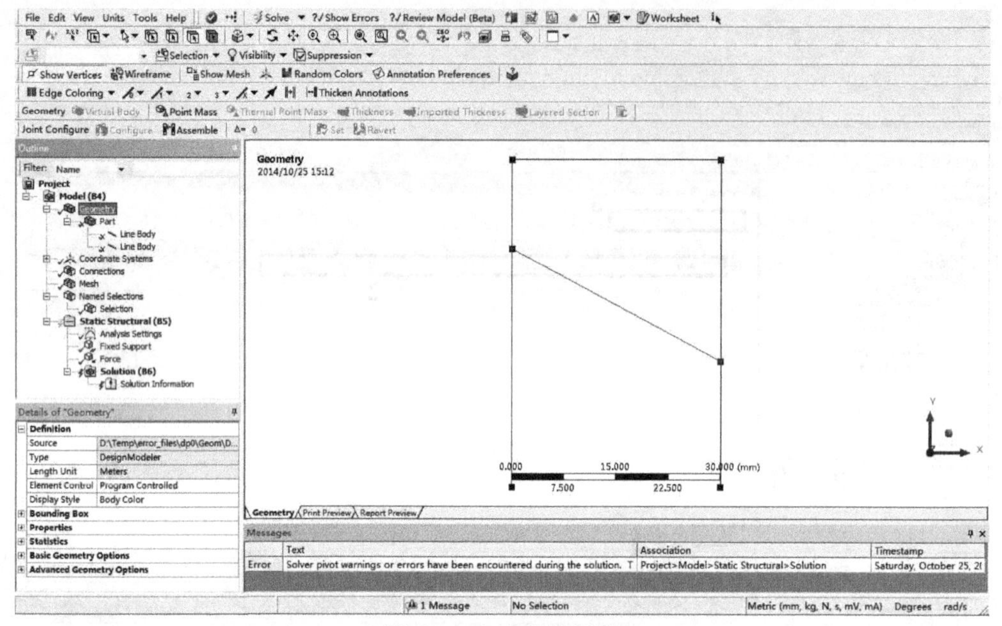

图 4-2-55　出现的问题

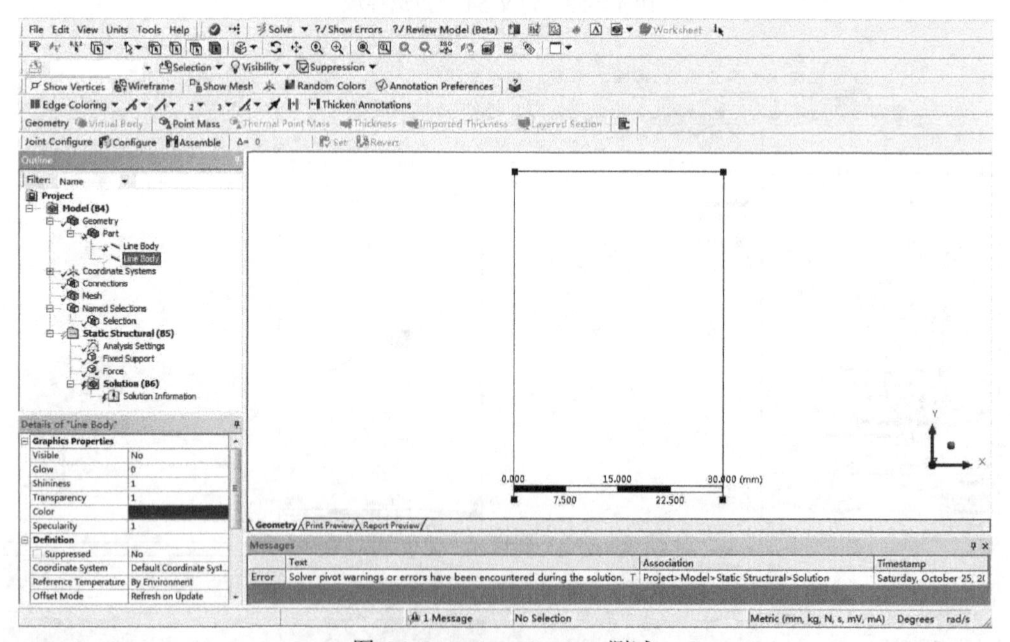

图 4-2-56　Show Vertices 测试

（4）错误处理。由上可知，必须在门式框架上创建公共节点。方法 1：利用 DM Concept 菜单里面的 Split Edge 工具，将门式框架切分，保证切分点位置与斜拉梁首尾点位置一致（方法 1 读者自己尝试）；方法 2：利用 DM Tools 菜单里面的 Connect 工具，如图 4-2-57 所示。图中 1 区选择 Edges；按 Ctrl 在图中分别选中 2 区的三根线（即将 Connect 的三根线）；Tolerance（公差）默认为 0.1mm；在 3 区和 4 区选择 Interpolated（表示如果两者有间隙，两者都向中间插值移动）；5 区选择 No（否则前面的 Frozen 效果将消失，整个模型将合并为一个零件）。

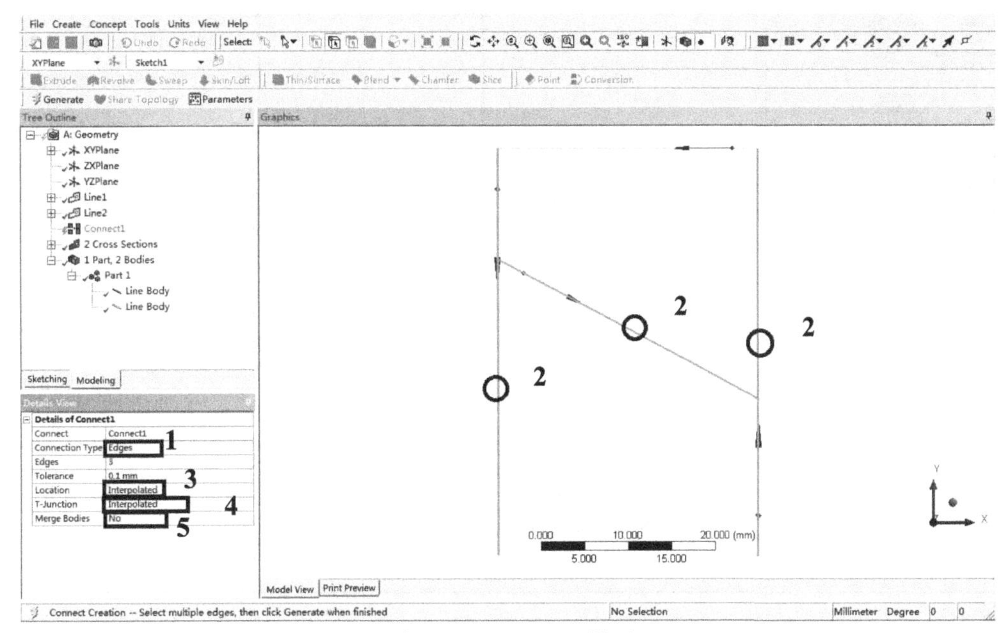

图 4-2-57　Connect 设置

按上述方法处理后的模型，正常求解，如图 4-2-58 所示。用 Show Vertices 观察门式框架的点，显示为 6 个，如图 4-2-59 所示。

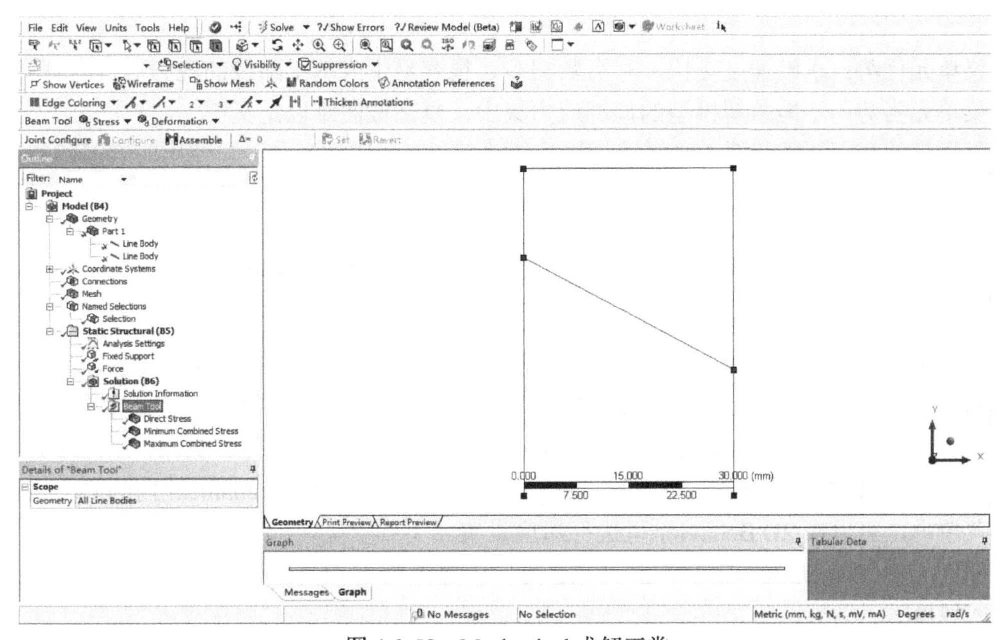

图 4-2-58　Mechanical 求解正常

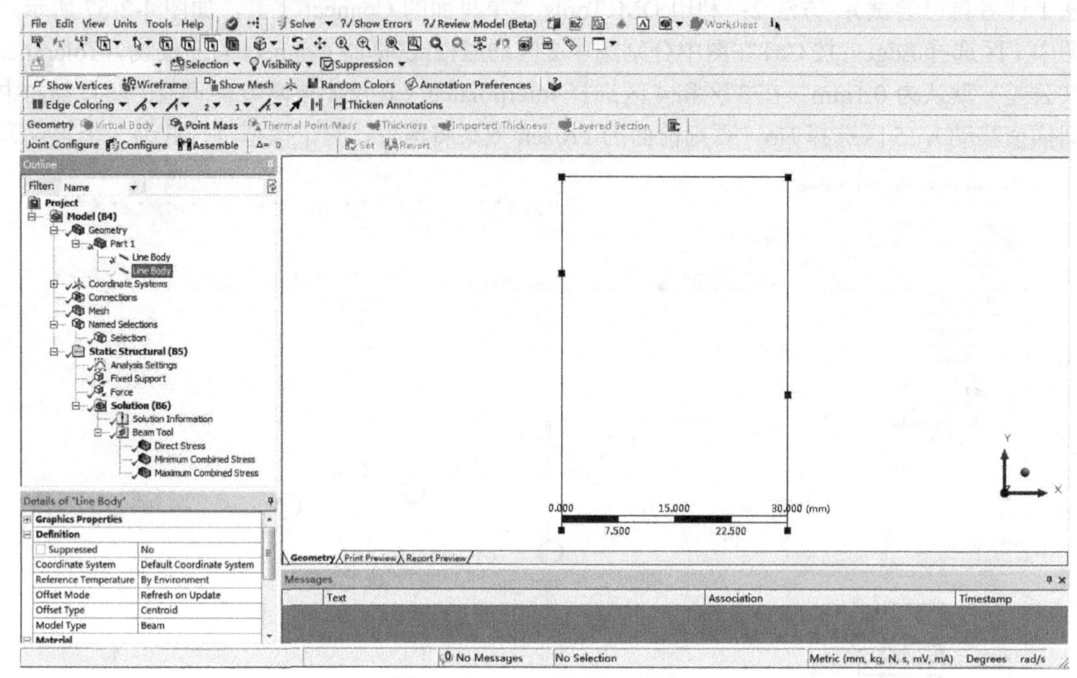

图 4-2-59　Show Vertices 测试

注意

在 15.0 版本中，DM 可以识别“十”字形 Beam 接头，并且自动在接头处增加点，并对 Line 模型自动分割；但“T”字形接头只能通过上文描述方法增加分割点或 Connect 处理。

4.2.6　小结

梁单元优势：求解速度更快，存盘数据少，很容易生成基于路径的应力等后处理；

梁单元劣势：不能求解模型的局部应力集中，复杂截面难以定义；

易出现的错误：横截面定义错误；与其他单元（壳和实体）在一起使用时容易约束不足。

4.3　二维 XY 平面单元静力学分析

任何物体均占有一定的三维空间，在载荷的作用下，物体内产生的应力、应变和位移均是三向的，表现为 X、Y、Z 三个坐标的函数，即空间弹性力学。但是有些构件自身具有一定的特点，在一些特殊的载荷作用下，空间问题即可简化为平面问题。例如，平面应力 Plane Stress、平面应变 Plane Strain、轴对称 Axisymmetric 等。在 WB Mechanical 内的 Geometry 的细节菜单内，可以在 2D Behavior 里进行对应设置。

平面应力(Plane Stress 默认)：假设在 Z 方向上应力为 0，但是应变不为 0，可以在 Thickness 里输入厚度。

平面应变（Plain Strain）：假设 Z 方向上没有应变，在热分析中不能使用。

轴对称（Axisymmetric）：假设 3D 模型及其载荷可以由一个 2D 截面围绕 Y 轴旋转而形成，且对称轴必须和全局 Y 轴保持一致，2D 截面必须在 XY 面内，且 X 不允许为负值。

一般的平面应变（Generalized Plane Strain）：相对于标准的平面应变问题而言，假设在 Z 方向上有一个有限的变形域。对于存在 Z 方向尺寸的物体，它提供了一个更实际的结果，在热分析中不能使用。

基于物体（By Body）：可以对组件下单个的物体分别设置平面应力、平面应变或者轴对称选项。

在 WB 内平面应力为单元 Plane182 和 Plane183，其中 Plane182 采用线性多项式作为形函数，Plane183 采用二次多项式作为形函数。

4.3.1　平面应力

平面应力即只在平面内有应力，与该面垂直方向的应力可忽略，如薄板拉压问题。力学方程表现为：平面应力是指所有的应力都在一个平面内，如果平面是 XY 平面，那么只有正应力 σ_x、σ_y 和剪应力 τ_{xy}（它们都在一个平面内），没有 σ_z、τ_{yz}、τ_{zx}。具体表现：研究对象为薄板，薄壁厚度远远小于结构另外两个方向的尺度。薄板的中面为平面，其所受外力，包括体力均平行于中面面内，并沿厚度方向不变，而且薄板的两个表面不受外力作用，如图 4-3-1 所示。

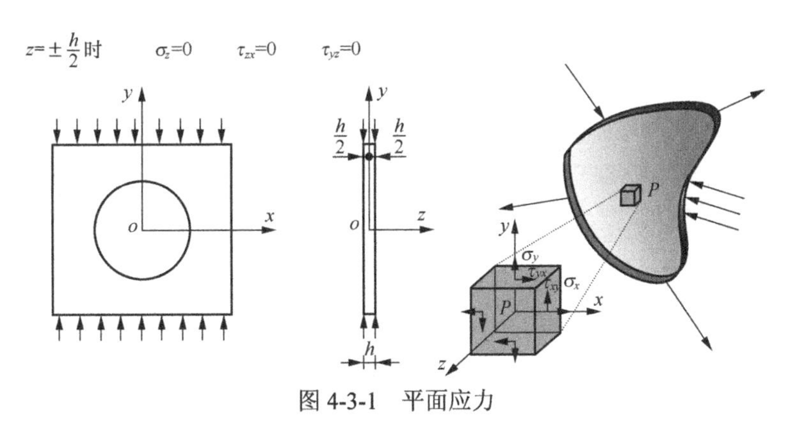

图 4-3-1　平面应力

下面建立一个简单的平面应力分析模型，从中了解平面应力的概念及相关一些边界条件的意义。

在 DM 建立一中间有孔的方板，如图 4-3-2 所示。在流程图上右键点 Geometry，选择 Property，在 Analysis Type 处设置为 2D；在 Mechanical 内的 Geometry 的细节菜单内，将 2D Behavior 设置为 Plane Stress；在 Surface Body 的细节菜单内，Thickness 默认定义为 1mm，如图 4-3-3 所示，即完成平面应力模型的定义，拟在平板的左右两侧加载对称均匀载荷。一般分析思路：采用平面应力模型，由于模型及载荷左右对称，采用 1/2 或 1/4 的对称模型，对称边界采用无摩擦约束。下面采用三种不同的方式对这个模型进行分析。

注意

草绘基准一定要选择 XY 平面，否则不能定义为平面应力模型，同时注意图 4-3-2 中的 L2 尺寸为 30mm，下面将采用多种加载方式，需要用到这个尺寸进行转化。

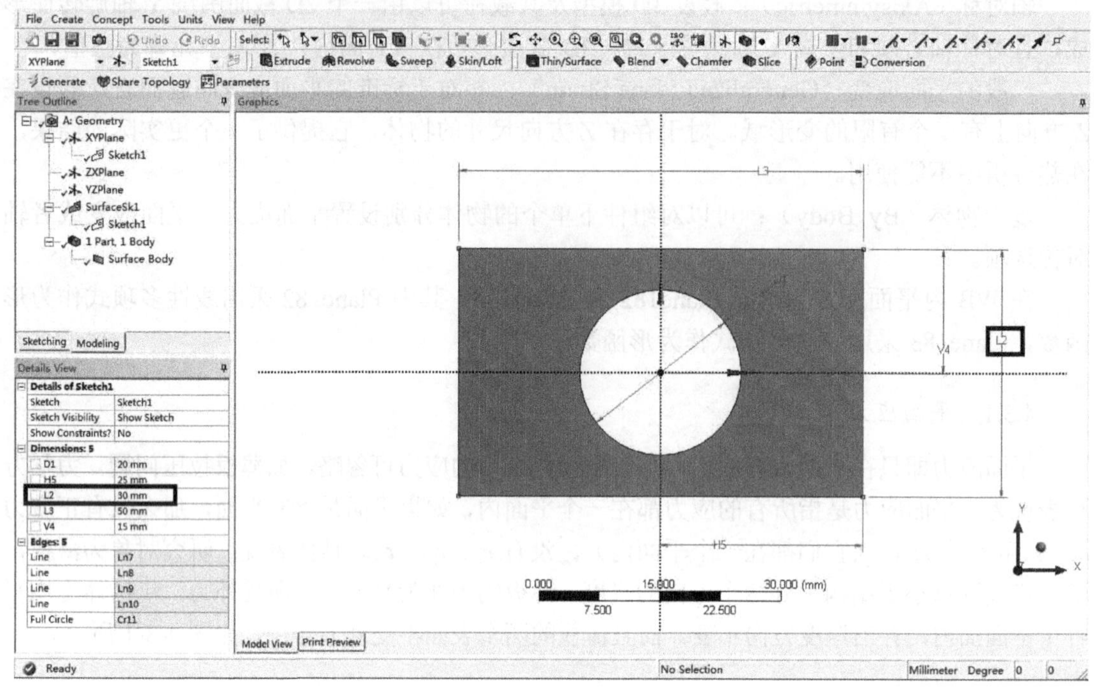

图 4-3-2　平面应力模型

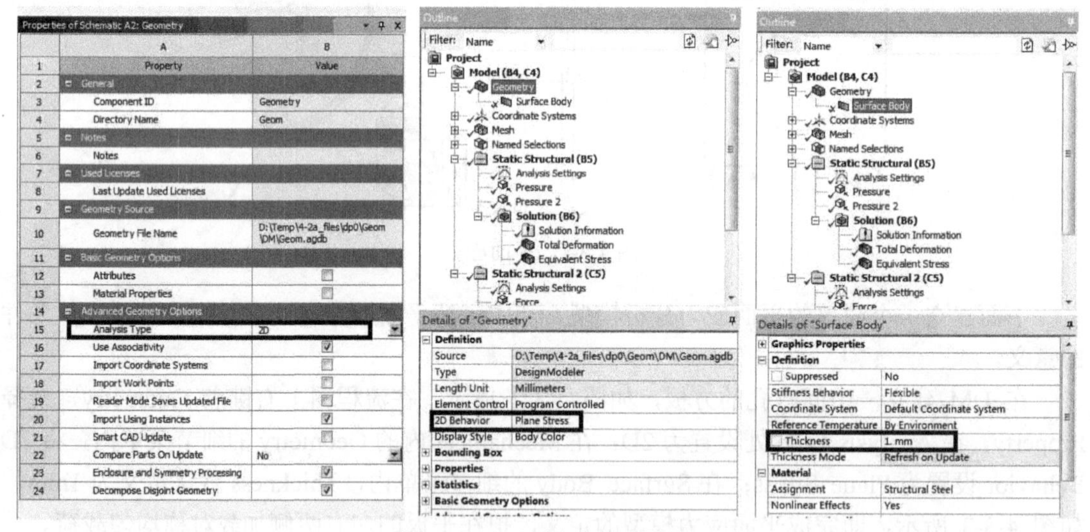

图 4-3-3　平面应力模型设置

1．全模型直接加载载荷

1）划分网格

此平面模型可采用全四边形网格，不需要太多的设置。如图 4-3-4 所示依次设置，可得网格模型。

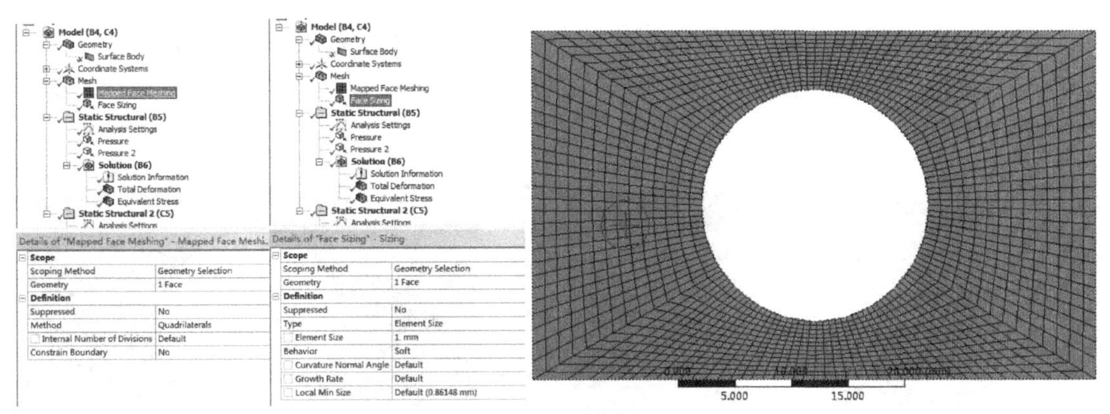

图 4-3-4　网格划分

2）Pressure 边界条件加载

分别选取左右边线加载载荷 Pressure，均为-10MPa，不再加其他约束，如图 4-3-5 所示。

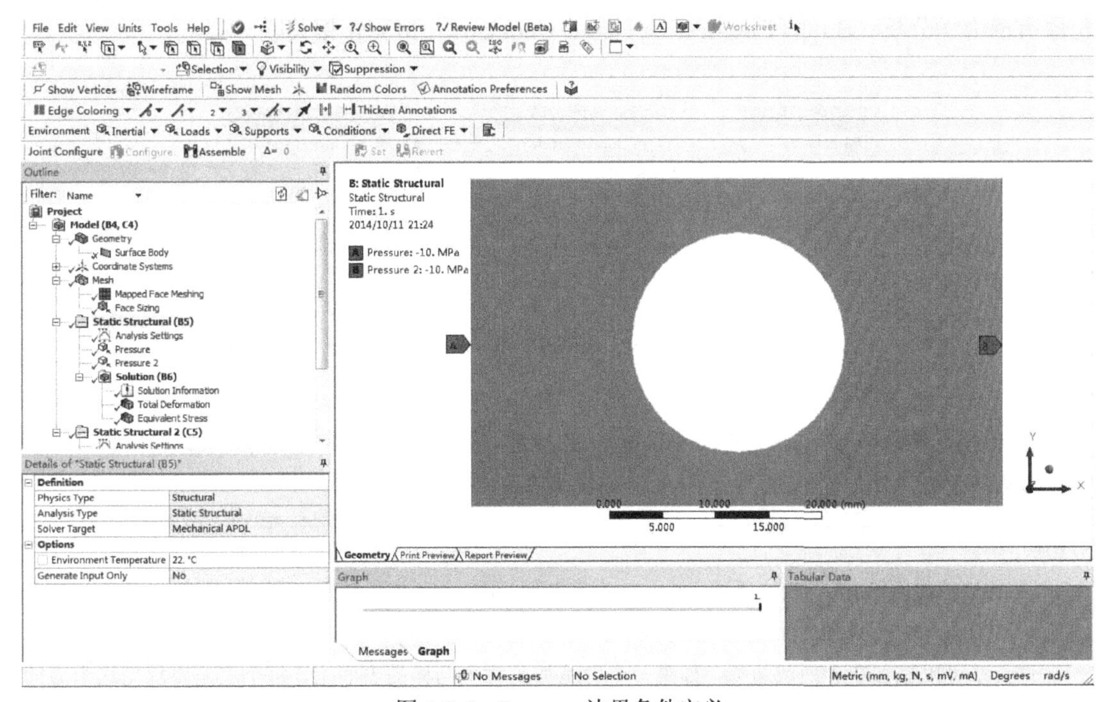

图 4-3-5　Pressure 边界条件定义

> **注意**
>
> 采用这种加载方法，左右载荷必须一致，同时必须把 Analysis Settings 中的 Weak Springs 设置为 On 或 Program Controlled。
>
> Pressure 施加在表面，方向通常与表面的法向一致；正值代表压缩，负值代表拉伸。

3）计算结果一

在 Solution 下选取 Total Deformation（总变形）和 Equivalent Stress（等效应力），然后 Solve（求解），所得云图如图 4-3-6 所示。可以看到最大变形为 0.0032591mm，最大等效应力为 66.101MPa。

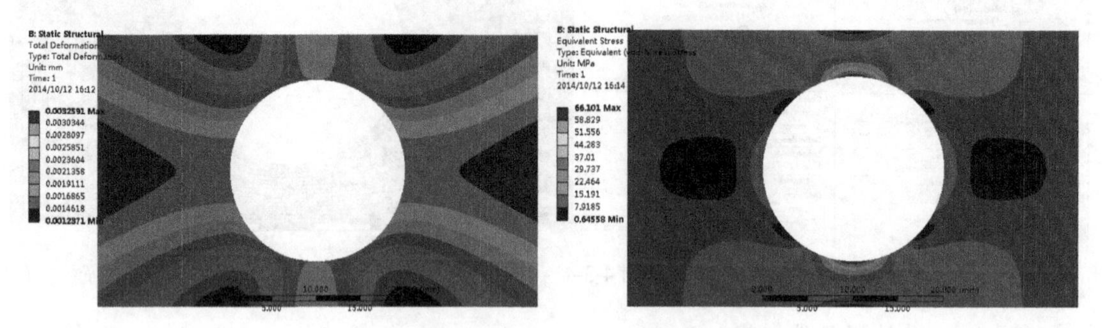

图 4-3-6　Pressure 边界云图结果（总变形、等效应力）

4）比较 Pressure 和 Force 载荷的异同

如图 4-3-7 所示，在流程图界面建立一个新的静力学分析（C），此时新建静力学分析（C）与原有静力学分析（B）的 Engineering Data、Geometry、Model 相关联。

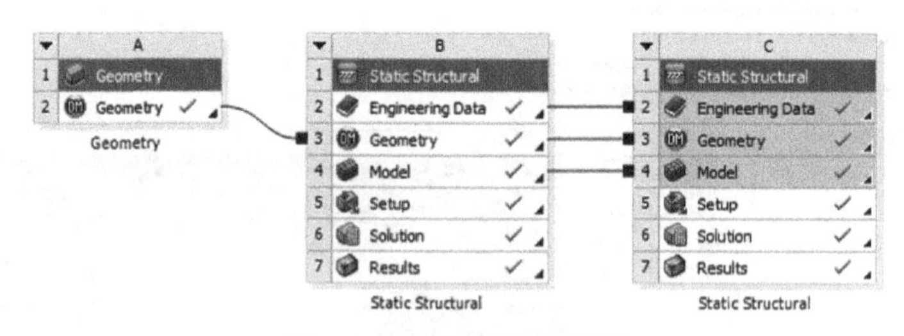

图 4-3-7　新建静力学分析

5）Force 边界条件加载

在流程图界面双击 Setup 进入 Mechanical 界面，分别选取左右边线加载载荷 Force，大小为 300N，方向向外，不再加其他约束，如图 4-3-8 所示。

注意

采用这种加载方法，与前文所述 Pressure 载荷类似，Force 的大小必须一致，方向相反，同时必须把 Analysis Settings 中的 Weak Springs 设置为 On 或 Program Controlled。

Force 可以施加在表面或边缘，如果一个力施加到两个同样的表面上，每个表面将承受这个力的一半。

Force 与 Pressure 的转化：Force=Pressure×Area，本例 Pressure 为 10MPa，面积为 30mm×1mm，可得 Force 为 300N。

Force 与 Pressure 的主要区别：载荷作用下，结构发生变形，Pressure 载荷始终垂直在作用表面；而 Force 载荷则始终与初始方向一致，方向不随结构变形而改变。所以结构在小变形时，这两种载荷计算结果相差无几；在大变形时，这两种载荷计算结果相差较大。

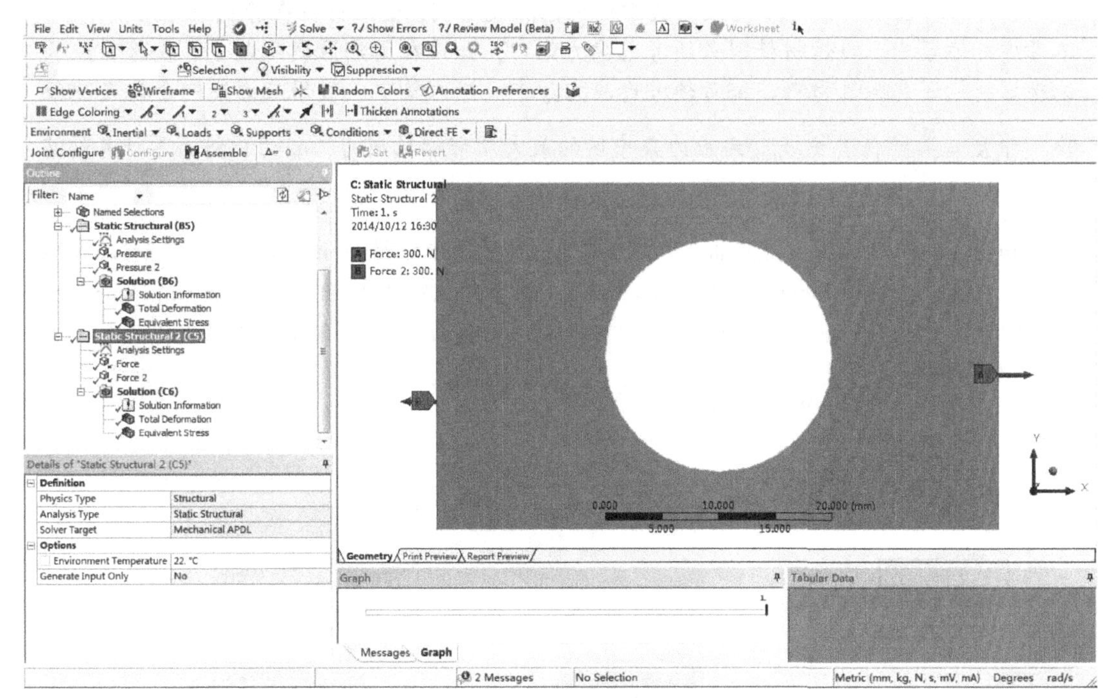

图 4-3-8　Force 边界条件定义

6）计算结果二

按 Ctrl 键点选 B6 Solution 下的 Total Deformation 和 Equivalent Stress，点击右键选择 Copy，然后在 C6 Solution 处点右键选取 Paste，即可将计算类型黏贴到 C6 Solution 下，这类 Copy 和 Paste 操作极大地提高了 WB 的操作效率。Solve（求解）后，所得云图如图 4-3-9 所示。可以看到最大变形为 0.0032591mm，最大等效应力为 66.101MPa，与前面一致。

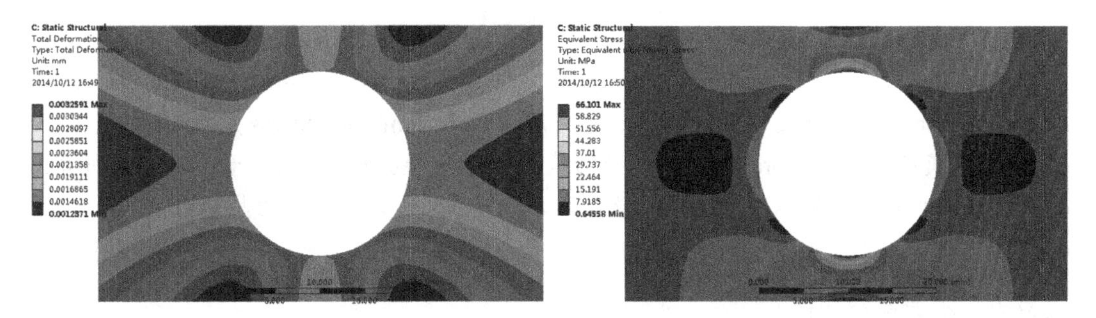

图 4-3-9　Force 边界云图结果（总变形、等效应力）

附：应力集中

由等效应力云图可以看到，在圆孔局部区域，应力急剧增加；在远离圆孔处，应力就迅速降低而趋于均匀。这种结构件因外形突变而引起的局部应力急剧增大现象称为应力集中，应力集中是工程应用领域中最常见的问题之一，是指模型在某一个区域内应力梯度较大，随着网格加密，应力值趋向稳定并接近真实应力值。这与后文讲述的应力奇异有本质的区别。

各种材料在不同条件下对应力集中的敏感程度不同。塑性材料在静载荷作用下，可以不考虑应力集中，脆性材料则必须考虑应力集中；如果在周期性载荷或冲击载荷下，不论塑性材料还是脆性材料，都必须考虑应力集中。应力集中一般用应力集中系数 K_t 来反映，即 $K_t = \frac{\sigma_{max}}{\sigma_0}$，其中 σ_{max} 为应力集中区的最大局部弹性应力，σ_0 为材料力学计算的名义应力，一般 $K_t<4$。ANSYS 采用线性化应力来求解。

如图 4-3-10 所示，右键点击 Model，在 Insert 菜单中选择 Construction Geometry，再右键插入 Path，在 Path Type 处选择 Two Points（基于两点定义路径），Start X (Y) Coordinate 处分别定义起始点的坐标（0，10），End X (Y) Coordinate 处分别定义终点的坐标（0，15）。

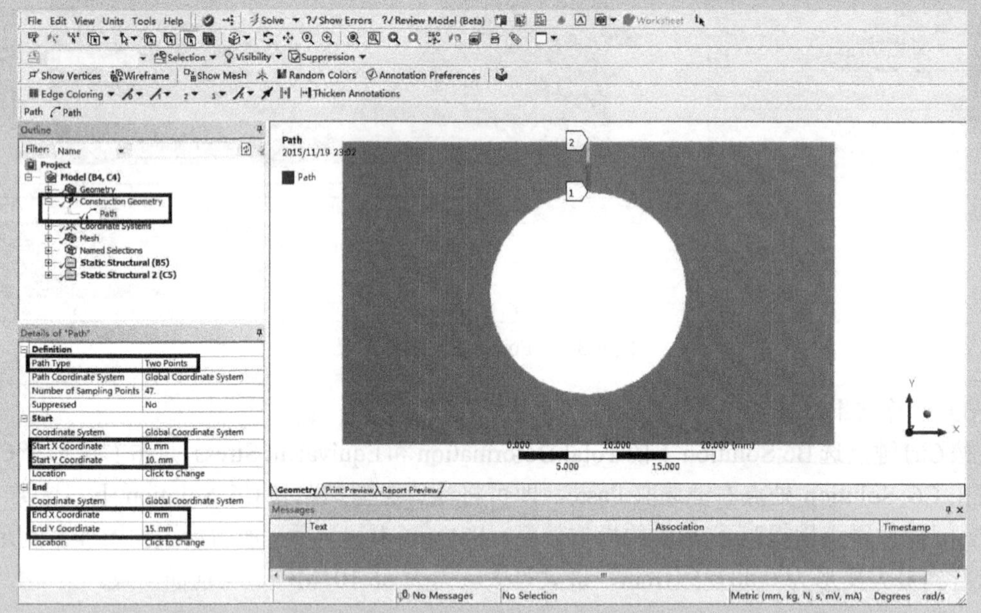

图 4-3-10　Path 路径定义

后处理：右键点击 Solution，在 Insert 菜单中选择 Linearized Stress-Normal Stress，选择上图定义的路径，如图 4-3-11 所示，可得膜应力（Membrane Stress）和总应力（Total Stress）。膜应力（Membrane Stress）是沿截面厚度均匀分布的应力分量，等于沿所考虑截面的应力平均值，可以用于近似等效截面的名义应力，以计算应力集中系数。

膜应力计算公式为 $\sigma^m = \frac{1}{t}\int_{-t/2}^{t/2} \sigma \mathrm{d}x_s$，式中，$\sigma^m$ 为膜应力，t 为截面厚度，σ 为沿路径的总应力，d_s 为路径坐标。

应力集中系数近似为 $K_t = \frac{\sigma_{max}}{\sigma^m}$。

此例中 $K_t = \frac{\sigma_{max}}{\sigma^m} = \frac{65.999}{29.996} = 2.2$。

注意

此处计算必须保证网格有足够的密度，计算结构趋于稳定，具体操作参见 4.3.2 节中的自动网格细化求解。

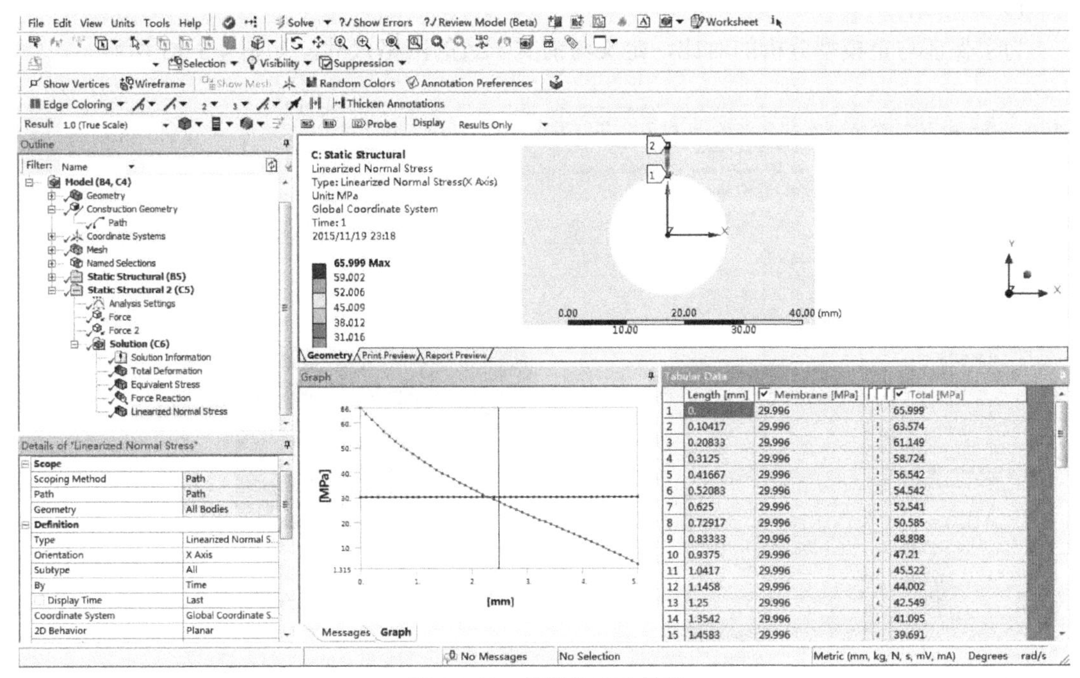

图 4-3-11　线性化应力结果

2. 四分之一模型加载载荷

将原来模型进行两次 Slice 处理（分别基于 ZX 平面和 YZ 平面），将其余三个平面用右键 Suppress（抑制），截得 1/4 模型，如图 4-3-12 所示。定义平面应力模型如图 4-3-13 所示。

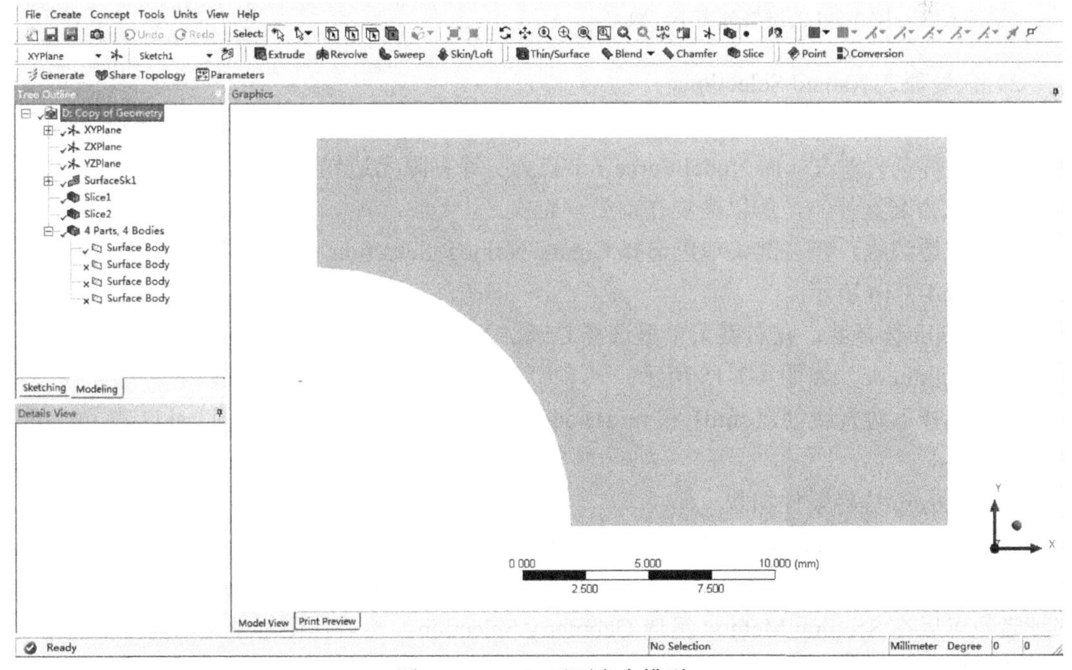

图 4-3-12　1/4 平面应力模型

1）网格划分

为了保证与全模型分析的对比，定义与前文一致的网格尺寸，如图 4-3-13 所示。

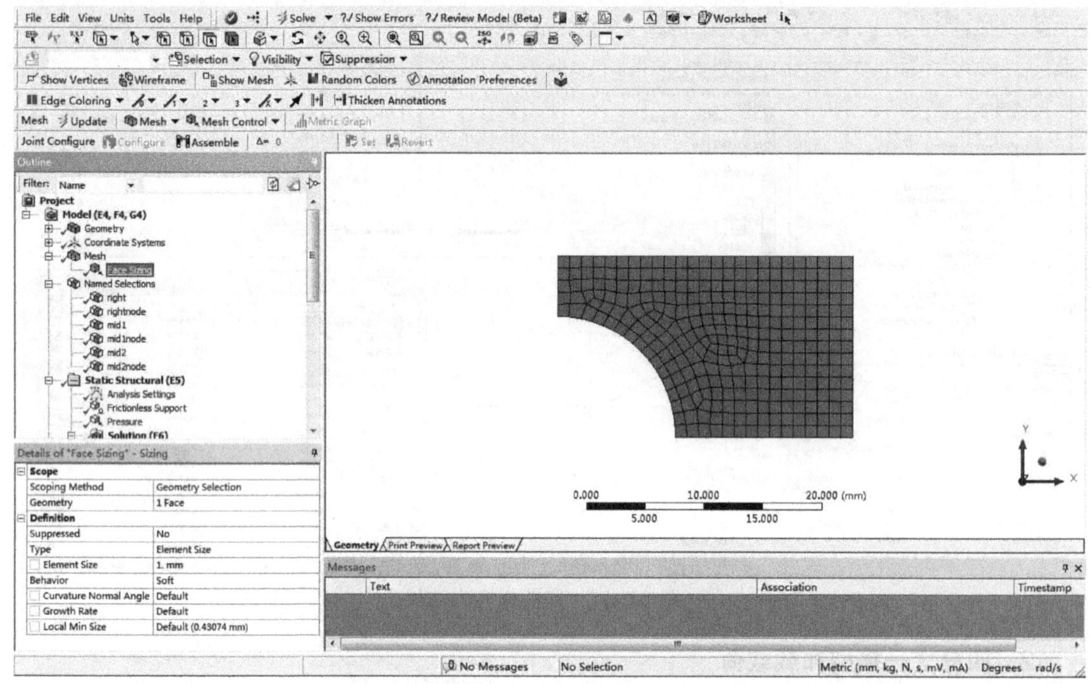

图 4-3-13　网格划分

> **注意**
>
> 图 4-3-13 与图 4-3-4 的网格分布不一致。

2）前处理之 Named Selections

针对 1/4 模型，本例分别采用 Pressure、Force 和 Nodal Force 三种加载方式进行处理，了解不同的边界条件意义。而 Nodal Force（节点力）等有限元边界条件的加载必须基于 Named Selections（命名选择），所以需要在前处理定义。

点选右边边线，在右键菜单里选择 Create Named Selection，然后按 F2 快捷键重命名为 right，如图 4-3-14 所示。

点击 right 选择域，在右键菜单里选择 Create Nodal Named Selection，然后按 F2 快捷键重命名为 rightnode，如图 4-3-15 所示。

同理选择下边直线创建 mid1 和 mid1node 选择域，选择左边直线创建 mid2 和 mid2node 选择域。

3）Pressure 边界条件加载

定义 Frictionless Support，在 Scoping Method 里选 Named Selections，在 Named Selections 分别选取 mid1 和 mid2；定义 Pressure，同理基于 Named Selections 选取 right，数值为−10MPa。（读者也可以在 Scoping Method 里选 Geometry Selection，然后在图形中选取对应的直线。）如图 4-3-16 所示。

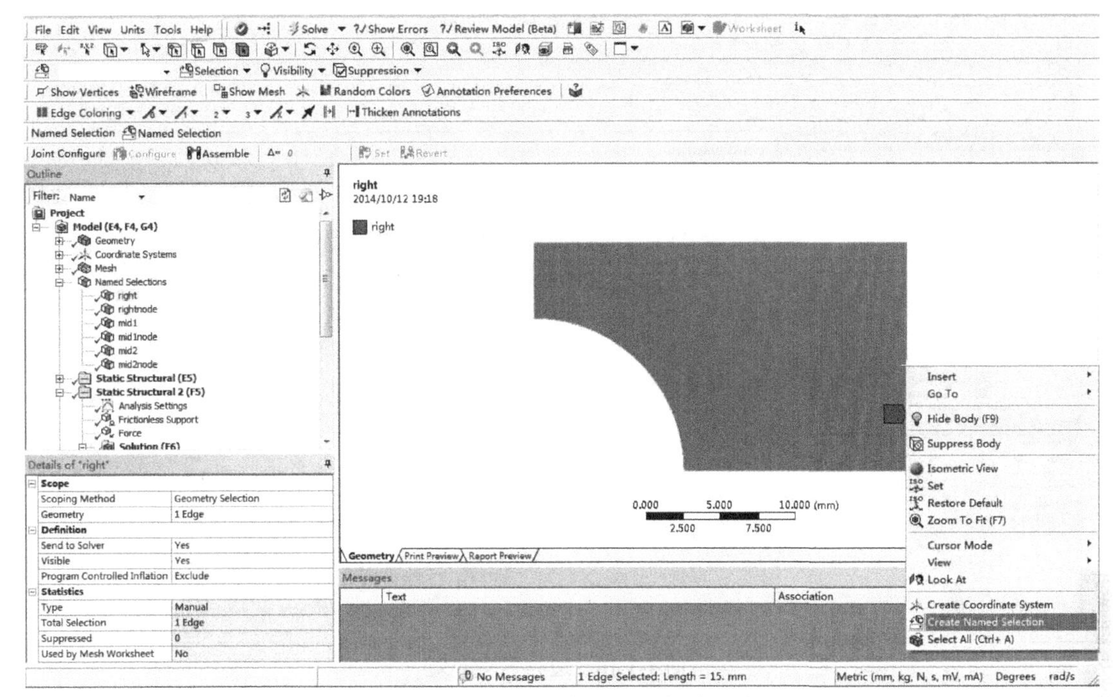

图 4-3-14 创建 right 选择域

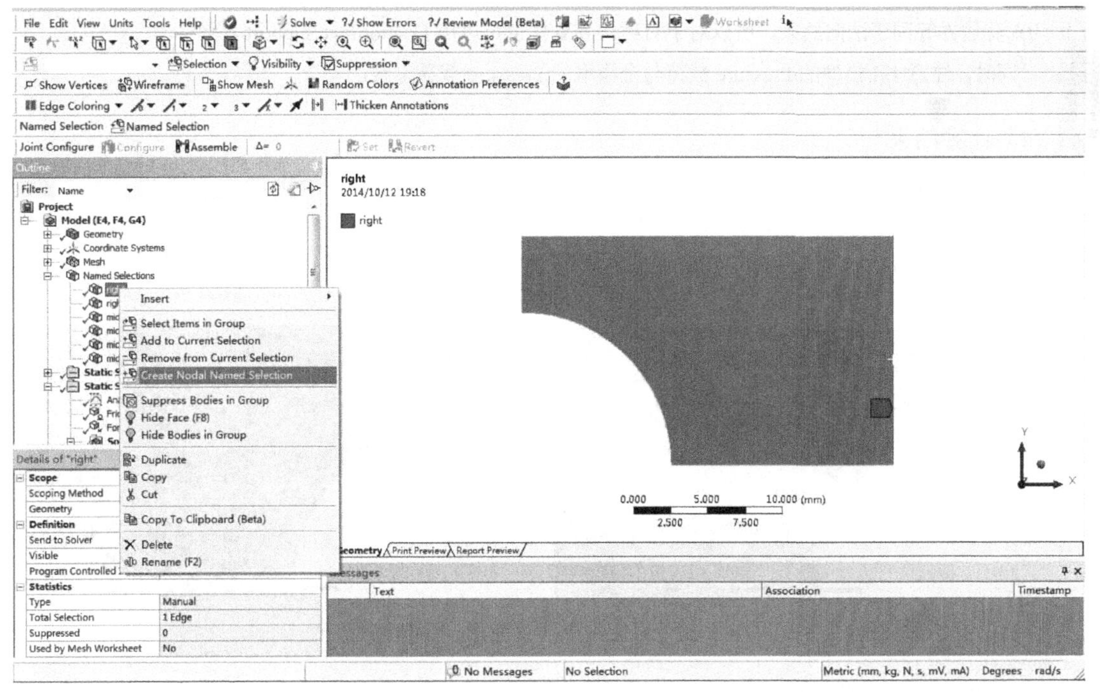

图 4-3-15 创建 rightnode 选择域

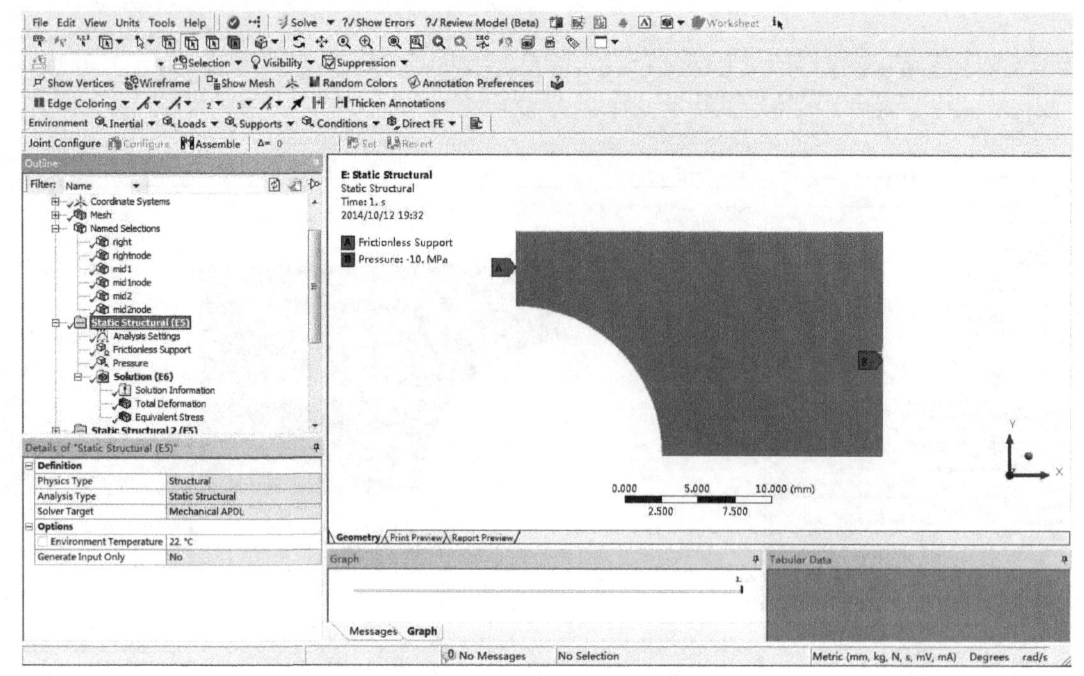

图 4-3-16　边界条件定义

> **注意**
>
> Frictionless Support 即为施加法向约束，例如，座椅搁置在地面，即采用 Frictionless Support；同时，因为对称边界等同于法向约束，所以对于对称边界条件也可以用 Frictionless Support。
>
> 同时，注意 1/4 模型的 Pressure 载荷与全模型的 Pressure 载荷一致。

4）计算结果一

在 Solution 下选取 Total Deformation（总变形）和 Equivalent Stress（等效应力），然后 Solve（求解），所得云图如图 4-3-17 所示。可以看到最大变形为 0.0032591mm（与全模型一致），最大等效应力为 65.616MPa（与全模型相差 0.7%）。

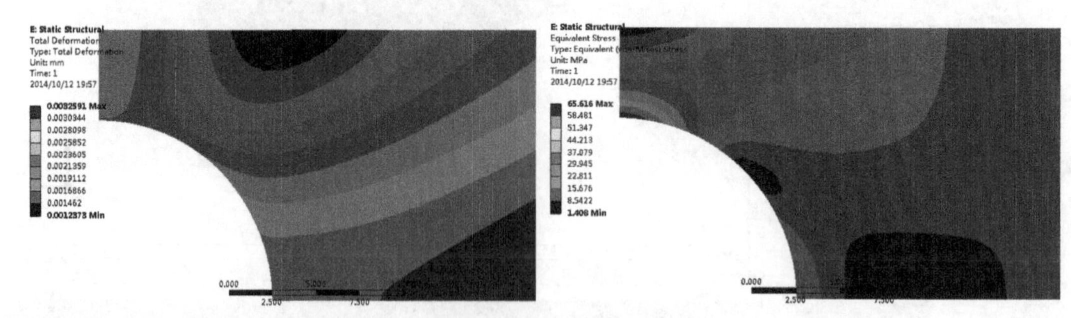

图 4-3-17　云图结果（总变形、等效应力）

5）比较几种载荷的异同

如图 4-3-18 所示，在流程图界面建立两个新的静力学分析（F、G），此时新建静力学分析（F、G）与原有静力学分析（E）的 Engineering Data、Geometry、Model 相关联。

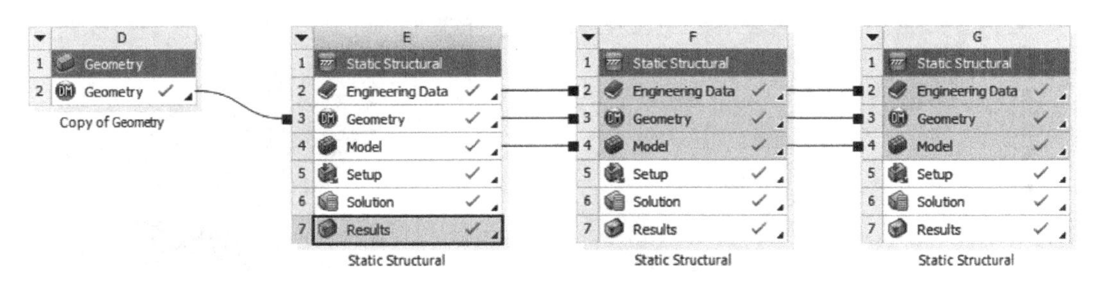

图 4-3-18　新建静力学分析

6）Force 边界条件加载

在流程图界面双击 Setup 进入 Mechanical 界面，将 E5 Static Structural 下面的 Frictionless Support 黏贴到 F5 Static Structural 下面（具体操作参见图 4-3-8 相关说明），选取右边直线加载载荷 Force，大小为 150N，方向向外，如图 4-3-19 所示。

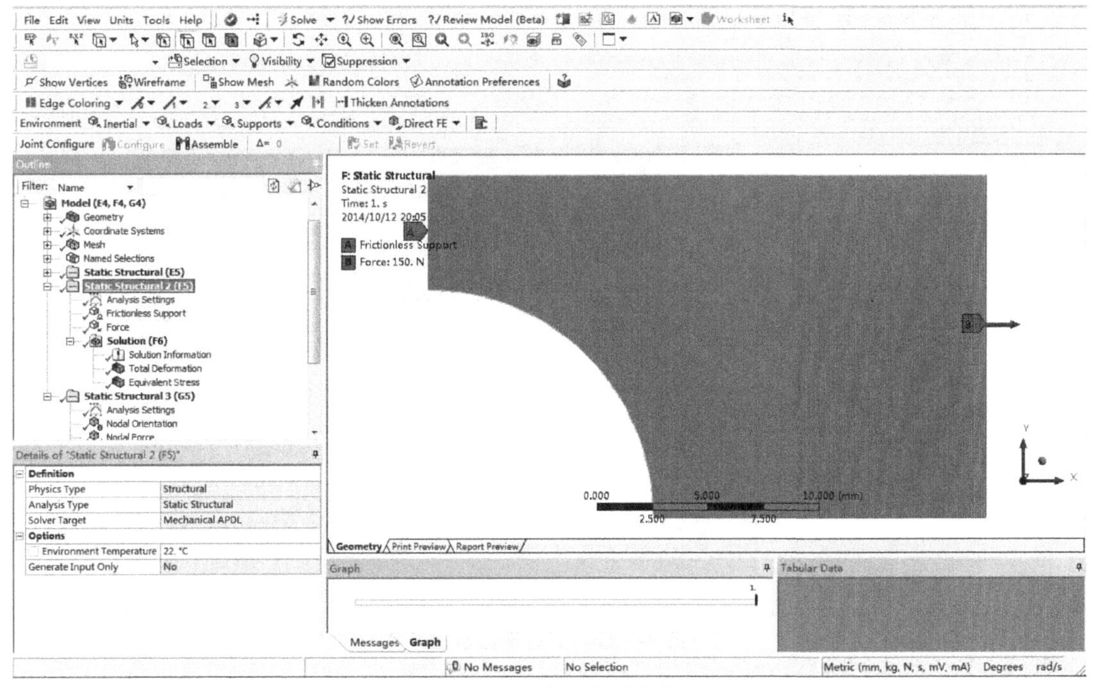

图 4-3-19　边界条件定义

> **注意**
>
> Force 的大小为全模型的一半，也可以按 Force=Pressure×Area 计算。

7）计算结果二

所得 Total Deformation（总变形）和 Equivalent Stress（等效应力）云图如图 4-3-20 所示。可以看到最大变形为 0.0032591mm（与全模型一致），最大等效应力为 65.616MPa（与全模型相差 0.7%）。

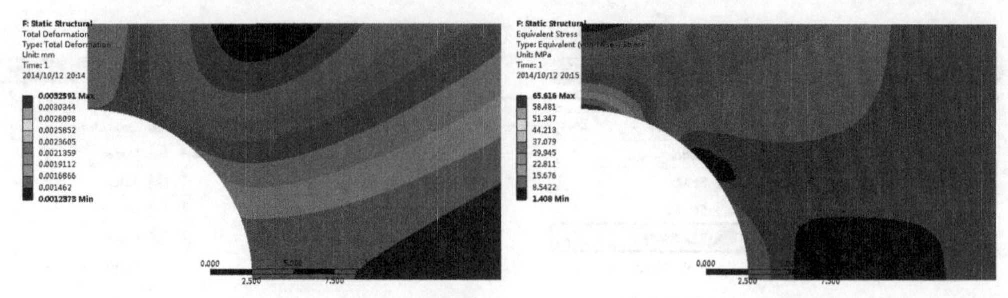

图 4-3-20　云图结果（总变形、等效应力）

8）有限元边界条件加载

a）Nodal Force 载荷加载

Nodal Force 载荷基于有限元模型，加载时方向基于节点坐标系，为了保证计算的准确性，需要定义节点坐标系与 GCS（Global Coordinate System）坐标系一致，如图 4-3-21 所示。

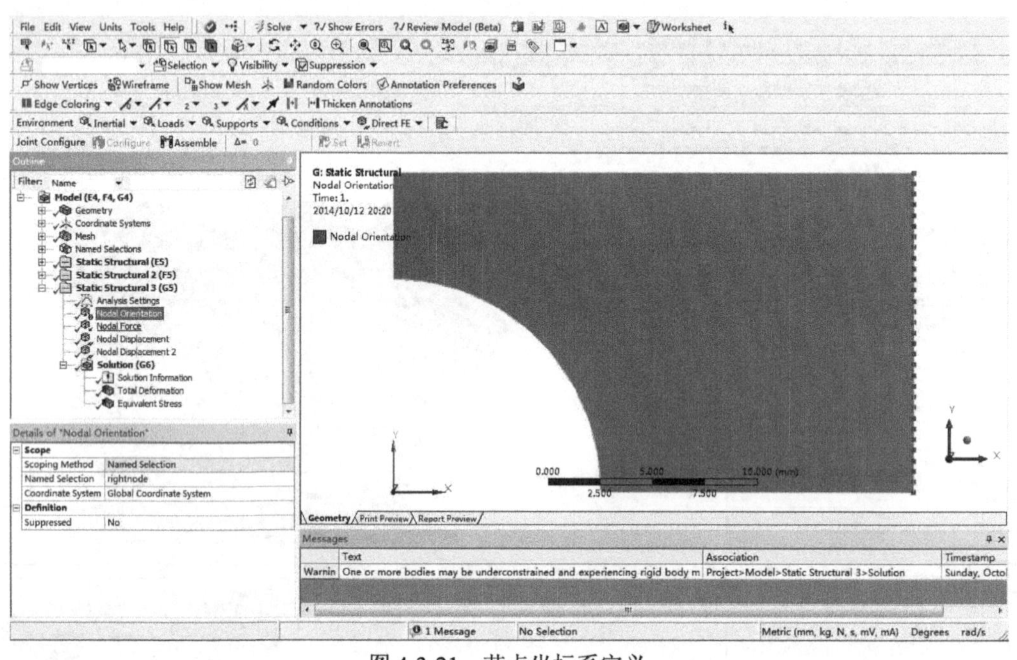

图 4-3-21　节点坐标系定义

定义 Nodal Force 时，选择加载域为 rightnode（**注意：在 Named Selections 的 rightnode 选择域细节菜单内可以看到一共 31 个节点，如图**所示），在 X Component 定义载荷大小，如图 4-3-22 所示。

注意

Nodal Force 的细节菜单内有 Divide Load by Nodes 选项（图 4-3-22 中 3 区），如果选 Yes，为保证与前例计算结果一致，此时 Nodal Force 只能输入 150N；如果选 No，就只能输入 150/31 N。因为默认的 X Component 输入的载荷数值不能为分数，为保证输入值的准确，点击 X Component 输入栏最右边出现下拉箭头，选择 Function（函数）（图中 1 区），即可输入 150/31 N 的分数形式（图中 2 区）。

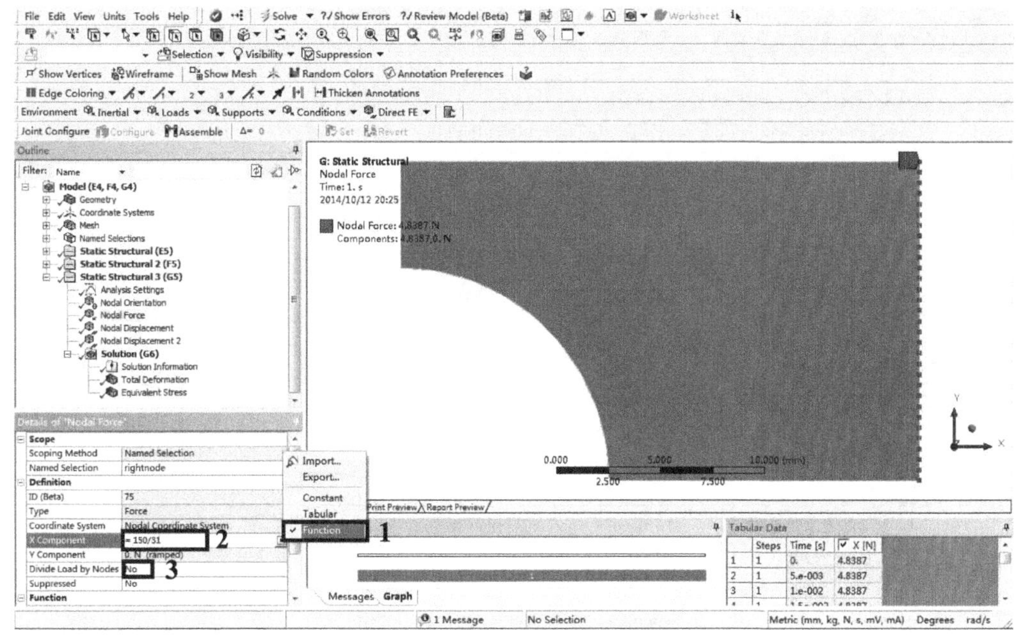

图 4-3-22　Nodal Force 定义

b）Nodal Displacement 约束加载

分别对 mid1node 和 mid2node 选择域加载 Nodal Displacement，如图 4-3-23 所示。

注意

1/4 模型的 mid1node 边界以 X 轴对称，故选择 X Component 为 Free，Y Component 为 0mm；mid2node 以 Y 轴对称，故选择 X Component 为 0mm，Y Component 为 Free。

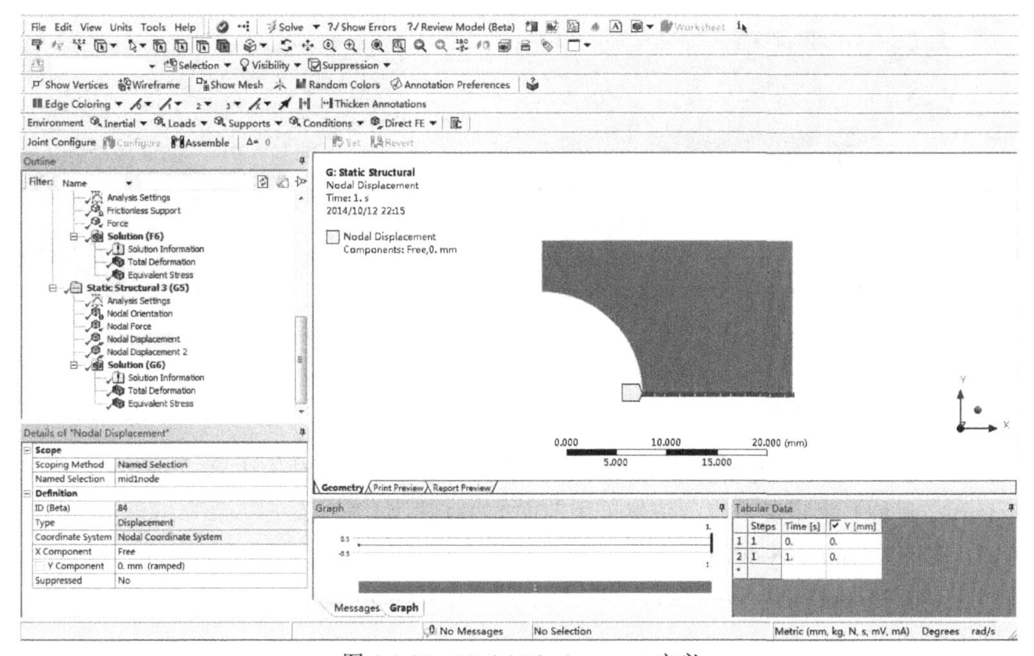

图 4-3-23　Nodal Displacement 定义

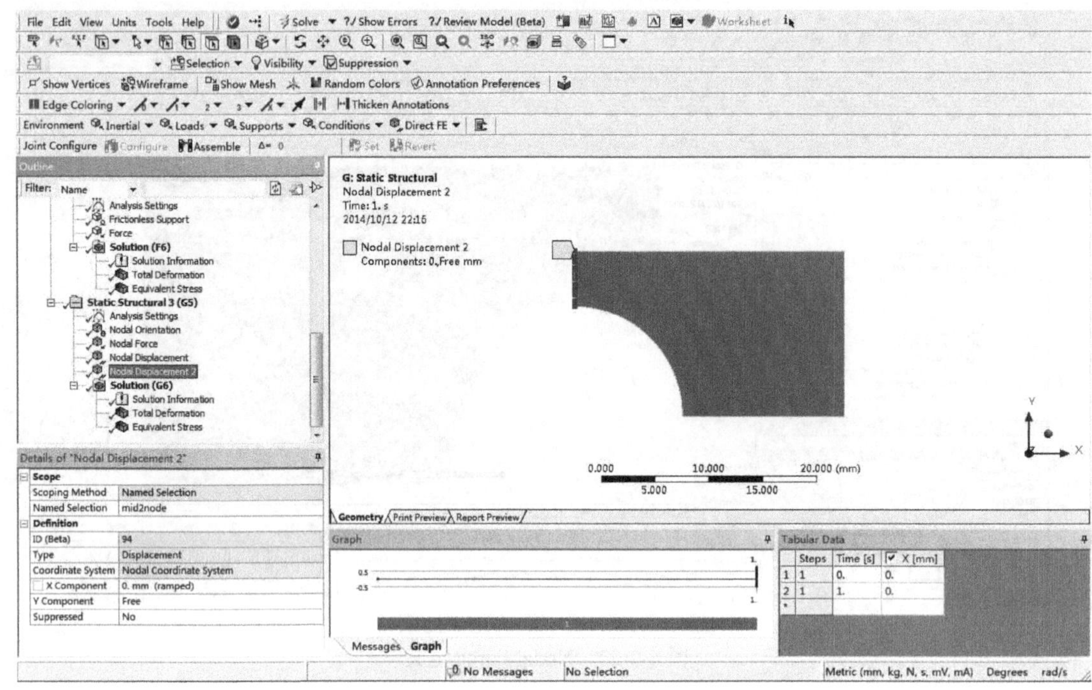

图 4-3-23　Nodal Displacement 定义（续）

9）计算结果三

所得 Total Deformation（总变形）和 Equivalent Stress（等效应力）云图如图 4-3-24 所示。可以看到最大变形为 0.0033173mm（与全模型相差 1.8%），最大等效应力为 65.56MPa（与全模型相差 0.8%）（云图略有差异）。

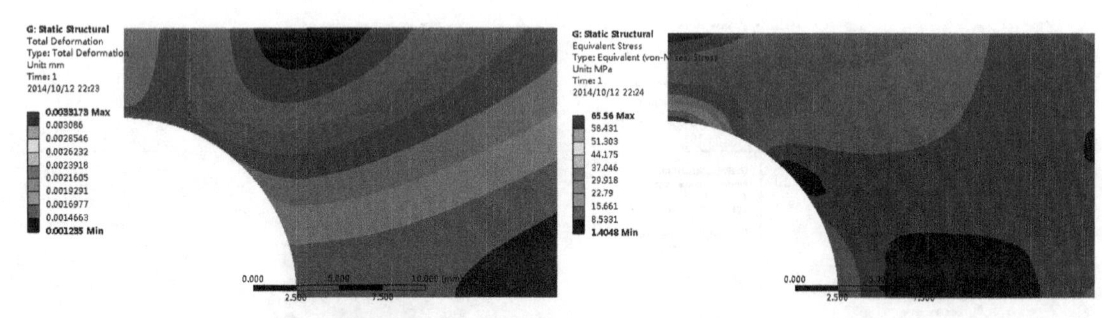

图 4-3-24　云图结果（总变形、等效应力）

3．1/4 模型对称设置

前面讲述 1/4 模型的边界条件采用 Frictionless Support 定义对称边界，同样 WB 可以采用 Symmetry（对称）来定义。模型依然采用前面的 1/4 模型。

1）前处理 Symmetry 设置

右键点击 Model 插入 Symmetry，具体设置如图 4-3-25 所示。

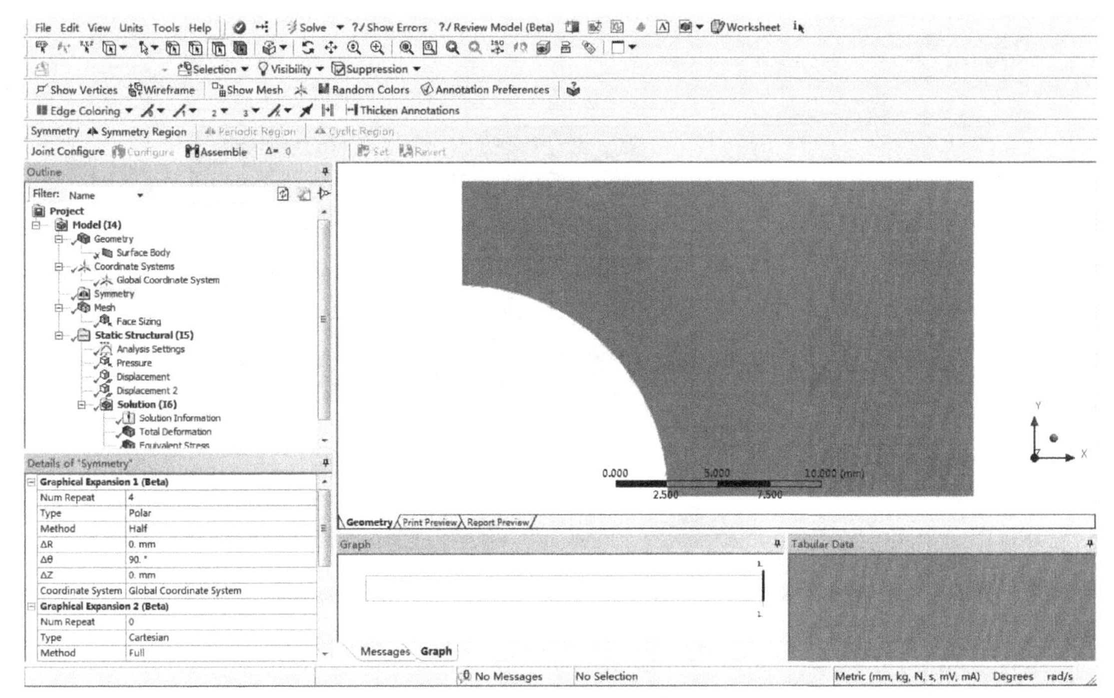

图 4-3-25 Symmetry 设置

注意

Symmetry 细节菜单中：Num Repeat 表示对称的份数（包含本身一份）；Type 分为 Cartesian（矩形对称，类似于直角坐标系）、Polar（圆周对称，类似于圆周坐标系）和 2D Axisymmetric（轴对称）；Method 分为 Full 和 Half（并不是完全与一半的意思，Full 类似于复制，Half 类似于镜像）；下面数值依据类型不同而不同，数值概念对应对称距离，本例基于圆周对称，间距为 90°。对称正确设置后，点击 Mesh，可以看到整体效果，如图 4-3-26 所示。

由于前处理采用了 Symmetry，除了模型简化，软件将自动添加对称边界条件，所以边界条件定义时不能也不必使用 Frictionless Support。本例使用 Displacement 约束，只是让读者理解更多边界条件的概念。

2）Pressure 边界条件加载

定义 Pressure，选择右边直线，数值为-10MPa；定义 Displacement，选择左边直线，与 Nodal Displacement 类似，选择 X Component 为 0mm，Y Component 为 Free；定义 Displacement2，选择下边直线，与 Nodal Displacement 类似，选择 X Component 为 Free，Y Component 为 0mm。如图 4-3-27 所示。

3）计算结果

所得 Total Deformation（总变形）和 Equivalent Stress（等效应力）云图如图 4-3-28 所示。可以看到最大变形为 0.0032591mm（与全模型一致），最大等效应力为 65.616MPa（与全模型相差 0.7%）。

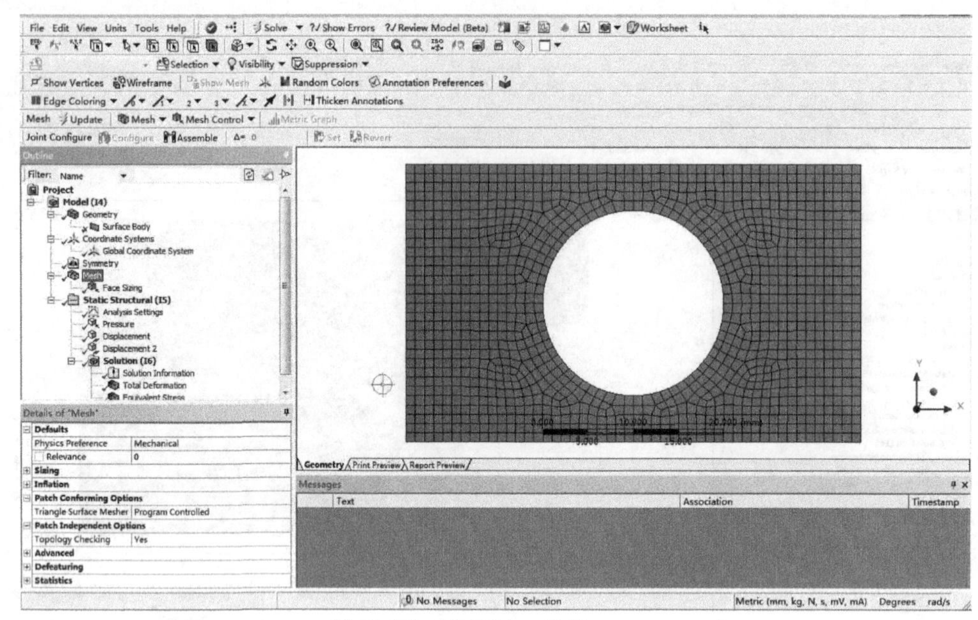

图 4-3-26　1/4 模型对称后的网格（设置 Face Sizing 为 1mm）

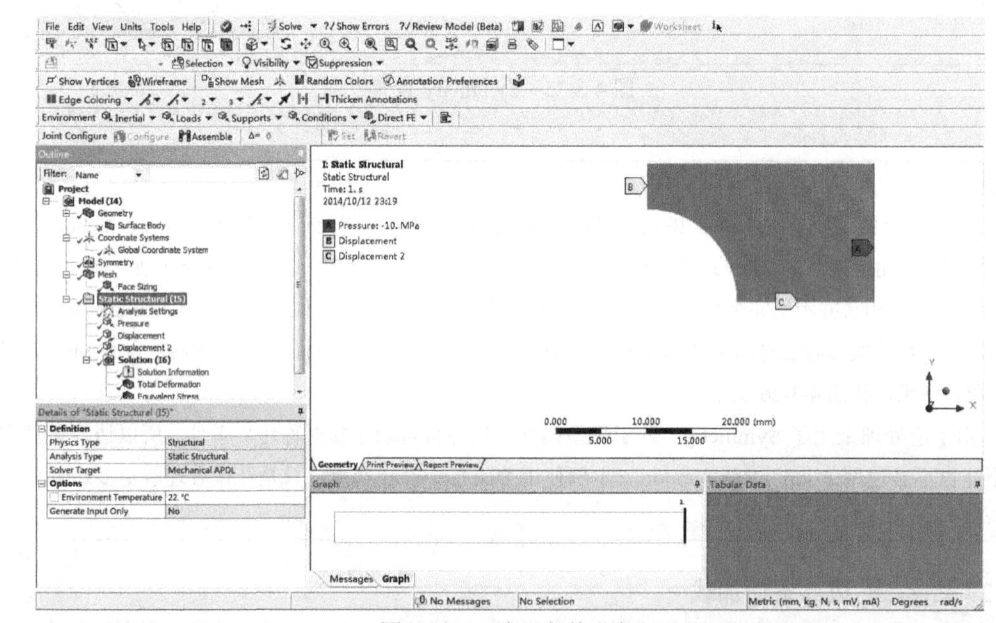

图 4-3-27　边界条件定义

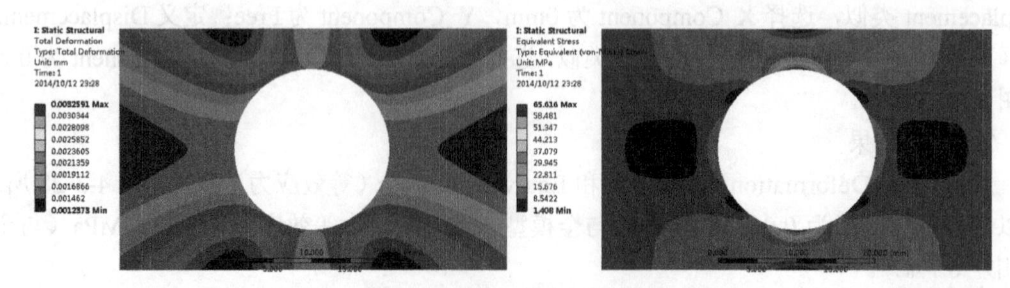

图 4-3-28　云图结果（总变形、等效应力）

总结

针对一个带孔方板的平面应力模型，采用三种方式进行分析，其中第一种采用全模型处理，两侧加平衡力；第二种采用常用的 1/4 模型，对称边界采用 Frictionless Support 或 Modal Displacement；第三种依然采用 1/4 模型，只不过用 Symmetry 进行前处理，边界条件采用 Displacement。对比可知，第一种方法必须依靠 WB 提供的弱弹簧功能，该弹簧的刚度很小，一般只有单元最大弹性模量的百万分之一，不会对应力和变形计算造成实质的影响。读者可以在后处理中插入 Probe（探针）→Force Reaction（反力），在 Boundary Condition（边界条件）处选择 Weak Springs，得到弱弹簧的反力只有 10^{-11}N，非常微小。但是这种操作与一般的有限元书籍介绍大相径庭，不推荐初学者采用；第二种方法采用常用的模型处理方法，但是不能显示全模型的结果；第三种可以看到全模型的效果，但是 Symmetry 设置较为麻烦。三者的计算精度相差无几。

思考题

对上述第一种模型左右加载 Nodal Force，使用弱弹簧功能可以得到正确的结果么？

不能计算。这是因为数值计算过程中，左右两端的力被分配到各自节点上，分配过程中存在一些误差，导致最终产生的不是我们所认为的左右两端面的力平衡，出现了刚体位移。

4.3.2　平面应变

平面应变即只在平面内有应变，与该面垂直方向的应变可忽略，如水坝侧向水压问题。力学方程表现为：所有的应变都在一个平面内，如果平面是 XY 平面，则只有正应变 ε_x、ε_y 和剪应变 γ_{xy}，而没有 ε_z、γ_{yz}、γ_{zx}。例如，压力管道、水坝等，均表现为具有很长的纵向轴物体，横截面大小和形状沿轴线长度不变，作用外力与纵向轴垂直，并且沿长度不变；或纵向长度不长，但两端面为刚性光滑面固定，即不发生纵向平移。如图 4-3-29 所示。

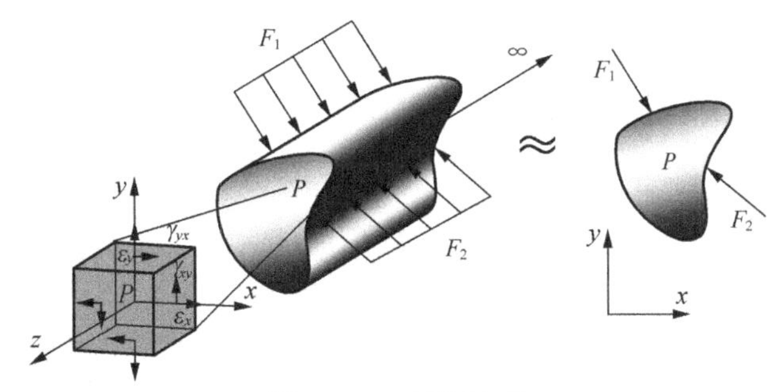

图 4-3-29　平面应变

下面建立一个简单的平面应变及对应的三维分析模型，对比了解平面应变的概念及相关基本理论。

在 DM 建一个二维环 Surface 模型，如图 4-3-30 所示，截面尺寸为内径 45mm、外径 60mm。在流程图上右键点 Geometry，选择 Property，在 Analysis 处设置为 2D；在 Mechanical 内的 Geometry 的细节菜单内，将 2D Behavior 设置为 Plane Strain，如图 4-3-31 所示，即完成平面应变模型的定义。

另建立三维管 Solid 模型，与平面应变模型对比，如图 4-3-32 所示。其中截面尺寸为内径 45mm、外径 60mm，长度为 800mm。分析工况：三维管模型的两端固定在光滑表面上，管内壁承载一定压强。

一般分析思路：采用平面应变模型，采用 1/4 或 1/6 的对称模型，对称边界采用无摩擦约束。下面以基于弱弹簧的平面应变分析与三维模型分析进行对比。

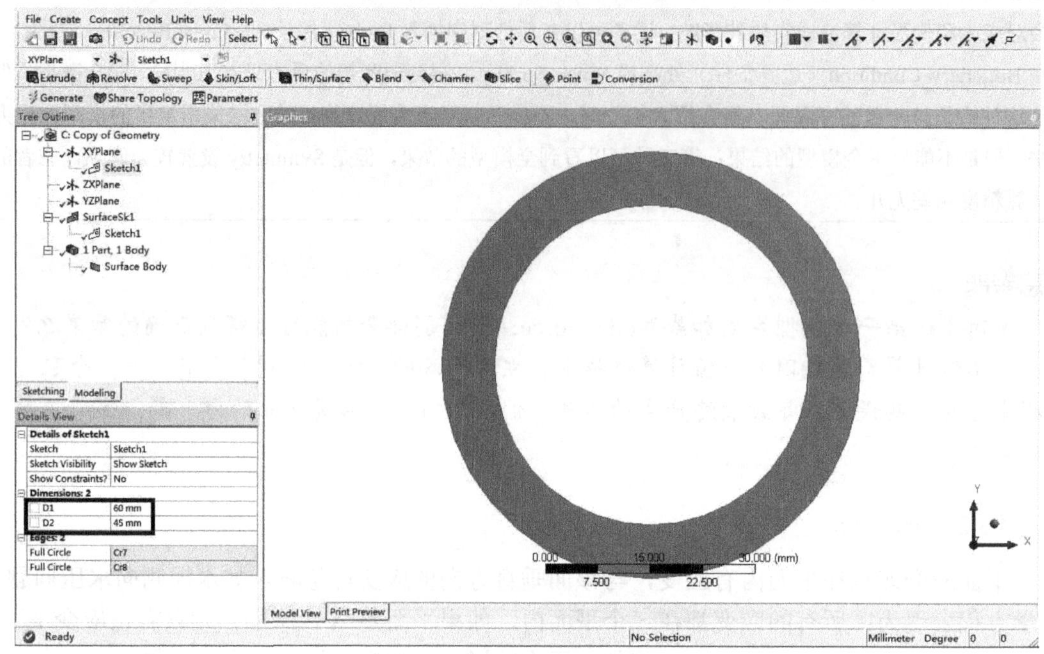

图 4-3-30　平面应变模型

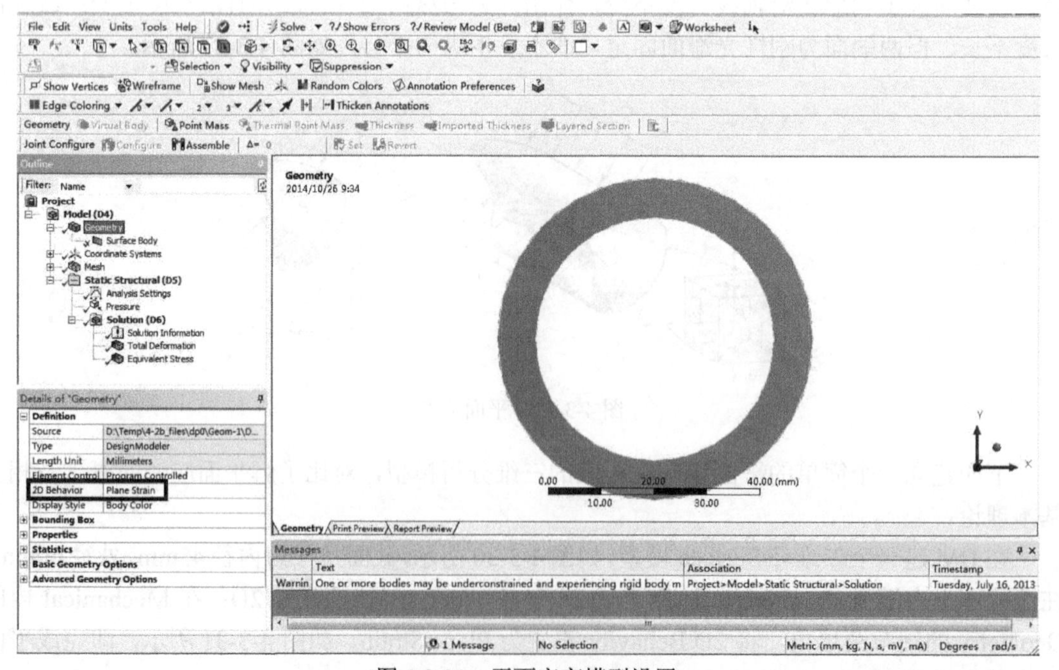

图 4-3-31　平面应变模型设置

> **注意**
>
> 草绘基准一定要选择 XY 平面，否则不能定义为平面应变模型。

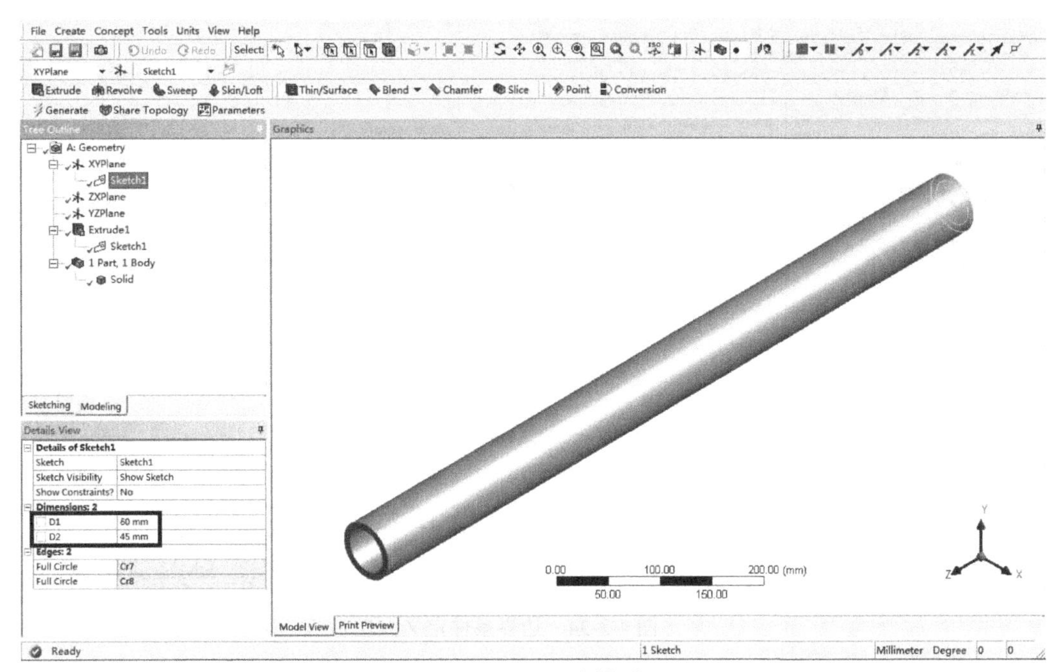

图 4-3-32　三维模型

1. 基于弱弹簧的平面应变分析

1）划分网格

此平面模型可全部采用四边形网格，不需要太多的设置。如图 4-3-33 所示依次设置，可得网格模型。

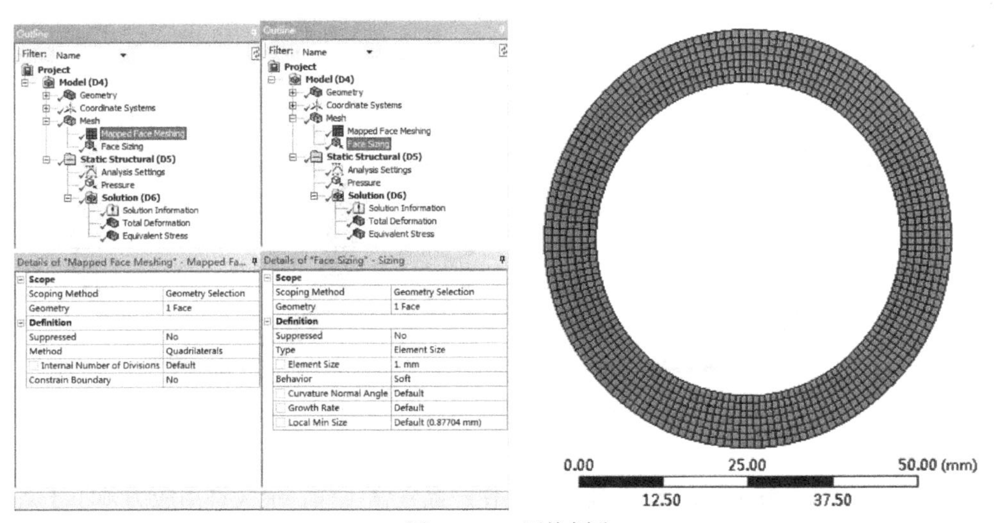

图 4-3-33　网格划分

2）Pressure 边界条件加载

选取内圆线加载载荷 Pressure，为 10MPa，不再加其他约束，如图 4-3-34 所示。

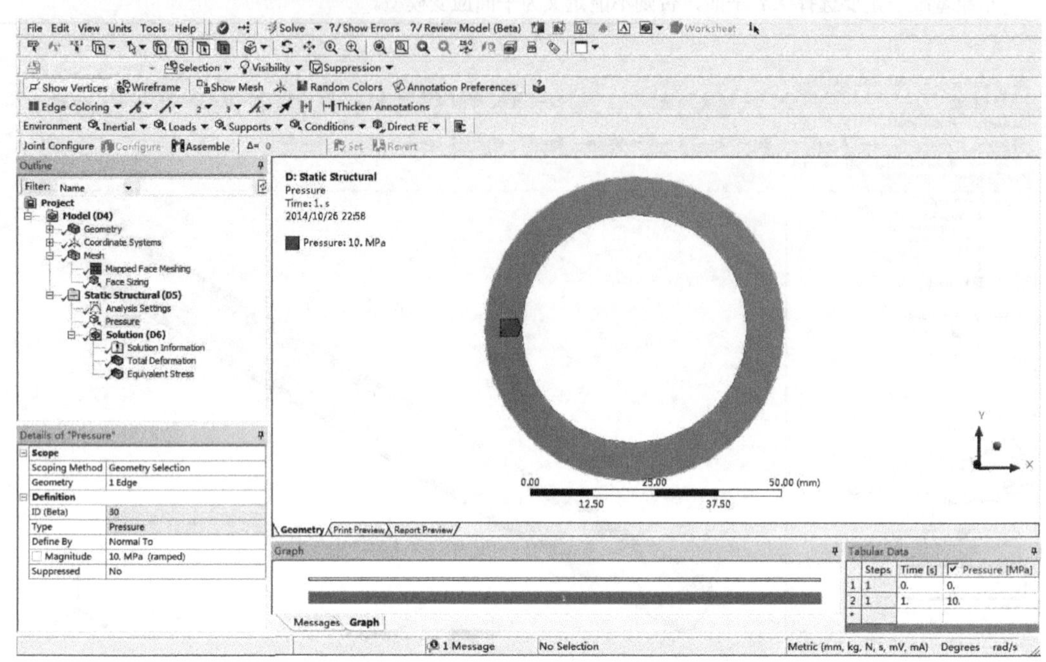

图 4-3-34　边界条件定义

> **注意**
>
> 采用这种加载方法，必须把 Analysis Settings 中的 Weak Springs 设置为 On 或 Program Controlled。

3）计算结果

在 Solution 下选取 Total Deformation（总变形）和 Equivalent Stress（等效应力），然后 Solve（求解），所得云图如图 4-3-35 所示。可以看到最大变形为 0.0040951mm，最大等效应力为 39.9MPa。

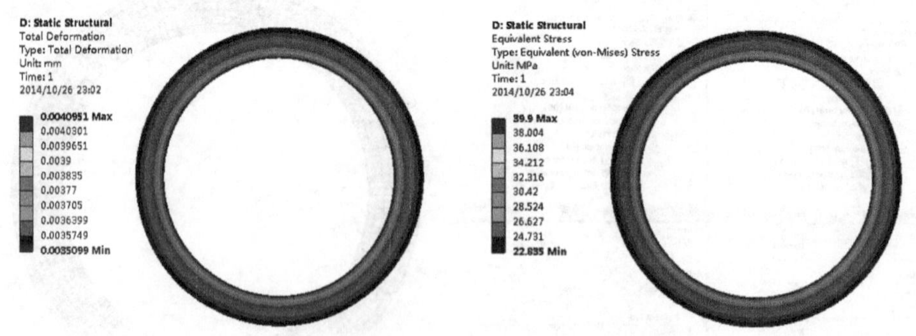

图 4-3-35　云图结果（总变形、等效应力）

4）后处理

应力工具如图 4-3-36 所示。该工具表示为使产品正常工作，最大许用应力须小于规定的极限值，其极限应力与许用应力（输入值）的比值为安全系数。

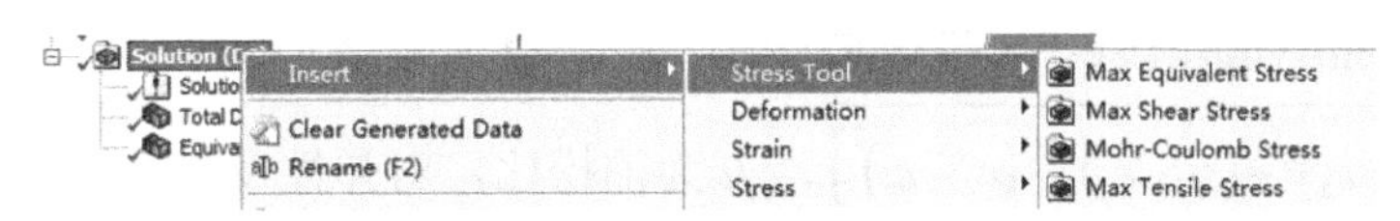

图 4-3-36　应力工具后处理

① **Max Equivalent Stress（最大等效应力工具）**：形状改变比能理论（第四强度理论），这一理论认为形状改变比能是引起材料屈服破坏的主要因素，无论什么应力状态，只要构件内一点处的形状改变比能达到单向应力状态下的极限值，材料将要发生屈服破坏。发生塑性破坏的条件为 $\sqrt{\frac{1}{2}\left[(\sigma_1-\sigma_2)^2+(\sigma_2-\sigma_3)^2+(\sigma_3-\sigma_1)^2\right]}<[\sigma]$。适用于一般材料在三向受压作用下产生塑性变形，以流动形式破坏之强度理论。

② **Max Shear Stress（最大剪应力工具）**：第三强度理论，这一理论认为最大切应力是引起屈服的主要因素，无论什么应力状态，只要最大切应力 τ_{max} 达到单向应力状态下的极限切应力 τ_0，材料将要发生屈服破坏。发生塑性破坏的条件为 $\sigma_1-\sigma_3<[\sigma]$。这一理论比较好地解释了塑性材料出现塑性变形的现象，形式简单，但结果偏于安全，压力容器上采用此理论。

③ **Mohr-Coulomb Stress（摩尔库仑应力工具）**：以不同应力状态下材料失效的试验资料为依据，建立的对材料普遍适用的理论，多适用于脆性材料，也可用于塑性材料，特别适用于抗拉和抗压强度不同的材料。发生塑性或断裂破坏的条件为 $\sigma_1-k\sigma_3<[\sigma]$。其中铸铁 $k=0.2\sim0.4$；陶瓷 $k=0.1\sim0.2$；金属 $k=1$，等效为第三强度理论。

④ **Max Tensile Stress（最大拉伸应力工具）**：脆性材料断裂的强度理论（第一强度理论），这一理论认为引起脆性材料断裂破坏的因素是最大拉应力，无论什么应力状态，只要构件内一点处的最大拉应力达到单向应力状态下的极限应力，材料将要发生脆性断裂。发生断裂破坏的条件为 $\sigma_1<[\sigma]$。一般脆性材料，如铸铁、石料、混凝土，多用第一强度理论。

变形后处理工具如图 4-3-37 所示。

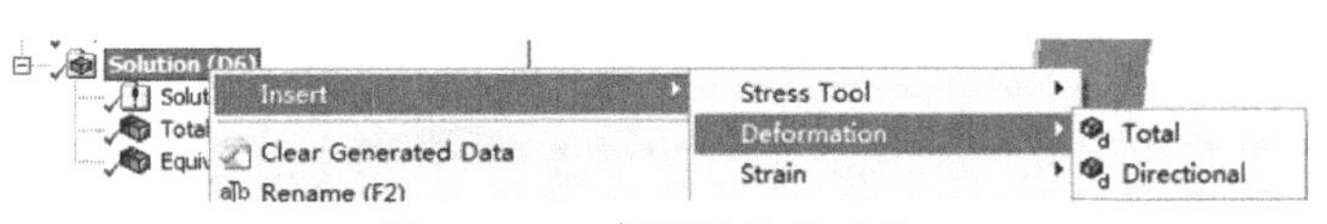

图 4-3-37　变形后处理工具

① **Total（总变形）**：$U_{total}=\sqrt{U_x^2+U_y^2+U_z^2}$。

② **Directional（某个方向的变形）**：X、Y、Z 三向位移。

应变后处理工具如图 4-3-38 所示。

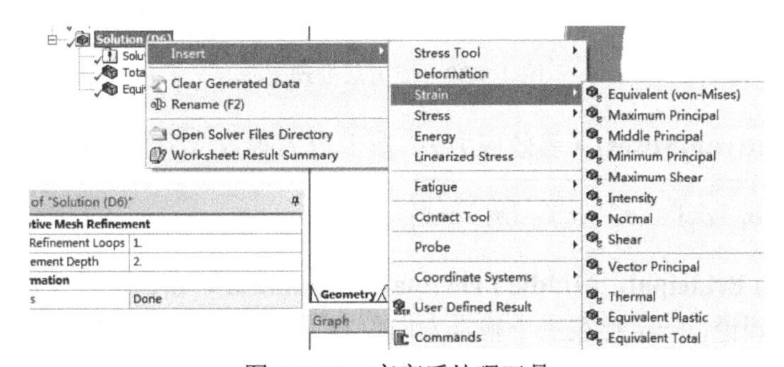

图 4-3-38　应变后处理工具

① **Equivalent(von-Mises)（等效应变）**：基于最大等效应力失效理论。计算公式为 $\varepsilon_e = \frac{1}{1+\mu}\sqrt{\frac{1}{2}\left[(\varepsilon_1-\varepsilon_2)^2+(\varepsilon_2-\varepsilon_3)^2+(\varepsilon_3-\varepsilon_1)^2\right]}$，$\mu$ 为泊松比，对弹性及热应变计算为参考温度下的材料泊松比，对塑性应变为 0.5。

② **Maximum Principal，Middle Principal，Minimum Principal。主应变（第一、第二、第三）**：依据弹性理论，一定存在三个垂直方向仅有正应变而切应变为零的状态，这三个应变按大小关系为 $\varepsilon_1 > \varepsilon_2 > \varepsilon_3$，分别对应为第一主应变、第二主应变、第三主应变。

③ **Maximum Shear（最大剪应变）**：对于弹性应变，最大剪切应变为工程剪切应变，$\gamma_{\max} = |\varepsilon_1 - \varepsilon_3|$。

④ **Intensity（应变强度）**：弹性应变强度 $\varepsilon_I = \gamma_{\max}$。

⑤ **Normal（正应变）**：分别为 ε_x、ε_y、ε_z，正方向为拉，负方向为压。

⑥ **Shear（剪切应变）**：分别为 γ_{xy}、γ_{yz}、γ_{xz}。

⑦ **Vector Principal（主应变矢量）**：以 3D 显示描述结构某点所承载的最大正应变的方向。

⑧ **Thermal（热应变）**：根据热膨胀系数，施加温度载荷后得到的热应变，$\varepsilon^{\text{th}} = \alpha(T - T_{\text{ref}})$，其中 α 为热膨胀系数，T_{ref} 为参考温度（零应力温度）。

⑨ **Equivalent Plastic（等效塑性应变）**：材料发生塑性行为，即应力超过其屈服点产生的不可恢复的塑性应变。

⑩ **Creep（等效蠕变）**：材料发生蠕变产生的应变。

⑪ **Equivalent Total（等效总应变）**：根据总应变分量计算，包括弹性应变、塑性应变和蠕变应变。

应力后处理工具如图 4-3-39 所示。

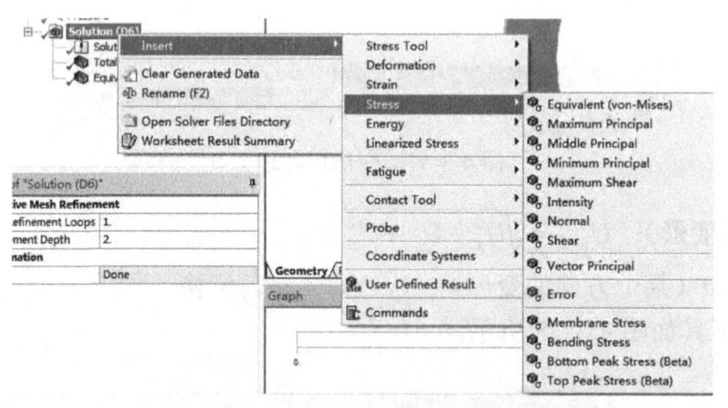

图 4-3-39　应力后处理工具

① **Equivalent(von-Mises)（等效应力）**：基于最大等效应力失效理论，总是正值。计算公式为：$\sigma_e = \sqrt{\frac{1}{2}\left[(\sigma_1-\sigma_2)^2+(\sigma_2-\sigma_3)^2+(\sigma_3-\sigma_1)^2\right]}$。

② **Maximum Principal，Middle Principal，Minimum Principal，主应力（第一、第二、第三）**：依据弹性理论，一定存在三个垂直方向仅有正应力而剪应力为零的状态，这三个应力按大小关系为 $\sigma_1 > \sigma_2 > \sigma_3$，分别对应为第一主应力、第二主应力、第三主应力。

③ **Maximum Shear（最大剪应力）**：最大剪应力为$\tau_{max} = \dfrac{\sigma_1 - \sigma_3}{2}$。

④ **Intensity（应力强度）**：应力强度为$\sigma_I = 2\tau_{max}$。

⑤ **Normal（正应力）**：分别为σ_x、σ_y、σ_z。

⑥ **Shear（剪切应力）**：分别为τ_{xy}、τ_{yz}、τ_{xz}。

⑦ **Vector Principal（主应力矢量）**：以 3D 显示描述结构某点所承载的最大正应力的方向。

⑧ **Error（误差）**：误差评估基于线性应力计算结果，误差较高区域，表示该区域网格需要细化。

⑨ **Membrane Stress（膜应力）**：膜应力是压力容器最重要的一类应力，过大的膜应力会直接导致容器的过量塑性变形甚至破裂。膜应力根据壳壁应力沿壁厚均匀分布的假设来进行分析，所以为壳壁上的平均应力。一次总体膜应力对壳体强度的影响最大。例如，薄壁圆筒、球体、封头等在内压作用下产生径向、环向应力；厚壁圆筒承受内压时的轴向应力等。

⑩ **Bending Stress（弯曲应力）**：也是压力容器重要的一类应力，包括沿壳壁厚度方向成线性分布的一次弯曲应力和总体结构不连续处的二次弯曲应力。一次弯曲应力对强度的影响较一次总体膜应力稍弱一些，这是因为当壳壁表面上的最大应力达到材料屈服极限而进入塑性状态时，其他部分仍处于弹性状态，可以继续承载，并引起应力的重新分布，如平板封头中央部分在内压作用下产生的应力；总体结构不连续处的二次弯曲应力表现为圆筒形容器的筒体与封头、筒体与法兰等连接处的弯曲应力。

⑪ **Bottom Peak Stress（底部峰值应力）和 Top Peak Stress（顶部峰值应力）**：也是压力容器重要的一类应力，峰值应力是由于局部结构的不连续（如开孔、小转角半径、焊缝咬边等）引起的应力集中进而加到一次或二次应力上的应力增量。峰值应力的基本特征是：应力分布区域很小，其范围约与容器的壁厚同一数量级；它不会引起整个结构产生任何明显的变形，而只可能是导致容器产生疲劳破坏和脆性断裂的根源。峰值应力包括：① 局部结构不连续处的总应力扣除一次与二次应力后的剩余部分；② 碳钢与奥氏体复合层中由于二者的线膨胀系数不同而引起的热应力；③ 局部热应力。例如，容器通往蛇管加热器时，蛇管进入器壁处的局部高温点等。以上三类可参照 ASME 压力容器计算标准。

2. 三维模型分析

1）划分网格

此三维模型可采用 Sweep 网格，不需要太多的设置。如图 4-3-40 所示依次设置，可得网格模型，可以看到截面的网格密度远远小于平面应变模型的网格。

注意

Sweep 各选项：Element Midside Nodes 表示是否保留中节点；Src/Trg Selection 定义扫略的源项和目标项；Free Face Mesh Type 定义源项面的网格划分形式（四边形或三角形）；Type 定义扫略方向的网格划分方式。

Size 各选项：Element Size 定义体、面、线单元的平均边长；Number of Divisions 对边线定义等分份数；Bias Type 和 Bias Factor 为基于等分的偏移类型与偏移因子；Behavior Soft 所定义的单元尺寸受整体网格的影响，Behavior Hard 所定义的单元尺寸不受整体网格的影响。

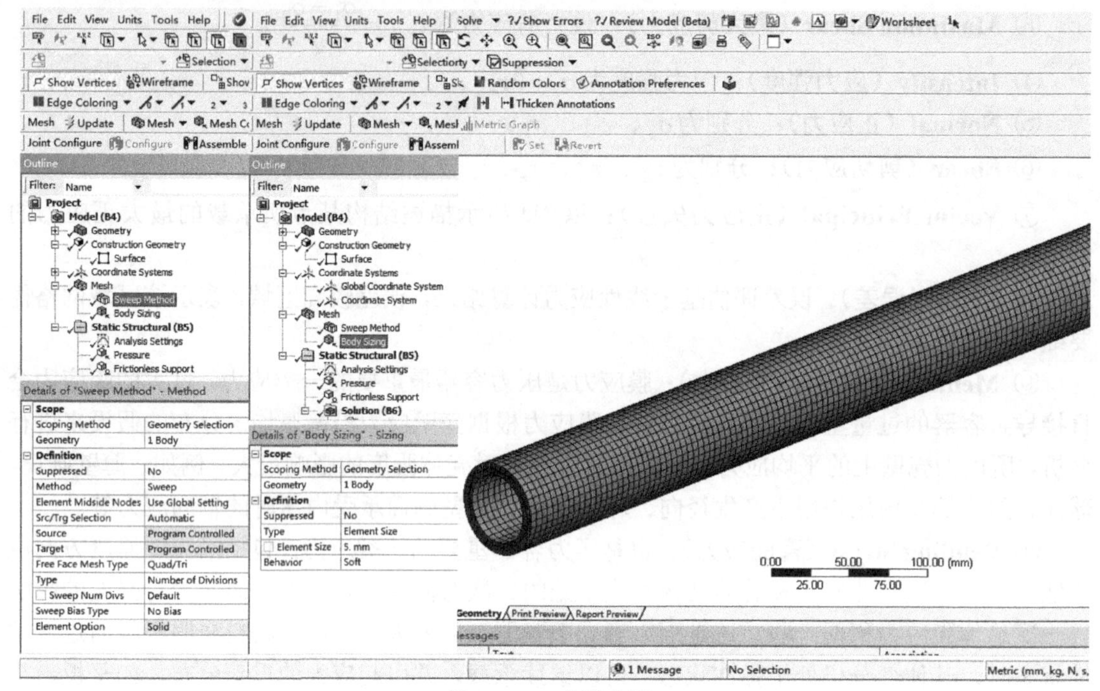

图 4-3-40　网格划分

2）定义坐标系

为了得到三维模型的中截面的结果云图，需要定制截面，而截面定制又是基于坐标系，因此，需要先定义一个坐标系，如图 4-3-41 所示。

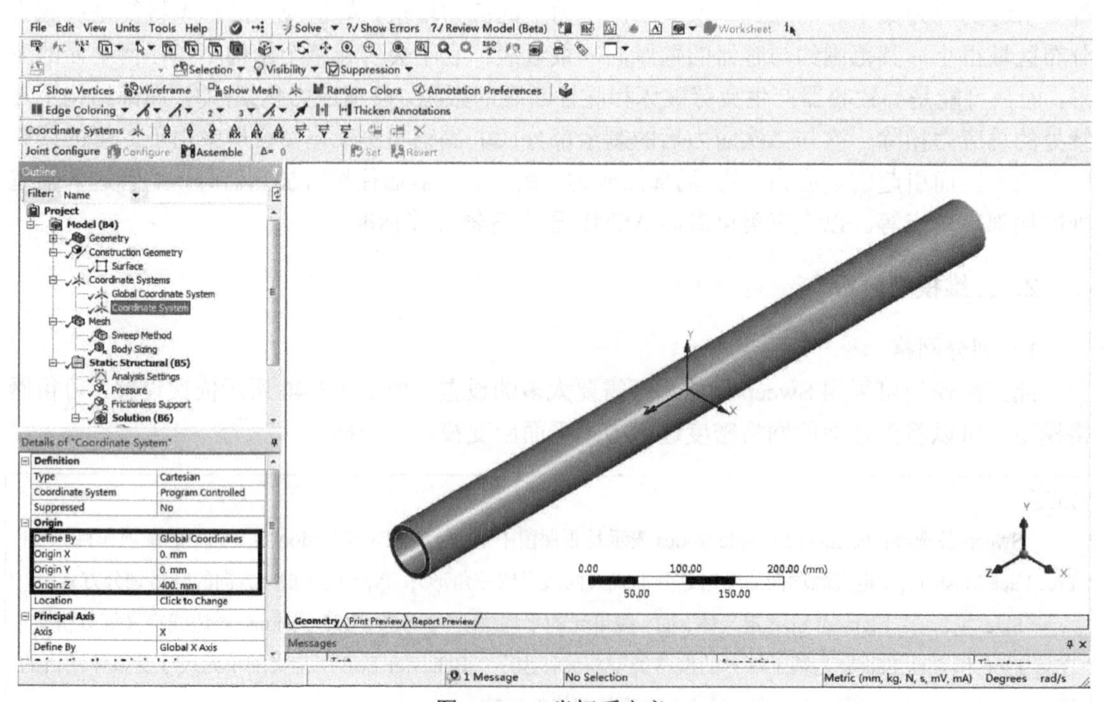

图 4-3-41　坐标系定义

> **注意**
>
> Type：Cartesian 表示笛卡儿坐标系，Cylindrical 表示圆柱坐标系；Coordinate System 一般默认为 Program Controlled，当需要调用坐标系编号时，例如，通过插入 Command 的形式调用函数，则需要选择 Mannual，此时可以定义坐标系的编号，编号大于等于 12。Origin:定义坐标系原点。

3）截面定制

在 Construction Geometry 右键点击插入 Surface，在 Coordinate Systems 下选择刚才新建的坐标系，如图 4-3-42 所示。

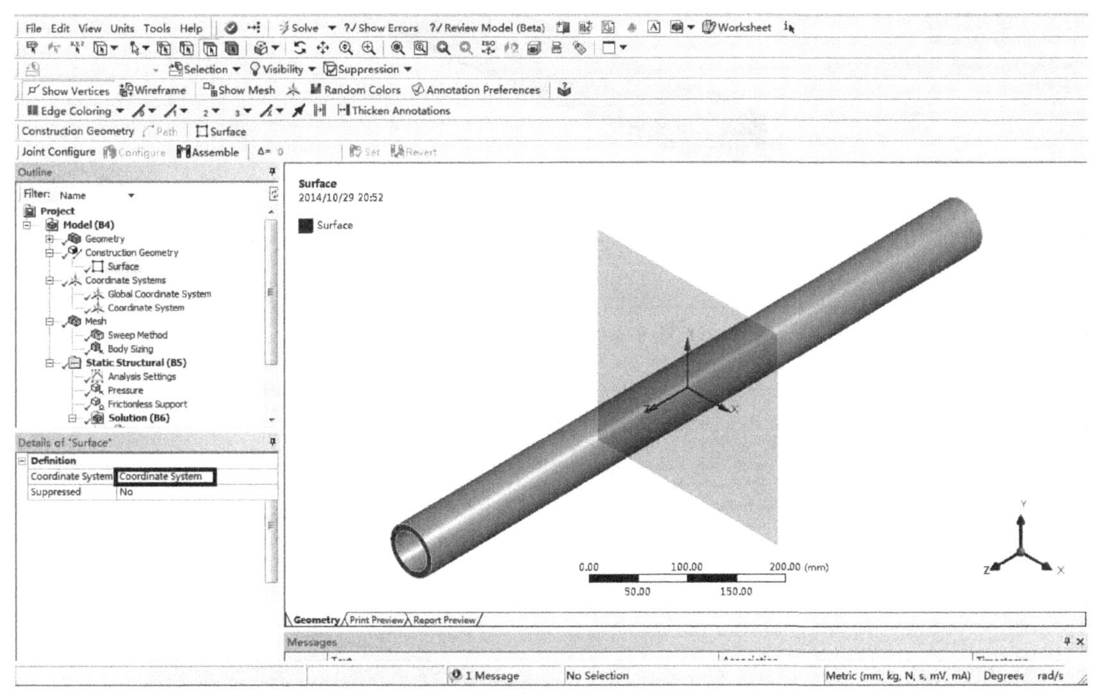

图 4-3-42　截面定制

4）边界条件加载

选取内圆线加载载荷 Pressure，为 10MPa，两端面加载 Frictionless Support，如图 4-3-43 所示。

> **注意**
>
> 采用这种加载方法，必须把 Analysis Settings 中的 Weak Springs 设置为 On 或 Program Controlled。

5）自动网格细化求解

如图 4-3-44 所示设置，点击 Solution（B6）中的 Max Refinement Loops，将原来默认的 1 改为 5，WB 会自动对网格细化进行求解。

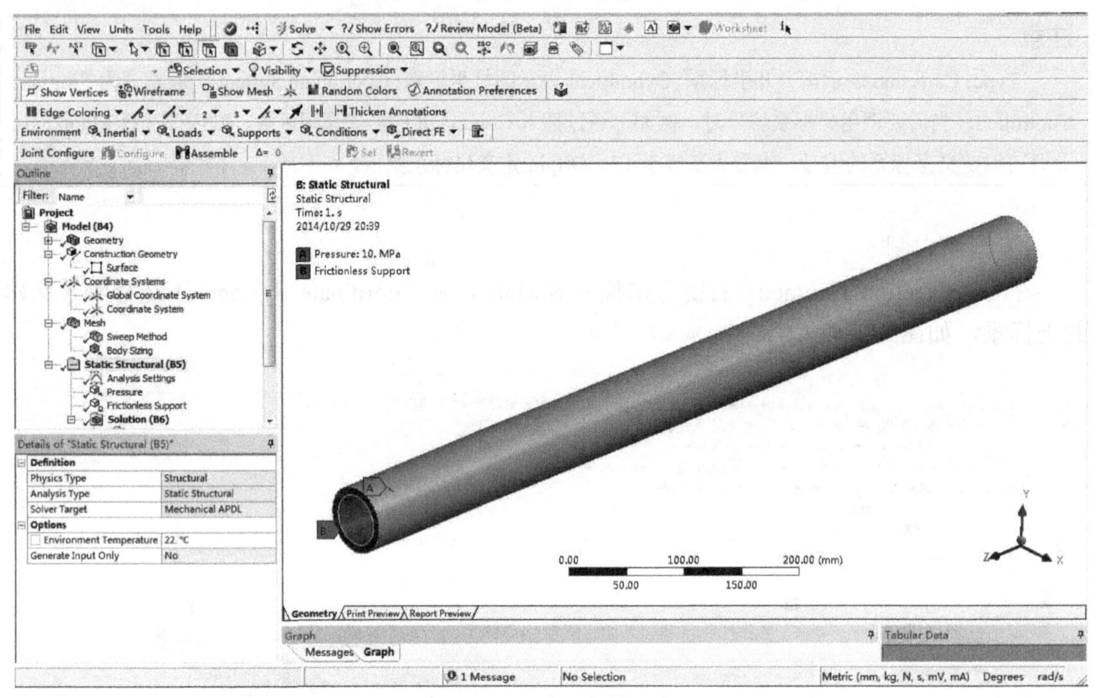

图 4-3-43　边界条件定义

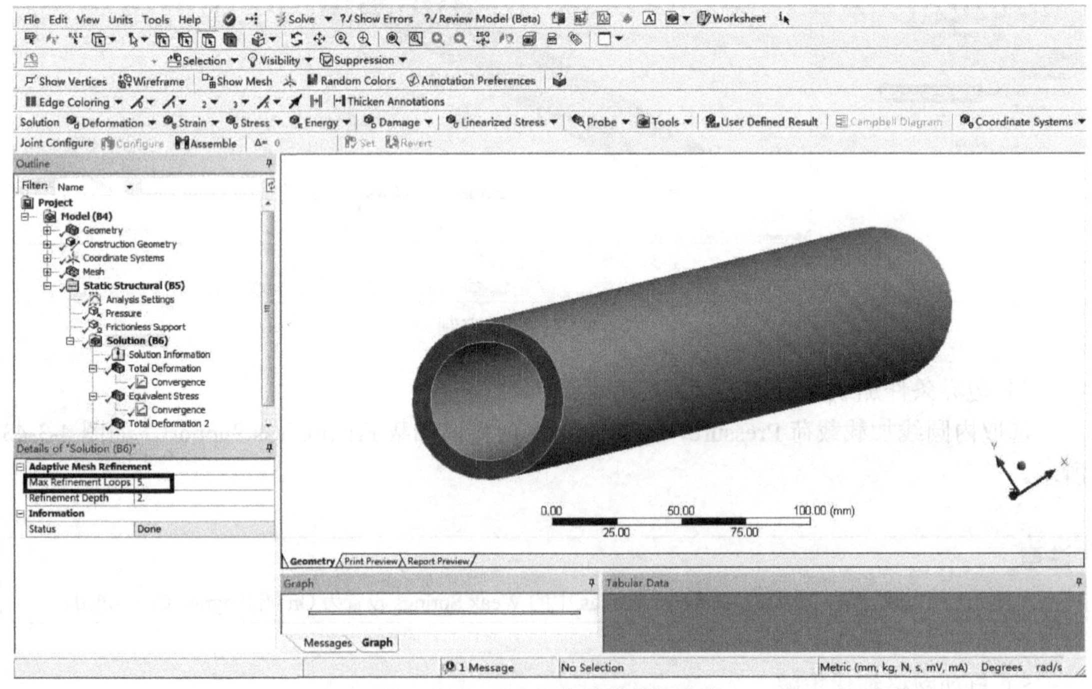

图 4-3-44　最大网格细化等级定义

如图 4-3-45 所示，右键分别点击 Total Deformation（总变形）和 Equivalent Stress（等效应力），在 Insert（插入）菜单下选择 Convergence。求解后如图 4-3-46、图 4-3-47 所示。由

图可知，节点数由原来的 64837 增加至 305134（大约 5 倍），整体变形和等效应力的结果改变了约 0.24%。**（这样的差距完全可以忽略不计。）**

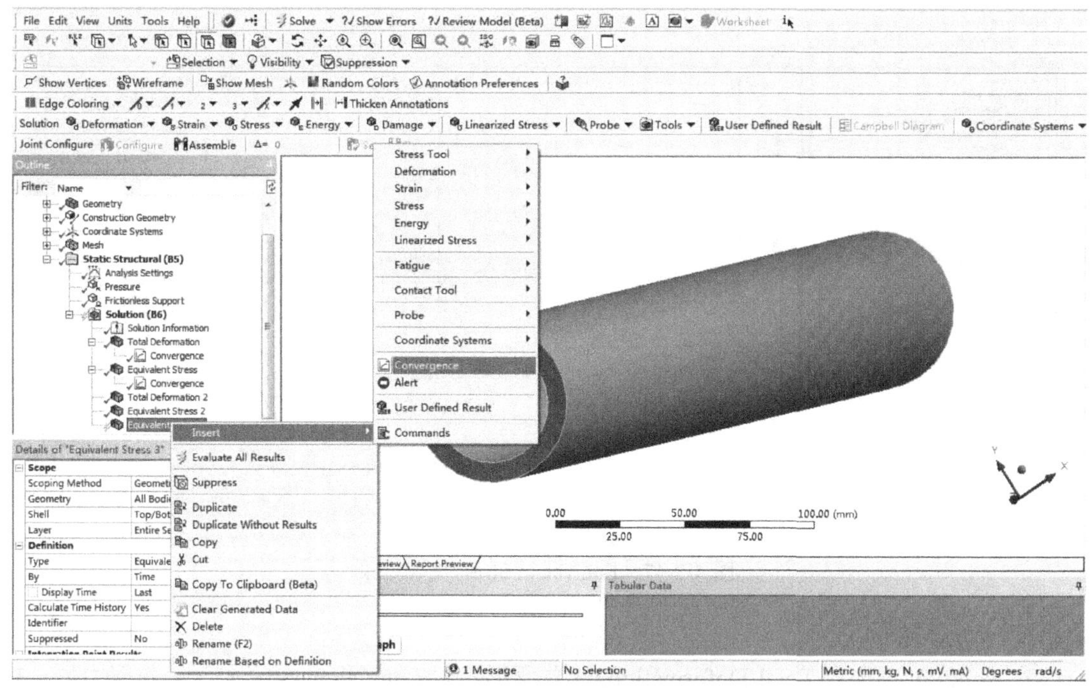

图 4-3-45　插入 Convergence 定义

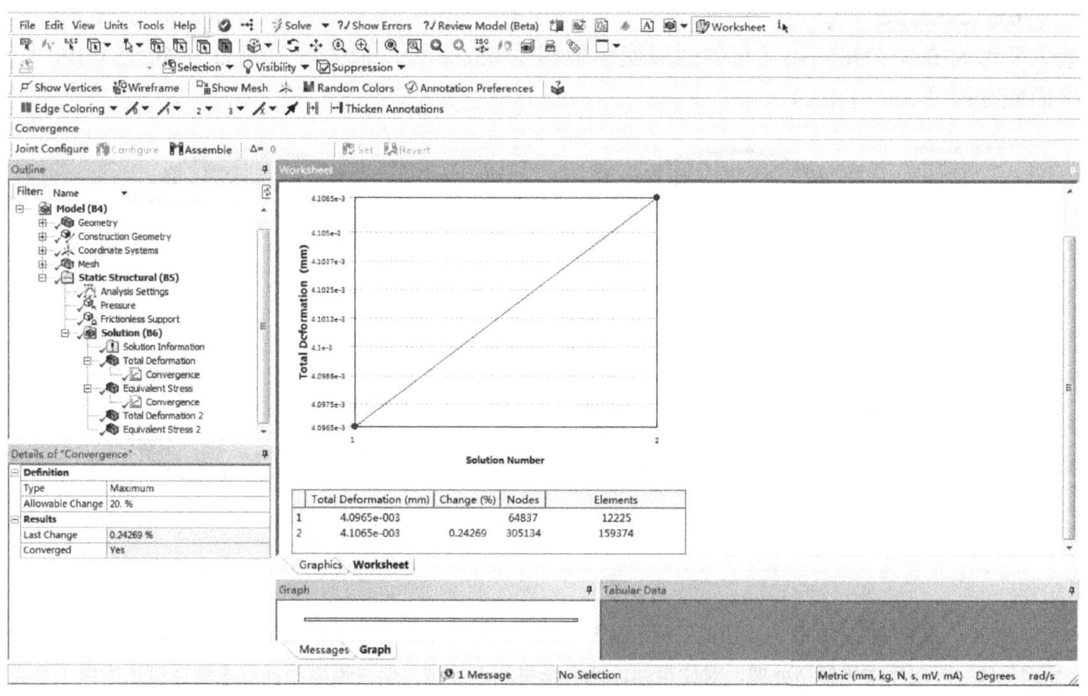

图 4-3-46　Total Deformation 细化结果

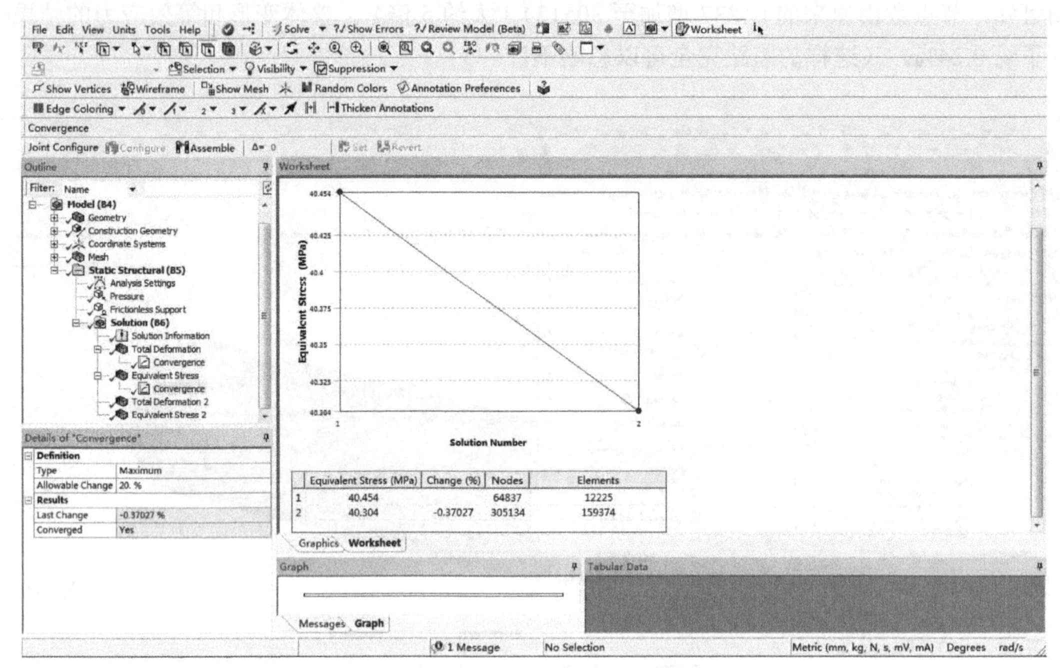

图 4-3-47　Equivalent Stress 细化结果

6）计算结果

在 Solution 下插入 Total Deformation2（总变形）和 Equivalent Stress2（等效应力），按图示设置，然后 Solve（求解），所得云图如图 4-3-48 所示。可以看到截面的最大变形为 0.0040965mm（与平面应变模型相差 0.03%），最大等效应力为 40.454MPa（与平面应变模型相差 1.4%）。

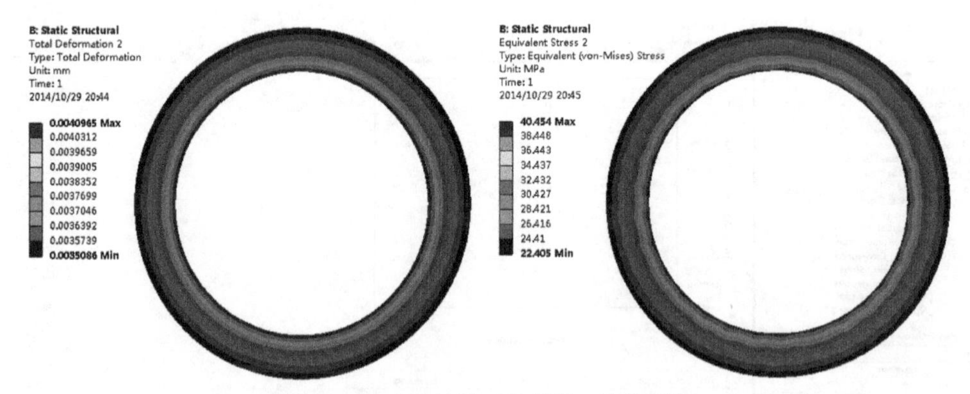

图 4-3-48　云图结果（总变形、等效应力）

总结

针对一个两端固定、管内承压的三维管模型，采用两种方式进行分析，其中第一种采用平面应变模型处理，第二种采用三维模型处理，对比可知，两者结果相距甚微，但三维模型计算求解速度远远慢于平面应变模型。读者可以自己尝试 1/6 平面应变模型计算，对比计算结果与计算速度。

4.3.3　轴对称

轴对称要求几何形状和边界条件必须均为轴对称，方向是：Y 轴是轴向的，X 轴是径向的，Z 轴是周向的。在轴对称情况，只有径向和轴向位移，不能有周向位移，也不能有周向载荷，即不能有扭矩之类的载荷和扭转变形。典型的例子如压力容器、直管、轴等。实际情况中，完全满足轴对称条件的模型较少，因此，进行轴对称分析之前，需要判断非对称性对模型的影响是否可以忽略。如图 4-3-49 所示。

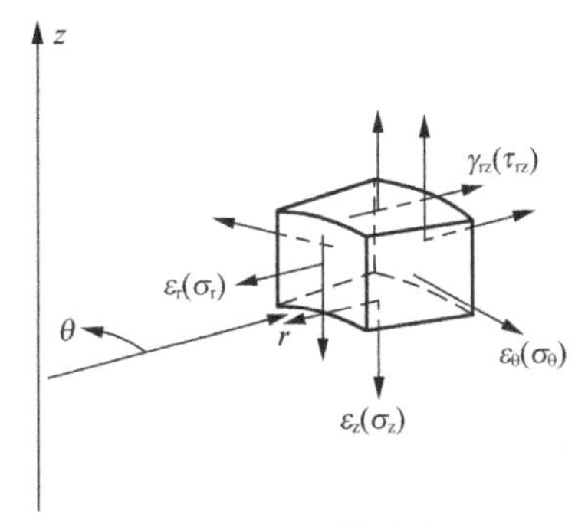

图 4-3-49　轴对称

下面建立一个三维模型及对应的轴对称模型，对比了解轴对称的概念及相关一些基本理论。先在 DM 建立圆柱 Solid 模型，如图 4-3-50 所示，其中直径为 15mm，长度为 100mm。

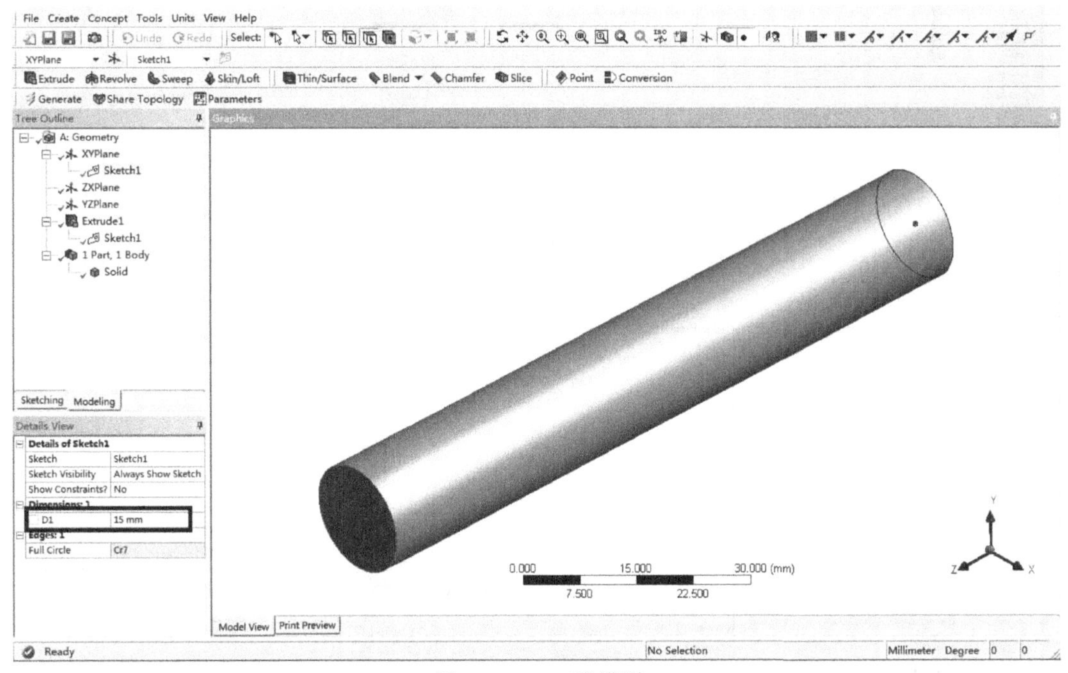

图 4-3-50　三维模型

另建一个二维 Surface 轴对称模型与之对比，如图 4-3-51 所示，截面尺寸为长边 100mm、短边 7.5mm。在流程图上右键点 Geometry，选择 Property，在 Analysis 处设置为 2D；在 Mechanical 内的 Geometry 的细节菜单内，将 2D Behavior 设置为 Axisymmetric，如图 4-3-52 所示，即完成轴对称模型的定义。

> **注意**
>
> 草绘基准一定要选择 XY 平面，否则不能定义为轴对称模型；轴对称模型必须以 Y 轴为对称轴，才可以等效三维实体模型。

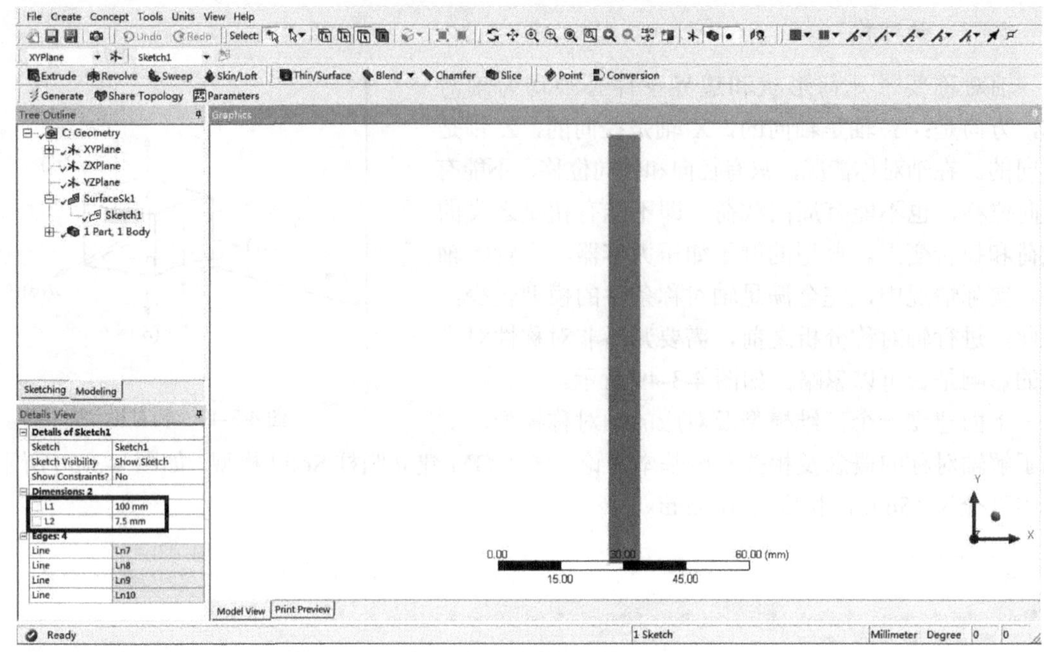

图 4-3-51 轴对称模型

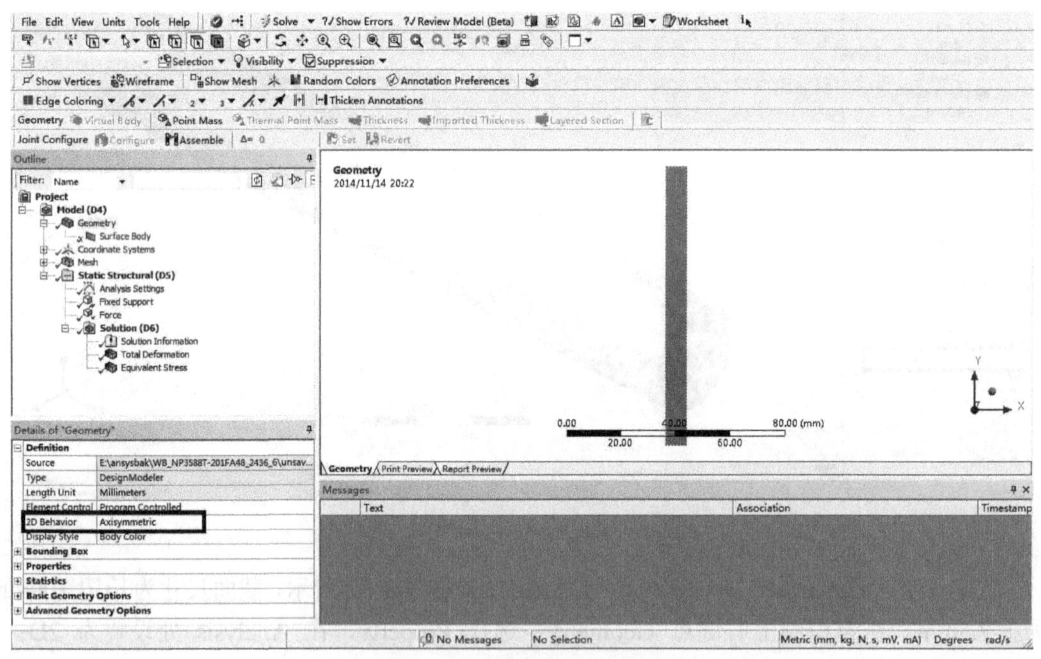

图 4-3-52 轴对称模型设置

1．三维模型分析

1）划分网格

此三维模型可采用 Sweep 网格，不需要太多的设置。如图 4-3-53 所示依次设置，可得网格模型。

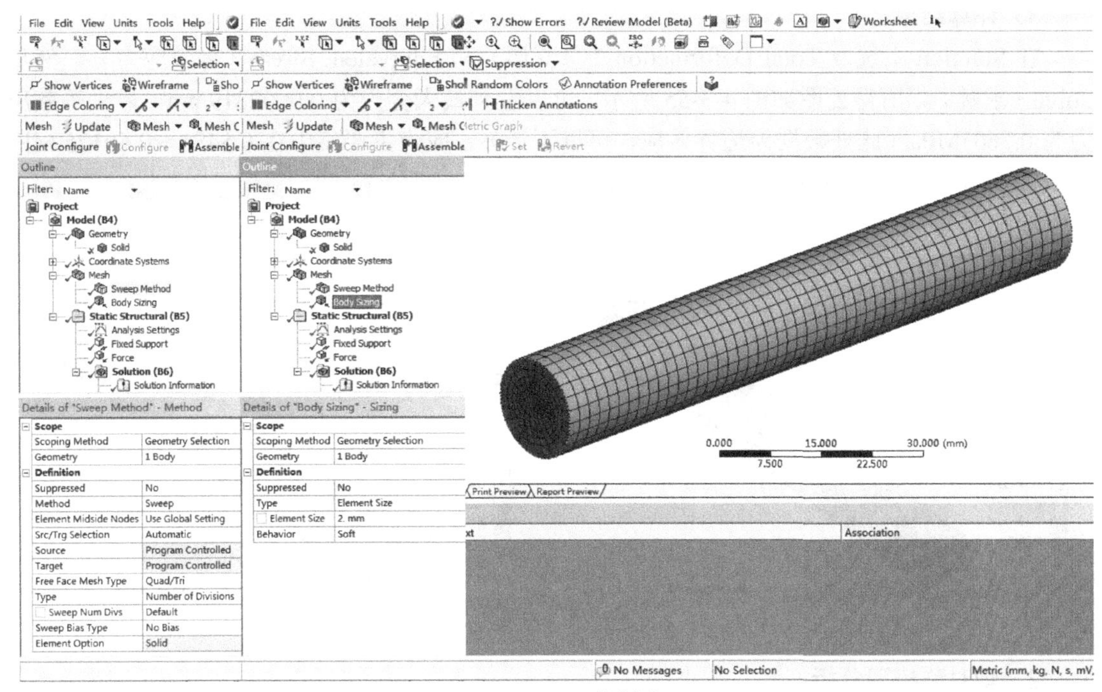

图 4-3-53　网格划分

2）边界条件加载

选取左端面施加约束 Fixed Support；右端面加载 Force，垂直于端面，方向指向外，大小为 100N。如图 4-3-54 所示。

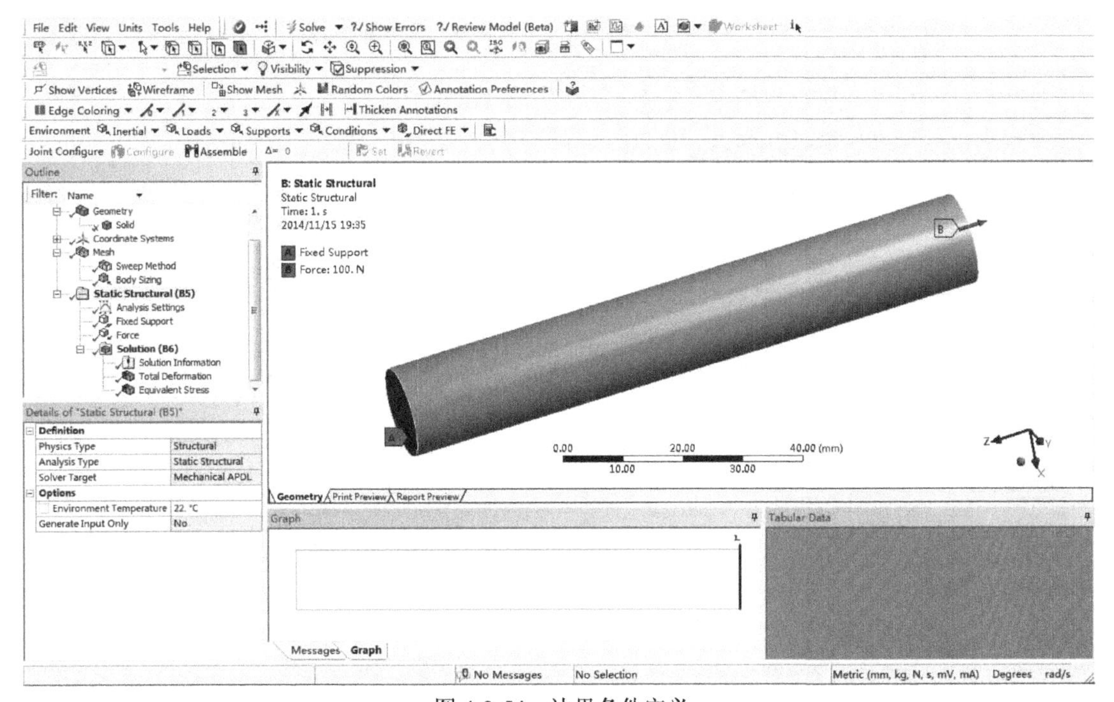

图 4-3-54　边界条件定义

3）计算结果

在 Solution 下选取 Total Deformation（总变形）和 Equivalent Stress（等效应力），然后 Solve（求解），所得云图如图 4-3-55 所示。可以看到最大变形为 0.0002819mm，最大等效应力为 0.7607MPa（此处数据为边界效应，可以不计），应力主要集中在 0.5481～0.60125 MPa 区域，这与 $100/(3.14\times7.5^2)=0.566$MPa 一致。

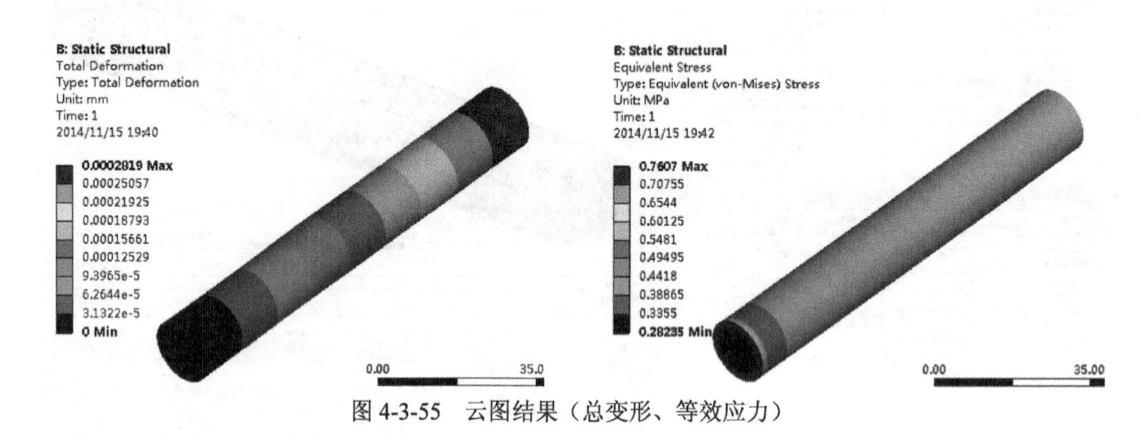

图 4-3-55　云图结果（总变形、等效应力）

2．轴对称模型分析

1）划分网格

此平面模型可全部采用四边形网格，不需要太多的设置。如图 4-3-56 所示依次设置，可得网格模型。

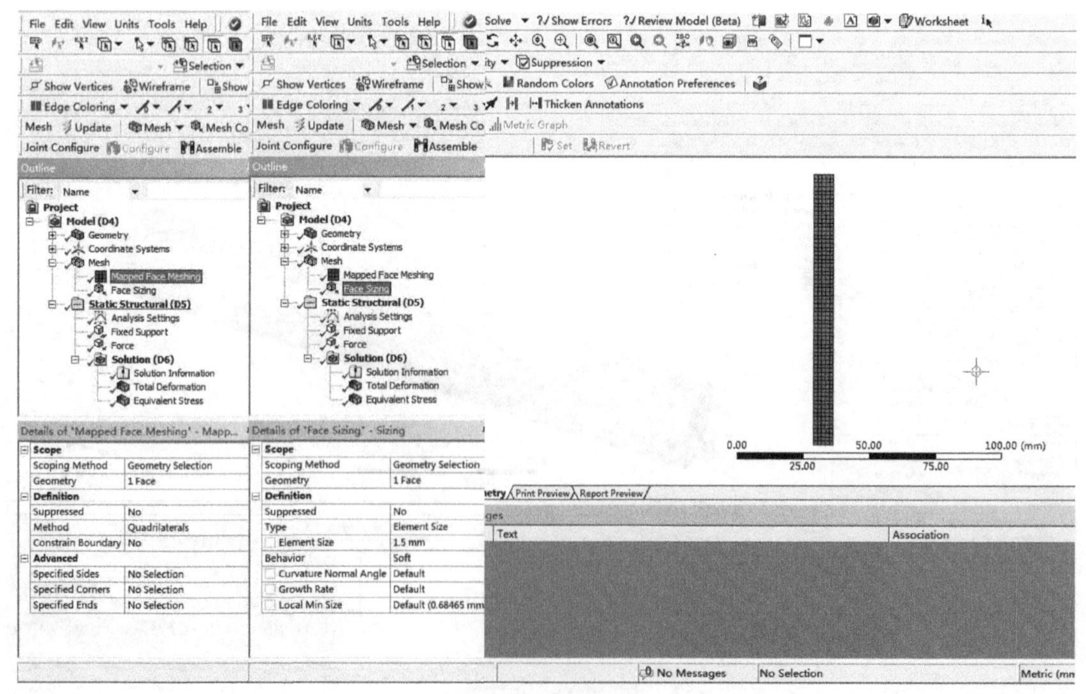

图 4-3-56　网格划分

2）边界条件加载

选取下端直线施加约束 Fixed Support；上端直线加载 Force，垂直于上端直线，方向指向上，大小为 100N。如图 4-3-57 所示。

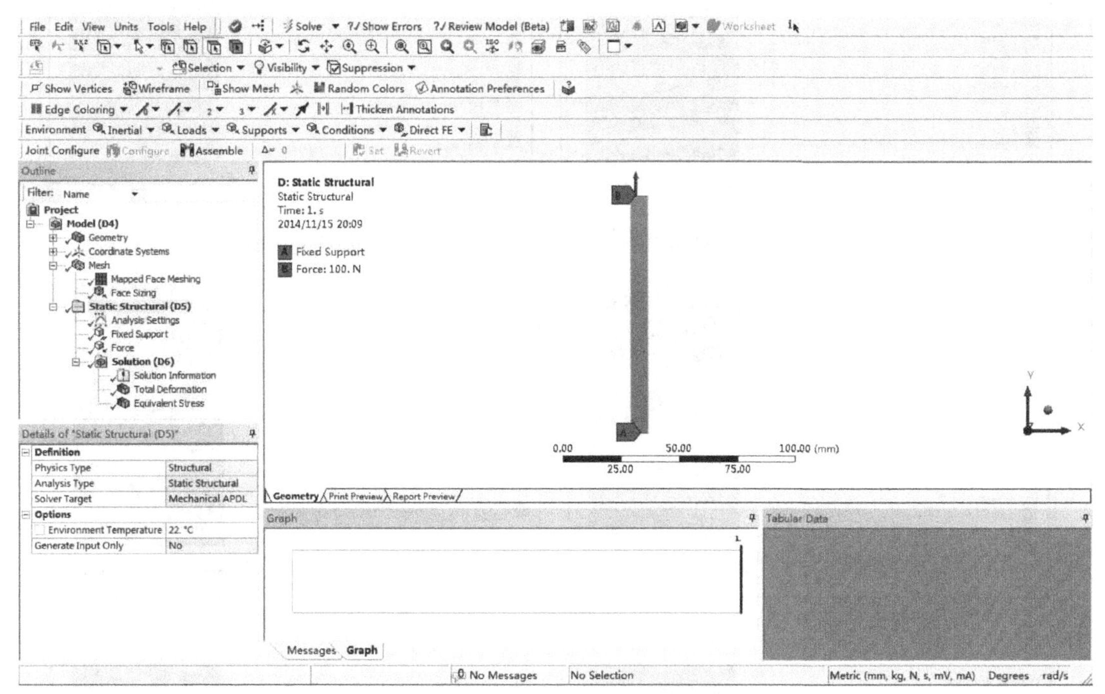

图 4-3-57　边界条件定义

3）计算结果

在 Solution 下选取 Total Deformation（总变形）和 Equivalent Stress（等效应力），然后 Solve（求解），所得云图如图 4-3-58 所示。可以看到最大变形为 0.00028189mm（与三维模型计算结果基本一致），最大等效应力为 0.75995MPa（此处数据为边界效应，可以不计），应力主要集中在 0.54723～0.60041 MPa 区域（与三维模型计算结果相差 0.1%）。

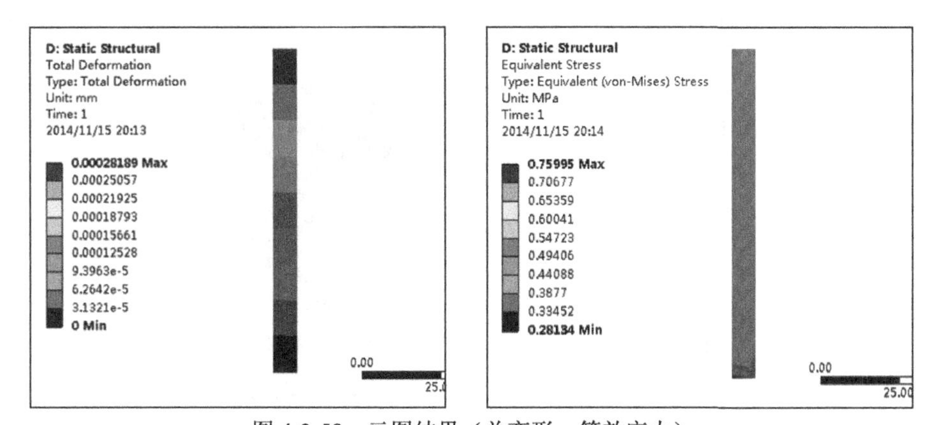

图 4-3-58　云图结果（总变形、等效应力）

计算完成后，可以得到多种应力结果，如图 4-3-59 所示。

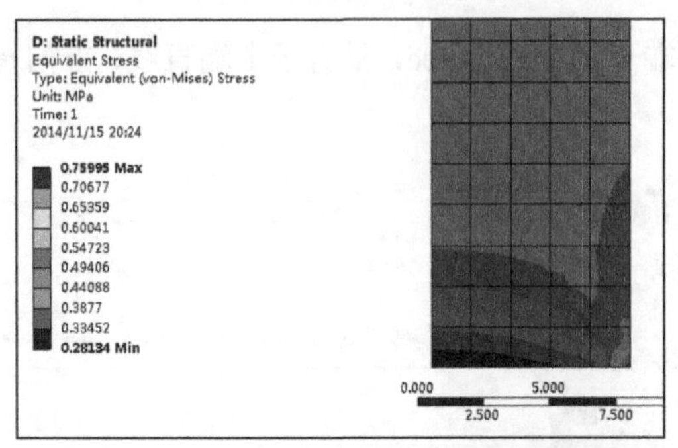

（a）后处理之应力 Averaged 云图

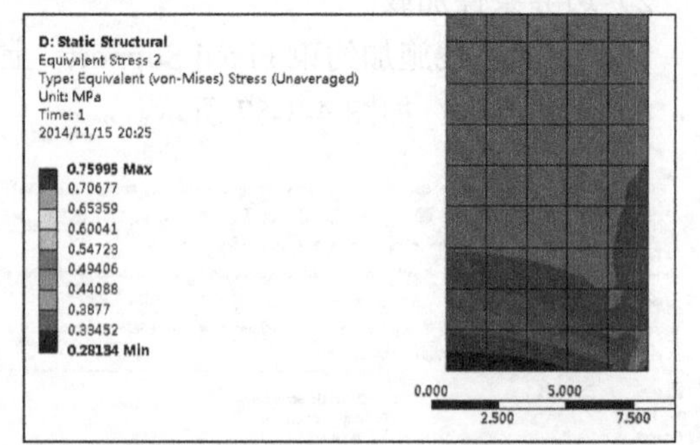

（b）后处理之应力 Unaveraged 云图

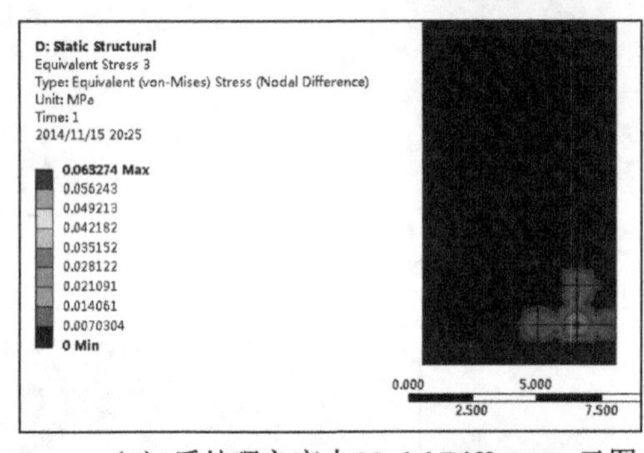

（c）后处理之应力 Nodal Difference 云图

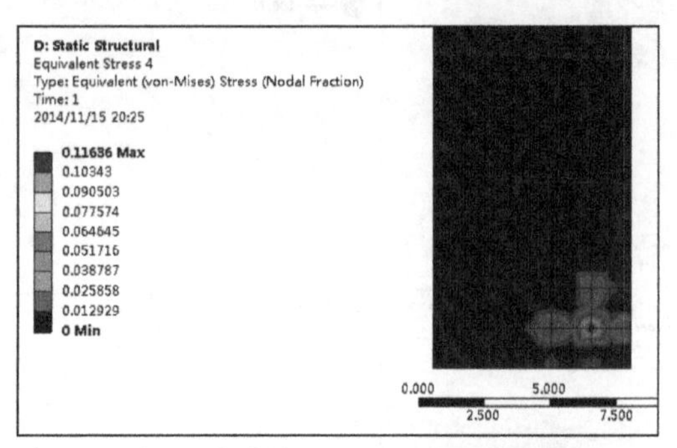

（d）后处理之应力 Nodal Fraction 云图

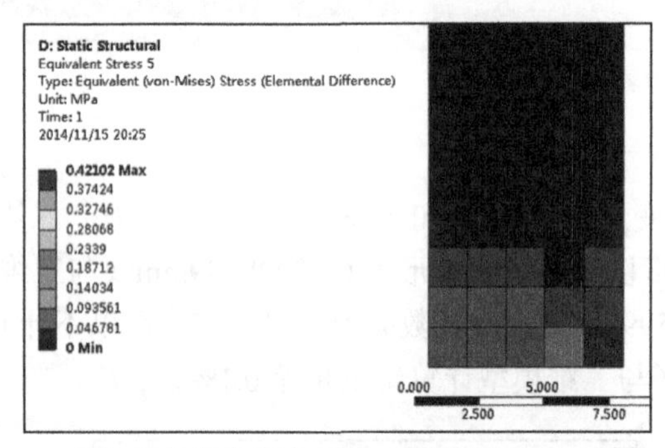

（e）后处理之应力 Elemental Difference 云图

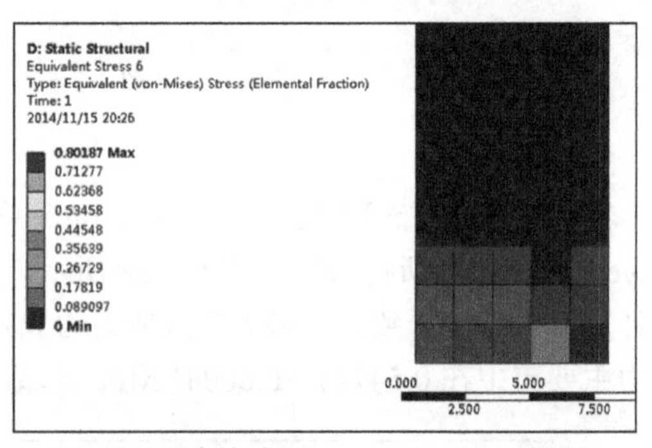

（f）后处理之应力 Elemental Fraction 云图

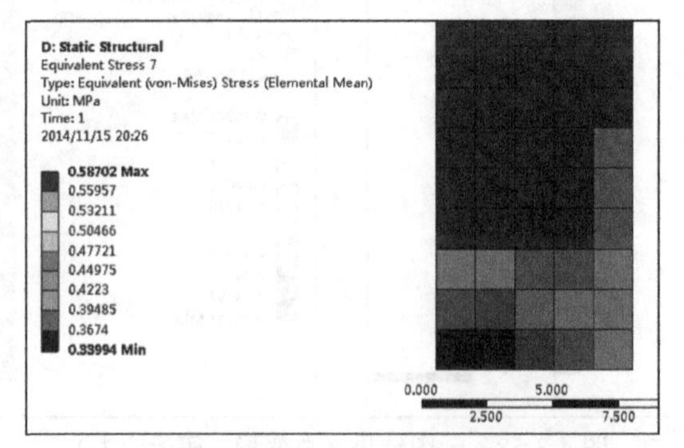

（g）后处理之应力 Elemental Mean 云图

图 4-3-59　各应力结果意义

① **应力 Averaged**：节点平均应力，如图 4-3-59（a）所示，应力等值线连续。这是计算得到各个节点的应力后，在共享节点，对该点的几个应力进行平均，得到该点的应力。严格意义上，有限元计算结果只有位移是连续的，应变和应力都不会连续的。

② **应力 Unaveraged**：节点不平均应力，如图 4-3-59（b）所示，应力等值线不连续。这是基于积分点的应力结果和形函数计算出该单元几个节点的应力，在共享节点，相邻单元在共点处就会有不同的应力值。这是最初计算出的应力结果，相对比较准确。

③ **应力 Nodal Difference**：节点应力差，如图 4-3-59（c）所示。针对没有应力平均的共享节点，按应力数值排序，用最大值减去最小值，即为 Nodal Difference。图中最深色区域表示不同单元递推到该节点处，应力差最大。这是应力梯度最大的反映，即表现为应力集中区域。

④ **应力 Nodal Fraction**：节点应力差的相对比，如图 4-3-59（d）所示。针对共享节点，用 Nodal Difference 值除以 Averaged 值，类似相对误差，反映了应力平均的相对值，同样也表现应力集中区域。

⑤ **应力 Elemental Difference**：单元内部应力差，如图 4-3-59（e）所示。针对某个单元，将单元内部节点应力按数值排序，用最大值减去最小值，即为 Elemental Difference。图中最深色区域表示此单元的节点应力差最大。这是单元内部应力梯度的反映，即表现为此单元需要网格进一步细化才能得到更准确的答案。

⑥ **应力 Elemental Fraction**：单元内部应力差的相对比，如图 4-3-59（f）所示。针对某个节点，用 Elemental Difference 值除以 Elemental Mean 值，类似相对误差，反映了单元平均的相对值，同样也表现需要网格细化的区域。

⑦ **应力 Elemental Mean**：单元内部平均应力，如图 4-3-59（g）所示。表示为对节点应力平均后，再对于单元内部所有的节点应力进一步平均。

另外，在

Integration Point Results	
Display Option	Averaged
Average Across Bodies	Yes

设置中，如果在 Average Across Bodies 处定义 Yes，会平均因网格需要而 Slice（切分）一个零件产生的应力不连续现象。同时，读者可以用经典计算结果与 WB 结果比较，会发现两者结果不一致，这主要是因为 ANSYS 在经典环境下，默认打开了 PowerGraph 选项（Graph，Power），PowerGraph 选项可以极大加速模型显示速度，但是显示结果是单元表面节点的平均值；只要关闭 PowerGraph 选项（Graph，Full），即可保证经典结果与 WB 结果一致。

4.3.4　小结

二维平面单元优势在于，当空间问题简化为平面问题（平面应力、平面应变、轴对称）时，计算时间和存储空间明显降低，计算精度相差无几。同时，对照上面实例还可以发现，平面模型的载荷与空间模型载荷的数值完全一样，不再需要进行转换；且更容易检查和评价应力。

二维平面单元劣势：需要把三维模型近似为二维表面，存在一定的局限性。

二维平面单元易出现的错误：平面应力、平面应变及轴对称的区别。

4.4　三维壳单元静力学分析

实际工程中有些模型，其厚度相对于其他尺寸较小，如图 4-4-1 所示。按实际模型的特征尺寸（w）与厚度（h）之比划分：当 $w/h < (5\sim8)$时为厚板，采用实体单元；当$(5\sim8) < w/h < (80\sim100)$时为薄板，可选 2D 实体或壳单元；当 $w/h > (80\sim100)$时为薄膜，采用膜单元。其中下列尺寸可作为特征尺寸：

（1）支撑点或加强结构件之间的距离；

（2）曲率半径；

（3）最高阶模态的波长。

壳类结构又按曲率半径（R）与厚度（h）之比划分：当 $R/h \geqslant 20$ 时为薄壳结构；当 $6 < R/h < 20$ 时为中厚壳结构；当 $R/h \leqslant 6$ 时为厚壳结构；当 $R/h \leqslant 5$ 时，软件会提示警告，指出计算结果可能不准确；$R/h \leqslant 0.5$ 时，软件会提示错误，指出壳单元模型不能计算。

薄壳单元基于 Kirchhoff-Love 理论，即不计横向剪切变形的影响，假设：

（1）平行于板中面的各层互不挤压，即 $\sigma z = 0$；

（2）忽略剪应力及其所引起的剪切变形，即认为板弯曲时沿板厚方向各点的挠度相等；

（3）中面内各点都无平行于中面的位移。

薄壳所受外力有如下三种情况：

（1）外力为作用于中面内的面内载荷，属于平面应力模型。

（2）外力为垂直于中面的侧向载荷，属于壳弯曲模型。

（3）面内载荷与侧向载荷共同作用，属于平面应力和壳弯曲的叠加。

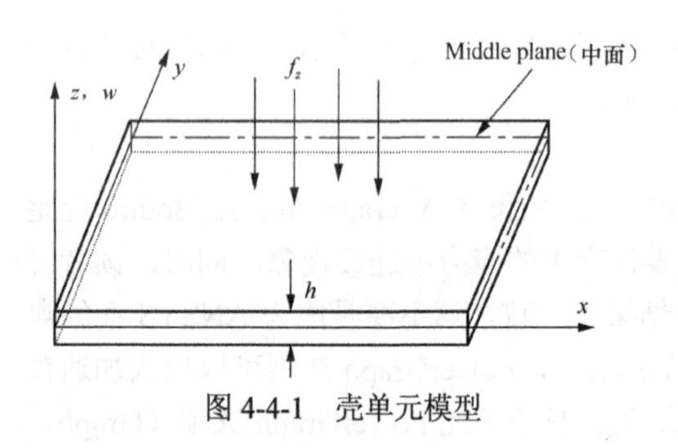

图 4-4-1　壳单元模型

薄壳小挠度理论在板的边界附近、开孔板、复合材料板等情况中，其结果不够精确。中厚板壳单元则基于 Mindlin-Reissner 理论，考虑横向剪切变形的影响，剪切应变沿截面为常值。WB 中有 Shell181 和 Shell281 壳单元，其中 Shell181 采用线性多项式作为形函数，Shell281 采用二次多项式作为形函数。

4.4.1　壳单元模型

下面以一个例子说明 Shell 单元计算过程，了解相关的边界条件定义。在一个直径为 60mm、厚度为 1mm 的圆板中心加载 100N 的载荷，圆周简支，材料为结构钢，如图 4-4-2 所示，求挠度和应力分布。

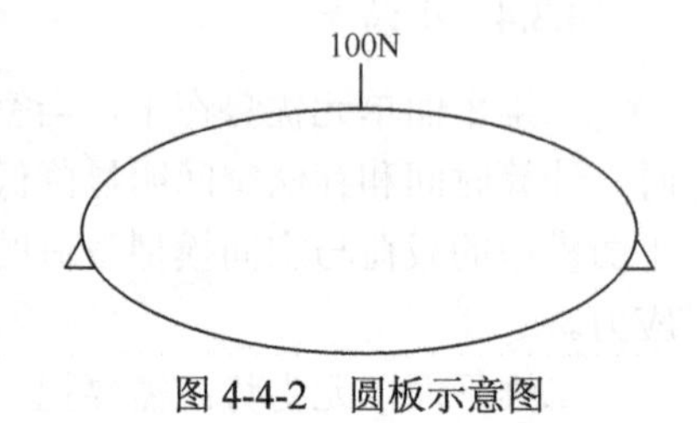

图 4-4-2　圆板示意图

根据《机械设计手册》（第一卷）计算公式可知（R 为圆盘半径、t 为厚度、P 为中心载荷、E 为杨氏模量）：

最大挠度 $\omega_{\max} = 0.552\left(\frac{R}{t}\right)^2 \frac{P}{Et} = 0.2484\text{mm}$；

径向弯曲应力 $\sigma_r = \mp\left(0.621\ln\frac{1}{k}\right)\frac{P}{t^2}$ （$k = \frac{r}{R}$，r 为所在点半径）（周边为 0MPa）；

周向弯曲应力 $\sigma_\theta = \mp(0.334 - 0.621\ln k)\frac{P}{t^2}$ （周边为 33.4MPa）；

$\sigma_\theta = \sigma_r = \left(1.153 + 0.631\ln\frac{R}{t}\right)\frac{P}{t^2}$ （$k = 0$）（中心为 330MPa）。

如上所述，本模型特征尺寸为 60mm，厚度为 1mm，两者之比为 60，属于薄板，可以采用 Shell 单元分析；另外，载荷位于中心点，圆盘几何形貌默认没有中心点特征，因此必须附加中心点几何特征，可采用以下几种方法：

（1）Slice（切分）模型，在中心点产生几何特征；

（2）Mesh 模型，在中心点产生节点特征；

（3）在中心点定义 Load Point（硬点）；

（4）定义远程点。

1．Slice 模型，在中心点产生几何特征

1）建模

先在 DM 建立圆盘 Shell 模型，如图 4-4-3 所示，其中直径为 60mm；点击 Create→Slice 工具，分别用 ZXPlane 和 YZPlane 切分这个圆盘，然后将切分以后的四个模型合并（按住 Ctrl 键点选四个 Surface Body，点击右键，选择 Form New Part），如图 4-4-4 所示；最后模型如图 4-4-5 所示。

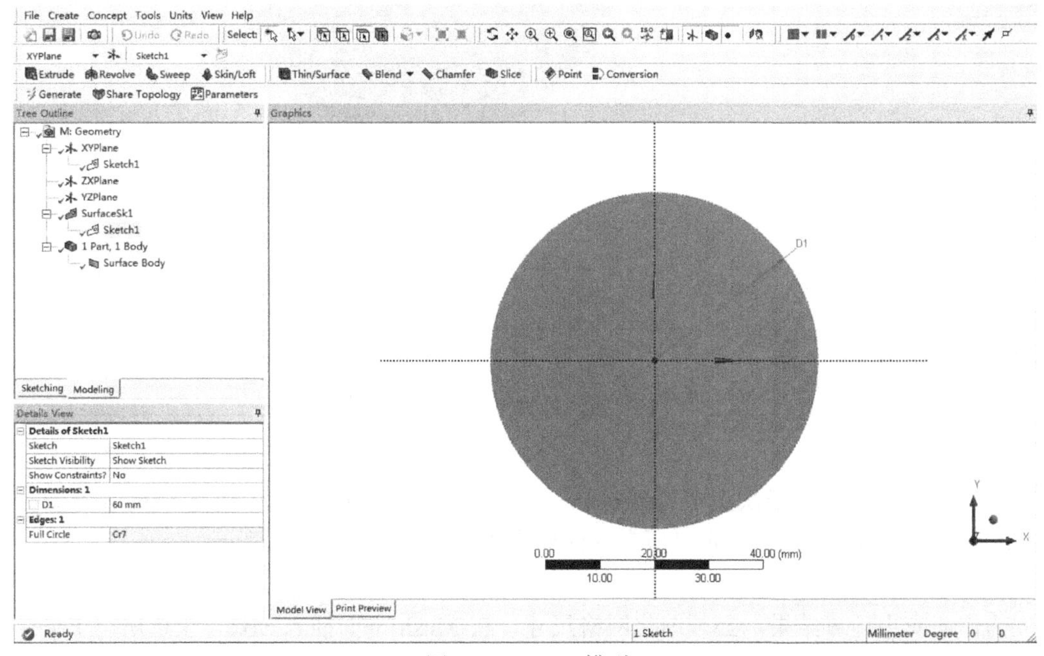

图 4-4-3　Shell 模型

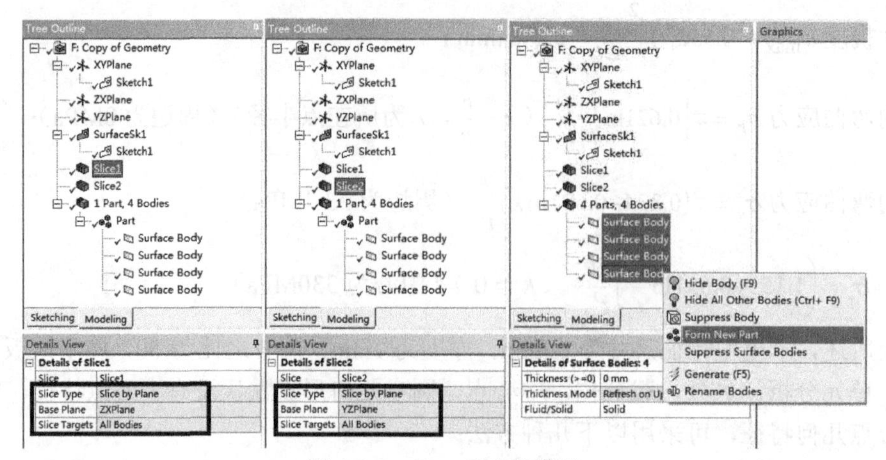

图 4-4-4　Slice 及合并模型

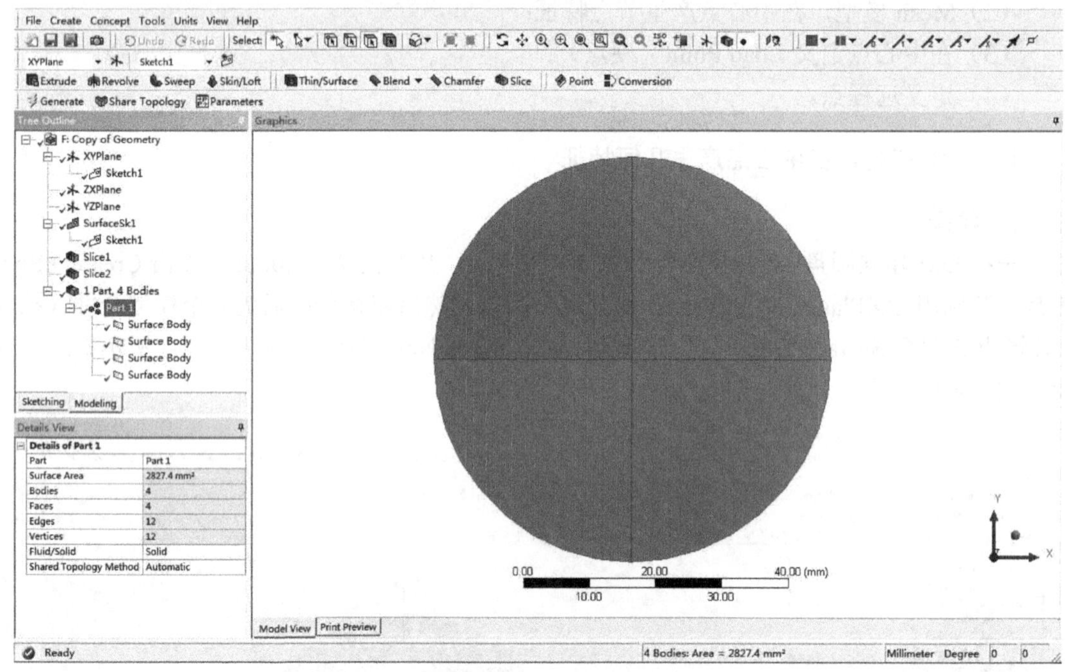

图 4-4-5　最终模型

> **注意**
>
> 为了划分网格而切分（Slice）模型，必须用 Form New Part 将切分的各件合并。

2）定义厚度

在 Mechanical 界面依次点击 Geometry、Part1，再按住 Ctrl 键选中所有 Surface Body，在 Details 界面的 Thickness 处，定义所有的面厚度为 1mm，如图 4-4-6 所示。

3）网格划分

为保证应力计算结果，必须细化网格尺寸，在 Mesh 下面插入 Size，全选所有 Face，定义 Element Size 为 0.5mm，表示单元的任一边长均为 0.5mm 左右，如图 4-4-7 所示。在 Mesh

Detail 菜单最下面有 Mesh Metric（网格质量）设置，默认为 None。点击可选择网格质量度量标准：Element Quality（单元质量）、Aspect Ratio（纵横比）、Jacobian Ratio（雅可比率）、Warping Factor（翘曲因子）、Parallel Deviation（平行偏差）、Maximum Corner Angle（最大顶角）、Skewness（倾斜度）、Orthogonal Quality（正交质量）。

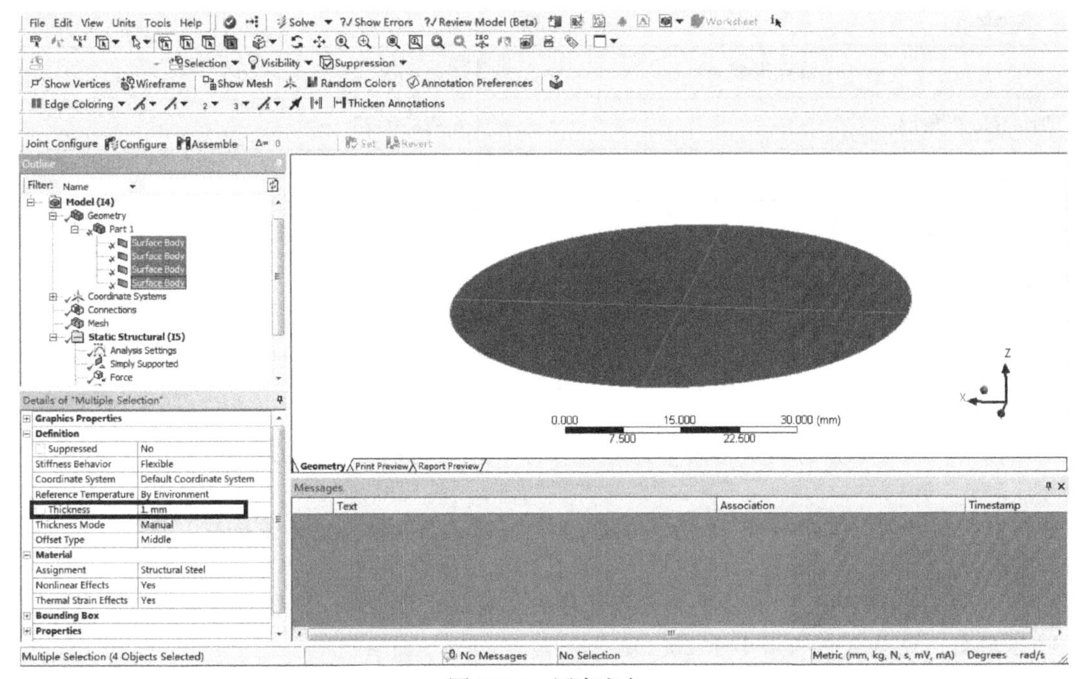

图 4-4-6　厚度定义

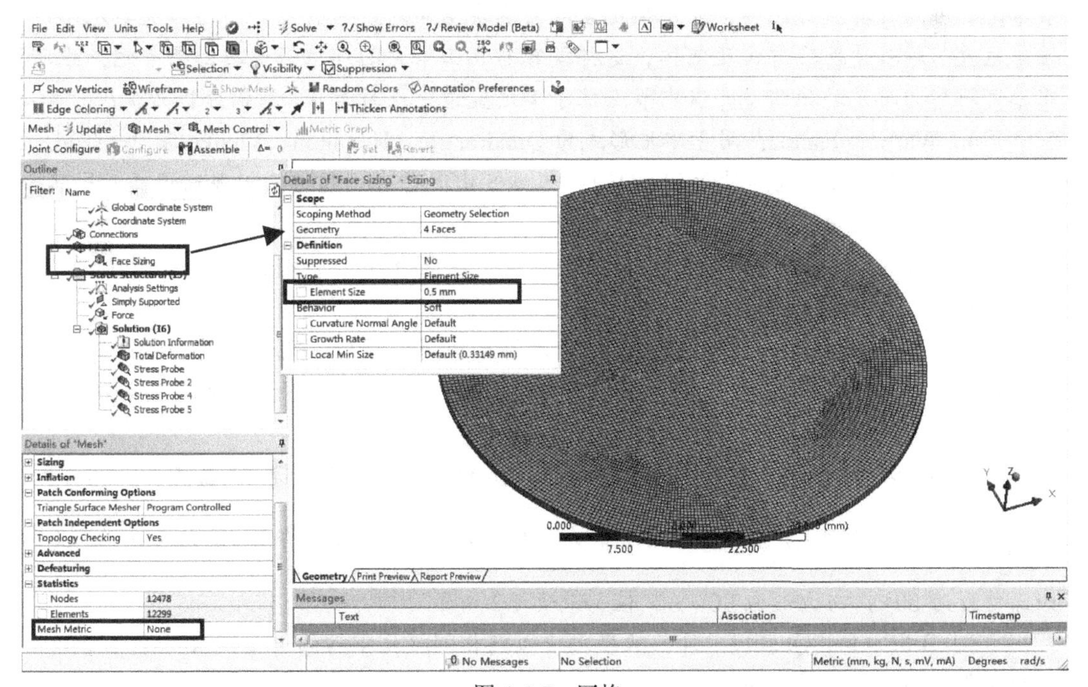

图 4-4-7　网格

概念

（1）**Element Quality：网格综合质量评价标准，范围为0～1，1最佳，0最差。**计算公式：$c\left(面积/\sum(边长)^2\right)$（二维模型）；$c\left(体积/\sqrt{\sum(边长^2)^3}\right)$（三维模型）；其中$c$值如表4-4-1所示。

表4-4-1　c值

单元形式	c
Triangle 三角形	6.92820323
Quadrangle 四边形	4
Tetrahedron 四面三棱锥	124.70765802
Hexagon 六面体	41.56921938
Wedge 五面楔形体（六面体在一个方向上产生退化）	62.35382905
Pyramid 五面四棱锥（六面体在两个方向上产生退化）	96

例如：一个正方形的网格质量计算过程为$4\left(a^2/4a^2\right)=1$（a为正方形边长）；一个正方体的网格质量计算过程为$41.56921938\left(a^3/\sqrt{\left(12a^2\right)^3}\right)=1$（$a$为正方体边长）。

（2）Aspect Ratio：依据单元中点计算的长宽比，最佳为1，即正方形和正三角形。1～5较好，结构分析必须小于20。

（3）Jacobian Ratio：除了一次三角形、一次四边形、完全对中的二次单元以外，其余单元类型均计算雅可比率，表示单元空间与真实空间的映射关系。因为二次单元比线性单元更能精确地匹配弯曲几何体，这样就容易在曲率大的部位产生扭曲的单元，雅可比率可理解为单元的扭曲度。当中节点位于单元直边中点时为1，结构分析必须小于40。

（4）Warping Factor：用于单元形式为Quadrangle、Hexagon、Wedge和Pyramid。最佳为0，即无翘曲模型。对于Shell181，超过5出现警告，超过7出现错误提示；其余单元超过1则出现错误提示。

（5）Parallel Deviation：表示平行偏差角度，最佳为0°，即长方形。超过70°出现警告，超过150°出现错误提示。

（6）Maximum Corner Angle：表示单元最大顶角，最佳三角形单元为60°，即正三角形，最佳四边形单元为90°，即长方形，超过155°出现警告，超过179.9°出现错误提示。

（7）**Skewness：基本单元质量评价标准，范围为0～1，0最佳，1最差。**计算公式：$\max\left[\frac{\theta_{max}-\theta_e}{180-\theta_e},\frac{\theta_e-\theta_{min}}{\theta_e}\right]$，其中$\theta_{max}$为单元最大角度，$\theta_{min}$为单元最小角度，$\theta_e$为等角角度（例如三角形为60°，四边形为90°），值如表4-4-2所示。

（8）Orthogonal Quality：计算从单元中心到相邻单元中心的矢量以及从单元中心到各面或各边的矢量。最佳为1；最差为0。

表 4-4-2　　Skewness 标准

倾斜度/（°）	质量
0	等边
0～0.25	优秀
0.25～0.5	好
0.5～0.75	可接受
0.75～0.9	次等
0.9～1	差

综上所述，对于四边形最佳网格形状为正方形，对于六面体最佳网格形状为正方体，整体网格尺寸尽量一致。

附：划分网格的策略

为保证网格质量而 Slice（切分）模型的方法很多，常用有 O 型（古钱币法）、Y 型等，但是切分时一定要考虑网格质量评估标准。下面以一个三角形为例，简单介绍 Y 型切分模型注意的事项。建立一个顶角为 30°，对边为 30mm 的等腰三角形，如图 4-4-8 所示。

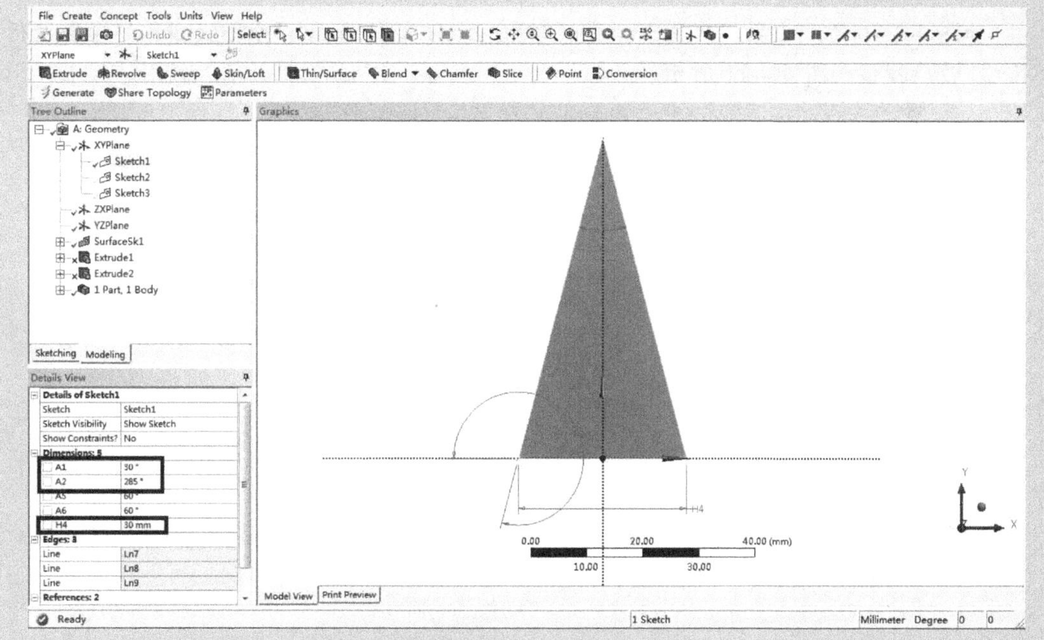

图 4-4-8　等腰三角形模型

采用 Y 型切分，根据 Skewness 计算公式可知，角度偏离 90° 越远，Skewness 值越大，网格质量越差，因此不能在锐角处进行切分，只能在边上切分。切分的关键即为图 4-4-9 圆圈处切分线的角度，同样根据 Skewness 计算公式，单元某个角度小于 60° 时，网格的

Skewness 值即大于 0.5，所以定义切分线角度为 60°，如图 4-4-9 所示，新建 Sketch2，包含一根垂线和一根斜线；同理再建立 Sketch3，仅包含一根斜线。

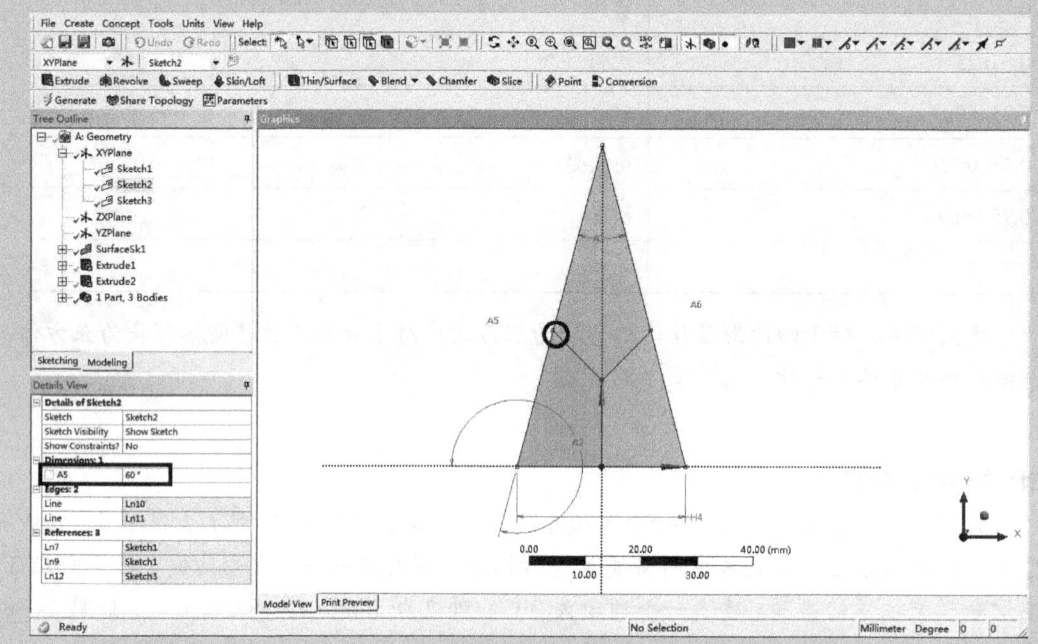

图 4-4-9　Sketch2

如图 4-4-10 所示设置，采用 Extrude 工具，分别基于 Sketch2 和 Sketch3 对模型进行 Slice。最后模型如图 4-4-11 所示。

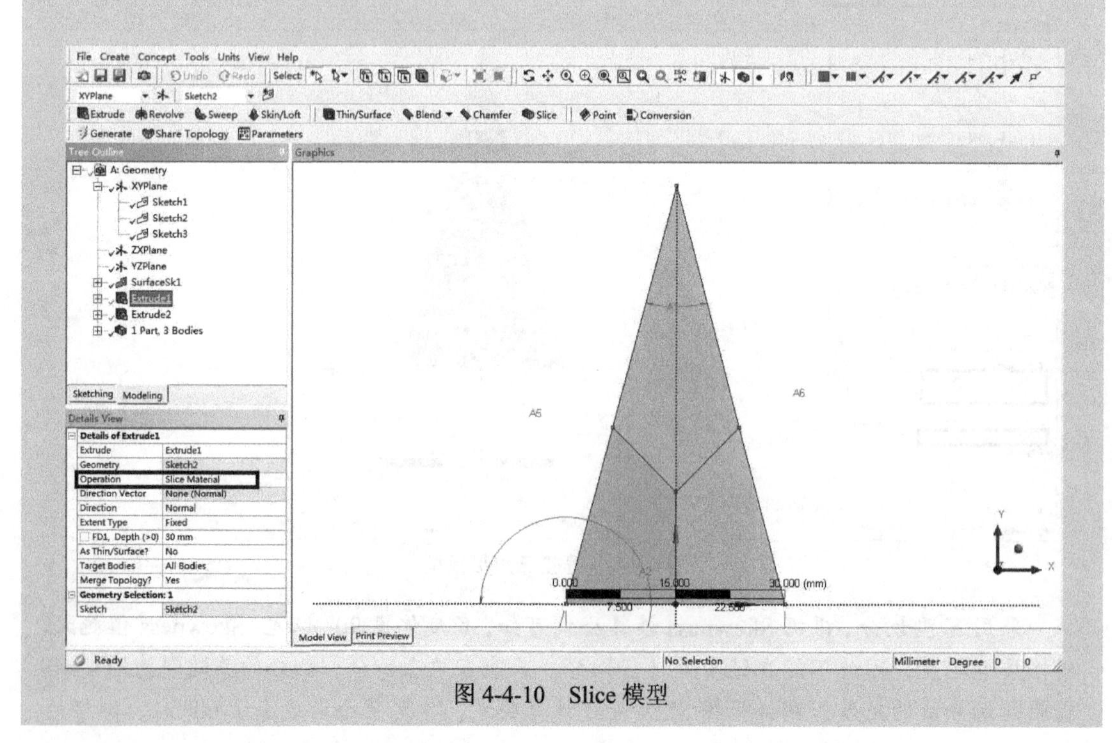

图 4-4-10　Slice 模型

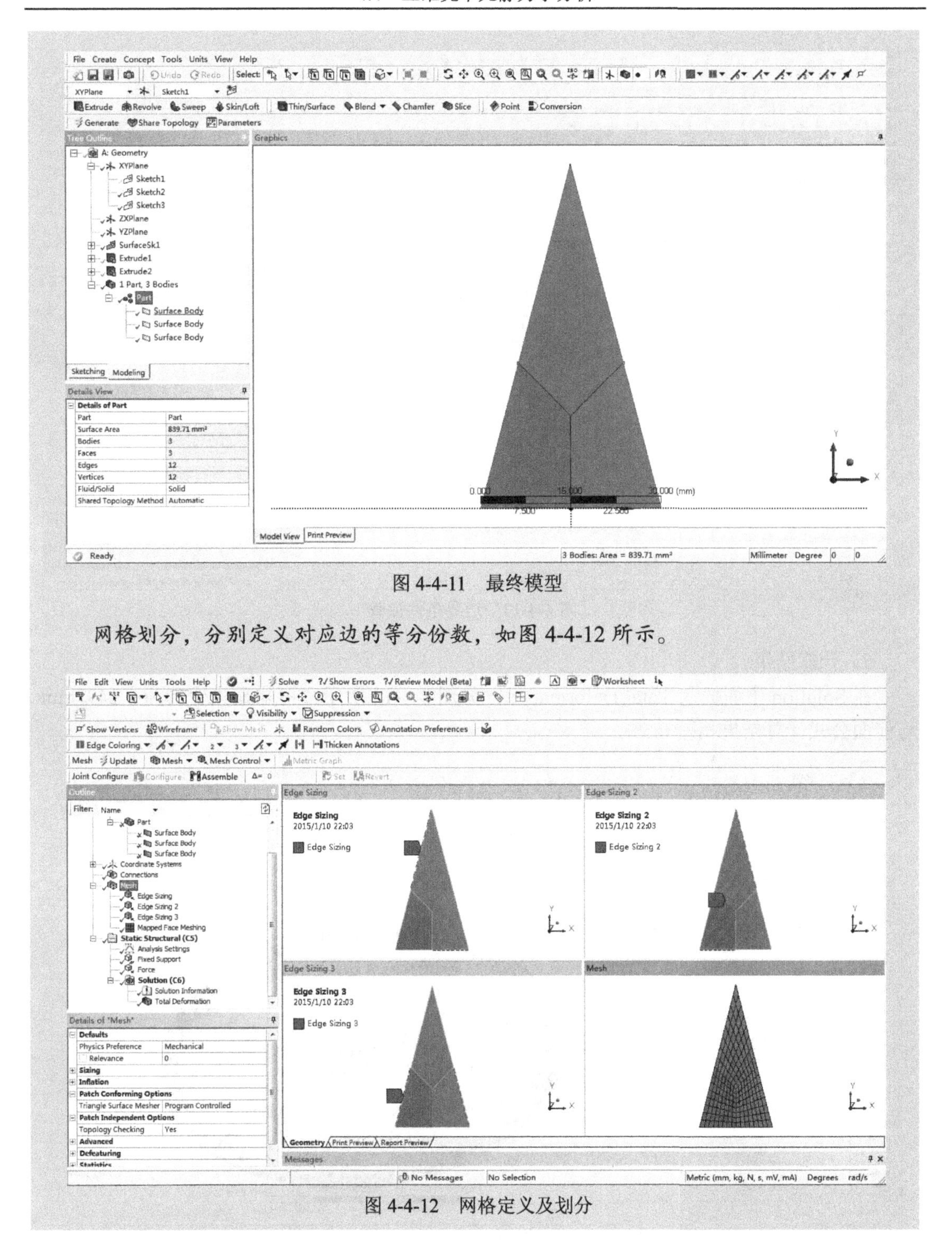

图 4-4-11　最终模型

网格划分，分别定义对应边的等分份数，如图 4-4-12 所示。

图 4-4-12　网格定义及划分

4）边界条件加载

选取圆盘周线加载 Simply Supported（简支），在圆心处加载 Force（力），方向为 Z 轴负方向，大小为 100N，如图 4-4-13 所示。

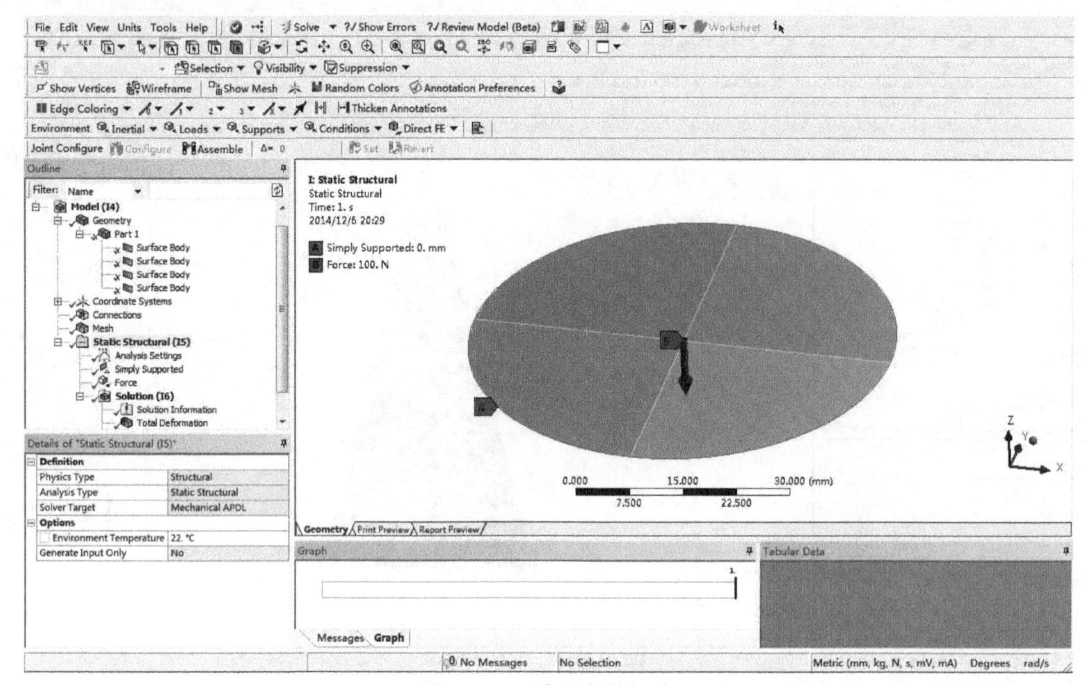

图 4-4-13　边界条件加载

5）计算结果

在 Solution 下面插入 Total Deformation，如图 4-4-14 所示，可知最大变形为 0.2497mm。与前面公式计算结果相差 0.5%。

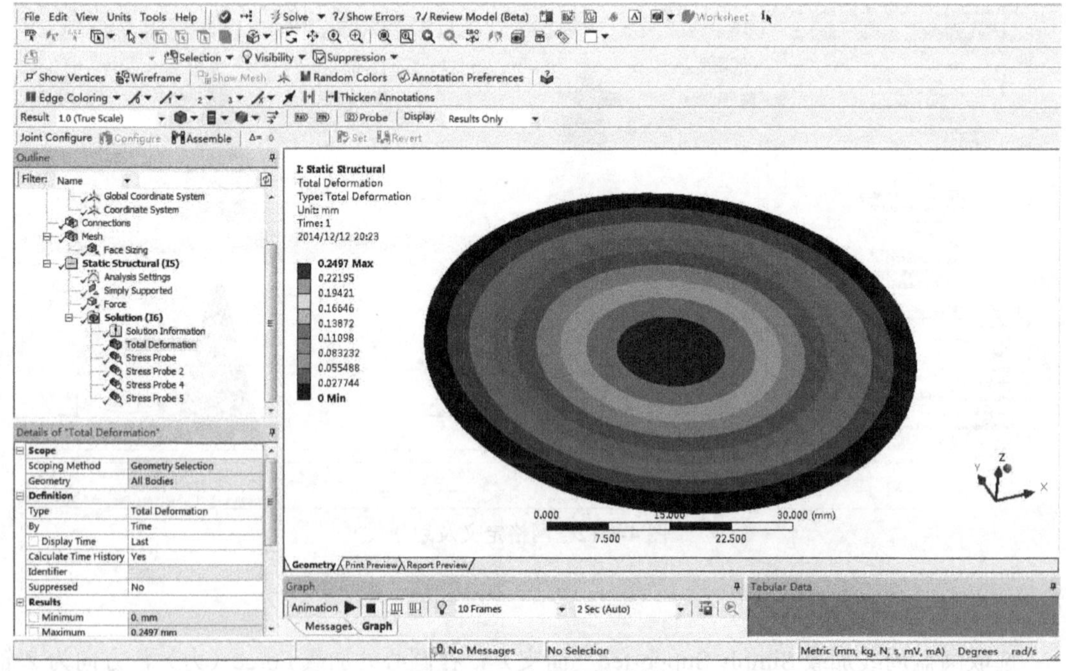

图 4-4-14　变形计算结果

如前所述，为计算径向和周向应力结果进行对比，需建立圆柱坐标系。右键点击 Coordinate Systems，在 Insert 菜单下选择 Coordinate System，在 Detail 菜单中，选择 Type 为 Cylindrical（圆柱坐标系），选择 Define By 为 Global Coordinates（绝对坐标系），其余默认，如图 4-4-15 所示。

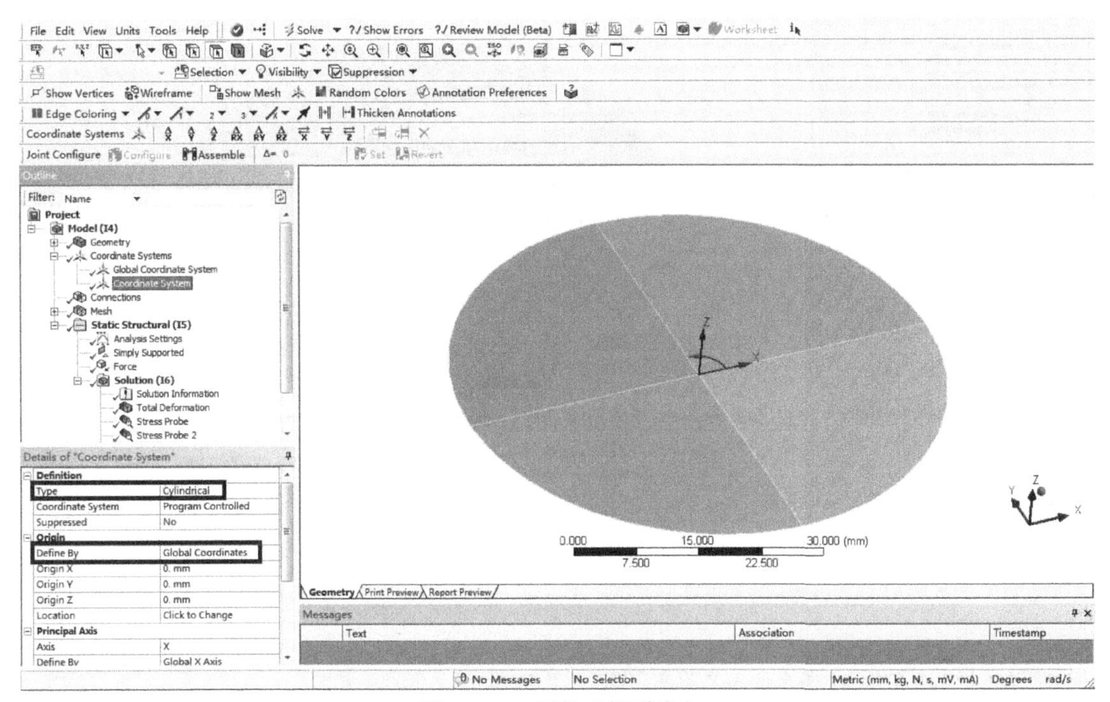

图 4-4-15　圆柱坐标系建立

> **注意**
>
> 坐标系的建立对于对称选择、载荷定义、耦合、后处理等非常有帮助，读者需要灵活运用。

求解圆周上一点和中心点的径向和周向应力，采用 Probe（探针）工具。右键点击 Solution，在 Insert 菜单下依次选择 Probe、Stress，如图 4-4-16 所示。

插入 Stress Probe，如图 4-4-17 所示依次设置。其中 1、2 区表示定义圆周上的一点，3 区选择刚定义的圆柱坐标系，4 区选择 Normal-X Axis（即表示求解圆周上的一点的径向应力），5 区为计算结果 0.39903MPa。与前面公式计算结果略有偏差，这是因为 WB 计算过程中统一采用基于 Mindlin-Reissner 理论的中厚板模型，考虑了横向剪切应力。

同理，依次插入 Probe 工具，求解出圆周上一点的周向应力，圆心点的径向、周向应力，如图 4-4-18、图 4-4-19、图 4-4-20 所示。其中圆周上一点的周向应力为 33.541MPa，与前面公式计算结果相差 0.4%；圆心的径向应力为 316.95MPa，与前面公式计算结果相差 3.9%；圆心的周向应力为 316.95MPa，与前面公式计算结果相差 3.9%。应力偏差的结果除了前文提到的横向剪应力原因，还有网格尺寸大小的影响。对比可知，WB 计算结果与理论计算结果几乎一致。

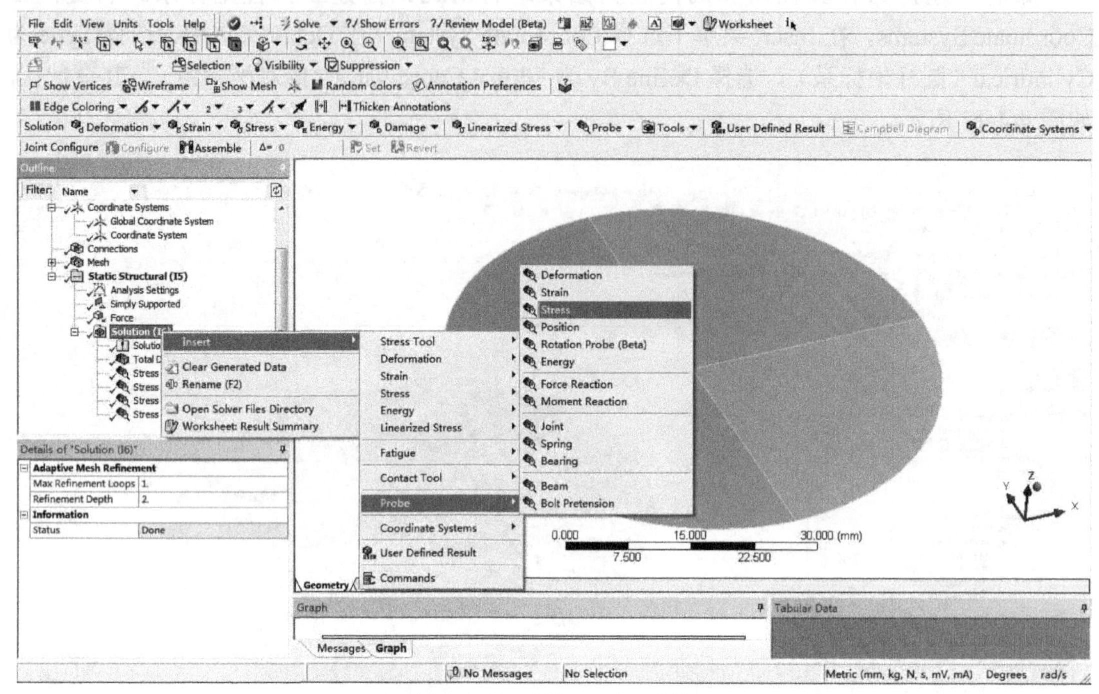

图 4-4-16　插入 Probe 工具

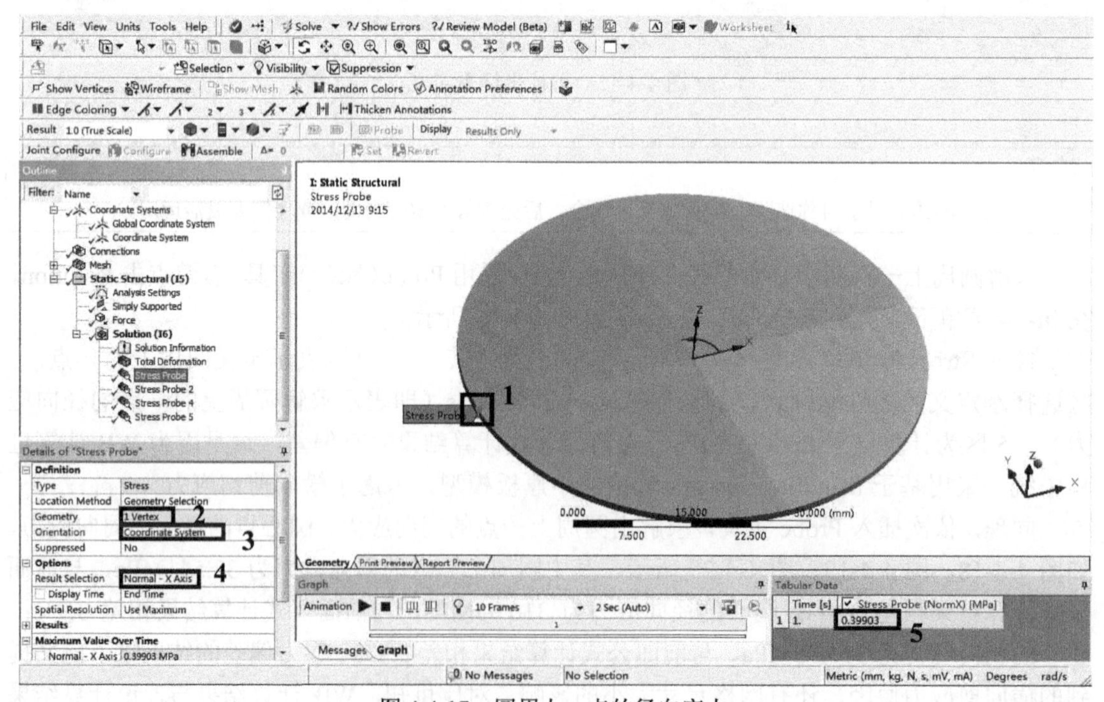

图 4-4-17　圆周上一点的径向应力

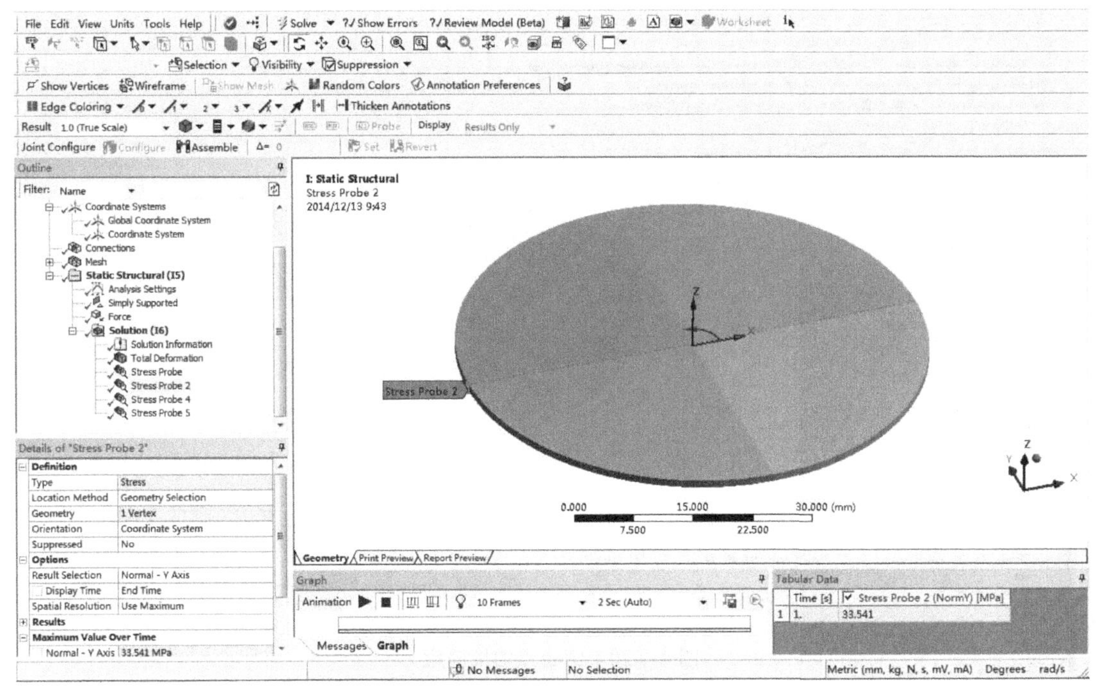

图 4-4-18　圆周上一点的周向应力

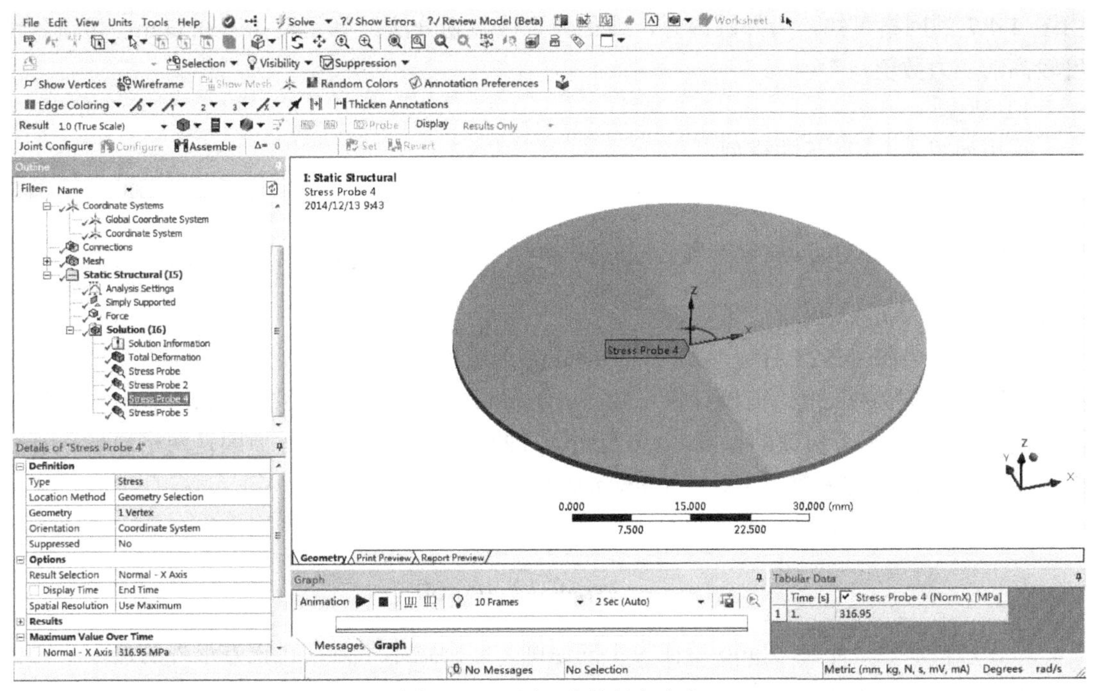

图 4-4-19　圆心点的径向应力

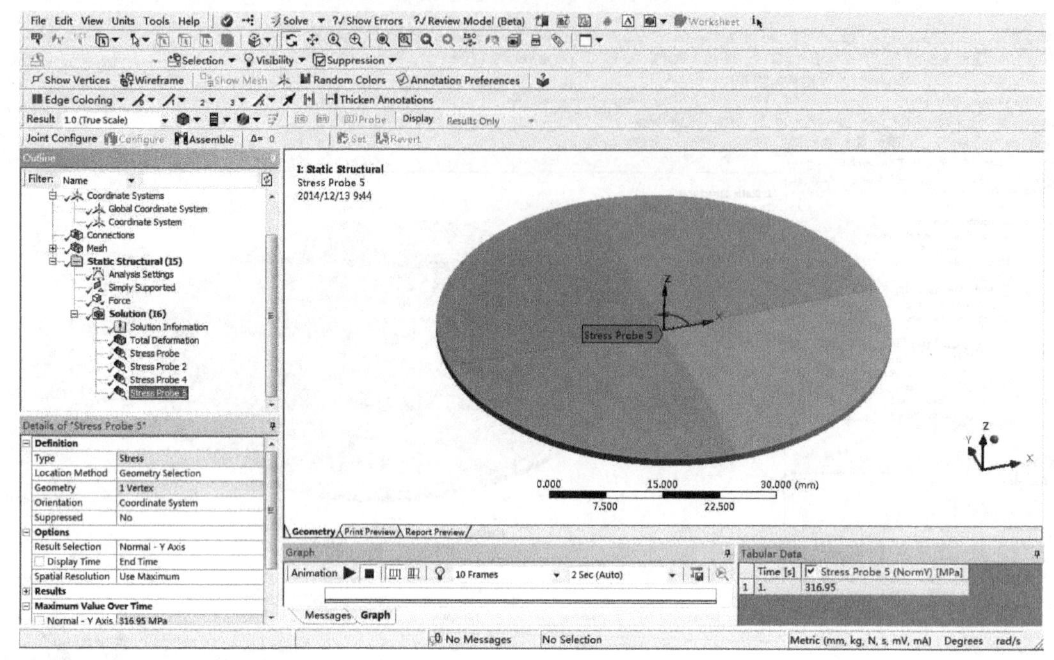

图 4-4-20　圆心点的周向应力

2．Mesh 模型，在中心点产生节点特征（节点力加载）

思路：对圆盘进行网格划分，为保证全四边形网格，必需对模型进行切分。切分的形式由图 4-4-7 的网格可知，为外圆内方，或称为古钱币划分法。单元尺寸为 0.5mm，可得到精度较高的应力数值。

1）建模

采用如图 4-4-3 所示的模型。

切分的形式如图 4-4-21 所示，如果按照左边的切分形式，中间正方形与圆弧的夹角小于 45°，根据网格质量 Skewness 计算公式 $\max\left[\dfrac{\theta_{\max}-\theta_e}{180-\theta_e},\dfrac{\theta_e-\theta_{\min}}{\theta_e}\right]$，公式中 $\theta_e=90$、$\theta_{\min}<45$，所以 Skewness 值＞0.5，网格质量一般。

切分形式为图 4-4-21 右边形式时，中间正方形边长为 *ya*，其中 *y* 为等分正方形边长的份数，*a* 为每个份数的长度，前例计算可知，*a*=0.5mm；每个斜边的距离为 *xa*，其中 *x* 为等分斜边的份数，*a* 为每个份数的长度，*a*=0.5mm。（两者份数长度一致，原因是网格质量 Aspect Ratio 最佳为 1；此时夹角为 135°，Skewness 值为 0.5。）

根据斜边与正方形边长满足圆的直径关系，可得

$$2xa+\sqrt{2}ya=60$$

根据网格质量 Aspect Ratio 最佳为 1 的原则，即圆盘水平方向在正方形外的每个单元长度约等于圆盘圆周上的每个单元长度，如图 4-4-22 所示两粗线长度一致，可得

$$\frac{60-ya}{2x}\approx\frac{60\pi}{4y}$$

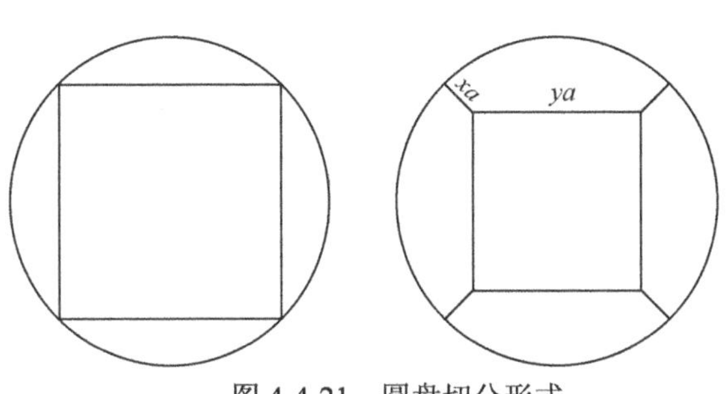

图 4-4-21　圆盘切分形式

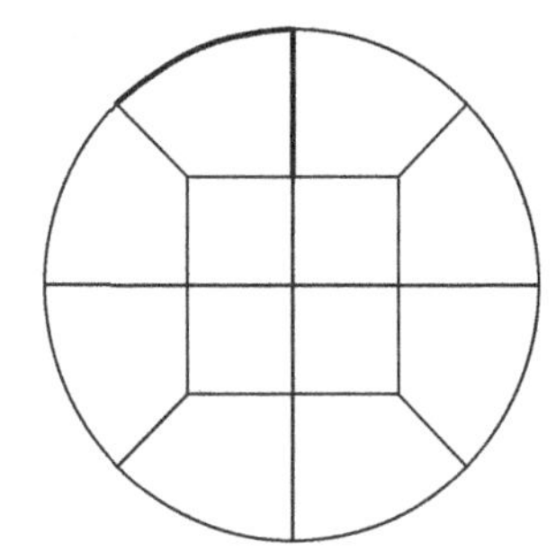

图 4-4-22　Aspect　Ratio 原则运用

取等式后两式联立计算，圆整后 x=17，y=60。注意 y 必须为偶数，才能保证圆心处有节点。特别注意，计算结果表明：**正方形的边长其实就是圆的半径。**

在 XYPlane 点击 新建一草绘 Sketch2，草绘图形如图 4-4-23 所示，建立中间正方形。

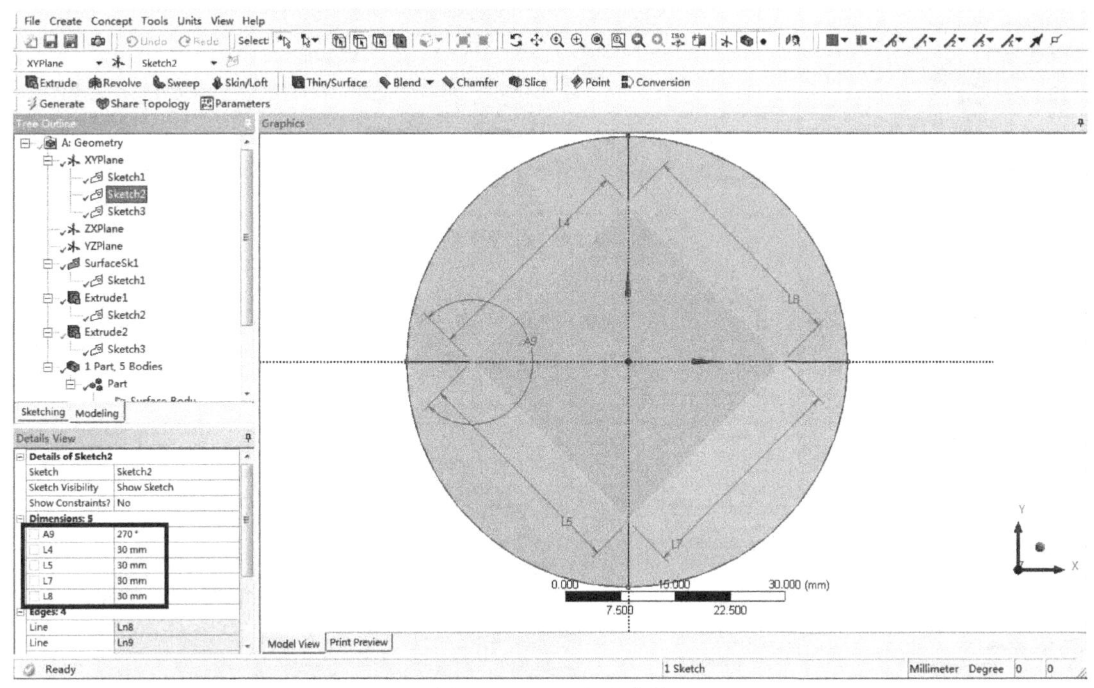

图 4-4-23　正方形草绘

在 XYPlane 再点击 又新建一草绘 Sketch3，草绘图形如图 4-4-24 所示，建立四条斜边。

采用 Extrude 工具基于 Sketch2 和 Sketch3 分别 Slice Material，最后将切分得到的五个模型合并，如图 4-4-25 所示。

2）网格划分

如前例定义圆盘厚度后，对其进行网格划分。右键点击 Mesh，依次点击 Insert、Size，选择正方形四条边，如图 4-4-26 所示设置。其中 Type 选择 Number of Divisions，表示对选择模型进行等分划网；在 Number of Divisions 选择 60，表示等分份数，60 依据前文计算而来；Behavior 选择 Hard，表示强制按定义规则划网，不需要软件自动参与；Bias Type 表示是否有份数比，如果有需要注意方向和大小。

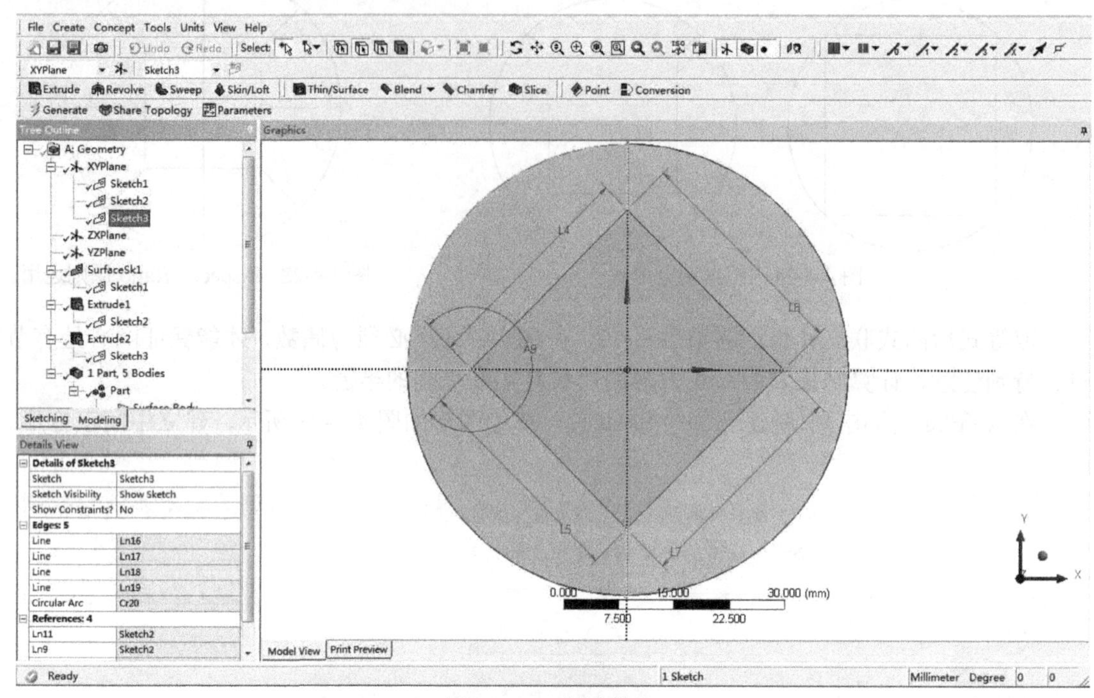

图 4-4-24　斜边草绘

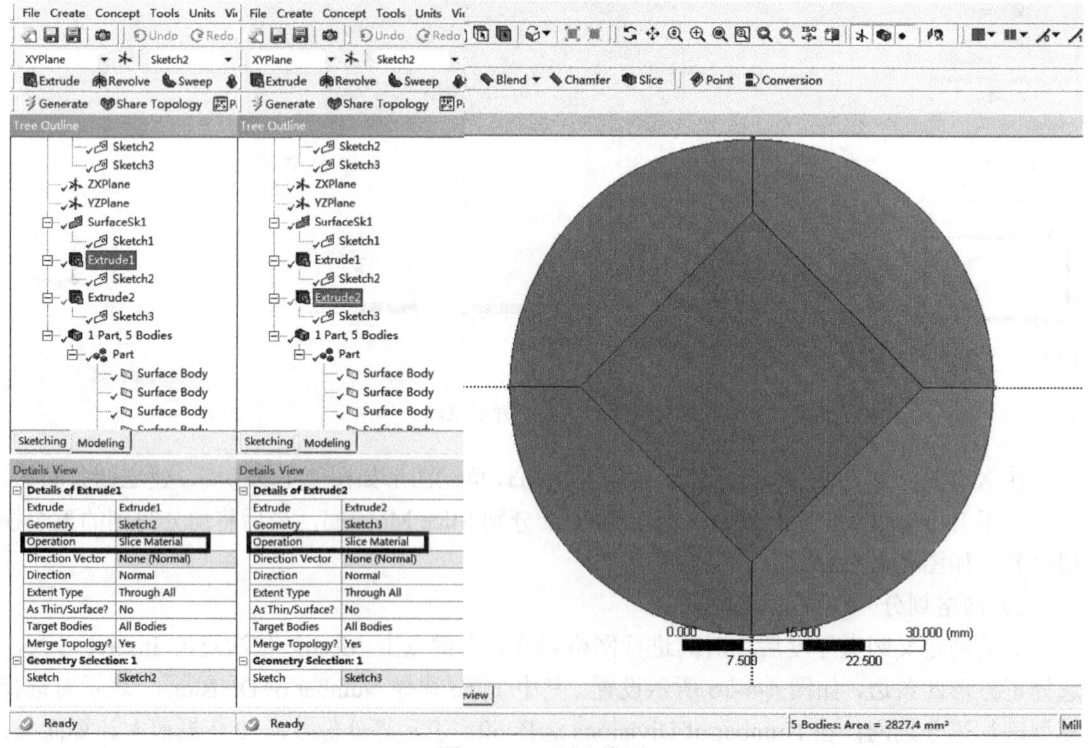

图 4-4-25　切分模型

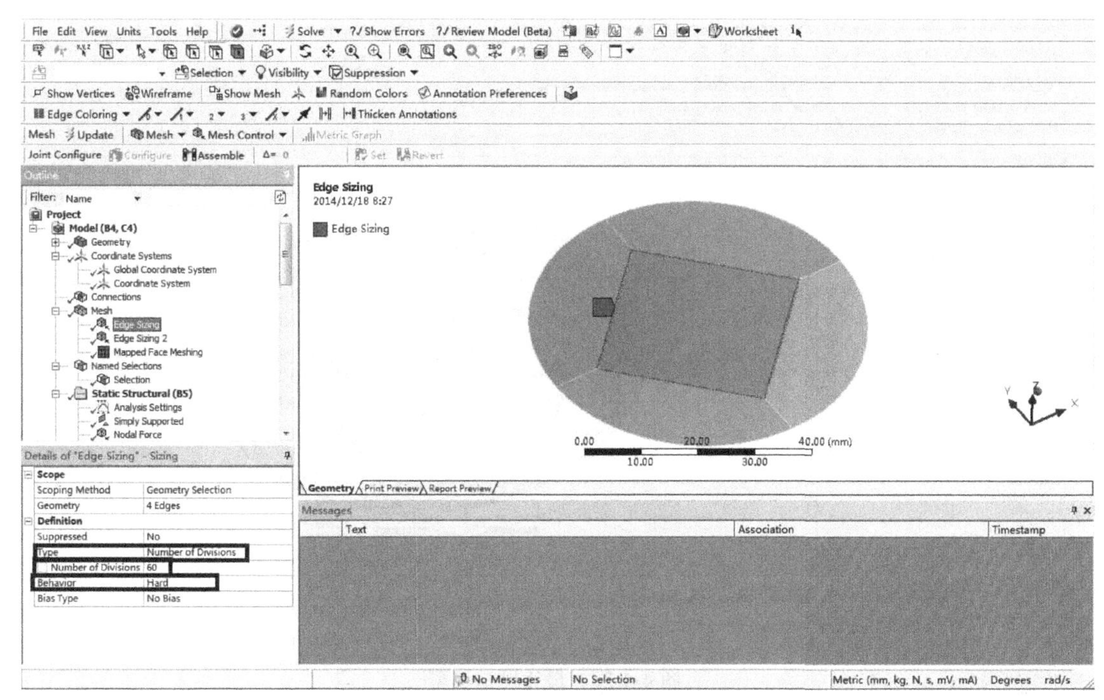

图 4-4-26　定义划分网格份数

同理，定义四条斜边的份数，在 Number of Divisions 选择 17，如图 4-4-27 所示。

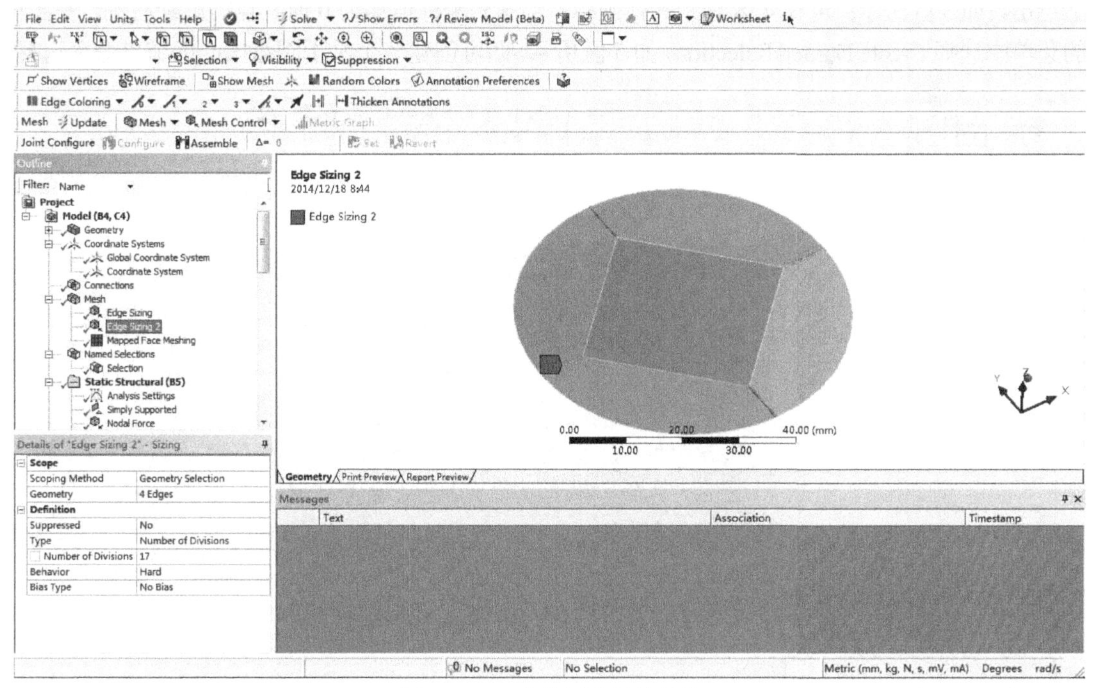

图 4-4-27　定义划分网格份数

最终网格模型如图 4-4-28 所示。

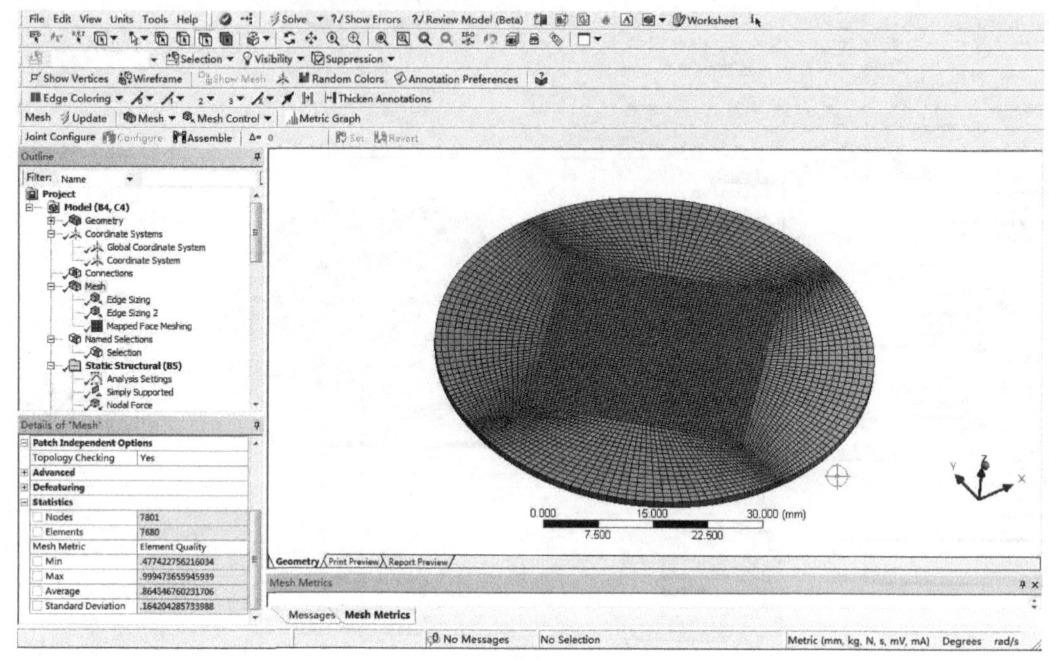

图 4-4-28　最终网格模型

3）选择中点

如图 4-4-29 所示依次点击。先分别点击 1 区、2 区开关，表示点选节点和选择信息；在网格上点击，如 3 区所示；可在 4 区看到具体坐标；当 XY 坐标值均为 0 时，点击鼠标右键，在出现的菜单中选择 Create Named Selection，如 5 区所示。即可创建一个关于圆盘中心的节点命名选择。

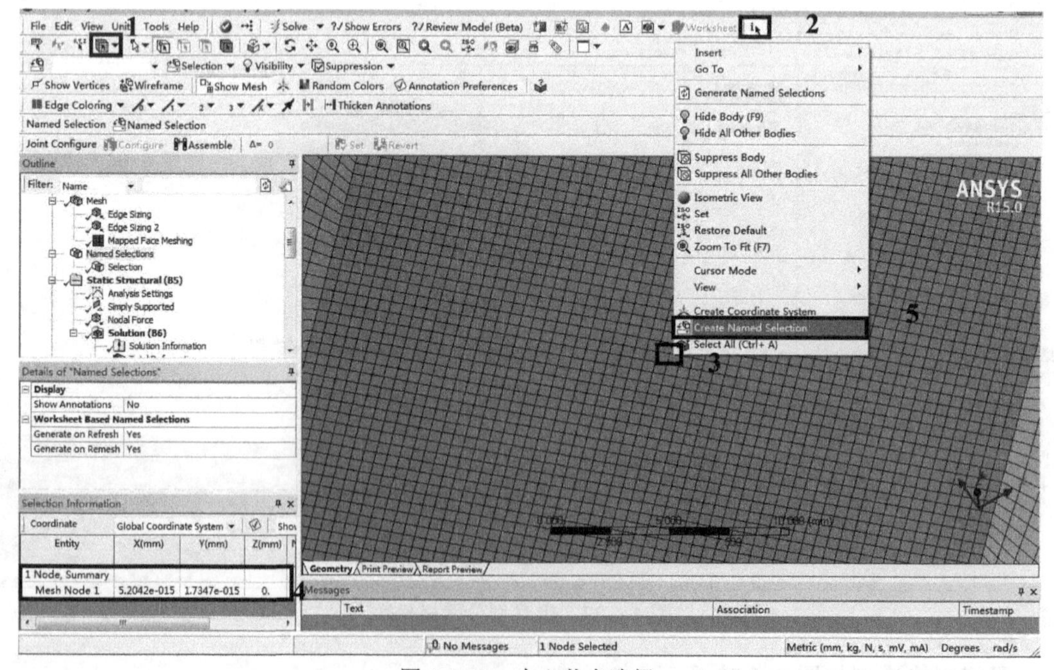

图 4-4-29　中心节点选择

4）边界条件加载

选取圆盘周线加载 Simply Supported（简支），基于前文定义的圆心节点加载 Nodal Force（节点力），方向为 Z 轴负方向，大小为 100N，如图 4-4-30 所示。

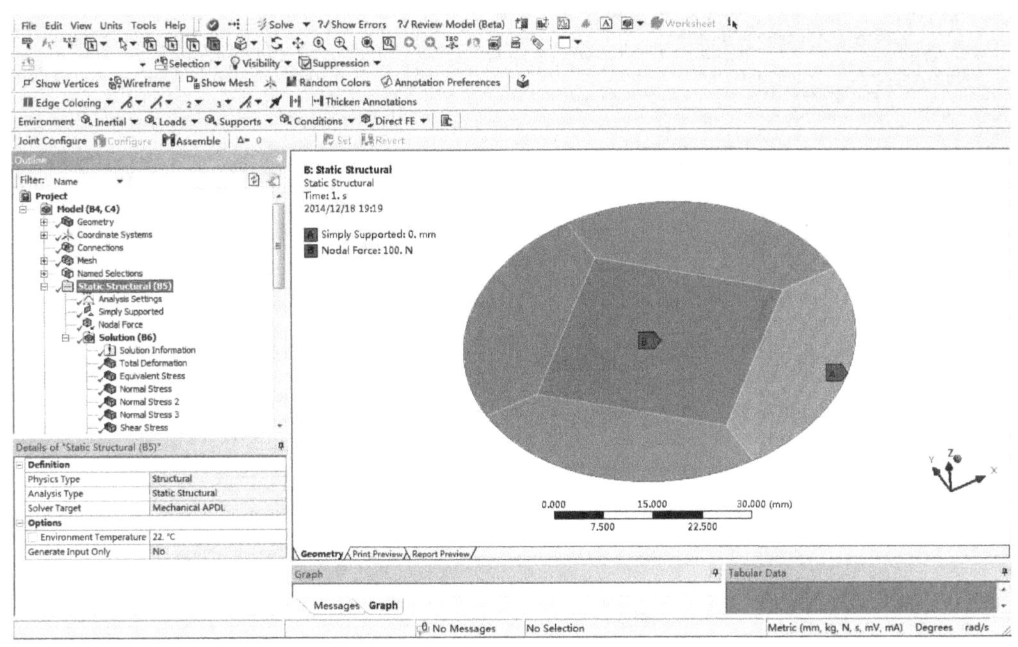

图 4-4-30　边界条件加载

5）计算结果

在 Solution 下面插入 Total Deformation，如图 4-4-31 所示，可知最大变形为 0.24971mm。

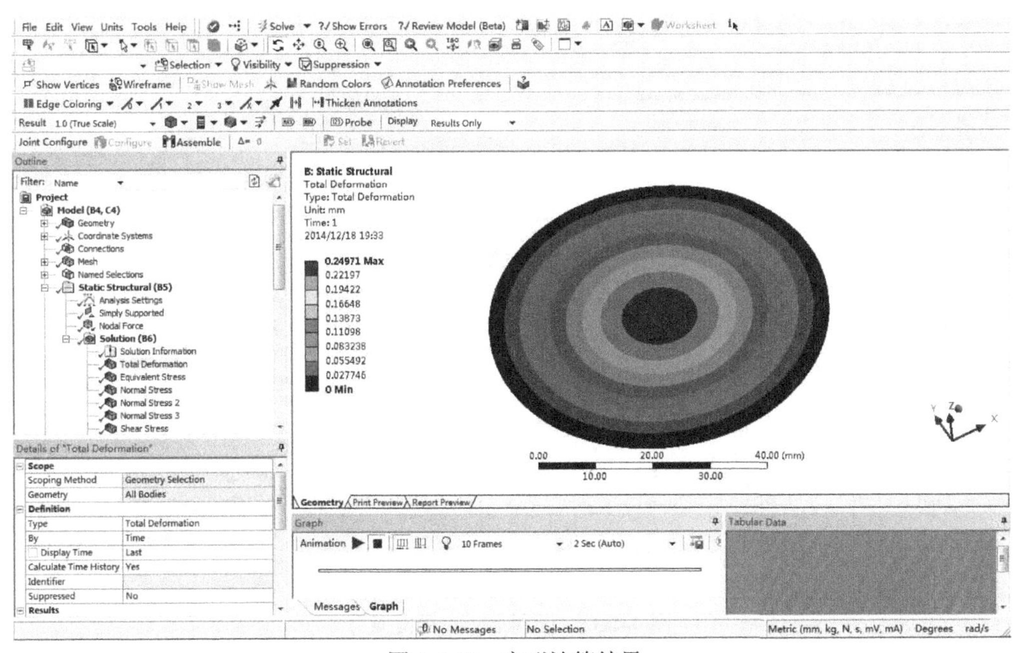

图 4-4-31　变形计算结果

同样操作，定义圆周坐标系后采用 Probe 工具，求得圆周上一点的径向应力和周向应力分别为 0.42895MPa 和 33.588MPa，如图 4-4-32 和图 4-4-33 所示。

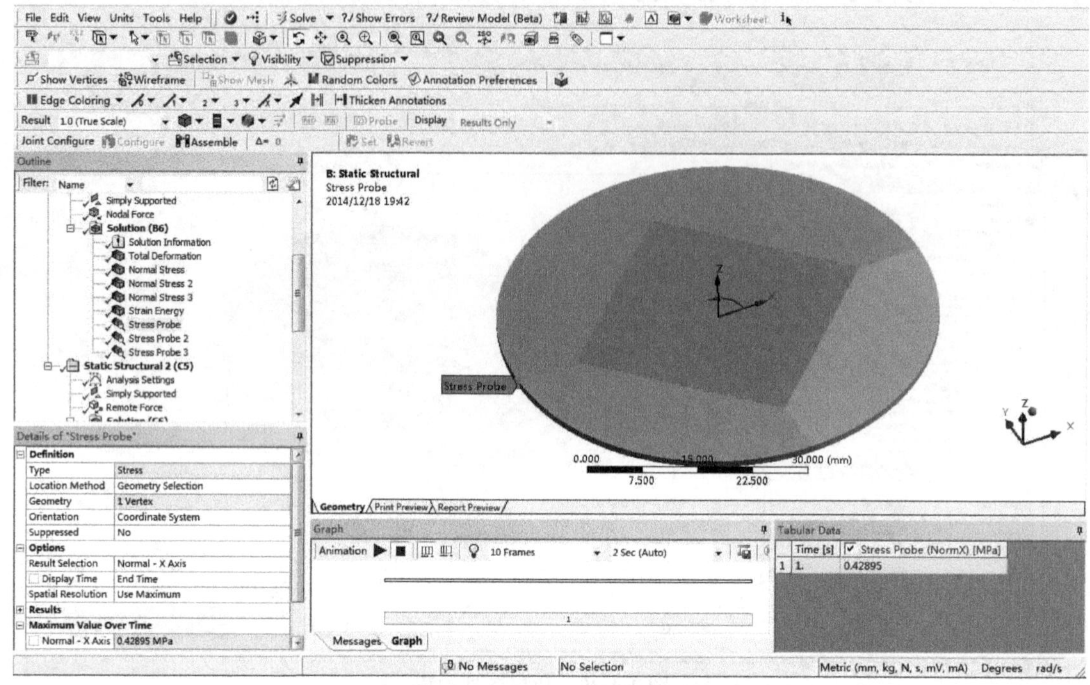

图 4-4-32　圆周上一点径向应力

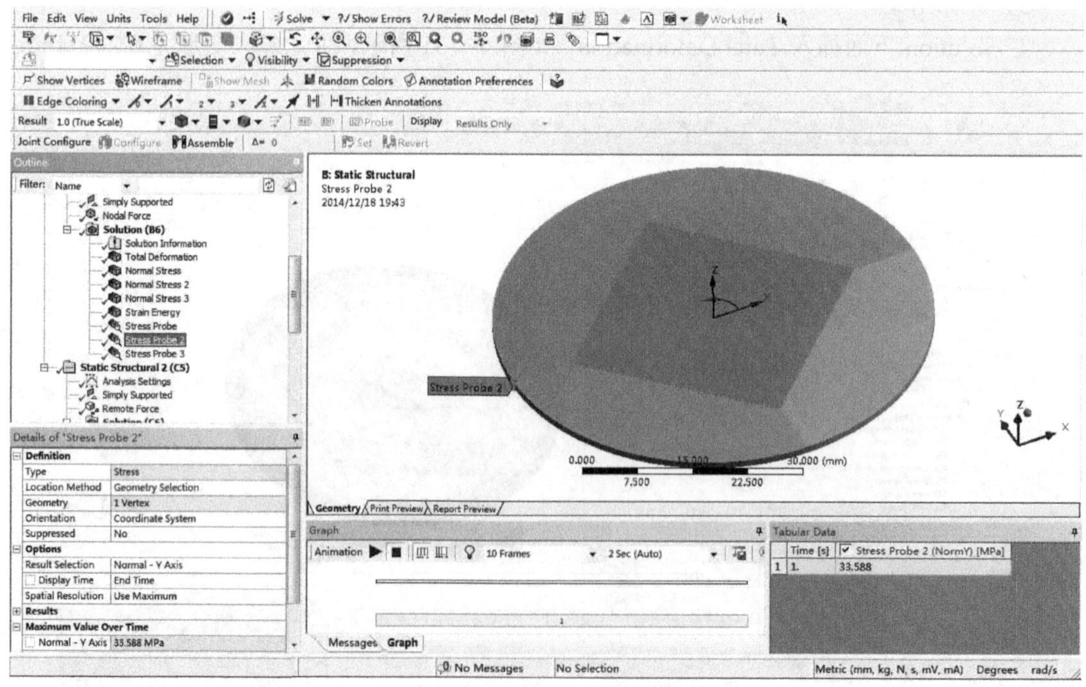

图 4-4-33　圆周上一点周向应力

在 Solution 下面插入 Normal Stress，如图 4-4-34、图 4-4-35 所示设置，可得圆心处的径向应力、周向应力均为 316.95MPa。

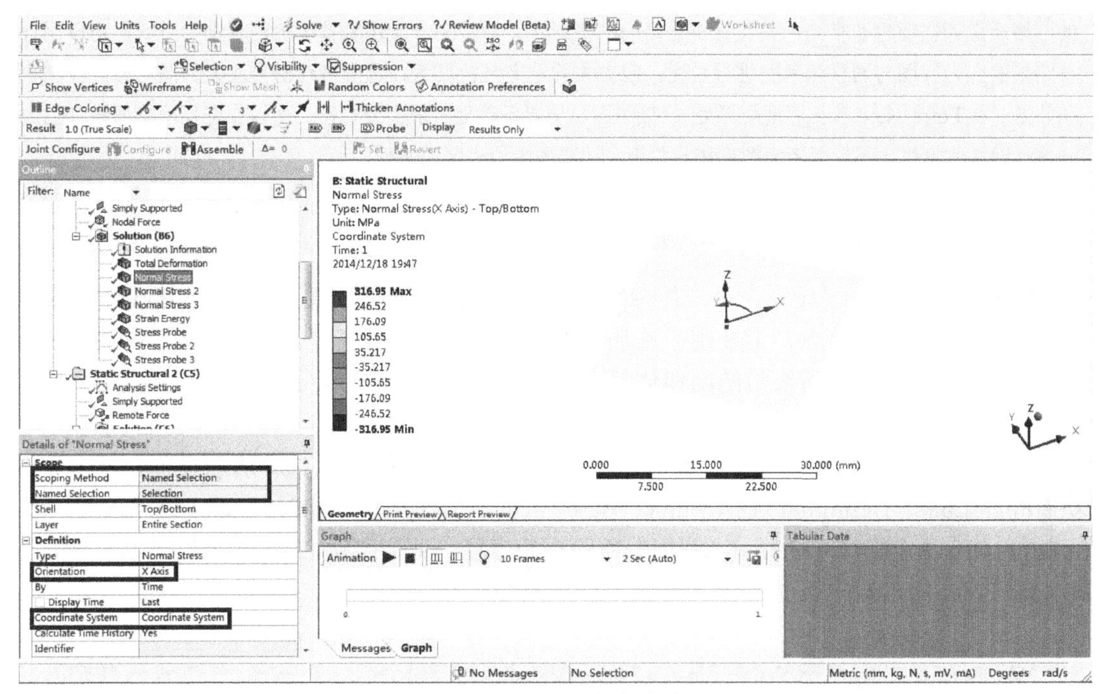

图 4-4-34　圆心径向应力

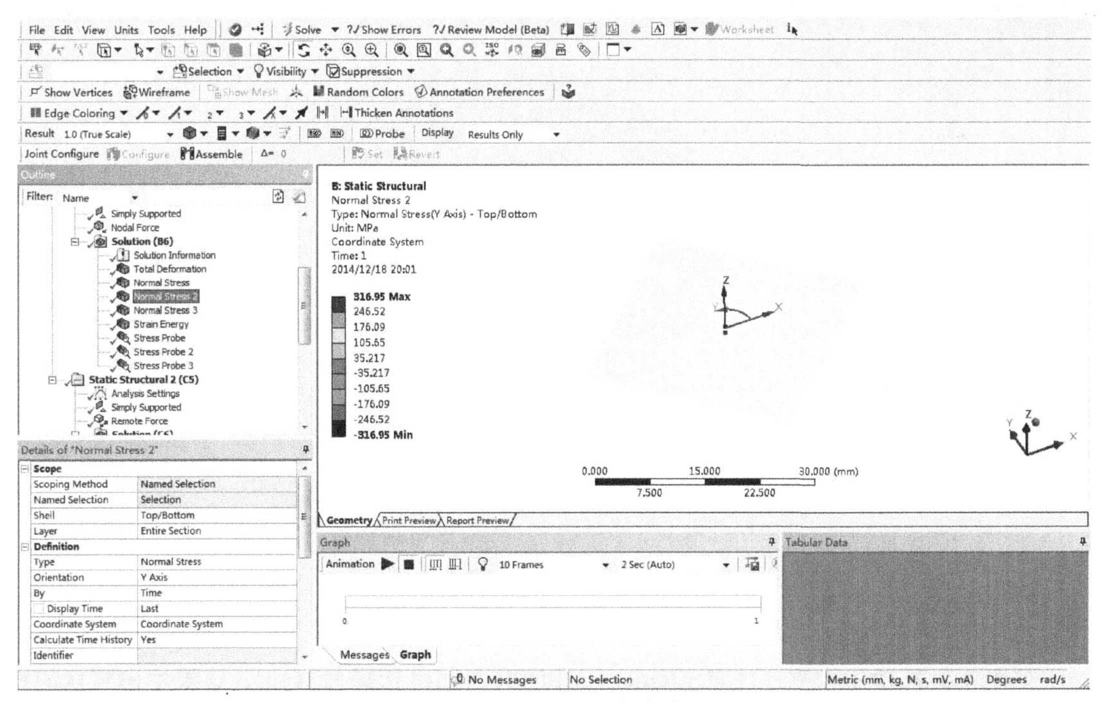

图 4-4-35　圆心周向应力

对比可知，与第一种方法的计算结果相差无几。

注意

为保证 Sweep 网格，很多初学者切分模型，使得整个模型的网格均匀一致，外观非常美观，WB 给出的网格质量评估值也非常高，其实这不是好的网格形式。网格划分一定要基于疏密有别的方式，可以用计算结果的应力云图与网格疏密度进行对比，应力大的地方网格要密，且网格疏密与应力云图对应。在共享拓扑处（如 Form New Part 模型交界处）、接触面、边界条件处一般需要加密。所以在选择网格质量评估原则进行网格估算时，不仅要考虑图形拓扑关系，还要考虑边界区的条件。

3．在中心点定义 Load Point（硬点）

解释：Load Point（硬点）是一种特殊的关键点，附属于某线或某面上。网格划分时在硬点位置强制生成一个节点，主要用于施加集中载荷或者后处理。硬点不改变模型的几何形状或拓扑结构，但是硬点所依附的面和体都不再支持映射网格划分。

1）建模

采用如图 4-4-3 所示的模型。然后点击 Create、Point，如图 4-4-36 所示设置。其中 Type 选择 Point Load；Definition 选择 Single；Base Faces 处点选圆面；Guide Edges 处点选圆周线；在 Edge Offset 定义尺寸 30mm（圆周偏移距离为半径，即定义圆心点）；最后点 Generate 完成 Load Point 的定义。

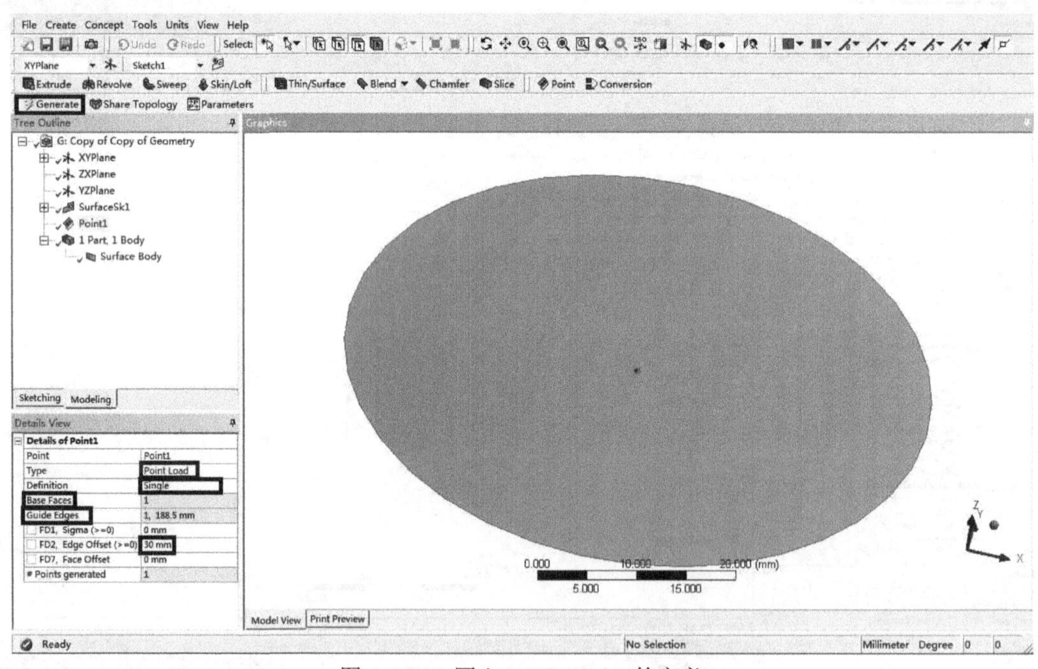

图 4-4-36　圆心 Load　Point 的定义

2）网格划分

如图 4-4-37 所示设置。**注意 Element Midside Nodes 选择为 Kept，这表示由默认的线性 Shell181 单元改为二次 Shell281 单元。**为了对比，同样定义 Size，选择整个圆盘面，定义 Element Size 为 2.5mm，Behavior 选择为 Soft。

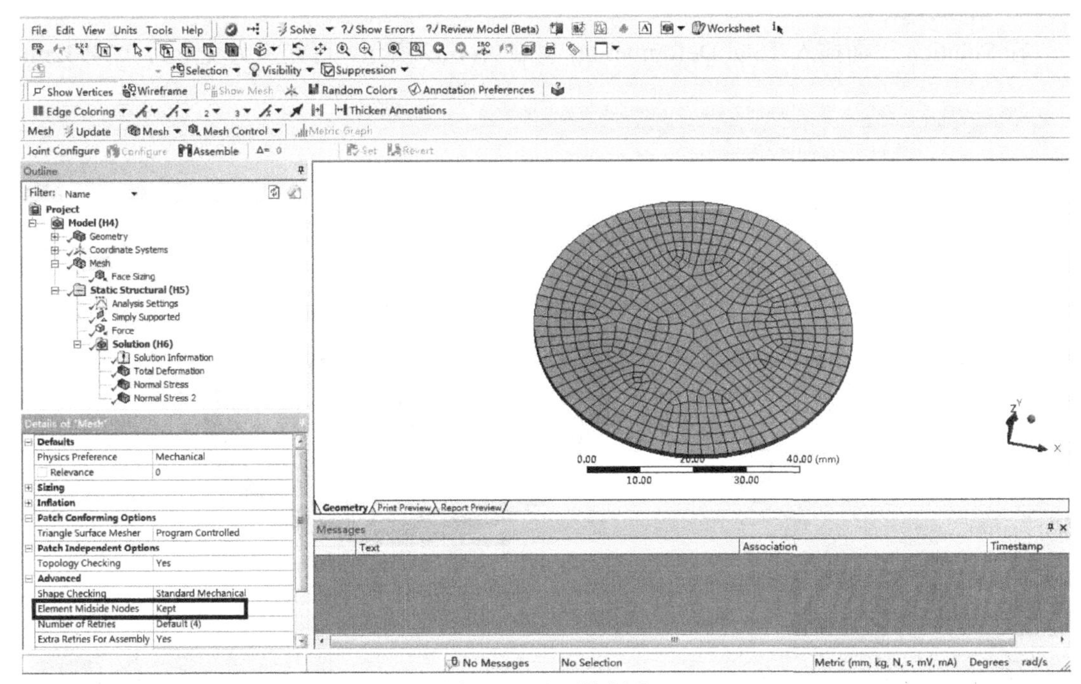

图 4-4-37　网格划分

3）边界条件加载

选取圆盘周线加载 Simply Supported（简支），基于前文定义的 Load Point 加载 Force，方向为 Z 轴负方向，大小为 100N，如图 4-4-38 所示。

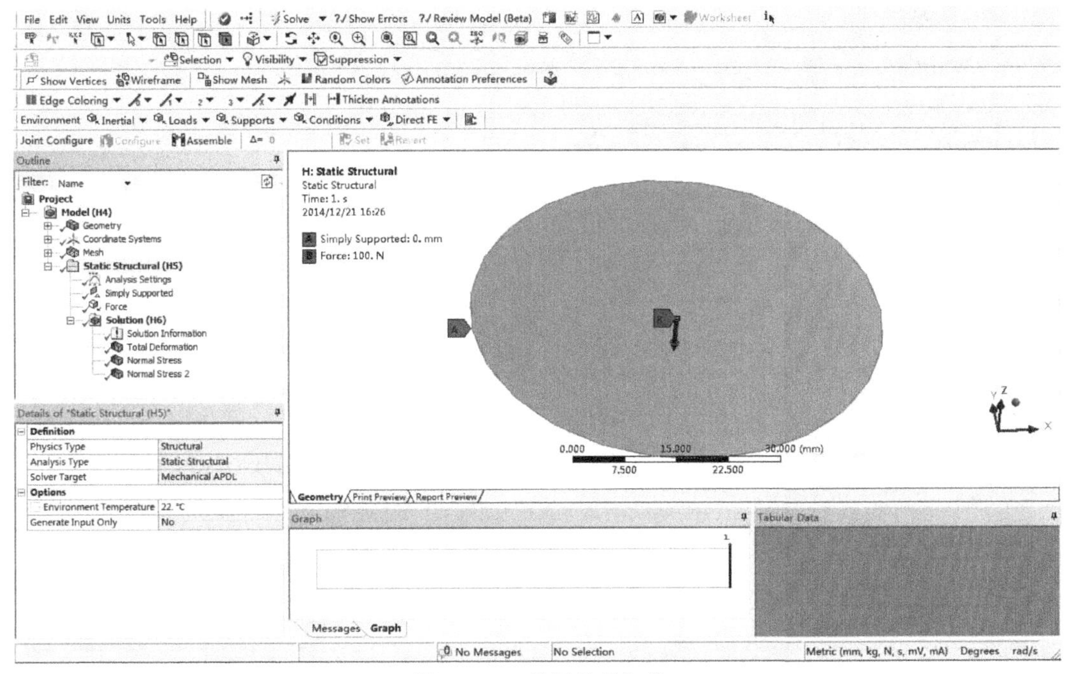

图 4-4-38　边界条件加载

4）计算结果

在 Solution 下面插入 Total Deformation，如图 4-4-39 所示，可知最大变形为 0.24932mm。

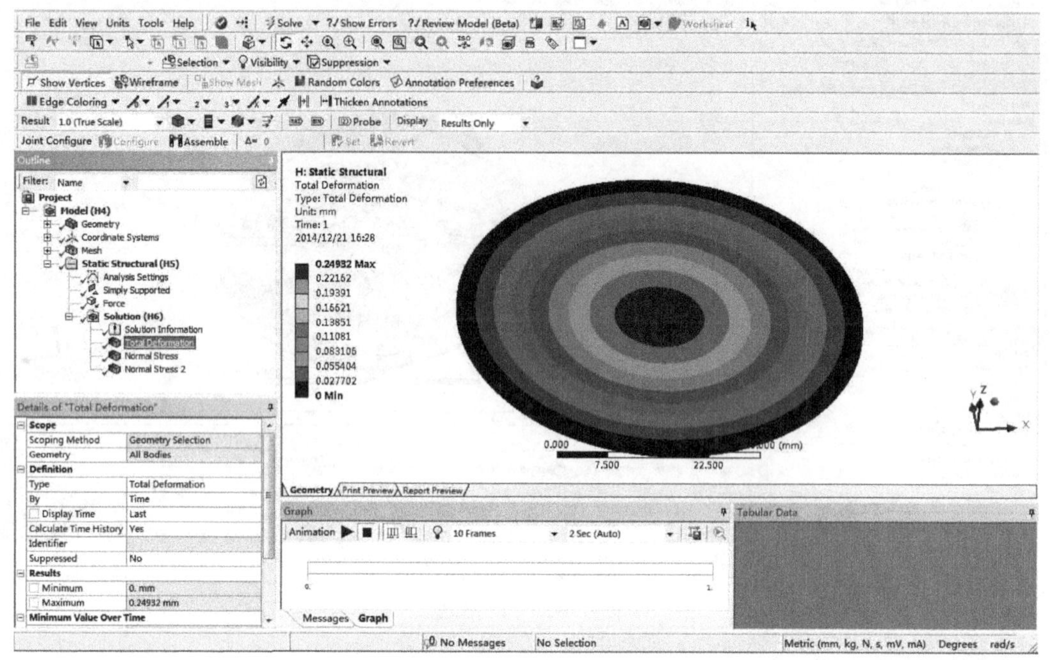

图 4-4-39　变形计算结果

在 Solution 下面插入 Normal Stress，如图 4-4-40、图 4-4-41 所示设置，可得圆心处的径向应力、周向应力分别为 308.51MPa、305.9MPa。

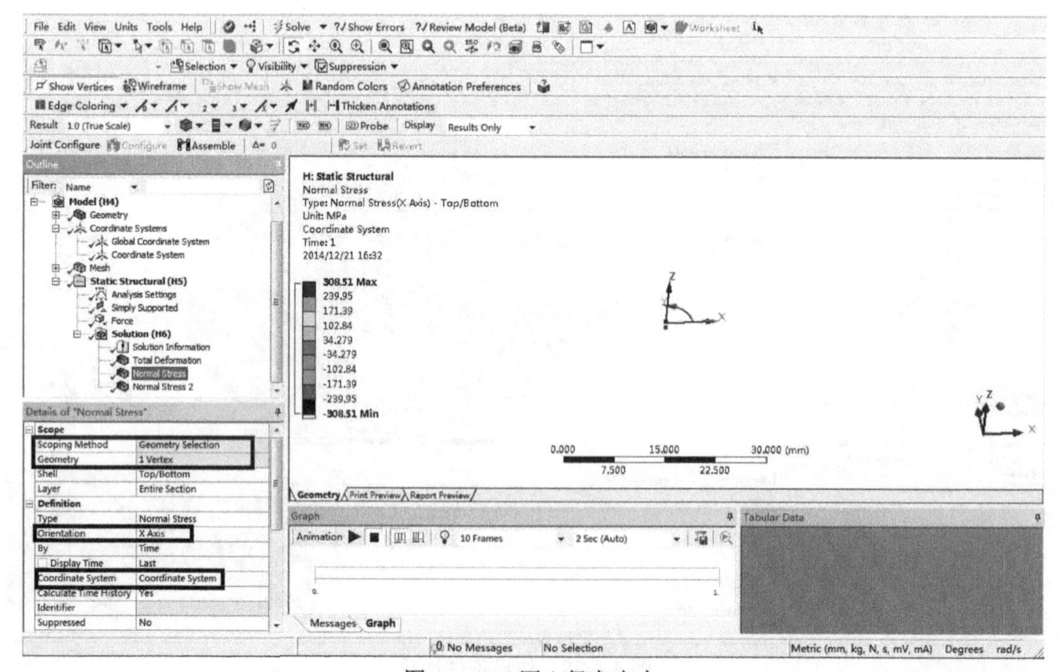

图 4-4-40　圆心径向应力

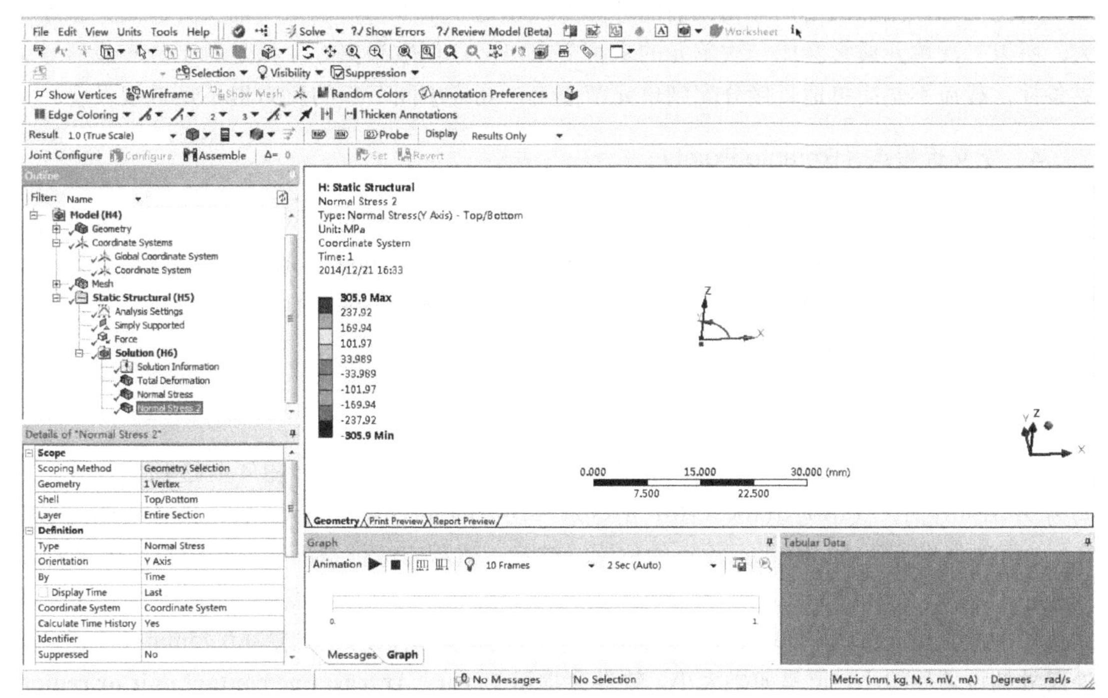

图 4-4-41　圆心周向应力

在 Solution Information 里面可以查到单元类型为 Shell281，如图 4-4-42 所示。读者可以尝试更改图 4-4-37 的设置，观察单元类型的变化。

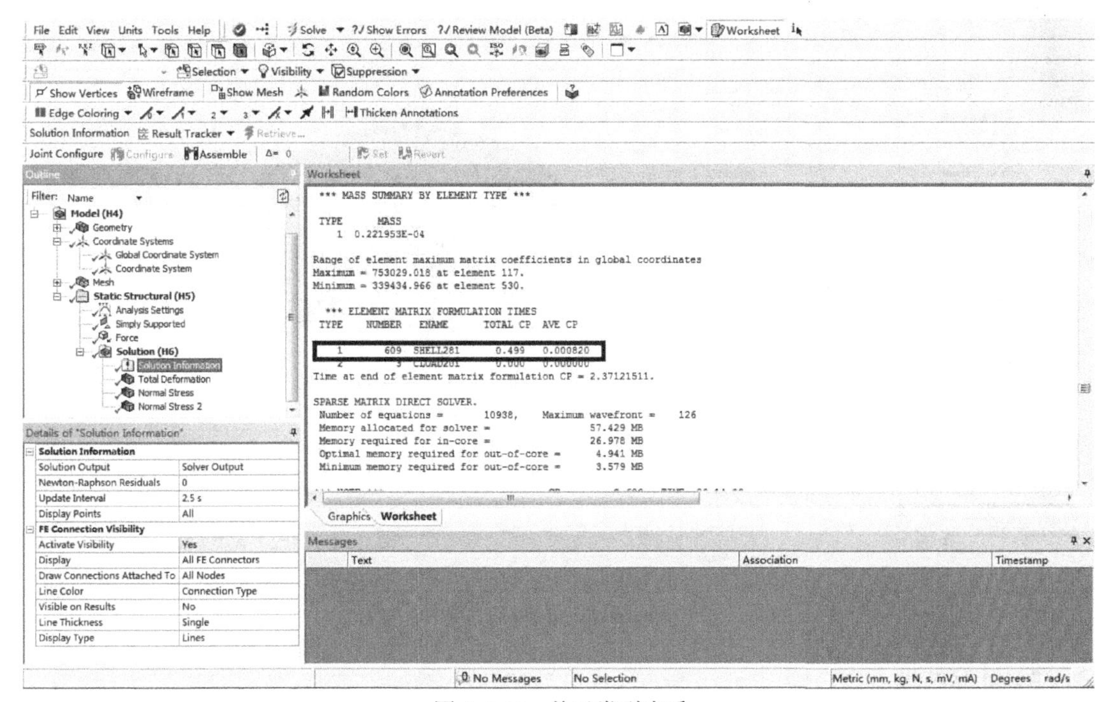

图 4-4-42　单元类型查看

对比可知，虽然网格尺寸相比前面计算方法粗糙了很多倍，但是与前文计算结果相差不大，所以二次单元通常会比一次单元的求解需求更低，但效果更好。只是对于分布载荷等边界条件，载荷不是简单地直接分配到单元节点上，同样中间节点的反力也不是直接表现。

4．定义远程点（Remote Point）

解释：Remote Point（远程点）是一个抽象点，是把相关联的模型几何特征集中到空间一个点，使其具有多种边界条件。Remote Point 主要体现在 Remote Force（远程力）、Remote Displacement（远程位移）、Point Mass（质点）等边界条件和对应的后处理。

1）建模及网格划分

采用图 4-4-28 所示的模型及网格。

2）边界条件加载

选取圆盘周线加载 Simply Supported（简支）。定义远程力，如图 4-4-43 所示设置。方向为 Z 轴负方向，大小为 100N。图中 1 区选择切分的 5 个面，表示远程点所依附的图形特征；2 区选择坐标原点，表示远程点的位置（**注意：远程点的位置不一定在依附实体表面**）；3 区定义力的大小和方向；4 区 Behavior 定义为 Deformable（**远程点设置特别注意此处，具体选项的意义见 4.5.2 小节**）；5 区 Pinball Region 将原来默认的 All 改为 0.45mm（**注意：此处尺寸的设置尽量小，但是如果太小，软件会提示 Error：At least one contact pair or remote load has no elements in it. This may be due to mesh based defeaturing of the geometry**）。

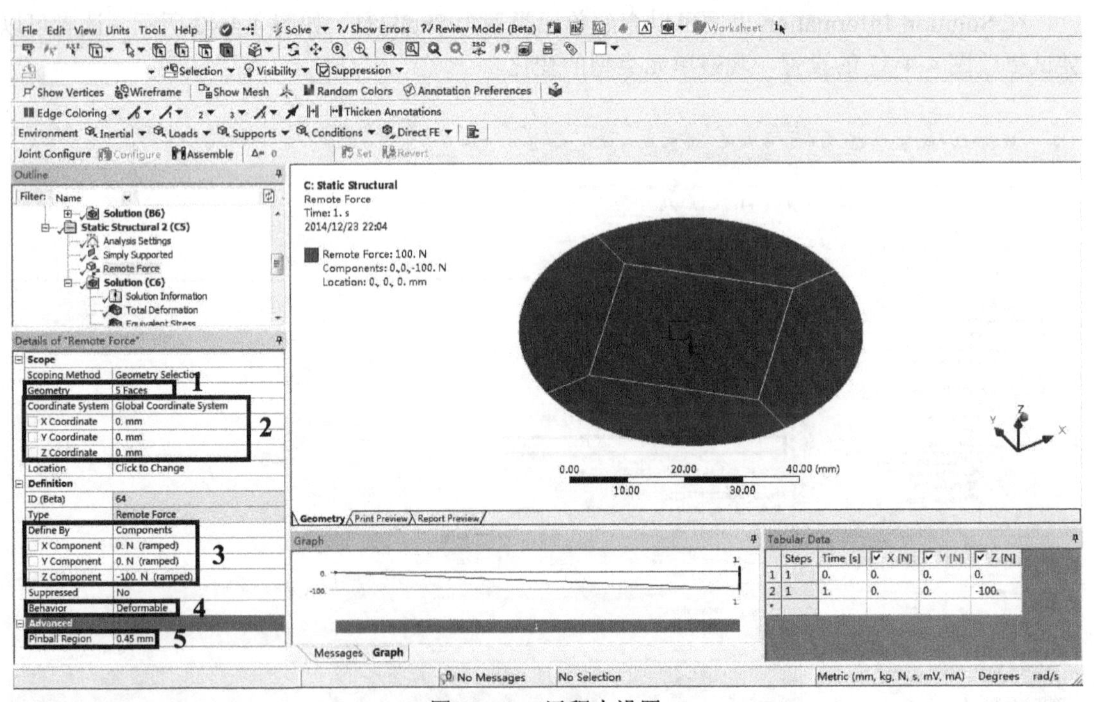

图 4-4-43　远程力设置

3）计算结果

在 Solution 下面插入 Total Deformation，如图 4-4-44 所示，可知最大变形为 0.24901mm。

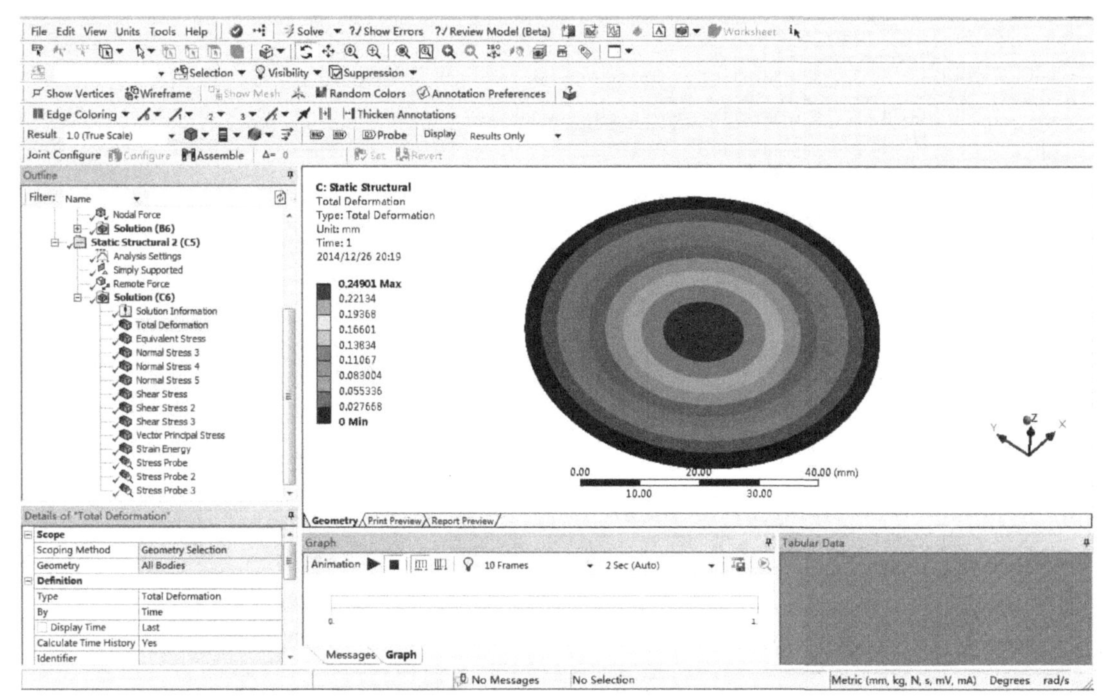

图 4-4-44　变形计算结果

在 Solution 下面插入 Normal Stress，如图 4-4-45、图 4-4-46 所示设置，可得圆心处的径向应力、周向应力均为 277.65MPa。

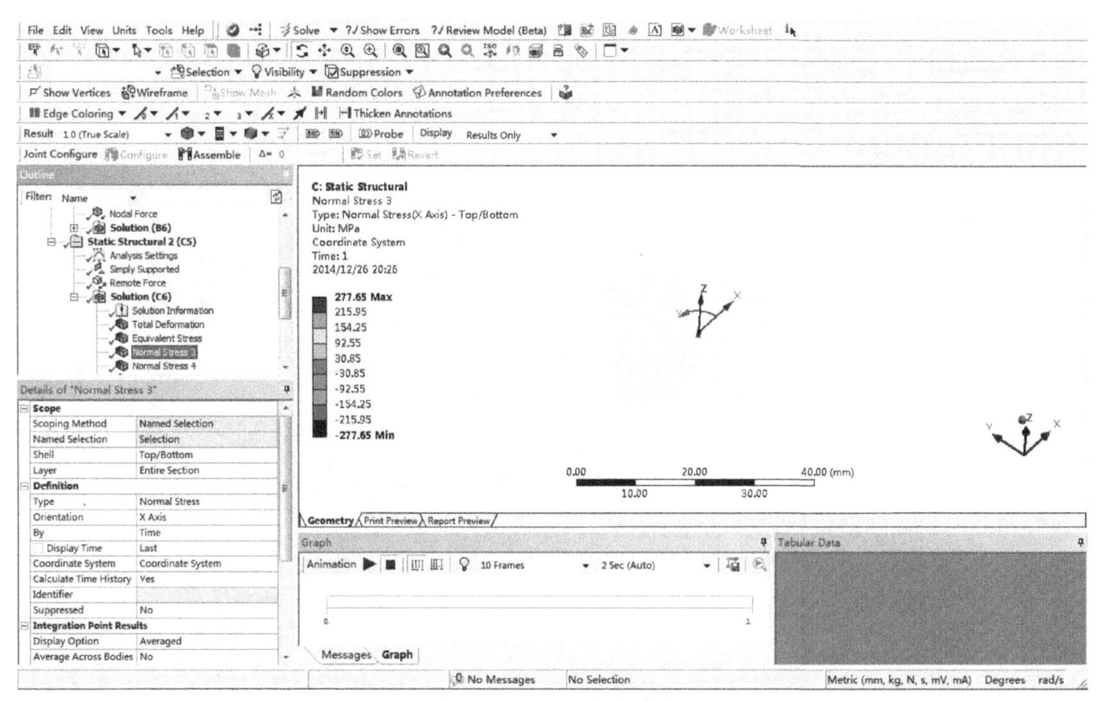

图 4-4-45　圆心径向应力

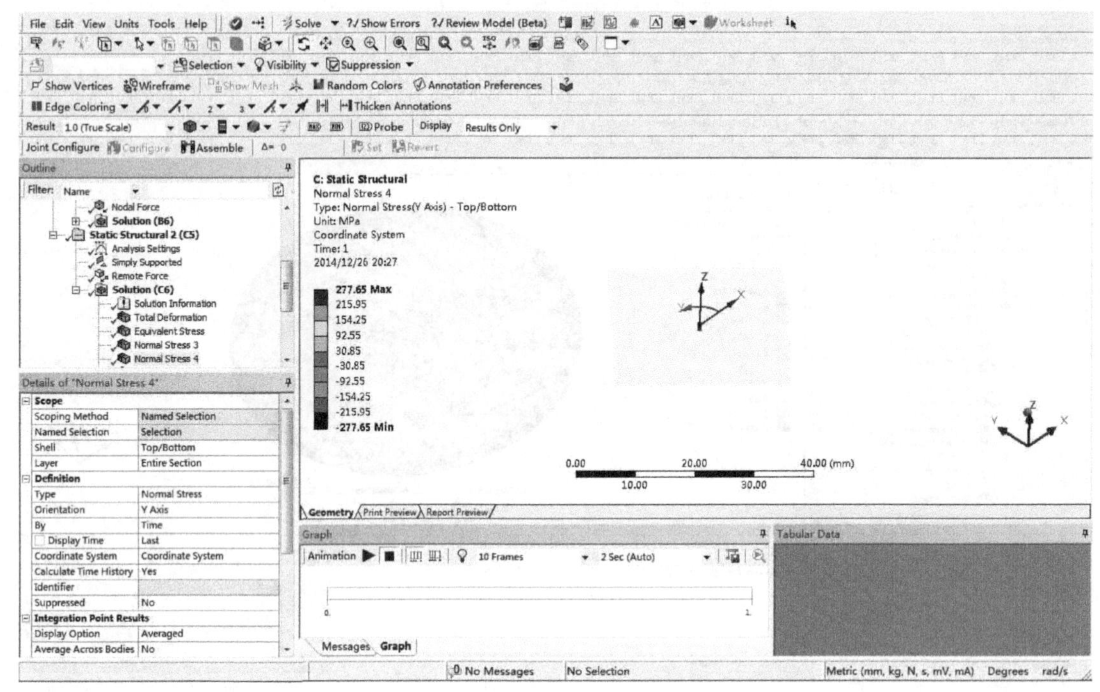

图 4-4-46　圆心周向应力

对比可知，Remote Force（远程力）加载与其他形式加载在位移结果上相差无几，应力小于其他形式加载。在 Solution Information 旁点击 Geometry 查看如图 4-4-47 所示图形，可以看到相邻四个中心单元定义为 Constraint Equation。

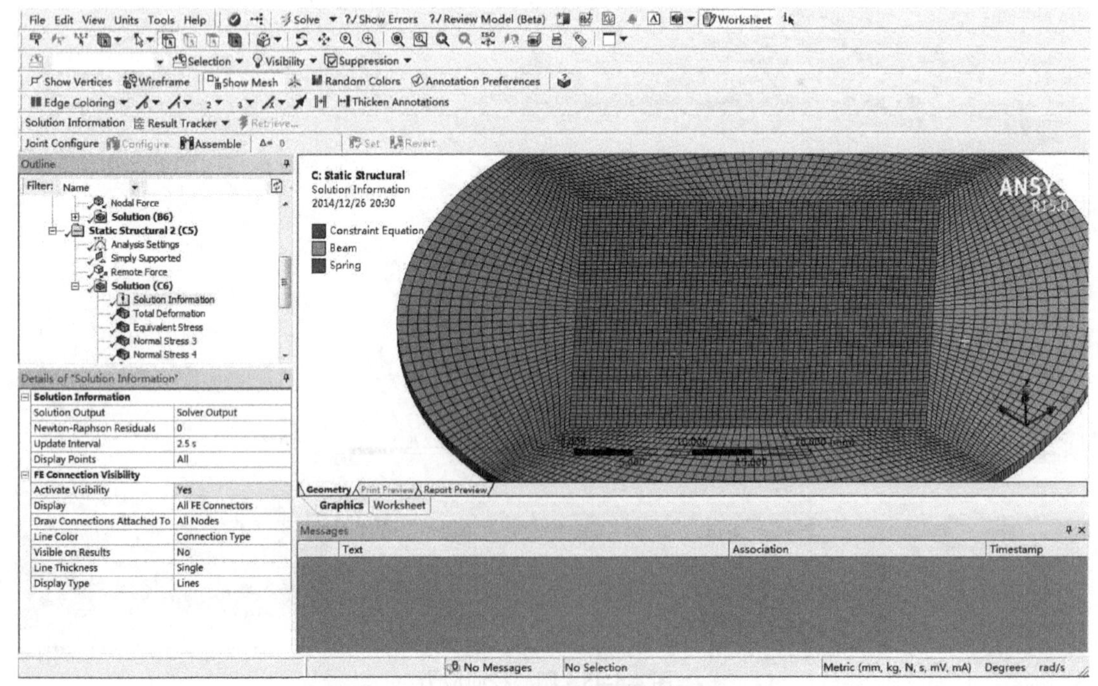

图 4-4-47　Solution Information 中 Geometry 显示

由此可知，Remote Force 核心即为 Surface Based Constraint Force。如果 Remote Force 的作用位置在整个承载面上，Remote Force 等效为 Force 与 Moment 合并于作用面上；如果 Remote Force 的作用位置仅在承载面中心位置上，Remote Force 等效为 Force（Moment 很小以至忽略）于中心位置，但是由于 Remote Force 不像集中载荷那样可以加载在点或节点上，作用区域最小必须有一个单元面，因此应力计算结果小于集中载荷结果；如果 Remote Force 的作用位置远离作用面，Remote Force 等效为 Force 与一个较大的 Moment 合并于作用面上。

思考题

（1）能否用 XY 平面单元类型求解此题？

答题要点：用轴对称模型，边界条件采用远程位移和远程力。轴对称模型没有简支边界条件，所以用远程位移替代，限制远程位移中的平移方向，释放远程位移中的旋转方向，远程位移设置如图 4-4-48 所示；远程力设置如图 4-4-49 所示。

计算结果省略，读者自行求解并对比结果。

（2）能否用实体模型求解此题？

答题要点：直接用实体模型建模，并将其四等分，边界条件采用远程位移和点集中力及远程位移和远程力两种加载方式。同样实体模型也没有简支边界条件，也采用远程位移替代，限制远程位移中的平移方向，释放远程位移中的旋转方向，加点集中力的边界条件如图 4-4-50 所示；加远程力形式的边界条件如图 4-4-51 所示。

计算结果省略，读者自行求解并对比结果。特别注意，采用点集中力的加载会出现非常大的应力奇异，而远程力加载形式的应力计算结果则相对平顺。

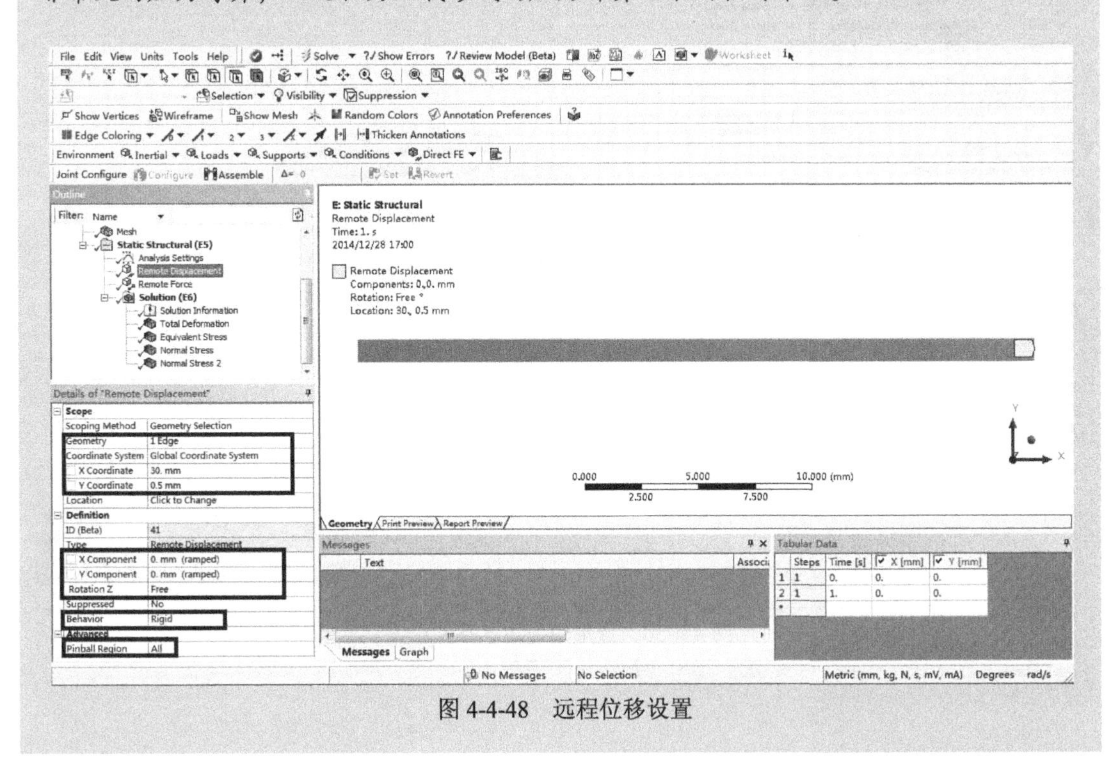

图 4-4-48 远程位移设置

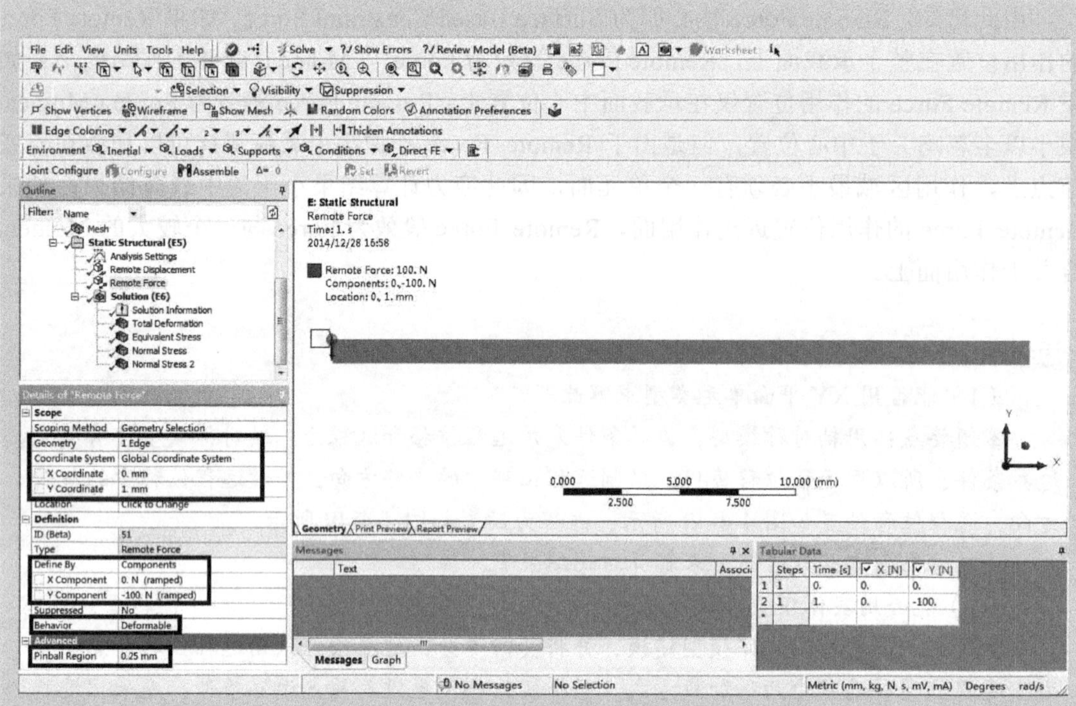

图 4-4-49　远程力设置

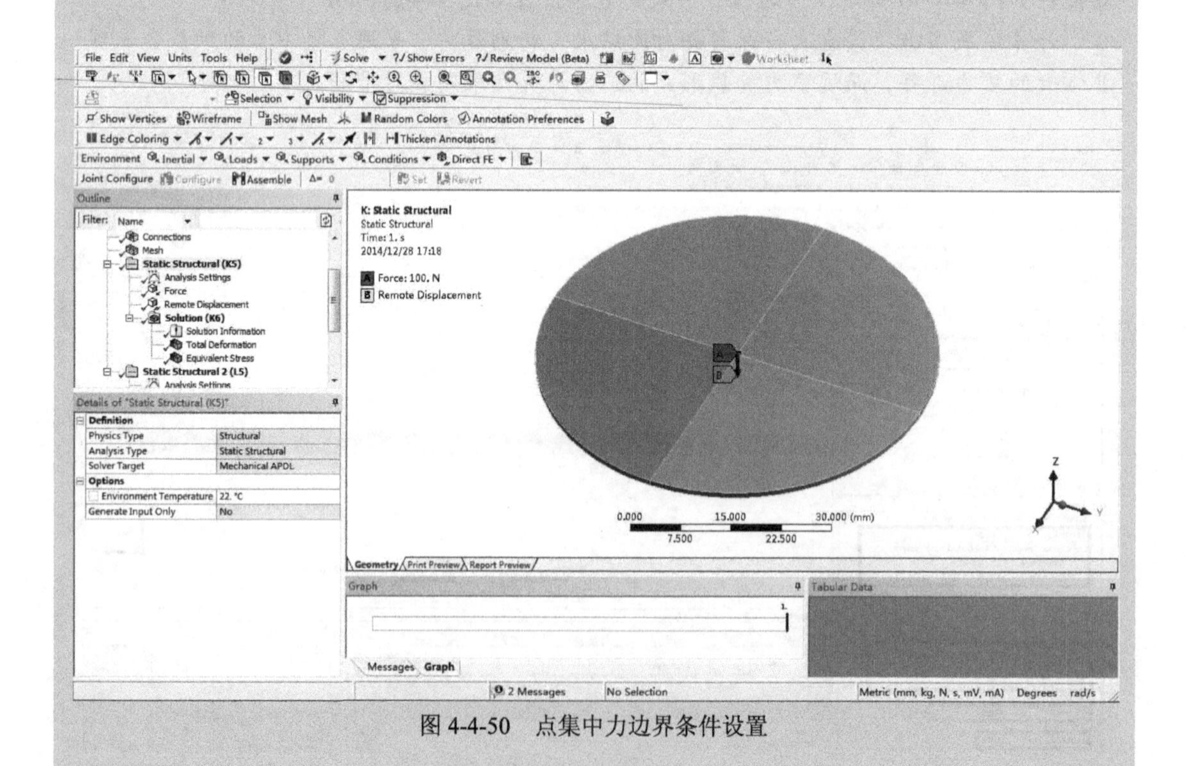

图 4-4-50　点集中力边界条件设置

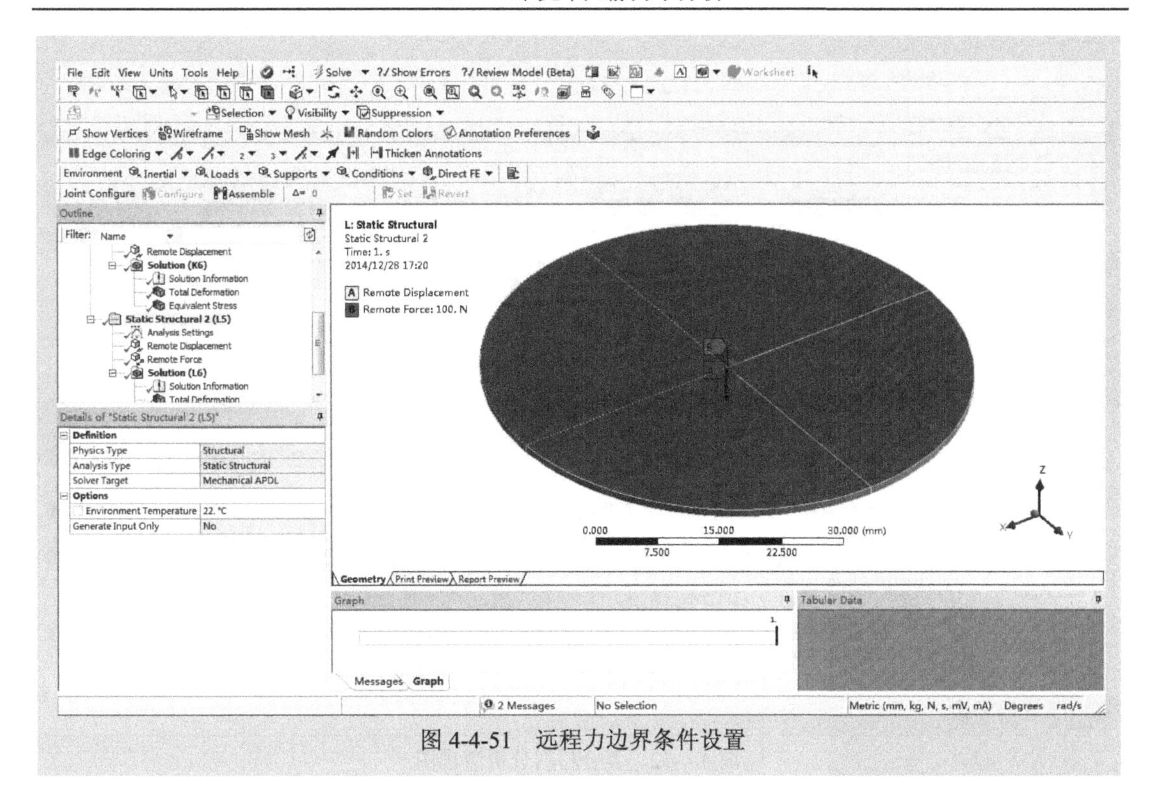

图 4-4-51　远程力边界条件设置

总结

就此题而论，采用三维壳单元求解，前面三种方法计算出来的变形与应力结果都基本准确，与理论计算相差无几，最后一种基于远程点的加载方式只有应力结果小于理论值。但是注意集中载荷是一种理想状态，实际工程中纯粹的集中载荷并不存在，同时对比实体模型也可以知道，集中力载荷加载在实体上会出现很大的应力奇异，因此，采用远程力加载是可行的。同时，在实际工程中，仅仅在一个实体上作用力非常少见，大多是通过多个体的相互连接作用，作用力传递到需要校核的零件上，最符合实际工况则是建立多体部件的模型，结果也最准确；但有时某些零件很复杂，且刚度较大，可以将其省略，使用 Remote Point 加载形式，减少计算规模，结果也相差不大。

4.4.2　壳单元之复合材料模型

WB 的壳单元支持复合材料模型，但是需要插入 Command 才能实现功能。由于 ANSYS Composite Preppost（ACP）模块已经集成于 WB 中，可以与 WB 中的各模块无缝连接，因此结合 ACP 模块建立壳单元之复合材料模型更加简单高效。整个分析流程如图 4-4-52 所示。

注意

在对 ACP（Pre）中的 Model（B4）进行定义时，一定需要打开 Properties，对其长度单位进行设置。

下面以一个例子简要说明 ACP 模块的定义，了解 ACP 模块的基本功能。

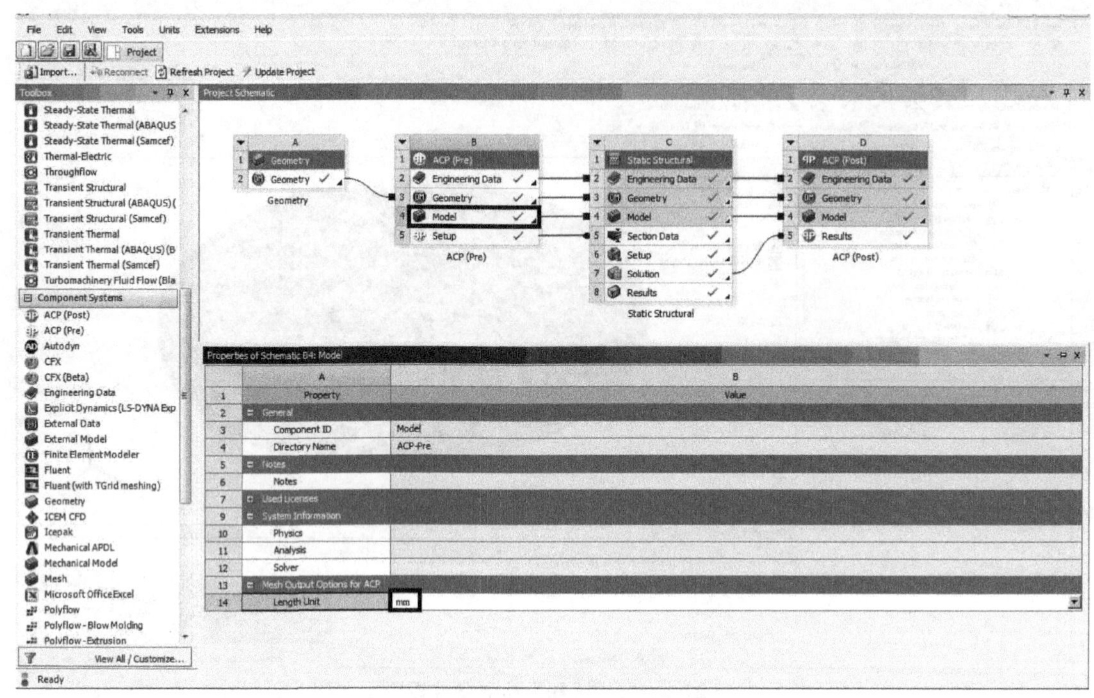

图 4-4-52　复合材料分析流程图

1. 建模

建立一个一端封口，径向开一个孔的的圆管壳体，如图 4-4-53 所示。

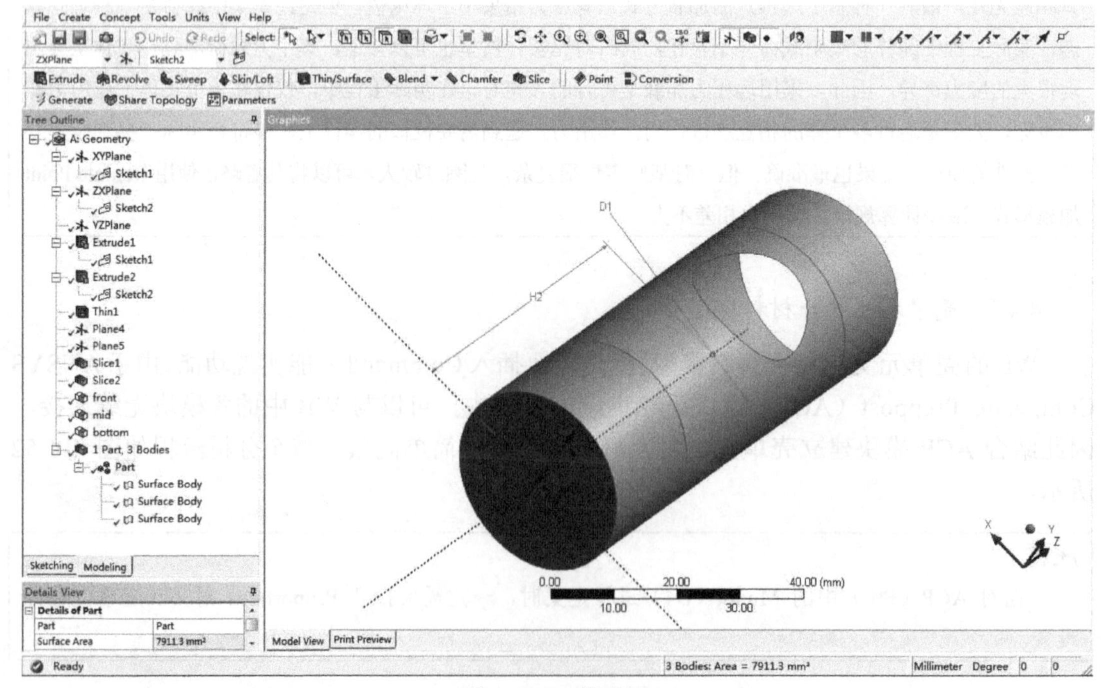

图 4-4-53　模型图

具体建模操作如下：

（1）在 XYPlane 建立 Sketch1，绘制一直径为 30mm 的圆；然后在 Extrude1 定义 Depth 为 80mm，其余默认，即形成一圆柱体。

（2）在 ZXPlane 建立 Sketch2，绘制一距坐标中心 50mm、直径为 20mm 的圆；然后在 Extrude2 定义 Operation 为 Cut Material、Depth 为 20mm，其余默认，即在圆柱体径向切除一个孔。

（3）用 Thin 对模型抽壳，在 Selection Type 选择 Faces to Keep（保留面），Geometry 选择圆柱面和一个底面，Thickness 定义为 0（如果不为 0，即不可产生壳体），其余默认，即可完成壳模型的建立。

（4）对模型进行切分，目的是对模型不同区域定义不同的复合材料类型。先新建一个 Plane4，Type 选择 From Plane，Base Plane 选择 XYPlane，Transform1 选择 Offset Global Z，FD1 Value 定义为 20mm，其余默认；再定义新建一个 Plane5，Type 选择 From Plane，Base Plane 选择 Plane4，Transform1 选择 Offset Global Z，FD1 Value 定义为 45mm，其余默认；点击 Create→Slice，在 Slice Type 处选择 Slice by Plane，Base Plane 选择 Plane4，其余默认；再点击 Create→Slice，在 Slice Type 处选择 Slice by Plane，Base Plane 选择 Plane5，其余默认。即可将模型切分成三段。

（5）选择 Tools→Named Selection 分别将前端圆柱面定义为 front；中间带孔的圆柱面定义为 mid；后端圆柱面和底端面共两个面定义为 bottom。此处定义 Named Selection 是为了后续在 ACP 里面调用。

（6）选中三个 Surface Body，右键 Form New Part，合并为一体。DM 的一些具体操作前文已经叙述，此处不再赘述，希望读者按照流程自行操作，千万不要认为导入模型就可了事。

2. 材料定义

（1）导入一复合材料，如图 4-4-54 所示依次点击。

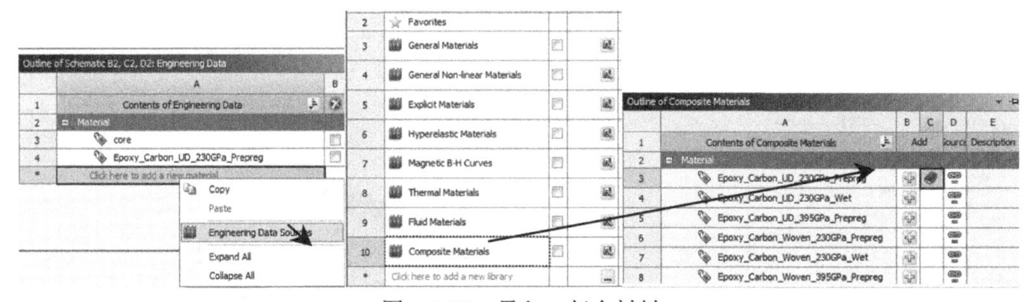

图 4-4-54　导入一复合材料

（2）新建一 core 材料，如图 4-4-55 所示。首先在 1 区点击创建一种材料，输入 core，即如 2 区所示；在 3 区双击左键，即可在 3a 区输入 Density（密度）为 1030kg/m^3，同样操作在 4a 区定义 Ply Type 为 Orthotropic Homogeneous Core（此处定义为正交各向异性均质内核，可以在后处理里调用不同的失效类型），在 5a 区定义 Orthotropic Elasticity 参数（包括三向杨氏模量、泊松比、剪切模量），在 6a 区定义 Orthotropic Stress Limits 和 Orthotropic Strain Limits 参数（包括三向拉伸、压缩、剪切，作为在后处理中判定失效的基准值），在 7a 区定义 Isotropic Thermal Conductivity 参数；最后点击 8 区退出。

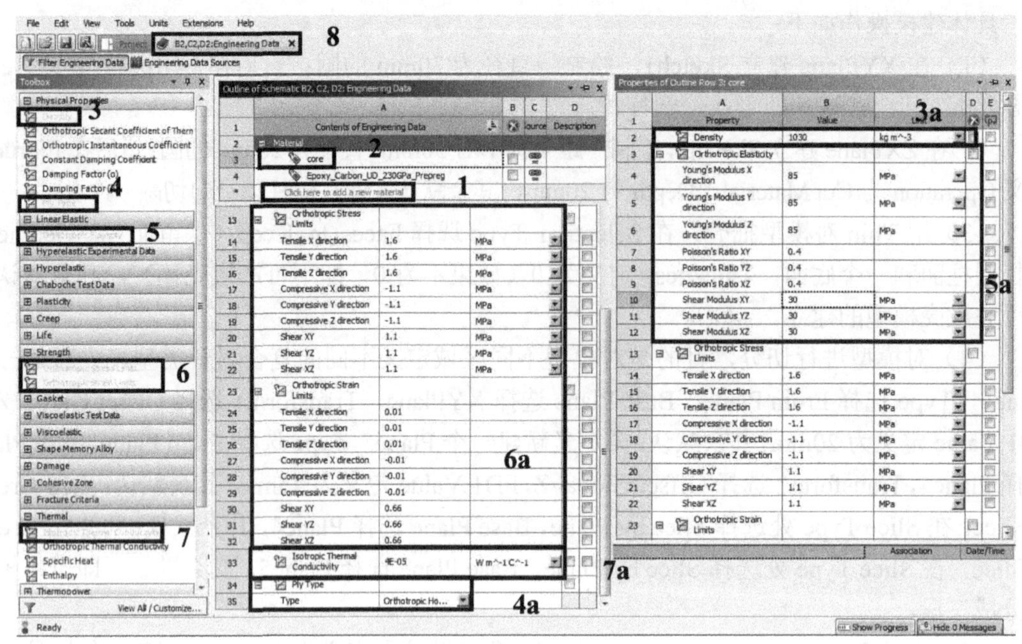

图 4-4-55　新建一 core 材料

> **注意**
>
> 保证正交异性材料稳定必须满足不等式：$E_x > \nu_{xy}^2 E_y$， $E_y > \nu_{yz}^2 E_z$， $E_z > \nu_{xz}^2 E_z$。

3．网格划分

双击 B4 Model，在 Mesh 选项中将 Relevance 定义为 100，表示把网格细化，如图 4-4-56 所示。

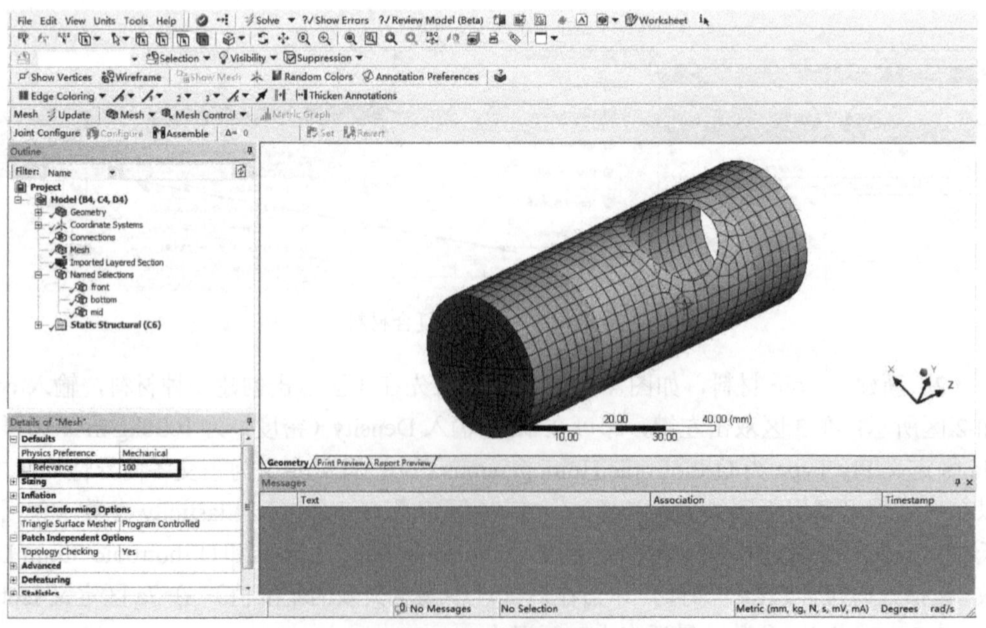

图 4-4-56　网格划分

4. ACP 前处理

双击 B5 Setup，即可进入 ACP-Pre 界面。针对复合材料的各向异性行为，首先需了解软件中坐标系的概念。

总体坐标系：整个模型设置的坐标系。

单元坐标系：单元计算的内部坐标系，由总体坐标系方向、单元编号及形函数确定，用户不能直接控制。

材料坐标系：用于指定材料参数特性和该坐标系下的应力应变关系；一般用方向角定义材料坐标系与总体坐标系和单元坐标系的关系。

默认 ACP 界面下的鼠标操作与 WB 一致，依次设置如下所示。

1）Material Data 设置

先定义 **Fabrics** 类型，在 Material Data 下面 Fabrics 菜单处点击右键，出现 Create Fabric 菜单，如图 4-4-57 所示设置，图中分别定义两种纤维类型，依次定义名称（便于后续选择）、材料和厚度。

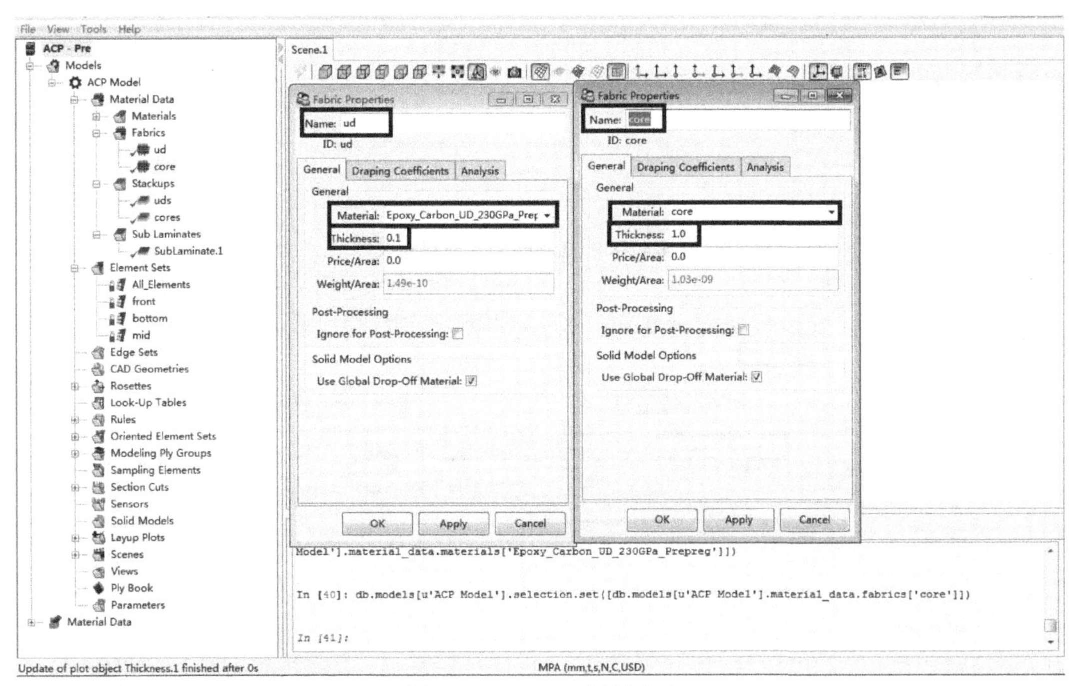

图 4-4-57　Fabric 材料定义

再定义 **Stackups** 类型，在 Material Data 下面 Stackups 菜单处点击右键，出现 Create Stackup 菜单，如图 4-4-58、图 4-4-59 所示设置，图中分别定义两种 Stackup 类型（由各不同角度的纤维组合而成），依次定义名称（便于后续选择）、对称类型（特别注意 Even Symmetry 和 Odd Symmetry 的区别）、纤维类型、角度，如图点击 Analysis，选中图示选项，点击 Apply，可以看到各 Stackup 层的纤维材料、角度、厚度及极坐标参数。

最后定义 **Sub Laminates**，在 Material Data 下面 Sub Laminates 菜单处点击右键，出现 Create Sub Laminates 菜单，如图 4-4-60 所示设置，图中分别定义 Sub Laminates 类型（由 Fabric

和/或 Stackup 组合而成），依次定义名称（便于后续选择），Fabric、Stackup 类型、角度，点击 Analysis，选中图示选项，点击 Apply，可以看到 Sub Laminates 层的材料、角度、厚度及极坐标参数。

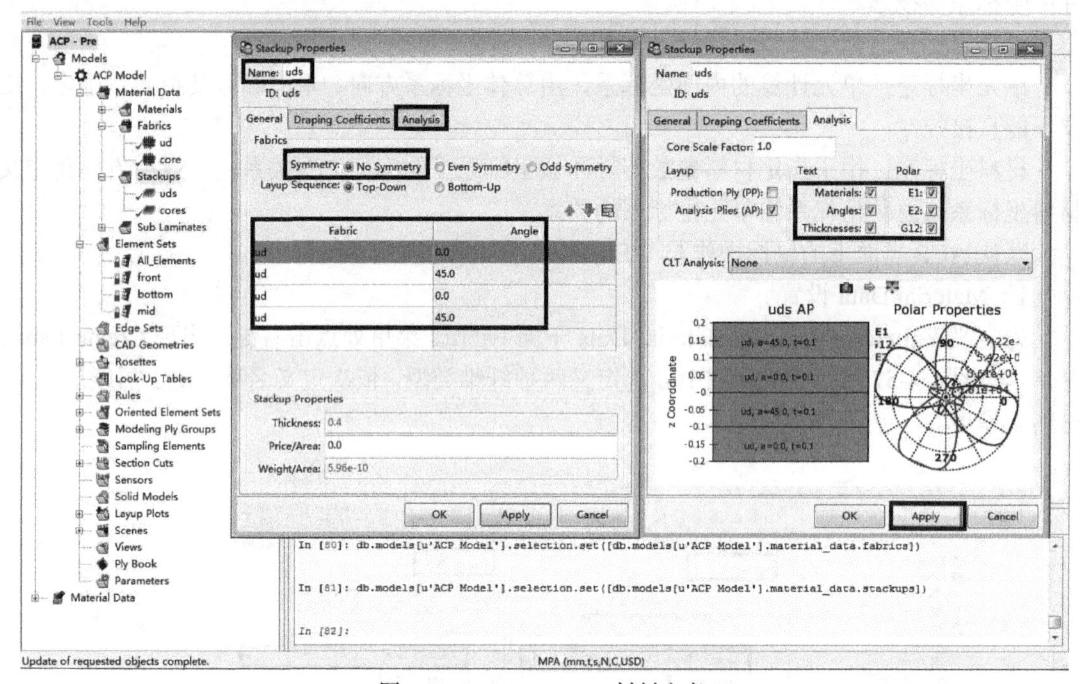

图 4-4-58　uds Stackup 材料定义

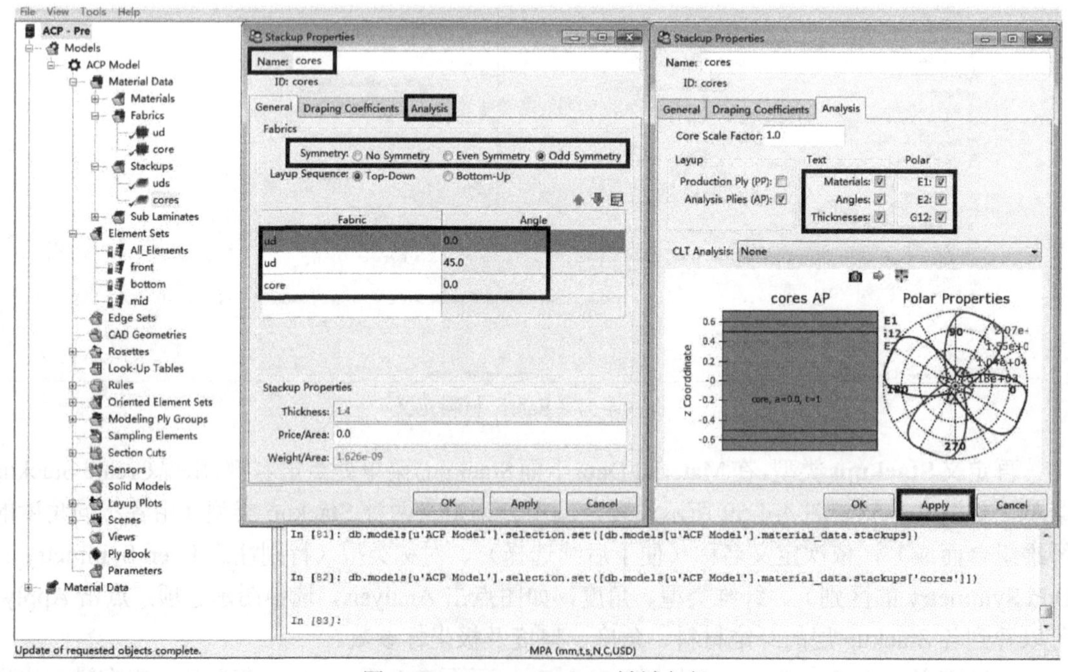

图 4-4-59　cores Stackup 材料定义

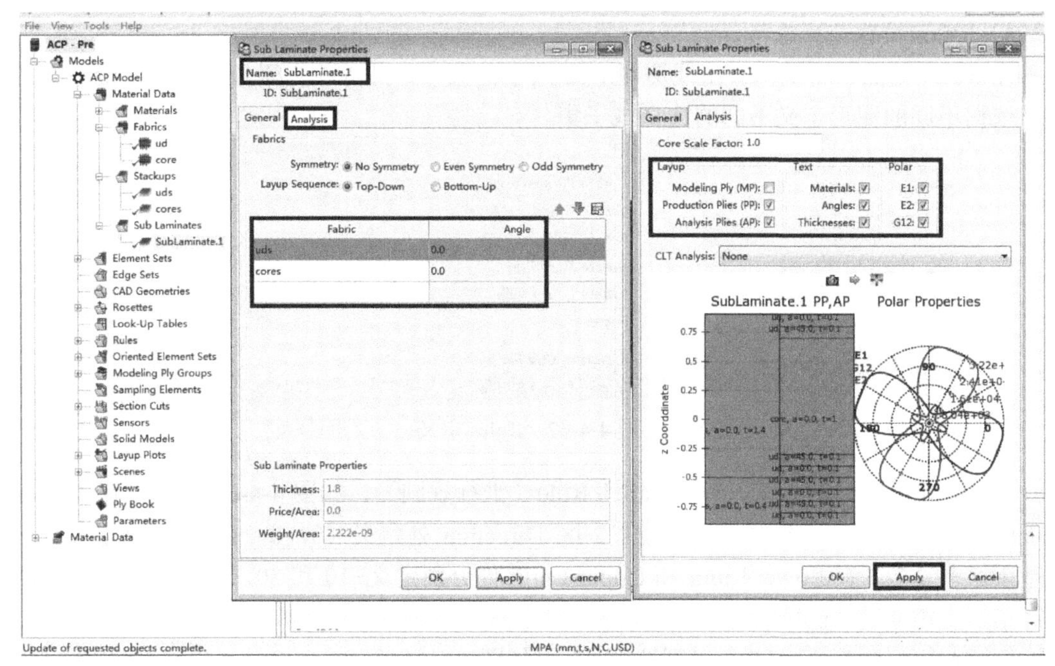

图 4-4-60 Sub Laminates 材料定义

2）Element Sets 和 Rosettes 设置

如图 4-4-61 所示点击 Element Sets，可以看到默认的 All Elements 和之前在 DM 中定义的选择域 front、mid、bottom，此处可以自定义区域，用于增删选择域。

点击 Rosettes，可以看到默认的 Rosette，Rosette 是以复合材料中纤维的方向（0°）建立的坐标系，也可以基于平行、径向、圆柱、球形等形式自定义 Rosette。

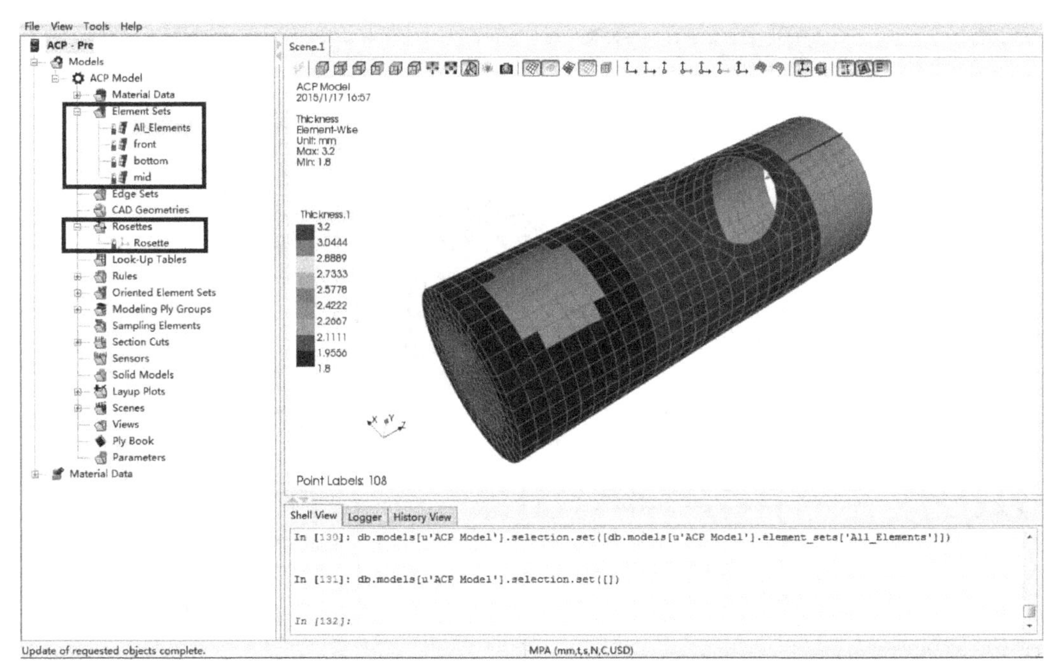

图 4-4-61 Element Sets 和 Rosettes 设置

3）Rules 设置

在 Rules 处点击右键，会出现图 4-4-62 所示的菜单，此处相当于定义 Elements Set 的子集，依据不同的图形定义不同的选择域子集。

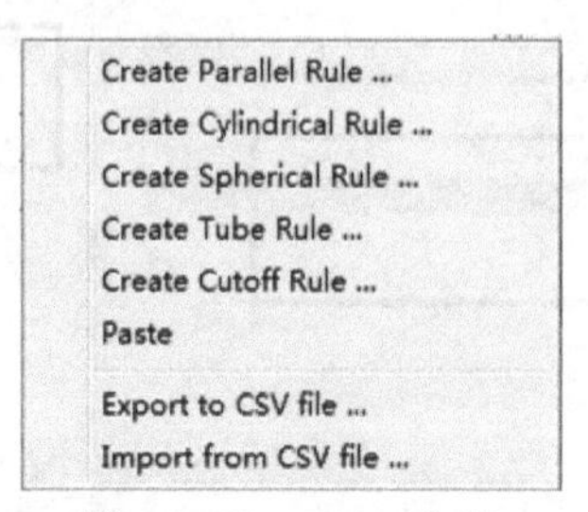

图 4-4-62　Rules 定义

具体如下设置。先定义一个 Parallel Rule（平行规则），如图 4-4-63 所示。在 Origin 处基于图形中点击 1 区，选择一个节点；2 区 Direction 处定义（0，0，1），表示定义区域方向基于 Z 轴；3 区在 Lower Limit 和 Upper Limit 处分别定义−10 和 30，表示两平行平面的位置；最后点击 4 区 Apply 确定。

再插入一个 Cylindrical Rule（圆柱规则），如图 4-4-64 所示。在 Origin 处基于图形中点击 1 区，选择一个节点，表示圆心位置；2 区 Direction 处定义（0，1，0），表示圆柱长度方向基于 Y 轴；3 区在 Radius 处定义半径为 8，表示截面圆的半径为 8mm；最后点击 4 区 Apply 确定。

最后插入一个 Cylindrical Rule（圆柱规则），如图 4-4-65 所示。在 Origin 处基于图形中点击 1 区，选择一个节点，表示圆心位置；2 区 Direction 处定义（0，0，1），表示圆柱长度方向基于 Z 轴；3 区在 Radius 处定义半径为 10，表示截面圆的半径为 10mm；最后点击 4 区 Apply 确定。

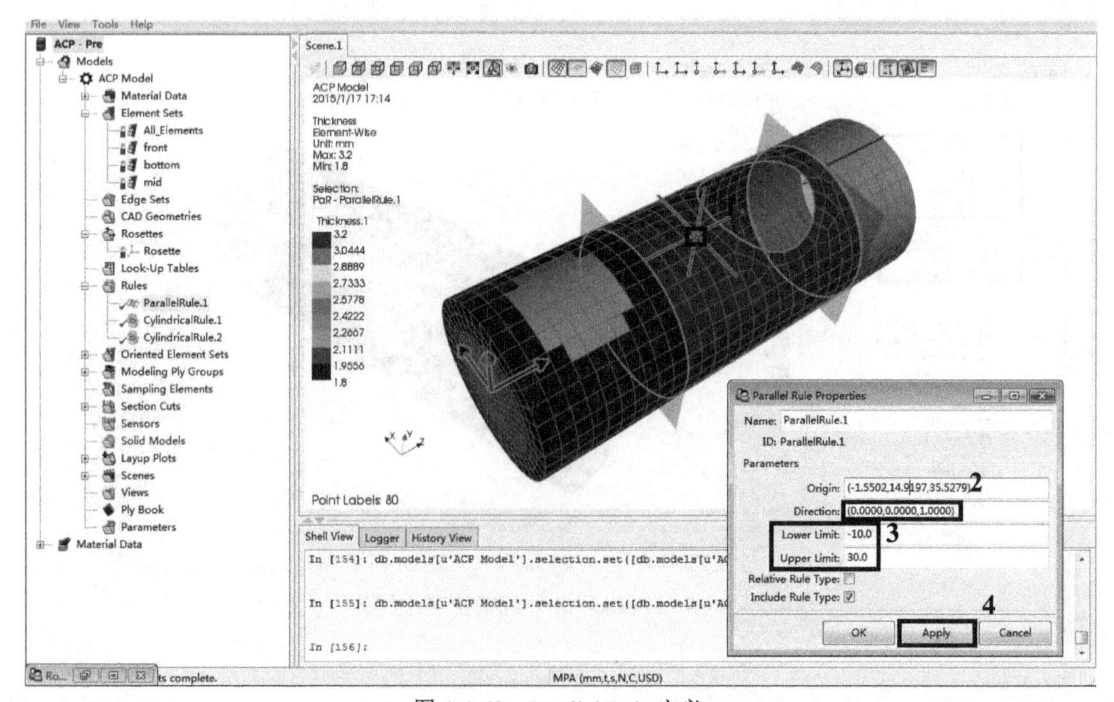

图 4-4-63　Parallel Rule 定义

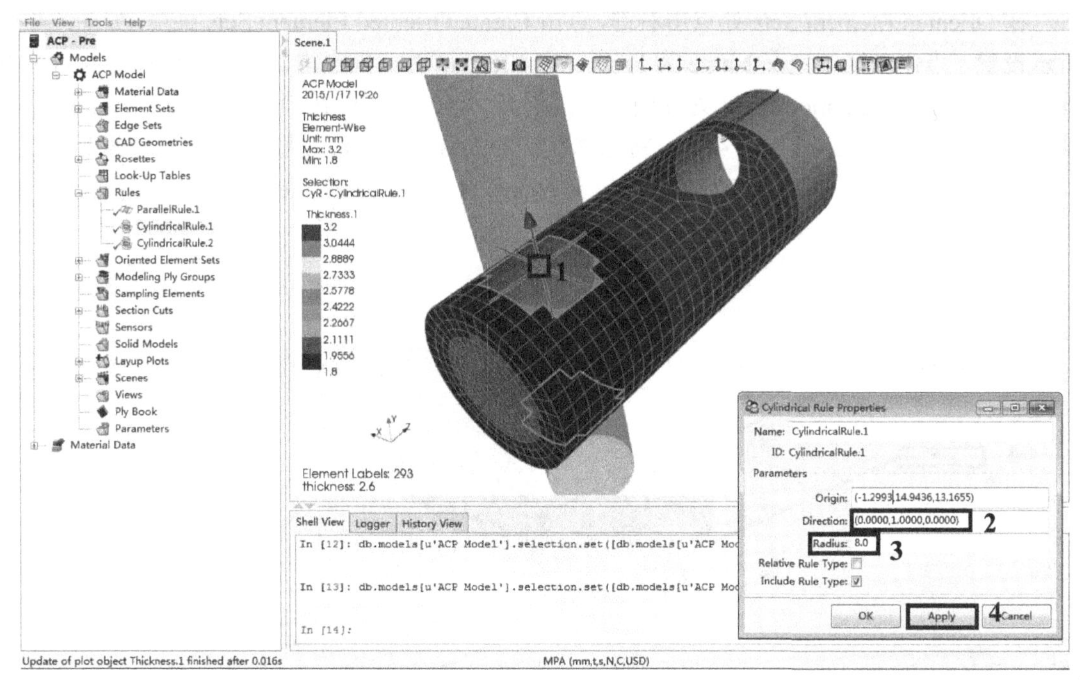

图 4-4-64 Cylindrical Rule.1 定义

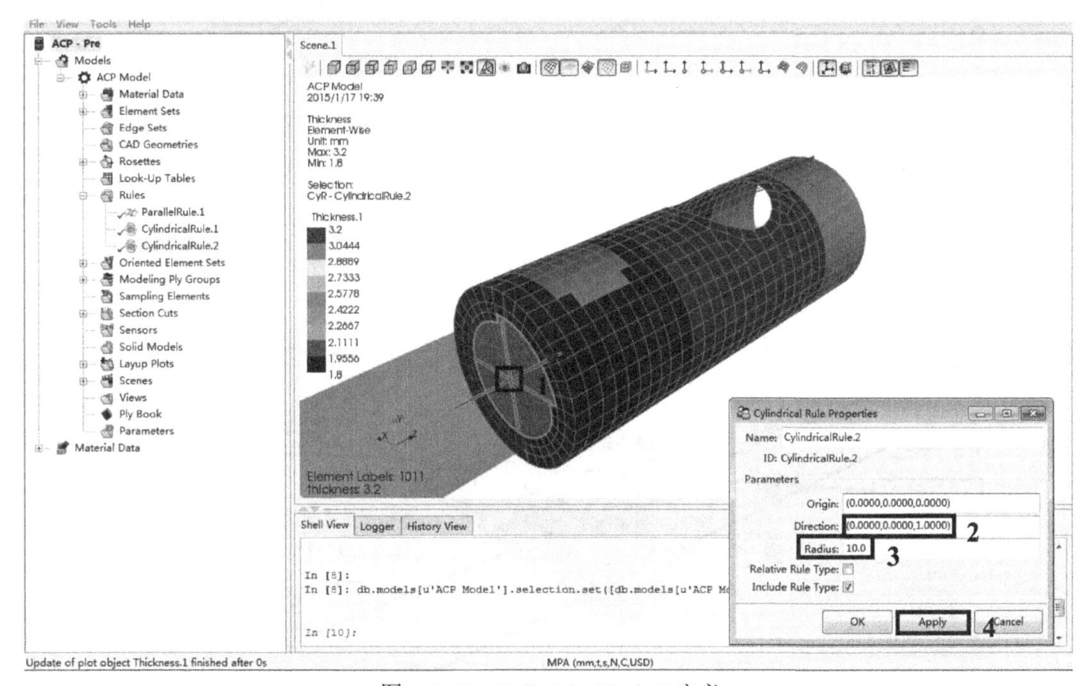

图 4-4-65 Cylindrical Rule.2 定义

4）Oriented Element Sets 设置

Oriented Element Sets 用于定义复合材料结合层的属性，所有方向定义全部基于 0° 纤维方向（Rosettes），其中 Orientations Direction 定义结合方向，Orientation Point 一定要归属于指定区域。

在 Oriented Element Sets 处点击右键，点击 Create Oriented Element Sets 菜单，如图 4-4-66 所示设置。点击 1 区，定义 Name 为 Front；在 Element Sets 处点击 2 区，将选择前面定义的 Front 区域；在 Orientation Point 处在图中 3 区选择一节点，进而在 Orientations Direction 定义结合方向；在 Rosettes 处点击 4 区，将选择默认的 Rosette 坐标；最后点击 5 区 Apply 确定。

如图 4-4-67 所示设置。点击 1 区，定义 Name 为 mid；在 Element Sets 处点击 2 区，将

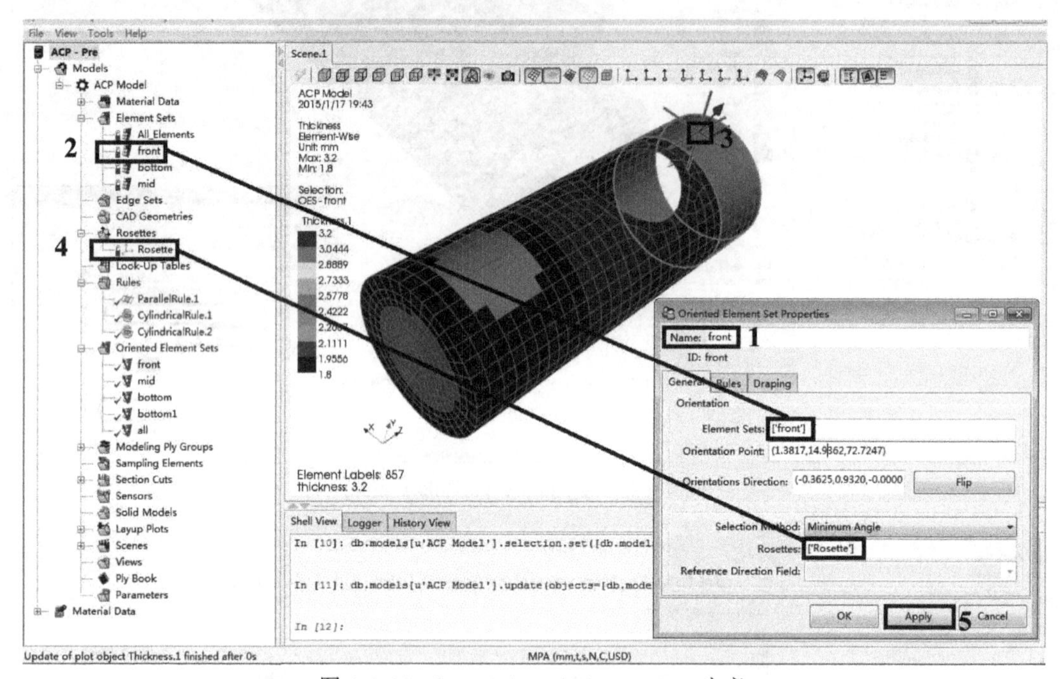

图 4-4-66　front Oriented Element Sets 定义

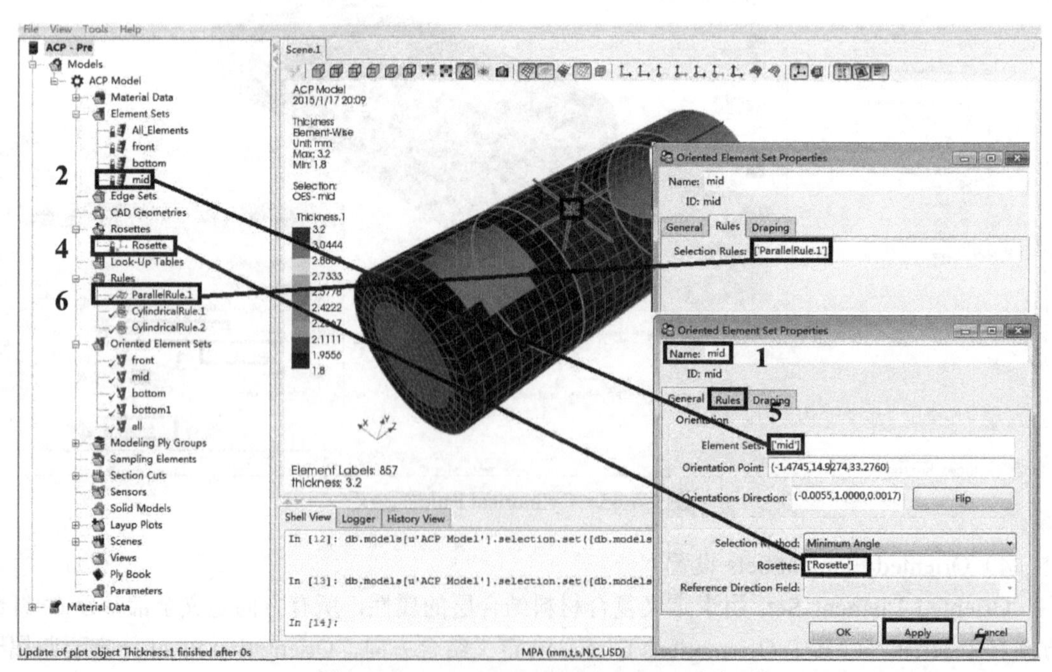

图 4-4-67　mid Oriented Element Sets 定义

选择前面定义的 mid 区域；在 Orientation Point 处在图中 3 区选择一节点，进而在 Orientations Direction 定义结合方向；在 Rosettes 处点击 4 区，将选择默认的 Rosette 坐标；再点击 5 区的 Rules，在 Selection Rules 处点击 6 区，将选择前面定义的 Parallel Rule.1 子集，最后点击 7 区 Apply 确定。

如图 4-4-68 所示设置。点击 1 区，定义 Name 为 bottom；在 Element Sets 处点击 2 区，将选择前面定义的 bottom 区域；在 Orientation Point 处在图中 3 区选择一节点，进而在 Orientation Direction 定义结合方向；在 Rosettes 处点击 4 区，将选择默认的 Rosette 坐标；再点击 5 区的 Rules，在 Selection Rules 处点击 6 区，将选择前面定义的 Cylindrical Rule.1 子集，最后点击 7 区 Apply 确定。

如图 4-4-69 所示设置。点击 1 区，定义 Name 为 bottom1；在 Element Sets 处点击 2 区，将选择前面定义的 bottom 区域；在 Orientation Point 处在图中 3 区选择一节点，进而在 Orientations Direction 定义结合方向；在 Rosettes 处点击 4 区，将选择默认的 Rosette 坐标；再点击 5 区的 Rules，在 Selection Rules 处点击 6 区，将选择前面定义的 Cylindrical Rule.2 子集，最后点击 7 区 Apply 确定。

如图 4-4-70 所示设置。点击 1 区，定义 Name 为 all；在 Element Sets 处点击 2 区，将选择前面定义的 All_Elements 区域；在 Orientation Point 处在图中 3 区选择一节点，进而在 Orientations Direction 定义结合方向；在 Rosettes 处点击 4 区，将选择默认的 Rosette 坐标；最后点击 5 区 Apply 确定。

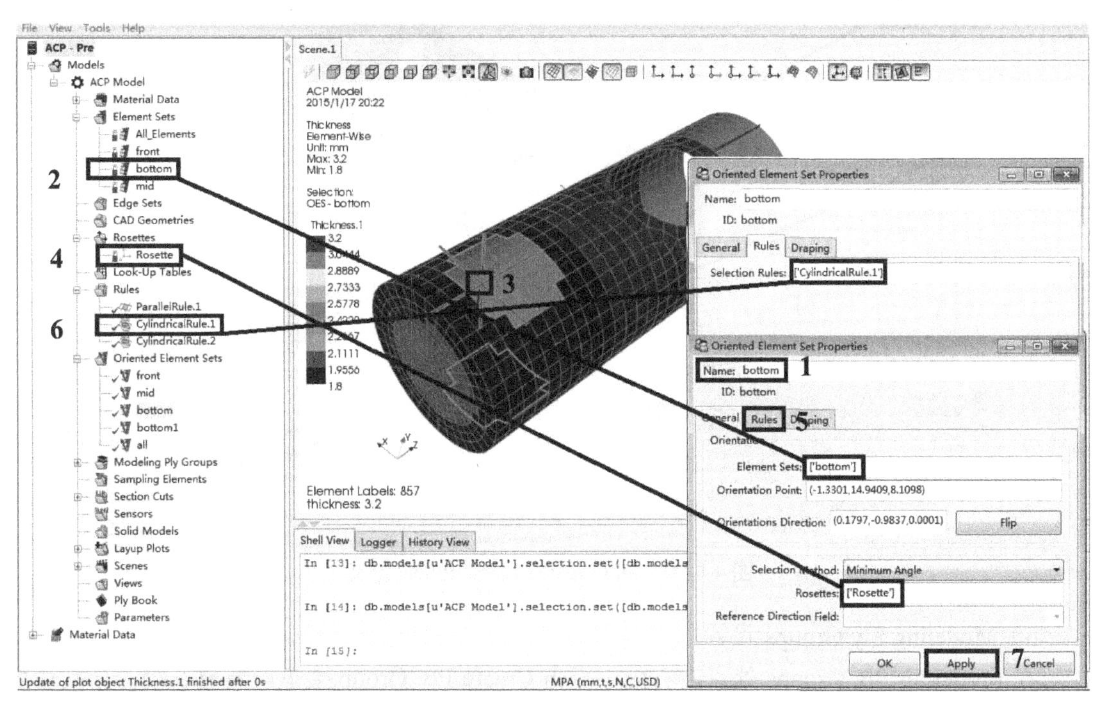

图 4-4-68　bottom Oriented Element Sets 定义

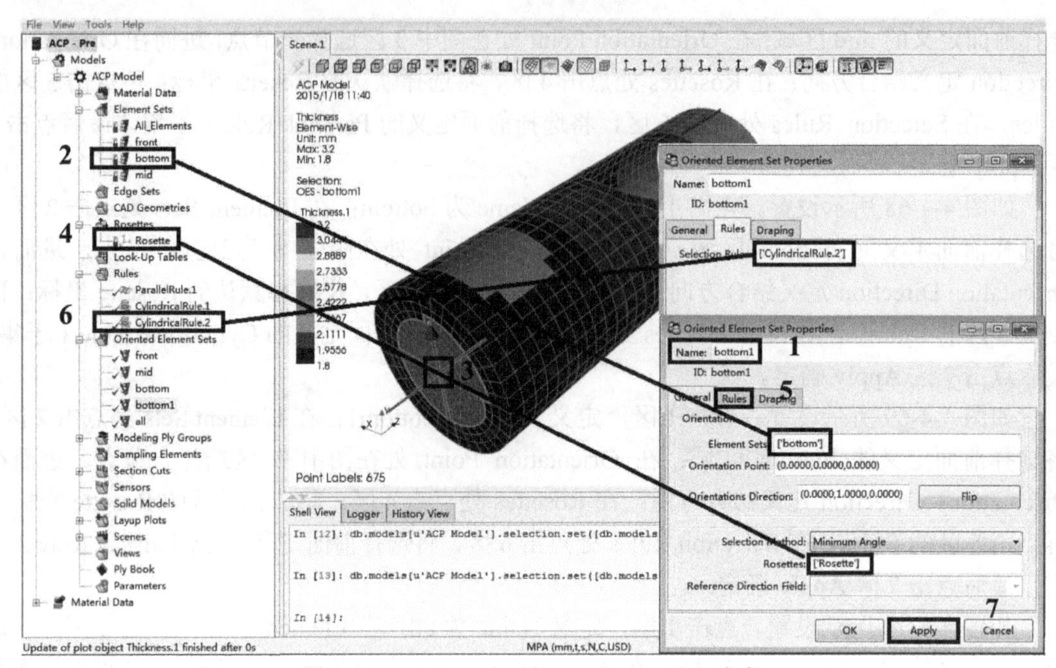

图 4-4-69　bottom1 Oriented Element Sets 定义

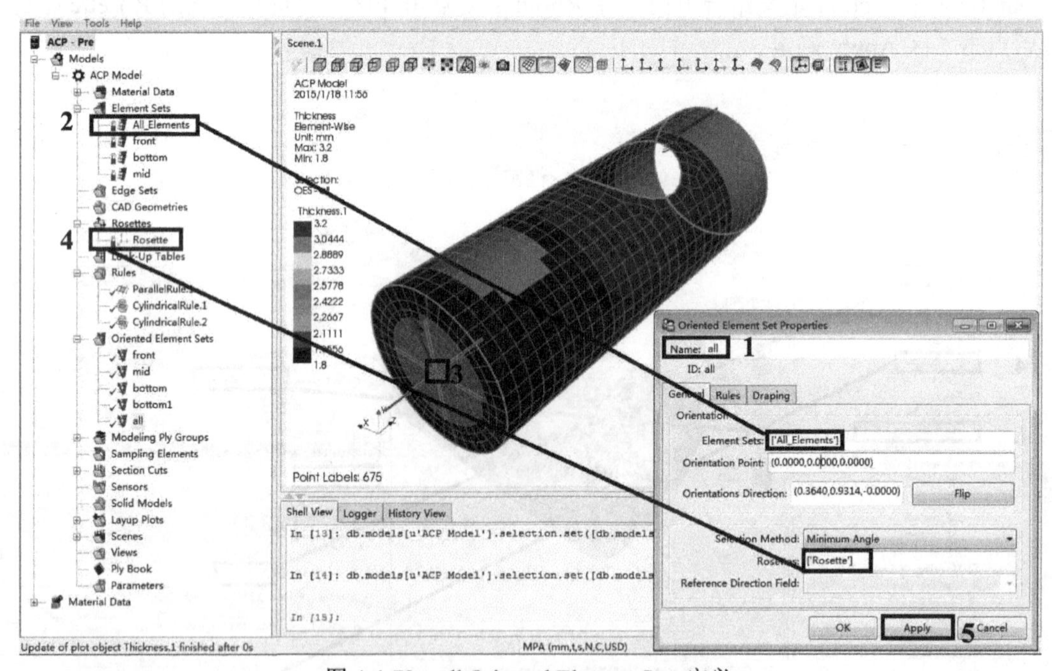

图 4-4-70　all Oriented Element Sets 定义

5）Modeling Ply Groups 设置

在 Modeling Ply Groups 处点击右键，点击 Create Ply Group 菜单，新建 5 组，分别命名为 1～5，再对每组分别点击右键，点击 Create Ply…，如图 4-4-71 所示设置。其中 Oriented Element Sets 选取前文定义的区域子集，Ply Material 选取前文定义的各项材料，Ply Angle 表示铺层角度；Number of Layers 表示复合材料的层数。

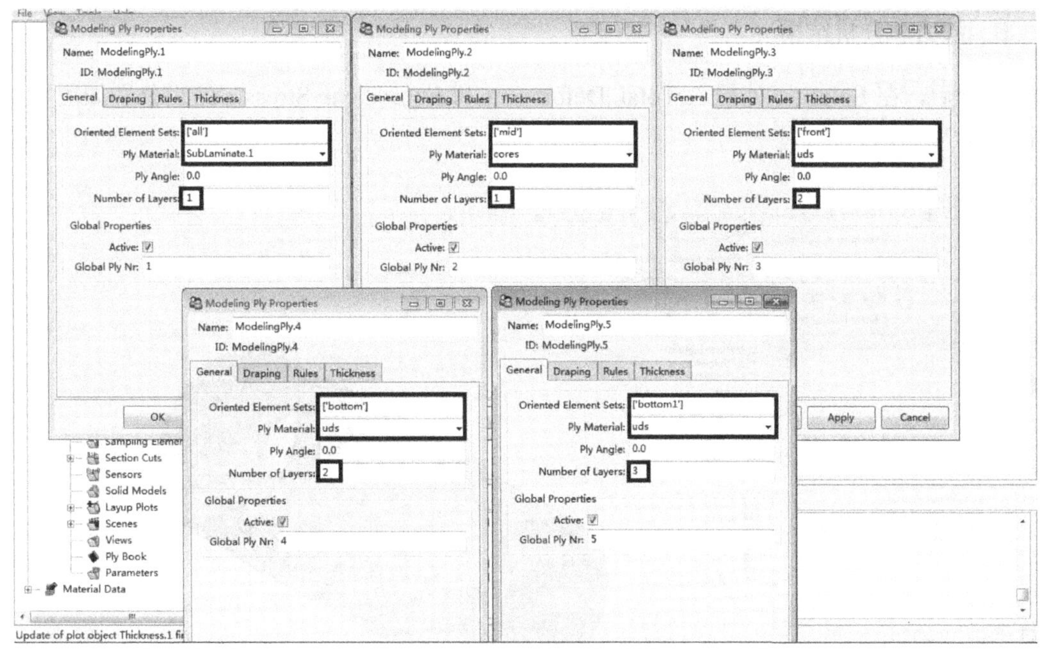

图 4-4-71　Modeling Ply Groups 定义

5. 静力学分析

双击 C6 Setup，即可进入 Mechanical 界面，如图 4-4-72 所示加载边界条件，分别为对圆管开口边线加载 Fixed Support；对 Bottom 面加载 Pressure 为 0.5MPa；对 Mid 面的中间开口线加载基于 Y 轴的 Force 为 500N。

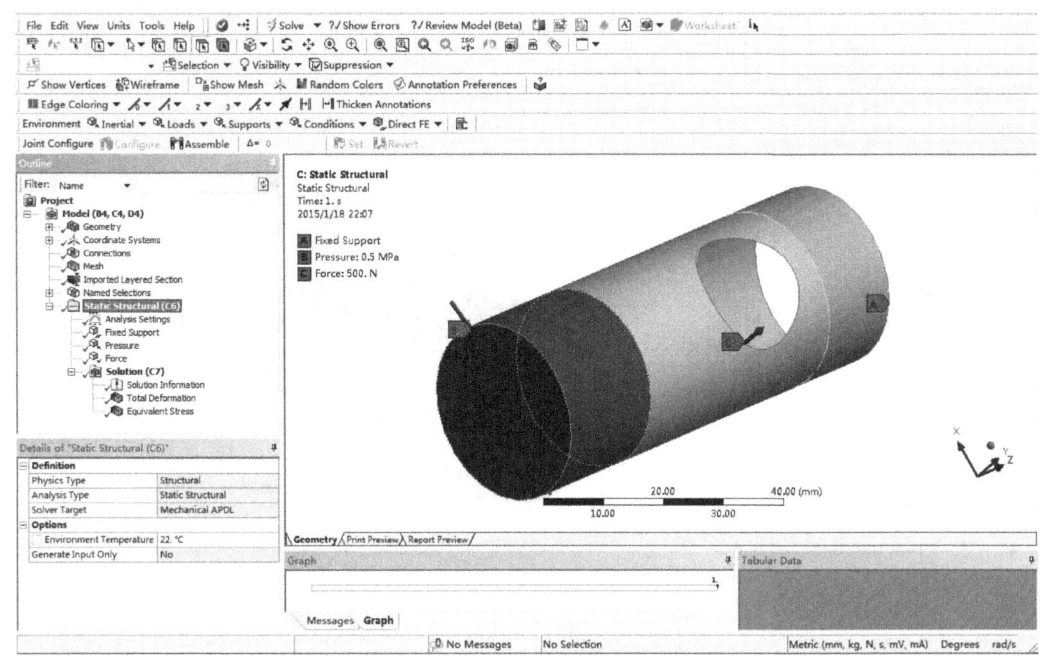

图 4-4-72　边界条件定义

6. 静力学分析结果

求解后，在 Solution 处插入 Total Deforming 和 Equivalent Stress，结果分别如图 4-4-73 和图 4-4-74 所示。

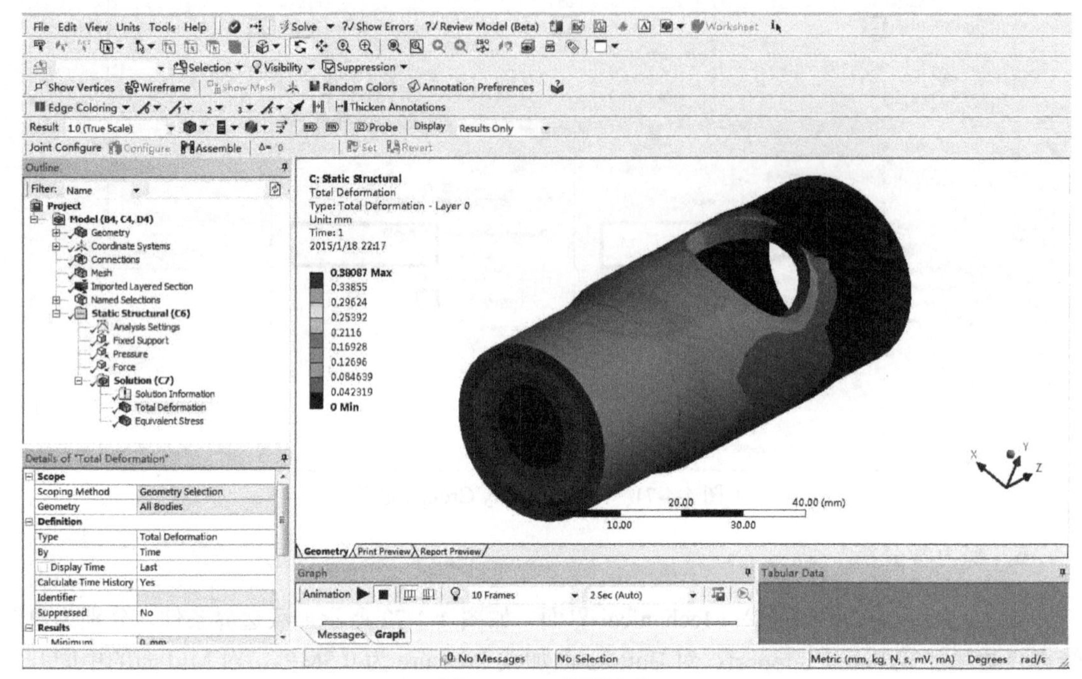

图 4-4-73　变形结果

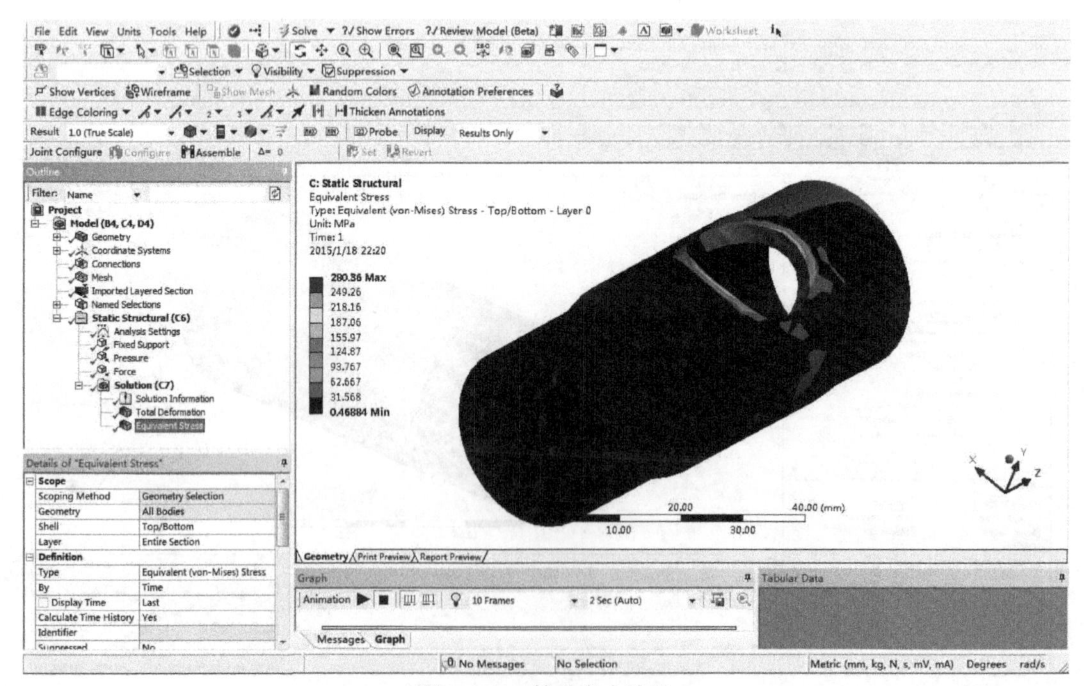

图 4-4-74　等效应力结果

7. ACP 后处理

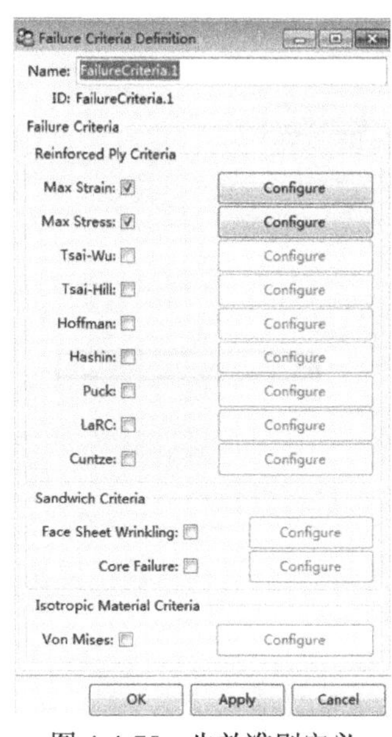

图 4-4-75 失效准则定义

双击 D5 Results，即可进入 ACP 后处理。

1）Failure Criteria 设置

在 Definitions 处点击右键，点击 Create Failure Criteria，如图 4-4-75 所示。

（1）**Max Strain（最大应变）**：失效状态为材料主应力方向的应变大于材料基本强度对应的应变值。

（2）**Max Stress（最大应力）**：失效状态为各材料主应力方向的应力大于材料基本强度值。（最大应变和最大应力准则均为一次准则。）

（3）**Tsai-Wu（蔡-吴）、Tsai-Hill（蔡-希尔）、Hoffman（霍夫曼）**：基于二次应力、应变函数的一类失效准则，核心公式为

$$F_{11}\sigma_1^2+F_{22}\sigma_2^2+F_{33}\sigma_3^2+F_{44}\tau_{23}^2+F_{55}\sigma_{13}^2+F_{66}\sigma_{12}^2+2F_{12}\sigma_1\sigma_2+2F_{23}\sigma_2\sigma_3+2F_{13}\sigma_1\sigma_3+F_1\sigma_1+F_2\sigma_2+F_3\sigma_3=f$$

以上三准则区别仅在于 F_{ii} 和 F_I 定义的区别。其中 **Tsai-Hill** 准则只适用于材料主方向的拉伸强度和压缩强度相同的单向复合材料，如玻璃纤维、环氧等复合材料；**Hoffman** 准则适用于正轴方向拉伸强度和压缩强度大致相等的单向复合材料；**Tsai-Wu** 准则适用于复杂加载下拉压强度差别较大的复合材料。总体上 **Tsai-Wu** 准则与实验值比较接近，克服了同类准则存在较大误差的缺点。

（4）**Hashin**：以材料纤维方向的临界拉伸极限作为失效准则。

（5）**Puck**：把失效形式分为轴向拉伸失效、轴向压缩失效、横向拉伸失效、横向压缩剪切失效、斜面剪切失效，当上述任一种形式失效，即认为失效。当材料出现较大非线性变形时，Puck 准则与实验值存在差距，体现在最大应变远远小于实验值。但是在总体上 Puck 准则精度较高，是最好的理论之一。

（6）**LaRC**：基于纤维与基材不同的拉伸和压缩状态，用于判定基材开裂和纤维断裂两种失效形式的准则。

（7）**Cuntze**：结合纤维的拉伸、压缩失效和纤维之间的拉伸、压缩、剪切失效形式的综合准则。

结果显示 Reserve Factor（RF）<1，处于失效状态；Inverse Reserve Factor（IRF）>1，处于失效状态；Margin of Safety（MoS）<0，处于失效状态。

2）Solution 设置

在 Solution→Solution1 处点击右键，依次点击 Create Deformation、Create Stress、Create Failure，如图 4-4-76 所示设置。

在 Deformation 和 Stress 求解设置里，可以在 Component 处选择求解项目；默认选项是不选择 Ply-Wise，如果选择 Ply-Wise，即可以左键点击选择 Modeling Ply Groups 下的各层，求出对应层的结果云图，如图 4-4-77～图 4-4-80 所示。

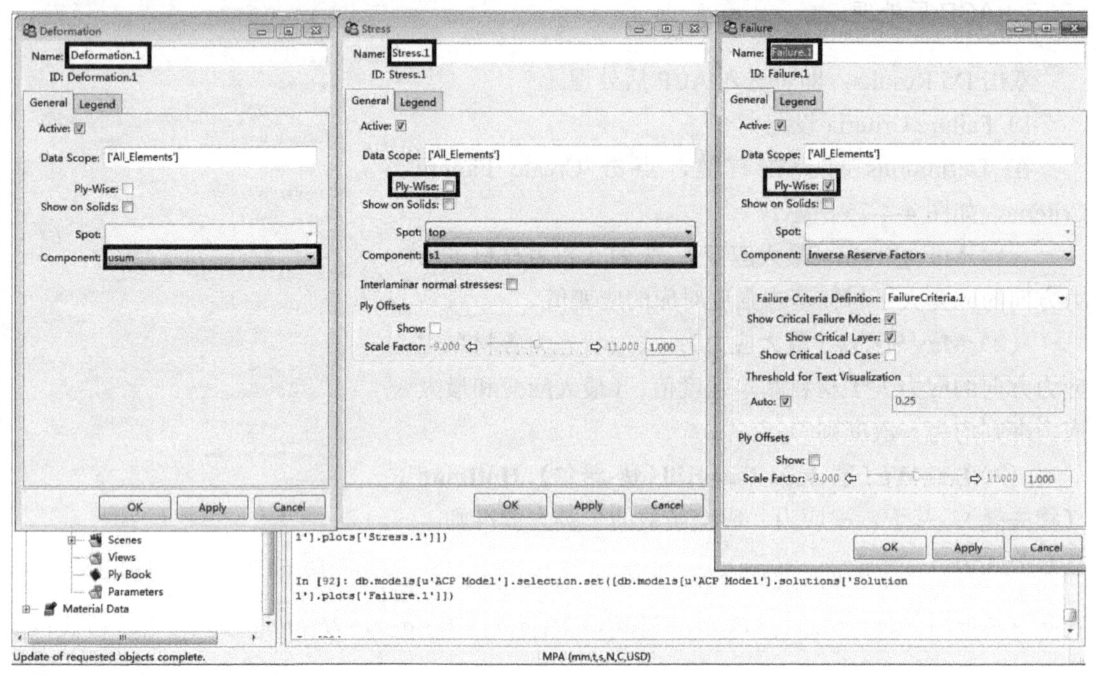

图 4-4-76　求解设置

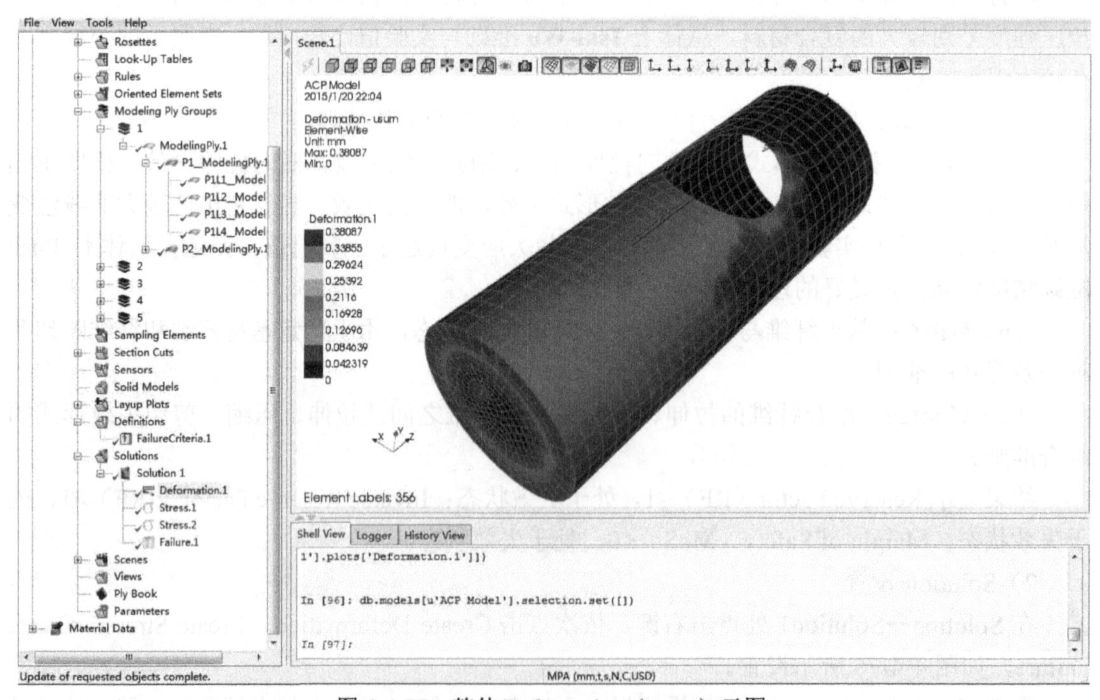

图 4-4-77　整体 Deformation（usum）云图

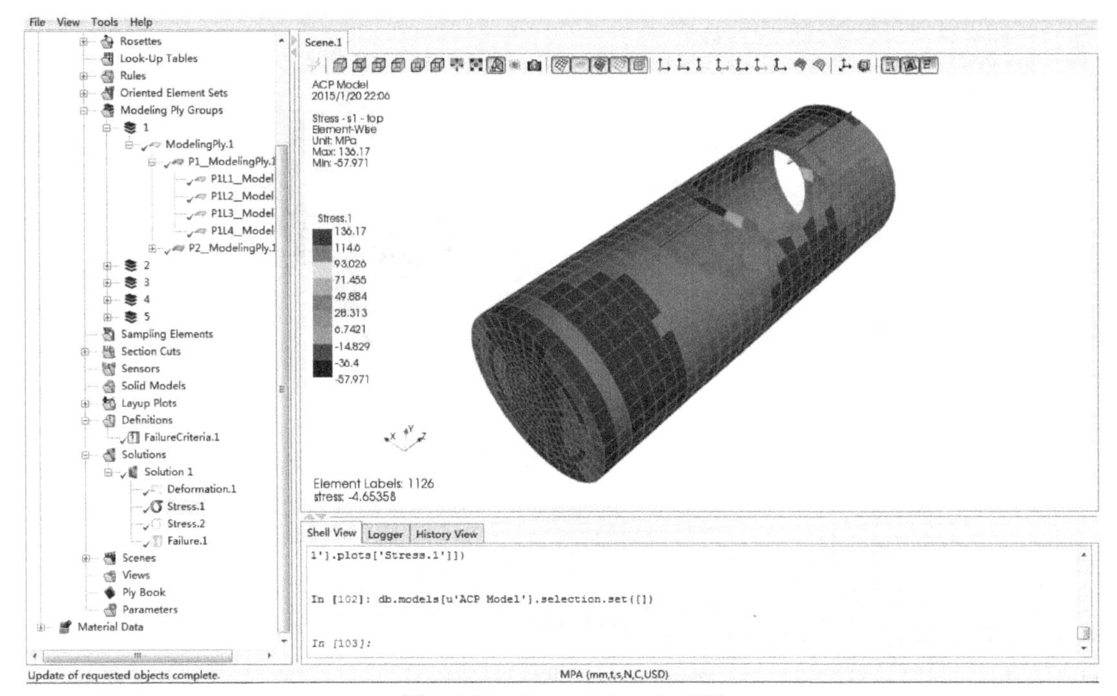

图 4-4-78 Stress（s1-top）云图

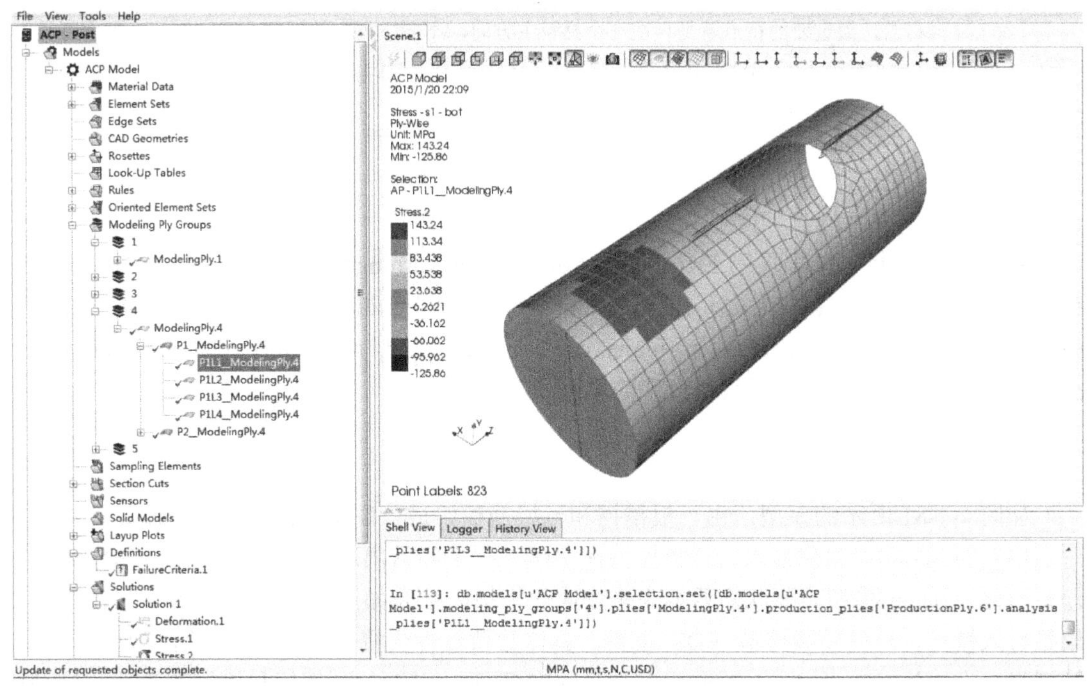

图 4-4-79 某层 Stress（s1）云图

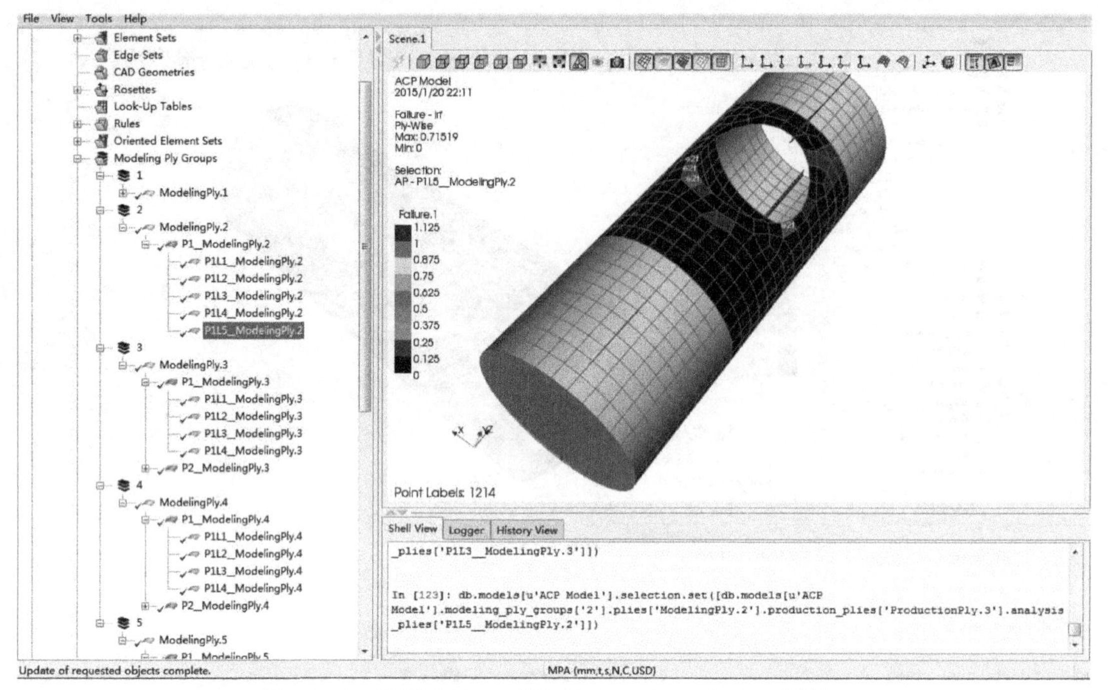

图 4-4-80　某层 Failure 云图（IRF_{max}=0.71519<1，合格）

> **注意**
>
> 对于复合材料，最重要的特点就是存在三个材料主方向，不同主方向的强度不同，例如，沿着纤维方向的强度一般是垂直纤维方向强度的几十倍。因此，材料的主应力和主应变的意义不大，最大工作应力也不一定是对应材料的危险状态。

4.4.3　壳单元之计算错误释义

Shell 单元计算可能出现的 Error 提示：Solver pivot warnings or error have been encountered during the solution. This is usually a result of an ill conditioned matrix possibly due to unreasonable material properties, an under constrained model, or contact related issues. Check results carefully.下面举例说明错误出现的原因及解决方法。

1．建立模型

如图 4-4-81 所示的模型，由一根槽钢和五根筋板组成，DM 具体操作不再叙述，读者也可以用别的 3D 软件建模导入，这类模型在实际工程中经常出现。CAE 分析中，常常将实体模型简化为 Shell 模型，因此需要抽壳操作简化模型，抽壳如图 4-4-82 所示设置（**注意：如果是导入模型，可能需要修改 FD3 设置，具体数值软件会提示**）。抽壳之后，将所有 Shell 模型组合为一体（Form New Part），如图 4-4-83 所示。可以看到筋板与槽钢有间隙，这是由于沿槽钢厚度方向的中面抽壳所导致。

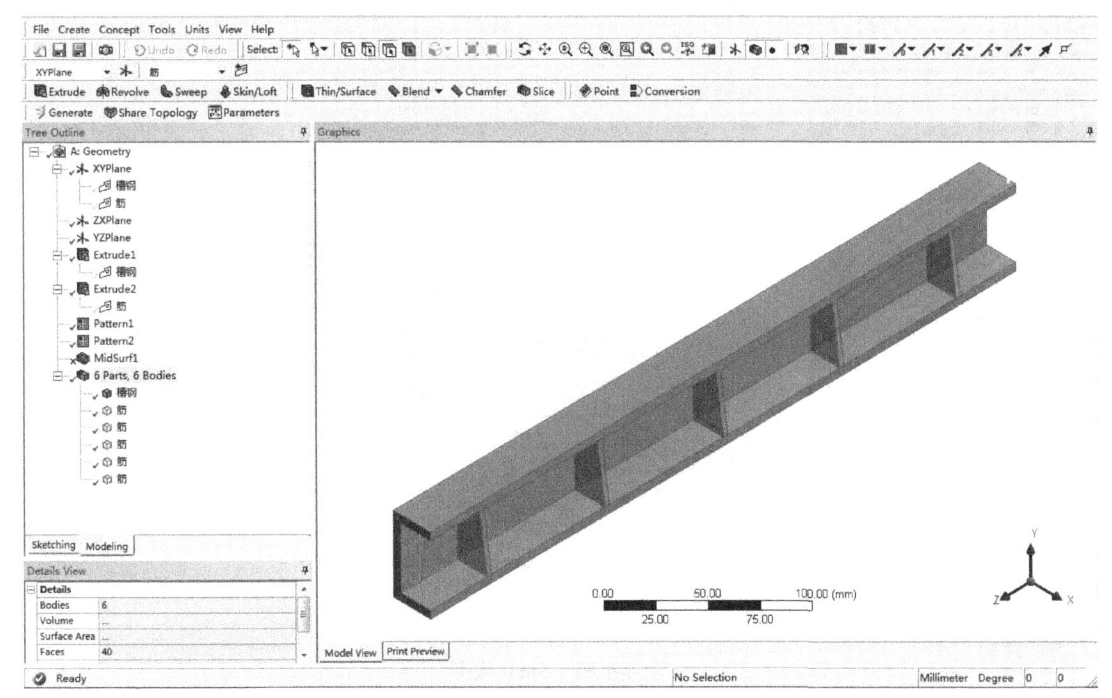

图 4-4-81　实体模型

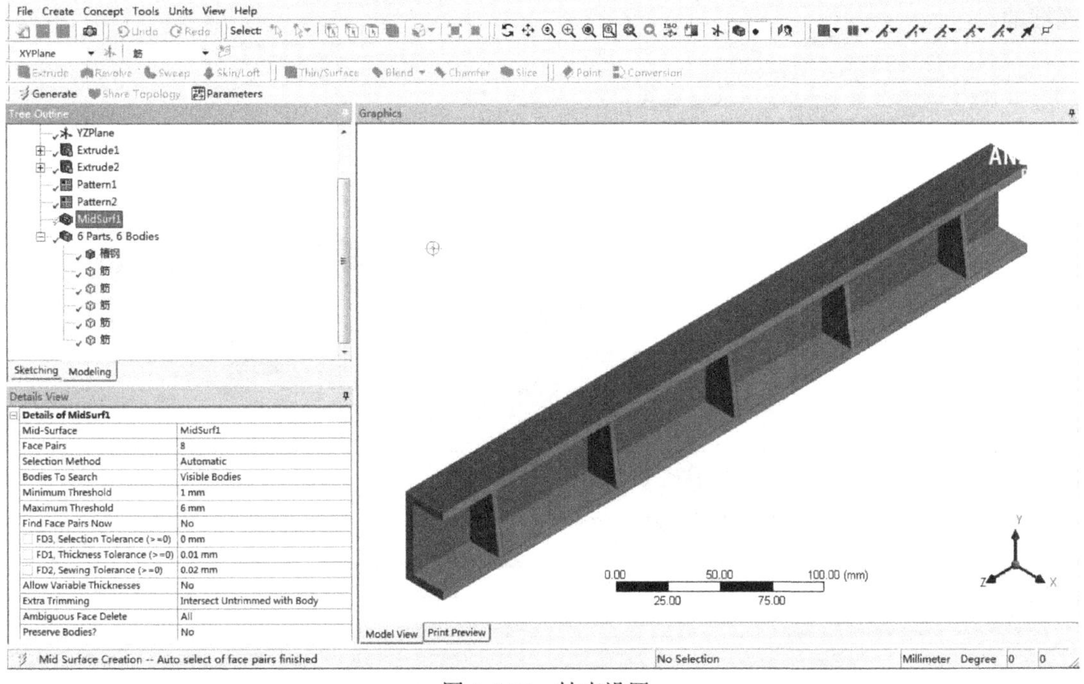

图 4-4-82　抽壳设置

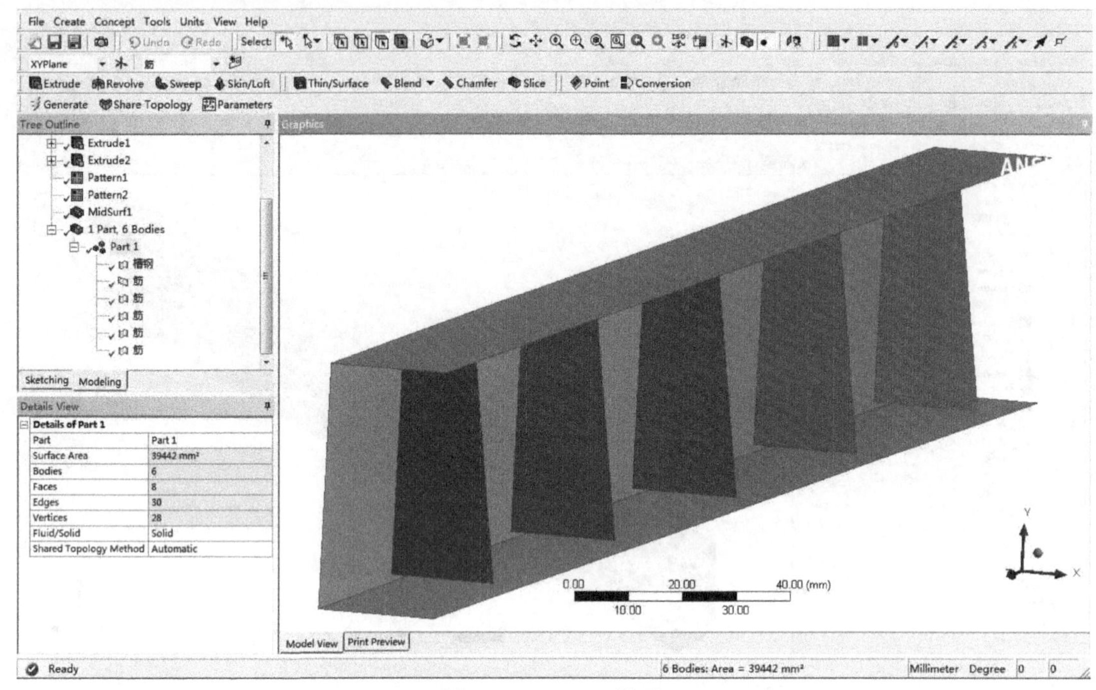

图 4-4-83　Shell 模型

2．划分网格

全部默认设置，划分网格如图 4-4-84 所示，可以看到有限元模型中显示的槽钢与筋板是连续的。

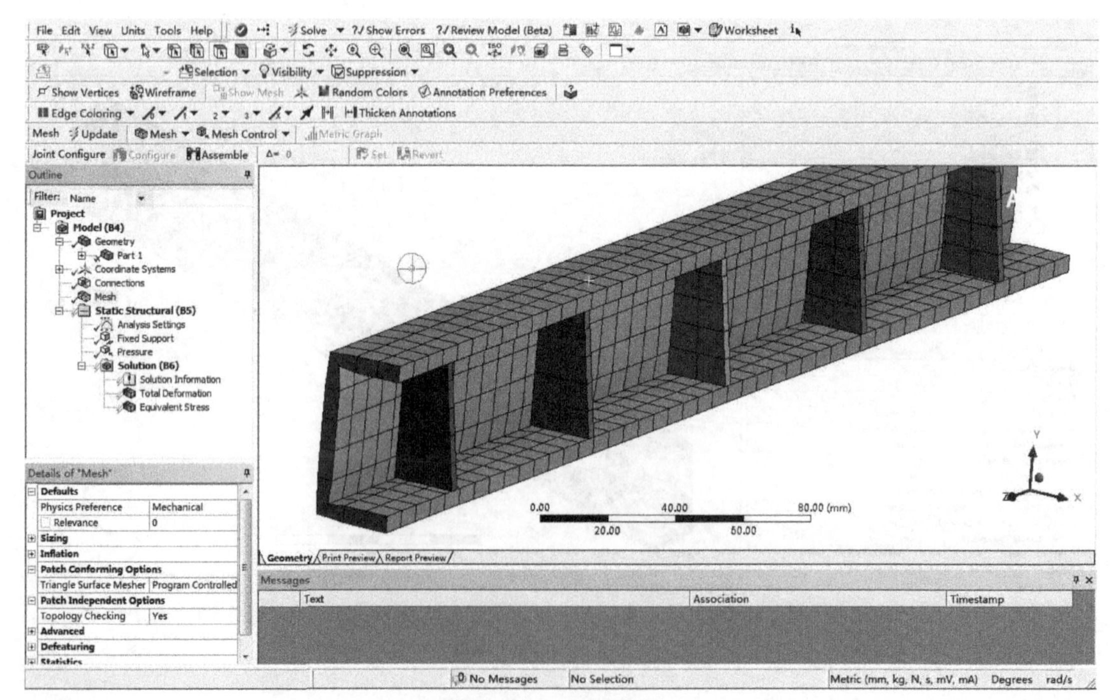

图 4-4-84　网格划分

3. 边界条件

如图 4-4-85 所示加载，对槽钢下面 Fixed Support，对槽钢上面加载 Pressure，大小为 5MPa。

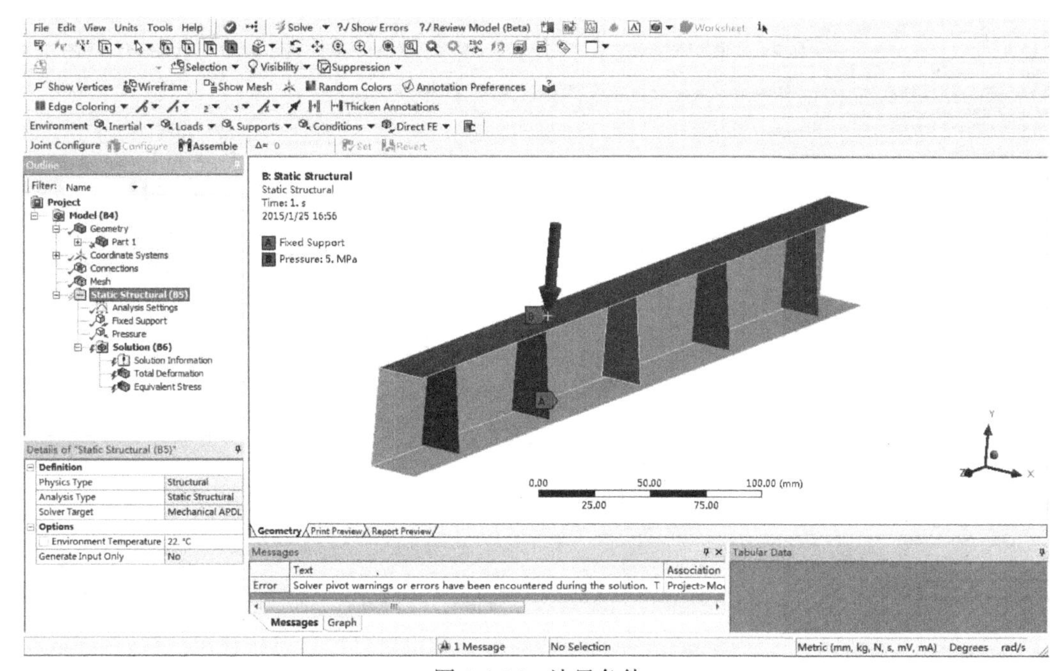

图 4-4-85　边界条件

4. 求解

求解出现前文 Error 提示，在 Solution Information 处可以查到具体 Error：There is at least 1 small equation solver pivot term (e.g., at the UZ degree of freedom of node 267). Please check for an insufficiently constrained model. 读者可以参照 4.2.5 节所述方法查看问题节点，确认计算错误即为筋板与槽钢实际并没有连续。

5. 问题解决

1）DM 前处理修复模型

点击 DM Tools 中的 Surface Extension 工具，如图 4-4-86 所示设置。在 Edges 处按住 Ctrl 键依次点击图中所示 1 区五个筋板的上面边线；在 Extent 处选择 To Next，这表示五个筋板的上边线向槽钢的上面延伸。同理定义五个筋板的下面边线、直边端线分别向槽钢的下面、背面延伸，注意这里的 Extent 处选择 To Surface，然后分别选择槽钢的下面、背面，这是因为 To Next 延伸的方向是指向坐标方向。

划分网格后，如图 4-4-87 所示，可见在有限元模型中，槽钢与筋板有部分重叠区域。

计算后，可以得到正确答案，此处省略。

2）模型 Connections（接触）修补

不进行 DM 修复模型，右键点击 Mechanical 中的 Connections（接触）工具，在 Insert 菜单中点击 Manual Mesh Connections，如图 4-4-88 所示设置。在图中 1 区定义选择槽钢的三个面，图中 2 区定义选择筋板的 15 条边（**注意：如果为面线接触，Master Geometry 只能选择面；如果是线线接触，则可以任选**），3 区设置调成-100，这是因为默认为 0 的情况往往不能保证两者图形拓扑，进而在 Mesh 过程中出现 Error。

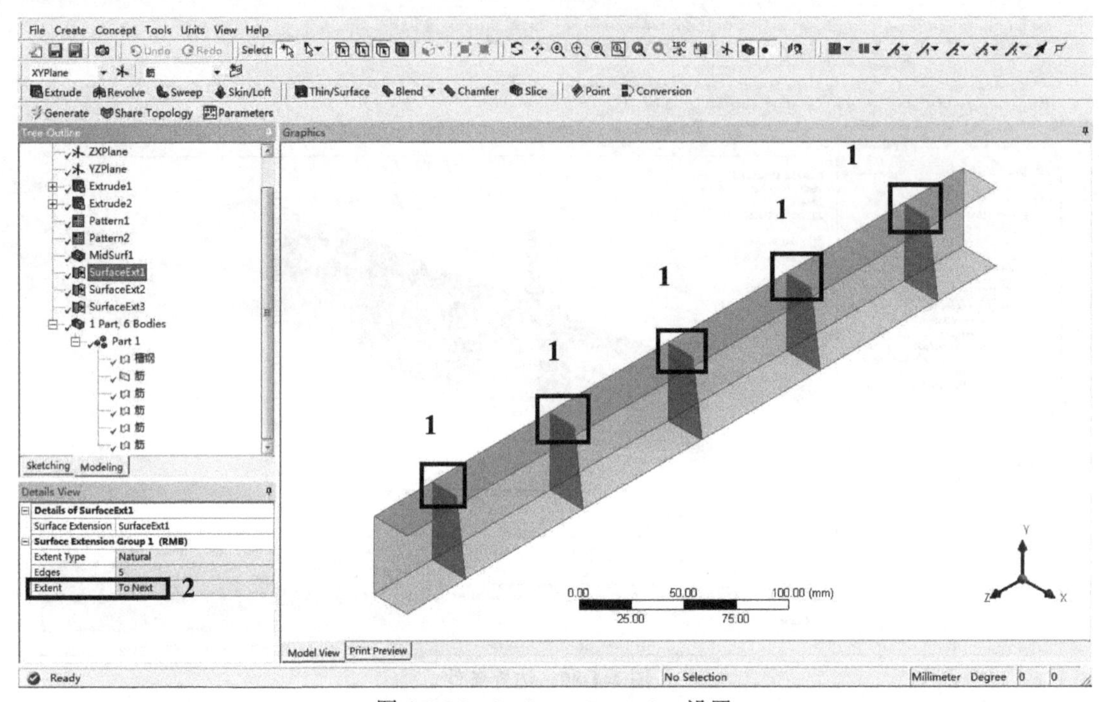

图 4-4-86　Surface　Extension 设置

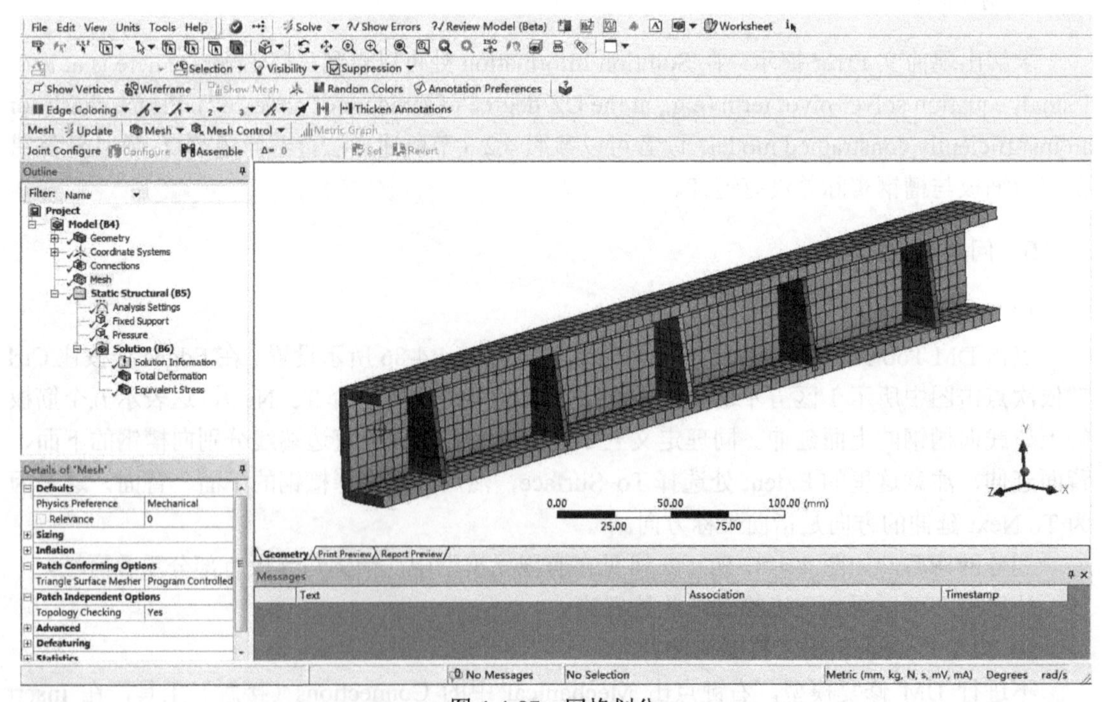

图 4-4-87　网格划分

划分网格后，如图 4-4-89 所示，可见在有限元模型中，槽钢与筋板有部分重叠区域。计算后，可以得到正确答案，此处省略。

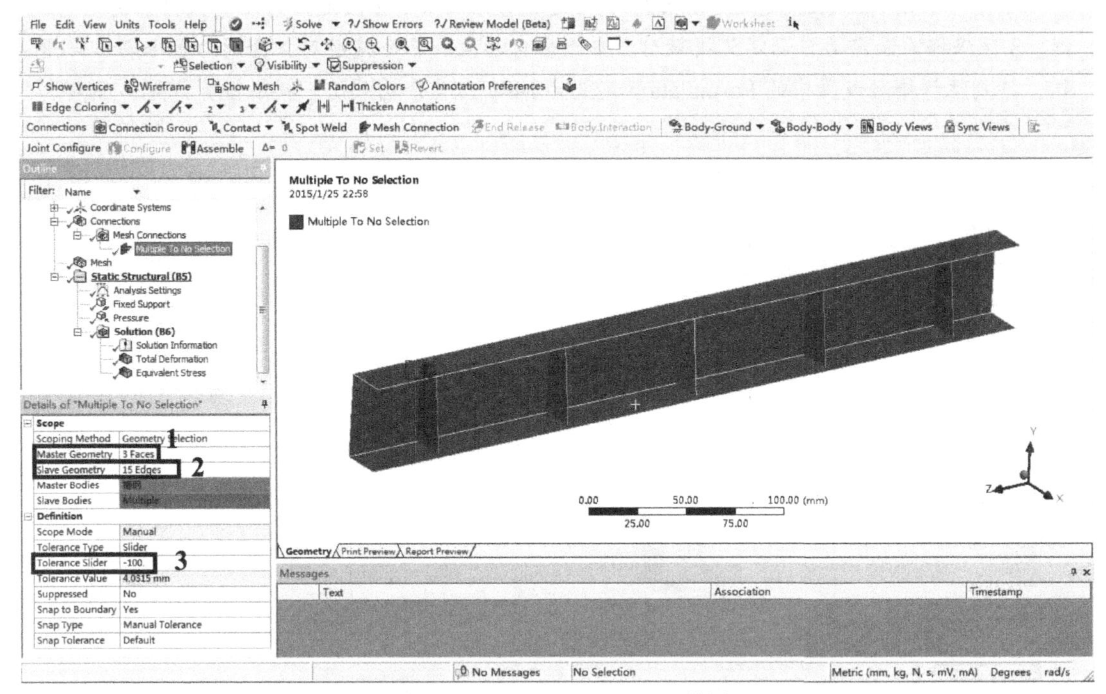

图 4-4-88　Mesh Connections 设置

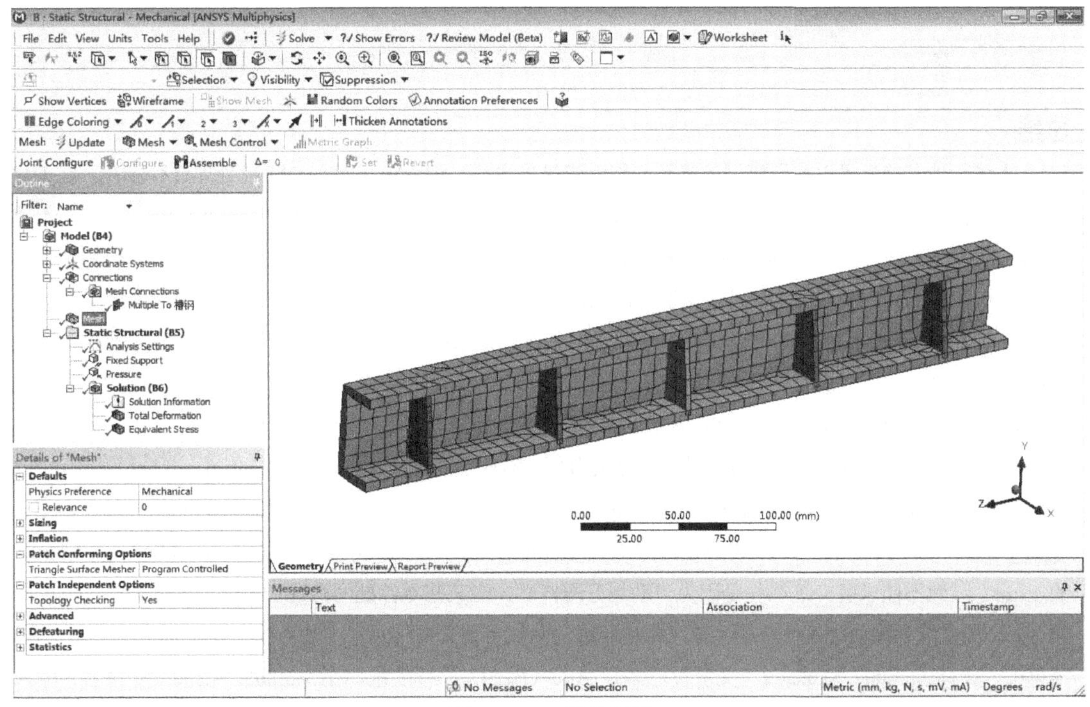

图 4-4-89　网格划分

思考题

除了上述两种方法，还有什么操作方法可以实现模型的修补？

如图 4-4-90 所示依次定义 Contact，1 区定义接触公差，2 区定义自动查找接触类型为面线，3 区根据前面定义自动定义接触对。本例会自动生成 5 个接触对，分别为 5 根筋板与槽钢，特别注意接触设置中的 Formulation 定义为 MPC，其余均默认。接触设置详见第 5 章。

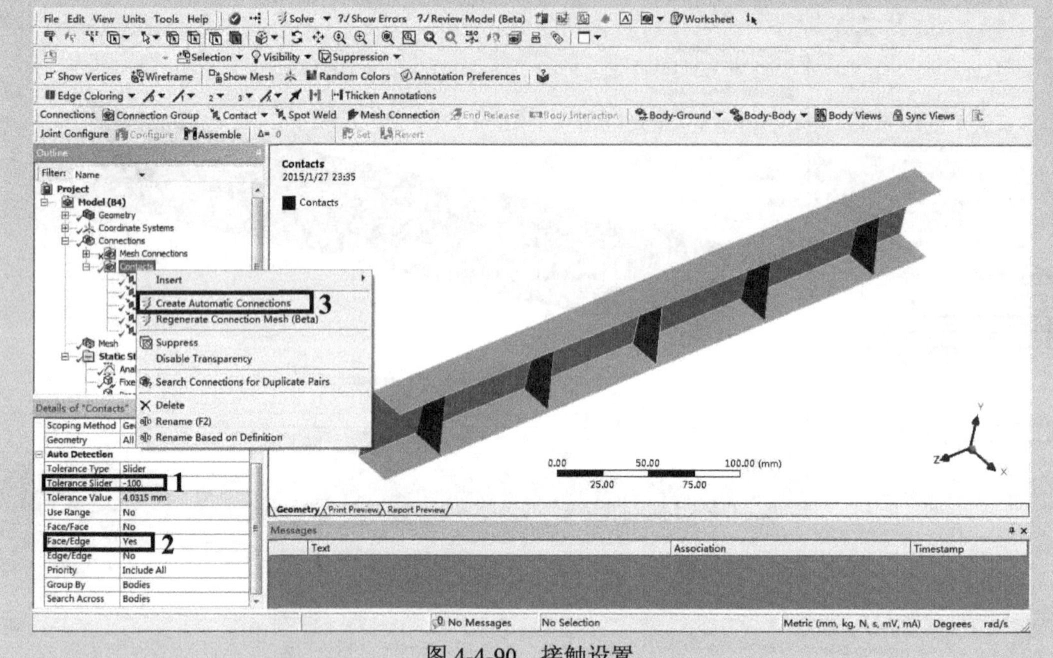

图 4-4-90　接触设置

总结

上述三种方法都可以实现模型的修补，作者建议采用第一种方法，即在 DM 前处理进行修补。在 DM 前处理中进行修补，前期模型处理虽然需要花费大量时间，但是磨刀不误砍柴工，后面事半功倍；采用 Mesh Connections 进行修补，对于大型的复杂模型需要大量的操作，而且公差的定义失误又可能引起网格划分的失败导致返工，但是对于大型同尺寸类型的板壳接触模型不失为一种简单的方法；最后一种采用面线的自动接触修补方式，虽然软件提供自动接触处理，但是对于复杂模型，必须一一复核接触对的正确性，这是一件非常繁琐的工作，同时这种修补方式有一定的误差。

ANSYS16.0 之后还可以使用 DM 中 Tool-Weld 完成类似连接。

另外实际工程过程中，对于导入的模型抽壳分析，有时会出现“At least one contact pair has no elements in it. This may be due to mesh based defeaturing of the geometry. Set the variable "contactAllowEmpty" to 1 in order to allow the solution to proceed with an ANSYS warning which can be used to identify the offending pair(s). ”的 Error，导致不能求解，这往往是因为自动划分网格后，在某些零件处网格过于粗糙，导致接触对出现问题。正确的方法是在前处理修改模型或对网格粗糙的区域自定义网格尺寸，还可以在 Mechanical 下的 Tools 菜单中，选择 Variable Manager（变量管理器），Add（添加）一行变量，在 Variable Name（变量名）输入 contactallowempty，将 Value（值）设置为 1。特别注意，这种修改变量的方法慎用。

4.4.4 小结

壳单元的优势：求解速度更快，无厚度要求，计算结构数据少，容易得到各种反力和反力矩。

壳单元的劣势：接触时壳的法向面难以定义。

易出现的错误：面法向不一致，后处理易选错。

修正方法：在 DM 的 Tools→Surface Flip（面体法向方向变换）中进行修改。

另外，在 WB 中还有一种实体-壳单元（Solsh190），主要用于薄的实体模型（建模时建立薄的实体模型，不是面模型）。在 Mesh 处定义 Sweep Method，在 Src/Trg Slection 处定义为 Automatic Thin，在 Element Option 处定义 Solid Shell，即可得到此类单元模型，如图 4-4-91 所示。

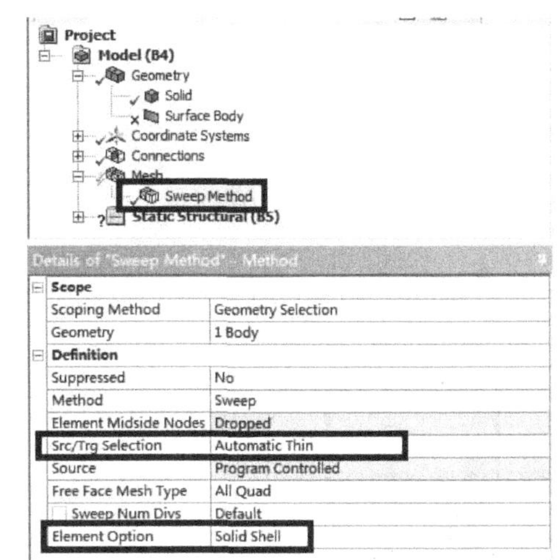

图 4-4-91 实体-壳单元指令

实体-壳单元的优势：求解速度更快，厚度由模型定义，易于过渡到标准的 3D 单元，且自动创建渐变单元。

实体-壳单元的劣势：厚度方向一定为 Z 向，且一定为较薄的实体，由于必须采用扫略网格划法，所以复杂模型较难适用。

4.5 三维实体静力学分析

三维实体模型主要用于三维空间中截面积不等、也不是轴对称的厚结构，即用于几何形状、材料、载荷或分析需要考虑细节等原因造成无法采用更简单模型进行建模的结构。单元类型分为 Solid185、Solid186、Solid 187、Solid 285，均只有三个平动方向的自由度。其中 Solid185 为六面体 8 节点线性单元；Solid186 为六面体 20 节点二次单元；Solid187 为四面体 10 节点二次单元；Solid285 为四面体 4 节点线性单元。

相比前面叙述的模型类型，三维实体模型更加直观方便，资源的耗损也更高。因此，三维实体模型分析的重点就是模型的简化和边界条件的正确。

4.5.1 Point Mass 的应用

Point Mass 是理想的质量点（单元类型 Mass21），用于增加结构的惯性质量或施加惯性载荷等，主要适用简化模型，同时又需要考虑被省略的零部件受惯性载荷作用的场合，这样既简化结构计算，又提高计算速度。下面以一个例子说明 Point Mass 的用途。

1．建立模型

建立一个摆臂模型。首先在 XYPlane 下建立 Sketch1，草绘各参数（D13、D14、L6、L9、R5、V12）数值如图 4-5-1 所示，注意坐标原点位置。

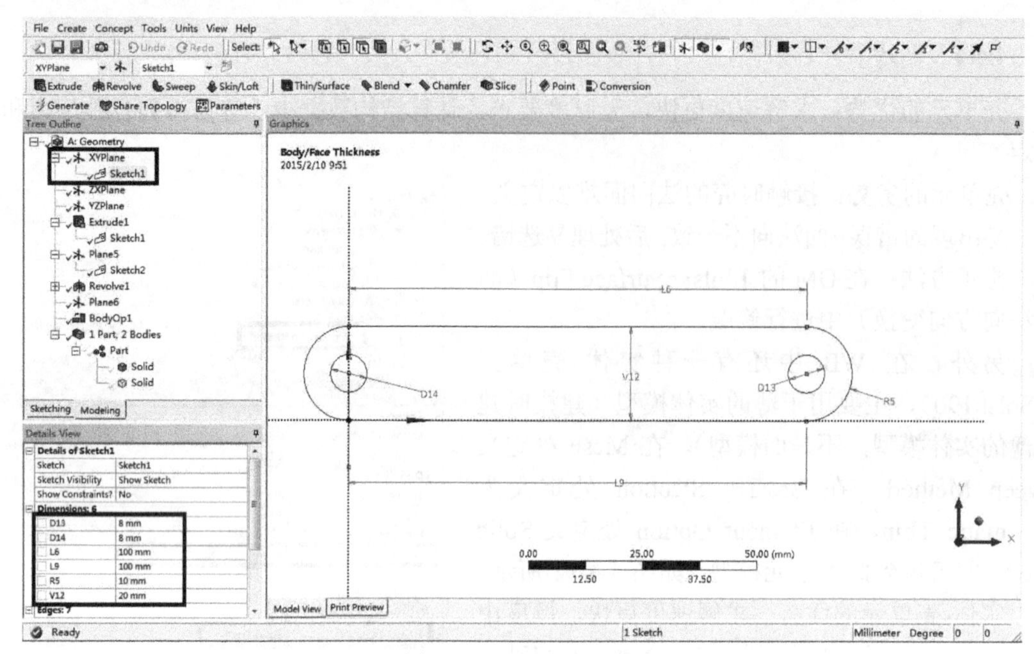

图 4-5-1　Sketch1 设置

然后以 Sketch1 进行 Extrude1，其中 Direction 选择 Both-Symmetric（对称），FD1，Depth 定义为 5mm（因为是对称拉伸，所以总厚度为 10mm），其余默认，如图 4-5-2 所示。

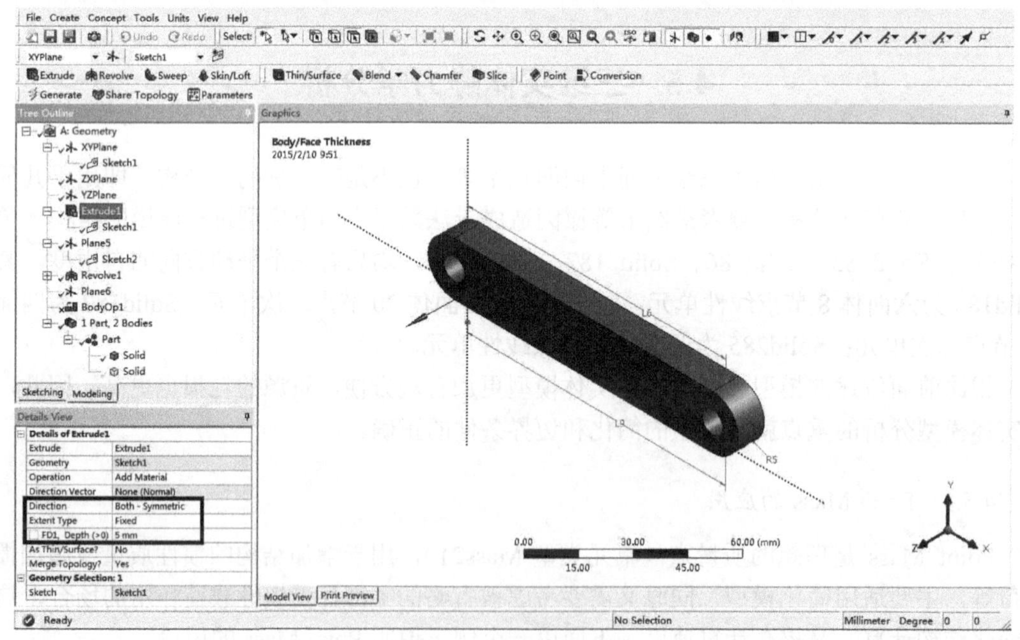

图 4-5-2　Extrude1 设置

新建一个平面基准 Plane5，其中 Type 选择 From Plane，Base Plane 选择 YZPlane（以 YZ 平面为基准），Transform1 选择 Offset Global X，FD1 Value1 定义为 100mm，Transform2 选择 Offset Global Y，FD2 Value2 定义为 10mm（向绝对坐标系的 X 轴偏移 100mm，向绝对坐标系

的 Y 轴偏移 10mm），其余默认，如图 4-5-3 所示，注意观察新坐标原点与原坐标原点的差距。

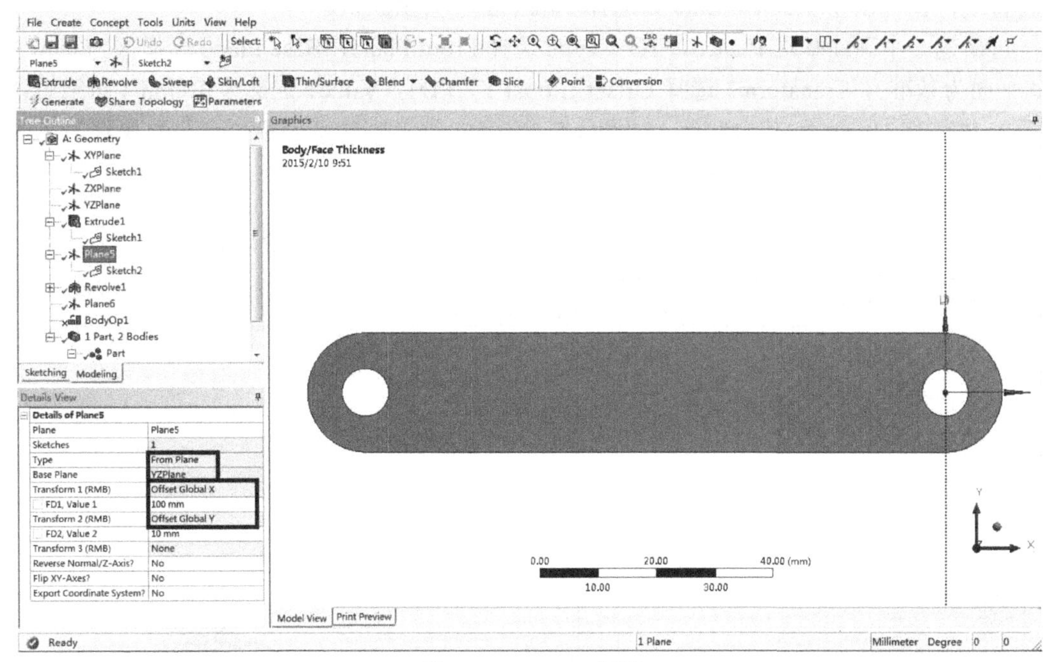

图 4-5-3　Plane5 设置

以 Plane5 为基准建立 Sketch2，草绘各参数（L4、L5、L6）数值如图 4-5-4 所示，注意图中三处椭圆标记定义的是前面 Extrude1 的实体边界，所以没有尺寸参考。

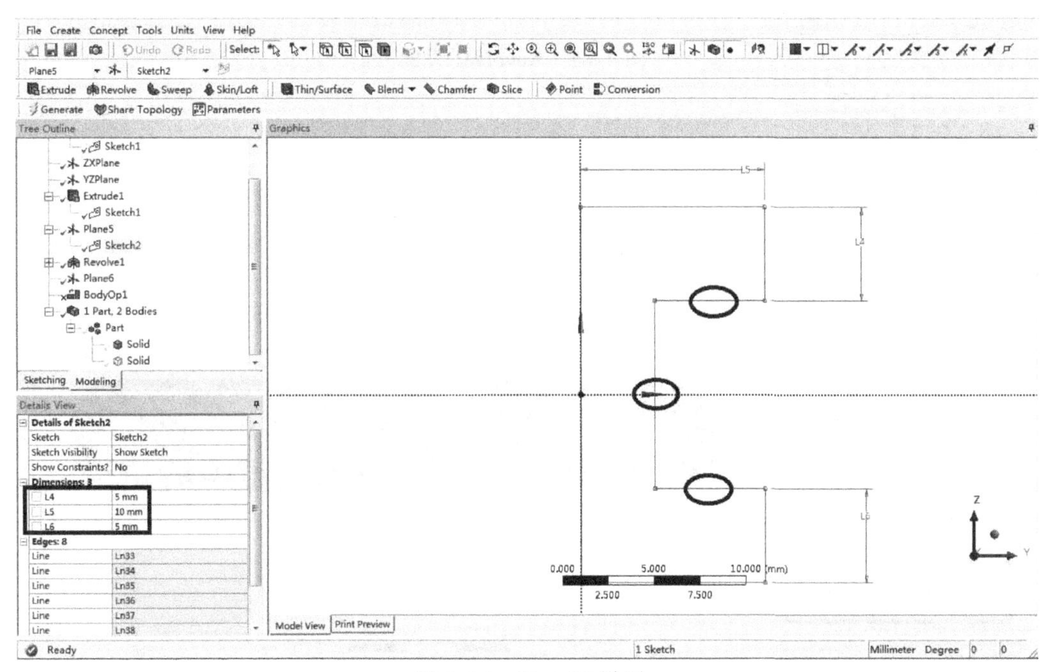

图 4-5-4　Sketch2 设置

然后如图 4-5-5 所示，以 Sketch2 进行 Revolve1（选择），注意 Operation 选择 Add Frozen

（否则此步建立的实体将与前步拉伸的实体合并为一个零件），另外旋转轴的选择可以定义草绘的直线，也可以在 Tree OutLine 处选择基准平面，其余默认。

再新建一个平面基准 Plane6，其中 Type 选择 From Plane，Base Plane 选择 XYPlane（以 XY 平面为基准），Transform1 选择 Offset Global Y，FD1，Value1 定义为 10mm（向绝对坐标系的 Y 轴偏移 10mm），其余默认，如图 4-5-6 所示，注意观察新坐标原点与原坐标原点的差距，此步为下面模型旋转做准备。

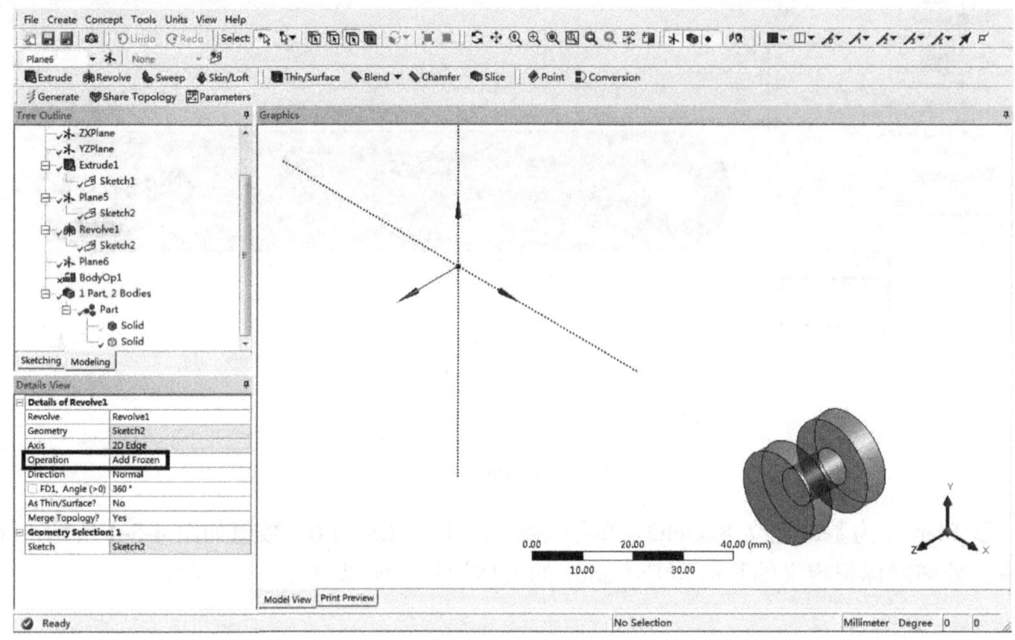

图 4-5-5　Revolve1 设置

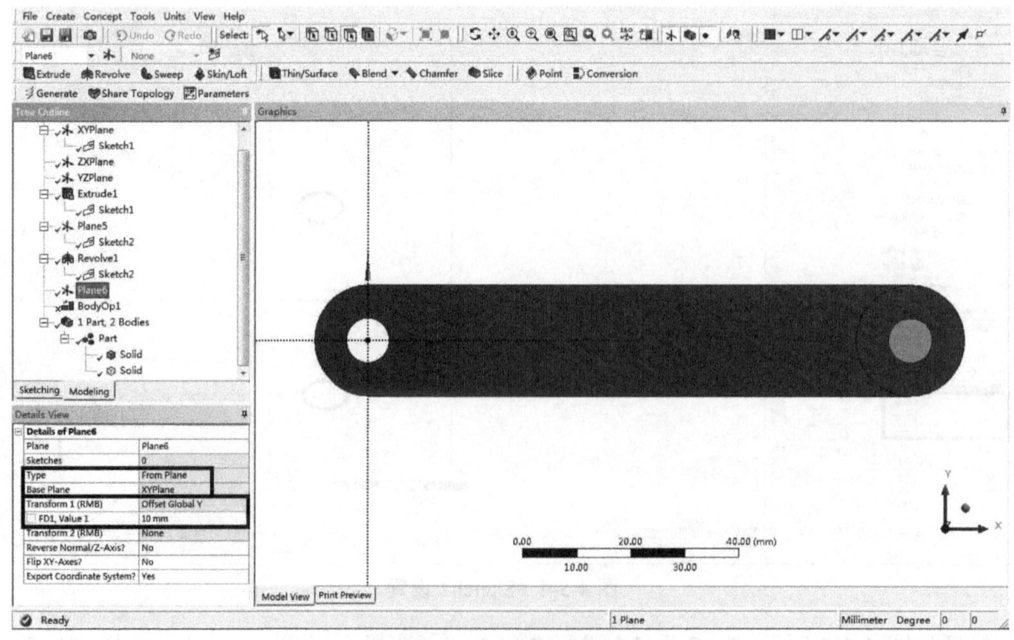

图 4-5-6　Plane6 设置

将模型旋转 10°，点击 Create→Body Transformation→Rotate（版本不同，菜单位置略有不同），Bodies 选择两个实体，Axis Selection 选择 Tree Outline 下的 Plane6，FD9，Angle 定义为-10°，其余默认，如图 4-5-7 所示。

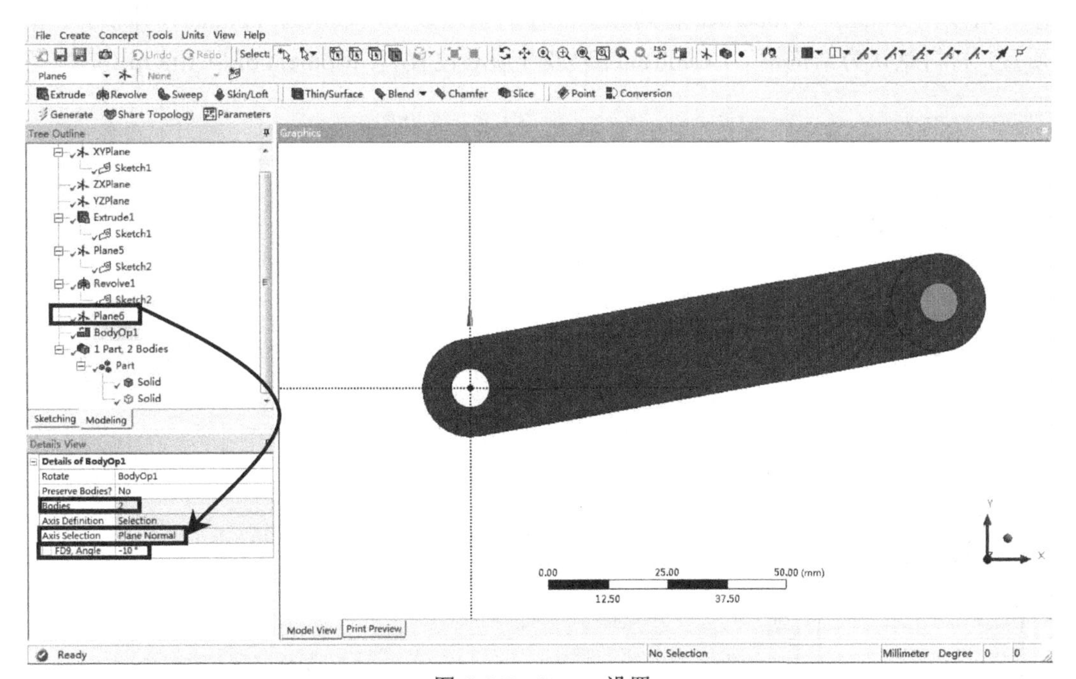

图 4-5-7　Rotate 设置

最后将两件用 Form New Part 组合，这样可以省略两件之间的接触设置，如图 4-5-8 所示。

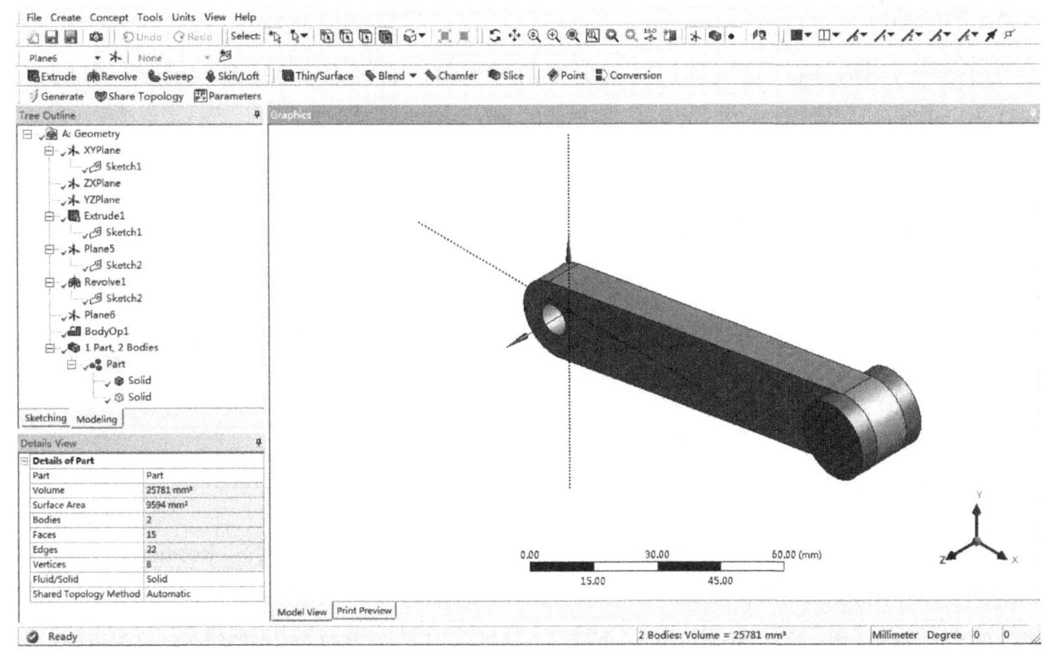

图 4-5-8　最终模型

2．参数读取

进入 Mechanical 界面，点击 Model→Geometry→Part 下面的摆臂末端 Part，如图 4-5-9 所示，可以在 Datails→Properties 看到这个零件的物理参数，依次为 Volume（体积）、Mass（质量，材料默认为结构钢）、Centroid X/Y/Z（质心位置）、Moment of Inertia Ip（惯性矩）。

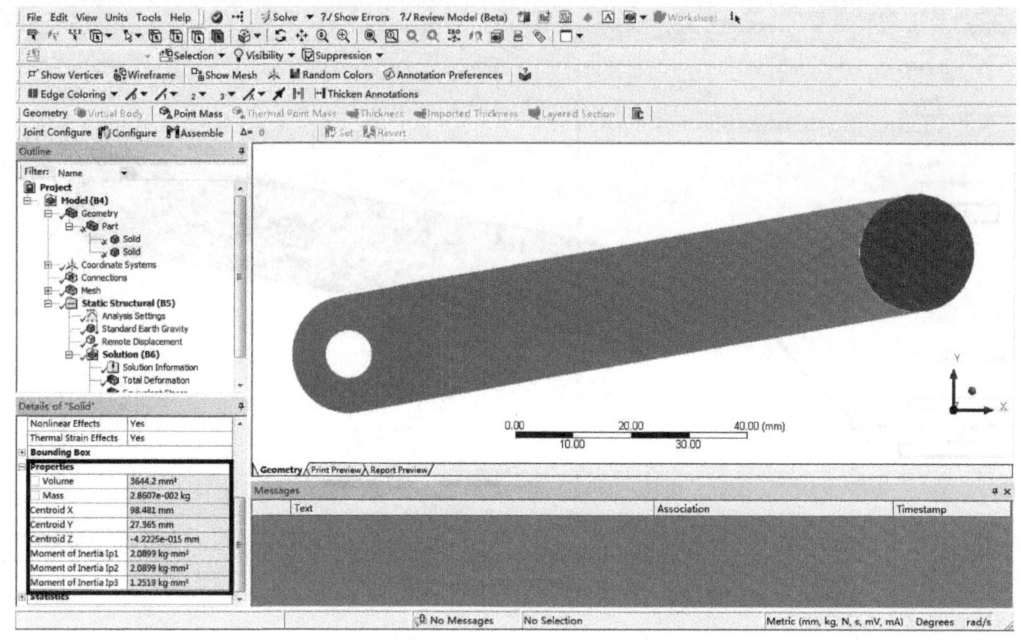

图 4-5-9　物理参数

3．网格划分

为了验证计算，统一定义体尺寸。选中两个实体，右键点击 Mesh→Insert→Sizing，如图 4-5-10 所示，其中 Element Size 定义为 2.5mm，其余默认。

4．边界条件

Analysis Setting 所有设置均采用默认。

> **注意**
>
> 模型旋转 10° 是线性静力学分析的极限角度。超过 10°，则必须打开 Analysis Setting 中的 Large Deformation（大变形）开关，相当于非线性分析。

（1）加载惯性载荷（重力加速度），如图 4-5-11 所示。

> **注意**
>
> 惯性载荷包括：Acceleration（加速度）、Standard Earth Gravity（重力加速度）、Rotational Velocity（旋转速度）。当外界施加力作用在物体上，产生多种形式的加速度，惯性将阻碍加速度产生的变化，即惯性载荷与外界施加力平衡，所以 Acceleration（加速度）载荷的方向与外界施加力方向相反；而 Standard Earth Gravity（重力加速度）在 WB 中则定义为与实际重力加速度方向相同。

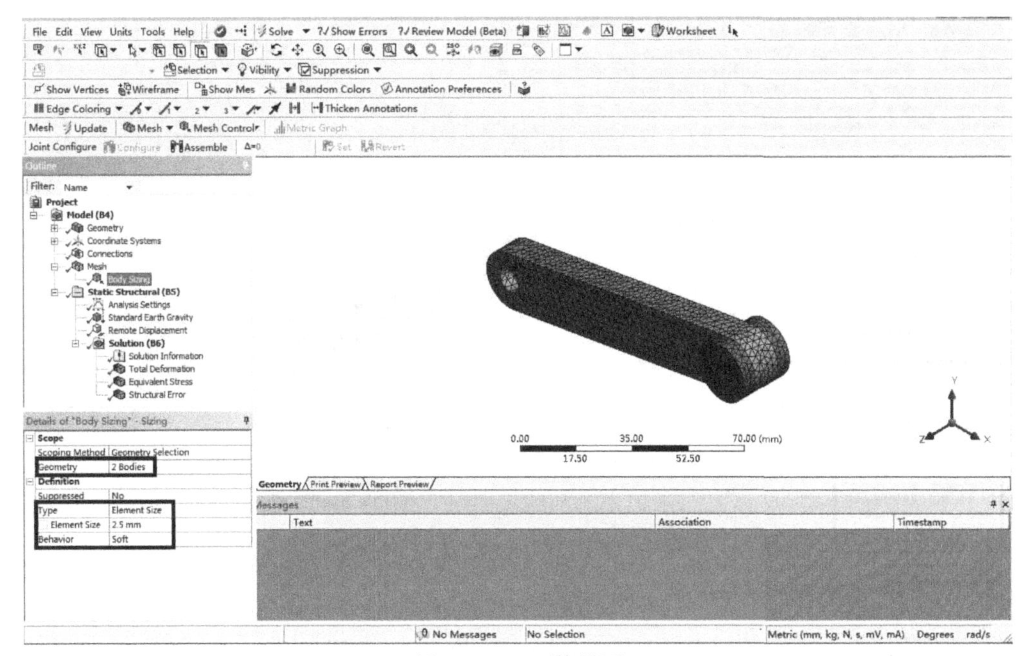

图 4-5-10　网格设置

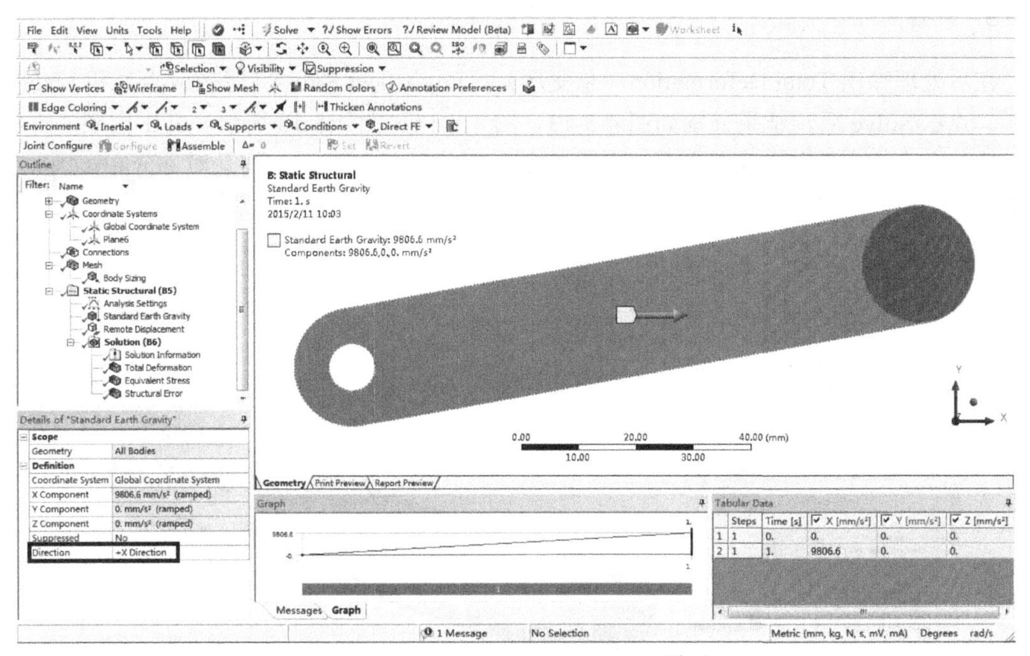

图 4-5-11　Standard Earth Gravity 设置

（2）摆臂顺时针旋转 10°，采用 Remote Displacement 约束，如图 4-5-12 所示。

远程位移约束可以很方便地定义实体模型的旋转，希望读者通读本章，细心体会远程载荷的意义。图中 Geometry 选择模型左端内孔面，Coordinate System 选择 Plane6（DM 定义），注意 X/Y/Z Coordinate 为 Plane6 的原点，将 Rotation Z 定义为−10°（因为模型顺时针旋转，而根据右手法则正向为逆时针），其余位移为 0，Behavior 设置为 Rigid。

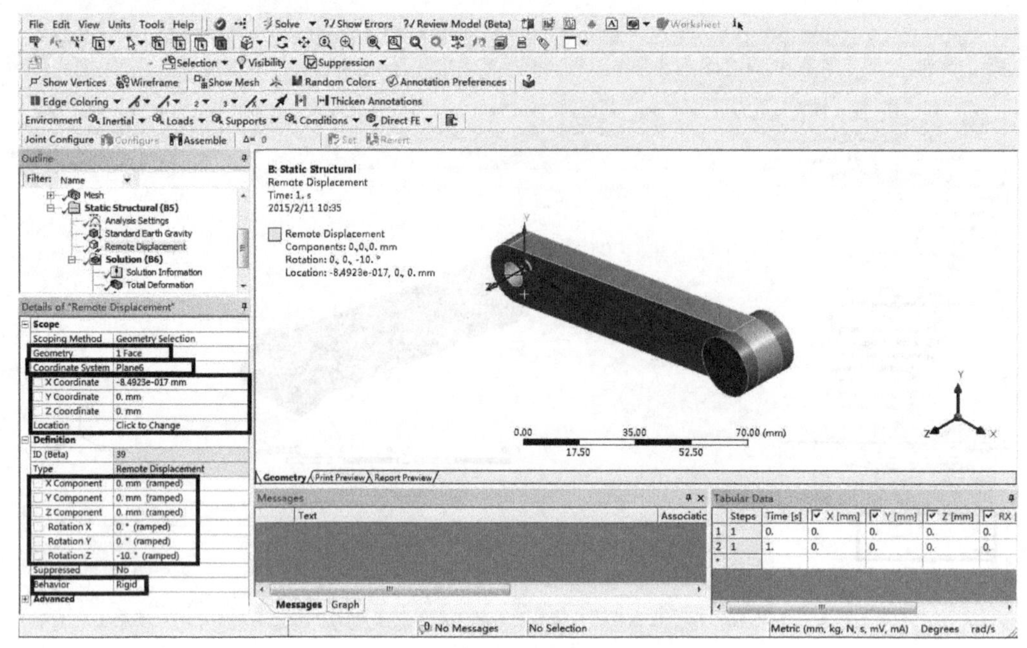

图 4-5-12　Remote Displacement 设置

5. 求解

在后处理输出 Total Deformation（总变形）、Equivalent Stress（等效应力）和 Error（错误），点击 Solve 后，结果分别如图 4-5-13、图 4-5-14、图 4-5-15 所示。其中由图 4-5-14 可知，等效应力在内孔处并不是前后对称分布的，而实际模型和工况均是对称分布，因此这个结果显然是有问题的；由图 4-5-15 可知，在孔的一侧有较高的能量（为 7.1762e−10mJ）。

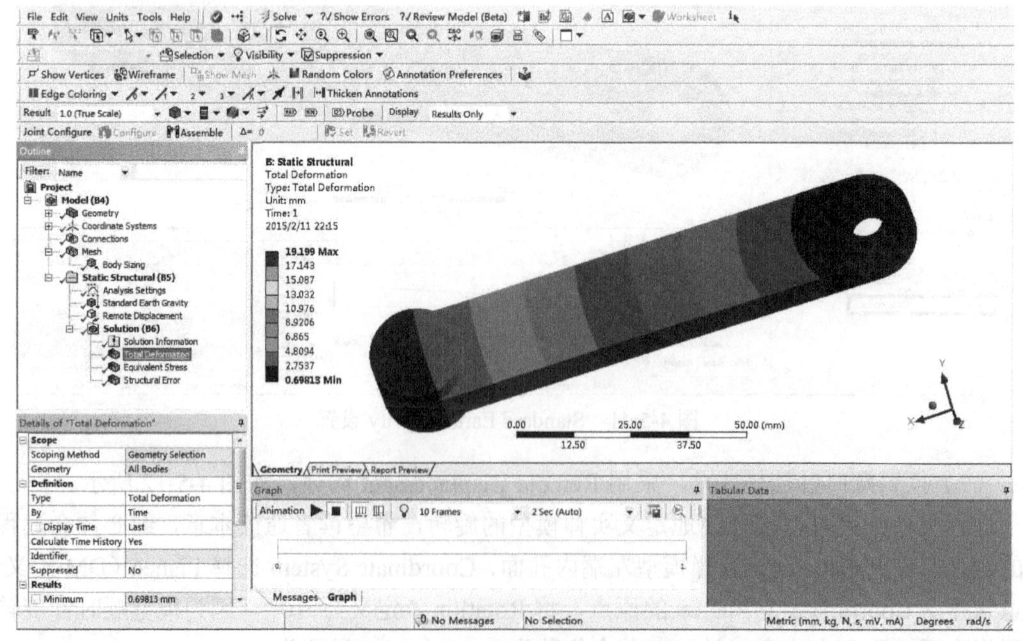

图 4-5-13　Total Deformation 结果

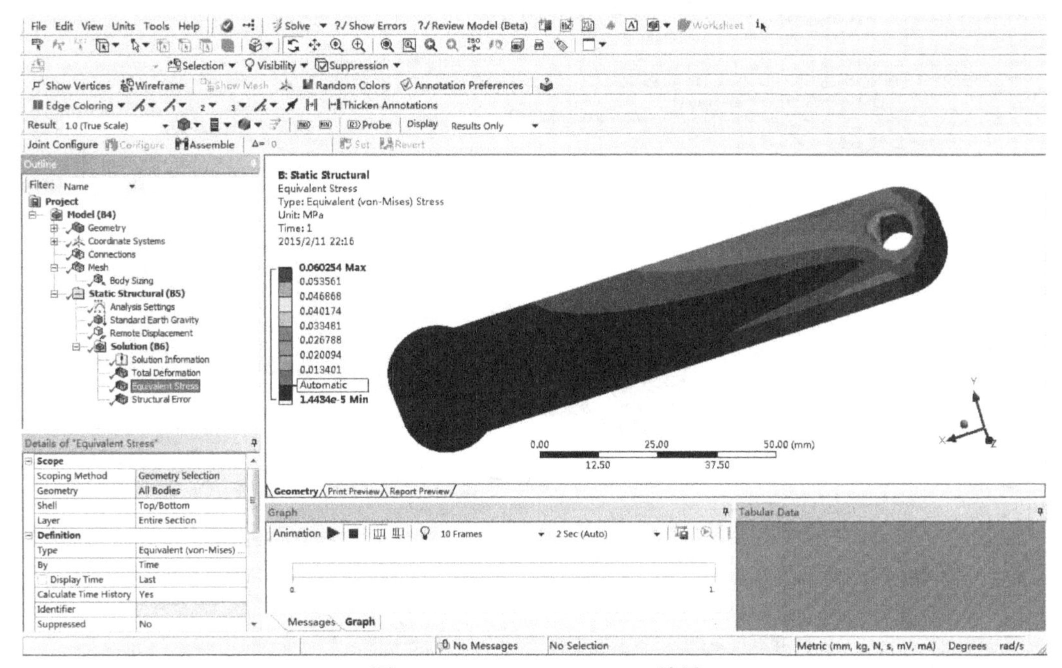

图 4-5-14 Equivalent Stress 结果

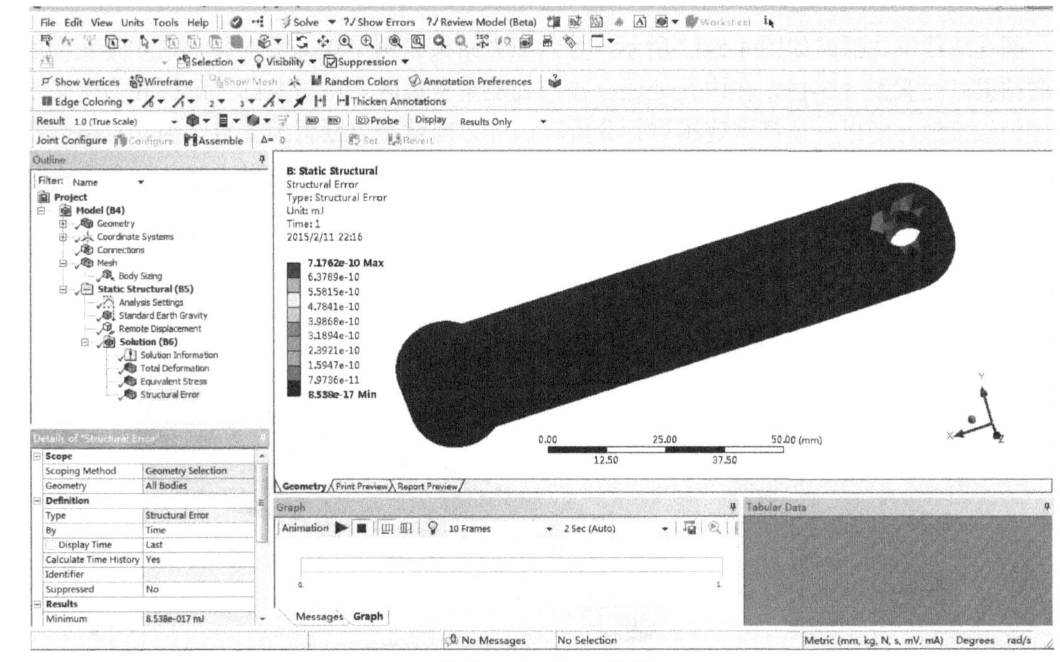

图 4-5-15 Error 结果

怎样才能使结果正确可靠呢？由图 4-5-15 可知，Error 中的能量密集区在圆孔的边线附近，因此对圆孔边线进行网格加密。如图 4-5-16 所示，选中圆孔两条边线定义 Size，其中 Type 选择 Number of Divisions（等分份数），Number of Divisions 定义为 40（40 份），Behavior 选择为 Hard，即表示强制对两圆孔边线划分 40 份。再次计算，Equivalent Stress（等效应力）

和 Error（错误）结果如图 4-5-17、图 4-5-18 所示。

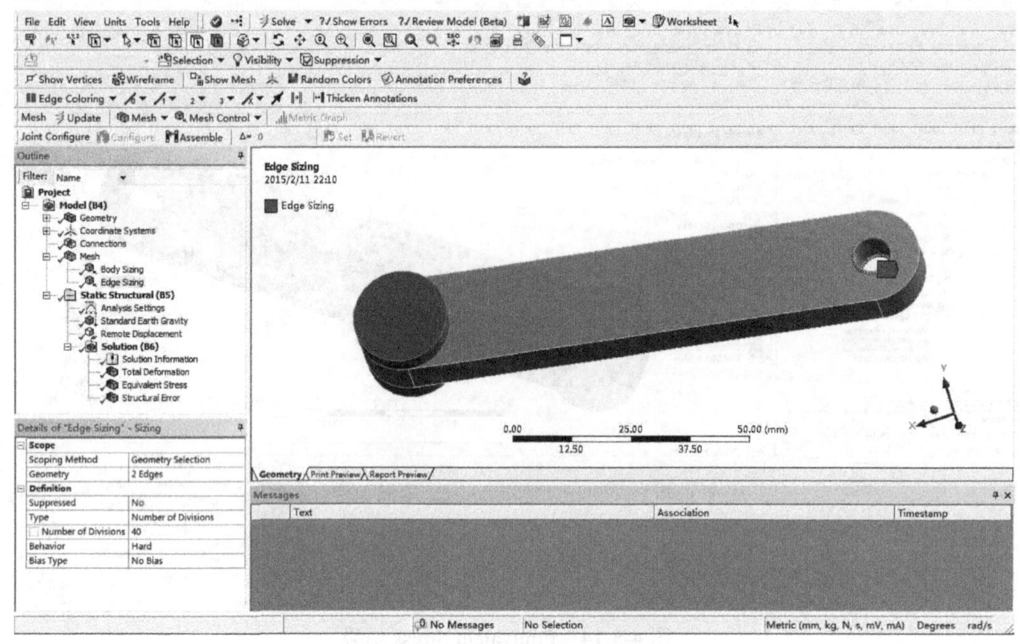

图 4-5-16　圆孔边线网格划分

圆孔边线细化后，如图 4-5-17 所示，等效应力结果云图呈现前后对称，这才是我们所需要的结果。注意图 4-5-18，在内孔处还存在一处能量密集区。由于实际工况圆孔内壁必定与一根销轴接触，即以一个摆臂建模进行分析，研究方向就是以摆臂为重点，因此忽略内孔处的能量密集区。当然读者可以继续加密网格，直到达到自己满意的效果。

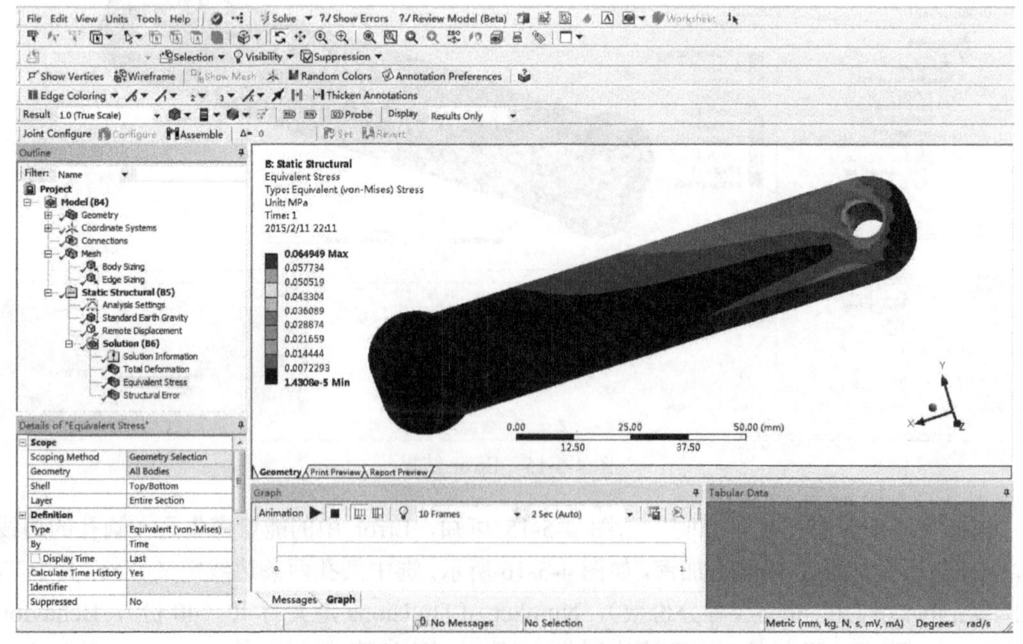

图 4-5-17　Equivalent Stress 结果

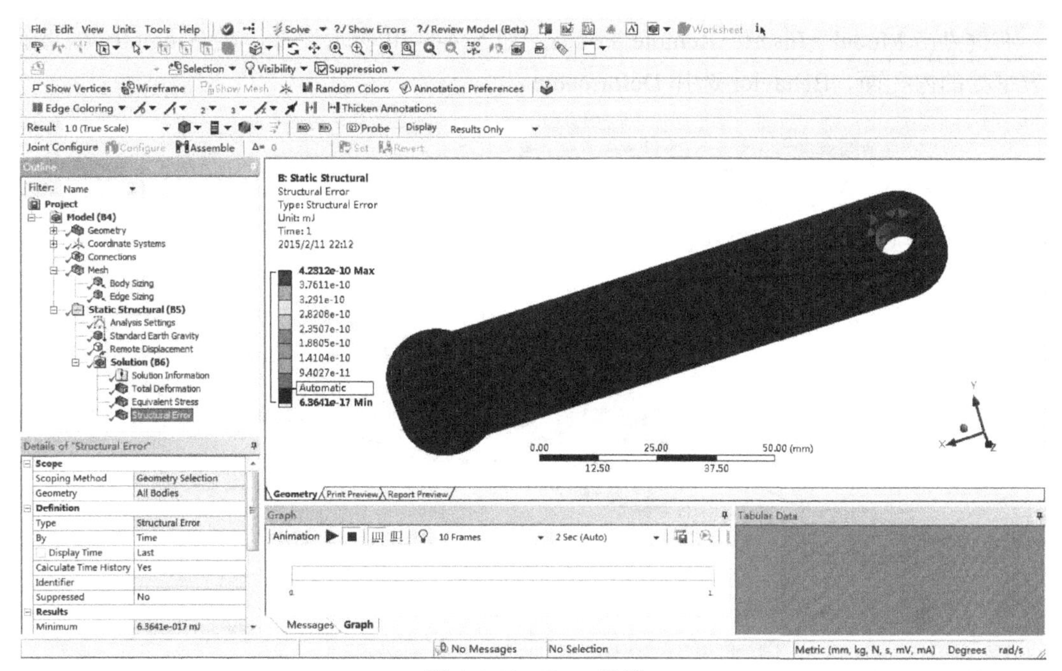

图 4-5-18　Error 结果

6．采用 Point Mass 简化模型

将摆臂末端 Part 替换为 Point Mass，再进行计算，对比两者的分析结果。如图 4-5-19 所示，右键点击摆臂末端 Part，在出现的菜单中点击 Suppress Body（抑制模型），即可将摆臂末端 Part 抑制（不参与计算）。

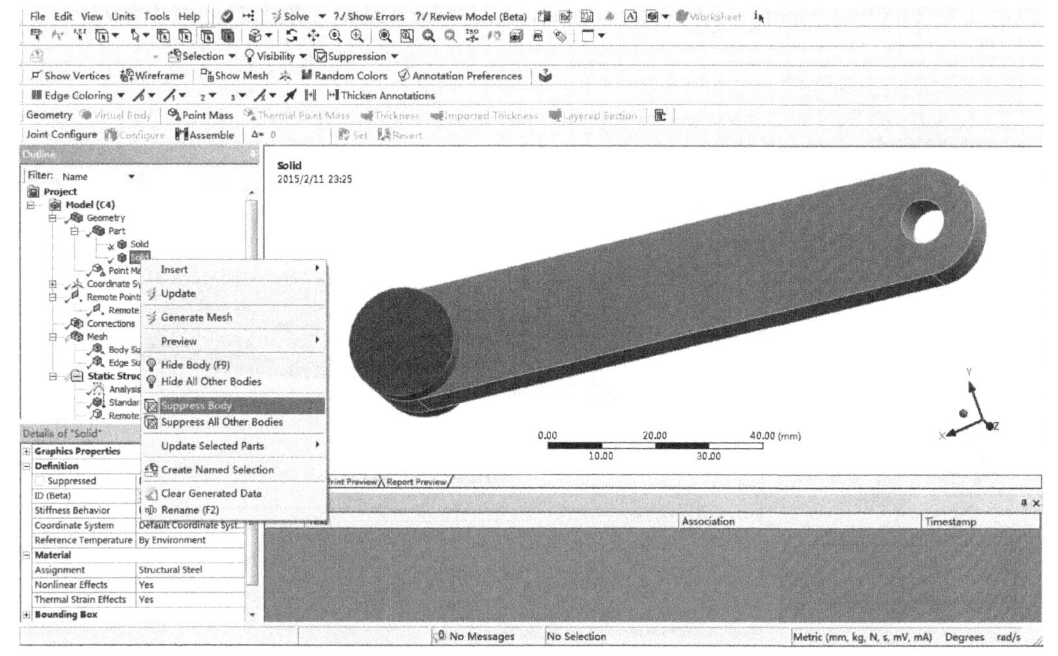

图 4-5-19　Suppress Body（抑制模型）

右键点击 Model→Insert→Remote Points，如图 4-5-20 所示设置。在 Geometry 处点选图中方框处的内孔面，Behavior 选择 Deformable。

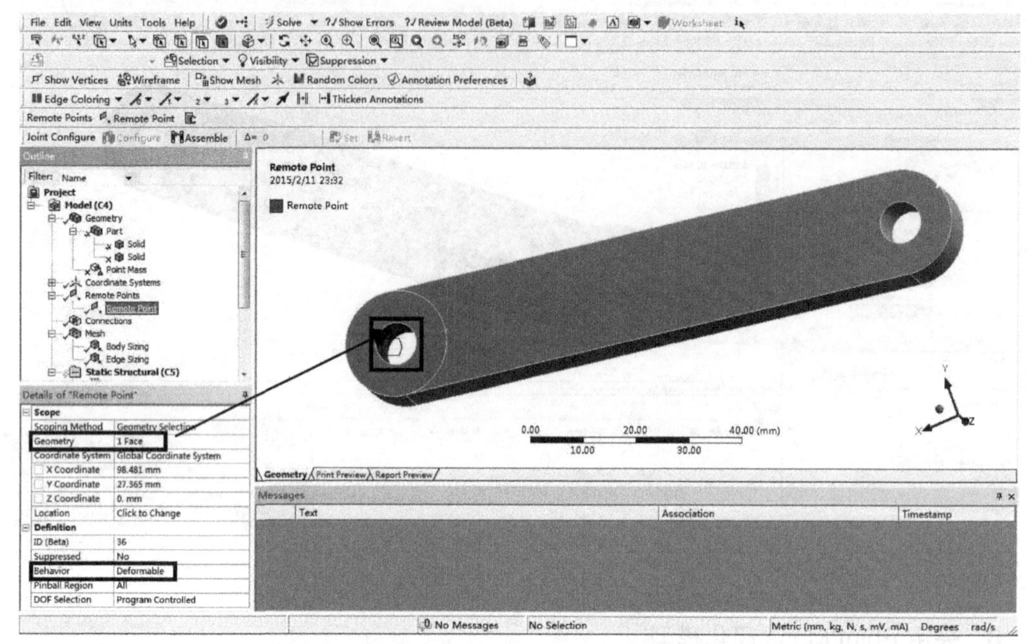

图 4-5-20　Remote Point 设置

右键点击 Geometry→Insert→Point Mass，如图 4-5-21 所示设置。在 Scoping Method 选择 Remote Point，在 Remote Points 选择 Remote Point（以前面定义的远程点模式定义 Point Mass 的位置）。Mass（质量）定义为 2.8607e−002kg，在 Mass Moment of Inertia X/Y/Z（惯性矩）分别定义为 2.0899kg • mm^2、2.0899kg • mm^2、1.2519kg • mm^2（数据参见图 4-5-9）。

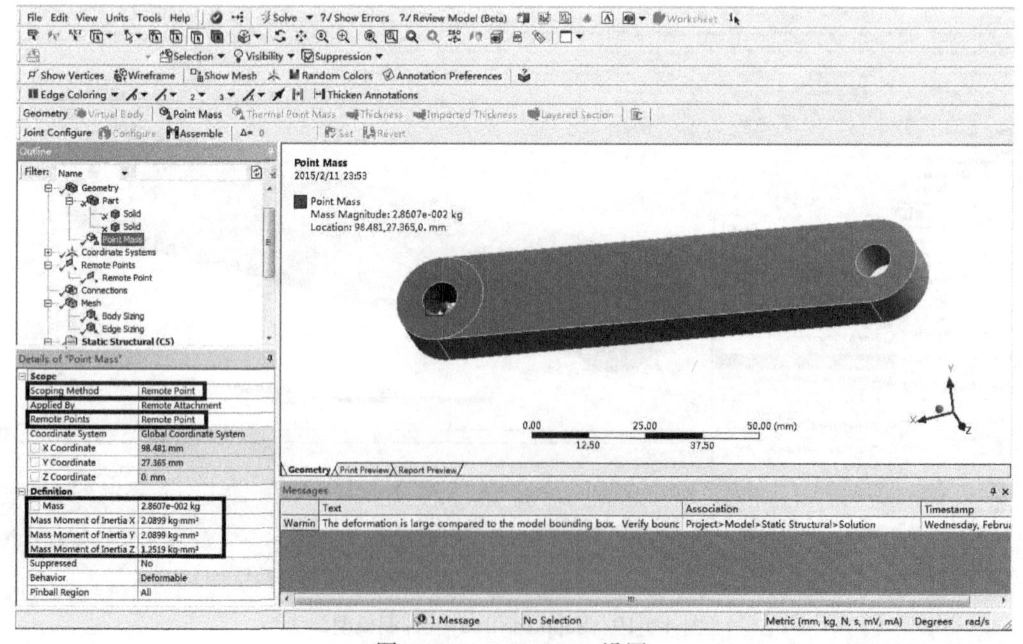

图 4-5-21　Point Mass 设置

注意

关于 Mass 和 Mass Moment of Inertia X/Y/Z 的数据，所有 CAD 软件都可以通过定义密度后查询，特别要注意绝对坐标系的位置。

另外，如果质量点附在多个面上，可能会出现“one or more remote boundary condition is scoped to a large number of element which can adversely affect solver performance”的警告，这是因为默认 Pinball 是 0（即 All），就是指质量点与整个面都连在一起，所以就出现了这个警告，表示质量点连接的单元太多，建议修改 Pinball 值，只要将 Pinball 定义一定数值，表示质量点位于所在坐标的半径为 Pinball 的区域。

7. 求解

其余设置不变，在后处理输出 Total Deformation（总变形）、Equivalent Stress（等效应力），点击 Solve 后，结果分别如图 4-5-22、图 4-5-23 所示。与图 4-5-13 和图 4-5-17 对比可知，变形结果一样，应力结果相差 0.5%，因此完全可以用 Point Mass 形式代替复杂模型的分析。

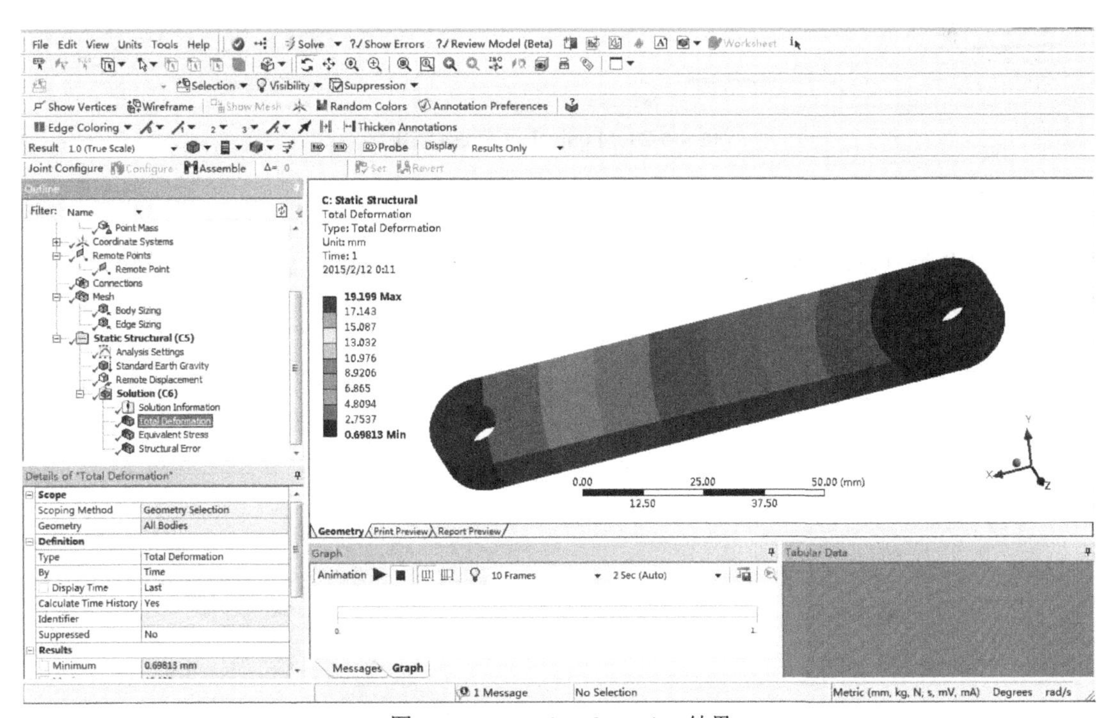

图 4-5-22 Total Deformation 结果

说明

Point Mass 只受加速度、重力加速度和转速这类惯性载荷作用。

4.5.2 约束中 Rigid（刚性）与 Deformable（柔性）的区别

WB 中多种约束条件的参数里有 Rigid（刚性）与 Deformable（柔性）设置，很多初学者易于忽略其中的区别，导致最终分析结果不对。下面以 Remote Force 载荷为例，说明两者的区别。

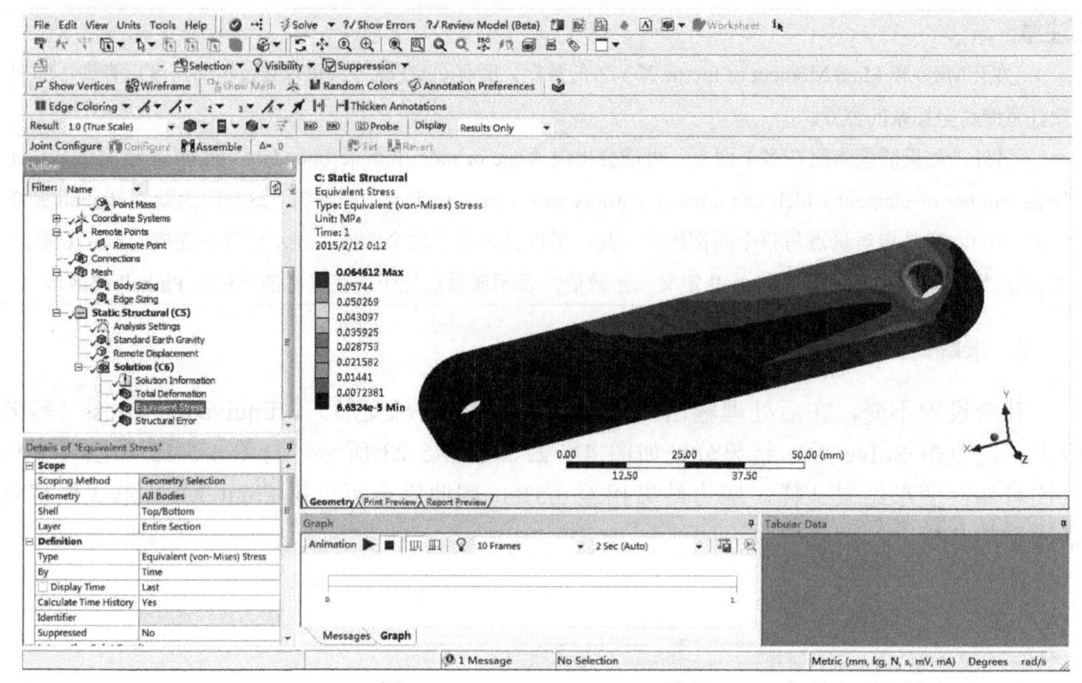

图 4-5-23　Equivalent Stress 结果

1. 建立模型

建立一个长方体模型，截面为 20mm×20mm，长度为 500mm。具体建模过程不再详述，如图 4-5-24 所示。

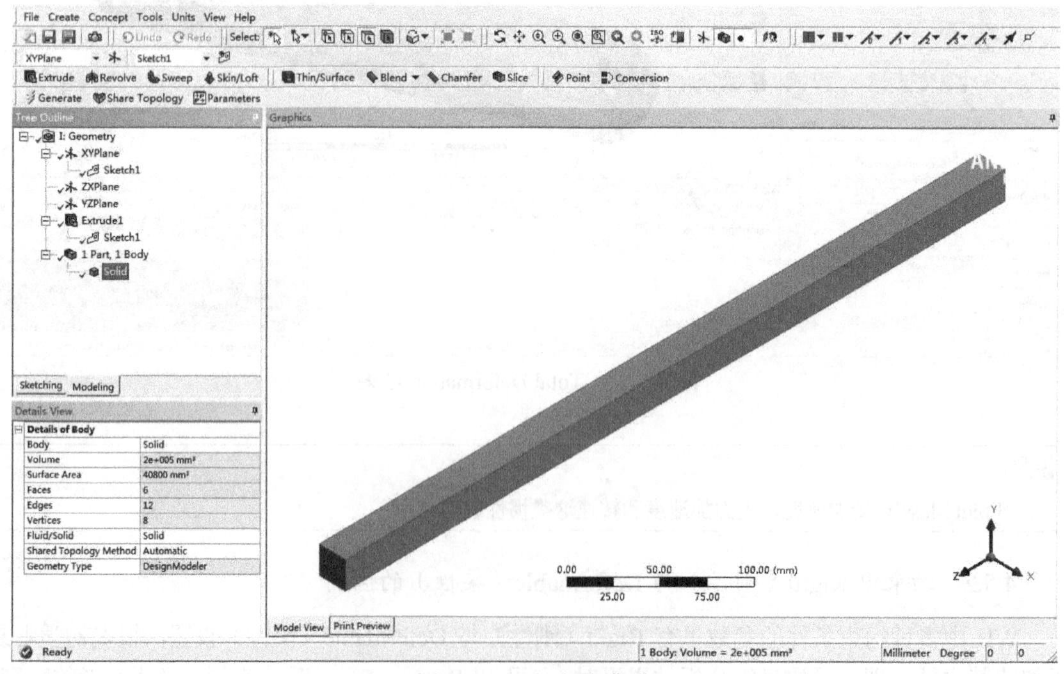

图 4-5-24　长方体模型

2．边界条件（Remote Force 之 Deformable 参数设置）

如图 4-5-25 所示设置边界条件，左端面设置 Fixed Support，上端面加载 Remote Force。

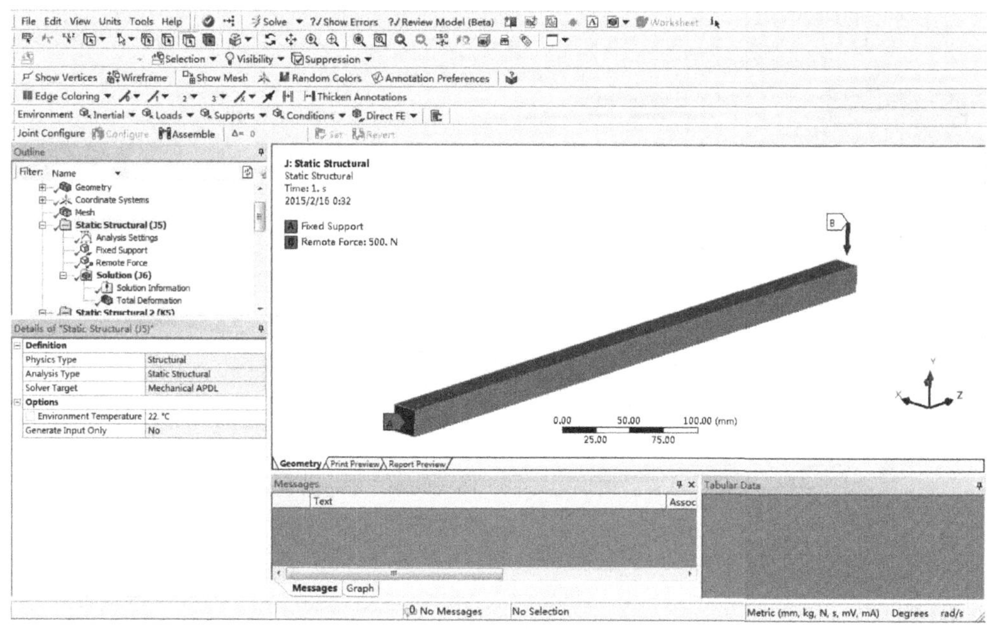

图 4-5-25　边界条件设置

Remote Force 具体设置如图 4-5-26 所示，其中 Geometry 点选模型上端面（远程点作用面）；在 X/Y/Z Coordinate 处分别定义 10mm、50mm、500mm（远程点的位置）；Define By 选择 Components，X/Y/Z Component 分别定义 0N、−500N、0N（载荷大小及方向）；Behavior 选择 Deformable（远程点行为为柔性）；Pinball Region 选择 All（作用范围为全部）。

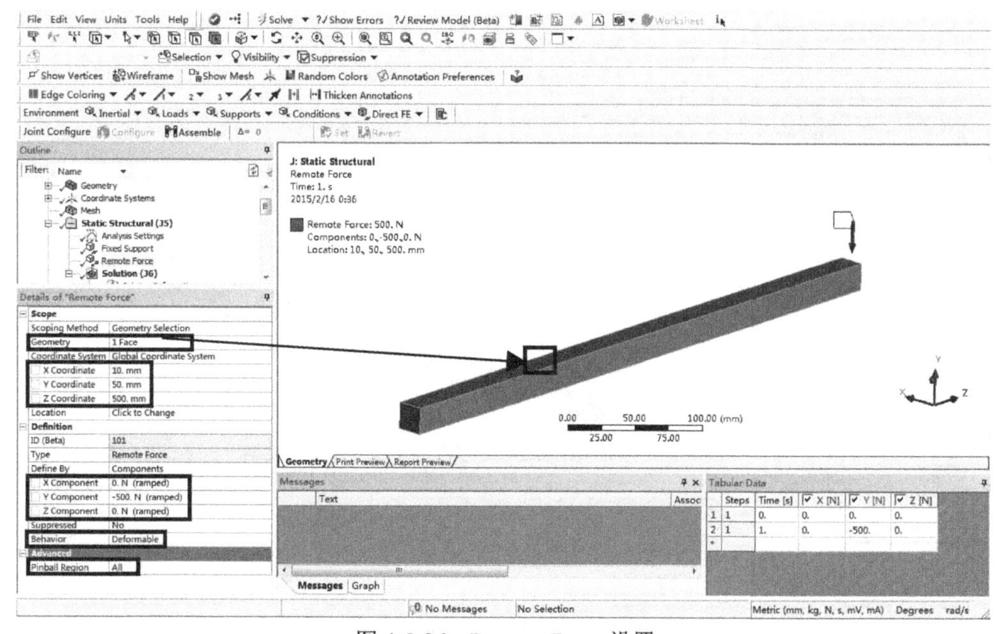

图 4-5-26　Remote Force 设置

3. 求解一

其余设置全部默认，得出 Total Deformation 结果如图 4-5-27 所示，注意结果放大 10 倍。

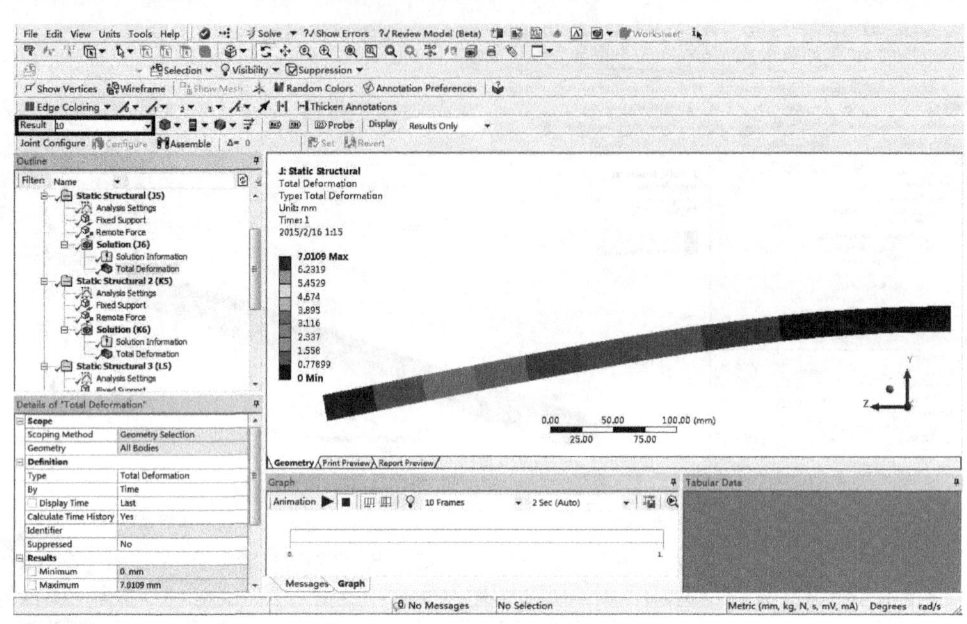

图 4-5-27　Total Deformation 结果

4. 边界条件（Remote Force 之 Rigid 参数设置）

设置边界条件与图 4-5-25 所示一致，左端面设置 Fixed Support，上端面加载 Remote Force。Remote Force 具体设置如图 4-5-28 所示，除 Behavior 选择为 Rigid（远程点行为为刚性）以外，其余与图 4-5-26 设置一样。

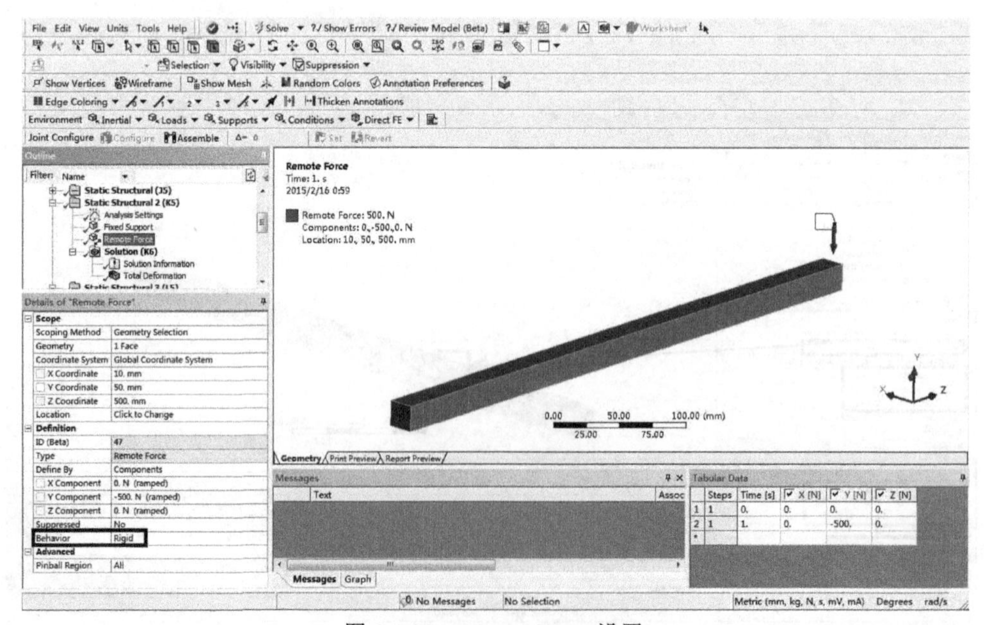

图 4-5-28　Remote Force 设置

5．求解二

其余设置全部默认，得出 Total Deformation 结果如图 4-5-29 所示，注意结果放大 200 倍。

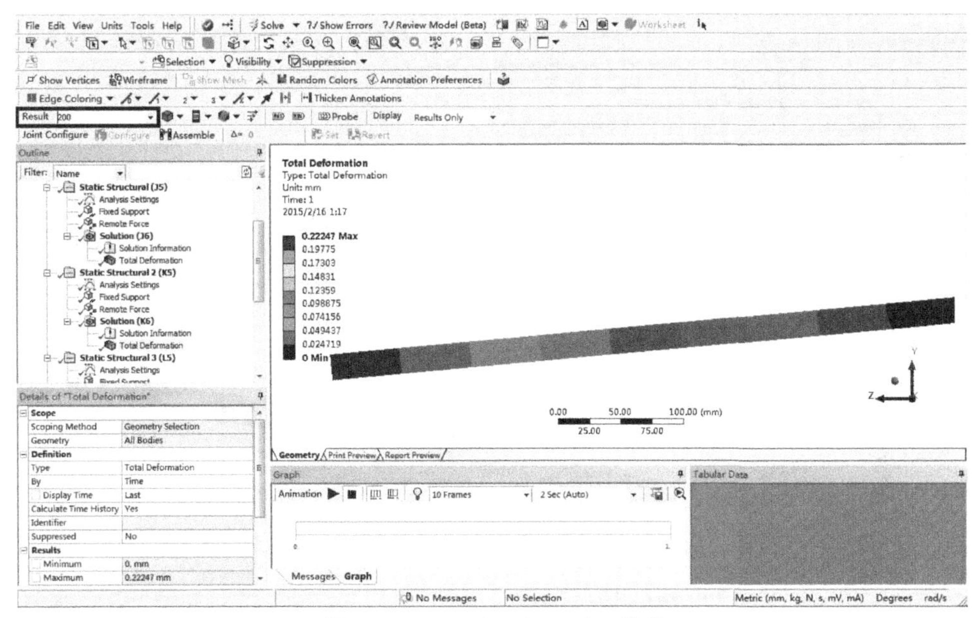

图 4-5-29　Total Deformation 结果

6．边界条件（Remote Force 之 Pinball Region 参数设置）

设置边界条件与图 4-5-25 所示一致，左端面设置 Fixed Support，上端面加载 Remote Force。Remote Force 具体设置如图 4-5-30 所示，除 Pinball Region 定义为 40mm（作用范围为以 40mm 为半径的球体与远程点作用面的相交区域）以外，其余与图 4-5-26 设置一样。

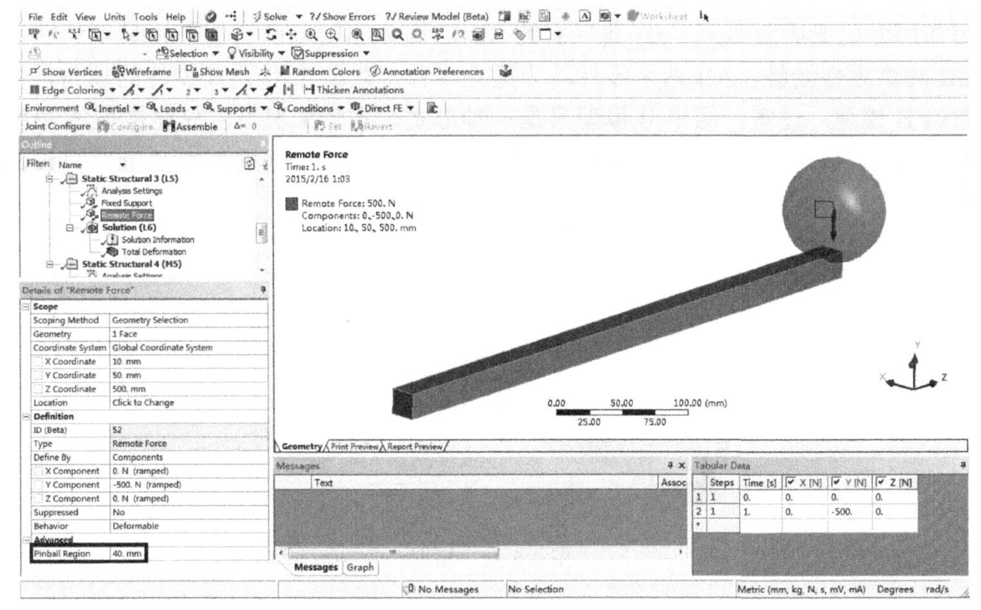

图 4-5-30　Remote Force 设置

7．求解三

其余设置全部默认，得出 Total Deformation 结果如图 4-5-31 所示，注意结果放大 10 倍。

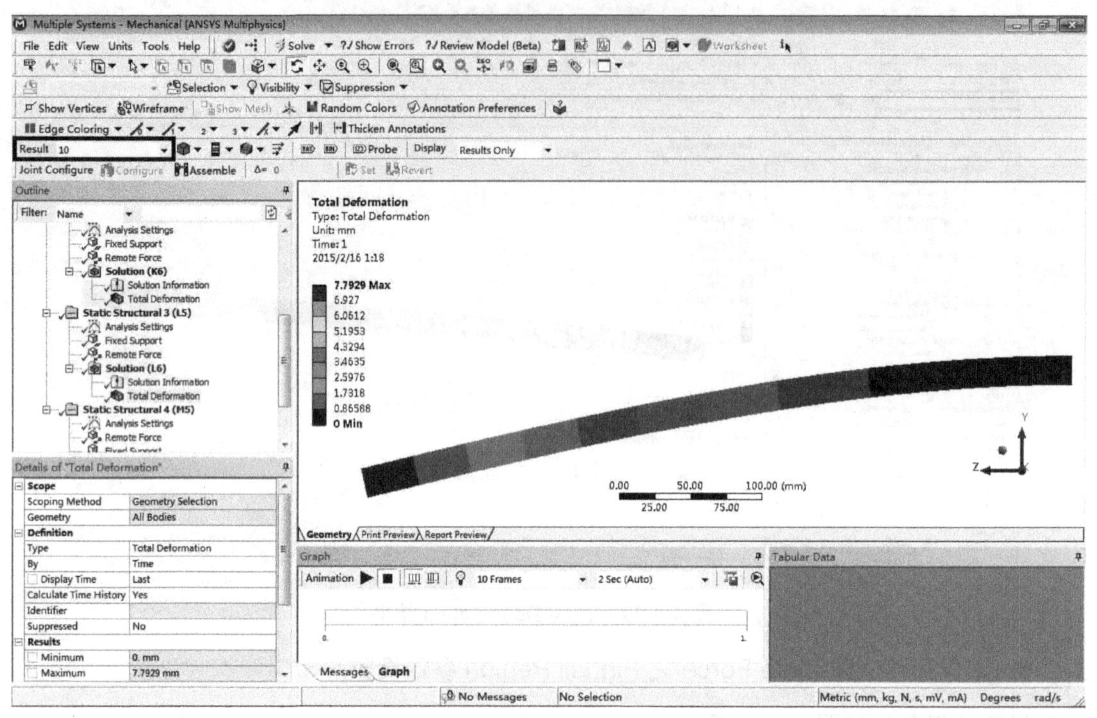

图 4-5-31　Total　Deformation 结果

对比可知：

当远程力的行为设置为 Deformable（柔性）时，载荷作用区域产生变形（图 4-5-27 远程力作用面已变成曲面），与经典界面的 REB3 命令相同。可等效于如图 4-5-32 所示模型：AB 两个零件接触，AB 两个零件均为柔性零件，载荷作用于 B 零件的顶角，实际分析中忽略 B 模型。**注意：图中 B 模型只是一种形式。实际工况下，只要是与 A 模型上端面完全接触，载荷作用在角点位置的柔性模型，都可以等效为远程力的 Deformable（柔性）模型。**

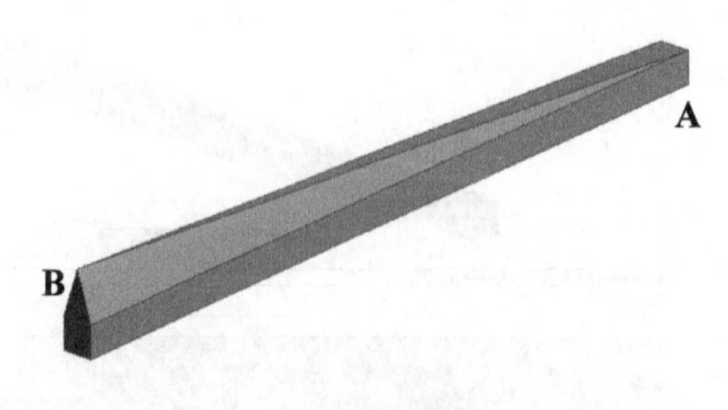

图 4-5-32　模型

当远程力的行为设置为 Rigid（刚性）时，载荷作用区域不产生变形（图 4-5-29 远程力作用面仍然是直线，保持初始形状），与经典界面的 CERIG 命令相同。可等效于如图 4-5-33 所示模型：AB 两个零件接触，A 零件为柔性零件，B 零件为刚性零件，载荷作用于 B 零件的顶角，实际分析中忽略 B 模型。

当远程力的 Pinball Region 设置为一定数值时，载荷作用区域就不是定义的全区域，而是 Pinball 与载荷作用区域的相交域（图 4-5-31 变形大于图 4-5-27 变形）。可等效于如图 4-5-34 所示模型：AB 两个零件均为柔性零件，载荷作用于 B 零件的顶角，实际分析中忽略 B 模型。**注意：在远程力中定义 Pinball Region 可用于局部载荷，相比映射面和硬点等局部载荷加载形式，优点在于模型网格仍然可以 Sweep（扫略），缺点在于局部域定义比较麻烦。**

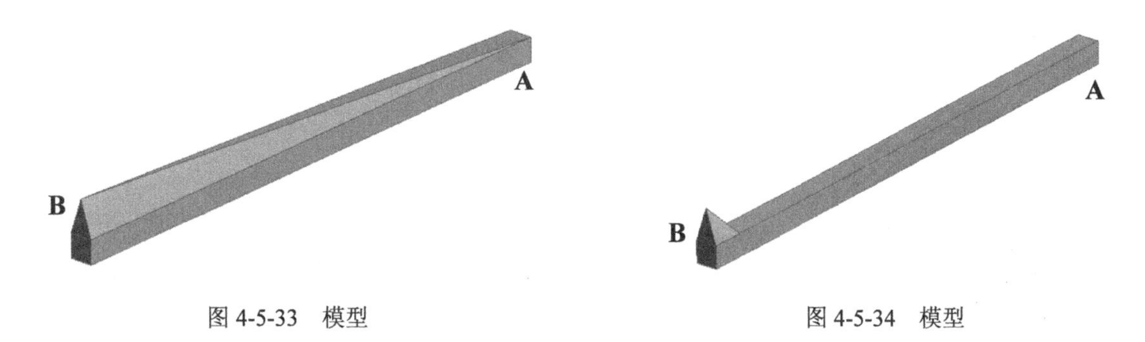

图 4-5-33 模型　　　　图 4-5-34 模型

8. Warning 处理

当远程力的行为设置为 Rigid（刚性）求解后，会出现一个 Warning：One or more MPC contact regions or remote boundary conditions may have conflicts with other applied boundary conditions or other contact regions. This may reduce solution accuracy (**这可能降低求解精度**). Tip: You may graphically display FE Connections from the Solution Information Object for non-cyclic analysis. Refer to Troubleshooting in the Help System for more details. 很多 WB 使用者往往对 Warning 置之不理，认为无关紧要，这是一种非常不严谨的态度。

需要查看 Warning 的详细信息，点击 Solution→Solution Information，如图 4-5-35 所示可见详细信息，其中提到节点 875。

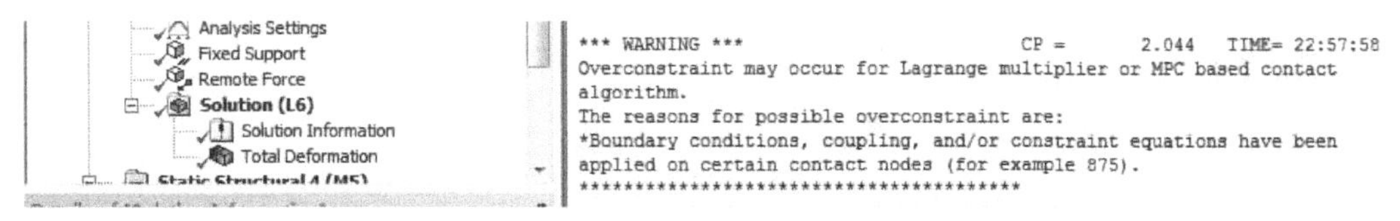

图 4-5-35 Warning 信息

参见图 4-2-53、图 4-2-54 操作，利用 Named Selection 工具查找节点 875 的位置，如图 4-5-36、图 4-5-37 所示设置，可见节点 875 位于 Remote Force 作用面与 Fixed Support 作用面的交线上。由此可知正是这根交线处于过约束状态，边界条件发生了冲突，所以出现 Warning。

要修复 Warning，只能在某一边界条件下去除这根交线模型，因此，边界条件就仅能采用有限元模型，对节点进行加载。

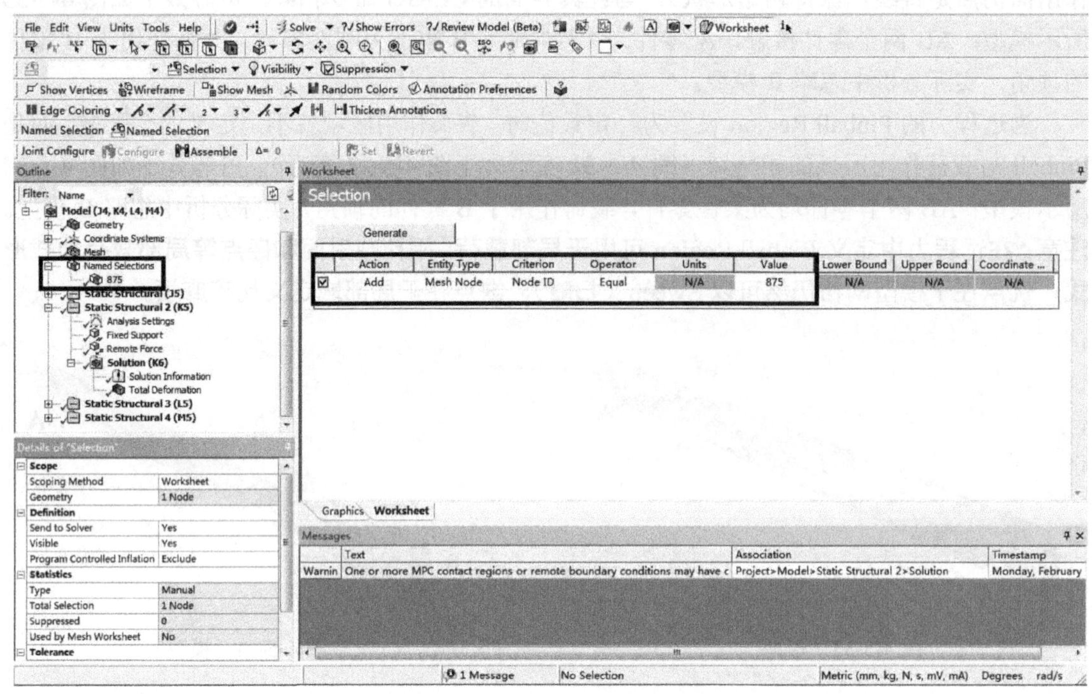

图 4-5-36　定义 875 节点选择域

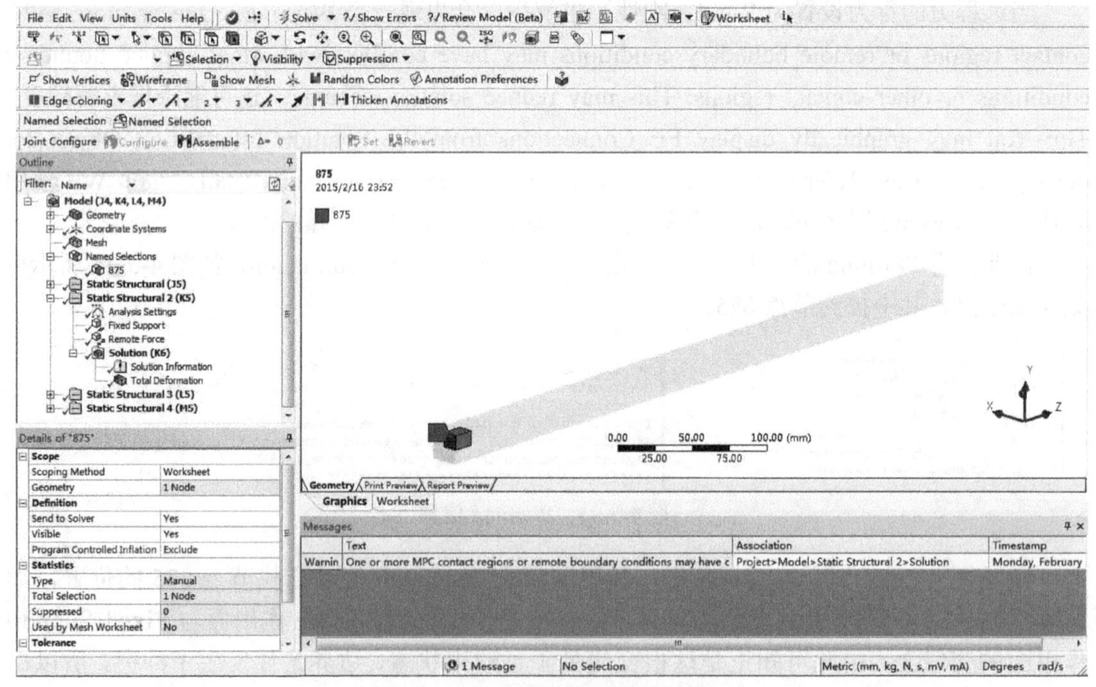

图 4-5-37　875 节点在模型的位置

1）定义加载域，选取左端面除交线以外的节点

如图 4-5-38 所示选取左端面，在 Named Selections 定义为 face。

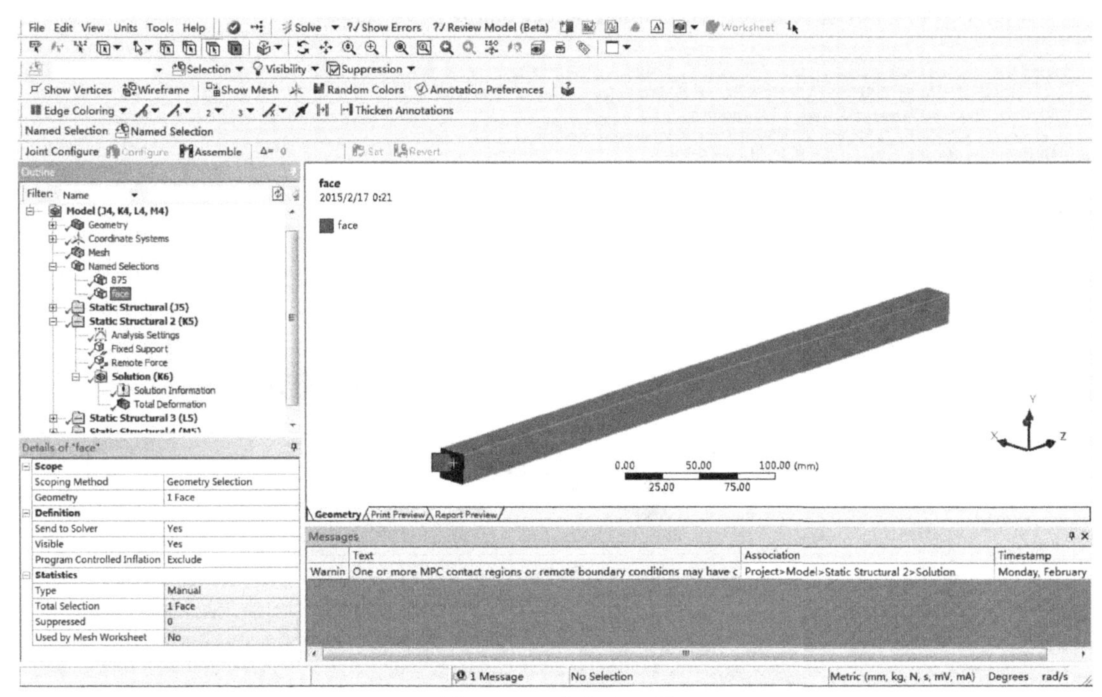

图 4-5-38　定义 face 域

右键点击 face，在菜单中点选 Create Nodal Named Selection，即可创建面内节点集，定义为 face node，如图 4-5-39 所示。

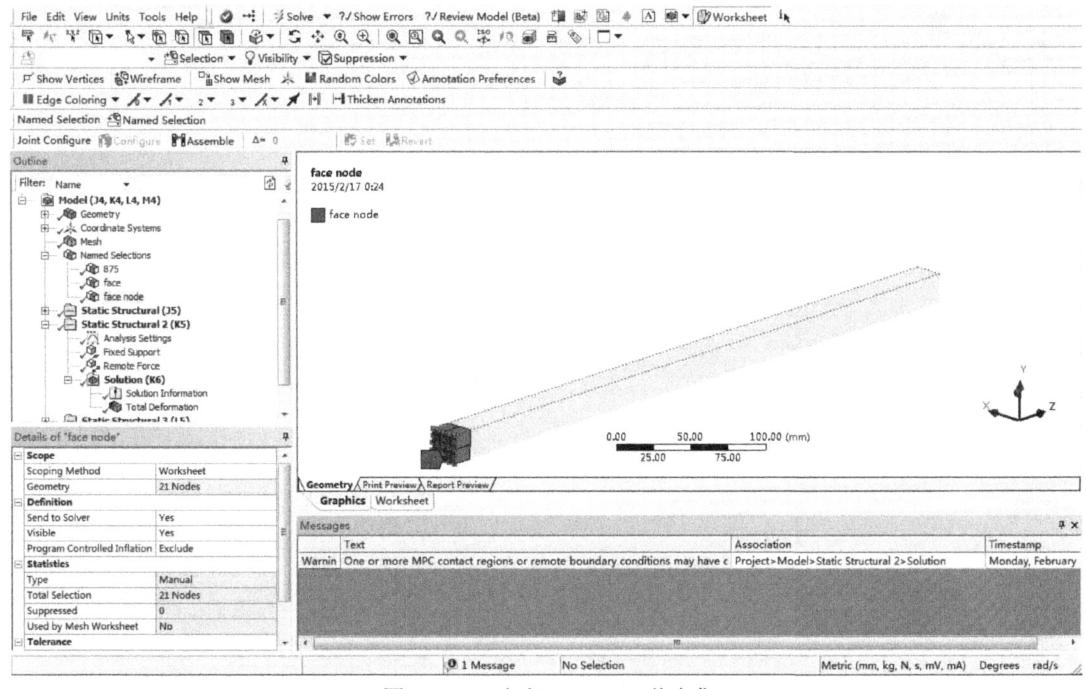

图 4-5-39　定义 face node 节点集

如图 4-5-40 所示选取交线，在 Named Selections 定义为 line。

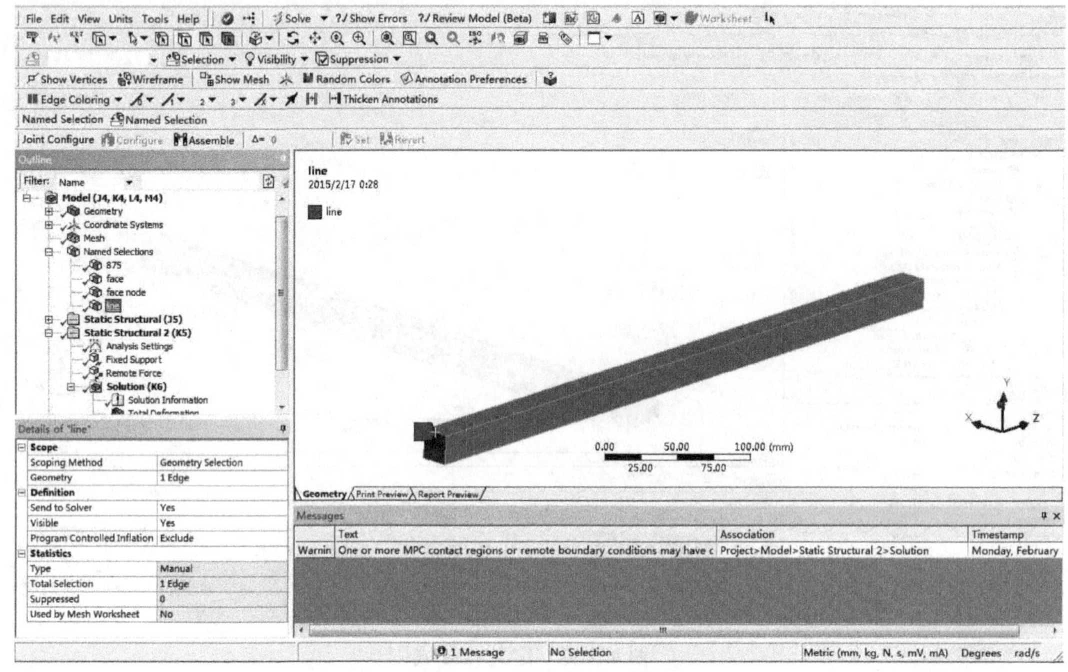

图 4-5-40　定义 line 域

右键点击 line，在菜单中点选 Create Nodal Named Selection，即可创建线内节点集，定义为 line node，如图 4-5-41 所示。

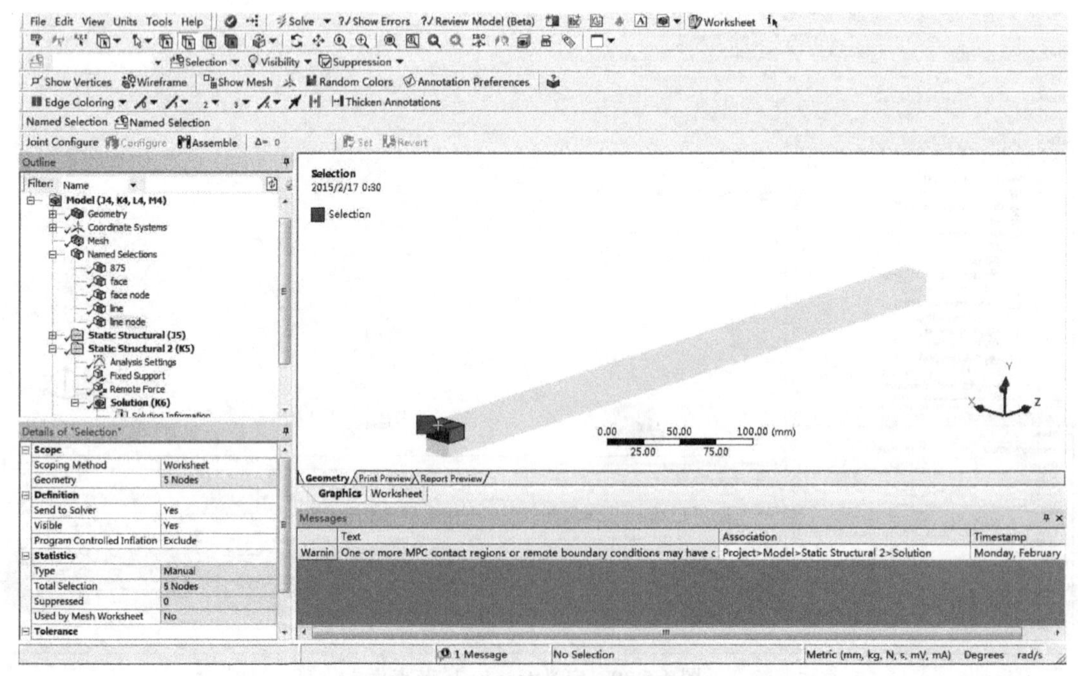

图 4-5-41　定义 line node 节点集

右键点击Named Selections→Insert→Named Selection，定义一个node选择集，如图4-5-42、图4-5-43所示设置。

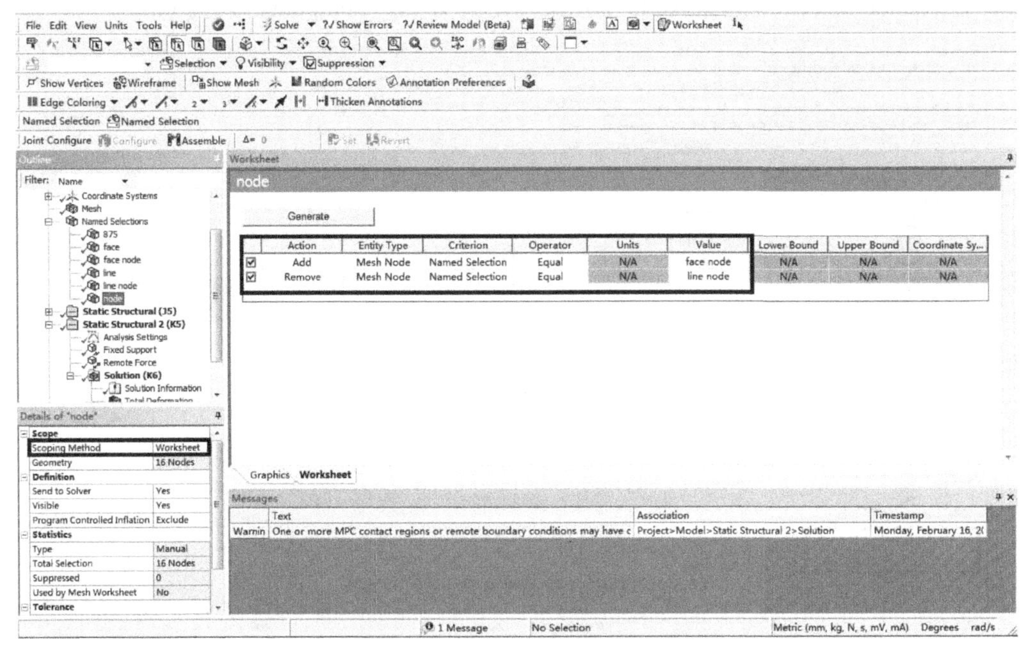

图4-5-42　定义node节点集选择域

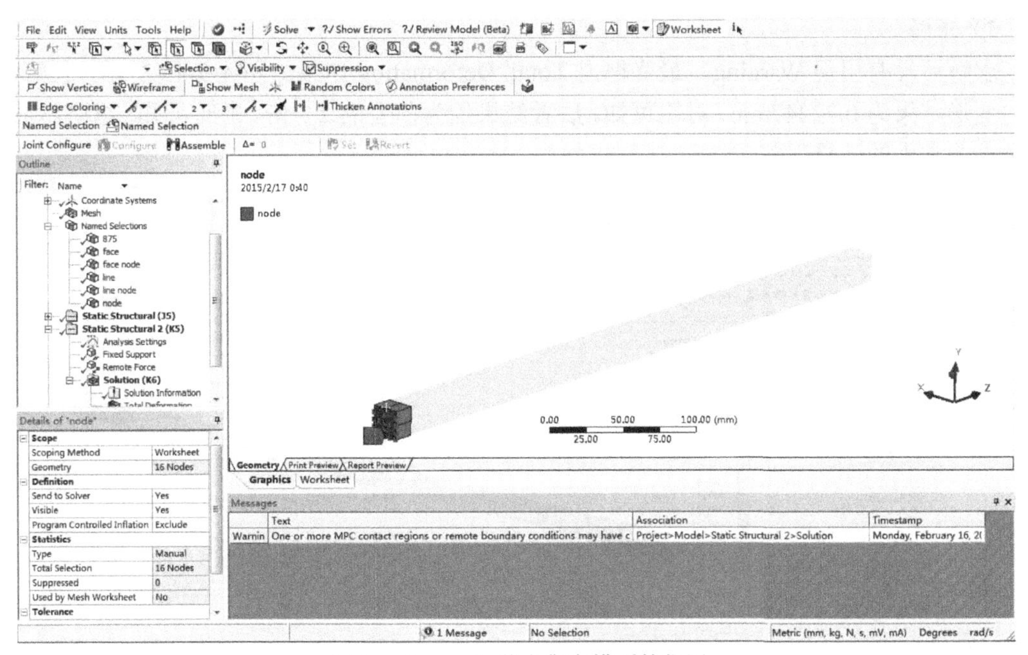

图4-5-43　node节点集在模型的位置

注意

在Detail菜单内均有节点数量，例如face内有21个节点，line内有5个节点，node选择集内有16个节点。

2）约束定义

右键点击 Fixed Support→Suppress（抑制），插入 Nodal Displacement，如图 4-5-44 所示设置，在 Named Selection 选择 Node 节点集，定义 X/Y/Z Component 均为 0mm。

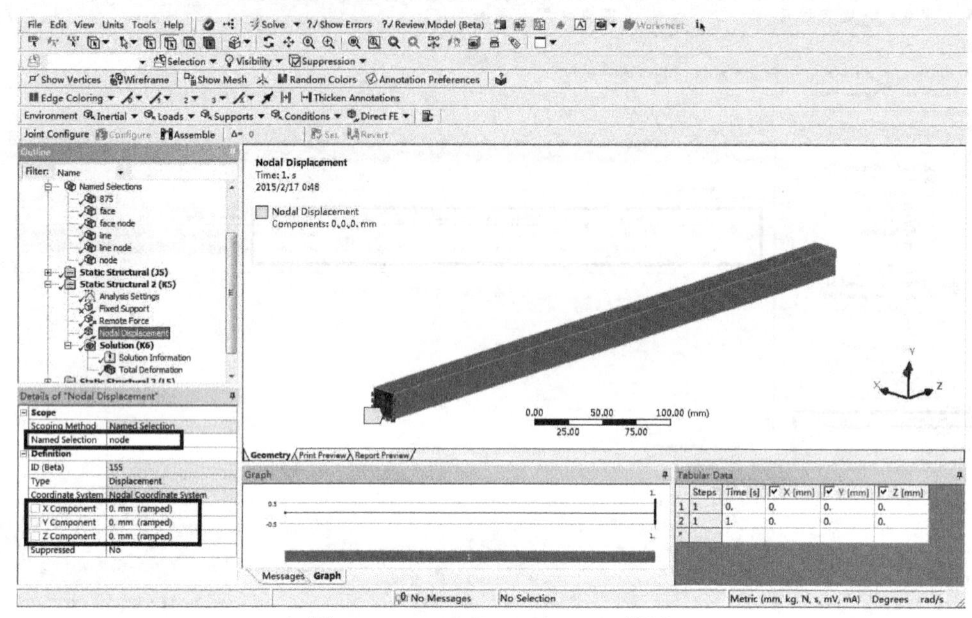

图 4-5-44　Nodal Displacement 设置

3）求解

求解后没有出现 Warning，最终得出 Total Deformation 结果如图 4-5-45 所示。图 4-5-29 中的变形结果为 0.22247mm，对比可知，后者结果约为前者的 2.7 倍。由此可知，忽略 Warning 会带来非常大的计算误差。

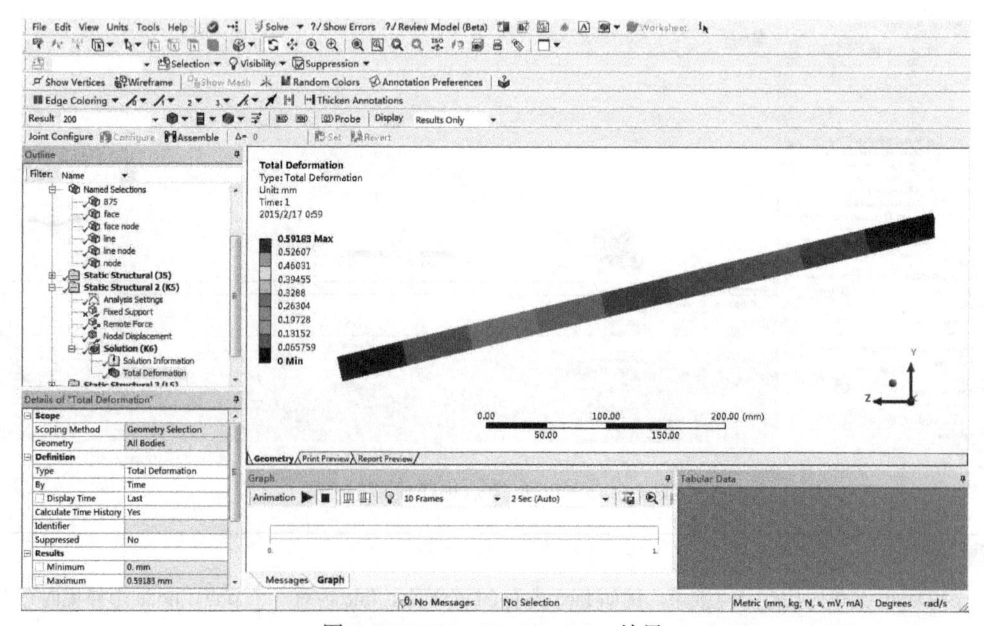

图 4-5-45　Total Deformation 结果

思考题

远程力的行为设置除了有 Deformable（柔性）、Rigid（刚性），还有 Coupled（耦合）。Coupled（耦合）表示载荷作用区域内的所有节点具有同样的自由度变形，与经典界面的 CP 命令相同。读者可以自行建模，对比分析结果，并参见 4.7.3 节的思考题，理解其中的意义。

4.5.3　Moment 载荷

由于实体单元仅有三个方向的平动自由度，没有转动自由度，所以 3D 实体模型加载 Moment 也是基于远程点边界条件，即先建立一个远程点，远程点与 Moment 作用面耦合，实际 Moment 就加载在远程点上。下面以一个例子说明 Moment 载荷加载分析。

1. 建立模型

在 XYPlane 下新建一 Sketch1，基本图形与参数如图 4-5-46 所示。

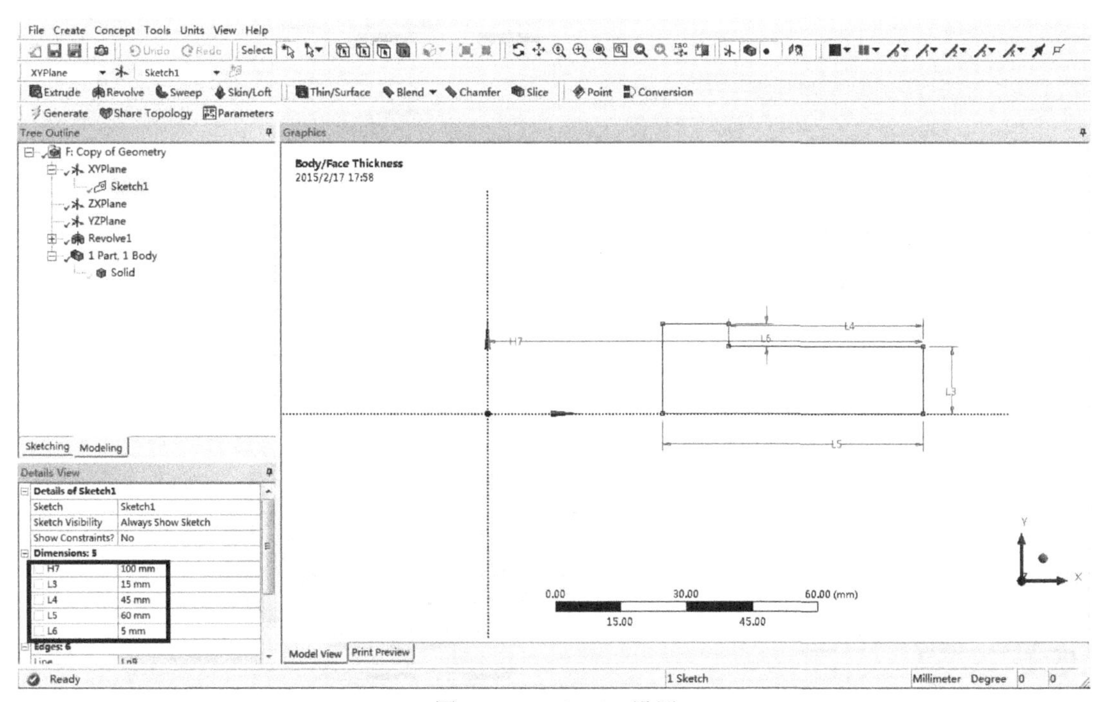

图 4-5-46　Sketch1 设置

Revolve（旋转）建模，如图 4-5-47 所示。

2. 划分网格

对于这类空心回转类零件，一般采用 MultiZone（多域）划分网格。如图 4-5-48 所示，右键点击 Mesh→Insert→Method，其中 Geometry 点选整个实体，Method 选择 MultiZone，Mapped Mesh Type 选择 Hexa，Free Mesh Type 选择 Hexa Core。

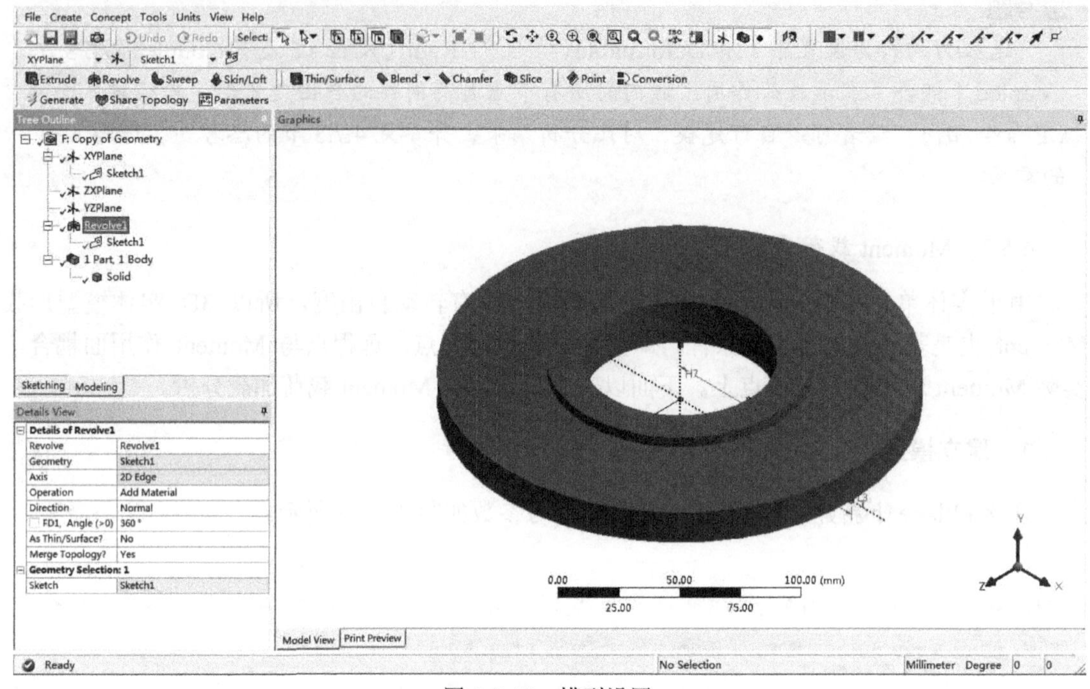

图 4-5-47　模型设置

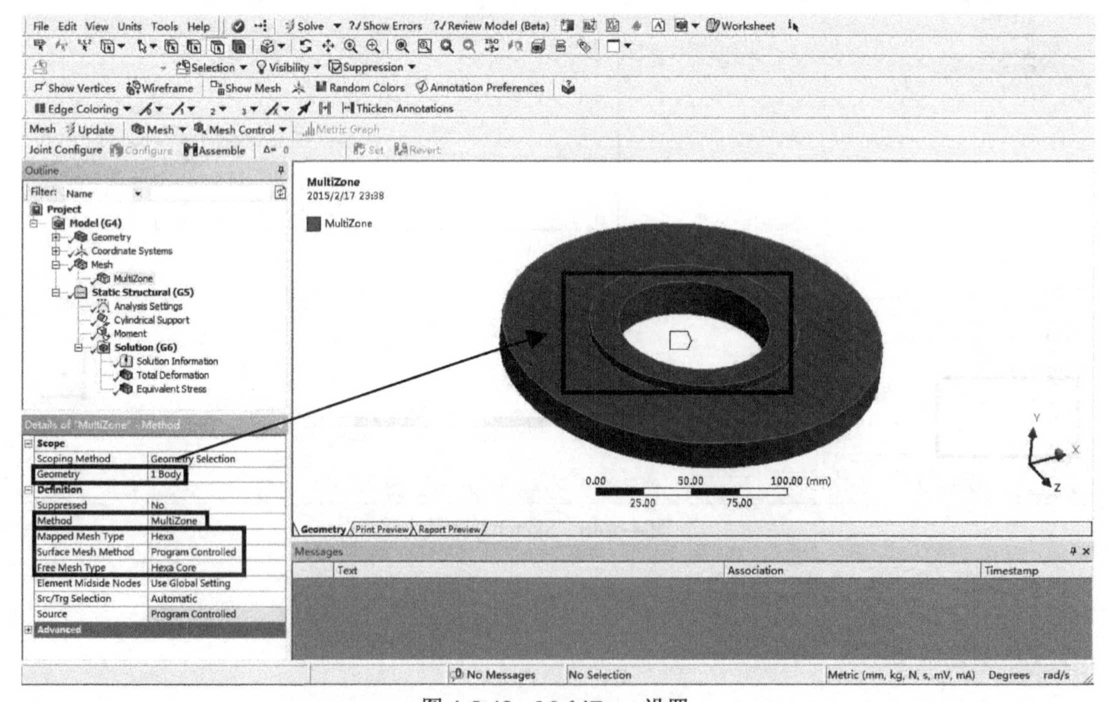

图 4-5-48　MultiZone 设置

最终有限元模型见图 4-5-49。

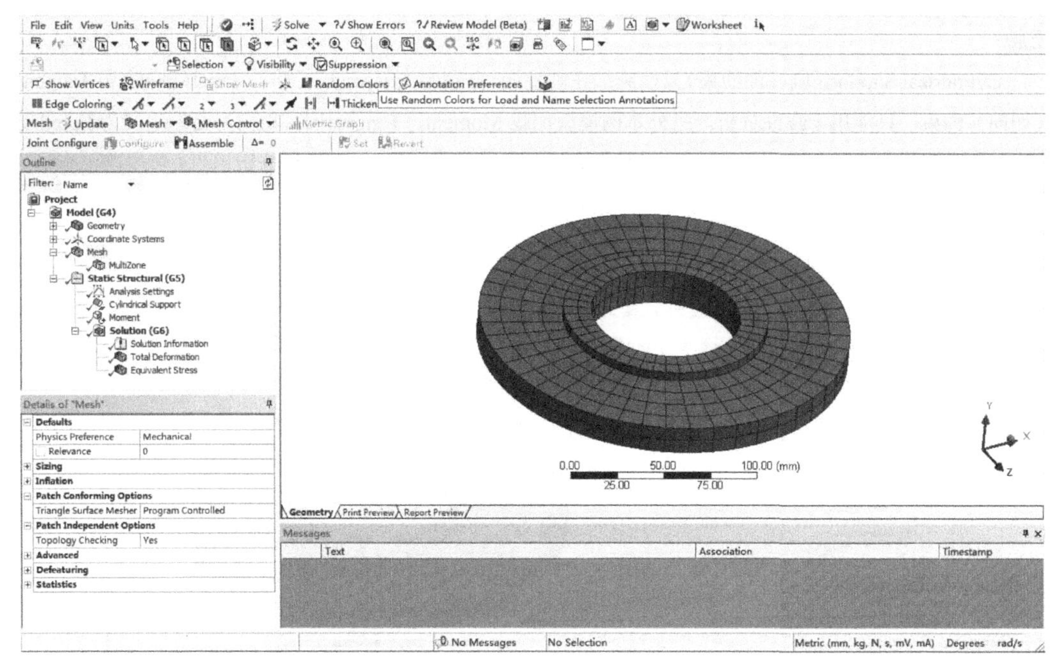

图 4-5-49　有限元模型

3. 边界条件

在内孔面加载 Cylindrical Support，Radial、Axial 和 Tangential 均定义为 Fixed（固定），如图 4-5-50 所示；在外圆柱面加载 Moment，定义 Y Component 为 1000N •mm，其余均默认，如图 4-5-51 所示。

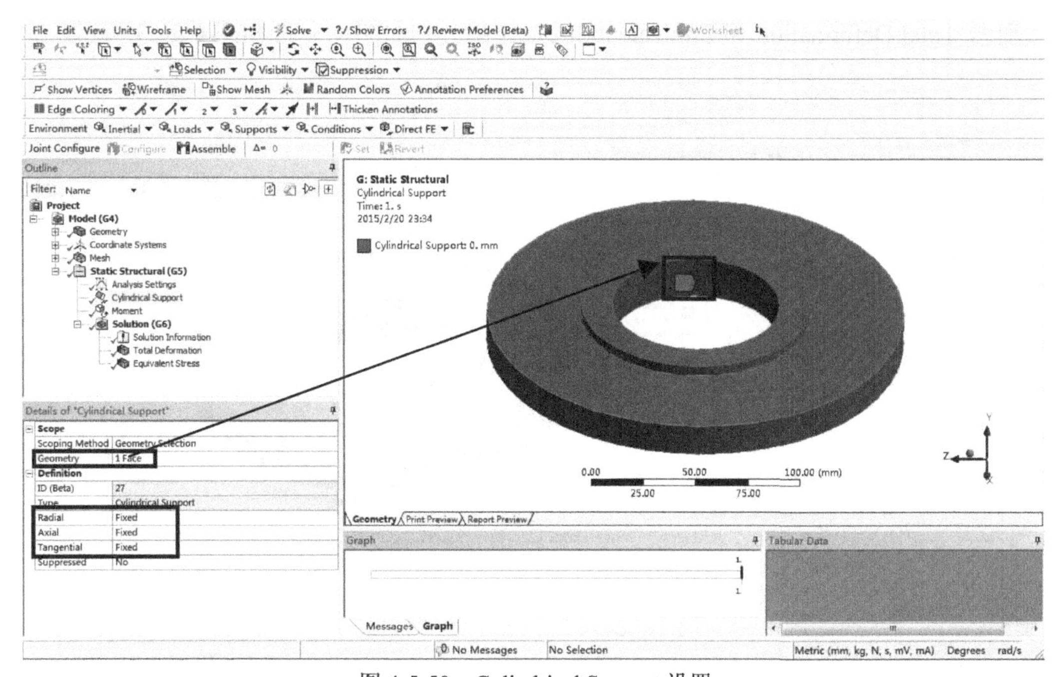

图 4-5-50　Cylindrical Support 设置

注意

Cylindrical Support（圆柱面约束）只能施加在圆柱面，分别定义 Radial（径向）、Axial（轴向）和 Tangential（切向）约束，只能用于线性分析。另外本例模型加载 Moment，Tangential（切向）必须定义为 Fixed（固定），这是因为采用静力学分析，实际是对模型在匀速状态下的某一时刻进行分析。

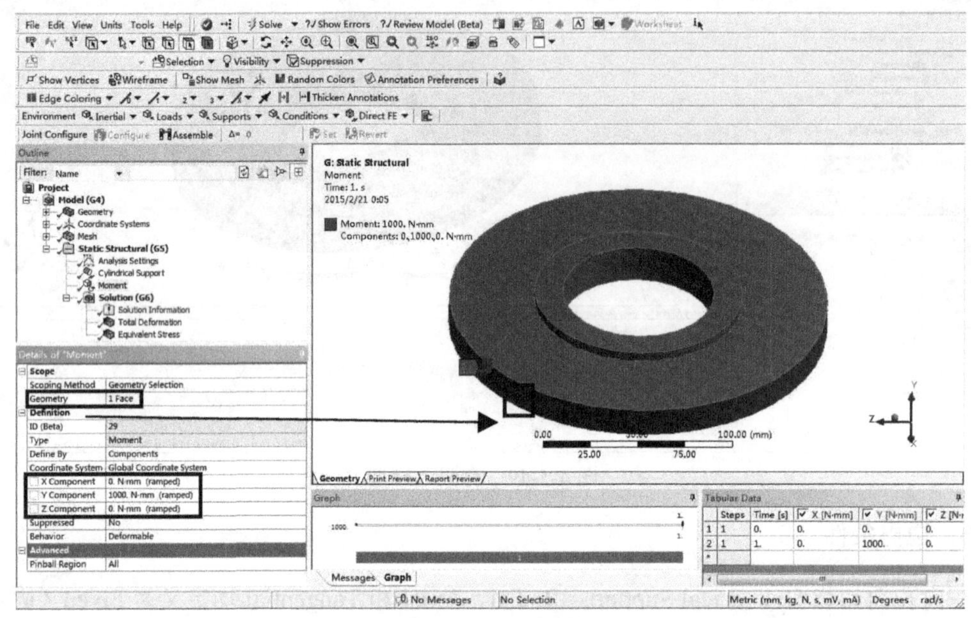

图 4-5-51　Moment 设置

4．求解

计算 Total Deformation 和 Equivalent Stress 结果分别如图 4-5-52 和图 4-5-53 所示。

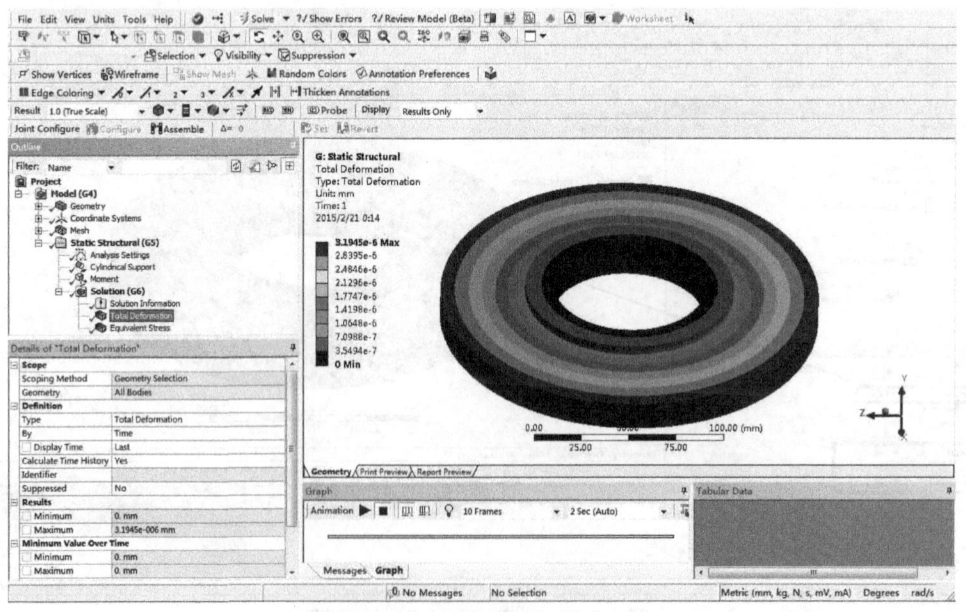

图 4-5-52　Total Deformation 云图

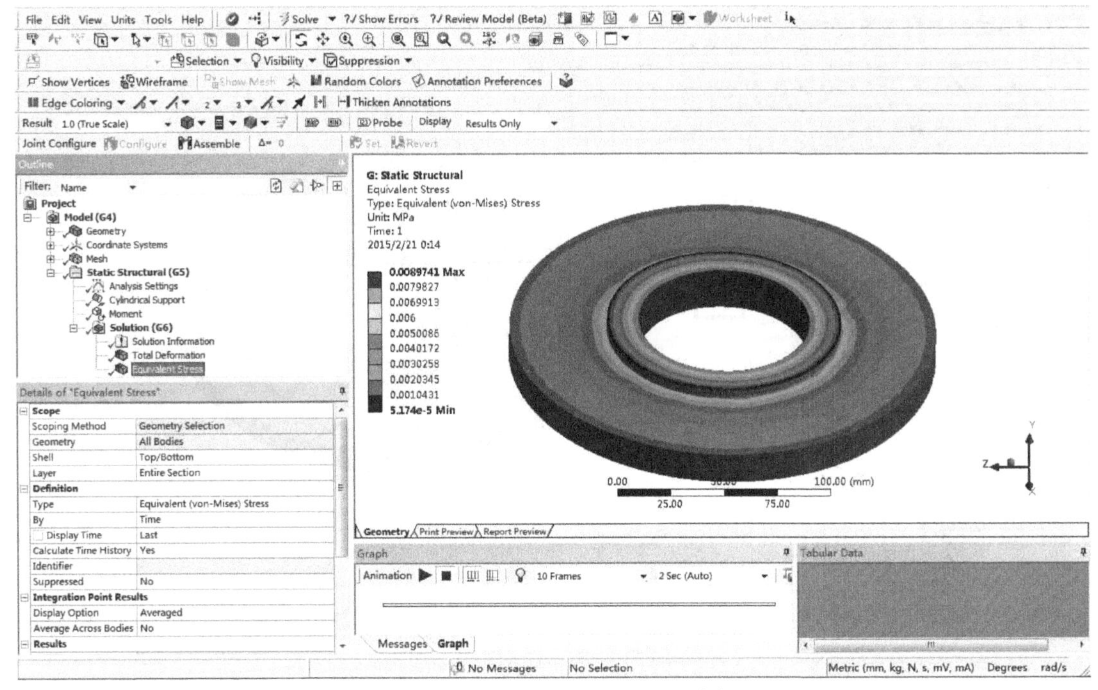

图 4-5-53 Equivalent Stress 云图

5. 偏心 Moment 的加载之前处理

上例 Moment 加载于圆心处，实际工况中有非常多的偏心 Moment 载荷，例如凸轮、曲轴等，如果仅仅修改图 4-5-51 中的 Coordinates System，并不能得到正确答案。这种偏心分析就可以采用 Connections→Joint 的方式，其原理与远程点概念非常近似。

首先定义 Connections→Joint，注意单个零件默认 Model 下不会出现 Connections 选项，可以右键单击 Model→Insert→Connections，再右键单击 Connections→Insert→Joints，如图 4-5-54 所示。

图 4-5-54 中 1 区选择 Body-Ground（体对地面）；2 区 Type 选择 Revolute（旋转）；3 区 Scope 点选图中外圆柱面；注意 4 区，定义 Revolute（旋转）即表示仅有 RZ 自由度（Z 向可旋转，不可修改）；同时观察 5 区的坐标系，如果自由度方向不是对应的坐标系方向，可以在 5 区的坐标系内左键点击坐标轴进行修改。

点击 Reference Coordinate System，如图 4-5-55 所示设置，Define By 选择为 Global Coordinates；Origin X/Y/Z 分别定义为 50mm、7.5mm、0mm，其余默认。读者也可以点击 1 区的图标进行修改，分别表示 X/Y/Z 向偏移、X/Y/Z 向旋转、X/Y/Z 向换向。

6. 偏心 Moment 的加载之边界条件

点击 Loads→Joint Load，如图 4-5-56 所示。选择 Joint 为前面定义的 Revolute→Ground To Solid，Type 选择 Moment（**特别注意，静力学分析时 Joint 的加载类型不能定义为速度和加速度，请思考为什么?**），Magnitude 定义为 1000N • mm。

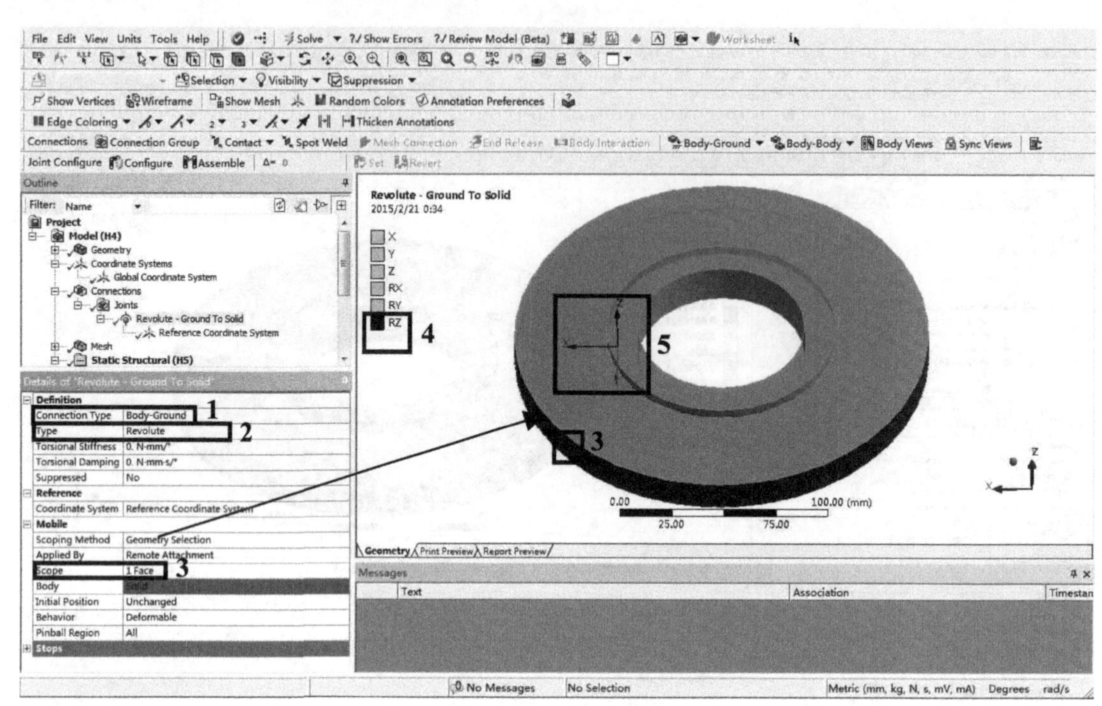

图 4-5-54　Joint 设置

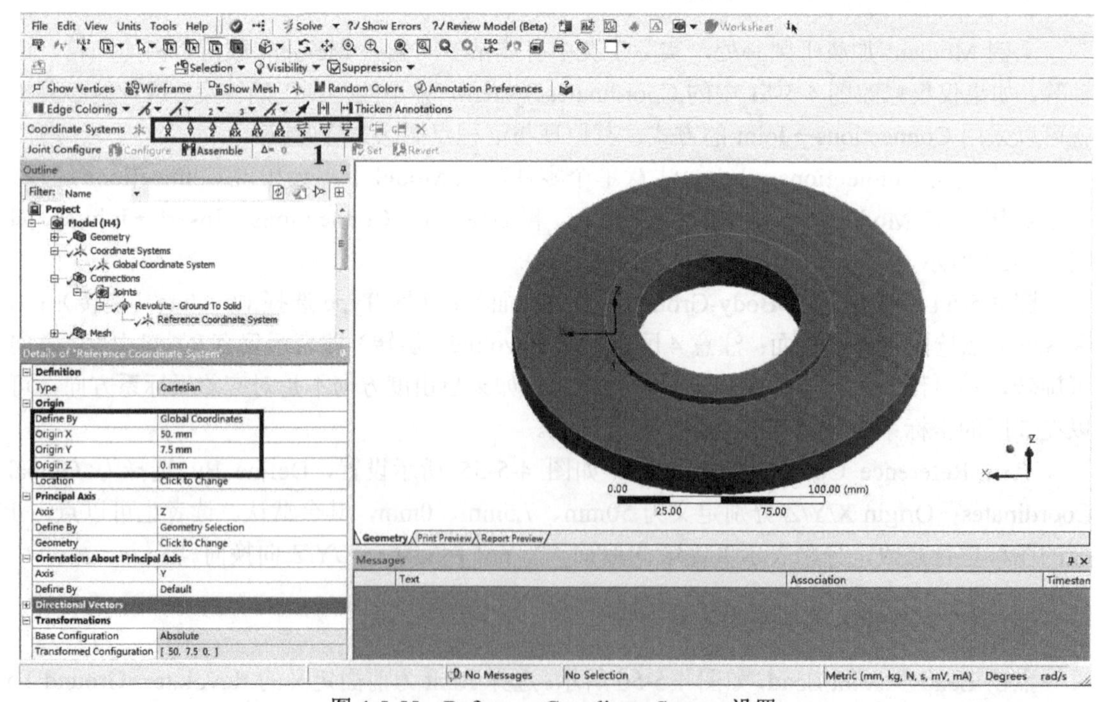

图 4-5-55　Reference Coordinate System 设置

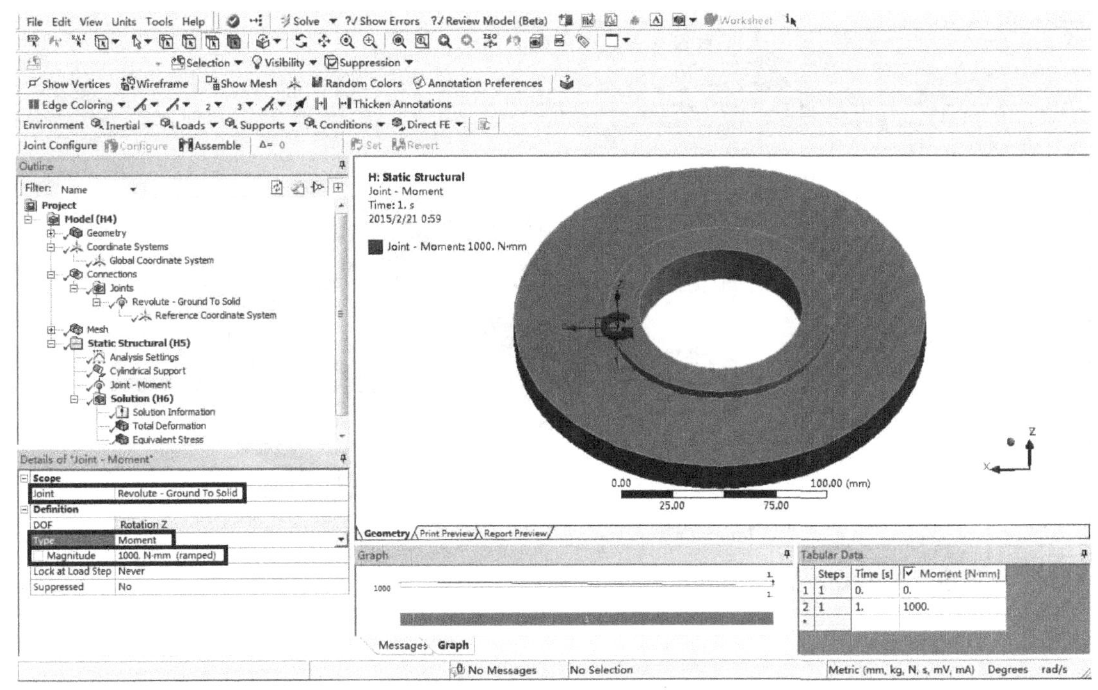

图 4-5-56　Joint-Moment 设置

7．求解

计算 Total Deformation 和 Equivalent Stress 结果分别如图 4-5-57 和图 4-5-58 所示。

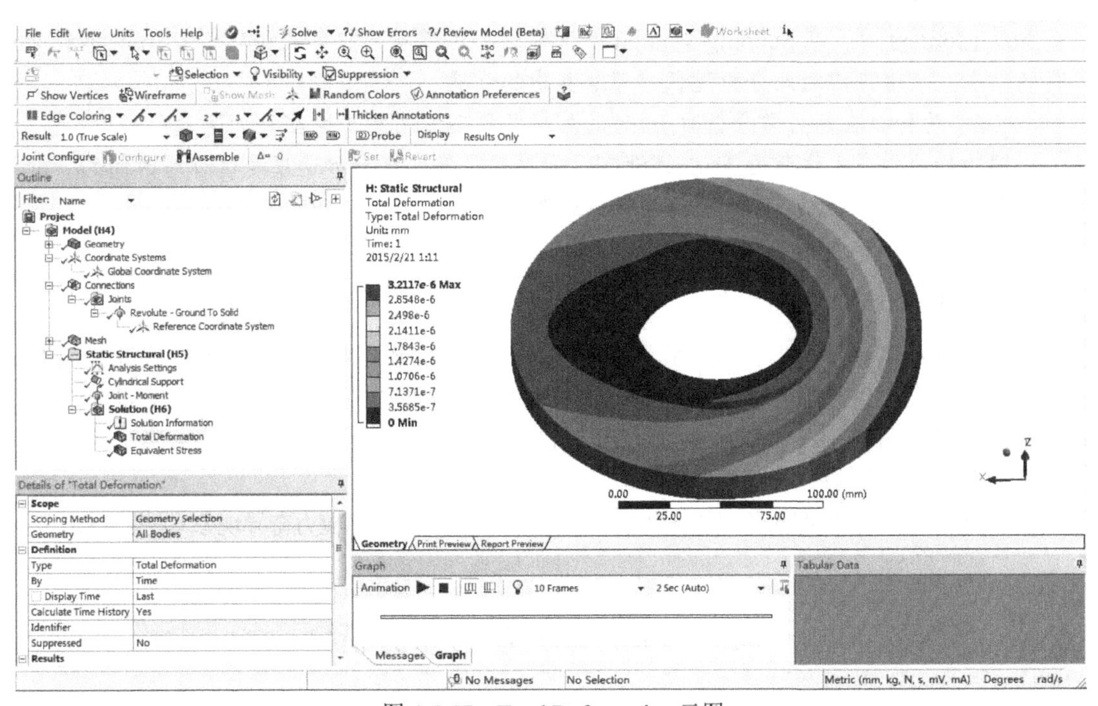

图 4-5-57　Total Deformation 云图

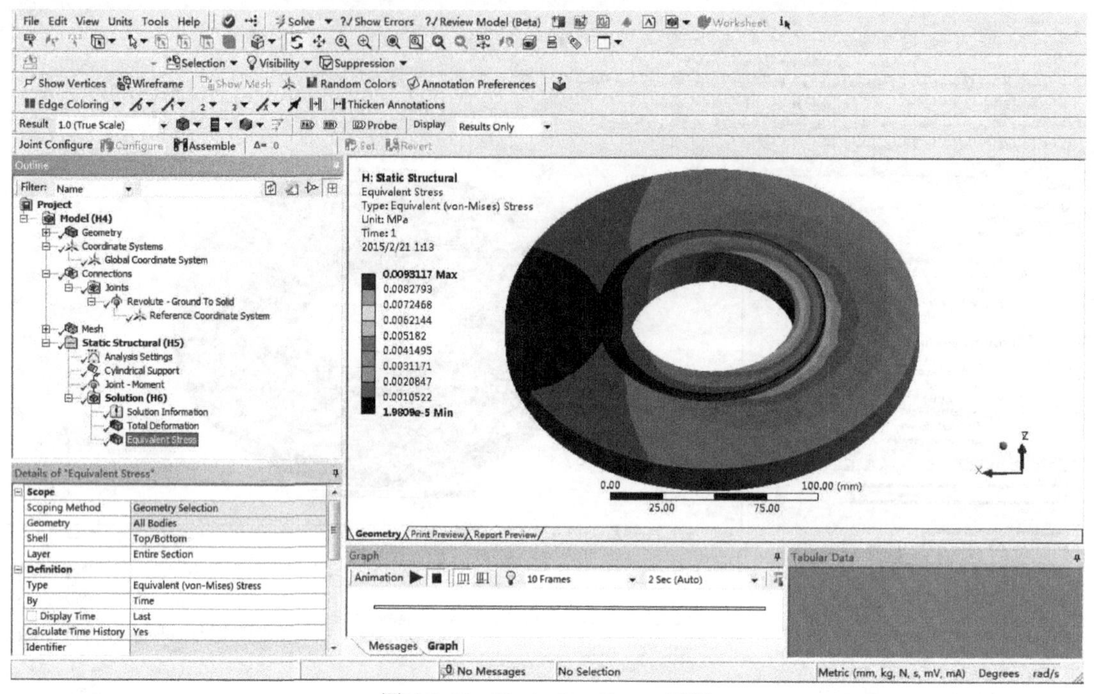

图 4-5-58　Equivalent Stress 云图

思考题

（1）除了上面讲到的利用 Joint 加载偏心 Moment 的方法，还有什么方法？

利用远程点。建立一个基于外圆柱面，坐标位置如图 4-5-55 所示位置的远程点；然后加载 Moment 时，在 Scoping Method 处选择这个远程点，即可做到与定义 Joint 加载一样的结果。读者可以对比分析过程，理解其中的意义。

（2）为什么在静力学分析时 Joint 的加载类型不能定义为速度和加速度？

因为静力学基本方程为 $F=Kx$，没有时间参数，而速度和加速度是位移对时间的一阶导数和二阶导数，所以不能加载速度和加速度。

4.5.4　小结

三维实体模型相比梁、二维 XY 平面和壳模型更加复杂，对计算结果的准确性更加不易判定。读者需要详细了解各边界条件的意义、模型简化的方法及软件相关参数的意义，才能有的放矢。其优势在于，模型最容易获得，后处理可以得到基于三维模型的结果。

其劣势在于：计算代价昂贵。

易出现的错误：在模型拐角、完全约束、加载点等位置可能出现应力奇异现象（参见 4.8.1 节）。

4.6　Link 单元静力学分析

除了前面讲述的几种单元形式以外，实际工况中还存在一些只受轴向拉压的模型，如桁架、线缆、拉索、轴承、加强筋、弹性基座、橡胶支座等。ANSYS 将其定义为 Link 类型，在 WB 环境中必须通过插入 Command 的方式才能调用这种单元类型，默认为 Link180 单元。Link180 只有 X、Y、Z 三个方向的平移自由度，一般都基于大变形状态，主要参数：keyopt（2）表示截面缩放，为 0（不可压缩，轴向拉伸时，体积保持不变，单元的截面积改变，默认），为 1（截面为刚性）；keyopt（3）表示拉压状态，为 0（拉伸和压缩，默认），为 1（拉伸），为 2（压缩）。

Link 模型加载时，常常需要定义初始状态。定义初始状态可以使模型从非零状态开始分析，初始状态包括：初始应力、初始应变等。定义初始状态的方法如下所示。

（1）分步加载，第一步加载 Link 模型初始状态条件，第二步加载模型的实际工况。

（2）用 inistate 命令（简写为 inis），例如：

定义初始应力：**inis, define, 1,,,,100 ！定义 1 单元的初始应力的 SX=100**

定义初始应变：**inis, set, dtyp, epel**

inis, define,,,,,0.02 ！定义整个模型的初始应变为 0.02

下面以两个例子分别说明 Link 模型的分析方法。

4.6.1 Link180 模型之分步加载

分步加载采用载荷步计算，第一步加载 Link 模型的初始状态，如拉伸、压缩状态；第二步加载整个模型的整体边界条件。下面以一个立柱受四根拉索固定为例说明 Link 模型分步加载分析。

1．建立模型

建立如图 4-6-1 所示模型。其中 Line2（立柱）高度为 5000mm，截面定义为 Circular1，截面半径为 25mm，在 Line2 上还分别建立两个 Point Load，为 Point2、Point3，高度为 4900mm、4800 mm；Line3 为一对折线（拉索 1、3），高度为 4900mm，左右对称，截面定义为 Circular2，截面半径为 1mm，对称角为 20°，截面定义为 Circular2；Line4 为一对折线（拉索 2、4），高度为 4800mm，前后对称，对称角为 20°，截面定义为 Circular2，截面半径为 1mm；最后将 3 个 Line 体用 Form New Part 组合为一体。具体建模过程省略。

注意

在 Line2 上建立 Point Load（硬点）的目的是为了保证 Line2 分别与 Line3 和 Line4 建立连接。Line3 和 Line4 模型的截面尺寸可以随便定义，因为后续需要插入 Command 更改单元类型（将 Beam 单元改为 Link180 单元），同时定义截面尺寸。最后一步将三个 Line 模型用 Form New Part 组合为一体，并不一定需要，因为默认的 Line 模型为 Beam 单元，有 6 个自由度，而修改后的 Line 模型为 Link 单元，仅有 3 个自由度，两者自由度数目不同，不能合并为一体，但是由于 WB 默认的都是 Beam 单元，所以可以暂时将其合并。

2．修改单元类型

先点击第二个 Line Body，右键选择 Rename（重命名），修改名称为 link180（1），也可以按 F2 快捷键操作，再右键点击选择 Insert Commands，在空白处输入以下命令，如图 4-6-2

所示。同理将第三个 Line Body 改为 link180（2），输入同样的 Command。

```
et,matid,link180          ! 定义单元类型为 link180
r,matid,3.14,,1           ! 定义实常数，截面积为 3.14mm²，仅为拉伸状态
sstif,on                  ! 应力硬化状态打开（link 单元分析必备）
```

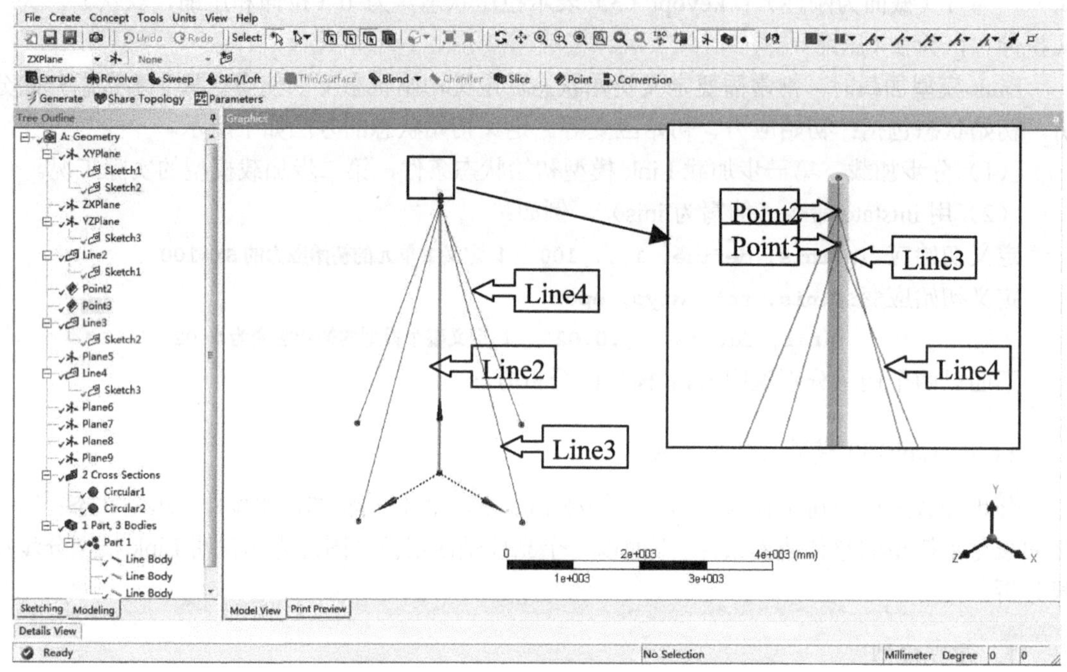

图 4-6-1　立柱受四根拉索固定模型

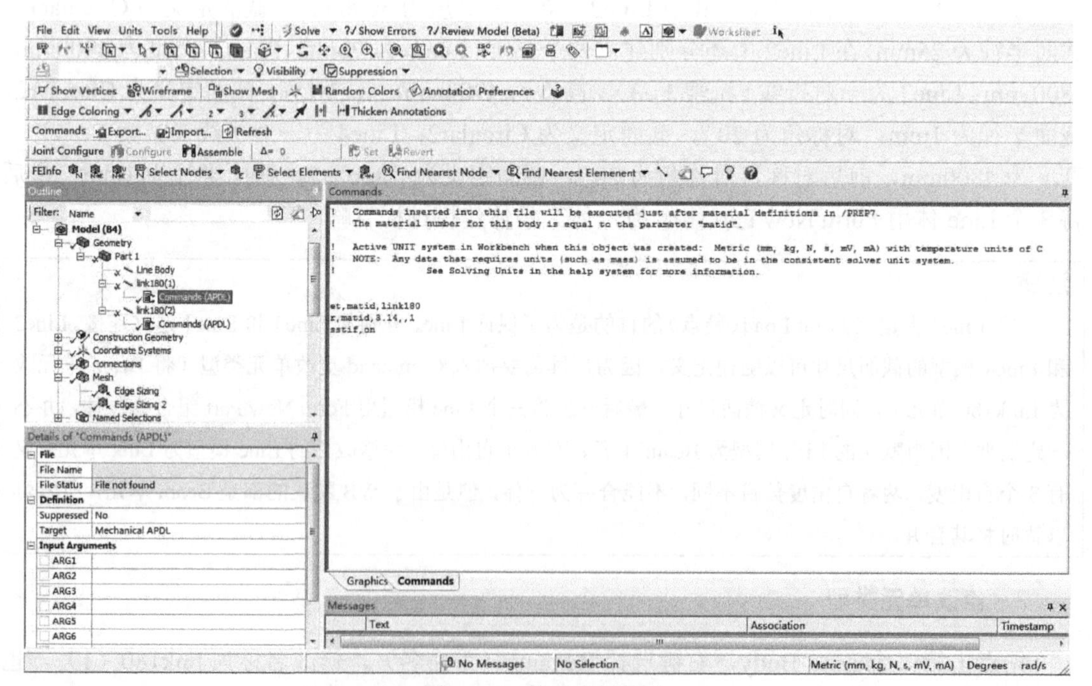

图 4-6-2　单元类型修改

注意

修改单元类型时，用 Matid 表示所选模型，此处可以不用更换。特别注意，修改的单元类型必须与网格定义的单元类型匹配，例如，二阶单元必须在 Mesh→Advanced→Element Midside Nodes 设置为 Kept，一阶单元必须设置为 Dropped。默认的单位制可以在 Command 输入框上方看到，读者需要根据单位制定义各种尺寸。应力硬化是由于结构的应力状态引起结构刚度的强化或者软化，受到压力时，刚度减小；受到拉力时，刚度增大；通常用于弯曲刚度相对轴向刚度很小的薄结构，如索、膜、梁、壳等。如果模型进行线性分析，则必须在第一个载荷步中使用命令“sstif，on”。由于 ANSYS 是通过生成和使用一个称作“应力硬化矩阵”的辅助刚度矩阵来考虑应力硬化，尽管结构刚度矩阵基于线性理论，但由于应力矩阵在每次迭代之间发生变化，其实质属于非线性。

另外新版本中 Link 单元的截面改用 sectype 和 secdata 命令来定义，但计算时依然转为 r 命令来分析，所以可以用 r 命令定义截面实常数。

3. 定义坐标系

Link 模型的初始状态必须基于其自身坐标系，因此需定义局部坐标系。如图 4-6-3 所示设置，图中 1 区表示坐标系为笛卡儿坐标系，按照实际模型依次定义 2、3、4 区的设置，保证局部坐标系中的一根轴线与 Link 模型重合。依次定义其余三根 Link 模型的局部坐标系，最终坐标系定义如图 4-6-4 所示。

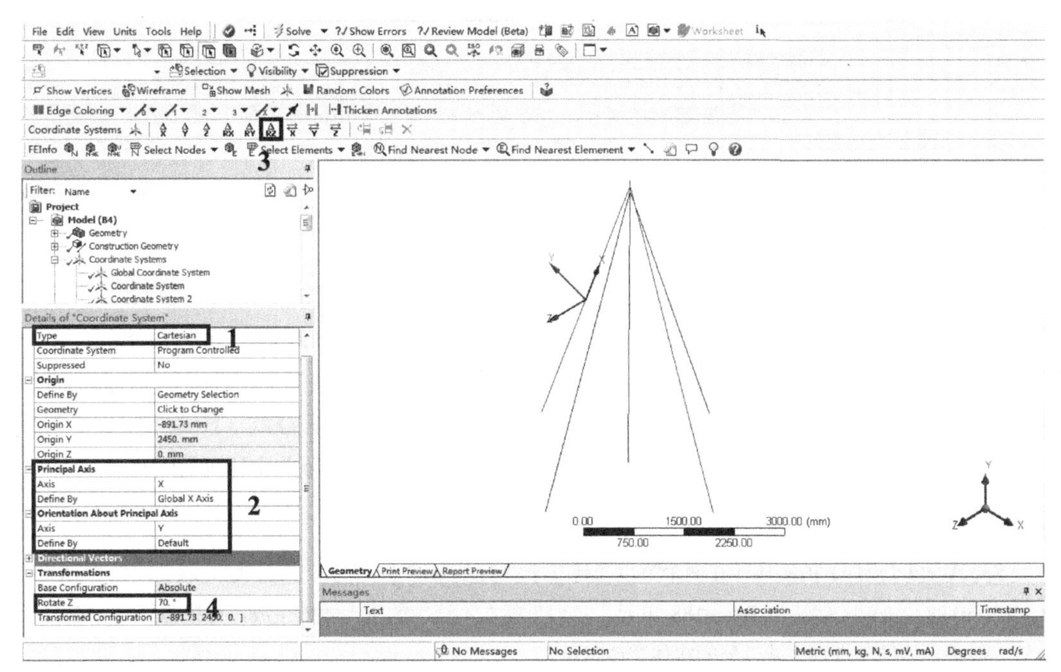

图 4-6-3 局部坐标系定义

注意

定义模型局部坐标系时，往往用 DM 中的 Create→New Plane 更有效，特别适用于从 3D 软件导入的模型。在定义 Plane 时，Type 可根据具体模型分别选择为 From Plane（基于已知平面）、From Face（基于模型面）、From Centroid（基于模型中心）、From Circle/Ellipse（基于圆或椭圆）、From Point and Edge（基于模型上的点和边）、From Point and Normal（基于点和其他参数，本例模型可用此操作，只要选择线的端点，再选择线，就可完成定义坐标系）、From Three Points（基于模型上的三点）、From Coordinates（基于坐标系）。定义完成坐标系，一定要在 Export Coordinate System 处选择 Yes，然后在 Project Schematic 界面下的 Geometry 处右键点击 Properties，勾选 Import Coordinate System。

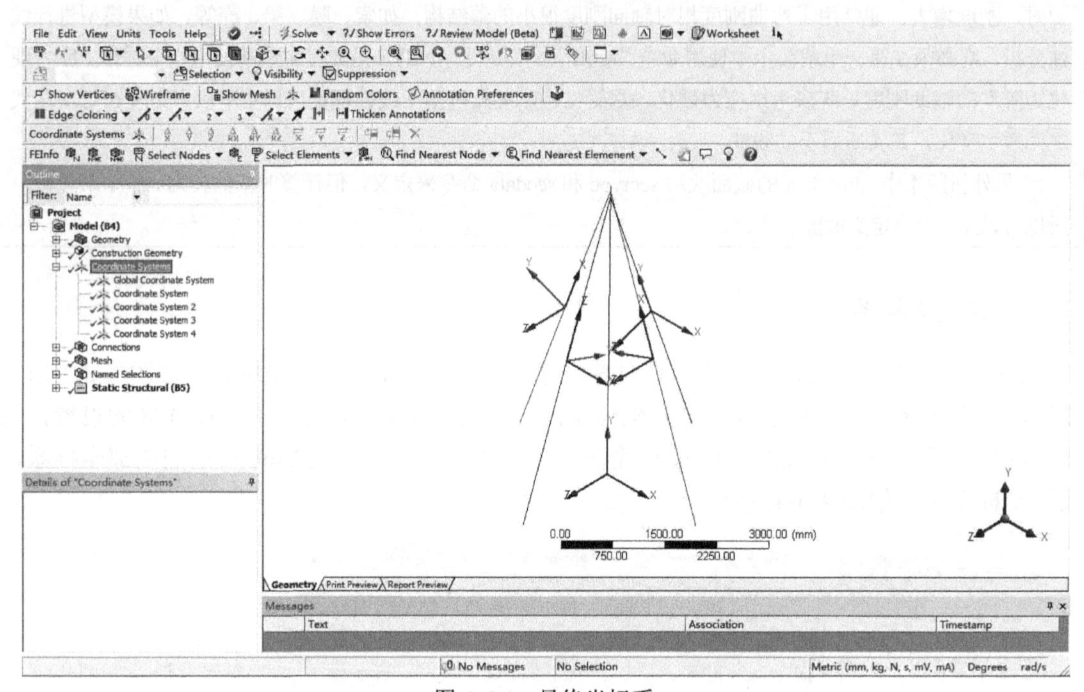

图 4-6-4　最终坐标系

4．定义连接

前文已经提到，由于 Link 模型和 Beam 模型自由度不同，不能通过 Form New Part 操作完成组合连接。本例采用 Spot Weld 方法连接。右键点击 Connections→Insert→Spot Weld，在 Contact 处选择 Line Body 上的 Point2，Target 处选择 link180(1)上的拐点，注意把选择过滤器设置为点，由于两个点在模型上重合，将不需要选择的模型隐藏（Hide Body，快捷键 F9），再依次点选，如图 4-6-5 所示设置。同理完成 Line Body 与 link180(2)的连接。

注意

Spot Weld（点焊）的实质即在两个节点间建立刚性的 Beam/Link 单元（mpc184）或者柔性的 Beam 单元（Beam188），WB 默认为 Beam188 单元。点焊只能在不连续的点上才能生成，可模拟焊接、螺接、铆接等，但是不能抑制点焊区域以外的实体穿透现象。

5．网格划分

如图 4-6-6 所示设置 Link 模型的网格划分。在 Sizing 下选中 Link 模型四根边线，其中 Type 选择 Number of Divisions（等分份数），Number of Divisions 选择 1，Behavior 选择 Hard。

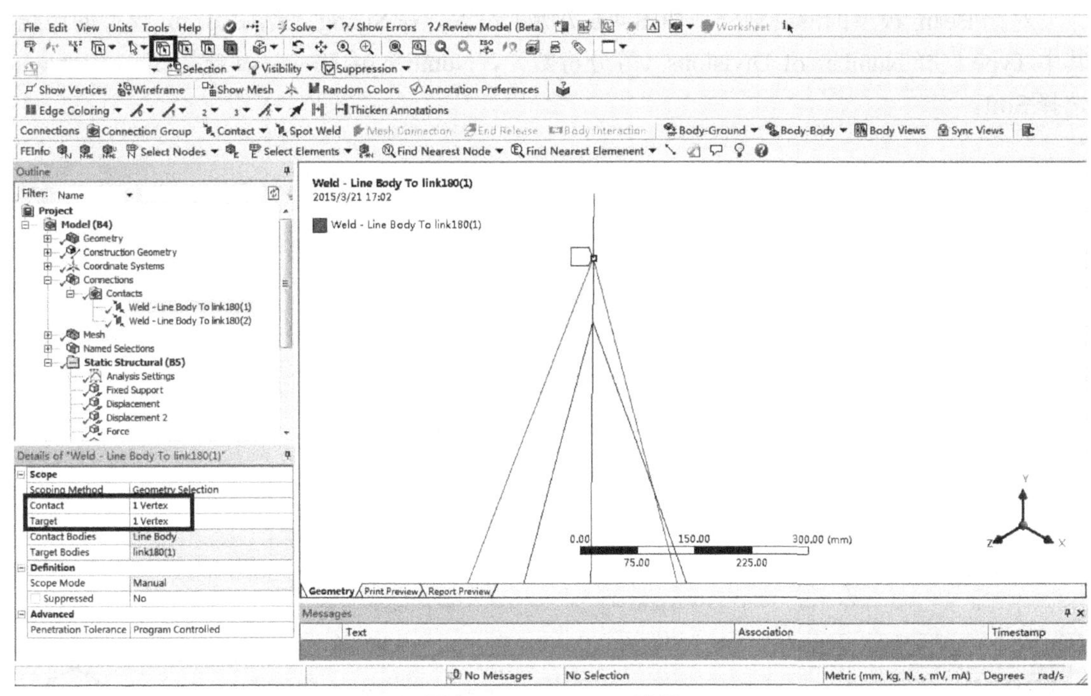

图 4-6-5　Spot Weld 设置

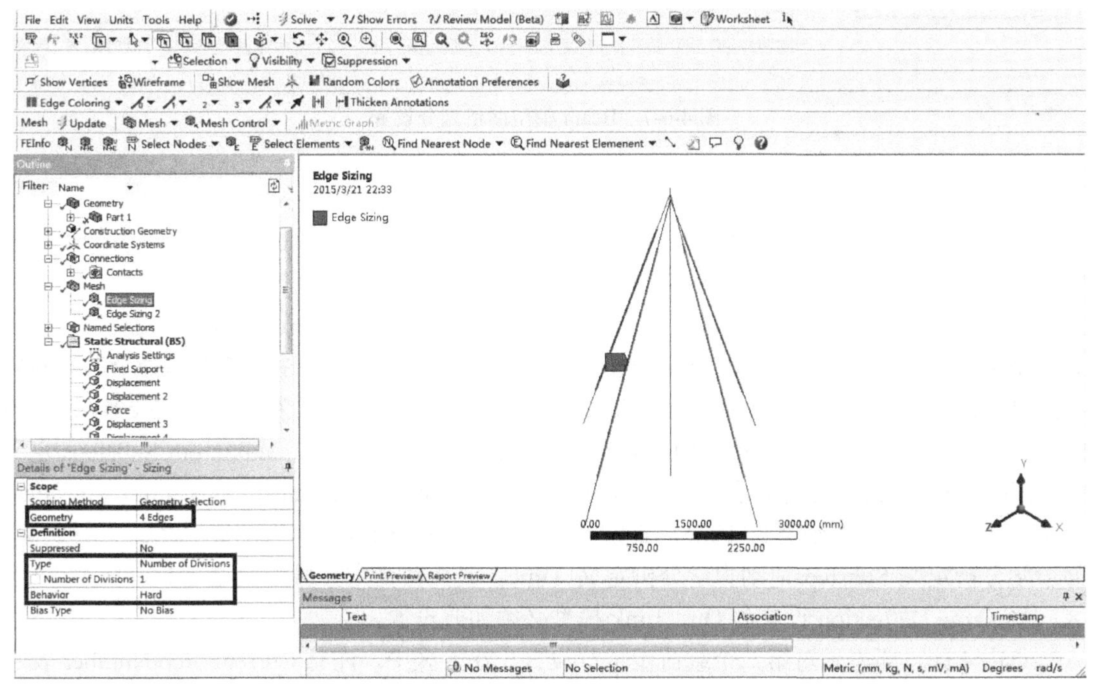

图 4-6-6　Link 模型网格划分设置

注意

分步加载时，Link 模型在网格划分时只能划分一份，否则无法求解。

对比 Beam 模型的网格划分，如图 4-6-7 所示设置。在 Sizing 下选中 Beam 模型的边线，其中 Type 选择 Number of Divisions（等分份数），Number of Divisions 选择 500，Behavior 选择 Soft。

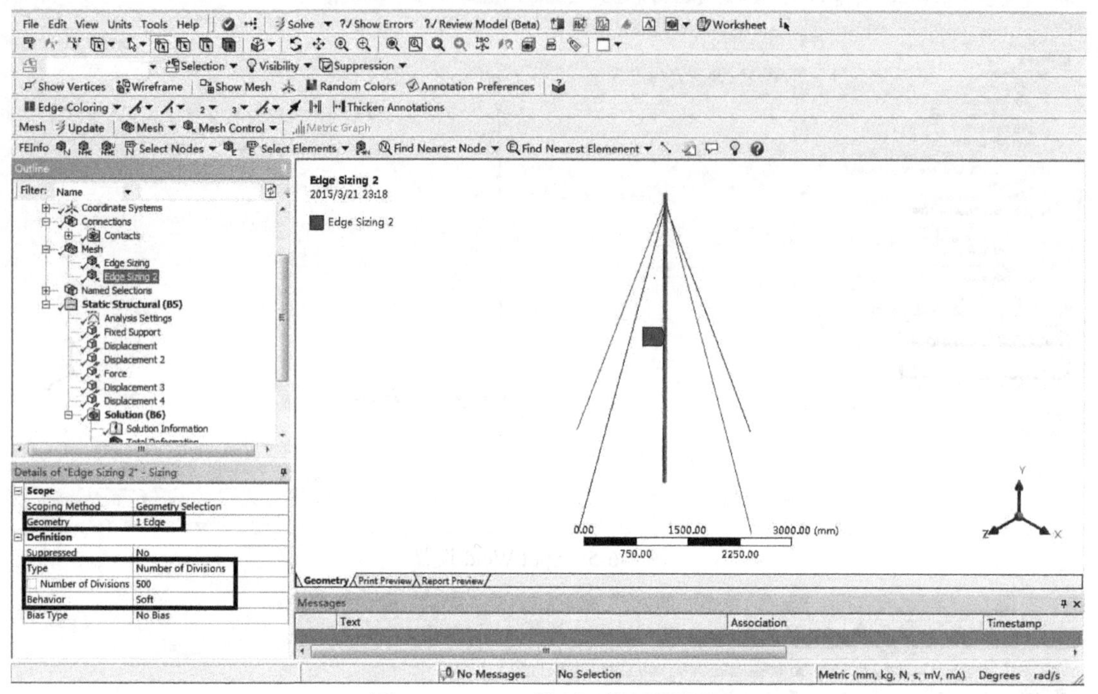

图 4-6-7　Beam 模型网格划分设置

6．边界条件设置

如前所述，整个工况分为两步，点击 Analysis Settings，如图 4-6-8 依次设置载荷步。在 Number Of Steps 处定义 2，表示全部分析分为两个载荷步。

点击 1 区，即表示对第一个载荷步进行设置。在 2 区中，Current Step Number 表示当前步，第一个载荷步即为 1；Step End Time 表示当前步的计算结束时间，**注意静力学分析的时间并不是真实时间，仅仅表示计算用参数**；Auto Time Stepping 一般设置为 On；Define By 定义为 Substeps，Initial Substeps 定义为 10；Minimum Substeps 定义为 10，Maximum Substeps 定义为 1000，三者数据的逻辑关系为 Minimum Substeps≤Initial Substeps≤Maximum Substeps。其中 Define By 也可以定义为 Time，Time Step 与 Substeps 的数据互为倒数关系。一般来说，静力学分析定义 Substeps，动力学分析定义 Time。具体数据定义原则参见 5.1.3 小节。在 3 区，将 Large Deflection 设置为 On，Link 模型必须如此设置。

点击 4 区，即表示对第二个载荷步进行设置。在 5 区中，注意 Current Step Number 表示当前步，第二个载荷步即为 2；Step End Time 表示第二步的计算结束时间；同类的设置不再赘述，Carry Over Time Step 用于定义当前载荷步的初始步长是否等于前载荷步的最后一个时间步长，这可以避免载荷步之间载荷突变引起的不收敛问题，本例较为简单，可以设置为 Off。6 区，将 Large Deflection 设置为 On，读者需要注意，不要遗漏。

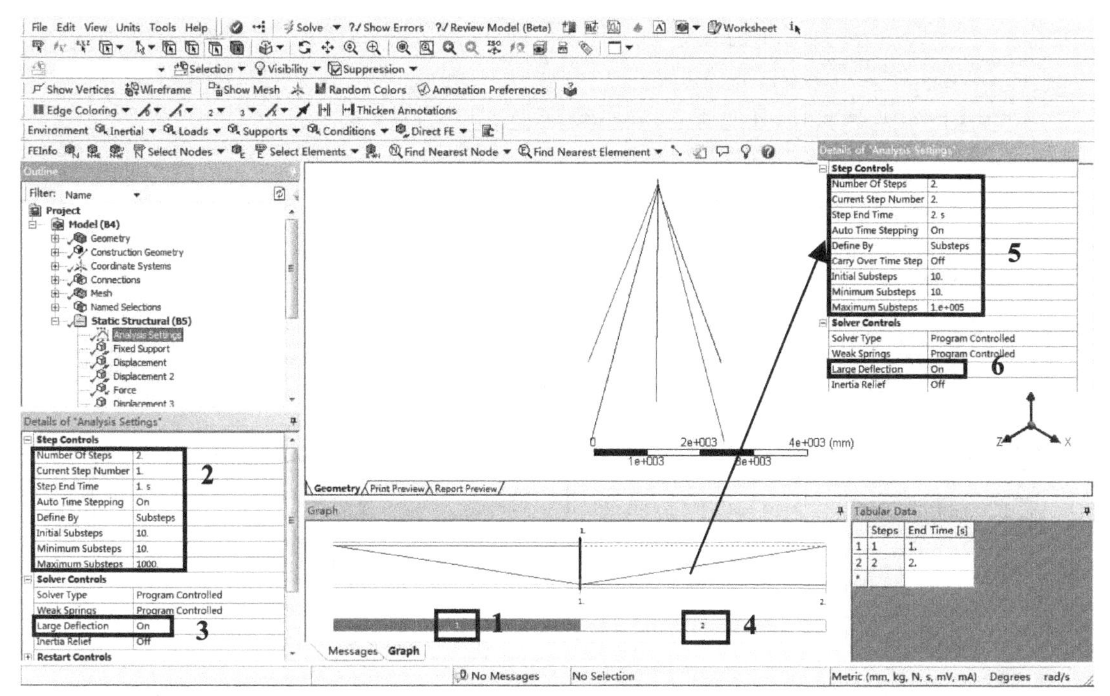

图 4-6-8　载荷步设置

实际工况为一个立柱为四根拉索固定，上端受一载荷。则立柱下端固定，上端加载一个力载荷；四根拉索分别沿着各自轴向有一拉伸长度（预拉应力状态）。如图 4-6-9～图 4-6-11 所示。

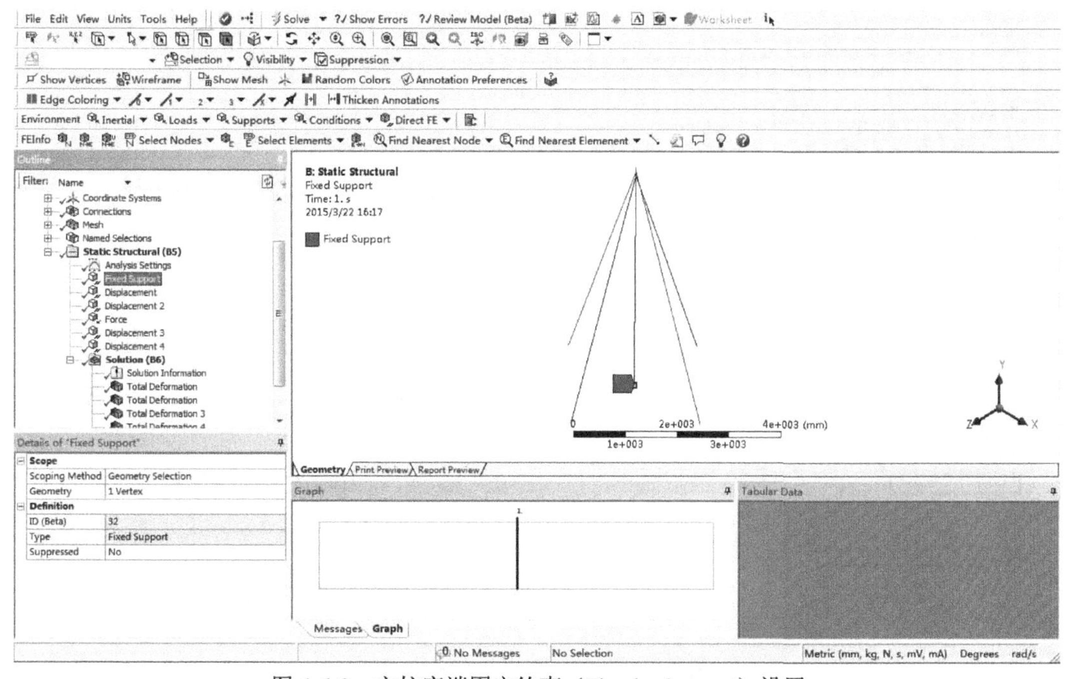

图 4-6-9　立柱底端固定约束（Fixed　Support）设置

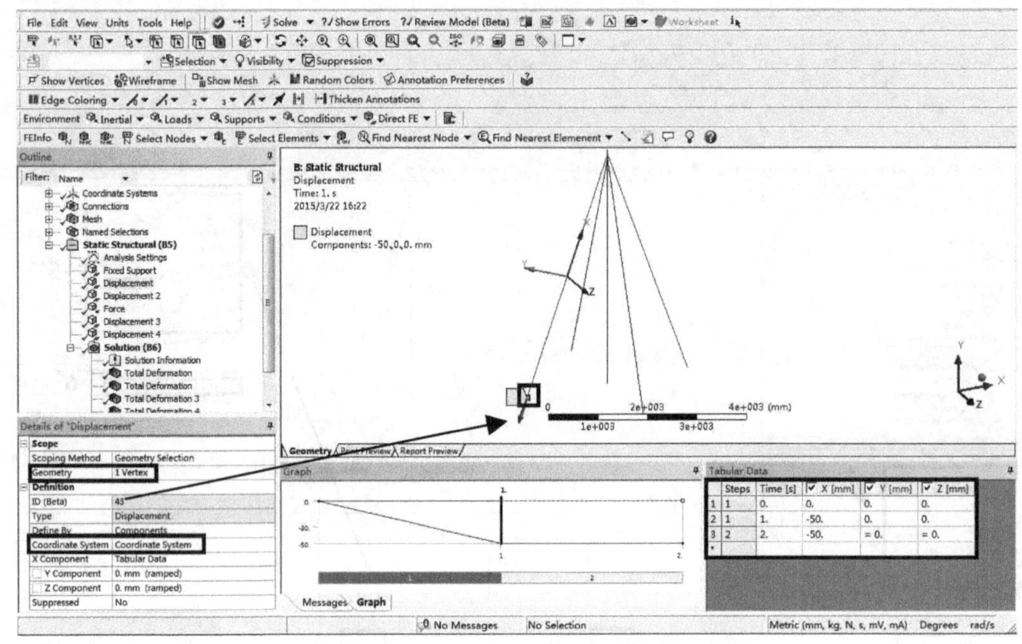

图 4-6-10　拉索位移约束（Displacement）设置

图 4-6-10 中约束点选择拉索末端点，在 Coordinate System 选择前文定义拉索的局部坐标系，在 Tabular Data（表格）中填上相应数据。因为整个过程分两步，所以有三个时刻点，对应为 0、1、2。0～1 时刻为第一载荷步，此时拉索沿自己的轴向拉伸 50mm，1～2 时刻为第二载荷步，此时拉索保持自己的轴向拉伸 50mm。其余三根拉索按照图 4-6-10 设置，注意一定要选择对应的轴向方向。

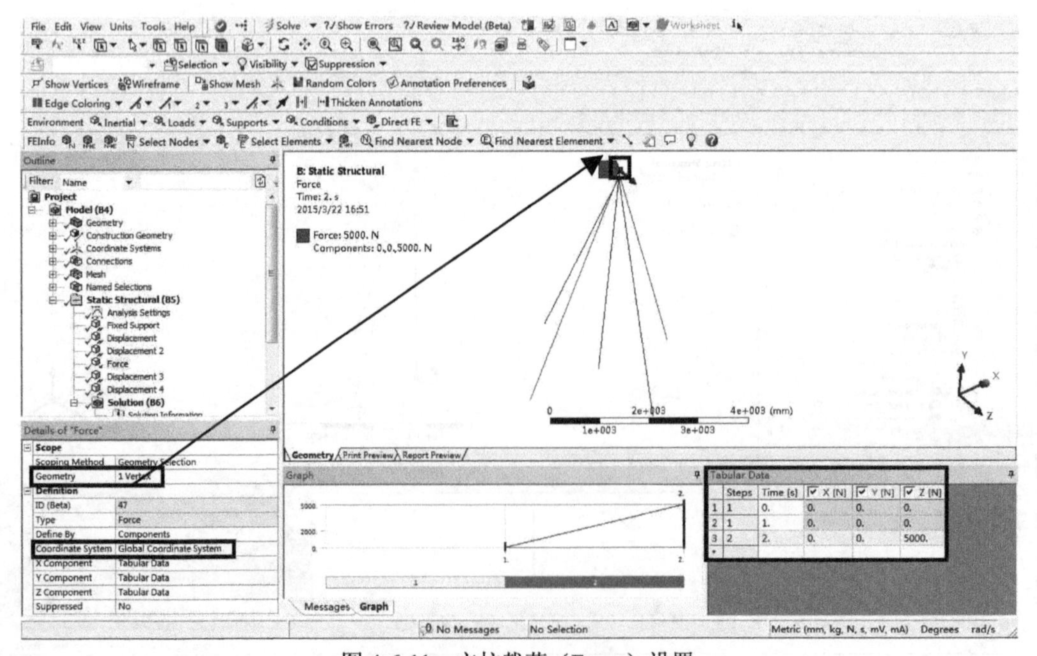

图 4-6-11　立柱载荷（Force）设置

图 4-6-11 中加载点选择立柱顶点，在 Coordinate System 选择全局坐标系，在 Tabular Data（表格）中填上相应数据。0～1 时刻即第一载荷步时，立柱顶端不受载荷，需要 Deactivate（操作参见 4.2.4 小节），1～2 时刻即第二载荷步，顶端才受 Z 向 5000N 的载荷。

7．后处理

求解后，如图 4-6-12 所示，分别求出每根拉索的变形云图。注意 Scoping Method 选择 Path，Path 的定义参见 4.2.4 节。

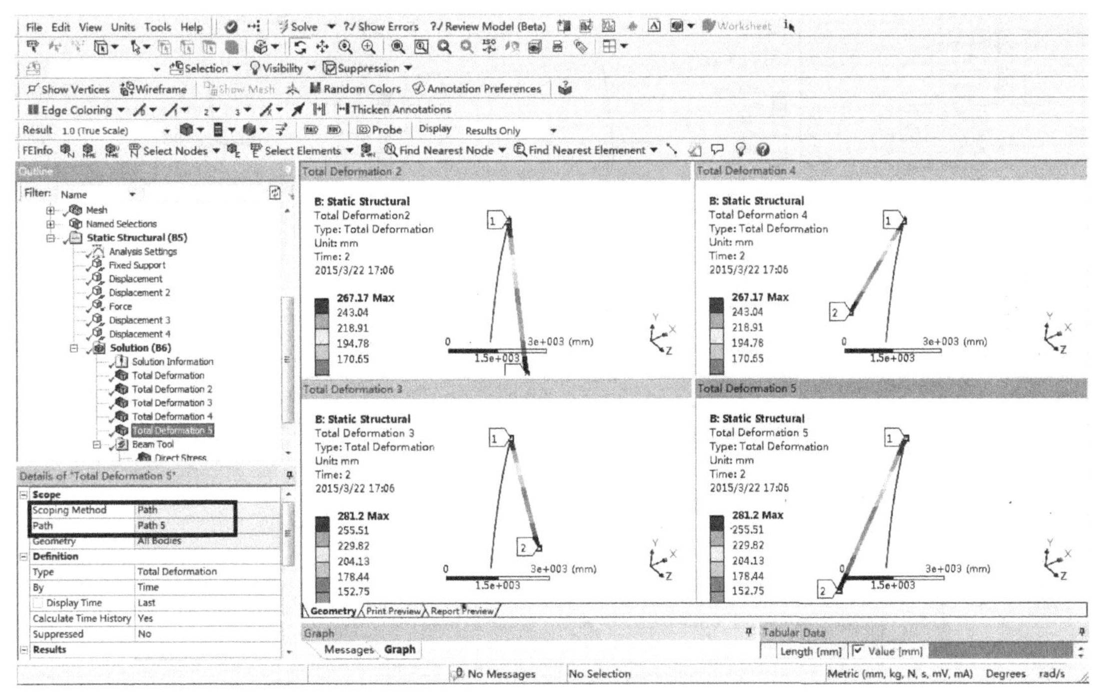

图 4-6-12 四根拉索的变形云图

如图 4-6-13 所示，分别求出立柱的变形云图和相关应力。

4.6.2 Link180 模型之 inis 命令定义初始条件

相比上一例分步加载，使用 inis 命令可以直接定义初始应变，省略了第一步加载 Link 模型初始状态的操作，操作更加简单。下面以一个拉索桥为例说明 Link 模型初始条件定义及 Beam 和 Shell 单元组合分析。模型如图 4-6-14 所示，其中拉索桥的所有梁采用 Beam 模型，桥面采用 Shell 模型，10 根拉索将采用 Link 模型，将 Beam 模型和 Shell 模型用 Form New Part 组合为一体，具体建模过程省略。需要说明：本例只是为读者演示基本过程，模型及分析设置已进行简化，实际分析时应该分别建立 20 根拉索，并单独赋予各自坐标系，然后需要用插入 Command（nummrg,all 命令）对公用节点合并。

1．定义 Shell 模型材料

在 Engineering Data 表格内点击右键新建一种材料，命名为 c40，依次定义 Density（密度）为 2500kg/m^3，Young's Modulus（杨氏模量）为 33000MPa，Poisson's Ratio（泊松比）为 0.2，如图 4-6-15 所示。

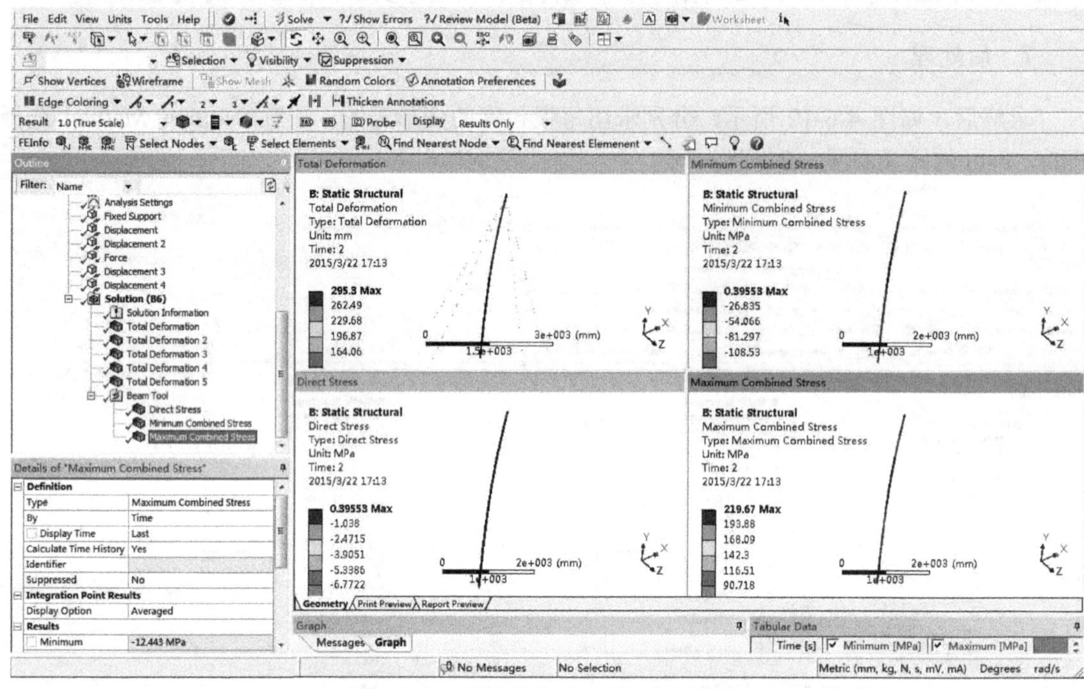

图 4-6-13　立柱的变形云图和相关应力

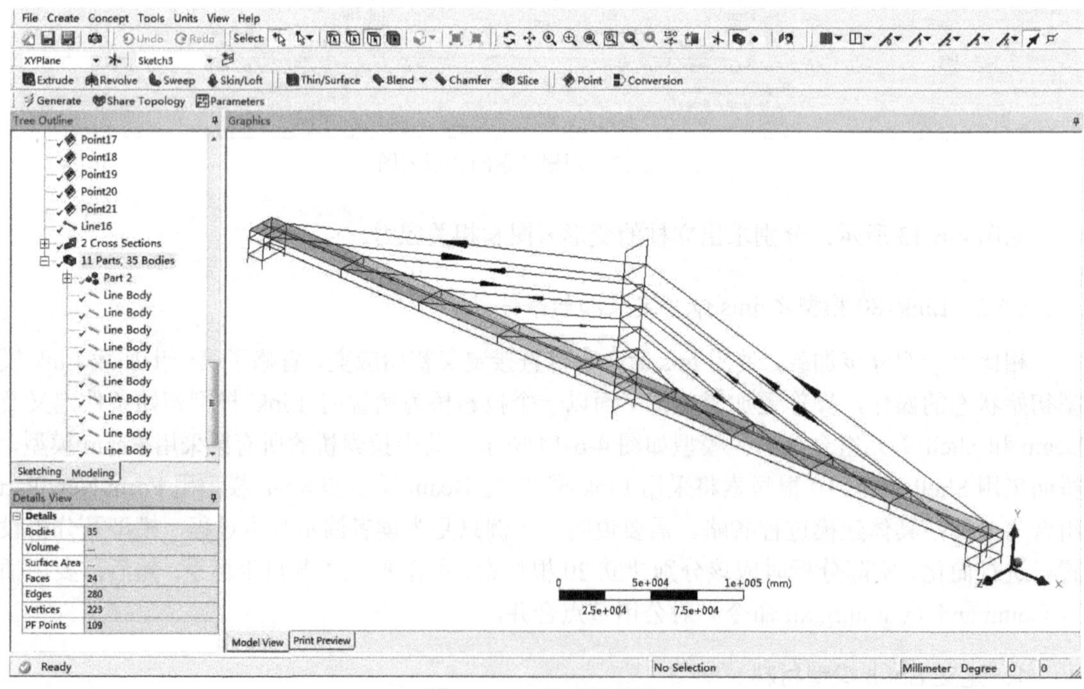

图 4-6-14　拉索桥模型

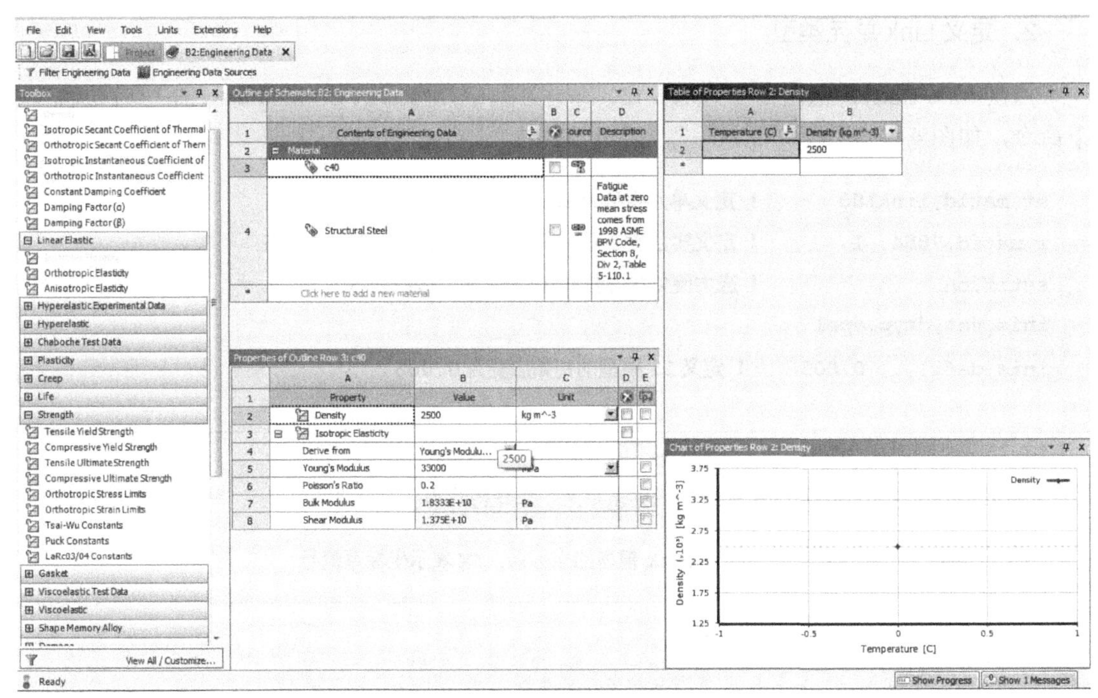

图 4-6-15　定义 c40 材料

点击 Model 进入 Mechanical 界面，如图 4-6-16 所示定义 Shell 模型的厚度和材料。

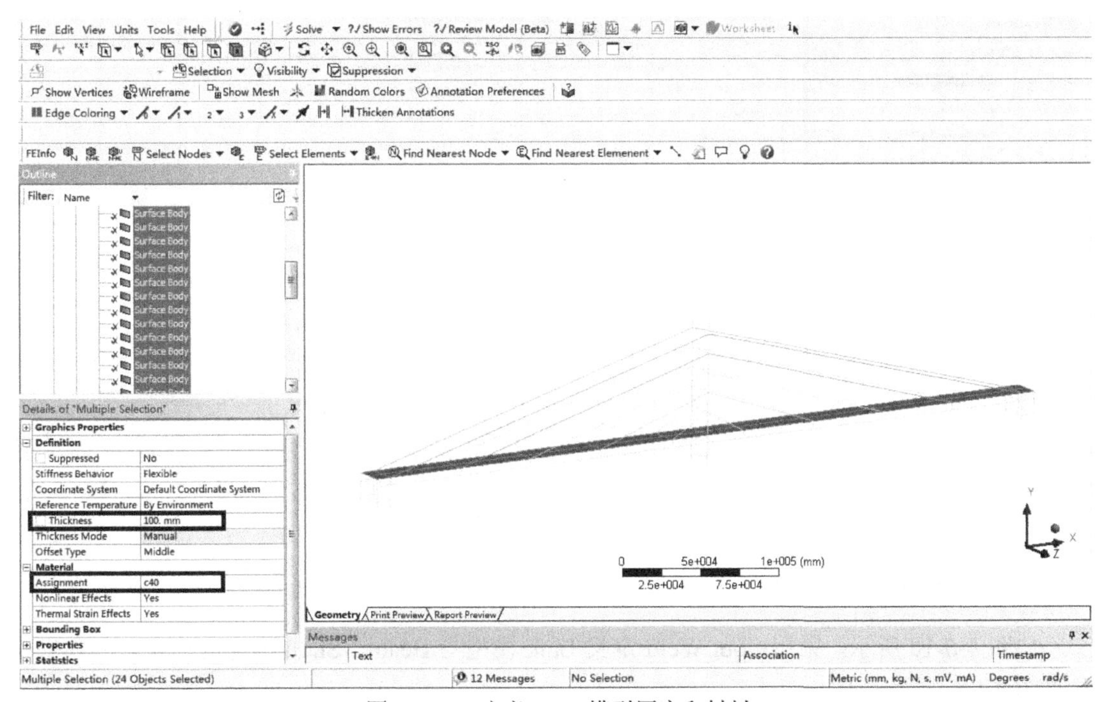

图 4-6-16　定义 Shell 模型厚度和材料

2. 定义 Link 单元类型

点击 Line Body，依次命名为 l1，l2，…，l10，右键 Insert Commands，在空白处输入以下命令，如图 4-6-17 所示。

```
et,matid,link180          ! 定义单元类型为 link180
r,matid,7854,,1           ! 定义实常数，截面积为 7854mm2，仅为拉伸状态
sstif,on                  ! 应力硬化状态打开（link 单元分析必备）
inis,set,dtyp,epel
inis,defi,,,,,0.005        ! 定义 l1 模型的初始应变为 0.005
```

注意

此处最好还要插入对应 Link 模型的坐标系定义，命令格式为

```
inis,set,csys,XX      ! 定义 link 模型的坐标系，XX 表示坐标系编号
```

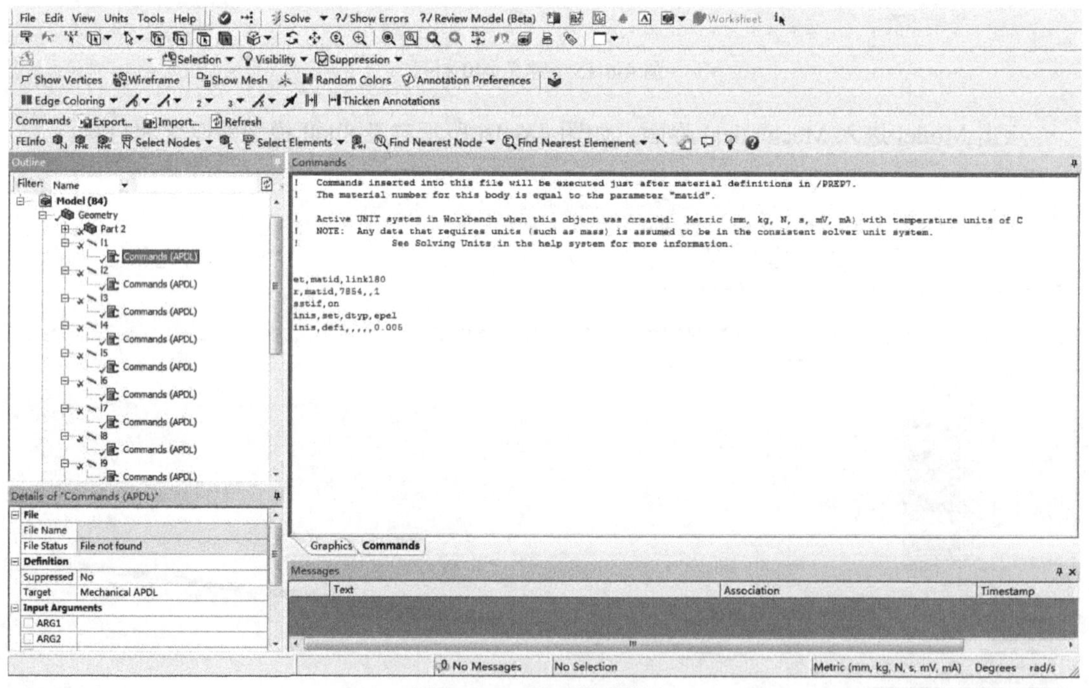

图 4-6-17　单元类型修改

3. 定义连接

如图 4-6-18 所示，采用 Spot Weld 定义 Link 模型与 Beam、Shell 模型的连接，具体操作参见图 4-6-5。

另外，特别注意 Beam 模型与 Shell 模型的连接设置，本例已将 Shell 模型与 Beam 模型进行了 Form New Part 处理，合并为 Part2，但是并没有实现全部节点共享拓扑。在 DM 中，

如图 4-6-19 所示点击，可以看到 Beam 模型和 Shell 模型的公共边界并没有显示为 Edge Joints。这样设置如果进行计算，必然会出现 Beam 模型与 Shell 模型的变形不连续现象。

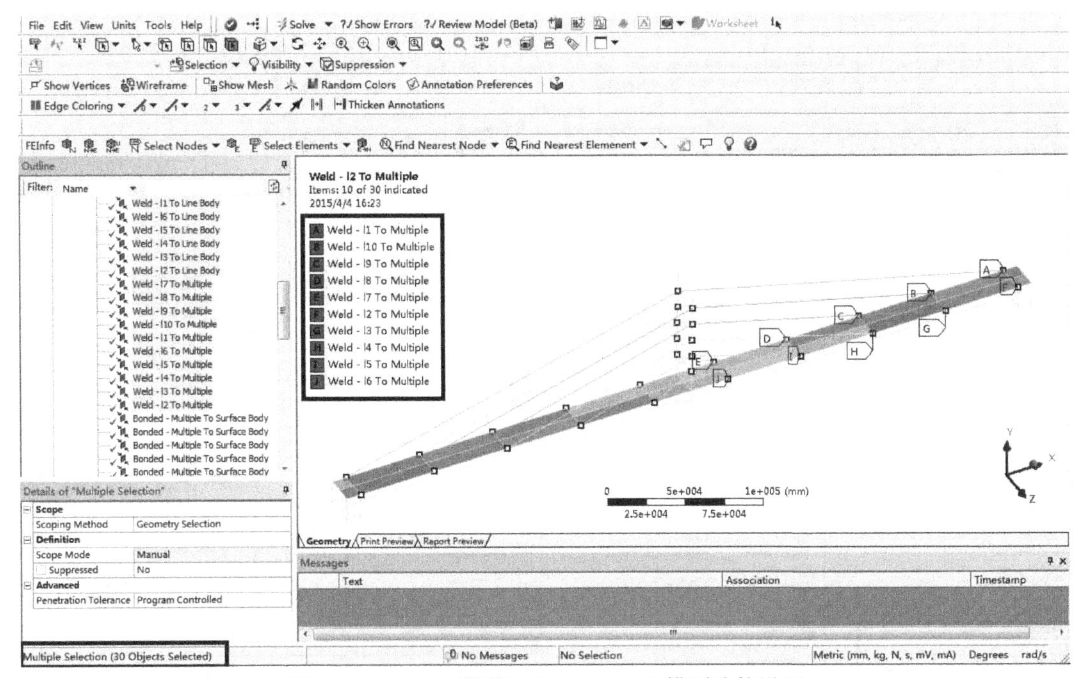

图 4-6-18　Link 模型与 Beam、Shell 模型连接设置

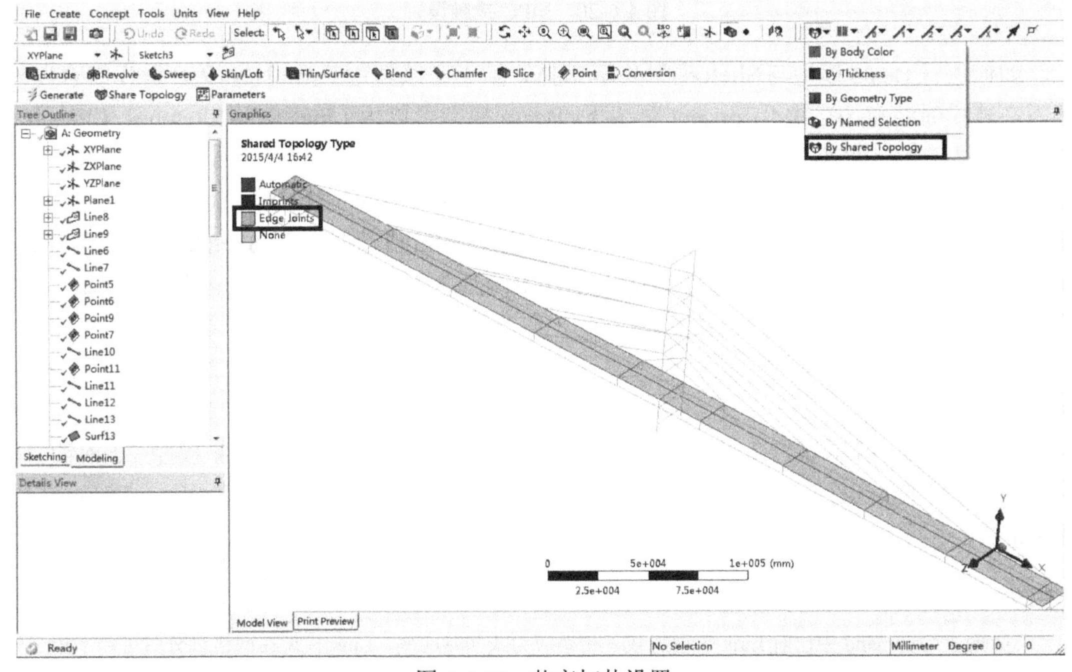

图 4-6-19　共享拓扑设置

为保证模型变形的连续性，可以采用 MPC 接触设置。首先点击 Contacts 的 Details 菜单，

将 Edge/Edge 设置为 Yes，其余设置为 No（表示自动接触准则只定义边和边的接触）。然后右键点击创建自动接触（Create Automatic Connections），再将自动产生接触中的 Formulation 定义为 MPC，如图 4-6-20 所示设置。

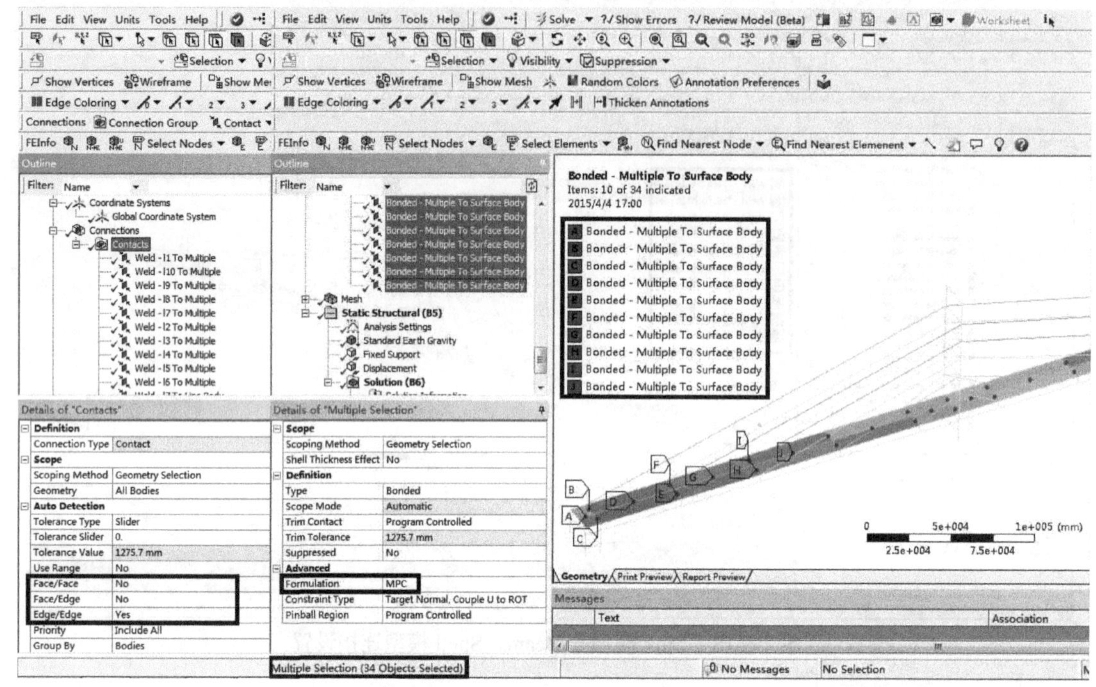

图 4-6-20　MPC 接触设置

如何保证 Beam 模型与 Shell 模型共享拓扑？除了必须使用 Form New Part 操作组合以外，还需在建模时注意：在 DM-Concept 菜单下，Beam 模型可以由 Lines from Sketches、Lines from Edges 构建，Shell 模型可以由 Surfaces from Edges、Surfaces from Sketches 构建，要满足全部节点的共享拓扑，两者构建必须不能源于同一几何，即如果 Shell 模型基于 Edge（模型）构建，Beam 模型就必须基于 Sketches（草绘）构建；或 Shell 模型基于 Sketches（草绘）构建，Beam 模型就必须基于 Edge（模型）构建。如果两者基于同一几何（Edge 或 Sketches），则只有 Shell 和 Beam 模型的角点共享拓扑。

4．划分网格

如图 4-6-21 所示设置 Link 模型的网格划分。在 Sizing 下选中 Link 模型 20 根线，其中 Type 选择 Number of Divisions（等分份数），Number of Divisions 选择 1，Behavior 选择 Hard。

> **注意**
>
> 如果在 Command 中已对 Link 模型加载了初始应力或初始应变，Link 模型在网格划分时可以不止划分一份。如果分析计算以 Link 模型找形为目的，可以划分多份；如果不以 Link 模型作为分析的主要目标，仅划分一份就可以，计算过程中产生的 Warning 可以忽略。

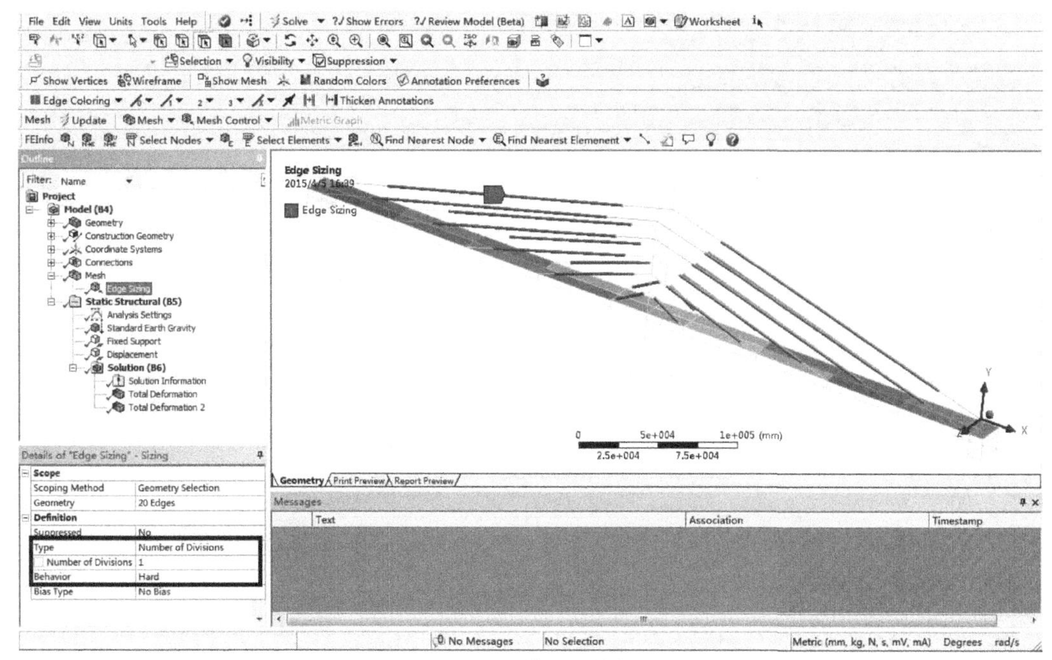

图 4-6-21　Link 模型网格划分设置

5．边界条件设置

如前所述，已经在 Command 中加载了初始应变，所以整个工况仅为一步，点击 Analysis Settings，在细节菜单下仅需将 Large Deflection 设置为 On，其余均默认设置。边界条件为整个模型加载重力加速度和相应基础点的约束，如图 4-6-22～图 4-6-24 所示。

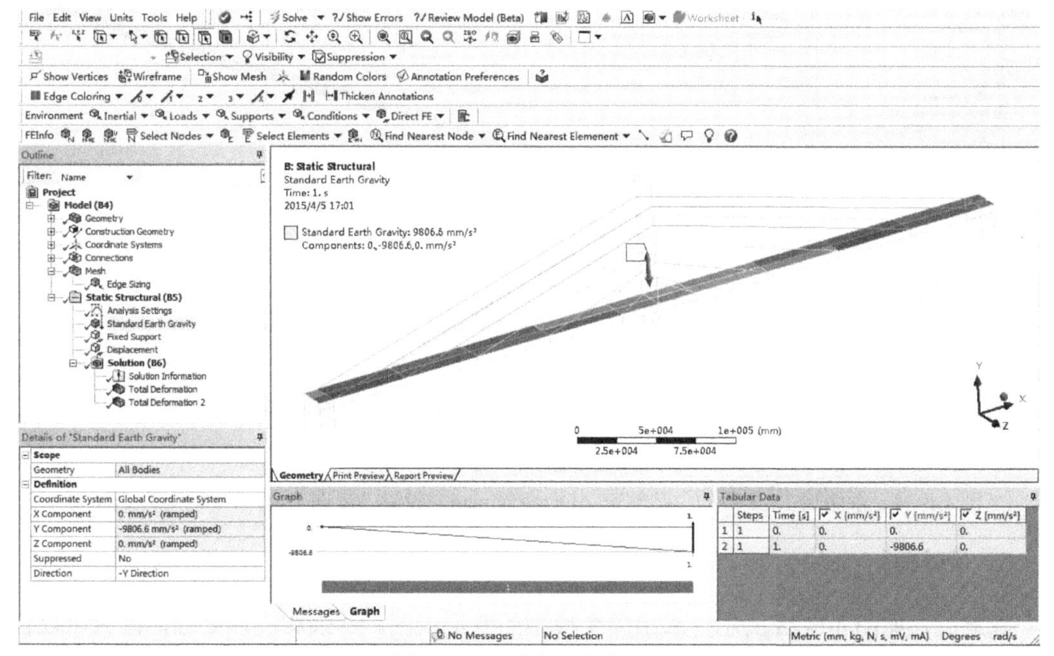

图 4-6-22　重力加速度设置

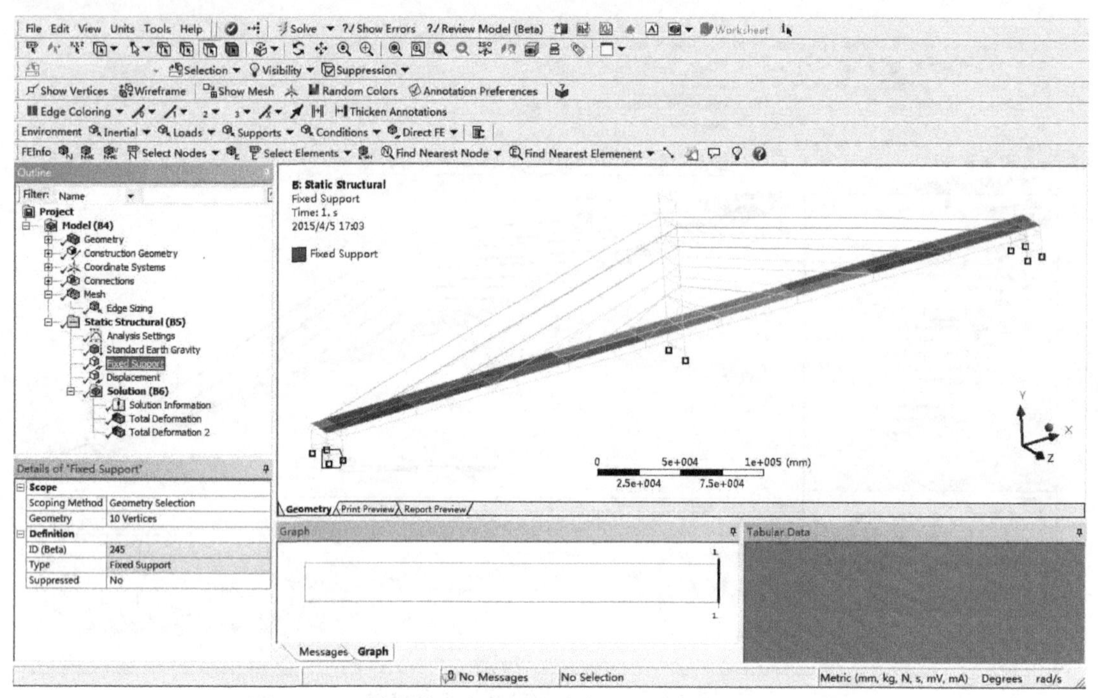

图 4-6-23　桥底端 8 个点固定约束（Fixed　Support）设置

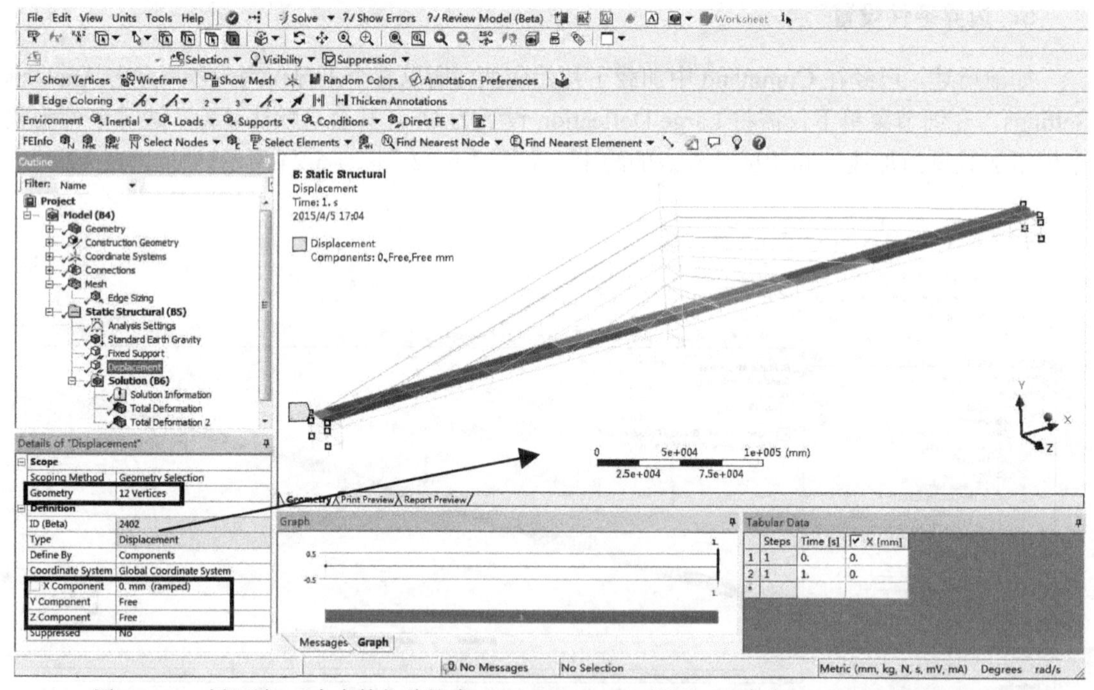

图 4-6-24　桥两端 12 个点的位移约束（Displacement）设置（X 向为 0，Y、Z 向为 Free）

6．后处理

求解后，如图 4-6-25 所示，求出整个模型的变形云图。其余相关后处理，读者可以自己尝试。由于本例仅仅为说明相应的操作，其模型和计算结果不具有工程意义。

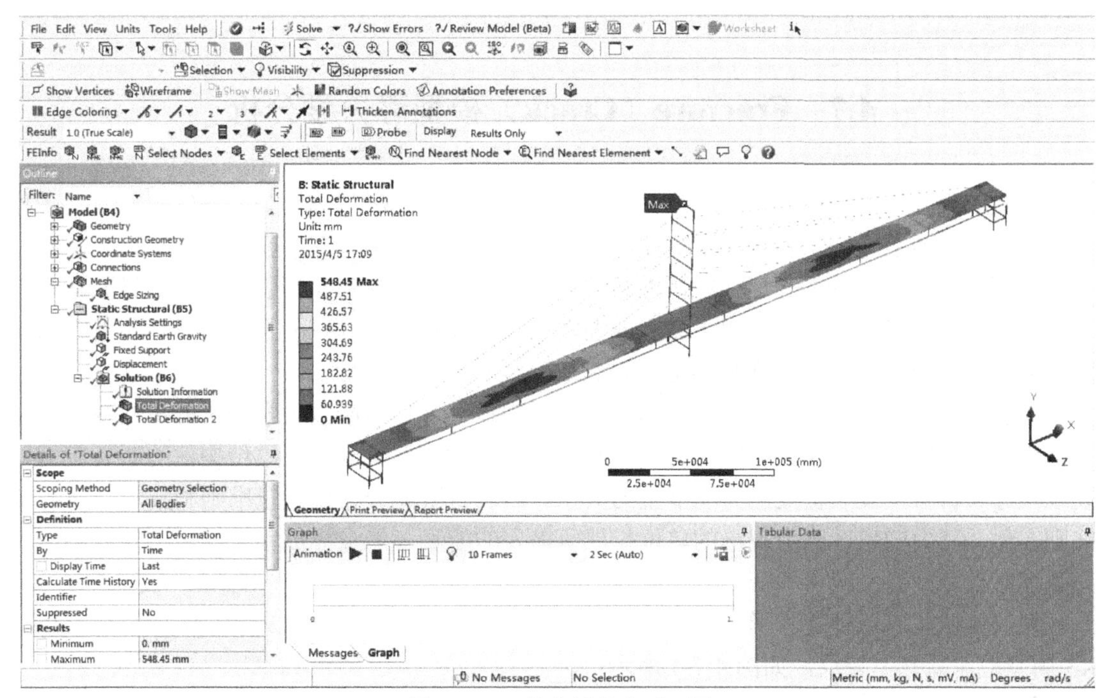

图 4-6-25　整个桥的变形云图

思考题

本例已经介绍 Beam 模型和 Shell 模型的共享拓扑设置，那 Solid 模型、Shell 模型、Beam 模型应该如何定义共享拓扑？

最常用的就是 DM 中的 Form New Part，或者在 Spaceclaim 中选择 Share Topology 为 Share，一些特殊共享拓扑方法如表 4-6-1 所示。

表 4-6-1　　常用的特殊共享拓扑方法

类型	Solid	Shell	Beam	Link
Solid	Form New Part Connect/Bonded	Connect/MPC	Connect/MPC Joint/Fixed	Joint/Fixed Spot Weld
Shell		Connect/Mesh Connection Connect/ Spot Weld	Form New Part Mesh/Pinch（Beam 的端点与 Shell 表面）	Spot Weld Mesh/Pinch（Link 的端点与 Shell 表面）
Beam			Form New Part	Spot Weld
Link				Form New Part

Mesh/Pinch 一般是用于在网格模型上去除狭小的边和点，使用 Mesh/Pinch 连接点面是其高级应用，注意其公差数值的定义。

ANSYS16.0 之后还可以使用 Mesh→Node Merge 完成点点、线线、线面、面面的连接。

4.7 Fracture（Crack）模型静力学分析

一般有限元计算以结构力学和材料力学为基础，均假设材料为均匀的连续体，只要工作应力不超过许用应力即认为结构是安全的。此过程忽略结构中客观存在的裂纹和缺陷，同时一般金属材料在塑性变形之后存在韧性断裂。这是因为金属材料在断裂前，在外界因素条件下，其内部结构发生变化，产生了微观或细观的裂纹和缺陷。这些使金属材料性能下降的缺陷成为损伤（damage），损伤积累会导致失效断裂。

断裂力学考虑结构中裂纹和缺陷的存在，将裂缝尺寸作为断裂力学分析的重要变量，断裂韧性取代材料的强度作为相应的材料参数。断裂力学主要解决含裂纹结构件的断裂应力、裂纹尺寸、材料抗裂纹扩展能力和能量的关系。断裂有限元分析以能量准则和应力强度系数准则实现，其中能量准则为裂缝的单位扩展所需要的能量（能量释放率）描述断裂韧性；应力强度系数准则为：应力和变形域振幅值的临界值描述断裂韧性。

裂纹模型共有三种基本形式，分别为 K1 拉伸型（拉开）裂纹、K2 剪切型（滑开）裂纹、K3 撕裂型（撕开）裂纹，如图 4-7-1 所示。

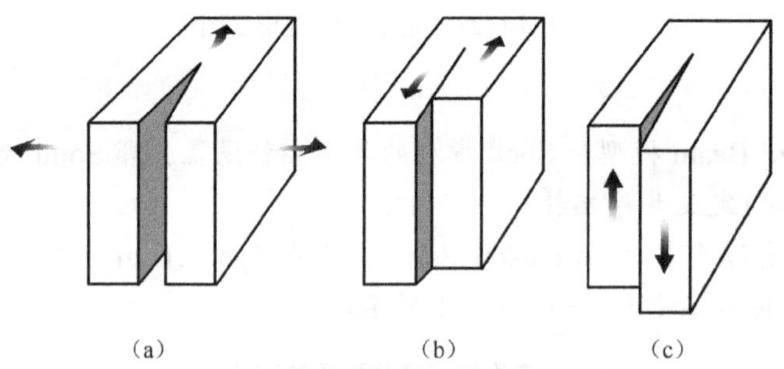

图 4-7-1　拉伸型、剪切型和撕裂型裂纹模型

实际结构件中裂纹可能为两种或多种基本型裂纹的组合，其中 K1 型裂纹是低应力断裂的主要原因，也是最危险的。

由于裂纹本构模型和载荷的复杂性，需要对裂纹尖端定义非常密的网格，一般采用奇异单元（singular element）或折叠单元（collapsed element），分别如图 4-7-2 所示。计算一般采用主要技术参数为 J 积分（J-integral）、能量释放率（energy release rate）和应力强度因子(stress intensity factor)。

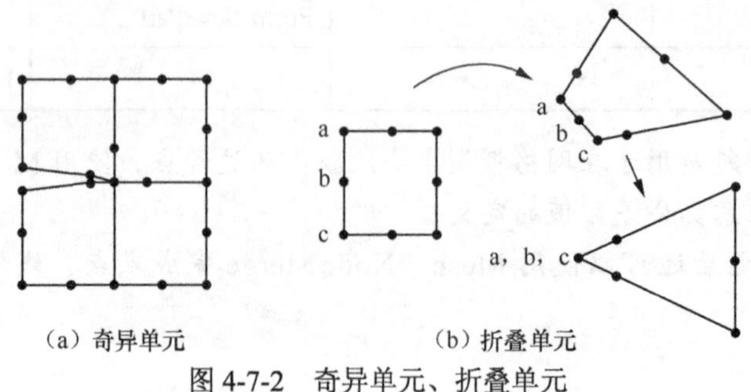

图 4-7-2　奇异单元、折叠单元

J 积分是线性和非线性弹塑性材料带裂纹结构的重要断裂力学参量，反映环绕裂纹尖端的应力和变形域的振幅特征。其具有以下特性：

（1）J 积分与回路路径无关。

（2）依据断裂准则，即 $J=J_c$（J_c 为临界值，必须由实验确定）时，裂纹开始扩展。裂纹扩展分为稳定和不稳定两种形式，对于稳定的缓慢扩展，公式表示为裂纹开裂的开裂条件，对于不稳定的快速扩展，公式表示为裂纹的失稳条件，即结构断裂开始条件。对于裂纹开裂点的 J_c，J_c 具有材料尺寸无关性，数据稳定，所以一般将公式作为裂纹的开裂判定标准。

（3）J 积分不需要对裂纹尖端定义特殊单元。

应力强度因子（简写为 SIF or K），反映线弹性材料裂纹尖端近场的应力应变，即应力场的强度，有以下特点：

（1）由于裂纹尖端，应力趋于无限大，出现奇异点；即网格尺寸越小，得到的应力值越高。应力强度因子即克服此数学问题，描述应力奇异的严重程度。

（2）裂纹尖端近场的应力分布是 r 和 θ 的函数，与无限远场应力和裂纹长度无关，如图 4-7-3 所示。

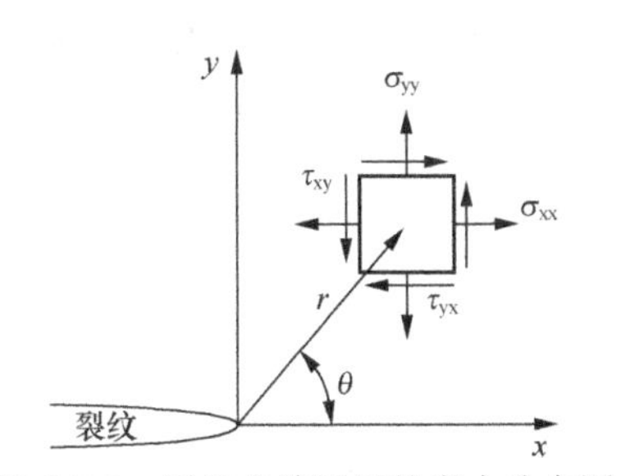

图 4-7-3　裂纹尖端近场的应力分布图

$$\sigma_{xx}=\frac{K_1}{\sqrt{2\pi r}}\cos\frac{\theta}{2}\left(1-\sin\frac{\theta}{2}\sin\frac{3\theta}{2}\right)$$

$$\sigma_{yy}=\frac{K_1}{\sqrt{2\pi r}}\cos\frac{\theta}{2}\left(1+\sin\frac{\theta}{2}\sin\frac{3\theta}{2}\right)$$

$$\tau_{xy}=\frac{K_1}{\sqrt{2\pi r}}\cos\frac{\theta}{2}\sin\frac{\theta}{2}\sin\frac{3\theta}{2}$$

（3）一般采用奇异单元或折叠单元，否者精度明显下降。

能量释放率（简写为 G），基于 virtual crack closure technique（VCCT）技术，仅用于线弹性断裂力学，表示弹性材料中裂缝开裂时释放的势能变化率，与材料参数、裂纹尺寸及远场应力有关。对于单一的断裂模式，应力强度因子和能量释放率相关，依据断裂准则，即 $G=G_c$（G_c 为临界值，必须由实验确定）时，裂纹开始扩展。该计算过程也不需要使用特殊单元，而且对网格大小也不太敏感。

对于线弹性材料，三者的关系如下所示。

基于平面应力：$J=G=\dfrac{K^2}{E}$。

基于平面应变：$J=G=\dfrac{K(1-\nu^2)}{E}$。其中 E 为杨氏模量，ν 为泊松比。

分析时需注意的事项：

（1）围绕裂纹尖端的网格必须是二次奇异单元，即中节点在边的 1/4 处，单元尺寸应小于裂纹总长度的 1/8，最好为顶角小于 30° 的等腰三角形，推荐为 10°～22.5°。

（2）裂纹域基于裂纹局部坐标系。坐标系中，圆点为裂纹的开口处，X 向指向裂纹扩展方向，Y 向指向裂纹面或边法向，Z 向指向裂纹前缘切向。

4.7.1　2D Pre-Meshed Crack 模型

Pre-Meshed Crack 模型表示该结构中已经产生不连续性或缺陷，为了确定裂纹，预先生成裂纹网格。这类模型分析过程中，使用一个基于节点的命名选择集来定义裂纹前端，用于断裂参数计算。同时建立基于裂纹的坐标系非常重要，建立原则参见 4.3.2 节注意事项。如果定义不合格，会出现下文提示，导致裂纹计算不准确。（Warning：Mesher has aligned X-axis to the anchor face normal direction. Please orient the crack coordinate system to the face normal direction for accurate computation of fracture parameters.）此时，可以在 Variable Manager 处定义变量为“Crack Coordinate Orientation”，值为“1”。然后仔细检查裂纹生成的 Error 信息，重新定义正确的坐标系后，再删除 Crack Coordinate Orientation 变量。

1．建立二维模型

建立一个如图 4-7-4 所示的模型。（注：此模型源于 ANSYS Help 中的 Mechanical User's Guide-Tutorials：Fracture Analysis of a 2D Cracked Specimen using Pre-Meshed Crack。由于本例只考虑弹性变形，与 Help 中的例子结果略有不同。）

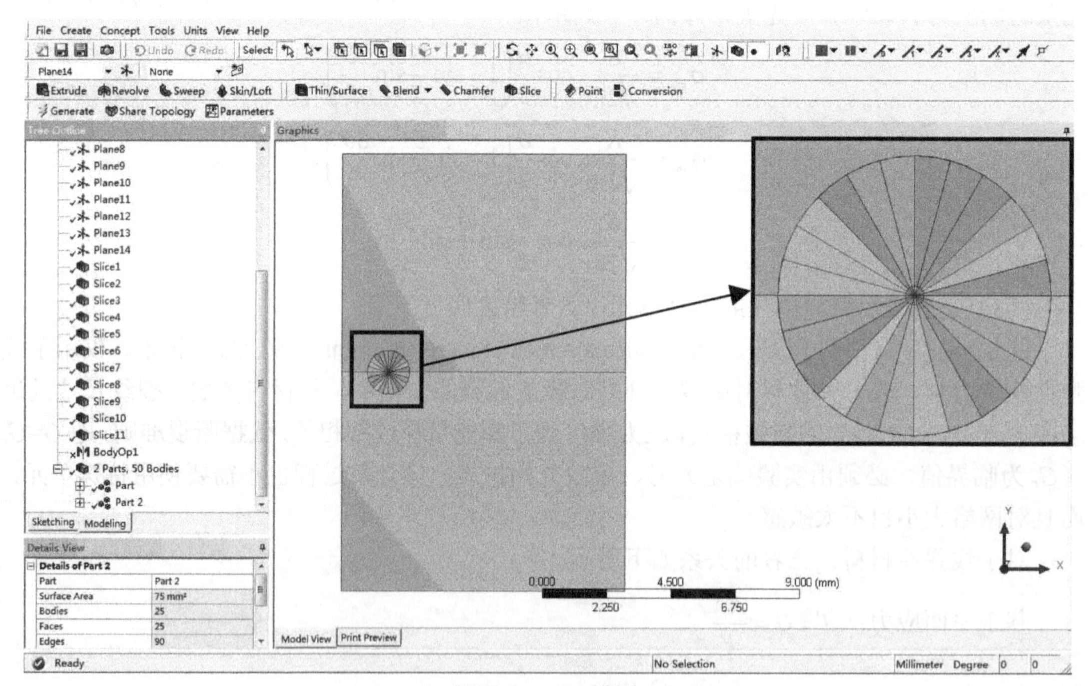

图 4-7-4　2D 模型

> **注意**
>
> 裂纹尖端定义了两个圆，每个圆等分 24 份，角度即为 15°。内圆半径为裂纹总长度的 3%，拟定网格份数为 1；外圆半径为裂纹总长度的 45%，拟定网格份数为 10；剩余裂纹长度拟定网格份数为 30。其建模原则遵循 4.7 节注意事项第一条规定的内容。另外切分操作将上下模型各分为 25 份，需要将上下部分用 Form New Part 组合为两个部件。

2. 定义坐标系

建立一个如图 4-7-5 所示的坐标系。在 1 处右键点击 Insert，插入一个 Coordinate System，如图中 2 处所标记，点击 3 处选择 Geometry Selection（基于图形选择），点击 4 处将选择过滤为点选，再依次点击 5、6 处，选择模型中间的端点，即建立了一个与 GCS 方向一致的坐标系，此处即为裂纹开口坐标系，原则遵循 4.7 节注意事项第二条规定的内容。

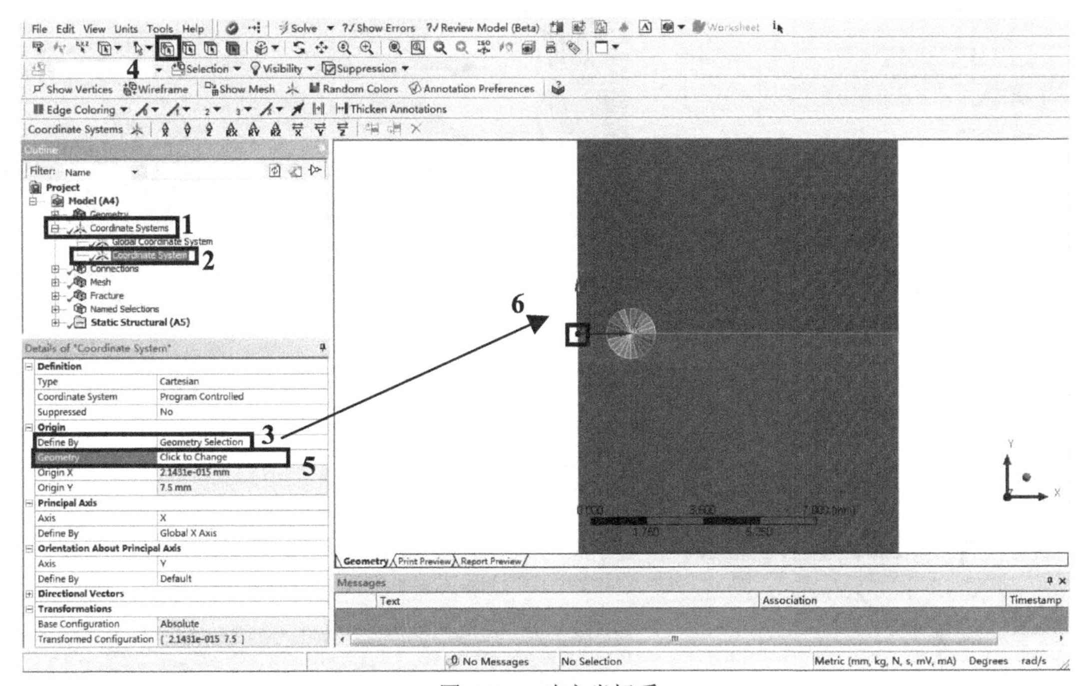

图 4-7-5　建立坐标系

3. 定义接触

建立三个 Mesh Connections，如图 4-7-6 所示。Master Geometry 分别定义为右边交线、右边大等腰三角形交线、右边小等腰三角形交线。因为左边为裂纹区域，所以左边对应的交线、等腰三角形交线不需要定义。

4. 网格划分

裂纹分析中的网格定义非常重要，下面一一说明。

（1）插入 Edge Sizing 1 设置。如图 4-7-7 所示，选择图形时，先点击 1 区，将选择操作变为 Box Select（框选），如 2 区所示框选所有边；再点击 1 区，将选择操作变为 Single Select（单选），按住 Ctrl 键，依次点击图中外圈圆弧，这样一共选择了边线 74 条（大圆弧 24 条，小圆弧 24 条，小圆半径 26 条，其中有 2 条重合半径）。

> **注意**
>
> 前面在 DM 中已经对模型进行了切分，为保证两个圆均划分为等腰三角形形式，所以对所选 76 条边线等分为 1 份，Behavior 定义为 Hard，如图 4-7-7 所示设置。

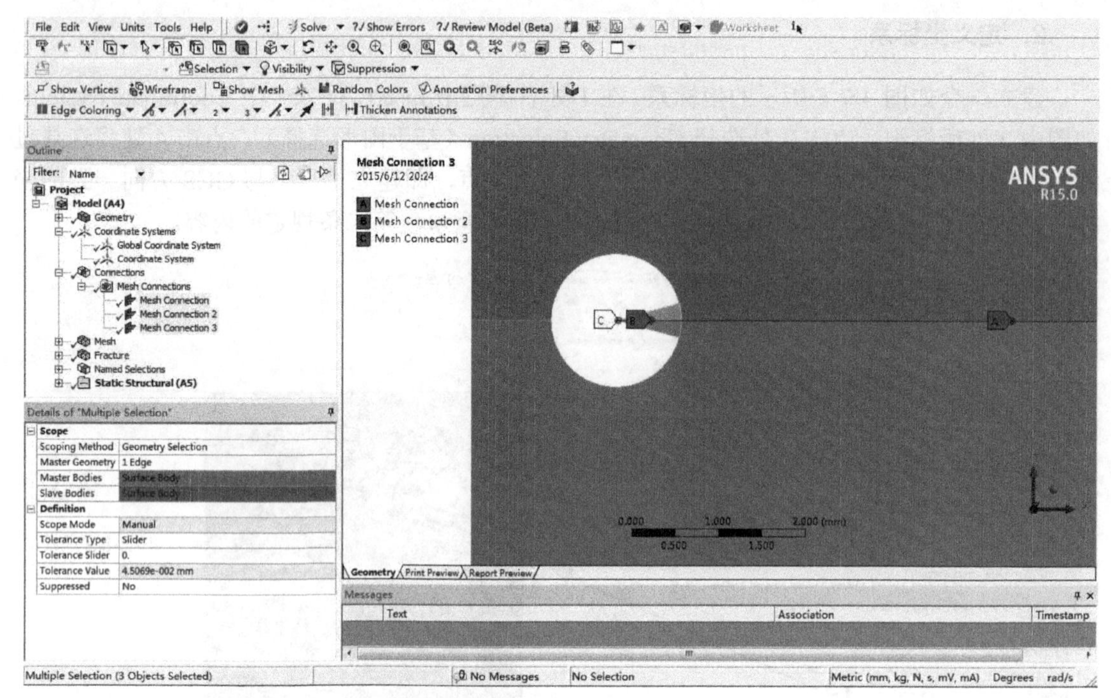

图 4-7-6　Mesh Connections 定义

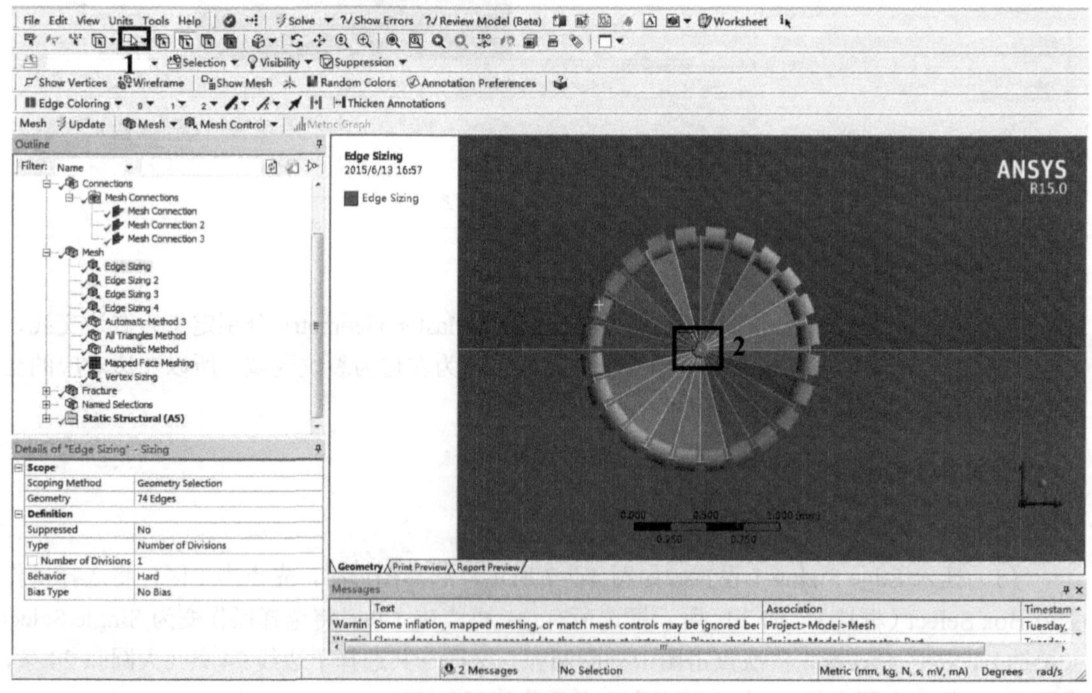

图 4-7-7　Edge Sizing 1 定义

（2）插入 Edge Sizing 2 设置。如图 4-7-8 所示，选择大圆 26 条半径（其中有 2 条重合半径），对其等分为 10 份，Behavior 定义为 Hard。

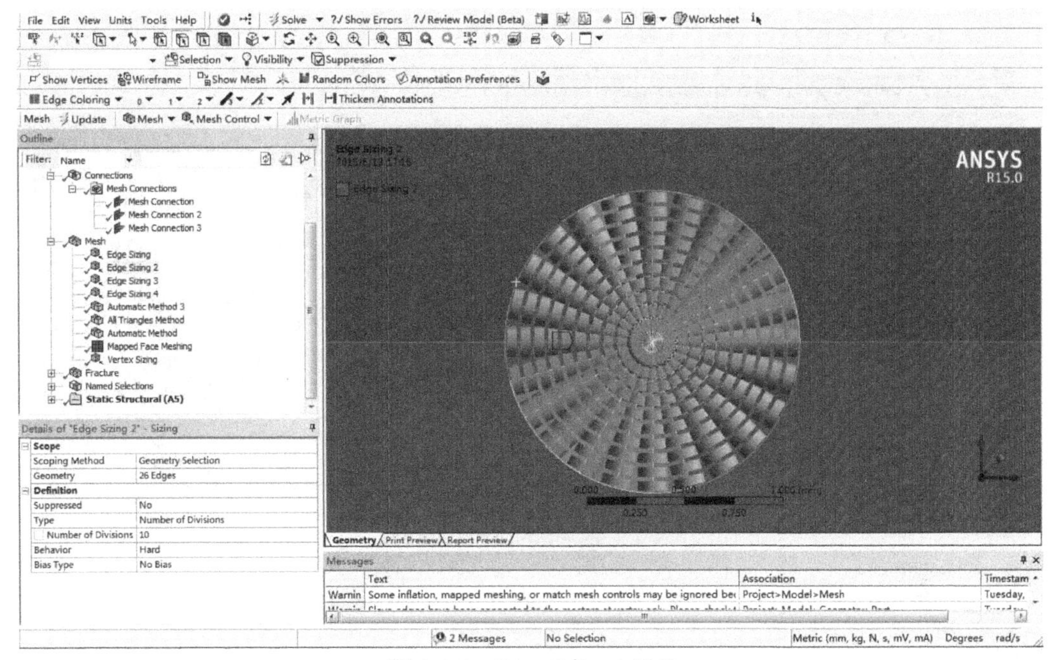

图 4-7-8　Edge Sizing 2 定义

（3）插入 Edge Sizing 3 设置。如图 4-7-9 所示，选择右边 2 条交线（其中有 1 条重合线），对其等分为 40 份，Behavior 定义为 Soft。此处不涉及裂纹区，网格仅保证足够密度即可。

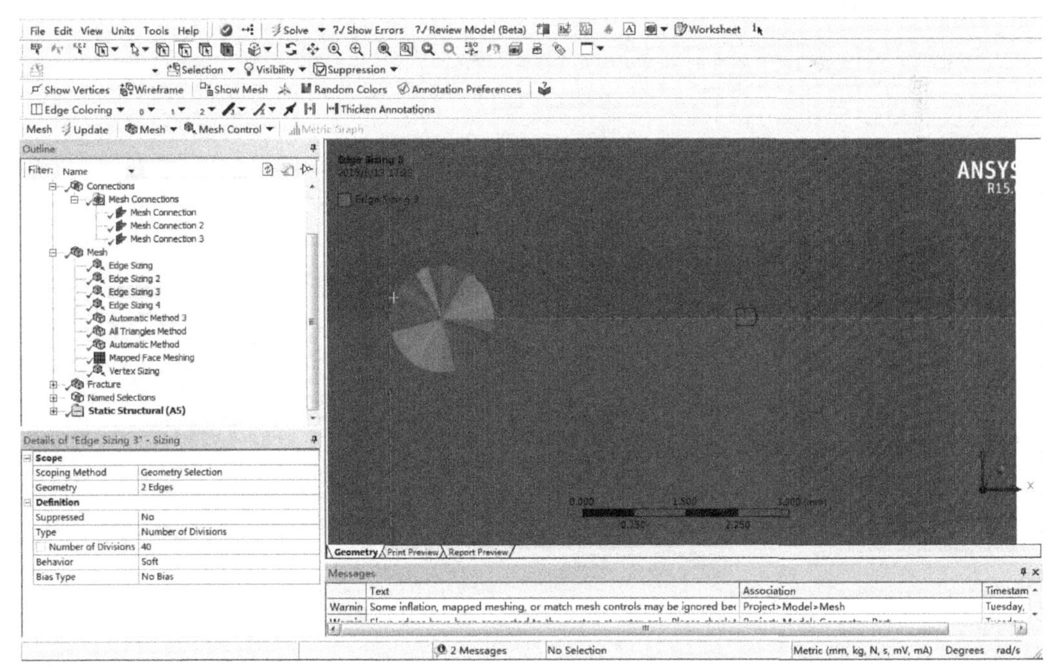

图 4-7-9　Edge Sizing 3 定义

（4）插入 Edge Sizing 4 设置。如图 4-7-10 所示，选择左边 2 条交线（其中有 1 条重合线），对其等分为 30 份，Behavior 定义为 Hard。此处涉及裂纹区，网格必须保证足够密度。

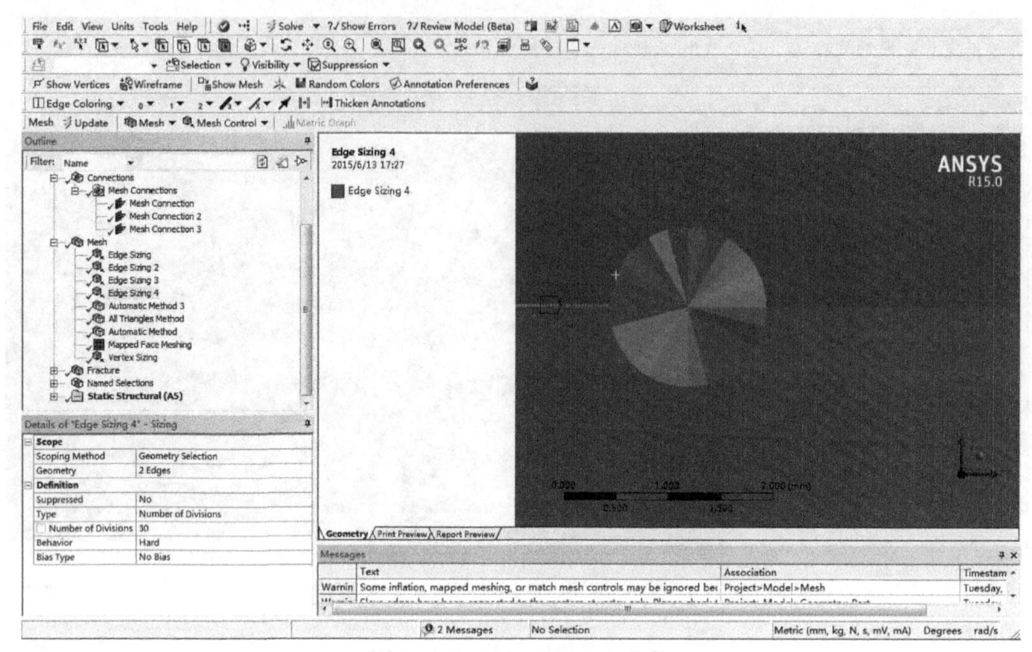

图 4-7-10　Edge Sizing 4 定义

（5）插入 Method 设置。如图 4-7-11 所示，选择小圆所有面（24 个面），定义 Method 为 Triangles（三角形），Element Midside Nodes 定义为 Use Global Setting 或 Kept。这是因为裂纹尖端必须定义为三角形网格。

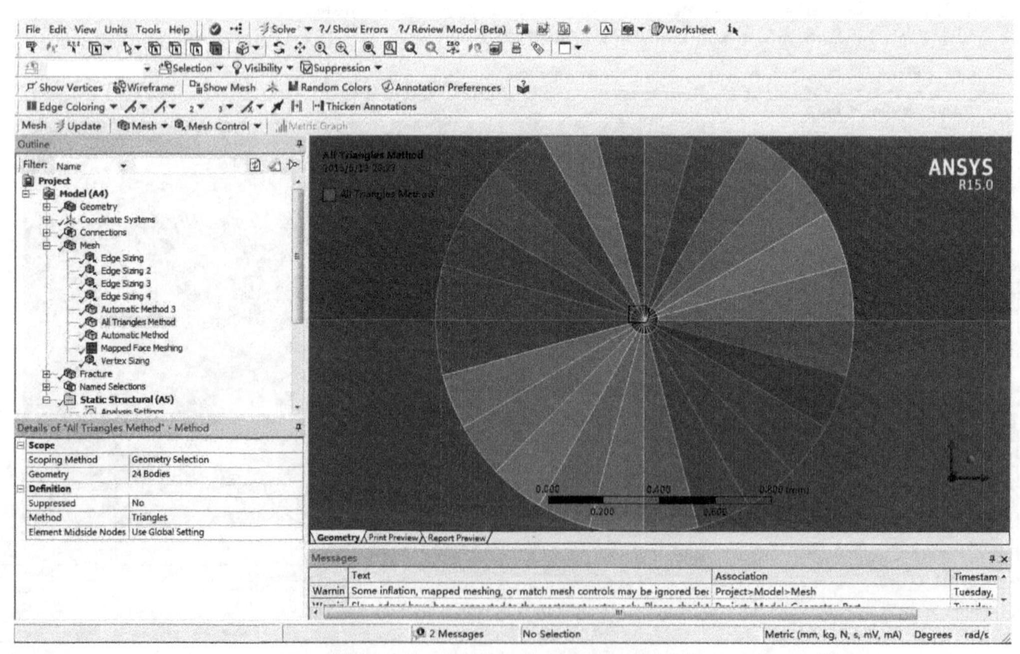

图 4-7-11　All Triangle Method 定义

（6）插入 Method 设置。如图 4-7-12 所示，选择大圆所有面（24 个面），定义 Method 为 Quadrilateral Dominant（四边形），Element Midside Nodes 定义为 Use Global Setting 或 Kept，

Free Face Mesh Type 定义为 All Quad。这是因为此段实际是裂纹尖端网格的映射，为保证此处全四边形映射网格，还需要参见下条设置。

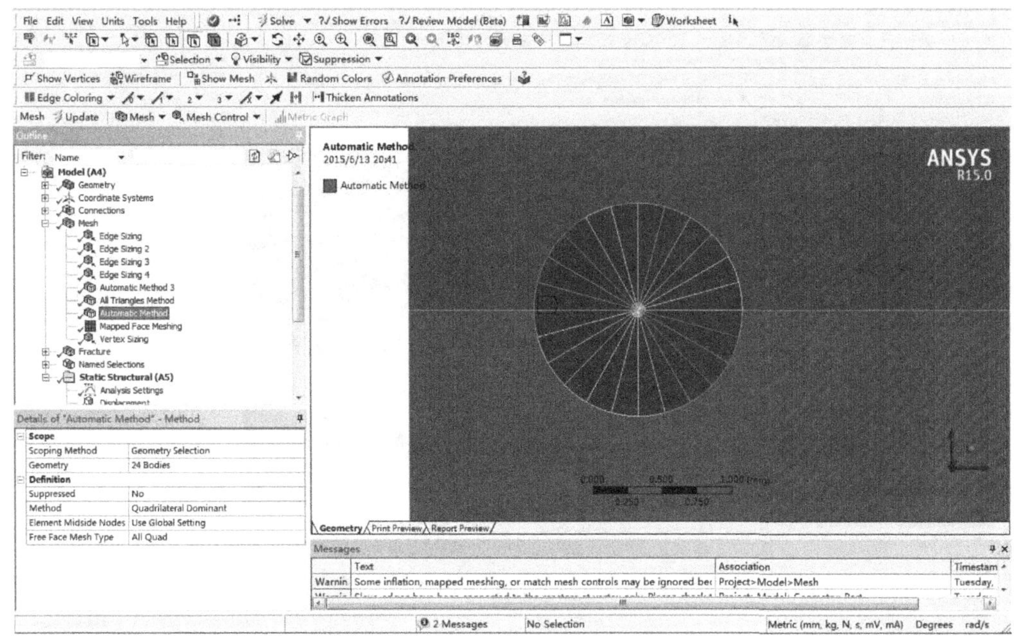

图 4-7-12 Automatic Method 定义

（7）插入 Mapped Face Meshing 设置。如图 4-7-13 所示，选择大圆所有面（24 个面），定义 Method 为 Quadrilaterals（四边形），其余默认。

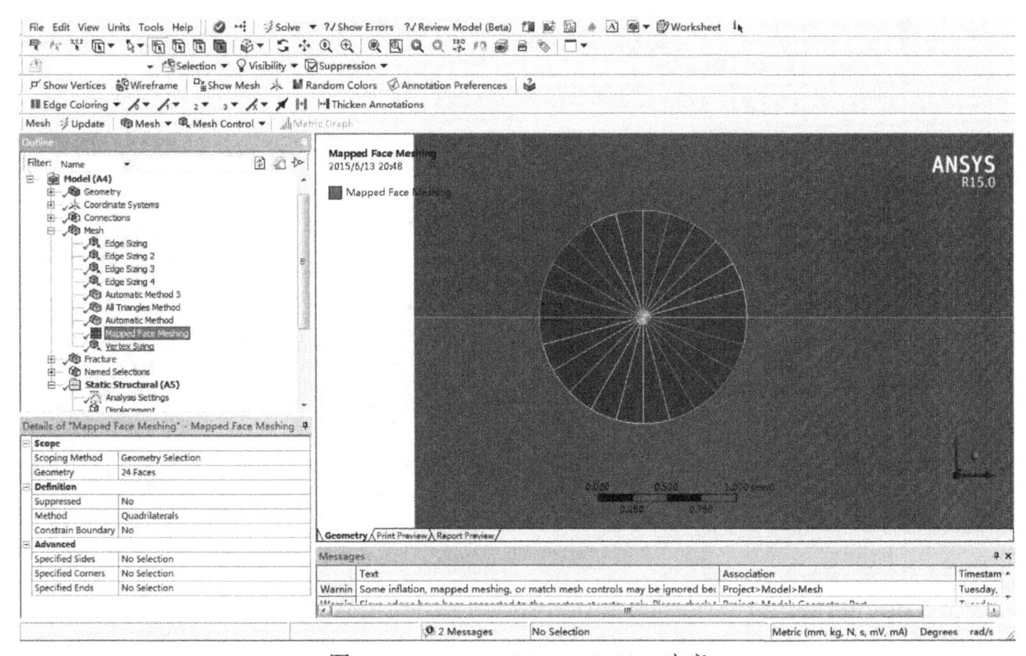

图 4-7-13 Mapped Face Meshing 定义

（8）插入 Method 设置。如图 4-7-14 所示，选择除大圆小圆以外的面（2 个面），定义

Method 为 Quadrilateral Dominant，Element Midside Nodes 定义为 Use Global Setting 或 Kept，Free Face Mesh Type 定义为 Quad/Tri（四边形或三角形）。

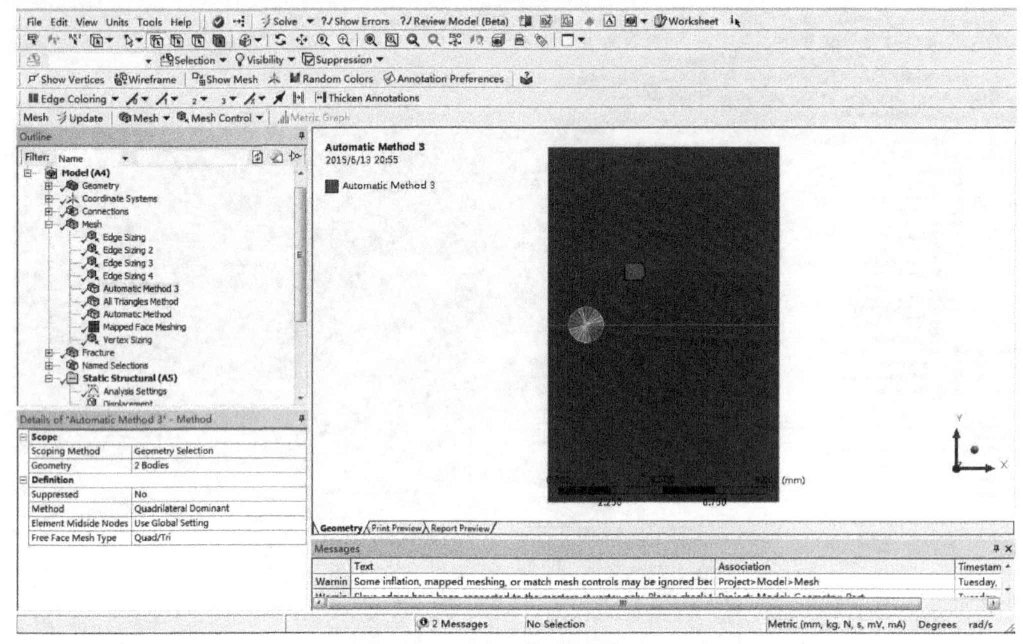

图 4-7-14　Automatic Method 3 定义

（9）插入 Sizing 设置。如图 4-7-15 所示，选择圆心点，Sphere Radius（球半径）定义为 2mm，Element Size 定义为 0.1mm。此处非常重要，直接影响后续计算是否成功。

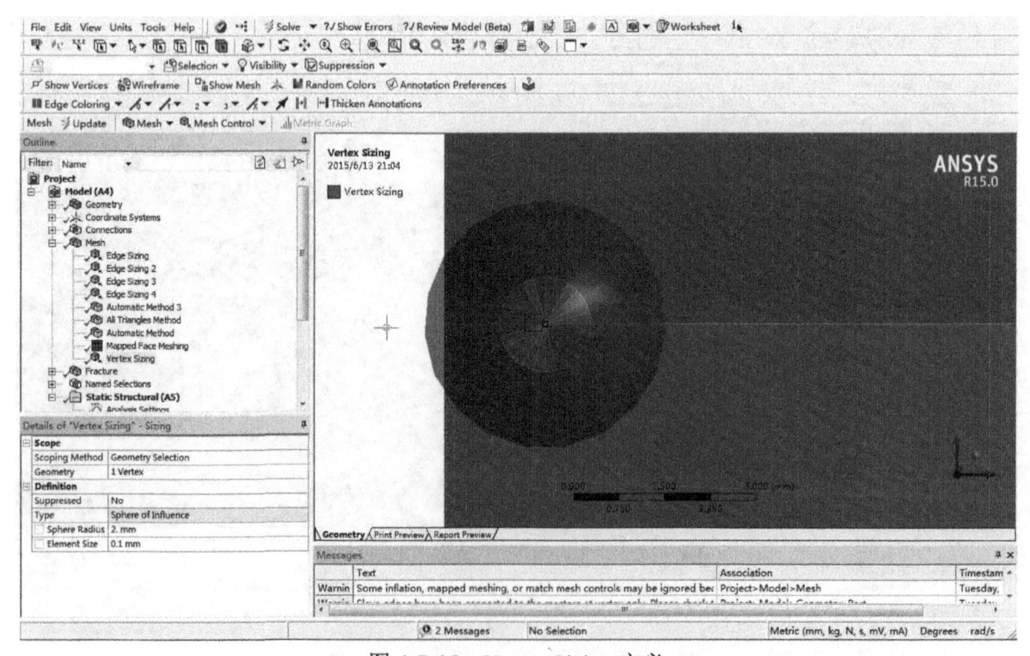

图 4-7-15　Vertex Sizing 定义

最后生成网格，如图 4-7-16 所示。

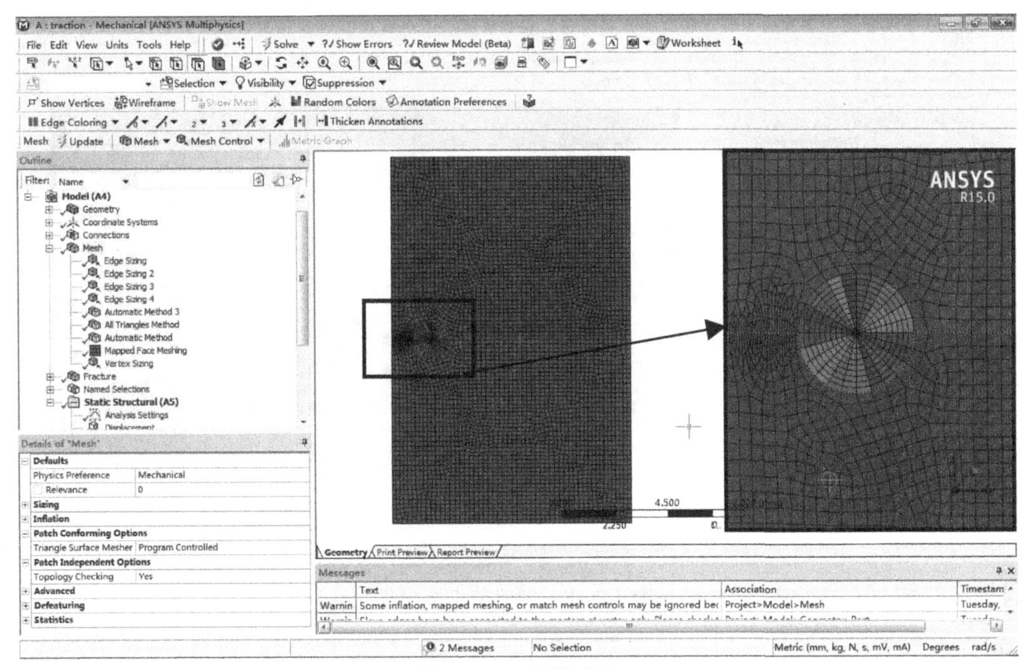

图 4-7-16　网格划分

5．Named Selection 定义

先点击圆心，在右键弹出的菜单中点选 Create Named Selection，即可定义 Selection 域，如图 4-7-17 所示。再右键点击 Selection，在弹出的菜单中点选 Create Nodal Named Selection，即可定义 Slection 2（节点选择集），如图 4-7-18 所示。

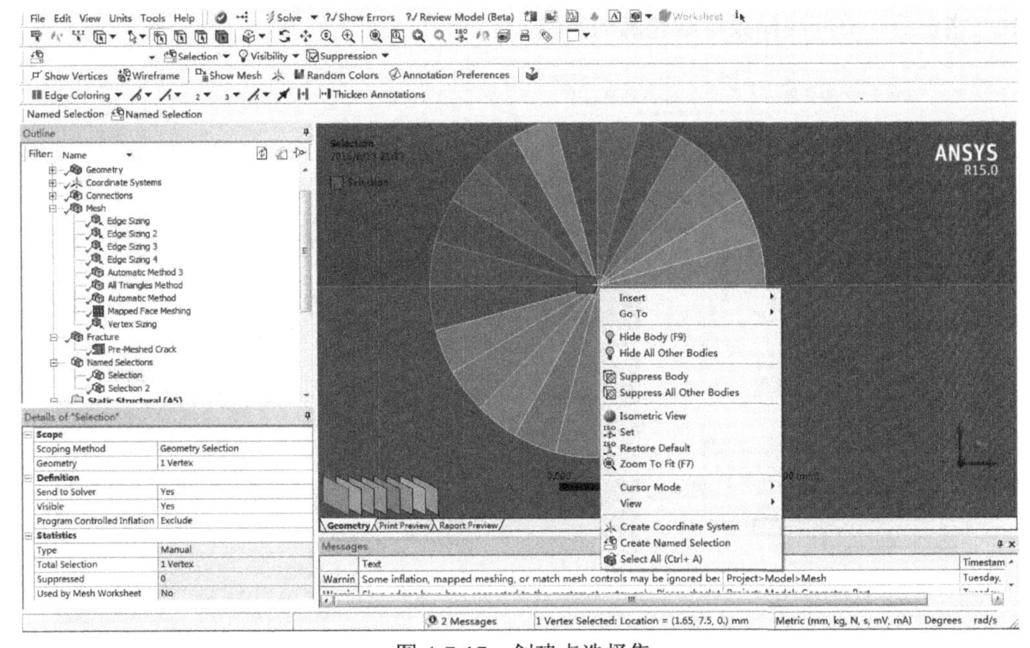

图 4-7-17　创建点选择集

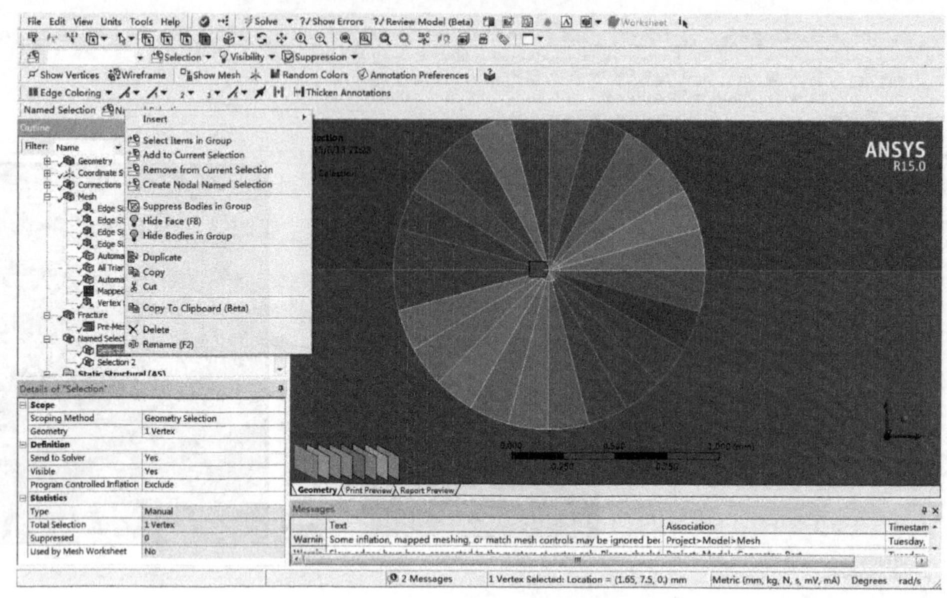

图 4-7-18　创建节点选择集

> **注意**
>
> 裂纹分析中，需要定义裂纹尖端节点，所以预先设置裂纹尖端节点选择集。

6．Fracture 定义

在 Model（A4）下右键点击插入 Fracture 菜单，右键点击 Fracture 插入 Pre-Meshed Crack，如图 4-7-19 所示设置。在 Crack Tip（Named Selection）处定义 Selection 2（裂纹尖端节点集），在 Coordinate System 处定义 Coordinate System（裂纹开口坐标系），Solution Contours 定义为 10（指定要计算断裂结果参数轮廓的数量）。

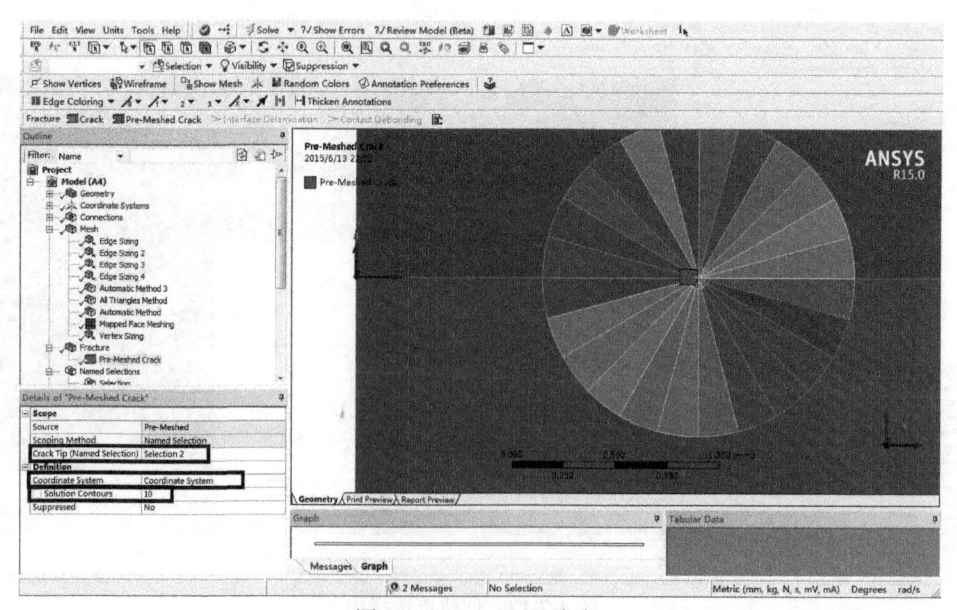

图 4-7-19　Fracture 定义

7. 边界条件设置

点击 Analysis Settings，在细节菜单下将 Fracture 设置为 On，其余如图 4-7-20 所示设置。边界条件为整个模型的位移约束，分别为右边位移约束（X、Y 均为 0），上边位移约束（X=0、Y=0.2mm），下边位移约束（X=0、Y=−0.2mm），如图 4-7-21 所示。

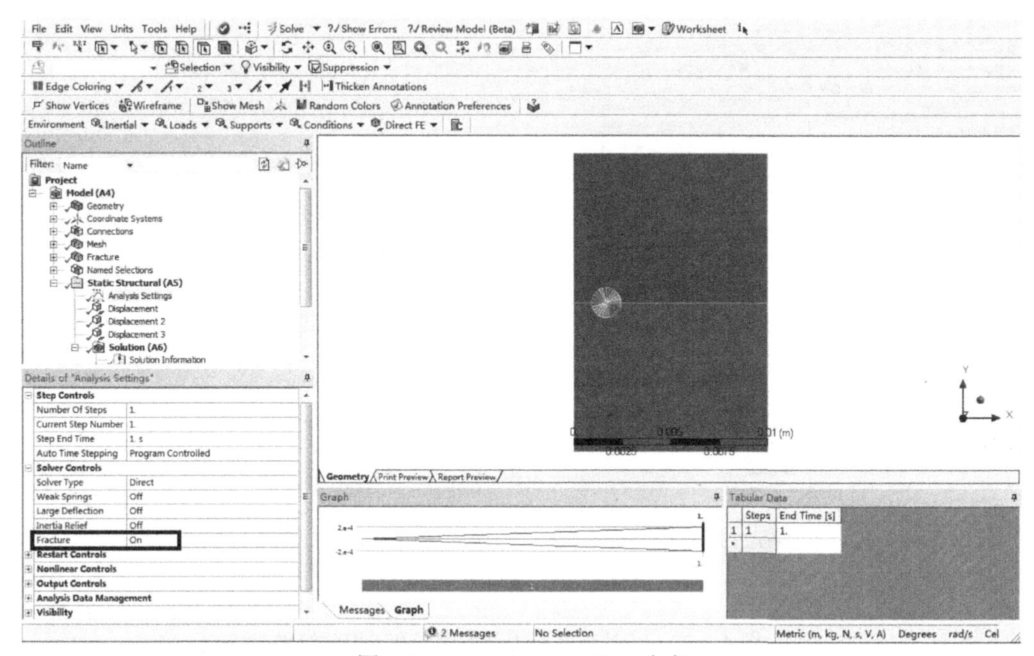

图 4-7-20 Analysis Settings 定义

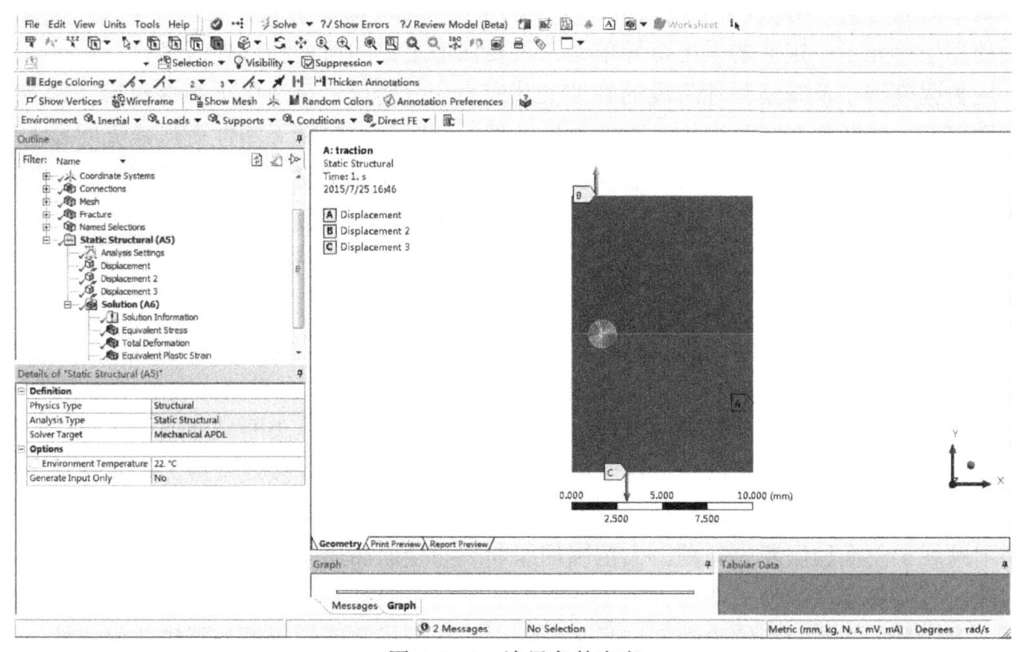

图 4-7-21 边界条件定义

8. 后处理

右键点击 Solution 插入 Fracture Tool 菜单，分别插入 SIFS（K1）、SIFS（K2）、SIFS（K3）、J-Integral（JINT），结果如图 4-7-22 所示。

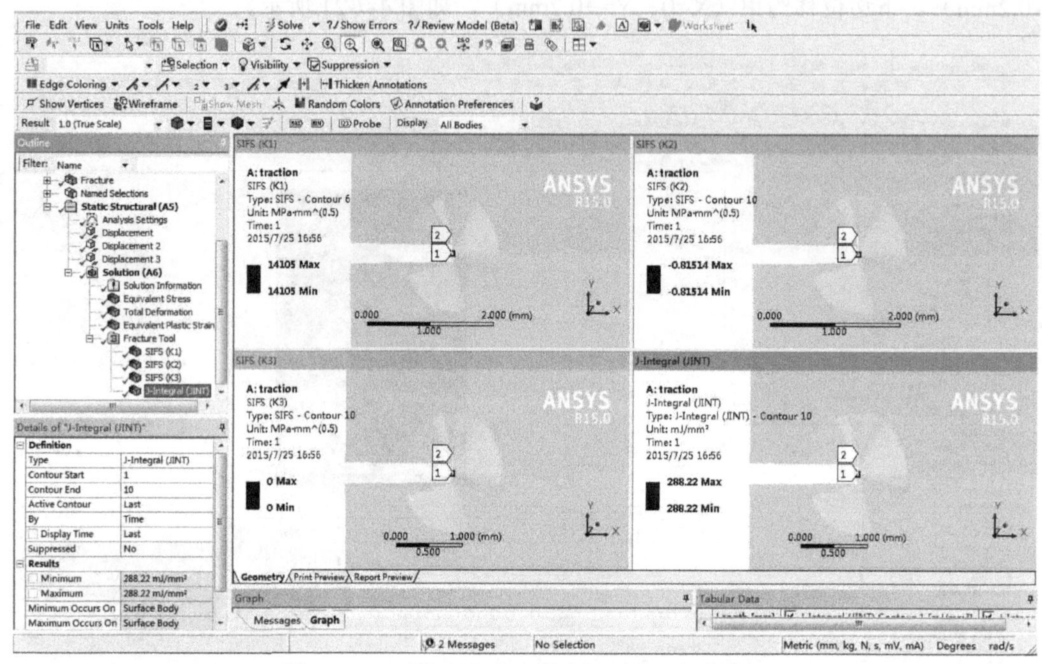

图 4-7-22 后处理之应力强度因子和 J 积分结果

对于断裂分析，ANSYS 中一般对裂纹尖端采用 kscon 命令生成尖端奇异单元，其实裂纹尖端的那层单元不一定非要采用奇异单元，只要保证足够的质量和形式即可。

应力强度因子反映线弹性阶段的裂纹尖端应力应变情况，可适用于脆性材料（如玻璃、陶瓷和岩石）的断裂和高强度钢之类的脆性断裂，此时裂纹尖端无塑性变形或无明显的塑性变形。但对于多数金属材料而言，裂纹在扩展前，在裂纹端部将有一个塑性区，此塑性区尺寸很小，远小于裂纹尺寸，此类断裂称为小范围屈服断裂，本例后处理中用 Equivalent Plastic Strain 可以观察到。此时用线弹性断裂力学仍可以保证足够的精度，依然属于线弹性断裂力学的范畴。

实际工程中还存在另一类断裂问题，即所谓大范围屈服断裂与全面屈服断裂问题。例如：由中、低强度钢制成的构件，由于其韧度较高(除了低温、厚截面或高应变速率情况外)，裂纹在扩展前，其端部的塑性区尺寸已接近甚至超过裂纹尺寸，这类断裂即属于大范围屈服断裂问题；压力容器上的接管部位，由于存在很高的局部应力与焊接残余应力，致使这一区域的材料处于全面屈服状态，在这种高应变的塑性区中，较小的裂纹也可能扩展而引起断裂，这类问题属于全面屈服断裂问题。大范围屈服断裂与全面屈服断裂均属于弹塑性断裂力学范畴，此时裂纹尖端区域弹塑性应力应变场强度的参量主要有 COD（裂纹张开位移）理论及 J 积分，以定量形式确定裂纹尖端区域弹塑性应力，应变场强度的参量与裂纹几何特性、外加载荷之间的关系。

4.7.2 3D Crack 模型

Crack 模型用于分析三维模型内部的裂纹。主要特征为：裂纹形状、裂纹前端/尖端、裂纹的不连续平面、裂纹法向、裂纹坐标系。这类模型分析过程中，最重要的就是 Crack 有限元模型各参数的定义。如图 4-7-23 所示，其中：

① 表示裂纹所处在的实体模型；

② 实体模型的基本网格形式为 quadratic tetrahedron （二次四面体），远离缓冲区的网格形式可以不为二次四面体；

③ 缓冲区（buffer zone），网格形式必须为 quadratic tetrahedron（二次四面体）；

④ 缓冲区与断裂影响区（fracture affected zone）的界面；

⑤ 断裂影响区的网格形式必须为 quadratic hex and wedge elements（二次六面体和五面楔形体）；

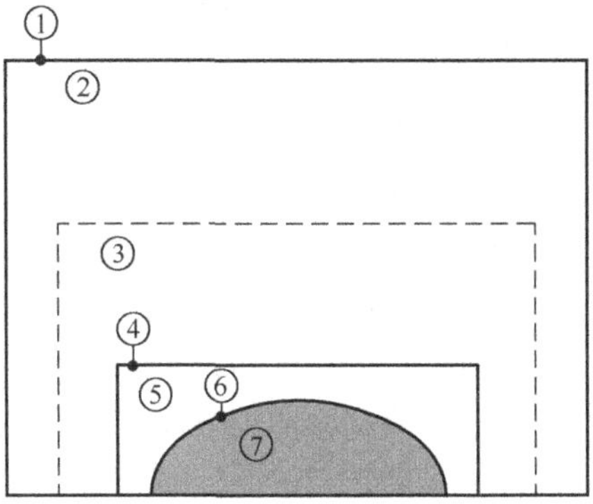

图 4-7-23 Crack 有限元模型组成部分

⑥ 裂纹前端（crack front），裂纹形式现在版本（15.0）只支持半椭圆模型；

⑦ 不连续平面（discontinuity planes），注意裂纹平面只位于指定坐标系的 XZ 平面上，其中半椭圆裂纹的大径沿 Z 轴方向，半椭圆裂纹的小径沿 X 轴方向。

1. 建立三维模型

建立一个如图 4-7-24 所示的三通弯管模型。对于建立这类模型，只能采用扫略（Sweep）建模。这里介绍一种较复杂的建模思路，以便读者多了解一些建模的操作。读者可以自行按照扫略（Sweep）实体→拉伸（Extrude）实体→Thin/Surface（抽壳）圆管的思路建模。

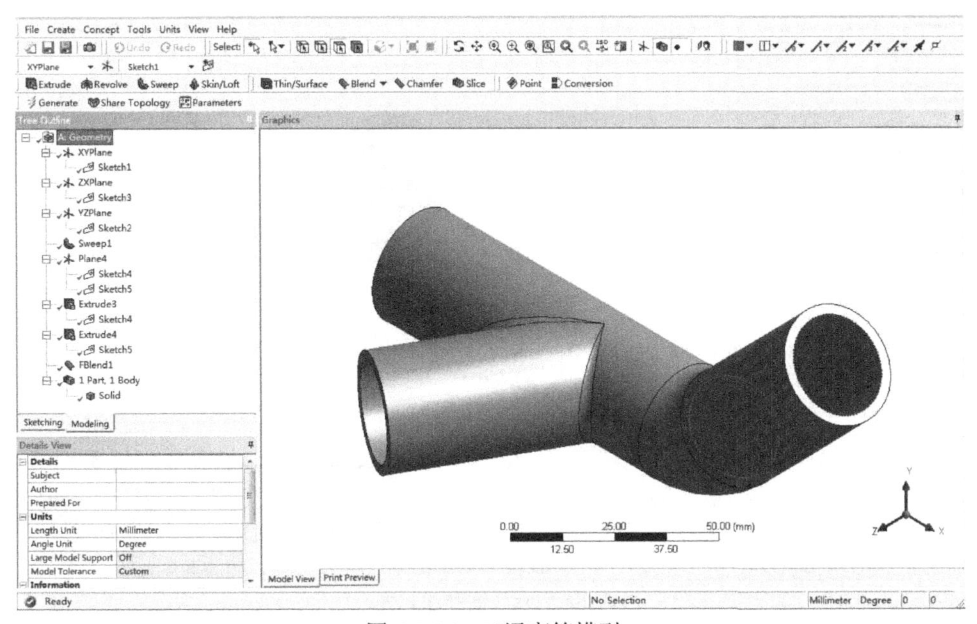

图 4-7-24 三通弯管模型

建模过程：

（1）在两个相互垂直的基准面上分别绘制一条曲线（XYPlane 下的 Sketch1）和一个圆环（YZPlane 下的 Sketch2），在 Sweep 中以曲线定义为路径（Path），以圆环定义为截面（Profile），即可扫略出弯管。

（2）建立新基准（Plane4），该基准的中心为侧管的中心，该基准的 XY 向为侧管截面方向。

（3）以 Plane4 基准分别建立两个草绘（Sketch4 和 Sketch5），其中 Sketch4 为圆管外圈，Sketch5 为圆管内圈（这里读者可以自行尝试不同方法）。

（4）分别拉伸（Extrude）Sketch4 和 Sketch5 两个草绘，其中 Sketch4 拉伸时选择 Add Material（添加材料），Extent Type 选择 To Next；Sketch5 拉伸时选择 Cut Material（去除材料），Extent Type 选择 To Face（选择弯管的内孔面）。拉伸时需要注意 Direction 选项（其中 Normal 为坐标系的正方向，Reversed 为坐标系的负方向）。

（5）最后定义三通处的圆角（Fixed Radius Blend）。

2．定义坐标系

建立一个如图 4-7-25 所示的坐标系。在 1 处先选中该图标，在模型适当位置 2 处左键点选（可看见坐标信息），右键点击 Create Coordinate System Aligned With Hit Point，即可创建合适的坐标系，也可以采用前文所述的坐标系定义方法，只需要根据实际模型旋转坐标系方向。注意该坐标系用于 Crack 分析，X 轴正方向必须指向实体，XZ 方向用于定义半椭圆裂纹的方向，Y 向必须指向裂纹的法向方向。

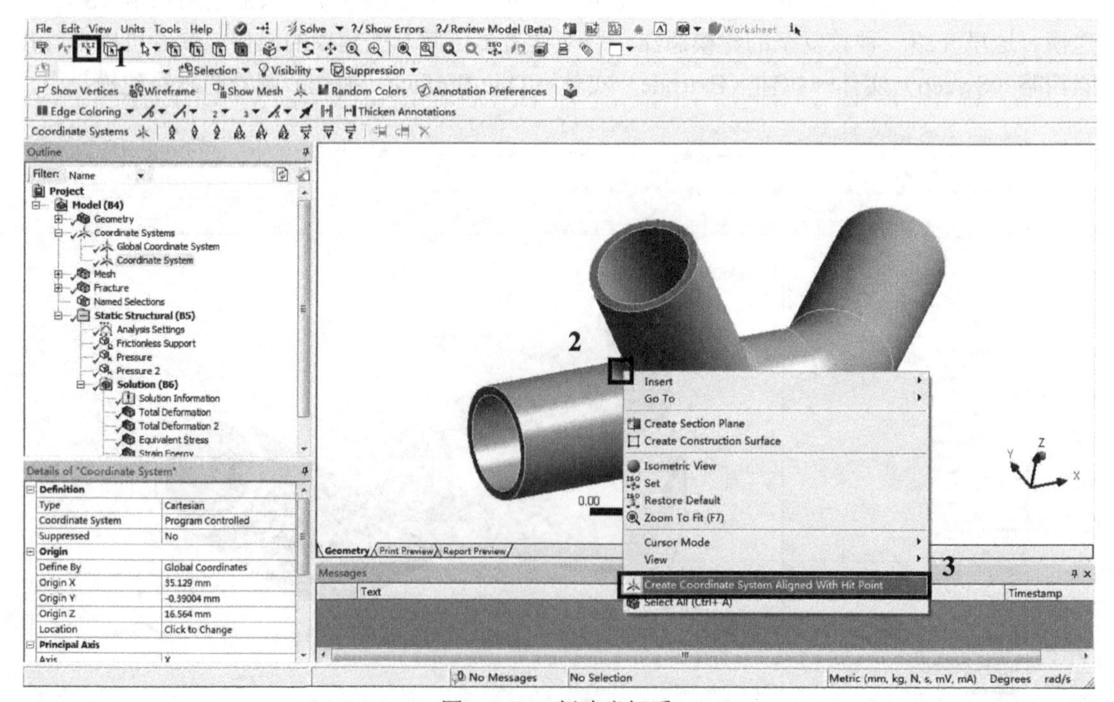

图 4-7-25　新建坐标系

> **注意**
>
> Crack 模型所需要定义的坐标系必须基于实体的 Surface。

3. 网格划分

前文已述，Crack 分析模型一般采用二次四面体单元，右键 Mesh 在 Insert 菜单中选择 Method，如图 4-7-26 所示定义。在 Geometry 处定义整个模型，Method 处选择 Tetrahedrons（四面体），Algorithm 处选择 Patch Conforming（基于 Tgrid），Element Midside Nodes（二次单元）处选择 Use Global Setting 或 Kept。

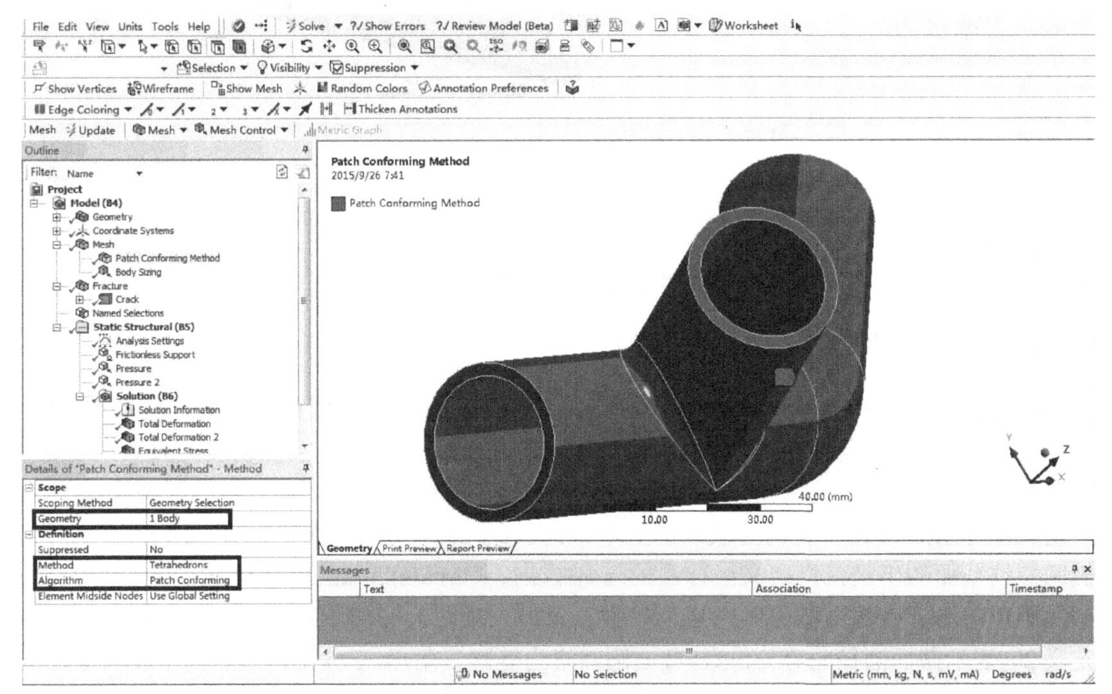

图 4-7-26　四面体网格划分

> **说明**
>
> 四面体有两种划分方法：Patch Conforming（依靠 TGrid 软件包实现），Patch Independent（依靠 ICEM 软件包实现）。Patch Independent 算法具有膨胀应用，可修补 CAD 中许多碎面、短边、较差的参数面等。

定义网格尺寸，这是保证 Crack 模型计算精度的关键，右键 Mesh 在 Insert 菜单中选择 Size，如图 4-7-27 所示。在 Type 处定义 Element Size，Element Size 处定义为 1.5mm，这表示整个模型网格尺寸均为 1.5mm 左右。为保证计算精度，还需要进一步在 Type 处定义 Sphere of Influence（影响球），这表示建立一个基于 Crack 坐标系的球体，规划一定半径的球面网格尺寸。考虑到计算规模，本步骤省略，有条件的读者自行加载尝试。

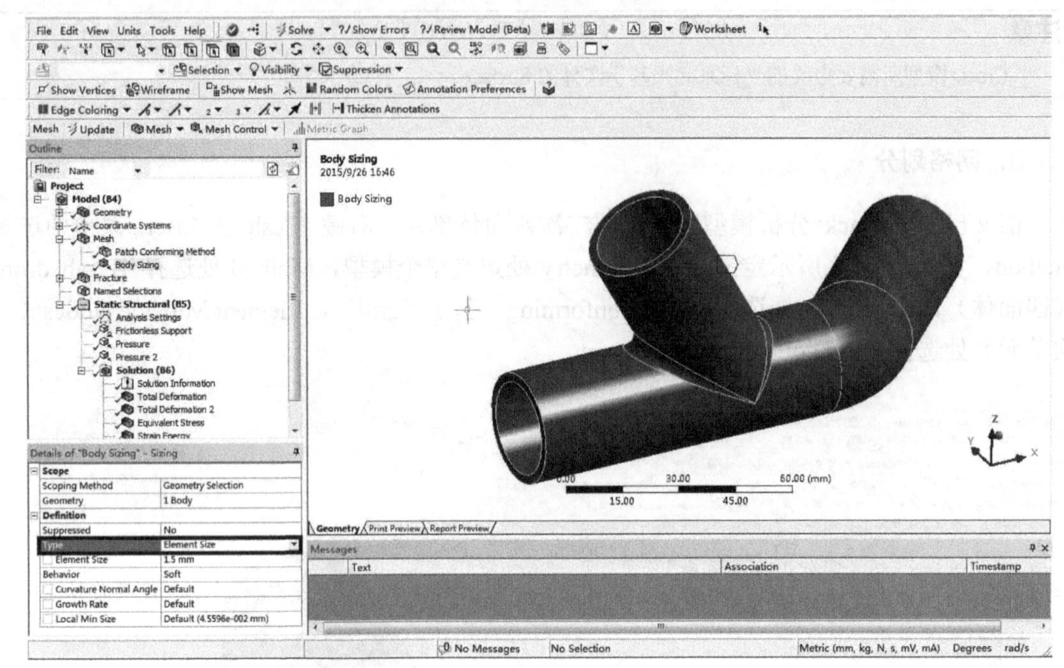

图 4-7-27　网格尺寸定义

4．Fracture 参数定义（Crack 模型）

右键插入 Crack，如图 4-7-28 所示定义。在 Geometry 处选择整个模型，在 Coordinate System 处选择刚定义的坐标系。Major Radius 定义 3mm，表示半椭圆裂纹的大径，沿定义坐标系的 Z 轴，正向为裂纹的扩展方向；Minor Radius 定义 2mm，表示半椭圆裂纹的小径，沿定义坐标系的 X 轴，正向为裂纹的扩展方向。Largest Contour Radius 定义 1mm，表示半椭圆裂纹截面的半径，沿定义坐标系的 Y 轴方向；Circumferential Divisions 定义 16，表示截面圆周向等分份数，截面圆网格为等腰三角形，顶角为 360°/16=22.5°；Mesh Contours 定义 20，表示截面圆径向等分份数，截面圆网格为等腰三角形，三角形两边长为 1/20=0.05mm。Crack Front Divisions 定义 50，表示半椭圆周长等分份数，周长为$\pi b+2(a-b)=8.28$mm，网格长度约为 8.28/50=0.1656mm。Buffer Zone Scale Factors（缓冲区放大系数）默认为 2，可以根据情况修改。

注意

（1）半椭圆裂纹不允许超过其所依附的表面，不允许穿过多个 Part 或者多个 Surface。如果需要穿过多个 Surface，则必须将多个 Surface 进行形状拓扑。

（2）半椭圆裂纹模型不支持循环对称和周期对称。

（3）裂纹顶部和底部的面节点之间没有约束关系，因此在施加载荷以后，顶面节点可能穿透底面，反之亦然。如果出现这种情况，则必须创建裂纹顶部和底部之间的约束方程。

5．边界条件设置

点击 Analysis Settings，在 Solver Controls 选项中将 Fracture 设置为 On；在 Analysis Data

Managerment 选项中将 Save MAPDL db（存为 db 文件）设置为 Yes，Solver Units（求解单位）设置为 Manual，Solver Unit System（求解单位制）设置为 nmm（牛顿毫米制，最好与 WB 的单位制一致）。此处设置不仅可以保证在 ANSYS APDL 界面中读取 WB 计算结果，而且还可以保证 WB 下在用 Command 自定义后处理。如图 4-7-29 所示。

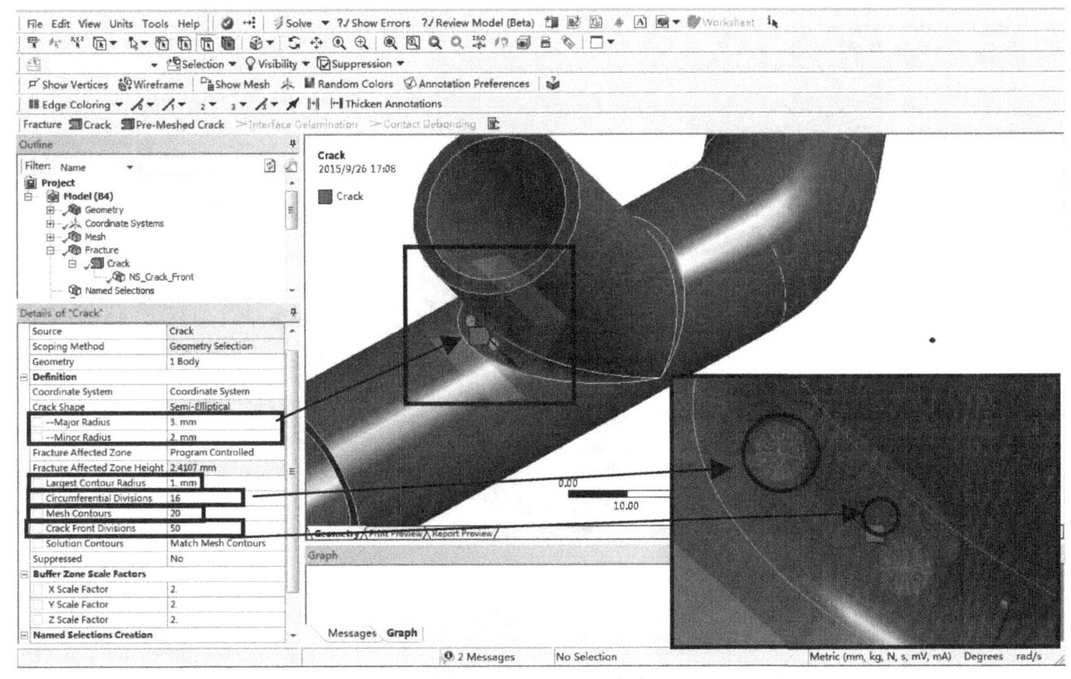

图 4-7-28 Crack 定义

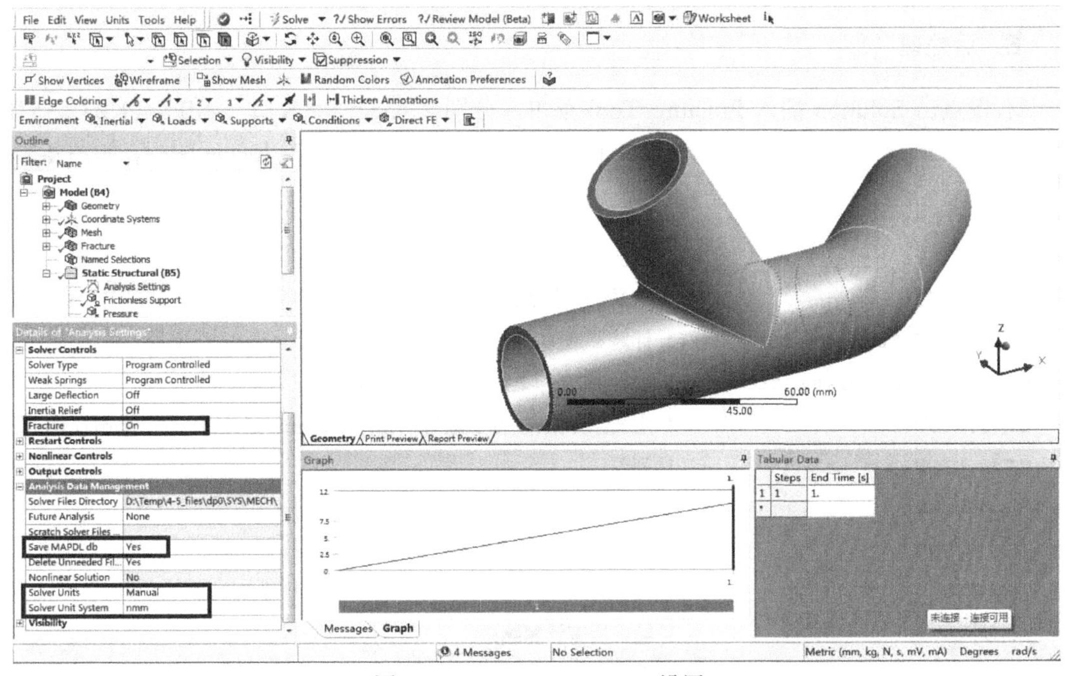

图 4-7-29 Analysis Settings 设置

边界条件设置如图 4-7-30 所示。选择三通管的三个圆环截面，定义约束为 Frictionless Support，这是因为此三通管只是整体管道的局部，等效为对称约束，如图中 A 所示；选择三通主管道的内壁，一共三段表面，定义载荷 Pressure 为 10MPa，如图中 B 所示；选择三通斜管道的内壁，定义载荷 Pressure 为 12MPa，如图中 C 所示。

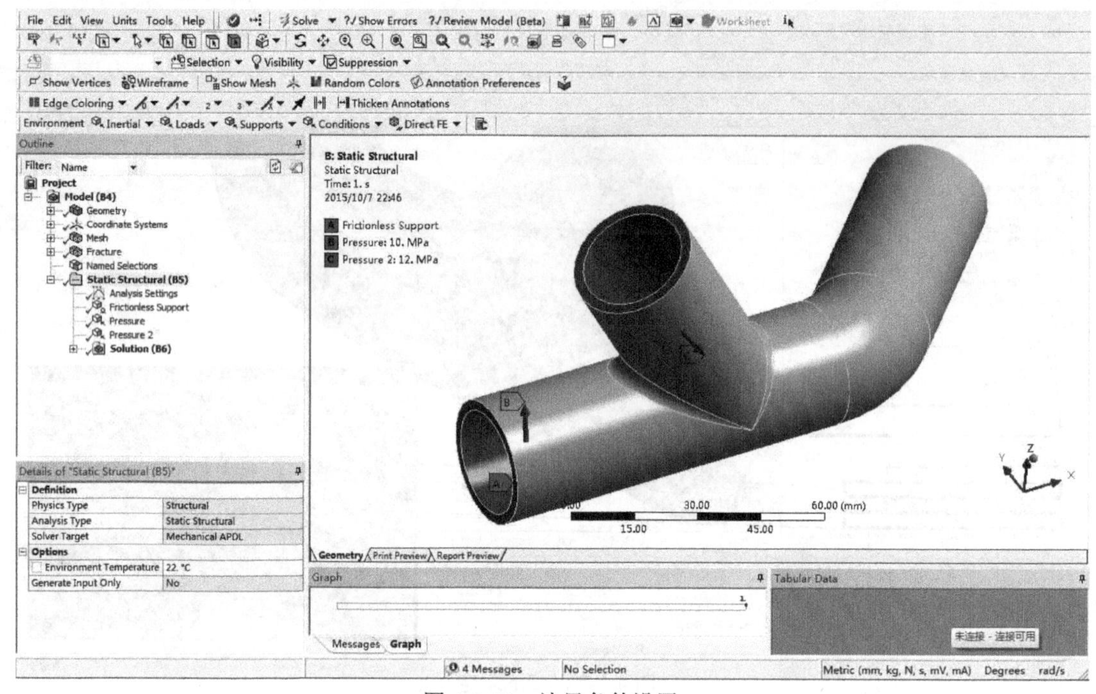

图 4-7-30　边界条件设置

6. 后处理

右键点击 Solution 插入 Fracture Tool 菜单，分别插入 SIFS（K1）、SIFS（K2）、SIFS（K3）、J-Integral（JINT）；插入 Command，输入下列命令，再点击 Image 图标，如图 4-7-31 所示。

```
/SOLU
CINT,NEW,1                  ! 定义一个新的断裂分析
CINT,TYPE,TSTR              ! 计算 T 应力
CINT,CTNC,NS_crack_front    ! CRACK 选择集，与 WB 定义集同名
CINT,NCON,10                ! 定义计算轮廓，小于或等于 WB 中 crack 定义的 mesh contours 数值
CINT,LIST                   ! 列表
ALLSEL,ALL
/SHOW,PNG                   ! 输出 png 图片格式
/POST1
/OUT,                       ! 输出所有计算结果
PLCINT,,,TSTRESS            ! 图形显示 T 应力结果
```

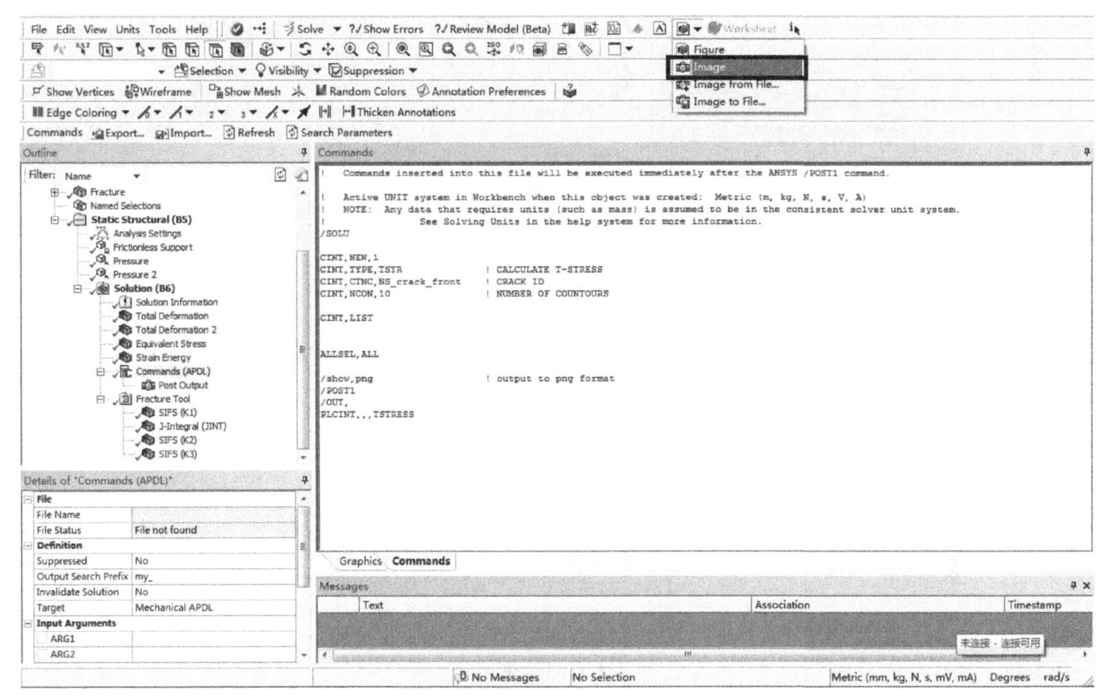

图 4-7-31　后处理设置

注意

随着 ANSYS 版本的升级，后处理之断裂参数已经不再局限于上文所述的 K、J 等参数，增加了 T-Stress、Material Force、C*-Integral 等，并增加 XFEM 功能。

裂纹尖端应力一般具有奇异性，忽略非奇异性，但细观模型和复杂载荷（剪应力为主）下裂缝尖端附近的应力场不仅受以应力强度因子为代表的奇异项控制，以 T 应力为主的非奇异项也不能忽略。T-Stress 平行于裂纹面方向，适用于弹性或弹塑性材料，与 J 积分不同，它可以为正值和负值。当 T 应力为正值或零时，T 应力对裂纹尖端应力应变场影响有限，裂纹尖端性质主要由 J 积分控制；对于 T 应力为负值时，T 应力的影响不可忽略，裂纹尖端应力应变场由 J 积分与 T 应力共同决定。

Material Force 用于全局材料的耗散力参数，用于分析材料缺陷（如位错、空隙、接口和裂缝）的驱动力。基于原理为：将一个封闭区域置于一个无应力弹性体中，全局模型经历的一次变形，类似于拉链。可以应用于各种材料模型（弹性、黏弹性、塑性等）。

C*-Integral 用于蠕变裂纹扩展，主要应用于评估结构部件在高温下（如核工业），裂纹尖端的蠕变变形。C 积分也是一个与路径无关的积分，类似稳态蠕变下的 J 积分。

对于各种不同断裂参数计算的 Command，读者可以自行参考 Help。另外本例关于 T-Stress 的后处理较为简单，读者可参看 Help 中 VM279 实例。

SIFS（K1）、SIFS（K2）、SIFS（K3）、J-Integral（JINT）和 T-Stress 结果如图 4-7-32 所示。

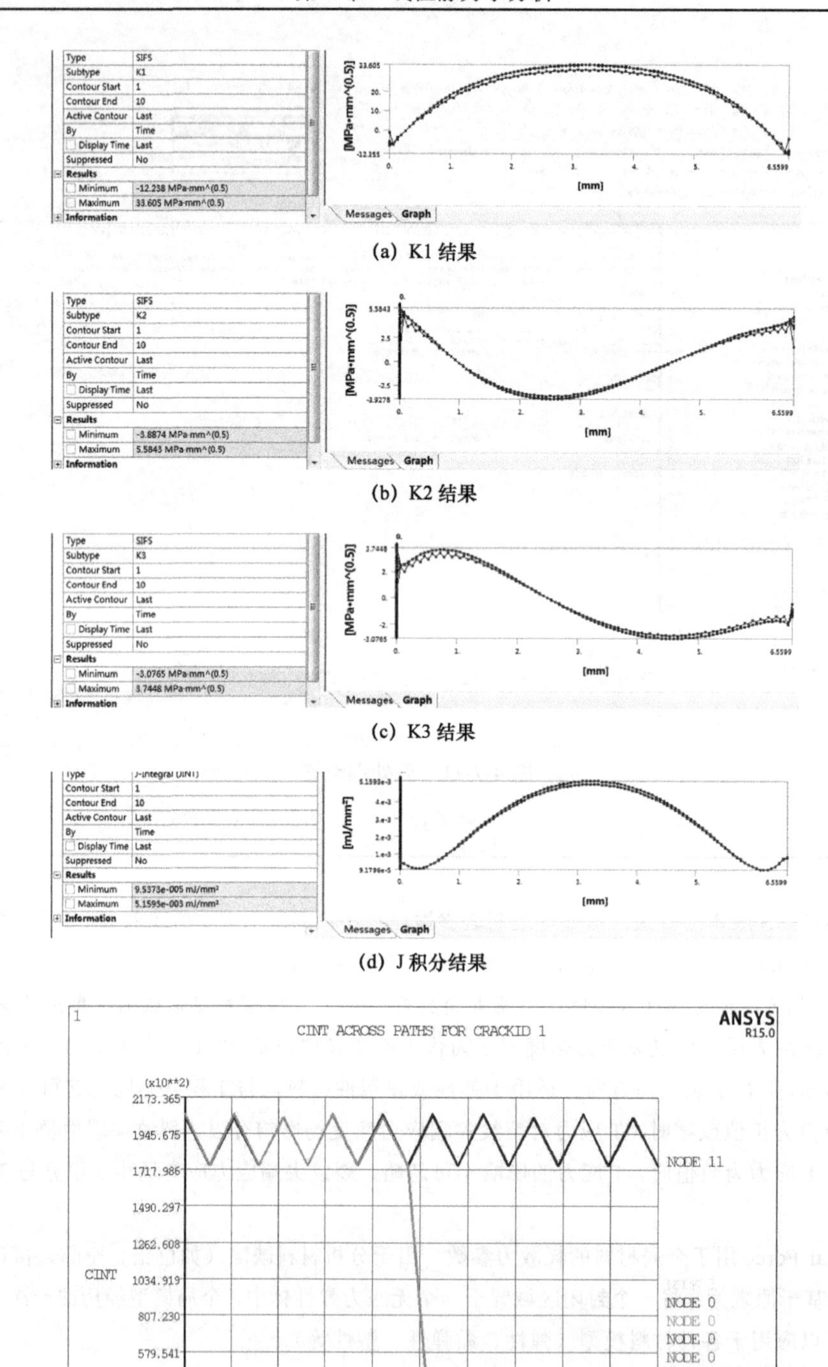

(a) K1 结果

(b) K2 结果

(c) K3 结果

(d) J 积分结果

(e) T 应力结果

图 4-7-32　断裂参数各后处理结果

对于 3D Crack 模型的断裂分析，不仅需要理解断裂的基本原理，例如，进行 T-Stress 计算时，需要定义目标值（Tstress Target Value），而且对模型网格要求很高，如本例在划分网格后会提出多项警告（Warning）。所以在类似模型求解完成后，需要在后处理中插入应变能（Strain Energy）选项。应变能为物体变形过程中贮存在物体内部的势能，数学表现为应力应变曲线下方所包含的面积。

4.7.3 Solid65 单元模型

钢筋混凝土是目前应用最为广泛的建筑材料之一，由于混凝土本身具有开裂、压碎、塑性等诸多复杂力学行为，ANSYS 为混凝土材料专门定义了一种三维实体单元：Solid 65。它不但可以模拟混凝土材料特有的开裂、压碎等力学现象，而且预先设定混凝土的破坏准则。严格意义上，Solid65 单元模型与 Fracture 模型没有对应的逻辑关系，但是考虑其开裂（Crack）特性，将其置于此节。

Solid65 单元采用一般的 8 节点空间实体单元（无中节点），加入了混凝土的三维强度准则，同时可以定义由弥散钢筋单元组成的整体式钢筋模型，在三维空间的不同方向分别设定钢筋的位置、角度、配筋率等参数。在 WB 使用过程中，既可以直接利用 Solid 65 提供的实参数建模，其优点是建模方便，缺点是不适用钢筋分布不均匀的模型，且较难得到钢筋内力，主要用于有大量钢筋且钢筋分布较均匀的构件，如剪力墙或楼板结构；也可以利用 WB 良好的建模工具分别建模，钢筋采用 Link 180 单元，其优点是可以任意布置钢筋并可直观获得钢筋的内力。

求解时需要注意：由于 Solid65 单元本身是基于弥散裂缝模型和最大拉应力开裂判据，因此有可能出现应力集中而使混凝土提前破坏，从而和试验结果不相吻合。因此，网格最好采用六面体单元，并对单元尺寸进行有效控制；如果约束直接作用在混凝土上，很可能在约束端出现很大的应力集中，从而使约束端附近的混凝土突然破坏，所以一般在约束端上加弹性垫块，避免约束端的应力集中；载荷最好采用位移加载。

1. 建立三维模型

建立一个如图 4-7-33 所示的带筋混凝土模型。混凝土模型尺寸为 240mm×120mm×1200mm；在混凝土模型下方两侧和上方中部分别定义三个 240mm×200mm×10mm 方块模型，用于定义边界条件；四根钢筋的 X 向间距为 160mm，Y 向间距为 80mm，长度为 1200mm，以混凝土模型居中布置，暂定钢筋截面为半径 8mm 的圆。读者自行尝试建模。需要注意，混凝土模型生成之后其余模型在建立时，Operation 均设置为 Add Frozen，所有模型完成之后，不需要 Form New Part。

2. 修改单元及材料属性

进入 Mechanical 界面，如图 4-7-34 所示，仅对混凝土和四根钢筋模型分别插入 Command，以修改其单元类型和材料参数。

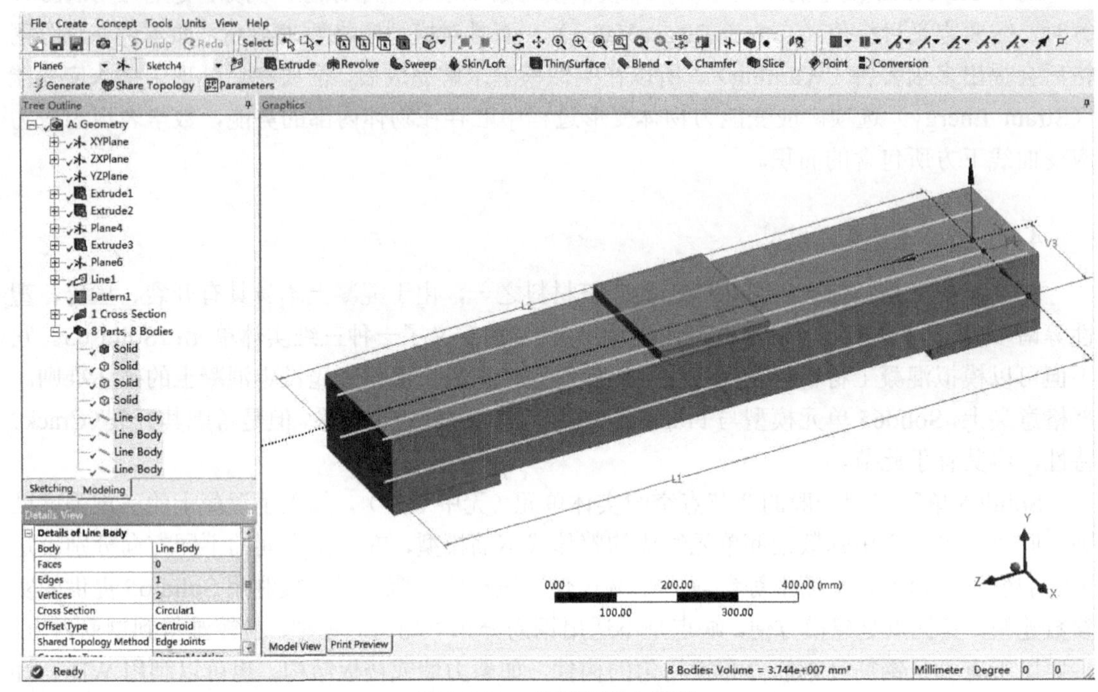

图 4-7-33　带筋混凝土模型

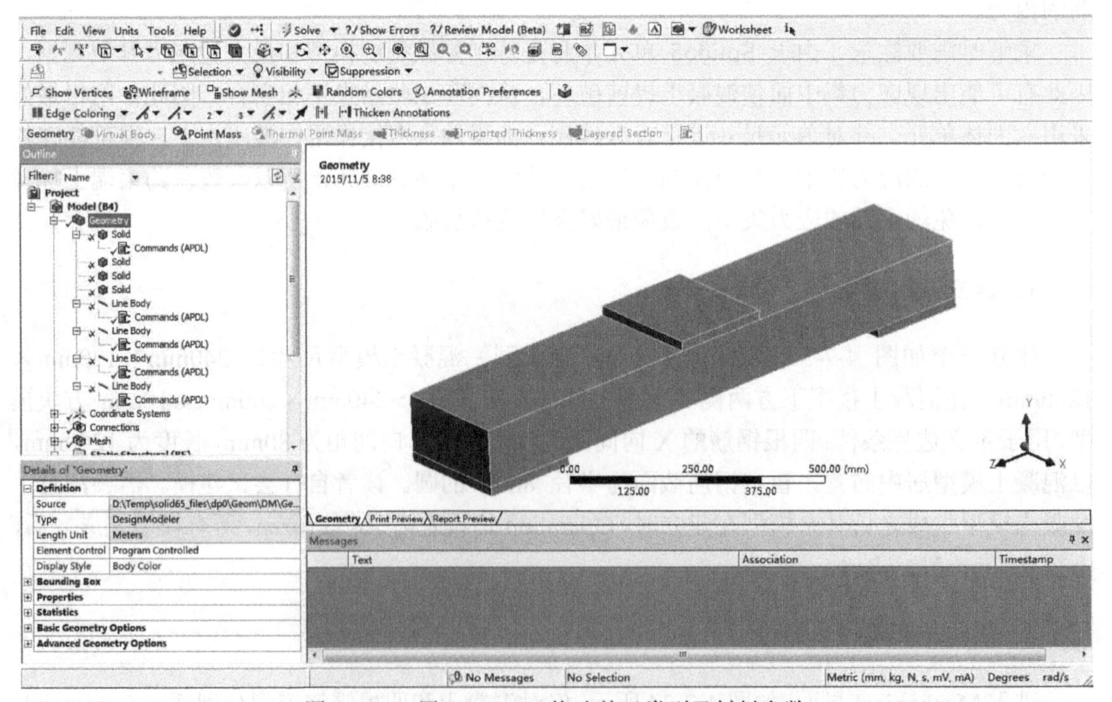

图 4-7-34　用 Command 修改单元类型及材料参数

针对混凝土模型，插入的 Command 如下：

```
! 定义 solid65 单元及实常数，实常数参数与右图对应，分别表示配筋的材料、体积比和角度
ET,MATID,SOLID65
R,MATID,0,0,0,0,0,0
RMORE,0,0,0,0,0,0
```

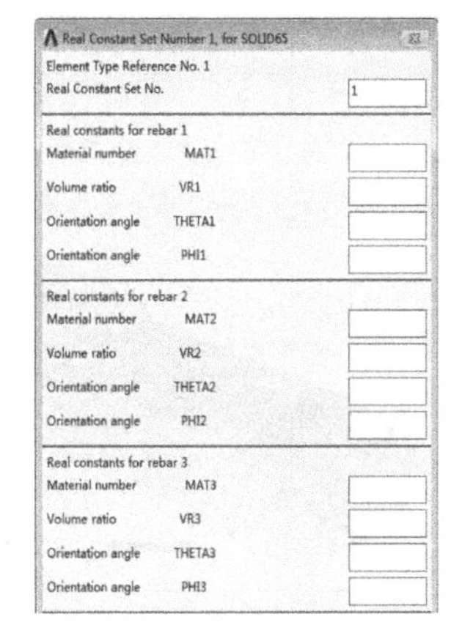


```
! 混凝土的杨氏模量及泊松比
MP,EX,MATID,24000
MP,NUXY,MATID,0.25
! 混凝土（concrete）材料参数，与右图对应（开裂的剪力传递系数取 0.3~0.5，闭合的剪力传递系数取 1.0）
TB,CONCR,MATID,1,9
TBTEMP,22
TBDATA,1,0.3,1,3,20
```

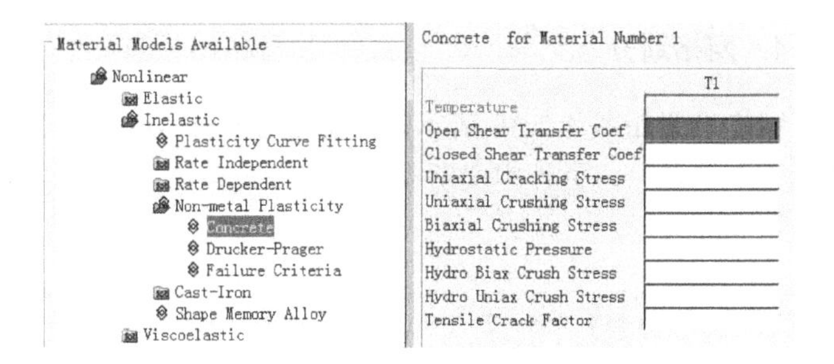

针对钢筋模型，插入一致的 Command 如下：

```
! 定义 link180 单元及实常数
ET,matid,LINK180
R,matid,50,,0
! 定义材料参数
MPDATA,EX,matid,,2e6
MPDATA,PRXY,matid,,0.3
TB,BISO,matid,1,2
TBDATA,,350,2000,,,,
```

3. 定义接触

接触设置如图 4-7-35 所示，分别定义混凝土和上下三块钢板的接触，接触类型设置为 Bonded，其余均默认。

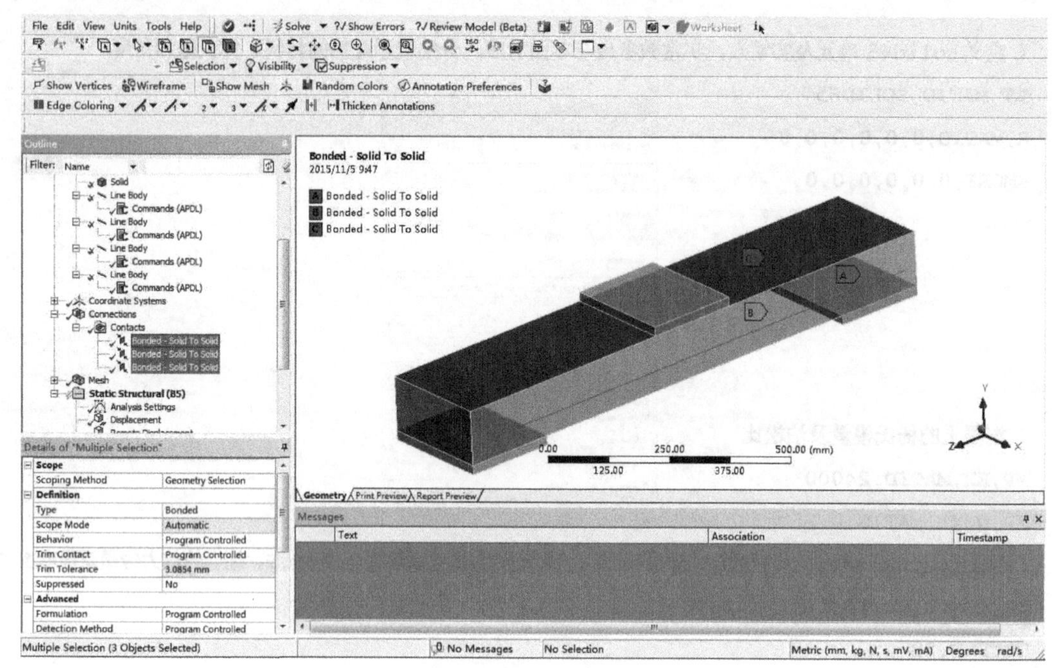

图 4-7-35　接触设置

4．网格划分

网格设置如图 4-7-36 所示，注意 Element Midside Nodes 必须设置为 Dropped（Solid65 单元无中节点），另外定义所有模型的 Element Size 为 75mm（网格尺寸不是越小越好，建议大于 50mm）。

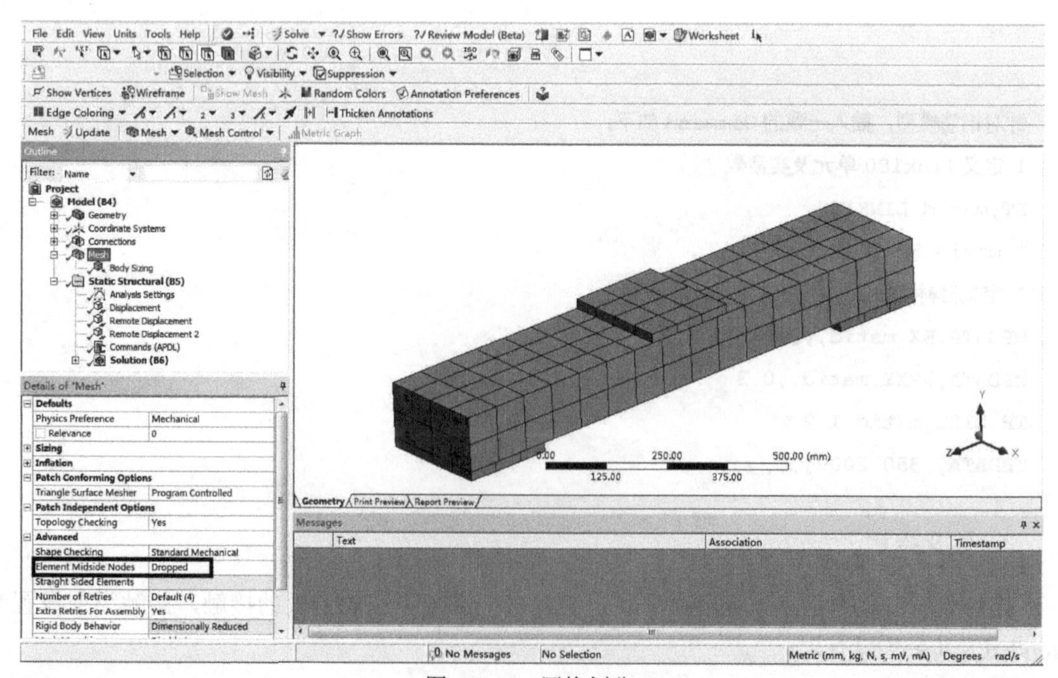

图 4-7-36　网格划分

5. 边界条件设置

点击 Analysis Settings，在 Step Controls 选项中将 Auto Time Stepping 设置为 On，Define By 设置为 Substeps，Initial Substeps 设置为 1000，Minimum Substeps 设置为 1000，Maximum Substeps 设置为 50000；在 Solver Controls 选项中将 Large Deflection 设置为 On，如图 4-7-37 所示。

> **注意**
>
> Solid65 单元的分析实际上属于非线性分析，计算过程中需要收敛调试，除了步长调试以外，还与网格、边界条件等有关。收敛调试一般以力控制收敛准则为主，读者一般也不需要修改 Nonlinear Controls 中任何选项，但是针对 Solid65 单元可以采用位移控制收敛，特别在裂缝刚刚产生和接近破坏的阶段，可以适当放松收敛标准（不超过 5%，默认 0.5%），以保证计算的连续性。

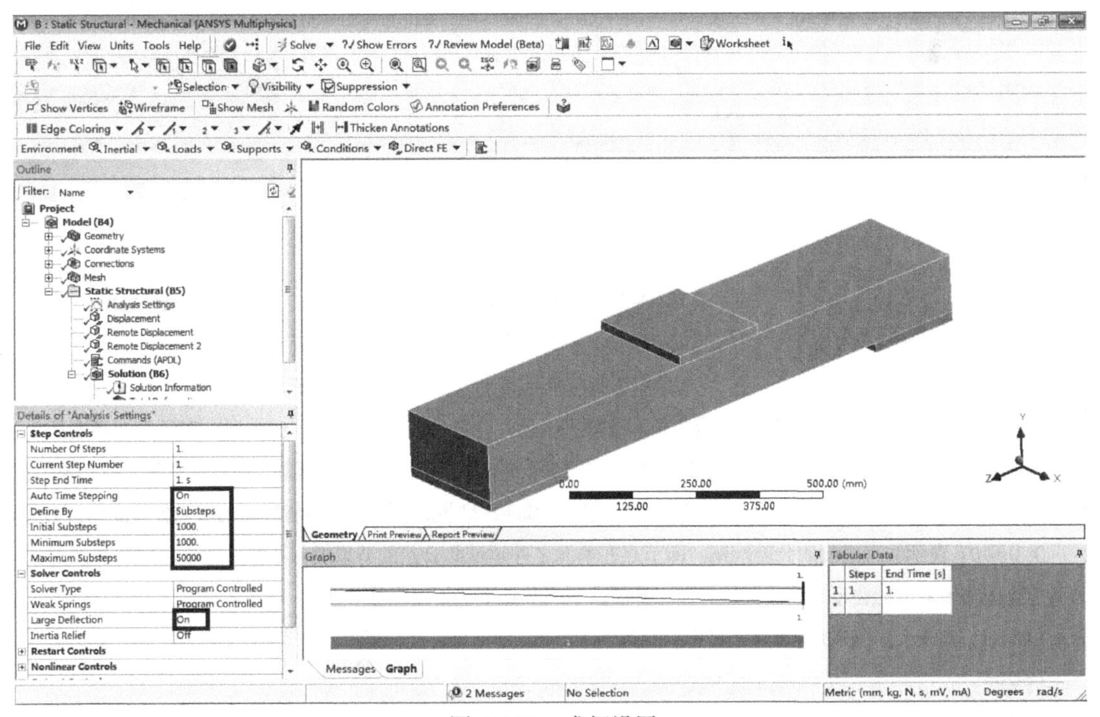

图 4-7-37　求解设置

边界条件定义完全按照《钢筋混凝土梁正截面实验》的规定，两端均保证端部转动且一端水平位移不受约束。边界条件如图 4-7-38 所示，即对混凝土上方的钢板上平面加载位移（Displacement），对混凝土左右两处的钢板下平面加载远程位移（Remote Displacement）。具体设置为：对混凝土上方的加载位移，X Component 设置为 free，Y Component 设置为 −12mm，Z Component 设置为 free；对混凝土左下方的钢板下平面加载远程位移，除 Rotation X 设置为 free，其余全设置为 0；对混凝土右下方的钢板下平面加载远程位移，除 Z Component 和 Rotation X 设置为 free 外，其余全设置为 0。

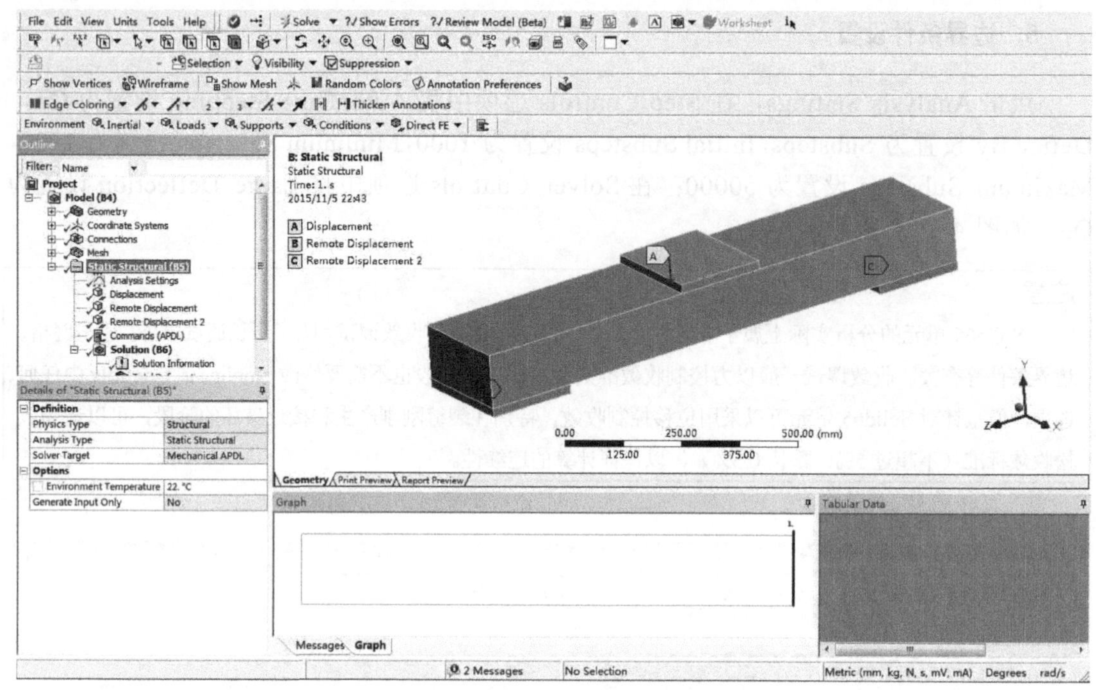

图 4-7-38　边界条件设置

插入的 Command 如下：

```
/PREP7                         ! 进入前处理
ESEL,S,ENAME,,65               ! 选择所有单元类型为 solid65 的单元
ESEL,A,ENAME,,180              ! 加选所有单元类型为 link180 的单元
ALLSEL,BELOW,ELEM  ! 选择所有实体和有限元要素，注意中间参数如果为 all 时，表示只选择实体
模型及其下级（面、线、点）；中间参数如果为 below 时，则不仅选择实体模型，还包括有限元单元及节点
CEINTF,0.00001,  ! 将两个不相容网格形式的区域连起来生成约束，在两者界面的节点处设立约束方程。
0.00001 表示约束方程的公差准则，即节点在单元之外超过此公差的节点就点不在界面上。此命令缺点：
应力或热通量可能会不连续地穿过界面，界面区域的节点不能指定位移
ALLSEL,ALL  ! 在 WB 的设置条目中只要插入了 Command 项，必须输入
/SOLU
outres,all,all  ! 输出所有求解选项，载荷步的每一步结果都写入
```

6. 后处理

后处理插入 Total Deformation 结果，并插入一段 Command 如下，结果如图 4-7-39 所示。

```
set,last
/show,png
!
/VIEW, 1, 0.684679427197 , 0.241361389380 , 0.687719973310  !设置视角
/ANG, 1, 0.136702653737
```

```
/SHOW,WIN32
/DEVICE,VECTOR,1   !云图为等值线图
/DEVICE,BBOX,1   !包围盒模式。结合/SHOW,WIN32 命令，对包含模型的包围盒会动态显示且旋转更快
/DEVICE,DITHER,1   !后处理颜色转化是平滑的
/DEVICE,ANIM,BMP   !后处理设置二维显示动画模式，即在 ANSYS 自己窗口进行播放，如果命令后缀为
avi，则是调用 Windows 的媒体播放器播放
!
Plcrack  ! Solid65 单元后处理显示拉裂压碎状态：如果单元存在裂纹则在裂纹面上显示为圆圈；如果单
元压碎则在裂纹面上显示为八面体；如果裂纹先张开后闭合显示为加'X'的圆圈。单元的每个积分点最多可以
在三个不同的平面上开裂，第一条裂纹在积分点上显示为红色圆圈，第二为绿色，第三为蓝色
```

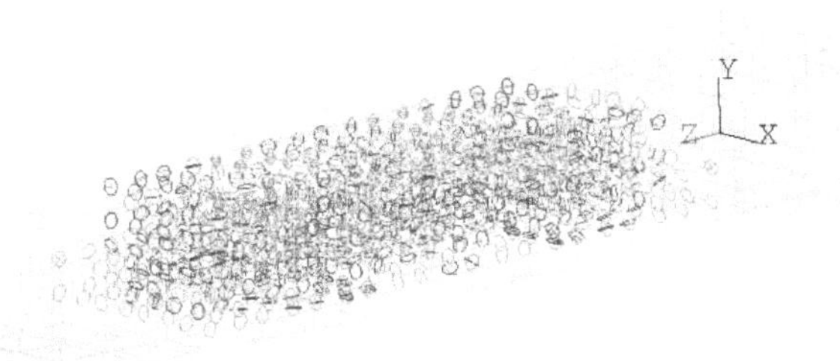

图 4-7-39 Crack 结果

对于 Solid65 模型的分析，难度在于计算的收敛。收敛与材料参数、网格精度、边界条件、载荷步设置、分析设置均有关系。一般情况下，网格太密计算量太大，太稀计算结果有较大的误差；载荷步长过小，计算量太大，步长过大，易不收敛。因此针对具体问题需进行多次试算。

如果考虑应力松弛分析，使用 keyopt(7)=1 提高收敛性能，这表示加速裂缝即将开裂时计算的收敛性。输入的参数 T_c 对应材料本构的第九个参数 Tensile Crack Factor，默认为 0.6。

使用命令：solcon,,,incp，在非线性分析中加入压力载荷后单元的抗压刚度效应，也可以提高收敛性能。

思考题：

通过本例已经知道 CE 为约束自由度函数的边界条件。WB 中还有 CP 耦合自由度的边界条件，说明其具体运用及运用场合。

（1）一个简单的模型，下端完全约束，上端两平面加载 10N 的力；另外一个同样的模型同样的边界条件，定义上两平面 X Y 向耦合（Coupling X Component、Coupling Y Component），如图 4-7-40 所示。

说明

对比可知，耦合（Coupling）用于刚性区域加载（如销钉、铰链、万向节和滑动连接等，使模型的一部分表现为刚体），保持所选区域内的自由度一致（但结果未知），等同 Remote 载荷中的 Coupling 选项，读者自己尝试。

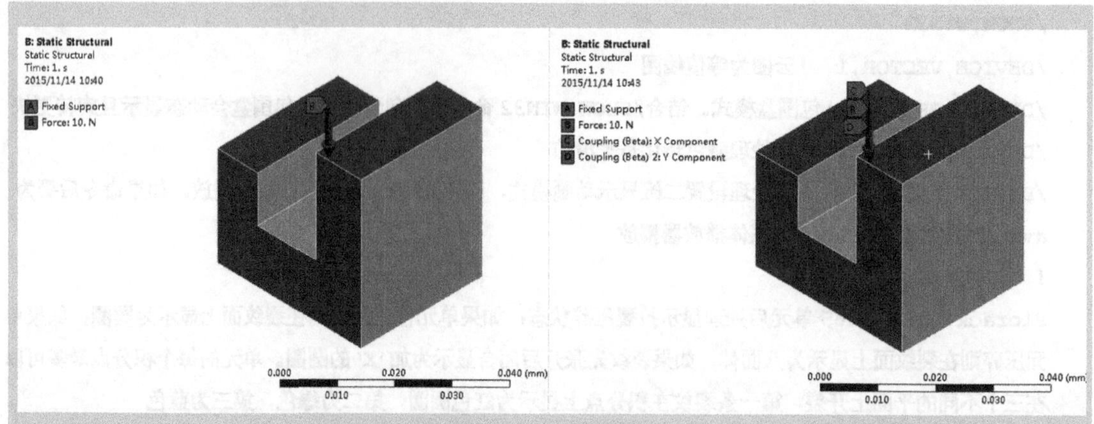

图 4-7-40　示意图 1

结果对应图 4-7-41。

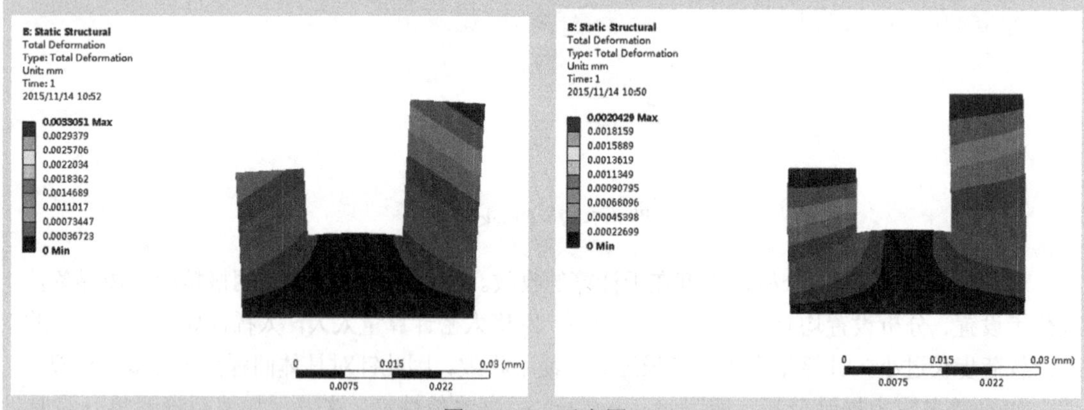

图 4-7-41　示意图 2

（2）一个简单的模型，左端完全约束；上下端两平面加载位移，均设置 X 向为 Free，Y、Z 向为 0（保证这两平面仅 X 向平移）；右端加载 2N 的力，如图 4-7-42 所示。

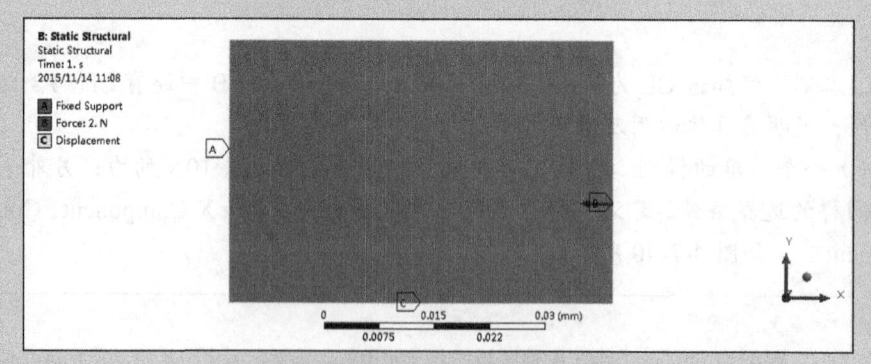

图 4-7-42　示意图 3

选择右端面定义远程点，这是定义 CE（Constraint Equation）的充分条件，如图 4-7-43 所示。

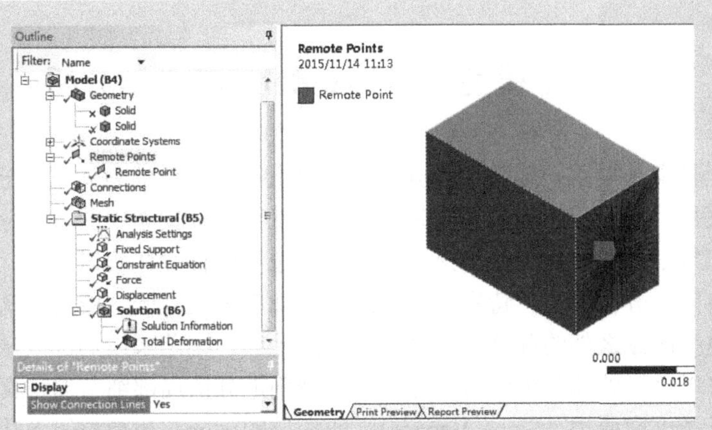

图 4-7-43　示意图 4

定义 CE（Constraint Equation），如图 4-7-44 所示。

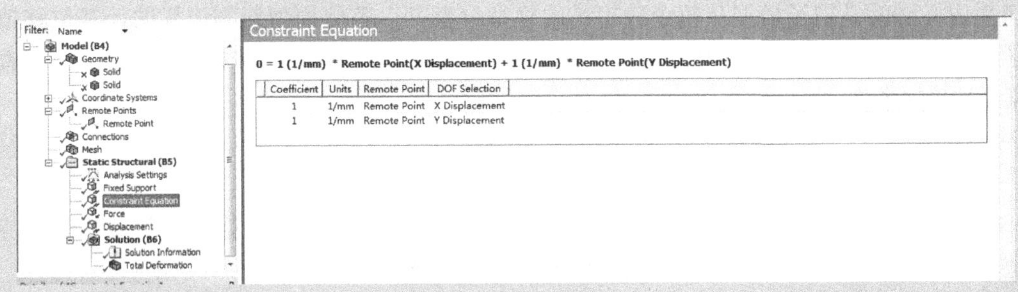

图 4-7-44　示意图 5

结果如图 4-7-45 所示。

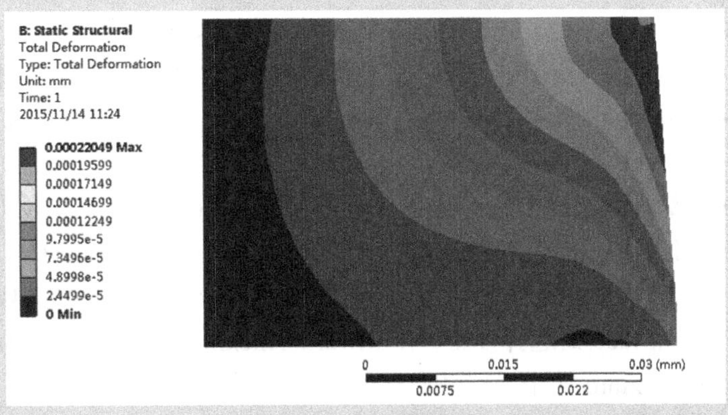

图 4-7-45　示意图 6

说明

对比可知，CE（Constraint Equation）同样可用于刚性区域加载，比耦合更方便定义自由度关系，即可保持所选区域内的自由度函数关系。但是注意 CE 都是以小变形为基础，即使用于大变形非线性分析，也必须保证方程定义的自由度方向上无大位移或大转动。

4.8　子模型（Submodel）静力学分析

当前有限元计算主要用于零部件的分析。包含所有零部件的整体模型分析受硬件、软件的限制，较少采用，但这是未来应用的趋势。零部件为整体模型中的一部分，边界条件受整体的影响；当把零部件从整体中分割出来分析时，边界条件往往难以确定，致使仿真结果误差较大。同时有限元分析中用户特别关心的区域，如应力集中区，网格太疏不能得到满意的结果，而对于这些区域之外的部分，网格密度已经足够。因此采用局部区域网格细化法的子模型技术，既可以保证整体分析的可运行，又能精确地分析局部细节的仿真结果。

子模型基于圣维南原理（Saint Venant），即如果实际分布载荷被等效载荷代替以后，应力和应变只在载荷施加的位置附近有改变。这说明只有在载荷集中区域才有应力集中效应，如果子模型的位置远离应力集中位置，则子模型内就能得到较精确的结果。子模型方法采用的切割边界法就是把子模型从整个较粗糙的模型分割开，整体模型切割边界的计算位移值即为子模型的边界条件。**子模型必须要求切割边界远离应力集中区域，如果不进行验证，子模型结果无法确保准确。**

实体-实体（Solid-Solid）单元子模型

子模型是利用了位移有限元、位移边界的低敏感特点，采用一次插值，等效粗密边界节点位移，利用圣维南原理的目的即是让边界问题低敏感化。

1．建立三维模型

建立一个如图 4-8-1 所示的料斗模型。对于建立这类模型，只能采用蒙皮（Skin）建模。（不同三维 CAD 软件称呼不同，ProE 和 CATIA 称为混合，SolidWorks 称为放样，UG 利用曲面组或直纹。）注意在使用 Skin 功能时，不同截面的边数量必须一致，本例这个天圆地方的模型，下面为四条边的矩形，上面的圆必须打断成四份，否则无法完成。

建模过程：

1）在 XYPlane 基准面上绘制一个居中放置、边长为 30mm 的正方形（Sketch1）；另建立一个与 XYPlane 相距 30mm，以 Global X 轴旋转 5° 的基准面（Plane4），在此基准面上绘制一个直径为 25mm 的圆（Sketch2），注意需要打断为均匀四段；以此 Sketch1、Sketch2 绘制 Skin，在 As Thin/Surface 处选择 Yes，在 Inward Thickness 处定义厚度为 2mm。即可定义一个天圆地方、厚度为 2mm 的空心料斗。

2）以 ZXPlane 为基准，建立一个带圆角的槽钢形状（Sketch3）。槽钢外端尺寸：长度为 60mm，两短边为 25mm，外圆角为 5mm，厚度为 2.5mm。以此 Sketch3 绘制 Extrude1（拉伸），Direction（拉伸方向）选择 Both-Symmetric（两边对称），在 Depth 处定义 30mm。即可在空心料斗下定义一个槽钢平台。

3）以 YZPlane 为基准，建立两个圆孔（Sketch5）。圆孔直径为 5mm，中心间距为 36mm，距 XY 平面为 15mm。以此 Sketch5 绘制 Extrud3（拉伸），Operation 选择 Cut Material（去除材料），Direction 选择 Both-Symmetric（两边对称），Extent Type 选择 Through All（通过

所有）。即可在槽钢平台绘制 4 个固定孔。

4）在 XYPlane 基准面再建立一个居中放置、边长为 26mm 的正方形（Sketch4）；以此 Sketch4 绘制 Extrude4（拉伸），Operation 选择 Cut Material（去除材料），Direction 选择 Reversed（反向），Extent Type 选择 To Face，在 Target Face 处选择槽钢下平面。即可在槽钢平台下开出一方孔，与料斗对应。

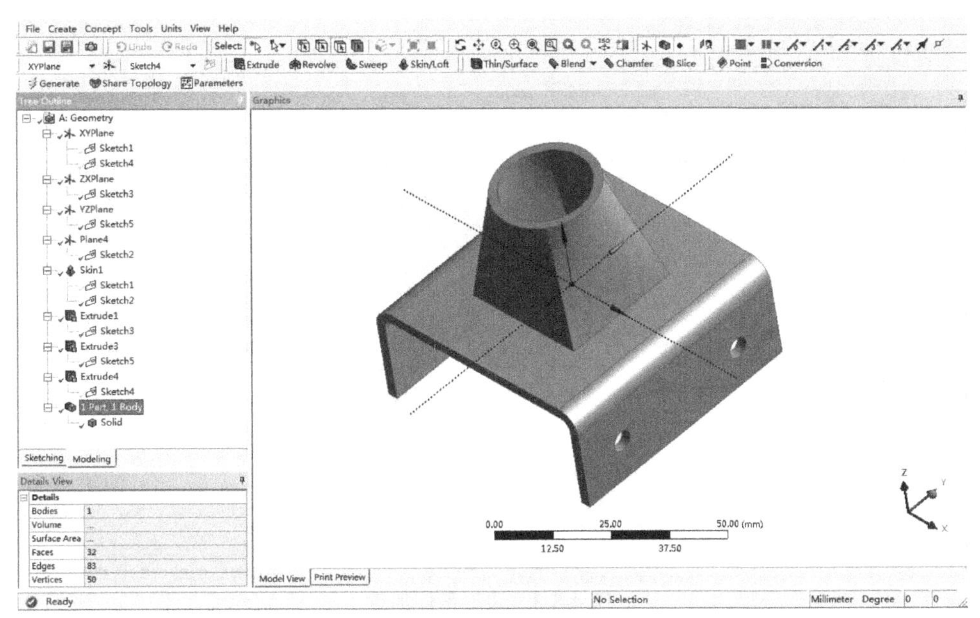

图 4-8-1　料斗模型

2. 划分网格

如图 4-8-2 所示，划分网格。仅仅定义 Relevance 为 100，其余均默认。

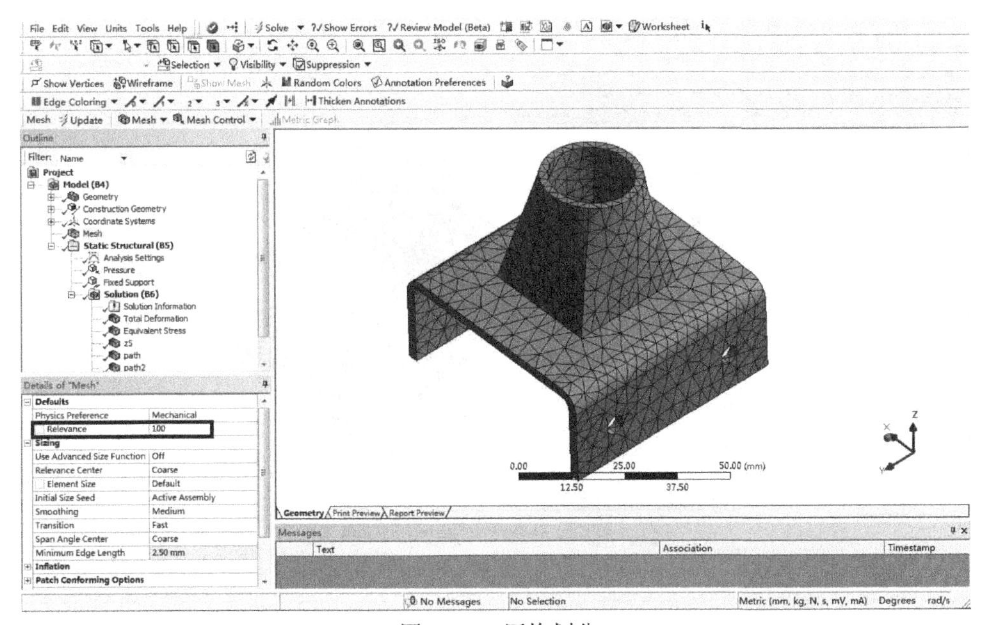

图 4-8-2　网格划分

3. 边界条件设置

如图 4-8-3 所示定义边界条件。在料斗上部圆环截面上加载 Pressure 为 15MPa，对下部平台的四个孔施加全约束（Fixed Support），其余设置均默认。

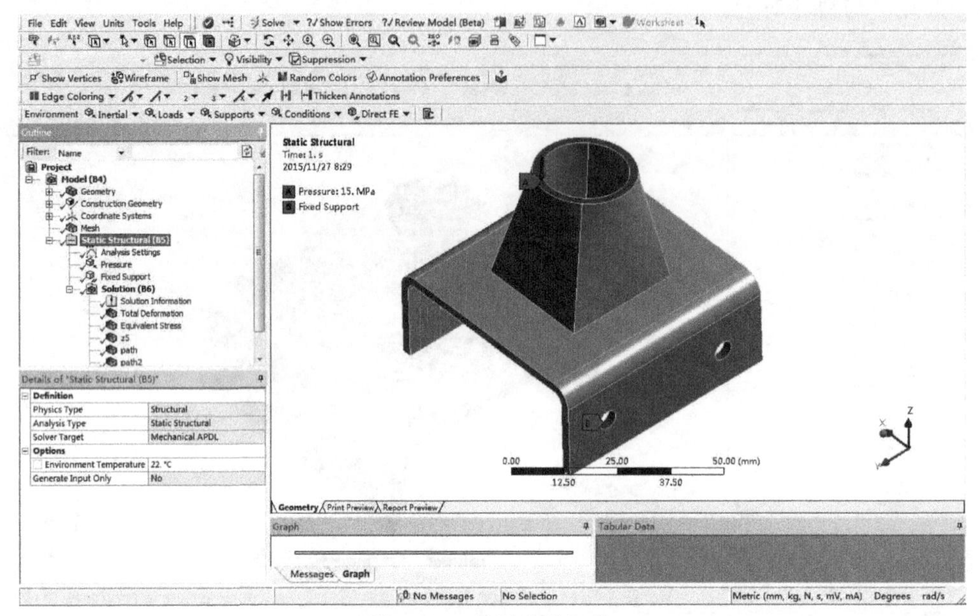

图 4-8-3　边界条件加载

4. 后处理

等效应力云图如图 4-8-4 所示。

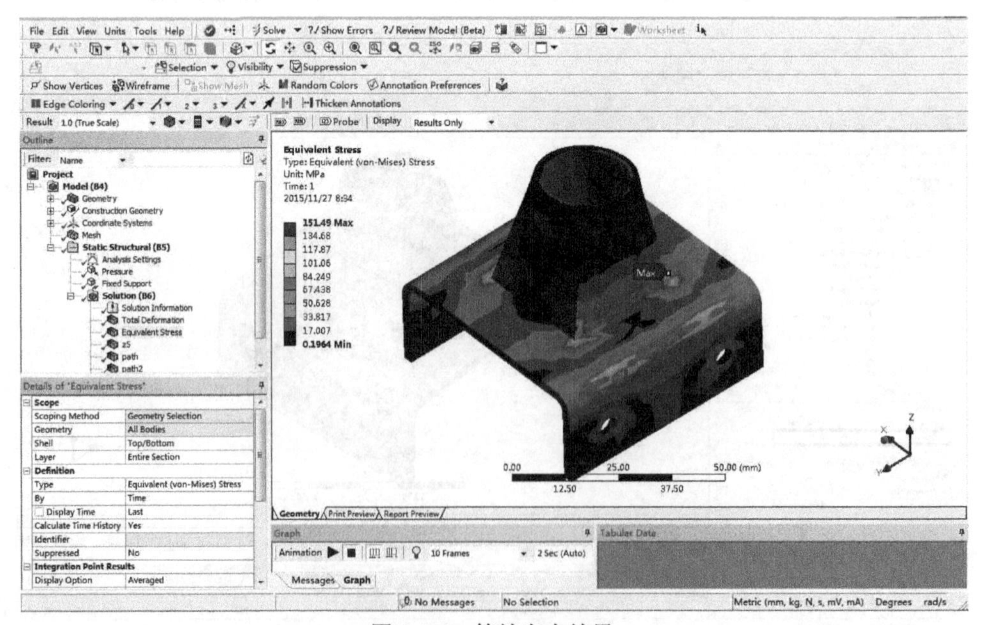

图 4-8-4　等效应力结果

由图 4-8-4 可知，最大等效应力在料斗的四根脊线处，为 151.49MPa，但是作用区域很小。按照一般有限元求解的常识，只要不断加密网格，最终可得应力近似真值。因此按照 4.3.2 节中的自动细化网格求解进行设置，如图 4-8-5 所示。

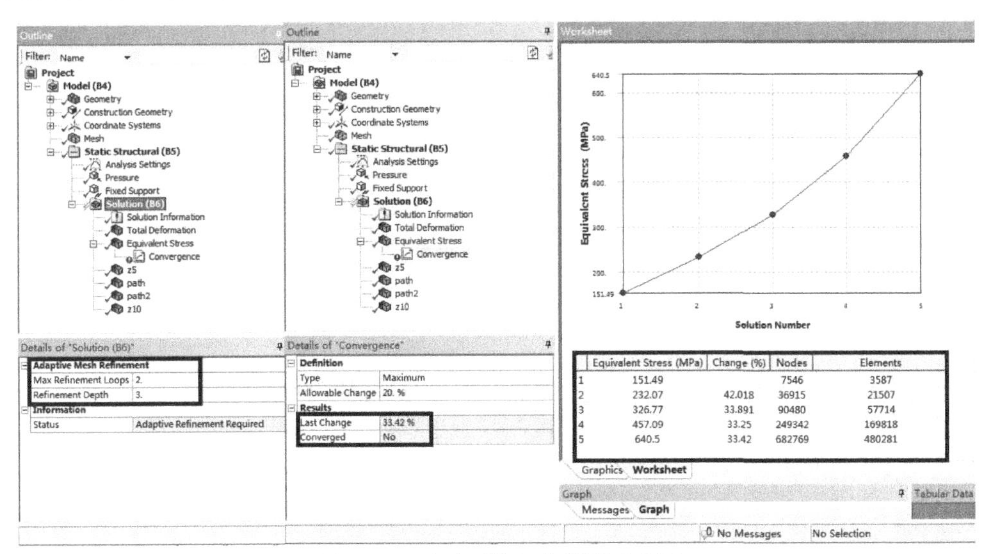

	Equivalent Stress (MPa)	Change (%)	Nodes	Elements
1	151.49		7546	3587
2	232.07	42.018	36915	21507
3	326.77	33.891	90480	57714
4	457.09	33.25	249342	169818
5	640.5	33.42	682769	480281

图 4-8-5　自动网格细化设置及求解

由图 4-8-5 可知，随着网格加密，单元由 3587 增至 21507、57714、169818、480281，等效应力分别为 151.49MPa、232.07MPa、326.77MPa、457.09MPa、640.5MPa，增幅由 42%至 33%，结果呈不收敛状态。

这种随着网格加密，应力始终增加，以至趋于无穷大的现象称为**应力奇异**。因为应力计算公式为 $\sigma=\dfrac{F}{A}$，当面积 A 为 0 时（如模型拐角、集中点载荷），无论载荷多么小，应力为无限大，有限元计算即不收敛。

注意应力集中不等于应力奇异。如 4.3.1 节所述，圆孔处上下两部分会发生应力集中，但是应力并不是无限大，即不存在应力奇异。但是应力奇异的地方一定存在应力集中。

应力奇异是由集中载荷、边界条件、模型的光顺性、材料的光顺性等原因造成的。但是实际问题中，模型奇异点处的应力不可能是无穷的。如何消除应力奇异？如果有限元模型固定，则应力奇异点也固定，通过计算不可能消除；要消除的话，只有将拐角模型改为圆角、将集中力改为很小区域载荷。利用子模型，可以较容易地完成上述操作。

5. 建立子模型流程

如图 4-8-6 所示。右键点击 B1（Static Structural），在出现的菜单中选取 Duplicate（复制），即可出现 C 栏（Copy of Static Structural），然后把 B6 栏（Solution）拖拽至 C5 栏（Setup），即可完成子模型建立流程。

6. 子模型构建

双击 C3 栏（Geometry），进入 DM 界面。分别建立 Plane5（基于 XY 平面，Offset Global

Z，5mm）、Plane6（基于 YZ 平面，Offset Global X，25mm）、Plane7（基于 YZ 平面，Offset Global X，−25mm）；分别以这些平面切除实体（Slice）；再对四个棱线倒圆角（FBlend，半径 2mm）。如图 4-8-7 所示，深色为切除区域。

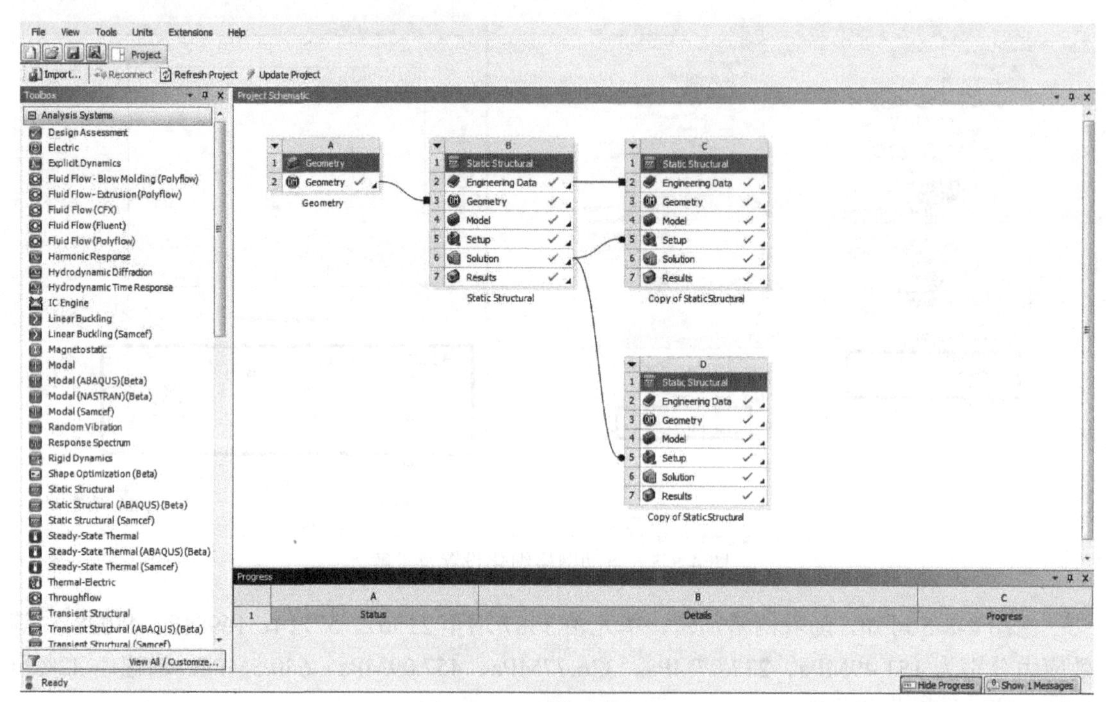

图 4-8-6　子模型建立流程

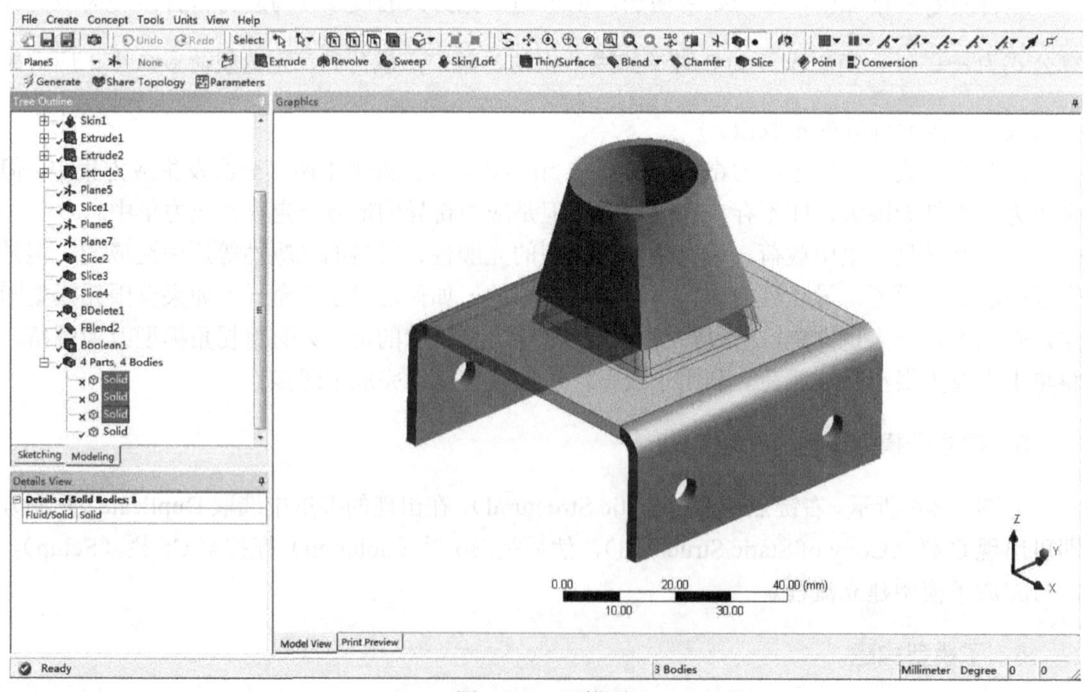

图 4-8-7　子模型

7. 子模型网格划分

双击 C4 栏（Model），进入 Mechanical 界面，在 Mesh 栏对子模型进行网格细化，如图 4-8-8 所示，定义 Body Sizing 中的 Element Size 为 0.5mm。

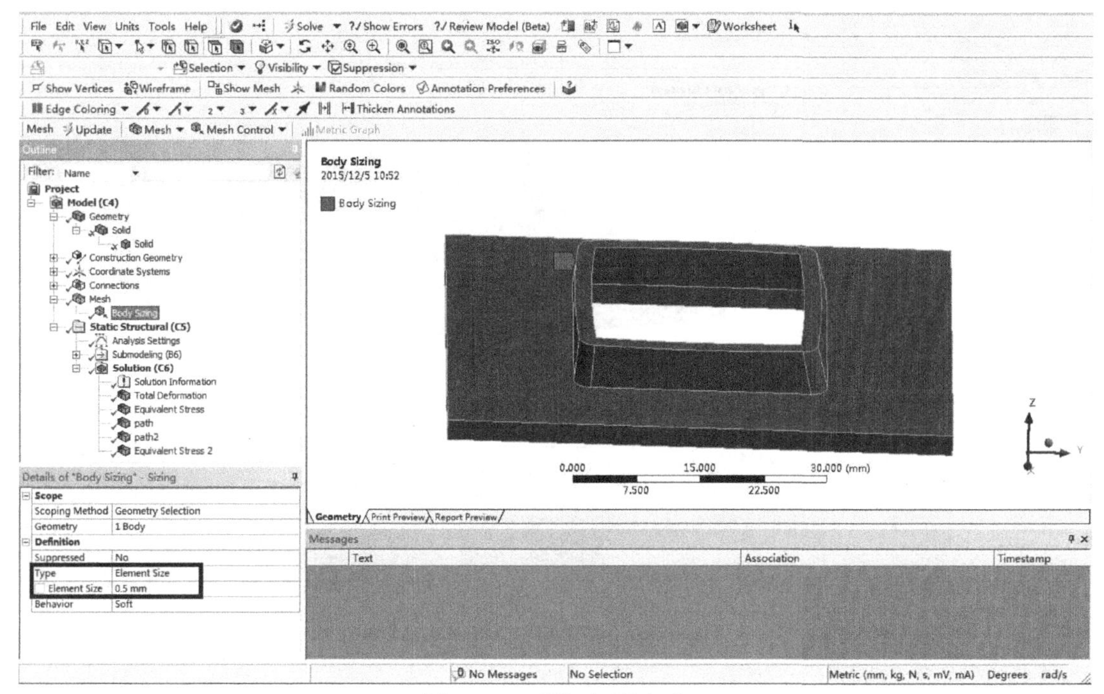

图 4-8-8　子模型网格细化

8. 导入边界条件

右键点击 Submodeling 栏，插入 Cut Boundary Constrain，如图 4-8-9 所示的 Imported Displacement 设置，在 Geometry 处选择三处切分面（**从整体模型中分割出子模型的切分面**），其余全部默认。

同时由于切分出的子模型中没有包括整体模型的边界条件区域，所以不需要加载任何边界条件。

9. 后处理及子模型结果评估

计算可得子模型的变形及等效应力，可以看到原来整体模型脊线上面的应力奇异现象已经消失。但是应该如何评估子模型的构建是否合适？

因为子模型基于圣维南原理，所以要求子模型的切割边界必须远离应力集中区域。必须通过比较子模型切割边界上的结果（应力等）与整体模型相应位置的结果是否一致来验证。如果结果符合，证明子模型切割边界的选取是合理的；如果不符合，则需要重新定义切割边界重新生成和计算子模型。

如图 4-8-10 所示，在 Construction Geometry 下分别定义 Path、Path 2 和 Surface，分别为子模型大平面上端的两直角边和最上端平面，在后处理中分别计算其对应应力结果，如

图 4-8-11 所示。可得 Path 与 Path 2 路径上的线性应力最大值均约为 150MPa，应力最小值分别约为 3MPa、30MPa，Surface 面上应力最大值约为 101MPa，应力最小值约为 7MPa。

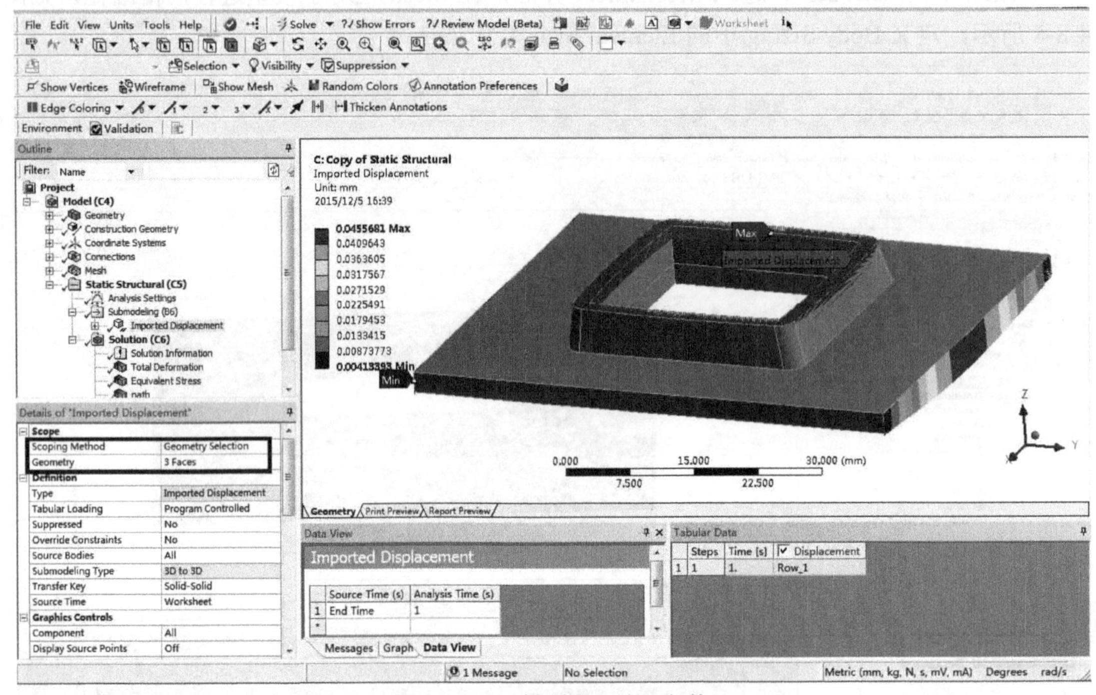

图 4-8-9　子模型导入边界条件

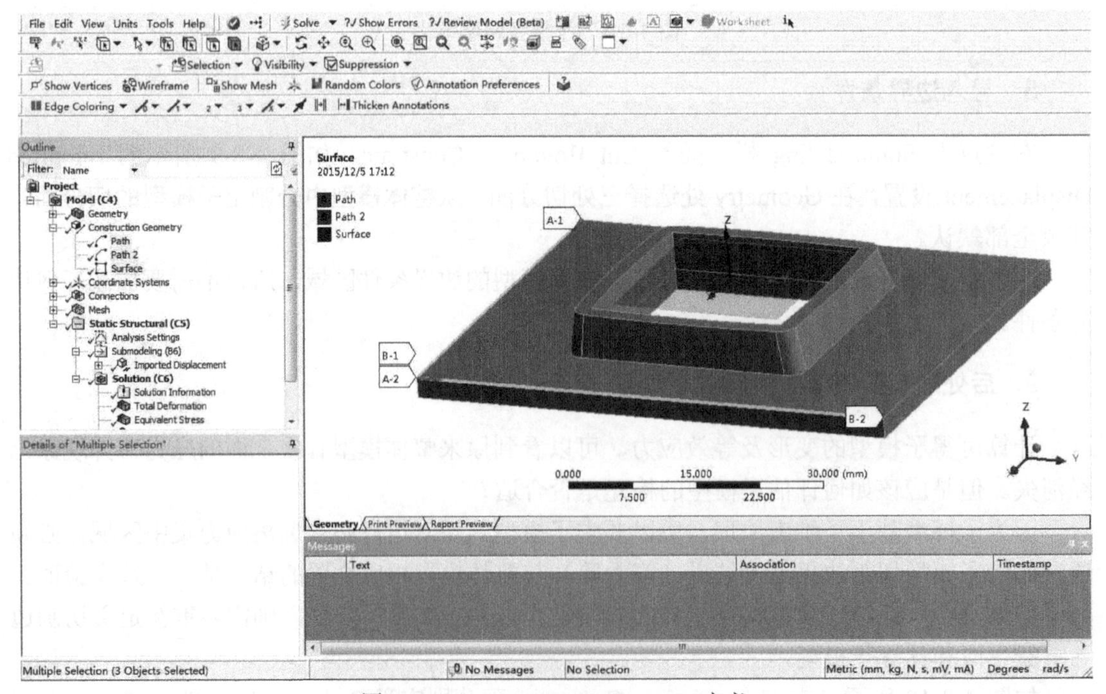

图 4-8-10　Construction Geometry 定义

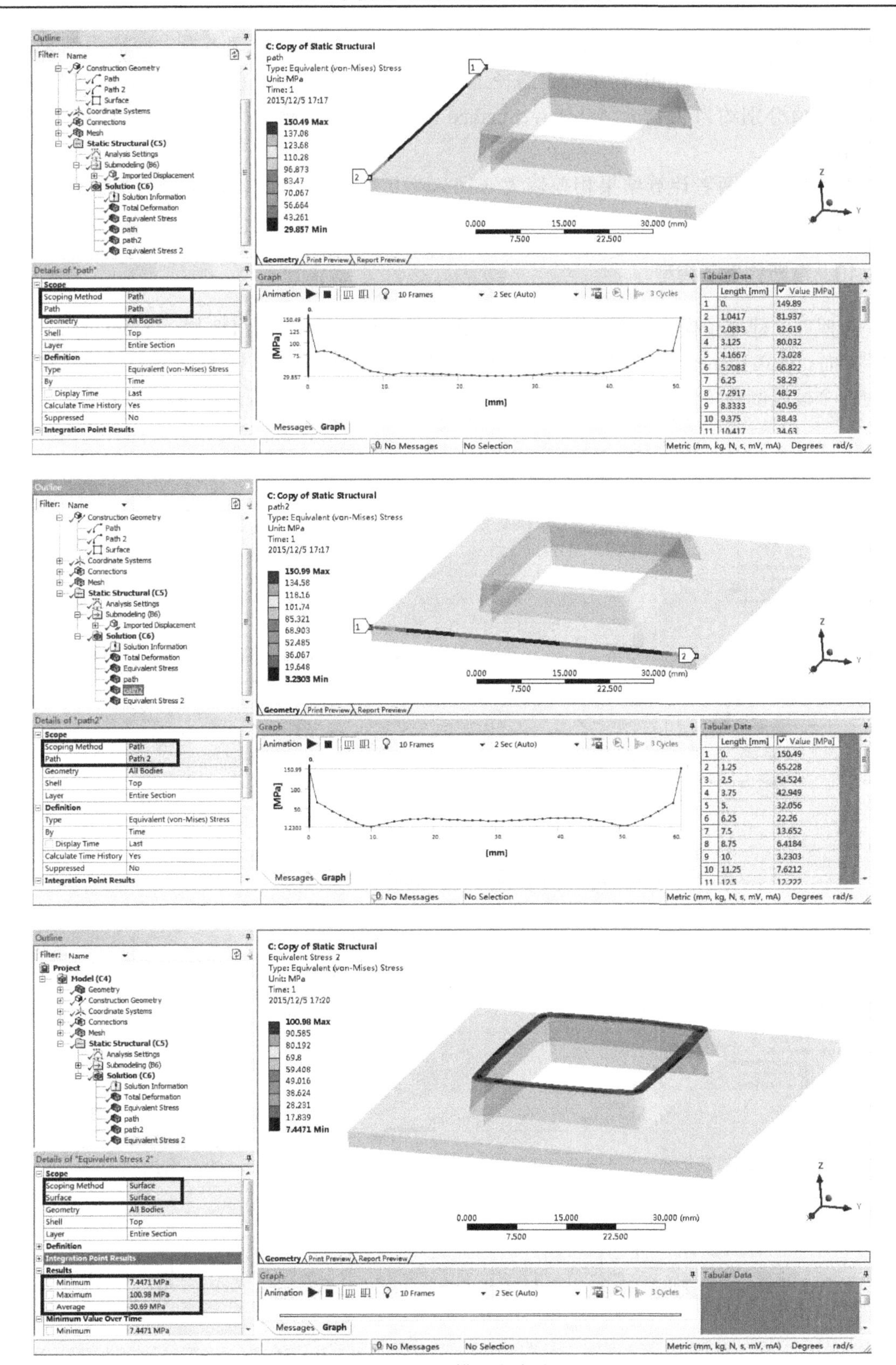

图 4-8-11　子模型应力结果

在整体模型建立同样的 Construction Geometry，同样在后处理查看对应应力结果，如图 4-8-12 所示。可得 Path 与 Path2 路径上的线性应力最大值分别约为 50MPa、70MPa，应力最小值分别约为 7MPa、45MPa，Surface 面上应力最大值约为 85MPa，应力最小值约为 9MPa。

对比数据，两者计算结果相差较大（10%以上）。由此可知，以上子模型的定义是不合适的。

10．重新构建子模型

按照前文建立子模型流程，再定义一个新的子模型分析。双击 D3 栏（Geometry），进入 DM 界面。建立 Plane5（基于 XY 平面，Offset Global Z，10mm）；以这平面切除实体（Slice）；再对四个棱线倒圆角（FBlend，半径 2mm）。如图 4-8-13 所示，深色为切除区域。

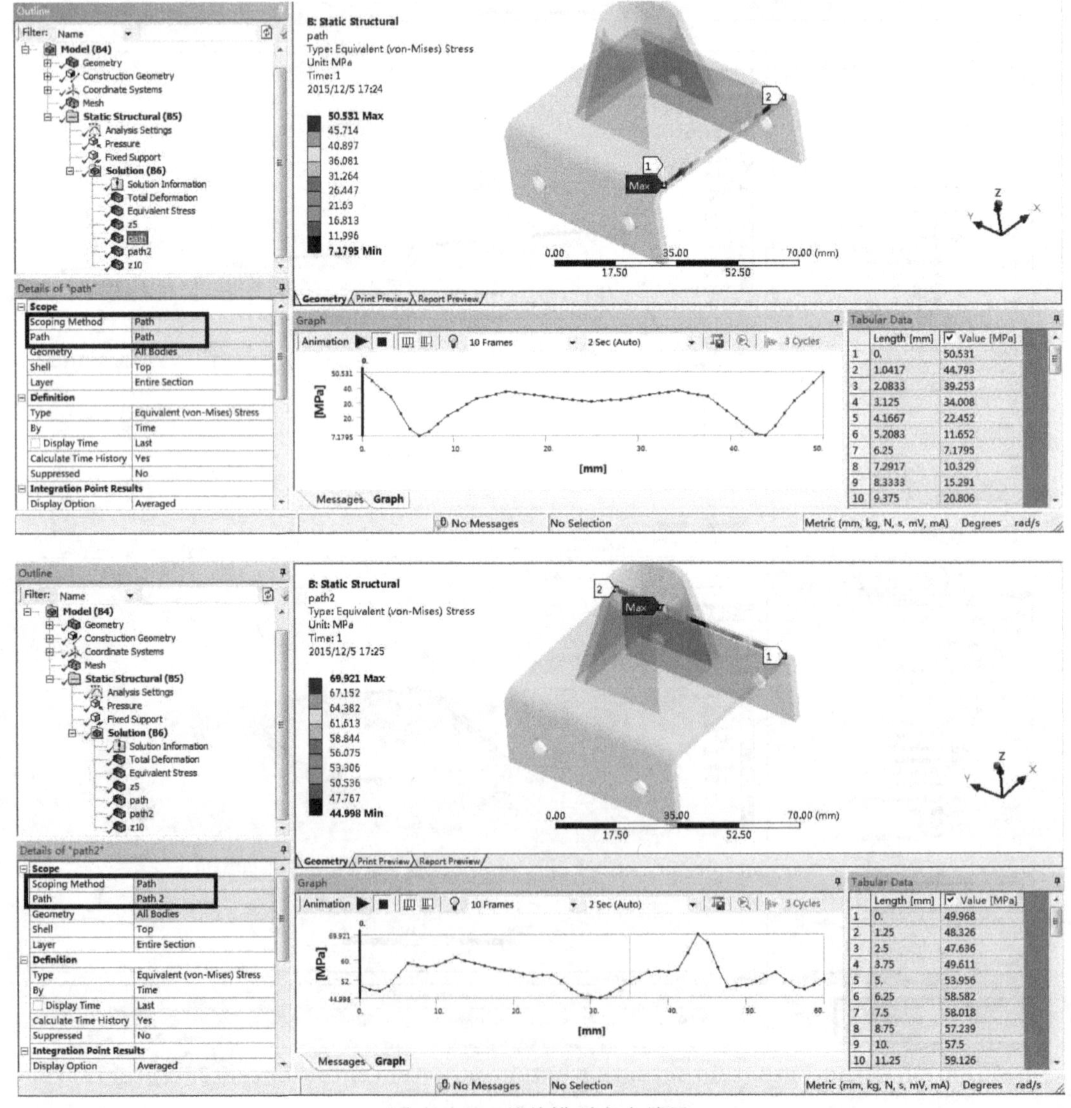

图 4-8-12　整体模型应力结果

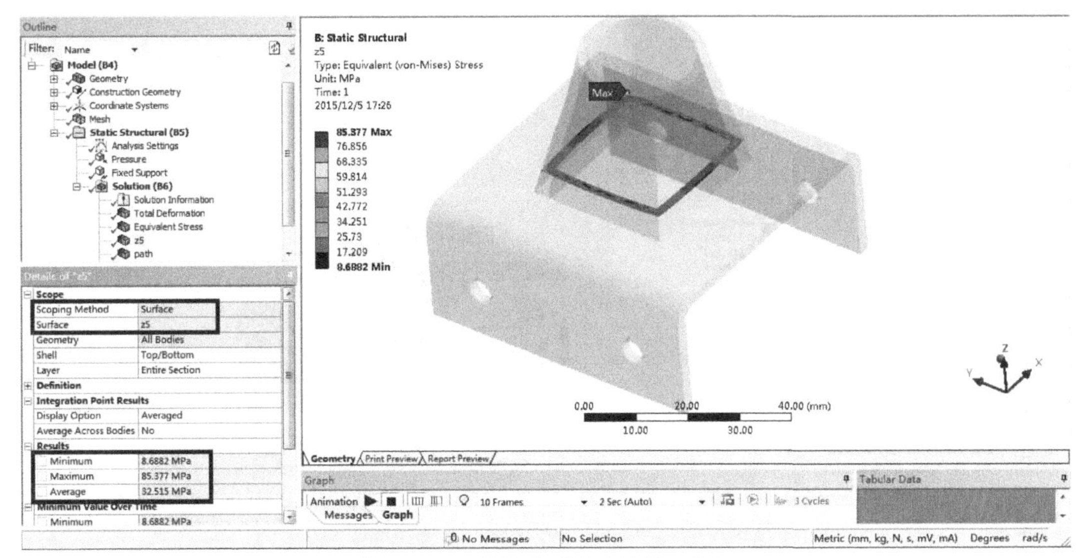

图 4-8-12　整体模型应力结果（续）

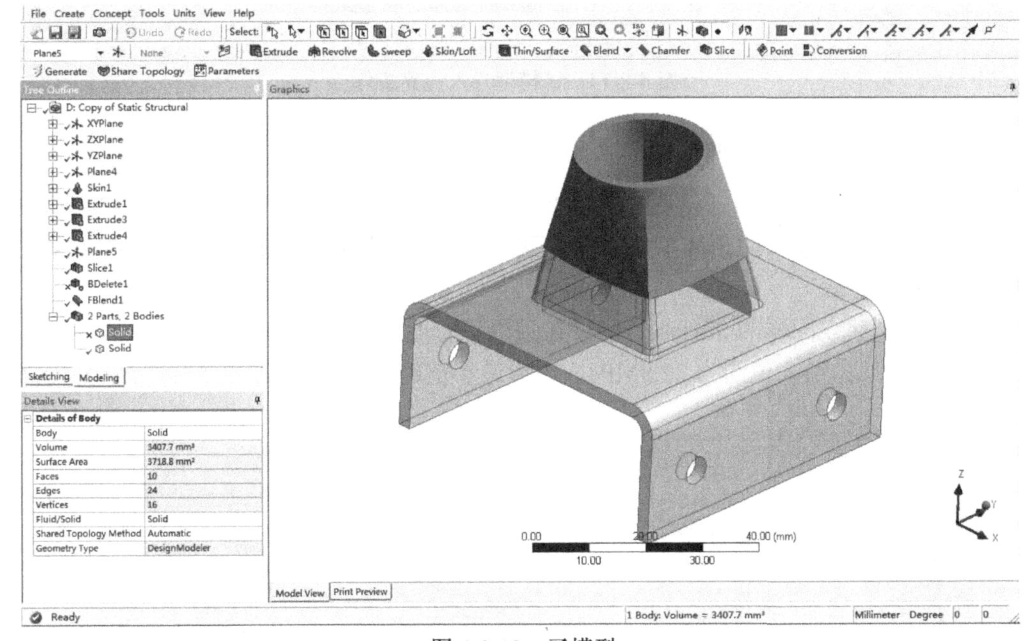

图 4-8-13　子模型

11．导入边界条件

同样定义 Body Sizing 中的 Element Size 为 0.5mm。

右键点击 Submodeling 栏，插入 Cut Boundary Constrain，如图 4-8-14 所示的 Imported Displacement 设置，在 Geometry 处选择一处切分面（**从整体模型中分割出子模型的切分面**），其余全部默认。

由于切分出的子模型中包括了整体模型的边界条件区域，所以还需要加载边界条件，即对下部平台的四个孔施加全约束（Fixed Support）。

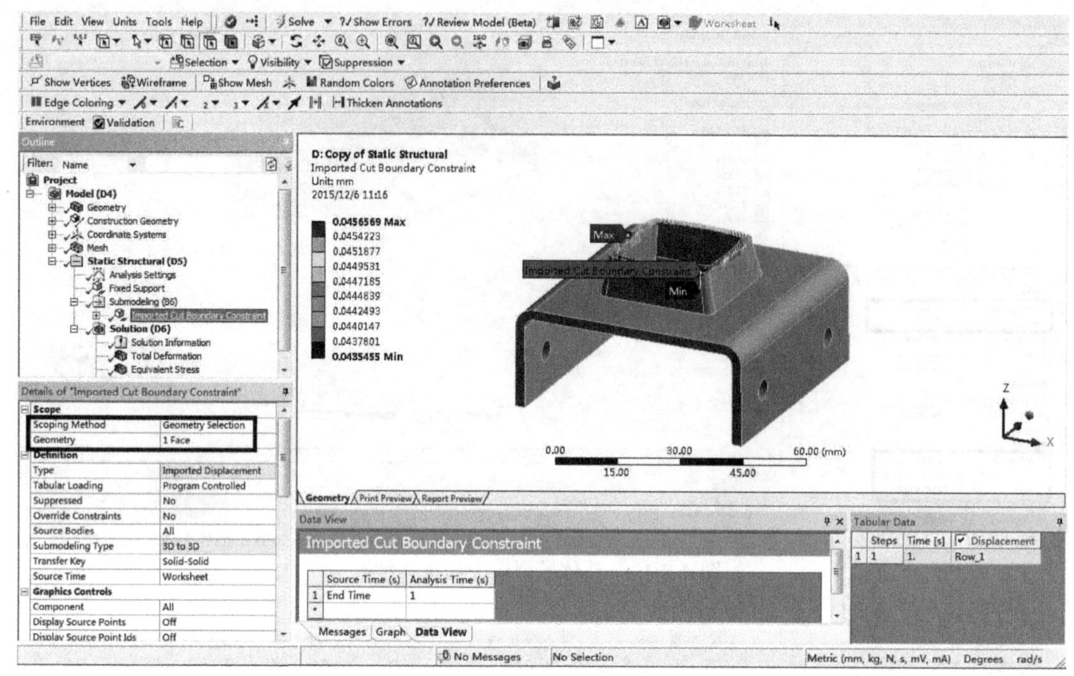

图 4-8-14　子模型导入边界条件

12．后处理及子模型结果评估

在 Construction Geometry 下分别定义 Surface，表示子模型的最上端平面，在后处理中分别计算其对应应力结果，如图 4-8-15 所示。可得 Surface 面上应力最大值约为 33MPa，应力最小值约为 4.6MPa。

在整体模型建立同样的 Surface，同样在后处理查看对应应力结果，如图 4-8-16 所示。可得 Surface 面上应力最大值约为 32.9MPa，应力最小值约为 4.3MPa。

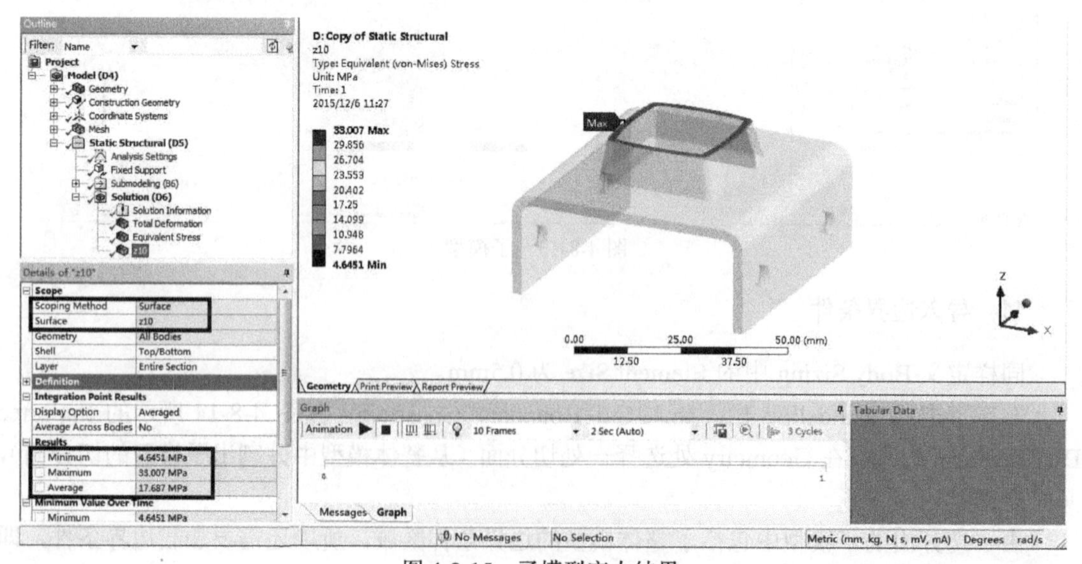

图 4-8-15　子模型应力结果

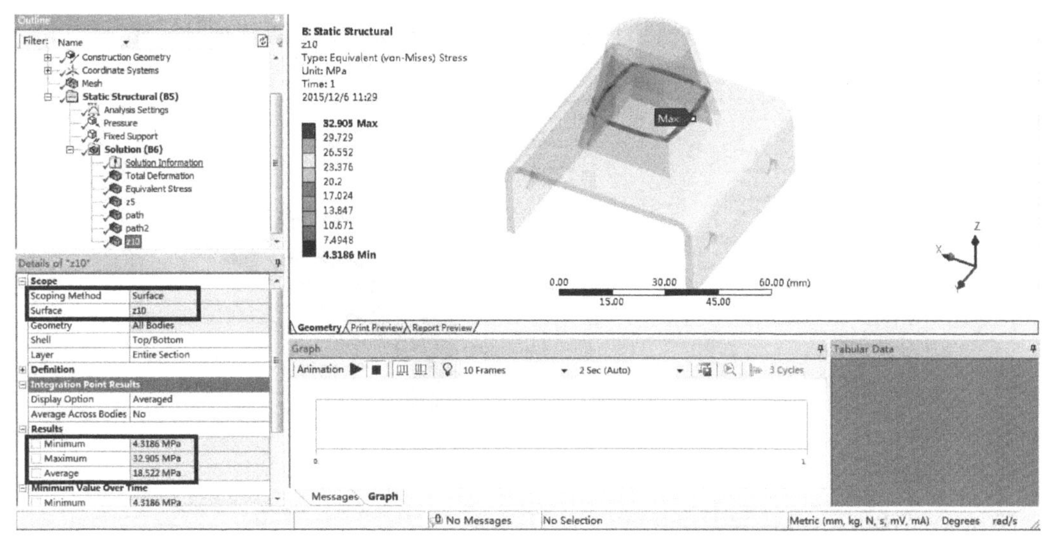

图 4-8-16 整体模型应力结果

对比数据，两者计算结果相差甚小。由此可知，这种子模型的定义才是合适的。

思考题

上例已经学习实体-实体（Solid-Solid）单元子模型的分析过程，那壳-实体（Shell-Solid）单元子模型如何分析？

（1）建立子模型分析流程，如图 4-8-17 所示。

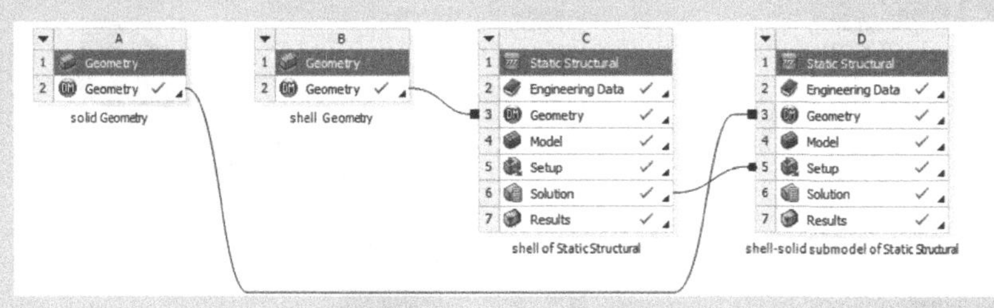

图 4-8-17 子模型分析流程

（2）先对 Shell 全模型进行分析，如图 4-8-18 所示。

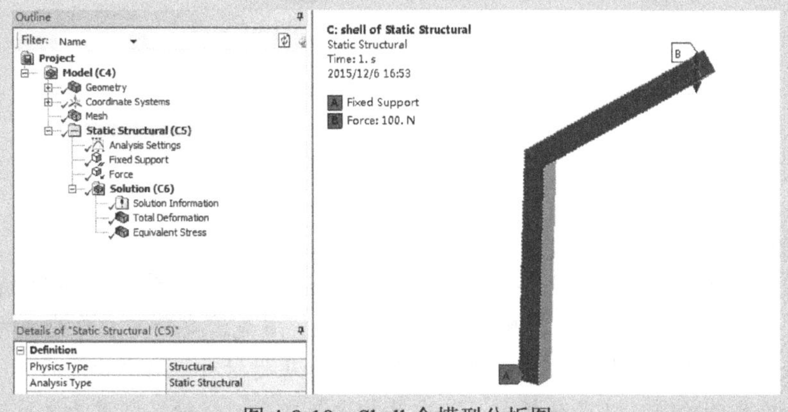

图 4-8-18 Shell 全模型分析图

（3）切割 Shell 全模型，转化为 Solid 子模型，如图 4-8-19 所示进行设置。

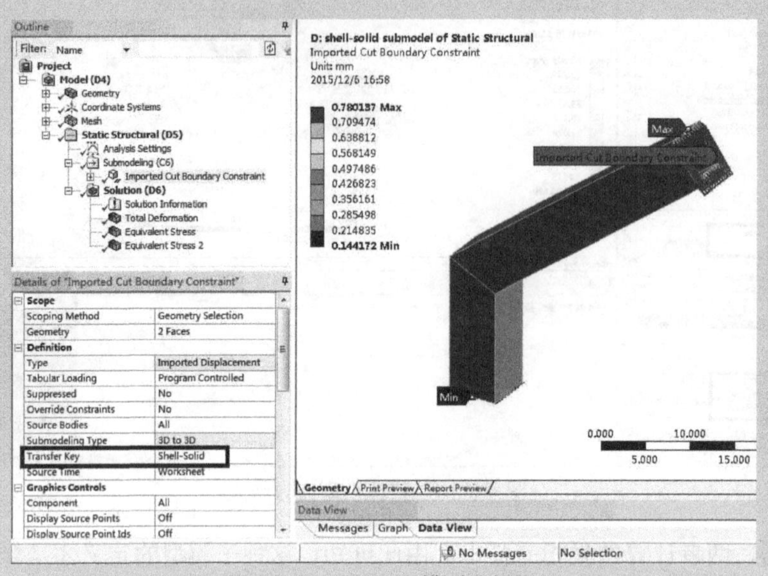

图 4-8-19　Solid 子模型分析图

（4）其余与 Solid-Solid 子模型分析类似，计算结果同样也需要与整体模型进行对比，最终应力如图 4-8-20 所示。

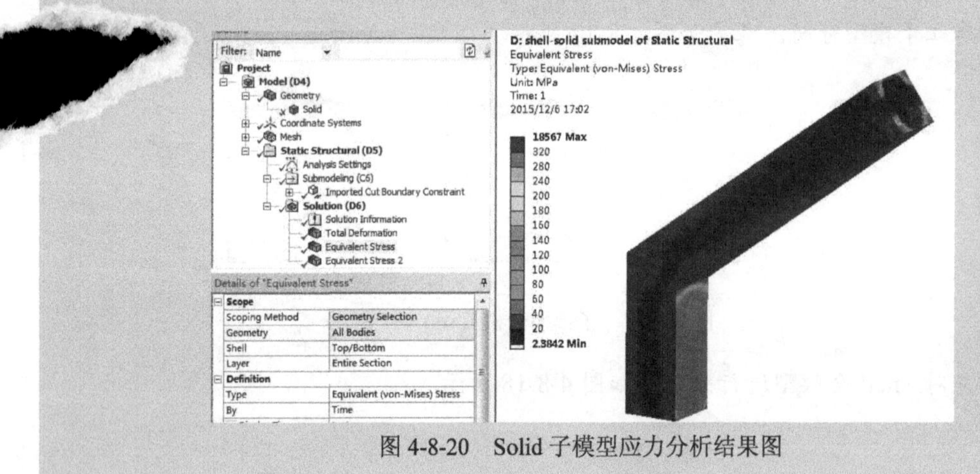

图 4-8-20　Solid 子模型应力分析结果图

注意

Shell-Solid 子模型分析，在切分边界处会出现非常大的应力奇异，此处忽略。

附：焊接分析

焊接问题涉及范围很多，主要依据焊接规范、设计标准、材料的焊接性能和用户要求（如 AISC、ASME 等标准）。在有限元分析的时候，首先需要确定主要关注的焊接问题。例如，静强度（静力学分析）、热响应（涉及母材和基材材料、热影响区的大小、生死单元等技术）或疲劳响应（疲劳分析）。其中结构分析中又以焊缝区强度为主要分析目标。

计算焊缝区强度，可以采用 Solid 或 Shell 建模。焊缝区单独建模，且焊缝区要包括焊接区、熔合区和一定的热影响区，此处必须有足够的网格密度。焊缝区与母材用 Form New Parts 连接。计算时采用 Solid-Solid、Shell-Solid 子模型分析。

单独计算焊接结构应力分布常采用四种方法：

（1）名义应力法（nominal stress method）；

（2）结构热点应力方法（structural hot spot stress method）；

（3）有效缺口应力方法（effective notch stress method）；

（4）裂纹尖端的应力强度（stress intensity at a crack tip）。

名义应力法是基于焊接标准的经典分析方法（查手册或笔算），表现为用截面载荷除以截面积或者弯矩除以截面模量，主要用于角焊缝或者坡口熔透的焊缝，计算偏保守。

热点是指明显应力集中的尖角位置，热点应力为热点位置的膜应力和弯曲应力（总应力减去峰值应力）。结构热点应力法考虑了应力集中，忽略了焊趾的局部缺口效应，即从中心区外推到焊趾区的有限元方法，外推的方法可以基于面或者厚度（Path）。

有效缺口应力法的目的主要针对焊趾区。由于一般焊趾区没有圆角过渡，在有限元上表现为应力奇异。有效缺口应力法即在焊趾区增加圆角过渡，一般定义为焊趾圆角半径 1mm，对于薄壁零件（小于 5mm），焊趾圆角半径为 0.05mm。

裂纹尖端的应力强度以焊接缺陷为基础，即依据已知的裂纹尺寸和位置，计算裂纹尖端的应力强度（Fracture 分析），得到 K1 和 J-Integral 值，外推得$\sigma_{yy}=\dfrac{K_{\mathrm{I}}}{\sqrt{2\pi r}}\cos\dfrac{\theta}{2}(1+\sin\dfrac{\theta}{2}\sin\dfrac{3\theta}{2})$。

四种计算方法对比如图 4-8-21 所示。

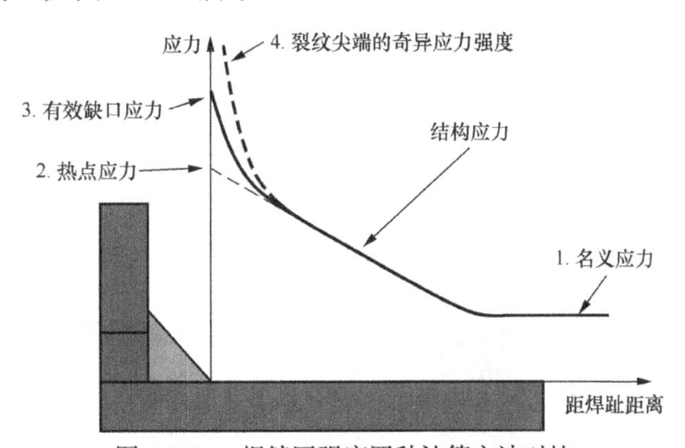

图 4-8-21 焊缝区强度四种计算方法对比

下面以一个简单焊接实例说明焊接分析相关问题。

（1）如图 4-8-22 所示建立的焊接模型，包括基材和焊缝区。由于焊接基于等强度理论，所以基材和焊缝区采用 Form New Parts 连接；其中焊缝区必须包括焊接区、熔合区和一定的热影响区，所以在图中可见圆弧的焊缝和两条窄边（窄边尺寸由规范查询）。

（2）网格划分总则。为保证计算精度，必须有足够的网格数量，同时尽可能地划分为六面体。这是因为同样基本尺寸的单元，六面体体积明显大于四面体体积，进而使整个模型的网格数量变少，提高计算速度。本例两个 Solid 模型由于都是由一个截面拉伸而成，所以肯定可以扫略生成网格，但是如何划分高质量的网格呢？

（3）划分网格准备。用虚拟拓扑工具（Virtual Topology）修复模型，并为划分网格做准备。

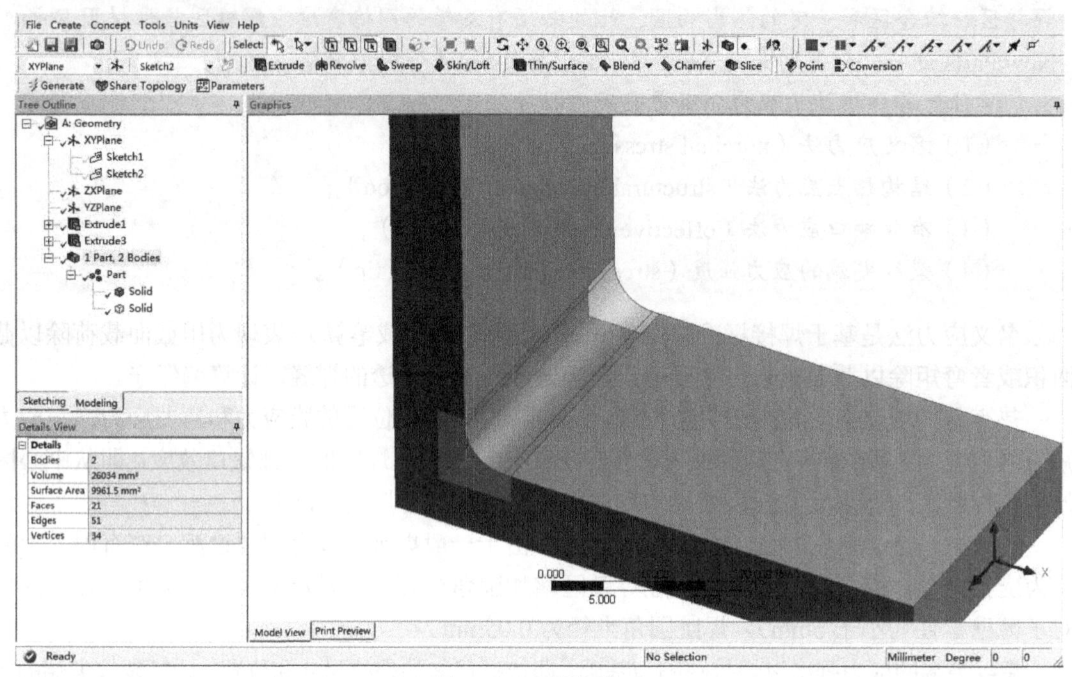

图 4-8-22　焊接模型

如图 4-8-23 所示，在 1 区将过滤选择定义为面；在 2 区选择焊缝圆弧面和两道窄边，点击右键如 3 区所示，Insert→Virtual Cell。Virtual Cell 主要用于将几个实体模型拓扑为一个虚拟模型，消除几何中间共线，还可用于修复模型。

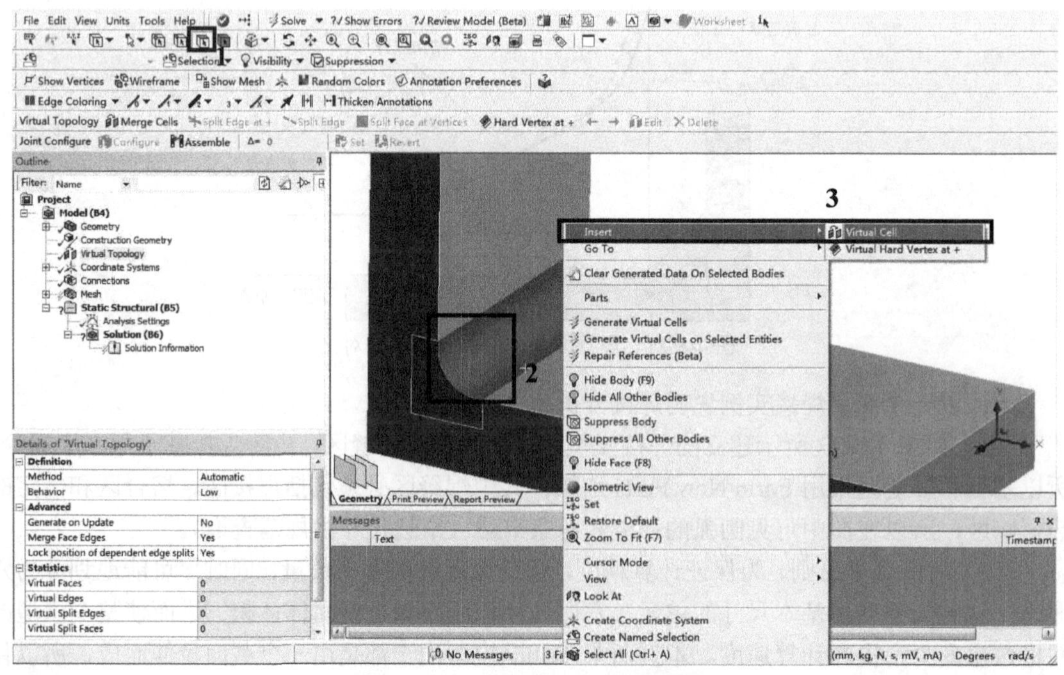

图 4-8-23　虚拟拓扑工具修复模型

如图 4-8-24 所示，在 1 区将过滤选择定义为线；在 2 区选择拓扑后的前面焊缝圆弧面边线，在 3 区 Virtual Topology 处点击右键 Insert→Virtual Split Edge（图中 4 区），即可将边线分为相等的两份。同理，将后面焊缝圆弧面边线同样等分为两份。这是因为 Virtual Split Edge 不支持多选。

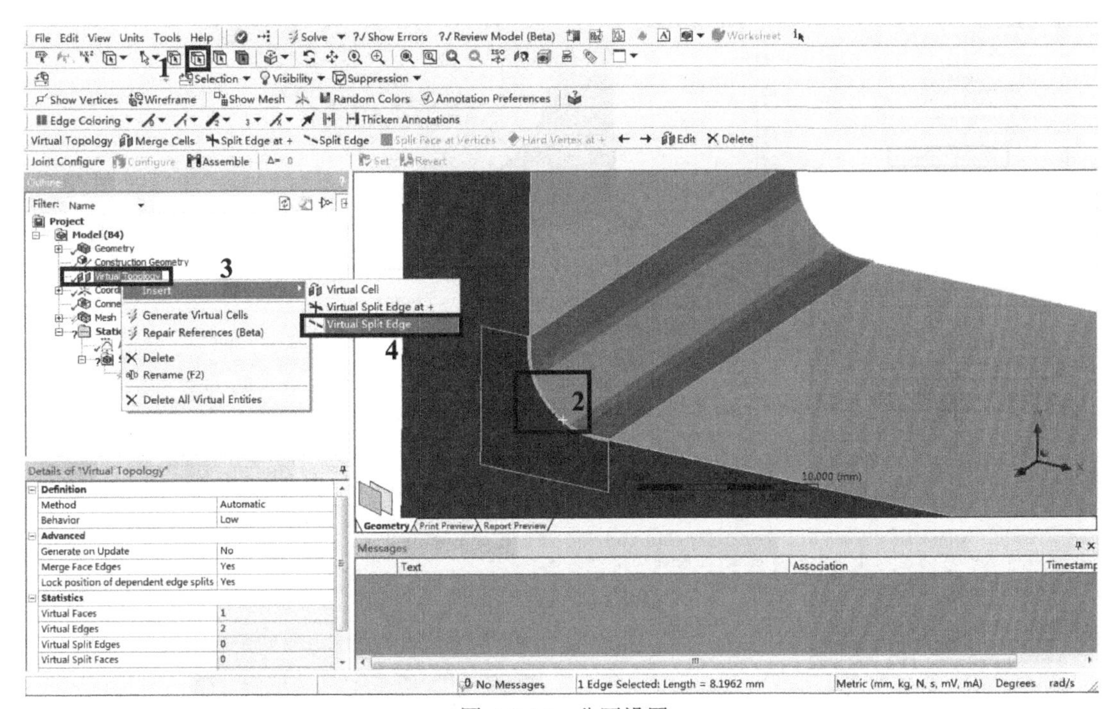

图 4-8-24 分区设置

（4）划分网格。

首先对焊缝区划分网格。由于模型由一个截面拉伸而成，所以整体可采用 Sweep 划分网格，其截面可以采用 Mapped Face 划分网格。

如图 4-8-25 所示，先隐藏基材。在 Mesh 处点击右键插入 Mapped Face Meshing，在 Geometry 处选择焊缝区模型的截面，Specified Sides 选择截面中间两点，Specified Corners 不定义，Specified Ends 选择截面外围四点。由于 Side 点必须成对定义，这就是模型为何需要 Virtual Split Edge 的原因。

如图 4-8-26 所示，在 Mesh 处点击右键插入 Sweep，在 Geometry 处选择焊缝区模型，在 Src/Trg Selection 处选择 Manual Source，Source 处选择焊缝区截面（手动定义扫略网格的源面），Free Face Mesh Type 选择 All Quad。

然后对基材划分网格。同理，模型是由一个截面拉伸而成，所以整体也采用 Sweep 划分网格，其截面可以采用 Mapped Face 划分网格。

如图 4-8-27 所示，隐藏焊缝区。在 Mesh 处点击右键插入 Mapped Face Meshing，在 Geometry 处选择基材的截面，Specified Sides 选择截面中间拐角两点，Specified Corners 选择图中椭圆区四点，Specified Ends 选择截面外围四点。

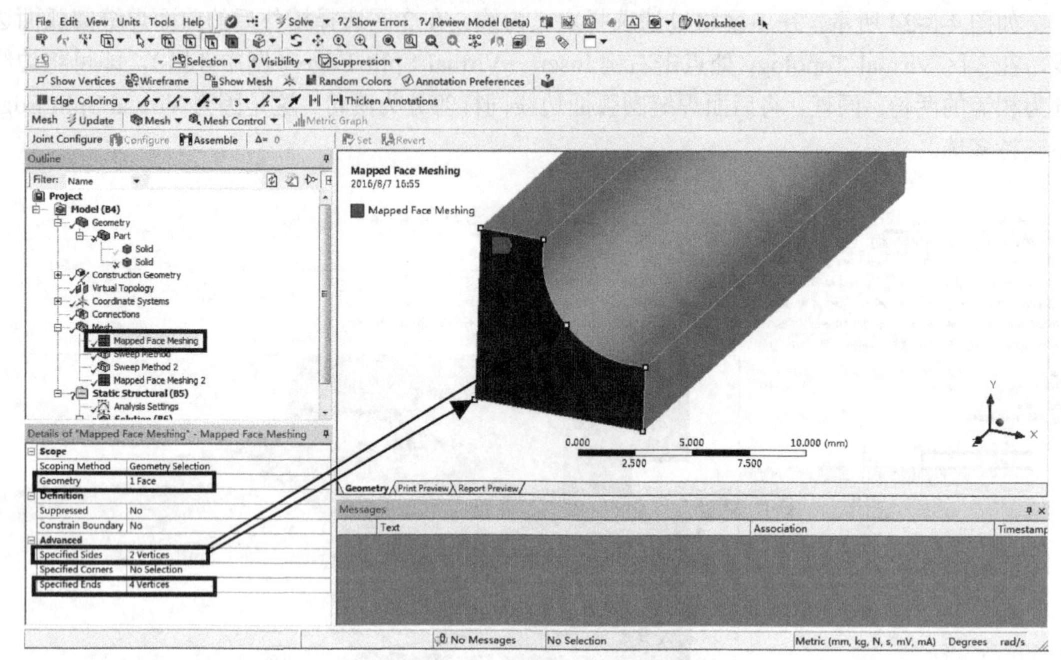

图 4-8-25　焊缝区划分网格

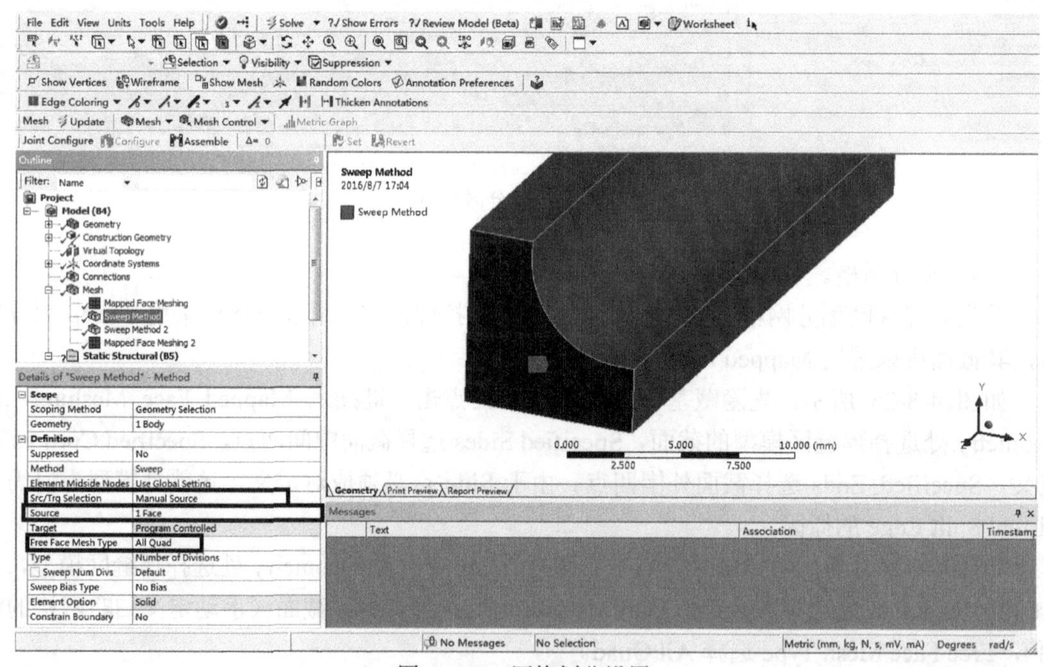

图 4-8-26　网格划分设置

说明

Specified Sides 表示指定夹角为 136°～224°相交边顶点为映射面顶点，与 1 条网格线相交；Specified Corners 表示指定夹角为 225°～314°相交边顶点为映射面顶点，与 2 条网格线相交；Specified Ends 表示指定夹角为 0～135°相交边顶点为映射面顶点，与网格线不相交。

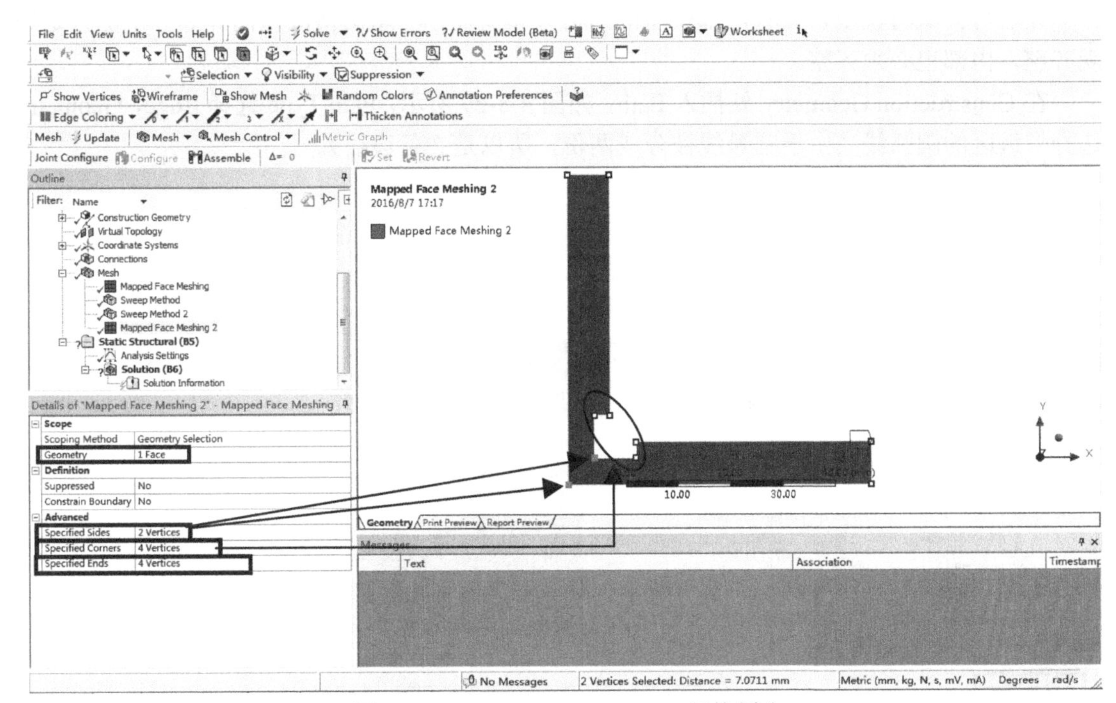

图 4-8-27 Mapped Face Meshing 网格划分

类似图 4-8-26 对基材定义 Sweep 网格。

最终网格如图 4-8-28 所示。

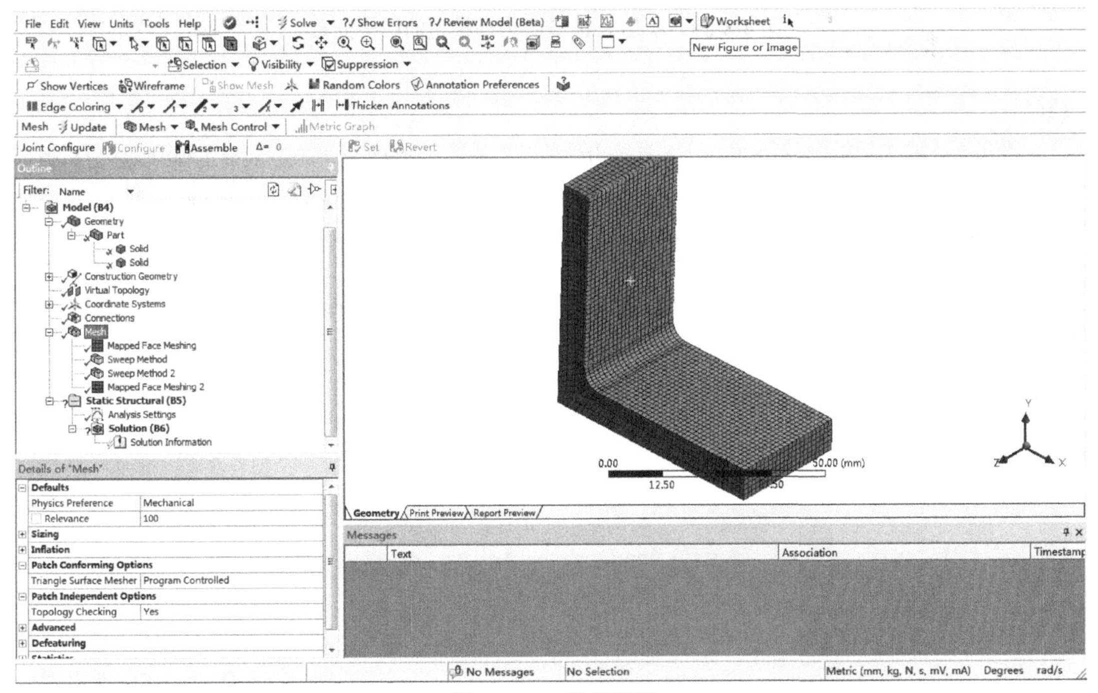

图 4-8-28 最终网格

读者可尝试将模型切开看内部模型的网格分布情况。注意网格的六面体划分不能只是外观齐整，内部也必须齐整。

在 Construction Geometry 处插入 Path，如图 4-8-29 所示，Path Type 选择 Edge，Geometry 选择焊缝区的圆弧线（由于圆弧线被分成两份，所以是 2 条边线）。

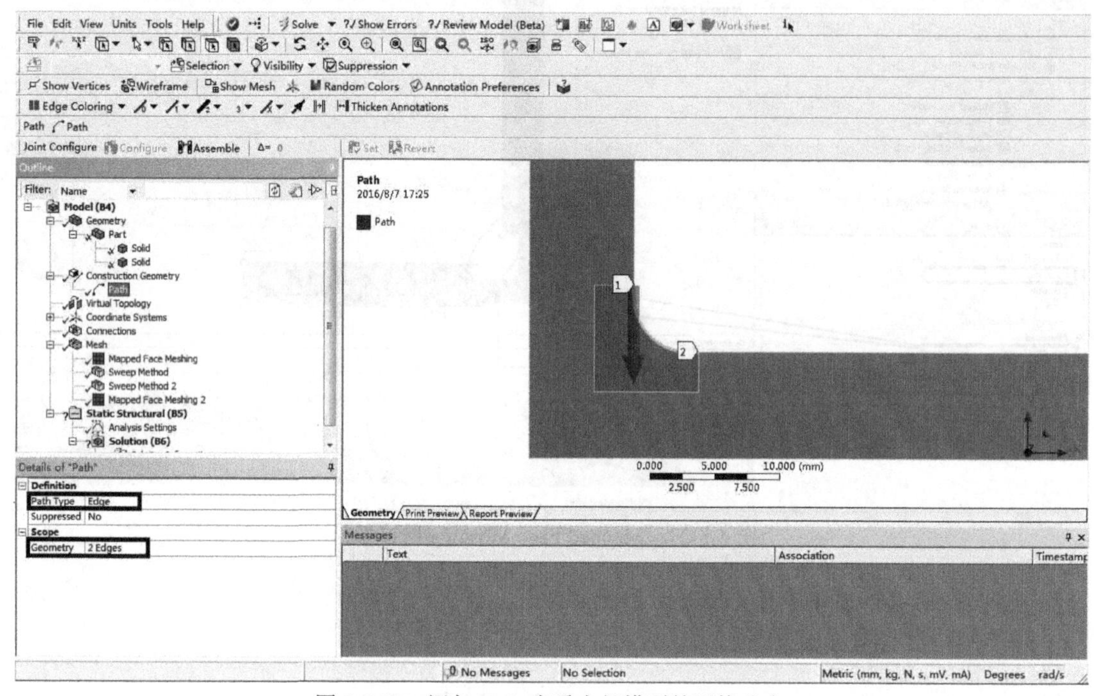

图 4-8-29　添加 Path 查看内部模型的网格分布

总结

静力学分析是有限元分析的基础，线性静力学分析又是静力学分析的基础，实际工程中大多分析也可简化为静力学分析。初学者根据实际情况，有意识地针对模型、边界条件、软件参数和网格四个方面反复斟酌，力保线性静力学分析的准确性、可靠性、合理性。

表 4-8-1 为静力学可用边界条件说明表。（表中未列的 Thermal Condition、Joint Load 等边界条件。）

表 4-8-1 静力学可用边界条件说明表

边界条件类型		分析类型	维度	图形类型	模型	细节设置	说明
Inertial	Acceleration（加速度）	静力学、瞬态（刚体动力学、显式动力学）、谐响应	3D、2D		全局	基于坐标系设置加速度矢量。当使用循环对称模型时，必须基于循环对称坐标系；当使用 2D 轴对称模型时，必须基于笛卡儿的全局坐标系	等效于经典中的 ACEL，其中 Acceleration 方向与实际载荷方向相反，Standard Earth Gravity 方向与实际载荷方向相同
	Standard Earth Gravity（重力加速度）	静力学、瞬态（刚体动力学、显式动力学）	3D、2D		全局	坐标系使用同 Acceleration，需要定义 Direction（方向）为+X, –X, +Y, –Y, +Z, –Z	
	Rotation Velocity（旋转速度）	静力学、模态、瞬态	3D、2D	Solid、Surface/Shell、Line/Beam	Body	基于坐标系定义 Axis（旋转轴），坐标系使用同 Acceleration。在模态分析时，只能使用全局坐标系	在静力学和瞬态分析中，等效于经典中的 CGOMGA；在模态分析中，等效于经典中的 CMOMEGA
Loads	Pressure（压力）	静力学、瞬态（显式动力学）、谐响应	3D、2D	Solid、Surface/Shell	Face Edge	基于选择或命名图形加载	等效于经典中的 SFE，作用域为 Surf153 或 Surf154，作用方向为作用域的法向，正值代表压缩，负值代表拉伸
	Pipe Pressure（管压力）	静力学、瞬态（显式动力学）、谐响应	3D	Line/Beam	Edge	基于选择或命名图形加载，加载形式分为 Internal（内压）和 External（外压）	基于铁摩辛柯梁，等效于经典中的 Pipe288、Pipe289、Elbow290 单元
	Pipe Temperature（管温度）	静力学、瞬态	3D	Line/Beam	Edge	基于选择或命名图形加载，加载形式分为 Internal（内部温度）和 External（外部温度）	

续表

边界条件类型		分析类型	维度	图形类型	模型	细节设置	说明
Loads	Hydrostatic Pressure（静水压力）	静力学、瞬态(显示动力学)	3D、2D	Solid、Surface/Shell	Face Edge	定义 Hydrostatic Acceleration（加速度）、Fluid Density（流体密度）、Free Surface Location（液面位置）	等效于经典中的 SF，作用域为 Surf153 或 Surf154，相当于公式 $P=\rho gh$ 计算
	Force（力）	静力学、瞬态（显式动力学）、谐响应	3D、2D（不支持轴对称显式动力学）	Solid、Surface/Shell、Line/Beam	Face Edge Vertex Node	基于选择或命名图形加载	等效于经典中的 SF,,pres，作用域为 Surf153、Surf154、Surf156 或 Follow201。力作用在 Vertex（点）上，将会产生应力奇异
	Remote Force（远程力）	静力学、瞬态（刚体动力学、显式动力学）	3D、2D	Solid、Surface/Shell、Line/Beam	Face Edge Vertex Node	基于远程点加载，行为包括：Rigid、Deformable、Couple，还可以在 Pinball Region 定义作用域	
	Bearing Load（承载载荷）	静力学、瞬态、谐响应	3D、2D	Solid	Face Edge	基于选择或命名图形（圆柱面）加载，如果模型为 3D 软件导入，必须选择完整的圆柱面	等效于经典中的 SF,,pres，作用域为 Surf153、Surf154。主要用于带轮、滑轮、箱体等只承受径向载荷的模型
	Bolt Pretension（螺栓预紧力）	静力学、瞬态	3D、2D	Solid、Surface/Shell、Line/Beam	Body Face Edge	基于圆柱面或直线加载，类型分为：Load（预紧力，可用测力扳手测量或参见国标），Adjustment（预紧长度，表示再旋入螺纹长度），Lock（锁死，固定预紧力加载后的螺栓变形），Open（打开，撤销 Bolt Pretension 载荷，主要用于收敛调试），Increment（再次预紧长度）	

续表

边界条件类型		分析类型	维度	图形类型	模型	细节设置	说明
Loads	Moment（力矩）	静力学、瞬态、谐响应	3D、2D	Solid、Surface/Shell、Line/Beam	Face Edge Vertex Node	基于远程点加载，行为包括：Rigid、Deformable、Couple	
	Generalized Plain Strain（一般平面应变）	静力学、模态、线性屈曲、瞬态、谐响应	2D	Surface/Shell	全局	首先必须将模型的 2D Behavior 改为 Generalized Plain Strain，其中 Fiber Length、End Plane Rotation About X Y 用于定义 Ending Plane 基于坐标系定义的 X YCoordinate of Reference Point 即定义 Starting Point。Condition along Fiber Direction（沿着轨迹方向）可以定义的边界为 Free（自由）、Displacement（位移）和 Force（力）；Condition for Rotation about X Y（以 X Y 轴旋转）可以定义的边界为 Free（自由）、Moment（力矩）和 Rotation（旋转角度）；以上两项均定义 Ending Point 的变形情况。 后处理需点击 Probe 中的 Generalized Plain Strain 观察结果	Generalized Plain Strain 是一种更有效的 2D 简化方法，整体模型类似于曲线扫描，Fiber Direction 为扫描轨迹，如下图所示，轴对称与平面应变均是 Generalized Plain Strain 某种形式的特例
	Line Pressure（线压力）	静力学、瞬态（显式动力学）、谐响应	3D	Solid、Surface/Shell、Line/Beam	Edge	基于选择或命名图形加载	等效于经典中的 SFE，作用域为 Surf156，用于定义某个边的力密度（单位：N/mm）

续表

边界条件类型		分析类型	维度	图形类型	模型	细节设置	说明
Support	Fixed Support（完全约束）	静力学、模态、瞬态（刚体动力学、显式动力学）、谐响应	3D、2D	Solid、Surface/Shell、Line/Beam	Body Face Edge Vertex	基于选择或命名图形加载	约束所有的自由度，对于实体，约束 XYZ 三向平移自由度；对于壳和梁，约束 XYZ 三向平移和三向转动自由度
	Displacement（位移约束）	静力学、模态、瞬态（显式动力学）、谐响应	3D、2D	Solid、Surface/Shell、Line/Beam	Body Face Edge Vertex	基于选择或命名图形加载。输入数据表示在 XYZ 方向给予强制位移；输入“0”代表此方向被约束；不设定数据（Free）表示此方向有自由度	默认为笛卡儿坐标系，如果坐标系换为圆柱坐标系，对应方向为 RθZ
	Remote Displacement（远程位移）	静力学、模态、瞬态（刚体动力学、显式动力学）、谐响应	3D、2D	Solid、Surface/Shell、Line/Beam	Face Edge Vertex	基于远程点加载，可定义 XYZ 三向平移和三向转动位移，行为包括：Rigid、Deformable、Couple，还可以在 Pinball Region 定义作用域	
	Frictionless Support（无摩擦约束）	静力学、模态、谐响应	3D、2D	Solid、Surface/Shell、Line/Beam	Face Edge	基于选择或命名图形加载	约束法向方向，保证切线方向自由度；可等效为对称边界
	Compression Only Support（仅压缩约束）	静力学、模态、瞬态、谐响应	3D、2D	Solid	Face Edge	基于选择或命名图形加载，可在 Normal Stiffness 定义 Program Controlled 和 Manual，Update Stiffness 定义 Never、Each Iteration 和 Each Iteration Aggressive（具体含义参见第 5 章有关接触部分的内容）	施加法向仅有压缩的约束，限制作用域仅在约束的法向正方向移动； Fixed Support 表示模型与一个假想的刚性物体 Bonded 接触； Frictionless Support 表示模型与一个假想的刚性物体 No Separation 接触； Compression only Support 表示模型与一个假想的刚性物体 Frictionless 接触

续表

边界条件类型		分析类型	维度	图形类型	模型	细节设置	说明
Support	Cylindrical Support（圆柱约束）	静力学、模态、瞬态、谐响应	3D、2D	Solid、Surface/Shell、Line/Beam	Face Edge	基于选择或命名图形（圆柱面）加载，可定义 Radial（径向）、Axial（轴向）和 Tangential（切向）自由度	只适用于线性分析
	Simply Support（简支约束）	静力学、模态、瞬态、谐响应	3D	Surface/Shell、Line/Beam	Edge Vertex	基于选择或命名图形（边线、点）加载	约束平移自由度，释放旋转自由度
	Fixed Rotation（旋转固定）	静力学、模态、瞬态（显式动力学）、谐响应	3D	Surface/Shell、Line/Beam	Face Edge Vertex	基于选择或命名图形加载，可定义 Rotation XYZ 为 Fixed（固定）或 Free（自由）	释放平移自由度，约束旋转自由度
	Elastic Support（弹性支撑）	静力学、模态、瞬态、谐响应	3D、2D	Solid、Surface/Shell、Line/Beam	Face Edge	基于选择或命名图形加载，需要定义 Foundation Stiffness 值	相当于作用域作用在弹簧上，Foundation Stiffness 为弹簧刚度作用在面上的比值（单位：F/m^3）
Conditions	Coupling（耦合）		3D、2D	Solid、Surface/Shell、Line/Beam	Face Edge Vertex	基于选择或命名图形加载，定义 DOF Selection：XYZ Component，用于模型自由度的耦合	等效于经典中的 CP
	Constraint Equation（强制相等）		3D、2D	Solid、Surface/Shell、Line/Beam	Body Face Edge Vertex	采用表格定义加载，基于远程点，建立多个远程点自由度的函数关系，其中 Constant Value 为函数结果，Conefficient 为系数	可用于复杂曲面模型一般工况和一般模型复杂工况计算，等效于经典中的 CE
	Pipe Idealization（理想管结构）	静力学、模态、瞬态、谐响应	3D	Line/Beam	Edge Node	基于选择或命名图形加载，Extend to Adjacent Element（扩展到相邻元素）选择 *n* 倍管直径（默认 3 倍）、Length（长度）、元素数目（默认 1 个）	主要用于曲线管加载，注意：Mesh 中的 Element Midside Nodes 必须定义为 Kept（必须保留中节点）

续表

边界条件类型		分析类型	维度	图形类型	模型	细节设置	说明
Conditions						DOF Selection(自由度选择)定义 Radial Expansion（径向膨胀）、Cross Section Ovalization（截面畸变）、Warping（翘曲）、Rotation（Central Axis）（中心轴旋转）、Rotation（Tangential Axis）（切向轴旋转)为 Free(自由)和 Fixed（固定）	
Direct FE	Nodal Orientation（节点方向）	静力学、模态、瞬态、谐响应	3D、2D	Solid、Surface/Shell、Line/Beam	Node 选择集	基于节点选择集定义	用于定义节点坐标系
	Nodal Force（节点力）	静力学、瞬态、谐响应	3D、2D	Solid、Surface/Shell、Line/Beam	Node 选择集	基于节点选择集定义	等效于经典中的 F，只支持节点坐标系
	Nodal Pressure（节点压力）	静力学、瞬态、谐响应	3D、2D	Solid、Surface/Shell、Line/Beam	Node 选择集	基于节点选择集定义	等效于经典中的 F
	Nodal Displacement（节点位移）	静力学、模态、瞬态、谐响应	3D、2D	Solid、Surface/Shell、Line/Beam	Node 选择集	基于节点选择集定义	只支持节点坐标系
	Nodal Rotation（节点旋转）	静力学、模态、瞬态、谐响应	3D、2D	Surface/Shell、Line/Beam	Node 选择集	基于节点选择集定义	只支持节点坐标系

第5章　非线性静力学分析

线性结构分析基于外载荷与模型响应为线性关系，具有以下特点：

（1）遵循胡克定律；

（2）材料方程中应力与应变为线性关系；

（3）可以使用叠加原理，即结构对一种全新载荷状态的响应（载荷状态为之前各种载荷组合），可以对之前各种载荷的响应结果加权求和而得。

但是就一般情况而言，固体力学全是非线性的。只有用胡克定律近似模拟实际工程，并满足精度要求，才能采用线性结构分析；如果实际工程中存在结构刚度随载荷变化而变化等工况，即载荷与位移为非线性函数，则必须采用非线性分析。

非线性分析分为三种类型。

（1）材料非线性。材料呈非线性的应力应变关系，如弹塑性、超弹性、蠕变、黏弹性材料。

（2）几何非线性。结构经历大变形，变形的几何形状引起结构的非线性响应。第一种为大挠度或大转动，例如，向上翘曲的壳零件在一定载荷下，应变很小，但位移较大，由翘曲变为下凹；第二种为大应变，如橡胶件在压力状态下发生的变形。

（3）状态非线性。结构刚度和边界条件随结构件运动而发生变化。例如，接触即属于状态非线性。

实际模型中，这三种非线性类型往往交叉出现，这更增加了计算的难度。

5.1　材料非线性分析

材料的应力应变关系一般用材料本构来描述。材料本构中有些可以用数学模型模拟，有些基于试验数据。在应力水平低于比例极限时，应力应变关系为线性关系，超过这一极限后，应力应变关系为非线性关系，但不一定是非弹性的，当应变表现为不可恢复状态时，即为塑性。

塑性是典型的材料非线性，还有超弹性橡胶、混凝土等材料，本构特征均为结构刚度在不同载荷（不同温度）下改变（率不相关）；此外还有蠕变、黏弹性等材料，应变与时间、温度、应力相关（率相关）。

5.1.1　基本概念

1．应力应变

要测得某种材料的应力应变曲线，主要材料试验有：单轴试验、等双轴试验、平面剪切试验、体积试验、松弛试验等。下面以最普遍的单轴试验为例简要说明。单轴试验可以测试拉伸也可测试压缩，如图5-1-1所示。

工程应力 $\sigma = \dfrac{F}{A_0}$，F 为载荷，A_0 为原始截面积。

工程应变 $\varepsilon = \dfrac{\Delta L}{L_0}$，$\Delta L$ 为伸长量，L_0 为原始长度。

真实应力 $\sigma_{\mathrm{T}} = \dfrac{F}{A}$，$F$ 为载荷，A 为实际截面积，由于拉伸发生缩颈现象，变形为塑性变形，按照体积不变原则 $A_0L_0 = AL$，则 $\sigma_{\mathrm{T}} = \dfrac{F}{A} = \dfrac{FL}{A_0L_0} = \sigma\dfrac{L}{L_0} = \sigma(1+\varepsilon)$。

真实应变 $\varepsilon_{\mathrm{T}} = \int_{L_0}^{L}\dfrac{\mathrm{d}L}{L} = \ln\dfrac{L}{L_0} = \ln\dfrac{L_0+\Delta L}{L_0} = \ln(1+\varepsilon)$。

对于（轻微）可压缩材料体积率 J，$J = \dfrac{V}{V_0} = \dfrac{AL}{A_0L_0} = \dfrac{A}{A_0}(1+\varepsilon)$，$V$ 为变形后体积，V_0 为变形前体积。

对比工程应力应变与真实应力应变，如图 5-1-2 所示。在小应变时，两者的差别很小；而在大应变时，两者差距明显。

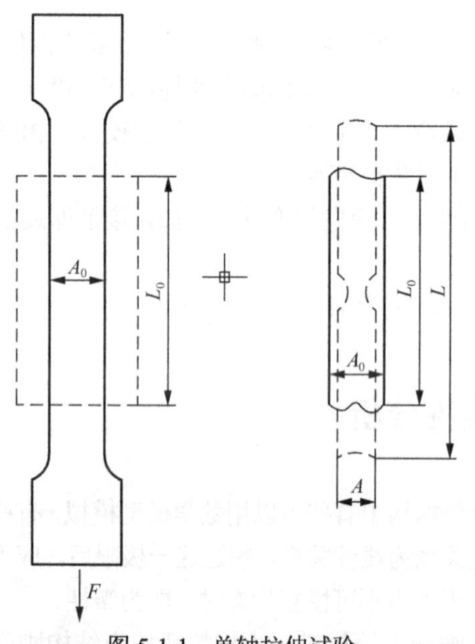

图 5-1-1　单轴拉伸试验

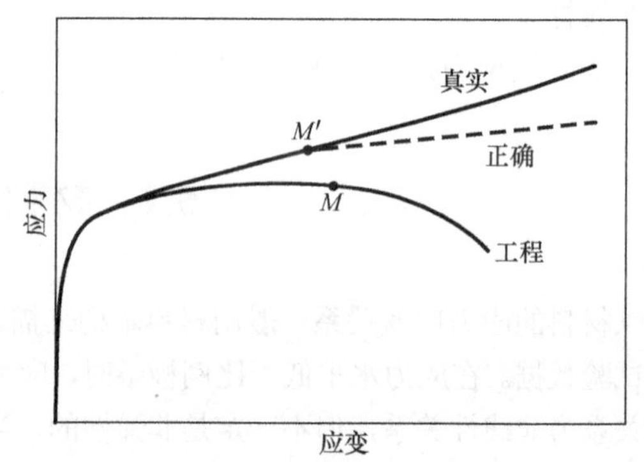

图 5-1-2　工程应力应变与真实应力应变的对比

2. 塑性

塑性理论包含：屈服准则、流动准则和强化准则。

1）屈服准则

对单向受拉试件，通过简单地比较轴向应力与材料的屈服应力来决定是否有塑性变形发生。然而对于一般的应力状态，是否到达屈服点并不是明显的。屈服准则是一个可以用来与单轴测试的屈服应力相比较的应力状态的标量表示。因此，知道应力状态和屈服准则，就能确定是否有塑性应变产生。如图 5-1-3 所示，应力低于 σ_y 为弹性状态。对于土壤和脆性材料，屈服应力与静水应力有关，而静水压力越高，发生屈服所需要的剪应力越大。

图 5-1-4 表示不同屈服准则下的主应力空间中屈服面。屈服面内部的任何应力状态都是弹性的，屈服面外部的任何应力状态都会引起屈服。注意：应力状态可分解为静水压力（膨胀）和偏差（变形）。静水压力状态（$\sigma_1=\sigma_2=\sigma_3$）不会导致屈服，屈服与静水压力无关，而只与偏差有关，因此，$\sigma_1=180$、$\sigma_2=\sigma_3=0$ 的应力状态比 $\sigma_1=\sigma_2=\sigma_3=180$ 的应力状态更接近屈服。

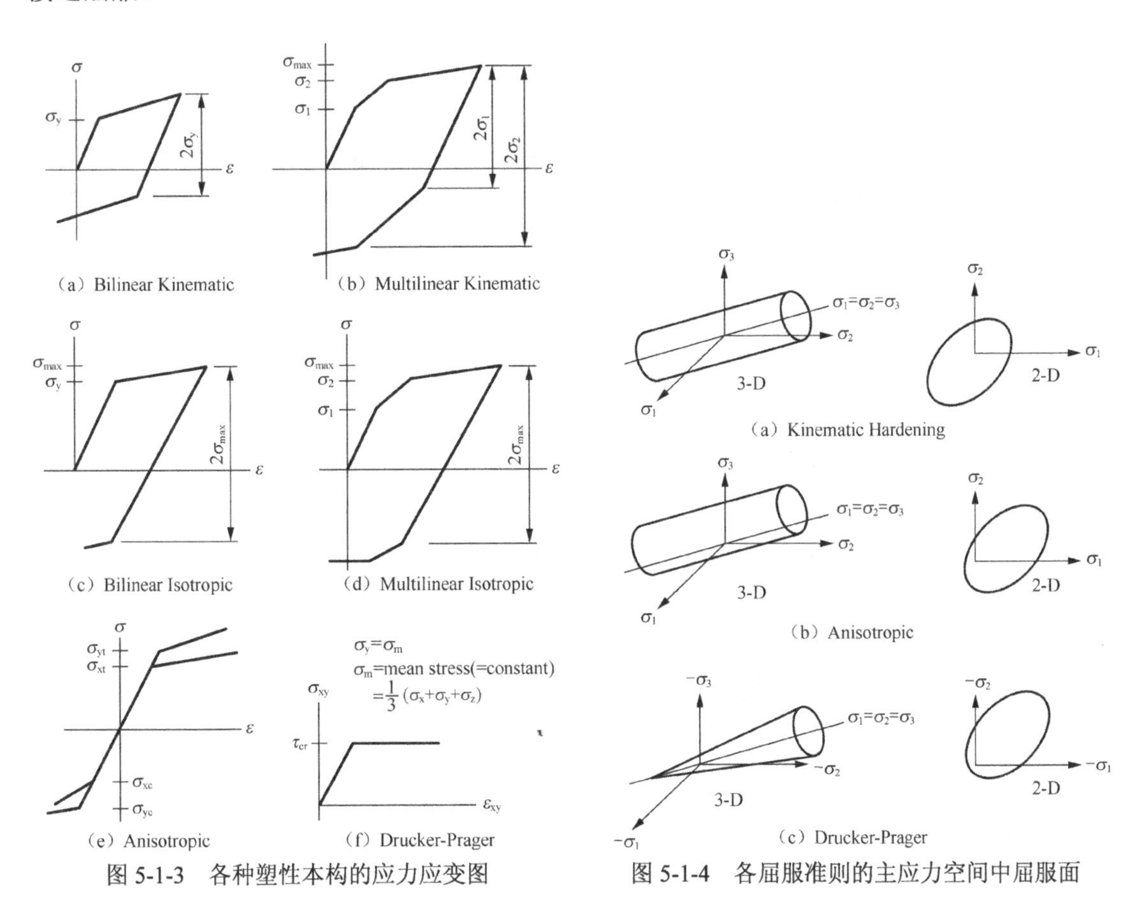

图 5-1-3　各种塑性本构的应力应变图

图 5-1-4　各屈服准则的主应力空间中屈服面

（1）Kinematic Hardening 屈服准则：

Kinematic Hardening 屈服准则包含 von Mises 屈服准则和 Hill 屈服准则，是一个比较通用的屈服准则，尤其适用于金属材料。区别在于 von Mises 屈服准则是一个各向同性的屈服准则，而 Hill 屈服准则是各向异性的，可以考虑材料弹性参数的各向异性和屈服强度的各向异性。在 3D 主应力空间中，屈服面是一个以 $\sigma_1=\sigma_2=\sigma_3$ 为轴的圆柱面；在 2D 中屈服面是一个椭圆。

（2）Anisotropic（广义 Hill）屈服准则：

广义 Hill 屈服准则是对 Hill 屈服准则的进一步延伸。广义 Hill 准则不仅考虑了在材料的三个正交方向屈服强度的不同，而且还考虑了拉伸状态和压缩状态下屈服强度的不同。广义 Hill 屈服准则使用等向强化准则，因此在应力空间中，屈服面是一个经过移动的椭圆柱面，其大小随塑性应变而胀缩。

（3）Drucker-Prager（DP）屈服准则：

DP 屈服准则是对 Mohr-Coulomb 准则的近似，它修正了 von Mises 屈服准则，即在 von Mises 表达式中增加一个附加项。其屈服面并不随着材料的逐渐屈服而改变，因此没有强化准则，塑性行为被假定为理想弹塑性，然而其屈服强度随静水应力的增加而相应增加。同时这种材料考虑了由于屈服而引起的体积膨胀，但不考虑温度变化的影响。此选项适用于混凝土、岩石和土壤等颗粒状材料。其屈服面为一圆锥面，此圆锥面是六角形的 Mohr-Coulomb 屈服面的外接锥面。

2）流动准则

流动准则描述了发生屈服时塑性应变的方向，即塑性应变增量与应力间的关系。其中塑性应变在垂直于屈服面的方向的流动准则称为关联流动准则，适用于金属和不可压缩非弹性材料；塑性应变在不垂直于屈服面的方向的流动准则称为不关联的流动准则，适用于颗粒材料，例如，DP 本构中膨胀角与内摩擦角不同。

3）强化准则

强化准则描述了初始屈服准则随着塑性应变的增加是如何变化的,简言之，强化准则决定继续加载或卸载，材料再次屈服的状态，如图 5-1-5 所示。

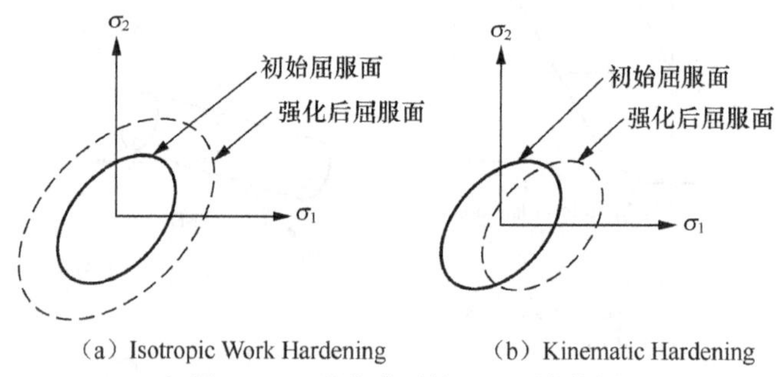

（a）Isotropic Work Hardening　　（b）Kinematic Hardening

图 5-1-5　强化准则的屈服面变化图

Isotropic Work Hardening（等向强化），是指屈服面以材料中所作塑性功的大小为基础在尺寸上扩张。对 Mises 屈服准则来说，屈服面在所有方向均匀扩张。由于等向强化，在受压方向的屈服应力等于受拉过程中所达到的最高应力。适用于大应变、比例加载，不适用于循环加载。

Kinematic Hardening（随动强化），是指屈服面的大小保持不变而仅在屈服的方向上移动，当某个方向的屈服应力升高时，其相反方向的屈服应力应该降低。在随动强化中，由于拉伸方向屈服应力的增加导致压缩方向屈服应力的降低，所以在对应的两个屈服应力之间总存在一个 $2\sigma_y$ 的差值，初始各向同性的材料在屈服后将不再是各向同性的。一般适用于小应变和循环加载。

3．应变能

应变能是单位体积的材料变形到某应变值时，所消耗的总机械能。超弹性材料应力应变关系由应变能密度势函数定义，用于模拟橡胶、泡沫类材料，变形是可以恢复的。

$$J=\frac{1}{V}\int F\mathrm{d}L=\int_0^L\frac{F}{A_0}\frac{\mathrm{d}L}{L_0}=\int_0^\varepsilon\sigma\mathrm{d}\varepsilon$$

在工程应力应变图中即为零到该应变值范围内的面积。读者可以自行证明，不管采用真实应力应变还是工程应力应变，应变能结果一致。对于应变能可以通过下面例子来理解：一把好弓不应该是一块弯木；真正的好弓最初应是直的，装上弦后才变弯，这就在弓内储存了大量应变能。当向后拉箭时，弓进一步弯曲，这比把弓直接加工成弯曲形状所释放的能量要大得多。

当应力足够低，材料的变形在屈服点以前、弹性范围内时，应力对材料的影响可以消除，卸载后材料将恢复原形，应变能可逆地储存在材料内，吸收的应变能与卸载时释放的应变能一致；一旦应变超过屈服点的应变值，则材料的变形是不可逆的，即卸载后仍会保留一些残余变形，材料吸收的应变能将超过释放的应变能，两者之差将以热能的形式耗散。

4. 压缩

前文所述只涉及单轴拉伸，对于大多数金属材料，在弹性阶段，上述的公式同样适用试样受压工况，而且拉伸和压缩的弹性模量取同一个值，只要在应力应变曲线中将直线延伸到第三象限即可，如图 5-1-6 所示，表现为拉正压负。

若试样所受的载荷周期性地在拉、压之间变化，而且应力大于屈服强度，则应力应变曲线中将出现滞后环，如图 5-1-7 所示。环包围的面积就是在每个加载周期中，单位体积的材料以热能形式释放出来的应变能。例如，将一根铁丝前后弯曲，铁丝的塑性弯曲区就会发热。

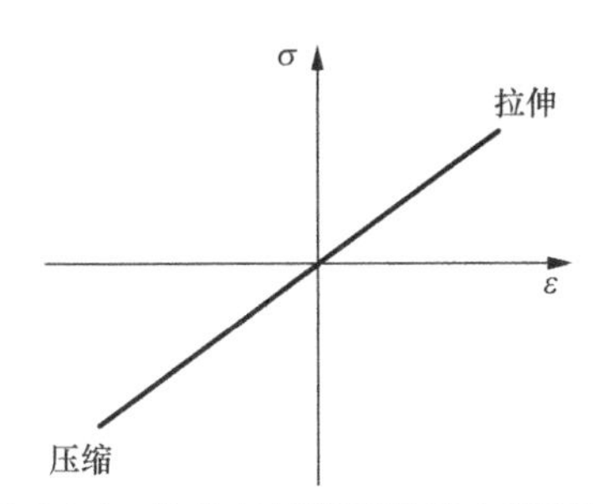

图 5-1-6 拉伸与压缩时的应力应变图

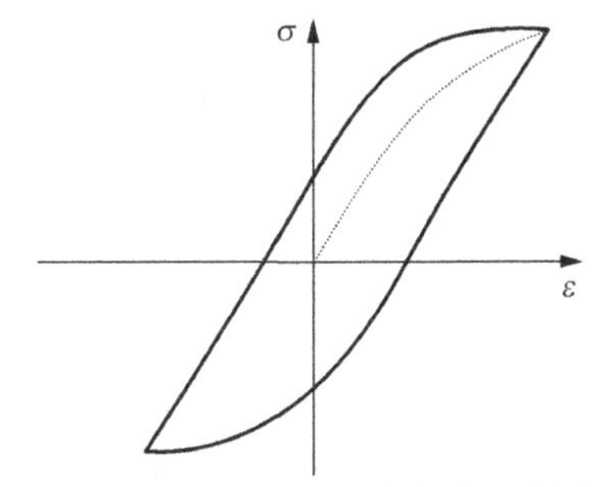

图 5-1-7 滞后环的应力应变图

裂纹都是拉应力作用下产生的，压缩可以愈合裂纹。因此，许多材料的压缩强度远高于其拉伸强度。例如，混凝土有很高的压缩强度，广泛应用于以承压为主的建筑结构；但人行道和建筑物在下沉时出现了裂纹，因为其结构在此工况下产生了拉应力，其本身拉伸强度很小，在很小的拉应变下即开裂。

5. 循环加载

比例加载：在主应力空间中，主应力比保持不变，表现为载荷路径通过原点。

单调加载：没有卸载情况，用于评价承受长期静载作用的材料本构。

循环加载：载荷换向情况，用于评价承受重复载荷作用的耐久性。在低周疲劳试验中（对称载荷、循环载荷绝对值相等）基于等应变（或等应力）时，应力（或应变）随循环增加而增加（或减小），称为循环强化；在低周疲劳试验中（对称载荷、循环载荷绝对值相等）基于等应变（或等应力）时，应力（或应变）随循环增加而减小（或增加），称为循环软化。一般而言，低强度的软材料趋于循环强化；高强度的硬材料趋于循环软化。

棘轮（ratchetting）：在非对称（循环载荷绝对值不等）循环应力作用下，材料的塑性应变在每一个循环中累积增加。当棘轮变形达到等量循环增加、加速增加的畸变状态或循环饱和状态，塑性累积导致尺寸超标或循环破坏失效。主要用于压力容器、高压管道、轮轨接触和电子封装。

调整（shakedown）：在非对称（循环载荷绝对值不等）循环应力作用下，材料的塑性应变在每一个循环中渐进稳定，不同于棘轮中的塑性应变累积增加，而是调整后趋于稳定，保持不变，如图 5-1-8 所示。

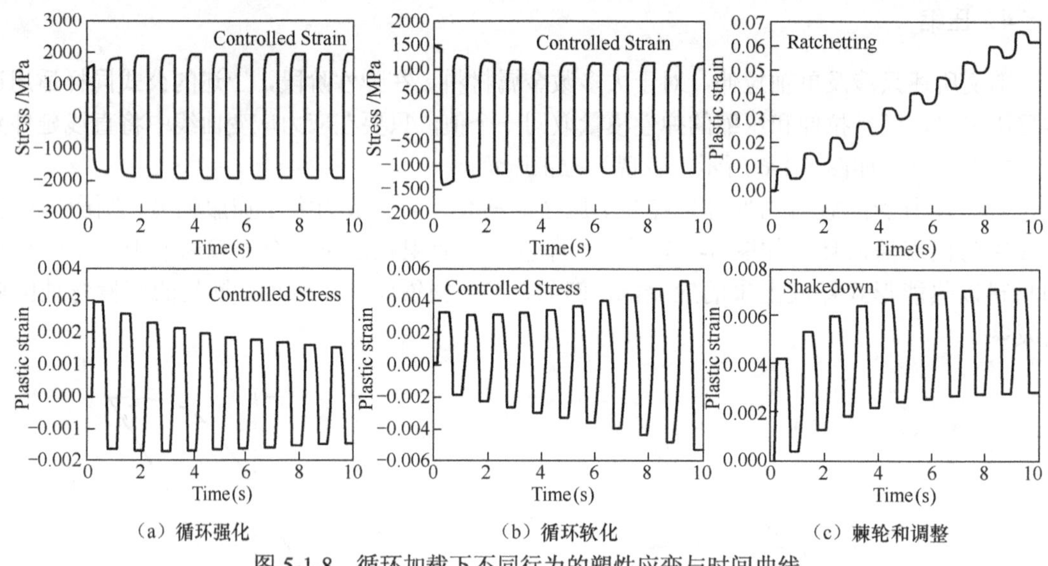

图 5-1-8　循环加载下不同行为的塑性应变与时间曲线

6. 曲线拟合

材料本构的一些参数可以基于曲线拟合法，即通过试验数据，利用曲线拟合得到材料本构参数。

定义材料本构输入曲线时应使用正确的应力应变类型。对于基于 von Mises、Tresca 等塑性材料本构的应力应变试验参数数据必须采用真实应力、真实应变；对于超弹性材料本构的应力应变试验参数采用工程应力、工程应变，但是在体积试验测试时，需采用真实应力、体积应变。应力应变图如图 5-1-9 所示。

下面以超弹性本构模型为例，介绍曲线拟合在 WB 中的过程。

（1）建立至少两倍于需要计算材料本构参数数目的数据点，同时需要考虑滞后等效应；一般应有三种试验数据（如单轴拉伸、双轴拉伸及平面拉伸），以便完整描述材料本构参数，如果仅有单轴拉伸数据，则不能生成承受大剪切的模型；试验数据应该包括全部关注的应变范围，如果只有 0～100%应变的测试数据，则不能生成承受 150%应变的模型，外推数据会产生极大的误差。以此数据建立一个应力应变试验数据文档，推荐使用 Excel 文件，选择 Excel 中的数据，复制到剪切板中。

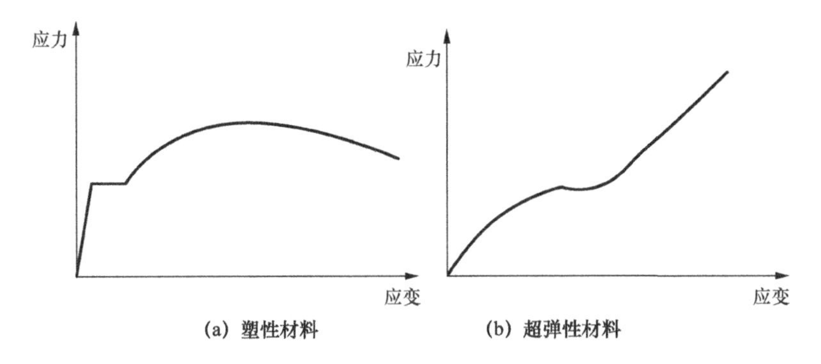

图 5-1-9　塑性材料和超弹性材料的应力应变图

（2）新建一个 Engineering Data，双击左键打开，如图 5-1-10 所示。分别点击 Hyperelastic Experimental Data→Uniaxial Test Data 和 Hyperelastic→Yeoh 3rd Order，按住左键将两个菜单栏都拖至新建的材料 1 框处。

在 Outline 菜单栏中点击 Uniaxial Test Data 进行编辑；在 Properties 菜单栏先点击 Temperature 栏，输入试验测试时的温度，在 Strain-Stress 栏右键选择 Paste（黏贴），即可将试验数据导入。

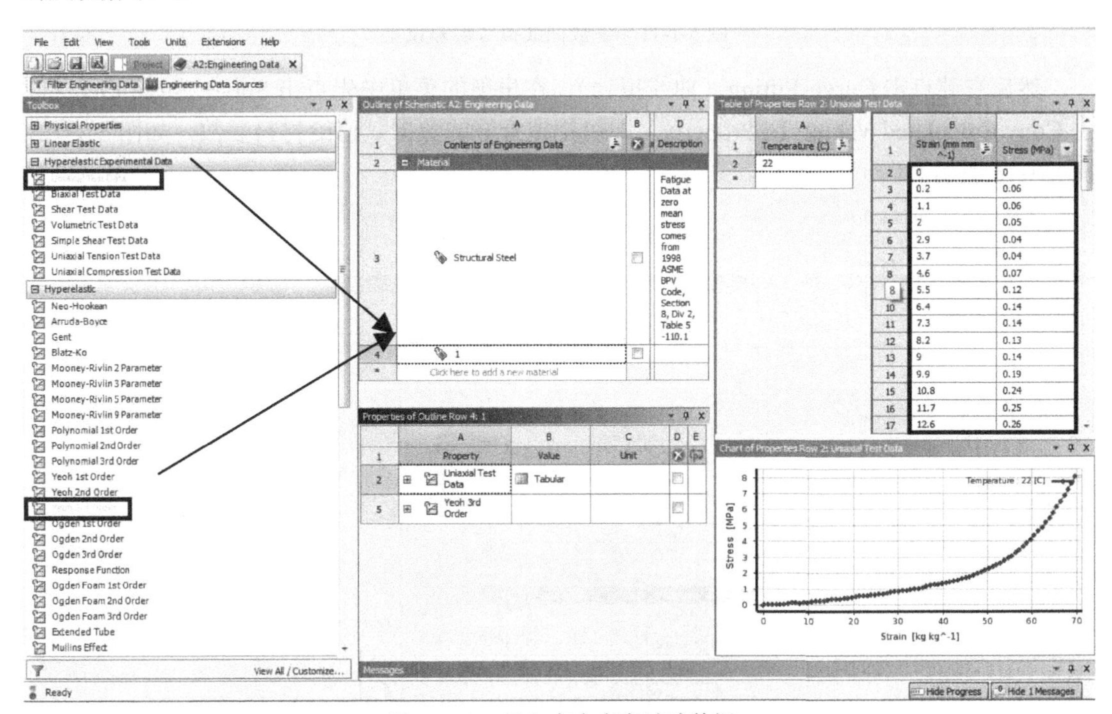

	A	B	C
1		Strain (mm mm^-1)	Stress (MPa)
2		0	0
3		0.2	0.06
4		1.1	0.06
5		2	0.05
6		2.9	0.04
7		3.7	0.04
8		4.6	0.07
9		5.5	0.12
10		6.4	0.14
11		7.3	0.14
12		8.2	0.13
13		9	0.14
14		9.9	0.19
15		10.8	0.24
16		11.7	0.25
17		12.6	0.26

图 5-1-10　导入应力应变试验数据

（3）在 Outline 菜单栏中点击 Yeoh 3rd Order 进行编辑，必须注意在 Error Norm for Fit（拟合误差）进行选择。默认为 Normalized Error，表示对输入数据不加权，适合一般情况；Absolute Error 表示对输入数据中大的数据加权，适合大应变情况，如图 5-1-11 所示。

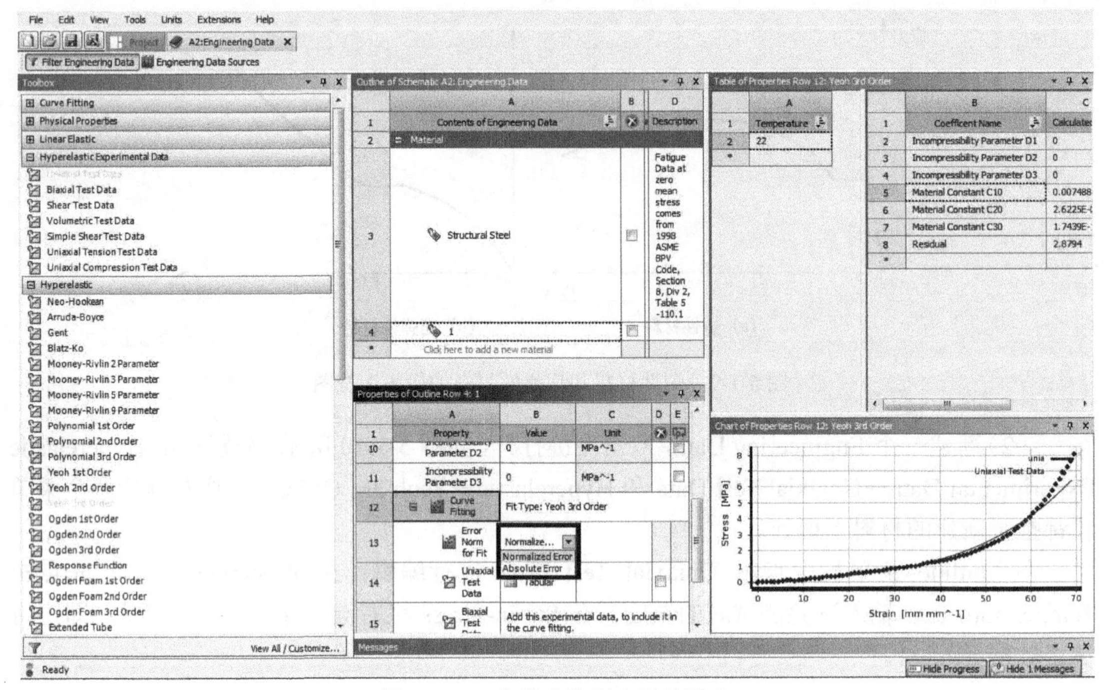

图 5-1-11　参数曲线拟合误差设定

然后右键点击 Curve Fitting（曲线拟合），在出现的菜单中先点击 Solve Curve Fit，再点击 Copy Calculated Values To Property，即可把拟合好的数据赋值给材料参数，如图 5-1-12、图 5-1-13 所示。

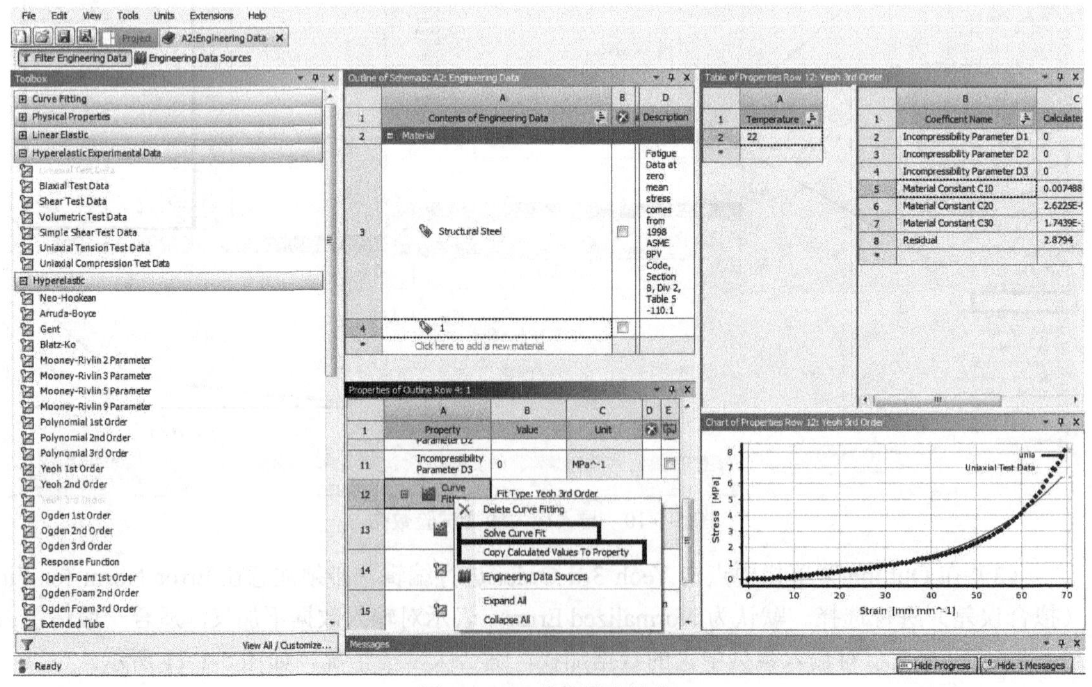

图 5-1-12　曲线拟合操作

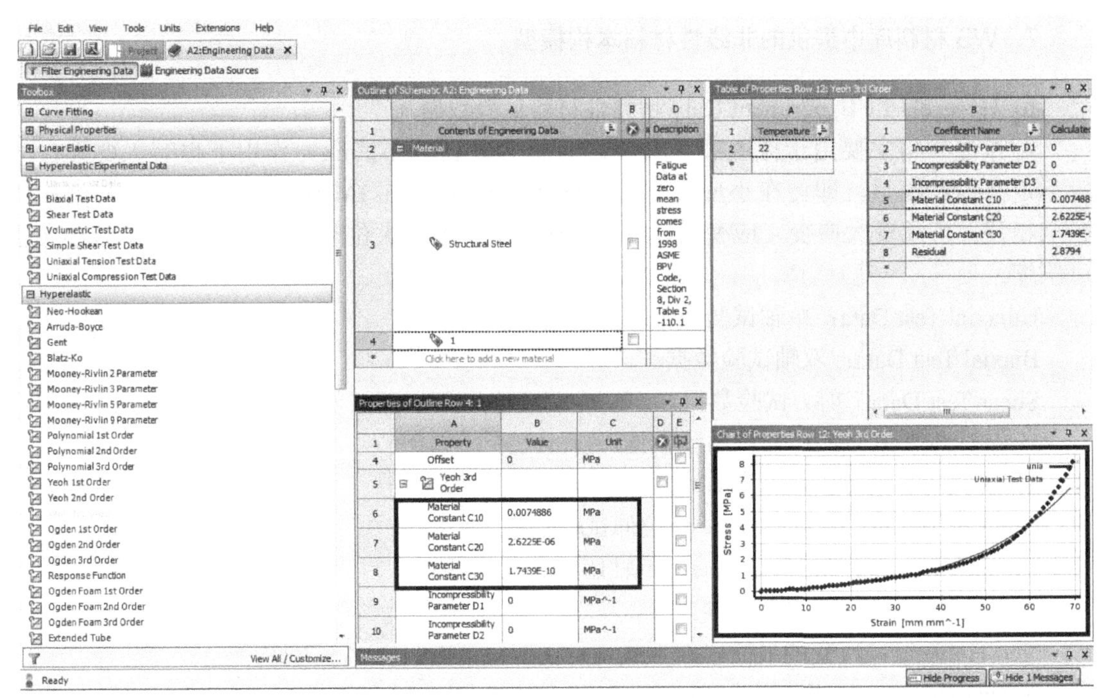

图 5-1-13 曲线拟合后参数赋值

（4）最后右键点击新建的材料名称（本例材料名称为 1），在出现的菜单中选择 Engineering Data Sources，然后输入存盘路径，即可存盘备用，如图 5-1-14 所示。

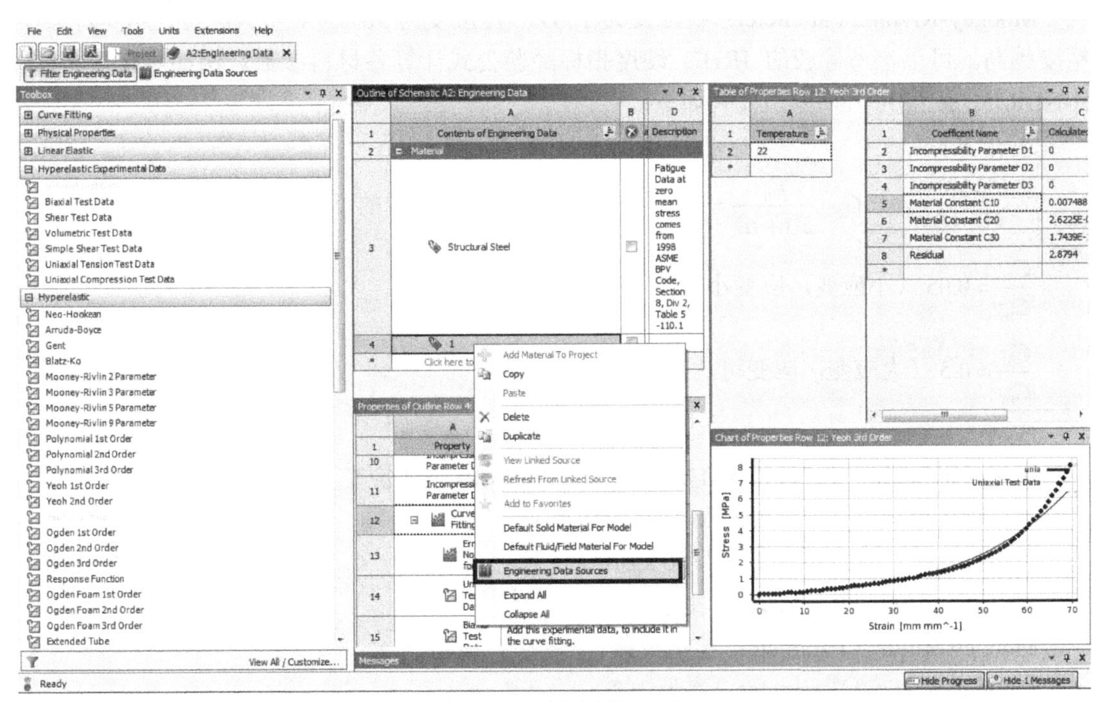

图 5-1-14 新建材料存盘

7．WB 材料库中提供的非线性材料本构模型

1）Hyperelastic Experiment Data 超弹性材料试验数据

超弹性材料主要用于橡胶类，其物理特征为：在较小的应力作用下也有大变形，一般不定义杨氏模量，即便在小应变下定义的杨氏模量仅在 1MPa 数量级，特性与结构钢完全相反；可承受大应变（应变可达 100%甚至更高）和大位移；体积改变极其微小（不可压缩）。

Uniaxial Test Data：单轴试验数据。

Biaxial Test Data：双轴试验数据。

Shear Test Data：剪力试验数据。

Volumetric Test Data：体积试验数据。

Simple Shear Test Data：简单剪力试验数据。

Uniaxial Tension Test Data：单轴拉伸试验数据。

Uniaxial Compression Test Data：单轴压缩试验数据。

2）Hyperelastic：超弹性材料。

Neo-Hookean：应变能最简单的形式，可用应变范围为 20%～30%。

Arruda-Boyce：应变范围为 300%。

Gent：应变范围为 300%。

Blatz-Ko：描述可压缩泡沫橡胶材料的最简单形式。

可以参考泡沫橡胶数据：泊松比为 0.463，密度为 1150kg/m^3，gxy=1040MPa

Mooney-Rivlin 2 Parameter：拉应变为 100%，压应变为 30%，对于大应变，越高阶选项，精度越高。可以参考橡胶的 IRHD 硬度指标经验公式计算各材料参数。例如氢化丁腈橡胶 H-NBR75，硬度为 75MPa，公式如下：

$$\lg E_0 = 0.0184 H_r - 0.4575$$

$$G = \frac{E_0}{2(1+\mu)} = 2(C_{10} + C_{01})，\ \mu = 0.5 \text{（橡胶的不可压缩性）。}$$

$\dfrac{C_{01}}{C_{10}} = 0.05$（小应变，应变小于 5%），

$\dfrac{C_{01}}{C_{10}} \approx 0.5$（大应变，应变可达 150%），

解得

$E_0 = 8.366\text{MPa}$，$C_{10} = 1.328\text{MPa}$，$C_{01} = 0.0664\text{MPa}$（小应变）

$C_{10} = 0.930\text{MPa}$，$C_{01} = 0.465\text{MPa}$（大应变）

可以参考橡胶数据：密度为 1150 kg/m^3，泊松比为 0.499，$C_{10} = 0.55\text{MPa}$，$C_{01} = 0.14\text{MPa}$。

Mooney-Rivlin 3 Parameter：参见上条。

Mooney-Rivlin 5 Paramete：参见上条。

Mooney-Rivlin 9 Parameter：参见上条。

Polynomial 1st Order：与 Mooney-Rivlin 本构类似，等效于 Mooney-Rivlin 2 Parameter。

Polynomial 2nd Order：等效于 Mooney-Rivlin5 Parameter。

Polynomial 3rd Order：等效于 Mooney-Rivlin9 Parameter。

Yeoh 1st Order：一种缩减多项式超弹性本构，一阶等效于 Neo-Hookean。

Yeoh 2nd Order：参见上条。

Yeoh 3rd Order：参见上条。

Resoponse Function：以试验数据描述超弹性材料本构的响应函数。

Ogden 1st Order：描述可压缩泡沫橡胶材料，较 Blatz-Ko 在大应变下精度更高，应变可达 700%。

Ogden 2nd Order：参见上条。

Ogden 3rd Order：参见上条。

Extended Tube：描述填充加强筋的橡胶材料。

Mullins Effect：描述随载荷变化的超弹性材料的拉伸软化，例如，聚合填充材料在承受循环载荷后，卸载时要比加载时更软，造成了应力应变中的滞留效应和材料的不可恢复变形。

3）Chaboche Test Data

用于 Chaboche 随动强化塑性模型，支持单轴塑性应变测试数据曲线拟合，输入数据为塑性应变与真实应力。强化准则是等向强化和随动强化的混合，因此适用于大应变和循环载荷。

Uniaxial Plastic Strain Test Data：单轴塑性应变试验数据。材料本构参数曲线拟合仅支持单轴塑性应变测试数据；对于多个单轴塑性应变测试数据，可以在 Uniaxial Plastic Strain –Additional Test Data 中添加。

4）Plasticity 塑性

一般金属在应力应变曲线上均存在屈服点，在屈服点之前的变形为弹性变形，卸载后可以恢复；超过屈服点即产生不可恢复的塑性变形。

BiLinear Isotropic Hardening：双线性等向强化。

Multilinear Isotropic Hardening：多线性等向强化。

Bilinear Kinematic Hardening：双线性随动强化。

Multilinear Kinematic Hardening：多线性随动强化。

Chaboche Kinematic Hardening：非线性随动强化，可以模拟材料的棘轮和调整效应。

Anand Viscoplasticity：黏塑性本构，类似蠕变，材料本构要求温度必须大于熔点的一半；与蠕变不同的是，使用一个变形抗力的内部标量变量来表示材料非弹性流动的各向同性抗力。同时与前面的塑性本构不同，该本构没有明显屈服面，也没有使用加载、卸载准则。可以模拟材料的高温塑性加工和电子器件的钎焊接头。

Johnson Cook Strength：显式动力学使用材料本构。

Cowper Symonds Strength：显式动力学使用材料本构。

Steinber Guinan Strength：显式动力学使用材料本构。

Zerilli Armstrong Strength：显式动力学使用材料本构。

5）Creep 蠕变

蠕变指固体材料在应力保持不变的条件下，应变随时间延长而增加的现象；或者位移固定，反力或应力随之减小。与塑性变形不同，塑性变形需要应力超过屈服强度才出现；而蠕变没有屈服面，只要应力作用时间足够长，应力即便小于屈服强度也会出现。与黏塑性不同，蠕变用于描述低应变速率的热过程；而黏塑性用于描述高应变速率的过程（热锻等）。

在高温（温度超过材料熔点的一半）应力分析时，蠕变现象非常普遍，而且蠕变表现为永久变形。蠕变随时间大致分 3 个阶段：初始蠕变，应变随时间延续而增加，增加速度逐渐减小，蠕变应变率下降；稳态蠕变，应变随时间均匀增加，这个阶段很长，蠕变应变率几乎不变；加速蠕变，应变随时间加速增加，直至断裂，蠕变应变率上升，这一阶段一般不做分析。蠕变考虑应力随时间的变化，采用两种强化准则：Strain Hardening（应变强化）和 Time Hardening（时间强化），如图 5-1-15 所示。Strain Hardening 假设蠕变速率仅与材料的现有应变有关，由加载应力 σ_1 到卸载应力 σ_2 变化时，曲线左/右移动，计算 *A* 到 *B* 的不同蠕变应变率，较 Time Hardening 更为准确；Time Hardening 假设蠕变速率仅与从蠕变开始的时间有关，由加载应力 σ_1 到卸载应力 σ_2 变化时，曲线上/下移动，计算 *A* 到 *B* 的不同蠕变应变率，是最常用的一种蠕变。

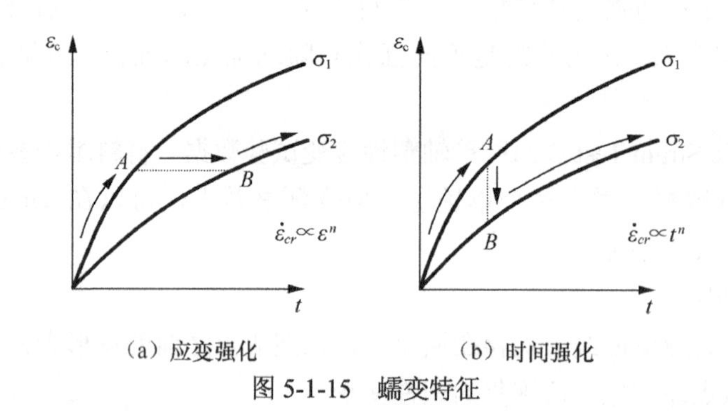

（a）应变强化　　（b）时间强化

图 5-1-15　蠕变特征

ANSYS 中有隐式蠕变和显式蠕变。隐式蠕变采用的是 Euler（欧拉法）向后积分求解蠕变应变，体现为数值无条件稳定，因此计算速度更快，同时精度一般也比显式蠕变更高，所以一般均采用隐式蠕变，推荐使用 WB 默认的 18X 单元；显式蠕变采用的是 Euler（欧拉法）向前积分求解蠕变应变，因此需要定义非常小的时间步，需要大量的迭代计算，针对蠕应变率小于等于 0.1（稳态蠕变）时，精度较高，稳定极限蠕应变率为 0.25，对于有塑性的显式蠕变，不能同时进行，只能分步叠加，精度较差，同时不支持 18X 单元，所以只在特定材料、特定条件下采用显式蠕变。

Strain Hardening：本构方程为

$$\varepsilon_{cr} = C_1\sigma^{C_2}\varepsilon^{C_3}\mathrm{e}^{-C_4/T} \quad (C_1>0\text{，}\ C_3<0)$$

Time Hardening：本构方程为

$$\varepsilon_{cr} = C_1\sigma^{C_2}t^{C_3}\mathrm{e}^{-C_4/T} \quad (C_1>0)$$

Generalized Exponential：广义指数，本构方程为

$$\varepsilon_{cr} = C_1\sigma^{C_2} r\mathrm{e}^{-rt} \quad r = C_5\sigma^{C_3}\mathrm{e}^{-C_4/T} \quad (C_1 > 0, \quad C_5 > 0)$$

Generalized Graham：广义 graham，本构方程为

$$\varepsilon_{cr} = C_1\sigma^{C_2}(t^{C_3} + C_4 t^{C_5} + C_6 t^{C_7})\mathrm{e}^{-C_8/T} \quad (C_1 > 0)$$

Generalized Blackburn：广义 Blackburn，本构方程为

$$\varepsilon_{cr} = f(1-\mathrm{e}^{-rt}) + gt, \quad f = C_1\mathrm{e}^{C_2\sigma}, \quad r = C_3(\sigma/C_4)^{C_5}, \quad g = C_6\mathrm{e}^{C_7\sigma}, \quad (C_1 > 0, \quad C_3 > 0, \quad C_6 > 0)$$

Modified Time Hardening：修正时间强化，本构方程为

$$\varepsilon_{cr} = C_1\sigma^{C_2} t^{C_3+1}\mathrm{e}^{-C_4/T} / (C_3 + 1), \quad (C_1 > 0)$$

Modified Strain Hardening：修正应变强化，本构方程为

$$\varepsilon_{cr} = \left\{C_1\sigma^{C_2}\left[(C_3+1)\varepsilon\right]^{C_3}\right\}^{\frac{1}{C_3+1}} \quad (C_1 > 0, \quad C_3 < 0)$$

Generalized Time Hardening：广义时间强化，本构方程为

$$\varepsilon_{cr} = f t^r \mathrm{e}^{-C_6/T}, \quad f = C_1\sigma + C_2\sigma^2 + C_3\sigma^3$$

以上 6 种均只分析初始蠕变阶段。

Generalized Garofalo：广义 Garofalo，本构方程为

$$\varepsilon_{cr} = C_1\left[\sinh(C_2\sigma)\right]^{C_3}\mathrm{e}^{-C_4/T}, \quad (C_1 > 0)$$

Exponential Form：指数形式，本构方程为

$$\varepsilon_{cr} = C_1\mathrm{e}^{\sigma/C_2}\mathrm{e}^{-C_3/T}, \quad (C_1 > 0)$$

Norton：本构方程为

$$\varepsilon_{cr} = C_1\sigma^{C_2}\mathrm{e}^{-C_3/T}, \quad (C_1 > 0)$$

以上 3 种均只分析稳态蠕变阶段。

Combined Time Hardening：时间强化，本构方程为

$$\varepsilon_{cr} = \frac{C_1\sigma^{C_2} t^{C_3+1}\mathrm{e}^{-C_4/T}}{C_3+1} + C_5\sigma^{C_6} t\mathrm{e}^{-C_7/T}$$

Rational Polynomial：有理多项式，本构方程为

$$\dot{\varepsilon}_{cr} = C_1\frac{\partial\varepsilon_c}{\partial t}, \quad \varepsilon_c = \frac{cpt}{1+pt} + \dot{\varepsilon}_m t, \quad \dot{\varepsilon}_m = C_2 10^{C_3\sigma}\sigma^{C_4}, \quad c = C_7\dot{\varepsilon}_m^{C_8}\sigma^{C_9}, \quad p = C_{10}\dot{\varepsilon}_m^{C_{11}}\sigma^{C_{12}}$$

以上 2 种均分析初始蠕变和稳态蠕变阶段

以上方程中，ε 为等效应变，σ 为等效应力，T 为绝对温度，t 为时间，e 为自然对数的底数。

6）Viscoelastic Test Data 黏弹性数据

与蠕变类似，只是载荷卸载后有部分变形可以恢复；与蠕变的区别为，黏弹性本构体现为应力松弛。应力松弛表现为在恒定外载应变下，应力逐渐减小；而蠕变表现为在恒定外载应力下，应变单调增加。主要用于模拟非晶态聚合物，典型材料为聚合物、玻璃、土壤、生物组织、纺织品等。这种非晶态聚合物行为随温度而相变，材料本构可等效为储存能量的弹性固体与耗散能量的黏性流体相结合。

通过曲线拟合描述以 Prony 级数为函数的黏弹性。这种黏弹性本构可认为由 k 个并联的弹簧（弹性固体）和阻尼器（黏性流体）组成，数据表现为剪切模量或体积模量与时间的函数。

Shear Data-Viscoelastic 与 Prony Shear Relaxation 对应。

Bulk Data-Viscoelastic 与 Prony Volumetric Relaxation 对应。

7）Viscoelastic 黏弹性

Prony Shear Relaxation：本构模型为

$$G(t)=G_0[\alpha_\infty^G+\sum_{i=1}^{N}\alpha_i^G \mathrm{e}^{-\frac{t}{\tau_i^G}}]\text{，}\quad G(t)=G_\infty+\sum_{i=1}^{N}G_i\mathrm{e}^{-\frac{t}{\tau_i^G}}\text{，}\quad \alpha_i^G=\frac{G_i}{G_0}$$

Prony Volumetric Relaxation：本构模型为

$$K(t)=K_0[\alpha_\infty^K+\sum_{i=1}^{N}\alpha_i^K \mathrm{e}^{-\frac{t}{\tau_i^K}}]\text{，}\quad K(t)=K_\infty+\sum_{i=1}^{N}K_i\mathrm{e}^{-\frac{t}{\tau_i^K}}\text{，}\quad \alpha_i^K=\frac{K_i}{K_0}$$

式中，α_i（松弛模量）、τ_i（松弛时间）以及对应的温度是需要输入的参数。G_0/K_0 表示固相的剪切/体积模量，G_∞/K_∞ 表示液相的剪切/体积模量，N 为输入参数个数，t 为时间。

William-Landel-Ferry Shift Function 描述聚合物，物理描述为：载荷在一固定值以下，尽管发生能量耗损，但变形仍为弹性变形。

Tool-Narayanaswamy Shift Function 描述玻璃加工，与上者不同的是，在温度变化情况下，除了结构松弛，还有明显的体积变化。

可以参考玻璃数据：密度为 2390 kg/m^3，C_0=27.4×10^3 MPa，C_∞=0 MPa，体积模量为 60.5×10^{3}MPa，$1/\beta=0.53$。

Tool-Narayanaswamy W/Fictive Temperature Shift Function 虚拟温度用于描述热循环过程中，应变与时间和温度有更强的相关性。

8）Shape Memory Alloy 形状记忆合金

描述镍钛合金的超弹性，能够承载循环载荷下的大变形，且不发生永久形变。材料本构分三个阶段：奥氏体相（线弹性）、过渡段和马氏体相（线弹性）。

Superelasticity：如图 5-1-16 所示，虚线朝上为加载状态，0～σ_s^{AS} 为 100%奥氏体相，$\sigma_s^{AS}\sim\sigma_f^{AS}$ 为相变阶段，σ_f^{AS} 以后为 100%马氏体相；虚线朝下为卸载状态，σ_s^{SA} 以前为 100%马氏体相，$\sigma_s^{AS}\sim\sigma_f^{SA}$ 为相变阶段，0～σ_s^{SA} 为 100%奥氏体相。对应相应表格参数数值如下。

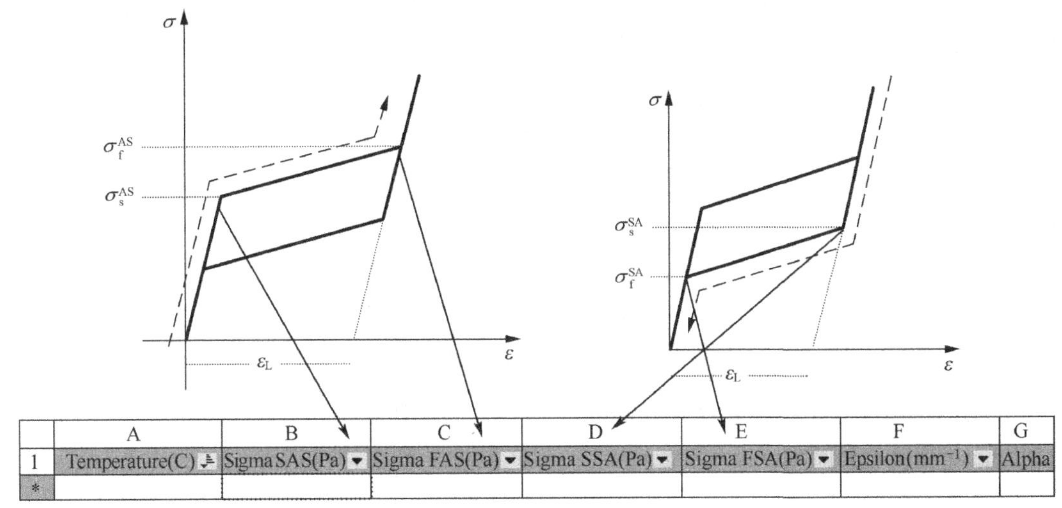

	A	B	C	D	E	F	G
1	Temperature(C)	Sigma SAS(Pa)	Sigma FAS(Pa)	Sigma SSA(Pa)	Sigma FSA(Pa)	Epsilon(mm^-1)	Alpha
*							

图 5-1-16 形状记忆合金参数

Epsilon 表示最大相变应变。对于镍钛合金，通常为 0.07～0.1。Alpha 表示压缩对相变应变的影响，当拉伸与压缩影响效果一样时，值为 0。

Shape Memory Effect：热循环恢复原始形状，基于三维热固模型的应力引发的固相相变，用自由能的控制材料本构方程，如图 5-1-17 所示。

	Shape Memory Effect		
h	Hardening Parameter	500	MPa
To	Reference Temperature	100	C
R	Elastic Limit	120	MPa
β	Temperature Scaling Parameter	8.3	
εL	Maximum Transformation Strain	0.07	mm mm^-1
Em	Martensite Modulus	70000	MPa
m	Lode Dependency Parameter	0	

图 5-1-17 Shape Memory Effect 参数设置

9）Brittle/Granular

脆性/颗粒材料本构，适用于干燥的土壤、岩石、混凝土和陶瓷等材料。

其中 DP 模型表现为：压缩时，静水压力的增加导致屈服强度增加；拉伸屈服应力小于压缩屈服应力。

Drucker-Prager Strength Linear：屈服强度与静水压力呈线性函数，输入参数为屈服强度（静水压力 P 为 0 时的 Y 值）、斜率 θ。

Drucker-Prager Strength Stasis：屈服强度与静水压力呈 Stasis 函数，输入参数为单轴拉伸屈服强度、单轴压缩屈服强度。

Drucker-Prager Strength Piecewise：屈服强度与静水压力呈分段线性函数，输入参数为屈服强度、静水压力，通过输入 10 组数据定义参数，以描绘分段函数，如图 5-1-18 所示。

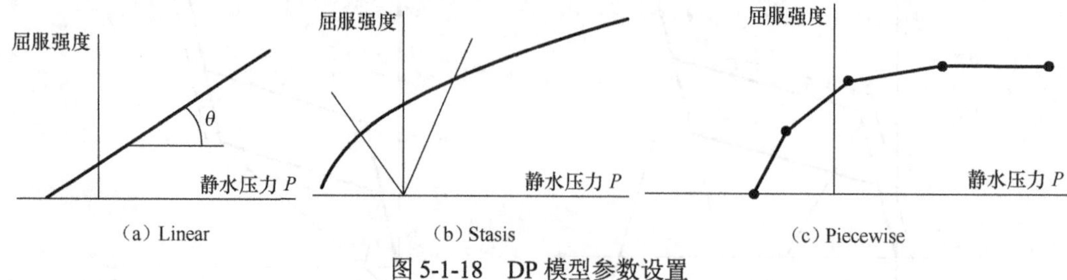

图 5-1-18　DP 模型参数设置

Johnson-Holmquist Strength Continuous：显式动力学使用材料本构。

Johnson-Holmquist Strength Segmented：显式动力学使用材料本构。

Rht Concrete Strength：显式动力学使用材料本构。

Mo Granular：DP 本构模型的延伸，在原来本构模型基础上加入了颗粒材料（粉末、土和砂等），不仅表现应力强化，还可以反映密度与屈服强度和密度与剪切模量的关系。输入参数为屈服强度与静水压力、屈服强度与密度、剪切模量与密度的关系，通过输入每项 10 组数组，以描绘材料参数。

10）Elasto-Plastic Behavior

Plakin Special Hardening Law：SAMCEF 软件本构。

5.1.2　超弹性材料本构分析实例

对于这类分析，第一步是选择合适的本构模型，可以通过曲线拟合定义材料参数；第二步由于表现为不可压缩性，泊松比近似为 0.5，必须定义不同的单元技术。

1．单元技术相关概念

1）节点和积分点

对于任何单元，自由度解 $\{\Delta u\}$ 都是由节点求出；在积分点计算出应力应变，例如，采用应变位移公式 $\{\Delta\varepsilon\}=[B]\{\Delta u\}$ 求出积分点的应变，然后再将积分点应变值外推（线性）或拷贝（非线性）至节点位置。图 5-1-19 为 2×2 积分的四节点四边形单元（形函数为线性），内部即为积分点。这种基于位移自由度的积分点遵循高斯积分法且与单元的阶数相同，即称为**完全积分（Full Integration）**。但是完全积分的低阶单元会出现**剪切自锁和体积自锁**；完全积分的高阶单元也会出现**体积自锁和在复杂应力状态下的剪切自锁**。

2）剪切自锁和体积自锁

剪切自锁表现为在弯曲过程中，完全积分的低阶（形函数为线性）单元呈现的过度刚化。如图 5-1-20 所示（纯弯曲的梁剪切应力应该为 0），左图为理想纯弯曲变形形式，由于单元为二阶单元，上下两边可以弯曲为圆弧，过积分点的水平线与垂直线保持直角，剪应力为 0；右图为完全积分的低阶单元的弯曲变形形式，由于单元为低阶单元，上下两边仍为直线，过积分点的水平线与垂直线不为直角，所以剪应力不为 0。当出现剪切自锁，变形计算结果明显偏小。

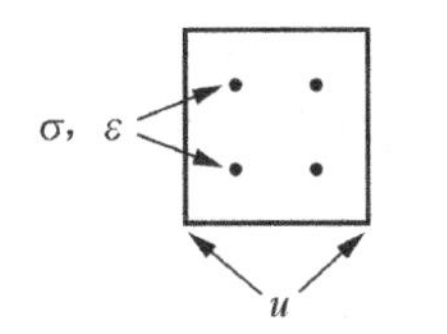

图 5-1-19 积分点与节点的关系

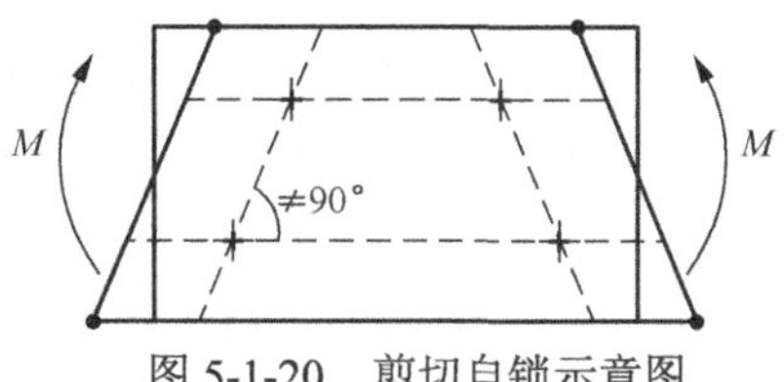

图 5-1-20 剪切自锁示意图

体积自锁表现为不可压缩材料（泊松比等于 0.5）或接近不可压缩材料（泊松比大于 0.475）在体积变形问题上，完全积分单元呈现出的过度刚化。这是因为体积模量计算公式为 $K=E/[3\times(1-2\times v)]$，当 v=0.5 时，K 无限大，导致结构难以变形，进而计算收敛困难。**特别注意：除平面应力模型以外，其余平面应变、轴对称和 3D 模型均可能发生体积自锁**。

为克服剪切自锁和体积自锁，就引入了相应单元技术。

3）相应单元技术

剪切自锁和体积自锁可认为是由单元内部系统的过约束造成的，因此对不同单元采用释放部分约束或加入附加方程的方法加以处理。常用的方法有**缩减积分（Reduced Integration）、增强应变（Enhanced Strain）、混合 U-P（杂交单元）**。

缩减积分：缩减积分的概念如图 5-1-21 所示，上图为完全积分，下图为缩减积分（注意：ANSYS 中 Full Integration 实际是选择缩减积分，即将 [B] 矩阵分为体积项和偏差项，对体积项采用缩减积分，对偏差项采用完全积分）。缩减积分（Reduced Integration）对体积项和偏差项均采用缩减积分。该方法既克服了体积自锁，也克服了剪切自锁，但会出现沙漏。

沙漏又称为零能量，如图 5-1-22 所示，只有一个积分点的低阶单元，弯曲作用发生变形，但过积分点的水平线与垂直线长度没变化，夹角也没有变化，即单元没有任何应变能，这明显不符合实际。如果采用缩减积分单元技术，为避免沙漏，可以采用高阶单元或加密网格的方法。

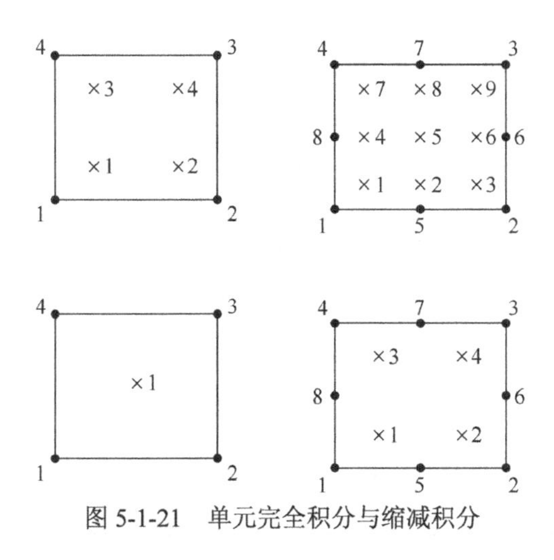

图 5-1-21 单元完全积分与缩减积分

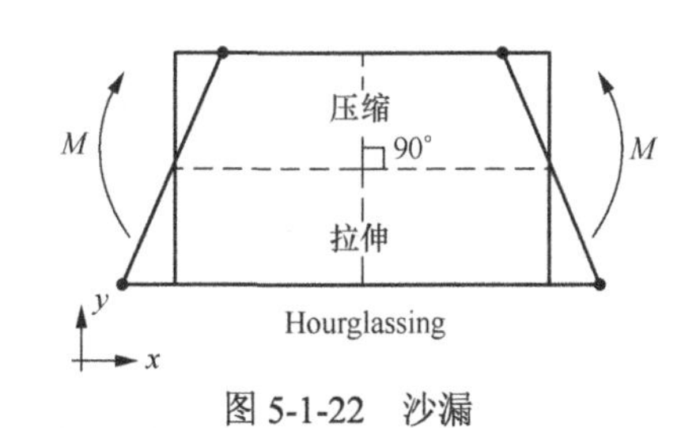

图 5-1-22 沙漏

增强应变：只适用于四边形或六面体低阶单元，在单元模型中增加附加自由度，以克服剪切自锁和体积自锁。单元质量越好，计算精度越高。计算原理如图 5-1-23 所示，在单元中附加了自由度相当于提高了形函数的阶数；同时允许网格中产生缝隙和重叠，也称为非协调模式。

混合 U-P：在单元内插静水压力作为附加自由度，如图 5-1-24 所示，也称为杂交单元，主要用于处理体积自锁现象。

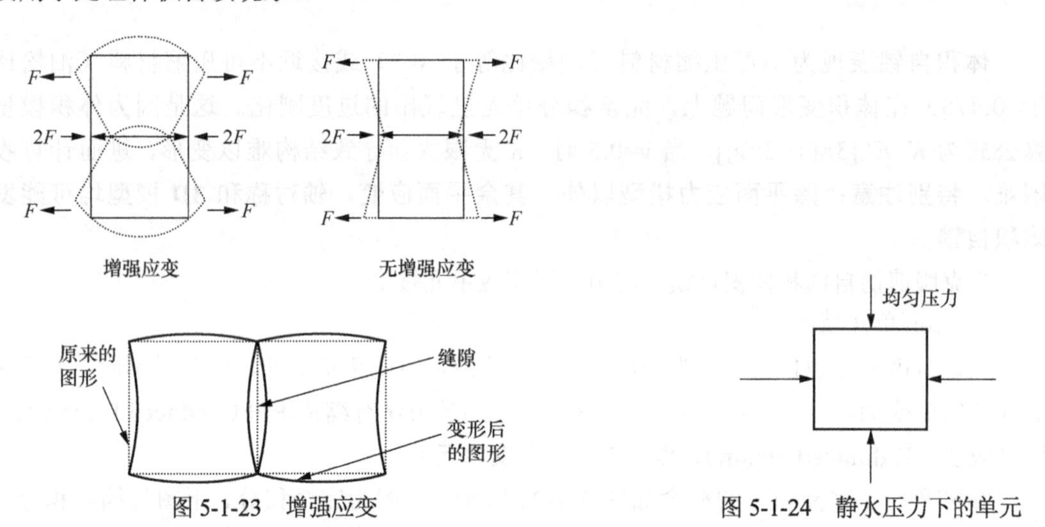

图 5-1-23　增强应变

图 5-1-24　静水压力下的单元

总之，对于剪切自锁，建议采用增强应变；对于体积自锁，建议采用混合 U-P。**特别注意**：Plane182 和 Plane183 单元中的平面应力（Plane Stress）模型不需要缩减积分、增强应变、混合 U-P 技术，如表 5-1-1 所示。

表 5-1-1　　单元类型与单元技术

单元	Full Integration	特点	Reduced Integration	特点	增强应变	特点	混合 U-P	特点
Plane182（线性）	默认	可解决大多数问题，但可能出现剪切自锁和体积自锁	keyopt（1）=1	可解决剪切自锁和接近不可压缩材料的体积自锁，但易出现沙漏现象	keyopt（1）=2	可以很好地解决剪切自锁，但会花费较多的计算时间	keyopt（6）=1	可以很好地解决体积自锁
Plane183（二次）	默认		—		—		keyopt（6）=1	
Solid185（线性六面体）	默认		可调		keyopt（2）=2		keyopt（6）=1	
Solid186（二次六面体）	可调		默认		—		keyopt（6）=1	
Solid187（二次四面体）	默认		—		—		keyopt（6）=1 或 2	
Solid285（线性四面体）	默认		—		—		默认	

2. 建立二维模型

双击 Geometry，在 DM 中建立一个如图 5-1-25 所示的平面二维模型，圆形（直径为 12mm）表示刚性面，方形（长度 20mm、高度 12mm）表示橡胶面，两者相切于方形上边中点，具体建模步骤可参看前面相关章节。需注意：因为模型为二维平面模型，只能在 XYPlane 基准上建立草绘。

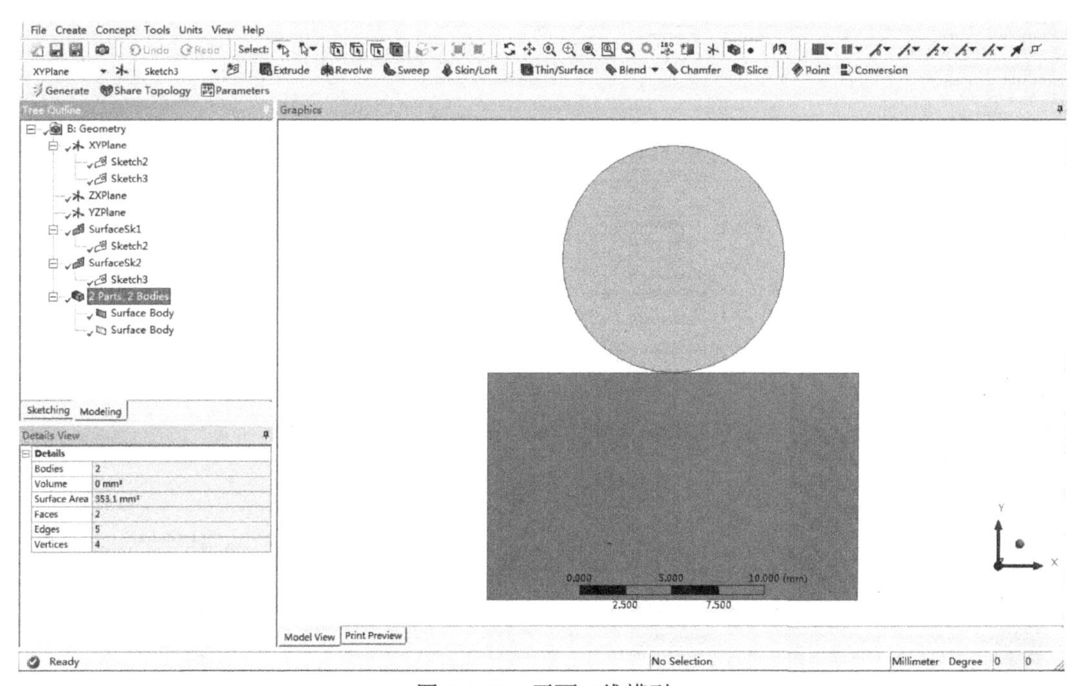

图 5-1-25　平面二维模型

3. 定义材料

双击 Engineering Data，新增一个如图 5-1-26 所示的超弹性材料（xiangjiao），采用 Ogden 3rd Order 本构方程，具体数值依次为 43438Pa、1.3、82.74Pa、5、−689.5Pa、-2、2.9E−08Pa^−1、0Pa^−1、0Pa^−1（该参数引自 ANSYS Help 中实例）。

4. 定义单元类型及超弹性材料

双击 Model，进入 Mechanical 界面。如图 5-1-27 所示依次定义 Geometry→2D Behavior 为 Plane Strain（平面应变）、长方形 Surface→Assignment 为 xiangjiao（定义橡胶材料），对长方形 Surface 右键插入 Command：keyopt,matid,6,1（为处理体积自锁，采用混合 U-P）；圆形 Surface 所有设置默认。

> **注意**
>
> 本例采用平面应变二维模型。如果为平面应力问题，不需要插入 Command 即可求解。关于二维平面模型的相关设置，读者自行参看前面相关章节。

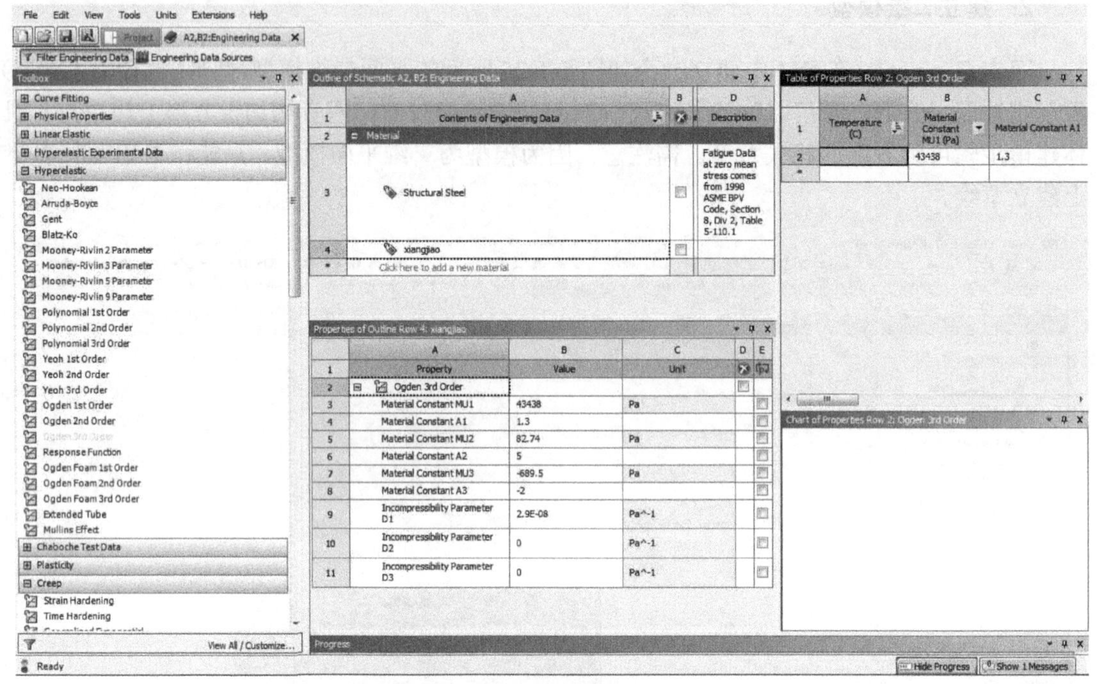

图 5-1-26　新建超弹性材料

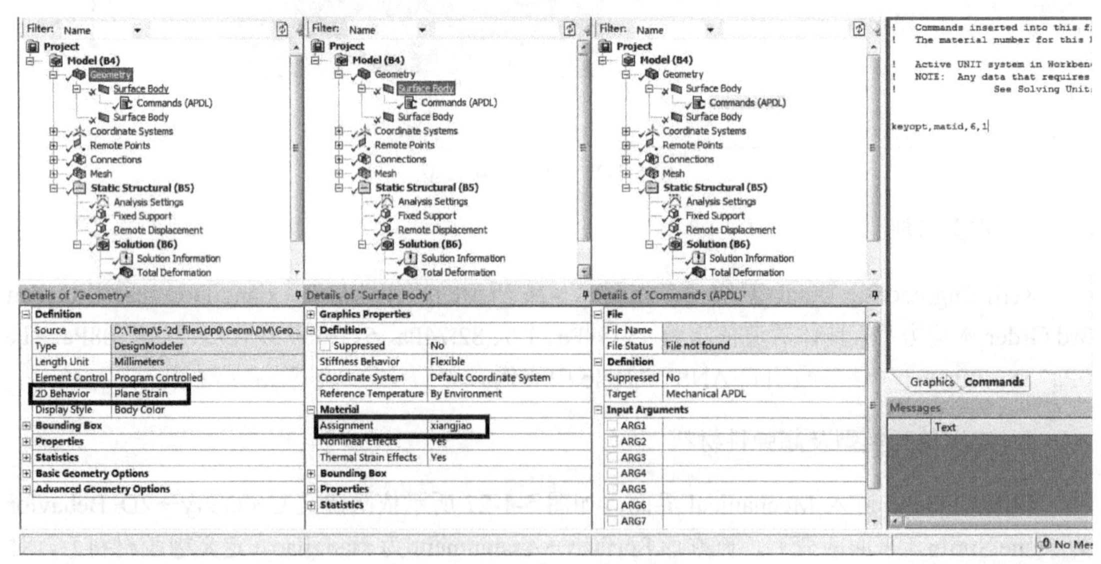

图 5-1-27　超弹性材料单元类型定义

5．接触设置

圆形刚性面与橡胶上面始终处于接触状态，不考虑两者之间的相对滑动和摩擦，所以采用 Bonded 接触类型（接触设置详见 5.3 节）。如图 5-1-28 所示，先点击 1 处 Body Views 开关，让接触模型分屏显示；如 2 处显示，在 Contact 选择橡胶上边线；如 3 处显示，在 Target 选择圆形的圆周线（**两者定义不可颠倒**）；在 4 处定义 Type 为 Bonded（接触类型），在 5 处定义

Trim Contact 为 Off（**为保证本例计算中，两者接触不穿透，此处必须设置**）；其余均默认。

> **注意**
>
> Body Views 开关对于接触设置非常有帮助，建议读者在默认情况下打开。

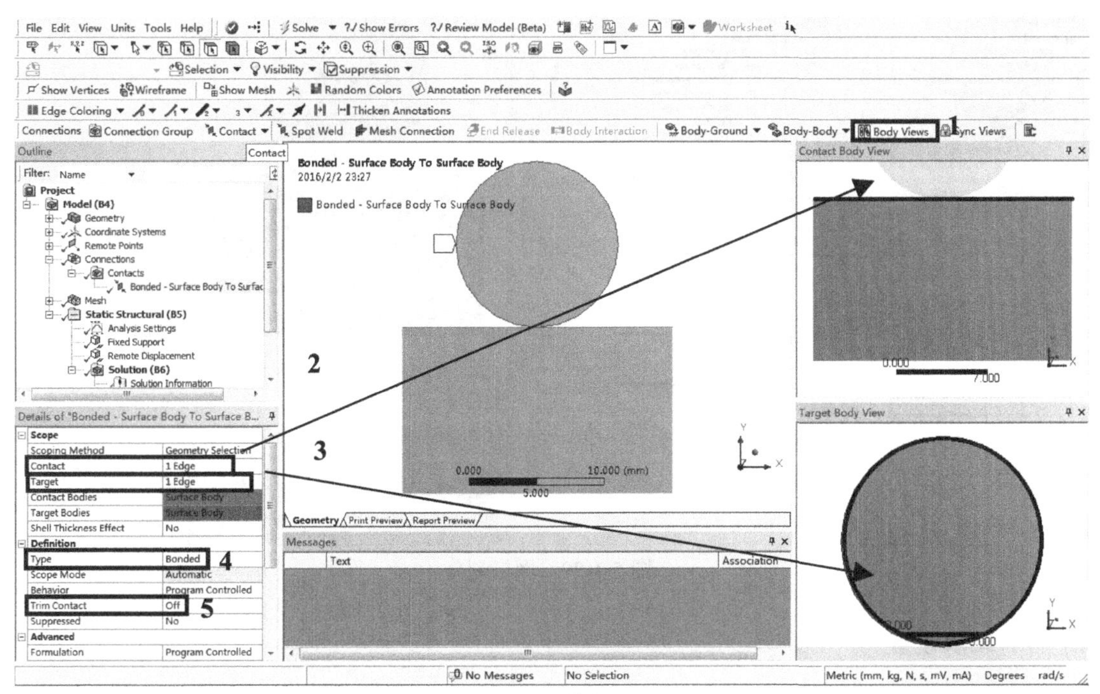

图 5-1-28　接触设置

6．网格划分

如图 5-1-29 所示，先点击 Mesh-Advanced→Element Midside Nodes 定义为 Kept（保留中节点，即平面单元类型为 Plane183）；再右键插入 Size 定义，在 Geometry 选择橡胶平面，在 Type 处定义 Element Size，Element Size 定义为 1mm，Behavior 定义为 Hard（强制规定橡胶平面的单元尺寸为 1mm，即 1mm×1mm 的正方形）。

> **注意**
>
> 单元中节点 Kept（保留）和 Dropped（取消）对计算结果影响极大。前文已经说明，单元中节点取消可以极大地减小计算规模，用较小的单元数即可保证计算精度；反之，如果同样多的单元数，单元中节点保留即意味节点数较多，计算所需内存也增多。例如，计算过程中如果出现内存不足时，可以通过取消单元中节点降低计算规模。另外在非线性计算过程中，单元中节点保留的收敛难度大于单元中节点取消。针对复杂接触、弯曲、不可压缩材料这类复杂非线性问题，可以采用取消单元中节点。本例采用单元中节点保留是为了避免接触穿透现象。
>
> 为保证类似本例的收敛计算，网格最好采用正方形或正方体网格（三维模型），因此，定义网格 Size 比定义 Sweep 网格更有意义。

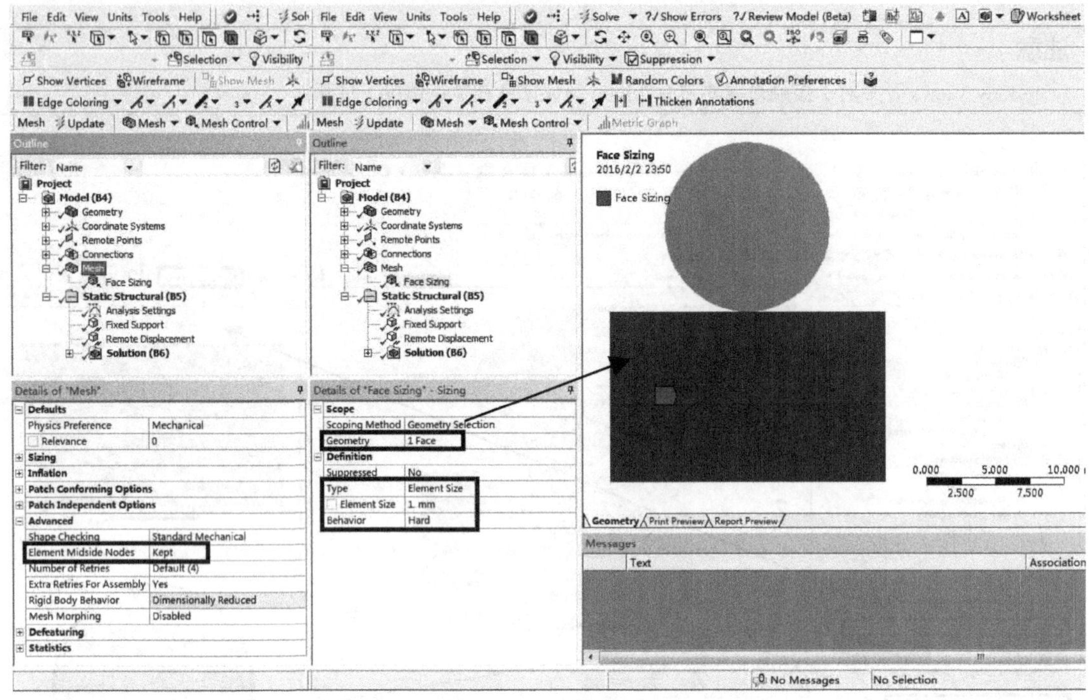

图 5-1-29　网格划分

7．求解设置

如图 5-1-30 所示，点击 Analysis Setting 的 Details 菜单，将 Auto Time Stepping 定义为 On; Define By 定义为 Time，其下依次为 1e-003s、1e-003s、1e-002s，这个设置可等效为 Define By 定义为 Substeps，其下依次为 1000、100、1000（即 Initial Time Step 与 Initial Substeps Minimum Time Step 与 Maximum Substeps，Maximum Time Step 与 Minimum Substeps 均互为倒数）；Large Deflection 定义为 On（切记，必须设置）。

注意

对于非线性求解，时间步或步长设置是收敛求解的必要方法。很多初学者遇到不收敛问题，只一味修改步长设置，往往收效甚微。步长设置应该与边界条件和网格相匹配，才能满足收敛计算。

8．边界条件加载

如图 5-1-31 所示施加边界条件，对橡胶平面下边线加载 Fixed Support（完全约束），对上圆形面加载 Remote Displacement（远程位移），大小方向为 Y 方向偏移-9mm，加载点位于坐标（8mm，26mm）。**注意**：加载点并不在圆形区域内，而在圆形区域外，这是根据实际测试工况定义的。读者可以先定义远程点后，再使用远程点加载远程位移。

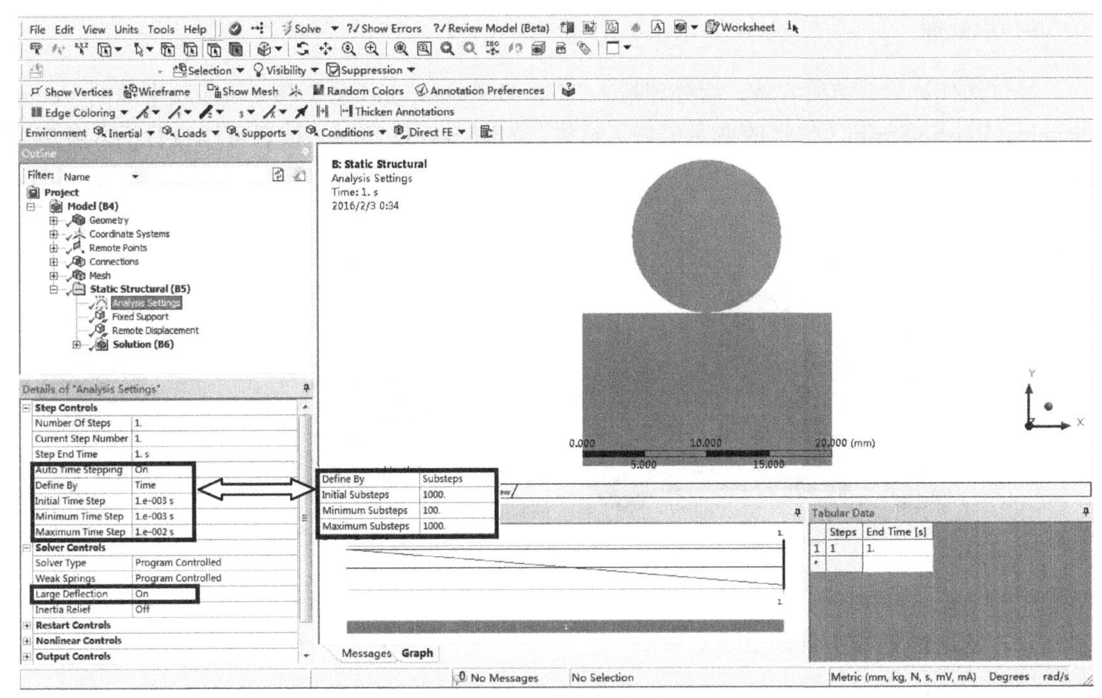

图 5-1-30 求解设置

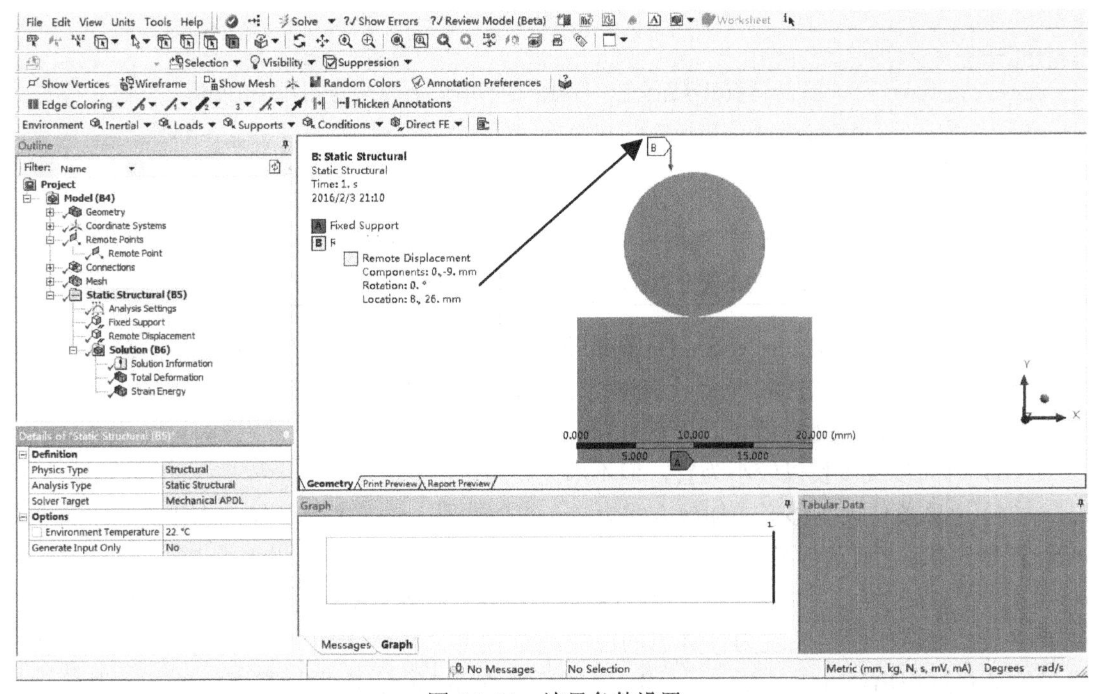

图 5-1-31 边界条件设置

9. 后处理

经过迭代计算、结果收敛、后处理插入 Total Deformation（总位移）和橡胶平面的 Vector Principal Elastic Strain（弹性应变主矢量）结果，如图 5-1-32 所示，读者可以自行插入各应变结果。

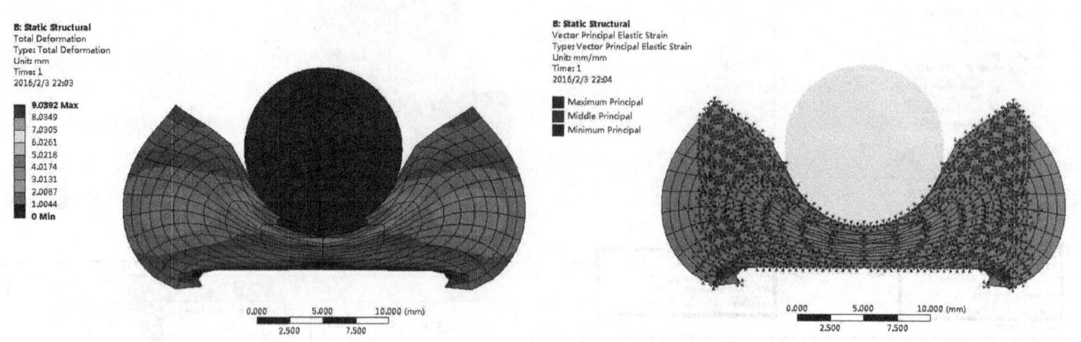

图 5-1-32　后处理之总位移和弹性应变主矢量云图

10. 求解超弹性本构模型收敛事项

（1）针对体积自锁，采用混合 U-P 单元技术。读者可以自行尝试，如果不定义 keyopt（6）=1，只有较小的向下位移才能收敛。如果定义混合 U-P 单元技术仍然不能收敛，可以在求解栏中插入一条 Command：

```
/solu
Solc,,,,vtol   !vtol 为体积相容公差值，与混合 U-P 单元技术对应使用。取值范围
               0≤vtol≤1，默认为 1.0×10^-5，推荐为 1×10^-5≤vtol_recommended≤1×10^-2
```

注意

使用该 Command 之后，原定义的时间步或步长设置全部重置；再结合 Analysis Setting 中的 Restart Controls 功能，即可保证收敛计算的充分条件。

（2）优先选择 Midside Nodes Dropped 网格，网格类型以正方形或正方体为最佳，如果很难划分成正方形或正方体，重点检查网格质量的 Aspect Ratio（长宽比）和 Maximum Corner Angle（最大顶角），网格尺寸以较小为宜。

（3）时间步或步长以较小为宜，但不用无限减小。

（4）边界条件以位移形式加载方式为宜，整个模型一定需要有足够的自由度，即至少有一个节点不加载任何边界条件。

（5）求解过程中，可能出现物理或数值不稳定。物理不稳定表现为几何不稳定，如屈曲或褶皱；数值不稳定表现为计算出的应变超过预定义材料本构方程所关注的应变。这些会导致计算过程出现 negative or small pivot 类的 Warnings。如果计算不收敛，即根据这些警告进行对应处理，如更换新的材料本构类型；但如果计算收敛，即便有不稳定提示，也可以不予理睬。

5.1.3 蠕变材料本构分析实例

对于这类分析，第一步是选择合适的本构模型。

1. Creep 曲线拟合本构参数

Creep 本构同样支持曲线拟合工具，但是 WB 界面没有此功能，只有在经典界面调用。如图 5-1-33 所示，依次左键点击 Preprocessor→Material Props→Material Models→Structural→Inelastic→Rate Dependent→Creep→Creep Curve Fitting。

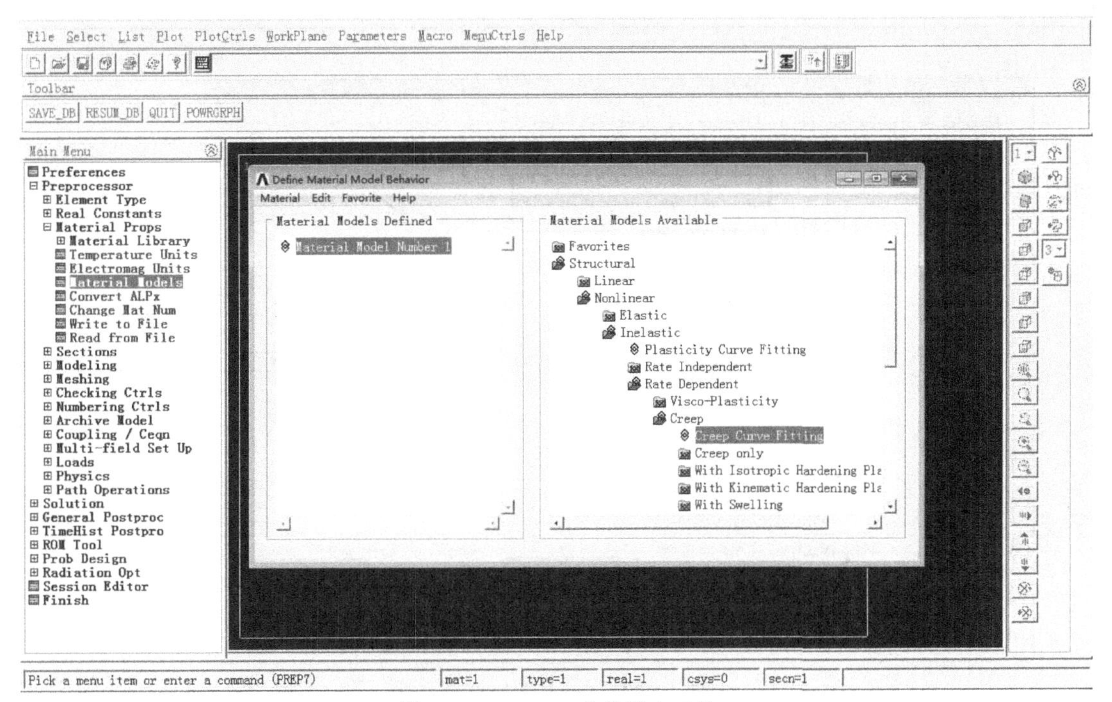

图 5-1-33 Creep 曲线拟合工具

如图 5-1-34 所示，图中 1 区表示 Creep 曲线拟合工具需要定义的参数名称及数值，参数名称简写如表 5-1-2 所示。试验数据参数只能通过 txt 文档导入，txt 文档必须置于某个非中文目录下，文档具体内容如下。

```
/seqv,1000    !指定等效应力为 1000MPa
/temp,750     !指定温度为 750℃
/1,time       !指定表格第一列参数为时间
/2,creq       !指定表格第二列参数为等效蠕变
0 0
360   0.02
720   0.04
1080 0.05
```

```
1440 0.057
1800 0.061
2160 0.063
2520 0.064 !试验参数，读者自行定义
```

> **注意**
>
> 不同的 Creep 本构，对应的参数不同，具体参数如表 5-1-3 所示。然后按 Read From File 选择这个试验参数 txt 文档。如果有关多个温度的试验参数，选择 Add DataSet 继续导入，所有数据导入成功后，点击 Next 进入拟合参数设置。

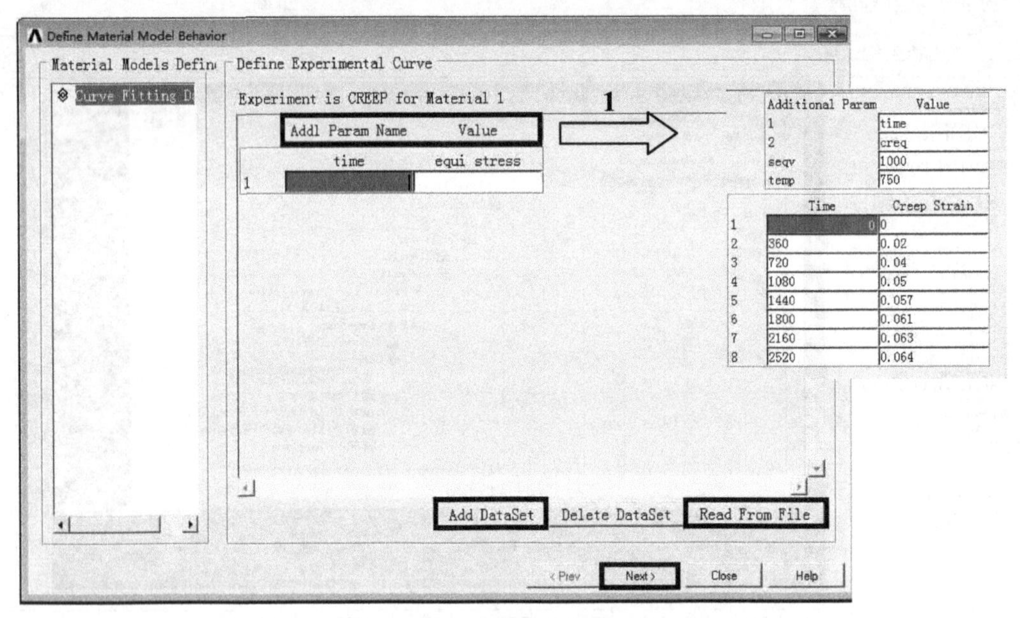

图 5-1-34　Creep 曲线拟合工具

表 5-1-2　Creep 参数名称简写表

参数名称	简写
Time（时间）	time
Equivalent Creep Strain（等效蠕变）	creq
Equivalent Creep Strain Rate（等效蠕变率）	dcreq
Equivalent Stress（等效应力）	seqv
Temperature（温度）	temp

表 5-1-3　不同 Creep 本构所需的参数

蠕变本构	creq	dcreq	time	seqv	temp
Strain Hardening	√	√		√	√

续表

蠕变本构	creq	dcreq	time	seqv	temp
Time Hardening		√	√	√	√
Generalized Exponential		√	√	√	√
Generalized Graham		√	√	√	√
Generalized Blackburn		√	√	√	
Modified Time Hardening	√		√	√	√
Modified Strain Hardening	√	√		√	√
Generalized Time Hardening	√		√	√	√
Generalized Garofalo		√		√	√
Exponential Form		√		√	√
Norton		√		√	√
Combined Time Hardening	√		√	√	√
Prim+Sec Rational Polynomial		√	√	√	

曲线拟合参数设置如图 5-1-35 所示，先根据 Creep 参数选择对应的 Creep 本构模型；由于 Creep 本构方程中的 C1 一般都是大于 0，故在 Coeff Value 输入一个正值，Fix 处勾选；Use Normalized Error 的设置与前文讲述的 Error Norm For Fit（拟合误差）一致，默认为 Normalized Error，表示对输入数据不加权，适合一般情况；不勾选 Normalized Error 表示对输入数据中大的数据加权，适合大蠕变情况；Max Iterations 默认为 1000，这与拟合计算速度有关；设置完以后，点击 Solve 即可拟合出各个 C_n 参数；点击 Plot 即可显示拟合参数图。

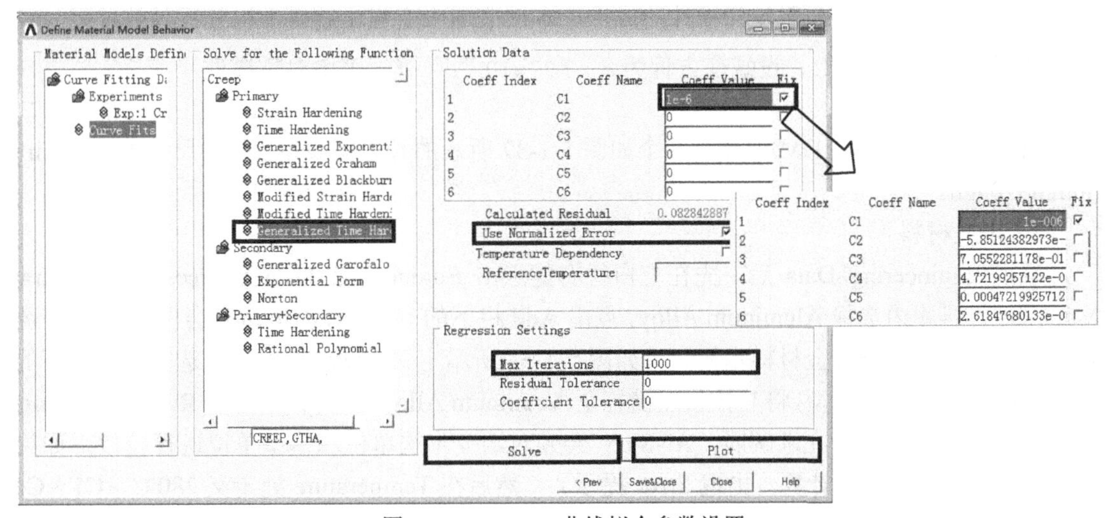

图 5-1-35 Creep 曲线拟合参数设置

图 5-1-36 为 Creep 拟合曲线图。右键点开菜单，从上至下依次为“缩放”、“缩放返回”、“满屏”、“显示所有拟合曲线”、“最大值”、“导出到文件”、“图形题头显示开关”、“图形网格线显示开关”、“坐标轴控制”、“拟合的本构模型”。

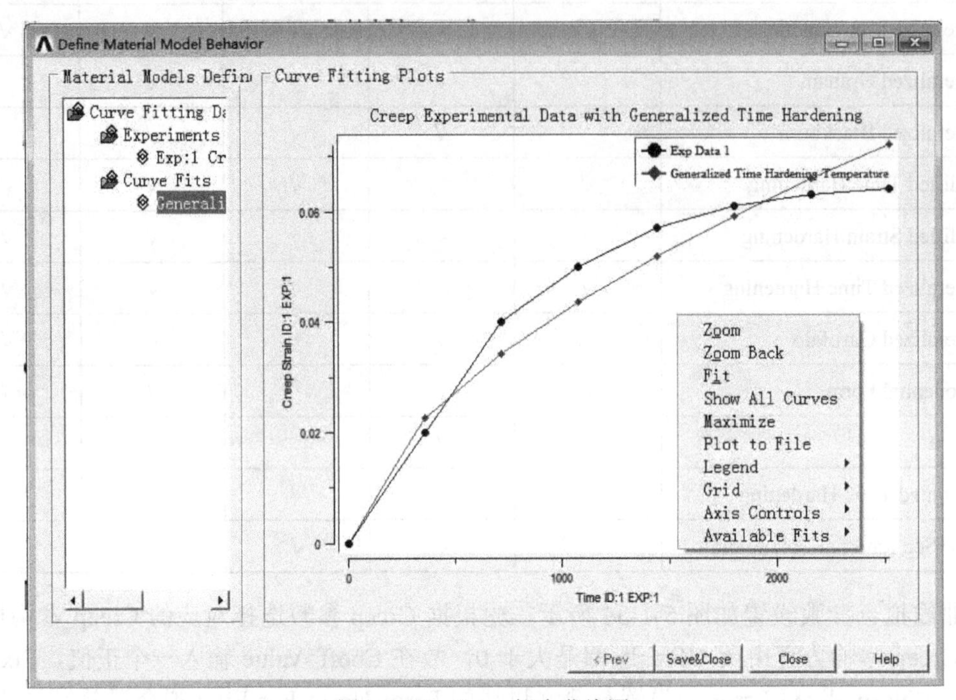

图 5-1-36　Creep 拟合曲线图

下面分别以应变强化和时间强化两个实例来说明蠕变本构模型分析。

2. 实例：蠕变时效

蠕变时效成形是指利用金属的蠕变特性，同步结合成形与时效处理的一种成形方法，主要用于航空行业中铝合金蒙皮和板件的成形。本例采用应变强化蠕变本构分析时效过程，蠕变时效环境温度取 280℃，设蠕变方程为 $\varepsilon = 7.29\times10^{-18}\sigma^{11.258}$，采用对称模型。

1）建立三维模型

双击 Geometry，在 DM 中建立一个如图 5-1-37 所示的长方体模型，模型尺寸为 100mm×50mm×10mm。

2）定义材料

双击 Engineering Data 后，先在空白栏右键点击 Engineering Data Sources，在 General Materials 材料库内选择 Aluminum Alloy，点击 Add 栏下的图标，在旁边就会出现一个图标，即表示调用了铝合金材料本构。再如图 5-1-38 所示定义 Creep 本构，先选择 Creep 下的 Strain Hardening 本构模型，将其按住左键拖至 Aluminum Alloy 栏下，**必须注意 Reference Units（参考单位）的设置**（在求解时，ANSYS 会先对蠕变本构单位和模型单位进行校核，如果单位制不一致，将不能计算，出现 Error 提示），然后在 Temperature 处定义 280℃，C1～C4 分别定义为 7.29E−18、11.258、0、0（该参数不具备实践意义）。

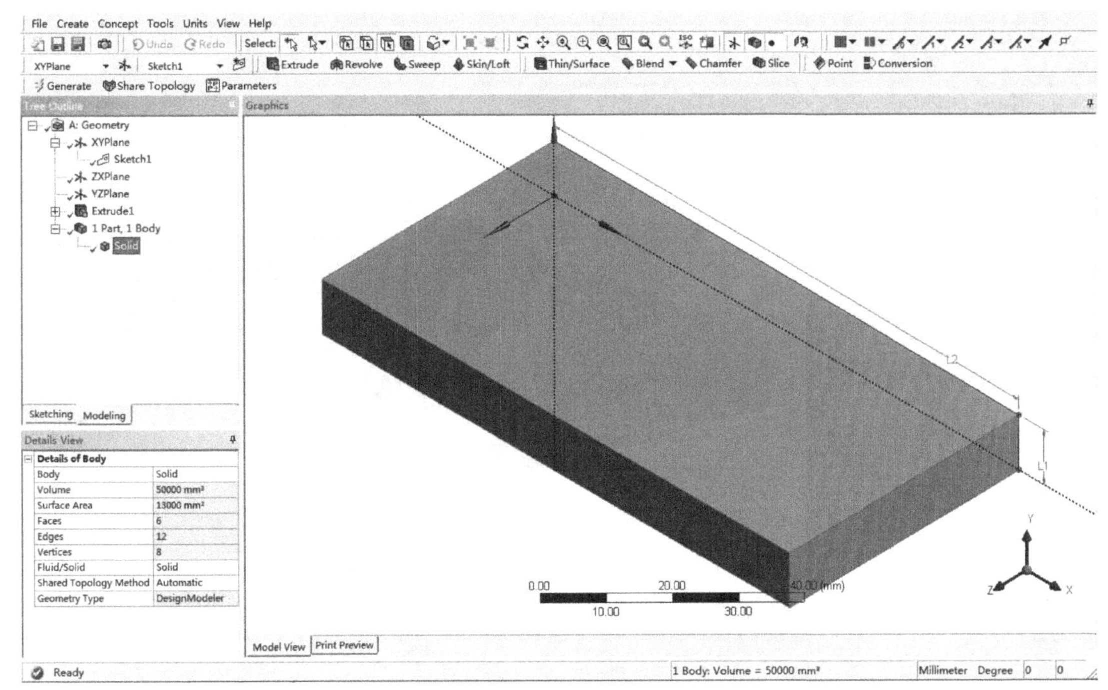

图 5-1-37 长方体模型

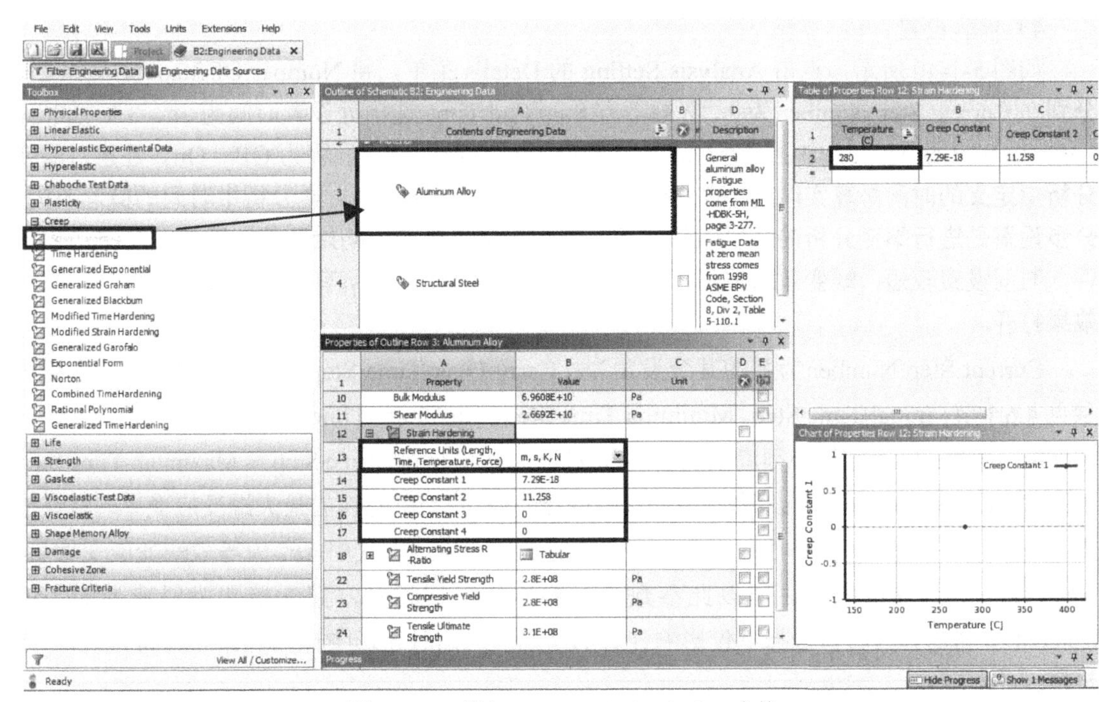

图 5-1-38 增加 creep-strain hardening 本构

3）定义 Creep 材料

双击 Model，进入 Mechanical 界面。如图 5-1-39 所示定义 Material→Assignment 为 Aluminum Alloy，其余设置全部默认。

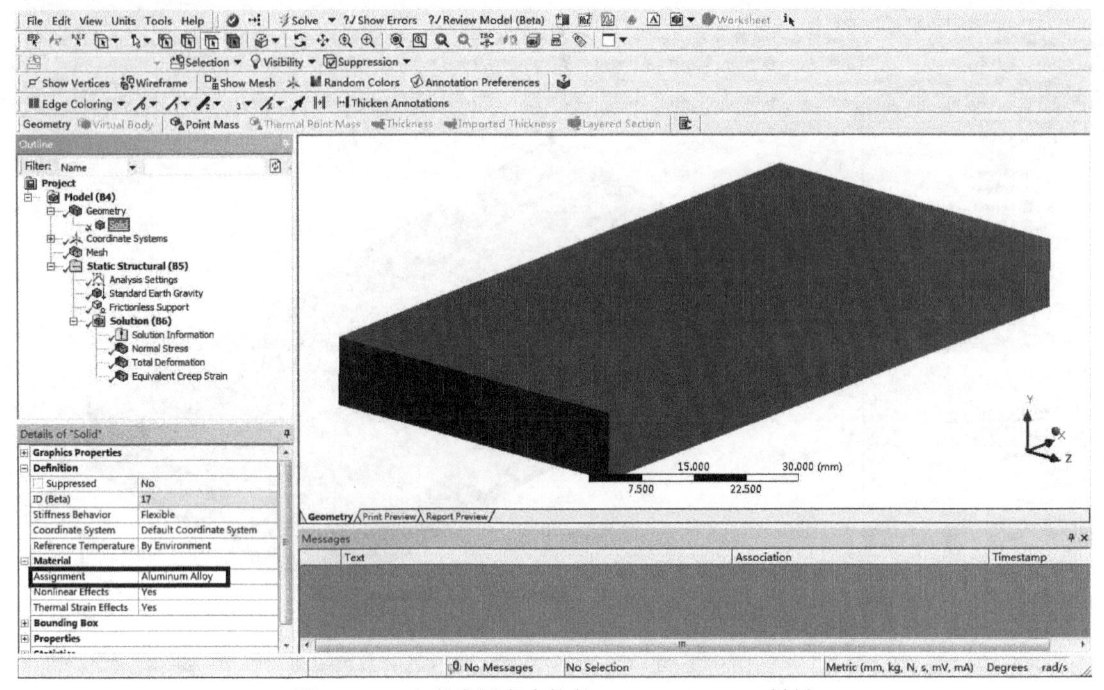

图 5-1-39　定义含蠕变本构的 Aluminum Alloy 材料

4）求解设置

如图 5-1-40 所示，点击 Analysis Setting 的 Details 菜单，将 Number Of Steps 定义为 2，分别在 Current Step Number 为 1、2 的下方 Step End Time 选项处设置时间为 1s、3.6e+006s，Large Deflection 选项处均设置为 On，Creep Effects 选项处分别设置为 Off、On。**注意：蠕变分析中定义的时间是真实时间，按分析总时间定义，这与其他静力学分析中时间的概念不同。分步设置是进行蠕变分析的必要条件，第一步用于定义蠕变的初始条件，即加载各类边界条件，时间设置较短，蠕变效果关闭；第二步才用于定义蠕变，所有边界条件保持稳定，蠕变效果打开。**

Current Step Number 为 2 的其余设置为：Carry Over Time Step 设置为 Off，具体含义可参见 4.6.1 节；Initial Time Step、Minimum Time Step、Maximum Time Step 分别为 1s、1e−008s、10000s。**注意：以上数值必须满足** Minimum Time Step ≤ Initial Time Step ≤ Maximum Time Step **关系式**；Creep Limit Ratio 设置为 10，Creep Limit Ratio 为所允许的最大蠕变应变率，默认值为 1，建议选择范围为 0.1～10。蠕变应变率公式为 $C_s = \dfrac{\Delta\varepsilon^{cr}}{\varepsilon^{et}}$，式中 $\Delta\varepsilon^{cr}$ 为等效蠕变应变增量、ε^{et} 为修正等效弹性应变，所以此参数与材料本构密切相关，其内核即为经典界面中的 Cutcontrol 命令，其数值选择不仅影响计算的精确性，同时还影响计算机计算时间。

> **注意**
>
> Cutcontrol 是二分控制命令，格式为 cutcontrol,lab,value,option。
>
> 例如：cutcontrol,crplimit,1, impratio 表示的意思为最大允许的蠕变应变率为 1，超过 1 时，软件将自动二分。针对蠕变本构，option 还可为 stslimit（应力阈值）或 stnlimit（弹性应变阈值）。

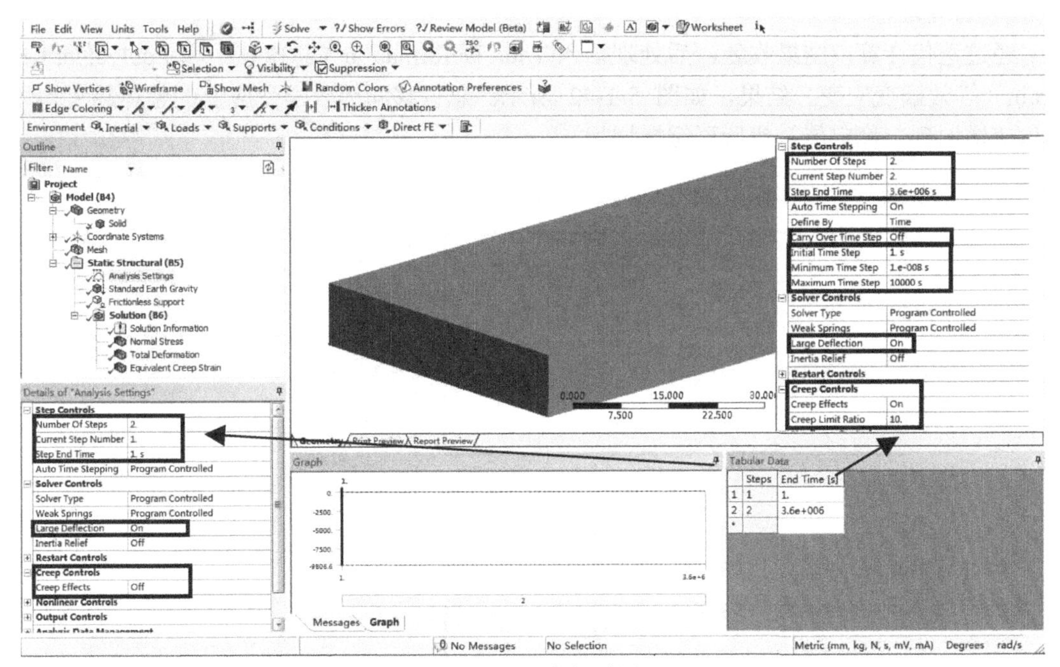

图 5-1-40　求解设置

5）边界条件加载

如图 5-1-41 所示施加边界条件，先在 Environment Temperature 处定义温度为 280℃，再选择长方体的五面加载 Frictionless Support（对称模型），对整体模型加载-Y 方向的 Standard Earth Gravity。

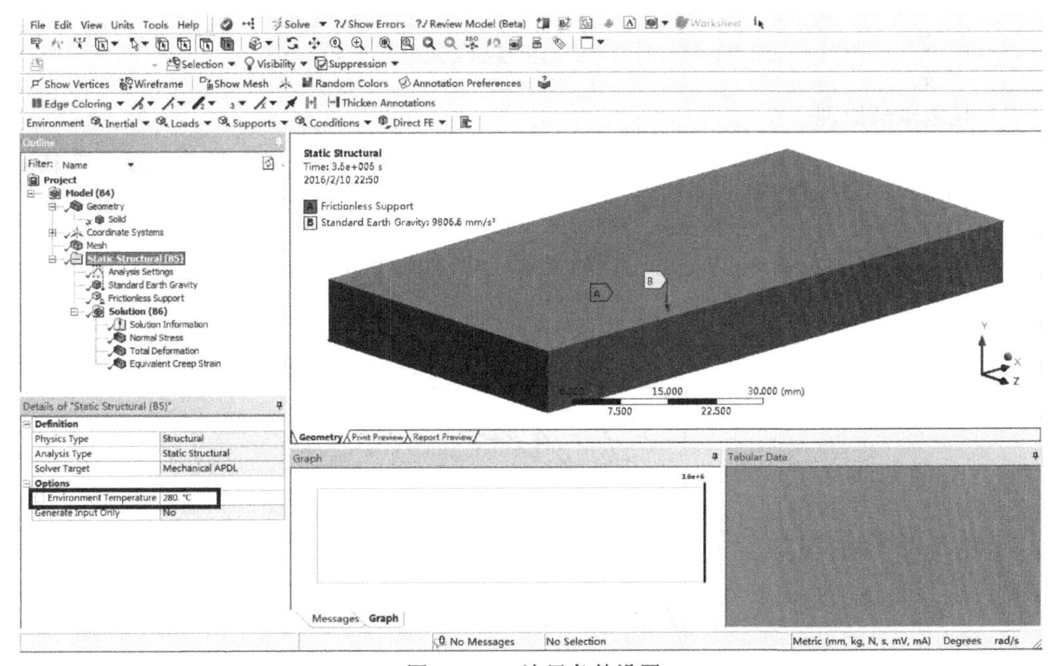

图 5-1-41　边界条件设置

6）后处理

经过迭代计算，结果收敛，后处理插入 Total Deformation（总位移）和 Equlvalent Creep Strain（等效蠕变应变）结果，如图 5-1-42 所示。总位移和等效蠕变应变的整体趋势均体现为急速增加到一稳定值，然后再缓慢增加。

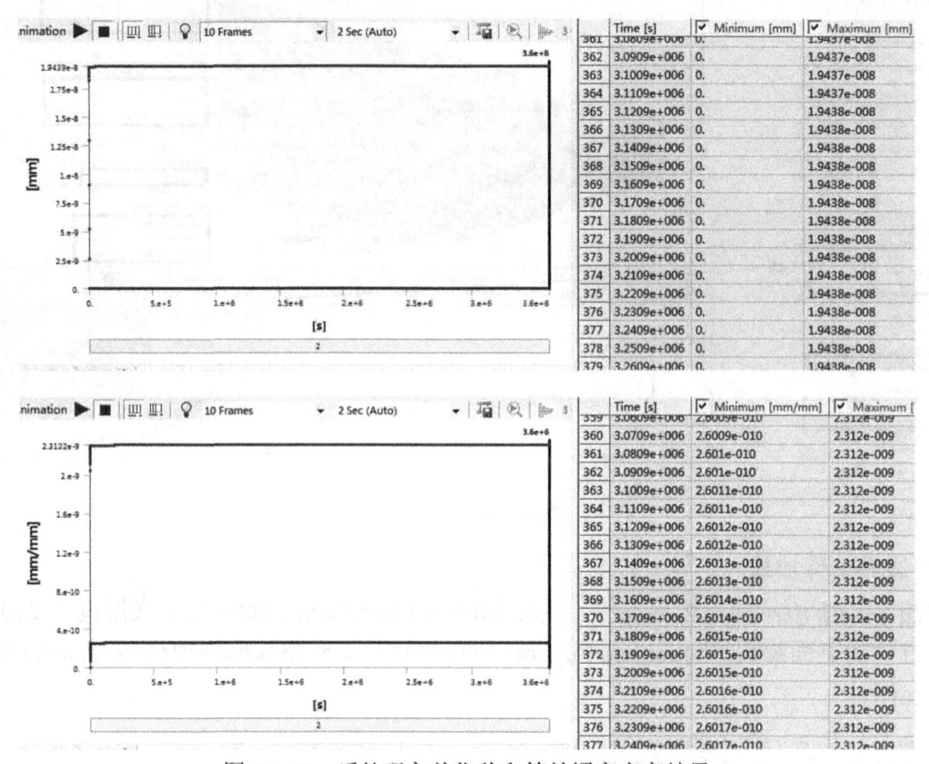

	Time [s]	Minimum [mm]	Maximum [mm]
361	3.0809e+006	0.	1.9437e-008
362	3.0909e+006	0.	1.9437e-008
363	3.1009e+006	0.	1.9437e-008
364	3.1109e+006	0.	1.9437e-008
365	3.1209e+006	0.	1.9438e-008
366	3.1309e+006	0.	1.9438e-008
367	3.1409e+006	0.	1.9438e-008
368	3.1509e+006	0.	1.9438e-008
369	3.1609e+006	0.	1.9438e-008
370	3.1709e+006	0.	1.9438e-008
371	3.1809e+006	0.	1.9438e-008
372	3.1909e+006	0.	1.9438e-008
373	3.2009e+006	0.	1.9438e-008
374	3.2109e+006	0.	1.9438e-008
375	3.2209e+006	0.	1.9438e-008
376	3.2309e+006	0.	1.9438e-008
377	3.2409e+006	0.	1.9438e-008
378	3.2509e+006	0.	1.9438e-008
379	3.2609e+006	0.	1.9438e-008

	Time [s]	Minimum [mm/mm]	Maximum [
359	3.0609e+006	2.6009e-010	2.312e-009
360	3.0709e+006	2.6009e-010	2.312e-009
361	3.0809e+006	2.601e-010	2.312e-009
362	3.0909e+006	2.601e-010	2.312e-009
363	3.1009e+006	2.6011e-010	2.312e-009
364	3.1109e+006	2.6011e-010	2.312e-009
365	3.1209e+006	2.6012e-010	2.312e-009
366	3.1309e+006	2.6012e-010	2.312e-009
367	3.1409e+006	2.6013e-010	2.312e-009
368	3.1509e+006	2.6013e-010	2.312e-009
369	3.1609e+006	2.6014e-010	2.312e-009
370	3.1709e+006	2.6014e-010	2.312e-009
371	3.1809e+006	2.6015e-010	2.312e-009
372	3.1909e+006	2.6015e-010	2.312e-009
373	3.2009e+006	2.6015e-010	2.312e-009
374	3.2109e+006	2.6016e-010	2.312e-009
375	3.2209e+006	2.6016e-010	2.312e-009
376	3.2309e+006	2.6017e-010	2.312e-009
377	3.2409e+006	2.6017e-010	2.312e-009

图 5-1-42　后处理之总位移和等效蠕变应变结果

7）收敛求解原理

在 ANSYS 软件中，针对非线性求解采用的是 Newton-Raphson 法，即用一序列迭代的线性分析来近似修正。如图 5-1-43 所示，图中 x 轴表示位移，y 轴表示力，中间的点线即表示力与位移的关系，即 $K=\dfrac{F}{x}$，但是呈现为非线性，而且在求解前，该点线函数未知。

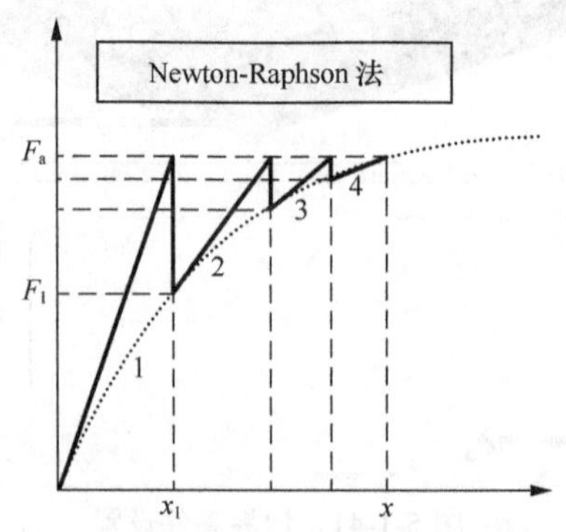

图 5-1-43　Newton-Raphson 求解原理

Newton-Raphson 求解过程如下：

① 先以总载荷 F_a 进行第一步迭代计算，计算结果对应 x_1，此时 $K_1=\frac{F_a}{x_1}$，如图中斜线所示。同时由 x_1，可得内力 F_1。此时 $F_a \neq F_1$，F_a-F_1 为残差，需继续迭代计算；

② 第二步迭代以 F_a-F_1 进行计算，结果对应 x_2，此时 $K_2=\frac{F_a-F_1}{x_2-x_1}$，可得内力 F_2，此时 $F_a \neq F_2$，仍需迭代计算；

③ 依次类推，经过四次迭代，当 $F_a=F_4$，达到平衡（平衡迭代），则计算收敛。

对于理想状态，残差应该为 0，但由于电脑精度和实际情况不同，ANSYS 确定一个很小并几乎可忽略的误差值（收敛容差，criterion），或称为 radius of convergence。如图 5-1-44 所示，当残差大于收敛容差，即表现为发散（diverging）；反之即收敛（converged）；为计算收敛，则如图 5-1-45 所示，调整步长（保证载荷尽量平滑）或放大收敛容差数值。

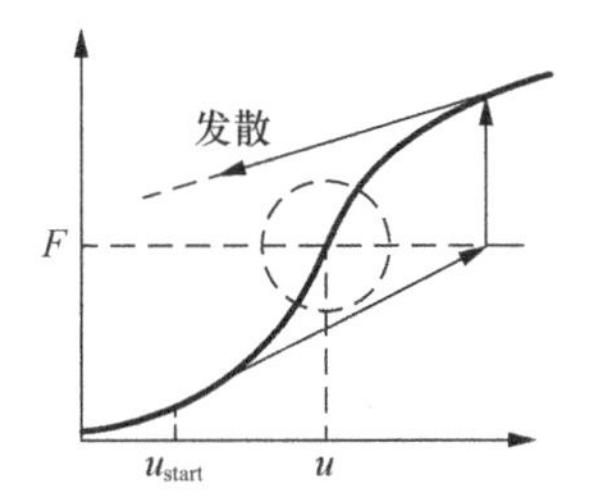

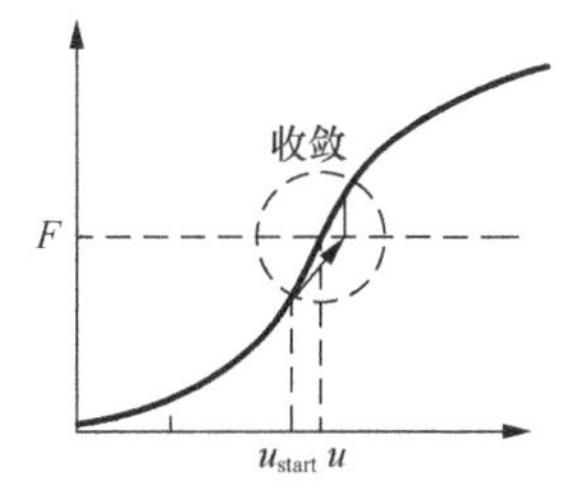

图 5-1-44　发散与收敛

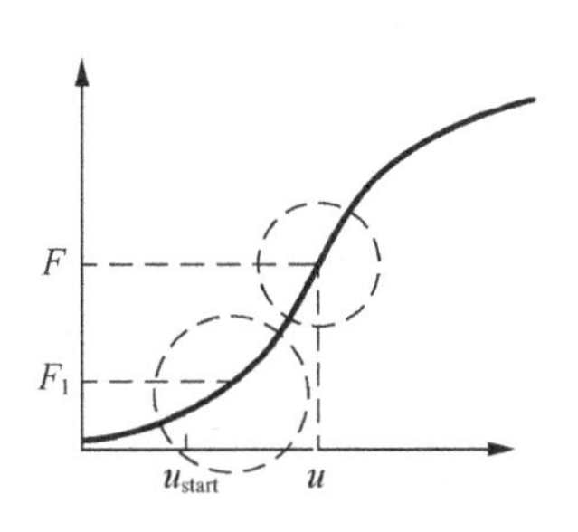

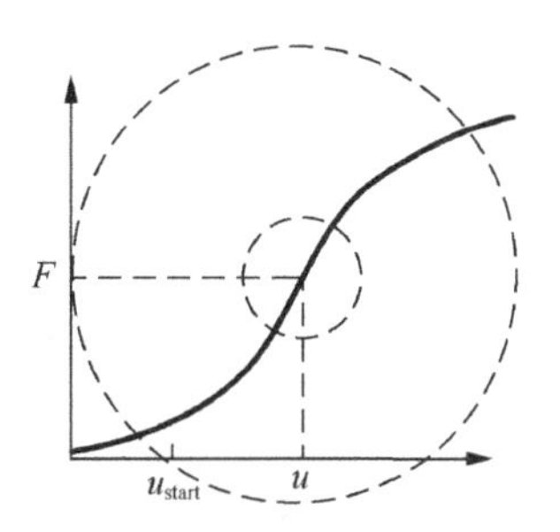

图 5-1-45　调整收敛方法

根据以上原则，在 WB 中为保证非线性计算收敛，首先可以调整时间步或步长设置，以保证有足够的迭代数以进行平衡迭代，例如，本例可以减小 Time Step 数值；其次可以增加载荷步，让载荷尽量缓慢平滑地加载，例如，本例可以增加 Number of Steps 数量；还可以在 Analysis Setting 的 Details 菜单中修改 Nolinear Controls 设置（一般都不推荐修改）。如图 5-1-46 所示，在 Solution Information 菜单中选择 Solution Output，定义为 Solver Output 选项，即可看到 WB 的详细求解信息，在图中方框区域可以看到力的残差值和位移的残差值均小于对应的收敛容差，载荷步为 1，子步为 2，经过 1 次平衡迭代即收敛。

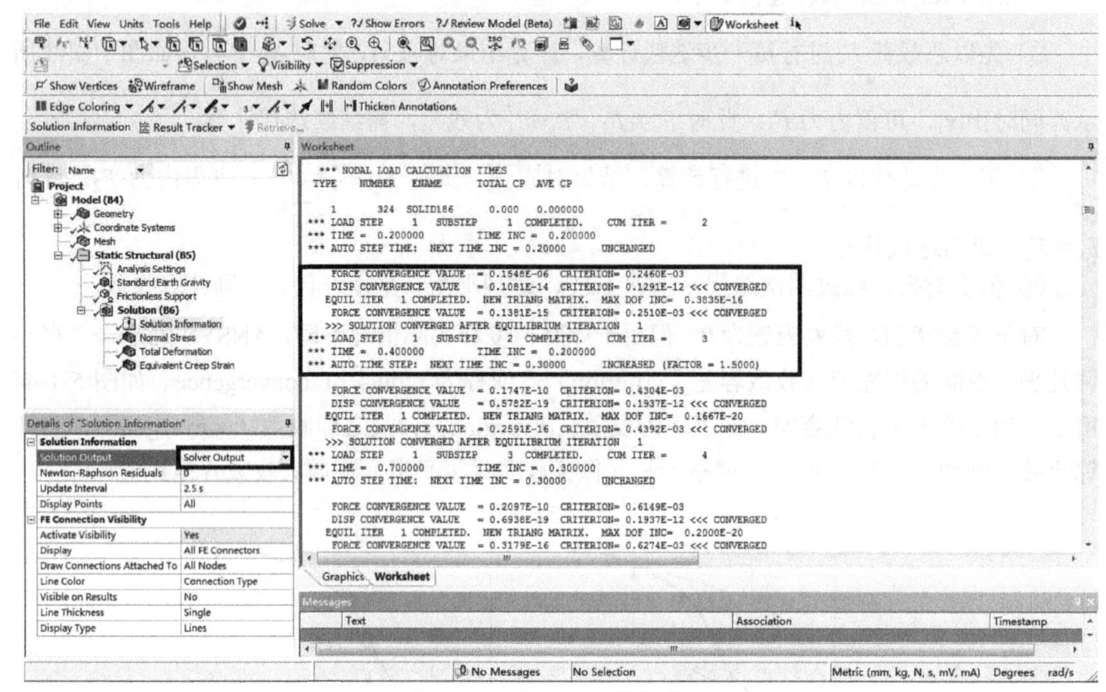

图 5-1-46　WB 求解详细信息

3．实例：螺栓蠕变松弛

螺栓连接在各零件连接形式中应用最广泛。在高温或大应力条件下，螺栓发生蠕变效应，发生应力松弛现象，严重时导致连接失效，这对设备的固定、密封将产生严重影响。本例采用时间强化蠕变本构分析蠕变松弛过程，设 450℃时蠕变方程为 $\dot{\varepsilon}_{cr} = 2\times10^{-4}\sigma^{0.2224}t^{-0.92865}e^{-246.5/T}$ 。

1）建立三维模型

双击 Geometry，在 DM 中导入一个如图 5-1-47 所示的 3D 模型（ProE 生成的 x_t 文件），模形为一槽形件和一个螺栓；点击 Create→Body Operation，在 Type 处定义 Simplify，Bodies 处选择螺栓；（注意：从 CAD 模型导入到 WB 中，无论轴或孔的圆形模型，其轴向的柱面会自动分为两个半圆柱面，导致后续边界条件无法加载，所以必须对模型进行 Simplify 处理；或者在 Import 模型时，将 Simplify Geometry 和 Simplify Topology 开关设置为 On。）为能使模型扫略划分网格，以图中箭头所指平面对模型进行切分，这样槽形件分为上、下、左三部分；最后将这三部分用 Form New Part 组合为一部件。（具体操作请读者参见前文。）

2）定义材料

双击 Engineering Data 后，先右键点击 Structural Steel，在出现的菜单中点击 Duplicate，即会出现 Structural Steel2 的材料，将其改名为 Creep。再选择 Creep 下的 Time Hardening 本构模型，按住左键将其拖至 Creep 栏下，同样要注意 Reference Units（参考单位）的设置，在 Temperature 处定义温度为 450℃，C1～C4 分别定义为 0.0002、0.2224、−0.92865、246.5（该参数不具备实践意义），如图 5-1-48 所示。

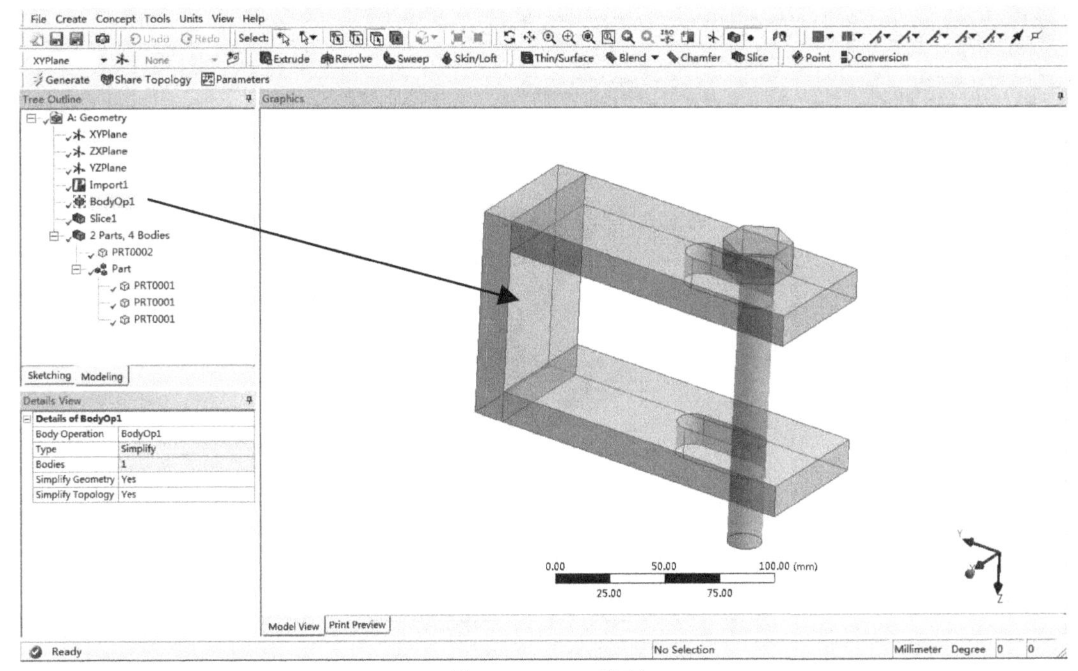

图 5-1-47　3D 模型

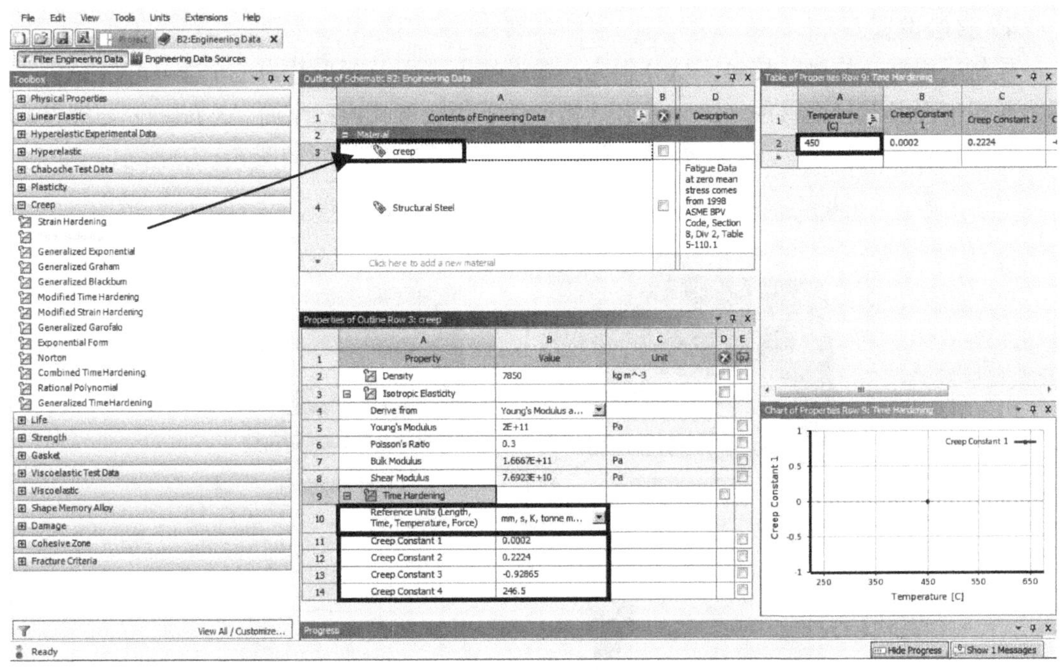

图 5-1-48　增加 Creep-Time Hardening 本构

3）定义 Creep 材料

双击 Model，进入 Mechanical 界面。如图 5-1-49 所示，点选 Luoshuan 零件定义 Material→Assignment 为 creep，其余设置全部默认。

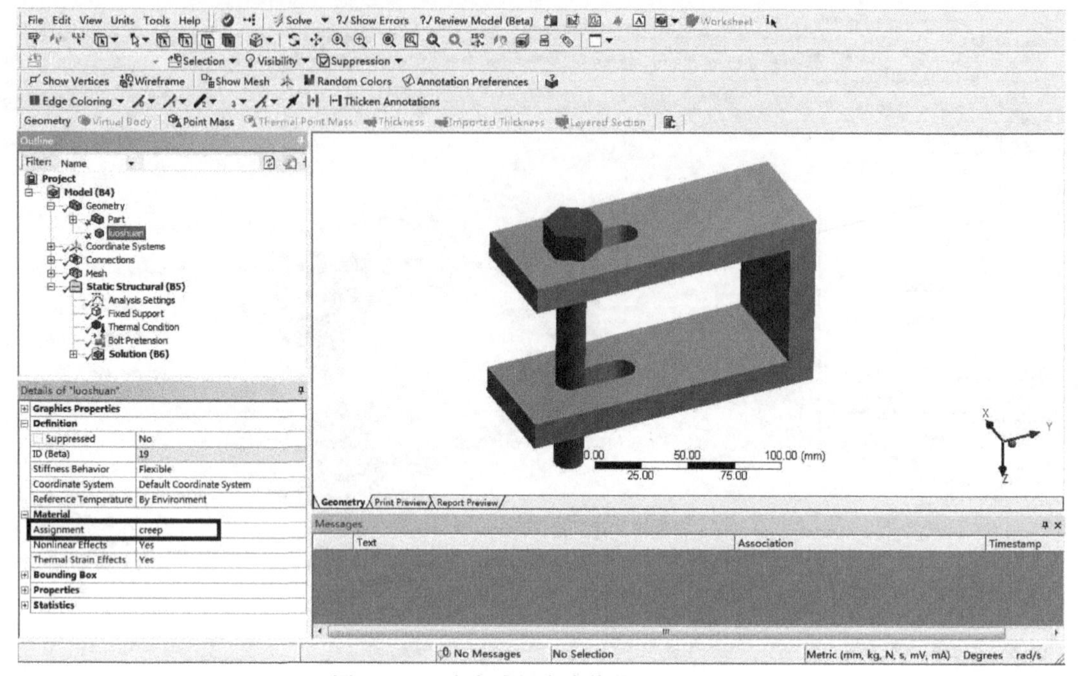

图 5-1-49　定义含蠕变本构的 Creep 材料

4）接触设置

接触采用默认接触，接触区域分别为：槽形件上表面及腰形孔内三个面（4 faces）与螺栓六角头下面及长柱面接触（2 faces）；槽形件下边腰形孔内三个面（3 faces）与螺栓六角头长柱面接触（1 faces）。接触类型为 Bonded，其余全部默认，如图 5-1-50 所示。

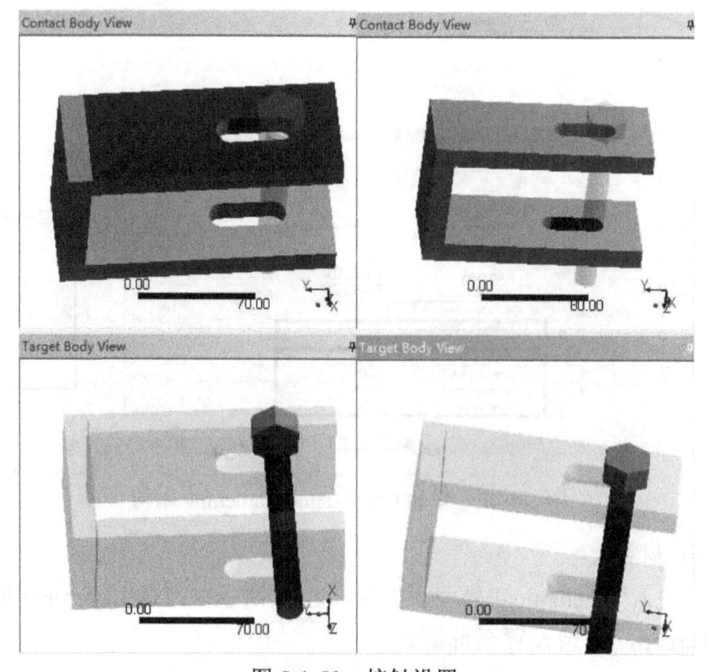

图 5-1-50　接触设置

5）网格划分设置

如图 5-1-51 所示，对槽形件切分的三块定义扫略网格（Sweep），全部默认设置；对螺栓定义多域（Multizone），并定义单元尺寸为 5mm，其余默认设置。

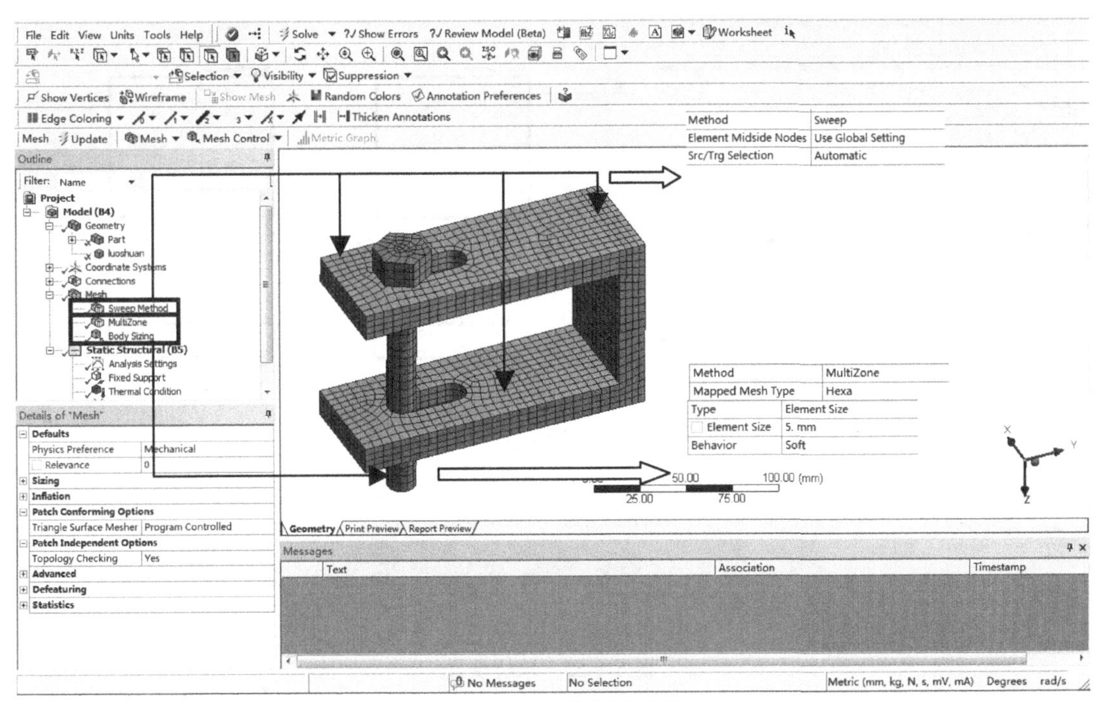

图 5-1-51　网格划分设置

6）求解设置

如图 5-1-52 所示，点击 Analysis Setting 的 Details 菜单，将 Number Of Steps 定义为 3，分别在 Current Step Number 为 1、2、3 的下方 Step End Time 选项处设置时间为 0.1s、60s、900s，Large Deflection 选项处均设置为 Off，Creep Effects 选项处分别设置为 Off、On、On。

Current Step Number 为 2 的其余设置为：Carry Over Time Step 设置为 Off；Initial Time Step、Minimum Time Step、Maximum Time Step 分别设置为 1s、1s、10s；Creep Limit Ratio 设置为 10。

Current Step Number 为 3 的其余设置为：Carry Over Time Step 设置为 Off；Initial Substeps、Minimum Substeps、Maximum Substeps 分别为 10、10、100；Creep Limit Ratio 设置为 10。**一般来说，同一分析中不同分析步的设置，最好采用同一基准，即或者采用时间（Time），或者采用步长（Substeps）。本例仅仅希望读者了解两者的联系，才这样设置。**

7）边界条件加载

如图 5-1-53 所示施加边界条件，选择槽形件的端面加载 Fixed Support；对螺栓整体加载温度载荷（Thermal Condition），0～0.1s 为 22℃、0.1～60s 为 22～450℃、60～900s 为 450℃；对螺栓长柱面加载螺栓载荷（Bolt Pretension），第一步定义预紧长度 0.75mm（Define By:

Adjustment；Preadjustment：0.75mm）、第二步定义锁紧螺栓（Define By：Lock）、第三步定义锁紧螺栓（Define By：Lock）。

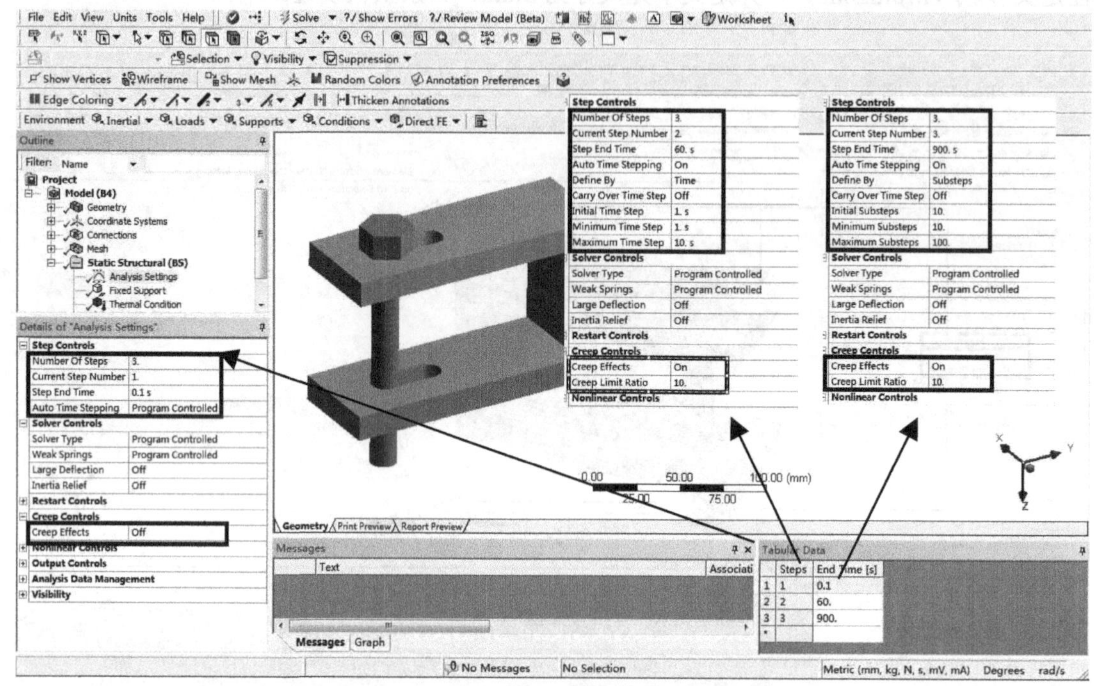

图 5-1-52　求解设置

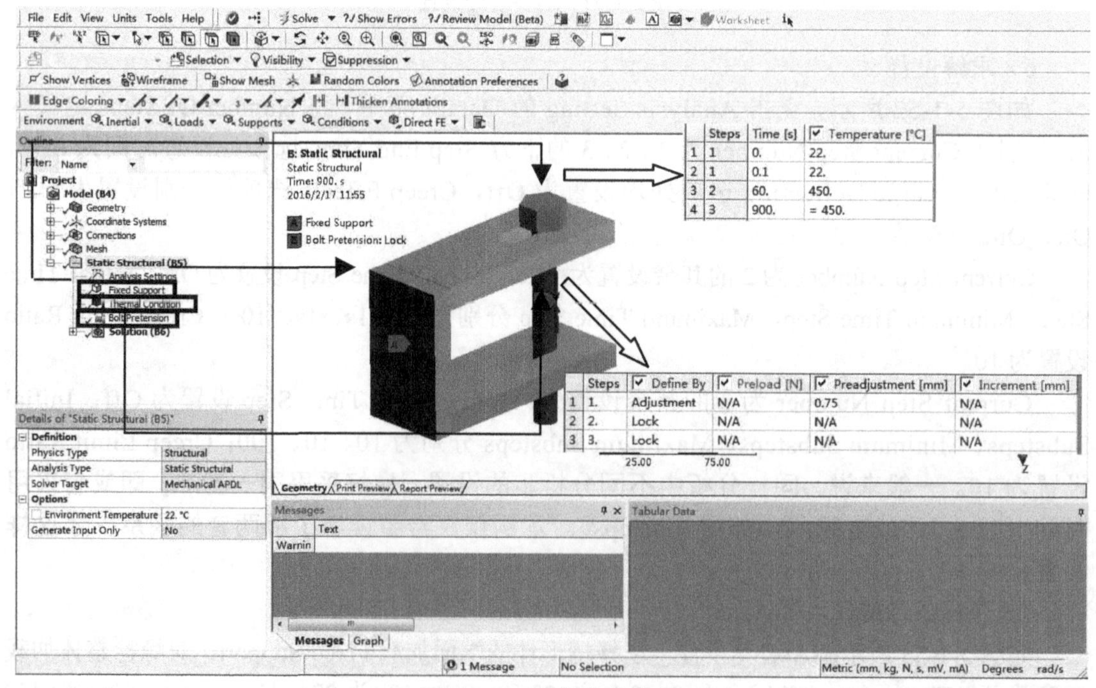

图 5-1-53　边界条件设置

8）后处理

经过迭代计算，结果收敛，后处理插入 Equlvalent Creep Strain（等效蠕变应变）结果，如图 5-1-54 所示，等效蠕变应变的整体趋势均体现为急速增加，然后再缓慢增加。

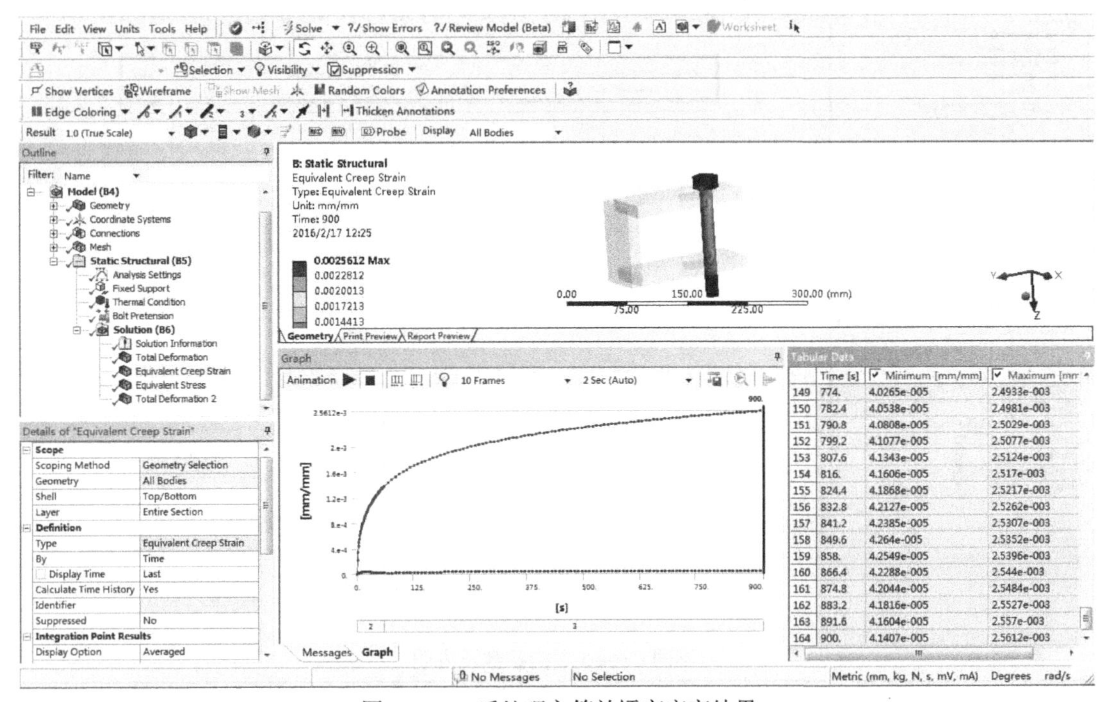

图 5-1-54 后处理之等效蠕变应变结果

9）收敛过程监控

如图 5-1-55 所示，在 Solution Information 菜单中选择 Solution Output，定义为 Force Convergence（力收敛）选项，即可看到 WB 收敛计算的动态过程监控图，其中 Force Convergence 表示力收敛曲线，Forcec Criterion 表示力的收敛容差曲线，Bisection Occurred 表示自动二分，Substep Converged 表示子步收敛，Load Step Converged 表示载荷步收敛，当收敛曲线位于收敛容差曲线下方时，计算收敛，时间曲线图向上增长；当收敛曲线位于收敛容差曲线上方时，如果步长较大或载荷增量较大，系统会进行自动二分，这时时间曲线图向下，直到达到一个合适的步长完成平衡迭代，计算收敛，时间曲线图又向上增长。这个力收敛工具是非线性计算的重要参数图之一，希望读者多多观察此图。

4. 求解蠕变本构模型收敛事项

（1）蠕变本构模型中各个参数有其特殊意义，具体见表 5-1-4。

（2）应变较小的蠕变非线性计算一般比较容易收敛，只要调整时间步或步长及最大蠕变应变率的数值，同时注意单位的一致。

（3）蠕变分析中需慎重定义边界条件。

（4）蠕变分析并不一定必须打开大变形开关，取决于是否产生大应变。如果不能确定，建议打开大变形开关。

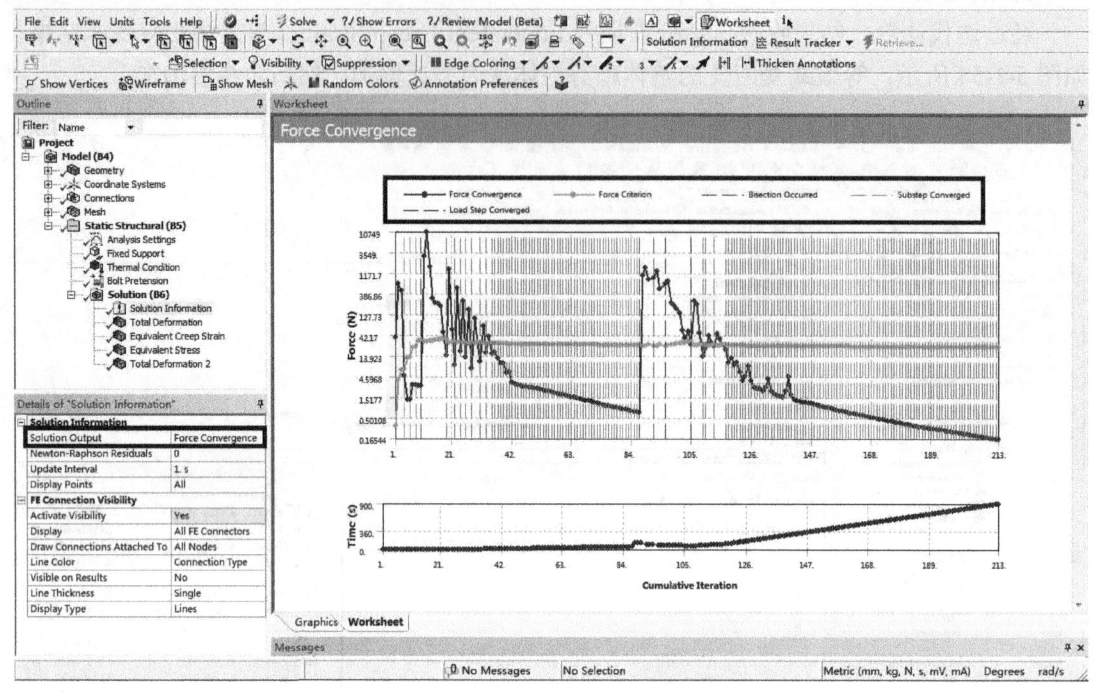

图 5-1-55　力收敛计算动态过程监控图

表 5-1-4　　　　不同 Creep 本构参数及说明

蠕变本构	参数	说明
Strain Hardening	C3<0	应变率下降或趋于稳定
Time Hardening	−1<C3<−0.5	应变率下降或趋于稳定
Generalized Exponential		依据时间强化
Generalized Graham		依据时间强化
Generalized Blackburn		依据时间强化
Modified Time Hardening	−1<C3+1<−0.5	应变率下降或趋于稳定
Modified Strain Hardening	C3<0	应变率下降或趋于稳定
Generalized Time Hardening	−1<C4+C5	应变率下降或趋于稳定
Generalized Garofalo		与时间无关
Exponential Form		与时间无关
Norton		与时间无关
Combined Time Hardening		主要用于核工业中的钢材
Rational Polynomial		主要用于核工业中的钢材

5.1.4　非线性随动强化本构分析实例

非线性随动强化本构模型如图 5-1-56 所示，由图可知：非线性随动强化与塑性应变不具备线性关系；强化与屈服面有关，但与线性强化不同，屈服面不在主应力空间平移。主要模拟棘轮和调整行为，适用于大应变和循环加载。

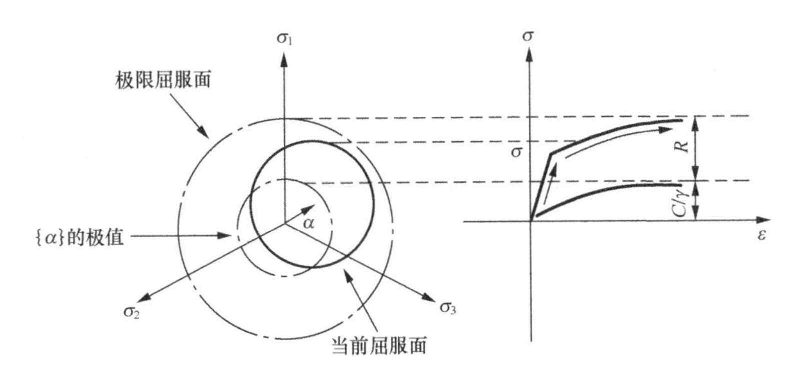

图 5-1-56　非线性随动强化准则的屈服面变化图

其中 Chaboche 本构是非线性随动强化的一种典型模型。

后应力 $\dot{\alpha}=\sum_{i=1}^{n}\dot{\alpha}_i=\frac{2}{3}\sum_{i=1}^{n}C_i\varepsilon^{pl}-\gamma_i\alpha_i\lambda\frac{1}{C_i}\frac{\mathrm{d}C_i}{\mathrm{d}T}\dot{T}\alpha_i$，式中，$n$ 为使用的随动模型数；α 为后应力，位于屈服面中心；C_i 为强化模量材料参数；ε^{pl} 为等效塑性应变；γ_i 为强化模量的材料缩减率；λ 为累积塑性应变；T 为温度。

当 $n=1$ 且 $\gamma_1=0$ 时，Chaboche 本构简化为双线性随动强化（Bilinear Kinematic）；当 $n\geqslant 1$ 且 $\gamma_i\neq 0$ 处于非对称载荷时，描述棘轮效应（Ratchetting）；当 $n\geqslant 2$ 且其中某一个 $\gamma_i=0$ 处于非对称载荷时，描述调整行为（Shakedown）。

Chaboche 本构参数设置如图 5-1-57 所示，其中 Numbers of Kinematic Models 表示随动模型数量，Yield Stress 表示屈服强度，一般为弹性区域的一半（Bauschinger Effect）Material Constant C_i 和 γ_i 由公式 $\frac{\Delta\sigma}{2}-k=\frac{C_i}{\gamma_i}\tanh\left(\gamma_i\frac{\Delta\varepsilon^{pl}}{2}\right)$ 拟合，式中，$\Delta\sigma$ 为总应力范围；k 为屈服强度；$\Delta\varepsilon^{pl}$ 为塑性应变范围。

Properties of Outline Row 4: 1

	A	B	C	D	E
1	Property	Value	Unit		
2	Chaboche Kinematic Hardening				
3	Number of Kinematic Models	3			
4	Yield Stress		MPa		
5	Material Constant C1		MPa		
6	Material Constant γ1				
7	Material Constant C2		MPa		
8	Material Constant γ2				
9	Material Constant C3		MPa		
10	Material Constant γ3				

图 5-1-57　Chaboche 本构参数设置

1. 基于 Chaboche 本构模型的棘轮行为分析

产品在实际工程运行中由于承受持续载荷，在非对称的循环载荷下，材料会产生不同程度的塑性应变循环积累，即产生棘轮行为。当棘轮变形达到循环饱和状态，塑性累积将导致尺寸超差或破坏失效。本例采用 Chaboche 本构分析一个带腰形槽缺口平板的棘轮行为，由于其对称性，建立 1/4 模型。

2. 建立二维模型

双击 Geometry，在 DM 中建立一个 1/4 模型，如图 5-1-58 所示的平面二维模型，长方形尺寸为 5in×4in，在左下角开一 1/4 腰形槽，腰形槽尺寸为 0.5 in×0.05in。需注意：因为模型为平面二维模型，只能在 XYPlane 基准上建立草绘。

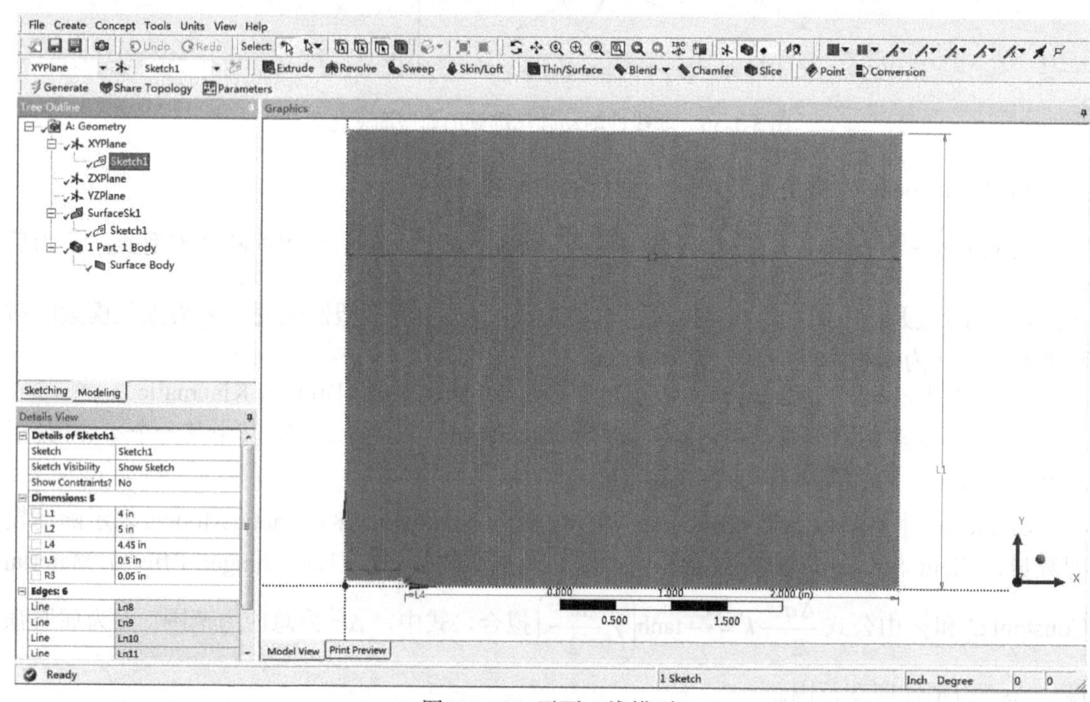

图 5-1-58　平面二维模型

3. 定义材料

如图 5-1-59 所示，在现有结构钢材料参数基础上添加 Chaboche Kinematic Hardening，参数为 Number of Kinematic Models：3；Yield Stress：1.2962E+08Pa；C1、C2、C3 依次为 4.1369E+11Pa、8.9632E+10Pa、3.1371E+09Pa；γ1、γ2、γ3 依次为 20000、800、9（该参数不具备实际工程意义）。

4. 修改单位制

双击 Model，进入 Mechanical 界面。如图 5-1-60 所示修改单位制。WB 可以在任何时候修改适合的单位制，对于初中级使用者非常方便。

对 Geometry 下所有选项均采用默认设置，读者需检查 2D Behavior 是否对应 Plane Stress（平面应力），Assignment 是否对应 Structural Steel（结构钢）。

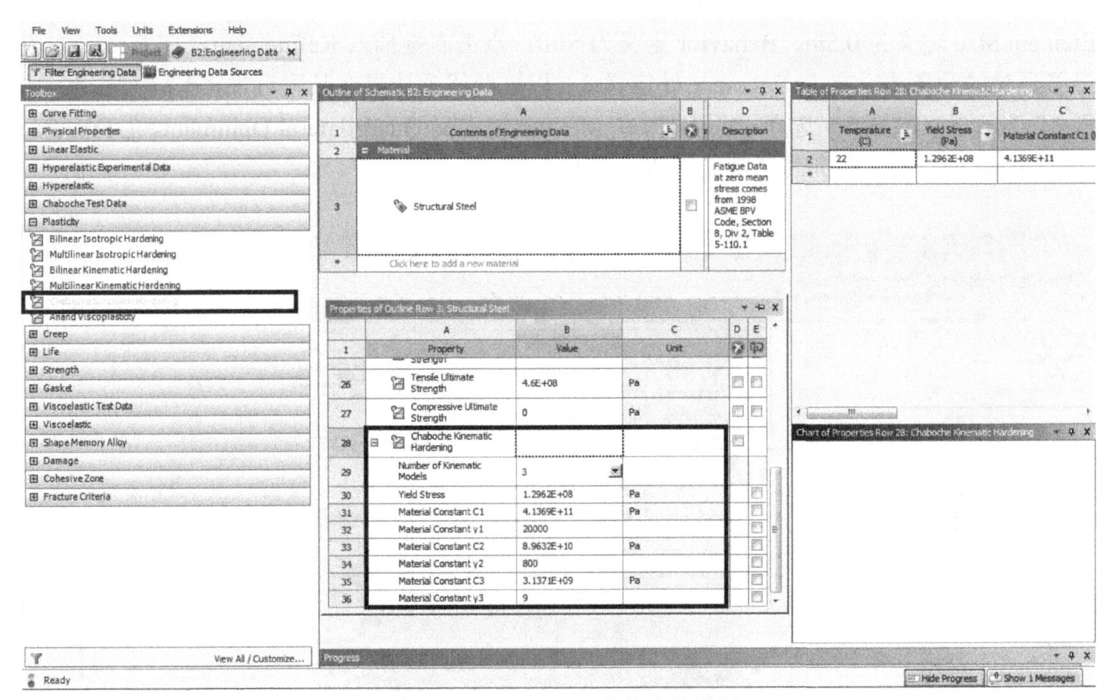

图 5-1-59　Chaboche 本构参数设置

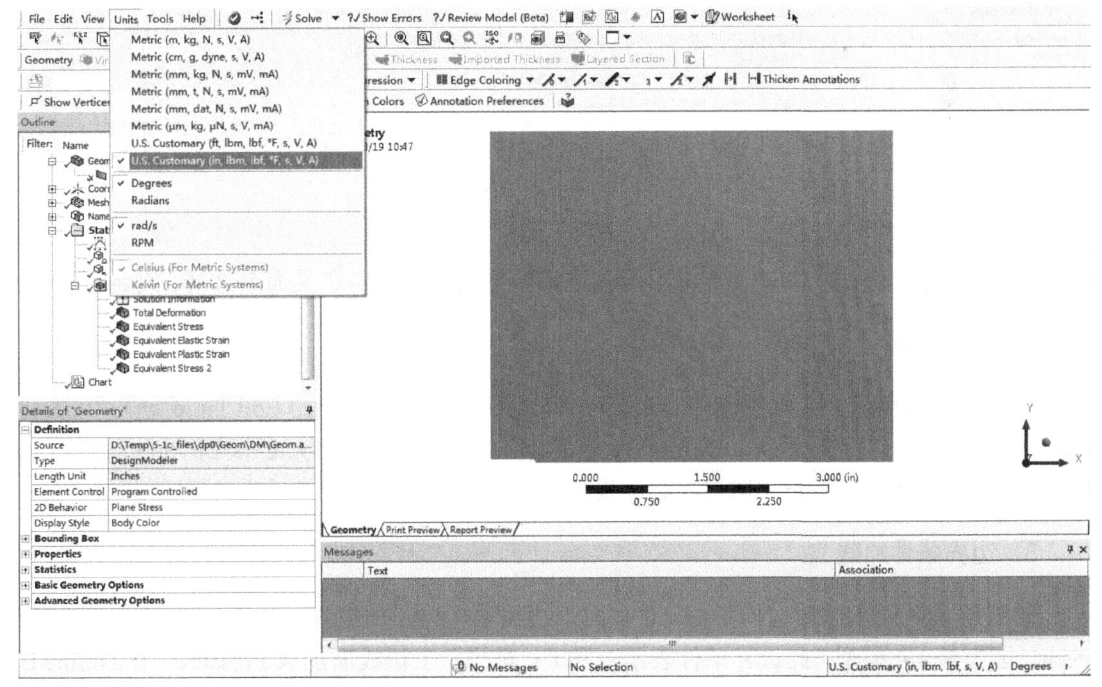

图 5-1-60　修改单位制

5．网格划分

如图 5-1-61 所示，右键插入 Size，在 Geometry 选择平面，在 Type 处定义 Element Size，Element Size 定义为 0.5in，Behavior 定义为 Soft；点击右键插入 Refinement，在 Geometry 选择腰形槽的两条线，在 Refinement 处定义 3（以这两线为边界在其附近加密）；点击右键插入 Method，在 Geometry 选择平面实体，在 Method 处定义 Quadrilateral Dominant，在 Free Face Mesh Type 处定义 All Quad（定义为四边形网格）。

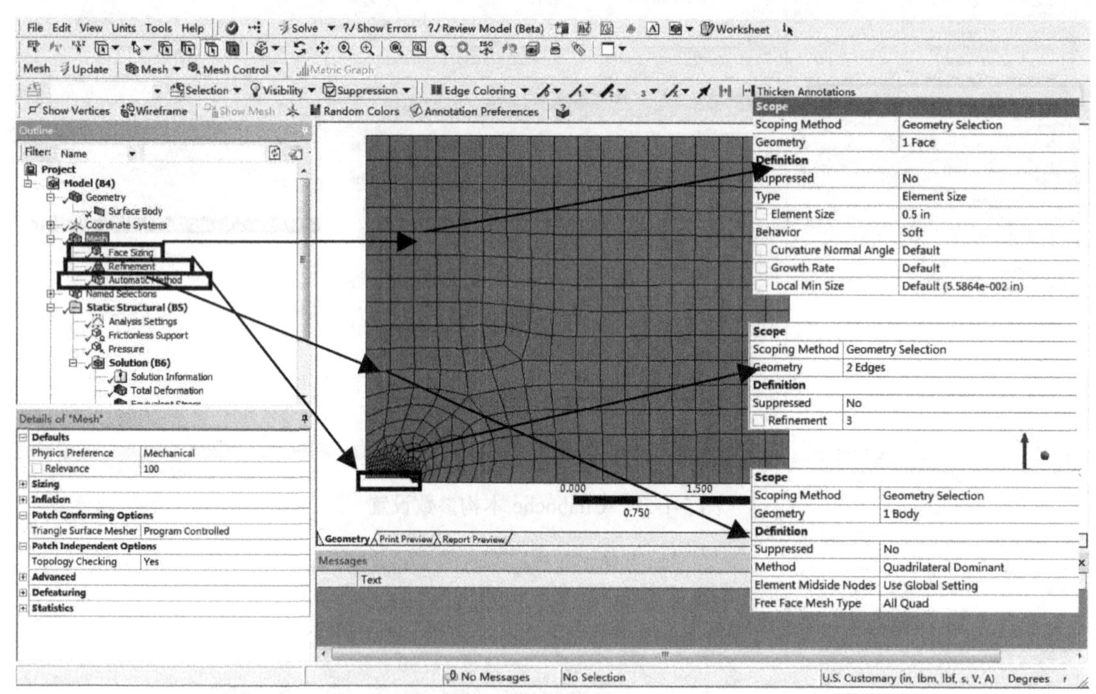

图 5-1-61　网格划分

6．命名选择定义

为提取后处理数据，如图 5-1-62 所示，选择腰形槽圆弧顶点定义命名选择，改名为 point。

7．求解设置

如图 5-1-63 所示，点击 Analysis Setting 的 Details 菜单，将 Step End Time 定义为 31.4s；Auto Time Stepping 定义为 On；Define By 定义为 Time，其下依次为 5e−002s、5e−002s、0.1s；Large Deflection 定义为 On（切记，必须设置）。

8．边界条件加载

如图 5-1-64 所示施加边界条件，对平面下边线和左边线加载 Frictionless Support（无摩擦约束，因为是 1/4 模型，此边界条件表示对称）；对平面上边线面加载 Pressure，在 Define By 处定义为 Normal To（函数加载的必要设置），在 Magnitude 处选择 Function 后，输入函数为 2100−4300*sin（Time）（非对称载荷）。

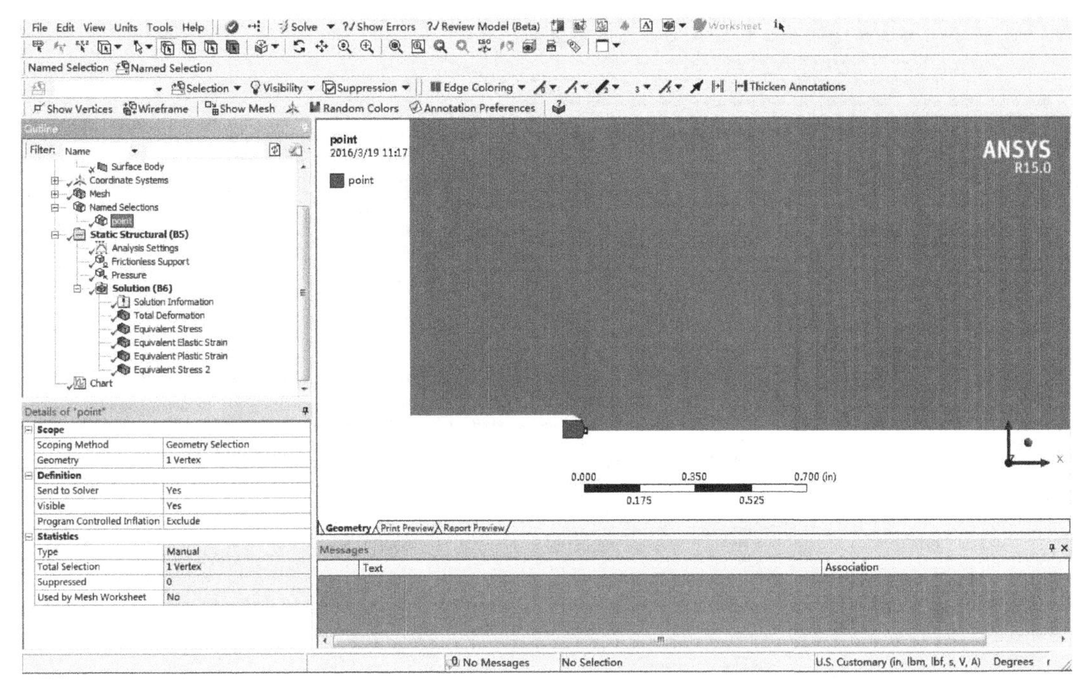

图 5-1-62 命名选择

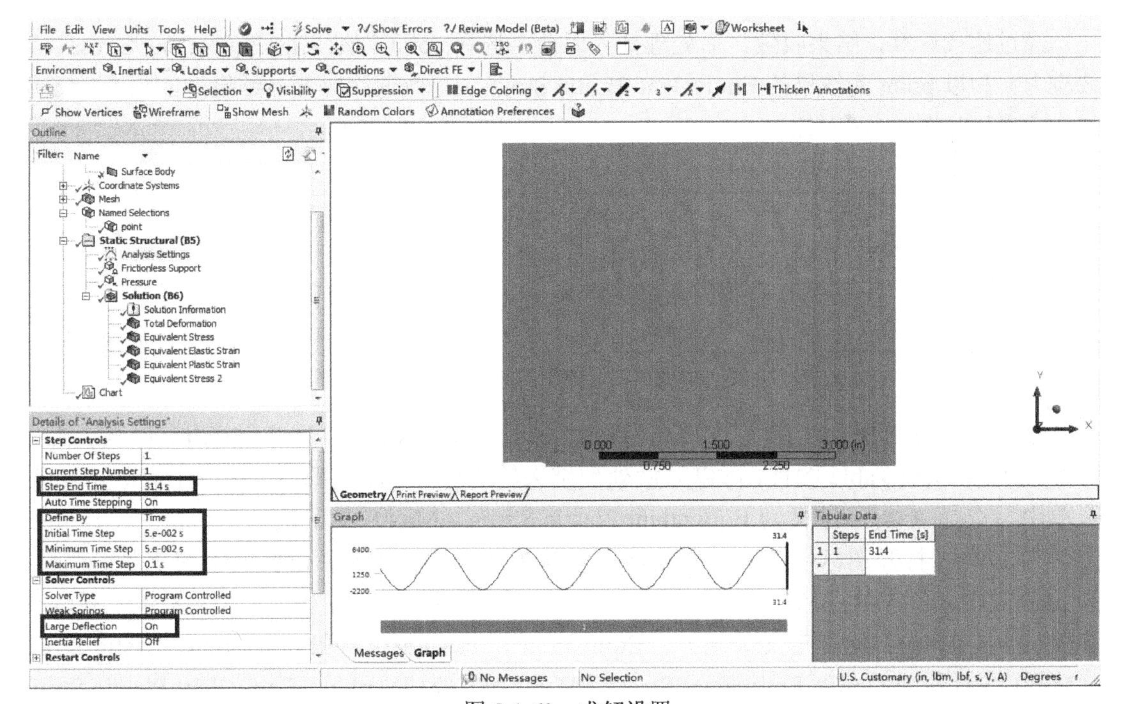

图 5-1-63 求解设置

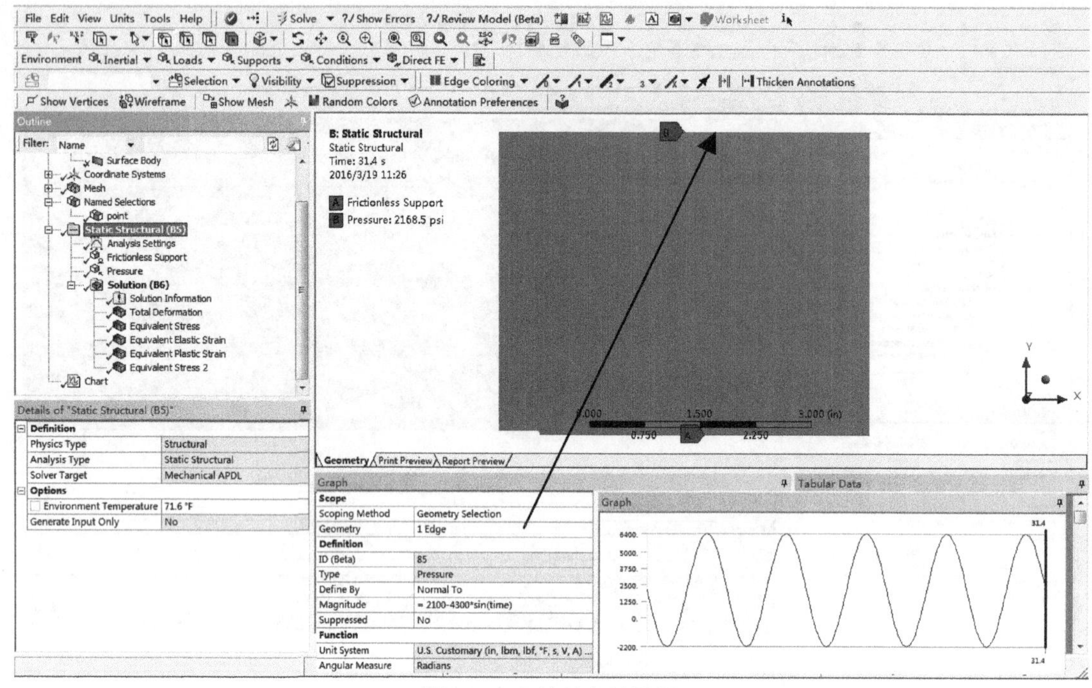

图 5-1-64　边界条件设置

9．后处理

经过迭代计算，结果收敛，后处理插入以命名选择 point 为结果的 Equivalent Stress（等效应力）和以 point 为结果的 Equivalent Plastic Strain（等效塑性应变）结果，如图 5-1-65 所示。读者可与图 5-1-8 对比。

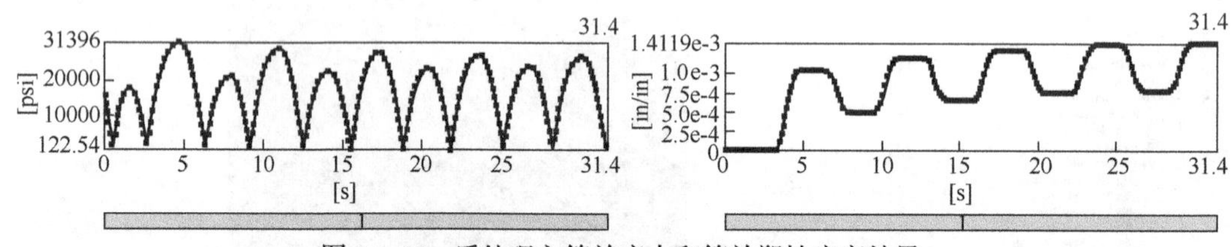

图 5-1-65　后处理之等效应力和等效塑性应变结果

按住 Ctrl 键选择上步定义的 Equivalent Stress 和 Equivalent Plastic Strain，再点击上面的 New Chart and Table 图标，可以对后处理结果输出图表。在图表（Chart）的细节（Detail）菜单中，选择 X Axis 定义为 Equivalent Plastic Strain（Max）（默认为 Time）；Gridlines 定义为 Both（打开图标中 XY 轴网格线，默认为 None）；Axis Labels 中的 X-Axis 定义为 plastic strain、Y-Axis 定义为 stress（默认无，根据图表具体定义）；Time 定义为 Omit（默认为 Display，此处定义关闭）；Equivalent Stress（Min）和 Equivalent Plastic Strain（Min）均设置为 Omit，Equivalent Stress（Max）设置为 Display，Equivalent Plastic Strain（Max）前面已设置为 X-Axis，如图 5-1-66 所示。最后点击 Report Preview，即可得到该图表以用于其他文字编辑软件。

由于图 5-1-65 没有反映出某个方向上的应力和塑性应变关系，还可以输出 Y 向的应力与塑性应变关系。选择输出 Normal Stress，Orientation 定义为 Y Axis，如图 5-1-67 所示；输出 User Defined Result，Expression 定义为 Epply（Y 向塑性应变），如图 5-1-68 所示。由图可知，随着循环加载的进行，塑性应变不断累积，幅值不断增加，缺口出现明显的棘轮效应，应力应变形成滞回环。

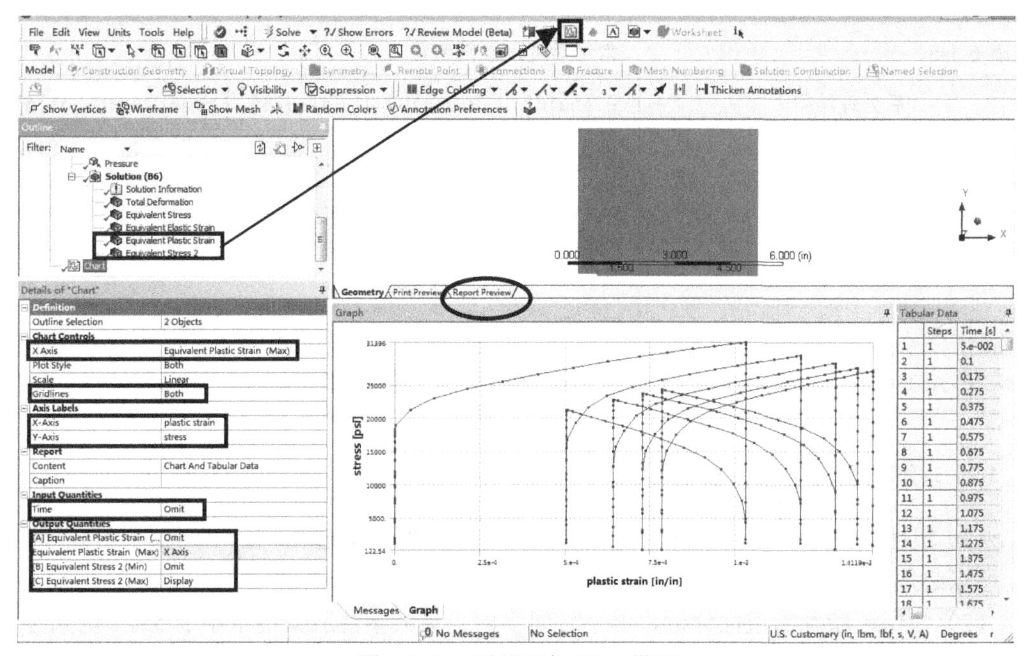

图 5-1-66 后处理之 Chart 设置

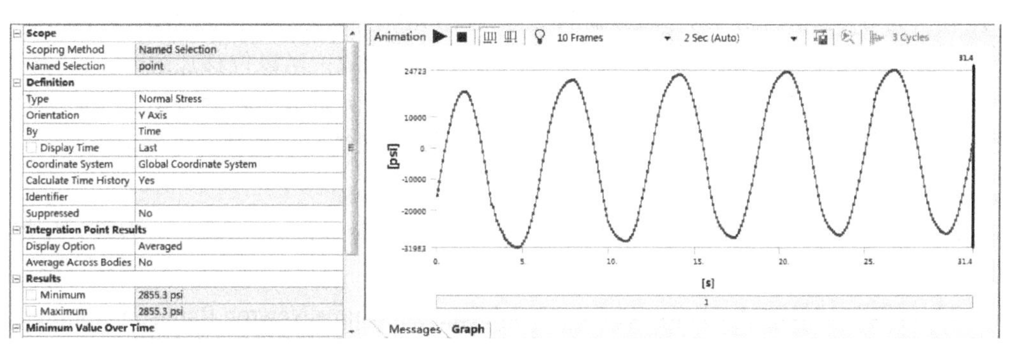

图 5-1-67 Y 向 Normal Stress 结果

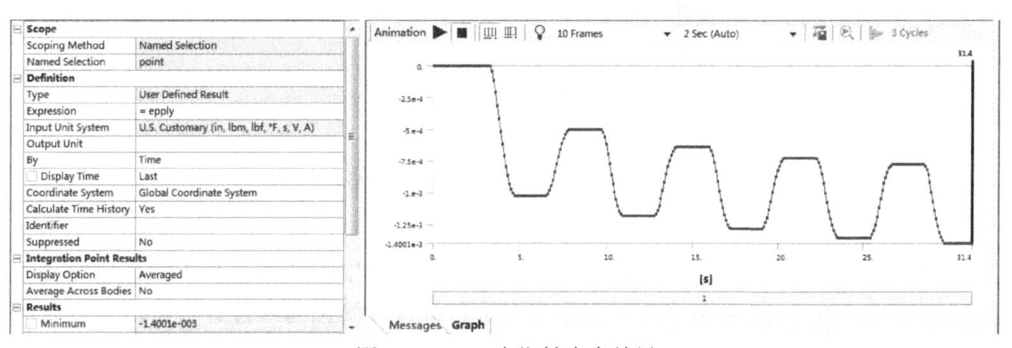

图 5-1-68 Y 向塑性应变结果

说明

WB 的默认后处理涵盖了 ANSYS 经典版中大部分后处理结果，其余均可用 User Defined Result 得到，常用参数名称如表 5-1-5 所示。其他请自行参见 Help 中的 Element Library。

表 5-1-5　　常用后处理参数名称

后处理结果	Plane183	Plane183	Solid185	Solid186	Solid187
EPPL:X,Y,Z,XY, YZ, XZ	各向塑性应变，二维无 YZ, XZ 向				
EPCR: X,Y,Z,XY,YZ, YZ	各向蠕变应变，二维无 YZ, XZ 向				
EPTO: X,Y,Z,XY,YZ, YZ	各向总应变，二维无 YZ, XZ 向				
NL:HPRES	静水压力				
SEND:ELASTIC, PLASTIC, CREEP	应变能密度（弹性、塑性、蠕变）				

10. 求解塑性本构模型收敛事项

（1）塑性表现为一种流动性，因此塑性应变等值线必须光滑，任一单元的梯度不可能很大，所以必须有足够的网格密度，特别在狭小区域，网格必须加密。

（2）为保证精确的塑性分析，单个时间步内，最大塑性应变增量小于 5%。例如零件为 Biso 本构，承受 300MPa 的载荷，在 200MPa 时出现屈服，则整个分析分为 11 个时间步，即第一步载荷为 0～200MPa，第二步载荷为 200～210MPa，第三步载荷为 210～220MPa……，第十一步载荷为 290～300MPa，以保证载荷的缓慢均匀加载；当以位移加载时，计算略有不同，只需将塑性段简单二分，前一步较大，后一步较小，例如零件施加 10mm 的向上位移，位移为 4mm 时出现屈服，则整个分析分为 3 个时间步，即第一步位移为 0～4mm，第二步位移为 4～8mm，第三步位移为 8～10mm。

（3）小的时间步长有利于收敛，也能保证后处理结果（应力、应变、反力等）与加载响应曲线为光滑曲线。

（4）可以尝试修改 Analysis Setting→Nonlinear Controls→Newton Raphson Option 选项，将默认设置改变为 Modified 或 Unsymmetric 形式。Modified 和 Unsymmetric 形式更易收敛，但是需要更多的迭代步数，其中 Modified 形式只适用于小位移和小应变；Unsymmetric 形式主要适用于自定义的非对称材料本构和非对称载荷。

5.2　几何非线性分析

物体受载荷时，物体内部不可避免会发生变形，当产生的变形远小于物体自身尺寸，即应变值远小于 1 时，可忽略物体变形前后的形状和位置，简化为线性分析。但是有时候不能简化，主要表现如下。

（1）大位移或大转动。例如，板壳等薄壁零件在一定载荷作用下，应变很小，甚至没有超过屈服强度，但是位移很大。

（2）大应变或有限应变。例如，金属的塑性成形，弹性材料在载荷作用下出现较大的非线性弹性应变。

（3）应力刚化。面内应力和横向刚度的耦合即为应力刚化，如绳索、薄膜，可参见4.6节。

（4）旋转软化。由大的旋转运动导致几何形状发生改变，例如，旋转物体的离心运动，常用指定转速的预应力模态分析。

5.2.1 基本概念

1. 几何非线性基本原理

以2D杆单元转动为例说明几何非线性。2D杆单元节点分别为i、j，i节点的位移自由度为u_i、v_i，j节点的位移自由度为u_j、v_j，如图5-2-1所示。

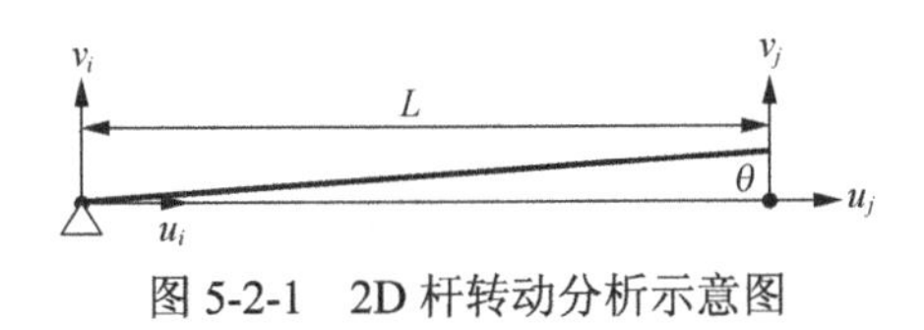

图5-2-1 2D杆转动分析示意图

假设为线性小应变，则2D杆的应变为

$$\varepsilon = \frac{\partial u}{\partial x} = \begin{bmatrix} \frac{-1}{L} & 0 & \frac{1}{L} & 0 \end{bmatrix} \begin{Bmatrix} u_i \\ v_i \\ u_j \\ v_j \end{Bmatrix} = \frac{u_j}{L}$$

假设2D杆为刚体，转动一个很小角度θ时，则

$$u_j = 0, v_j \approx \theta L$$

当$\varepsilon = 0$，即刚体小角度旋转时，不产生拉应变，这符合常理。

但转动一个任意大的角度θ时，则

$$u_j = L(\cos\theta - 1), v_j = L\sin\theta$$

则$\varepsilon = \cos\theta - 1 \neq 0$，即刚体任意角度旋转时，会产生拉应变，这明显不符合实际。所以不考虑几何非线性的计算模型在大转动情况就不能适用。

正确方法应采用Green-Lagrange应变，Green-Lagrange应变提供了大变形计算能力，可以正确处理上例的刚体运动。如下式所示：

$$\begin{bmatrix}\varepsilon_x\\ \varepsilon_y\\ \varepsilon_z\\ \gamma_{xy}\\ \gamma_{yz}\\ \gamma_{zx}\end{bmatrix}=\begin{bmatrix}\dfrac{\partial u}{\partial x}\\ \dfrac{\partial v}{\partial y}\\ \dfrac{\partial w}{\partial z}\\ \dfrac{\partial u}{\partial x}+\dfrac{\partial v}{\partial x}\\ \dfrac{\partial v}{\partial y}+\dfrac{\partial w}{\partial y}\\ \dfrac{\partial w}{\partial z}+\dfrac{\partial u}{\partial z}\end{bmatrix}+\begin{bmatrix}\dfrac{1}{2}\left\{\left(\dfrac{\partial u}{\partial x}\right)^2+\left(\dfrac{\partial v}{\partial x}\right)^2+\left(\dfrac{\partial w}{\partial x}\right)^2\right\}\\ \dfrac{1}{2}\left\{\left(\dfrac{\partial u}{\partial y}\right)^2+\left(\dfrac{\partial v}{\partial y}\right)^2+\left(\dfrac{\partial w}{\partial y}\right)^2\right\}\\ \dfrac{1}{2}\left\{\left(\dfrac{\partial u}{\partial z}\right)^2+\left(\dfrac{\partial u}{\partial z}\right)^2+\left(\dfrac{\partial u}{\partial z}\right)^2\right\}\\ \dfrac{\partial u}{\partial x}\times\dfrac{\partial u}{\partial y}+\dfrac{\partial v}{\partial x}\times\dfrac{\partial v}{\partial y}+\dfrac{\partial w}{\partial x}\times\dfrac{\partial w}{\partial y}\\ \dfrac{\partial u}{\partial y}\times\dfrac{\partial u}{\partial z}+\dfrac{\partial v}{\partial y}\times\dfrac{\partial v}{\partial z}+\dfrac{\partial w}{\partial y}\times\dfrac{\partial w}{\partial z}\\ \dfrac{\partial u}{\partial z}\times\dfrac{\partial u}{\partial x}+\dfrac{\partial v}{\partial z}\times\dfrac{\partial v}{\partial x}+\dfrac{\partial w}{\partial z}\times\dfrac{\partial w}{\partial x}\end{bmatrix}$$

则上例 $\varepsilon=\dfrac{\partial u}{\partial x}+\dfrac{1}{2}\left(\dfrac{\partial u}{\partial x}\right)^2+\dfrac{1}{2}\left(\dfrac{\partial v}{\partial x}\right)^2$，其中 $\dfrac{\partial u}{\partial x}=\dfrac{u_j}{L}$，$\dfrac{\partial v}{\partial x}=\dfrac{v_j}{L}$。

转动一个任意大的角度 θ 时，应变 $\varepsilon=\cos\theta-1+\dfrac{1}{2}(\cos\theta-1)^2+\dfrac{1}{2}(\sin\theta)^2=0$。

证明刚体在旋转任意角度时都不会产生拉应变。

2．结构稳定性

稳定性是很多结构的一个重要评定参数，以不稳定（失稳或屈曲）来衡量。不稳定表现为：在载荷没有实质性变化的情况（存在微小的载荷扰动和几何缺陷），结构的位移发生非常大的变化。在结构的屈曲分析中，常用分叉（bifurcation）来描述，分叉点为载荷历程中的一点，代表着两个平衡路径的交点，表征屈曲失稳的萌生位置，如图 5-2-2 所示。

整个结构稳定性概念可以用图 5-2-3 来说明，圆在图中 12 弧线内是**稳定**的，扰动时，圆依然会返回初始位置；圆在图中 23 直线内是**中性**的，扰动时，圆会保持在一个新的直线位置，即 $F=F_c$，此时的载荷即为**临界载荷**；圆在图中 3 点上是**失稳**的，扰动时，圆会向下滚落；圆在图中 34 线内表现为快速通过（Snap-Through），跳跃到另一平衡位置，称为**后屈曲**。

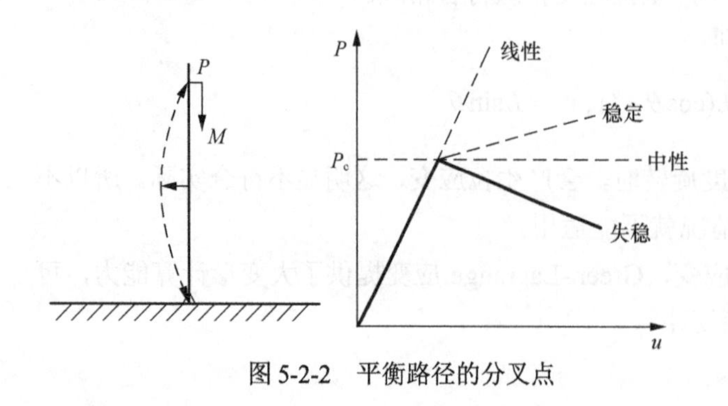

图 5-2-2　平衡路径的分叉点

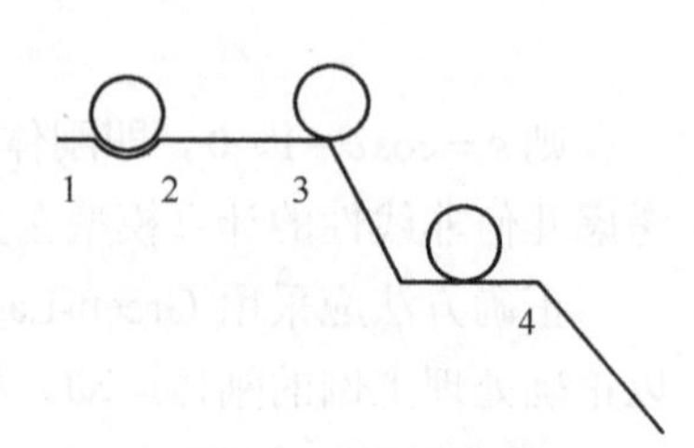

图 5-2-3　稳定性概念

实际结构中，因为扰动和非线性行为，即使低于临界载荷结构也会变得不稳定，如图 5-2-4 所示。由图可知，以理想线弹性结构的理论屈服强度（分叉）为界，将屈服分为前屈曲和后屈曲。前屈曲分析主要表现为线性特征值屈曲（也可以进行非线性屈曲分析），后屈曲分析表现为考虑非线性因素的非线性屈曲（包括有缺陷结构的理想载荷路径的非线性屈曲和塑性行为、接触、大变形响应的非线性屈曲）和追踪失稳路径的增量非线性，分析高度非线性屈曲和失稳的弧长法。

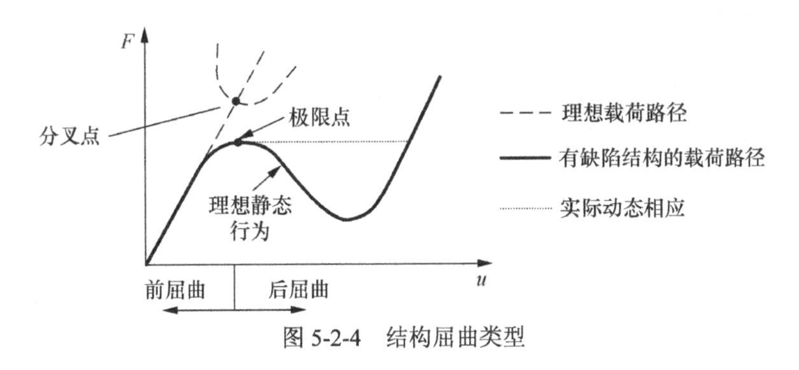

图 5-2-4　结构屈曲类型

3. 线性特征值屈曲

线性特征值屈曲分析通过提取使线性系统刚度矩阵奇异的特征值获得结构的临界失稳载荷及失稳模态。

推导过程如下所示。

由于状态位于前屈曲，按线弹性的载荷-位移方程 $\{F_0\}=[K_e]\{u_0\}$，式中，$[K_e]$ 为刚度矩阵，由此可得载荷 $\{F_0\}$ 的位移结果 $\{u_0\}$，再由此得对应的应变和对应的应力 $\{\sigma\}$。

假设前屈曲位移较小，可以得到载荷、位移和应力的增量方程 $\{\Delta F\}=([K_e]+[K_\sigma(\sigma)])\{\Delta u\}$。式中，$[K_\sigma(\sigma)]$ 为 $\{\sigma\}$ 应力状态下的初始应力矩阵。由于前屈曲状态下，载荷可以认为是一线性函数，即 $\{F\}=\lambda\{F_0\}$、$\{u\}=\lambda\{u_0\}$、$\{\sigma\}=\lambda\{\sigma_0\}$，则 $[K_\sigma(\sigma)]=\lambda[K_0(\sigma_0)]$，代入上式，$\{\Delta F\}=([K_e]+\lambda[K_0(\sigma_0)])\{\Delta u\}$。

根据失稳的定义：在载荷变化很小时，结构产生一个大的变形 $\{\Delta u\}$。则 $\{\Delta F\}=0$，上述方程变为 $([K_e]+\lambda[K_0(\sigma_0)])\{\Delta u\}=0$，$\lambda$ 为屈曲载荷因子（特征值），$\{\Delta u\}$ 为屈曲模态形状（特征向量）。该方程的意义在于：在 n 个自由度的有限元模型中，该方程求得的 λ 的 n 阶多项式，此刻的 $\{\Delta u\}_n$ 表示屈曲时叠加到系统的变形，再由 λ 最小值得到弹性临界载荷 $\{F_c\}$。

线性特征值屈曲分析忽略了各种非线性因素和初始缺陷对屈曲失稳载荷的影响，大大简化屈曲分析，提高了屈曲失稳分析的计算效率，而且计算的特征值对结果稳定性评价有一定帮助，例如，求解出密排的特征值，就表明该结构对缺陷敏感；由于线性特征值屈曲分析基于线弹性的假设，得到的失稳载荷可能与实际相差较大，从特征值分析失稳，只能得到描述结构失稳时各处相对位移变化的大小，不是真实变形，或称为失稳模态，无法得到失稳后结构最大位移，但是失稳模态的形状可以作为非线性屈曲分析的初始几何缺陷。

4．非线性屈曲

非线性屈曲包括有缺陷结构的理想载荷路径的非线性屈曲和塑性行为、接触、大变形响应的非线性屈曲。非线性屈曲分析实质就是将线性屈曲特征值求解与增量非线性求解相结合。增量非线性求解包括了加载过程中的各种非线性影响因素的切向刚度矩阵，可以积累加载各非线性要素。非线性屈曲考虑了以往加载过程、各种非线性因素和初始缺陷，因此非线性屈曲分析更接近实际结构的真实临界载荷。

非线性屈曲分析可用于前屈曲和后屈曲，加载方式分为控制载荷加载和控制位移加载。使用控制载荷加载时，因为系统采用 Newton-Raphson 计算法则，在临界载荷处的切向刚度矩阵为 0，不可以收敛，如图 5-2-5 所示，但是可以得到开始变得不稳定时的最大载荷，用于前屈曲分析。

使用控制位移加载时，可以求得到达 app 处位移的反力，用于前后屈曲分析，如图 5-2-6 所示。但是如果载荷形式为曲面压力等复杂工况，则无法用控制位移加载替代。

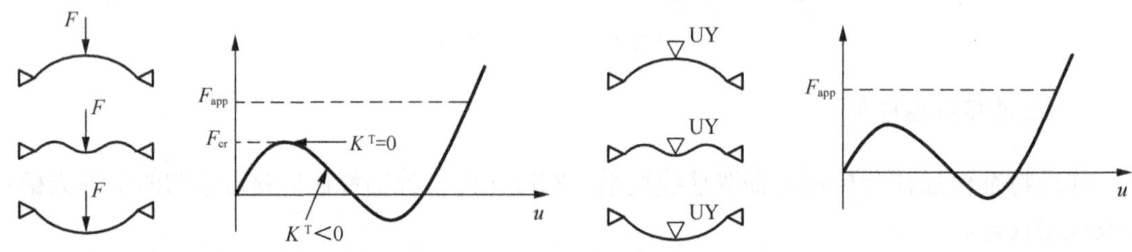

图 5-2-5　控制载荷加载的非线性屈曲分析　　　　图 5-2-6　控制位移加载的非线性屈曲分析

5．弧长法

弧长法是沿着平衡路径迭代位移增量的大小（弧长）和方向、确定载荷增量自动加载的求解方法，弧长法只支持控制载荷加载的分析，用于高度非线性的屈曲失稳问题。计算原理如图 5-2-7 所示。弧长法不仅考虑了临界点附近的平衡，而且通过追踪整个失稳过程中实际载荷和位移的关系，得到了结构失稳前后的全部信息。

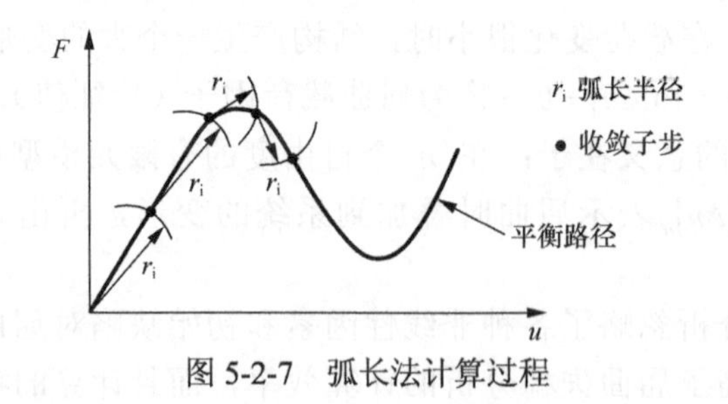

图 5-2-7　弧长法计算过程

6．非线性稳定法（Nonlinear Stabilization）

非线性稳定法是 ANSYS11.0 版本之后出现的一种计算后屈曲的技术。其基本原理为：在所有节点中添加阻尼系统。在临界载荷之前，整个结构通常在给定的时间内具有较低的位移量，这样阻尼系统对整个结构只会产生很低的伪速度和伪阻抗力；当屈曲产生时，整个结构通常在一个很小的时间内具有很大的位移量，这样阻尼系统对整个结构就会产生很大的伪速度和伪阻抗力，在临界载荷处的刚度矩阵不再奇异，可以收敛，如图 5-2-8 所示。

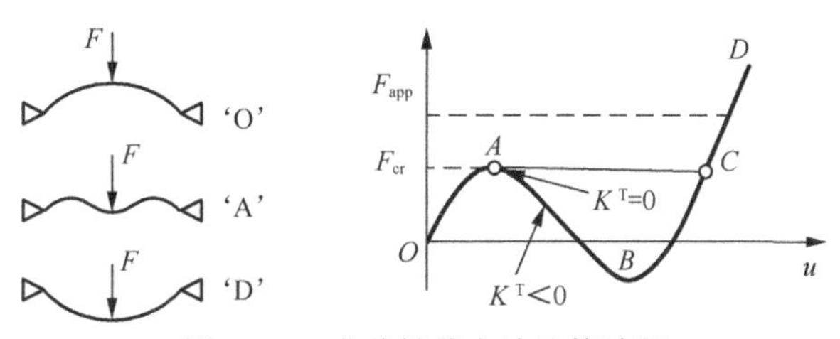

图 5-2-8　非线性稳定法计算过程

系统提供了两种方式的阻抗力（针对整个结构就是稳定力）：能量耗散率（Energy）、阻尼系数（Damping）。能量耗散率是较通用的选项，特别适用于局部失稳，如塑性；阻尼系数是指定一个特定阻尼系数，**注意：这个阻尼不是物理上的阻尼，仅仅是一个计算用的系数**。两者可以在一个分析中单独存在，也可以同时存在，其具体数值只能够从一个较小的数值（接近于 0）开始调试。

5.2.2　线性特征值屈曲分析实例

线性特征值屈曲分析是最基本的屈曲分析，以忽略所有非线性为条件，求得结构的临界失稳载荷。下面以一块蜂窝结构说明线性特征值屈曲分析。蜂窝结构分成单层壁和双层壁模型。这种网状多孔结构相互依附，在承载时不是单个壁板参与，而是整个蜂窝结构参与，增加了整体刚性和稳定性。对其进行屈曲分析是为了确定蜂窝结构从稳定平衡过渡到不稳定平衡时的临界载荷和失稳后的形态。

1．建立三维蜂窝有限元模型

蜂窝结构由单个蜂窝阵列而成。单个蜂窝为正六边形结构，每个壁板很薄，适用 Shell 单元。但是由于存在单层和双层壁厚（相邻蜂窝），且每个蜂窝间距不是整数，因此不论 WB 中的 DM 或者其他 3D 建模软件都较难建立这种阵列蜂窝结构，反而是 ANSYS 中经典界面十分容易完成此类建模操作。下面以一段命令流完成阵列蜂窝结构、材料定义和网格划分。

```
/prep7                          !进入前处理
/units, mpa                     !定义单位制为 mm、kg、s 制
*afun,deg                       !定义角度单位为度
a=30
x=cos(a)
y=sin(a)
l=1.74
h=1.74
z=40                            !定义蜂窝板高度
et,1,shell181                   !定义 shell181 单元
```

```
sect,1,shell,,
secdata,0.05,1,0.0,3          !定义单层边厚度
sect,2,shell,,
secdata,0.1,1,0,3             !定义双层边厚度
mp,ex,1,76                    !定义蜂窝材料属性，杨氏模量为 76MPa
mp,prxy,1,0.3                 !泊松比为 0.3
tb,biso,1,1,2
tbtemp,0
tbdata,1,42.5,10              !屈服强度为 42.5MPa，切线模量 10MPa
k,1                           !建立模型，建立六边形的其中四个顶点
k,2,l*x,l*y
k,3,l*x,l*y+h
k,4,,l*y+h+l*y
l,1,2                         !由关键点生成线，即建立六边形的其中三条边
l,2,3
l,3,4
lsymm,x,all,                  !线镜像生成六边形
nummrg,all                    !合并所有重叠的图元
numcmp,all                    !压缩所有图元编号
k,10,l*x,l*y,z                !建立关键点 10（以确定蜂窝板厚度）
l,2,10
adrag,1,2,3,4,5,6,7           !由六边形线拖拉生成面（一个蜂窝结构）
asel,all                      !选择所有
cm,area-1,area                !将所有选择的面定义为组
local,11,,l*x,l*y             !建立局部坐标系
agen,4,area-1,,,2*l*x         !长度方向复制生成四个相邻的蜂窝结构
csdele,11                     !删除局部坐标系
asel,all
cm,area-2,area                          !将所选的面定义为组
agen,2,area-2,,,l*x,-(l*y+h)            !复制生成蜂窝结构
asel,all
cm,area-3,area                              !定义所选的面为组
agen,2,area-3,,,0,-2*(l*y+h)                !复制生成宽度方向蜂窝结构
cmsel,s,area-1
asel,r,loc,x,-l*x,0
```

```
agen,2,all,,,2*4*l*x
cmsel,s,area-1
asel,r,loc,x,0,l*x
agen,2,all,,,-l*x,-3*(l*y+h)
allsel
aovlap,all                    !搭接
cm,area-4,area
nummrg,all
numcmp,all
allsel
asel,s,loc,y,l*y,l*y+h         !选择蜂窝板的双层壁面
asel,a,loc,y,0,-h
asel,a,loc,y,-(h+l*y),-(2*h+l*y)
asel,a,loc,y,-(2*h+2*l*y),-(3*h+2*l*y)
cm,area-5,area
aatt,1,,1,0,2                  !定义单元类型为 1,材料编号为 1,截面常数为 2
allsel
cmsel,s,area-4                 !选择蜂窝板的单层壁面
cmsel,u,area-5
aatt,1,,1,0,1                  !定义单元类型为 1,材料编号为 1,截面常数为 1
allsel
mshape,0                      !定义网格类型为四边形
mshkey,1                      !定义划分网格方式为映射网格
esize,1                       !定义单元大小为 1mm
amesh,all                     !划分网格
allsel
finish
```

用文本编辑器将此段代码存盘为 txt 文档。打开 ANSYS 经典界面，点击 File→Read Input from，选择上段 txt 文档，即可完成有限元模型的建立，然后点击 Preprocessor→Archive Model→Write，选择 DB all Finite element information，输出 file.cdb 文件，如图 5-2-9 所示。

注意

ANSYS 输出的 cdb 文件不受版本限制。换言之，通过此功能可以实现低版本 ANSYS 打开高版本文件，只需要注意单元在历次版本的更新和替换。

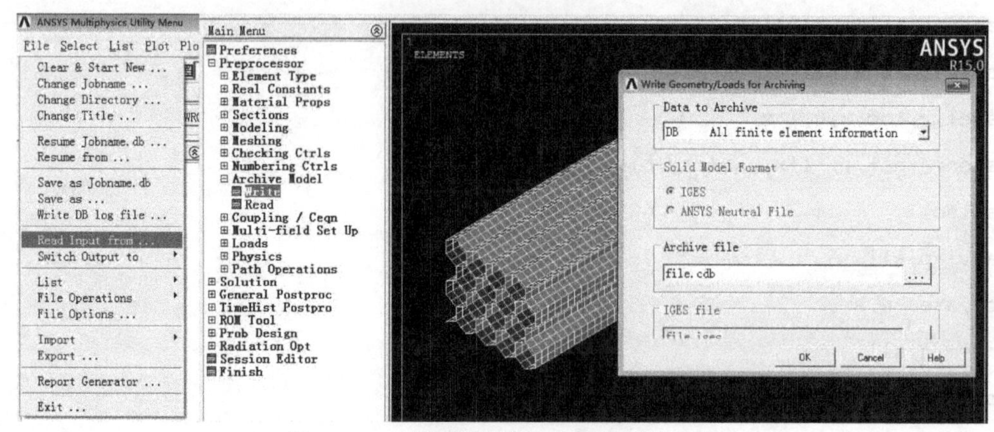

图 5-2-9　三维蜂窝结构有限元模型的建立

2. 导入有限元模型

ANSYS 提供了多种有限元模型的接口，可以将主流有限元软件的有限元模型导入 WB 中。点击 Component Systems→Finite Element Modeler，双击 Model，提示导入有限元模型，如图 5-2-10 所示。

选择刚才生成的 cdb 文件，进入 Finite Element Modeler，如图 5-2-11 所示。在 Import Summary 可见节点数、单元数、单元类型数、材料数和截面厚度数等；在 Generate Data 中可见详细的单元类型、截面厚度和材料参数数值等；在 Element Types 中可见单元为线性四边形单元，单元类型为 Shell181（等效 NASTRAN 中的 CQUAD4、ABAQUS 中的 S4 单元）；在 Thicknesses 中可见不同的厚度面及截面厚度。

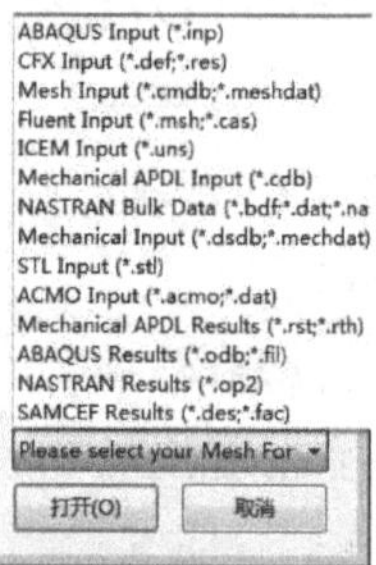

图 5-2-10　可导入有限元模型类型

> **注意**
>
> Finite Element Modeler 工具是 WB 中非常重要的有限元模型及实体模型转换工具。在 Skin Detection Tool 通过角度定义生成表面层，右键单击 Geometry Synthesis 可以插入 Initial Geometry，可以完成由有限元模型到实体模型的转换；右键单击 Initial Geometry 可以插入 Target Configuration，可以完成多个有限元模型的装配（变换成实体模型），点击 Convert to Parasold 后通过 Sew Tool（缝合工具）可以通过缝合面生成实体模型，并输出*.x_t 文件。

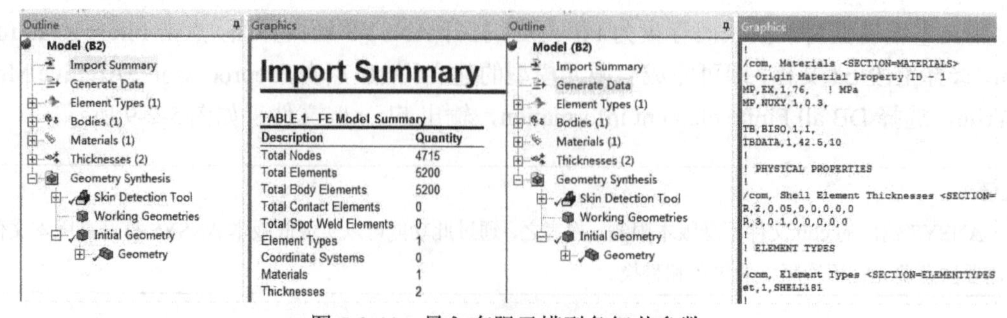

图 5-2-11　导入有限元模型各细节参数

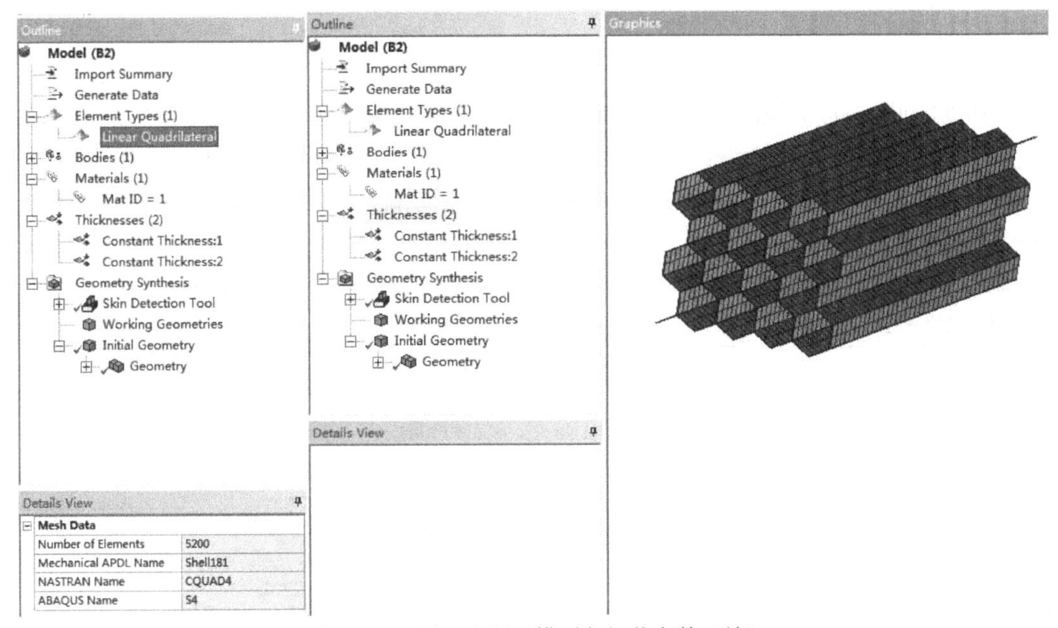

图 5-2-11　导入有限元模型各细节参数（续）

3. 建立分析流程

如图 5-2-12 所示，建立线性屈曲分析流程。在 Finite Element Modeler 模块之后是 Static Structural（静力学）模块，再之后是 Linear Buckling（线性屈曲）模块。注意将 Finite Element Modeler 下的 Model 与 Static Structural 中的 Engineering Data 和 Model 建立关联，Static Structural 中的 Solution 与 Linear Buckling 中的 Setup 建立关联。

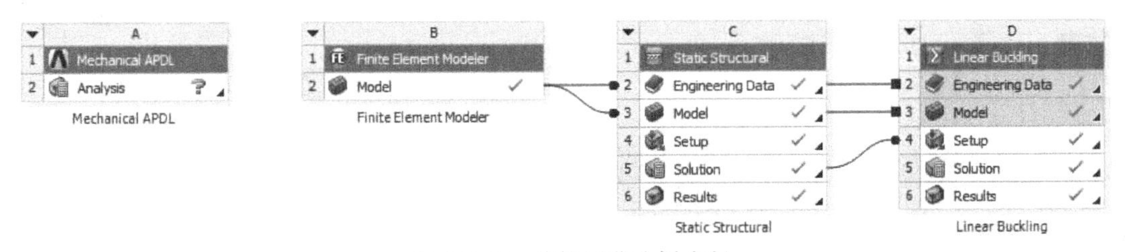

图 5-2-12　线性屈曲分析流程

4. 边界条件定义

双击 C4 Setup 进入 Mechanical 界面，如图 5-2-13 所示。先检查模型所定义的材料（Assignment 为 Unnamed，前面对材料没有定义名称）；再检查接触设置是否有自动添加项（Connections 无设置，前面的命令流已定义搭接并合并模型）；最后定义边界条件：先定义选择线工具，用多选工具选择蜂窝结构下边所有边线（65 edges），定义为完全约束（Fixed Support），多选蜂窝结构上边所有边线（65 edges），定义为力载荷（Force：大小 1N，方向沿 Y 的负方向），多选蜂窝结构左、右边边线（各 5 edges），定义为位移约束（Displacement：X 向为 0，YZ 向自由），多选蜂窝结构上、下边边线（各 5 edges），定义为位移约束（Displacement：Y 向为 0，XZ 向自由）。其余设置均默认。

说明

对四边分别加载位移约束，是因为仅取了蜂窝板中间的一部分建模，由于不能使用对称约束（Frictionless Support），所以采用位移约束代替；对上边加载力载荷大小为 1N，是因为在线性特征值屈曲分析中，如果加载单位载荷，用计算所得屈曲载荷因子乘以单位载荷就得屈曲载荷（屈曲载荷=屈曲载荷因子×单位载荷）；如果加载真实载荷，所得屈曲载荷因子即为安全系数（屈曲载荷=安全系数×真实载荷）。在多载荷工况，屈曲载荷因子必须乘以所有的负载，例如一个物体上端受压力 2N，自重 25N，屈曲载荷因子为 1.1，则屈曲载荷=1.1×2+1.1×25=29.7(N)。

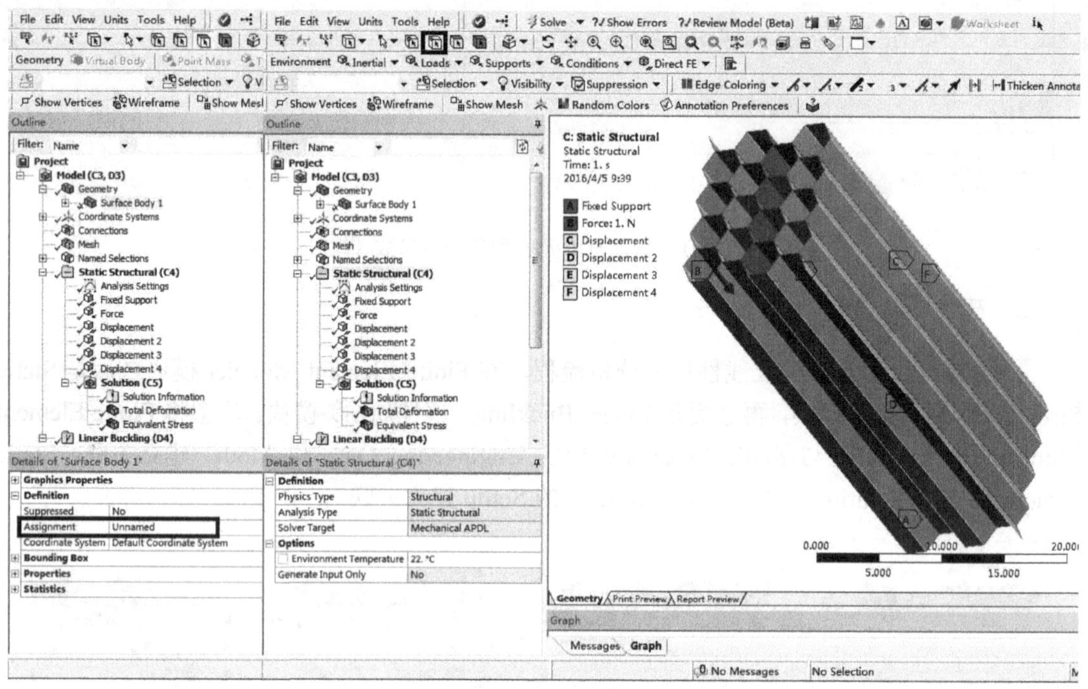

图 5-2-13　边界条件定义

5．线性屈曲分析设置

双击 D4 Setup 进入 Linear Buckling 设置，如图 5-2-14 所示，仅需将 Analysis Setting→Max Modes to Find 定义为 6，其余全部默认，求解。

说明

一般仅用第一阶屈曲模态定义屈曲载荷。如果需要进行非线性屈曲分析，高阶屈曲模态也很重要。对于刚度差异很大的多体部件的特征值屈曲分析，如索梁结构，由于索的刚度远小于梁的刚度，前面多阶屈曲模态均反映索的屈曲形式，所以要反映整体模型的屈曲模态，必须有足够的阶数。

6．后处理

求解后，如图 5-2-15 所示，图中标识区域即为屈曲载荷因子，**注意各阶屈曲模态的位移**

并不是真实变形。例如，第一阶屈曲模态的载荷因子为 1.7009，则屈曲载荷为 1.7009×1=1.7（N），同时可以看到计算而得的载荷因子密集分布。

计算结果有正特征值和负特征值。负特征值表示在相反的方向施加载荷后发生屈曲，例如，剪切载荷作用于一块平板上，正负剪力均会出现屈曲，又如，外部压力作用下的压力容器也可能出现内压屈曲，这些提取负特征值有其工程意义；得出负特征值还可能因为特征值在计算过程中提取数值困难，此时负特征值需要舍去，需指定特征值提取的偏移点（Bucopt），在偏移点附近提取的特征值才最准确。

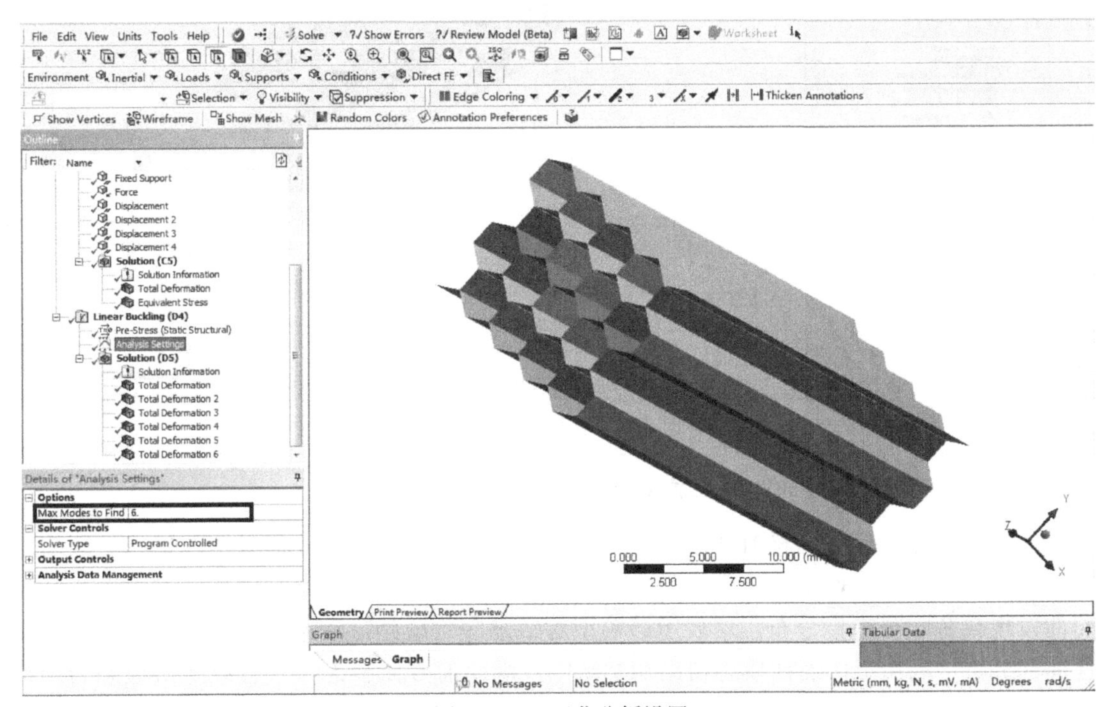

图 5-2-14 屈曲分析设置

说明

在 ANSYS16.0 版本以后，线性屈曲模块改为 Eigenvalue Buckling（特征值屈曲）。特征值屈曲分析本身是一种线性分析，但需要一个前置的预加载静力学分析，该静力学分析可以定义非线性特征（如超弹性、塑性、大变形、非线性接触等），由于存在这种非线性的预应力环境，因此可以得到更精确的屈曲载荷。另外，在 Analysis Setting 处增加 Keep Pre-Stress Load-Pattern 和 Include Negative Load Multiplier 两个选项。其中 Keep Pre-Stress Load-Pattern 设置为 Yes 时，表示将静力学载荷等效为屈曲分析的摄动载荷，则屈曲载荷=静力学载荷+载荷因子×摄动载荷，例如，在 ANSYS16.0 里计算本例第一阶载荷因子为 0.70187，则屈曲载荷=1（静力学载荷）+0.70187×1（摄动载荷等于静力学载荷）=1.7（N）；如果 Keep Pre-Stress Load-Pattern 设置为 No 时，则必须加载 Nodal Force、Nodal Pressure、Nodal Displacement 等边界条件作为摄动载荷，例如，本例计算时定义类型为 Nodal Force 为 2N 的摄动载荷，同理屈曲载荷=静力学载荷+载荷因子×摄动载荷，计算本例第一阶载荷因子为 0.30602，则屈曲载荷=1（静力学载荷）+0.30602×2（摄动载荷）=1.6（N）。

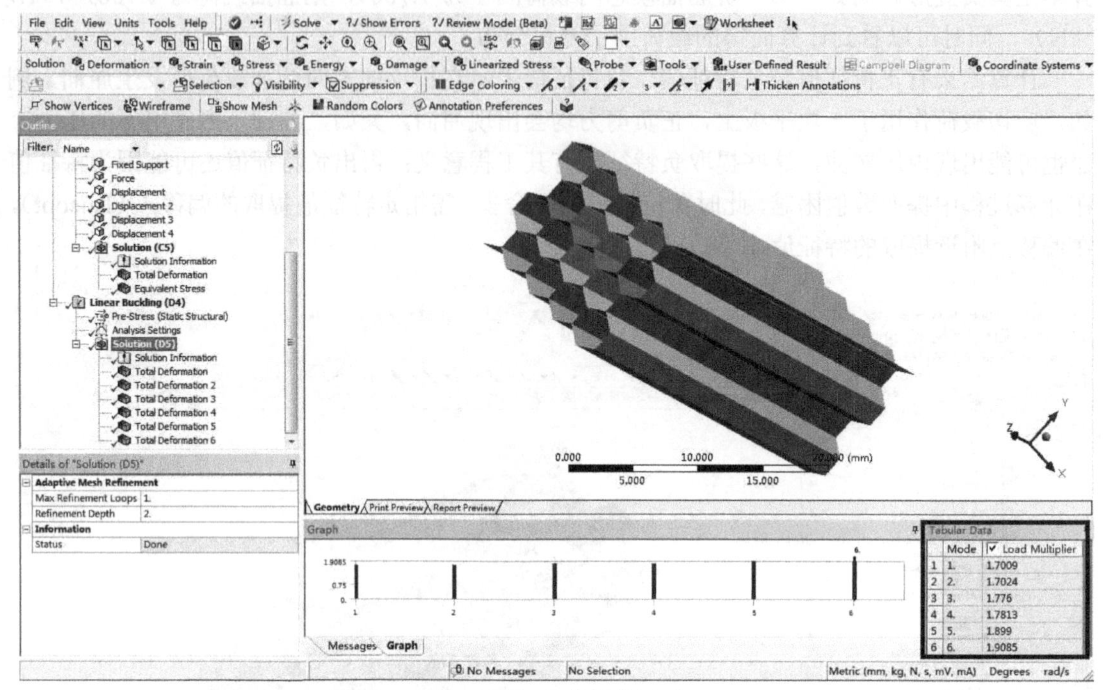

图 5-2-15　屈曲载荷因子

5.2.3　基于初始缺陷的非线性屈曲分析实例

非线性屈曲不仅包括材料非线性、几何非线性和状态非线性，而且还包括初始缺陷和微小扰动，能够比线性特征值屈曲得到更精确的屈曲载荷。上例蜂窝结构经过线性特征值屈曲发现载荷因子密集分布，这表示该模型对缺陷非常敏感，后续必须进行带缺陷的非线性屈曲分析。利用上例屈曲模态得出初始缺陷，观察前 6 阶模态，仅有第 5 阶模态为结构整体屈曲变形，其余均为局部变形，如图 5-2-16 所示，所以选择第 5 阶屈曲模态形状作为初始缺陷的依据。

初始缺陷与屈曲模态形状之比一般根据模型厚度与第一阶屈曲模态振幅比和加工公差决定。例如，本蜂窝结构中第 1 阶模态振幅约为 0.29mm，厚度为 0.05mm，两者之比为 0.05/0.29≈0.17；另六边形的每个边长尺寸公差为 0.5mm，0.5/8.7（六边形边长）≈0.0575；综合初始缺陷与屈曲模态形状之比取 0.05。

> **注意**
>
> 当模型对缺陷不敏感时，初始缺陷一般以第 1 阶屈曲模态作为依据；初始缺陷与屈曲模态形状之比取最大值。

1．建立分析流程

如图 5-2-17 所示，建立非线性屈曲分析流程。在前面线性屈曲分析之后再依次建立 Mechanical APDL 模块、Finite Element Modeler 模块和 Static Structural 模块，其中将 Linear Buckling 中的 Solution 与 Mechanical APDL 中的 Analysis 建立关联，Mechanical APDL 中的

Analysis 与 Finite Element Modeler 下的 Model 建立关联，Finite Element Modeler 下的 Model 与 Static Structural 中的 Engineering Data 和 Model 建立关联。

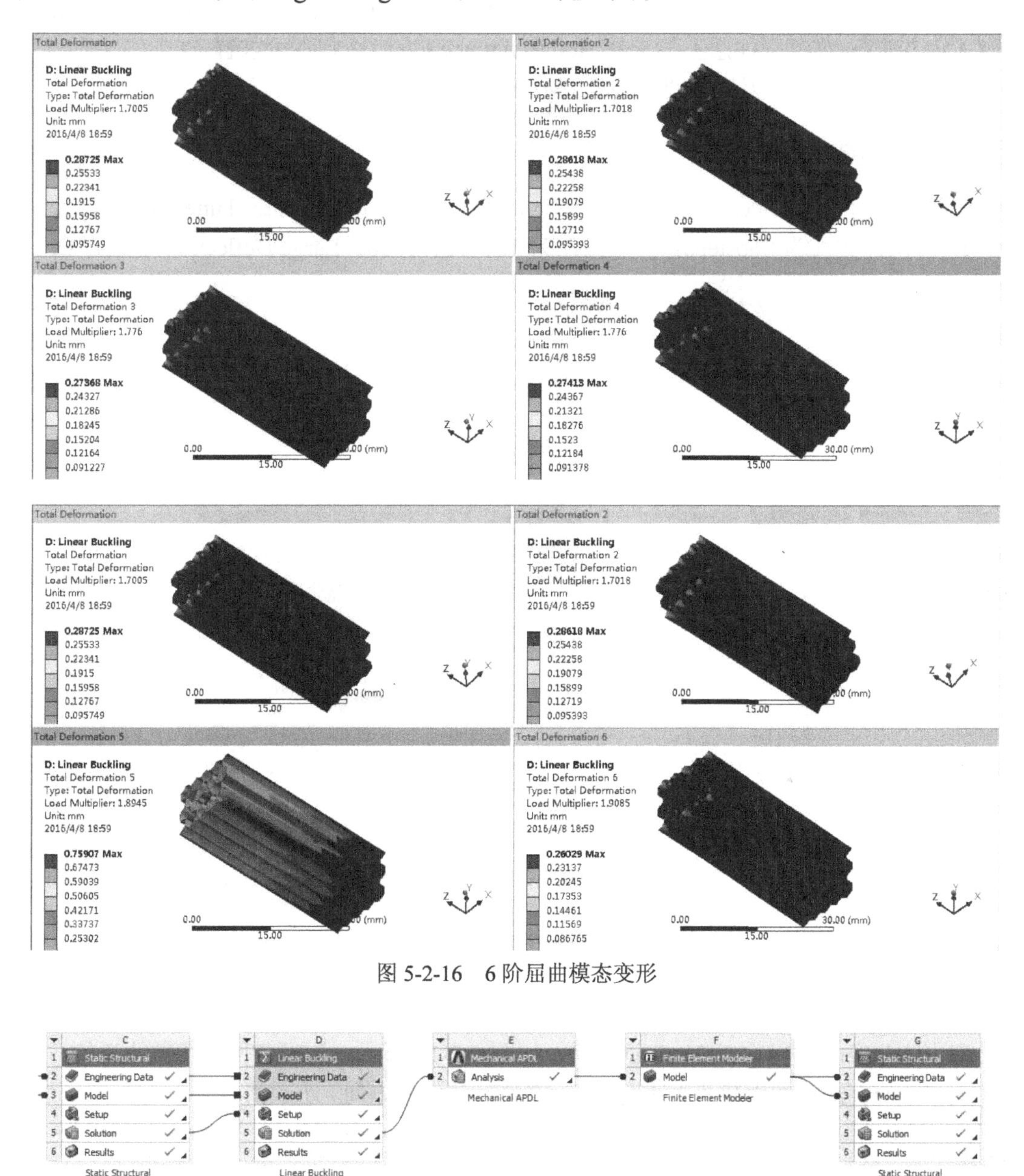

图 5-2-16　6 阶屈曲模态变形

图 5-2-17　基于初始缺陷的非线性屈曲分析流程

2. 建立含有初始缺陷的三维蜂窝有限元模型

建立一个 txt 文档，内容如下：

```
/prep7                          ! 前处理
upgeom,0.05,1,5,file,rst        ! 读取前面分析的 file.rst 中的第 5 阶模型，将其缩放 0.05
cdwrite,db,file,cdb             ! 导出 file.cdb 文件
```

```
/solu                          ！求解
```

然后右键点击 Mechanical APDL 中的 Analysis，在出现的菜单中点选 Add Input File，选择刚才定义的 txt 文档。注意不能选择 Add Reference File，否则不可求解。

点击 Update Project 工具，软件将自动进行设置。

3．求解设置

如图 5-2-18 所示，点击 Analysis Setting 的 Details 菜单，将 Auto Time Stepping 定义为 On；Define By 定义为 Substeps，其下依次为 10、10、1000；Large Deflection 定义为 On。

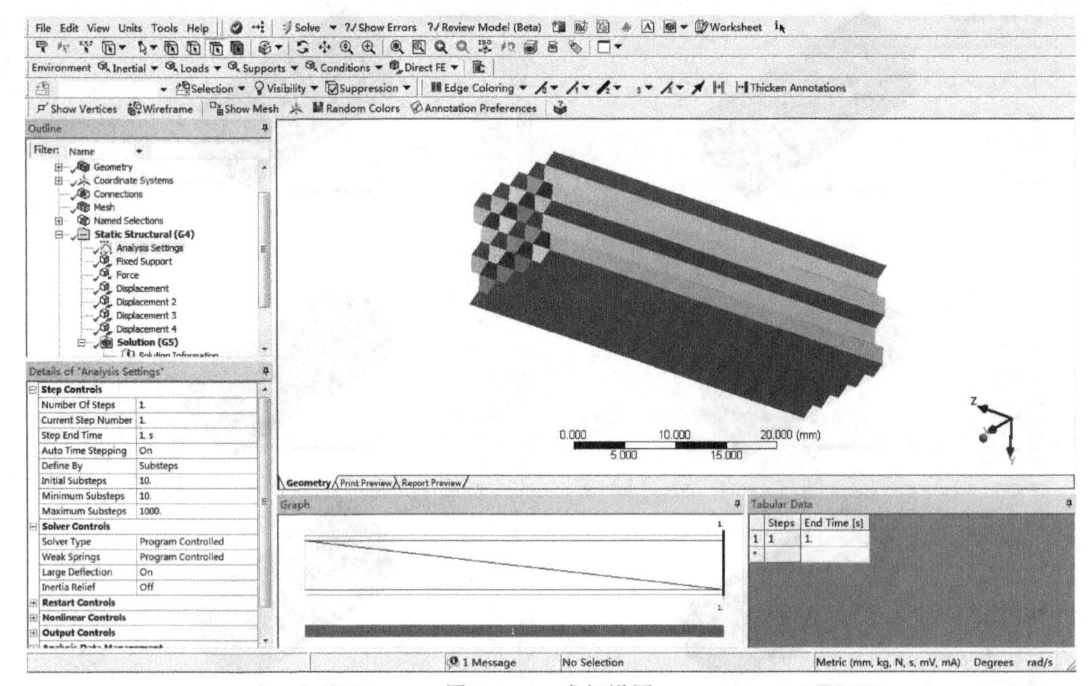

图 5-2-18　求解设置

4．边界条件加载

双击 G4 Setup 进入 Mechanical 界面，如图 5-2-19 所示。边界条件与线性特征值屈曲一致，仅修改蜂窝结构的力载荷大小为 3N，方向沿 Z 的负方向。

> **注意**
>
> 非线性屈曲的外加载荷应稍大于（10%～20%）特征值屈曲分析的临界载荷。上例计算第 5 阶屈曲载荷为 1.9N，则此时载荷必须大于 1.9×120%≈2.3N。

5．后处理

经过迭代计算，结果收敛，后处理插入 Deformation-Directional，将 Orientation 定义为 Z Axis（读取 Z 方向的位移），按住 Ctrl 键选择边界条件中的 Force，再点击上面的 New Chart and Table 图标，如图 5-2-20 所示设置，可得到载荷位移曲线图表。

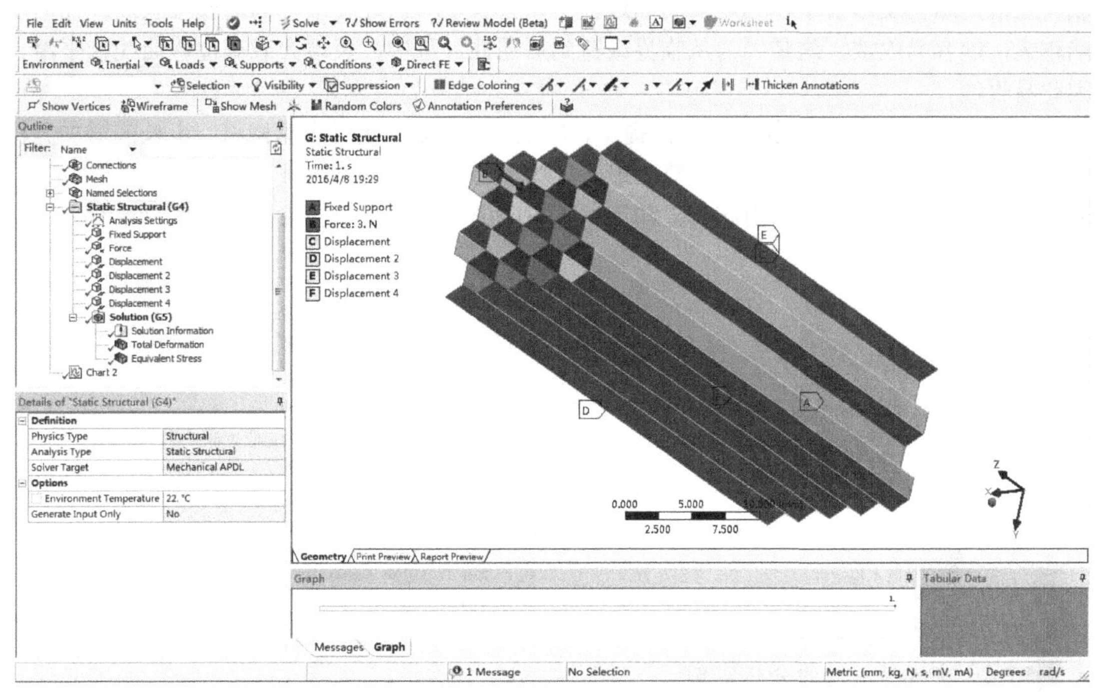

图 5-2-19　非线性屈曲边界条件

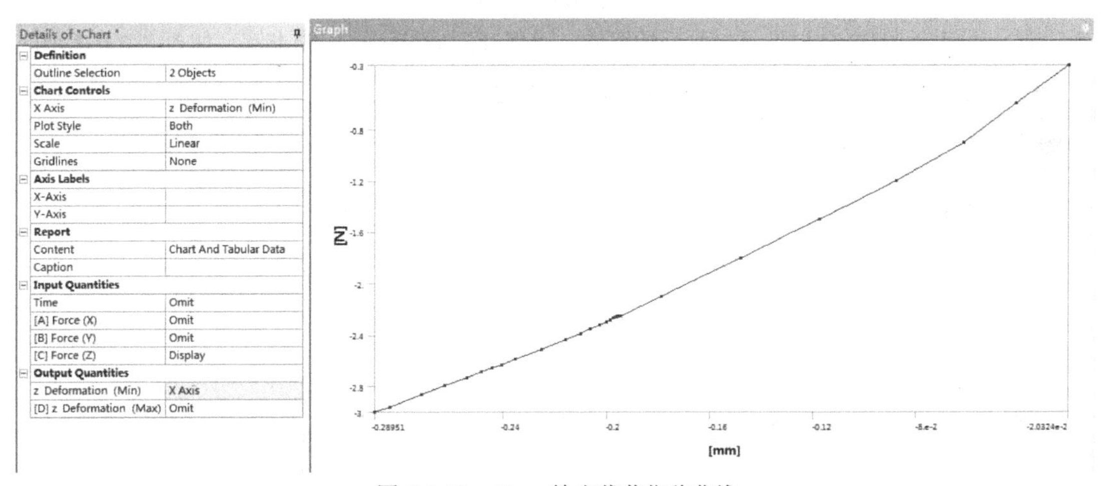

图 5-2-20　Chart 输出载荷位移曲线

读者可以自行尝试将 Force 改为 4N，其余设置不变，结果不收敛。

非线性屈曲分析中后处理必须提取载荷位移曲线，以确定不收敛的原因是数值不稳定还是物理不稳定。如果为数值不稳定，表现为切线刚度矩阵 $K^{\mathrm{T}}>0$，则计算过程不可取，需要重新计算；如果为物理不稳定，表现为切线刚度矩阵 $K^{\mathrm{T}}\approx 0$，则为屈曲状态，如图 5-2-21 所示。

6. 求解基于初始缺陷的非线性屈曲注意事项

（1）初始缺陷的定义直接影响计算收敛。几何缺陷越小，越不容易收敛，这是因为临界载荷之前，结构变形较小，到达后屈曲过程中，会表现为快速变形，因此较难收敛；几何缺陷越大，越容易收敛，这是因为从临界载荷到后屈曲过程中，表现为载荷位移曲线较平滑，因此易收敛。

（2）在不修改收敛计算准则的前提下，如果发生屈曲，通过调整网格、步长或增加分析步的方法，依然难以收敛，所以计算一般表现为前屈曲。但是不收敛并不表示计算无意义，通过判定不收敛确实由屈曲引起后，即可将不收敛的位置作为屈曲载荷。

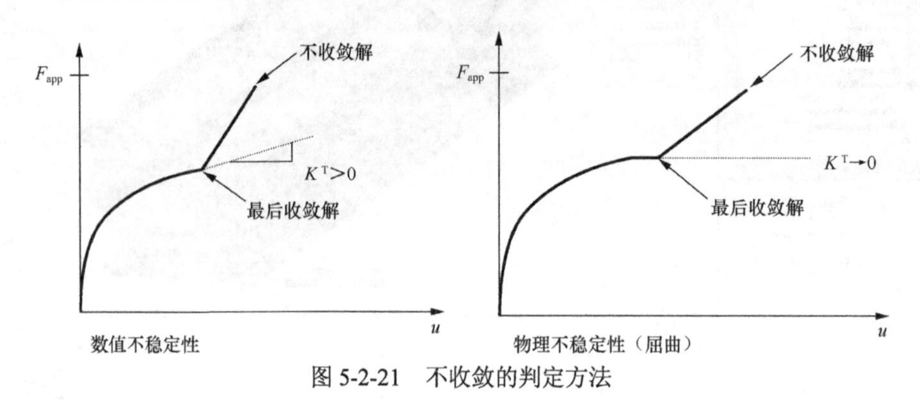

图 5-2-21　不收敛的判定方法

5.2.4　非线性后屈曲分析实例

由于在屈曲状态存在数值分析上本质的困难，而且又往往需要计算整个屈曲过程（前屈曲和后屈曲），因此 ANSYS 提供了一系列的算法，以保证屈曲整个过程的求解，如表 5-2-1 所示。

表 5-2-1　　非线性屈曲计算方法

加载方式	算法	前屈曲	后屈曲	载荷位移曲线
控制载荷加载	Newton-Raphson 算法	√	利用计算重启动和非线性稳定才可	
控制位移加载	Newton-Raphson 算法	√	√	
弧长法	Arc-Length 算法	√	√	
动力学			√	

由上表可知，控制载荷加载一般只能用于前屈曲，只有利用特殊的方法保证计算收敛才可以计算后屈曲；控制位移加载可用于各种屈曲，这也是为何采用位移载荷比力载荷容易收敛的原因之一，但是控制位移载荷由于位移边界条件的限制，不可能适用所有实际工况；弧长法可以求解任何零刚度或负刚度的屈曲分析，但是由于算法本身的固有特性，ANSYS 软件也不太推荐采用这种计算方法，所以在 WB 界面中只能采用 Command 才可以调用；WB 版本历次升级，对计算重启动和非线性稳定逐渐加强，可直接应用于控制载荷加载和控制位移加载中，应用这些技术，可保证屈曲计算的收敛和精度。除此以外还可以用动力学求解屈曲过程，但是在模型反转时，不计算结构软化响应过程，不能反映屈曲全部情况。

下面以一个变厚度圆弧板为例，分别说明上表三种后屈曲计算过程。

1. 建立三维模型

双击 Geometry，在 DM 中建立一个如图 5-2-22 所示的圆弧壳模型，模型尺寸：圆弧直径 50mm；圆心位于 Y 轴负方向，距坐标系原点 10mm；轴向长度 50mm。**注意**：只要 Sketching 中是不封闭的图形，就拉伸为壳体（Surface Body）。

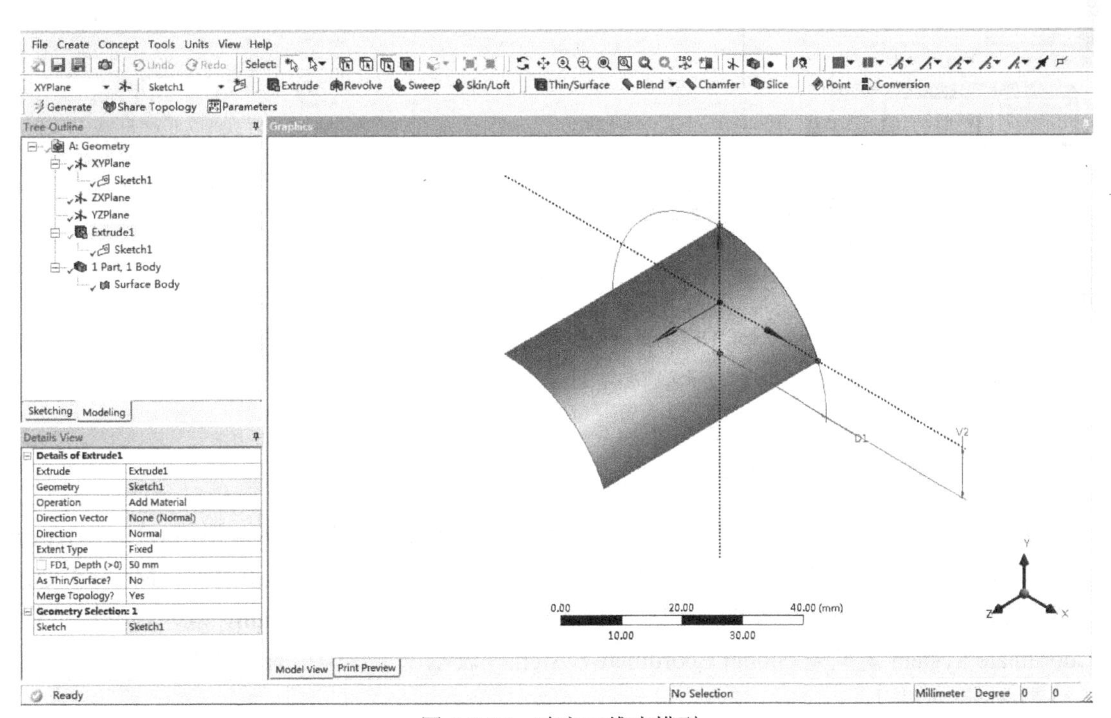

图 5-2-22 建立三维壳模型

2. 定义变厚度壳模型

选择静力学分析模块，进入 Mechanical 界面，右键点击 Geometry，插入 Thickness，如图 5-2-23 所示设置。在 Geometry 处选择图形曲面；Thickness 处定义函数 1+0.001*X；Graph Controls 用于定义变量范围和精度，Number Of Segments 定义为 200，表示等分数，数字越大，精度越高；Range Minimum 和 Range Maximum 分别定义为 0mm 和 1000mm，表示 x 的取值范围。代入上面函数，厚度按 1～2mm 均布，但是实际模型 x 尺寸小于 30mm，所以厚度最大为 1.02291mm。

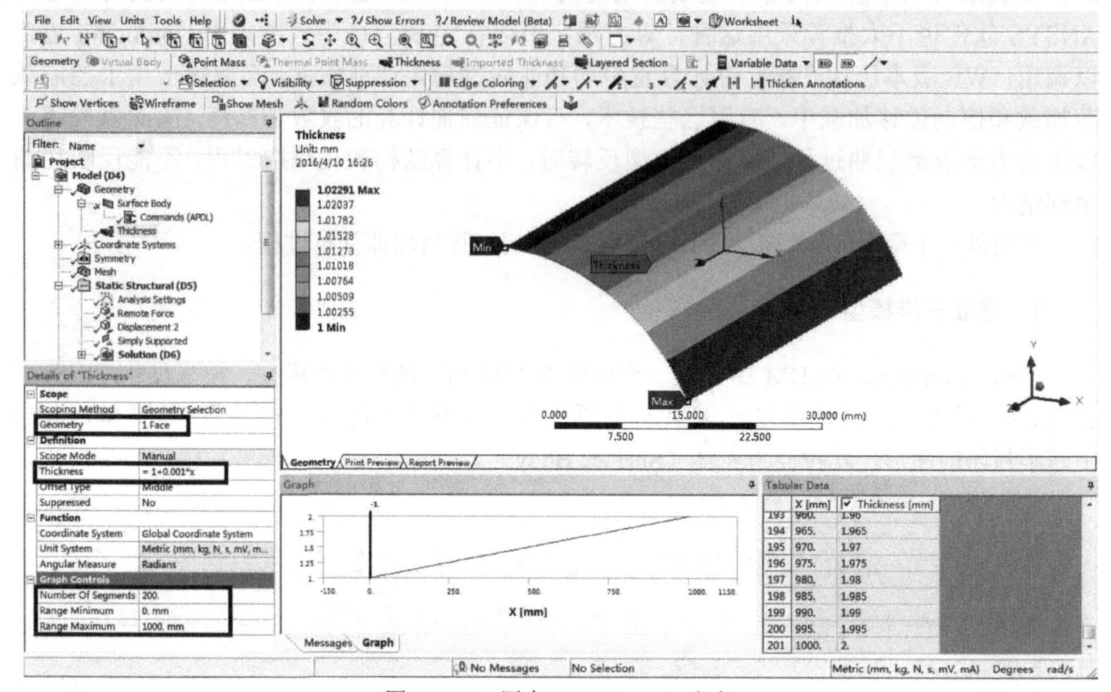

图 5-2-23　厚度（Thickness）定义

右键单击 Surface Body，插入一条 Command：

```
keyopt,matid,5,1  ! keyopt (5) 为新增关键词，用于定义 shell181 是否考虑曲线函数，keyopt (5)
=0（默认），keyopt (5) =1 时表示考虑初始 shell 曲线
```

3．Symmetry（对称）设置

由于模型仅为整体模型的一半，所以需要进行对称设置，如图 5-2-24 所示。Num Repeat 处定义为 2，表示总模型为 2；Type 处定义为 Polar，表示按圆柱坐标系对称；Method 处定义为 Half，表示对称方法为镜像；ΔR、Δθ、ΔZ 分别为 0mm、90°、0mm，表示按 90° 对称；Coordinate System 定义为 Global Coordinate System，表示以全局坐标系为基准。

Mesh 设置默认。

4．后屈曲求解

下面将用三种方法来求解后屈曲过程。

1）控制载荷加载

（1）边界条件定义。

边界条件定义如图 5-2-25 所示。选择圆弧壳体上边线加载远程载荷（Remote Force），

大小为 2000N，方向沿 Y 轴负方向；再选择圆弧壳体上边线定义位移载荷（Displacement），将 X 向和 Z 向定义为 0，Y 向自由（Free）；选择圆弧壳体下边线定义简支约束（Simply Supported）。

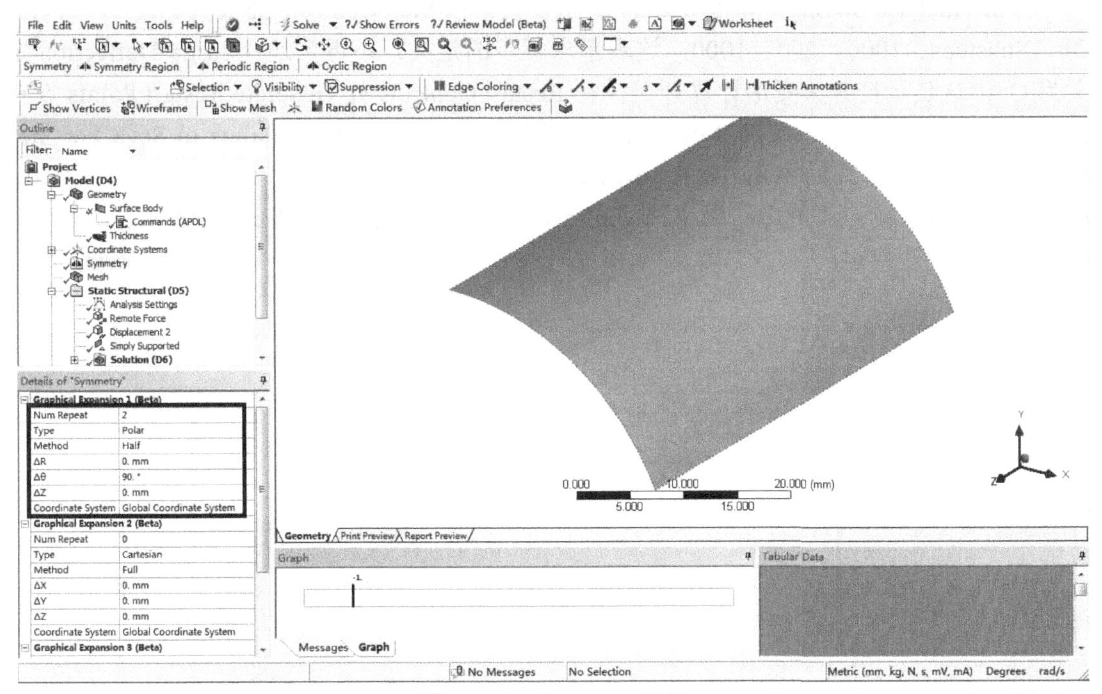

图 5-2-24　Symmetry 定义

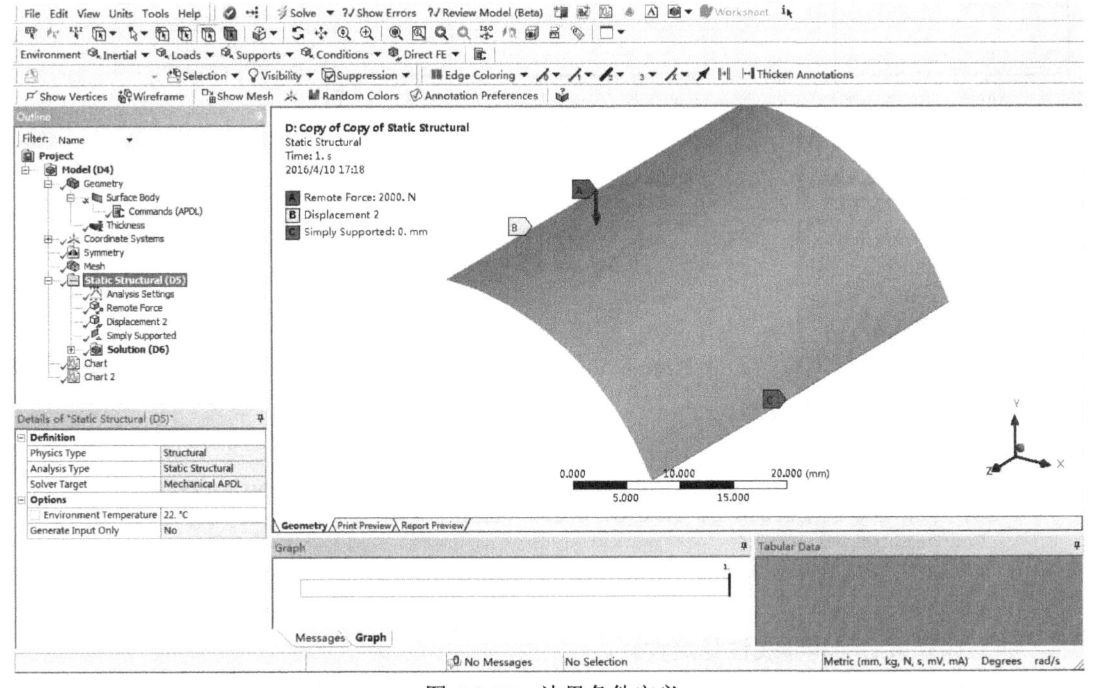

图 5-2-25　边界条件定义

采用力载荷，如果发生屈曲，必然不收敛，所以只用于前屈曲；但是通过计算重启动和非线性稳定两种方法，可以计算整个屈曲过程。

（2）求解设置。

点击 Analysis Setting，如图 5-2-26 所示设置。在 Step Controls 处依次定义 1、1、1s、On、Substeps、1000、200、1000，这表示求解步的定义，不再赘述；Large Deflection 定义为 On，这表示打开大变形计算开关；在 Restart Controls 处 Generate Restart Points 设置为 Manual，Load Step 设置为 All，Substep 设置为 All，Maximum Points to Save Per Step 设置为 All，Retain Files After Full Solve 设置为 Yes，这表示每一步每一子步的计算结果均被保存，可以被计算重启动调用；Nonlinear Controls 处的 Stabilization 设置为 Off，这表示关闭非线性稳定。

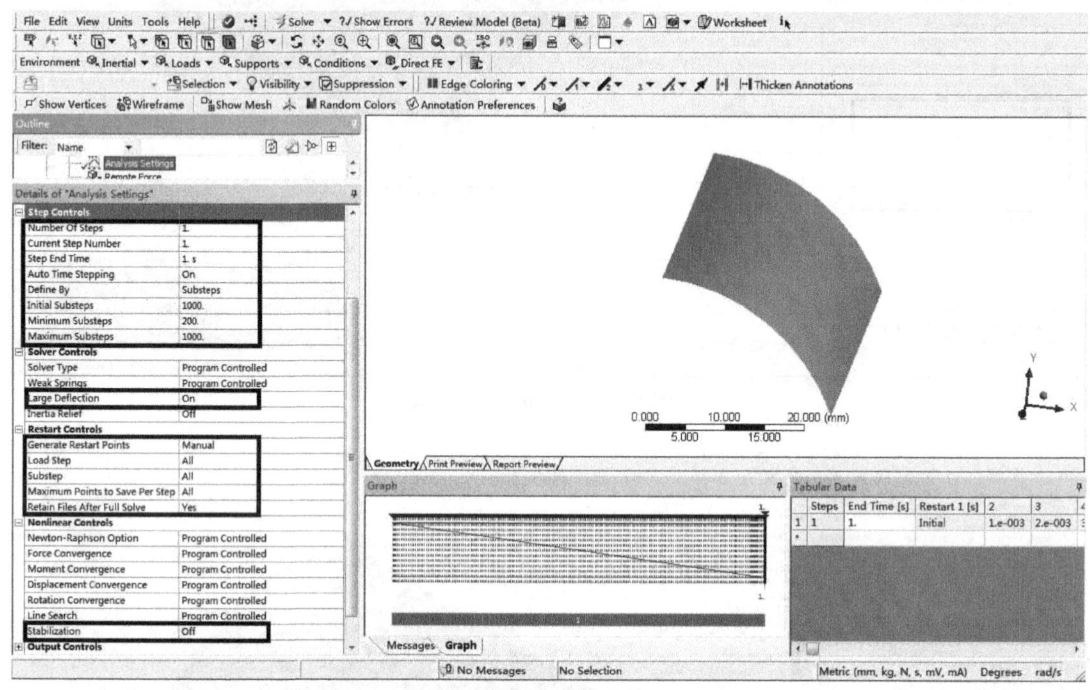

图 5-2-26　求解设置

（3）初次求解。

点击 Solve，求解不收敛，在 Solver Output 处可以看到详细信息，如图 5-2-27 所示。表示在第 1 步第 197 子步不收敛。

```
*** ERROR ***                          CP =       29.110    TIME= 13:46:33
Solution not converged at time 0.962625 (load step 1 substep 197).
 Run terminated.
```

图 5-2-27　不收敛信息

（4）计算重启动和非线性稳定设置。

点击 Analysis Setting，如图 5-2-28 所示设置。在 Restart Analysis 处将 Restart Type 定义为 Manual，Action 定义为 Continue Analysis，Current Restart Point 定义为 Load Step 1，

Substep190。此处**特别注意：虽然是在第 197 步不收敛，但是重启动点一定不能设置为前面一子步，例如第 196 子步，必须前移一段，否则依然不收敛。**Nonlinear Controls 处的 Stabilization 定义为 Constant，Method 定义为 Energy，Energy Dissipation Ratio 定义为 1e−004，Activation For First Substep 定义为 On Nonconvergence，Stabilization Force Limit 定义为 0.2，这表示在不收敛处启用稳定性计算，参数均为默认值。其余各处设置不变。

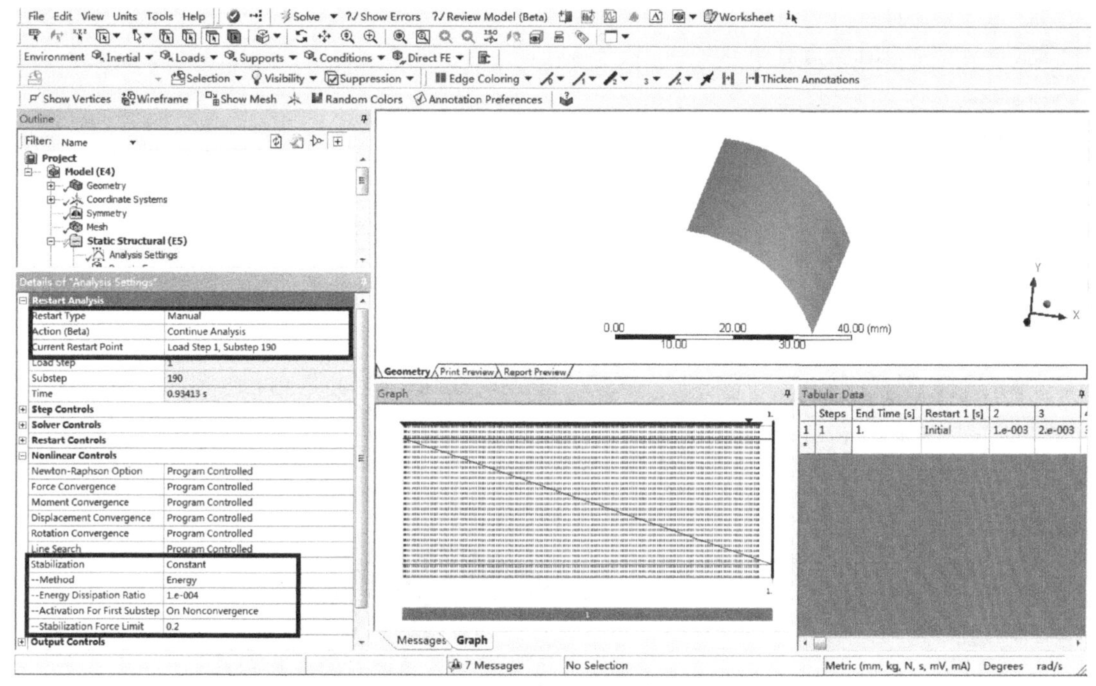

图 5-2-28　重启动及稳定性设置

（5）后处理。

计算收敛后，读者自行插入感兴趣的结果，其中必须输出两项：

① 以简支约束为条件的反力（插入 Probe-Force Reaction-Location Method：Boundary Condition，Boundary Condition：Simply Supported）；

② 模型以 Y 向的位移（插入 User Defined Result-Expression：=abs（uy））。

再以这两个结果，输出载荷位移曲线图表（Chart），如图 5-2-29 所示。由图可知，达到第一个峰值时位移向下 5.436mm，反力为 1902N。

2）控制位移加载

（1）边界条件定义。

边界条件定义如图 5-2-30 所示。选择圆弧壳体上边线定义位移载荷（Displacement），分两步：第一步将 X 向和 Z 向定义为 0，Y 向为−27mm，第二步将 X 向和 Z 向定义为 0，Y 向为−32mm；选择圆弧壳体下边线定义简支约束（Simply Supported）。

位移载荷分两步加载的原因：由上例可知，Y 向位移至−29mm 左右时发生屈曲，所以分两步，前面一步由于不涉及屈曲，子步可以定义较大，保证计算的快速，后面一步发生屈曲，必须把子步定义得很小，以保证收敛。

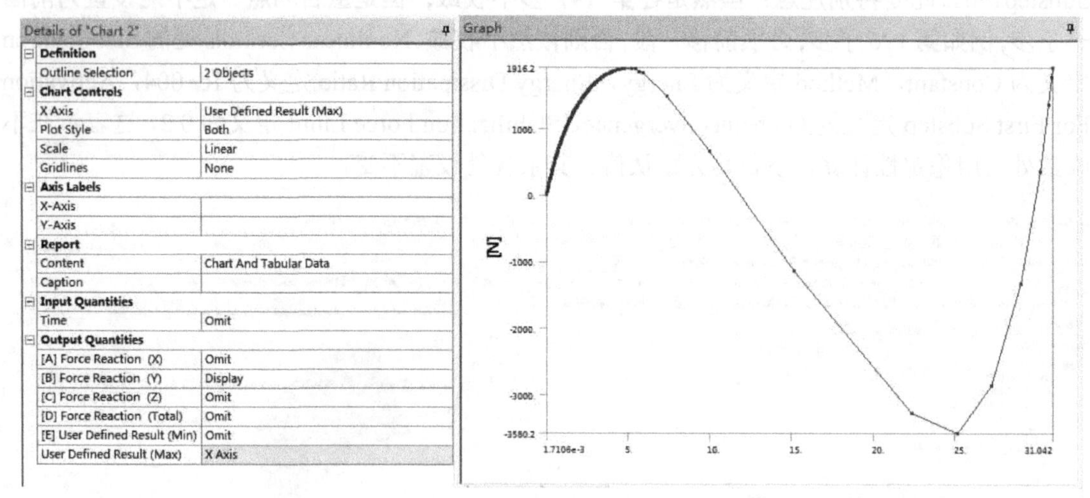

图 5-2-29　载荷位移曲线图表

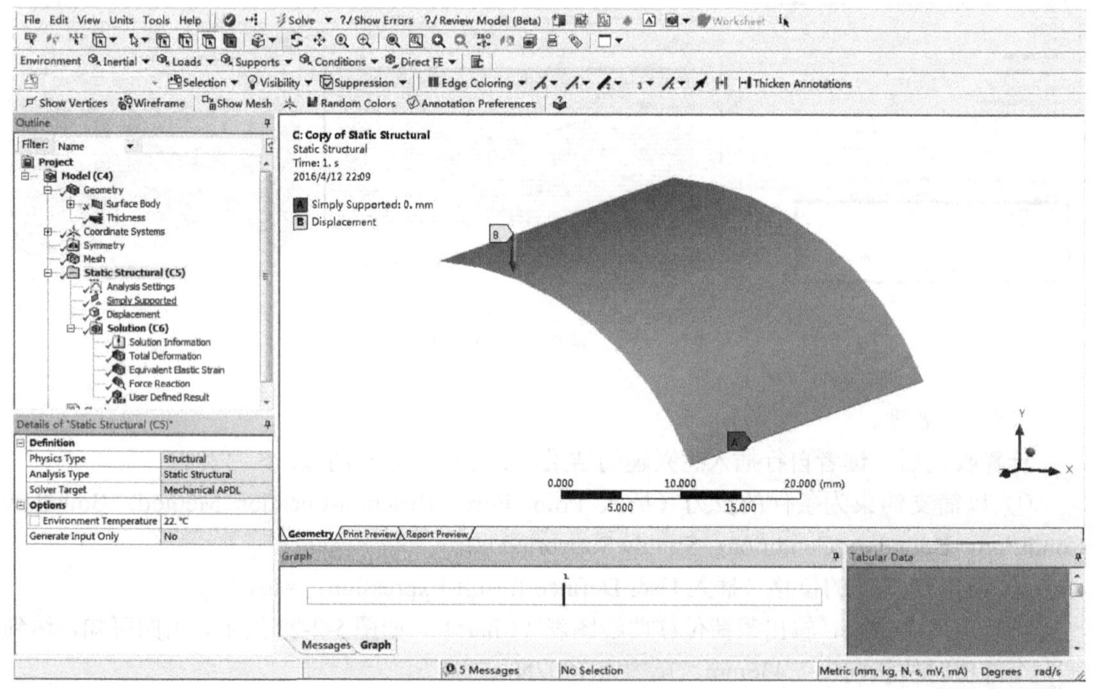

图 5-2-30　边界条件定义

（2）求解设置。

点击 Analysis Setting，如图 5-2-31 所示设置。

第一步设置：在 Step Controls 处依次定义 2、1、1s、On、Substeps、10、1、100；Large Deflection 定义为 On；NonLinear Controls 处的 Stabilization 设置为 Off。

第二步设置：在 Step Controls 处依次定义 2、2、2s、On、Substeps、Off、100、100、5000；Large Deflection 定义为 On；NonLinear Controls 处的 Stabilization 设置为 Constant，Method 定义为 Damping，Damping Factor 定义为 5e−003，Activation For First Substep 定义为 On

Nonconvergence，Stabilization Force Limit 定义为 0.2，这表示在不收敛处启用稳定性计算，阻尼系数为 0.005。其余各处设置不变。

说明

关于 Stabilization Force Limit 的参数，默认 0.2 足够应付各种屈曲问题；关于 Energy Dissipation Ratio 和 Damping Factor 的参数，建议从较小的数开始调试，最好是刚刚保证收敛，参数太大对结果有一定的影响；同时建议稳定性仅仅在不收敛时才调用。

位移加载并非一定要调用非线性稳定性才可以计算收敛，可以通过增加步数、增加子步等措施以保证收敛，不过计算代价是相当昂贵的。

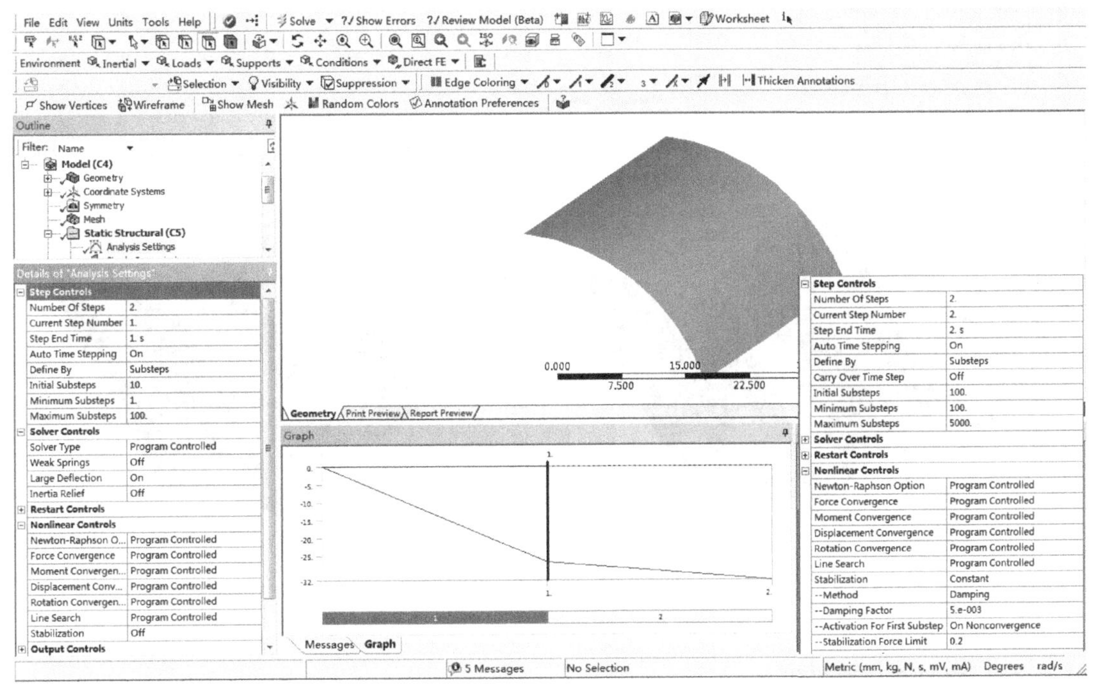

图 5-2-31 求解设置

（3）后处理。

计算收敛后，同样必须输出两项：

① 以简支约束为条件的反力（同上设置）；

② 模型以 Y 向的位移（同上设置）。

再以这两个结果，输出载荷位移曲线图表（Chart），如图 5-2-32 所示。由图可知，达到第一个峰值时位移向下 5.4mm，反力为 1917N。

（4）非线性后屈曲求解收敛事项。

在非线性后屈曲计算中，只要调整 Energy Dissipation Ratio 或 Damping Factor 的参数，一定可以保证计算收敛。只需注意：**后处理需要插入稳定能，并与总应变能进行比较，稳定能必须小于总应变能的 10%，计算才可靠。**如图 5-2-33 所示，左图显示应变能（Strain Energy），最大为 113.76mJ，右图显示 Stabilization Energy（稳定能），同样区域最大约为 4.61mJ，小于应变能的 10%。

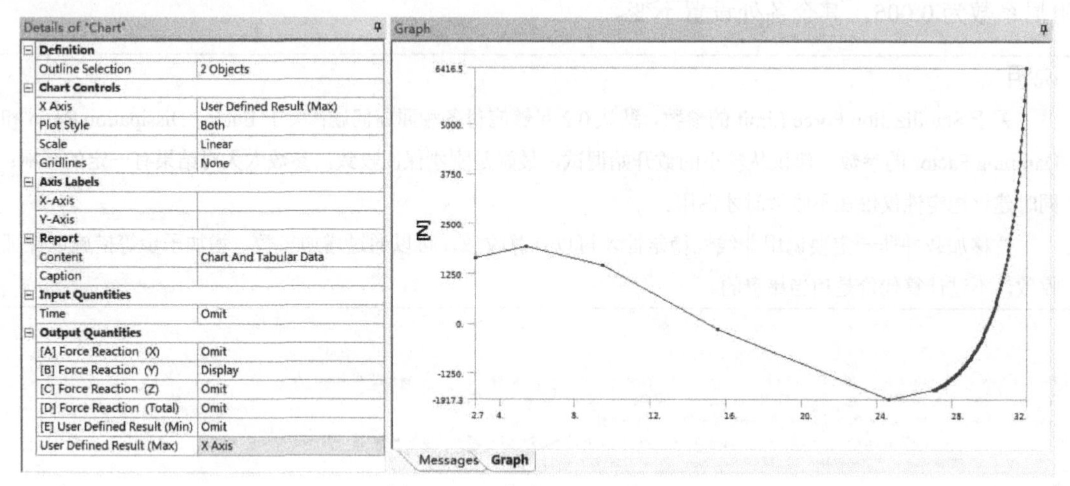

图 5-2-32　载荷位移曲线图表

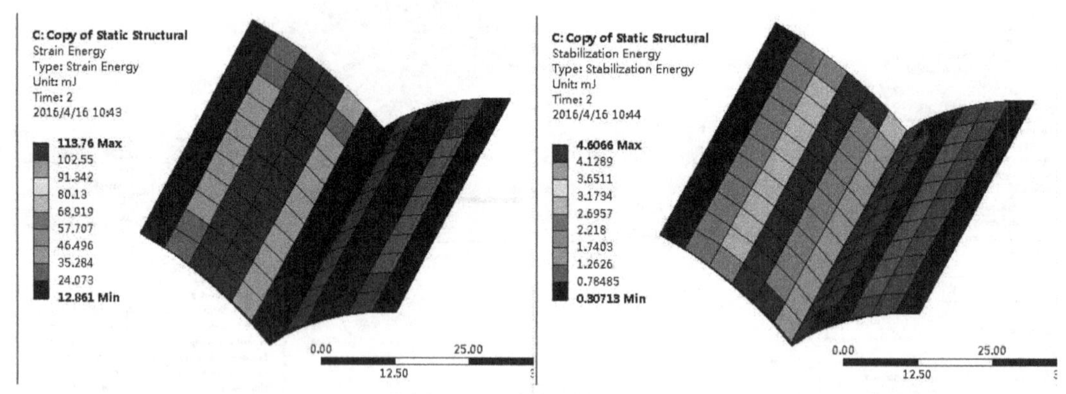

图 5-2-33　应变能和稳定能

3）弧长法求解

（1）定义命名选择集。

先选择圆弧上边线，定义命名选择（Named Selcctions），然后再右键点击选择集，在菜单中选择 Create Nodal Named Selection，即可达到上边线所有节点的选择集，如图 5-2-34 所示，将其命名为 ntip，以便后续调用。

（2）边界条件定义。

边界条件与控制载荷加载一致，只增加一段 Command，以启动弧长法分析。

```
Command: nsubst,100            ! 设置子步数
         arclen,on,5,0.005     ! 激活弧长法并设置弧长半径的最大和最小乘数。弧长半径
                               参考值= Total Load (or Displacement) / nsubst,
                               5、0.005 定义弧长半径的界限。例如本例：Total Load=2000N,
                               nsubst=100，最大弧长半径=5*2000/100=100；最小弧长
                               半径=0.005*2000/100=0.1
         arctrm,u,15,ntip,uy   !弧长法终止准则，当一次位移大于或等于设定值时停止计算。
```

位移设定为 15，以 ntip 节点集的位移为标准，方向为 UY 方向，即表示 ntip 节点集朝 UY 方向位移 15mm 就停止计算

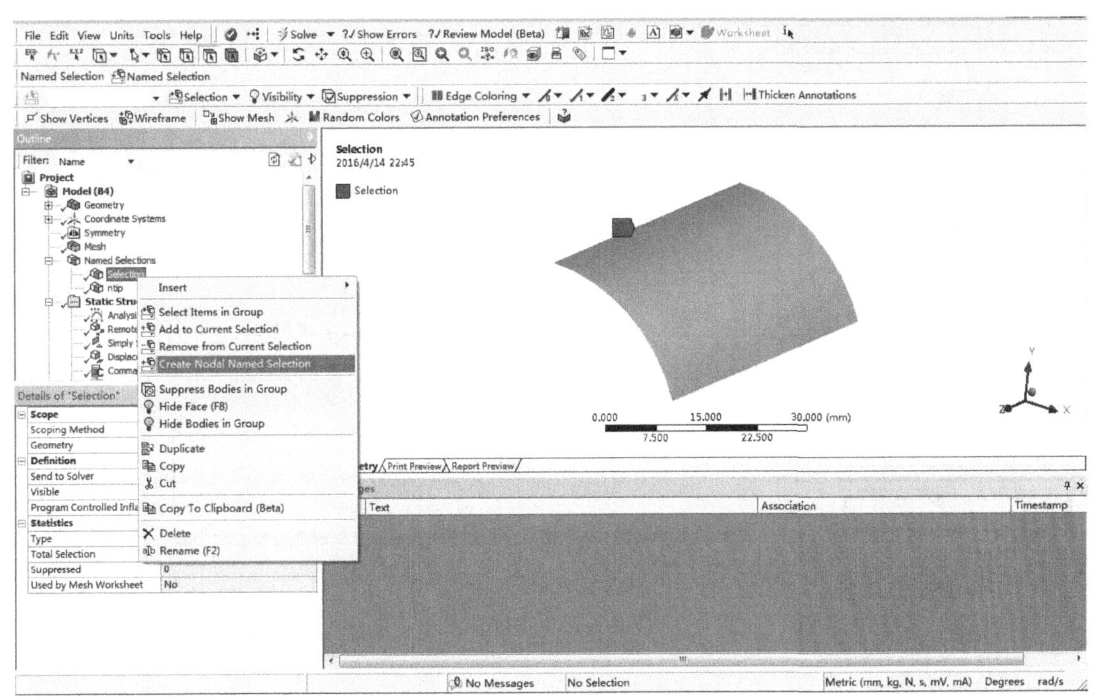

图 5-2-34 命名选择节点集

注意

arctrm 命令必须与 arclen,on 结合使用；第二项如果选择“L”参数，则表示分析到第一个极值点即停止；第三项数值必须是绝对值，如果为角度，单位必须为弧度；第五项数值可选变量为 UX、UY、UZ、ROTX、ROTY、ROTZ。

（3）求解设置。

点击 Analysis Setting，如图 5-2-35 所示设置。在 Step Controls 处依次定义 1、1、0.1s、Program Controlled；Large Deflection 定义为 On；Restart Controls 处的 Generate Restart Points 定义为 Off，Retain Files After Full Solve 定义为 No；NonLinear Controls 处的 Force Convergence 定义为 On，Value 定义为 Calculated by solver，Tolerance 定义为 5%，Minimum Reference 定义为 0.2N（此参数均为系统默认），Displacement Convergence 定义为 Remove，Line Search 定义为 Off，Stabilization 定义为 Off。

注意

弧长法仅限于具有渐进加载方式的静态分析；使用弧长法求解过程中，必须关闭线性搜索（LNSRCH）、预测器（PRED）、自适应下降（NROPT）、自动时间步（AUTOTS，TIME ）和时间积分效应（TIMINT）；不能采用基于位移的收敛判据（CNVTOL，U）。

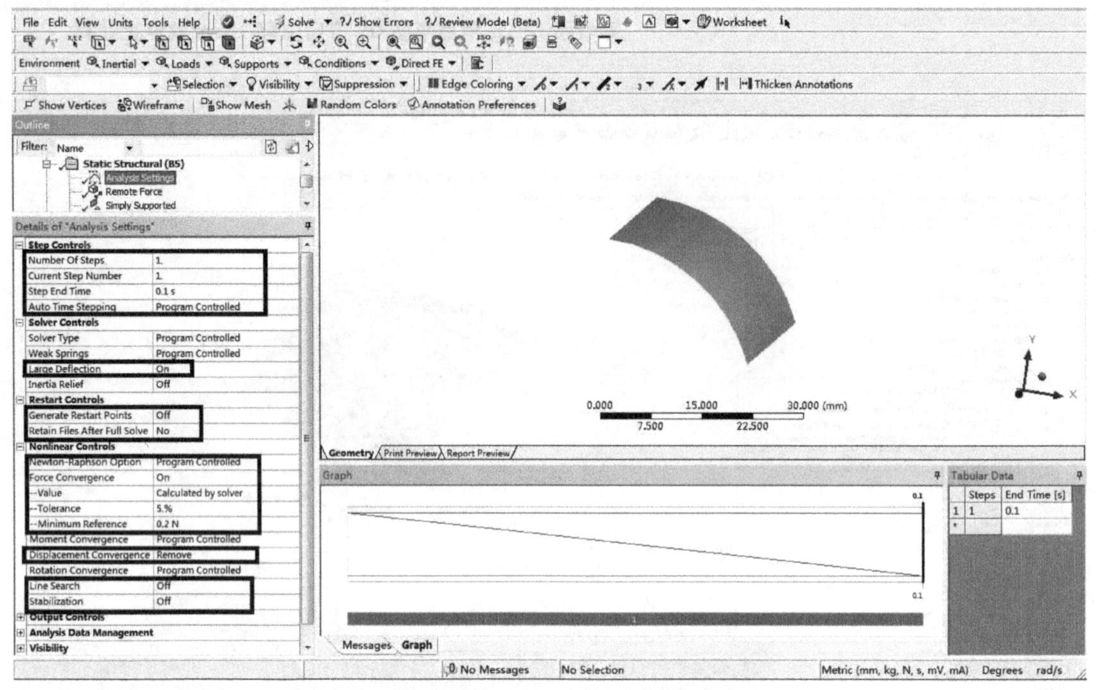

图 5-2-35　求解设置

（4）后处理。

计算收敛后，同样必须输出两项：

① 以简支约束为条件的反力（同上设置）；

② 模型以 Y 向的位移（同上设置）。

由于模型计算中出现反转，在弧长法计算中 Time 会出现负值，本例仅仅只取 15mm 的位移，只呈现模型反转前的屈曲过程，读者可以自己尝试加大计算终止准则中的位移参数。再以这两个结果，输出载荷位移曲线图表（Chart），如图 5-2-36 所示。由图可知，达到第一个峰值时位移向下 5.2753mm，反力为 1917.2N。

对比三个结果，数据相差无几。

（5）弧长法求解收敛事项。

① 弧长法收敛直接归根于弧长半径的大小，通过使用 nsubst 和 arclen 命令来调整弧长半径的大小和范围为合适的值。弧长法如果在预定设置处收敛失败，将自动二分继续求解，直到收敛或最小弧长半径，所以可以增大 nsubst 数值或减小最小弧长半径因子（minarc），提高收敛性；但是参数太大，又有可能错过屈曲点。

② 弧长法可以加入几何缺陷以提高收敛性。

③ 弧长法求解速度较慢，为了提高计算速度，可将分析过程分成两个载荷步，第一步采用一般的非线性屈曲分析过程，第二步在临近屈曲的时候采用弧长法。从弧长法到 Newton-Raphson 法转换，必须终止分析后重启动，且在重启动的第一个载荷步中关闭弧长法（arclen,off）。

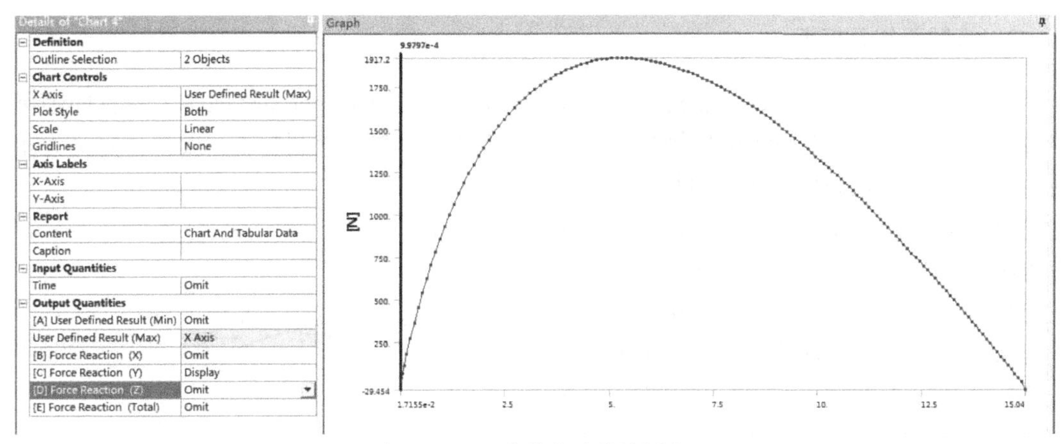

图 5-2-36 载荷位移曲线图表

5.3 状态非线性分析——接触

状态非线性主要反映为接触。接触状态表现为两个相互分离的表面发生碰触时相切。接触状态的表面有以下特点：

（1）不互相穿透。

（2）能够传递法向压力和切向摩擦力。

（3）一般不传递法向拉力，即两者在拉力作用下可以自由分离。

（4）状态不断变化的非线性，其接触表面的法向刚度和切向刚度取决于接触或接触分离状态，这种刚度系统的突变会导致收敛困难。

5.3.1 基本概念

1. 接触状态

接触状态分为远离（Far）、接近（Near）、黏接（Sticking）和滑动（Sliding），如图 5-3-1 所示。

接触在数值分析时可能出现两种状态：穿透（Penetration）和间隙（Gap），如图 5-3-2 所示。物体在接触过程中是不允许穿透的，在有限元分析过程中，如果不允许穿透，物体之间发生接触或者取消接触时，会出现阶跃函数，导致收敛困难；如果允许一些极轻微的穿透，接触不是一个突变函数，则较容易收敛。

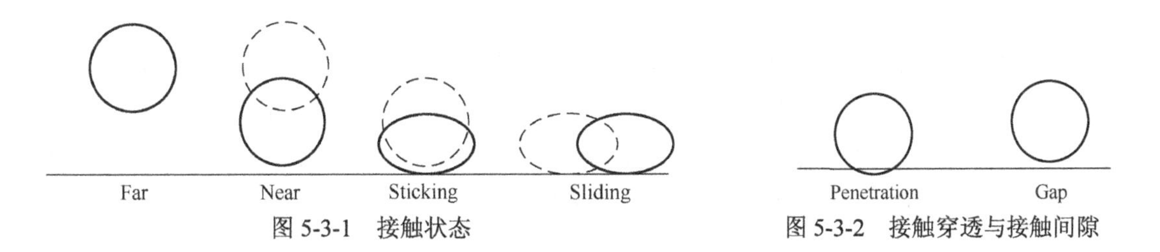

图 5-3-1 接触状态

图 5-3-2 接触穿透与接触间隙

2．接触面与目标面

接触面（Contact Surface）在接触时不能穿透到目标面（Target Surface），目标面则可以穿透到接触面之中。对于刚-柔接触分析，明显应该把刚体定义为目标面，柔性体定义为接触面。如果柔-柔接触分析，接触面与目标面的定义规则为：①凸面对凹面/平面，凸面定义为接触面；②精细网格对粗糙网格，精细网格定义为接触面；③软硬不同的接触，软的定义为接触面；④高阶单元对低阶单元，高阶单元面定义为接触面；⑤一个面大于另外一个面，小面定义为接触面。接触面与目标面如图 5-3-3 所示。

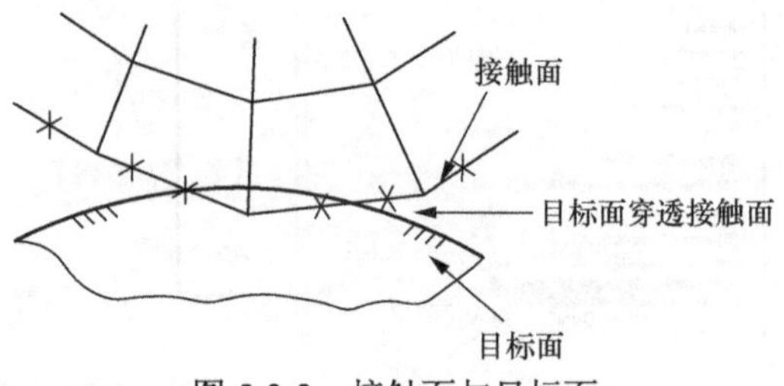

图 5-3-3　接触面与目标面

3．接触行为与数值方法

接触行为分为绑定（Bonded）、不分离（No Separation）、无摩擦（Frictionless）、粗糙（Rough）、摩擦（Frictional）等几种。这几种用接触状态表现如下：绑定（Bonded）为不穿透、不分离、不滑移，线性接触；不分离（No Separation）为不穿透、不分离、无摩擦的小滑移，线性接触；无摩擦（Frictionless）为不穿透，自由的分离和滑移，非线性接触；粗糙（Rough）为不穿透、可分离、不滑移，非线性接触；摩擦（Frictional）为不穿透，自由的分离和带摩擦的滑移，非线性接触。

接触一般不允许穿透，为此特定义了几种接触算法，以保证各种接触状态的匹配。等同于经典界面中的 keyopt（2）设置。

1）Pure Penalty（纯罚函数）

Pure Penalty 计算原理：在一对接触面内建立一个接触“弹簧”，弹簧刚度被称为接触刚度，公式为 $F_n = k_{normal}x_p$，如图 5-3-4 所示。F_n 为法向接触力，k_{normal} 为法向接触刚度或罚参数，x_p 为穿透度。理想情况下，k_{normal} 为无限大，则 x_p 为 0，但是如果 k_{normal} 很大，会产生很大的接触反力，甚至让接触模型分离，致使无法收敛；实际 k_{normal} 取一个较大的数值，x_p 较小以至忽略不计，也认为该方法可靠。

Pure Penalty 计算原理同样适用于切线方向，例如绑定（Bonded）和粗糙（Rough）接触为黏接（Sticking）接触状态，按 $F_{tangential} = k_{tangential}x_{sliding}$，$x_{sliding}$ 为滑移距离，此时黏接接触状态 $x_{sliding}$=0，$k_{tangential}$ 为无限大。

2）Normal Lagrange（法向拉格朗日）

Normal Lagrange 计算原理：F_n = 接触压力（DOF），如图 5-3-5 所示。增加了一个额外的自由度（接触压力）以解决接触刚度和穿透，表现为用压力自由度强制零/近零渗透，仅适用于接触面法线方向的接触力，但是由于没有定义法向罚刚度，接触状态发生突变时，即出现“震颤（Chattering）”现象，所以不容易收敛。

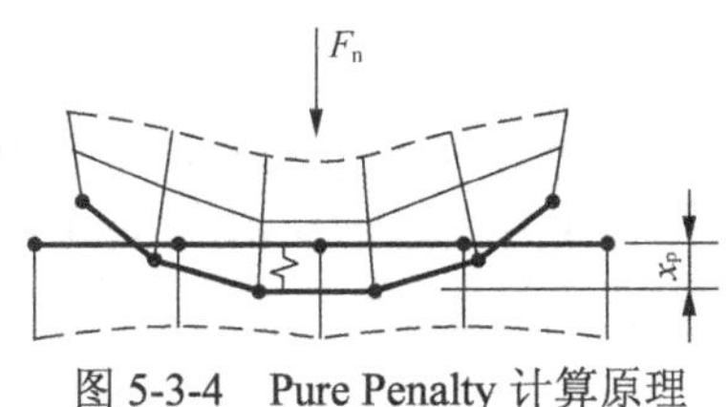

图 5-3-4 Pure Penalty 计算原理

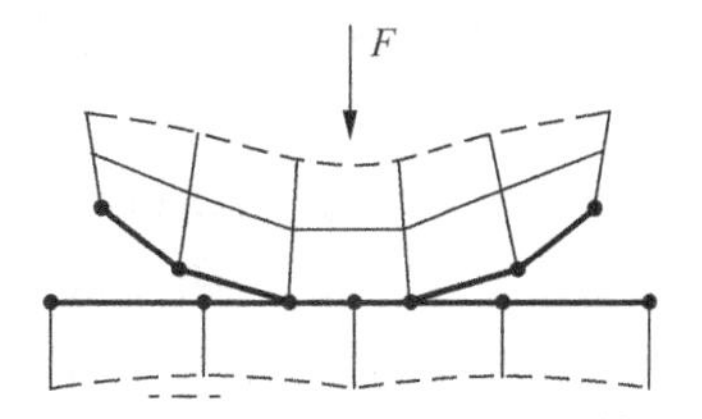

图 5-3-5 Normal Lagrange 计算原理

3）Augmented Lagrange（增广拉格朗日）

Augmented Lagrange 计算原理：$F_{\text{n}} = k_{\text{normal}} x_{\text{p}} + \lambda$，即在纯罚函数法基础上再增加一个拉格朗日项，相较纯罚函数法，并不需要很大的法向接触刚度就可以保证较小的穿透，所以易收敛，但是如果网格变形得过于扭曲，则计算迭代步数较多。

4）Multi-Point Contraint (MPC)

内部增加了约束方程（Constraint Equations）以连接（Tie）接触面之间的位置，如图 5-3-6 所示。这种方法直接有效地连接接触区域，而且可以适用于大变形，主要用于 Bonded 和 No Separation。特别适用于处理 Solid 与 Shell、Shell 与 Shell 接触时易出现的接触面法向错误，例如，提示“The normal of contact element XXX is not consistent with the normal of contact element XXX. Please use the ENORM command to correct it.”。

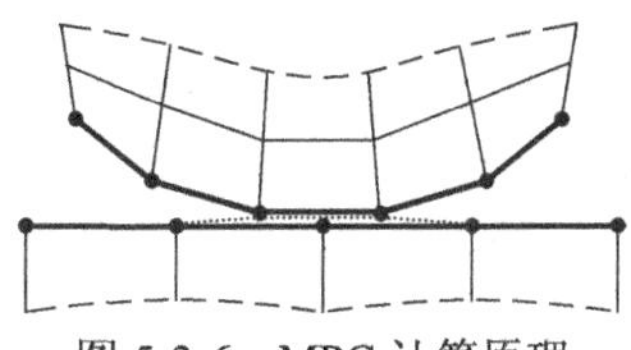
图 5-3-6 MPC 计算原理

另外，MPC 算法是整个接触算法中求解速度最慢的，当 Solid 与 Shell 模型需要定义接触时，可以采用下面方法提高计算速度：在 Solid 的表面手动新建一层非常薄的 Shell 模型，Solid 模型与新建的 Shell 模型采用 Bonded 连接，新建的 Shell 模型与原来的 Shell 模型采用 Mesh Connections 连接。

5）Beam（梁）

接触物体之间采用无质量的梁绑定连接，由于没有网格，所以不能使用 Beam Tool 查看结果，但是可以用 Probe-Beam 工具得到相应结果。

各接触行为计算方法汇总如表 5-3-1 所示。

表 5-3-1 接触行为计算方法汇总

接触行为	法向	法向刚度	切向	切向刚度	应用
Pure Penalty	Penalty	用户定义	Penalty	软件自定义	所有
Augmented Lagrange	Augmented Lagrange	用户定义	Penalty	软件自定义	所有
Normal Lagrange	Lagrange	—	Penalty	软件自定义	所有
MPC	MPC	—	MPC	—	Bonded、No Separation

4．接触穿透的相关软件基础

1）接触探测（Detection Method）

模型的不连续性（尖角、方向改变）会造成判断接触困难，致使计算不收敛。接触探测允许指定选择的位置用于接触探测，以获得良好的收敛效果。等同于经典界面中的 keyopt（4）设置。

纯罚函数和增广拉格朗日法默认基于高斯积分点的探测（On Gauss Points），一般较节点的探测更准确；拉格朗日和 MPC 法默认基于节点的探测（On Nodes-Normal from Contact 和 On Nodes-Normal to Target），较高斯积分点的探测点要少，如图 5-3-7 所示。

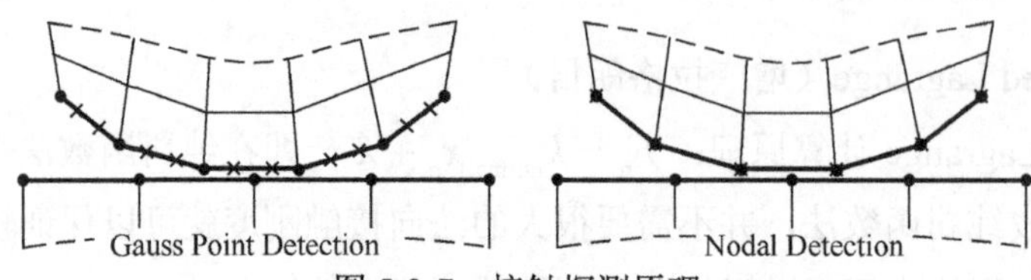

图 5-3-7　接触探测原理

基于高斯积分点的探测默认指向接触面的法向；基于接触面节点的探测用于接触面比目标面光滑的情况；基于目标面节点的探测用于目标面比接触面光滑的情况；后两种由于在探测前要计算接触面的法线方向，所以计算时间较基于高斯积分点的探测要长，也就优先选用基于高斯积分点的探测，但是有时必须采用基于节点的探测，例如尖角与线的接触，如图 5-3-8 所示。

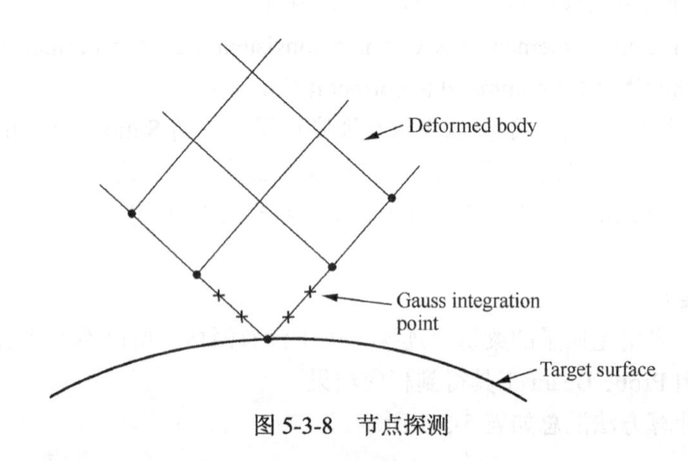

图 5-3-8　节点探测

基于节点投影的接触（Nodal-Projection Normal from Contact）如图 5-3-9 所示，将接触面和目标面节点在法向投影的重叠区域强制定义接触约束，对高阶单元结合 Normal Lagrange 法可以提供更精确的接触压力，且在接触边缘的接触压力和应变分布更加平滑；对 Frictional 接触求解时可以很好地满足力矩平衡；但是不能与 MPC 接触匹配。

2）修剪接触（Trim Contact）

修剪接触用于自动减少接触对单元数量，从而加快求解速度。系统默认是 On（打开）；但是如果有大挠度的滑移必须设置 Off（关闭），否则在原始接触边缘外出现穿透现象，或者定义 Trim Tolerance（修剪公差），以保证足够的接触区域。如图 5-3-10 所示，弧面定义接触面，平面定义目标面，两者定义接触。如果打开自动修剪接触，程序仅会计算方框内的接触对单元；如果需要计算到圆圈内的接触对单元，或者关闭修剪接触，或者定义修剪公差，数值为大圆直径。

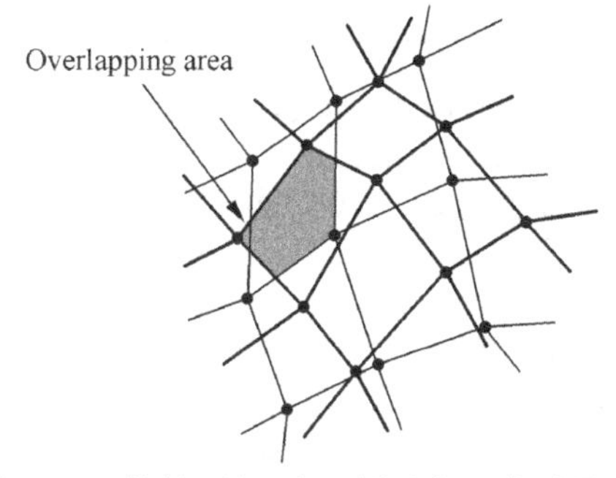

图 5-3-9　接触面和目标面节点投影的重叠区域

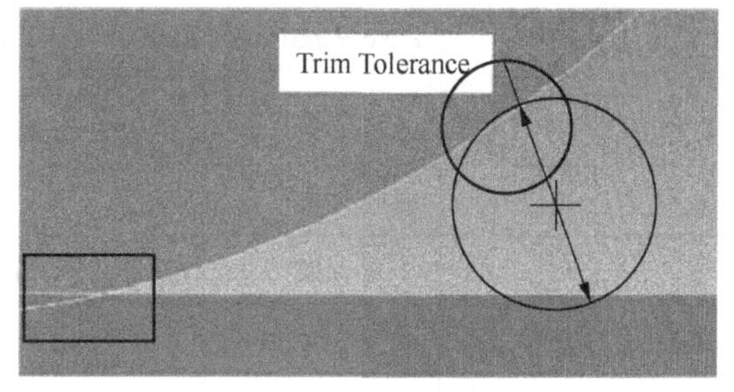

图 5-3-10　修剪接触

3）穿透公差和弹性滑移公差（Penetration and Elastic Slip Tolerances）

定义穿透公差和弹性滑移公差是为了保证接触更容易收敛，穿透公差定义的接触面法向，默认为 0.1×接触单元下面实体单元的深度，如果定义得太小，会大大浪费计算时间，且很难收敛，应用于纯罚函数和增广拉格朗日法；弹性滑移公差定义的接触面切向，默认为 0.01×单元的长度，应用于绑定、粗糙和摩擦接触类型，如图 5-3-11 所示。

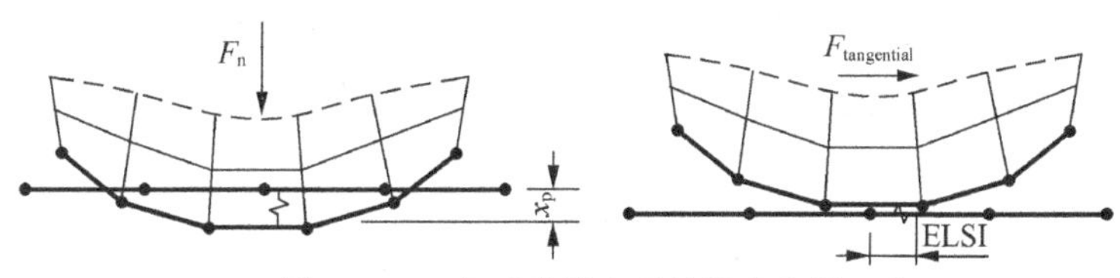

图 5-3-11　穿透公差和弹性滑移公差

4）法向接触刚度（Normal Stiffness）

法向接触刚度是影响接触精度和收敛的一个重要参数，在 0.01～10 之间。绑定和不分离默认为 10，其他默认为 1，以弯曲为主，且计算不收敛，可以定义为 0.01～0.1,甚至可以为一个负值。软件可以通过 Updata Stiffness 选项自动调整，默认为 Each Iteration 选项，即表示每步平衡迭代之后自动调整接触刚度，如果采用 Each Iteration，Aggressive 选项，软件将更积极地判定及调整接触刚度。

法向接触刚度越大，穿透量自然越小，计算也就越精确，但是负面作用也越明显，越不容易收敛；法向接触刚度越小，越容易收敛，计算速度也越快，但穿透量也相应变大，误差也越大。

法向接触刚度可以定义为表格形式，变量可以为时间、温度、初始接触点位置、前一次迭代计算的接触压力和当前穿透量。

5）对称接触与非对称接触（Symmetric or Asymmetric）

接触的物体可以非常明显地定义接触面和目标面，则定义为非对称接触，如刚柔接触。但是有时接触面和目标面难以区分，任一个面都可以指定为接触面或目标面，或者自接触问题，则定义为对称接触，但是花费的计算时间较非对称接触计算时间长。

接触计算方法汇总表如表 5-3-2 所示。

表 5-3-2　　　　　　　　　　　　接触计算方法汇总表

特征 \ 接触计算方法	Pure Penalty	Augmented Lagrange	Normal Lagrange	MPC
收敛性	很好	穿透较大，迭代次数较多	有震颤现象，迭代次数较多	很好
接触刚度	影响大	影响小	无	
穿透	不可控制	一定程度控制	约等于 0	0
接触检测	高斯积分点		节点	
对称与非对称	对称或非对称		非对称	
求解器	Iterative 或者 Direct 求解器		Direct 求解器	Iterative 或者 Direct 求解器

5. 接触间隙的相关软件基础

物体在接触之前，接触面和目标面存在间隙，呈分离现象，此时至少有一个物体处于无约束状态，在外载的作用下必然会出现刚体运动，如图 5-3-12 所示。对于线性接触类型，可以通过定义球形域，以保证接触面和目标面之间的初始间隙被忽略；对于非线性接触，接触面和目标面之间的初始间隙只有通过下列方法来消除。

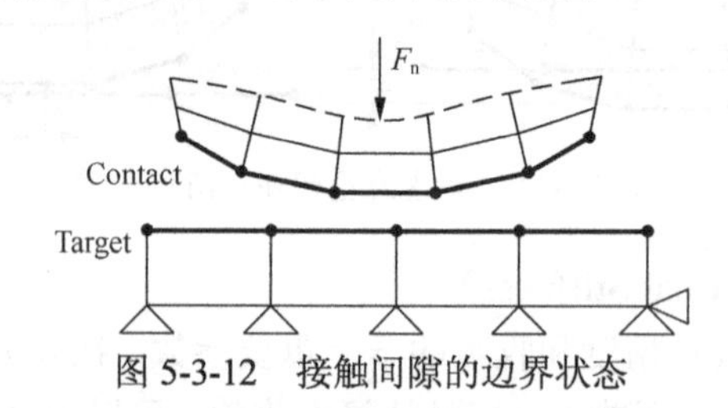

图 5-3-12　接触间隙的边界状态

1）球形域（Pinball Region）

球形域是以接触单元的积分点为圆心定制的一个球形（3D）或圆形（2D）区域，如果目标单元在球形域内，即使接触面与目标面有间隙（Gap），仍认为两者是接触。对于线性接触，指定球形域内即认为接触，不管间隙有多大；对于非线性接触，是在指定球形域内进行计算判定，以确定是否存在接触。确定球形域的目的：①设置接触面与目标面的允许间隙量，以区分接触的远近区域，提高计算效率；②定义初始穿透大的接触。球形域数值可以由程序默认（Program Controlled）、自动检测（Auto Detection Value）、半径（Radius）定义。程序默认时球形域大小如表 5-3-3 所示；自动检测时球形域大小为总体公差值（Global Contact Settings-Tolerance Value）；半径则直接输入球形域半径参数。

表 5-3-3　　　　　　　　　　　　默认球形域大小

接触方法 \ 接触种类	柔柔接触/大变形关	柔柔接触/大变形开
无摩擦/摩擦	1 倍接触下层单元深度	2 倍接触下层单元深度
绑定/不分离	1/4 接触下层单元深度	1/2 接触下层单元深度

2）接触界面处理（Interface Treatment）

接触界面处理将接触面偏移一定量，以保证初始无间隙的接触状态，偏移表现为一种数学偏移，节点和单元都没有修改，其核心就是在初始间隙区建立一个刚性域以填补界面上的间隙，只适用非线性接触，尺寸依据球形域尺寸判定，如图 5-3-13 所示。

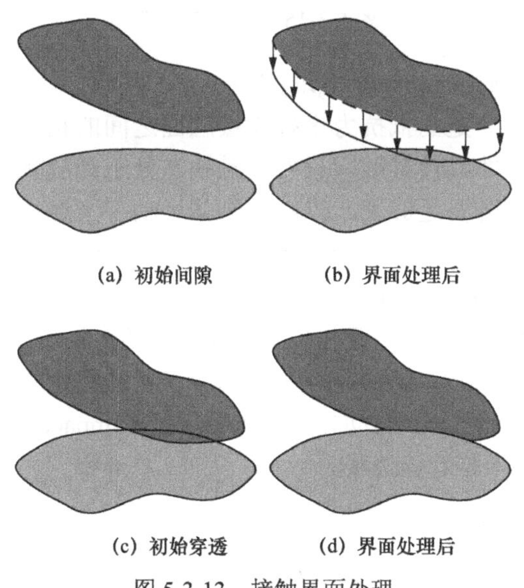

图 5-3-13　接触界面处理

接触界面处理可分为 Adjusted to Touch、Add Offset, Ramped Effects、Add Offset, No Ramped。Adjusted to Touch 由软件自动设置。Add Offset…由用户指定偏移数值，允许向正或负偏移接触面，正表示闭合间隙，甚至过盈；负表示加大间隙。Ramped Effects 表示逐渐加载载荷，有利于提高收敛；No Ramped 表示在第一步就全部加载载荷，如图 5-3-14 所示。

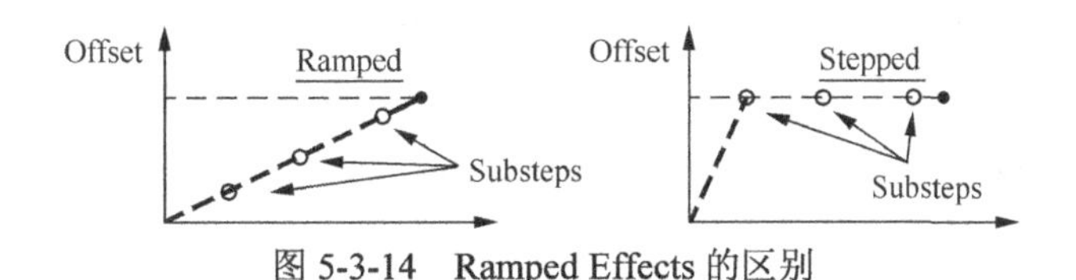

图 5-3-14　Ramped Effects 的区别

3）平滑（Contact Geometry Correction-Smoothing）

接触计算时，可以用线性单元代替二次单元。但是由于线性单元的形函数决定了圆弧或曲面边缘不光滑，采用该选项不需要二次单元即可得到较精确的曲面有限元模型。

4）螺栓（Contact Geometry Correction-Bolt Thread）

可以用简化模型模拟螺纹接触，可输入参数为：Mean Pitch Diameter，螺纹中径，**注意这和我们常用的螺纹标注为大径不同**；Pitch Distance，螺纹节距；Thread Angle，牙型角；Thread Type（Single Thread、Double Thread、Triple Thread），如图 5-3-15 所示；Handerness，旋向（左旋或右旋）。

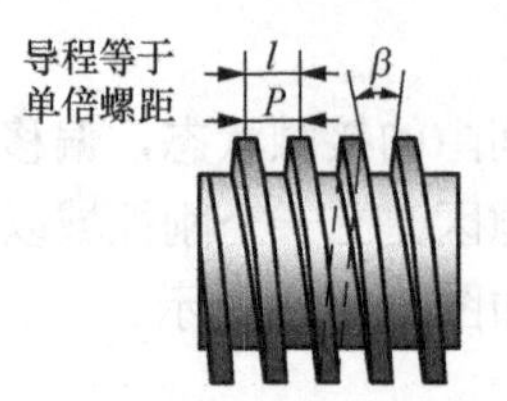

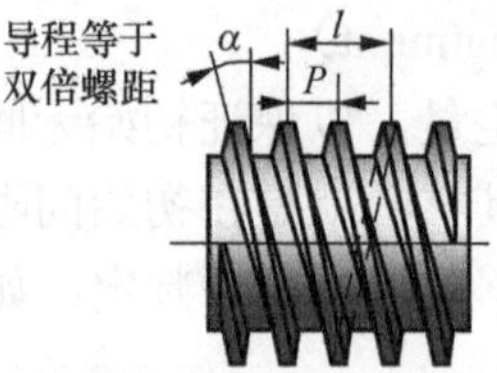

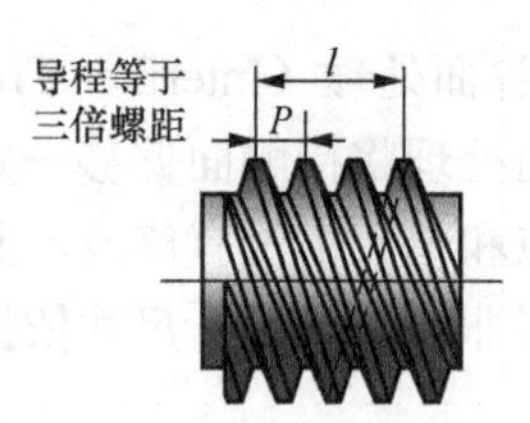

图 5-3-15　Thread 类型

5）稳定阻尼系数（Stabilization Damping Factor）

稳定阻尼系数提供了一定的抵抗力来抑制接触面之间的相对运动，并防止刚体运动。这种接触阻尼系数应用于非线性接触。只要接触状态处于开放状态，稳定阻尼系数就会被施加。稳定阻尼系数的值既要足够大，以防止刚体运动，又要相当小，以确保正确求解，默认值为 1。

6）时间步长控制（Time Step Controls）

可以根据接触状态的变化判定是否需要自动控制时间步长，仅适用于非线性接触。默认为 None。Automatic Bisection 为自动二分，即在每个子步计算完成后，对接触状态进行分析，如果存在接触状态的突变，将子步自动二分；Predict for Impact 即自动预测接触行为突变的最小时间增量并分割子步，推荐该选项。

6．摩擦的相关软件基础

摩擦是一种与路径相关、具有能量耗散的复杂物理现象，与接触材料硬度、表面粗糙度、温度、湿度、相对速度等有关。采用库仑摩擦模型，分为弹性库仑摩擦（允许黏接和滑动）和刚性库仑摩擦（只允许滑动）。其计算公式为

$$\tau_{\lim} = \mu P + b$$

式中，$\tau_{\lim}$ 为极限摩擦应力；μ 为摩擦系数；P 为接触法向压力；b 为接触内聚力。当 $\|\tau\| \leqslant \tau_{\lim}$，表现为黏接状态。$\|\tau\| = |\tau|$（2D 等效剪应力）或 $\|\tau\| = \sqrt{\tau_1^2 + \tau_2^2}$（3D 等效剪应力）。当 $\|\tau\| > \tau_{\lim}$，表现为滑动状态。

摩擦系数分为动、静摩擦系数，软件默认两者相等，可以通过定义 Fact 参数，表示静摩擦系数与动摩擦系数之比。一般静摩擦系数大于动摩擦系数，如果在滑动临界状态时，摩擦系数发生突变，导致收敛困难，因此可定义摩擦衰减系数。摩擦衰减系数为

$$\mathrm{DC} = \frac{1}{V_{\mathrm{rel}}} \times \ln\left[\frac{\mu_1 - \mathrm{MU}}{(\mathrm{fact} - 1) \times \mathrm{MU}}\right]$$

式中，MU 为动摩擦系数；μ_1、V_{rel} 为某一个点的摩擦系数和滑动速度，由实测而得。

摩擦支持用户自定义摩擦描述，可自定义摩擦系数与滑移增量、滑移速度、温度等变量的函数。但是就摩擦模型而言，ANSYS 较 MARC 和 ABAQUS 等软件，类型较少，因此收敛难易度和精度逊于这些非线性软件。

7．实常数、keyopt 的用途

下面以面面接触为例，分别介绍实常数、keyopt 的用途。

在 WB 中插入下列 Command 调用实常数：rmodif, nset, stloc, value1,value2,其中 nset 表示

接触对编号，特定面可以用系统默认的 cid 或 tid；stloc 表示实常数序号，如表 5-3-4 所示；value 表示定义值。

表 5-3-4 接触实常数表

Real Constants		描述	经典默认	WB 默认
No.	Name			
1	R1	Radius associated with target geometry（依据目标面形状定义，如果目标图形为回转图形，R1 为其半径）	0	—
2	R2	Radius associated with target geometry Superelement thickness	0 1	—
3	FKN	Normal penalty stiffness factor（法向接触刚度系数，如果是细长结构或以弯曲为主，需要调整）	1	对于 Bonded，FKN = 10；其他 FKN = 1.0
4	FTOLN	Penetration tolerance factor（穿透公差系数，如果网格密度变化很大或者计算存在震颤不收敛，需要调整）	0.1	0.1
5	ICONT	Initial contact closure（初始闭合因子，把规定范围内的所有初始分开的接触点向目标面移动，以避免接触前刚体运动）	0	0
6	PINB	Pinball region（球形域，避免伪接触）	依据不同的设置，取值不同	依据不同的设置，取值不同
7	PMAX	Upper limit of initial penetration（初始穿透上限，以避免接触前刚体运动）	0	0
8	PMIN	Lower limit of initial penetration（初始穿透下限，以避免接触前刚体运动）	0	0
9	TAUMAX	Maximum friction stress（极限摩擦应力，金属塑性成形、切削等接触压力变化很大时，需要调整）	1.00E+20	1.00E+20
10	CNOF	Contact surface offset（整个接触面正负偏移，正表示过盈向、负表示间隙向）	0	0
11	FKOP	Contact opening stiffness（接触分开时的刚度系数，默认等于接触时的接触刚度。针对 Bonded 和 No Separation 接触，为避免接触分离，定义一个较大的值；可以分离，但接触双方不能有刚体运动，定义一个较小的值）	1	1

续表

<table>
<tr><th colspan="2">Real Constants</th><th rowspan="2">描述</th><th rowspan="2">经典默认</th><th rowspan="2">WB 默认</th></tr>
<tr><th>No.</th><th>Name</th></tr>
<tr><td>12</td><td>FKT</td><td>Tangent penalty stiffness factor（切向刚度系数，法向接触刚度明显不同于切向接触刚度，需要调整）</td><td>1</td><td>1</td></tr>
<tr><td>13</td><td>COHE</td><td>Contact cohesion（接触内聚力，当法向压力为 0 时还存在滑动阻力，需要调整）</td><td>0</td><td>0</td></tr>
<tr><td>14</td><td>TCC</td><td>Thermal contact conductance</td><td colspan="2" rowspan="7">热或电场行为</td></tr>
<tr><td>15</td><td>FHTG</td><td>Frictional heating factor</td></tr>
<tr><td>16</td><td>SBCT</td><td>Stefan-Boltzmann constant</td></tr>
<tr><td>17</td><td>RDVF</td><td>Radiation view factor</td></tr>
<tr><td>18</td><td>FWGT</td><td>Heat distribution weighting factor</td></tr>
<tr><td>19</td><td>ECC</td><td>Electric contact conductance</td></tr>
<tr><td>20</td><td>FHEG</td><td>Joule dissipation weighting factor</td></tr>
<tr><td>21</td><td>FACT</td><td>Static/dynamic ratio
（静、动摩擦系数比）</td><td>1</td><td>1</td></tr>
<tr><td>22</td><td>DC</td><td>Exponential decay coefficient
（摩擦衰减系数，动、静摩擦系数不同时，收敛困难，需要调整）</td><td>0</td><td>0</td></tr>
<tr><td>23</td><td>SLTO</td><td>Allowable elastic slip
（允许弹性滑移，必须每次迭代都更新接触刚度，且降低求解精度并提高收敛速度，可以调整）</td><td>1%</td><td>1%</td></tr>
<tr><td>24</td><td>TNOP</td><td>Maximum allowable tensile contact pressure
（最大允许拉伸接触压力，采用拉格朗日法计算出现振荡不收敛，需要调整）</td><td>力收敛容差除以接触面上的接触节点数</td><td>力收敛容差除以接触面上的接触节点数</td></tr>
<tr><td>25</td><td>TOLS</td><td>Target edge extension factor
（目标边界扩展因子，在内部扩展目标面的边界）</td><td>线性行为，则为10%的目标边长度；非线性行为，则为 2%的目标边长度</td><td>线性行为，则为10%的目标边长度；非线性行为，则为2%的目标边长度</td></tr>
<tr><td>26</td><td>MCC</td><td>Magnetic contact permeance</td><td colspan="2">磁场行为</td></tr>
<tr><td>27</td><td>PPCN</td><td>Pressure-penetration criterion
（密封渗透准则，当接触压力小于该准则数值时，发生流体渗透；当接触压力大于该准则数值时，密封）</td><td>0</td><td>—</td></tr>
</table>

续表

Real Constants		描述	经典默认	WB 默认
No.	Name			
28	FPAT	Fluid penetration acting time （密封渗透作用时间，当发生渗透时，液体压力作用于接触面与目标面的法向，如果突然加载液体压力或者卸载液体压力，都导致收敛困难。因此默认指定当前载荷步时间增量的 0.01 倍，将这一时段用于加载或卸载液体压力）	0.01	—
29	COR	Coefficient of restitution （回弹系数，用于刚-刚接触。默认为 1 时，表示接触回弹后速度大小相等，方向相反；为 0 时，表示两者接触后速度大小相等，方向相同）	1	1
30	STRM	Load step number for ramping penetration （渐近穿透的载荷步）	1	1
31	FDMN	Normal stabilization damping factor （法向稳定阻尼系数，在其他接触调整技术不能有效防止刚体运动时，需要调整）	1	—
32	FDMT	Tangential stabilization damping factor （切向稳定阻尼系数，在其他接触调整技术不能有效防止刚体运动时，需要调整）	0.001	—
33	FDMD	Destabilizing squeal damping factor （不稳定啸叫阻尼系数，通过指定摩擦滑动速度梯度用于研究制动啸叫）	1	—
34	FDMS	Stabilizing squeal damping factor （稳定啸叫阻尼系数，通过指定稳定阻尼用于研究制动啸叫）	0	—

在 WB 中插入下列 Command 调用 keyopt：keyopt,itype,knum,value，其中 itype 表示接触元素类型编号；knum 表示 keyopt 序号，如表 5-3-5 所示；value 表示定义值。

表 5-3-5　　接触 keyopt 表

keyopt	描述	ANSYS APDL	General Contact (command：GCGEN)	WB 线性接触	WB 非线性接触
1	Selects DOF （自由度）	Manual	Auto	Auto	Auto
2	Contact Algorithm （接触算法）	Aug. Lagr.	Penalty	Aug. Lagr.	Aug. Lagr.

续表

keyopt	描述	ANSYS APDL	General Contact (command：GCGEN)	WB 线性接触	WB 非线性接触
3	Unit control for normal contact stiffness（存在超单元的应力状态）	No unit control	Not supported	n/a	n/a
4	Location of contact detection point（接触检测点的位置，仅用低阶接触单元）	Gauss	Gauss	Gauss	Gauss
5	CNOF/ICONT adjustment（CNOF/ICONT 自动调整）	No adjust	Not supported	No adjust	No adjust
6	Contact stiffnes variation（接触刚度变化，一般不需要设置，只有在非常小的穿透或很大的法向接触刚度状态下出现局部接触等收敛困难时才需要调整）	Use default range	Use default range	Use default range	Use default range
7	Element level time increment control（时间步控制）	No control	No control	No control	No control
8	Asymmetric contact selection（未接触预防）	No action	GCDEF option	No action	No action
9	Effect of initial penetration or gap（初始穿透或间隙的影响）	Include all	TBDATA,,C1	Exclude all	Include all
10	Contact stiffness update（法向和切向刚度修正）	Between load steps	Between iterations	Between iterations	Between iterations
11	Beam/shell thickness effect（梁壳厚度影响）	Exclude	Include	Exclude	Exclude
12	Behavior of contact surface（接触面行为）	Standard	TB,INTER,,,TBOPT	Bonded	n/a
13	Behavior of fluid penetration load（密封渗透加载行为）	Iteration-based	Not supported	n/a	n/a
14	Effect of stabilization damping（稳定阻尼效果）	Active only in first load step	Active only in first load step	n/a	n/a
15	Squeal damping controls（啸叫阻尼控制）	Damping scaling factor	Not supported	n/a	n/a

其中：

keyopt(2) = 0，增广拉格朗日法。

keyopt(2) = 1，罚函数法。

keyopt(2) = 2，MPC。

keyopt(2) = 3，法向拉格朗日法，切向罚函数法。

keyopt(2) = 4，法向切向拉格朗日法。

keyopt(3) = 0，不使用超单元。

keyopt(3) = 1，二维之轴对称。

keyopt(3) = 2，二维之平面应变或单位厚度的平面应力。

keyopt(3) = 3，需要输入厚度的平面应力。

keyopt(4) = 0，在接触单元的积分点检测接触。

keyopt(4) = 1，在接触单元的节点检测接触。

keyopt(5) = 0，接触面不向目标面偏移调整。

keyopt(5) = 1，接触面向目标面偏移调整，闭合间隙。

keyopt(5) = 2，接触面向目标面偏移调整，减小初始穿透。

keyopt(5) = 3，接触面向目标面偏移调整，闭合间隙或减小初始穿透。

keyopt(6) = 1，与 keyopt(10) = 2 结合使用，在允许变化的接触刚度范围内细化。

keyopt(6) = 2，在允许变化的接触刚度范围内进一步细化。

keyopt(7) = 0，不控制自动时间步长，时间步大小不受预测控制。

keyopt(7) = 1，如果一次迭代期间产生很大的穿透，或接触状态发生突变，则进行时间步长二分。

keyopt(7) = 2，对下一个子步预测一个合理的时间增量，较 keyopt(7) = 1 费时。

keyopt(7) = 3，对下一个子步预测一个最小的时间增量，最费时。

keyopt(8) = 0，不防止伪接触。

keyopt(8) = 1，防止并忽略伪接触。

keyopt(9) = 0，包含几何穿透或间隙和自定义的接触偏移（cnof）。

keyopt(9) = 1，忽略初始几何穿透或间隙和 cnof。

keyopt(9) = 2，包含初始几何穿透或间隙和 cnof，且在第一载荷步渐变。

keyopt(9) = 3，忽略初始几何穿透或间隙，但是包括 cnof。

keyopt(9) = 4，忽略初始几何穿透或间隙，但是包括 cnof，且在第一载荷步渐变。

keyopt(10) = 0，在闭合状态下接触刚度不修正。

keyopt(10) = 1，在载荷步之间对接触状态发生改变的接触单元的接触刚度进行修正。

keyopt(10) = 2，在载荷步之间对所有接触单元的接触刚度进行自动更新。

keyopt(11) = 0，梁壳在中面接触。

keyopt(11) = 1，梁壳接触面在指定面接触。

keyopt(12) = 0，法向压应力为 0，没有穿透，自由分离和滑移。

keyopt(12) = 1，粗糙，无滑移，摩擦系数无限大。

keyopt(12) = 2，不分离，接触产生后，法向不能分离，切向允许滑移。

keyopt(12) = 3，绑定，接触产生后，切向法向均不能分离。

keyopt(12) = 4，不分离，初始接触判定在球形域内，或者分析中存在接触过程，则法向不能分离，切向允许滑移。

keyopt(12) = 5，绑定，初始接触判定在球形域内，或者分析中存在接触过程，则切向法向均不能分离。

keyopt(12) = 6，绑定，初始闭合因子以内的切向法向均不能分离，初始闭合因子以外的接触可分离。

8．General Contact（通用接触）设置

由表 5-3-5 可知，WB 集成了 ANSYS 经典界面的大多数功能，而且本身具有自动接触判定功能，对组件分析非常有帮助，但是自动接触判定功能受到一定限制，当模型出现大挠度、自接触、有非常薄的几何形状或者本身是非常复杂的整件时，自动接触判定往往不尽人意，所以 ANSYS 16.0 版本以后提供了另外一种接触分析方法：General Contact（通用接触），其原理类似于 LSDYNA 中的 edpart 命令，在每个可能有接触的区域外表面均覆盖一层接触单元，如图 5-3-16 所示。其特征为：除了刚柔接触，接触对中就不产生目标面；采用无摩擦行为；每个接触面自动分配 ID 和单元类型 ID；只能采用 Command 调用。

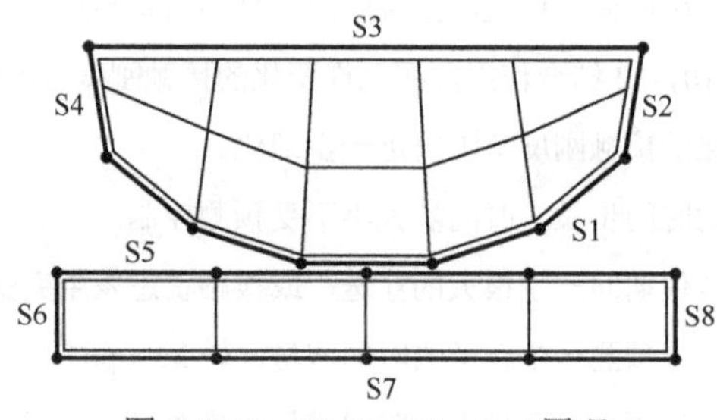

图 5-3-16　General Contact 原理

（1）创建通用接触命令形式为：GCGEN, option, featureangle, edgekey, splitkey, selopt。

其中，option 可选键值为：New（删除现有的接触元素，并用一个新的 ID 表示新的接触元素）；Updata（默认，保留已存在的接触元素，并把新增接触元素更新到其中）；Delete（删除所有的接触元素）；Select（选择已存在的所有接触元素）。

featureangle 表示面或线的夹角公差角度，默认为 42°，如果相邻两面法线夹角大于 42°，两个面即认为不是接触状态（分离）。edgekey 表示 Shell 单元或/和 Solid 单元的线接触特征，约束只自持三个方向的平动自由度。其中可选键值为：0（默认，不包括特征边线和 Shell 边线）；1（仅包括特征边线）；2（仅包括 Shell 边线）；3（包括特征边线和 Shell 边线）。

splitkey 是控制 ID 和单元类型 ID 的分配规则，其中可选键值为：Split（默认，表示每一对接触面上分配一个 ID）；Part（表示每一个体分配一个 ID）。

selopt 是控制通用接触的元素范围，可选键值为：Attach（默认，自动选择相邻的接触单元，已获得完整的接触单元）；Select（基于初始选择的单元定义接触单元）。

（2）定义通用接触面界面关系命令形式为：GCDEF, option,sec1,sec2,matid,realid。

其中，option 可选键值为：Blank（保留 sec1 和 sec2 的前期设置）；Auto（sec1 和 sec2 自动定义非对称接触，含自接触）；Symm（sec1 和 sec2 定义为对称接触）；Asym（sec1 和 sec2

定义为非对称接触，sec1 为接触面，sec2 为目标面）；Excl（去除 sec1 和 sec2 的接触）；Delete（从 GCDEF 表中删除）；List（列 GCDEF 数据表）；Table（列表显示通用接触的基本格式）。

sec1/sec2 表示接触面编号或者节点集，如果为 all 即为所有接触；如果两者编号一样或者 sec1/self 即为自接触。

matid/realid 默认为 0，用户可以自定义各种接触参数。格式如下：

```
Mp,tb  !定义摩擦系数
Tb,inter,matid,,,tbopt !tbopt可选键值为standrd,rough,nosepe,bonded,anosep,anond,
                        inond,user(分别对应 keyopt (12) 中的键值)
Tbdata,stolc,c1   ! c1 键值为 0-6 (分别对应 keyopt (9) 中的键值)
Tb,fric      ! 定义摩擦参数
Rmodif       ! 实常数修改
```

使用*GET 命令以获得通用接触面的相关信息。

```
*GET,para,GCN, MAT,sect1,,sect2       !para 为自定义的参数名称，获得 mat 信息
*GET,para,GCN, REAL,sect1,,sect2      !获得 mat 信息
*GET,para,GCN,0,DEF,sect1,,sect2      !获得接触信息，其中 0 忽略，1、2 非对称，3 对称
```

命名集，在 WB 常用 cmtosec('CmName', ktopbot)和 cmtotyp('CmName', ktopbot)两命令。前者表示得到以 CmnAme 命名节点集的通用接触编号，后者表示得到以 CmName 命名节点集的通用接触元素编号。

（3）例如：如图 5-3-17 所示，采用通用接触定义。

```
/prep7
*get,mnum,mat,,num,max         !获得最大 mat 编号
*get,rnum,rcon,,num,max        !获得最大实常数编号
Mnum1=mnum+1
Rnum1=rnum+1
Mnum2=mnum1+1
Rnum2=rnum1+1
Mnum3=mnum2+1
Rnum3=rnum2+1
Mp,mu,mnum1,0.1               ! 定义摩擦系数为 0.1
Mp,mu,mnum2,0.2               ! 定义摩擦系数为 0.2
Tb,inter,mnum3,,,rough        ! 定义接触类型为粗糙
Rmodif,rnum3,6,2              ! 定义球形域直径为 2
Keyopt,gcn,2,3                ! 采用拉格朗日法
Gcgen
Gcdef,auto,all,all,mnum1,rnum1        ! 所有元素定义接触
Gcdef,symm,all,self,mnum2,rnum2       ! 所有元素定义自接触
```

```
S1=cmtosec('rubber_nodes',0)         ! 定义橡胶节点集，rubber_nodes 由 named select 定义
S2=cmtosec('seat_nodes',0)           ! 定义底座节点集，seat_nodes 由 named select 定义
Gcdef,asym,s1,s2,mnum3,rnum3         ! 定义橡胶与底座接触
 Allsel
Gcdef,list
Gcdef,table
/solu
```

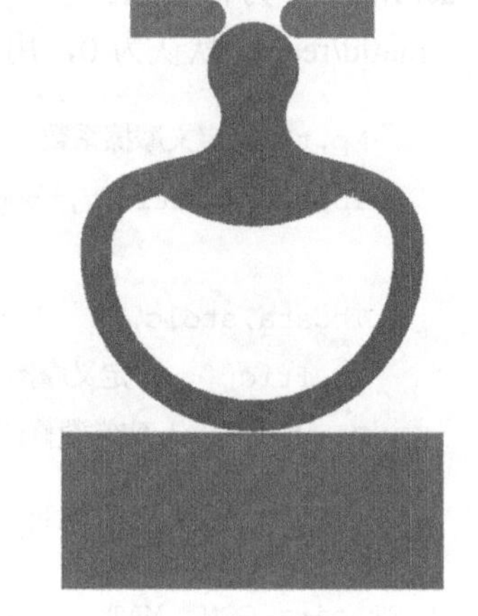

图 5-3-17　接触模型

9．其他接触类型

（1）Joint，其核心即为 MPC 接触形式，采用约束方程定义实体之间或者实体与大地之间的连接关系。

分为 Fixed（限制所有自由度，类似 Bonded 接触）、Revolute（仅一个旋转自由度，类似铰链）、Cylindrical（一个旋转自由度、一个平动自由度，类似圆形联轴器）、Translational（一个平移自由度，类似槽连接）、Slot（三个旋转自由度、一个平移自由度，类似球头杆在槽内）、Universal（两个旋转自由度，类似万向节）、Spherical（三个旋转自由度，类似球头铰）、Planar（一个旋转自由度，两个平移自由度）、Bushing（类似于 ADAMS 等软件中的 Force-Bushing，可以任意定义自由度，并定义每个自由度的刚度和阻尼，因此是最完整的 Joint 形式）、General（任意定义自由度）等。

（2）Spring 和 Beam 接触，分别用弹簧和圆柱梁连接，以定义相应的接触关系。其核心即为两者之间用 Combin14 和 Beam188 连接。

（3）Bearing 接触，用轴承连接，输入刚度和阻尼参数，以定义接触关系。其核心即为两者之间用 Combin214 连接。

以上几种均可以在后处理的 Probe 工具栏中提取相应的结果。

（4）Spot Weld 接触，点焊连接，其核心即为两者之间采用网状刚性梁（Beam188）连接。

5.3.2　不同连接方式对比

实物两两相连，在有限元中有很多方法，例如，第 4 章中常出现的 Form New Parts 操作，这一节了解了接触基本概念，可以用 Contacts-Bonded 或 Joints-Fixed 操作，除此之外还有 Contraint Equlvation 等。然而 Form New Parts、Contacts-Bonded 与 Joints-Fixed 三者有何区别，适用于什么场合？在 ANSYS 的 Help 中提到：Form New Parts 等效为经典界面中的 Glue，Bonded 也可以认为等效为 Glue，Joints-Fixed 即为 Bonded。

下面以一段方管为例，说明三者的区别。

1．建立三维模型

建立一个边长为 25mm、壁厚为 2.5mm、长度为 500mm 的方管，每隔 125mm 等分为一段，整个模型由 4 个零件组成。其中件 1、件 2 用 Form New Parts 组合为一个部件，如图 5-3-18 所示。

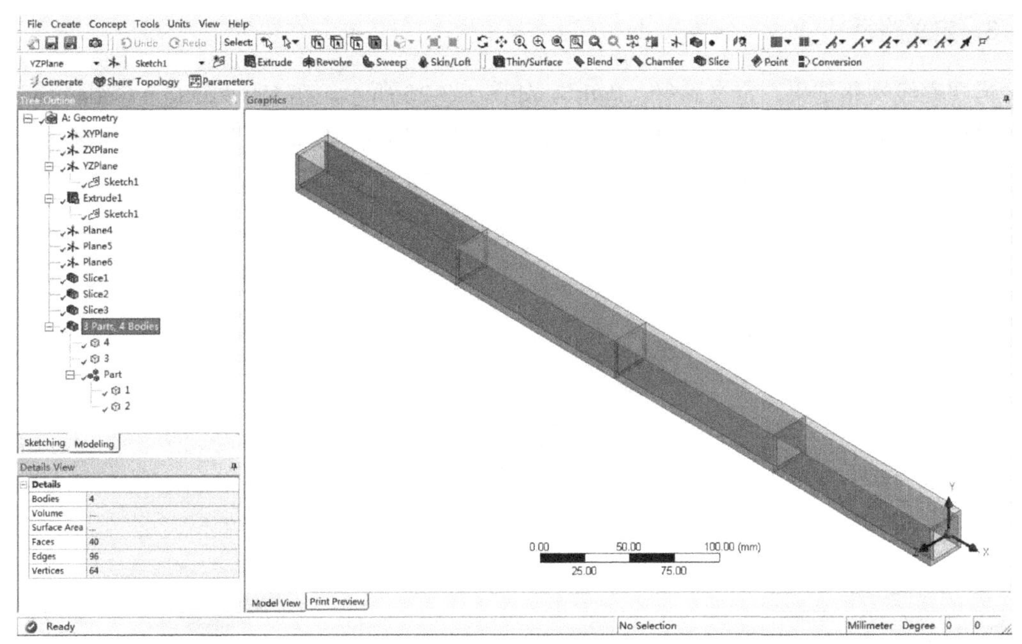

图 5-3-18　方管模型

2. 定义接触

点击 Connections，点击右键插入 Manual Contact region，选择零件 2、3 的交界面，Type 定义为 Bonded，其余默认；同样点击右键插入 Joint，选择零件 3、4 的交界面，Connection Type 定义为 Body-Body，Type 定义为 Fixed，其余默认，如图 5-3-19 所示。

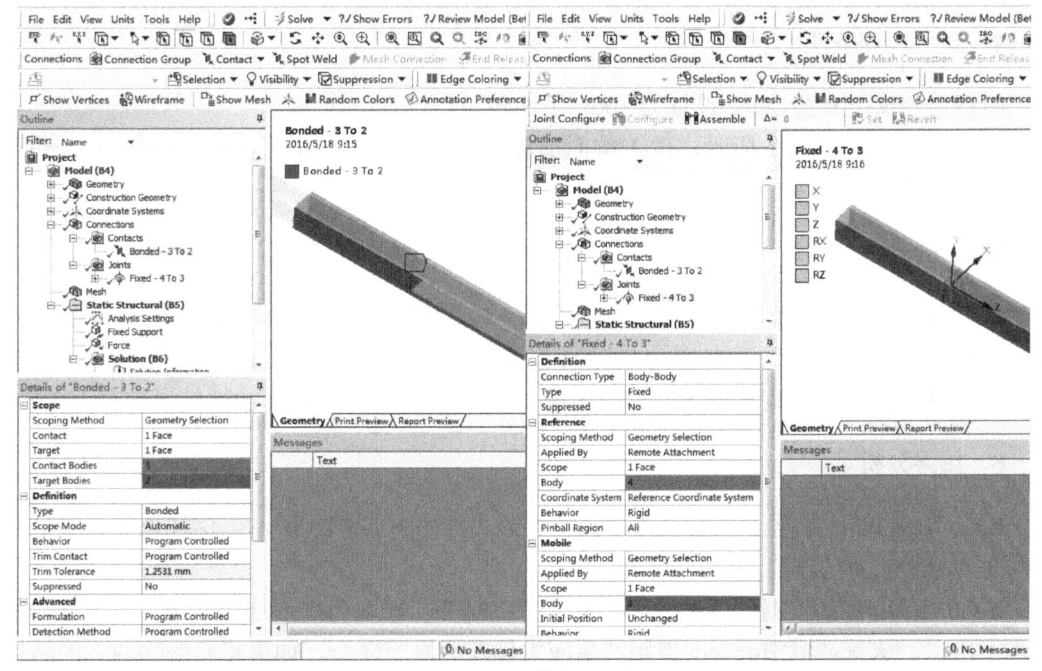

图 5-3-19　接触设置

3．定义路径

为观察线性化结果，定义路径（Path），如图 5-3-20 所示。在 Construction Geometry 处点击右键插入 Path，Path Type 选择 Two Points，起始点坐标为（0，25，12.5），终点坐标为（500，25，12.5）。读者可依据自己的坐标系建立一条在方管上平面的中线路径。

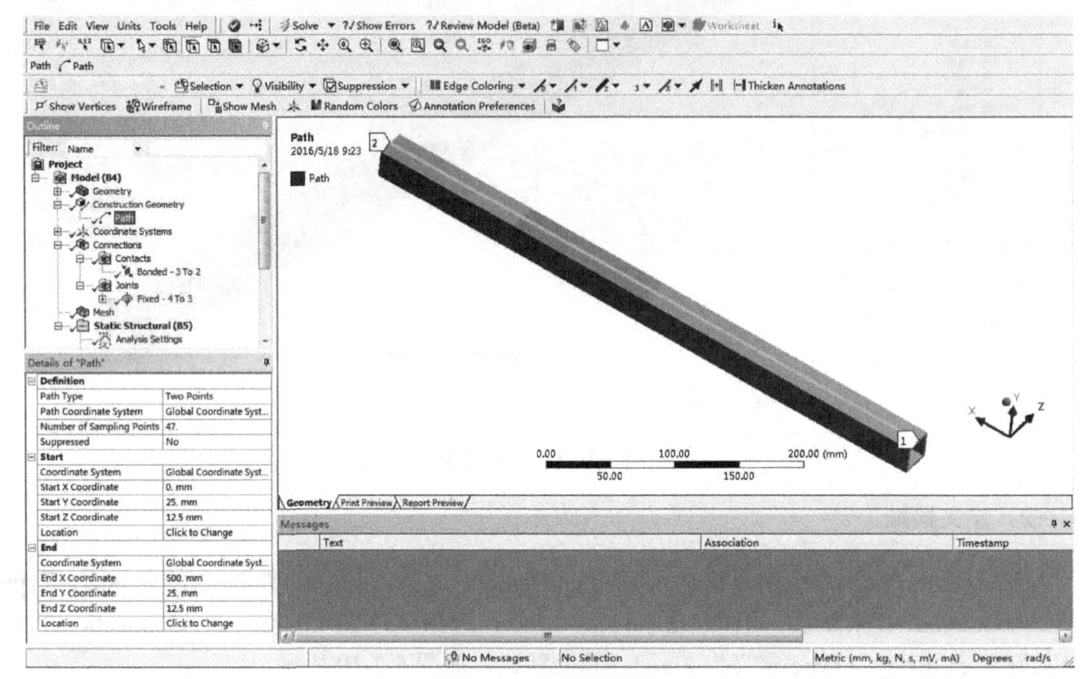

图 5-3-20　路径设置

4．定义边界条件

网格划分仅把 Relevance 设置为 100，其余默认。

边界条件如图 5-3-21 所示。件 1 端面加载完全约束，件 4 端面加载 100N、Y 向的力载荷。其余默认。

5．后处理

分别选取基于路径的 XYZ 三向应力，如图 5-3-22 所示。在 250mm 处（对应 Contacts-Bonded），XYZ 三向应力较整体线性结果均有微小偏差；在 375mm 处（对应 Joints-Fixed），X 向应力较整体线性结果无偏差，YZ 两向应力较整体线性结果均有较大偏差。

6．结果分析

Form New Parts 依据于节点对齐，共节点形式，如图 5-3-23 所示，这样连接效果最好，表现为变形和应力均连续。

Contacts-Bonded 依据于接触，并不要求节点对齐，表现为变形连续，应力不连续，如图 5-3-24 所示，这就是用 Bonded 接触产生应力偏差的原因之一。如果将接触物两者的网格对齐，或者将接触中的 Formulation 定义为 mpc，均能减小此应力偏差。用于连接细节需要注意的区域，如焊缝、螺栓连接等。

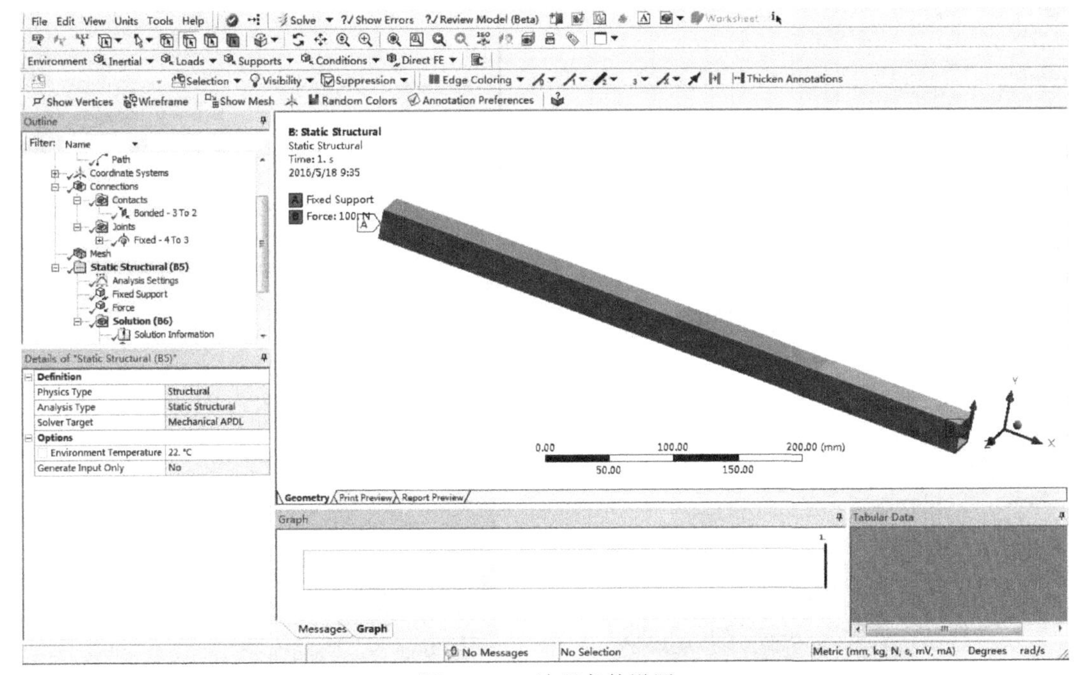

图 5-3-21　边界条件设置

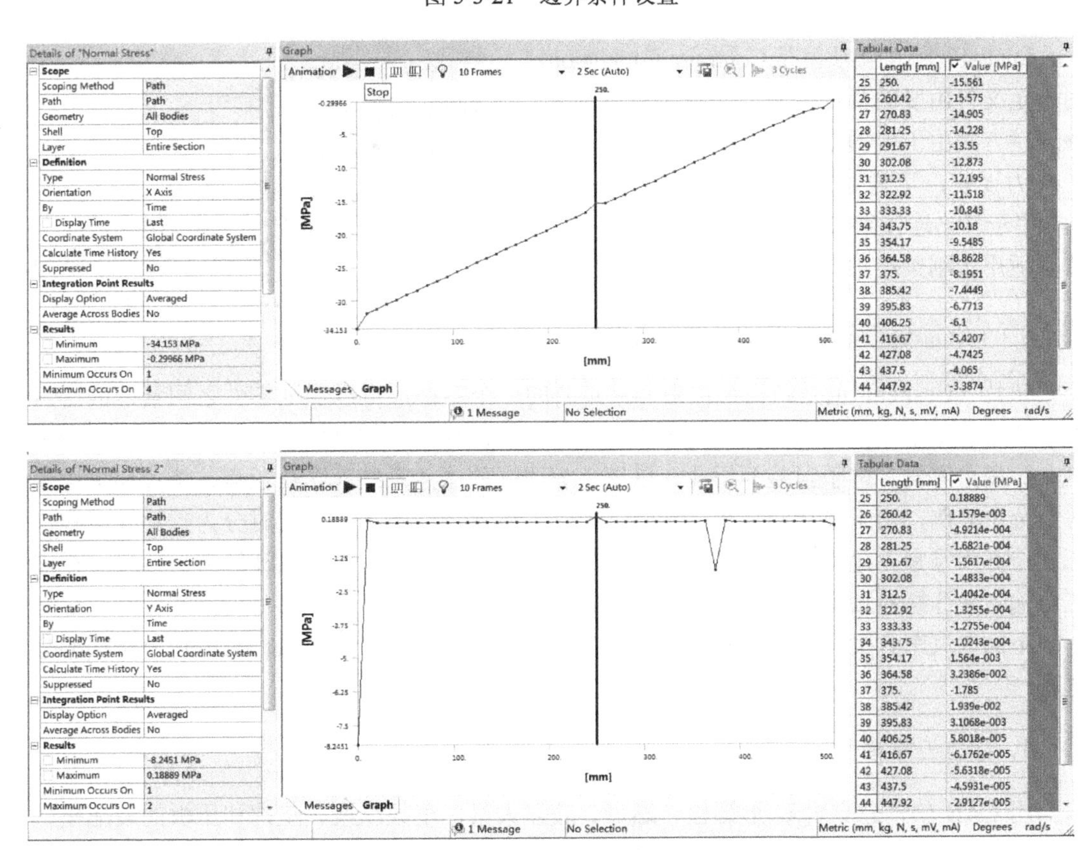

图 5-3-22　后处理

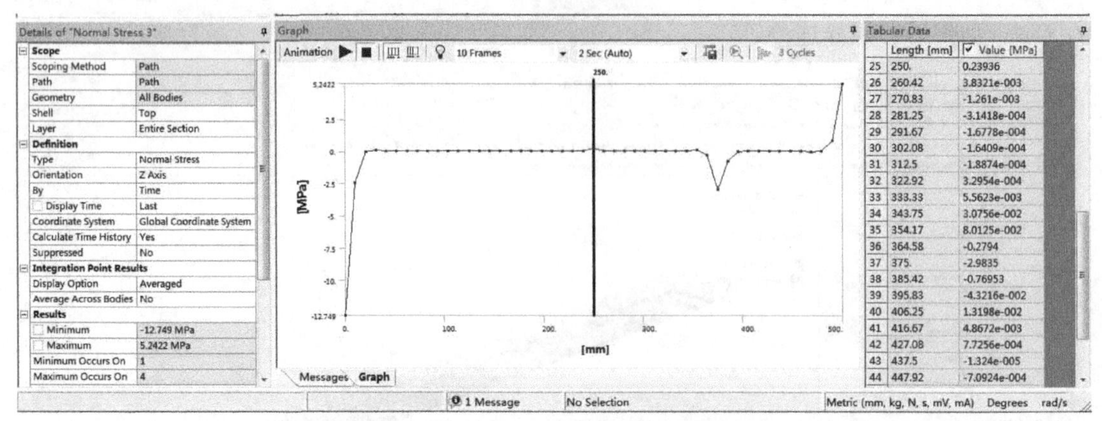

图 5-3-22　后处理（续）

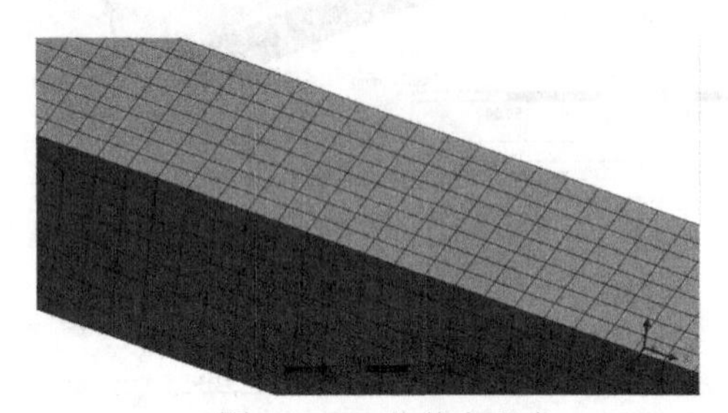

图 5-3-23　共节点形式

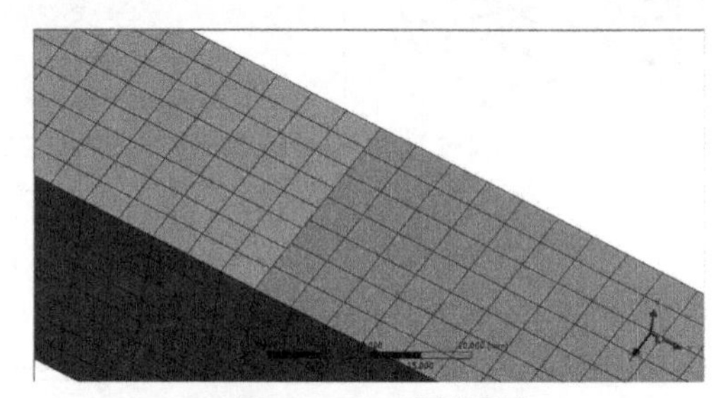

图 5-3-24　接触形式

Joints-Fixed 的实质就是 Contraint Equlvation，用于定义自由度的耦合关系，如图 5-3-25 所示。该连接方式由于依据自由度连接，在连接区域存在应力误差，可通过加密连接区域网格减小误差。用于忽略连接细节的连接，如铰接、铆接等，特别适用于刚柔接触状态。

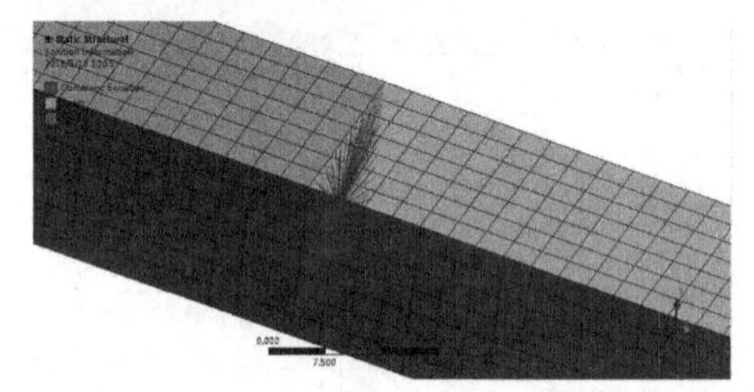

图 5-3-25　Joints-Fixed 形式

5.3.3　Gasket 和 Bolt 组合接触实例

垫片（Gasket）也是结构组件中非常重要的一个零件，可以保证零件之间紧密的密封接触，通常忽略平面内的刚度，其结果表现为加载和卸载之间的高度非线性变形。广泛应用于汽车、压力容器、电子封装等行业。以压力容器中的法兰系统（含法兰盘、垫片和螺栓连接等）分析为例，由于垫片的存在，必须考虑密封效果，因此法兰分析时分为预紧工况和操作工况，其中预紧工况输入的是最小螺栓预紧力，即最小密封压力，以计算密封效果；在操作工况输入设计螺栓预紧力，即极限螺栓预紧力，以计算螺栓强度。

下面以汽车大梁与车架纵梁连接用的 U 形螺栓为例，说明 Gasket 和 Bolt 组合接触分析过程。

1．建立三维模型

用 CAD 软件建立含 U 形螺栓、螺母、底盘大梁、车架纵梁、垫片和压板的装配模型，如图 5-3-26 所示（本模型仅为教学目的，不具备工程意义）。

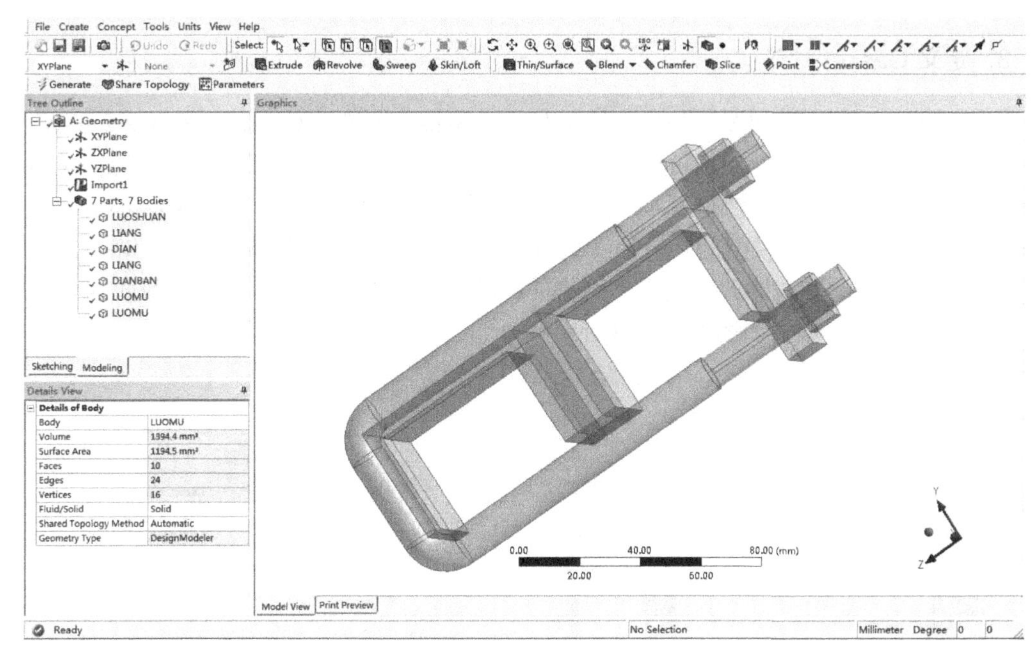

图 5-3-26　3D 模型

2．新建 Gasket 材料

新建一个材料，命名为 Gasket Linear Unloading，在左边 Toolbox 选择 Gasket→Gasket Model，分别定义 Temperature、Compressior（Tabular）和 Linear Unloading（Tabular）。因为垫片包含多种材料，数学本构表现为压力与结构密封的关系；卸载依据不同的卸载点，表现路径不同；材料之中能存在永久变形，如图 5-3-27 所示。

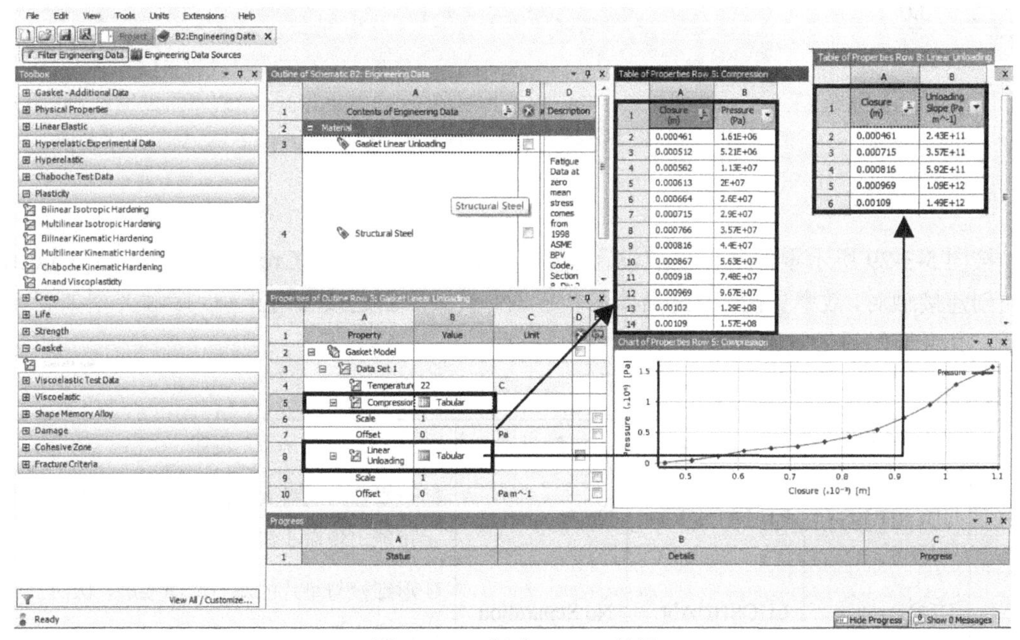

图 5-3-27　新建 Gasket 材料

3．定义 Gasket 材料

在 Geometry 处选择 DIAN 零件，在 Stiffness Behavior 选择 Gasket，在 Assignment 处选择预定义的垫片材料（Gasket Linear Unloading）。定义 Gasket 材料后，会增加 Gasket Mesh Control 子项，该子项用于控制 Gasket 模型的网格划分规则。在 Free Face Mesh Type 处定义 Quad/Tri，Source 处选择模型的上/下面。这是因为 Gasket 模型必须依据扫略网格（Sweep），且只能有一层网格厚度，因此定义扫略网格的源项为上/下面，软件会自动对截面划分一层网格，且自动寻找目标项，如图 5-3-28 所示。

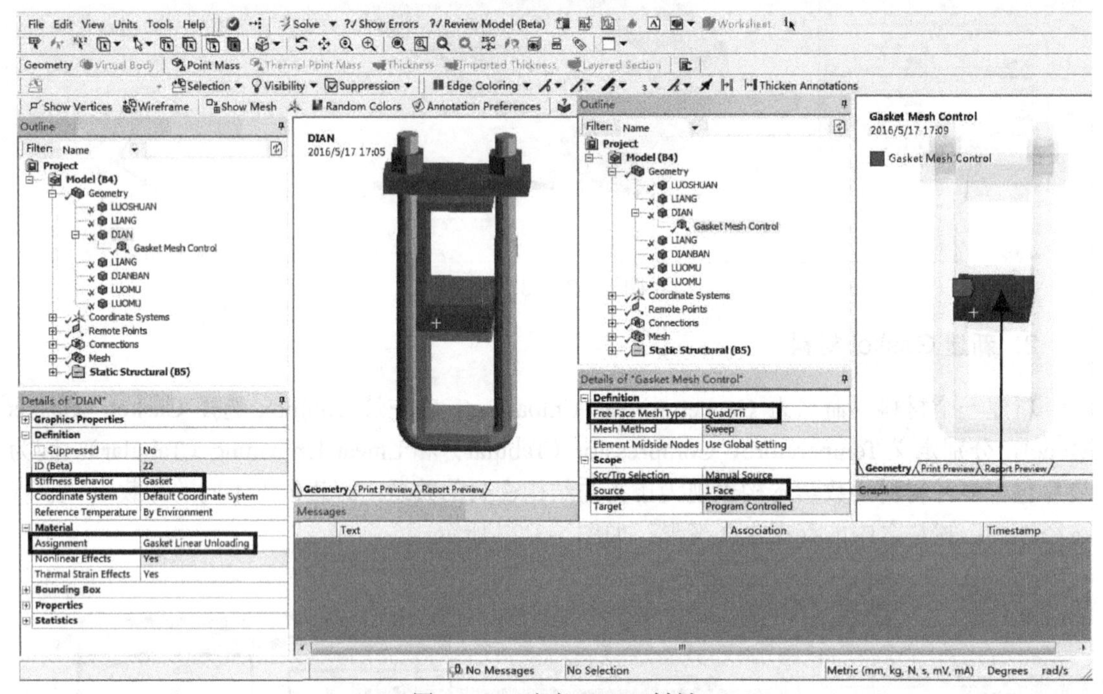

图 5-3-28　定义 Gasket 材料

4．定义接触

按图 5-3-29 所示零件名称依次设置接触，可以用 Contacts→Create Automatic Connections 自动创建接触对，效率更高，但是需要一一核对，以保证创建接触对正确。接触类型如表 5-3-6 所示，其余接触设置均默认。

表 5-3-6　　　　接触定义

序号	接触体名	目标体名	接触类型	说明
1	LUOSHUAN	LIANG（下）	No Separation	U 形螺栓与底盘大梁的左右下三面接触，切向上可能出现微小滑移
2	DIAN	LUOSHUAN	No Separation	U 形螺栓与垫片的左右两面接触，切向上可能出现微小滑移

续表

序号	接触体名	目标体名	接触类型	说明
3	LUOSHUAN	LIANG（上）	No Separation	U 形螺栓与车架纵梁的左右两面接触，切向上可能出现微小滑移
4	LUOSHUAN	DIANBAN	No Separation	U 形螺栓与压板的左右两内孔面接触，切向上可能出现微小滑移
5	LUOSHUAN	LUOMU（左）	Bonded	U 形螺栓与左螺母的内孔面接触，不允许任何方向位移
6	LUOSHUAN	LUOMU（右）	Bonded	U 形螺栓与右螺母的内孔面接触，不允许任何方向位移
7	DIAN	LIANG（下）	Rough	底盘大梁与垫片的下面接触，切向不可移动，法向可分离
8	DIAN	LIANG（上）	Rough	车架纵梁与垫片的上面接触，切向不可移动，法向可分离
9	LIANG（上）	DIANBAN	Rough	车架纵梁与压板的下面接触，切向不可移动，法向可分离
10	DIANBAN	LUOMU（左）	Bonded	压板与左螺母的下面接触，不允许任何方向位移
11	DIANBAN	LUOMU（右）	Bonded	压板与右螺母的下面接触，不允许任何方向位移

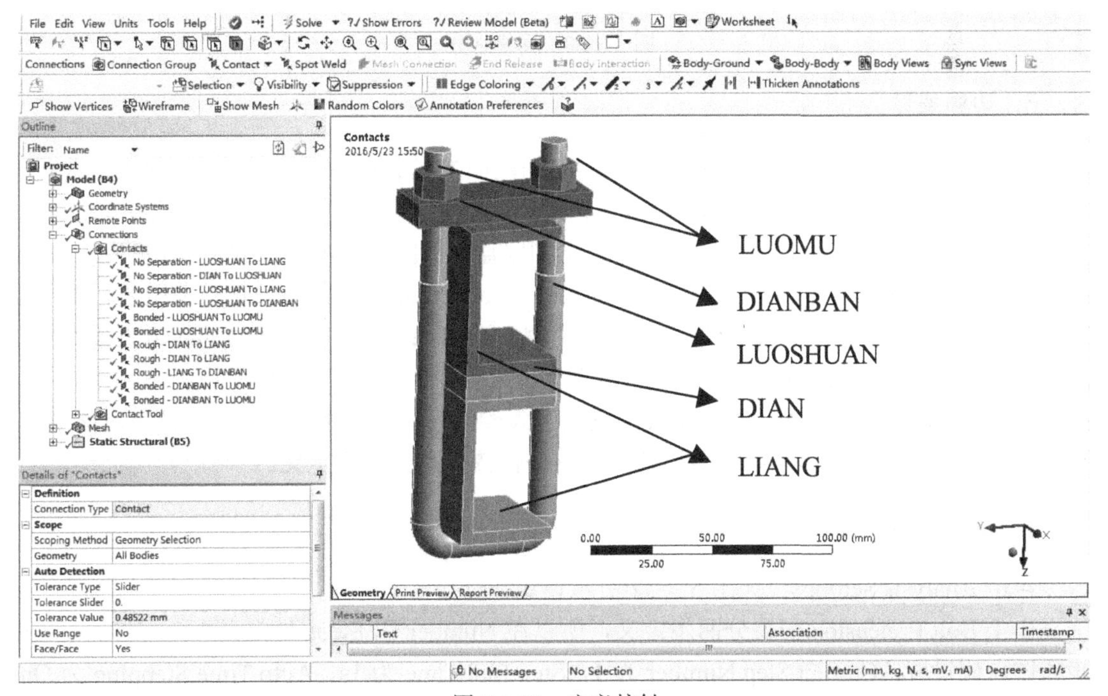

图 5-3-29　定义接触

5．网格划分

选中两个螺母、压板、垫片、车架纵梁和底盘大梁 6 个零件，定义为扫略网格（Sweep Method）；选中 U 形螺栓定义为六面体网格（Hex Dominant Method→Free Face Mesh Type→All Quad），并定义单元尺寸为 4mm（Body Size→Element Size→4mm）。其余设置全部默认，如图 5-3-30 所示。

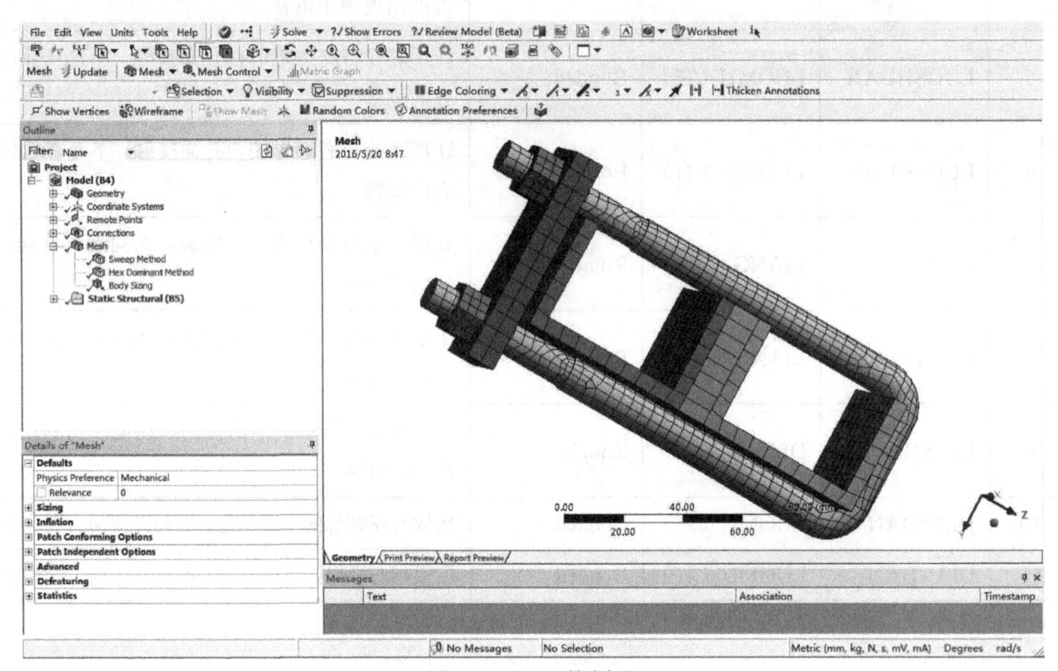

图 5-3-30　网格划分

6．边界条件

边界条件如图 5-3-31 所示。选择垫片两自由端面加载 Frictionless Support 约束；选择车架纵梁的上表面加载 Remote Force 载荷（作用点距车架纵梁上表面中心 X 向偏移 195mm，大小为 10000N，方向为 Z 向）；选择车架纵梁和底盘大梁的两自由端面加载 Fixed Support 约束；选择 U 形螺栓靠近大梁立板的上圆柱面加载 Bolt Pretension 载荷（载荷分两步，第一步加载预紧力 50N，Load-Preload 50N；第二步锁死，Lock）；选择 U 形螺栓的靠近大梁开口的上圆柱面加载 Bolt Pretension 载荷（载荷分两步，第一步加载预紧力 50N，Load-Preload 50N；第二步锁死，Lock）。（**注意：由于本模型只取了大梁的一段，边界条件的定义仅针对该模型。实际工程必须建立底盘和车架的全模型，边界条件依据具体工况定义。**）

7．求解设置

点击 Analysis Settings，如图 5-3-32 所示设置。

由于 Bolt Pretension 需要分两步定义，所以在 Number Of Steps 处定义为 2。在第一载荷步如图左侧设置：Current Step Number 为 1，Step End Time 为 1s，Auto Time Stepping 为 On，Define By 为 Time，Initial Time Step 为 1e−003s，Minimum Time Step 为 1e−003s，Maximum Time

Step 为 1e−002s，Large Deflection 为 Off。同理在第二载荷步如图右侧设置：Current Step Number 为 2，Step End Time 为 2s，Auto Time Stepping 为 On，Define By 为 Time，Carry Over Time Step 为 Off，Initial Time Step 为 5e−004s，Minimum Time Step 为 5e−004s，Maximum Time Step 为 1e−002s，Large Deflection 为 Off。

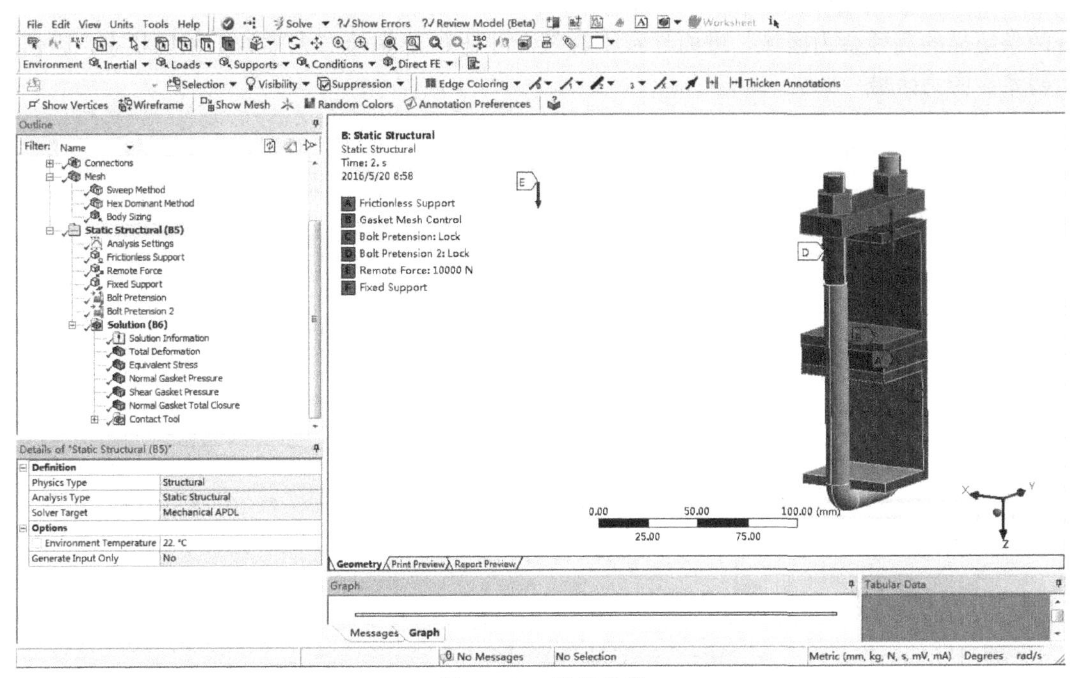

图 5-3-31 边界条件

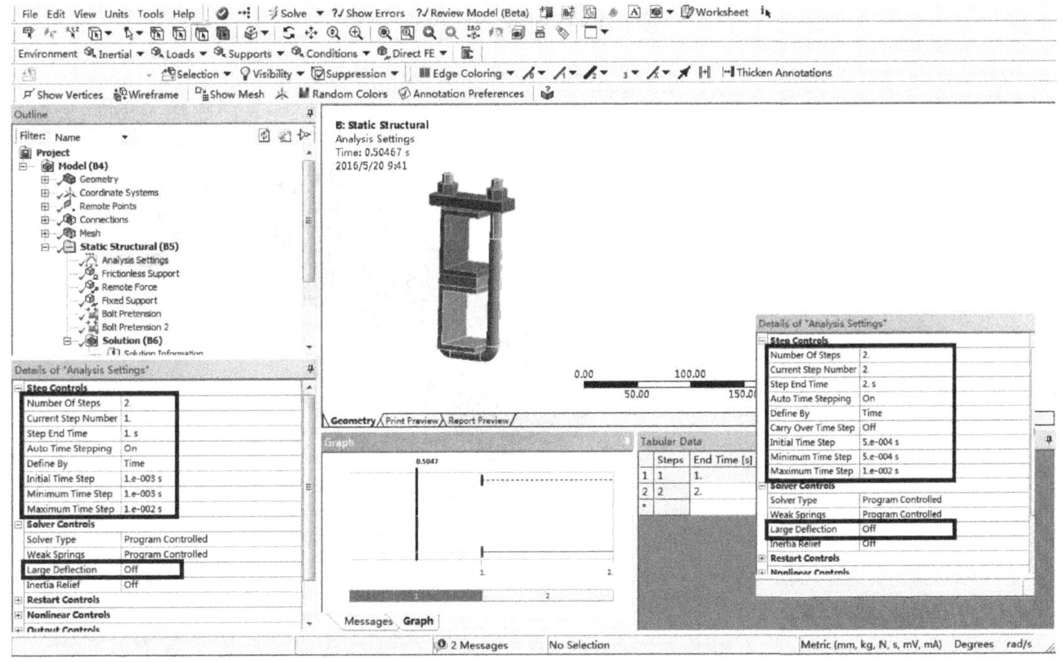

图 5-3-32 求解设置

8．求解不收敛处理

求解不收敛，如图 5-3-33 所示。将 Newton-Raphson Residuals 定义为 3（默认为 0），可以看到计算高残余力区域，定义为 3 表示求解不收敛时，最后 3 步的残余力。

点击 Newton-Raphson Residual Force 如图 5-3-34 显示，隐藏 U 形螺栓，可见在底盘大梁有两条明显的高残余力区域，进而导致不收敛。可是 U 形螺栓与大梁处于相切状态，因何产生两条高应力区域？

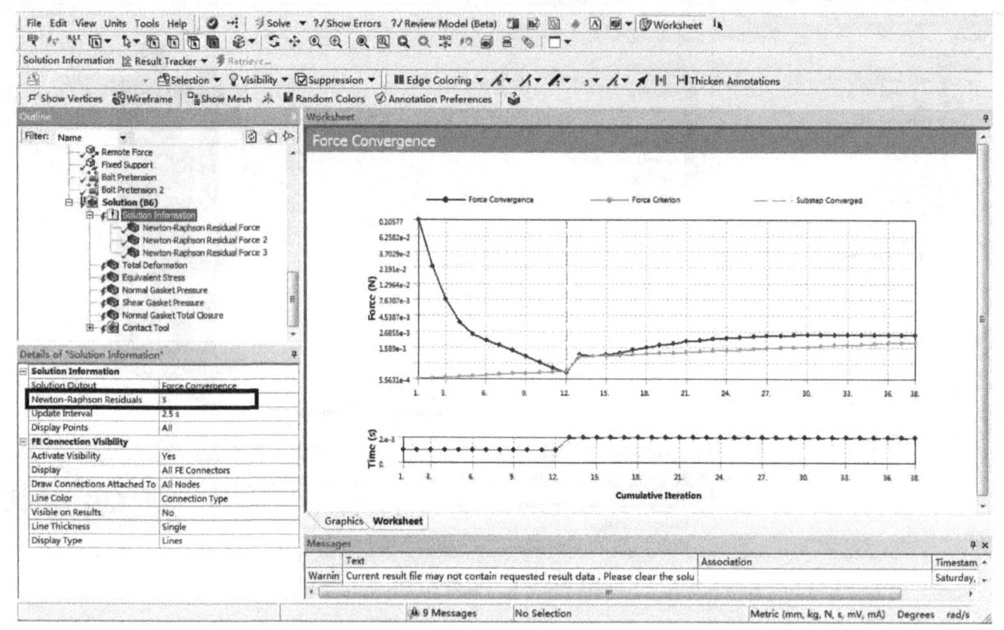

图 5-3-33　求解力收敛图

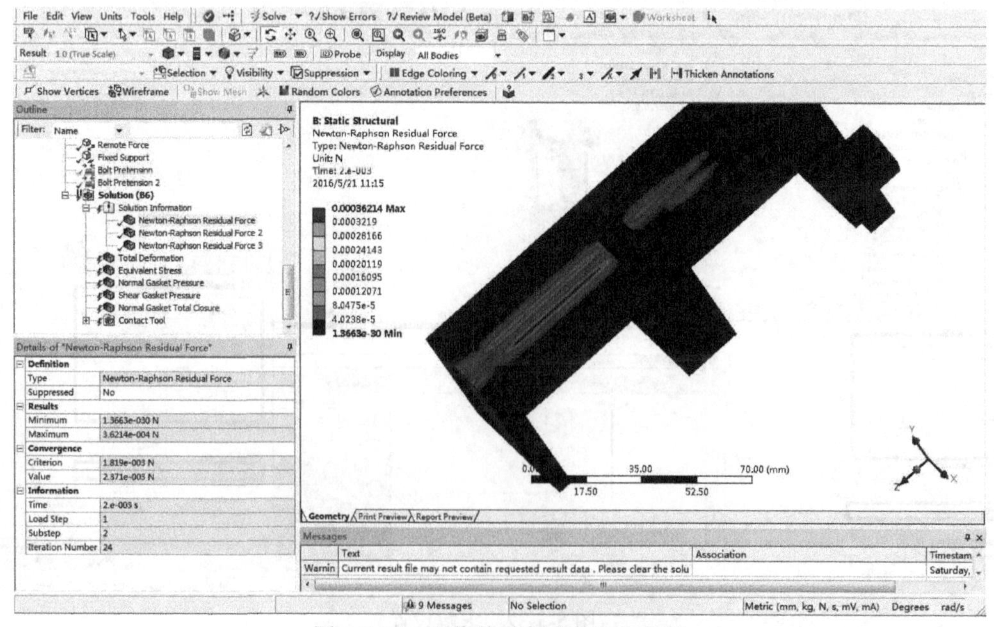

图 5-3-34　不收敛时高残余力分布图

点击 Solver Output 查看详细求解信息，可以看到多次提到类似的一段话：“Max. Penetration of−1.460014687E−08 has been detected between contact element 6518 and target element 6488.”这表示穿透量为 1.46E−8 相比于模型尺寸可能太大，这些穿透会导致网格不连续，进而导致接触对失效。

右键点击 Connections，插入 Contact tool（接触工具）→Initial Information，按默认全部勾选，然后右键选择 Generate Initial Contact Result，查看初始接触信息，如图 5-3-35 所示。

Name	Contact Side	Type	Status	Number Contacting	Penetration (mm)	Gap (mm)	Geometric Penetration (mm)	Geometric Gap (mm)	Resulting Pinball (mm)	Real Constant
No Separation - LUOSHUAN To LIANG	Contact	No Separation	Closed	77.	0.	0.	0.30546	0.60677	0.61095	9.
No Separation - LUOSHUAN To LIANG	Target	No Separation	Inactive	N/A	N/A	N/A	N/A	N/A	N/A	10.
No Separation - LUOSHUAN To DIAN	Contact	No Separation	Inactive	N/A	N/A	N/A	N/A	N/A	N/A	11.
No Separation - LUOSHUAN To DIAN	Target	No Separation	Closed	2.	0.	0.	0.	0.21846	1.25	12.
No Separation - LUOSHUAN To LIANG	Contact	No Separation	Closed	28.	0.	0.	1.7764e-015	0.48643	0.55206	13.
No Separation - LUOSHUAN To LIANG	Target	No Separation	Inactive	N/A	N/A	N/A	N/A	N/A	N/A	14.
No Separation - LUOSHUAN To DIANBAN	Contact	No Separation	Closed	70.	1.7191e-014	0.	1.1823e-002	1.0356e-003	0.59544	15.
No Separation - LUOSHUAN To DIANBAN	Target	No Separation	Inactive	N/A	N/A	N/A	N/A	N/A	N/A	16.
Bonded - LUOSHUAN To LUOMU	Contact	Bonded	Inactive	N/A	N/A	N/A	N/A	N/A	N/A	17.
Bonded - LUOSHUAN To LUOMU	Target	Bonded	Closed	36.	2.6468e-014	0.	2.0233e-003	1.0502e-003	0.77931	18.
Bonded - LUOSHUAN To LUOMU	Contact	Bonded	Inactive	N/A	N/A	N/A	N/A	N/A	N/A	19.
Bonded - LUOSHUAN To LUOMU	Target	Bonded	Closed	36.	6.6171e-015	0.	2.0233e-003	1.0502e-003	0.77087	20.
Rough - LIANG To DIAN	Contact	Rough	Inactive	N/A	N/A	N/A	N/A	N/A	N/A	21.
Rough - LIANG To DIAN	Target	Rough	Closed	72.	2.8422e-014	0.	2.8422e-014	1.4211e-014	10.	22.
Rough - DIAN To LIANG	Contact	Rough	Closed	39.	1.4211e-014	0.	0.	0.	10.	23.
Rough - DIAN To LIANG	Target	Rough	Inactive	N/A	N/A	N/A	N/A	N/A	N/A	24.
Rough - LIANG To DIANBAN	Contact	Rough	Inactive	N/A	N/A	N/A	N/A	N/A	N/A	25.
Rough - LIANG To DIANBAN	Target	Rough	Closed	30.	2.8422e-014	0.	2.8422e-014	2.8422e-014	5.	26.
Bonded - DIANBAN To LUOMU	Contact	Bonded	Inactive	N/A	N/A	N/A	N/A	N/A	N/A	27.
Bonded - DIANBAN To LUOMU	Target	Bonded	Closed	16.	0.	0.	5.6843e-014	2.8422e-014	0.83333	28.
Bonded - DIANBAN To LUOMU	Contact	Bonded	Inactive	N/A	N/A	N/A	N/A	N/A	N/A	29.
Bonded - DIANBAN To LUOMU	Target	Bonded	Closed	16.	0.	0.	2.8422e-014	5.6843e-014	0.83333	30.

图 5-3-35 初始接触信息表

表中，红色表示虽然接触状态是开放的，但是接触类型为密闭的，使用于 Bonded 和 No Separation；黄色表示接触状态是开放的，但可以接受；橙色表示接触状态是封闭的，但是存在大的穿透或间隙，需要检查接触深度和球形域；灰色表示接触没激活，可能是因为 MPC、Normal Lagrange 或 Auto Asymmetric 导致的。本例出现橙色接触状态，正是这些大的初始穿透导致计算不收敛。

9. 修改接触设置

如图 5-3-35 所示，不收敛主要是因为接触存在大的穿透现象，软件提示修改球形域尺寸。但是由图 5-3-34 可见产生两条高残余力区域，这是因为默认接触设置为高斯积分点接触探测，在网格一定的情况下，接触面与目标面发生穿透，产生两条穿透线。由穿透量太大引起的不收敛，可采用的方法如下：

（1）采用纯罚函数或增广拉格朗日算法，默认基于高斯积分点的探测（Detection Method-On Gauss Point），增大法向接触刚度（Normal Stiffness）或减小穿透公差（Penetrated Tolerance，其实质依然是增大法向接触刚度）可减小穿透，但是一直增加法向接触刚度也会导致不收敛，所以具体数值需多次调试才可保证收敛，同时还需要进一步加密网格以保证精度。

（2）采用 MPC 或法向拉格朗日算法，基于节点接触探测（Detection Method-Nodal Normal from Contact 或 Nodal Normal to Target）。

两者相比，第一种方法更为精确，但需要调试参数进行试算；第二种方法则简单易行。

如果默认 Formulation 为 Program Controlled，修改接触探测为节点探测，则第一步可以收敛，但第二步开始阶段仍不收敛，同理可查到此时是由于垫片与其他物体发生大的穿透导致不收敛。可采用的方法如下：

（1）定义接触行为为非对称（Behavior-Asymmetric）；

（2）采用增广拉格朗日法或法向拉格朗日算法，但由于增广拉格朗日法依然调用部分法向刚度参与计算，为避免穿透，需要定义大的法向接触刚度，这将导致计算结果出现较大的误差。

综上所述，修改后接触设置如表 5-3-7 所示。

表 5-3-7　　　　接触定义修改表

序号	接触体名	目标体名	接触类型	行为	算法	接触探测
1	LUOSHUAN	LIANG（下）	No Separation	Program Controlled	MPC	Nodal Normal from Contact
2	DIAN	LUOSHUAN	No Separation	Asymmetric	Normal Lagrange	Program Controlled
3	LUOSHUAN	LIANG（上）	No Separation	Program Controlled	MPC	Nodal Normal from Contact
4	DIAN	LIANG（下）	Rough	Asymmetric	Normal Lagrange	Program Controlled
5	DIAN	LIANG（上）	Rough	Asymmetric	Normal Lagrange	Program Controlled

说明

Detection Method 选择 Nodal Normal from Contact 或 Nodal Normal to Target 依据，根据接触物或目标物哪一个模型更加圆滑，本例 U 形螺栓为接触体，所以定义为 Nodal Normal from Contact。

由于垫片的材质较 U 形螺栓、底盘大梁和车架纵梁均软，所以定义非对称行为前，必须定义垫片为接触体。

10．后处理

求解收敛，在后处理 Gasket 处可插入 Normal Gasket Pressure、Shear Gasket Pressure、Normal Gasket Total Closure、Shear Gasket Total Closure，如图 5-3-36 所示；并插入 Contact Tool，查看接触各项参数，如图 5-3-37 所示。

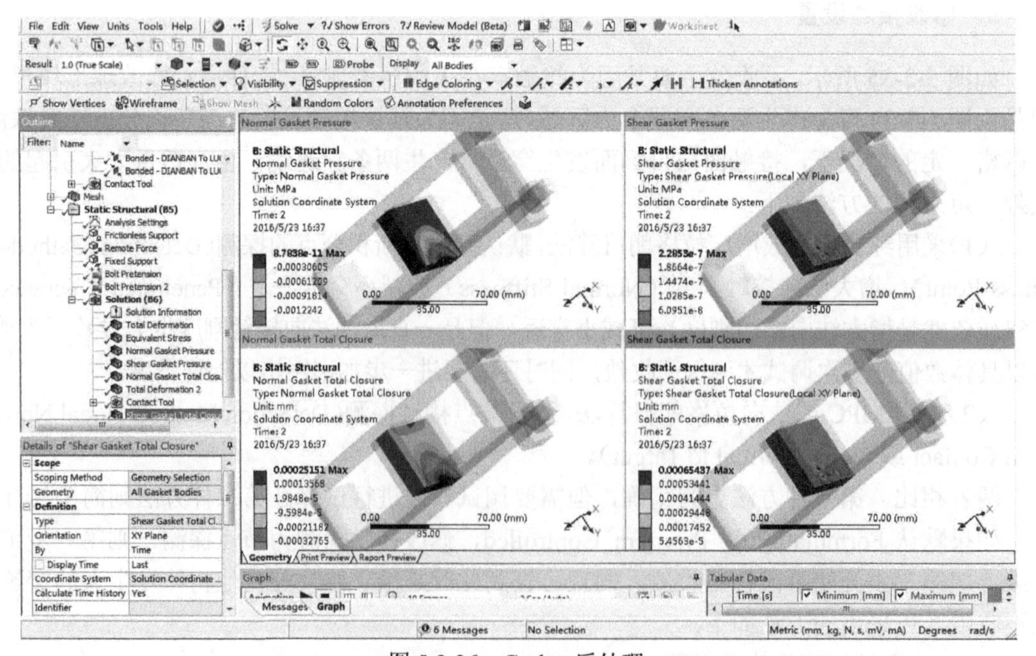

图 5-3-36　Gasket 后处理

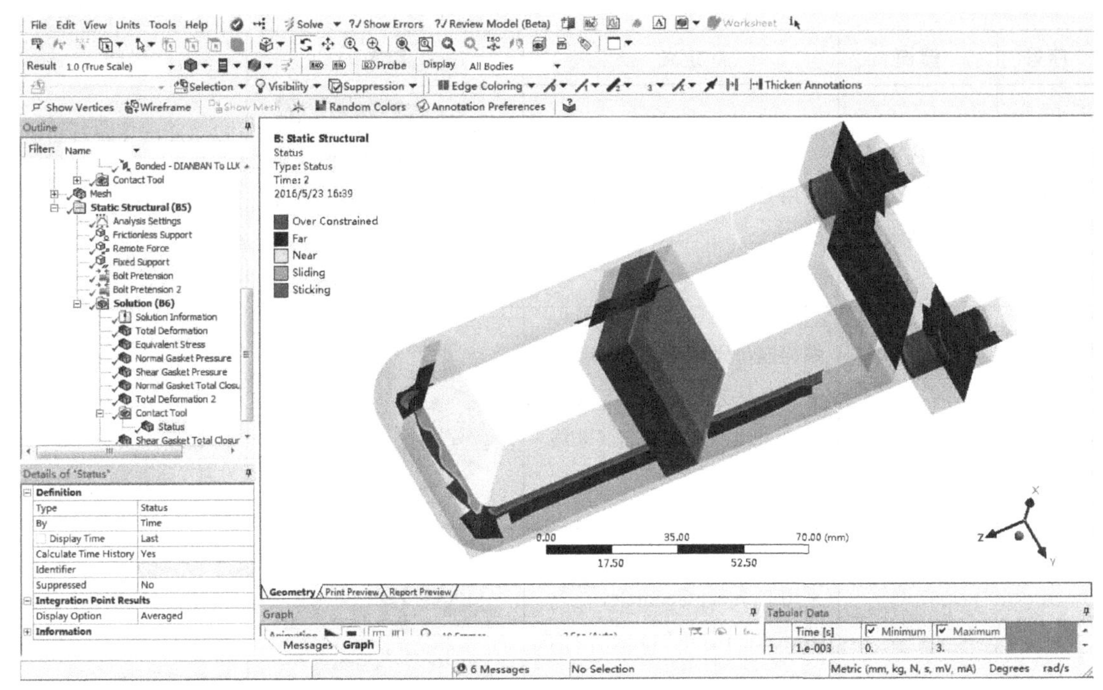

图 5-3-37　接触状态后处理

11．螺栓连接小结

螺栓连接是最常用的连接方式，常用分析方法如表 5-3-8 所示。

表 5-3-8　　螺栓连接分析汇总表

序号	建模	定义	简图	说明
1	无螺栓	整个面定义 Bonded 接触		最简单方便，由于忽略螺栓，精度最差
		仅在接触面映射垫圈圆环面或 30°压力圆锥投影面[注 1]定义 Bonded 接触		可提取每个螺栓的 Force Reaction 和 Moment Reaction
2	用梁代替螺栓，基于远程点技术	采用 DM 或 Spaceclaim 建立自定`义截面的梁		建立垫圈圆环映射面，与 Beam 建立 Joints-Fixed 连接，可直接加载螺栓预紧力[注 2]

续表

序号	建模	定义	简图	说明
2	用梁代替螺栓，基于远程点技术	采用 Connections-Beam 接触		以垫圈圆环映射面建立接触，只适用圆形截面，插入 Command 才能加载预紧力[注3]
3	实体螺栓模型，忽略螺纹	螺栓螺母采用 Bonded 接触，其余各件采用 Bonded（线性）或 Rough、Frictional（非线性）接触		可考虑垫圈等零件，可加载预紧力[注4]
		采用 Contact Geometry Correction-Bolt Thread，考虑螺纹		螺纹区域的网格必须小于 1/4 螺距，因此计算量非常大[注5]
4	建立含螺纹的螺栓模型	3D 模型较少见，2D 轴对称模型常用来分析螺纹接触		建议以螺纹手册来计算

注 1： 30°压力圆锥投影面为 Pressure Cone，表示以螺栓头部为起点，与轴线呈 30°夹角圆锥区域，将最大圆投影到相应连接工件上，可知约等于垫圈直径。螺栓连接与螺钉连接如图 5-3-38 所示。

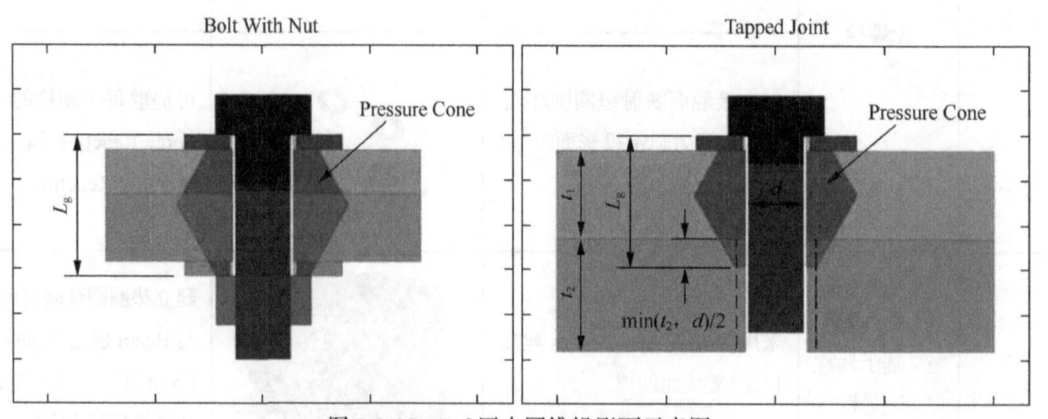

图 5-3-38　30°压力圆锥投影面示意图

注 2： 映射面与 Beam 端点建立 Joints-Fixed 连接，映射面的 Behaviour 需定义为 Deform；同时工件之间需要定义 Rough 或 Frictional 接触。

注 3： 采用 Connections-Beam 连接，映射面的 Behaviour 也需定义为 Deform。工件之间可以不定义任何接触，实质就是螺栓承载整个负载，计算结果是保守的，通常用于与手工计算对比，以确定螺栓是否失效；也可以定义 Rough 或 Friction 接触，此时必须加载预紧力，由于不能直接加载预紧力，只能使用插入 Command 的形式，具体过程如下：

（1）在梁单元的中点创建一个新的节点（Node）；

（2）在原有梁单元的终点和新建节点的基础上建立两个新的梁单元（Beam Elements）；

（3）删除原有的梁单元；

（4）在两个新的梁单元之间建立预紧单元（Pretension Element）。

注 4： 当 Bolt Pretension 不能应用时，可使用 Joint-Translational 替代。替代时，X 轴必须为螺栓的轴向，同时把螺栓分为前后两段，以保证后段基于前段平移。加载采用 Joint-Force/Displacement（与 Bolt Pretension 类似），也可以定义 Lock（也与 Bolt Pretension 类似）。

螺栓实体模型后处理：采用在螺栓中间建立一个构造面（Construction Geometry-Surface），基于此构造面查看反力或反力矩（Probe-Force or Moment Reaction）。

注 5： 使用 Bolt Thread 接触类型时，必须保证：

（1）不能使用 Bonded 接触类型；

（2）必须设置为非对称接触（Asymmetric），且螺纹孔面为目标面，螺栓轴面为接触面；

（3）不能使用 Nodal Normal to Target 或者 On Gauss Point 接触探测。

5.3.4 燕尾槽接触实例

燕尾槽广泛用于机床导轨设计中，与梯形导轨配合使用，由于槽内需要储存润滑脂，所以槽与导轨的配合为极小的间隙配合。下面以一个简单的燕尾槽及梯形导轨为例，说明间隙配合接触分析过程。

1. 建立二维模型

以 XY 平面建立二维矩形，长为 30mm，高为 20mm；距上边 12mm、下边 3mm 开 60° 梯形燕尾槽，圆角为 2.5mm。以内槽尺寸偏移 0.25mm 建立一梯形导轨。以此草绘建立两个平面模型，如图 5-3-39 所示。

2. 定义平面应变及网格

在 Geometry 的细节菜单中将 2D Behavior 定义为 Plane Strain，这是因为导轨及燕尾槽都很长，只取一截面分析，所以为平面应变。其余默认设置。

网格仅定义 Advanced-Shape Checking 为 Aggressive Mechanical，其余默认设置，如图 5-3-40 所示。

3. 接触设置

选择导轨模型的外边界 5 条线为接触体，选择燕尾槽模型的内槽边界 5 条线为目标体，由于两者材料默认均为结构钢，所以定义 Behavior 为 Symmetic，Type 为 Frictionless，Formulation 为 Normal Lagrange，其余设置按照初学者的习惯全部默认，如图 5-3-41 所示。

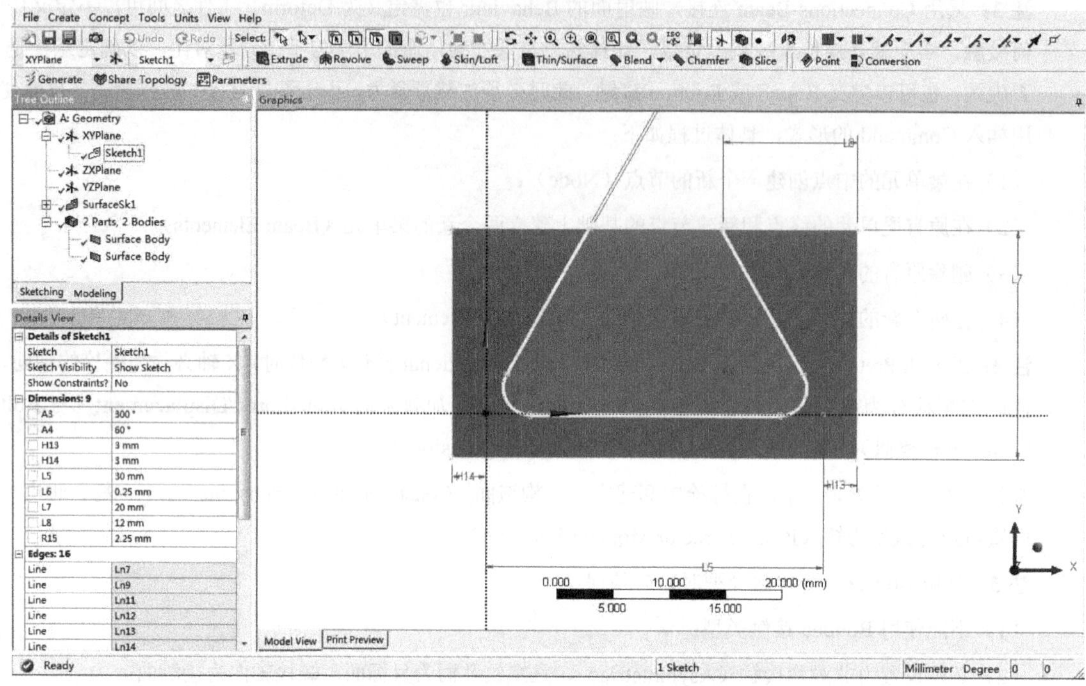

图 5-3-39　二维燕尾槽与导轨二维模型

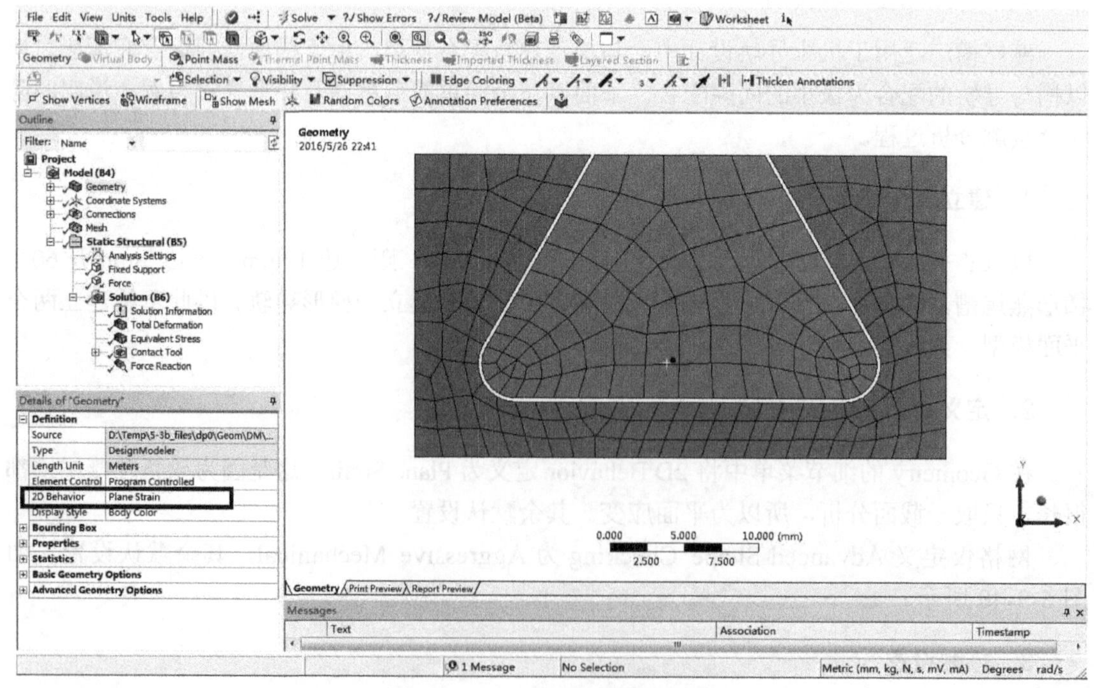

图 5-3-40　平面应变及网格划分

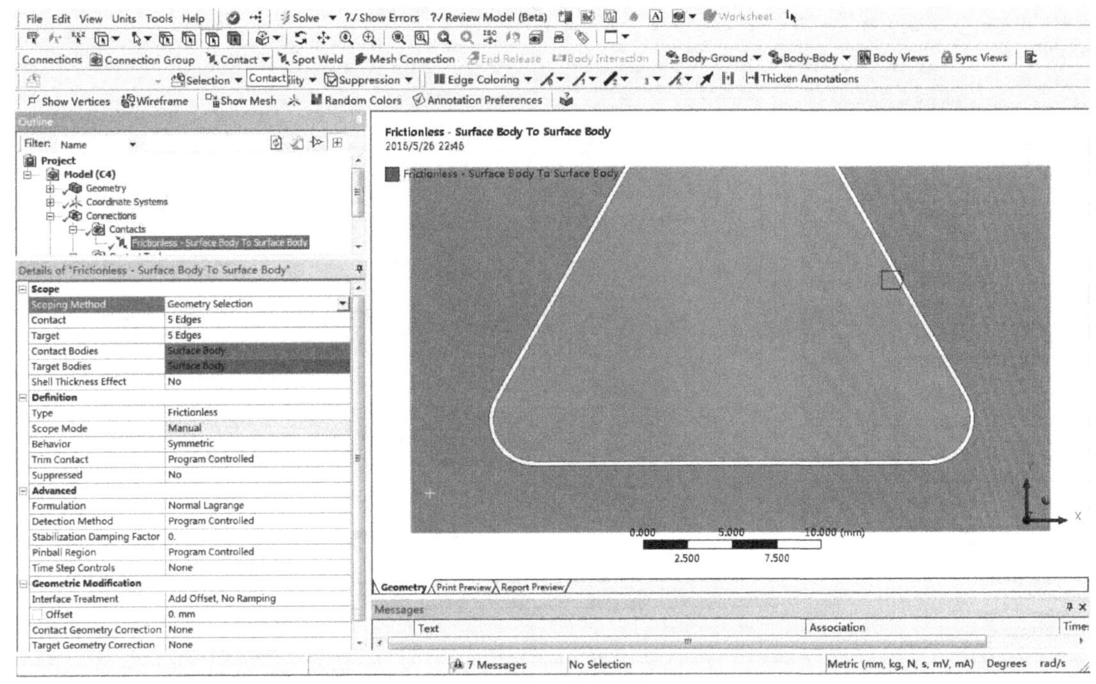

图 5-3-41　接触设置

右键点击 Connections 插入 Contact Tool 工具，查看 Initial Information（初始接触信息），如图 5-3-42 所示。

Name	Contact Side	Type	Status	Number Contacting	Penetration (mm)	Gap (mm)	Geometric Penetr	Geometric Gap (mm)	Resulting Pinball (mm)	Normal Stiffness (N/mm³)	Real Constant
Frictionless - Surface Body To Surface Body	Contact	Frictionless	Inactive	N/A	N/A	N/A	N/A	N/A	N/A	N/A	3.
Frictionless - Surface Body To Surface Body	Target	Frictionless	Near Open	0.	0.	0.25	0.	0.25	1.3424	N/A	4.

图 5-3-42　初始接触状态

由图 5-3-42 可知，两者初始状态处于接近状态，接触分析是可以接受的。

4．求解设置

Analysis Settings 处如图 5-3-43 所示设置，从上到下依次为 1、1、1s、On、Substeps、10、10、500，再定义 Large Deflection 为 On（大变形打开）。

5．边界条件

边界条件如图 5-3-44 所示设置，选择燕尾槽的下边加载 Fixed Support，选择导轨的上边加载 Force，大小为 10N，方向沿 Y 轴方向。

6．初次求解不收敛

求解不收敛。力收敛图如图 5-3-45 所示。

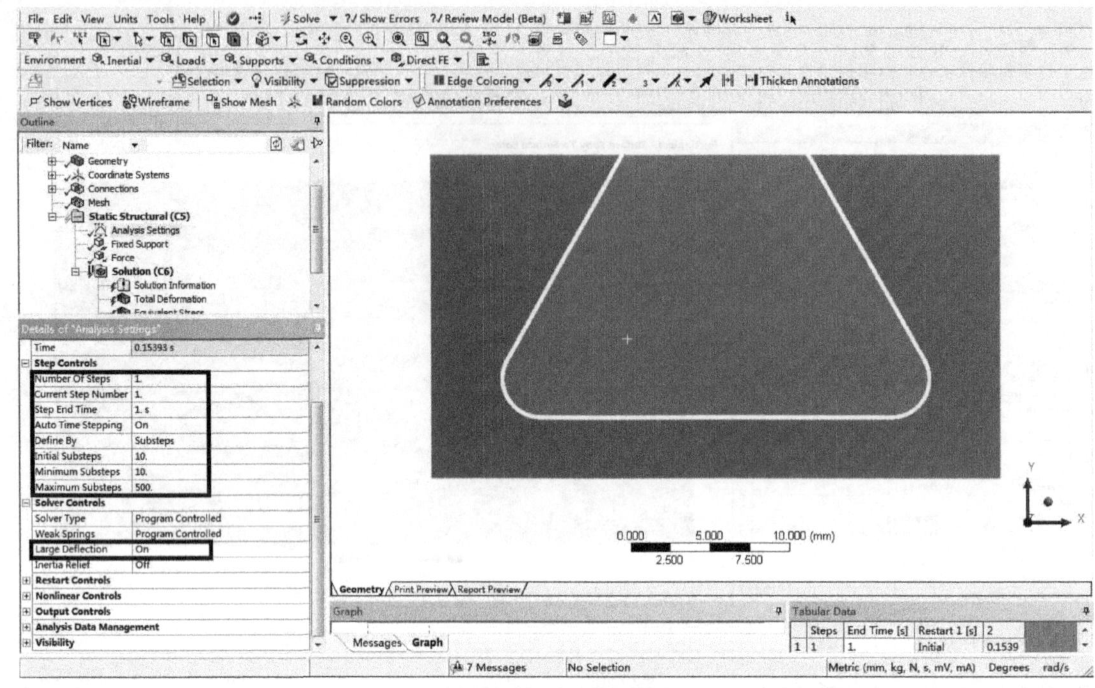

图 5-3-43　求解设置

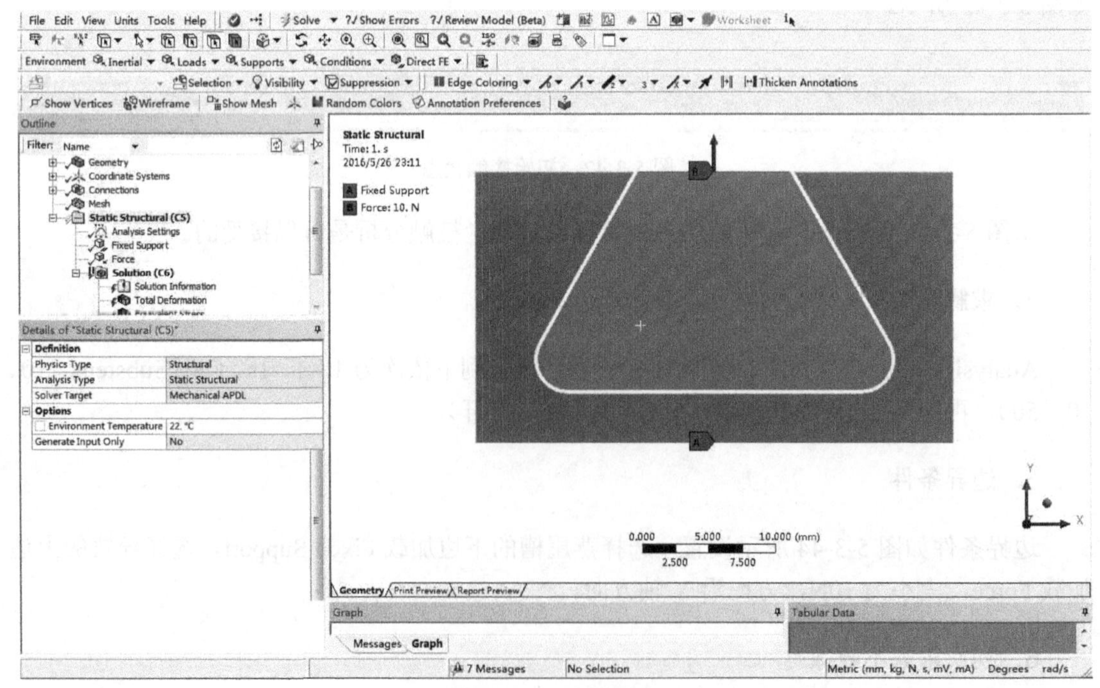

图 5-3-44　边界条件

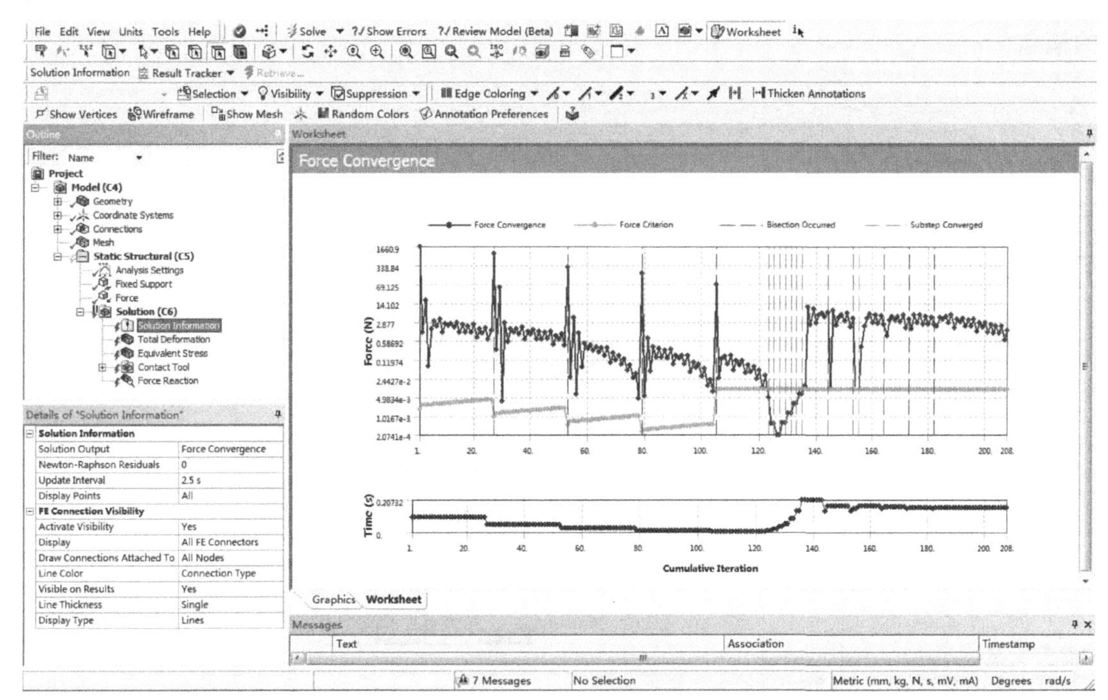

图 5-3-45　力收敛图

7. 修改接触设置

如前所述，将 Interface Treatment 定义为 Adjust to Touch 可消除接触间隙，重新查看 Initial Information（初始接触信息），如图 5-3-46 所示。

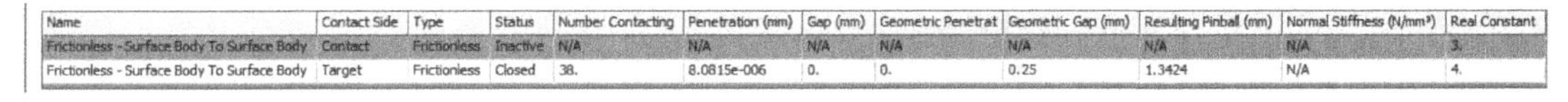

Name	Contact Side	Type	Status	Number Contacting	Penetration (mm)	Gap (mm)	Geometric Penetrat	Geometric Gap (mm)	Resulting Pinball (mm)	Normal Stiffness (N/mm³)	Real Constant
Frictionless - Surface Body To Surface Body	Contact	Frictionless	Inactive	N/A	N/A	N/A	N/A	N/A	N/A	N/A	3.
Frictionless - Surface Body To Surface Body	Target	Frictionless	Closed	38.	8.0815e-006	0.	0.	0.25	1.3424	N/A	4.

图 5-3-46　初始接触状态

由图 5-3-46 可知，修改后两者初始状态处于接触闭合状态。

8. 再次求解

求解收敛。

在后处理中右键插入 Probe-Force Reaction（反力），如图 5-3-47 所示设置，Location Method 处定义为 Boundary Condition，Boundary Condition 处定义为 Fixed Support。这表示提取完全约束处的约束反力，计算可得总力为 10N，方向与边界条件加载方向相反，这说明约束反力的结果完全合理。

但是查看变形结果就会发现错误，如图 5-3-48 所示，最大变形居然发生在燕尾槽中间两侧处，而导轨变形小于燕尾槽，这明显是不合理的。（图中变形云图没出现对称是因为网格较粗的缘故，读者可以自行加密，得到对称的云图。）

读者还可以尝试修改 Pinball Radius 尺寸，该尺寸仅能加快收敛计算速度，对计算结果影响甚微。还可以修改结果比例为一个较大的值，有助于读者了解接触中 Adjust to Touch 的概念。

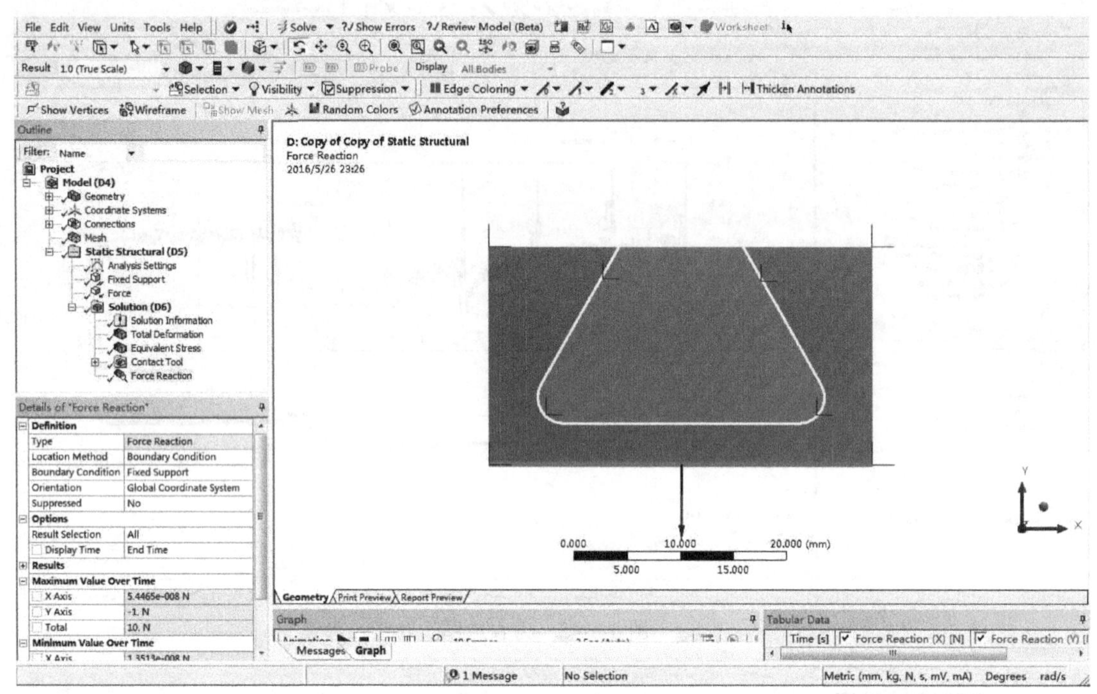

图 5-3-47　约束反力

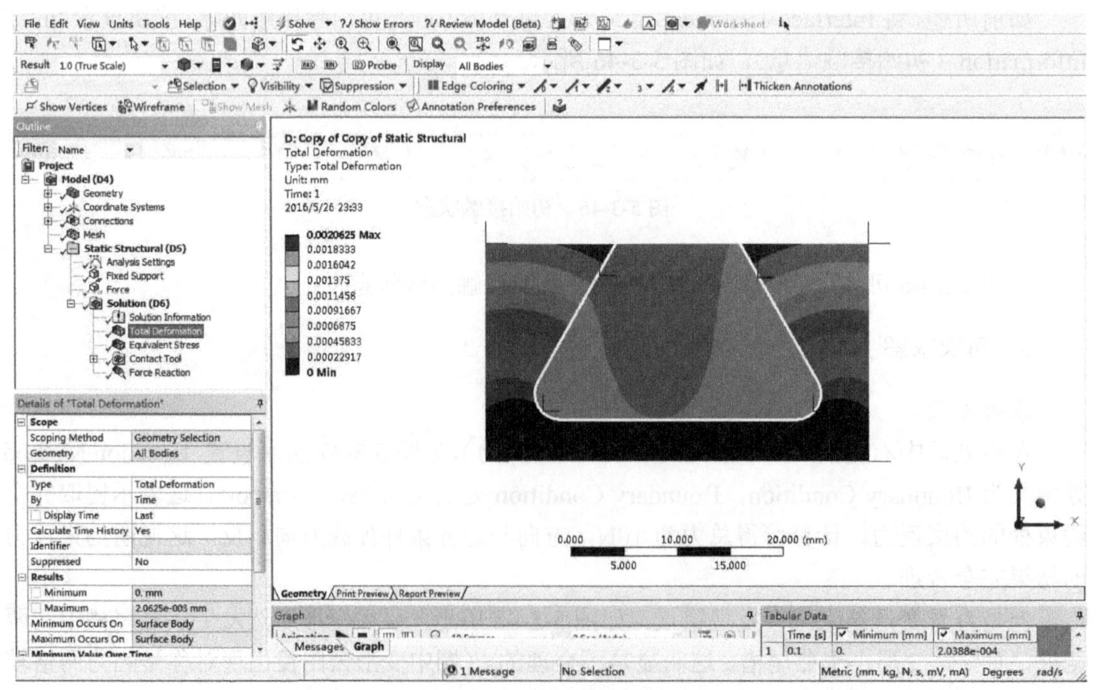

图 5-3-48　变形云图

9. 再次修改接触设置

将 Interface Treatment 依旧定义为 Add Offset No Ramping，将 Stabilization Damping Factor 定义为 0.04（**注意：此数值需要多次调试，为满足刚好收敛的最小值**），如图 5-3-49 所示。此时接触初始状态与第一次状态没有变化。

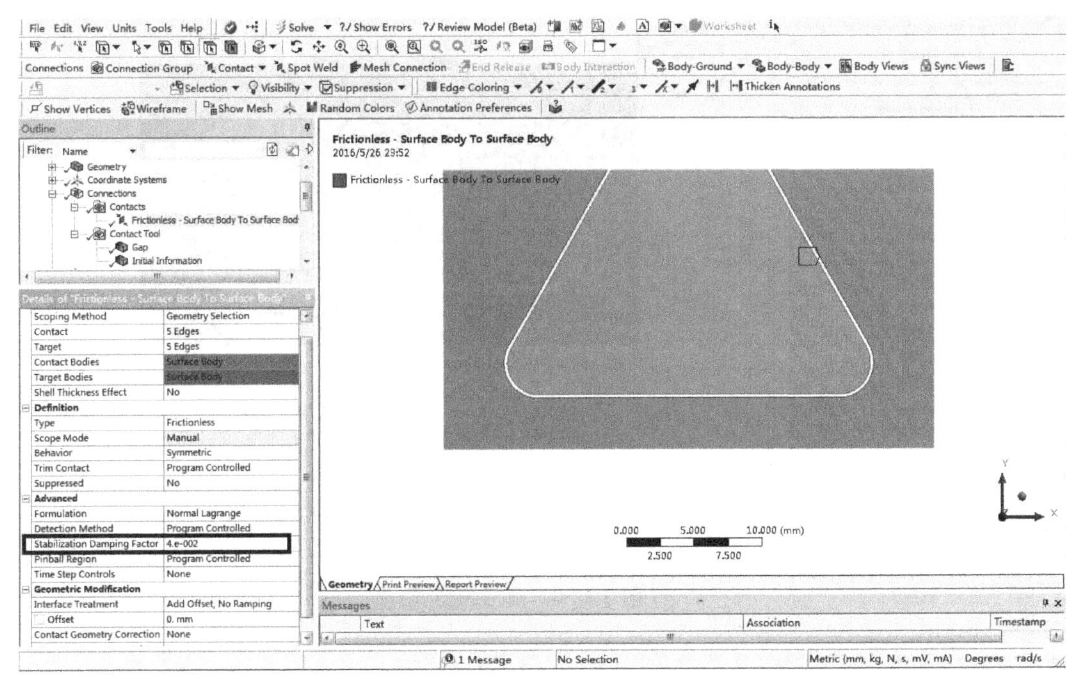

图 5-3-49 修改接触设置

10. 后处理

计算收敛。

查看变形云图，如图 5-3-50 所示，最大变形为 0.5mm，云图显示是合理的，但是有可能出现观察不到的接触穿透现象。

在后处理中右键插入 Contact Tool（接触工具），继续右键查看 Penetration（穿透）结果，如图 5-3-51 所示。结果显示为 0，表示无穿透现象，结合变形云图，说明变形结果是合理的。

最后查看约束反力，如图 5-3-52 所示。总约束反力为 9.9992N，方向与边界条件加载方向相反，误差为 0.008%，完全可以忽略不计。

11. 总结

对于接触初始间隙分析，由于在初始状态接触物之中必有一件没有任何约束，从而产生刚体位移，进而导致收敛困难。可以采用地方法如下：

（1）针对可能产生刚体位移的物体尽可能地定义约束；

（2）设置 Interface Treatment 为 Adjust to Touch，这样肯定能消除接触物两者之间的间隙，但是只用于接触间隙与载荷方向一致或近似一致的情况；

（3）定义 Stabilization Damping Factor 系数，该设置更加灵活，类似于非线性屈曲求解中的非线性稳定概念，且精度较高。

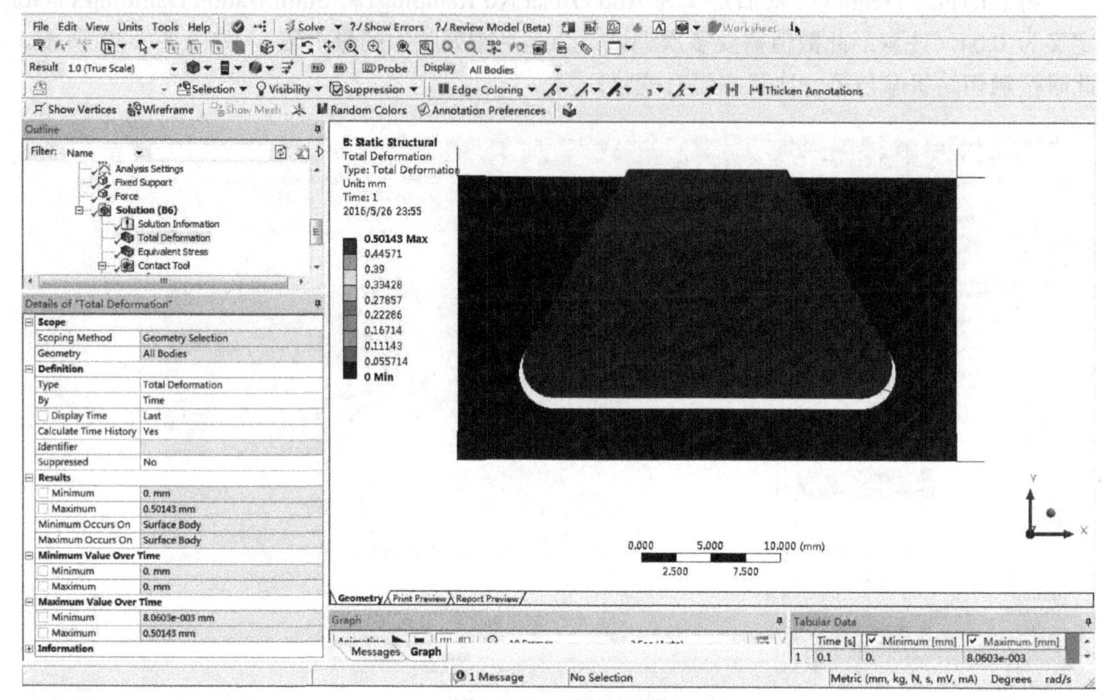

图 5-3-50　变形云图

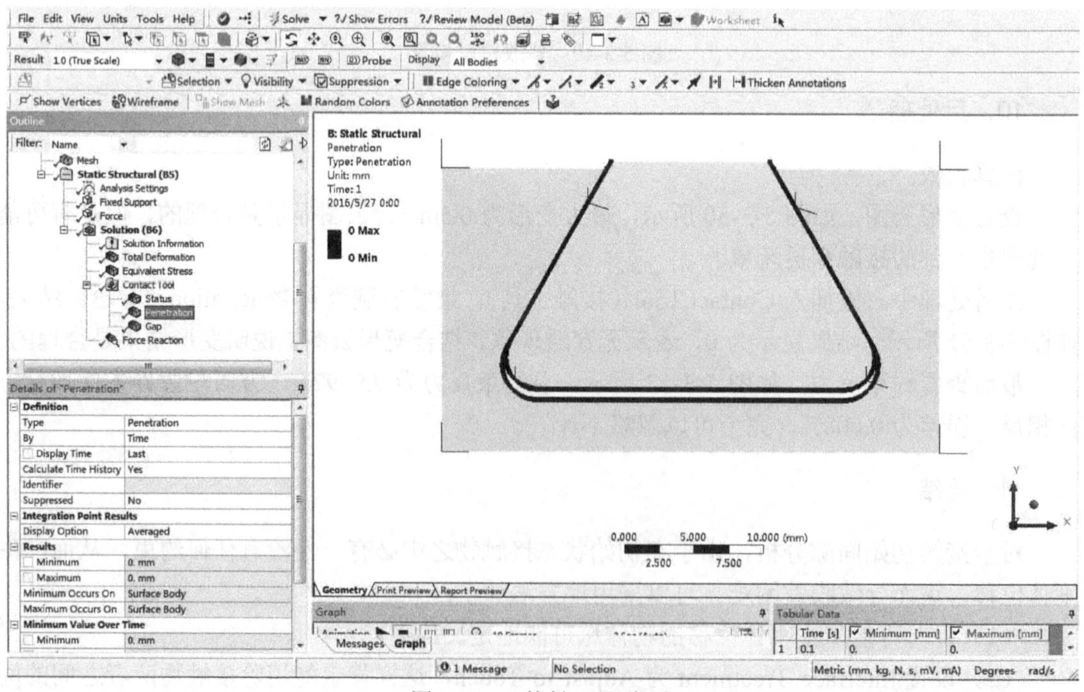

图 5-3-51　接触工具-穿透

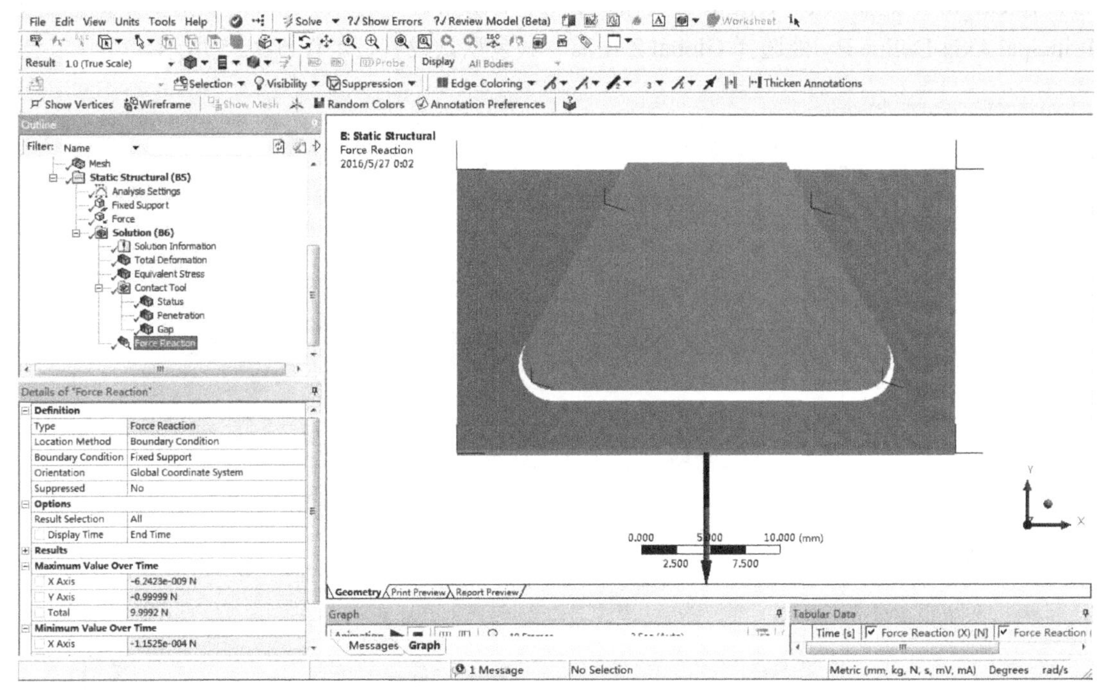

图 5-3-52 约束反力

5.3.5 箱体开启分析实例

箱体一般由上下箱体组成，采用铰链连接两者，并通过中间把手开启上箱体。一般而言，铰链、把手的强度参数远大于箱体的强度参数，因此在分析过程中可以将其视为刚体，或者省略。下面以一个省略铰链、把手模型的箱体模型分析为例说明运动副等相关定义设置过程。

1．建立三维模型

建立一个长 400mm、宽 150mm、高 80mm，壁厚为 5mm 的箱体，上下箱体间距 5mm，用于安装铰链。对铰链位置定义映射面，映射面的位置分别为：下箱体铰链映射面宽 20mm，高 30mm，两映射面中心线间距 220mm；上箱体铰链映射面宽 20mm，高 10mm，两映射面中心线间距 220mm。模型如图 5-3-53 所示。

2．定义材料

先在 Contents of Engineering Data 菜单的空栏处右键点击调用 Engineering Data Sources，然后依次点击 General Materials-Aluminum Alloy（调用铝合金材料），如图 5-3-54 所示。

3．定义铰链副

在 Connections 处右键点击插入 Joints，其中 Connection Type 定义为 Body-Body，Type 定义为 Revolute，在 Reference-Body 处选择下箱体的铰链映射面，在 Mobile-Body 处选择上箱体的铰链映射面，由于软件默认转动副的方向为 RZ（以 Z 轴旋转），所以特别需要注意运动副的位置和方向，具体调整方法可以点击 Revolute 下面的 Reference Coordinate System 条目，在 Origin X 处输入 0，Origin Y 处输入 22.5，Origin Z 处输入 310（两映射面中间位置），Principal Axis-Define By 处选择 Global Z Axis，其余默认设置，如图 5-3-55 所示。

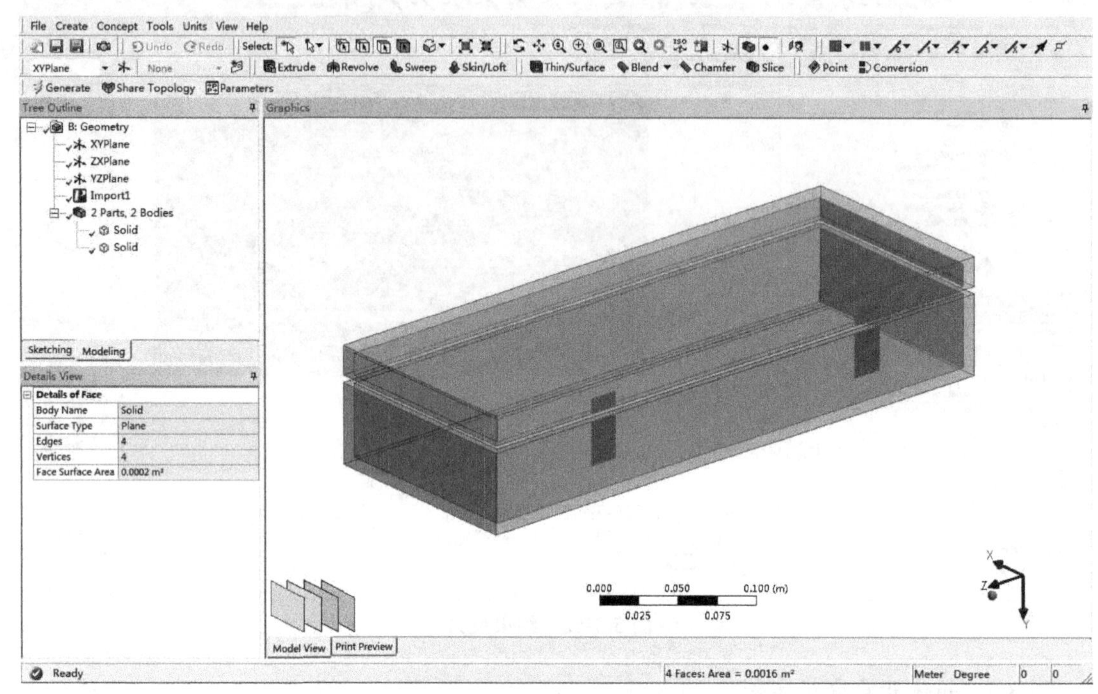

图 5-3-53　三维箱体模型

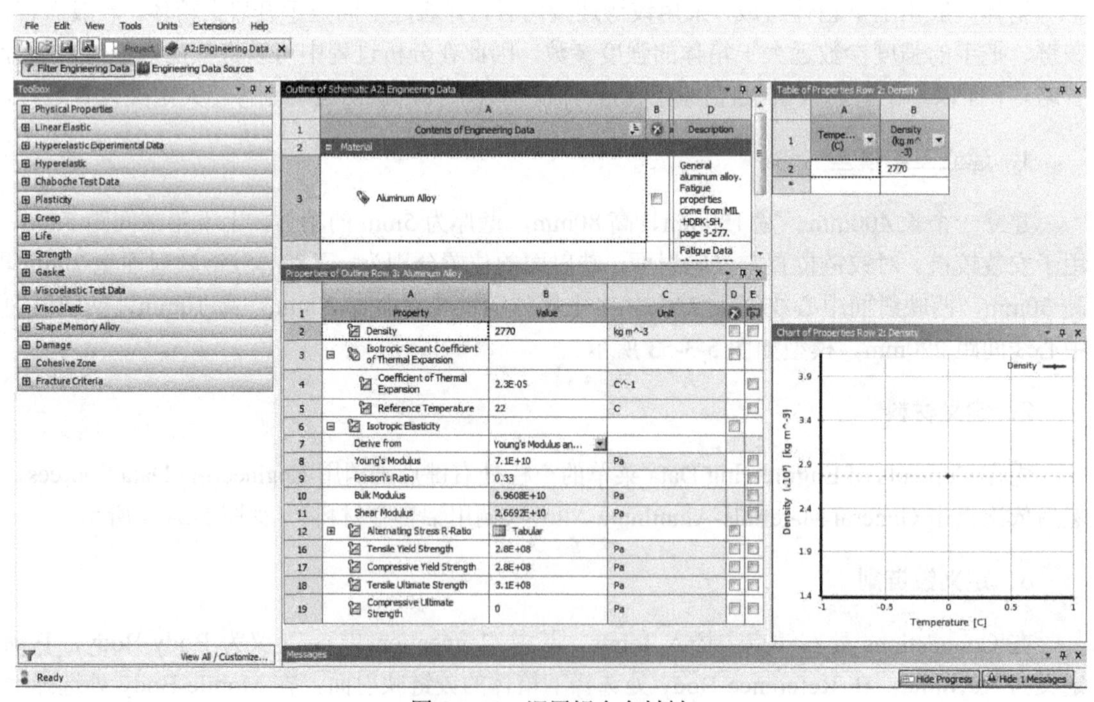

图 5-3-54　调用铝合金材料

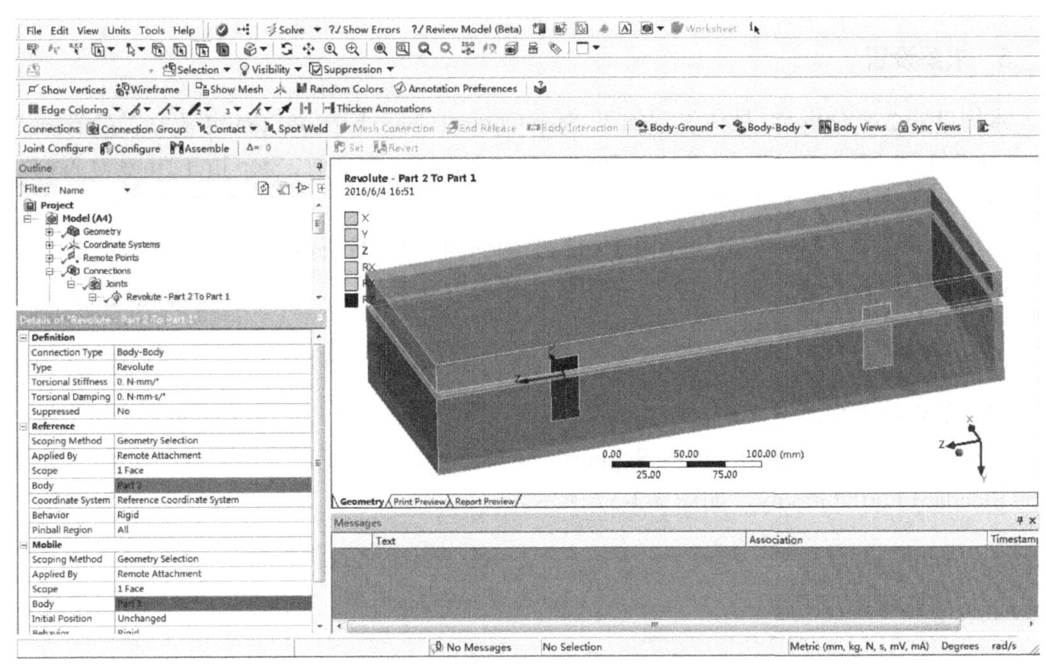

图 5-3-55　铰链处 Joint 设置

同理，完成另一个铰链的设置。

4．网格划分

右键插入 Refinement，选择 4 处映射面，定义 Refinement 为 2，其余默认。这是因为映射面区域存在较大的应力，所以将此处区域网格加密。其余默认，如图 5-3-56 所示。

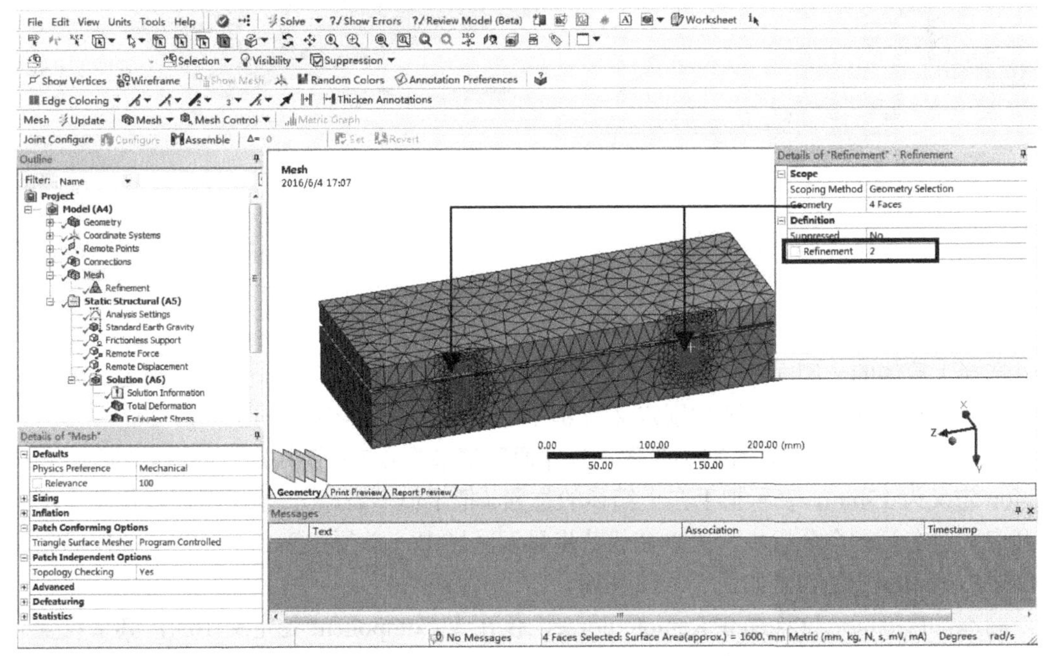

图 5-3-56　网格划分

5．求解设置

本例设置 2 个分析步。具体设置如下：Step Controls-Numbers of Step 定义为 2，Current Step Number 为 1 时，Step End Time 为 1s；Current Step Number 为 2 时，Step End Time 为 2s，Large Deflection 定义为 On，其余均默认。

2 个分析步中，第一个分析步用于加载上箱体向上开启过程，采用位移加载方式；第二个分析步用于加载上箱体闭合过程，采用载荷加载方式。

6．边界条件

选择下箱体下平面定义 Frictionless Support（注意：如果采用 Fixed Support，整个箱体加载后会纹丝不动，采用 Frictionless Support，整体箱体加载后表现为切向微小移动）；定义 Y 向的 Standard Earth Gravity，如图 5-3-57 所示。

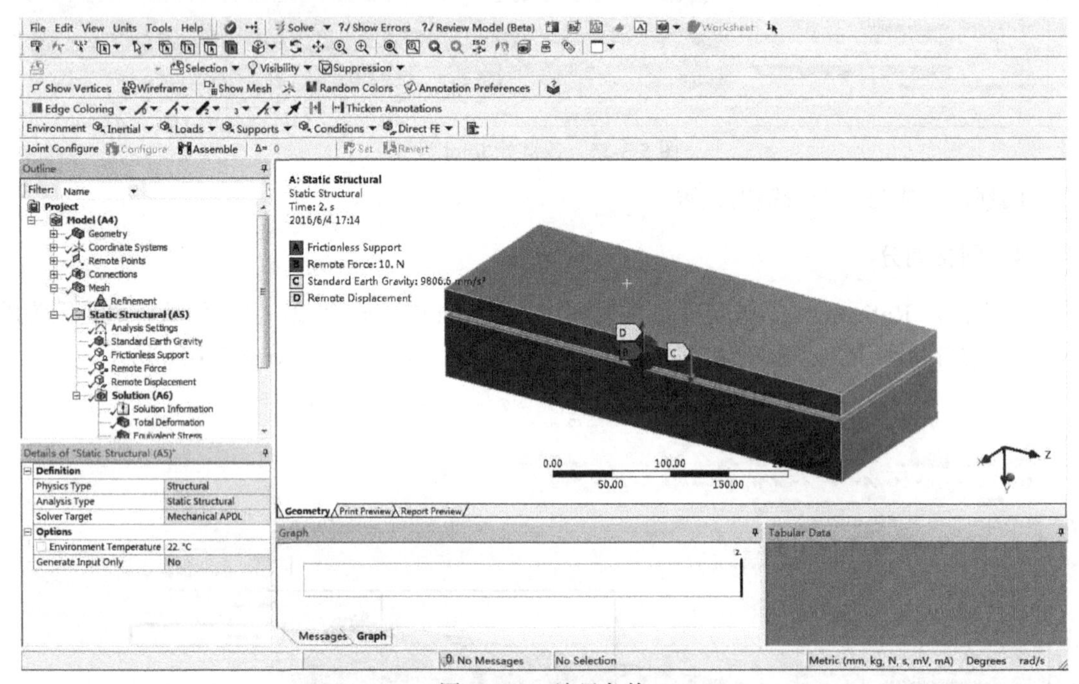

图 5-3-57　边界条件

选择上箱体的一侧面，加载 Remote Displacement，X/Y/Z Component 分别定义为 Free、−20mm、0mm；Rotation X/Y/Z 分别定义为 0°、0°、Free，表示上箱体向上开启 20mm；Behavior 定义为 Coupled（**关键点，否则不收敛，具体原因请参看 4.7.3 节中关于 CP 的说明**）；Pinball Region 定义为 15mm，表示把手在上箱体的位置（把手模型省略）。由于用远程位移定义上箱体开启只存在第一个分析步，所以在载荷步显示区域中，必须在第二个分析步关闭远程位移（Deactive at the Step !），如图 5-3-58 所示。

同理，选择同一位置加载 Remote Force，仅在 Y Component 处定义 10N，其余设置与远程位移设置一致，由于用远程力定义上箱体关闭只存在第二个分析步，所以在载荷步显示区域中，也在第一个分析步关闭远程力（Deactive at the Step !），如图 5-3-59 所示。

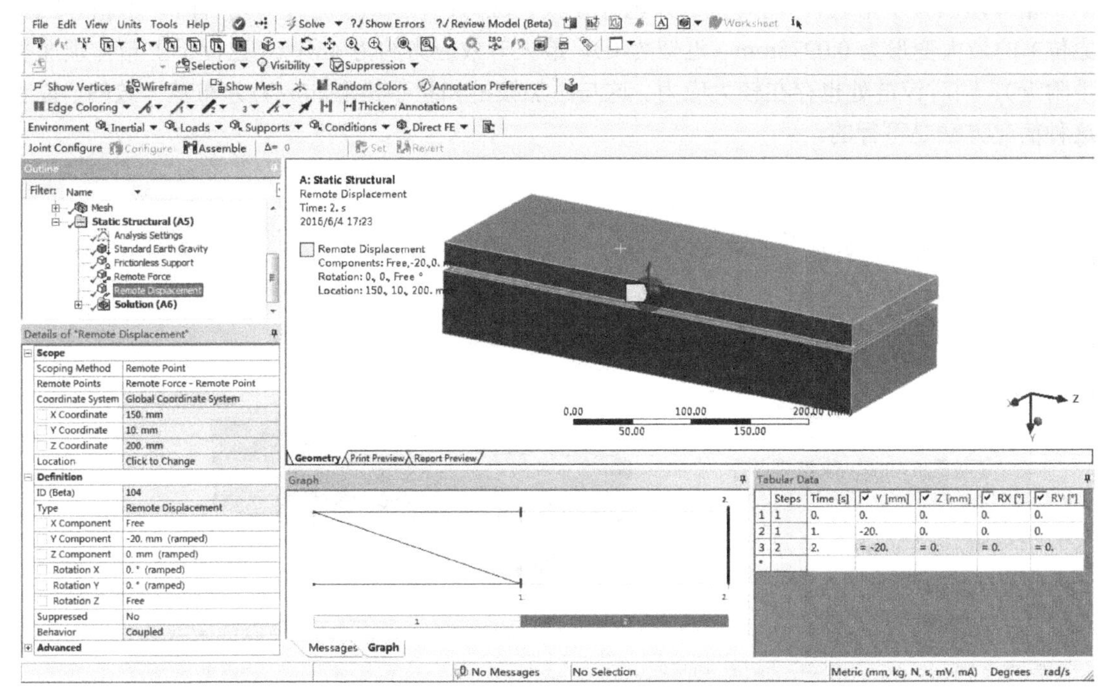

图 5-3-58　第一个分析步定义远程位移条件

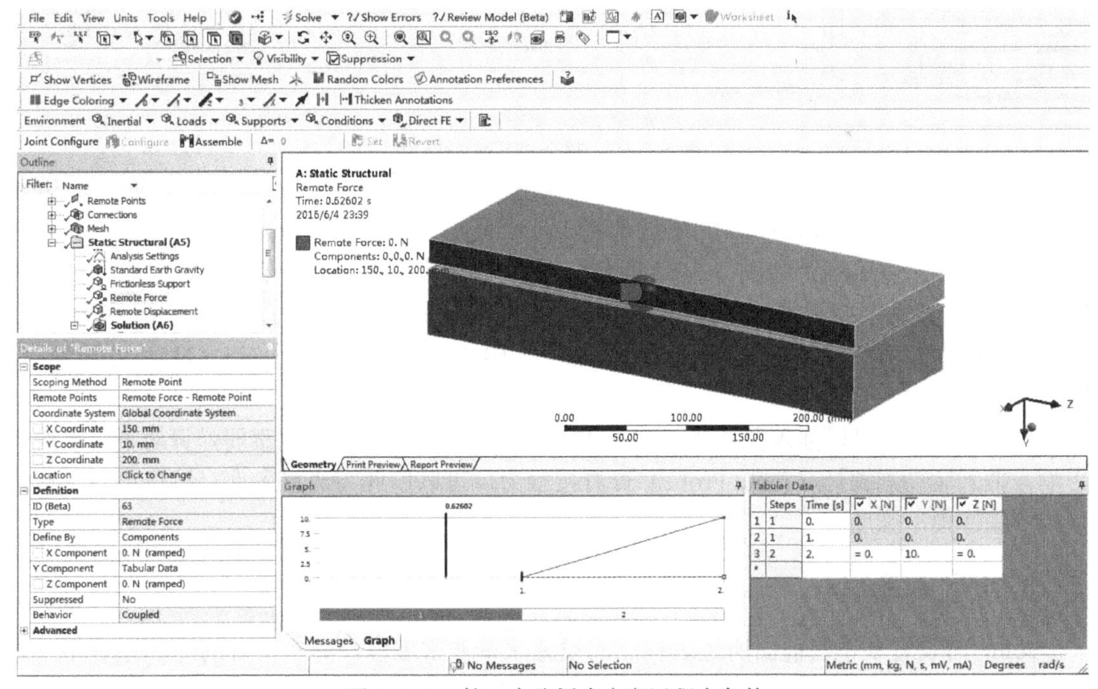

图 5-3-59　第二个分析步定义远程力条件

7．后处理

计算收敛后，查看变形和应力结果，如图 5-3-60、图 5-3-61 所示。由图可知，在第 1s 时（即开启时，上箱体到达最高点）的最大变形约为 21mm，最大等效应力约为 722MPa（位于上箱体顶面拉手附近），同时铰链处也存在较大应力；在第 2s 时（即闭合时，上箱体回到原位）的最大变形为 0.0975mm（近似为 0），最大等效应力约为 4MPa（也位于上箱体顶面拉手附近），同时铰链处也存在较大应力。这与添加铰链和拉手模型的应力分布是一致的，说明这种简化方法是可行的。

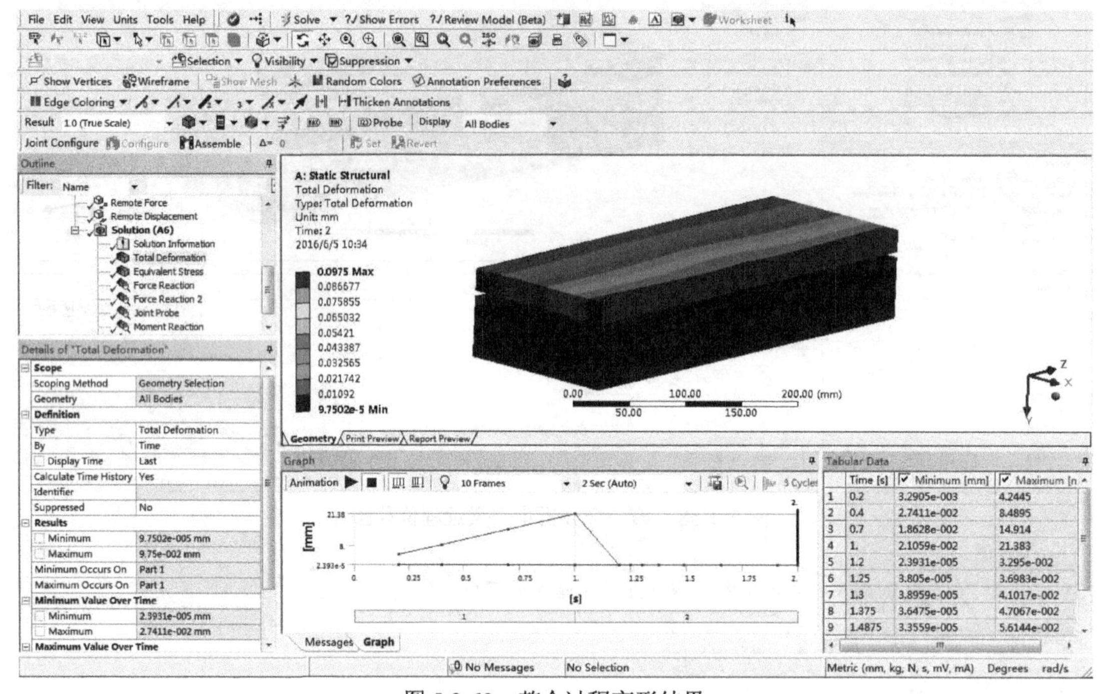

图 5-3-60　整个过程变形结果

读取前面边界条件中无摩擦约束的约束反力，以验证计算结果准确性。使用 Probe-Force Reaction 工具，在 Location Method 处选择 Boundary Condition，Boundary Condition 处选择 Frictionless Support，如图 5-3-62 所示。最后时刻的约束反力仅存在−Y 方向，大小为 35.833N。由于系统处于平衡状态，约束反力的大小等于整个箱体的重量加上远程力，即：2.6343（箱体总质量）×9.8066（重力加速度）+10（远程力）≈35.8335（N），方向朝上，即为−Y 方向。

同理，读者还可以插入弱弹簧（Weak Spring）的接触反力，以观察弱弹簧对整个系统的影响；插入运动副探针（Joint Probe）查看接触力，可以以此为边界条件对铰链模型加载，以校核铰链模型强度。

8．Joint 连接总结

Joint 的设置菜单与前面所述远程点的设置菜单非常近似，其实两者的计算原理是一致的，当二维模型不能调用 Joint 时，用远程点定义是一样的。

此外，右键点击 Connections，可以进行 Redundancy Analysis，如图 5-3-63 所示，点击图中闪电符号，可以查看整个系统的自由度，本例自由度为 7，即下箱体 6 个自由度和上箱体 1 个 Z 向旋转自由度。通过查看自由度，对整个系统定义约束条件是有帮助的。

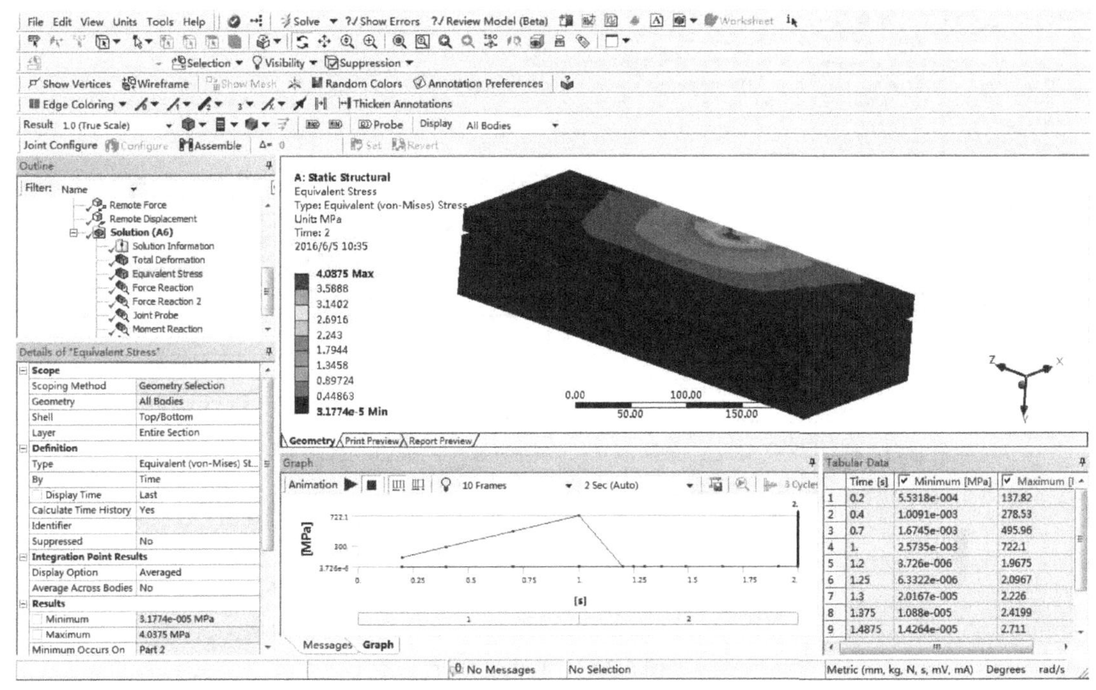

图 5-3-61 整个过程等效应力结果

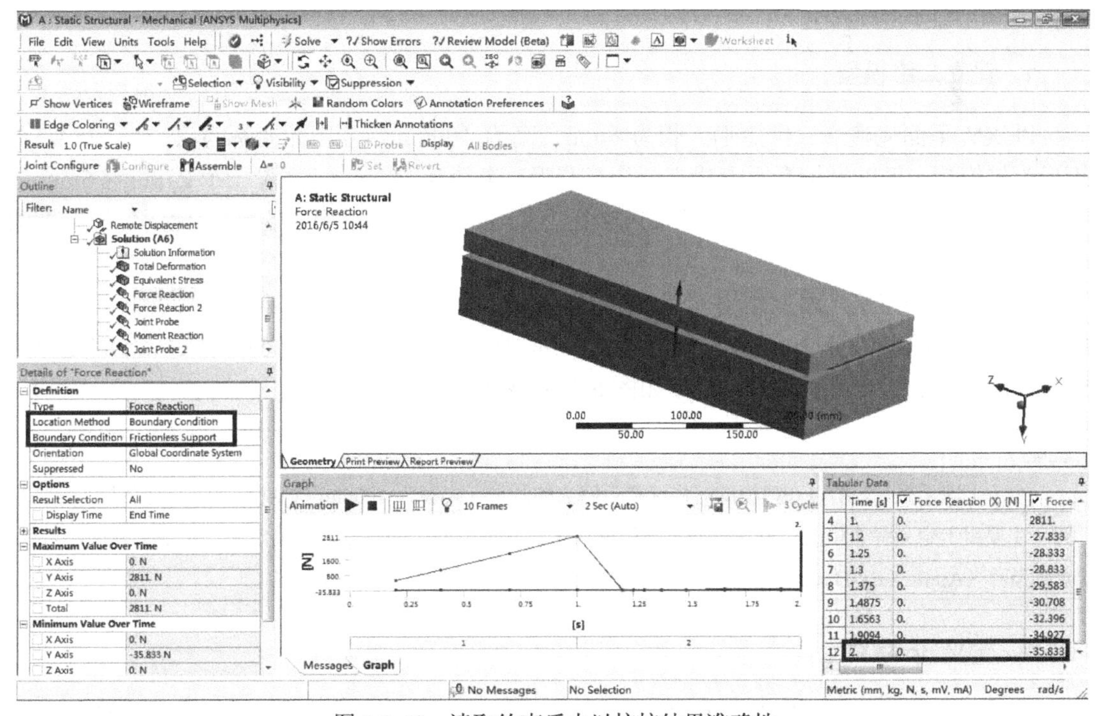

图 5-3-62 读取约束反力以校核结果准确性

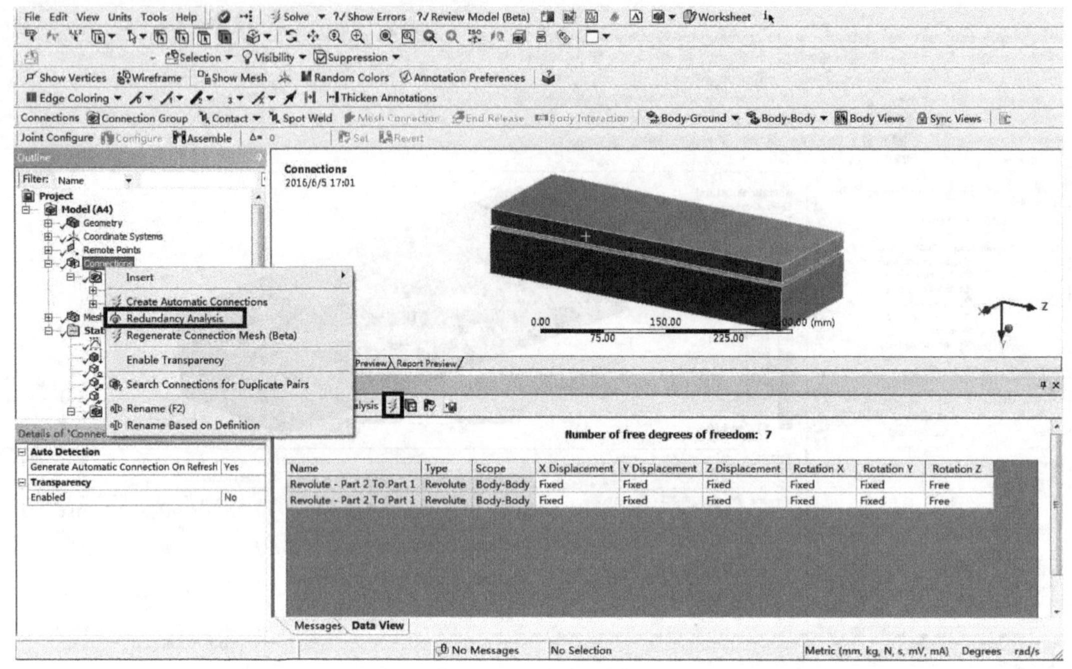

图 5-3-63　自由度分析

5.3.6　土弹簧分析实例

土弹簧广泛应用于桩土、地基开挖等分析中。下面以一个简单的桩土分析说明土弹簧设置过程。

1．建立二维模型

以 XY 平面先建立二维矩形，长为 6mm，高为 100mm，左下角坐标为（−3，−25），此矩形为桩模型；再以坐标系原点建立一个半圆形，半径为 100mm，去除一个 25mm×6mm 的矩形（与桩模型匹配），一个半圆环，内半径为 150mm，外半径为 175mm，此两件模型即为土模型。

为建立弹簧连接，本例采用硬点（Point Load）方法，分别选中半径为 100mm、150mm 的两条圆弧，将其等分 20 份（具体设置：Point Type 定义为 Point Load；Definition 定义为 Sequence by N；N 定义为 20）。模型如图 5-3-64 所示。

> **说明**
>
> 由于土壤无限大，所以在建模的时候选择足够大的圆形（半径为 100mm 的半圆）作为研究对象，外圈圆环主要用于定义弹簧位置，所以外圈圆环的材料定义并不重要。同时，硬点的定义也不是必须的，可以点选节点（Applied By-Direct Attachment）定义弹簧。

2．定义 dp 材料本构

如图 5-3-65 所示，新建一材料，名称定义为 dp。先定义其线弹性参数，杨氏模量为 5E+09Pa，泊松比为 0.38；再定义 Brittle/Granular-Drucker-Prager Strength Linear 参数，屈服

强度为 1E+07Pa，Slope 为 30°（本构概念参见 5.1.1 节）。

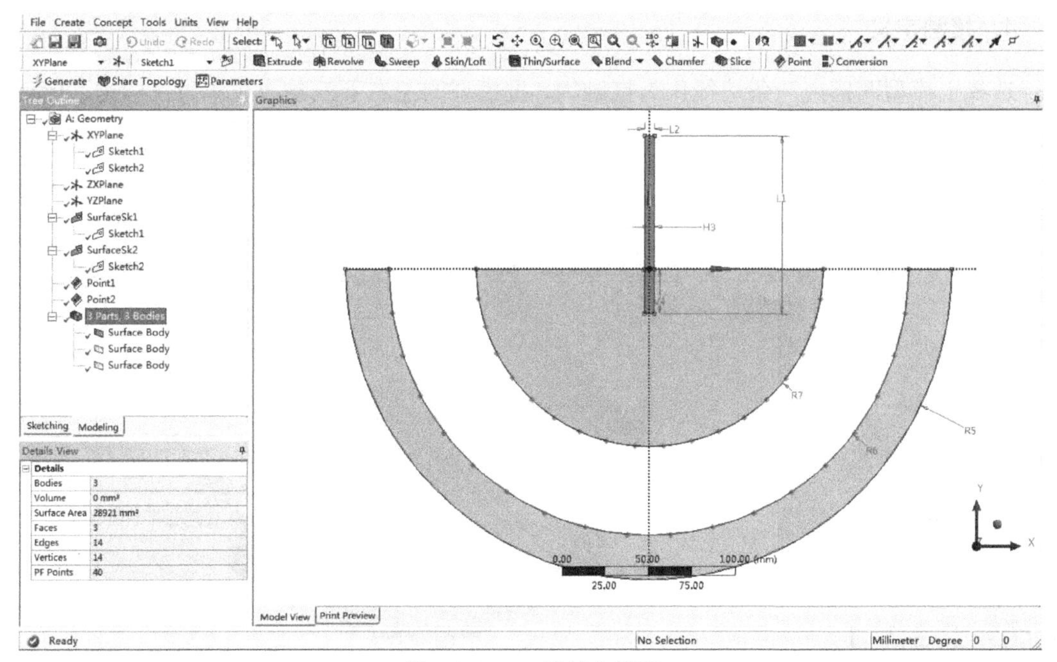

图 5-3-64　二维桩土模型

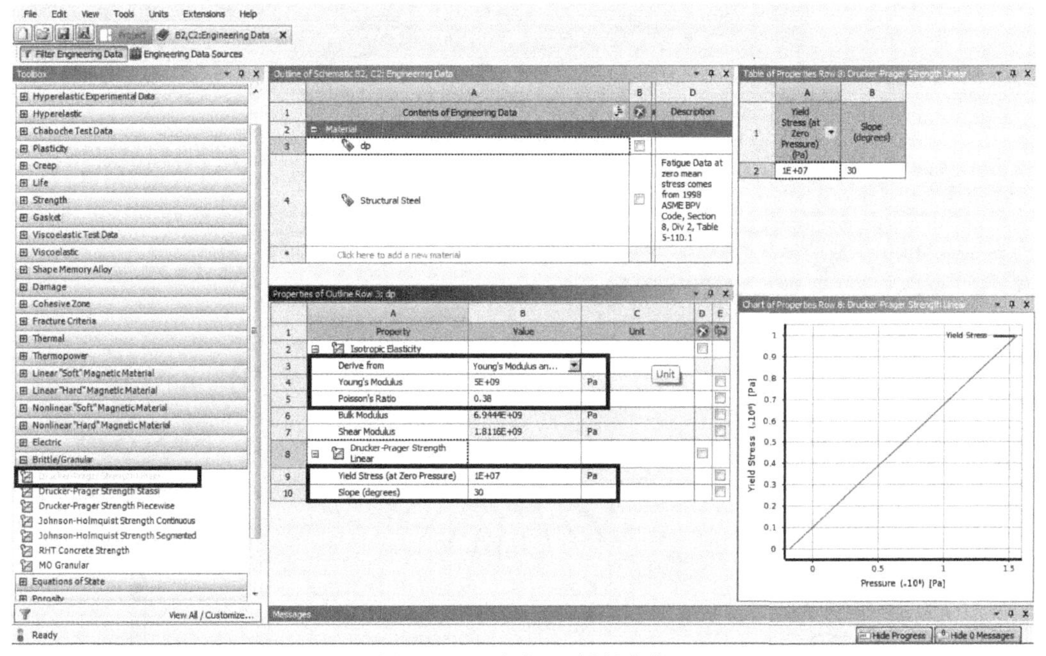

图 5-3-65　定义 dp 材料本构

3．定义平面模型

在 Geometry 的细节菜单中将 2D Behavior 定义为 By Body，这是可以对桩和土定义不同的平面类型。选择桩模型 Behavior 定义为 Plane Stress，Assignment 默认为 Structural Steel；选择

土模型 Behavior 定义为 Plane Strain，Assignment 默认为 dp。其余默认设置，如图 5-3-66 所示。

4．接触定义

选择土模型凹槽内三条边线作为接触物，桩模型的左右下三条边线作为目标物，Type 选择为 Bonded，Formulation 选择为 MPC，其余默认设置，如图 5-3-67 所示。

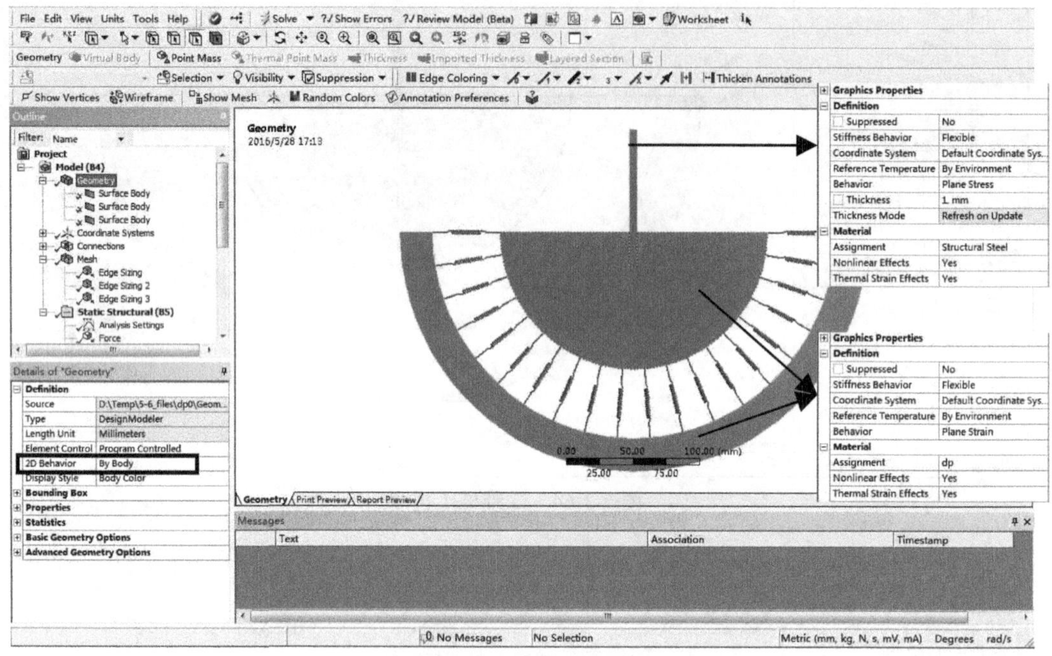

图 5-3-66　定义平面模型

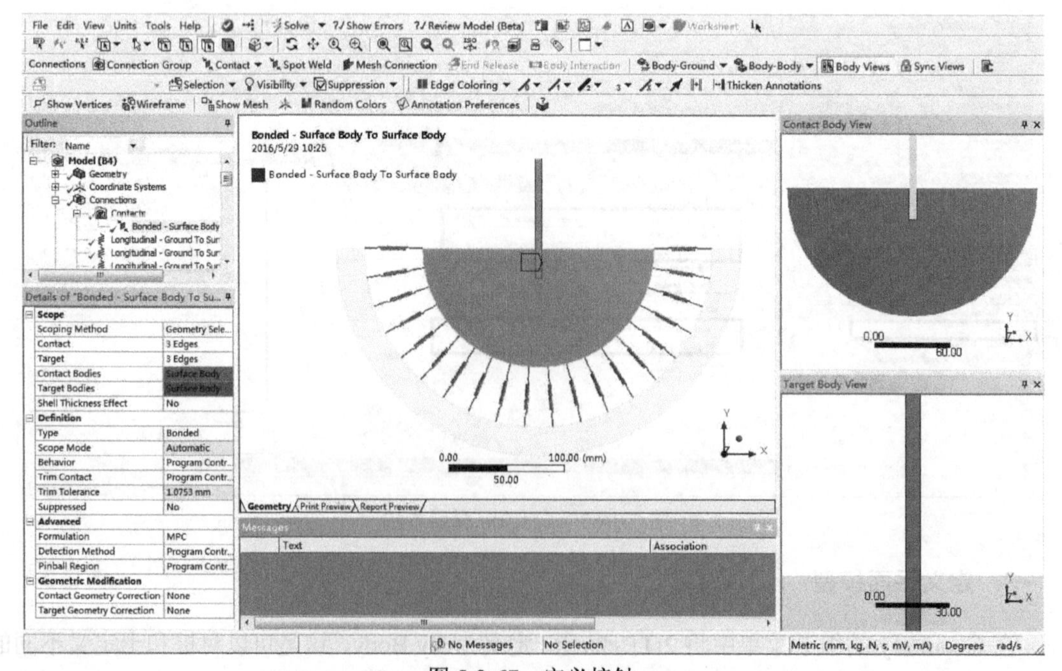

图 5-3-67　定义接触

5. 弹簧定义

右键点击 Connections 插入 Spring，如图 5-3-68 所示设置。Type 定义为 Longitudinal（拉压弹簧），Spring Behavior 定义为 Both，Longitudinal Stiffness（弹簧刚度）定义为 99N/mm，Longitudinal Damping（弹簧阻尼）定义为 0N • s/mm，Preload（预加载）定义为 None。

选择点选图标，在 Reference 处的 Scope 点选半径为 150mm 圆弧上的最左侧硬点，在 Mobile 处的 Scope 点选半径为 100mm 圆弧上最左侧的硬点，最后将 Scope 处的 Body-Body 改为 Body-Ground，即可显示图 5-3-68 中的坐标值。

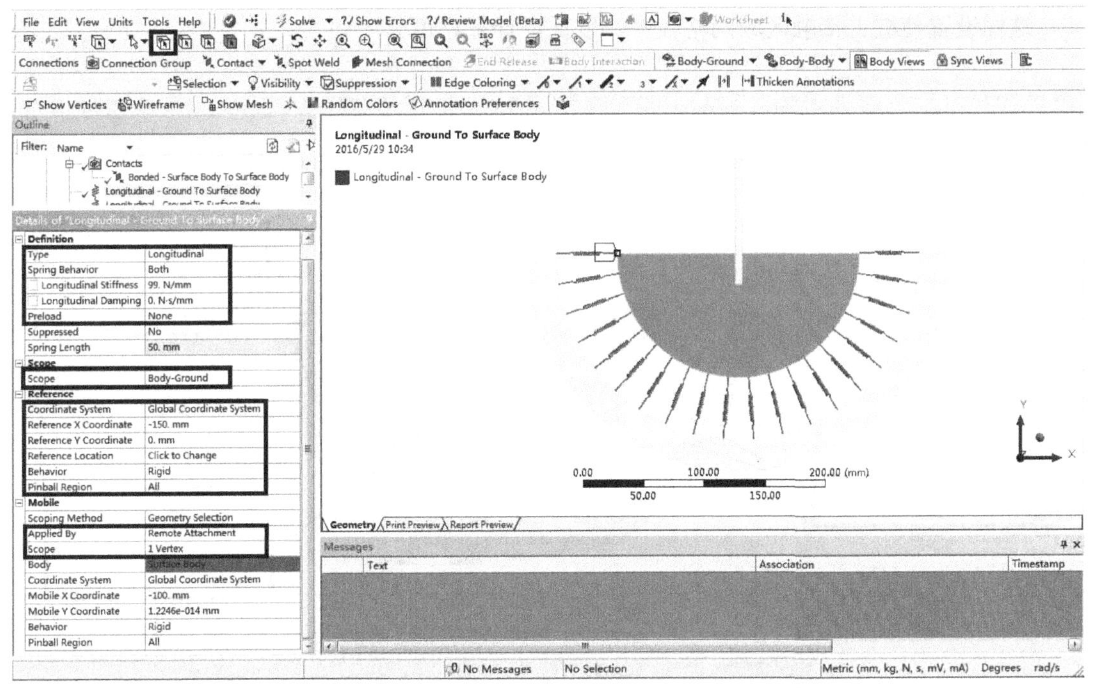

图 5-3-68　定义弹簧

依次类推，定义其他所有弹簧。

> **注意：**
>
> Type 中还有 Torsional 选项（扭簧），Spring Behavior 还可以定义为 Compression Only（仅压缩）或 Tension Only（仅拉伸），这些需要打开系统的 β 功能。
>
> Preload 还有 Load（载荷）和 Free Length（自由长度）两个选项，前者表示弹簧预加载载荷，后者表示弹簧在自由状态下的长度，与后面的 Spring Length 对比计算预加载载荷。在大变形分析过程中，弹簧预加载载荷以倾斜方式逐渐加载；在小变形分析过程中，弹簧预加载载荷以定值方式一次加载。

6．网格划分

选取 3 段圆弧，对其尺寸设置：Type 定义为 Number of Divisions，Number of Divisions 定义为 19，Behavior 定义为 Hard（保证硬点划分规则）。

选取右侧半径，对其尺寸设置：Type 定义为 Number of Divisions，Number of Divisions 定义为 20，Behavior 定义为 Hard，Bias Type 定义为- - — —类型，Bias Option 定义为 Bias Factor，Bias Factor 定义为 5。

选取左侧半径，对其尺寸设置：Type 定义为 Number of Divisions，Number of Divisions 定义为20，Behavior 定义为Hard，Bias Type 定义为— — - -类型，Bias Option 定义为Bias Factor，Bias Factor 定义为 5，如图 5-3-69 所示。

这样设置使桩土接触区域网格较密，以保证计算精度。

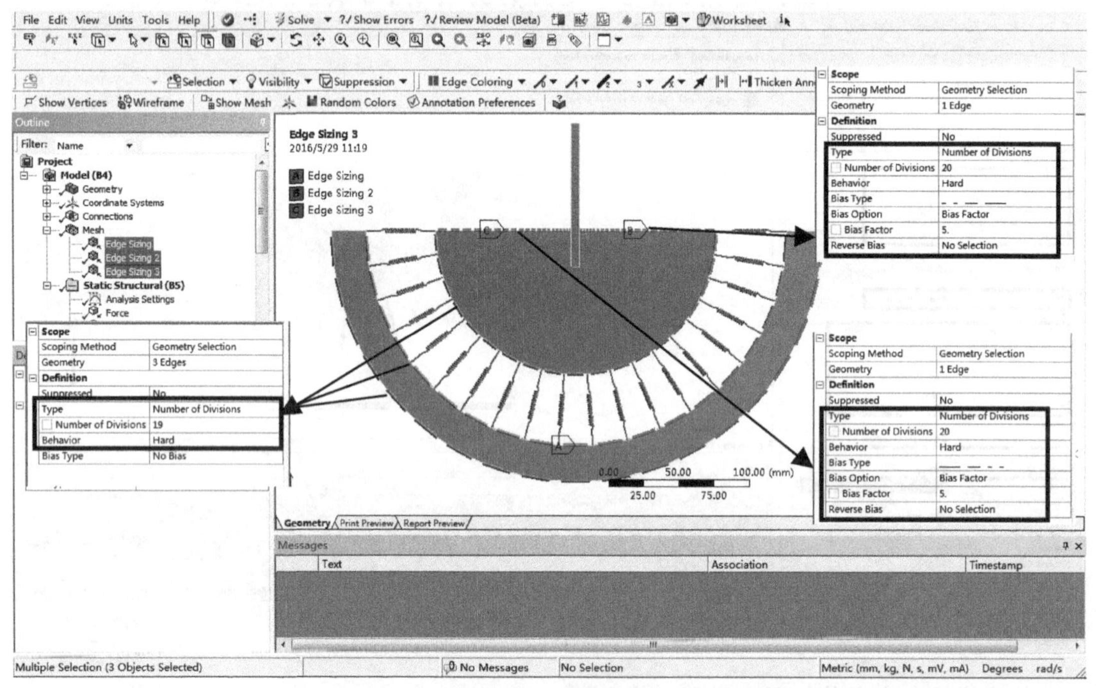

图 5-3-69　网格划分

7．边界条件及求解设置

如图 5-3-70 所示，选取桩模型上边线，加载 Force 载荷，大小为 1000N，方向沿 Y 负方向。由于弹簧定义为 Body-Ground，所以不再需要定义约束。在 Analysis Setting 仅定义 Large Deflection 为 On。

8．后处理

总变形和等效应力云图如图 5-3-71 所示，读者可以自行尝试读取其他后处理结果。

右键插入 Probe，再插入 Spring 结果，选择最左边弹簧，结果如图 5-3-72 所示，分别对应弹簧反力、弹簧伸长量、运移速度。

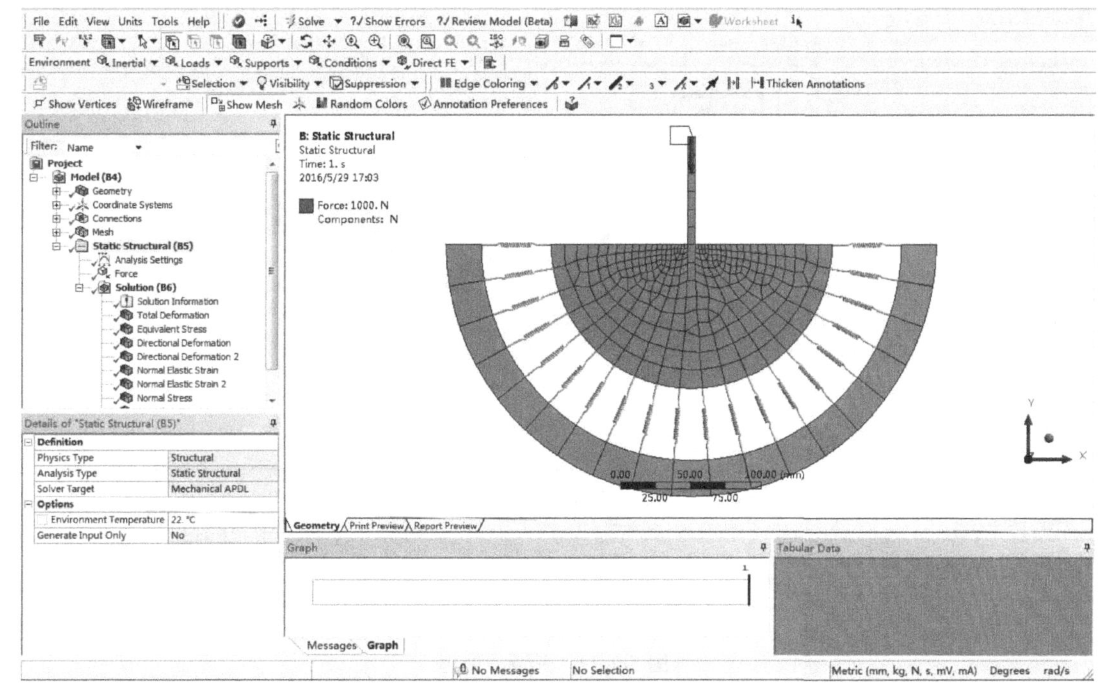

图 5-3-70 边界条件定义

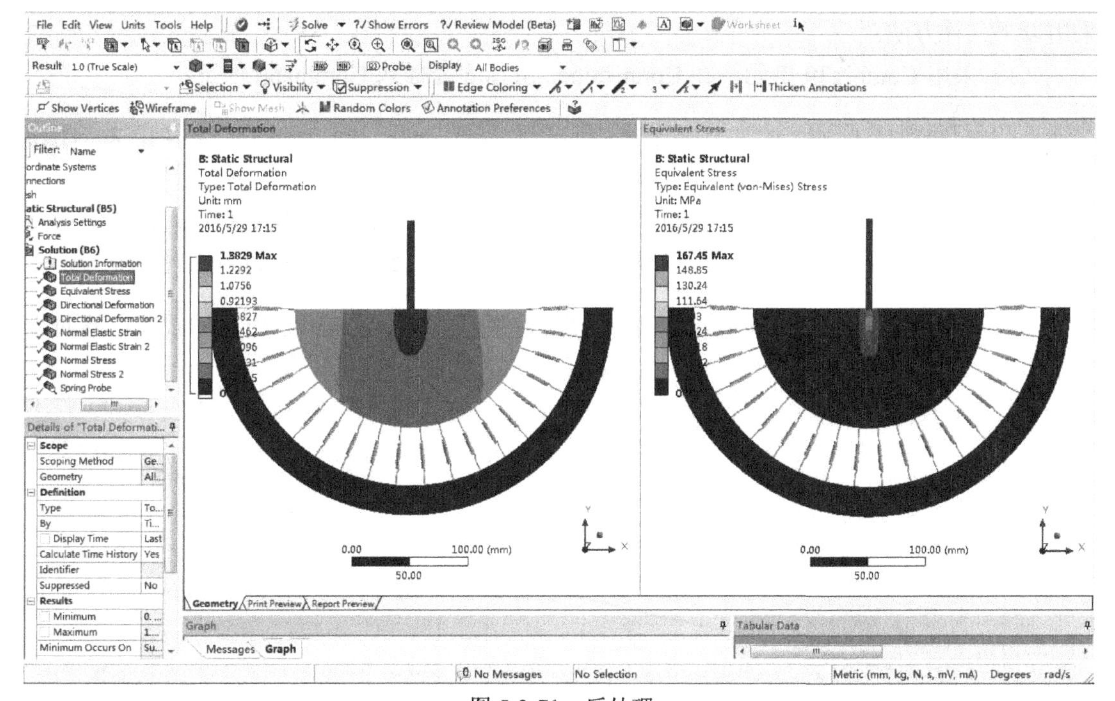

图 5-3-71 后处理

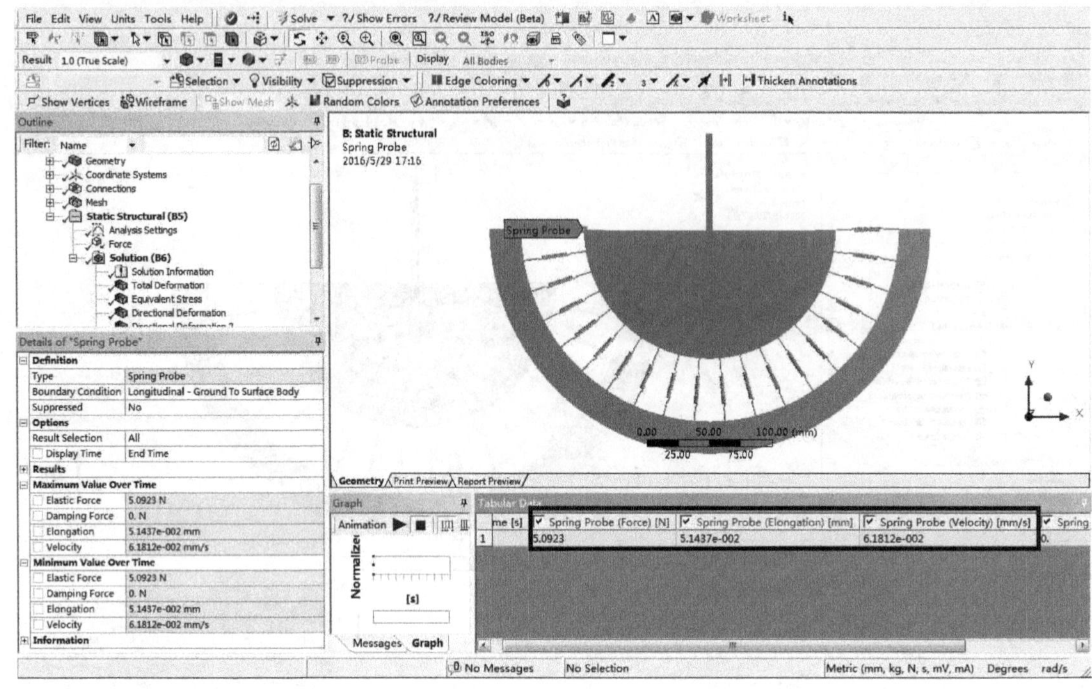

图 5-3-72　弹簧后处理

9. 非线性弹簧设置

非线性弹簧可用于减震器、空气弹簧和钢筋混凝土等分析中，关键是定义其刚度。可以采用以下三种方法。

（1）采用 Combin39 单元，在 Connections-Spring 处插入 Command 如下：

```
Et,_sid,39,0,0,0,3,0,0        ！单元由 combin14 替换为 combin39，keyopt（4）=3，表示弹簧的
                               自由度为二维平面的 xy 两向
R,_sid,0.1,100,0.2,400,0.3,800 !非线性刚度以载荷位移曲线定义,即载荷为 100N,位移为 0.1mm;
                               载荷为 400N，位移为 0.2mm；载荷为 800N，位移为 0.3mm
```

（2）使用 ACT-NonLinear Spring。非常容易设置，得到如图 5-3-73 所示的载荷位移曲线。

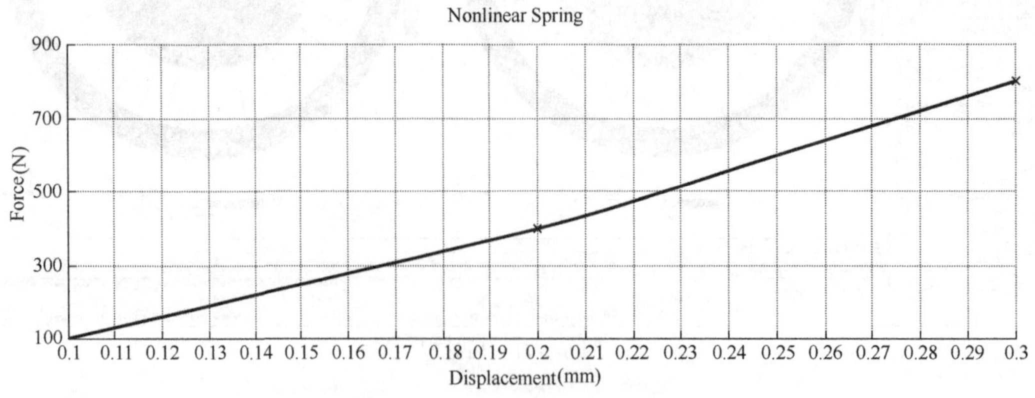

图 5-3-73　非线性弹簧载荷位移曲线

（3）使用 Joints-Bushing 连接。首先选择需要定义连接的区域，在 Stiffness Coefficients（刚度）表选择某个方向的刚度定义，右键点击表格，将定值（Constant）改为表格输入（Tabular），如图 5-3-74 所示。

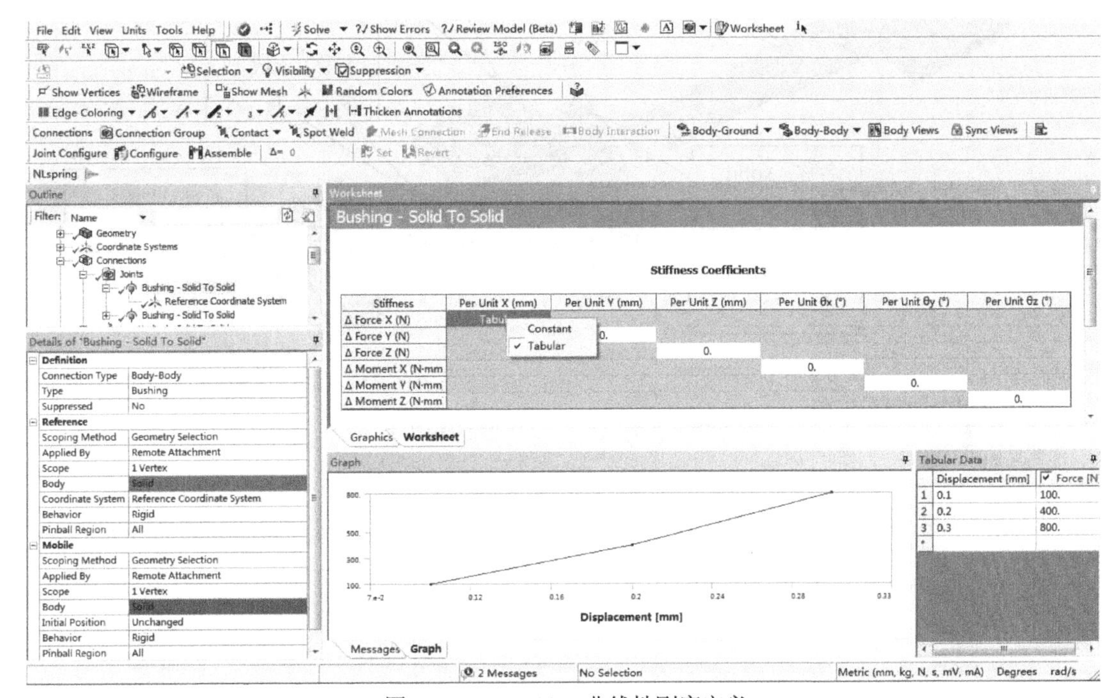

图 5-3-74　Bushing 非线性刚度定义

以上三种方法均能完成非线性弹簧刚度的定义，第一种需要了解 Combin39 单元的概念，特别注意 keyopt 的设置；第二种最为简单，ACT 中包含了非线性弹簧的所有设置；第三种由于 Bushing 默认存在 6 个自由度，必须增加约束，以保证求解的可能性。

5.3.7　复杂模型接触设置实例

实际工程中，一个装配整件可能由上百个或者更多 3D 零件组成，如果一个一个设置接触是不现实的，WB 提供了接触自动判定功能和 External Model 模块，可以很快地定义多个零件的彼此接触关系。下面以一个叶片锁的接触定义说明复杂模型接触设置过程。

1. 准备 cdb 文件

如图 5-3-75 所示，为叶片锁的部分零件的组装图，其中 1、2、5、6 各一件，3、4 各 6 件。

生成每个零件的包含网格信息的 cdb 文件，由于 cdb 文件不受版本限制，所以非常方便。具体生成 cdb 文件过程本节不再赘述，可参看前面相关章节。如图 5-3-76 所示，共生成 6 个零件的 cdb 文件。

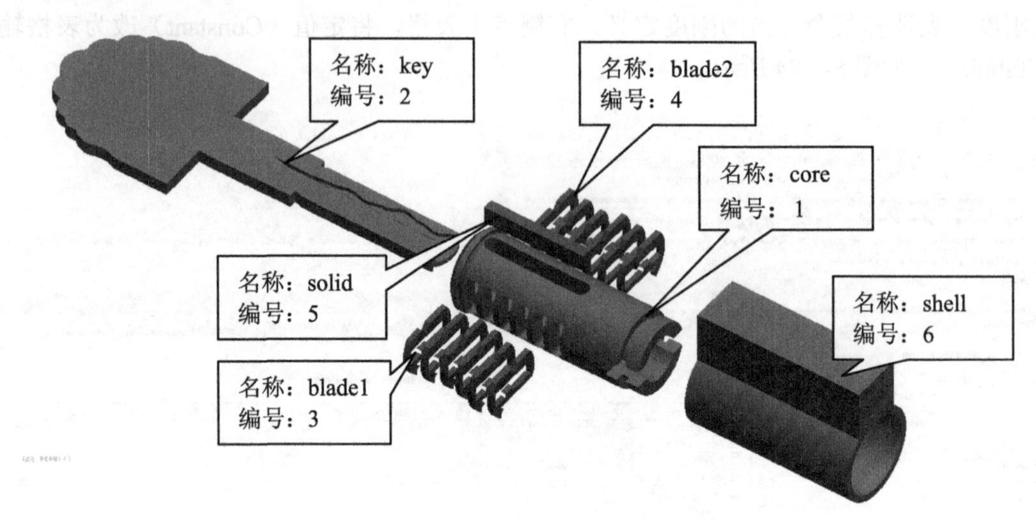

图 5-3-75　叶片锁模型爆炸图

名称	日期	类型	大小
1.cdb	2016/6/6 9:40	CDB 文件	6,372 KB
2.cdb	2016/6/6 9:59	CDB 文件	2,059 KB
3.cdb	2016/6/6 10:13	CDB 文件	631 KB
4.cdb	2016/6/6 10:33	CDB 文件	564 KB
5.cdb	2016/6/6 10:47	CDB 文件	589 KB
6.cdb	2016/6/6 10:51	CDB 文件	2,552 KB

图 5-3-76　叶片锁 6 个零件的 cdb 文件

2．分析流程

如图 5-3-77 所示，建立分析流程。这样可以把已经生成的多个零件 cdb 文件组装为一个装配体，且装配体模型已经完成了网格的划分。

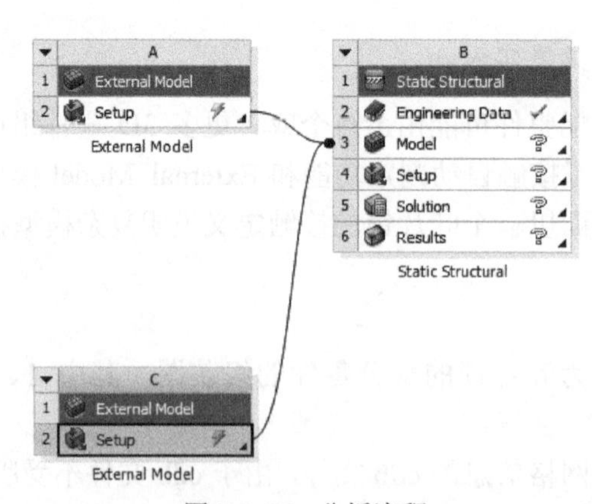

图 5-3-77　分析流程

双击 A2 Setup，点击 Location 处菜单，在 Browse 处选择已保存的 1、2、5、6 四个 cdb 文件，必须保证四个零件的 Length Unit（长度单位）的定义都与模型一致，本例为 mm；且 Rigid Transformation 处设置数值均为 0，单位为 mm 和 degree。

双击 C2 Setup，点击 Location 处菜单，在 Browse 处选择已保存的 3、4 两个 cdb 文件，必须保证这一对零件的 Length Unit（长度单位）的定义都与模型一致，本例为 mm；在 Rigid Transformation 处将 Number Of Copies 定义为 5（表示复制 5 对，总共 6 对），Transform Original 不勾选（表示原始模型不发生平移，依然保留在原位），Origin Z 定义为-3.4mm（表示复制的 5 对模型以 Z 轴负方向偏移，间距为 3.4mm），单位为 mm 和 degree。

如图 5-3-78 所示设置。

注意：

External Model 导入有限元模型进行装配，单位设置非常重要，可以全选所有 cdb 文件一起设置，一定不要遗漏。

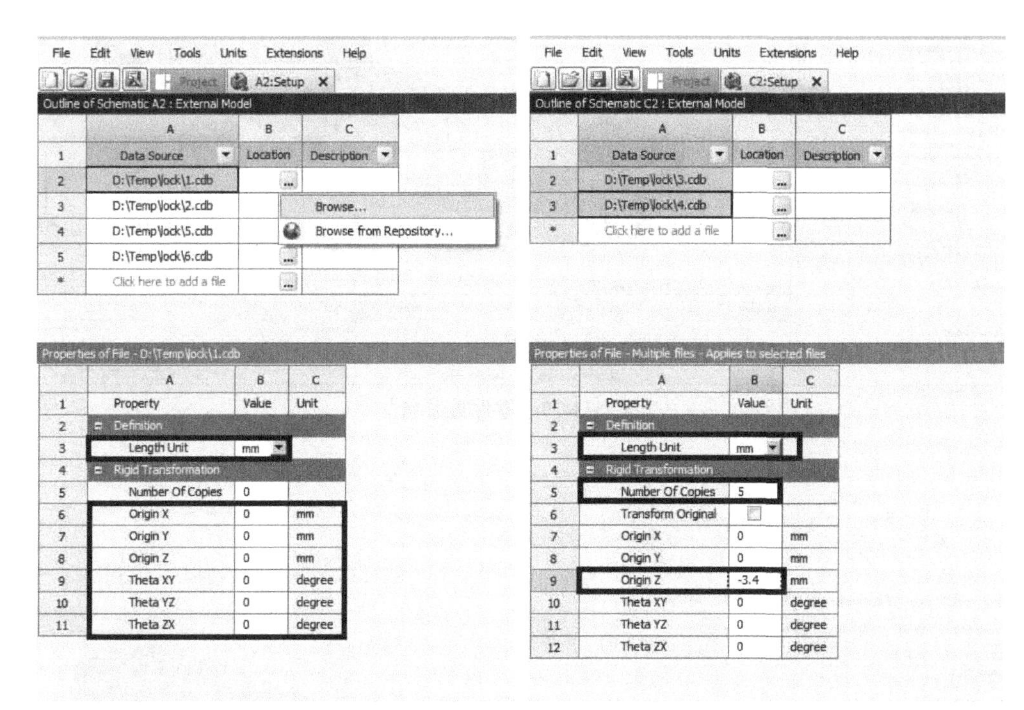

图 5-3-78　External Model 的 Setup 设置

3. 接触设置

双击 B3 Model 进入 Mechanical 界面，为后续定义接触方便，将 Geometry 下的各零件重新命名，如图 5-3-79 所示。其中 core、key、solid、shell 对应 1、2、5、6 四个零件，blade1、blade2 对应 3、4 两个零件，blade*copy*对应 3 或 4 的复制零件。共计 4+12=16 个零件。

单击默认自动生成的接触（Connections-Contacts）选项，调整 Tolerance Slider 值，在一个合适的数值时重新生成所有接触（Create Automatic Connections），然后右键点击 Rename Based on Definition（基于命名定义接触名），以便观察接触定义。由于软件自动接触判定受公差值限制，所以此时自动生成的接触大多不合理，只能取最明显的 core-key、core-shell、core-solid、solid-shell 接触，其余接触全部删除，如图 5-3-80 所示。

右键点击 Connections 插入 Connection Group2，隐含 core、key、shell、blade1copy5、blade2copy5 五个零件，在 Geometry 处选择剩下的 11 个零件，由于此处间隙较大，所以调整 Tolerance Slider 为-100，然后自动生成接触，如图 5-3-81 所示。

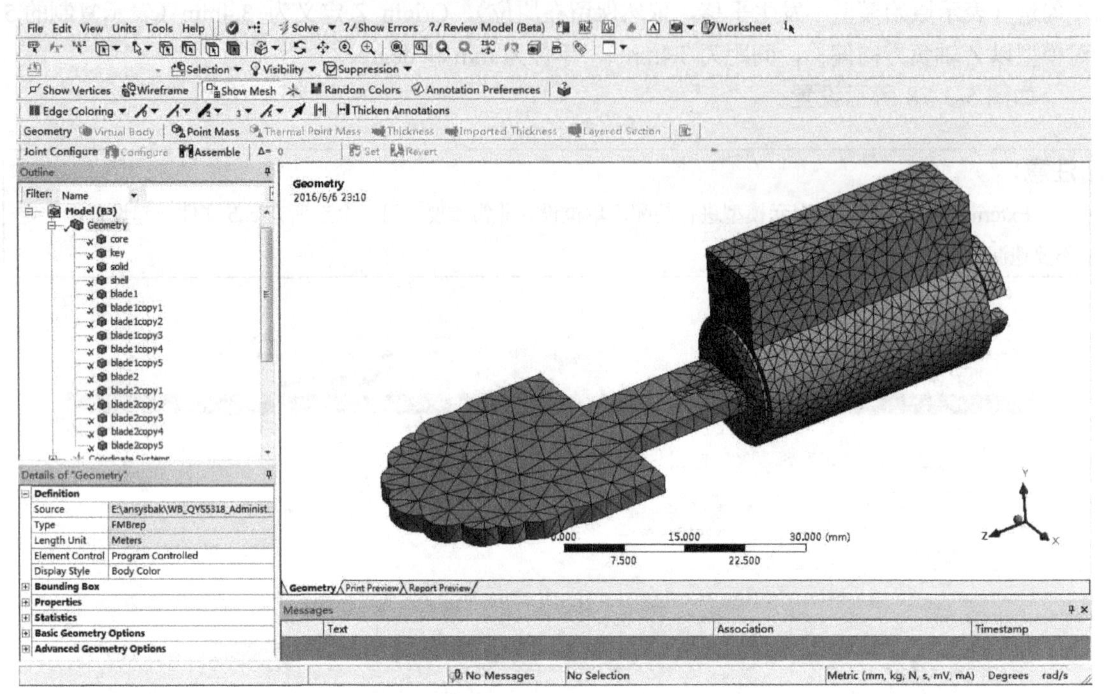

图 5-3-79　零件重命名

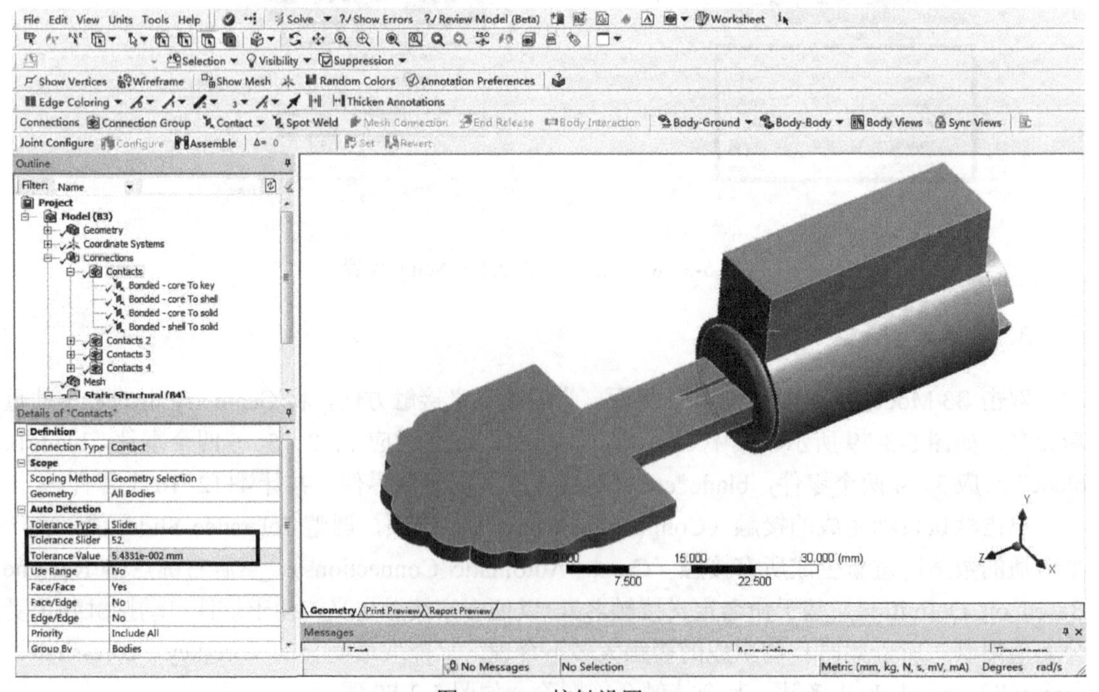

图 5-3-80　接触设置 1

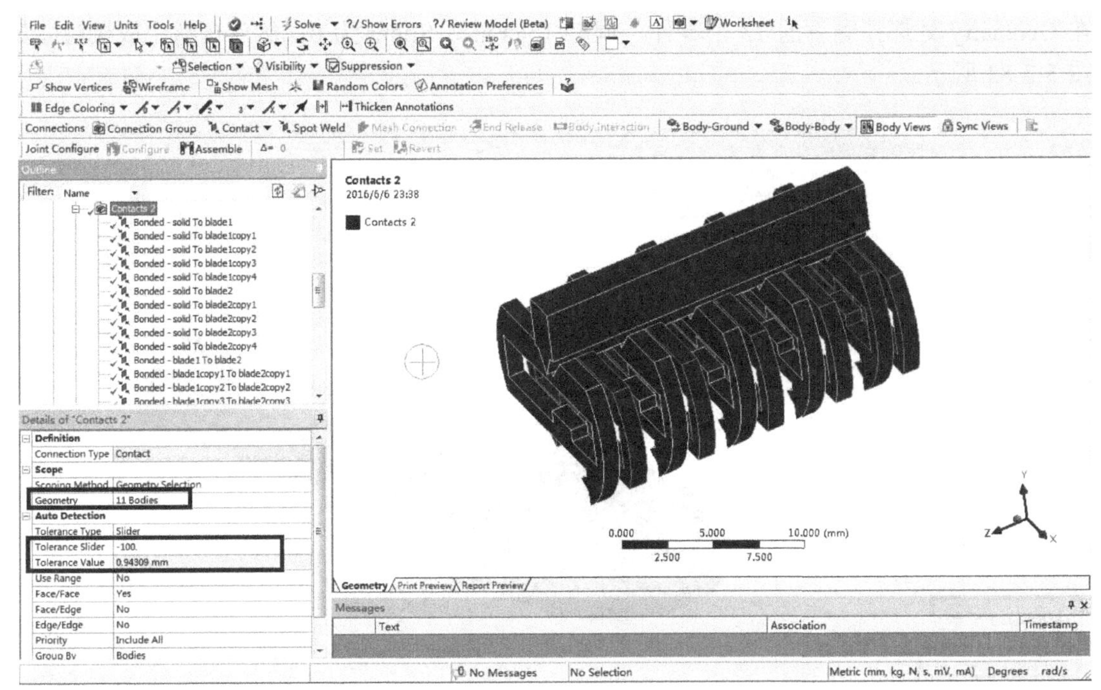

图 5-3-81 接触设置 2

同理，右键点击 Connections 插入 Connection Group3，隐含 solid、key、shell 三个零件，在 Geometry 处选择剩下的 13 个零件，调整 Tolerance Slider 为 0，然后自动生成接触，如图 5-3-82 所示。

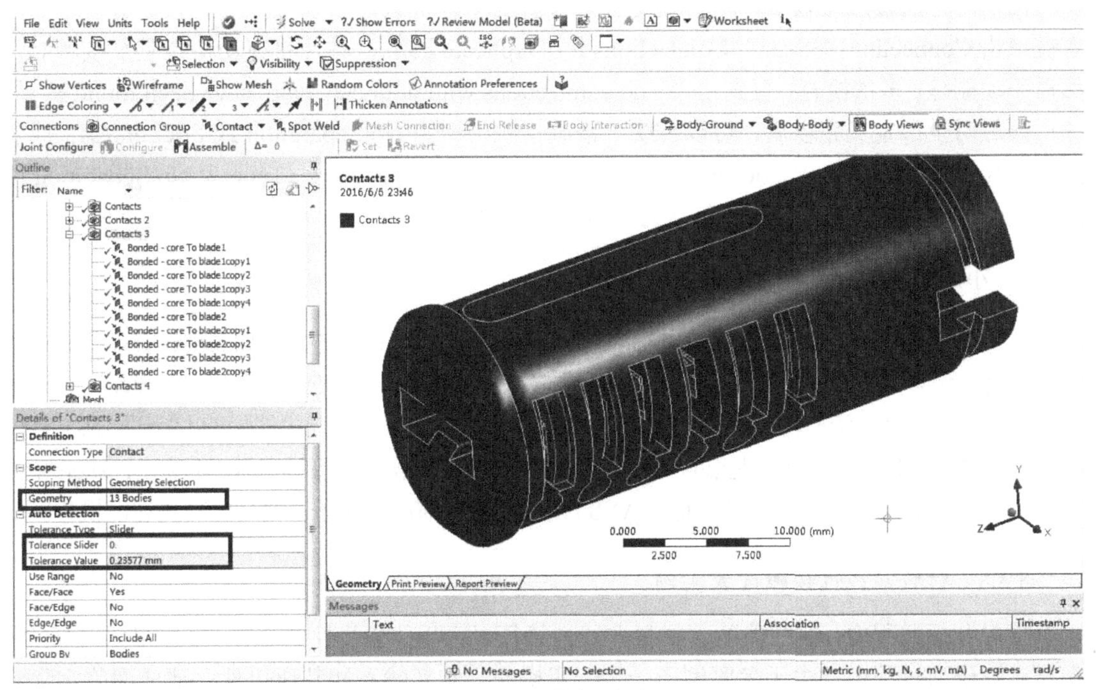

图 5-3-82 接触设置 3

同理，右键点击 Connections 插入 Connection Group4，隐含 core、solid、shell 三个零件，在 Geometry 处选择剩下的 13 个零件，调整 Tolerance Slider 为 0，然后自动生成接触，如图 5-3-83 所示。

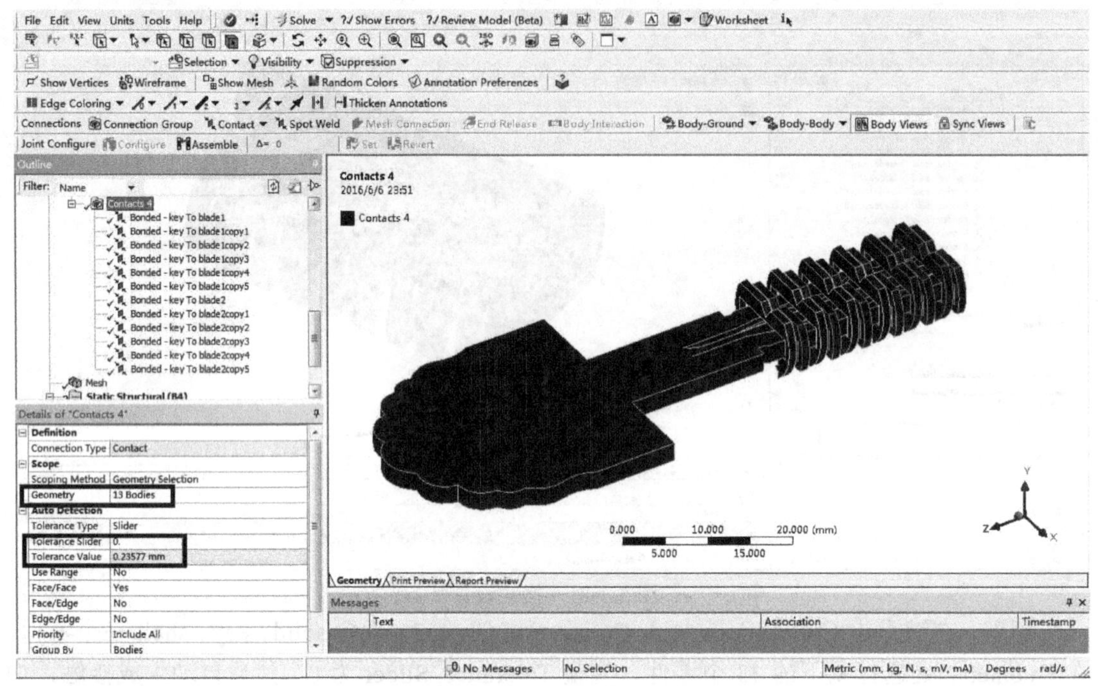

图 5-3-83　接触设置 4

由于产生的接触对较多，不可避免会有接触对重复现象，所以生成完所有接触对之后，右键点击 Connections→Search Connections for Duplicate Pairs，软件将自动检查重复接触对，然后手动删除，多次检查，直到出现：no connections with duplicate pairs have been found 提示。

接触对全部定义完以后，可以再统一修改接触类型为 No Separation 或 Frictionless；或者在定义接触之前，就修改 Tool→Option→Mechanical→Connections→Type 为 No Separation 或 Frictionless，这样定义的接触对默认为不分离或无摩擦。

4．小结

对于复杂零件的接触设置，通过定义多个 Connection Group，定义不同的接触公差，可以有效地提高软件自定义接触的准确性。如果是更加复杂的整件，通过 External Model 模块可以装配有限元模型（支持主流有限元软件的网格文件，且不受版本限制）。该模块可以保留网格文件中的命名选择、网格控制，如果是装配部件，还会保留接触对设置，可以对 Solid 单元、Shell 单元的高阶、低阶单元模型进行装配，而且 ANSYS 后续版本都在强化该模块装配后的智能操作。

5.3.8　材料非线性接触设置实例

接触分析过程中，往往伴随着材料非线性特征，这两种非线性结合在一起，极易不收敛。初学者在学习过程中，由于参照例子一步一步操作，知其然不知其所以然，造成面临实际不收敛问题时，往往不知所措。下面以一个 2D 拉拔型材的例子说明这类接触分析方法。

1. 建立 2D 模型

如图 5-3-84 所示，建立一拉拔模及型材。拉拔模总高 30mm，左侧边长高 15mm，距中心线 8mm，下宽 6mm，拉拔角为 160°；型材总高 28mm，宽 9mm，与模具重合高度为 8mm，圆角为 2.5mm。建立 2D 模型的目的是为了计算快捷，让读者更方便地了解计算收敛的方法。

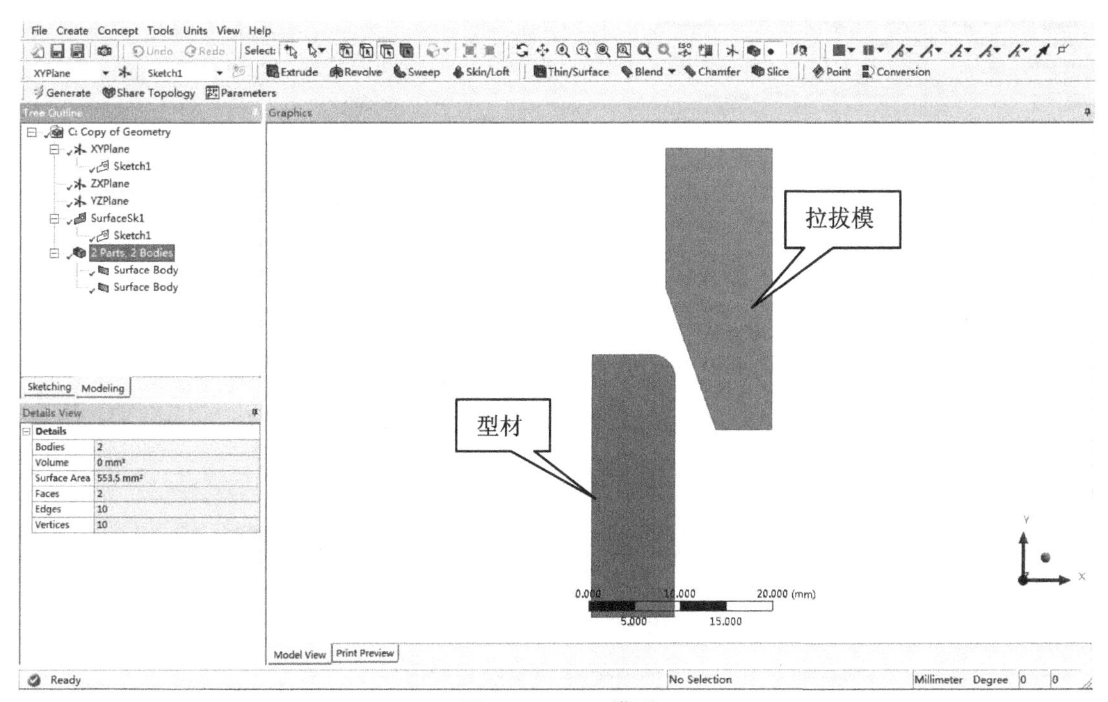

图 5-3-84　2D 模型

2. 2D 模型及材料设置

调用 WB 默认材料库内的非线性铝合金（General Non-Linear Materials→Aluminum Alloy NL）。在 Geometry→2D Behavior 处定义为 Axisymmetric（轴对称），然后定义拉拔模的材料为 Structural Steel，定义型材的材料为 Aluminum Alloy NL，如图 5-3-85 所示。

3. 接触设置

选择型材的上边线及圆角线两条线为接触对的接触物，选择拉拔模的斜线和左端边线两条线为接触对的目标物，设置 Type 为 Frictional、Friction Coefficient 为 0.1（设置摩擦系数为 0.1 的摩擦接触），其余设置均默认，如图 5-3-86 所示。

4. 网格划分

所有设置均默认，如图 5-3-87 所示。

5．边界条件

如图 5-3-88 所示，对拉拔模整个面加载完全约束（Fixed Support），选中型材的下边线定义位移约束（Displacement），X 向为 0，Y 向沿 Y 轴正方向 30mm。

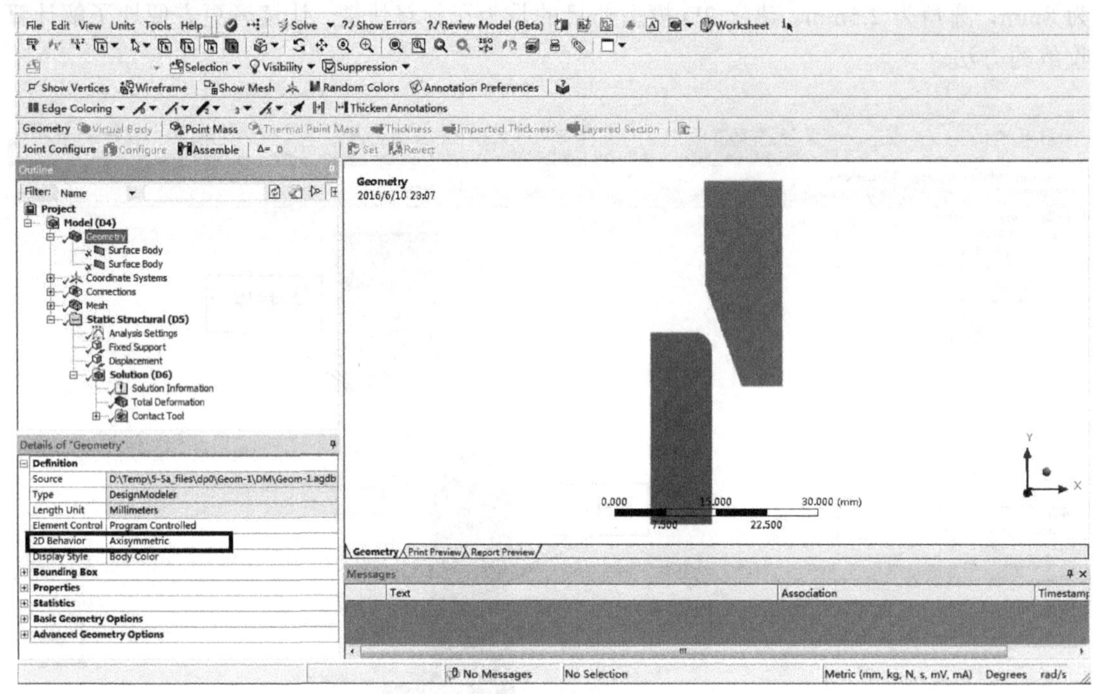

图 5-3-85　轴对称设置

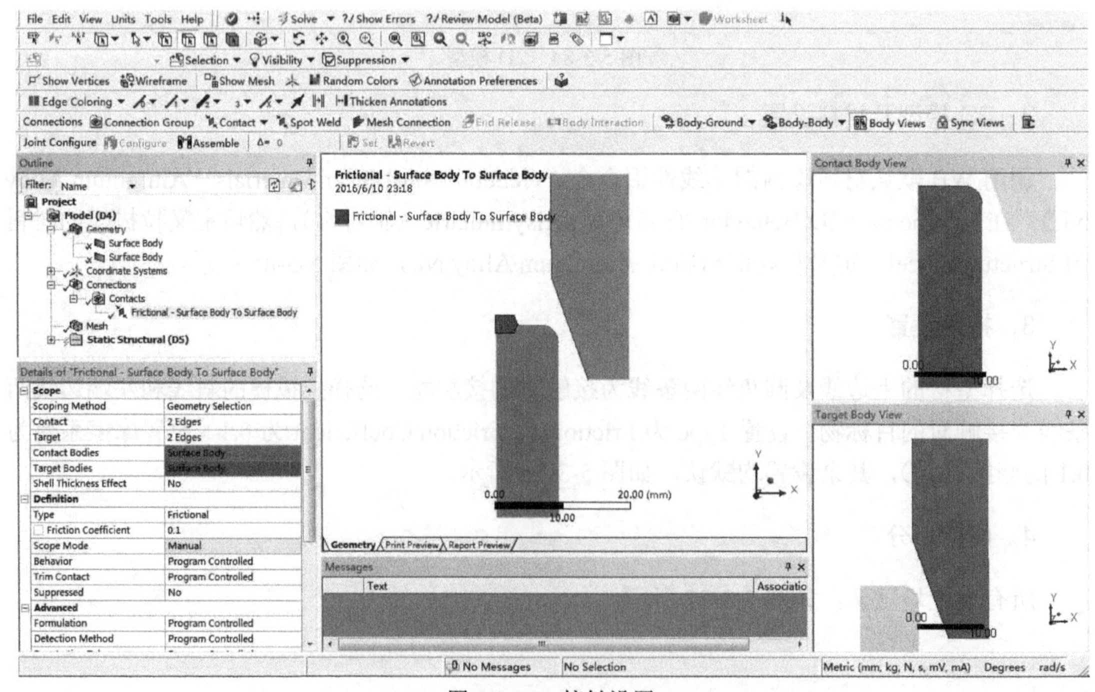

图 5-3-86　接触设置

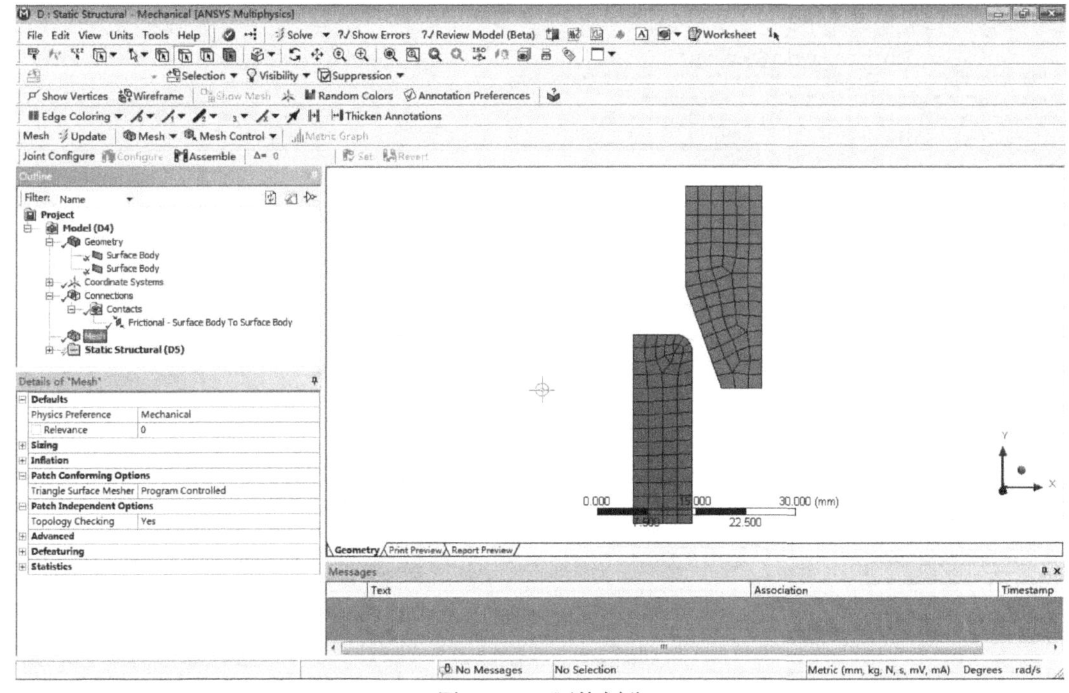

图 5-3-87 网格划分

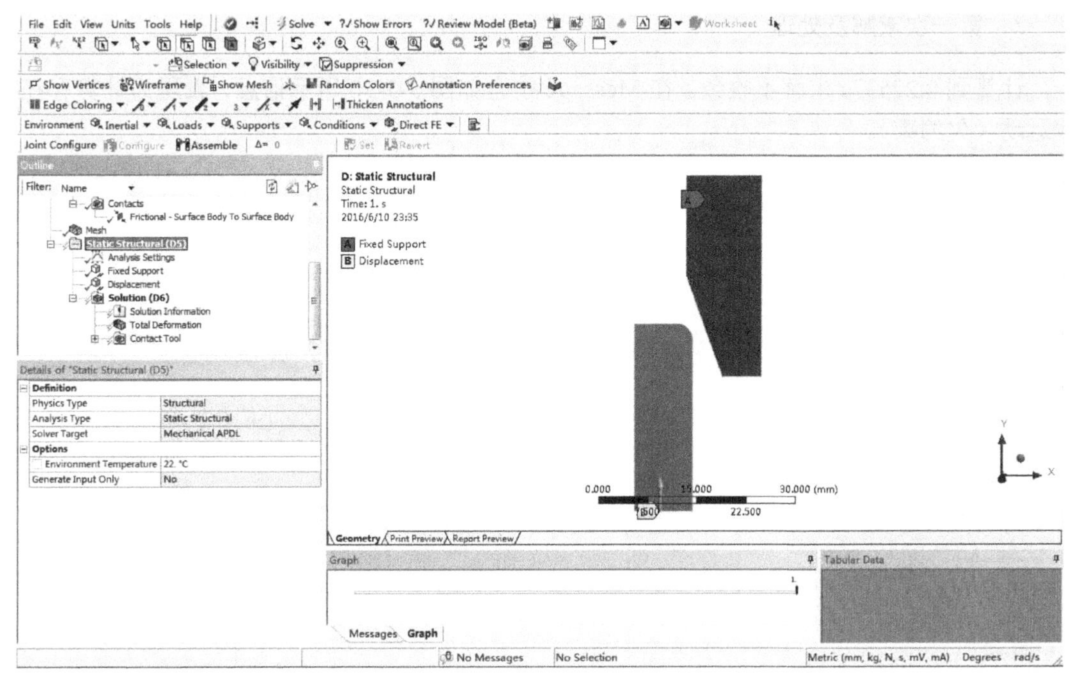

图 5-3-88 边界条件

6．求解设置

如图 5-3-89 所示，Step Controls 设置由上至下依次为 1、1、1s、On、Substeps、50、10、500，Large Deflection 设置为 On，其余均默认。

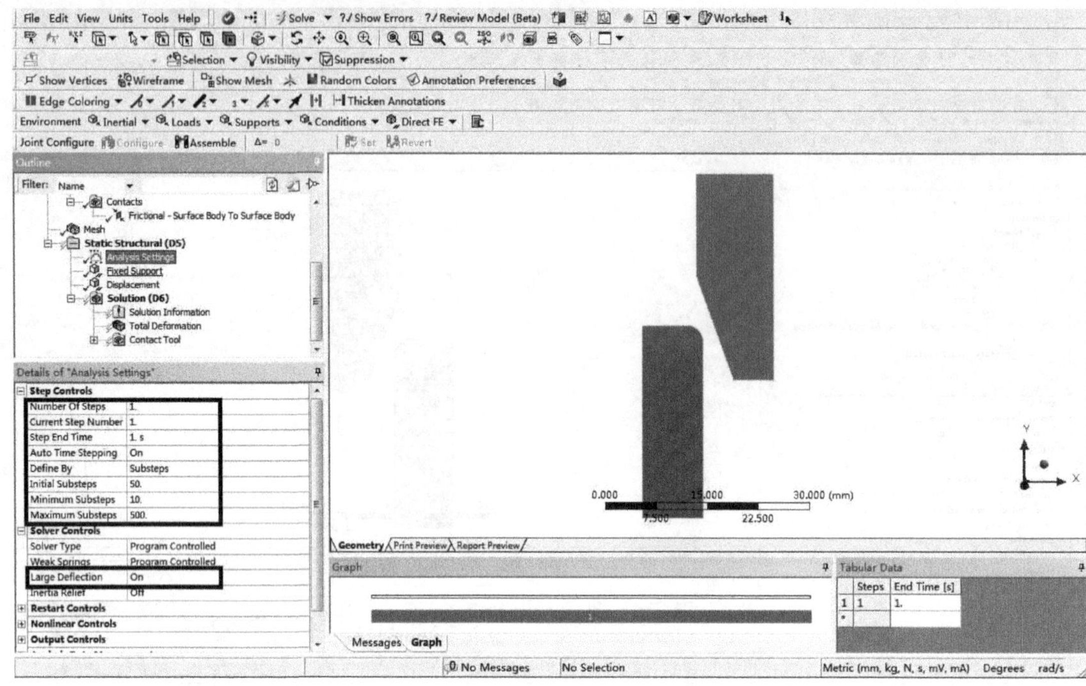

图 5-3-89　求解设置

7．第一次求解及处理

计算到 0.22537s 求解不收敛。在 Message 中有如图 5-3-90 所示信息，表现为计算存在刚体运动（欠约束）。

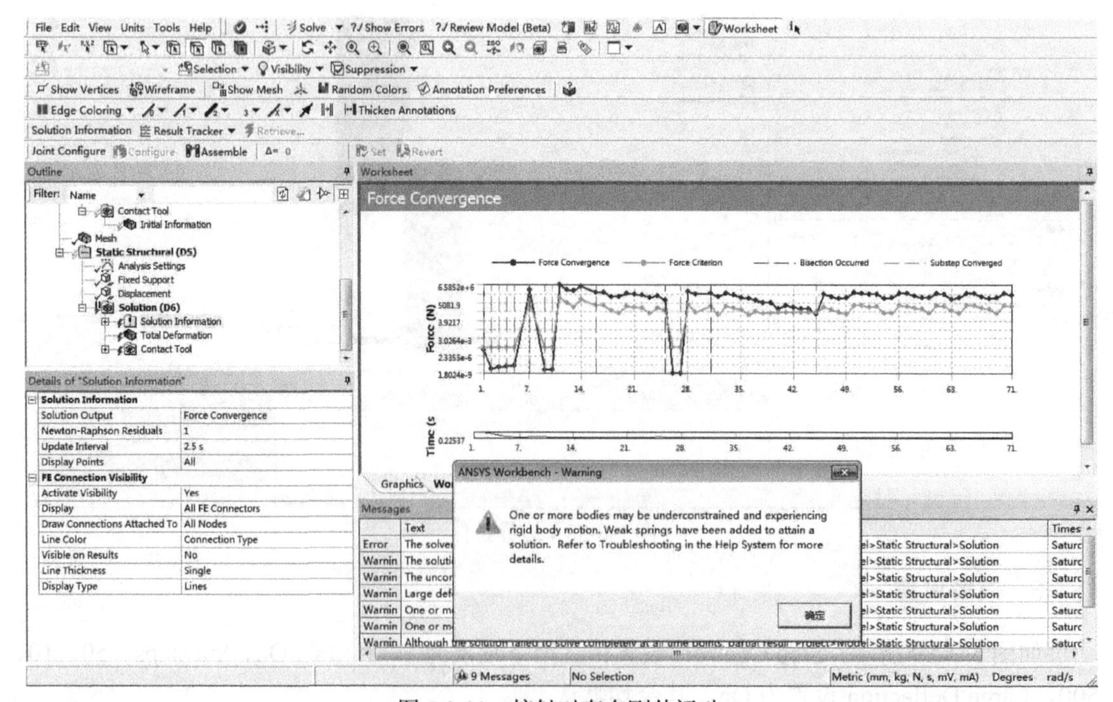

图 5-3-90　接触对存在刚体运动

对比模型可知，由于初始状态型材与拉拔模存在一定距离，当型材加载向上位移时，确实表现为刚体运动。在 Connections 处插入 Contact Tool 查看 Initial Information，初始接触状态表现为黄色。

针对这种存在接触间隙的类型，将接触设置中的 Interface Treatment 由 Add Offset 改为 Adjust to Touch。

再次计算。

8．第二次求解及处理

计算到 0.32793s 求解不收敛。设置 Solution Information→Newton→Raphson Residuals 为 1，可得不收敛时的高残余力分布图，如图 5-3-91 所示。由图可知，高残余力表现在型材圆角区域，切换网格视图对比可知，最大残余力区域位于某个网格的中间，这是因为型材圆角区域网格过于稀疏，导致在此时刻网格发生大的畸变，不满足计算时网格形状的必要条件而不收敛。

针对这种网格畸变的问题，将网格加密。在 Mesh 插入 Size 设置，选择型材圆角线，Type 定义为 Number of Divisions，Number of Divisions 定义为 8，以保证图上显示的高残余力区域至少有一个单元。

再次计算。

9．第三次求解及处理

计算到 0.29323s 求解不收敛。再次查看不收敛时的高残余力分布图，如图 5-3-92 所示。由图可知，高残余力表现在型材圆角与右边线交界区域，这是因为前文仅设置了型材的上边线、圆角两处线为接触物，而实际接触过程中，型材的右边线也会与拉拔模发生接触。

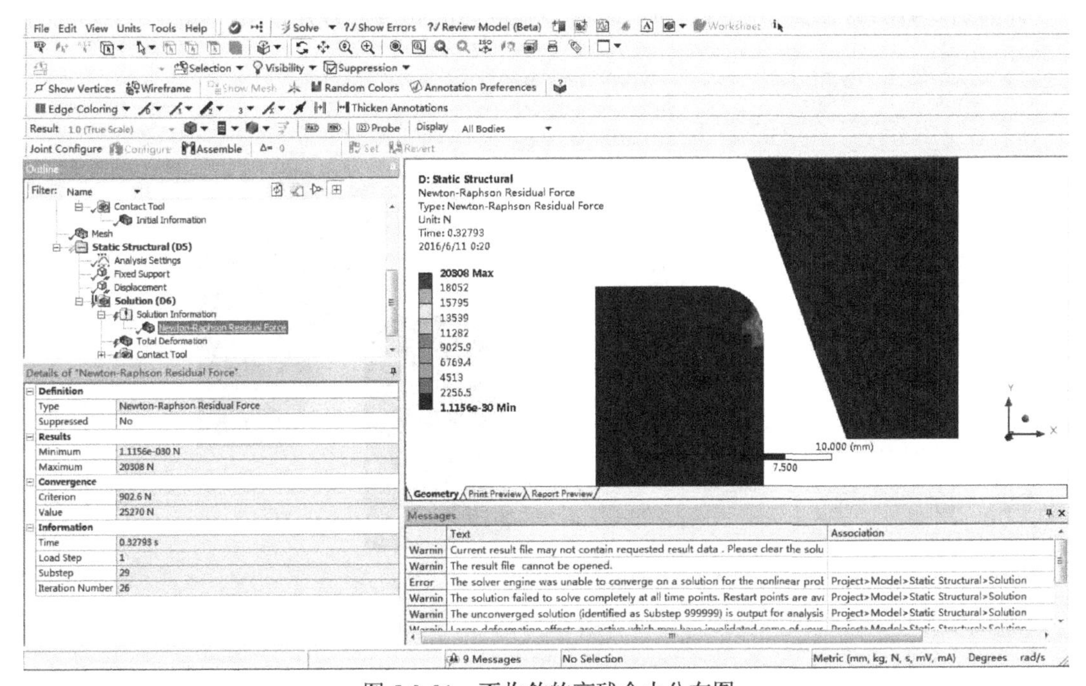

图 5-3-91 不收敛的高残余力分布图

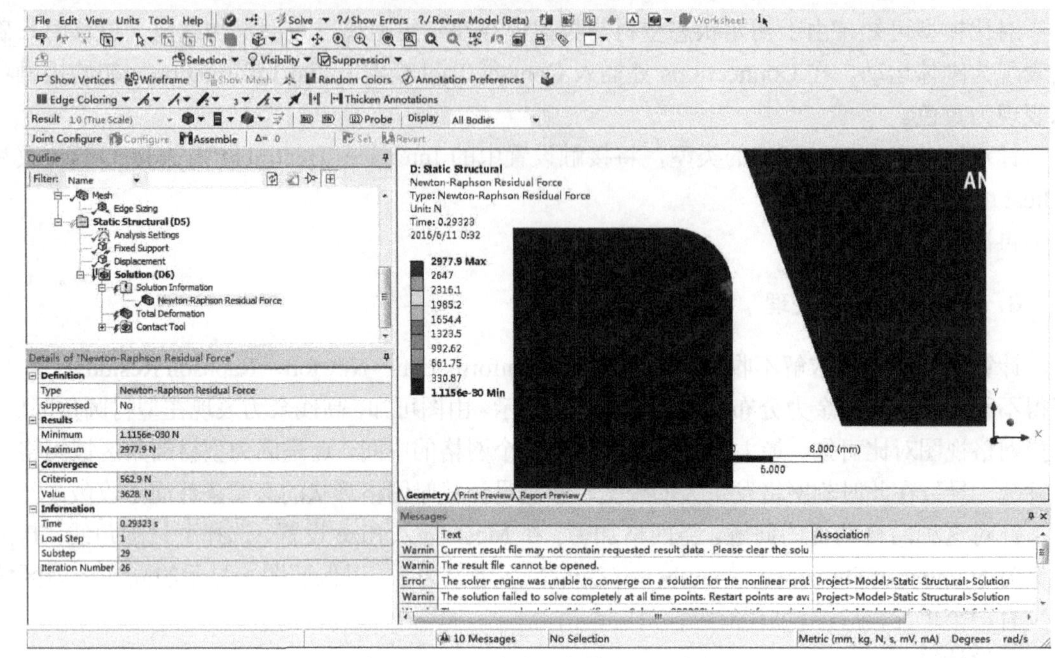

图 5-3-92　不收敛的高残余力分布图

针对这种问题，仅需在接触设置中的 Scope-Contact 处，增选型材的右边线，变为 3 个接触物。再次计算。

10. 第四次求解及处理

计算到 0.41618s 求解不收敛。再次查看不收敛时的高残余力分布图，如图 5-3-93 所示。

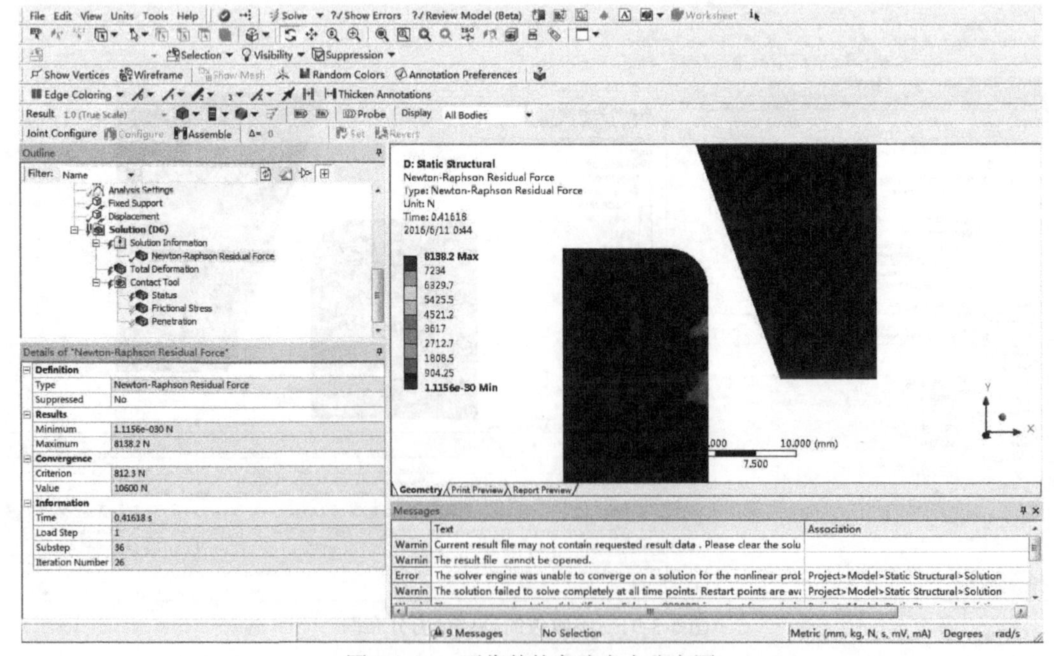

图 5-3-93　不收敛的高残余力分布图

由图可知，高残余力表现在型材右边线。再查看后处理接触工具中的穿透值（Contact Tool→Penetration），如图 5-3-94 所示。

这表明计算过程中，此区域发生了较大的穿透而导致不收敛。修改接触设置中的 Behavior 为 Asymmetric（不对称）；Formulation 改为 Normal Lagrange。

再次计算。

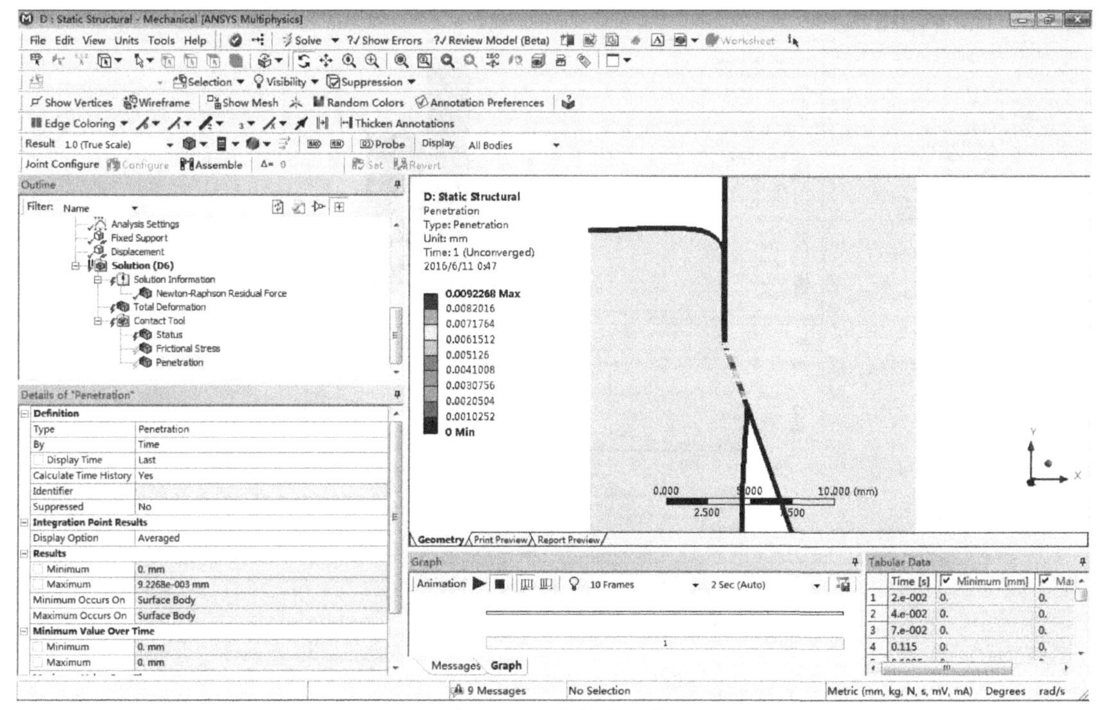

图 5-3-94　接触穿透值

11．第五次求解

计算收敛。整体变形情况如图 5-3-95 所示。

在后处理 C ontact Tool 中分别查看 Status（状态）和 Frictional Stress（摩擦应力），如图 5-3-96 所示。可以看到型材在最终时刻表现为前端 Far（远离）、中段 Near（接近）、后端 Sliding（滑移）。

查看接触反力。在后处理 Probe 中查看 Force Reaction，在 Locaion Method 处定义为 Contact Region，Contact Region 处定义前文定义的摩擦接触对，即可查看接触反力，如图 5-3-97 所示。

> **注意**
>
> 默认情况由于没有输出节点力，是不能查看接触反力的。只能在 Analysis Setting→Output Controls 处选择输出 Nodal Forces 为 Yes 时，才可以查看接触反力。如果开始没有打开输出节点力，后续想输出接触反力，必须重新计算。

查看约束反力。在后处理 Probe 中查看 Force Reaction，在 Locaion Method 处定义为 Boundary Condition，Boundary Condition 处定义前文定义的位移约束，即可查看约束反力，

如图 5-3-98 所示。由图可知，在 0.91934s 的 Y 向约束反力最大，为 1.655e+5N，这个结果可以作为拉拔该型材在此工况下所需要的拉拔力大小。

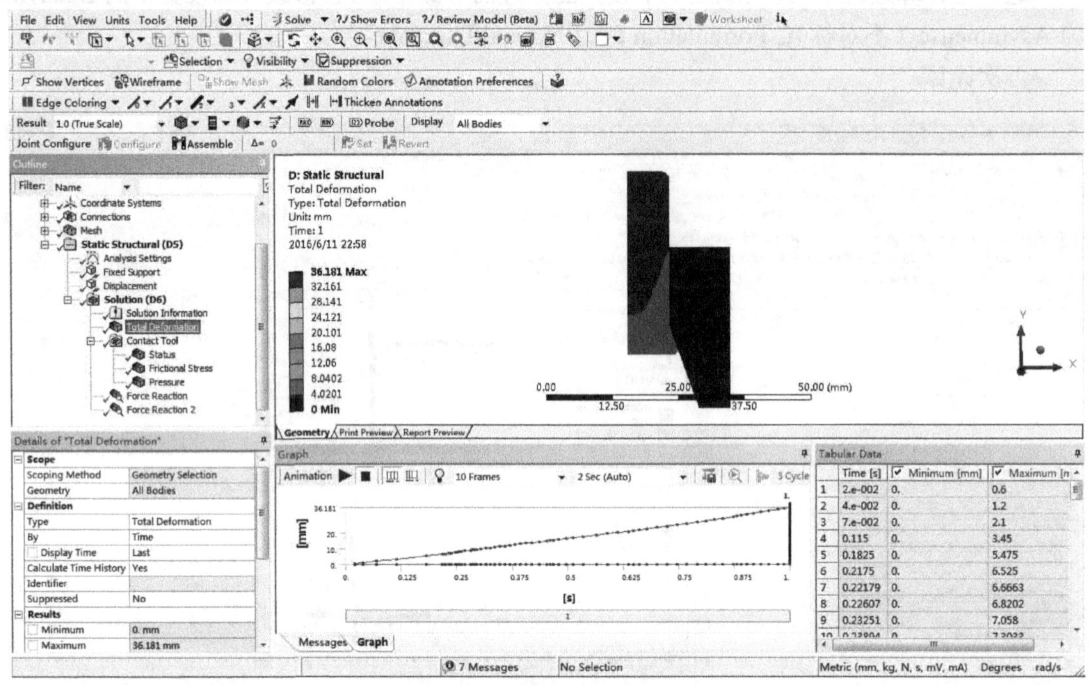

图 5-3-95　整体变形情况

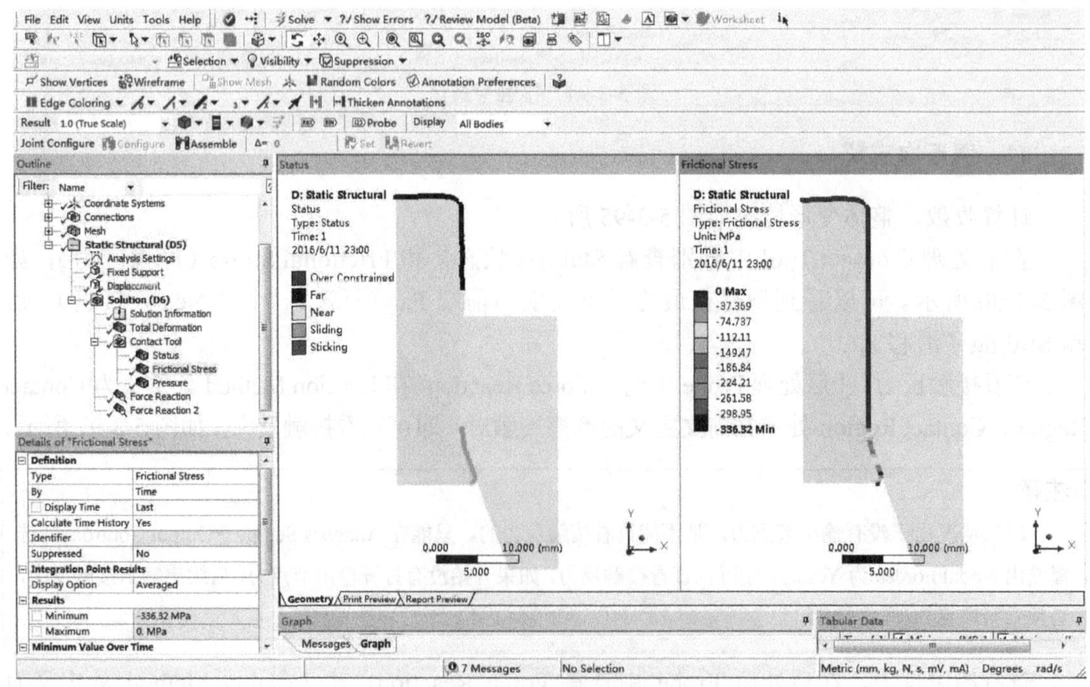

图 5-3-96　接触后处理

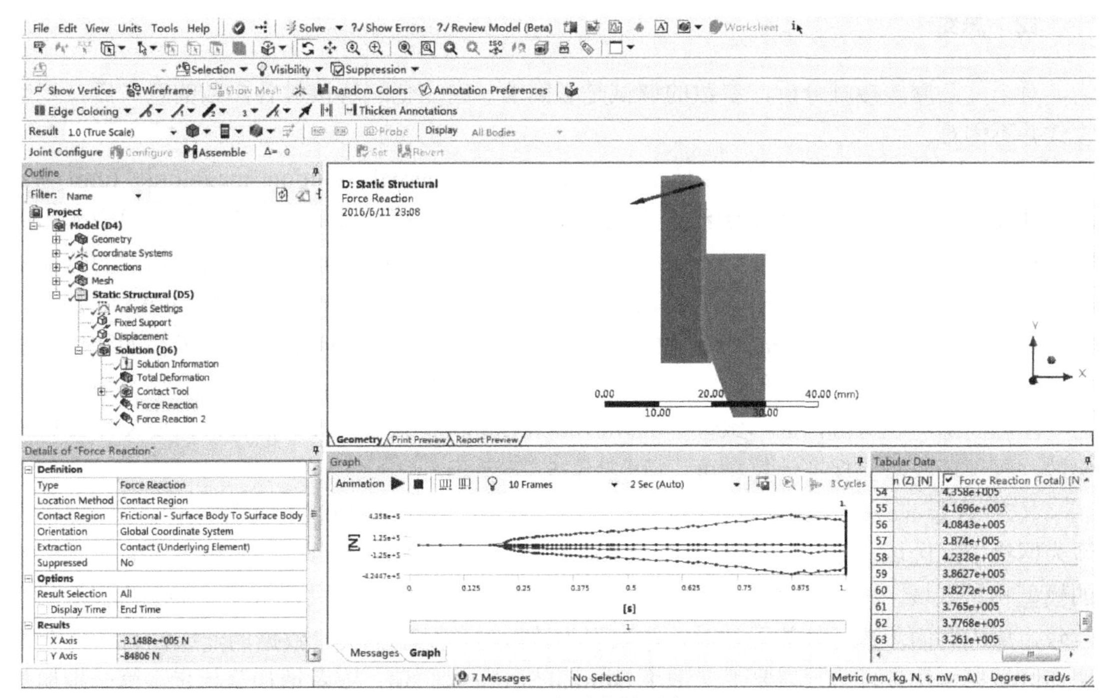

图 5-3-97 查看接触反力

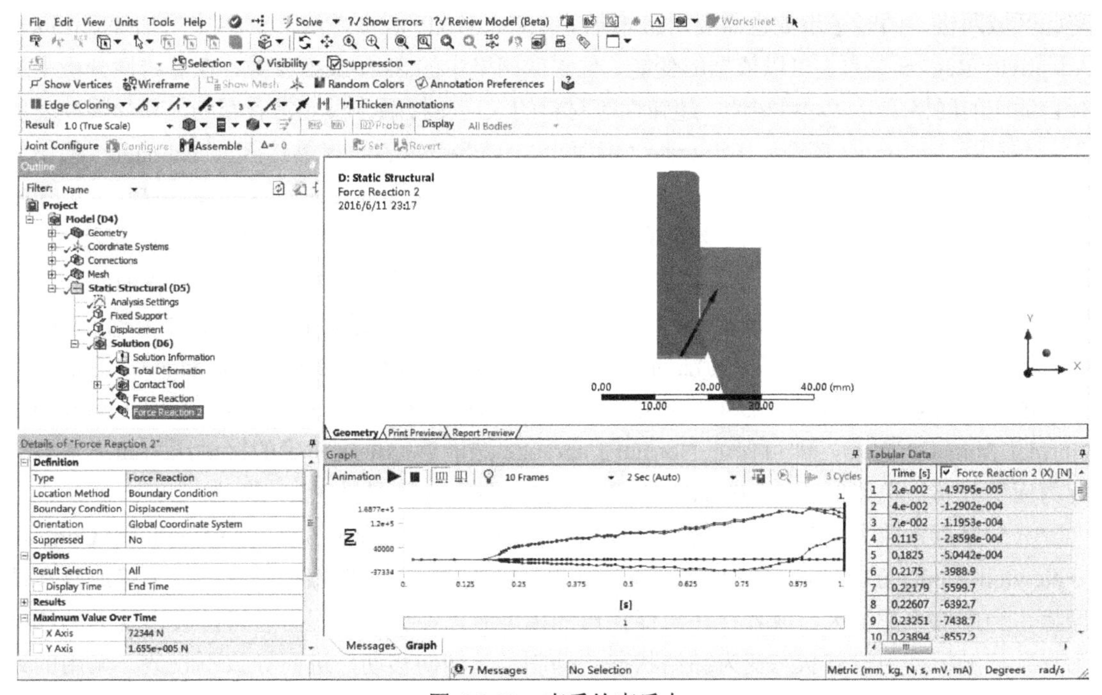

图 5-3-98 查看约束反力

12．总结

对于复杂摩擦接触分析，参数的调试是必需的，在完全理解接触各参数的意义后，接触收敛并不困难。

（1）接触计算不收敛最常见的错误提示为“internal solution magnitude limit was exceeded”。这意味接触对中由于约束不足，出现了刚体位移。出现问题的原因为模型初始接触对存在间隙，可以通过查看 Contact Tool 中的 Initial Information 以进行判定初始间隙存在的区域，可采用处理方法为：手动定义 Pinball 数值；设置 Interface Treatment 为 Adjust to Touch；定义 Stabilization Damping Factor 系数。定义 Pinball 较为方便，但是 Pinball 半径的数值可能会出现同一接触对不一致的问题，导致接触对设置较为繁琐；Adjust to Touch 最为简单，但需要注意间隙与载荷方向的一致性；Stabilization Damping Factor 最灵活，但需要反复调试该参数，既保证收敛又保证计算精度。（可参见 5.3.4 节。）

（2）查看 Newton-Raphson Residuals 残余力，可以精确地知道不收敛发生区域。如果表现为网格中间区域，即说明该区域网格密度不够，需要继续加密网格；如果表现为接触区域的模型拐角区域，则必须修改模型为圆角；如果网格密度足够，只求解了 20% 的载荷就不收敛，增大时间步数后依然无效时，常表现为接触对象是基于实验数据的非线性材料，即说明该区域接触刚度过大，需要手动调小 Normal Stiffness 数值；或者增加分析步，第一步加载一个较小的载荷，第二步才加载全部载荷。

（3）当求解到较大比例的载荷时出现不收敛，查看 Newton-Raphson Residuals 残余力，表现为网格中间，这一般是由于材料的非线性特性或单元发生畸变引起的。采用的处理方法为加密此区域网格，同时子步数也需要对应增加。ANSYS16.0 版本之后，WB 中增加 NonLinear Adaptivity Region 菜单，可以依据应变能、位置或网格中的 Skewness 参数，在非线性分析中进行自适应的网格重分，对弹塑性、超弹性等材料的大应变接触分析非常有帮助。其局限性表现为：不适用 Cast Iron（铸铁）、Concrete（混凝土）、Cohesive Zone（黏接区）、Damage（损伤）、Shape Memory Alloy（记忆合金）等材料本构；不适用高度扭曲工况，这样会导致收敛更加困难；不适用自接触；不适用解决物理或数值不稳定，如屈曲、超出本构模型规定应变范围等。

（4）接触过程中如果产生大的穿透现象，也会导致不收敛，可通过后处理接触工具查看穿透值（Contact Tool→Penetrated）。采用的处理方法为定义非对称接触（Behavior→Asymmetric），并修改接触算法为法向拉格朗日（Formulation→Normal Lagrange），特别对刚柔接触非常有意义（可参见 5.3.4 节）；或者修改接触探测（Detection Method→Nodal Projection Normal from Contact），即可保证 Normal Lagrange 法能够提供更精确的接触压力和更平滑的应力应变分布，也能保证 Frictional 接触时的力矩平衡。（可参见 5.3.1 节。）

（5）摩擦系数大于 0.2 时，系统也会提出警告，建议在 Analysis Setting→Nonlinear Controls→Newton-Raphson Option 采用 Unsymmetric 以保证收敛。由于摩擦接触状态分为静摩擦和动摩擦，当摩擦系数很大，或者存在急促拐弯的模型时，在计算过程中有可能会出现大的摩擦力导致接触模型由滑移状态变为黏结状态，抑制了其切向移动，进而导致不收敛。采用的处理方法为在接触对处插入一段 Command，内容为：rmodif,cid,9,XXXXX　！XXXXX 定义一个极限摩擦应力，越大越容易收敛。（可参见 5.3.1 节中的表 5-3-4。）

5.3.9　接触设置综合实例

通过前面例子的学习，已经了解了 WB 中接触设置。下面以一个 2D 压片弯曲挤压胶片，胶片再承受密封流体压力的例子综合描述接触分析。本例包含刚柔接触、自接触、密封流体压力。

1. 建立 2D 模型

如图 5-3-99 所示，建立一个含压模板、压片、胶片的 2D 模型。由于压片上端为曲线，且压片与胶片均处于相对自由状态，所以很难精确定义压模板和胶片与压片相切的位置，因此压模板距压片有微小间隙，胶片与压片呈过盈状态。

压模板在整个过程中几乎不变形，而且也不是本分析所关注的目标，所以将其定义为刚体；压片在整个过程中存在大的弯曲变形，其结果将表现为首尾相接触，将其材料定义为非线性铝合金；胶片为橡胶件，整个过程中存在大应变，且胶片内部存在自接触可能，将其本构定义为 Ogden 3rd Order 类型。

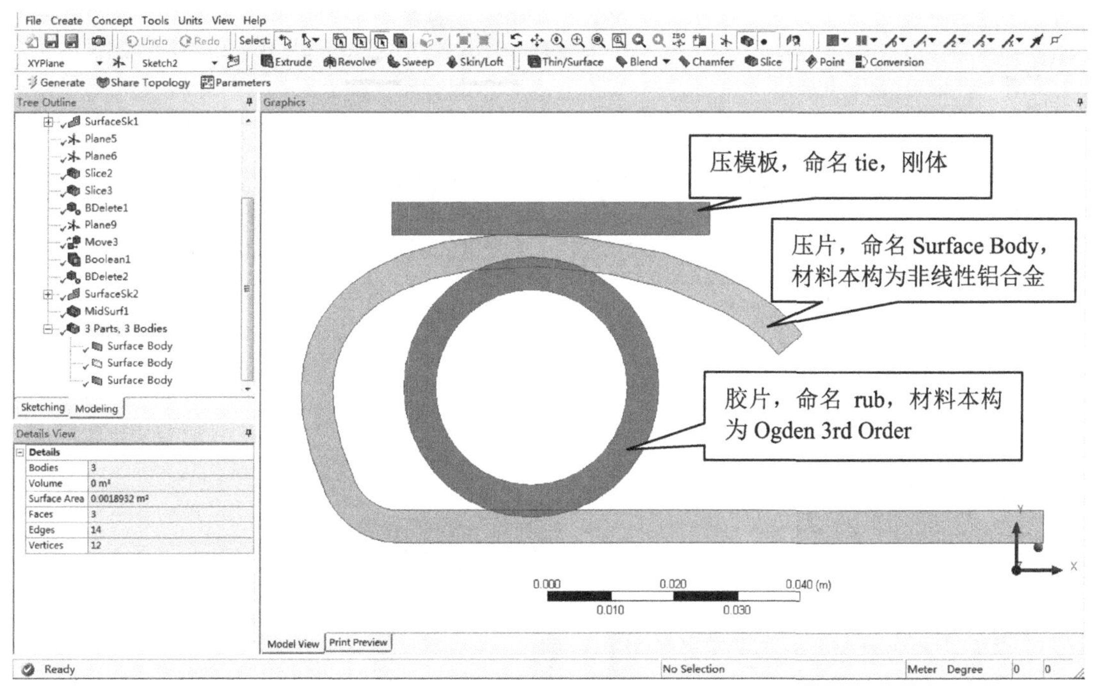

图 5-3-99　2D 模型

2. 2D 模型及材料设置

调用 WB 默认材料库内的非线性铝合金（General Non-linear Materials→Aluminum Alloy NL），新增一个材料，命名为 rub，本构选择 Hyperelastic→Ogden 3rd Order，9 个参数分别为：MU1=0.043438MPa，A1=1.3，MU2=8.274E−5MPa，A2=5，MU3=−0.0006895MPa，A3=−2，D1=0.029MPa^−1，D2=0MPa^−1，D3=0MPa^−1。

在 Geometry→2D Behavior 处定义为 Plane Stress（平面应力），如图 5-3-100 所示。

3．Virtual Topology（虚拟拓扑）设置

虚拟拓扑一般用于合并几个不同平面，使其保证为一个有限元拓扑模型，除此之外，还可用于分割模型。本例先选中胶片外圆，连续点击 Virtual Topology→Virtual Split Edge，使外圆环变成四段，同理选中内圆，也使其变成四段，如图 5-3-101 所示。

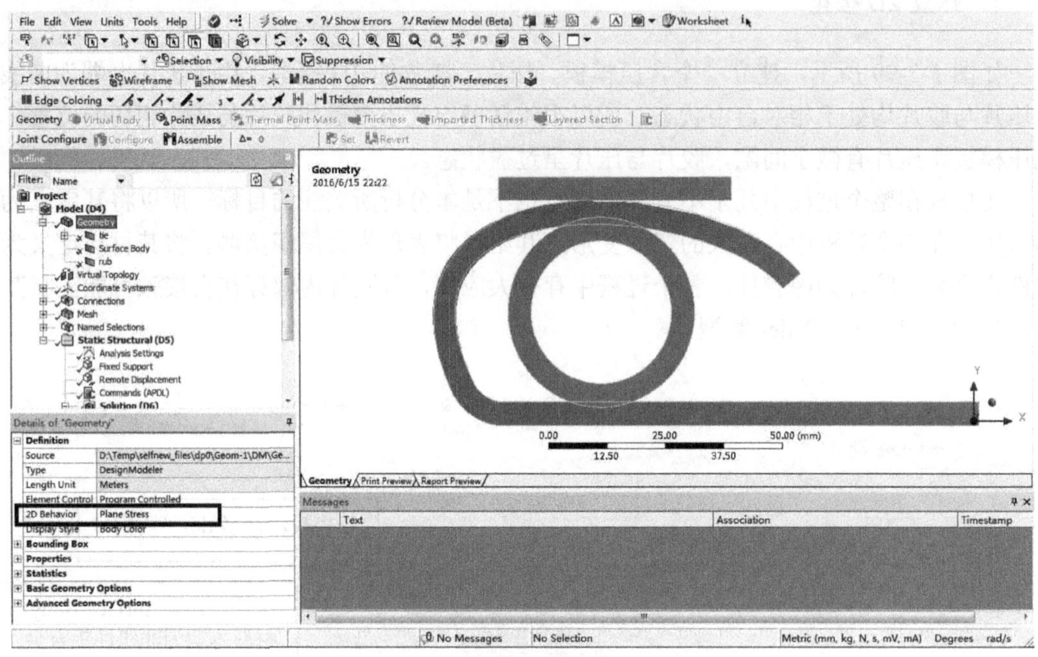

图 5-3-100　平面应力设置

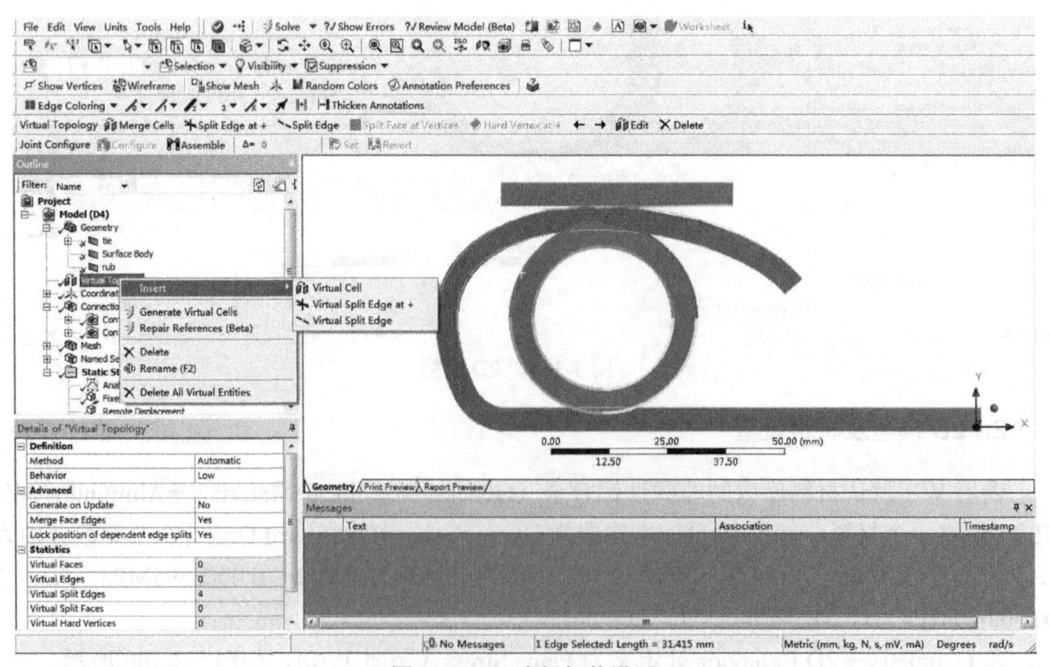

图 5-3-101　虚拟拓扑设置

注意

本例采用虚拟拓扑分割胶片的目的：①网格划分；②方便定义自接触；③密封流体压力的加载必须基于某一点，分割模型后，自然在圆环中产生点，而不需要在 DM 模块中进行处理。本例使用目的包含了虚拟拓扑的所有使用要求。

4．接触设置

接触设置如表 5-3-9 所示。

表 5-3-9　　　　接触设置

序号	名称	接触物	目标物	设置
1	Frictionless - Surface Body To tie	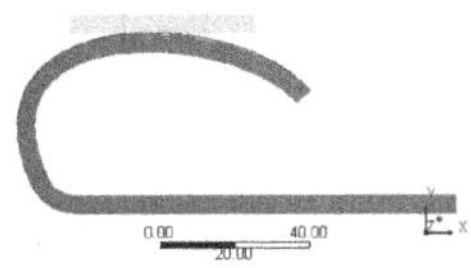	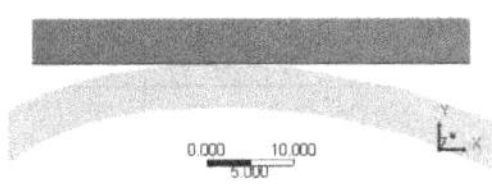	Behavior：Asymmetric Formulation：Normal Lagrange Interface Treatment：Adjust to Touch
2	Frictional - rub To Surface Body	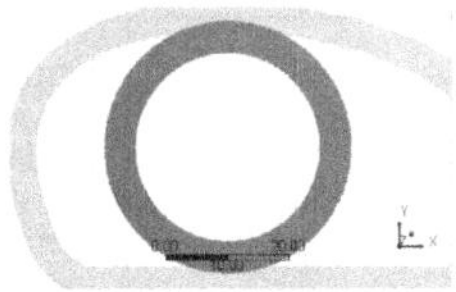	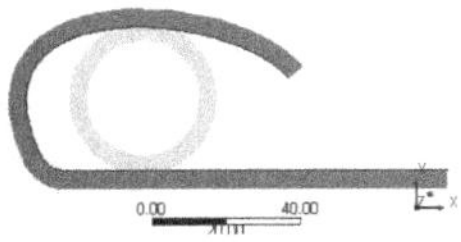	Friction Coefficients：0.1 Behavior：Asymmetric Trim Contact：Off Formulation：Normal Lagrange Detection Method： Nodal-Projected Normal from Contact Interface Treatment：Adjust to Touch Command：cid_1=cid
3	Frictionless - Surface Body To Surface Body	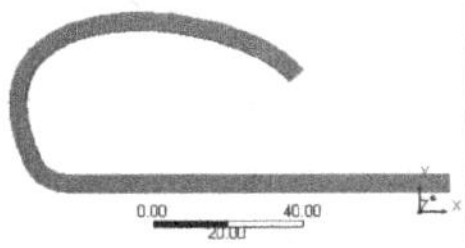	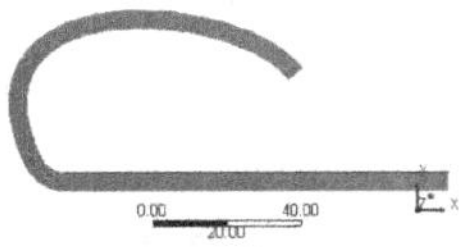	Behavior：Symmetric Trim Contact：Off Formulation：Normal Lagrange Detection Method： Nodal-Projected Normal from Contact Pinball Region:Radius Pinball Radius:2mm
4	Frictionless - Surface Body To Surface Body	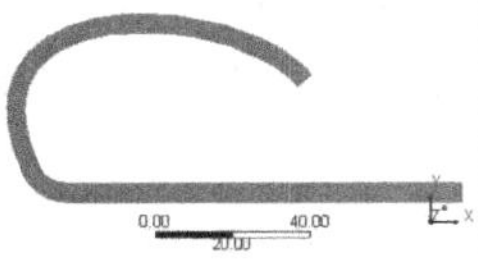	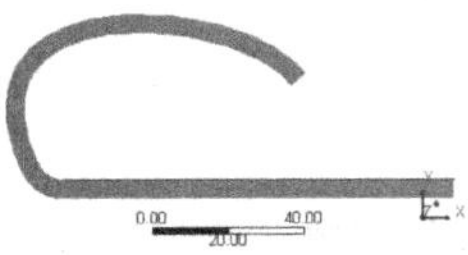	Behavior：Symmetric Trim Contact：Off Formulation：Normal Lagrange Detection Method：Nodal-Projected Normal from Contact Pinball Region:Radius Pinball Radius:2mm

续表

序号	名称	接触物	目标物	设置
5	Frictional - rub To rub			Friction Coefficients：0.15 Behavior：Symmetric Formulation：Normal Lagrange Pinball Region：Radius Pinball Radius：0.5mm
6	Frictional - rub To rub			Friction Coefficients：0.15 Behavior：Symmetric Formulation：Normal Lagrange Pinball Region：Radius Pinball Radius：0.5mm
7	Frictional - rub To rub			Friction Coefficients：0.15 Behavior：Symmetric Formulation：Normal Lagrange Pinball Region：Radius Pinball Radius：0.5mm
8	Frictional - rub To rub			Friction Coefficients：0.15 Behavior：Symmetric Formulation：Normal Lagrange Pinball Region：Radius Pinball Radius：0.5mm

说明

1．刚柔接触，所以必选非对称接触；由于 tie 为刚体，所以选择 Surface Body 上端弧线为接触物，选择 tie 下端线为目标物；由于 tie 和 Surface Body 模型在建模时就存在间隙，所以选择 Adjust to Touch；为避免计算过程中出现穿透，选择 Normal Lagrange。

2．本例最关键接触设置。由于 Surface Body 为铝合金，rub 为橡胶材料，所以选非对称接触，且选择 rub 整个外圆为接触物，选择 Surface Body 内弧线为目标物；由于 Surface Body 在整个分析过程表现为大的弯曲，如果设置 Trim Contact 为 Off，软件可能会忽略一些过程接触，导致穿透；为避免计算过程中出现穿透，选择 Normal Lagrange，且在最后加载密封流体压力时，rub 出现较大的应变，如果不设置 Detection Method 为 Nodal-Projected Normal from Contact，计算将不收敛；由于 rub 和 Surface Body 模型在建模时就存在过盈，所以选择 Adjust to Touch；为加载密封流体压力，所以该接触对需要插入一条 Command：cid_1=cid，以进行该接触对的标识。

3．自接触。选择 Surface Body 内侧上端弧线为接触物，选择 Surface Body 内侧下端线为目标物，由于是自接触，接触物与目标物的定义可以随意，且定义为对称接触。同上原理，设置 Trim Contact 为 Off，选择 Normal Lagrange 算法；由于为自接触，必须设置 Detection Method 为 Nodal-Projected Normal from Contact，还必须设置 Pinball Region Radius，该尺寸直接影响自接触过程中是否出现穿透，与边界条件、网格等参数有关，较大易保证不穿透，但易出现计算偏差，需要调试。

4．自接触。选择 Surface Body 上侧端线为接触物，选择 Surface Body 内侧下端线为目标物，其余同上。

5．自接触。选择 rub 左上内圆弧为接触面，rub 左下内圆弧为目标面。rub 内可能出现自接触，为计算收敛，所以定义。其余同上。

6．自接触。选择 rub 左上内圆弧为接触面，rub 右上内圆弧为目标面。其余同上。

7．自接触。选择 rub 右上内圆弧为接触面，rub 右下内圆弧为目标面。其余同上。

8．自接触。选择 rub 右下内圆弧为接触面，rub 左下内圆弧为目标面。其余同上。

5．网格划分

网格划分如图 5-3-102 所示。

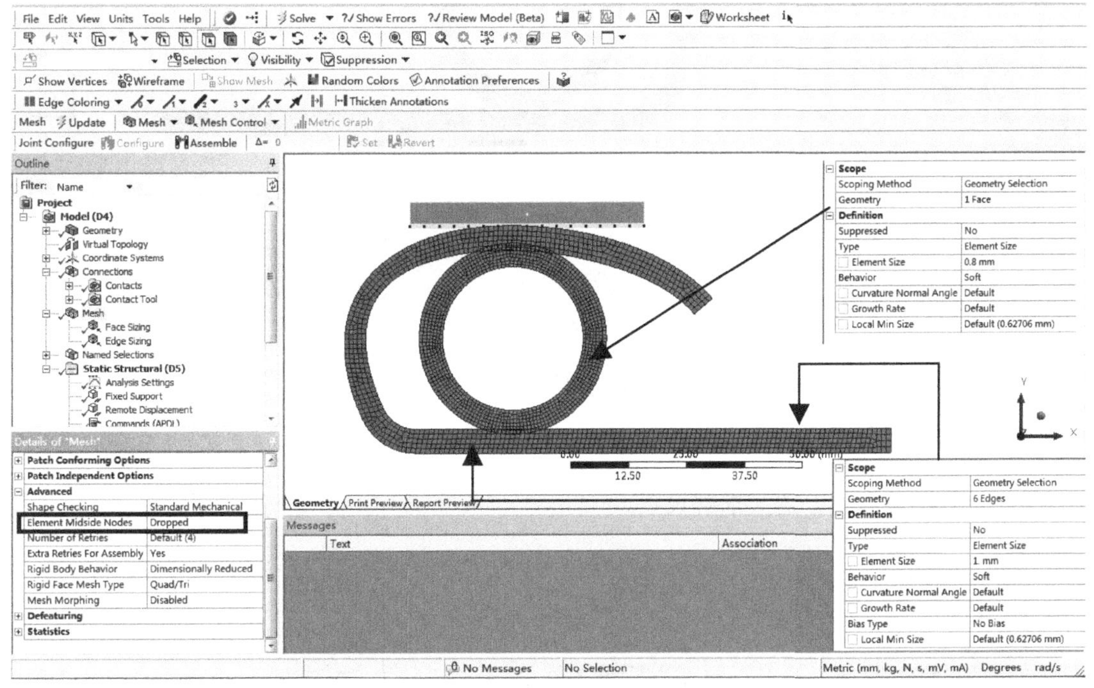

图 5-3-102　网格划分

在 Advanced→Element Midside Nodes 处选择为 Dropped，这是因为对于非常复杂的接触分析，如果所有有效设置仍不能保证收敛，则只能将单元类型改为线性，但为了保证计算精度，必须保证有足够的网格数量。

选择 rub 圆环面，定义其 Element Size 为 0.8mm；选择 Surface Body 面的上下所有弧线，定义其 Element Size 为 1mm。这是因为 rub 和 Surface Body 的接触设置中，rub 为接触物，所以网格稍密一些，其具体尺寸则是通过反复试算过程中，查看不收敛的 Newton-Raphson Residuals 残余力多次测试而得，其中 Surface Body 在弯曲过程中，左端弧形如果网格密度不够，必然不收敛。

6．命名选择

如图 5-3-103 所示定义命名选择。其中选择 rub 最右端点定义为 point，选择 rub 右端两条外圆弧线定义为 Line。这是因为加载密封流体压力需要两个条件：起始点；加载位置。定义这两个命名选择为流体压力加载创造前提条件。

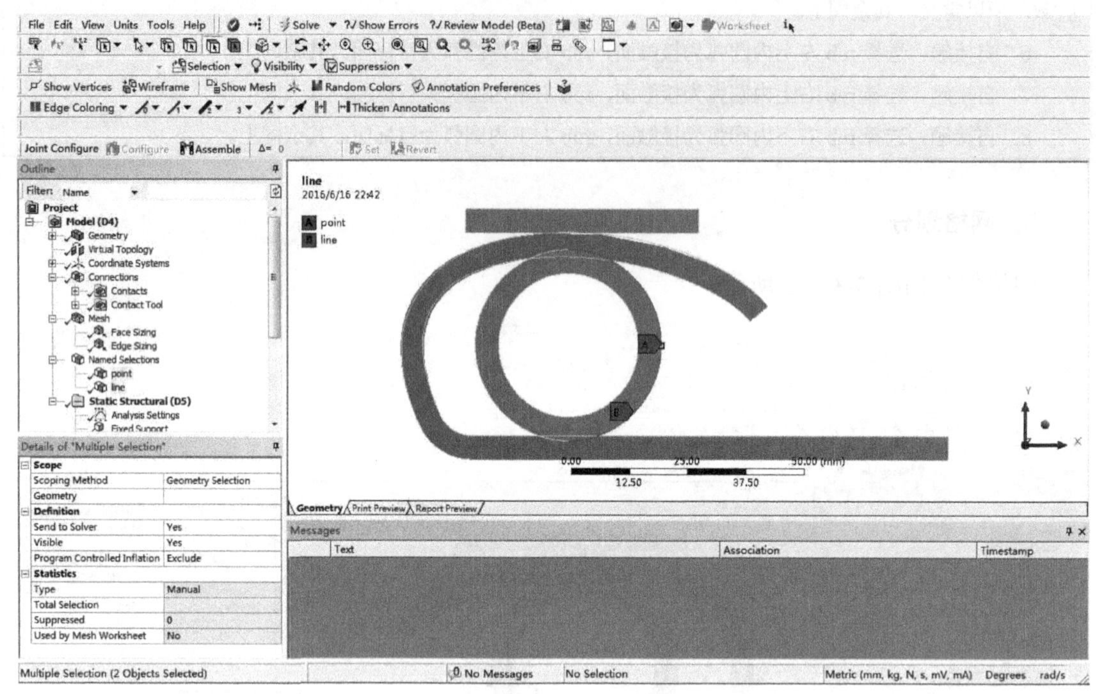

图 5-3-103　命名选择

7．求解设置

如图 5-3-104 所示，定义求解设置。

Details of "Analysis Settings"

Step Controls	
Number Of Steps	3.
Current Step Number	1.
Step End Time	1. s
Auto Time Stepping	On
Define By	Substeps
Initial Substeps	100.
Minimum Substeps	100.
Maximum Substeps	1000.
Solver Controls	
Solver Type	Program Controlled
Weak Springs	Program Controlled
Large Deflection	On
Inertia Relief	Off
Restart Controls	
Nonlinear Controls	

Details of "Analysis Settings"

Step Controls	
Number Of Steps	3.
Current Step Number	2.
Step End Time	2. s
Auto Time Stepping	On
Define By	Substeps
Carry Over Time Step	Off
Initial Substeps	100.
Minimum Substeps	50.
Maximum Substeps	1000.
Solver Controls	
Solver Type	Program Controlled
Weak Springs	Program Controlled
Large Deflection	On
Inertia Relief	Off
Restart Controls	

Details of "Analysis Settings"

Step Controls	
Number Of Steps	3.
Current Step Number	3.
Step End Time	3. s
Auto Time Stepping	On
Define By	Substeps
Carry Over Time Step	Off
Initial Substeps	100.
Minimum Substeps	50.
Maximum Substeps	3000.
Solver Controls	
Solver Type	Program Controlled
Weak Springs	Program Controlled
Large Deflection	On
Inertia Relief	Off
Restart Controls	

图 5-3-104　求解设置

整个求解过程分三步，均需打开大变形。第一步为 1s，步长设置为 100、100、1000；第二步为 1s，步长设置为 100、50、1000；第三步为 1s，步长设置为 100、50、3000。该分析为两个过程：①tie 板下移，致使 Surface Body 弯曲，且让 rub 变形；②在 rub 右边加载密封流体压力，继续让 rub 变形。如果求解设置也按两步加载，这种复杂接触问题很难收敛。所以分三步，第一步仅加载微小 tie 位移，甚至可以不加载，以保证接触状态收敛；第二步才加载全部 tie 位移；第三步加载密封流体压力，且这步由于 rub 出现大应变，不易收敛，必须把步长调小。

8. 边界条件

如图 5-3-105 所示定义边界条件。

选择 Surface Body 下边线加载 Fixed Support；选择 tie 上边线加载 Remote Displacement，由于 tie 为刚体，只能加载远程位移。远程位移加载方式：第一步，向 Y 负方向移动 1mm；第二步，向 Y 负方向移动 16mm；第三步，保持 Y 负方向 16mm。

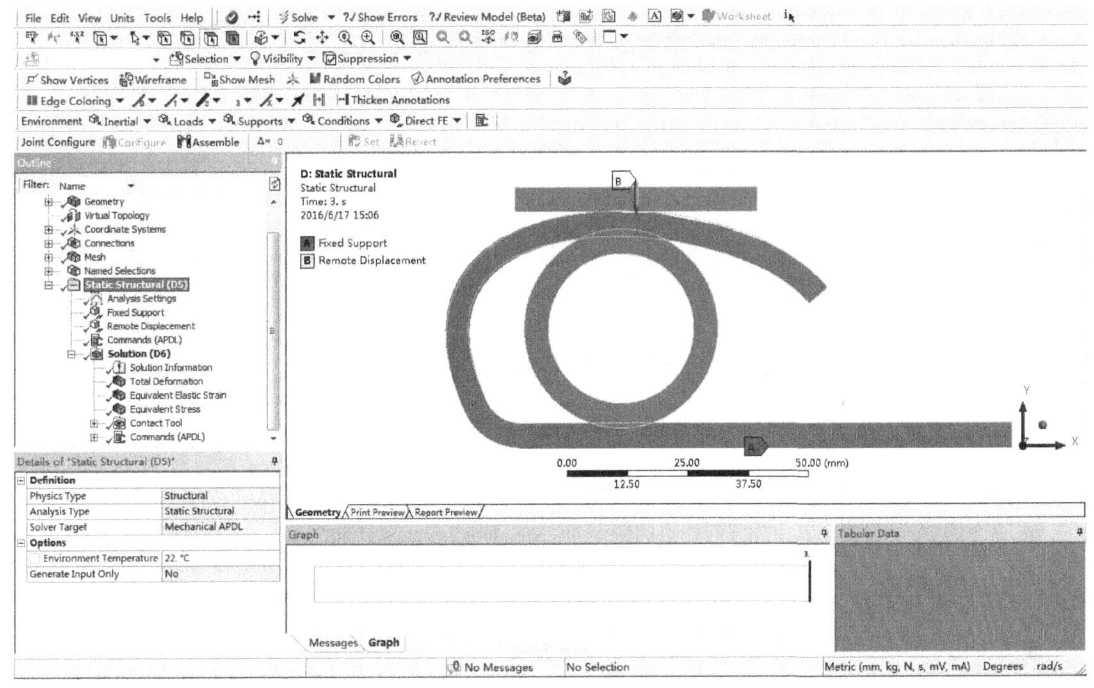

图 5-3-105　边界条件

点击右键插入一条 Command，如图 5-3-106 所示。其中 Step Selection Mode 选择为 By Number；Step Number 选择为 3。这表示只在第三步加载这段 Command。

Command 内容如下：

```
cmsel,s,Line              !Named selection represents all nodes
esln,s,1                  !select elements attached to nodes
esel,r,type,,cid_1        !reselect only the contact elements with type 'cid_1'
sfe,all,1,pres,,0.008     !apply fluid pressure of 0.008Mpa to selected contact elements
cmsel,s,point             !select starting point
esln
```

```
esel,r,type,,cid_1          !reselect only contact element attached to starting point
sfe,all,2,pres,,1           !specify the above location to be initially exposed to fluid pressure
allsel                      !reselect all elements
```

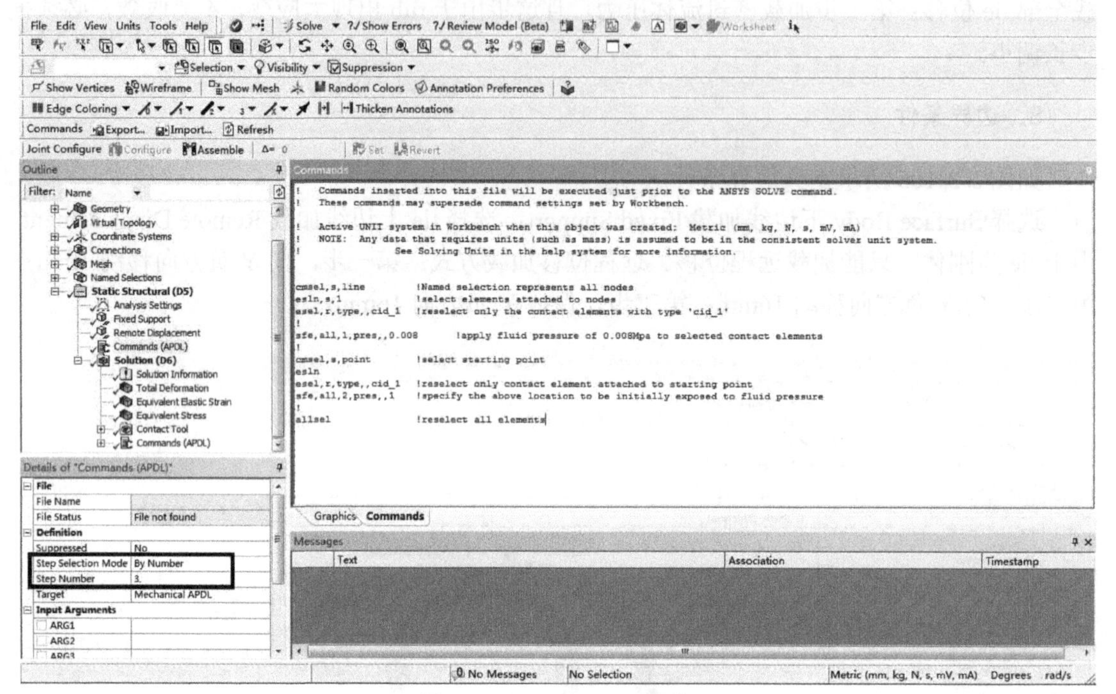

图 5-3-106　Command 定义

说明

流体密封压力的加载必须通过命令加载，加载在接触单元上，且必须有起始点和加载域两处设置，对应 sfe 命令的 2、1 设置。其中加载起始点的命令为：sfe,elem,2,pres,,sta1,sta2,sta3,sta4（sta 定义如表 5-3-10 所示。）

表 5-3-10　　sta 定义

stai = 0 (default)	软件根据接触状态自行判定初始点
stai = 1	最初接触流体的初始点，如果初始接触状态为 Open，可以为穿透点
stai = 2	不管接触状态发生怎样变化，总是受流体压力的穿透点
stai = −1	不是初始点，仅为自由状态

9．后处理

计算收敛后，插入整体变形，如图 5-3-107 所示。由图可知，整个模型最大变形发生在 Surface Body 右上端头。0～1s，最大变形为 3mm 左右；1～2s，最大变形为 25mm 左右；2～3s，最大变形保持不变，仅 rub 模型发生变形。

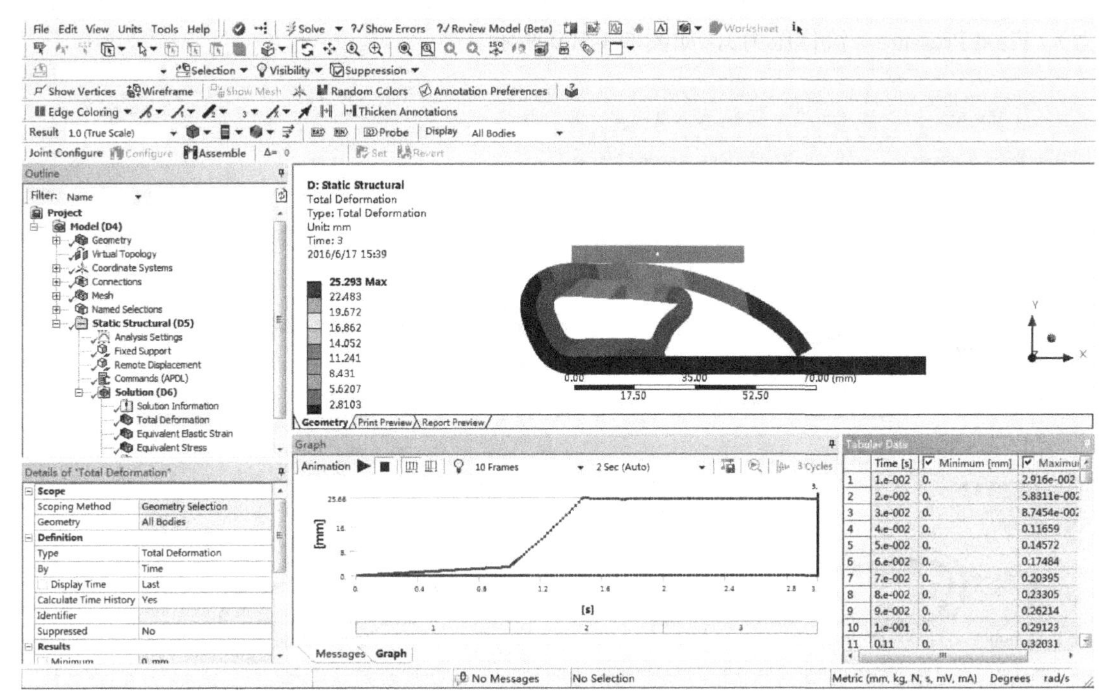

图 5-3-107 整体变形

查看 rub 的等效弹性应变，如图 5-3-108 所示。由图可知，0～1s，最大应变为 0.05 左右；1～2s，最大应变为 0.4 左右；2～3s，最大应变为 1 左右。

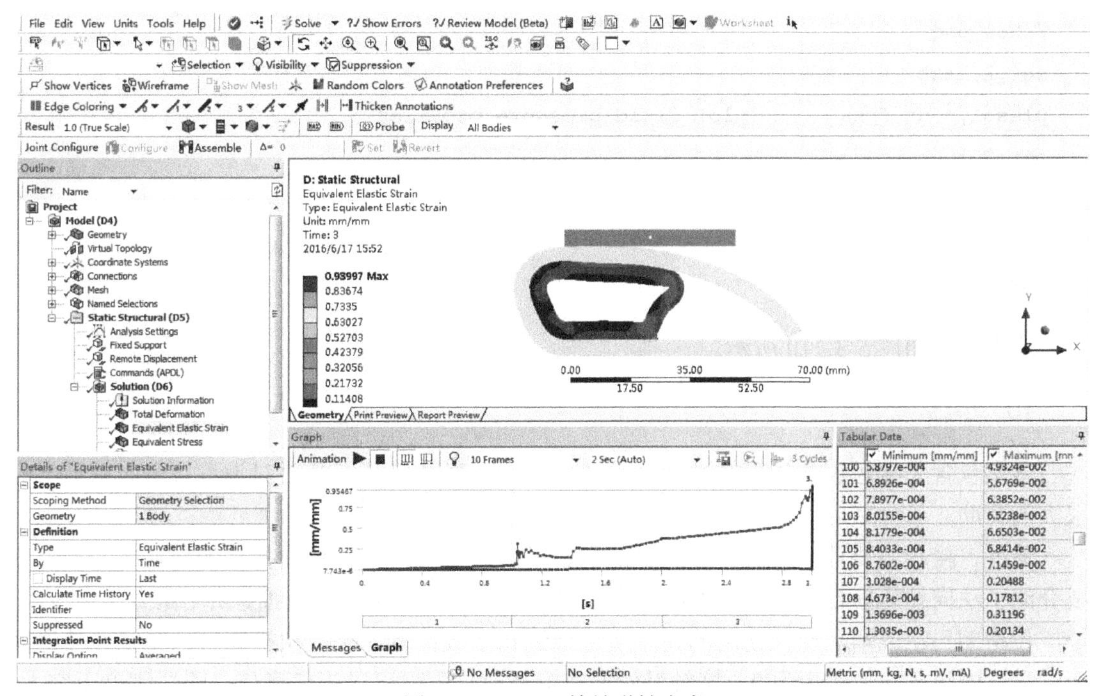

图 5-3-108 rub 等效弹性应变

查看 Contact Tool 的 Status（接触状态）、Frictional Stress（摩擦应力）、Pressure（接触压力）、Fluid Pressure（流体压力），如图 5-3-109 所示。

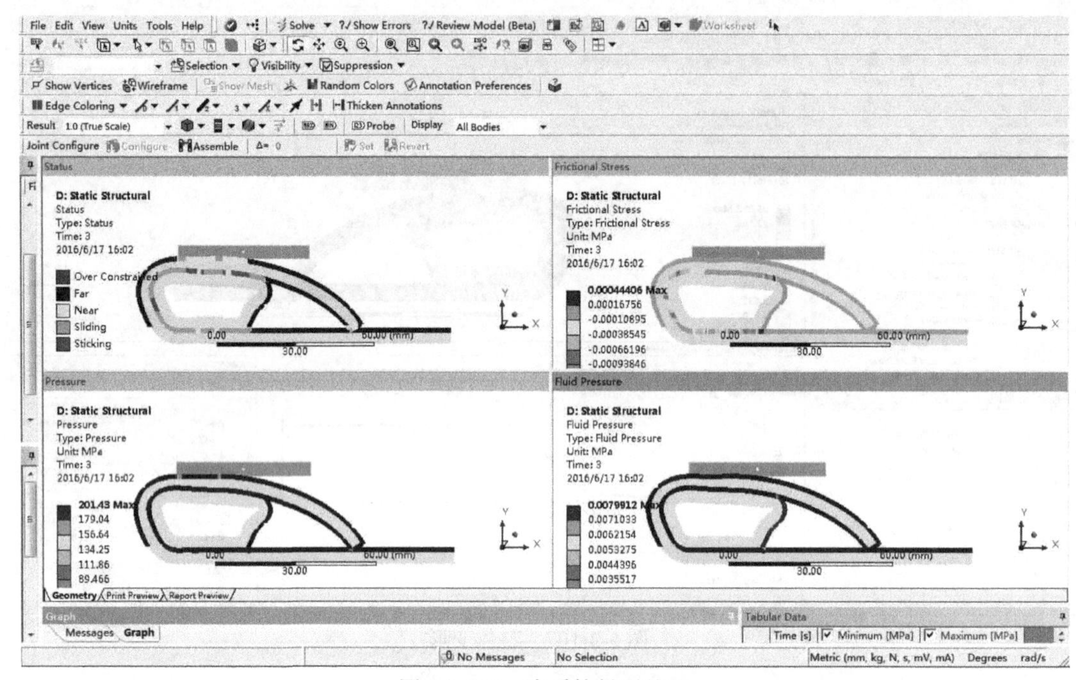

图 5-3-109　查看接触后处理

插入一段 Command，内容如下：

```
/show,png
set,2,last
plesol,cont,fprs        !plot fluid pressure profiles
set,3,1
plesol,cont,fprs
set,3,last
plesol,cont,fprs
```

输出结果如图 5-3-110 所示。

10. 小结

本例包含了接触收敛计算的大部分技巧，读者认真体会其细节，对设置接触收敛计算有很大的帮助。

另外，接触主要数值方法为：纯罚函数、增广拉格朗日法、法向拉格朗日法等。前文主要介绍了法向拉格朗日法，其对计算收敛非常有帮助。纯罚函数以罚刚度软化压力穿透关系；增广拉格朗日法以增加迭代使用的罚刚度近似纯罚函数计算；法向拉格朗日法是指在接触间距大于 0 的情况下，压力为 0，接触瞬间穿透为 0 时，压力可以为任意值，即罚刚度无穷大。对比可知罚函数法引入了罚刚度，载荷位移关系直线有所倾斜，其直线斜率就是罚刚度 K，等同于软化了压力穿透关系。罚函数法可用于接触刚度为线性或非线性接触行为，其优点在于，对于线性稳定的接触，最容易收敛，对于初始刚度值较低的非线性接触，可以解决接触不稳定、接触震荡现象，后续接触刚度值变高，可减少接触穿透；其缺点在于，难以针对所有区域选择一个接触刚度数值，且收敛较困难。

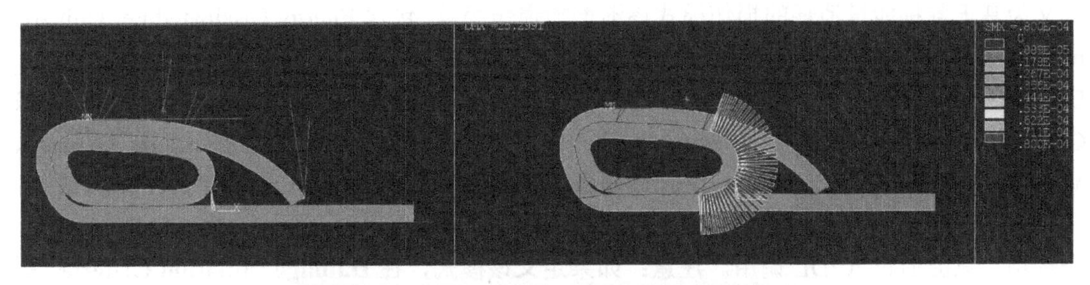

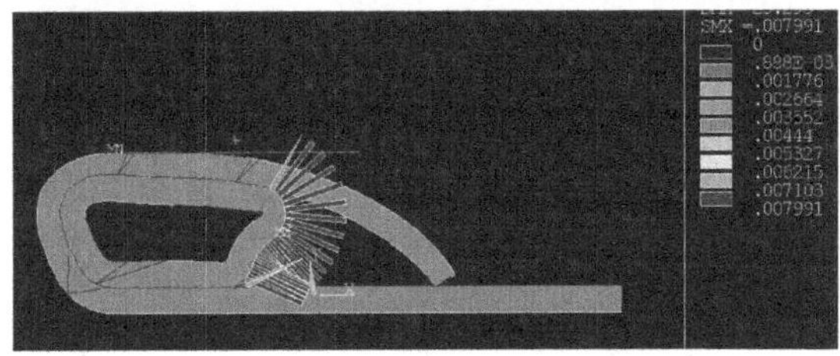

图 5-3-110 密封流体压力后处理

5.4 状态非线性分析——状态分离

状态分离也是状态非线性的一种，主要表现为损坏、生死单元、内聚力分离等，都表现为由原来较稳定的状态突变为不稳定状态，例如，损伤表现为某种材料本构在载荷作用下出现损伤失效（Damage）；生死单元表现为在一定条件下某些单元被杀死（Kill）或激活（Live）；内聚力分离表示存在接触的模型在载荷作用下出现分离（Debonding）。

5.4.1 实体损伤失效实例

实体损伤失效分析一般表现为纤维增强复合材料的初始损伤的萌生和损伤的扩展，材料本构为线弹性正交异性材料，附加本构为 Damage Initiation Criteria（TB,DMGI）、Damage Evolution Law（TB,DMGE）、Material Strength Limits（TB,FCLI）。

Damage Initiation Criteria 用于定义材料损伤的初始类型，属于 WB 材料库中的 Damage 中的选项，包含 Tensile Fiber Failure Mode、Compressive Fiber Failure Mode、Tensile Matrix Failure Mode、Compressive Matrix Failure Mode 四个选项，每个选项又可以定义 Maximum Strain、Maximum Stress、Puck、Hashin、LaRc03、LaRc04 六个选项（具体概念参看 4.2.2 节）。

Damage Initiation Criteria 必须与 Damage Evolution Law 组合才有意义，属于 WB 材料库中的 Damage 中的选项。Damage Evolution Law 用于定义初始损伤之后的材料损伤演化规律或材料降解方法，Damage Evolution Law 包含两种模式。WB 默认的为 Material Property Degradation Method (TB,DMGE,,,MPDG)，其含义为一旦应力达到损伤极限，材料的刚度会立

刻减小到用户指定的值，包含 Tensile Fiber Stiffness Reduction、Compressive Fiber Stiffness Reduction、Tensile Matrix Stiffness Reduction、Compressive Matrix Stiffness Reduction 四个选项，每个选项可定义 0~1 的数值，0 表示材料开始损伤后材料刚度没有任何减少，1 表示材料开始损伤后材料刚度完全损失；另一种为 Continuum Damage Mechanics Method (TB,DMGE,,,CDM)，其含义为基于各种能量消耗的损伤模式逐渐增加损伤变量，包含 Energy Dissipated Per Unit Area from Tensile Fiber Damage、Viscous Damping Coefficient for Tensile Fiber Damage、Energy Dissipated Per Unit Area from Compressive Fiber Damage、Viscous Damping Coefficient for Compressive Fiber Damage、Energy Dissipated Per Unit Area from Tensile Matrix Damage、Viscous Damping Coefficient for Tensile Matrix Damage、Energy Dissipated Per Unit Area from Compressive Matrix Damage、Viscous Damping Coefficient for Compressive Matrix Damage 等 8 个选项，只能通过 APDL 调用。**注意：如果定义该模式，在 Damage Initiation Criteria 只能选择 Hashin 选项。**

Material Strength Limits 用于定义材料在损伤之前所承受的最大应力或应变，属于 WB 材料库中的 Strength 中的选项，包含 Ortotropic Stress Limits、Ortotropic Stain Limits、Tsai-Wu Constants、Puck Constants、Larc03/04 Constants 等选项，如表 5-4-1 所示。

表 5-4-1　Strength Limits 详表

Strength Limit Constants	Stress Limits	Strain Limits	Tsai-Wu	Puck	Larc03/04	Hashin（仅能用 APDL 调用）
材料 X 向许用拉应力/应变（必须为正）	√	√	√	√	√	√
材料 X 向许用压应力/应变（默认为前者的负向）	√	√	√	√	√	√
材料 Y 向许用拉应力/应变（必须为正）	√	√	√	√	√	√
材料 Y 向许用拉应力/应变（默认为前者的负向）	√	√	√	√	√	√
材料 Z 向许用拉应力/应变（必须为正）	√	√	√			
材料 Z 向许用拉应力/应变（默认为前者的负向）	√	√	√			
材料 XY 向许用剪应力/应变（必须为正）	√	√	√	√	√	√
材料 YZ 向许用剪应力/应变（必须为正）	√	√	√			√
材料 XZ 向许用剪应力/应变（必须为正）	√	√	√			

续表

Strength Limit Constants	Stress Limits	Strain Limits	Tsai-Wu	Puck	Larc03/04	Hashin（仅能用 APDL 调用）
Tsai-Wu 失效 XY 向耦合系数（默认为-1）			√			
Tsai-Wu 失效 YZ 向耦合系数（默认为-1）			√			
Tsai-Wu 失效 XZ 向耦合系数（默认为-1）			√			
Puck 失效 XZ 向拉伸倾斜系数（默认为 0）				√		
Puck 失效 XZ 向压缩倾斜系数（默认为 0）				√		
Puck 失效 YZ 向拉伸倾斜系数（默认为 0）				√		
Puck 失效 YZ 向压缩倾斜系数（默认为 0）				√		
断裂韧性比					√	
纵向摩擦系数					√	
横向摩擦系数					√	
纯横向压缩下的断裂角					√	

注意

单向纤维增强复合材料破坏准则的 X 方向（Puck、Hashin、Larc03/04）为增强纤维方向。

下面以一个翼板模型说明纤维增强复合材料的损伤失效分析。

1. 建立 3D 模型

如图 5-4-1 所示，建立一个翼板模型。建模过程：

（1）在 XY Plane 建立一椭圆模型，椭圆长轴为 600mm，短轴为 80mm。注意在 Details of Sketch 中的 Show Constraints 需设置为 Yes，否则只能输入椭圆一个尺寸；

（2）距 XY Plane 基准沿 Z 向偏移 1500mm，建立 Plane4 基准；

（3）以 Plane4 基准再建立一椭圆模型，椭圆长轴为 220mm，短轴为 20mm，且圆心距第四象限弧的切线距离为 11mm，即椭圆以圆心顺时针旋转一定角度；

（4）以这两个椭圆模型，定义蒙皮（Skin）实体。

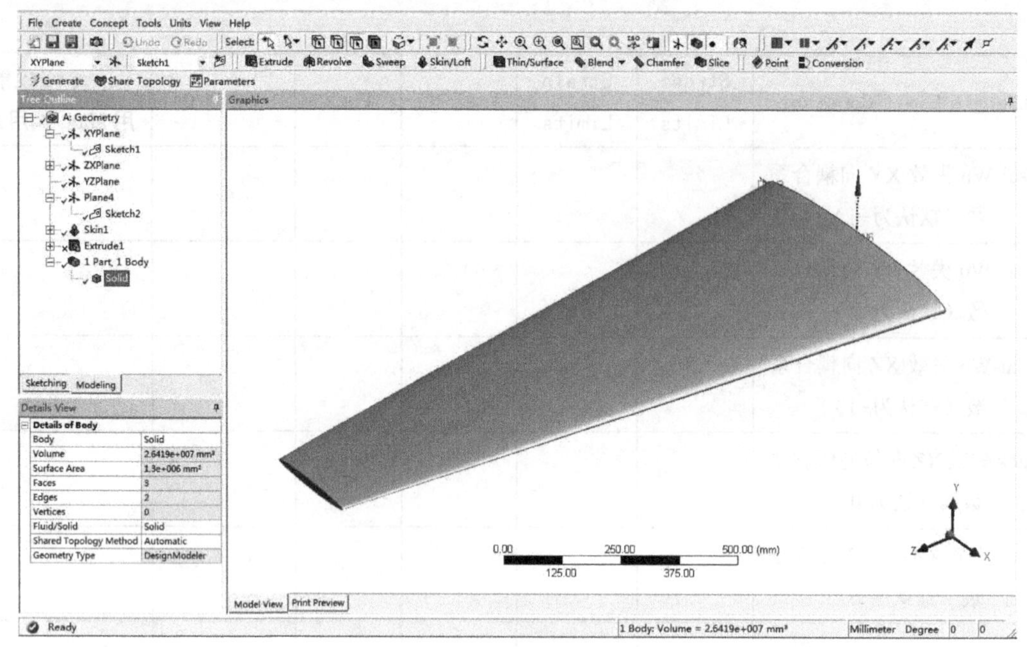

图 5-4-1　3D 翼板模型

Properties of Outline Row 3: 1

	A	B	C	D	E
1	Property	Value	Unit		
2	Orthotropic Elasticity				
3	Young's Modulus X direction	1.7E+11	Pa		
4	Young's Modulus Y direction	9E+09	Pa		
5	Young's Modulus Z direction	9E+09	Pa		
6	Poisson's Ratio XY	0.3			
7	Poisson's Ratio YZ	0.3			
8	Poisson's Ratio XZ	0.3			
9	Shear Modulus XY	5.2E+09	Pa		
10	Shear Modulus YZ	4E+09	Pa		
11	Shear Modulus XZ	4E+09	Pa		
12	Orthotropic Stress Limits				
13	Tensile X direction	2E+09	Pa		
14	Tensile Y direction	6.2E+07	Pa		
15	Tensile Z direction	6.2E+07	Pa		
16	Compressive X direction	-1.2E+09	Pa		
17	Compressive Y direction	-2E+08	Pa		
18	Compressive Z direction	-2E+08	Pa		
19	Shear XY	9E+07	Pa		
20	Shear YZ	7.5E+07	Pa		
21	Shear XZ	7.5E+07	Pa		
22	Damage Initiation Criteria				
23	Tensile Fiber Failure Mode	Puck			
24	Compressive Fiber Failure Mode	Puck			
25	Tensile Matrix Failure Mode	Puck			
26	Compressive Matrix Failure Mode	Puck			
27	Damage Evolution Law				
28	Tensile Fiber Stiffness Reduction	0.5			
29	Compressive Fiber Stiffness Reduction	0.5			
30	Tensile Matrix Stiffness Reduction	0.5			
31	Compressive Matrix Stiffness Reduction	0.5			

图 5-4-2　材料本构

2．材料设置

定义一个新材料，定义 Orthotropic Elasticity、Orthotropic Stress Limits、Damage Initiation Criterion、Damage Evolution Law 参数，具体材料本构参数如图 5-4-2 所示。

3．定义有限元模型

将 Model→Geometry→Solid 中的 Assignment 改为上节定义的材料名称。Mesh 采用默认

设置，如图 5-4-3 所示。

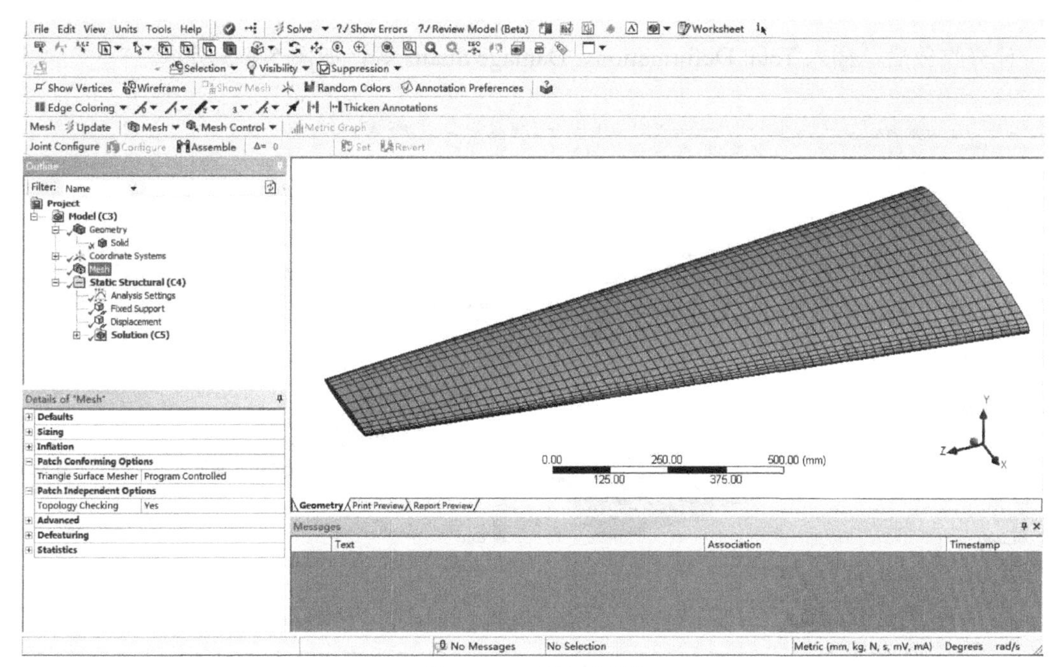

图 5-4-3　有限元模型

4．定义边界条件

边界条件如图 5-4-4 所示，在大椭圆面定义 Fixed Support，在小椭圆面仅在 Y 向正方向加载位移 150mm，打开大变形开关。

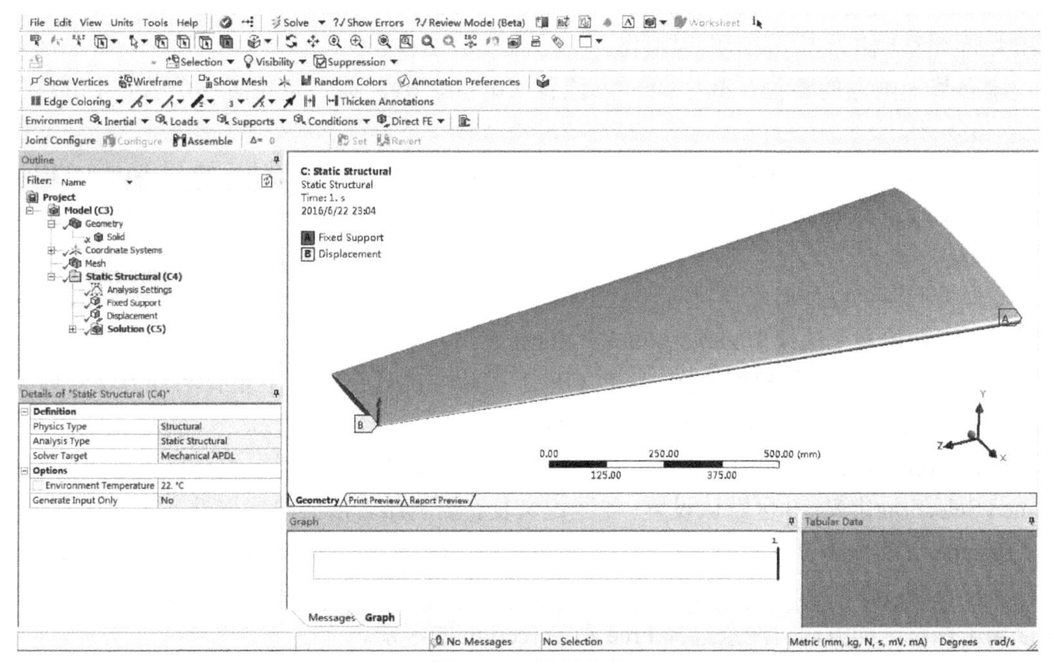

图 5-4-4　边界条件

5. 后处理

计算收敛后，插入 Total Deformation、Damage Status 等，如图 5-4-5 所示。

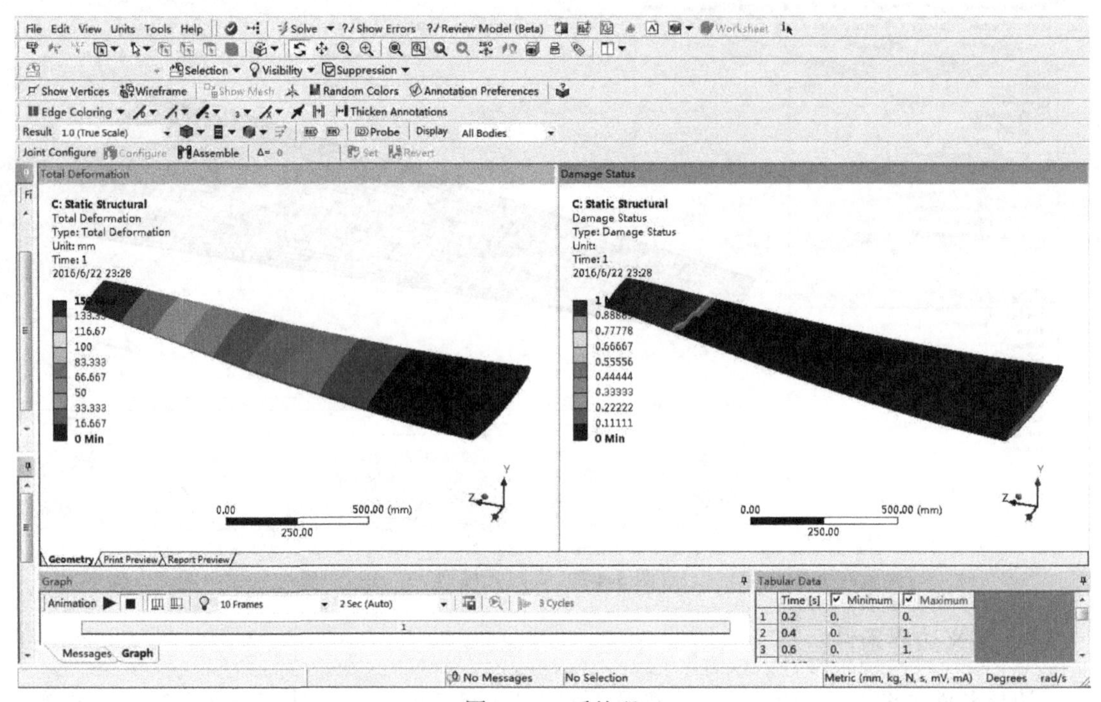

图 5-4-5　后处理

Damage 后处理中，1 表示 Damage（损伤），0 表示 No Damage（无损伤），图中小椭圆区和大椭圆区下侧为 1，表示出现损伤。

建立基于两点的路径，其中第一点位置（0，0，0），第二点位置（0，0，1500），如图 5-4-6 所示。

分别读取 Z 向 Normal Stress 和 Z 向的 Normal Elastic Strain 结果。再以 Normal Elastic Strain 为 X 轴，Normal Stress 为 Y 轴，建立 Chart 图表，如图 5-4-7 所示，呈明显非线性特征。

类似模型还可以使用复合材料（ACP 模块）中的实体模型来分析。分析流程如图 5-4-8 所示，注意初始建立的模型必须为 Shell（Surface）模型。

Solid Models（实体模型）在 ACP（Pre）模块中的建立过程主要有两种方法，即采用 Extrusion Guides 和 Snop To Geometry 修整实体。

Extrusion Guides 法如图 5-4-9 所示，其中 1 区定义复合材料铺层的材料及形式；2 区由 Named Selection 定义；3 区默认设置；4 区定义复合材料结合层的单元属性，基于 0° 纤维方向（Rosettes）的偏离位置和角度；5 区定义整体铺层的厚度，用于表示 Solid Models 的厚度，具体菜单设置请参看 4.4.2 节；6 区定义 Solid Models 的厚度的延伸方向及厚度的调用；7 区可以用于修整延伸方向，注意选择 Free 和 Direction 的区别。

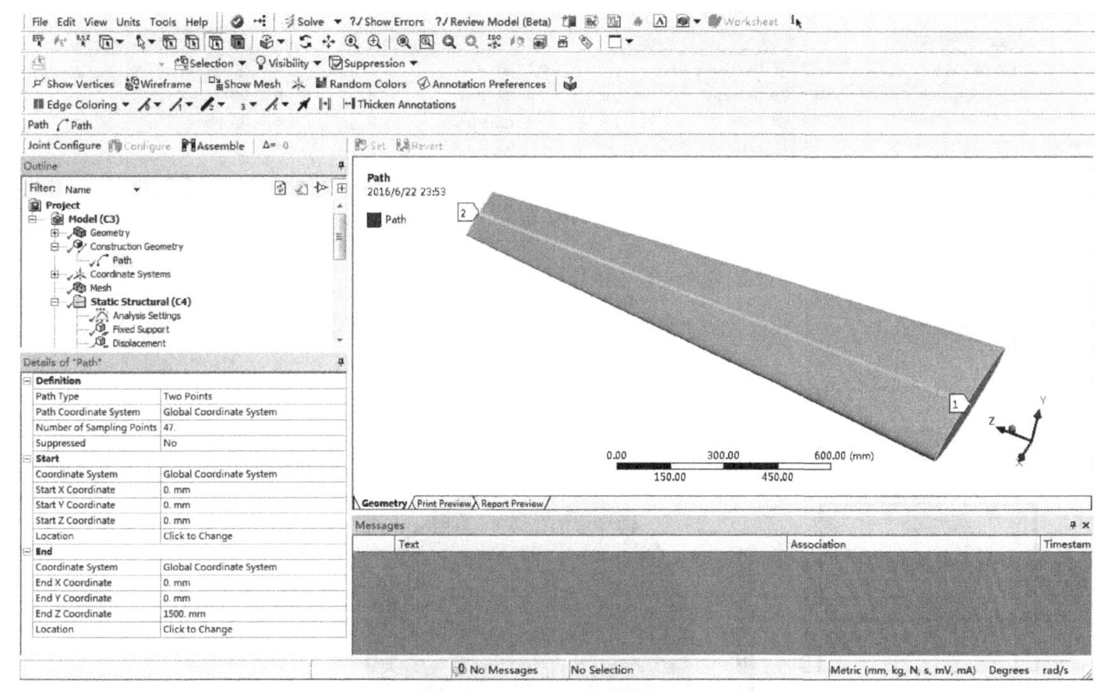

图 5-4-6　Path 设置

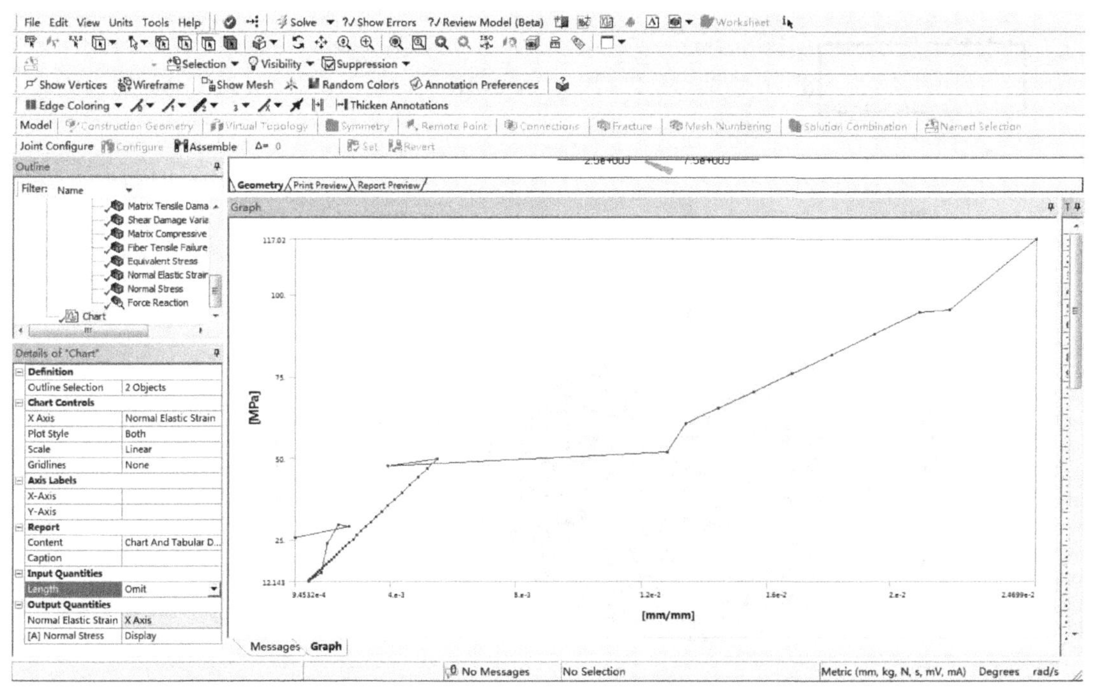

图 5-4-7　应力-应变图

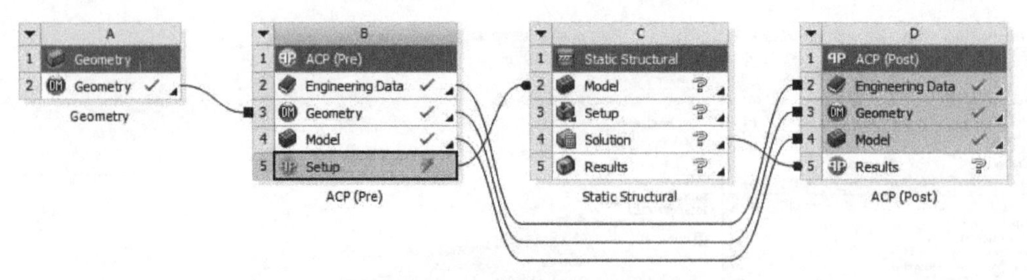

图 5-4-8　ACP 实体模型分析流程

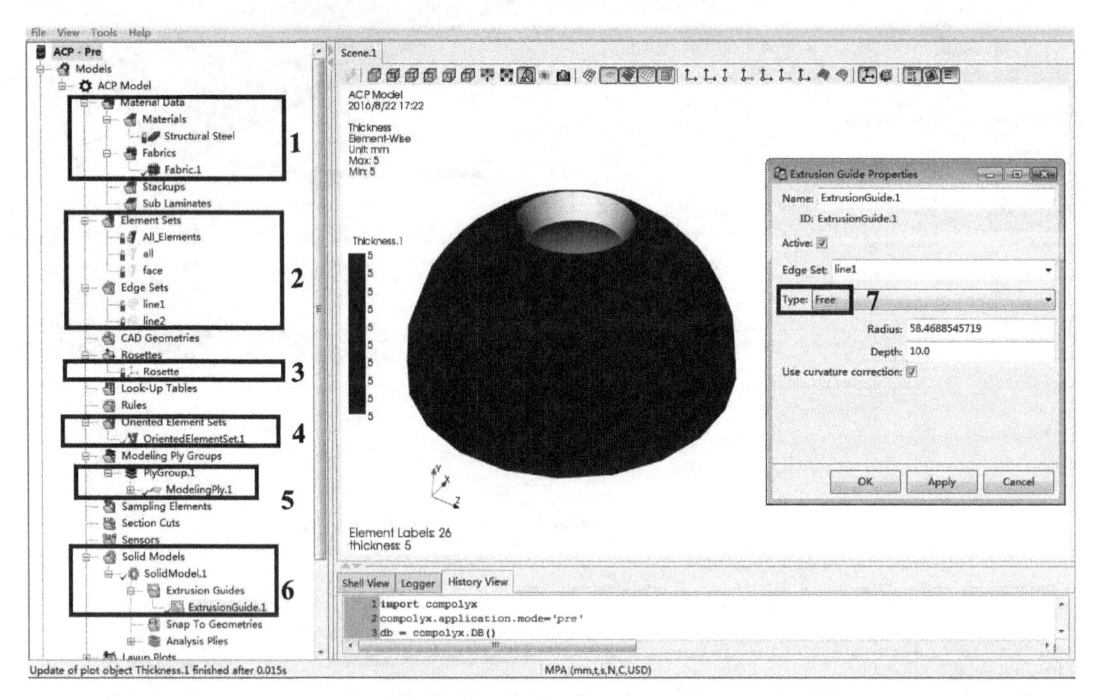

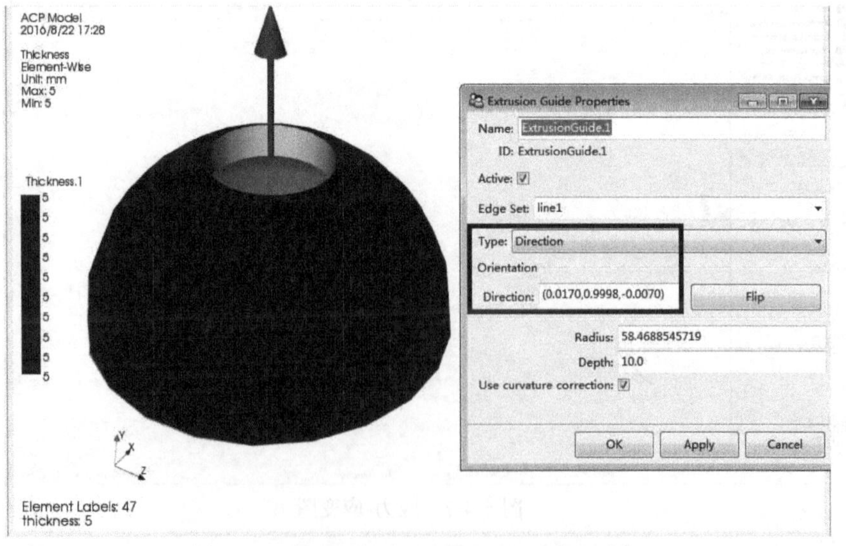

图 5-4-9　ACP（Pre）Solid Models 建立过程

Snop to Geometry 可以用于以导入的模型作为实体的边界，如图 5-4-10 所示。1 区定义导入模型，即为 Surface 要拓展到的模型；2 区定义的厚度尺寸不再有意义，仅定义 Solid Models 的层数；3、4 区定义拓展设置，其中 Orientation 根据 Shell 法向方向选择。

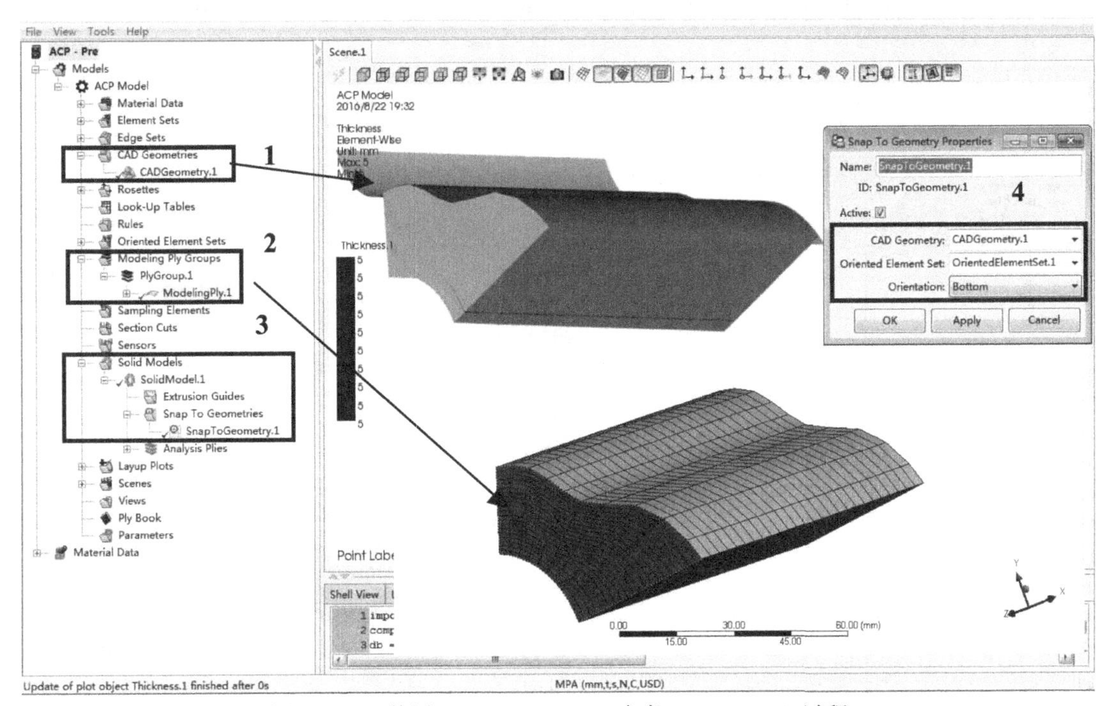

图 5-4-10 使用 Snop to Geometry 定义 Solid Models 过程

5.4.2 生死单元实例

在实际分析中，有分步装配、材料去除等过程，如隧道开挖、桥梁分段架设、焊接、切削、退火等，则需要使用生死单元技术。生死单元是指单元在分析过程中允许杀死或激活特定的单元，可以在分析过程中杀死某些单元，这些被杀死的单元将不参与结构响应；同理，在分析过程中还可以再次激活单元，让其重新参与结构响应，注意这种状态改变是瞬时突然改变，不是渐变。

生死单元的原理：单元被杀死后，并不是将其从整体刚度矩阵中删除，只是将其单元刚度乘上缩减系数（默认为 1e−6），使其刚度降为一个很小的数值；当单元被激活时，缩减系数删除，单元刚度矩阵返回原来的初始值。使用生死单元技术时，单元载荷和惯性载荷发生变化，但节点力不受单元死活的影响，且约束方程（CE 或 CEINTF）不能用于杀死的自由度，为避免奇异点而产生计算不收敛，生死单元需避开尖角，如果不收敛，需要减少生死单元的数量；如果想保留单元的单元载荷、应变、质量等历史记录，可以通过改变材料属性杀死单元，但是可能会导致不收敛。

下面以一个接触生死单元模型说明生死单元分析。

1. 建立 3D 模型

如图 5-4-11 所示，建立一个 3D 模型。建模过程：

（1）在 XYPlane 分别建立两个半圆环模型。下面半圆环内径为 20mm，外径为 25mm；上面半圆环内径为 21mm，外径为 23.5mm。

（2）下半圆环以对称形式，单边拉伸 5mm。

（3）上半圆环以对称形式，单边拉伸 3.5mm，注意拉伸时选择 Add Frozen。

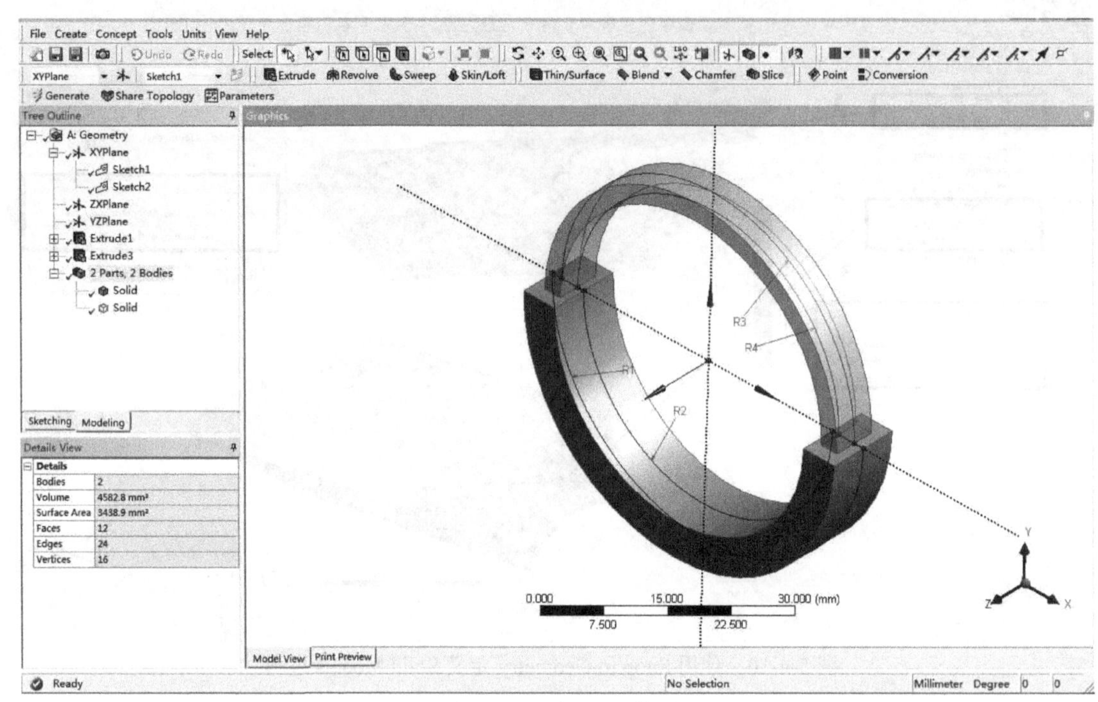

图 5-4-11　建立 3D 模型

2．定义接触

分别对模型重新命名，上半圆环定义为 upring；下半圆环定义为 downring，其余默认。

在 Contact（接触）处，对左侧上下半圆环截面定义接触，接触类型选择为 Bonded，其余默认，如图 5-4-12 所示；对右侧上下半圆环截面定义接触，接触类型选择为 Frictional，Friction Coefficient 定义为 0.5（摩擦系数定义得较大是为了便于观察生死单元效果），Formulation 定义为 Augmented Lagrange，其余默认，如图 5-4-13 所示，并插入一段 Command，Command 内容如下：

```
mycont1=cid
mytarg1=tid
```

3．划分网格

在 Mesh 右键菜单中点击 Show→Sweepable Bodies，然后 Insert→Method，在 Method 选择 Sweep，会自动对模型定义扫略网格划分（Sweep），如图 5-4-14 所示。

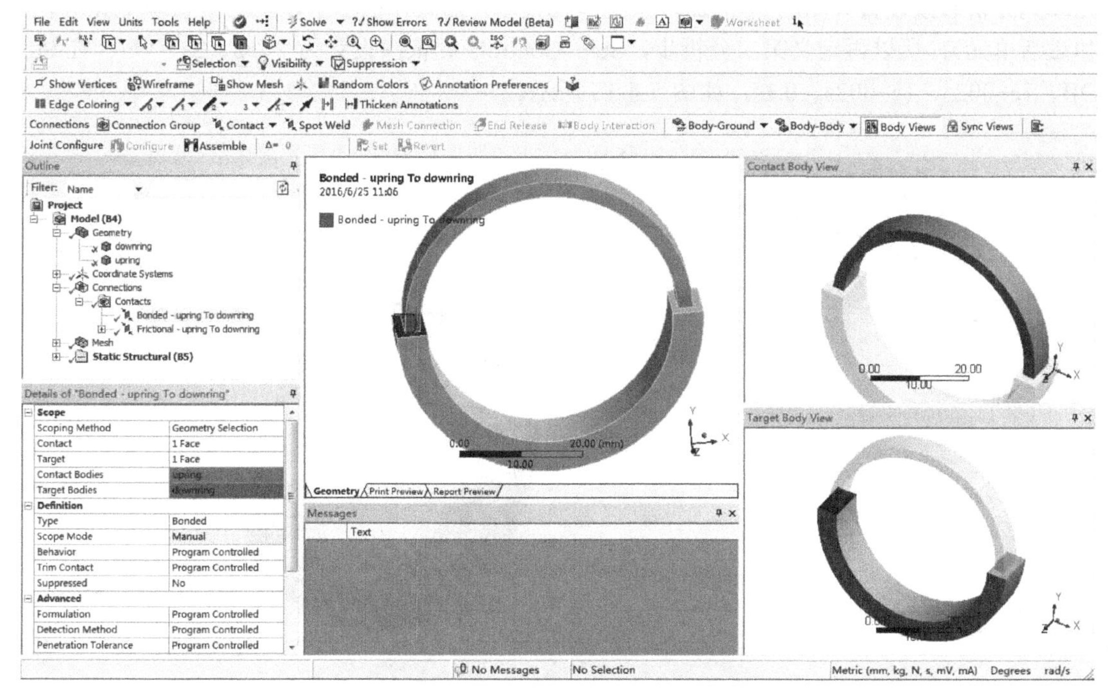

图 5-4-12　左侧 Bonded 接触设置

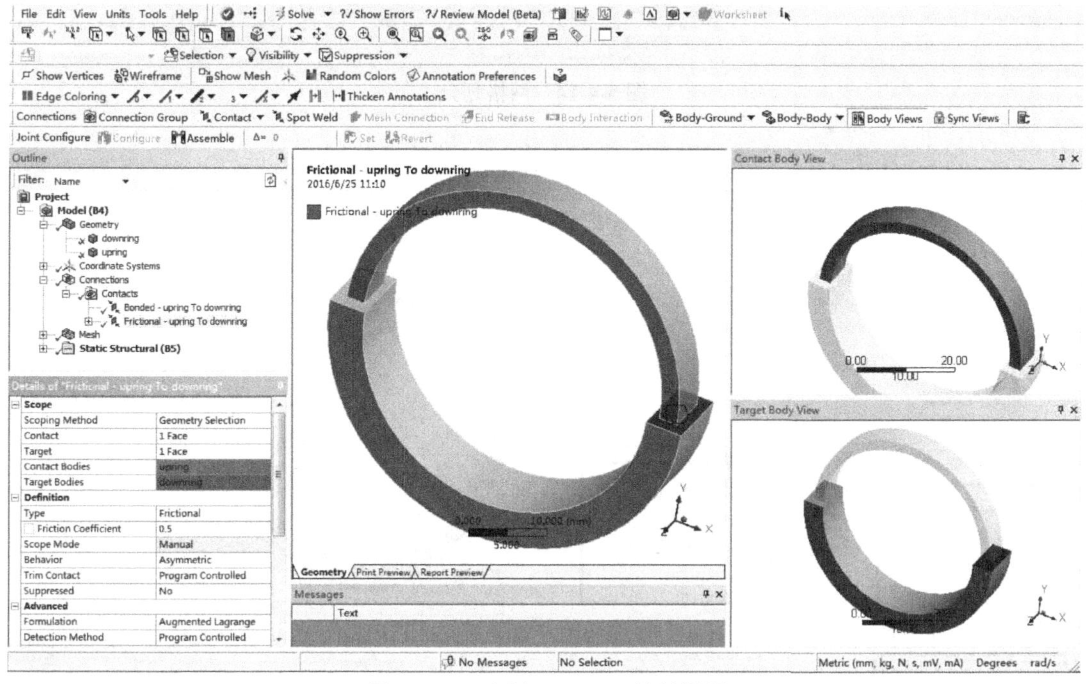

图 5-4-13　右侧 Frictional 接触设置

4．求解设置

在 Analysis Setting 中的 Step Controls 处依次设置为 2、1、1s、On、Time、1e−002s、1e−002s、0.1s，Large Deflection 定义为 On，Nonlinear Controls→Newton-Raphson Option 定义为 Full（生

死单元分析必须设置）。由于本例加入生死单元技术，必然存在一个以上的分析步（杀死单元和激活单元），所以再定义第二分析步，Step Controls 处依次设置为 2、2、2s、On、Time、Off、1e−002s、1e−002s、0.1s，如图 5-4-15 所示。

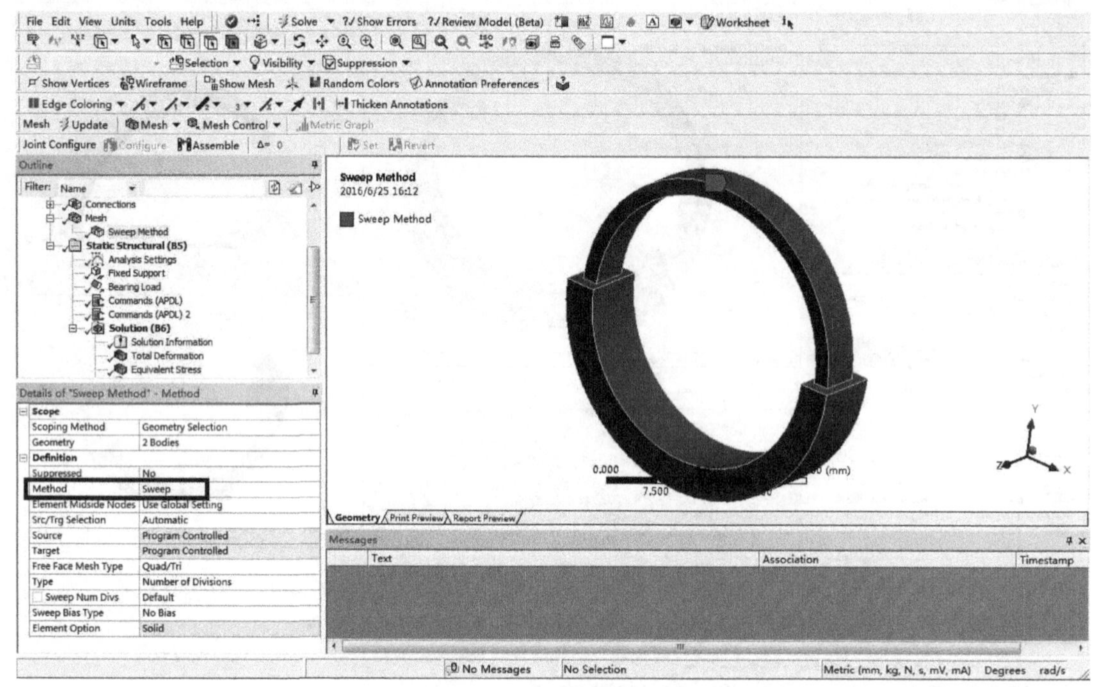

图 5-4-14　网格划分

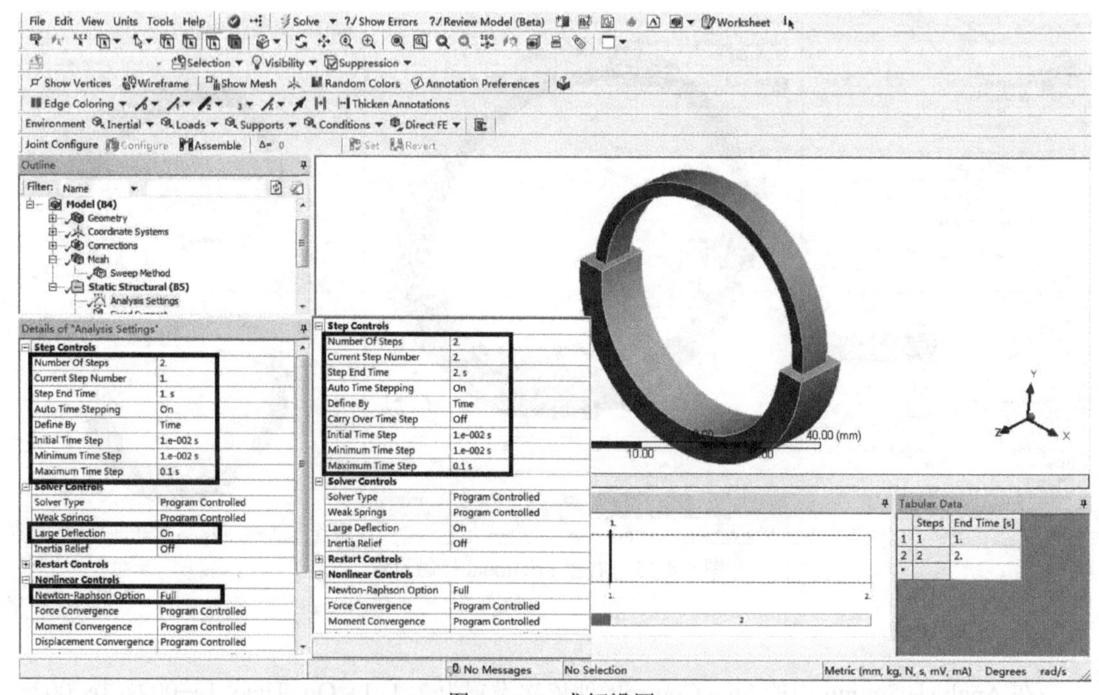

图 5-4-15　求解设置

5. 边界条件

如图 5-4-16 所示，选择下半圆环的前后两面加载 Fixed Support，选择上半圆环的顶面加载 Bearing Load，大小为 5N，方向沿 Y 负方向。

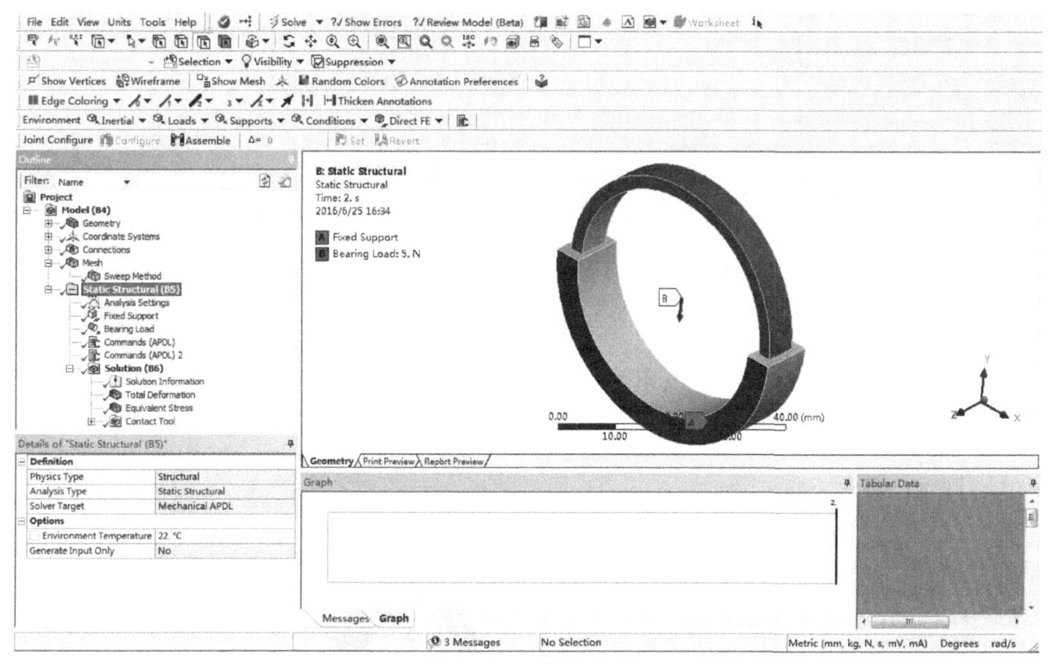

图 5-4-16 边界条件

另插入两段 Command，如图 5-4-17 所示。

第一段 Command 中 Step Number 定义为 1，具体内容如下：

```
esel,s,type,,mycont1
esel,a,type,,mytarg1
ekill,all                    ! 杀死定义的接触单元和目标单元
allsel
```

第二段 Command 中 Step Selection Mode 定义为 Last，具体内容如下：

```
esel,s,type,,mycont1
esel,a,type,,mytarg1
ealive,all                   ! 激活定义的接触单元和目标单元
allsel
```

6. 后处理

计算收敛后，查看 Total Deformation 结果，如图 5-4-18 所示。由图可知，上半圆环右侧在 0～1s，位移逐渐变大，这是因为该时间段右侧接触单元全被杀死，呈自由状态；在 1～2s，位移急剧变为 0mm 左右，这是因为该时间段右侧接触单元被激活，呈摩擦接触状态。

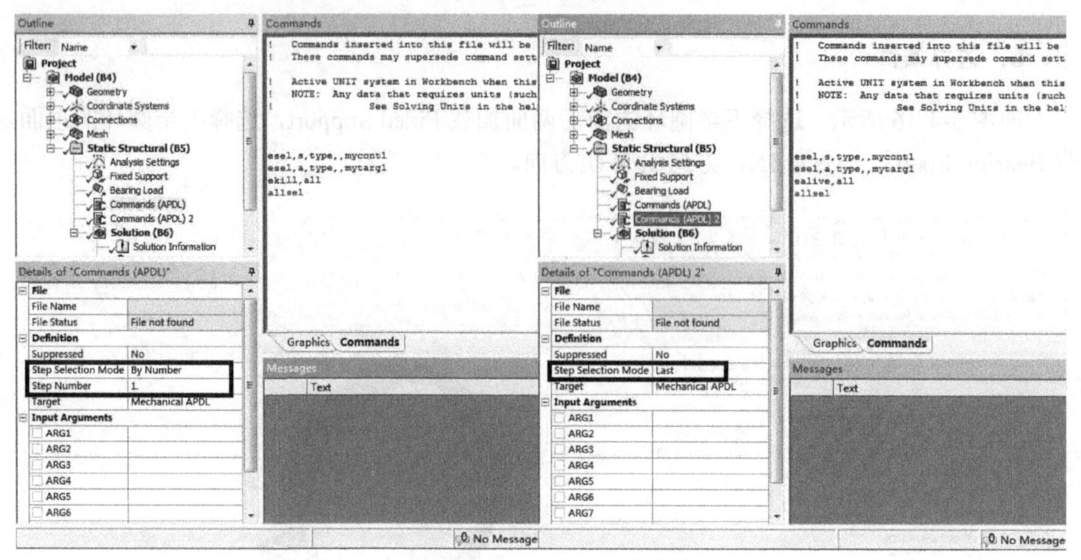

图 5-4-17　Command 定义

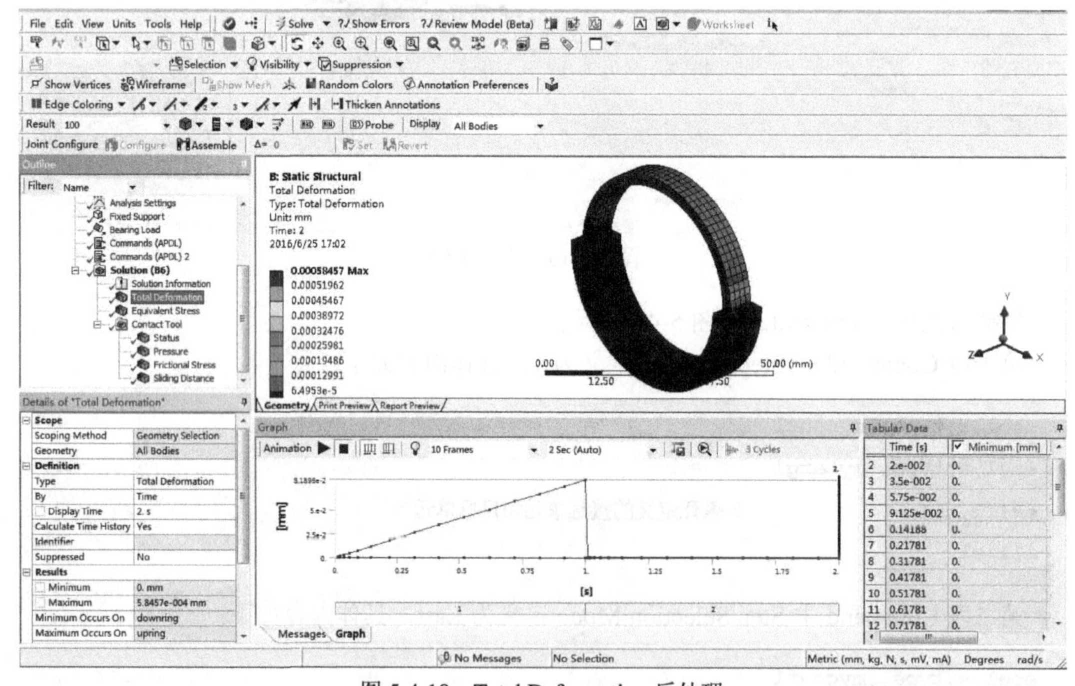

图 5-4-18　Total Deformation 后处理

继续查看 Contact Tool→Status，如图 5-4-19 所示。0～1s，接触状态参数为 0，表示处于开放的不接触状态；1～1.1s，接触状态参数为 2，表示处于接触滑移状态；1.1～2s，接触状态参数为 3，表示处于接触黏接状态。

注意

接触状态用数字表示。−3 为 MPC 的绑定接触；−2 为 MPC 的不分离接触；0 为开放的不接触状态；1 为开放的接触状态；2 为接近的滑移状态；3 为接近的黏接状态。

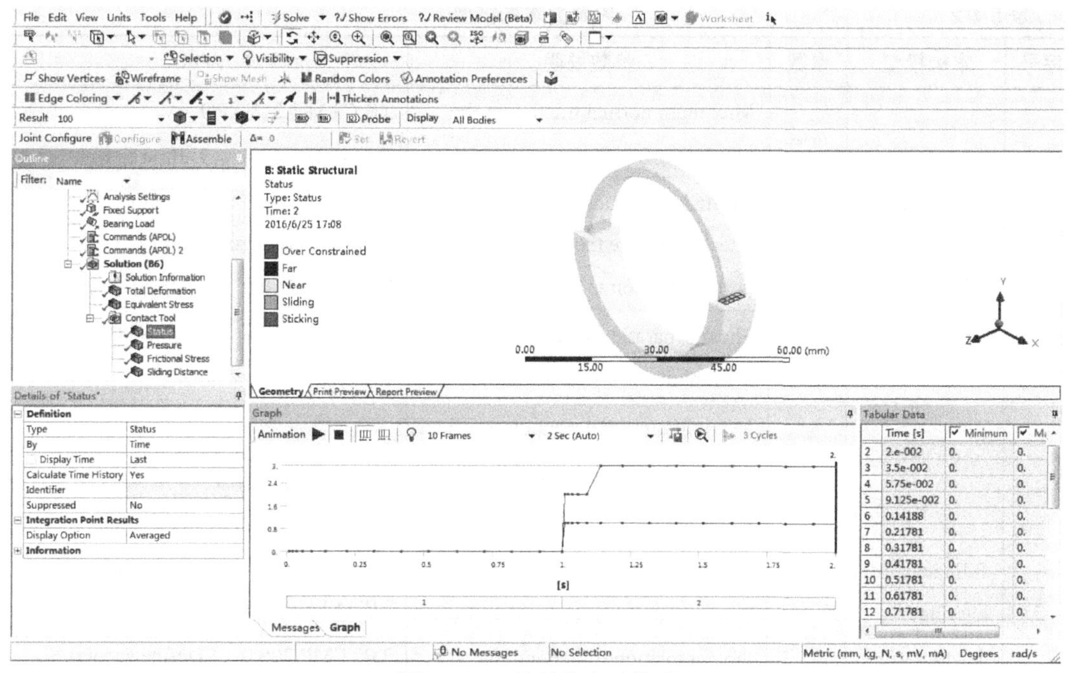

图 5-4-19　接触状态后处理

使用生死单元的后处理需要注意，由于杀死的单元仍存在模型中，如果不在选择域内去除死单元，其将显示该节点为零应力、应变、位移，造成污染的结果，但单元结果不受影响。

5.4.3　内聚力（CZM）分离实例

实际模型很多是由复杂形状和多种材料组合而成，这些零件的耐久性（Durability）和损伤（Damage）评估越来越受到关注，主要评估参数包括静态分析（含纤维断裂破碎、内核损伤、孔和紧固件损坏、面板起皱、屈曲等，这类主要采用 ACP 处理）和分层分析（含破坏分层、不稳定增长、重复/循环负载增长，这类主要采用 CZM 处理）。

由于相间的界面断裂或分层限制了多相材料的韧性和延展性，因此，将界面分层采用断裂机理的技术进行建模来模拟力与分离间的软化关系，即定义一个断裂能，用于破坏相间界面所需的能量。这种方法被称为内聚力（CZM）模型。CZM 模型可用于表征界面的本构行为。内聚力分离主要研究黏接在一起的材料之间可能出现的界面分层或渐进失效，即在材料界面上加上了一个渐进失效准则，表现为界面上的应力（切向和法向）及分离（间隙和切向滑移），呈现为类似图 4.7-1 所示的 K1、K2 和复合性分离。

CZM 模型用一种材料本构（Fractute Criteria）进行描述，采用界面单元（INTER）或接触单元（CONTA）定义，两者的区别为：界面单元用于描述两种材料界面处的界面分层，反映两材料之间的界面及整个界面的分离，该黏合剂一般为层状复合材料（树脂），表现为在黏合剂或树脂内部的断裂和脱层现象；接触单元用于描述接触物之间的剥离，反映黏接对接触物之间的影响，该黏合剂可以是有机聚合的材料，也可以是无机涂层，表现为在外力作用下，接触物发生脱胶现象。

具体本构模型如表 5-4-2 所示。

表 5-4-2　　内聚力本构模型

序号	本构模型	参数	参数说明	APDL
1	Exponential for interface delamination	σ_{max}	Maximum normal traction at the interface	TB,CZM,1,2,,EXPO TBTEMP,100.0 ! Define first temperature TBDATA,1,σmax,δn,δt TBTEMP,200.0 ! Define second temperature TBDATA,1,σmax,δn,δt
		δ_n	Normal separation across the interface where the maximum normal traction is attained	
		δ_t	Shear separation where the maximum shear traction is attained	
2	Bilinnear for interface delamination	σ_{max}	Maximum normal traction	TB,CZM,1,2,,BILI TBTEMP,100.0 ! Define first temperature TBDATA,1,σmax, δ_n^c ,-τmax, δ_t^c ,α TBTEMP,200.0 ! Define second temperature TBDATA,1,σmax, δ_n^c ,-τmax, δ_t^c ,α
		δ_n^c	Normal displacement jump at the completion of debonding	
		τ_{max}	Maximum tangential traction	
		δ_t^c	Tangential displacement jump at the completion of debonding	
		α	Ratio of δ_n^c to δ_t^c ,or ratio of δ_n^* to δ_n^*	
		β	Non-dimensional weighting parameter	
3	Viscous Regularization for Cohesive Zone Material	ζ	Damping coefficient	TBTEMP,100.0 ! define first temperature TBDATA,1,ζ TBTEMP,200.0 !define second temperature TBDATA,1,ζ
4	Separation distance based debonding	σ_{max}	Maximum normal contact stress	TB, CZM,1,2,,CBDD TBTEMP 100! Define first temperature TBDATA,1,σmax, δ_n^c ,τmax, δ_t^c ,η, β TBTEMP,200 !Define second temperature TBDATA,1,σmax, δ_n^c ,τmax, δ_t^c ,η, β
		δ_n^c	Contact gap at the completion of debonding	
		τ_{max}	Maximum equivalent tangential contact stress	
		δ_t^c	Tangential slip at the completion of debonding	
		η	Artificial damping coefficient	
		β	Flag for tangential slip under compressive normal contact stress; must be 0 (off) or 1 (on)	

续表

<table>
<tr><th>序号</th><th>本构模型</th><th>参数</th><th>参数说明</th><th>APDL</th></tr>
<tr><td rowspan="6">5</td><td rowspan="6">Fractute energies based debonding</td><td>σ_{max}</td><td>Maximum normal contact stress</td><td rowspan="6">TB,CZM,1,2,,CBDE
TBTEMP,100.0 ! Define first temperature
TBDATA,1,σmax,Gcn,τmax,Gct,η,β
TBTEMP,200.0 ! Define second temperature
TBDATA,1,σmax,Gcn,τmax,Gct,η,β</td></tr>
<tr><td>G_{cn}</td><td>Critical fracture energy density (energy/area) for normal separation</td></tr>
<tr><td>τ_{max}</td><td>Maximum equivalent tangential contact stress</td></tr>
<tr><td>G_{ct}</td><td>Critical fracture energy density (energy/area) for tangential slip</td></tr>
<tr><td>η</td><td>Artificial damping coefficient</td></tr>
<tr><td>β</td><td>Flag for tangential slip under compressive normal contact stress; must be 0 (off) or 1 (on)</td></tr>
<tr><td>6</td><td>User defined cohesive material law</td><td colspan="3">自定义内聚力模型</td></tr>
</table>

下面以一个可乐罐模型说明内聚力分离分析。

1. 建立 3D 模型

如图 5-4-20 所示，导入一个 3D 壳模型，包含罐体壳模型和上盖壳模型。

2. 定义接触

对罐体壳模型和上盖壳模型定义材料为铝合金，即 Assignment 处定义为 Aluminum Alloy（材料库中铝合金的选择请读者参考 4.2.4 节）。

在 Contact（接触）处，选择罐体壳开孔的 5 条边线为接触物，选择上盖壳周边 5 条边线为目标物，如图 5-4-21 所示，接触类型选择为 Bonded，Formulation 定义为 Pure Penalty，并插入一段 Command，Command 内容如下：

```
tb,czm,cid,,,cbde
tbdata,1,50,0.05,50,0.05,0.001,1
tb,czm,tid,,,cbde
tbdata,1,50,0.05,50,0.05,0.001,1
```

说明

本例采用插入 Command 的形式定义接触内聚力分离模型，这是因为该版本 WB 只支持二维模型的线线接触和三维模型的面面接触。如果为二维模型的线线接触和三维模型的面面接触这类内聚力分离模型，先在 Engineer Data 中新建一材料，选择 Cohesive Zone-cbde 本构（参见表 5-4-2），如图 5-4-22 所示，表格内的参数等效为 Command 中的 tbdata 中的数值（注意单位）。

然后在 Fractute 处插入 Contact Debonding 菜单，Material 处选择图 5-4-23 定义的 cbde 本构名称，Contact Region 选择 Contacts 定义的接触域，该菜单只对应 cbde 本构，等效为 Command 中的 tb 设置。

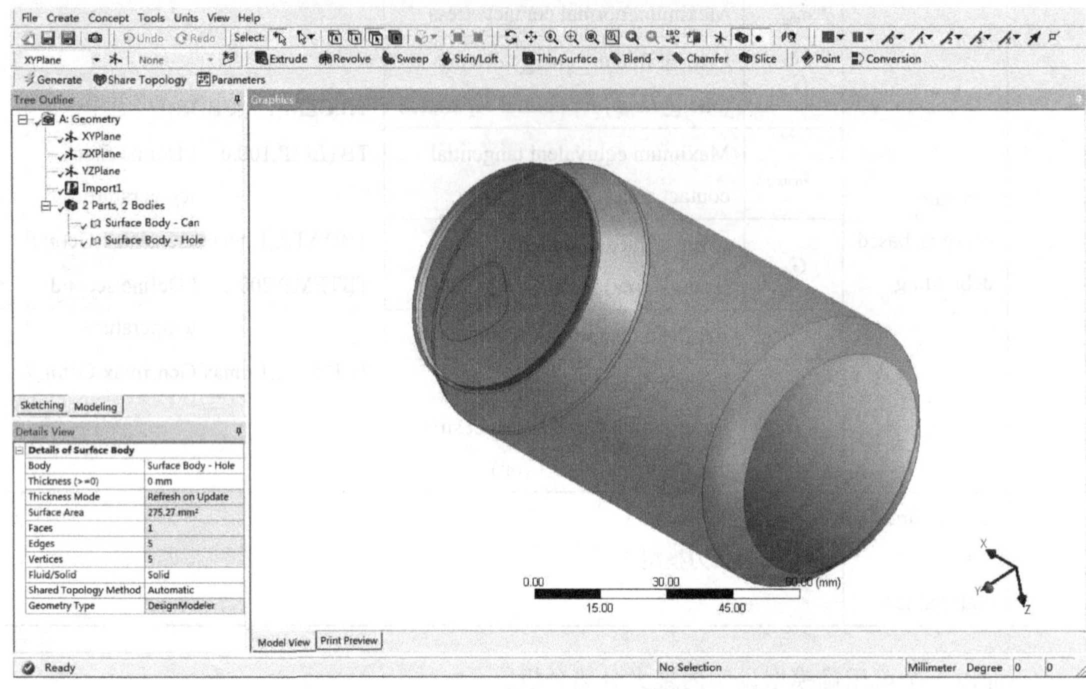

图 5-4-20　导入 3D 可乐罐模型

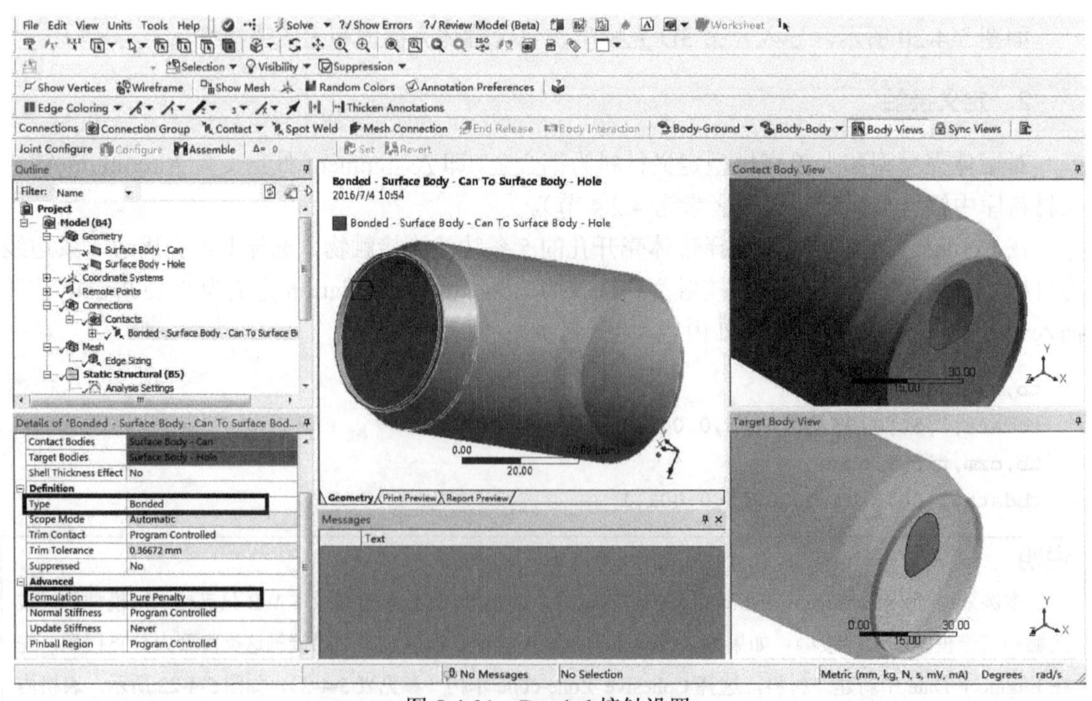

图 5-4-21　Bonded 接触设置

	A	B	C	D	E
5	czm				
*	Click here to add a new material				

Properties of Outline Row 5: czm

	A	B	C	D	E
1	Property	Value	Unit		
2	Fracture-Energies based Debonding				
3	Tangential Slip Under Normal Compression	No			
4	Maximum Normal Contact Stress		Pa		
5	Critical Fracture Energy for Normal Separation		J m^-2		
6	Maximum Equivalent Tangential Contact Stress		Pa		
7	Critical Fracture Energy for Tangential Slip		J m^-2		
8	Artificial Damping Coefficient		s		

图 5-4-22　cbde 本构参数

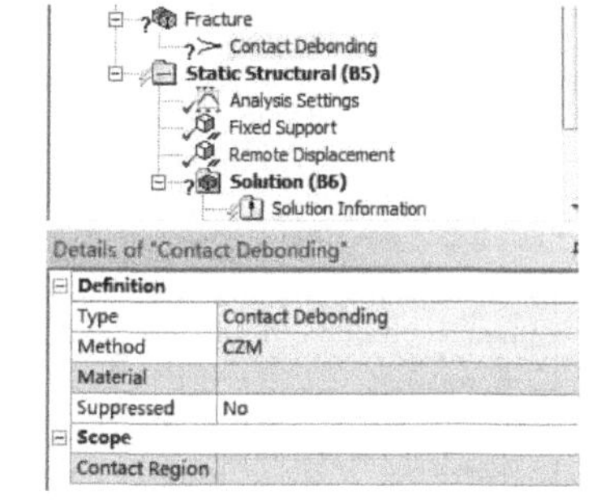

图 5-4-23　Contact Debonding 设置

3．划分网格

选择罐体壳上的 7 条圆周线，等分为 36 份，划分网格，如图 5-4-24 所示。

4．定义远程点

选择上盖壳面定义 Remote Point，默认时远程点的坐标为上盖壳的形心位置，修改 Y 坐标值到合适的位置，其余默认，如图 5-4-25 所示。

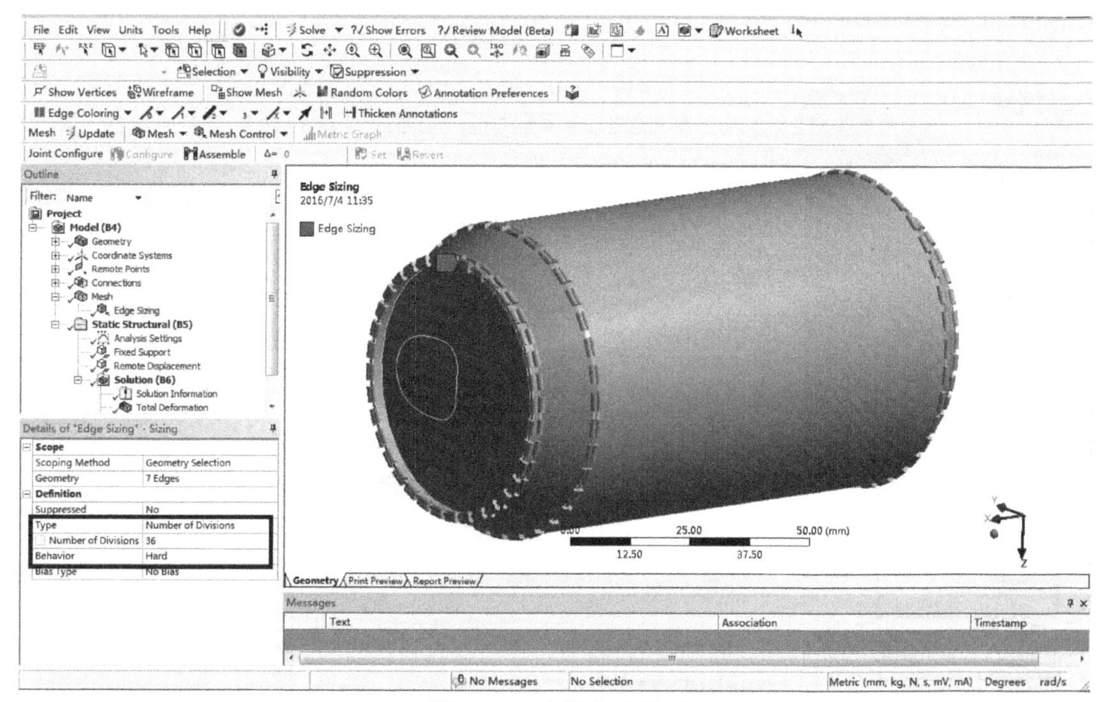

图 5-4-24　网格划分设置

5．求解设置

在 Analysis Setting 中的 Step Controls 处依次设置为 1、1、1s、On、Substeps、40、40、40，Large Deflection 定义为 Off（不需要打开大变形），如图 5-4-26 所示。

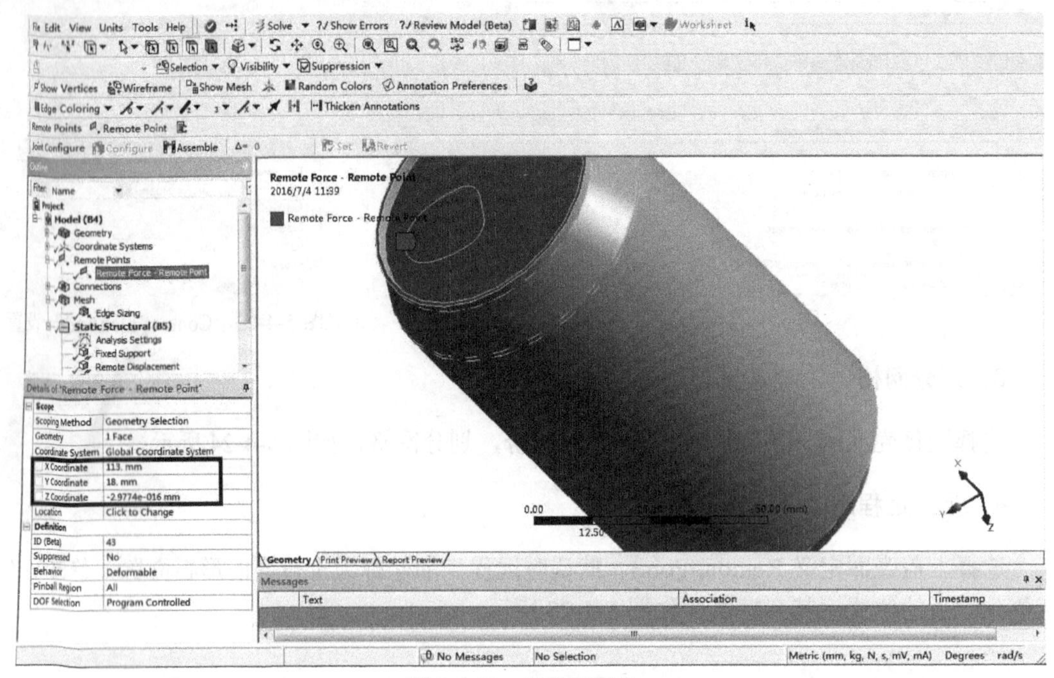

图 5-4-25　定义远程点

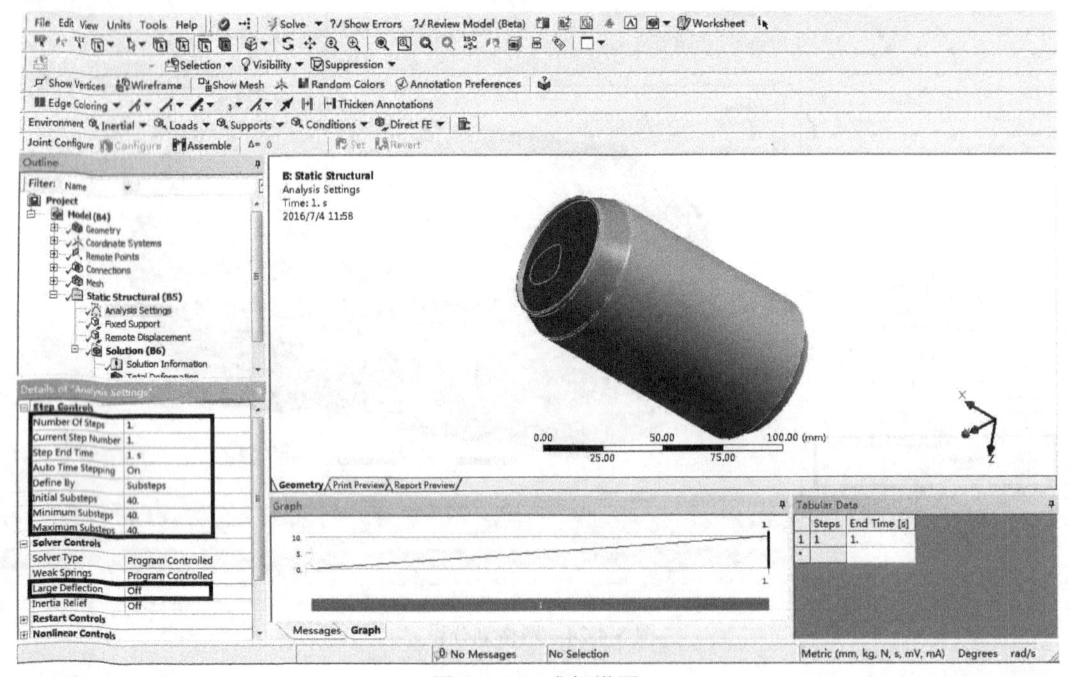

图 5-4-26　求解设置

6．边界条件

边界条件如图 5-4-27 所示设置。选择罐体壳上的最大圆周面加载 Fixed Support，选择之前定义的远程点加载 Remote Displacement（X 向 10mm，其余全部 Free）。

7. 后处理

查看变形结果，如图 5-4-28 所示，可观察到上盖壳向上翘曲。如果没有接触内聚力分离，两者之间定义的是 Bonded 连接，是不会分离的。

查看远程位移处的反力，如图 5-4-29 所示，反力逐渐减小，与实际开启可乐罐类似。

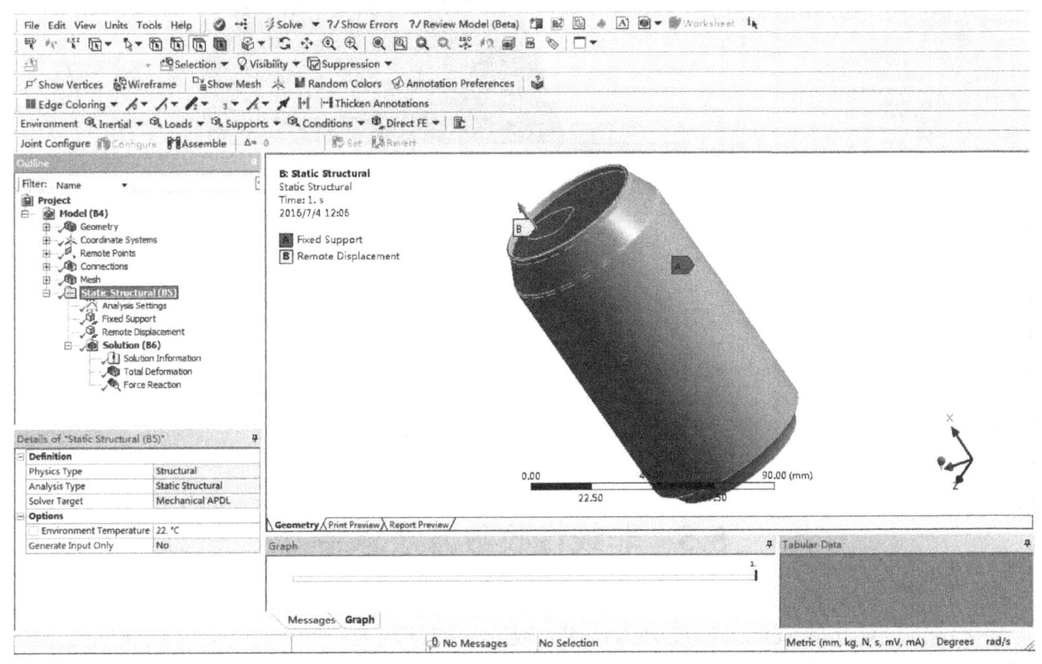

图 5-4-27　边界条件

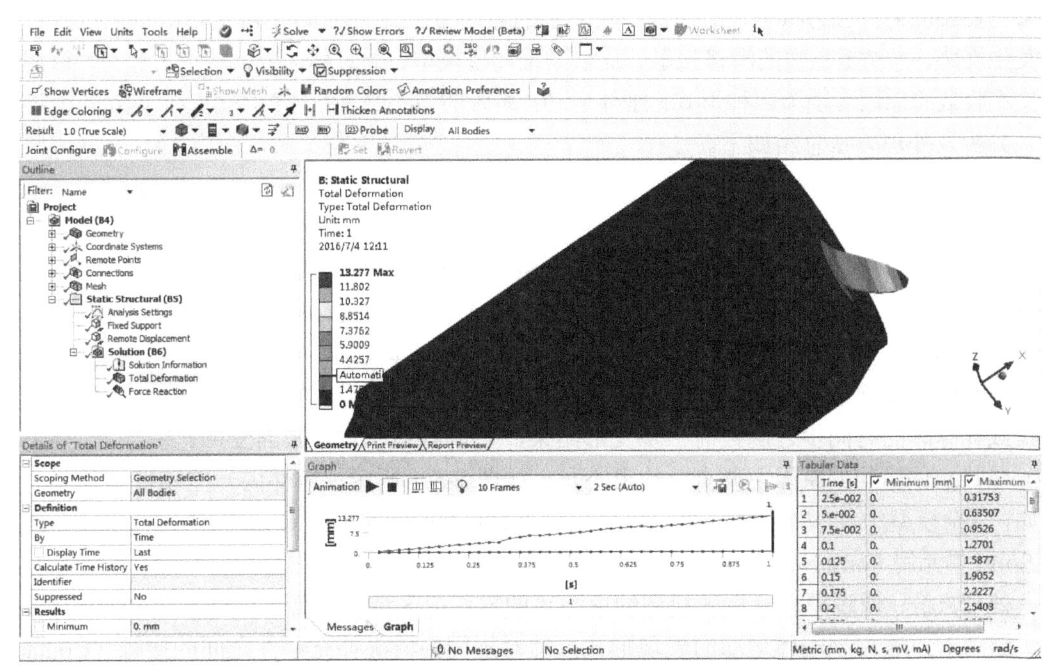

图 5-4-28　Total Deformation 后处理

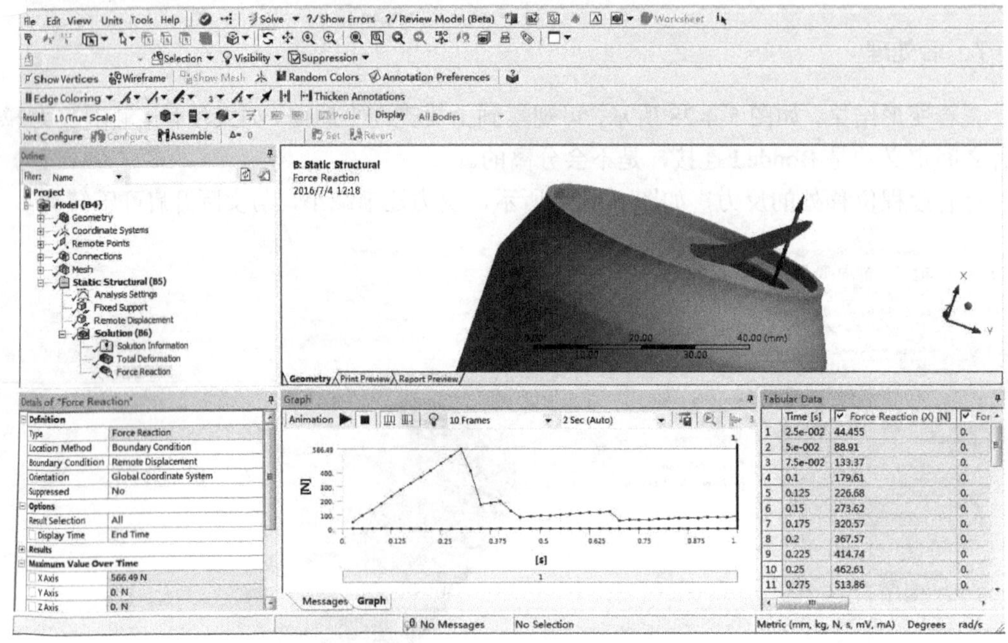

图 5-4-29　Force Reaction 后处理

5.5　非线性收敛方法总结

将非线性问题按收敛难易程度分为两类，较容易的体现为：变形较小、非线性应变（塑性、超弹性、蠕变）较小、接触不发生震荡、简化的模型（二维）、对称边界条件、基于位移载荷、结果主要表现为拉应力状态、前屈曲；较复杂的体现为：变形很大，伴随大扭曲的大应变、接触发生震荡、大摩擦系数的滑移接触、复杂三维几何模型、无对称边界、基于力载荷、后屈曲。

不收敛的原因表现为四种形式：刚体运动；系统的力不平衡；材料不稳定；单元匹配误差。

分析及处理方法总结如下。

1．刚体运动

在 Solution→Solution Information 处查看 Solver Output 内的求解信息，如果有“DOF limit exceeded…”、“Negative main diagonal…”、“Small/Negative Pivot error…”、“Max DOF INC = A very large number…”等错误或者警告，即表示系统有刚体运动，导致求解不收敛或求解无意义。在后处理中通过观察收敛计算的最终变形结果（因为弱弹簧功能使得系统计算收敛）或不收敛计算时的时间步之倒数前一步变形结果，可以看到非常夸张的变形。

导致刚体运动的原因主要有：约束不足，如图 5-5-1 所示；组件内一些零件相互无关联，例如，复杂模型中，一些零件可能无相互接触关系；不正确的不同单元连接方式，例如，Beam 和 Solid 单元用 Form New Parts 连接。

处理方法：通过模态分析先找到约束不足的零件或区域，发现 0Hz 或接近 0Hz 的模态振形，这就对应着模型刚体运动的表现形式，针对不同的情况补充零件之间的接触（Contact、Joint、Beam、Spring、Spot Welds 等）或增加某些区域的约束（CP、CE 等）；充分利用对称形式（Symmetry），还包括轴对称、平面复制、旋转、镜像等；先将模型简化为最简单的形式（Delete 或 Suppress 模型），然后逐渐增加或恢复，将力载荷形式改为位移载荷形式，增加刚性域；如果零件界面处于压缩状态，直接就用 Bonded 接触，或者先用 Bonded 接触，再一一修改，对于初始接触存在间隙，可以采用 Adjust to Touch、Contact Stabilization Damping 和增大 Pinball 尺寸的方法；对于屈曲问题，可以采用非线性稳定结合线性查找（Line Search）和自动时间步（Automatic Time Stepping）功能，或者弧长法。

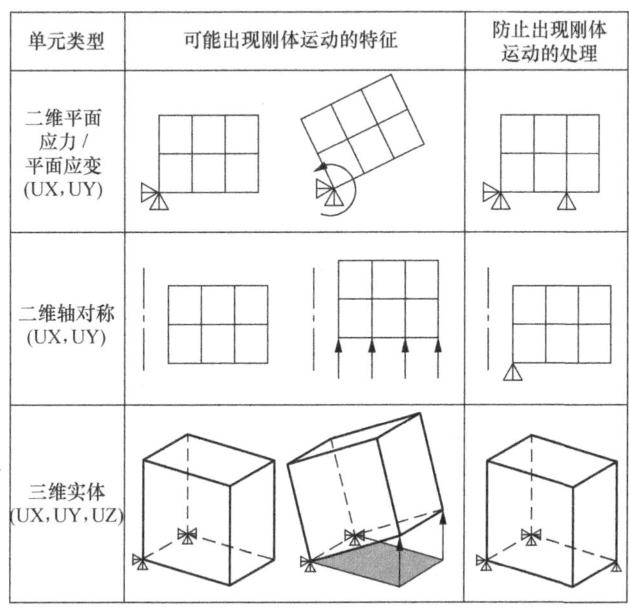

图 5-5-1　刚体运动约束不足的特征及处理

2. 系统的力不平衡

在 Solution→Solution Information 处查看 Solver Output 内的求解信息，如果有“Force Convergence Value”大于“Criterion”等提示，即表示系统的力不平衡，无法收敛。用简单的数学式表达为$\left|\sum R\right| < 0.5\% \times \left|\sum F\right|$，即可平衡收敛，式中$\left|\sum R\right|$为不平衡力之和，$\left|\sum F\right|$为外载荷或反力之和。

导致系统力不平衡的原因主要有：接触刚度太大，导致接触震荡；加载太迅速；Minref 超标；材料不稳定；屈曲。

相应的处理方法如下。

接触刚度太大：减小接触刚度、增加分析步、定义 Updatastiffness 为 Each Iteration、定义 Interface Treatment 为 Add Offset Ramped Effects、自主定义接触 Pinball 数值、根据后处理中的 Newton-Raphson Residuals 结果区域加密网格。

加载太迅速：增加分析步，人工增加子步，保证加载曲线尽可能平滑；载荷步的步长与网格和材料有直接关系，需要对应调整。

Minref 超标：增加 Nonlinear Controls→Minimum Reference 的数值，只要这个数值在系统平衡中比例非常小，就不会影响计算精度，且能大大提高求解速度；加大 Nonlinear Controls→Tolerance（默认为 0.5%）。

3. 材料不稳定

材料不稳定往往伴随着其他收敛问题，所以关键需要区分导致不收敛的原因。例如，不收敛时查看 Newton-Raphson Residuals 结果，如果残余力非常大，一般是系统力不平衡所致；又如，模型发生高度翘曲、发生负体积进而导致不收敛，一般也不是材料的问题。

主要原因：计算塑性、超弹性、蠕变等本构时应变增量太大；选用不合适的本构模型。

处理方法：选择合适的本构模型，选择合适的单元参数，增加子步。另外由于 ANSYS 在处理非线性材料大应变时存在固有缺陷，所以遇到这类问题时，推荐采用 MARC、ABAQUS 等软件。

4. 单元匹配误差

单元匹配误差相比前三种情况，问题出现在更深层，一般不会有明显的提示。主要表现为：模型高度翘曲、极大应变、体积自锁、沙漏现象、屈曲等。

处理方法：计算前使用 Check 命令检查，包括遗失的弹性特性、无约束的模型和单元形状检查，使用 Mcheck 命令检查网格中的孔洞和裂纹等缺陷；一般采用高阶单元计算更快更准确；对于 Shell 模型尽量全部采用四边形网格，可避免三角形网格计算出现的噪点误差；优先选用 Direct（Sparse）Solver；尽可能增加子步；针对密封或材料成形等大应变分析使用 Rezoning；对超弹性、大蠕变分析可以尝试将模型仅仅划分为一个单元。

注意，收敛完成并非万事大吉，还必须校核计算结果的准确性。正如小学生学算术，都会计算 15+26，但计算结果未必等于 41。同理，完成有限元计算也并不等于计算准确。如何检验计算结果的准确性？

（1）检查已知条件，包含模型单位，材料参数及单位，二维模型类型，单元类型，边界条件的大小、方向及单位，是否遗漏接触，接触类型的定义，时间步设置，大变形开关是否打开，收敛准则的定义等。

（2）网格检查，包括网格数量和网格质量的检查。网格数量检查：实体模型厚度至少有 3 层网格，圆周至少要有 40 份。网格质量检查：单元体积必须大于 0，Element Quality 大于 10^{-4}（Standard）或 10^{-2}（Aggressive），Jacobian Ratio 小于 40 等。

（3）变形检查。检查变形计算结果，依据常理判定变形结果是否对应加载的边界条件，是否存在由于约束不足造成的极大的位移。

（4）检查反力。用 Probe 的 Reaction Force 结果与载荷比较，是否大小相等，方向相反；查看 Probe 中的 Weak Spring Supporting 反力，是否足够小，对整个系统无影响。

（5）对比后处理结果中的 Average 和 Unaverage 等选项，以确定网格产生的误差。

（6）检查应力奇异点。应力奇异点是由于模型简化产生的，实际工程中并不存在。如果应力奇异点远离分析关注的区域，可以直接将其忽略；如果应力奇异点位于分析关注的区域，可采用三种方法处理：

① 模型倒角或倒圆之后，利用子模型重新分析；

② 用等效压力载荷代替集中点载荷；

③ 定义节点集，对其施加位移约束。

参考文献

[1] 濮良贵，纪明刚. 机械设计. 7 版. 北京：高等教育出版社，2001.

[2] 秦荣. 工程结构非线性[M]. 北京：科学出版社，2006.

[3] 浦广益. ANSYS Workbench 12 基础教程与实例详解[M]. 北京：中国水利水电出版社，2010.

[4] 张朝晖. ANSYS 工程应用范例入门与提高[M]. 北京：机械工业出版社，2005.

[5] ANSYS Workbench 15.0 帮助文档.

[6] ANSYS Workbench 16.0 帮助文档.

后　记

从开始写作到最终完稿，断断续续历时两年时间。两年内，ANSYS 版本经过数次升级，书中实例原本全部基于 14.5 版本，写作时考虑到大多数读者已使用升级后的 15.0 版本，所以成书时用 15.0 版本再演算了一遍。之后版本又数次推新，考虑到版本之间的差异，在书中又增加了一些 16.0 版本与 15.0 版本对比的内容。

原定该书还包括动力学、热学、优化等相关内容，但是写作过程中发现这是一个耗时巨大的工作，如果不及时出书，只怕永远也赶不上版本升级。同时，如果本书包含上述内容，将致使本书既厚又重，不易携带及翻阅，所以决定采用分卷出版的形式，希望读者继续关注后续出版的系列图书。

书中所有实例均来源于实践领域，是有限元理论与工程实践紧密结合的良好典范，同时也是作者从事多年有限元分析的经验总结。成书之时，倍感艰辛。希望读者通过阅读本书，在使用有限元分析时不再停留在仅会操作软件的初级阶段。